Optimum Design & New Technology of Pile Engineering

桩基优化设计与施工新技术

顾国荣　张剑锋　桂业琨　主　编
许丽萍　副主编

人民交通出版社

内 容 提 要

本书系统介绍了我国近年来桩基工程在勘察、设计、施工、测试方面的新工艺、新技术和新方法，在有限篇幅内力求体现桩基工程勘察、设计、施工、测试一体化思路，充分反映桩基工程的一体化发展趋势，其中桩基优化设计方法及其在工程中的成功应用是对传统设计思路的完善和补充。全书共分十一章，包括：桩基础技术概论、桩基工程勘察、桩基优化设计、预制桩施工技术及设备、灌注桩施工技术及设备、特种桩型施工技术及设备、基坑围护工程的桩墙技术及设备、沉桩施工的环境效应、桩荷载试验、桩动力测试、桩基信息化施工技术。各章均附有经典工程实例介绍，具有较高的参考价值。

本书可供从事桩基工程设计和施工的人员参考使用，亦可供土建领域技术人员及大专院校师生参考使用。

图书在版编目（CIP）数据

桩基优化设计与施工新技术／顾国荣等主编．—北京：人民交通出版社，2011.2

ISBN 978-7-114-08364-8

Ⅰ．①桩… Ⅱ．①顾… Ⅲ．①桩基础—设计②桩基础—工程施工 Ⅳ．①TU473.1

中国版本图书馆 CIP 数据核字（2010）第 062850 号

书　　名：桩基优化设计与施工新技术
著 作 者：顾国荣　张剑锋　桂业琨
责任编辑：曲　乐　王文华
出版发行：人民交通出版社
地　　址：（100011）北京市朝阳区安定门外外馆斜街 3 号
网　　址：http://www.ccpress.com.cn
销售电话：（010）59757973
总 经 销：人民交通出版社发行部
经　　销：各地新华书店
印　　刷：北京盈盛恒通印刷有限公司
开　　本：787 × 1092　1/16
印　　张：34.5
字　　数：827 千
版　　次：2011 年 2 月　第 1 版
印　　次：2014 年 6 月　第 2 次印刷
书　　号：ISBN 978-7-114-08364-8
定　　价：68.00 元
（有印刷、装订质量问题的图书由本社负责调换）

《桩基优化设计与施工新技术》编写人员名单

主　编：顾国荣　张剑锋　桂业琨

副主编：许丽萍

章节号		章节名	编写	审稿
第一章 桩基础技术概论	第一节	桩的起源和发展	张剑锋	桂业琨
	第二节	桩的分类和选型		
	第三节	桩基础应用中的主要问题		
	第四节	桩基础的发展趋向		
第二章 桩基工程勘察	第一节	勘察工作的重要性	辛　伟	许丽萍
	第二节	软土的工程性质		
	第三节	软土地区勘察的手段与方法		
	第四节	勘察工作量的布置原则及应注意的问题		
	第五节	桩基工程勘察需重点解决的技术问题		
	第六节	桩基工程勘察实例		
第三章 桩基优化设计	第一节	桩基优化设计的基本概念	杨石飞 李晓勇 张　璐	顾国荣
	第二节	类比法桩基优化设计的方法		
	第三节	桩基优化设计内容		
	第四节	案例分析		
第四章 预制桩施工技术及设备	第一节	静压桩的设备选型及适用条件	魏建华 樊向阳 刘伯峰 王　禹	徐　枫
	第二节	静压桩的施工技术		
	第三节	静压桩施工的过程控制		
	第四节	静压桩沉桩可行性分析		
	第五节	打入桩的设备选型及适用条件		
	第六节	打入桩的施工技术及选型		
	第七节	打入桩施工的过程控制		
第五章 灌注桩施工技术及设备	第一节	灌注桩施工技术及设备选型	赵福生 金宗川 高倚山 张金宝 黄立伟	孙　福
	第二节	旋挖扩底灌注桩——AM 工法施工技术		
	第三节	灌注桩的后注浆技术		

续上表

章节号		章节名	编写	审稿
第六章 特种桩型施工技术及设备	第一节	载体桩施工技术及设备	沈保汉 杨启安 周志道 王　伟 刘冀豪	沈保汉 周志道 顾国荣 孙君平
	第二节	锚杆静压桩施工技术及设备		
	第三节	树根桩施工技术及设备		
	第四节	DX 挤扩灌注桩施工技术及设备		
第七章 基坑围护工程的桩墙技术及设备	第一节	排桩式围护挡土墙施工技术	李象范 沈保汉 王美云	桂业琨 李象范 刘富华 张剑锋
	第二节	全套管钻孔咬合桩施工技术及设备		
	第三节	型钢水泥土搅拌墙(SMW 工法)技术及设备		
第八章 沉桩施工的环境效应问题	第一节	沉桩噪声影响	王　浩	魏道垛
	第二节	沉桩振动影响		
	第三节	沉桩挤土效应		
	第四节	非挤土桩施工的环境问题		
	第五节	减小沉桩施工对环境影响的工作方法		
第九章 桩荷载试验	第一节	静力试桩	刘华清	唐　坚 杨石飞
	第二节	自平衡测试技术		
第十章 桩动力测试	第一节	低应变动测法	唐　坚 刘华清	程永峰
	第二节	高应变动测法		
	第三节	混凝土灌注桩超声波检测		
第十一章 桩基信息化施工技术	第一节	桩基信息化施工与管理方法	李　韬	陈　晖
	第二节	信息采集、存储与管理		
	第三节	信息分析与预测		
	第四节	桩基信息化施工案例分析		

前　　言

近年来，我国桩基工程发展迅猛，许多新工艺、新技术如雨后春笋般涌现，同时，桩基工程也出过不少问题，许多单位和个人都总结积累了不少经验。另外，由于受以往体制影响，我国桩基工程领域长期以来对各种各样的标准、规范依赖性过强，形成了照本宣科、不求甚解、生搬硬套的做法，不能很好地与现场施工条件、地质条件结合，要么保守浪费，要么事故频发，因此很有必要提倡在地基基础勘察、设计、施工方面进行优化分析和风险控制。有鉴于此，为系统地总结经验，推广新技术，促进行业发展，人民交通出版社于2007年底委托编者编写《桩基优化设计与施工新技术》一书，自2009年形成初稿至今，几易其稿，今终与读者见面。

《桩基优化设计与施工新技术》以实用、紧密结合工程实践为编写原则，以优化设计为体系核心，以勘察设计新方法、施工新工艺、测试新技术为手段，始终贯穿勘察、设计、施工、测试一体化思路。全书共分十一章，包括：桩基础技术概论、桩基工程勘察、桩基优化设计、预制桩施工技术及设备、灌注桩施工技术及设备、特种桩型施工技术及设备、基坑围护工程的桩墙技术及设备、沉桩施工的环境效应、桩荷载试验、桩动力测试、桩基信息化施工技术。其中第三章桩基优化设计总结了桩基优化设计的方法、原理和考虑因素，阐述了在确保安全前提下如何合理控制桩基工程造价及风险。第四章预制桩施工技术及设备紧扣目前沉桩施工技术难点，在收集大量工程实例基础上提出的控制要点和估算方法已在许多工程中得到验证。第十一章桩基信息化施工技术阐述了今后桩基施工信息化控制的必然趋势。各章节总结汇总了近年来大量工程实践及科研成果，许多工程案例都具有非常高的参考价值。

本书由顾国荣、张剑锋、桂业琨任主编，由许丽萍任副主编，参加各章编写和审核工作的有：沈保汉、辛伟、杨石飞、陈晖、徐枫、王浩、魏建华、李象范、王美云、李韬、李晓勇、唐坚、孙福、金宗川、刘伯峰、樊向阳、魏道垛、赵福生、周志道、高倚山、王伟、张璐、刘富华、刘华清、张金宝、黄立伟、程永峰、王禹、刘冀豪、杨启安、孙君平。

虽然本书编者尽了很大努力，但限于学识水平，错误不妥之处在所难免，敬请读者不吝指正。

作 者

2010 年 10 月

目　　录

第一章　桩基础技术概论

第一节　桩的起源和发展

桩基础是最古老的基础形式，早在有文字记载的史前，人类在构筑遮风挡雨的住房的时候采用桩来支承。首先是干阑式建筑，这种高架木屋，先民不仅用来居住，而且也作仓储和圈养牲畜之用。特别是在地基条件不良的河谷和冲洪积层采用木桩是最好的选择(图 1-1)。

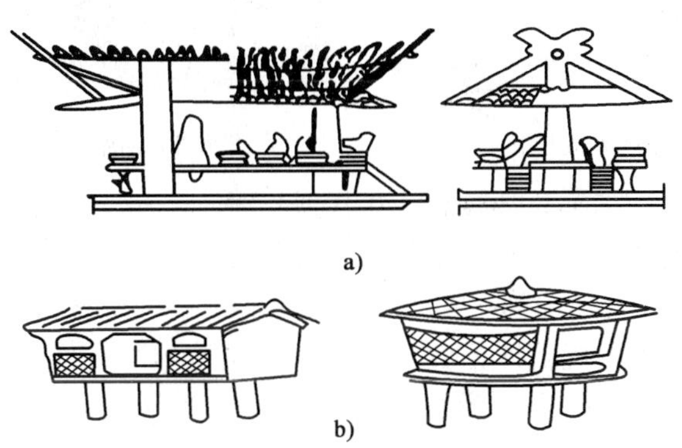

图 1-1　从历史文物所见到的“干阑式建筑”

a)出土的青铜储器盖上的图案；b)出土汉墓的随葬品

桩在中国的起源为距今 6 000～7 000 年的新石器时代。中国考古学家于 1973 年和 1978 年相继在浙江省东部余姚市的河姆渡村发掘了新石器时代的文化遗址(图 1-2)，出土了占地约 4 万 m^2 的木桩和木结构遗存。经测定，其浅层第二、第三文化层大约距今 6 000 年，深层第

图 1-2　河姆渡出土木桩现场

四文化层大约距今 7 000 年，这是太平洋西岸迄今发现的时间最早的一处文化遗址。1982 年在南美洲智利发掘的一处文化遗址所见到的木桩则年代更为久远，大约距今 12 000～14 000 年。可见桩基础是人类进步史上一笔重要的文化遗产，是人类文明的结晶。我国古代许多雄伟壮丽的历史建筑，历久弥坚，正是成功地运用了桩基础，才抵御了无数次地震灾害和海浪冲刷而至今不失当年雄姿。例如建于公元 247 年的上海龙华塔(图 1-3)；10 世纪筑成的杭州湾大海塘的石砌岸壁(图 1-4)，是最早采用木桩基础而完好保存至今的著名工程；山西太原晋祠圣母殿亦为木桩基础，历经几百余年保存完好。可见，桩基础源远流长，是建筑工程不可或缺的基本结构要素之一。

图 1-3　建于木桩上的上海龙华塔

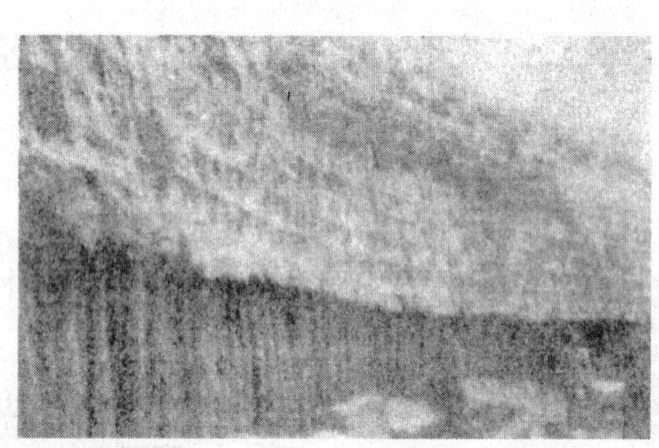

图 1-4　经海潮长期冲刷后暴露的杭州湾海塘的排桩基础

中华人民共和国成立之前，20 世纪 20 年代或稍晚一些，在软弱地基上建造 3～4 层的房屋，常用的都是木桩，一般都是几米长，大头直径约 ϕ300mm。直至 20 世纪 30 年代上海外滩号称万国建筑博览会的许多大型建筑物，也大多采用木桩或是木桩上端接上一段混凝土桩管的复合桩。1943 年，中华人民共和国成立前我国第一高楼——上海国际饭店(图 1-5)，高 83.8m，地下二层，地上 22 层，常称 24 层，是我国历史上采用木桩支承的最高建筑和最后一座高楼。19 世纪后期，国际上生产了混凝土桩和钢筋混凝土桩，中国随之于 20 世纪 20 年代开始采用钢筋混凝土预制桩和灌注桩，从而出现了木桩、混凝土桩和钢筋混凝土桩三者并举的时期。著名的杭州钱塘江大桥(建成于 1937 年)，就是同时采用了木桩和钢筋混凝土预制桩。

图 1-5　用木桩支承的中华人民共和国成立前我国第一高楼——上海国际饭店，高 83.8m，24 层

桩基础的大规模应用与发展还是在中华人民共和国成立之后，改革开放之后的 30 年则进入了桩基工程的鼎盛时期，目前当代中国的桩基技术已经步入世界先进行列。20 世纪 50 年代首先在一些大型工程中采用钢筋混凝土预制桩，取得了桩基设计施工的初步经验，建立了自己的施工队伍和装备，打下了桩基工程行业发展的基础。到了 20 世纪 60 年代，钻孔灌注桩和爆扩桩迅速发展，为在不同地区不同地层中应用桩基础提供了可能性，也推动了桩基的科学研究。70 年代后期，随着建设事业的发展，桩基础更是突飞猛进，无论是桩型的创新还是施工技术的进步，

无论是应用的广度还是研究的深度，都是前所未有的。20 世纪 70 年代早期的桩型主要是预制方桩，打桩设备最大为 100kN 单动蒸汽锤，最大冲击力为 3 600kN，很难贯入中密的砂层。从宝钢开始，在桩型上引进了日本的钢管桩和打桩设备，柴油锤取代了蒸汽锤，大大增加了锤击能量和入土深度，满足了工程规模不断扩大、结构荷重不断提高的要求。

在宝钢，钢管桩成为强度高、贯入深的重力桩型，前后使用几十万米。继宝钢之后，石洞口电厂、外高桥电厂(图 1-6)等大型电厂，花园饭店、世贸中心等高层建筑，杨浦大桥(图 1-7)等桥梁墩台等也都使用高强度的钢管桩。图 1-8 是建于钢管桩上的上海环球金融中心及其近旁的金茂大厦，矗立于上海浦东陆家嘴金融贸易区中心的 101 层超高层建筑，屋顶高度达 492m，观光天阁高达 472m，当前均居世界第一。

图 1-6　建于钢管桩上的外高桥电厂

图 1-7　杨浦大桥主桥

除了钢管桩以外，上海地区和一些重大电力工程中也应用了 H 型钢桩，华北电力设计院承担的深圳妈湾电厂和华东电力设计院承担的扬州第二发电厂(图 1-9)都应用了卢森堡 HP360×410×176(翼板宽度为 410mm，腹板高度为 360mm，每米质量为 176kg)H 型钢桩。当时我国还不能生产，但现在我国马鞍山钢铁公司已能大量生产并出口世界各地，由于 H 型钢桩穿透能力较强，在特殊地质条件下有一定的适应性，因此也是钢桩中常用的一种桩型。

图 1-8　支承于钢管桩上的上海环球金融中心及其近旁的金茂大厦

图 1-9　建于 H 型钢桩上的扬州第二发电厂

进入 20 世纪末以后，随着高强度预应力管桩的引进，在打入桩占了主导地位，钢桩的应用就明显减少了。

PHC 桩，或称先张法离心高强度预应力混凝土管桩(pretensioned spun high strength concrete pile)，是在离心管桩基础之上采用高温高压蒸养而使其强度提高到 C80～C85 的预应力管桩。我国在 1987 年由交通部第三航务工程局混凝土预制品厂引进了 PHC 桩的制造技术和设备，开始用于码头等水上工程，此后不久，广东省的有关单位也引进了这一技术。1989 年华东电力设计院设计的外高桥电厂一期工程，第一个在上海地区的重大工程中进行了 ϕ800mm、长达 70 余米的超长桩的试桩工程，为在电力工程和其他工程建筑中的推广和应用奠定了基础。PHC 桩以其强度高、工厂化生产、制作周期短、适应的地层较广、经济性较好，成为打入桩的主力桩型，目前大直径(ϕ1 200mm)的管桩(图 1-10)也已能生产并投入应用。

图 1-10　ϕ800～ϕ1 200mm 大直径 PHC 桩

近年来，在近海工程和海洋平台的基础工程中，直径大于 1m 的钢管桩在跨海大桥得到较多的应用，如东海大桥(图 1-11)通航主跨的边墩为 ϕ1 500mm的钢管桩，杭州湾大桥和舟山马迹山港码头工程也采用 ϕ1 500mm 的钢管桩，桩长在 62～85m 之间。就上海而言，早在 20 世纪 60 年代初，已经采用钻孔灌注桩建造了市区及近郊的一些桥梁。当时缺少现代化的成桩机械，只能采用人工推磨成孔的大锅锥，后来逐步由泥浆护壁发展到清水护壁(利用孔内黏性土自然造浆)，并保持孔内水位，防止潜蚀和塌孔。1965 年上钢厂 3 号转炉改建工程曾做过钻孔灌注桩试验，但与预制打入桩相比，承载力偏低，而放弃使用。1975 年在公交公司电车修配厂又一次进行了钻孔灌注桩的试验，采用潜水电钻成孔，桩的设计直径为 ϕ600mm，入土深度为 25.8m，试桩极限承载力为 980～1 078kN，明显偏低，原因是没有做好清孔措施，桩底淤泥沉积厚达 0.8～1.0m。1981 年毛织四厂综合楼改造，又做了两根试桩，直径为 ϕ800mm，深度 32m，其侧壁摩阻力与端阻力与电车修配厂相似。1983 年上海基础公司从西德 BACE 公司引进一台 NVC120/2 型成桩机，可施工 ϕ900mm 的 Benoto 桩(法国首先使用这类桩，成孔时桩长范围内用钢套管护壁，以防塌孔，浇混凝土后将钢套管拔除)；以后在上海雁荡公寓、混凝土二分厂及中山北路立交桥做过 9 根试桩，但试桩结果还是达不到上海一般经验；以后基础公司采取了向桩底周围压浆等措施，取得较好效果，但因成孔机械依赖进口，成孔后尚需采取附加措施，因此 Benoto 桩未能推广。与此同时，上海探矿厂等单位研究开发了磨盘钻成桩机，以泥浆护壁，正循环清孔，经过不断研究改进，在浇捣水下混凝土时用首罐混凝土集中在大漏斗中冲击清除部分孔底残余沉淤，使沉淤厚度不大于 10cm，桩的垂直极限承载力得到了提高，形成 GPS 系列

图 1-11　东海大桥主跨

钻机，风行全国。20世纪90年代初期，有关经验和操作方法已被列入上海市地方标准《钻孔灌注桩施工规程》(DBJ 08-202—92)。钻孔灌注桩的桩径和深度也在不断发展之中，房屋建筑的桩径由ϕ600mm、ϕ800mm扩大到ϕ1 000mm和ϕ1 200mm，甚至更大；桥梁地基早在20世纪70年代就用过直径1～1.5m的钻孔灌注桩，如奉浦大桥引桥的桩直径为1.5m，长度为50m，进入上海第⑨层砂层。桩的入土深度创纪录的更多，1988年上海恒丰大楼直径ϕ850mm、桩长为75m，而山东黄河大桥则有直径4 000mm、深度104m的超大超深纪录。

大直径超深度的钻孔灌注桩在大桥工程中应用更多，例如东海大桥主跨桥墩均采用ϕ2 500mm的钻孔灌注桩，深度达118m，经过后注浆处理，修正后的单桩极限承载力达52 000kN。而杭州湾跨海大桥D13墩的钻孔灌注桩直径为ϕ2 800mm，桩长120m，也采取桩端注浆，预估极限承载力为60 000kN，而试桩结果则高达74 473kN。

世博地下变电所工程(图1-12)，是当今世界堪称第一的超高压、大直径、超埋深的地下工程。其直径达130m，埋深35.5m，地下5层，从城市周边将超高压的电流从地下输至市中心，以确保全市供电安全，保证世博会的成功举办。这个工程下设861根直径ϕ800mm的抗浮钻孔灌注桩，深度82m，采用后注浆技术；另设92根直径ϕ950mm的支承桩，进入上海$⑨_2$层粗砂层，挡土支护系统的壁板桩厚1 200mm，深度64m，这样的规模在世界建筑史上也属罕见。

随着工程建设的发展，特别是地下工程围护结构的需要，一些异型桩大为发展，其中最为重要的是桩墙技术(地下连续墙)、咬合桩、水泥土搅拌桩和劲性水泥土墙(SMW)，图1-13是正在吊装的壁板桩(Barrette)的钢筋笼。

图1-12 上海500kV静安(世博)地下变电所

图1-13 正在吊装的壁板桩(Barrette)的钢筋笼

地下连续墙支护技术由意大利始创，至今已有五十余年的历史，上海和全国各地已广泛应用于高层建筑、地铁车站、引水或排水隧道以及地下停车场、地下商场、地下水库等地下建筑物。

地下连续墙适用于工程难度大，槽壁入土深的工程。开挖深度大的是著名的上海轨道交通4号线董家渡长达290m的深层盾构段修复工程。这段盾构隧道向南切入临江大厦地下室底板竖墙，向东伸入黄浦江中60m，向西紧邻南浦大桥上匝道50cm，基坑开挖过程中要确保相邻建筑的安全，其难度可想而知。本工程创造了多项上海以至国内乃至世界第一，国内软土地基最深的槽壁——65.5m，上海最深的基坑——41m。从2003年7月1日发生险情到2007年7月9日轨交4号线全线贯通，经过34个月的努力奋斗，上海工程建设者们创造了一个工程奇迹，延展在申城地下空间。值得一提的是，为了清除深埋地下已损毁隧道内的盾构管片，使用了世界上最大的深层障碍物清除全回转钻机——日本车辆株式会社生产的两台 RT-260 全套管回转钻机，其垂直度由 1/500 达到了 1/1 000，这在国内还是首次应用，而且达到了高精度。图 1-14 是这种钻机在硬质岩石内钻进，最大深度已达 132.75m。

与上海软土相比，北京的地基土强度要高一些，但是随着地下空间的开发和利用，超深基坑也不断增多。图 1-15 是国家大剧院在夜幕下的美丽雄姿，深基坑达到地下 32.5m，地下连续墙深达 41m，在我国北方地区是创纪录的。

在桩基础迅速发展的同时，浅层地基的桩基和复合地基的桩工技术也得到广泛的应用和发展，例如用于地基加固和基础托换的树根桩，用于纠偏和加固的锚杆静压桩，用于加固和处理液化地基的振冲碎石桩和干振碎石桩，用于围护结构重力式挡土墙的水泥土搅拌桩，以及石灰桩、钢渣桩等。

树根桩(root piles)：与上述一些大直径的桩相比，树根桩是一种小型的钻孔灌注桩，通常的直径是 7.5～25cm，它是用钻机钻孔，然后放入钢筋笼或者一根型钢，同时放入注浆管，注入水泥浆或混凝土而成桩。树根桩可以是单根的，也可以是成束的；可以是垂直的，也可以是倾斜的。

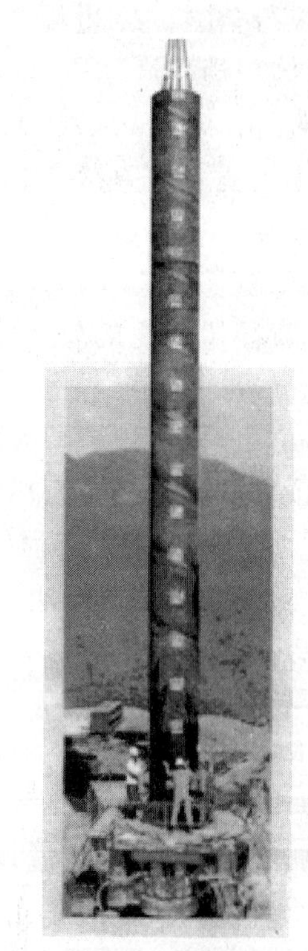

图 1-14　在岩石中钻进的 RT 钻机

图 1-15　夜幕下的国家大剧院

树根桩目前广泛应用于地基加固和托换工程中，我国从 20 世纪 80 年代开始试验研究和应用于苏州虎丘塔(图 1-16)的纠偏和地基加固。上海应用树根桩加固地基的工程实例甚多，比较典型的是上海延安东路外滩天文台的加固保护。该建筑已有百余年的历史，是上海市的保护性建筑，由于修建延安东路越江隧道距天文台外缘仅 18m，加固其地基是很必要的。上海隧道工程设计院采用两排树根桩形成一道防坍的地下墙，桩径 25cm，桩长 30m，取主筋 $4\phi25$，箍筋 $\phi8@500$，桩端伸入隧道盾构底标高以下 4.5m，计 143 根。经过加固，天文台安然屹立在黄浦江畔。

沉降控制复合桩基：上海地区 8 层以下的多层房屋大量采用沉降控制复合桩基，充分发挥了桩土共同作用的效果，充分发挥了桩的承载力的极限状态，控制了基础的沉降量，节约了地基加固的费用，上海地方规范已经作出了规定。

中国幅员辽阔，地层岩性复杂多变，除了沿海沿江软土地基之外，湿陷性黄土、膨胀土、内陆湖沼相地层以及大陆架海域都有使用桩基的可能，桩基础都是重要的分项工程。进入改革开放的年代，国家建设以前所未有的速度跨越式前进，桩基工程也是与时俱进，蓬勃发展，从理论创新到工程实践，形成了中国特色社会主义条件下的桩基工程学，涵盖了比较成熟的桩基工程理论、设计方法及配套施工技术，以及较完善的国家行业和地方规范与标准。

图 1-16 苏州虎丘塔地基加固工程

第二节 桩的分类和选型

早期的桩受到材料和施工条件的限制主要是木桩，随着技术的进步就有了混凝土桩、钢筋混凝土桩和钢桩等不同材料的桩，桩型也有了许多不同的类型，能够适应不同的环境条件和地质条件。

20 世纪 80 年代以来，随着国民经济持续高速增长，中国建设出现了空前的大规模用桩时期。据估计，中国近 10 年来，每年的用桩数量都在 5 000 万根以上，稳居世界各国之首。支承于桩基上的高层、超高层建筑超过万幢，跨越长江、黄河、珠江、黄浦江、钱塘江等大江大河上的大桥、特大桥也以百计，21 世纪初，上海的东海大桥、浙江的杭州湾大桥都是建于桩基上的跨海大桥，其规模和长度也在国际领先。

以成桩条件来区分桩型，则总体上可分为预制桩和灌注桩两类，但从材料和制桩工艺、桩身形状、沉桩(成桩)工艺等方面进行分类，则有更多的不同类型。

浙江省建筑行业协会地下工程分会会长史佩栋教授根据桩的材料、成桩工艺、桩身和桩尖形状、沉桩和施工工艺等要素，列出了中国现今的桩型体系，如图 1-17 所示。可以看出，中国的桩型适应性非常强，不同的制桩材料并存，不同的制桩工艺并存，大中小直径(截面)并存，钻进、锤击、振动与静压施工方法并存，机械成孔与人工挖孔并存，先进工艺和传统工艺并存。桩型和桩基工程显示了一种文化，一种有中国特色的推陈出新的文化和技术。

(1)对于预制桩来说，目前主要的桩型是钢筋混凝土桩、预应力混凝土管桩和钢桩。钢筋混凝土桩主要是传统的尖底方桩，但也有三角形桩、空心方桩和管桩，都是以落锤、振动锤或静压贯入土中，在上部有硬土层的情况下，或是为了减少挤土效应，也可采取预钻孔打入。

高强度预应力管桩(PHC 桩)是目前应用最广泛的一种桩型，由于高强度、耐锤击、贯入性能好，单桩承载力甚至高于钢管桩，因此在许多场合取代了价格较为高昂的钢管桩，其造价在承载力相当情况下比钻孔灌注桩便宜 30%。相应的打桩机械也在不断改进，锤击能量不断增大，工作效率不断提高。以上海工程机械厂为代表的生产厂家，引进了日本车辆的履带式三支点全液压打桩机 DH558、DH658 和德国 DELMAG 柴油锤，国产品牌的工程机械已外销至美国等发达国家。

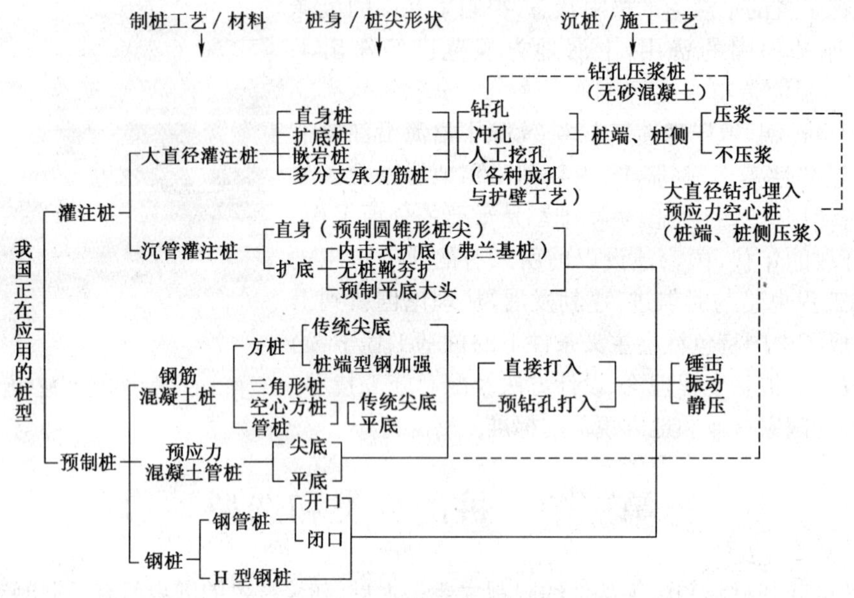

图 1-17　中国现今的桩型体系

随着技术的逐渐成熟，相关的规范和标准也渐趋完善，特别是预应力管桩的国家图集和地方标准都已问世，统一了质量要求和规格标准。

(2)目前国内常见的钻孔灌注桩，已是成孔方法较新、接近国际先进水平的工艺，而人工挖孔桩，则是最古老的工艺之一，二者和谐共存，这是富有中国特色文明的一个范例。中国许多城市只要地质条件适合，人工挖孔桩就是一种高效、优质而又特别经济的成桩工艺。华东电力设计院负责设计的福州电厂、青岛电厂等大型电厂都成功地应用了人工挖孔桩，而且得到了合作伙伴德国西门子的认可。这些年来，南京、北京、青岛等城市由于在施工中发生了人身伤亡等事故，当地建委下发了禁令，不允许随意采用人工挖孔工艺，这是政府负责任的表现，关爱人民的生命安全。青岛发电厂的人工挖孔桩在经过充分的研究论证和试验，提出了详细的施工工艺和安全措施，经过市政府的特批，才得以贯彻实施。现在电厂已安全运行多年，为青岛市的迅速发展作出了巨大贡献。

钻孔灌注桩是桩基工程最为常用的主力桩型，它适用于各种不同的地层条件，没有挤土作用和噪声，在城市中心地带和建筑物密集的地区对环境的影响较小，对于超深和超长的桩基施工也没有大的困难，因此这种桩型遍布天南海北，在全国各地广为使用。

钻孔灌注桩由于成孔条件的不同，施工设备和工艺也有许多形式。除了常见的回转钻进的钻孔桩以外，还有冲孔桩、内击式扩底桩(弗兰基 Frank 桩)等。最近十年引进了德国宝峨、意大利土力、日本车辆 ED 系列等外国旋挖式钻机，其特点是用抓斗旋挖取土，改变了泥浆排放的缺点，改善了环境条件，在挖制系统方面也更为现代化，这种工艺很快风行全国，后来居上。目前国内厂商如三一重机等也已能够生产，并已出口国外。

在桩身形状方面，除了传统的直身等直径外，扩底桩首先引起重视。早在 1981 年，北京市桩基研究小组就作了钻孔扩底灌注桩的试验研究。桩端扩大头的直径是2～3倍桩身直径，增加了桩端的摩擦支承力，提高了单桩承载力，减小了布桩的数量，节约了工程造价。扩底桩的设计和计算也已列入了《建筑桩基技术规范》(JGJ 94—2008)。

挤扩灌注桩施工技术，也叫做多支盘桩(图1-18)的工艺，与单纯在桩端扩底不同，在整个桩长范围内可以根据地层条件挤扩出多个分支或扩大盘(图1-19)，这样可以增大桩侧摩擦阻力和桩端阻力。这种工艺在北方一些地区推广使用取得了很大的经济效益，河北黄骅电厂就是较为典型的一个实例。

图1-18 挤扩支盘桩的挤扩器

图1-19 挤扩桩的分支与扩大盘

1993年以来，桩端和桩侧后注浆技术逐渐发展，现已在全国普遍推广应用。实践表明，这项技术具有大幅度提高基桩承载力和降低沉降的作用，操作简便，成本较低，经济效益好，可以认为是钻孔灌注桩发展的一项先进、经济、实用的技术。

型钢水泥土搅拌墙(SMW工法)是最近几年在基坑围护中广泛应用的一种较新的工艺，也是从日本引进的技术。水泥土搅拌桩或称深层搅拌法是地基加固的一种重要工艺，是以水泥浆液注入土层加以搅拌而形成水泥土桩，与地基土形成复合地基而使地基土的强度得以提高。对于开挖深度小于7m的三级基坑来说，以水泥土搅拌桩加固土层形成重力式挡墙是一种常用的方法。但是对于较深的基坑，重力式挡墙就显得力不从心了，于是一种在水泥土搅拌桩内插入型钢的新工艺——SMW工法就应运而生。由于插入型钢(一般为H型钢)使抵挡土压力的能力大为提高，同时有水泥土搅拌桩作为介体，可以有效地防止地下水的渗漏，而型钢在支挡结构完成任务之后，又可回收利用，因此可以节约工程费用，这就是SMW工法得以广泛使用的原因。随着大量经验的积累，上海市在总结有关经验的基础上，编制了工程建设规范《型钢水泥土搅拌墙技术规程》(试行)(DGJ 08-116—2005)，经上海市建设和交通委员会批准施行。

咬合桩围护结构是最近几年发展起来的一种挡墙结构，与常用的桩排式挡墙不同的是桩排式钻孔灌注桩挡墙的单桩是不连续的，不论是一字形相接排列、间隔排列，或是交错相接排列、搭接排列、混合排列，一般都要在桩后采用水泥土搅拌桩、旋喷桩、树根桩及压密注浆等组成隔水帷幕。咬合桩也由钻孔灌注桩咬合而成，由于形成相互咬合的桩墙，有良好的挡土和阻水的功效，因此一般不设计隔水帷幕。咬合桩的关键在于桩的垂直度控制，使桩与桩之间的搭接完全符合要求，因而取得既能挡土又能隔水的效果。咬合桩施工在条件许可的地方有用人工挖孔的，但多数还是要用机械施工。

根据桩施工时对周围地基土的应力状态的影响进行分类，中国建筑科学研究院研究员高文生教授介绍了国际上常用桩的分类，见表 1-1，表中 CFA 桩为连续螺旋钻孔灌注桩，与此相似，香港常用的桩型如表 1-2 所示。

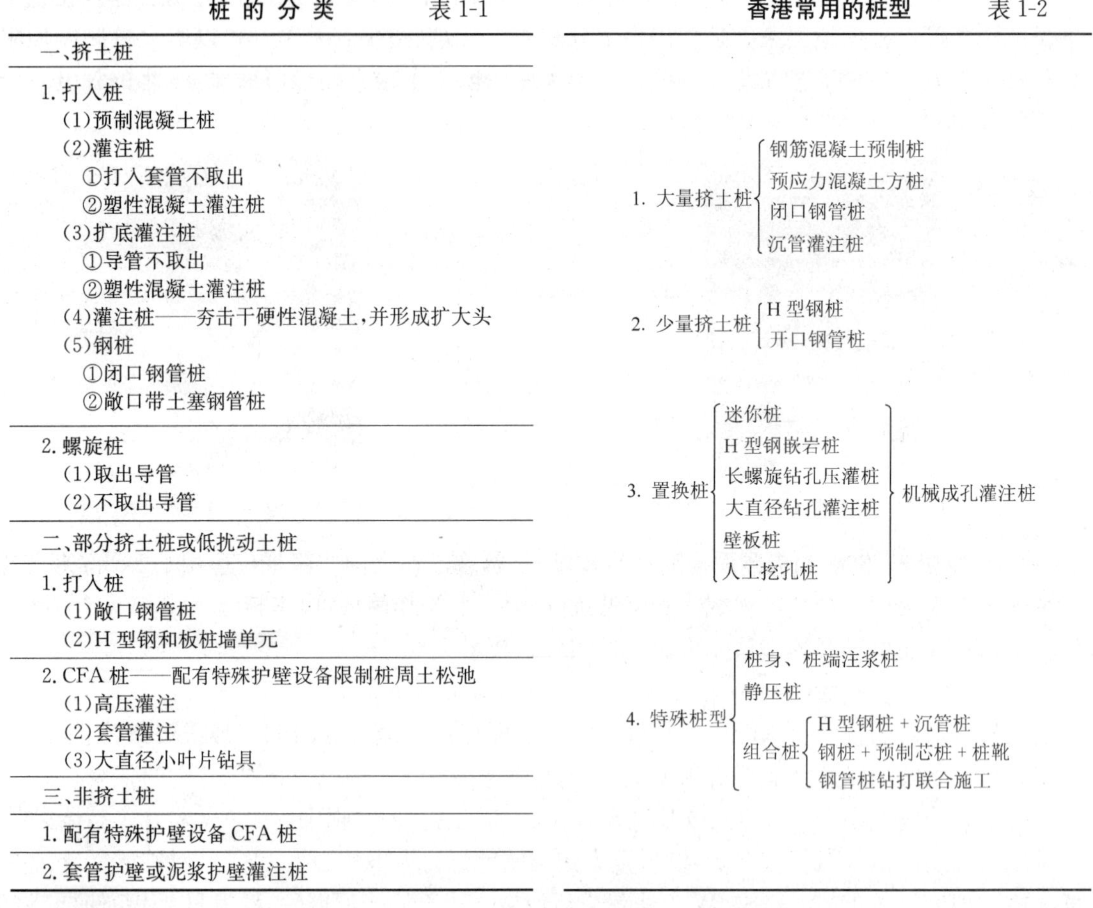

桩的分类　　表 1-1

一、挤土桩
1. 打入桩 （1）预制混凝土桩 （2）灌注桩 ①打入套管不取出 ②塑性混凝土灌注桩 （3）扩底灌注桩 ①导管不取出 ②塑性混凝土灌注桩 （4）灌注桩——夯击干硬性混凝土，并形成扩大头 （5）钢桩 ①闭口钢管桩 ②敞口带土塞钢管桩
2. 螺旋桩 （1）取出导管 （2）不取出导管
二、部分挤土桩或低扰动土桩
1. 打入桩 （1）敞口钢管桩 （2）H 型钢和板桩墙单元
2. CFA 桩——配有特殊护壁设备限制桩周土松弛 （1）高压灌注 （2）套管灌注 （3）大直径小叶片钻具
三、非挤土桩
1. 配有特殊护壁设备 CFA 桩
2. 套管护壁或泥浆护壁灌注桩

香港常用的桩型　　表 1-2

- 1. 大量挤土桩
  - 钢筋混凝土预制桩
  - 预应力混凝土方桩
  - 闭口钢管桩
  - 沉管灌注桩
- 2. 少量挤土桩
  - H 型钢桩
  - 开口钢管桩
- 3. 置换桩
  - 迷你桩
  - H 型钢嵌岩桩
  - 长螺旋钻孔压灌桩
  - 大直径钻孔灌注桩
  - 壁板桩
  - 人工挖孔桩

  （以上统称：机械成孔灌注桩）
- 4. 特殊桩型
  - 桩身、桩端注浆桩
  - 静压桩
  - 组合桩
    - H 型钢桩 + 沉管桩
    - 钢桩 + 预制芯桩 + 桩靴
    - 钢管桩钻打联合施工

香港常把钻、冲孔灌注桩之类叫做机械成孔桩，又把机械成孔桩与人工挖孔桩统称为置换桩。这是因为这些桩在施工时是先将土从桩位取出而形成桩孔，然后在桩孔中灌入混凝土作为置换。

关于迷你桩或称微型桩和小直径注浆桩（micropiles and small diameter grouted piles），与树根桩相似，都用钻机成孔后注浆，关于这方面的发展主要在于施工设备能力的增强和钻机的小型化以及钻孔参数的电子记录和注浆量的监测。

桩型的选用必须经过认真的技术经济比较，做到安全适用，且宜遵循以下原则：

（1）由于中国地域广大，各地的地质条件不尽相同，桩型的选择必须与地质条件相适应，必须因地制宜，结合地质条件和当地经验选用。

（2）中国建设发展迅猛，各类工程性质各异。从高层建筑、地下工程、大桥高塔、山坡深渠，用途性质各异，技术要求不同，施工条件复杂多变，因此必须选择适宜的桩型，发展不同的相应桩型，与建筑结构相匹配。

(3)资源节约型、环境友好型是中国建设的基本国策,桩型选择和桩基工程也必须符合这个国策。因此,立足于当地资源,不造成环境问题,凡是造价经济合理、工艺满足安全和工期要求,各种桩型、各类工艺都是可以选用和推广的。

(4)根据科学发展观的要求,中国政府一贯鼓励科技人员改革创新,力争缩短与国外的差距,逐步赶上或超越国际先进水平。这些年来,不仅引进了许多国外的先进桩型和施工设备,也根据中国特色创造了许多新的桩型和施工技术,因此,中国的桩型选择必须着眼于在相同条件和要求下的先进性,经济、高效、安全和满足工程寿命的要求。

(5)一种新的桩型的选用必须经过科学试验和工程实践的考验。上海地区淘汰了粉喷水泥土搅拌桩和夯扩桩,是结合上海地区的地质条件,通过许多工程经验教训作出的决策。因此,任何一种新的桩型必须从实体试验开始,进行科学论证,即使是比较成熟的桩型,对于重大工程项目也必须进行工程试桩,这种试桩有时候是多种桩型多种方案的比较,这一点在国家和地方的地基基础设计规范中已经有了明确规定。

第三节 桩基础应用中的主要问题

我国桩基工程经历了空前发展,设计施工积累了丰富经验,技术水平进步明显,设计理念与方法有所创新,成桩工艺与设备的自主研发和引进国外先进技术交相辉映,相关标准规范相继出台渐趋成熟,和其他工程技术一样,桩基技术也应是历史上最佳时期。

在这样的历史条件下,认真总结经验,加强理论研究,贯彻科学发展、机理为本、工艺先进、质量可控、环保经济、切合国情、力争世界领先,还是大有可为的。

设计优化是本书的核心命题,而设计优化必须建立在桩基技术的创新之上,必须对当前桩基础应用中的主要问题进行分析,总结其经验教训。

1.关于桩基承载能力极限状态设计

鉴于地基土性的不确定性对基桩承载力可靠性影响的分析目前仍处于探索阶段,承载力概率极限状态设计模式尚属不完全的可靠性分析设计。不同桩型和成桩工艺对极限承载力的影响十分明显,例如常用的等直径钻孔灌注桩经过桩侧注浆和桩底注浆或是通过桩体挤扩形成多支盘桩,其桩侧摩阻力和桩端阻力就得到显著的提高,因此采用承载力分项系数反映桩型和成桩工艺影响的意义并不显著。

新规范以综合安全系数 k 代替荷载分项系数和抗力分项系数,以单桩极限承载力为参数确定抗力,以荷载效应标准组合为作用力的设计表达式,这与《建筑地基基础设计规范》(GB 5007—2002)的设计原则一致,方便使用。对于不同桩型和成功工艺对极限承载力的影响,实际上已反映于给出的极限侧压力、极限端阻力经验参数。极限承载力按静载荷试验确定,新规定的表达式关于桩身荷载传递和发挥的设计理念显然有了很大的进步。

有关规范规定了单桩静载荷试验的要求,这是非常重要的规定,但是许多工程的静载荷试验是在桩基工程完工后作为检验或验收的一种手段,没有起到事先指导的作用。按静载荷试验确定极限承载力仍然是确定单桩承载力的关键,有的工程由于工期紧急,业主为节约费用常常忽视了静载荷试验,这是桩基工程中应该引起重视的一个问题。

2. 关于群桩基础

目前，桩基础设计中对群桩效应没有引起太大注意，群桩计算法则也不太完善。实际上在饱和黏性土地基中打入群桩，桩间土体受到挤压扰动，土中超静水压力的产生、积累、转移和消散，使得土体的结构和应力状态与原有天然情况下的土体大不相同。打入桩群桩施工时，造成的地基孔隙水压力普遍大于上覆土压力，造成打桩区内土体发生较大的垂直和水平位移。打桩完成后，桩身和桩尖处还存在着残余应力，随着土中应力的调整，形成新的平衡。软土地基的桩基大多由地基变形控制，所以估算桩基下沉量就显得相当重要。上海市地基基础设计规范对许可下沉量作了较为严格的规定，一般不允许超过 15cm。有一些工程由于抢工期的原因，不待土体固结达到应有的强度要求就开始挖土，有的甚至一边打桩一边开挖，于是就造成了桩头的位移。比较典型的如上海吴泾电厂六期 2×300MW 机组的主厂房采用 45cm×45cm 的预制方桩，长 32m，进入⑦号粉砂层。施工期间由于工期紧迫，在尚未完成打桩任务，也未达到必要的固结时间的情况下就开始挖土，结果造成所有的桩顶向东偏移，最大的位移达到 1.3m，造成很大的损失。类似的教训，在电力行业和其他工程项目中频频出现，形成了软土地基群桩基础的多发性事故。华东电力设计院总结了有关经验教训，1990 年在上海外高桥电厂一期 4×600MW 机组工程开展了综合性试验，实测打桩过程中孔隙水压力的增长和消散、桩间土的位移和强度变化、桩身应力和应变量，以及锤击过程中的动应力变化等（PDA 动测），并在打桩前插设塑料排水板，在软黏土地层中设置竖向排水通道，获得了许多有价值的研究成果，并迅速在全国电力行业推广，解决了软土地基中群桩打桩和挖土的难题。

与饱和软黏土中的群桩不同，在砂性土和硬黏土中的群桩，由于土的抗力大于打入桩的挤压力，桩周土的强度没有受到显著破坏，在较松散的砂中还有一定的挤密作用，因此桩、土常共同承担基础传来的荷载。即使是在上海软土地基中，也常利用软土层中较为密实的土层作为桩基持力层，布置桩距较大的疏桩基础，使桩发挥其极限承载力，其余的荷载由基底土来承担，这类桩基在上海被称作沉降控制复合桩基。

以上说明，对于群桩基础，考虑不同地质条件，区别对待，考虑群桩效应，考虑桩土共同作用，是桩基设计的一个重要课题。

3. 关于桩基沉降变形和沉降计算问题

桩在承受外加轴向荷载时，通过桩身与土间的向下相对位移发挥出桩侧摩阻力，以及由于相对于桩尖水平面的贯入度而发挥的桩尖阻力，将荷载传递给土体，这种荷载传递的过程就是桩的变形位移的产生过程。桩基沉降变形与荷载的传递紧密相关，更与桩基持力层和下卧层的天然应力状态、桩基施工引起的土的结构、密度和应力状态的变化，土体的应力应变时间关系，以及外加荷载的性质、桩身材料、截面形状、尺寸大小等诸多因素有关。因此对于打入桩和钻孔桩、单桩和群桩、长桩和短桩、长期荷载持久作用的桩和受瞬时荷载作用的桩、打入砂土中的桩和打入黏土中的桩，它们的工作性能都是不同的，由此引起的桩基沉降机理也有所不同，因此用单一的方法计算桩基沉降量是不尽合理的。目前的沉降计算方法实际上是一种半经验的方法，因此其精度也不可能很高，单桩下沉量较为简单的方法分为桩身压缩量、桩身摩阻引起的桩尖下沉和桩尖阻力引起的桩尖下沉三部分的综合变形量。目前的沉降计算方法，对于桩身压缩量大多是忽视的，但是在深长桩已超过 70m 的情况下，桩身压缩量已不可低估，因此在静力试桩中观测桩顶沉降和桩底沉降是很必要的。由于沉降计算问题的复杂性，目前尚难精确地计算各点的沉降，基本上只能计算建筑物的平均沉降量或基础中点的沉降量。对于桩筏基础，在均匀布桩的条件下，桩顶反力呈马鞍形分布，中部较小而边缘较大；沉降分布呈明显碟形，这会引起差异沉降，并引起桩筏基础或桩承台自身和上部结构的附加弯、剪内力，乃至开裂。

浙江某大型电厂(4×1 000MW 机组)4 号锅炉的桩筏基础的原设计方案，由两个条形桩筏基础和一系列柱下独立桩筏基础组成。基桩由 497 根直径 800mm 的钻孔灌注桩组成，设计进入⑦$_2$ 中等风化凝灰岩。实际施工时，大多数桩基仅进入⑤$_1$ 夹有砾石的黏性土中，导致单桩的承载力和刚度比原设计承载力低，桩基下卧层厚薄不均，可能引起桩基沉降和不均匀沉降，进而导致锅炉倾斜等问题。经过研究，决定将条形基础改为桩筏基础，补桩 100 根；为了降低桩的刚度，减少差异沉降，采取在桩顶上铺设 30cm 厚砂垫层的措施来调整基桩刚度；采用基于 Kichhoff 薄板理论的有限元法进行分析，并用 ANSYS 有限元分析计算筏板最大沉降和最大弯矩，二者的结果比较一致。通过对比分析可知，经过砂垫层处理后的桩，一方面降低了桩刚度和减小了差异沉降，另一方面也减少了桩上所承受的荷载，使原有的桩得到了充分应用。目前该电厂已顺利投产运行，说明这样的处理是成功的。

中国建筑科学研究院研究员刘金砺教授首先提出了变刚度调平设计的理念，提出当整体采用桩基时，对于框筒、框剪结构，采用变桩距、变桩径、变桩长(多层持力层)布桩，如图 1-20、图 1-21 所示。对于荷载集度高的内部桩群，除考虑荷载因素外，尚应考虑相互作用影响予以增强；对于外围区应适当弱化，按复合桩基设计；对于主楼与裙房相连的建筑，应以增强主体、弱化裙房的原则设计。变刚度调平概念设计，突破了传统设计理念，通过调整地基或基桩的刚度分布，促使差异沉降减到最小，基础或承台内力显著降低，显然是优化桩基设计的一个重要方面。

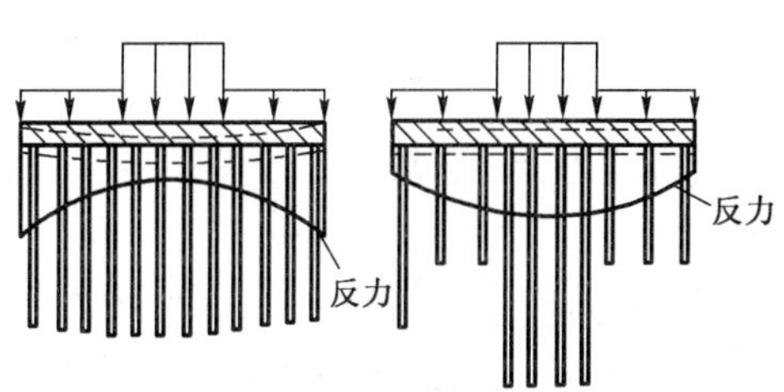

图 1-20　均匀布桩与变刚度布桩的变形与反力示意

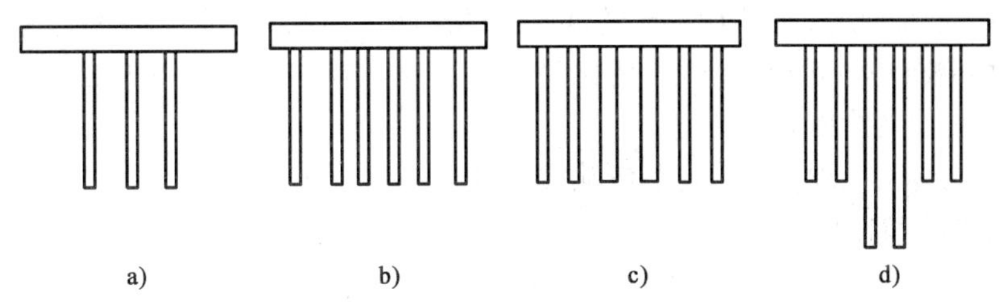

图 1-21　变刚度布桩模式

a)局部增强；b)变桩距；c)变桩径；d)变桩长

4. 嵌岩桩承载机理和单桩承载力

一般认为嵌岩桩一定是端承桩，由于岩石强度高，因此只计算桩端阻力和桩的结构强度，就可确定单桩承载力。但大量试验研究表明，具有一定厚度的上覆土层，桩端嵌入基岩一定深度，其上覆土层的侧阻力和嵌岩段的侧阻力占总承载力的份额不可忽略。桩基设计规范规定了嵌岩桩极限承载力由桩周土总侧阻力 Q_{sk}、嵌岩段总侧阻力 Q_{rk} 和总端阻力 Q_{pk} 构成，即

$$Q_{uk}=Q_{sk}+Q_{rk}+Q_{pk} \tag{1-1}$$

事实证明，这个概念是很重要的。一是可根据上覆土层和强风化岩层的总侧限力合理确定嵌入中、微风化岩深度，当承载力和变形均满足要求时，在强风化层很厚的情况下，桩端也可置于强风化层一定深度；二是可根据长桩的轴力分布，合理确定桩身配筋和计算桩身弹性压缩。

不同岩性嵌岩桩，其嵌岩段的侧阻力发挥机理及侧阻力系数的发挥特性有以下特点：

(1)桩轴力随深度的衰减与桩岩刚度比(E_p/E_r)、清孔情况、沉渣厚度等因素有关，E_p/E_r越小，衰减越快；在干作业条件下，对于硬质岩石轴力传递的最大深度为(3～5)d(d为桩直径)，对于软质岩，传递深度大于(5～10)d；泥浆护壁沉桩传递深度大，泥浆层较厚，桩侧摩阻越小，侧阻力系数显著降低，沉渣厚度越大，总端阻力降低越显著。

(2)桩、岩之间剪切模式可分为三种，对于软质岩，剪切面发生于岩体一侧；对于硬质岩，发生于桩体一侧；对于泥浆护壁的，其界面在桩岩之间。

(3)嵌岩段桩的极限侧阻力与岩体的单轴抗压强度有关，抗压强度越高，相应极限侧阻力也越高。平均侧阻力与岩石单轴抗压强度之比较为离散，但与沉桩清孔有关，干作业比泥浆护壁更能发挥其极限阻力。

嵌岩段极限侧阻力的分布：硬质岩($E_r>E_p$)中，桩侧阻力呈单驼峰形分布，软质岩($E_r<E_p$)中呈双驼峰形分布，平均侧阻力与岩石单轴抗压强度之比ζ_s较为离散，但总的变化规律是岩石强度越高，ζ_s值越低，故嵌岩段侧阻力系数ζ_s($\zeta_s=q_{srk}/f_{rk}$)和Q_{rk}(嵌岩段总侧阻力)计算应考虑下列因素：

①ζ_s软质岩高于硬质岩；

②当桩体混凝土轴心抗压强度标准值f_{ck}小于岩石单轴抗压强度标准值f_{rk}时，取f_{ck}代替f_{rk}计算嵌岩段侧阻力q_{srk}；

③干作业成桩，嵌岩段侧阻力按规范经验值乘以提高系数1.3。

(4)嵌岩桩极限端阻力发挥机理：不同桩、岩刚度比(E_p/E_r)在正常条件下(干作业)，嵌岩桩端阻分担荷载比F_b/F_t(F_b为桩端轴力，F_t为岩面桩轴力)随嵌岩深度比d_r/r_0(d_r为嵌岩深度，r_0为桩的直径)而变化，桩端荷载比随桩岩刚度比增大而增大。端阻系数ζ_p($\zeta_p=q_{rp}/f_r$，q_{rp}为端阻力，f_r为岩石单轴抗压强度)的变化趋势是随f_r的降低而增大，随嵌岩深度增加而减小，受清孔清底情况的影响较大。

表1-3是基于以上端阻性状，规范按软质岩和硬质岩以及h_r/d(h_r为嵌岩深度，d为桩的直径)分别规定的ζ_s和ζ_p值。

嵌岩段侧阻系数和端阻系数 表1-3

嵌岩深径比h_r/d		0.5	1.0	2.0	3.0	4.0	5.0	6.0	7.0	8.0
软质岩	侧阻系数ζ_s	0.054	0.058	0.056	0.054	0.051	0.048	0.045	0.042	0.040
	端阻系数ζ_p	0.70	0.73	0.73	0.70	0.66	0.61	0.55	0.48	0.42
硬质岩	侧阻系数ζ_s	0.045	0.050	0.045	0.040					
	端阻系数ζ_p	0.60	0.60	0.50	0.40					

注：①表中软质岩指$f_{rk}\leqslant15$MPa，硬质岩指$f_{rk}\geqslant30$MPa，介于二者之间ζ_s、ζ_p可取插值。

②考虑到桩岩刚度比(E_p/E_r)和成桩工艺，ζ_p的调整与ζ_s相同。

(5)桩土共同作用——承台效应。

建筑桩基多数为低承台桩基,桩基承受竖向荷载时,桩、承台、承台底地基土是共同工作、变形协调的。承台下的土层分担荷载的效应称为承台效应。对于嵌岩的端承型桩由于桩端刺入量很小,由桩身弹性压缩量引起桩土相对位移也不大,因而承台效应虽然存在,但由于土抗力较小,所以可以忽略。承台土抗力受桩距的影响最为敏感,桩周土的位移越大,承台土抗力越小;对于群桩,桩间土的竖向位移受相邻桩位移的叠加效应而加大,在同一地层条件下,桩距越大,桩间土的侧向位移越小,即承台底土抗力越大。此外,承台土抗力随承台宽度与桩长比增大而增大。承台土抗力随荷载水平而变化。随着荷载水平提高,桩土间相对位移由下而上发展,承台土抗力迅速增长;在荷载水平处于正常工作状态时,承台土抗力随荷载同步增长,荷载分担比趋于稳值。在群桩条件下,承台内区(桩群包络线以内)由于桩的相互影响明显,导致桩间土的竖向刚度显著降低,而外区土受桩的牵连影响小,土的竖向刚度削弱效应小,故土抗力形成内区小、外区大的特点。对于单排桩条形承台,由于外区面积比大,因而其土抗力显著大于多排群桩承台。考虑承台效应的条件应是复合桩基,疏桩基础。对于端承桩,可液化土、湿陷性土、欠固结土、新填土等地层中的桩,则不宜考虑承台效应。

5.基桩选型常见的一些认识问题

基桩设计施工过程中,由于选型不当、设计有误、施工不能保证质量等原因造成的工程事故数不胜数,因此总结经验,吸取教训十分重要。以下是常见的一些认识误区。

(1)将嵌岩桩一律视为端承桩,导致将桩端嵌岩深度不必要地加大,增加成桩难度,延长施工周期,增加工程造价。

(2)在软土地区使用无须排土排浆的沉管灌注浆、夯扩桩和粉喷桩等,对这类桩的挤土效应或施工质量控制认识不足,只是着眼于工期短,造价低,因而造成了地面隆起和位移、承载力不能满足设计要求、工后沉降量大等问题。目前上海地区已由市建委发布通知禁用这类桩型,《建筑桩基技术规范》(JGJ 94—2008)也规定严格控制沉管灌注桩的应用范围,在软土地区仅限于多层住宅单排条基使用。

(3)预制桩的质量稳定性高于灌注桩的概念有时候导致了不少工程事故。最近几年PHC桩和PC管桩迅猛发展,大量取代了灌注桩。在工期、效益、排污等方面,预应力管桩都具有无可置疑的优越性,但随之而来也发生了一系列的工程事故。首先是挤土效应不容忽视,沉桩过程中接头断裂,桩端上抬,对周边建筑物和市政管道造成破坏;严重的造成桩头偏移,特别是在挖土过程中严重偏位,不得不采取补桩、改变基础设计等措施,这类事故已屡见不鲜。广东等地利用PHC桩强度高的特点打入强风化或中风化岩一定深度,按嵌岩桩设计,在锤击施工过程中发生桩身裂缝、桩头和接头断裂的情况也时有发生。此外,预制桩不能穿透硬夹层,往往使持力层不理想,桩长过短,沉降过大。再有预制桩的桩径、桩长、单桩承载力可调范围小,不能或难于按变刚度调平概念优化设计,因此预制桩要因地、因工程对象使用。

(4)人工挖孔桩质量稳定可靠的习惯思维常常与实际不符:人工挖孔桩在低水位非饱和土中成孔,清孔彻底,成孔和基底条件可直观检查,因此质量稳定性较高。但许多是在高水位情况下采用护壁措施掘进的,有的边挖孔边抽水,桩侧细颗粒土被抽走,引起地面下沉,甚至导致护壁滑脱,坍孔,造成人身伤亡事故;有的抽水带走了相邻已灌注的桩基混凝土的水泥颗粒,造成离析;特别是在有软土层存在的情况下,挖土造成软土淤泥发生侧向流动,土体滑移将桩体推歪、推断;在有护壁条件下桩侧摩阻力也常不能达到预期要求。有些城市由于事故频发而禁止采用人工挖孔工艺,是不无道理的。

(5)扩底桩用于持力层较好、桩较短的端承型灌注桩,可取得较好的技术经济效益。但是在单轴抗压强度高于桩身混凝土强度的基岩中扩底,是不必要的。在桩侧土层较好,桩长较大的情况下扩底,一则损失扩底端以上部分侧阻力,二则增加扩底费用,可能得不偿失。将扩底端放置于有软弱下卧层的很薄的硬土层上,则无增强效应,还可能引起超量沉降。在软土地层中超长桩底端扩底,由于施工工艺难度大,常常很难成型,孔壁坍塌造成沉渣,因此效果不及后注浆处理。

近些年来,各地研发的新桩型有的取得了一定的工程经验,编制了专业标准或企业标准,但各有适用条件,特别是应结合地质条件和地区经验,经过工程试桩和检验,慎重选用。

第四节　桩基础的发展趋向

21 世纪是中国走向伟大复兴的世纪,科学技术的发展必将走向世界的前列,桩基工程也不例外,必将从理论研究、设计理念、桩材合成、施工工艺和设备等方面开创崭新的局面,以下概略地预估其发展趋向。

1. 以数值分析为核心的岩土力学

桩基工程本身是以加强或改造地基岩、土为目的,它的作用对象就是岩石和土,因此研究和掌握岩石和土的工程性质或物理力学性质是桩基工程研究的前提条件。

目前,土力学理论都是建立在室内重塑土样的基础之上,这就不可避免地受到土体扰动的影响。研究表明,天然黏土的结构性是普遍存在、不容忽视的,天然土在结构破坏前后的特性有很大不同,它的压缩曲线和剪切曲线可以分为两段,后一段的特性可以从通常的室内试验确定,前一段则宜通过原位测试方法测定。现有的弹塑性本构模型也是在重塑土试验结果的基础上提出的,要合理描述天然土的特性,必须发展新一代的本构模型——结构性模型。

由于量测技术和计算机技术的飞速进步,岩土工程数值分析为工程预测和计算提供了必要条件。20 世纪 60 年代以来,临界状态土力学(CSSM)逐渐形成和发展,一些著名的本构关系,如剑桥黏土模型(CAM clay)、拉德(Lade)—邓肯(Duncan)模型等相继提出,数值分析得到了支撑和发展。临界状态线(CSL)及其后出现的稳态线(SSL)用于工程抗震分析,为桩基抗震计算提供了重要依据。数值解法如有限元法、差分法、边界单元法等的应用日趋普及,例如 Butterfield 和 Banerjee(1971 年)等采用边界元法、Ottaviani(1975 年)采用有限元法对群桩沉降进行了分析。数值计算方法能够考虑土体的分层情况和群桩间的相互作用影响,以及土体的各向异性和复杂的边界条件,所以一般被认为是精确的。然而这种方法工作量较大,需要专业的软件并且建模复杂,因而不易被工程设计人员所接受。有鉴于此,各种简化的解析方法应运而生。Winkler 地基模型概念简单,计算方便,得到了广泛的应用。同济大学黄茂松教授等用 Winkler 模型,考虑群桩中的“被动桩”与周围土体的“遮拦”作用,对传统的桩—桩作用系数进行修正,提出了主动群桩和被动群桩的位移内力简化计算方法,计算结果与有限元、边界元计算的结果以及离心机试验结果进行了比较。至于用有限元法分析桩—筏基础,计算有支撑的壁桩地下墙结构的位移和变形、大面积堆料下桩基础地面变形等都已得到使用;目前可用于岩土领域的商业软件有 Plaxis、Flac、Abaqus 等。在这种情况下，未来 10～20 年数值分析在桩基工程中的应用将从渐次普及到广泛应用。

2. 智能化的岩土测试技术

通过钻探取样直观地掌握岩土性状，仍将是 21 世纪岩土工程勘测的核心方法，但是钻探技术和测试技术将有长足的进步，像航天技术移植过来的伺服式测斜仪一样，登上月球的月球车和登上火星的漫游号火星车技术有朝一日都会转向民用，这些仪器的特点是遥感和自动控制。对于钻探取样的繁重体力劳动，将完全由机器人或机械手所取代。在各种传感器和中央控制系统的指挥下，液压系统可以自动树立钻架或钻塔、自动安装钻机和装拆钻杆、自动取样和保留岩土样、自动采集各种数据和进行数据处理。目前转盘式钻杆装拆的机械手已经在车装钻机上应用，进一步的智能化钻机的出现指日可待。

原位试验仍将是必不可少的勘测手段，随着原位试验精度的提高，不仅使昂贵的钻探取样、室内土工试验的工作量减少到最低限度，且岩土工程勘测的效率也将大大提高。原位试验技术的发展同样以智能化为方向，而遥感遥控和数据采集处理自动化是普遍的技术方法。

3. 开发和维护更好的新桩型

目前占市场主导地位（约占世界桩基础总数的 50%）的是打入桩，但是由于噪声、振动和挤土（或部分挤土）等对环境的影响，在大多数城区，例如上海在内环线以内受到了严格的限制，因此液压沉桩和振动沉桩技术的应用越来越多。

PHC 桩是预制混凝土打入桩中最为流行的一种桩型，由于其高强度和低成本，排土条件与钢管桩相似，因此在许多条件相似之下的工程中取代了钢管桩。现在 PHC 桩不仅在竖向承压方面是主力，在抗拔方面也被认为是性能良好的抗拉构件，适宜作为抗拔工程桩的使用。在沉桩方面除了传统的锤击贯入以外，在受限制的地区，也可用静压贯入。

在欧美发达国家和我国香港地区，H 型钢也用得很多，与混凝土桩相比，H 型钢的穿透性强，因而可以穿越硬土层或进入强风化层更大深度。在香港，H 型钢的嵌岩桩是在岩石中先钻成孔，然后嵌入一根 H 型钢，再在桩侧注入无收缩性的水泥浆。桩的支承能力一般根据 H 型钢的结构强度决定，当采用高强重级 H 型钢截面时，单桩承载力可达 5 500kN。我国由于钢材价格较贵，一定程度上限制了 H 型钢的应用，但在基坑围护工程中劲性水泥土墙的广泛使用，H 型钢主要用来承受水平荷载。在这种桩墙结构中，H 型钢是可以回收的，因此大量节约了工程造价。

钻孔灌注桩的特点是适应性强，对周围环境影响较小，只要有先进的钻机和钻具，可以不受地层条件的限制，也可满足大直径超深度高承载力的需要。特别是后注浆方法近年来应用越来越多，通过预置在桩底和桩侧的注浆装置，在成桩后实施注浆，可减小端阻力发挥所需沉降（普通灌注桩侧阻、端阻发挥需要的沉降分别为桩径的 0.5%～1.0%和 10%～15%），加固孔底沉渣和因施工扰动的桩周土，在工作荷载条件下，后注浆可减少桩基沉降 30%～50%。

钻孔灌注桩的桩型与单桩承载力有很大的关系，扩底桩不仅提高了桩端反力，而且显著提高了抗拔力，对于地下水位很高，并有承压含水层的深基坑，用抗拔桩防止上浮保持稳定，扩底桩是常用的措施。

在国外，连续螺旋钻孔灌注桩（continuous flight auger piles or auger cast piles），简称 CFA 桩，得到快速发展。第二代 CFA 桩钻机的钻进能力大幅度提高，转速 8～10r/min，最大扭矩 200kN·m,向下挤压力超过 100kN,最大成桩直径 1 200mm,桩长 30m,配以大功率混凝土泵(50~70m^3/h),可收缩的辅助混凝土导管,工效极高。

套管 CFA 桩(cased CFA piles)介于传统钻孔灌注桩和 CFA 之间,钻机为双旋转驱动钻进系统,套管和两个反向旋转的钻头同时钻进,钻头前端钻松的土体被螺旋叶片传送到地面。

CFA 桩属于钻进过程中将土排除的非挤土桩;另一种挤土螺旋桩发展也很快(比利时 30%,日本 20%),这种桩在钻进过程中水平挤土而不排土,由于挤土螺旋桩与土结合紧密,能充分发挥土阻力,有较高的侧摩阻力,图 1-22 是这种桩(Atlas 桩)的形状。我国的 Dx 桩(或多支盘桩)在桩型基本原理上有类似之处,但成桩方法则有极大差异。CFA 桩螺旋叶片钻孔,用 Atlas 螺旋钻头成型,而我国的多支盘桩则是在传统的钻孔灌注桩成孔后,另用液压件在设定的分支或扩大盘压入土层成支盘形,这两类施工工艺是不同的。在上海软土地层中也曾做过多支盘桩的试验,但没有成功。但在上海传统钻孔灌注桩直筒形外壁的条件下做过一些工艺上的探索,形成凹凸形,又称竹节桩,也明显提高了侧壁摩阻力。

图 1-22　Atlas 桩

除了打入桩和传统的钻孔灌注桩之外,在日本大直径的一柱一桩的钻孔灌注桩得到了广泛的应用,单桩的设计承载力一般都在 5 000~10 000kN 或更高。日本是个多地震的国家,桩的抗地震水平力的要求极高,因此这类桩常常在桩顶以下 30m 左右设置钢套管,在钻孔成孔时作为护壁管,成桩后不再拔出。一柱一桩除了高强度高承载力以外,垂直度控制是关键所在,在日本一般要求控制在 1/500 以内。

上海世博变电所的设计应用了许多先进技术,也采用了一柱一桩,图 1-23 是上海世博 500kV 地下变电站的剖面图。本工程桩径 ϕ950mm,桩端埋深达 89.2m,进入上海⑨$_2$ 层粗砂,桩的抗压设计承载力 9 500kN。采用了桩端后注浆技术,注浆材料采用 P32.5 级新鲜普通硅酸盐水泥,水灰比 0.55,单桩注浆水泥用量 2 000kg。

在香港,大直径钻孔灌注桩常用来支承高楼大厦及高架桥梁等结构物,桩身直径一般为 ϕ1~3m,桩长可达 80m,单桩承载力可达 45 000kN。香港处在山区,许多建筑物建在山坡地上,大直径高强度嵌岩桩对于防止山体滑坡是一种重要的手段。

从国内外已有经验看,桩型显然是重要的桩工技术和经济的参数,在技术进步和创新不断发展的今天,新型的、成熟的新桩型必将成为桩基工程重点开发和研究的一个领域。

(1)除了桩基础的功能外,还具有利用桩体传导的其他功能,这种桩也许可以称之为特种功能桩。例如在治理滑坡地段常用的抗滑桩,可以设计为透水桩,可以在抵抗滑坡土压力外,也可疏干地层中的地下水,消散孔隙水压力,形成竖向、斜向、水平向的深层盲沟,同时通过检测手段,预报滑坡可能发生的症候和时间。

开发地热资源,是环保节能的重要课题之一。一种地热蓄能桩已经在开发应用。这种桩通过敷设在桩内钢筋笼上的热交换器来调节建筑物的温度,其原理是利用热交换管中液体(通常为水)与周围土体的温差产生热通量。地基土可储存外部传到土中的太阳能和生产余热,蓄能桩则利用地基土的季节性热能储存功能充入或释放热能。

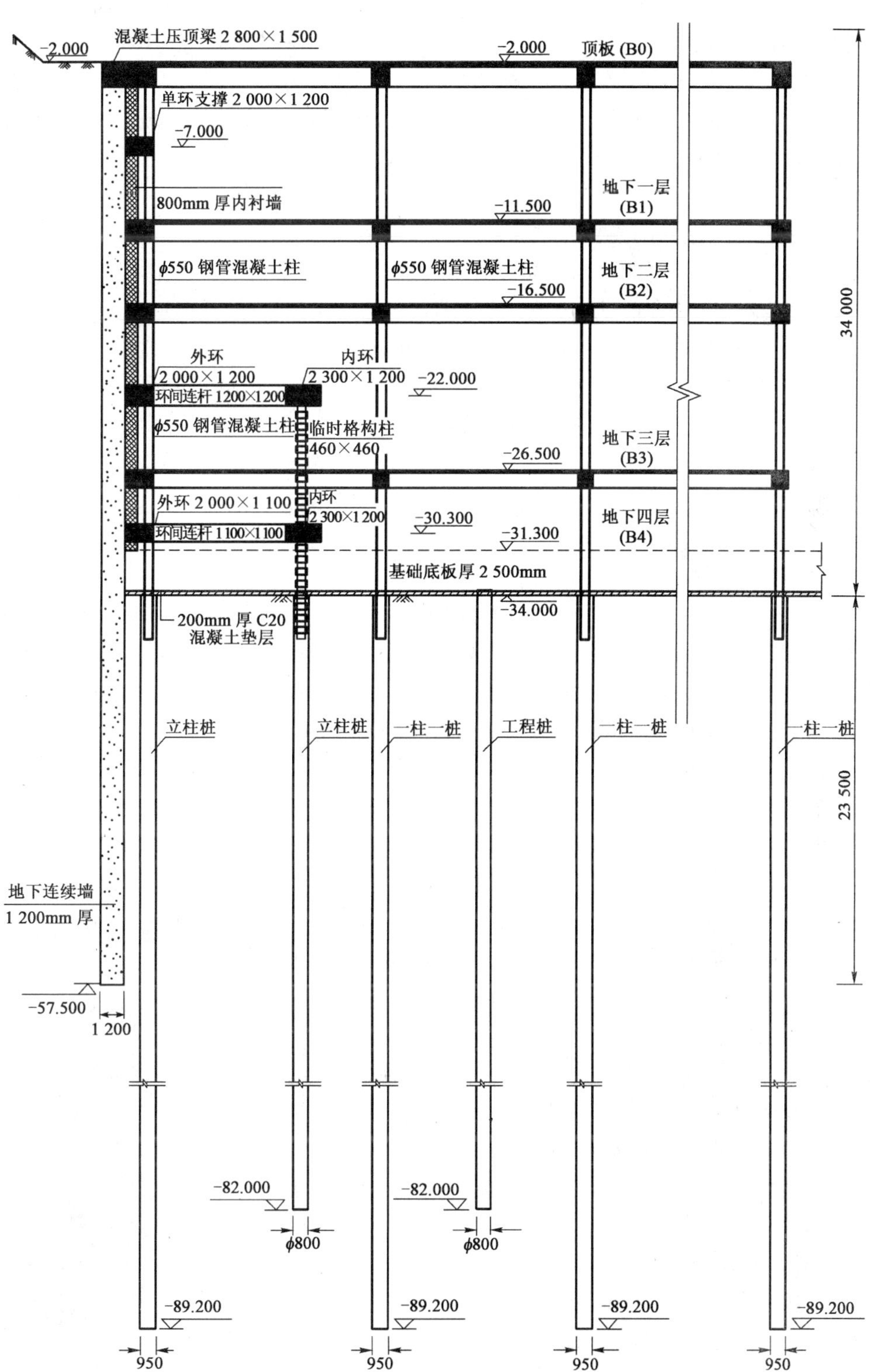

图 1-23 上海世博 500kV 地下变电站工程逆作阶段剖面图(高程单位:m,尺寸单位:mm)

(2)桩的形状突破直杆和线形的概念,而演变为不同造型的支承结构,例如沉井结构用于筒中筒、筒框结构的高层、地下连续墙已经作为地下室外墙的一部分。成片状的、折线状的和格栅状的不同于现有桩基础却有桩的功能与概念的地下支承结构,部分或局部取代单调的桩基础,这种地下支承结构施工机械将不是传统的打桩机,而是以地下连续墙施工机械为蓝本的掘土机,如果在气压护壁方面有所突破,则可扩大其底部,形成扩底墩式的扩大头,进一步提高其支承能力,减少沉降量,降低造价。

(3)目前的桩材以钢筋混凝土为主体,而钢桩则次之,随着化学工业高分子材料的发展,由化学注浆成桩制造出高强度的可与钢筋混凝土桩媲美的化学复合桩未必是不可能的。目前水泥土搅拌桩已广泛用于复合地基的处理,化学灌浆也是常用的手段,在此基础上发展的化学材料和土的搅拌桩搅拌墙用于防渗挡水等目的应是可能的。

(4)在传统的锤击贯入、液压或振动下沉、回转钻进、重力压桩等各种沉桩(成桩)方法的基础上,射水沉桩工艺也许会得到发展。国外在板桩施工中用射水作为辅助方法的压入式工法,新型的施工机械具有更大的下压力,能穿透密实坚硬土层,可在净空较小或工作空间紧张的条件下施工。除了用于板桩压入外,对于沉桩困难的其他成桩条件,也不失为一种沉桩工艺。

4.成(沉)桩工艺与设备更趋现代化

打入桩的施工设备由起吊机、打桩支架和桩锤等组成。每一组成构件都是桩工机械的重要部分,可以形成或已经形成一门桩工机械学。以打桩支架来说,从原始的导轨式桩架,到车装式、履带式桩架,其起重能力、立轴高度等方面都在不断进步。而在桩锤方面,除了常用的单动锤油锤(如 DELMAG D80～23 和 D100～13),其打击能量为 171～266.83kJ,打击速率为 36～43 击/min,锤跳高度一般为 2.5～2.9m,最高为 3.2m。为了适应大直径桩(如 ϕ1.2m 的 PHC 桩和 ϕ1.0m 或以上的钢管桩),现在已开发了 DELMAG D180 的大吨位柴油锤,并已在东海大桥、杭州湾大桥等工程应用,并已批量出口到美国等国家。除了柴油锤以外,能率更高的液压锤、振动锤等的研发和应用也是桩工技术的重要成果。

对于钻孔灌注桩来说,长期以来我国自行开发研制的回转钻机和冲孔钻机是成桩的主力设备。但最近几年,德国宝峨、意大利土力、日本车辆的 ED 系列等旋挖钻机的引进,使长期存在的泥浆循环的工艺发生了一些变化。在地下水位较高的饱和软黏土层中钻进,虽然也要使用护壁管和泥浆护壁,但是旋挖钻机的抓斗挖出的是原土而不是循环泥浆,这对环境保护的要求就前进了一大步。此外,这类钻机现代化水平较高,由计算机自动操作和追踪显示,通过各种传感器的运作,在驾驶室内就能了解钻进深度、垂直度、孔壁和孔底情况,机械操作的自动化水平也较高,质量控制也较好。图 1-24 是日本 NISSHA 牌旋挖钻机,所配置的扩底桩钻头、全液压回转扩张成型是当前扩底桩施工较为先进的工具。目前我国在吸收和创新的基础上已实现了大部国产化,因其价格较为低廉,已向非洲国家出口。

图 1-24 NISSHA 牌旋挖钻机

与旋挖式钻机相比，全套管全回转液压钻机正在迅速发展。以日本车辆生产的RT系列钻机为例，其强大的切削功能，不但可在单轴抗压强度为137～206MPa的巨砾和岩层中钻进，还可以清除地下的钢筋混凝土结构物、PC桩、H型钢桩等障碍物。图1-25是用微电脑控制推力液压缸压力的B-CON机构，能使刀头受力均匀，运转正常；图1-26是多头抓爪的结构原理；图1-27是利用多头抓爪清除旧桩的实例。这类钻机突出了使用方便性和安全性，通过微电脑自动控制钻头转速，调整回转扭矩、夹紧力和压入力，其特有的楔形夹紧机构，性能十分优异。

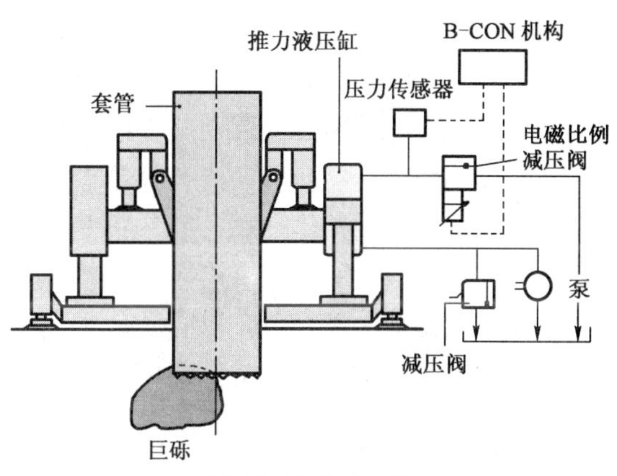

图1-25　B-CON机构

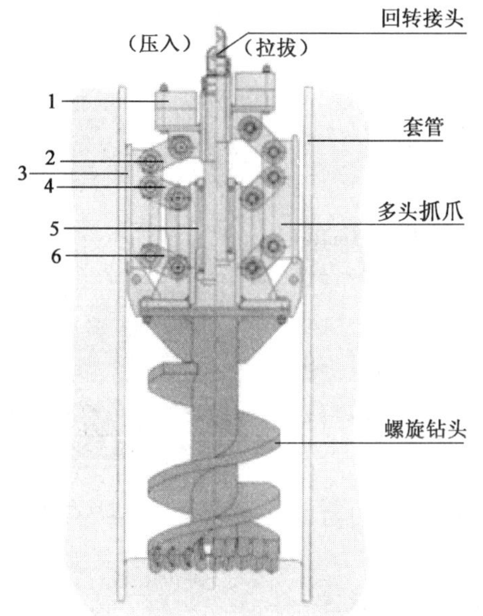

多头抓爪的结构原理

（已获得专利）

多头抓爪作为替代冲抓斗的套管内部挖掘装置而被开发，在清除钢筋混凝土基础及钢桩等地下障碍物的施工中发挥着巨大威力。它能可靠地传递套管的扭矩、压入力，具有强大的破坏力。

多头抓爪能够一直下降到挖掘孔的底面，一松开悬吊钢缆，则在配重1的自重和弹簧5的拉伸力作用下，通过连杆2、4、6，使制动蹄3压紧套管的内壁，使多头抓爪被固定。进而，随着挖掘反力的增大，连杆4、6进一步张开，使制动蹄3的压紧力增大，从而能获得更大的挖掘力。

图1-26　多头抓爪的结构原理

1-配重；2、4、6-连杆；3-制动蹄；5-弹簧

在饱和软土中钻孔灌注桩成桩的关键工艺是保护孔壁的完整性，减少扰动。全套管回转钻机是以套管端部的刀刃作为切削钻具钻进的，整个钻进深度内均由套管护壁；旋挖钻机也在上部相当深度设置钢套管护壁，但对传统钻孔灌注桩工艺来说，泥浆护壁是必不可少的。有关规范对泥浆的一些控制性指标作出了规定。目前常用的制浆材料是膨润土，但是膨润土泥浆在循环使用过程中如果处理得不好，就会影响桩孔的质量，造成塌孔或是缩径；泥浆太稠，又会影响桩侧摩阻力的正常发挥。因此，对泥浆料的研究引起了应有的重视。日本利用高分子化合物制作的泥浆叫稳定液，渗入桩侧土层的能力较强，对稳定桩壁有利，但价格不菲，因此很难推广。随着桩工技术与化学工程的结合，相信不久的将来，高效、廉价的稳定液会得到发展和应用。

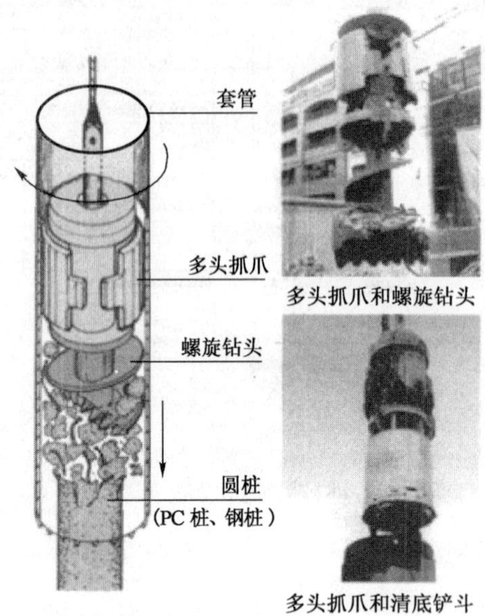

多头抓爪的特点

能够利用套管的扭矩、压入力发挥强有力的挖掘性能。

可以选配螺旋钻头、挖掘铲斗、清底铲斗等各种各样的工作装置。

由于不需要像落锤那样的自由落下操作，所以能在低噪声、低振动的状态下进行挖掘（根据公司内试验所得的结果）。

能够选择悬吊钢缆的根数，因此可用小型的配套起重机进行作业。

由于不需要动力源，所以没有维护麻烦的液压软管等。

图 1-27　多头抓爪清除归桩

5. 试桩和测桩的信息化检测技术

确定桩基设计参数有许多方法。首先是依据正确的岩、土分层的物理力学性质和桩基设计参数，其次是桩型和施工工艺，而最为重要的依据是桩的足尺静载荷试验。图 1-28 表示传统锚桩反力架单桩静载荷试验；图 1-29 表示传统堆载单桩静载荷试验；图 1-30 表示传统单桩抗拔试验。这些方法应用甚广，经验很多，已经比较成熟。

图 1-28　传统锚桩反力架单桩静载荷试验

图 1-29　传统堆载单桩静载荷试验

图 1-30　传统单桩抗拔试验

但是随着工程规模越来越大，单桩承载力高达数千吨，地下工程受开挖深度的影响，地面试桩不能代表其有效桩长度的承载力。图 1-31 是上海 500kV 世博变电所工程试桩中采用双套管隔离的施工技术，这在上海地区还是首次应用。有时候工程处于斜坡场地、建筑物密集、出入不便的地区，这种常见的试桩方法就有一定的难度。

图 1-31 试桩采用双套管隔离

自平衡法(Osterberg 法)是在桩体内部设置荷载箱(O-Cell)施加荷载测量其位移和应力的方法。其加载设备荷载箱埋在桩身平衡点附近。试验时,从桩内通过高压油管对荷载箱内腔施加压力,箱顶与箱底被推开,产生向上与向下的推力,从而调动桩周土的侧阻力与端阻力,直至破坏。将桩侧土摩阻力与桩端土阻力叠加而得到单桩抗压极限承载力。图 1-32 是上海 500kV 世博变电所钻孔灌注桩双荷载箱自平衡法承载力测试的荷载箱安装图,用以测试出桩端压浆前后的承载力。目前国内东南大学首先引进开发的自平衡法,于 1997 年 9 月和 2000 年 3 月先后申请了"桩承载力测定装置"及"桩承载力测定用荷载箱"的实用新型专利,并由江苏省建委发布了《桩承载力自平衡测试技术规程》。但对于荷载箱摆放位置、成果判别方法等,学术界还有不少看法,这种讨论对促进技术进步是一件好事。

在单桩静载荷试验的桩体中埋设一些测试应力应变元件,以测得桩的侧壁阻力和桩端阻力是一种常用的方法。图 1-33 是上海 500kV 地下变电站在钢筋笼上埋设高精度测试元件的图片,现在常用的是振弦式应力计,但近两年光纤应力计也有很大进步和应用。此外,在地下变电站还应用了瑞士生产的滑移测微计测试全桩身应变。

图 1-32 世博变电所自平衡法荷载箱图

图 1-33 地下变电站高精度测试元件

对于打入桩来说,可以在贯入过程中进行动力测试的方法,首推用波动方程预估单桩承载力,打桩分析仪(pile driving analyzer,图 1-34)已经遍及全国,是世界各国拥有量最多和使用最多的国家和地区。它的应用确有独特的优点,可以检测打桩应力(压应力和拉应力),桩的完整性或损伤(损伤的程度和位置),测试打桩机的性能(能量传递),确定单桩承载力(但要进行复打)。动力试桩可用来估计桩的打入标准,确定打桩程序,以获得最佳打桩效率。动力试桩可以测许多桩,对整个工程质量进行监控,在试桩阶段进行静载荷试验和 PDA 测桩进行对比,可以获得较为可靠的参数用于工程实际。由于静载试验费用较高,对于一些小工程、大直径桩、水下的打桩等情况,PDA 方法就能提供较好条件,避免过分安全、保守的估计。

目前,国内以武汉中科院岩土力学研究所为核心研究波动方程理论和应用,不论在硬件和软件方面都有长足的进展,不论是测试系统还是 CAPWAP 软件都已建立高应变动测的标准。

用重锤夯法，PDA 也可用于钻孔灌注桩的检测。

P. I. T 桩身完整性测试仪(图 1-35)，是美国桩基动力学公司研制开发的一种基于反射波法的低应变检测方法，也是目前对钻孔灌注桩桩身完整性最常用、最普及的一种检测方法。由于设备轻便灵巧，野外数据采集快速方便，测试费用低廉，对桩的质量等级有判别标准，规程较全，执业资格经过考核，因此在应用上有较高的可信度，许多钻孔灌注桩工程的业主甚至要求进行百分之百的检测。

图 1-34　打桩分析仪

现场实测时，加速度计固定在桩顶上，用手锤轻轻敲击桩顶，由 P.I.T 采集仪采集并分析结果

图 1-35　P. I. T 桩身完整性测试仪

虽然 P. I. T 的设计充分考虑了桩—土体系的动力特性，它采集的信号反映了波在桩体内按照一维波动理论的传递规律，它的输出是信号和桩长的关系，但在对现场采集到的信号进行滤波、频域分析等的必要数据处理后，仍然有可能发生误判、漏判等情况。有研究表明，缺陷出现在浅部或桩底部位时容易漏判或误判。因此在 P. I. T 检测的基础上，对于有怀疑的桩尚应作进一步的检测和试验，予以确认，然后采取相应措施。

对于大直径钻孔灌注桩最直观的检测手段是钻芯法取样检查。一些通过高应变或低应变动力法测试有怀疑的桩，采用钻芯取样是常用的方法。但是对于超长桩来说，有时由于钻孔设备不能很好地控制其垂直度，或是因为桩身不正，常常不能穿透整个桩长，取上桩底与地层的结合部分，了解桩底沉渣等情况。也有一些施工单位在放置钢筋笼时，没有按设计要求将钢筋笼放至孔底，如要检测这一情况，钻芯取样也无能为力。最近，江苏地震工程研究院提出了用直流电法检测灌注桩钢筋笼长度的方法，开启了一条新路。

在钻孔取芯的基础上，在孔中还可进行超声波探伤，对整个桩体的混凝土浇灌情况及强度变化进行追踪。在试桩内进行超声波测试是要在钢筋笼上捆绑钢管来进行的。

从发展趋向来看，信息集成技术发展及工程应用，使桩基施工远距离监测成为可能。目前，高、低应变检测技术尚在发展之中，桩身完整性检验结论将由定性向定量演变，桩基检测、检测和数据处理技术的发展相互关联，检测数据将更为可靠实用，测试手段和工具将更为先进。不论是试桩还是成桩，桩的强度、变形和桩土的共同作用越来越可控，桩基工程的质量也越来越可靠和安全。

本章参考文献

[1] 史佩栋，洪永星. 桩在中国的起源、应用与发展[M]. 北京：知识产权出版社，2005.

[2] 史佩栋. 桩基工程手册[M]. 北京：人民交通出版社，2008.

[3] 孙更生，郑大同. 软土地基与地下工程[M]. 北京：中国建筑工业出版社，1984.

[4] 张剑锋.第五章 岩土工程//《上海勘察设计志》编纂委员会.上海勘察设计志[J].上海:上海社会科学院出版社.

[5] 王卫东,陈峥,等.上海世博500kV地下变电站土建初步设计.华东电力设计院,现代设计集团华东建筑设计研究院.

[6] 张剑锋,陈昌斌.SMW工法的工程应用和技术进步[J].上海地质,2001(2).

[7] 贾国平,张剑锋.软土地基桩基工程实践[J].电力技术,1992(10).

[8] 张剑锋,黄金忠,高倚山.上海外高桥电厂(一期)岩土工程勘察和工程试桩实录[J].电力勘测,1997(4).

[9] 张剑锋.H型钢桩在电力工程中的应用[J].电力勘测,1997(2).

[10] 黄茂松,江杰,张陈蓉.基于Winkler模型的桩基分析方法[J].土木工程学报,2007,40(增刊):122-127.

[11] 张剑锋.21世纪岩土工程展望[J].电力勘测,2001(1).

[12] 高文生.第十届桩与深基础国际会议综述[J].土木工程学报,2007,40(增刊):331-343.

[13] 王卫东,翁其平,陈峥,徐勃.上海世博500kV地下变电站超深一柱一桩的设计与分析[J].土木工程学报,2007,40(增刊):312-318.

[14] 高倚山,张剑锋.高强度预应力管桩(PHC桩)在电力工程中的应用[J].电力勘测,2001(2).

[15] 徐枫,顾国荣,陈岱杰.上海地区PHC管桩抗拔设计应用实录[J].土木工程学报,2007,40(增刊):211-218.

[16] 张晓玲,王理,唐业清.挤扩支盘灌注桩的研究与工程应用[J].地基基础工程,1999,9(1).

[17] 陈峥,杨敏,朱碧堂.采用砂垫层调整基桩刚度的筏基基础分析[J].土木工程学报,2007,40(增刊)

[18] 刘金砺.《建筑桩基技术规范》(修订)若干技术焦点剖析//第七届全国桩基工程年会论文集:桩基工程技术进展[D].北京:知识产权出版社,2005.

[19] 中华人民共和国行业标准.JGJ 94—2008建筑桩基技术规范[S].北京:中国建筑工业出版社,2008.

[20] 董淑海,陈锦剑,王剑华.大直径水下钢管桩竖向承载力的现场试验分析[J].土木工程学报,2007,40(增刊).

[21] 戴国亮,龚维明.杭州湾跨海大桥桩基承载力试验研究//第七届全国桩基工程年会论文集:桩基工程技术进展[D].北京:知识产权出版社,2005.

[22] 高飞,伍允望.基桩反射波法诊断中缺陷几何参数的数值分析[J].土木工程学报,2007(增刊):483-487.

[23] 李耀良,徐巍.海上大口径超深钻孔灌注桩施工技术[J].土木工程学报,2007,40(增刊):432-436.

[24] 齐永正,赵维炳,唐彤芝,陈俊生.混凝土芯砂石桩路堤桩基新技术[J].土木工程学报,2007,40(增刊):237-240.

[25] 张艳.奇迹,延展在申城地下空间——上海轨道交通4号线原地修复纪实[N].文汇报,2007-9-21(2).

第二章　桩基工程勘察

第一节　勘察工作的重要性

1. 桩基工程勘察目的及需解决的主要技术问题

为贯彻国家的经济建设方针和基本建设程序，各项工程建设在设计和施工之前，必须进行岩土工程勘察。桩基工程勘察目的及需解决的主要技术问题包括：

(1)对建设场地的稳定性和适宜性进行评价。

(2)查明拟建场地的地形地貌、地基土构成、地下水状况、不良地质现象及周边的环境条件等。

(3)提供桩基设计所需的地基土强度和变形等参数。

(4)根据工程性质、场地地基土条件，结合地区建筑经验，论证地基基础方案可行性与适宜性，分析预测可能存在的岩土工程问题，并提出相应的防治措施建议。

2. 目前桩基勘察工作存在的不足及问题

在大量的桩基工程中，有发生建(构)筑物因沉降量过大导致建筑物倾斜、墙体开裂渗水等风险事件。发生的风险事件与岩土工程勘察相关的原因主要包括以下几点。

(1)建设方或设计方在提出勘察任务委托时，要求不明确，导致勘察工程师对其工程性质、设计意图(如对建(构)筑物的结构特点、荷载的均匀性、变形控制的标准等)不十分了解，或勘察工程师对同类工程勘察缺乏经验。易发生的问题包括：一是完成的勘察工作量(孔数或孔深或提供的土性参数)不能满足设计要求；二是勘察成果报告中对桩基承载力与变形的分析缺乏针对性或欠全面。如某软土地区建造大型 1～2 层厂房，跨度与柱间距很大，单柱荷载达 10 000～20 000kN，且厂房部分范围内有 30～50kPa 的地坪堆载，对地基变形及变形差的控制严格。勘察期间任务委托书仅提供了厂房的建筑面积和层数，未提供柱网尺寸和单柱荷重，勘察工程师对同类大型厂房的结构特点不了解，预估的柱荷重明显小于实际荷重，因此提供的勘察报告就存在上述两方面的问题。后勘察设计双方进行交流，勘察单位进行补充勘察，勘察成果报告最终满足了设计要求，但严重拖延了工期。

(2)因勘察方法不当、试验边界条件与实际相差太大，或未严格按土工试验标准进行，使得勘察报告提供的土性参数欠合理或不合理，误导设计与施工。如软土地区对于流塑～软塑状态的黏性土，因其灵敏度很高，极易被扰动，宜采用薄壁取土器取样；在进行室内固结试验时，施加的第一级荷载需要严格控制，不宜过大，否则试样易压坏；对粉性土与砂土，因难以取得较为理想的原状土试验，室内试验成果较为离散，进行分析评价时，仅依据室内试验指标欠全面，宜重点依据原位测试成果;对土性不均、松散的厚层填土等,室内力学试验指标易失真,如新近吹填的松散粉土,其室内试验直剪固快及压缩性指标均较好,与实际情况不符,而原位测试成果可显示其状态差,承载力极低。因此对不同性质的土性,宜采用合适的勘探、测试与评价方法,获得的各类测试指标需要综合分析,去伪存真,否则会引起不良后果。

(3)未重视地区工程经验,勘察报告分析与建议不尽合理,产生误导作用。岩土工程是一门半理论半经验的学科,由于岩土体的性质复杂,使得任何的理论计算方法都无法获得满意的结果,因此地区的工程经验非常重要。如桩基沉降量的预测,按理论计算公式或规范推荐公式计算分析结果,往往与实测沉降资料有时相差很大。上海地区 20 世纪 90 年代初期 25～30 层高层建筑以⑦层(土性为中密或密实的粉性土或砂土、层顶埋深 30m、厚度 10～15m)作桩基持力层,桩端下压缩层范围内有约 25m 厚的软塑～可塑状黏性土,计算沉降量一般为 20～25cm,按规范对变形控制标准≤15cm 分析,则需要调整桩长,增加投资;而实测沉降量一般仅为 10～15cm,这样就造成工程投资的浪费。近年来随着对大量工程实测沉降资料的积累,使得岩土工程师的计算预测精度大大提高,可见勘察工作必须善于积累地区经验,以提高勘察成果的质量。又如预制桩的沉桩可行性分析问题,如果岩土工程师对目前沉桩设备概不熟悉、对桩穿越或进入某密实砂层的难易程度不知晓,则会发生勘察报告建议的桩端入土深度根本不可行,如设计人员同时也缺乏经验,则常会出现大量桩无法达到设计标高而被迫截桩的结果,不仅影响工程的质量与工期,还造成不必要的浪费。

(4)未重视建设场地周边环境的调查。勘察报告中缺乏工程建设对周边环境不利影响的相关评价内容,也未考虑周边特殊环境对本工程桩基方案的制约作用,则易导致勘察报告推荐的桩基方案欠完善或难以成立。目前城市土地资源稀缺,使得许多建设项目在环境敏感的建筑群区域内实施,有时拟建的高层建筑邻近保护建筑、已运营的轨道交通工程、重要市政管线等。勘察阶段如果未对周边环境进行调查或者调查不详细,在桩型选择(预制桩的挤土效应分析)、建筑物附加荷载引起的地基变形对临近建(构)筑物的影响等方面缺乏针对性分析评价,也未提请设计与施工人员注意相关问题,则勘察报告内容欠全面。

3. 勘察工作的重要性

在建设工程中“重设计、轻勘察”的现象是普遍存在的。人们多认为工程勘察即是“钻孔取土,绘制工程地质剖面,提供土层参数表,简单结论与建议”,技术含金量似乎不高,这是片面的观点。实际上由于不同建设场地岩土条件的复杂性和变异性,使得每份勘察报告具有不可复制性,需要岩土工程师具有扎实的理论知识和丰富的工程经验。我们必须清醒地意识到,在桩基设计与施工中,岩土工程勘察是重要的基础性工作,勘察成果文件是桩基设计的重要依据性文件,勘察成果的质量直接影响桩基设计与施工的安全性、适宜性和经济性。

随着我国各地经济建设的飞速发展,岩土工程技术日趋成熟,桩基工程勘察积累了丰富的经验,如何选用合适的勘探方法与手段,查明场地的工程地质条件,并根据工程特点、岩土体性质、地区建筑经验,推荐经济合理的桩基设计参数,进而对设计与施工中易发生的问题(风险源)提出注意事项,是岩土工程勘察报告的重要内涵。优良的勘察成果报告、有经验的岩土工程师,可帮助设计与施工人员充分认识场地岩土体的特点,引导设计人员进行合理的桩基设计,建议施工采取合适有效的风险控制措施,起到工程前期咨询作用,因而勘察工作是整个桩基工程不可或缺的重要环节。

考虑全国范围内岩土体性质极为复杂，桩基勘察涉及的问题很多，本书核心内容“第三章 桩基优化设计”主要涉及软土的范畴，故本章叙述的重点也限于软土地区桩基工程勘察要点。

第二节　软土的工程性质

对软土地基进行桩基勘察、设计与施工，首先需要了解软土的工程性质。实践证明，许多桩基工程中风险事件的发生，是由于参与建设的各方对软土的特点和工程性质缺乏足够的了解，如软土地区沉桩速率过快，导致土体强度急剧降低，甚至出现邻近桩身上抬、节头脱开等情况，最终造成单桩承载力降低，桩基沉降量增加。上述事件无疑是建设方、施工方不了解软土的高灵敏度以及低渗透性的特点，盲目追赶工期所致。

软土地基具有低强度、高压缩性、触变性、流变性、低渗透性、震陷、砂土液化等特殊的工程性质，充分认识、研究软土的工程特性，有利于正确评价桩基工程承载力与变形特征，规避工程建设风险，合理控制造价。

1. 软土的低强度特性

软土的抗剪强度低，当建(构)筑物的荷载大于地基极限承载力时，易发生地基失稳。土体剪切破坏常以摩尔—库仑强度理论为依据，其表达式为 $\tau_f=\sigma\cdot\tan\varphi+c$。对于软黏性土，目前工程上一般通过固快直剪试验获得 c、φ 值，或采用三轴不固结不排水压缩试验获得。

c_{uu}、φ_{uu}，对于饱和软黏土因 $\varphi_{uu}\approx0$，故 c_{uu} 数值大小能直接比较软土的强度。上海中心城区第一、二、三软土层三轴不固结不排水试验强度包线见图2-1。从各软土层典型的三轴UU

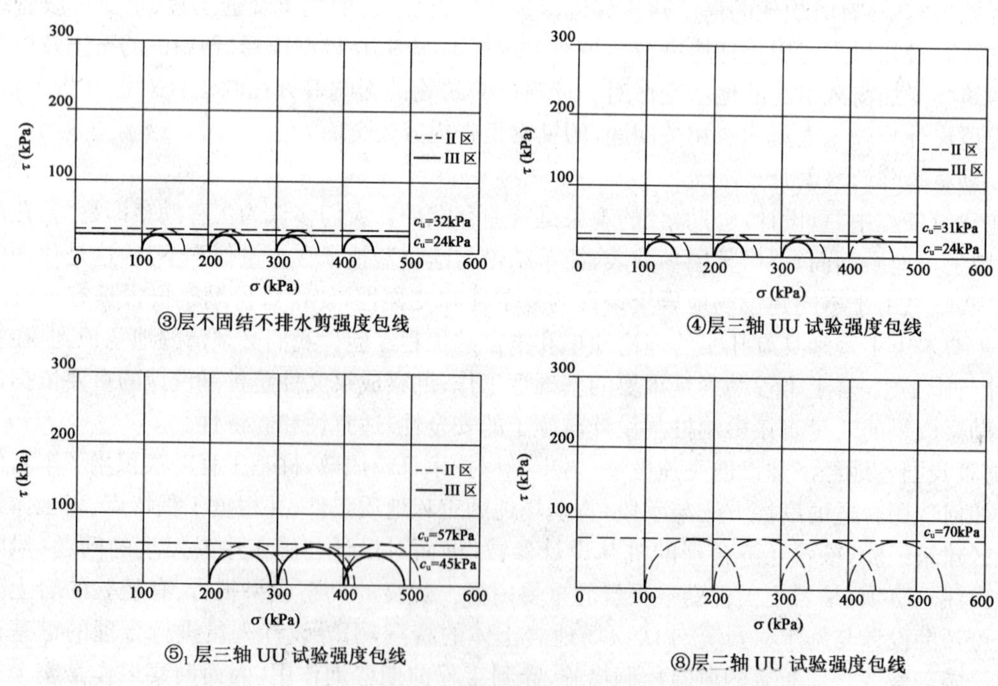

图 2-1　上海地区典型软土层三轴不固结不排水剪切试验强度包线图

强度试验结果分析，各软土层强度均不大，第一软土层（③、④层淤泥质黏性土呈流塑状），抗剪强度最低，c_{uu}值为 20～40kPa；第二软土层（第⑤层黏性土呈软塑状）抗剪强度略高，c_{uu}值为 40～60kPa；第三软土层（第⑧黏性土，软塑～可塑状），抗剪强度相对高，c_{uu}值为 60～80kPa，是高层建筑桩基的软弱卧层。软土的抗剪强度 c_{uu}指标是确定桩侧极限摩阻力及进行桩基稳定性验算的重要土性参数。

2. 软土的高压缩性

软土的高压缩性使得建（构）筑物的桩基沉降变形量较大，过大的地基变形尤其是差异变形，易导致建（构）筑物倾斜、墙体开裂等。如何有效地将桩基变形控制在限定范围内，是软土地区长期关注的热点问题之一。

软土地区桩基沉降计算中一个重要的参数是土层的自重压力～自重压力至附加压力段的压缩模量 E_s。对桩基压缩层范围内的黏性土层其压缩模量宜通过室内固结试验获得。不同压缩性的土，e-p 曲线的形态不同（图 2-2），曲线越陡，说明同一压力增量下孔隙比减小越显著，因而土的压缩性越高。

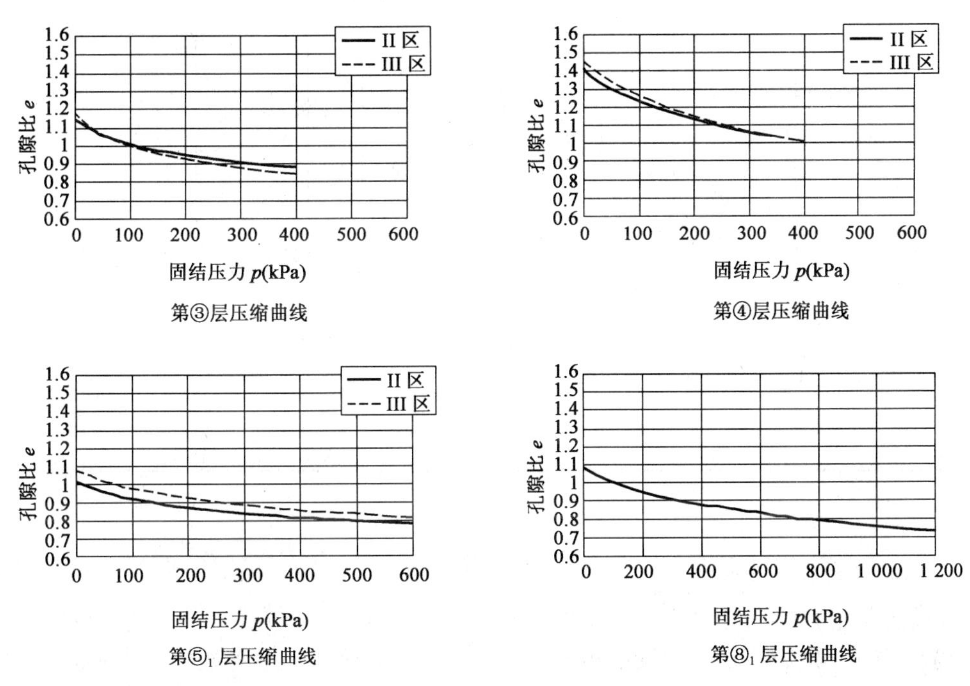

图 2-2　上海地区典型软土层 e-p 压缩曲线

3. 软土的触变性

软土是由许多极其细小的颗粒所组成的团粒聚集体，具微层理结构，有一定的结构强度。当软土受到扰动以后，破坏了结构连接，其强度会很快降低。软土的触变性大小用灵敏度 S_t 表示［S_t＝原状土抗剪强度$(c_u)_v$/重塑土抗剪强度$(c_u)_{v'}$］。软土的触变性在十字板剪切试验中得到充分体现，表 2-1 是典型的软土层十字板剪切试验成果曲线。在灵敏度很高的土层中进行钻探取土或桩基施工，均要充分考虑其触变性的影响。

典型的软土层十字板剪切试验成果曲线　　表 2-1

土层编号	土层名称	层底深度(m)	层底高程(m)	厚度(m)	平均峰值强度(kPa)	试验点深度(m)	峰值强度$(c_u)_v$(kPa)	剩余强度$(c_u)_v$(kPa)	灵敏度S_t	深度h(m)	十字板强度曲线图 ○原状土强度 △扰动土强度 0 20 40 60 80 kPa
①$_1$	填土	1.80	2.70	1.80							
						2.00	73.8	20.7	3.6	2	
②	粉质黏土	2.90	1.60	1.10	73.80	3.00	40.5	10.8	3.7	4	
③	淤泥质粉质黏土	7.20	−2.70	4.30	44.03	5.00	52.9	13.7	3.9	6	
						7.00	38.7	10.2	3.8	8	
④	淤泥质黏土	12.30	−7.80	5.10	37.85	9.00	45.6	12.0	3.8	10	
						11.00	30.1	7.2	4.2	12	
⑤$_{1-1}$	黏土	22.60	−18.10	10.30	42.55	13.00	32.6	7.8	4.2	14	
						15.00	37.4	8.7	4.3	16	
						17.00	40.3	9.9	4.1	18	
						19.00	43.2	10.2	4.2	20	
						21.00	49.3	12.0	4.1	22	
⑤$_{1-2}$	粉质黏土	29.00	−24.50	6.40	60.35	23.00	53.2	13.6	3.9	24	
						25.00	58.6	15.4	3.8	26	
						27.00	61.5	15.7	3.9	28	
						29.00	68.1	17.9	3.8		

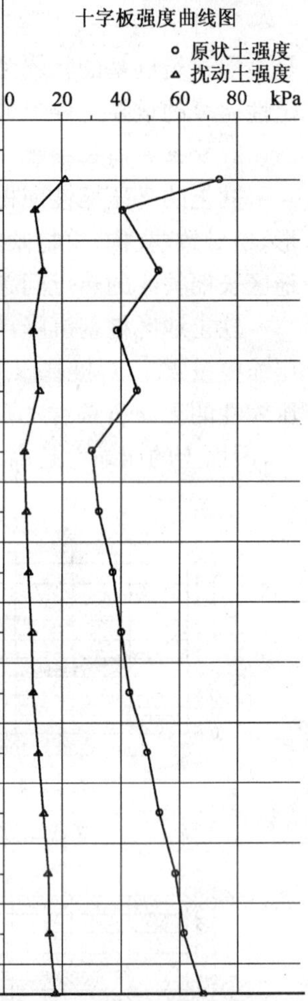

4. 软土的流变性

软土的流变在宏观上表现为软土的次固结变形，图 2-3 为土的室内固结试验 s-t 曲线(《土力学与环境土工学》，胡中雄编著)，是由室内固结试验得到的。图左边为 s-$\sqrt{t}$曲线，图右边为 s-lg$t$ 曲线，从图中可以看出，图的压缩可分为瞬时变形、主固结变形和次固结变形，这在建筑地基实测沉降曲线可以得到反映。按地区经验，当基础压缩层范围内以高压缩性土为主时，施工期沉降仅占总沉降的 10%～30%。塑性指数越高的高压缩性土，后期沉降量所占的比例越大，尤其是次固结沉降时间可达数十年。

5. 黏性土的低渗透性

黏性土的渗透系数一般为 10^{-6}～10^{-8} cm/s，加荷初期易产生很高的超孔隙压力且消散慢，因此黏性土地基沉降收敛时间很长。在上海地区，由于沉积环境的影响，黏性土中常夹薄层粉砂或粉土，使得其水平向渗透系数显著大于垂直向渗透系数。表 2-2 为超孔隙水压力测试成果曲线。

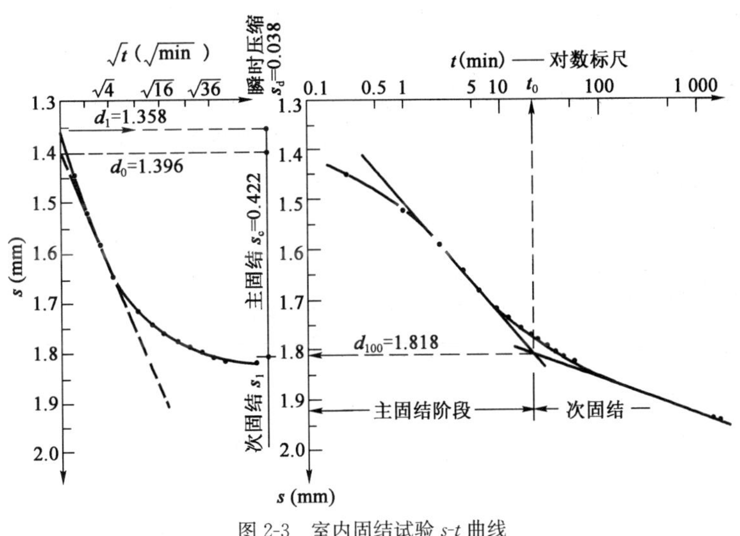

图 2-3　室内固结试验 s-t 曲线

超孔隙水压力测试成果曲线　　表 2-2

土层编号	土层名称	层底深度(m)	层底标高(m)	厚度(m)	u(kPa)	深度(m)	超孔隙水压力曲线 u(kPa)
①$_1$	杂填土	2.60	1.40	2.60	-25.08	2	
②$_{0-2}$	江滩土（淤泥质粉质黏土夹黏质粉土）	5.50	-1.50	2.90	-3.52	4	
③	淤泥质粉质黏土	7.80	-3.80	2.30	25.09	6、8	
④	淤泥质黏土	17.70	-13.70	9.90	271.63	10、12、14、16	
⑤$_1$	粉质黏土	24.90	-20.90	7.20	562.07	18、20、22、24	
⑥	粉质黏土	28.20	-24.20	3.30	512.55	26、28	
⑦$_1$	砂质粉土夹粉砂	39.90	-35.90	11.70	29.53	30、32、34、36、38、40	

6. 软土震陷

软土在强烈地震作用下，瞬间内会出现突发性的超量沉陷及不均匀沉降，即震陷。软土震陷是主要的地基震害之一，震陷目前不仅被科学实践和理论研究所证实，而且在宏观震害调查中也得到了证明。如天津新港望海楼建筑群为四层住宅，唐山地震前最大沉降 47cm，地震时附加沉降 38cm，倾斜达 30‰。但目前对软土震陷的系统研究成果很少，可靠预测很困难，国家标准《岩土工程勘察规范》(GB 50021—2001)和《建筑抗震设计规范》(GB 50011—2001)仅对软土震陷给出定性、概略性的说明与判断。采用桩基础穿越可能发生震陷的软土层，是避免或减少软土震陷灾害的工程措施之一。

7. 砂土液化

地震发生时，可液化地层在地震力作用下，往复剪应变使得孔隙水压力升高，颗粒间有效压力降低。当砂土液化时，土颗粒处于悬浮状态，丧失强度，土体变形，使得建筑物沉降加大或倾斜。因此，当地表下 20m 深度范围内存在饱和粉性土或砂土时，勘察阶段应根据有效的勘察手段，判别其液化的可能性及液化等级，桩基设计中需要对桩周液化土层的摩阻力进行折减，可液化砂土层未经处理不可作为桩基持力层。

第三节　软土地区勘察的手段与方法

由于软土呈流塑～软塑状，其钻探时宜采用薄壁取土器压入法采取土样，以减少对土体的扰动；原位测试是在土体基本不扰动的原位状态下，测定土体的物理力学参数，因而能较为准确地获取有关岩土参数。通常在软土地区采用的原位测试手段包括：静力触探、旁压试验、十字板剪切、扁铲侧胀等，遇粉性土、砂土时则宜采用标准贯入试验，其中静力触探、旁压试验成果对软土地区桩基工程承载力与沉降分析评价具有很高的实用价值。

1. 静力触探

1)静力触探技术(Cone Penetration Test——CPT)的发展历史

国外静力触探技术发展：1932 年，荷兰工程师 P. arentsen 进行了世界上第一个静力触探试验；1935 年，荷兰 Delft 土力学实验室第一任主任 T. Uizinga 设计并使用了 10t 的荷兰锥贯入装置，并开始用于桩承载力试验研究；1948 年，Vermeiden 和 Plantema 改进了荷兰锥，即在探头上方增加了锥形保护部分，以阻止土从套管与钢杆之间进入；1953 年，Begemann 设计出可测侧阻力的摩擦套，并申请了专利。上述这些机械式的静力触探仪由于其构造简单和操作方便，现在仍在一些国家中使用。

1948 年，荷兰市政工程师 Bakker 研制出世界上第一个电测式探头(Rotter Dam Cone)，并申请了专利。从 1949 年起，荷兰 Dem 土力学实验室开始应用电测探头，并作了大量试验研究，1957 年他们研制出第一台能测侧阻力的电测式探头。1965 年，荷兰 Fugro 与 TNO 联合推出了一种电测式探头，其规格也是后来 ISSMFE 标准和许多国家标准的基础。此后世界上不少国家研制出大量不同的电测式触探仪。

从 20 世纪 70 年代后期开始，出现了孔压静力触探(CPTU)并在国外岩土工程领域得到了广泛的应用。在此基础上，从 20 世纪 80 年代中期开始，国际上不少机构研制开发了用于 CPT 的新传感器。除了在传感器类型方面得到发展外，在数据传输方面也得到了较大的改进，诞生了无线孔压静力触探仪。

我国静力触探技术发展：1954 年，陈宗基教授自荷兰引进机械式静力触探仪技术，并在黄土地区进行了试验研究；1964 年，王钟琦等独立成功地研制出我国第一台电测式触探仪。但在 20 世纪 80 年代以后对探头传感器技术改进很少。目前大量工程实践中主要使用的仍然是“单桥”探头和“双桥”探头，而且探头规格与国际通用也不相同，因此在静力触探技术的发展上，形成了与国际不同的技术标准(表 2-3)。

我国与国际 CPT 技术规格比较表 表 2-3

机构名称		规格				
		锥角(°)	锥底截面积(cm^2)	锥底直径(mm)	摩擦筒(侧壁)长度(mm)	摩擦筒(侧壁)面积(cm^2)
ISSMFE(IRTP,1989 年)		60	10	34.8～36.0	133.7	150
瑞典岩土工程协会推荐标准(SGF,1993 年)		60	10	35.4～36.0	133.7	150
瑞典岩土工程协会(NGF,1994 年)		60	10	34.8～36.0	133.7	150
ASTM(1995 年)		60	10	35.7～36.0	133.7	150
荷兰标准(1996 年)		60	10	35.7～36.0	未规定，按实际面积	
法国标准(NFP94-113,1989 年)		60	10	34.8～36.0	133.7	150
日本岩土工程协会(1994 年)		60	10	35.7	未规定	
中国	单桥	60	10	35.7	57	64
		60	15	43.7	70	96
		60	20	50.4	81	128
	双桥	60	10	35.7	178.3	200
		60	15	43.7	218.5	300
		60	20	50.4	189.3	300

2)多功能 CPT 探头及其应用介绍

CPT 技术的多功能化是目前研究热点问题之一，采用最经济、最便捷的方式得到最多的参数和信息是土体原位测试始终追求的目标。下面介绍包括孔压静力触探(CPTU)、波速静探仪(SCPTU)、振动贯入触探仪(Vibrocone Penetration Test)、可视静探仪(Vision Penetrometer-VisCPT)等的功能。

(1)孔压静力触探(CPTU)及其应用

孔压静力触探(CPTU)是在静力触探仪的基础上安装了孔压传感器(u)，从而可以在进行静力触探试验的同时进行孔压消散试验，以研究土体在贯入过程中的孔压增长和消散特性。

最早的电测式孔压静力触探由挪威土工研究所(NGI)的 Janbu 和 Senneset(1974 年)研制成功，与此同时，瑞典的 Torstensson(1975 年)和美国的 Wissa 等(1975 年)也研制出了能测孔压的 CPT。1980 年以后，出现了不少同时测孔压和侧阻力的研究成果，并在工程实践中应用。1989 年，ISSMFE 推荐采用透水石位于锥尖后的孔压量测，此后，CPTU 关于孔压测试位置主要以此为准。辉固(Fugro)公司在这方面领先开发了多功能静力触探,即四功能探头,测定锥尖阻力 q_c、侧摩阻力 f_s、孔隙压力 u 及探杆倾斜度。图 2-4 为 CPTU 上的孔压静力触探头。

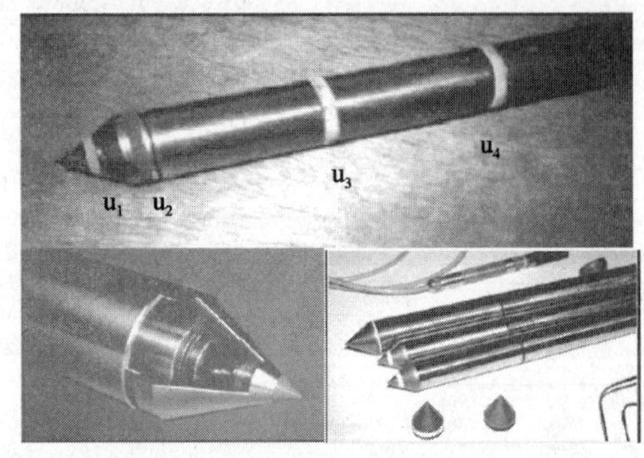

图 2-4　CPTU 上的孔压静力触探头

(2)波速静探仪(Seismic Piezocone——SCPTU)

在 CPTU 中增加检波器(Geophone)或者加速度计(Accelerator),就可以在进行 CPTU 测试的同时进行土层的波速测试。与其他波速测试方法相比(如钻孔波速法和面波法),这种方法最大的优点是可在同一孔中进行静力触探试验和波速测试,并且可以一次完成。与钻孔波速法一样,采用波速静探仪的波速测试方法也分为孔下检层法(Downhole Method)和跨孔法(Crosshole Method),得到土的波速后用于分析判别场地类别、计算土层的剪切模量、判别液化等。图 2-5 为静探仪在佐治亚残积土波速测试中的应用。

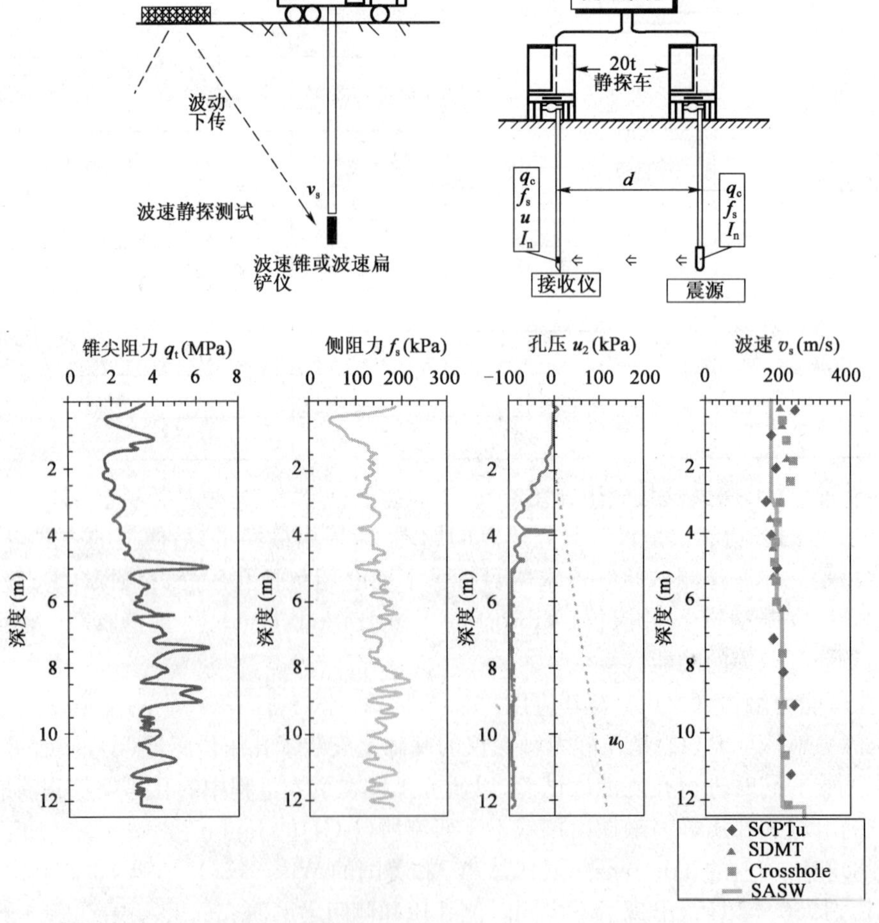

图 2-5　静探仪在佐治亚残积土波速测试中的应用

(3)振动贯入触探仪(vibrocone penetration test)

振动贯入触探仪(图 2-6)是在原有的 CPTU 触探仪基础上增加了一个振动装置，这个装置可以使触探仪周围的土体发生液化，借助触探仪上的锥尖阻力、侧摩阻力和孔压的量测结果来研究砂土在动力荷载作用下的力学特性。图 2-7 为罗来纳州(美国)某液化场地的测试结果曲线。

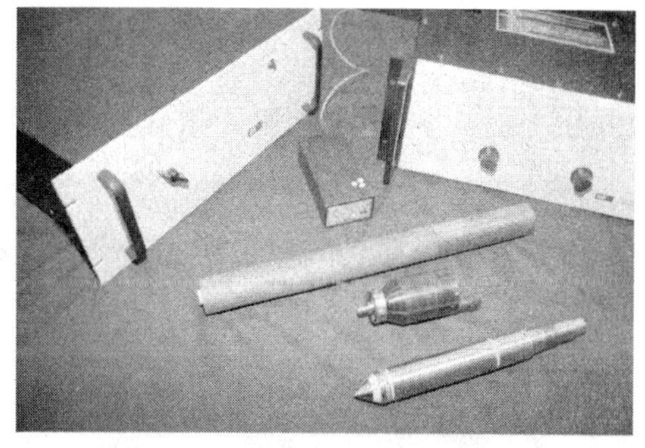

图 2-6 振动贯入触探仪(vibrocone penetration test)

(4)可视静探仪(vision penetrometer——VisCPT)

可视静探仪(vision penetrometer——VisCPT)(图 2-8)是在原有静探仪基础上安装了摄像装置和图像处理系统，从而可对钻孔内周围的土体进行拍照和摄像。

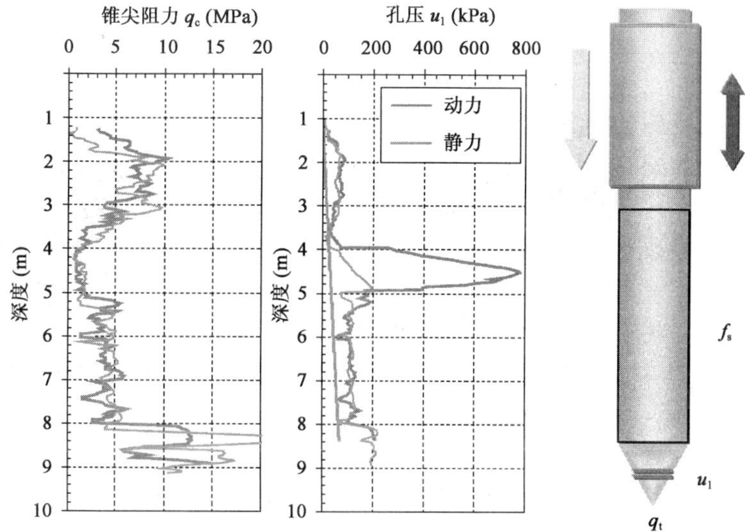

图 2-7 罗来纳州(美国)某液化场地的测试结果曲线

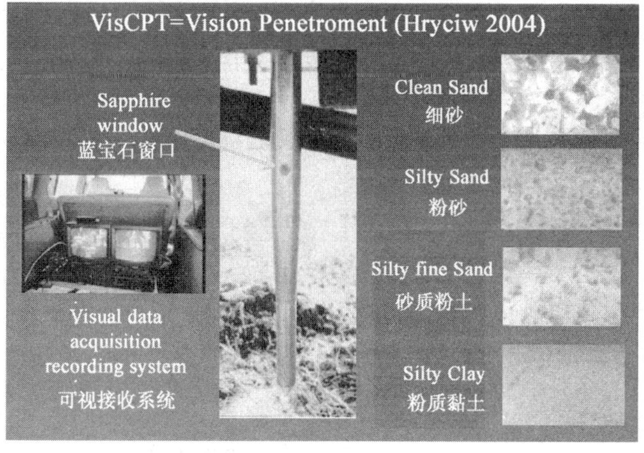

图 2-8 可视静探仪(vision penetrometer——VisCPT)

(5)静探旁压仪(cone pressuremeter——CPM)

静探旁压仪(cone pressuremeter——CPM)(图 2-9)是在原 CPT 基础上增加了旁压仪的量测系统,可在进行 CPT 测试的同时进行旁压试验。图 2-10 为静态旁压仪量测曲线。

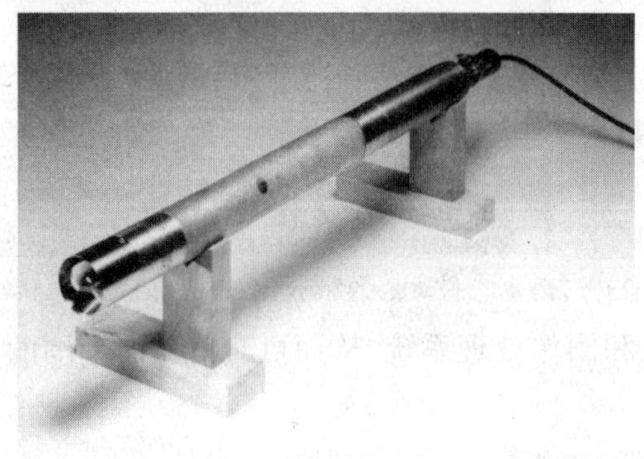

图 2-9 静态旁压仪(cone pressuremeter——CPM)

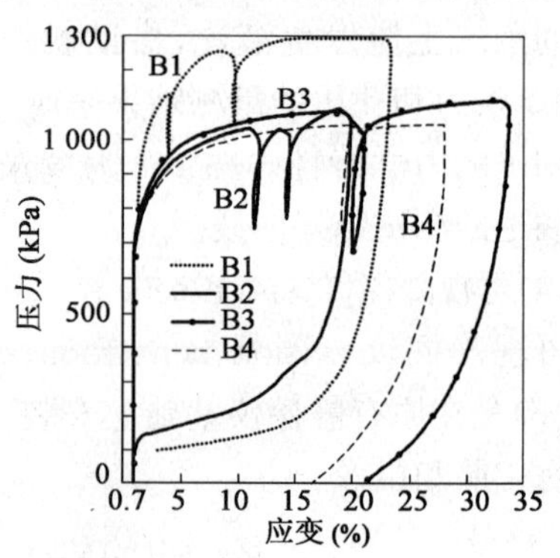

图 2-10 静态旁压仪(cone pressuremeter——CPM)量测曲线

3)静力触探现场测试应注意的问题

根据软土地区长期的工程实践,进行静力触探测试时需要注意如下问题。

(1)静力触探探头是否完好,关系到静探测试成果的正确性。静探探头未按期率定,或短期内使用频率高且多数孔深较大时(进入密实砂层探头易磨损),未适当增加率定次数,则不能保证测试时探头的完好,易引起测试成果曲线异常,按异常的测试成果推荐岩土参数,会误导设计。如上海某工程共布设 35 个静力触探测试孔,采用两台静探设备同时进行,在第④层淤泥质黏土层(该层分布稳定,厚度约 10m,土性较均匀)中,单桥静力触探测得的比贯入阻力为 0.45～0.70MPa,其中一台测试设备获取的 p_s 值均大于另外一台,系统误差达 25%～30%,后经检验是其中一台静探设备的探头率定存在问题。

(2)静探贯入中是否发生孔斜,关系到桩基持力层划分的准确性。软土地区进行静力触探测试时,一般测试深度大,如上海地区目前最大贯入深度已达 100m,实施贯入深度较大的静探孔时,如未按要求安装测斜装置或未采用防斜措施(如导向护壁、分段贯入),则易发生孔斜问题。孔斜可导致深部土层尤其是重要的桩基持力层划分不准确。如某工程"工程地质剖面图"显示静探孔反映的持力层顶板深度普遍比钻孔大,形成"持力层面波浪起伏"的假象,设计人员按静探孔资料确定桩端入土深度后,导致预制桩进入密实粉砂层深度过大,影响沉桩顺利进行。后采用在静探孔旁侧布置钻孔验证的方法,判定部分静探孔发生孔斜,导致持力层顶深度比实际埋深大 2～3m。

4)静力触探成果工程应用

目前,静力触探试验是在软土地区应用最为广泛的原位测试手段,根据测试 p_s 或 q_c 曲线,可进行土层划分、估算土的力学参数、选择桩基持力层、估算单桩极限承载力、判别沉桩可行性以及砂土液化的可能性。因静力触探测试曲线连续,能直观显示土性变化,对查明非均质(夹层或互层)土等具有显著优势;另外,与钻探手段相比,还具有勘察成本低、测试速度快的优势。

2. 旁压试验

1)旁压试验技术的发展

旁压试验于 1993 年起源于德国,最初是在钻孔内进行侧向载荷试验的仪器,这也就是最早的单腔式旁压仪。1957年,法国工程师路易斯·梅纳尔研制成功三腔式旁压仪。旁压仪器包括预钻式、自钻式和压入式三种,其中以预钻式为主。

旁压技术在20世纪70年代传入我国,最初使用的基本都是单腔式旁压仪器。70~80年代,国内引入了一批日本OYO的单腔旁压仪;80~90年代,很多勘察单位引入法国和加拿大的预钻式梅纳旁压仪;90年代后,多家勘察研究单位引入法国APAGEO的梅纳旁压仪,同时国产旁压仪也得到飞速发展。

旁压试验又称横压试验,它是利用旁压器对钻孔壁施加横向均匀应力,使孔壁土体发生径向变形直至破坏,利用量测仪器量测压力和径向变形的关系推求地基土力学参数。

预钻式旁压试验:通过旁压器在预先打好的钻孔中对孔壁施加横向压力,使土体产生径向变形,利用仪器量测压力与变形关系,测求地基土的力学参数。预压式旁压仪由旁压器、加压稳定装置、量测与控制装置等部分组成。

自钻式旁压试验:成孔和旁压器的放置、定位、试验一次完成,可测求地基承载力、变形模量、原位水平应力、不排水抗剪强度、静力侧压力系数等。自钻式旁压试验消除了预钻式试验中由于钻孔使得孔壁土层所受的扰动和天然应力的改变,因此,试验成果相对更符合实际,但自钻式旁压仪测试深度有限。

根据旁压试验获得的应力—应变关系曲线,可以对试验土体进行分类,评估土体的物理状态,确定土体的强度与变形参数,确定地基的承载能力、建筑物基础的沉降预测、单桩的承载力与沉降以及侧向地基反力系数等。

2)进行旁压实验时应注意的问题

(1)预钻式旁压试验钻孔:必须保证其容量能适合探头安装和试验(钻孔直径比旁压探头直径大2~6mm),钻进时控制进尺速度,减少孔壁扰动,并检查孔壁是否完整光滑,钻孔直径是否满足试验要求等。

(2)自钻式旁压试验:适宜在饱和软黏性土层中进行,在试验前宜通过试钻确定最佳回转速率、冲洗液流量、切削器的距离等技术参数。

(3)试验方法对旁压试验成果的影响:主要包括加压等级和加压速率两个方面。加压等级选择不当,在旁压曲线上不易获得 p_0 和 p_f;加压速率(加压稳定标准)不同,试验时排水条件不同,加压速率对 p_1 影响显著。

(4)深孔旁压试验:旁压仪器自引入国内,其试验深度一直在不断提高,随着仪器的设计和制造改进,现在已经能做到大于100m深的钻孔旁压试验。但是深孔中静水压力引起探头膨胀而难以下放,目前国内采用孔中灌浆或注水,保持内外压力平衡,同时在计算压力时应该考虑到相应减少静水压力。

(5)压力源问题:随着进口仪器的国产化和从经济方面考虑,大部分旁压仪都配备国产的气瓶。国内旁压试验气瓶中通常都是使用氮气,有时为了方便充换气也有使用氧气和普通空气的。需要特别提醒的是,氧气试验可能引起爆炸,特别是高温作业时,如管理不严,易发生氧气爆炸事件。

(6)低温环境下旁压试验:当温度小于零度时,水结冰会严重影响试验。此时应使用最低能在−27℃工作的汽车防冻液。水中混入一半的风窗玻璃清洗剂也可以使之维持在−20℃的环境下工作。不宜使用乙二醇,即使稀释的也不行,因为它有黏滞性。

3)旁压试验成果应用

旁压试验成果在国外工程设计中已广泛应用,我国从 20 世纪 80 年代开始应用。目前根据收集上海地区数十项旁压试验资料,试验孔深一般在 50～60m,最大深度达 135m。经过对上海地区的三十多项工程的回归统计分析,旁压试验(p_y-p_0)、旁压模量 E_m 与深度分布关系详见图 2-11、图 2-12。

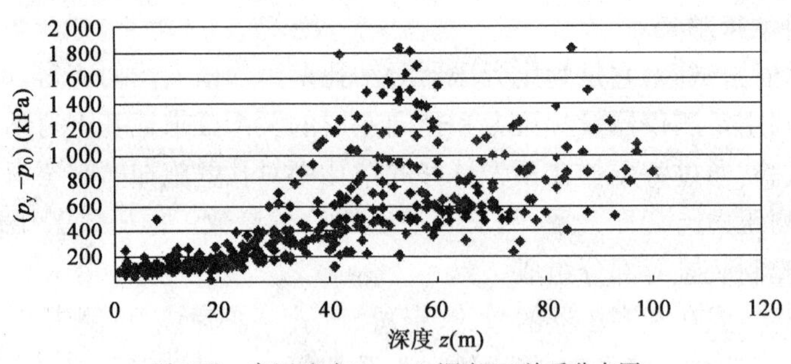

图 2-11 旁压试验(p_y-p_0)-深度(z)关系分布图

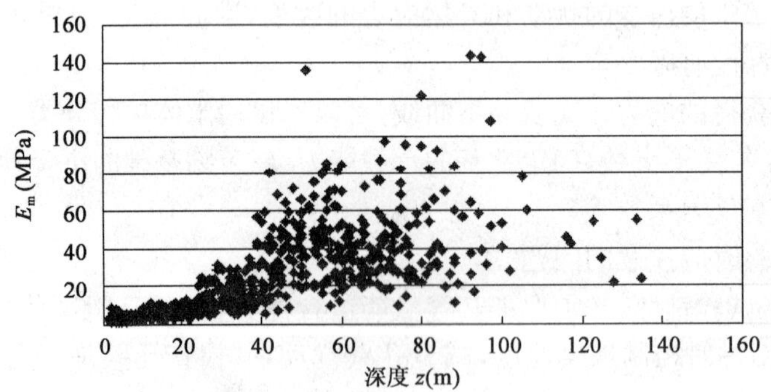

图 2-12 旁压模量(E_m)-深度(z)分布图

上海地区不同土层旁压试验成果主要指标平均值详见表 2-4。

旁压试验成果主要指标平均值 表 2-4

层 序	土 名	初始压力 p_0 (kPa)	临塑压力 p_y (kPa)	极限压力 p_L (kPa)	旁压模量 E_m (MPa)
②$_1$	褐黄色黏性土	30	150	320	4.2
②$_3$	灰色粉性土	50	190	420	6.5
③	灰色淤泥质粉质黏土	60	145	280	2.8
④	灰色淤泥质黏土	130	220	380	4.3
⑤$_1$	褐灰色粉质黏土夹黏土	220	360	620	7.0
⑤$_2$	灰色粉性土～粉砂	270	455	830	12.5
⑤$_3$	灰色粉质黏土	288	410	810	9.5
⑥	暗绿色粉质黏土	290	620	1 260	17.5
⑦$_1$	草黄色砂质粉土	360	1 000	2 100	22.5
⑦$_2$	青灰色粉细砂	520	1 700	3 600	45.3
⑦$_3$	青灰色砂质粉土	670	1 500	3 000	38.5
⑧$_1$	灰色黏性土	490	700	1 350	15.0
⑧$_2$	灰色黏性土夹粉砂	570	880	1 580	21.0
⑨$_1$	青灰色粉砂夹粉质黏土	740	1 520	3 200	39.0
⑨$_2$	灰白色中细砂(含砾)	880	2 200	4 450	50.0

第四节　勘察工作量的布置原则及应注意的问题

在软土地区进行桩基工程勘察时，其勘探工作量的布置应根据现行技术标准、规范要求，结合工程性质及场地地基土条件综合确定。

1.勘探孔平面布置原则

根据相关技术标准、规范要求，对软土地区纯摩擦（或以摩擦为主）桩，其勘察点间距宜为20～35m；当土层条件复杂（主要是相邻孔的桩基持力层起伏大）、影响到桩基设计或施工方案选择时，勘察点应适当加密。具体工程勘探孔的平面布置应根据拟建（构）筑物平面形态、类型等，按经济合理的最优原则确定，即尽量用较少的勘探工作量去很好地控制整个建设场地与各子项，重要的建（构）筑物位置应布设控制性孔，控制性孔比例一般不小于勘探孔的1/3。对不同类型的建（构）筑物，其勘探孔的布置原则不同。

（1）对高层建筑，勘察孔宜沿建筑物周边和角点布置；宽度较大的建筑物，其中心宜布置勘探孔；带有裙房或外扩地下室时，勘探孔布置宜整体考虑。

（2）对工业厂房，勘探孔宜结合主要的柱列线布置；地坪如有大面积堆载且需要进行地基处理时，应布置必要的勘探孔。

（3）对桥梁、城市高架桥等，勘探孔应结合墩台位置布置勘察孔。

2.勘探孔深度确定原则

勘探孔分为一般孔与控制孔，一般孔宜为桩端下3～5m，重点查明桩端约5倍桩径范围的土层分布情况；控制性孔深度应满足变形计算要求。实际工程勘探孔深度确定时，应注意如下问题。

（1）首先应根据建（构）筑物荷载条件、设计对单桩承载力与变形控制的要求，结合场地地基土的条件，分析可能采用的桩基方案，初步判断可能采用的桩端最大入土深度；有时勘察阶段设计荷载、布桩方式、桩型均不明确，需要岩土工程师按地区同类经验判断。

（2）确定孔深时，无论是一般孔还是控制孔，均要考虑满足可能采用的多方案比选要求，包括：

①可能采用的不同桩基持力层选择。软土地区以变形控制为原则，经常遇到采用某砂土层作为桩基持力层，其单桩承载力可以满足设计要求；但因为压缩层范围内存在一定厚度的软黏性土，桩基沉降大于设计控制标准，需要加大桩端入土深度，选择深部其他土层作桩基持力层，显然勘探孔的深度要满足不同持力层比选的要求。

②可能采用的不同桩型比选。勘察阶段一般桩型尚未确定，因此确定的勘探孔深度需要满足不同桩型比选的要求。如采用钻孔灌注桩时，因同类土桩周土层的极限侧摩阻力 f_s 和桩端极限承力均较预制桩小，且不涉及预制桩的沉桩困难等问题，因此，一般钻孔灌注桩选定的桩端入土深度比预制桩大，孔深需要留有余地。

③可能采用的布桩方式不同，使得相同荷载条件下对单桩承载力的要求不同，即桩入土深度就不同。高层或超高层建筑荷载大，一般采用满堂桩布桩方式，也有采用轴线桩布置方式；大型工业厂房、体育场一般采用柱下承台布桩方式，且一般每个承台下布桩数量不宜过多（否则承台很大，欠经济）。因此对高层建筑需要重点了解基底压力，对工业厂房需要重点了解单

柱荷重，以分析判断合适的桩基持力层，进而确定桩端可能的最大入土深度。

④是否有大面积填土或堆载引发负摩阻力问题。如某工业建设场地，表部有5～6m的新近吹填土（填料为粉性土），桩基设计时需要考虑负摩阻力问题。经过初步计算，并综合类似工程经验，预测中性点位置在地表下12m，单桩承载力需要折减20%，桩入土深度可能增加，勘探孔深度需要相应增加。有时为了减少负摩阻力的不利影响，也有重新选择桩基持力层的情况。

⑤基坑开挖深度大时，应确保有合适的有效桩长。目前随着我国大规模地下空间开发的进行，高层建筑下设置3～4层地下室的情况很多，基础底板砌置深度为15～25m。高层建筑的裙房确定孔深时，应注意桩端入土深度要适度；否则，有效桩长过小，不符合经济合理原则。

⑥桥梁水域区确定桩入土深度时，需要考虑设计使用周期内河流可能的冲刷等不利因素。因为水动力条件的改变，河床可能发生冲刷或淤积，如果发生冲刷又未足够地考虑该因素，则桥梁桩基存在安全性问题。勘察阶段应收集调查相关资料，确定孔深时要考虑上述因素。

第五节　桩基工程勘察需重点解决的技术问题

桩基工程勘察需要重点解决的技术问题一般包括两方面内容：其一，通过调查、收集资料、现场勘测等综合手段与方法，获取场地重要的基础性资料；其二，根据获取的基础性资料，进行地基基础方案的分析与评价，并提出合适的结论与建议。

1.桩基工程分析评价前需要获取的基础性资料

(1)充分了解工程特点、设计意图，包括建(构)筑物结构特点、荷载条件(荷载均匀性)、基础形式、变形及变形差控制标准、地坪标高、地坪堆载等。

对软土地区而言，荷载分布的均匀性及变形控制指标是关键，如荷载差异大的高层与裙房采用统底板结构时，对差异沉降的控制较严格；少量特殊工程其设计提出的变形控制标准较规范更加严格，岩土工程师要充分了解设计意图，尤其是特殊的设计要求；否则，地基基础方案的分析评价缺乏针对性，难以满足设计要求。如上海地区临近轨道交通建造高层建筑时，为了减少建筑物沉降对轨道交通工程的拖带影响，相关管理部门严格控制高层建筑的最终沉降量≤5cm，而常规高层的桩基沉降量的控制标准为15cm，显然不同的变形控制标准，使得桩基方案发生变化。又如上海光源工程，其建筑荷载不大，但工艺对变形控制极为严格，除了采取可调节的装置等措施外，容许软土地基变形≤1cm，因此该类建筑物的桩基方案分析评价具有特殊性。假如岩土工程师不了解此类情况，则勘察报告推荐的桩基方案难以成立。

(2)查明建设场地工程地质与水文地质条件，包括地形地貌、成因、地层分布均匀性、固结史、物理力学参数(不同荷载条件下强度与变形特征)、地下水位与水质、天然气分布等，另外，要重视分析、预测外部环境变化，对场地地基土条件性质的改变及对工程的不利影响。

(3)重视收集、了解当地的工程建筑经验、前期研究成果及类似地层组合的桩基承载力检测与沉降监测资料。岩土工程是半理论半经验的学科，由于土层的变异性，使得任何一种理论计算方法都与实际边界条件有差异，导致计算结果与实测结果有差距，有时甚至差异很大，如软土地基桩基沉降计算值与实测值就有较大的差异。因此，收集当地的建筑经验尤其是典型工程的实测资料十分重要。软土地区桩基沉降实测资料典型案例详见“第三章 桩基优化设计”。

（4）重视环境条件调查，包括对周边建（构）筑物基础形式、地下构筑物及地下管线的调查，并调查临近在建或拟建工程的施工工艺、与本工程的施工顺序等。周边环境条件有时与工程方案选择密切相关，如环境敏感区域，桩型通常选择非挤土的灌注桩；如临近保护建筑的高层建筑，为避免建筑物过大沉降对地铁隧道的不利影响，需要严格控制建筑物沉降，选择深部密实的砂层作为桩基持力层。随着城市化建设发展，尤其在中心城区密集建筑群地区进行工程勘察时，要重视环境岩土问题。

2. 桩基工程分析评价

桩基工程分析评价内容一般包括：桩型选择、桩基持力层选择、单桩承载力估算、桩基沉降量预测、沉桩可行性分析、设计与施工需注意的问题、检测与监测建议等。针对软土地区土层的特点，承载力随时间增长效应、沉降量预测、沉降与时间关系、预制桩沉桩时孔隙水压力积聚引发的挤土效应等需要重点分析。

1）桩型选择

软土地区一般采用的桩型包括混凝土预制桩、灌注桩和钢管桩。钢管桩因价格昂贵，在工程中使用很少，上海地区金茂大厦（88 层）、环球金融中心（101 层）建设时，考虑桩入土深度很大（大于 80m），混凝土预制桩无法沉入预定深度；限于当时大直径超长灌注桩的桩身质量尤其是孔底沉淤等问题未得到有效解决，因此均采用了昂贵的钢管桩。因混凝土预制桩具有桩身质量易控制、每立方混凝土提供的承载力高、造价相对经济等诸多优点，当周边环境条件许可且沉桩可行时，一般首选预制桩方案（混凝土方桩或 PHC 管桩）。钻孔灌注桩在许多城市建筑密集区应用很广泛，主要考虑其无挤土效应与振动的不利影响。钻孔灌注桩的后注浆工艺，对减少孔底沉淤、控制桩基沉降有利，随着该工艺日趋成熟，使得大直径灌注桩得以广泛使用，如目前在建的上海中心大厦（上海最高楼）将选用大直径钻孔灌注桩，并采用后注浆工艺。在厚层软土地区，沉管灌注桩、灌注扩底桩的应用受到限制。

2）桩基持力层选择

比选桩基持力层时宜综合考虑多种因素，包括：

（1）桩基持力层的性质。持力层的土层性质是一个重要的因素，在现行相关的技术标准及规范中均有规定，如《建筑桩基技术规范》（JGJ 94—2008）规定：软土中的桩基宜选择中、低压缩性土层作为桩端持力层；上海市《地基基础设计规范》（DGJ 08-11—1999）规定：桩基宜选择压缩性较低的黏性土、粉性土、中密或密实的砂土作为持力层，不宜将桩端悬在淤泥质土层中。实际工程中，遇到巨厚的软土层（厚度≥40～50m）时，也有选择深部可塑状的黏性土作为高层或桥梁桩基持力层的成功案例。如上海地区经验，一般选择 $w<35\%$、$e<1$ 的黏性土⑤$_3$ 或⑧$_2$ 层作为桩基持力层。

（2）在软土地区选择桩基持力层时，需要同时满足上部荷载对桩基承载力和容许变形的要求，且一般以变形为控制指标，即在许多情况下桩基承载力已经满足要求，但持力层下分布一定厚度的软土层，其最终沉降量偏大，不能满足要求，需要重新选择深部持力层。

（3）具体工程勘察时，应根据荷载条件、设计排桩对单桩承载力的要求、变形控制标准，结合地层分布特点进行多种方案的比选；在采用预制桩方案时，需考虑沉桩可行性。值得注意的是，预制桩的沉桩设备与技术能力是不断发展的，需要岩土工程师动态了解其发展状况，否则给出的建议缺乏时效性。

(4)在满足工程安全的前提下,经济合理因素不可忽视。如上海地区在正常地层组合条件下,常采用 ϕ600PHC(AB 型)预制桩,以第⑦层中密～密实的粉土或砂土作为桩基持力层(p_s=10～15MPa),桩入土深度 35m 左右,进入⑦层持力层 3～5m,目前沉桩设备可行,且单桩承载力≈桩身结构强度,该方案用"等强度概念"选择确定的持力层与桩端入土深度,基础造价经济合理,被广泛运用。

3)单桩承载力估算

影响桩基承载力发挥的因素很多,包括桩基持力层的选择、桩侧土层的组合及其他非土性因素(如桩身质量等)。目前,软土地区确定单桩承载力的方法包括:根据土性条件查表确定承载力参数,根据静探与标贯成果估算等。考虑施工工艺与质量对单桩承载力的影响大,勘察报告应根据规范要求,建议进行一定数量的静载荷试验以最终确定单桩承载力。上海软土地区推荐用静力触探成果预测承载力参数,其预测精度相对高。

(1)应用静力触探试验成果确定单桩承载力

①采用静力触探试验单桥 p_s 值

可按下式估算预制桩单桩竖向极限承载力:

$$Q_u = u\sum q_{sik} l_i + \alpha_b p_{sb} A_p \tag{2-1}$$

式中:Q_u——单桩竖向极限承载力,kN;

u——桩身周长,m;

q_{sik}——用静力触探比贯入阻力 p_s 估算的第 i 层土的桩间极限侧阻力,kPa;

l_i——第 i 层土桩长,m;

α_b——桩端阻力修正系数,按表 2-5 取用;

p_{sb}——桩端附近的静力触探比贯入阻力平均值,kPa,按下式计算:

当 $p_{sb1} \leqslant p_{sb2}$ 时, $p_{sb} = \dfrac{p_{sb1} + p_{sb2}\beta}{2}$

当 $p_{sb1} > p_{sb2}$ 时, $p_{sb} = p_{sb2}$

p_{sb1}——桩端全断面以上 8 倍桩径范围内的比贯入阻力平均值,kPa;

p_{sb2}——桩端全断面以下 4 倍桩径范围内的比贯入阻力平均值,kPa,如桩端持力层为密实的砂土层,其比贯入阻力平均值 p_s 超过 20MPa 时,则需乘以表 2-6 中系数 C 予以折减后,再计算 p_{sb2} 及 p_{sb1} 值;

β——折减系数,按 p_{sb2}/p_{sb1} 的值从表 2-7 中取用;

A_p——桩端面积,m^2。

桩端阻力修正系数 α_b 值 表 2-5

桩入土深度 l(m)	$h<15$	$15 \leqslant h \leqslant 30$	$30<h\leqslant 60$
α_b	0.75	0.75～0.90	0.90

系 数 C 表 2-6

p_s(MPa)	20～30	35	>40
系数 C	5/6	2/3	1/3

桩端阻力修正系数 **β** 值 表 2-7

p_{sb2}/p_{sb1}	<5	5～10	10～15	>15
β	1	5/6	2/3	1/2

其中 q_{sik} 可按以下规定取值：

a. 地表以下 6m 范围内的浅层土，一般取 $q_{sik}=15$kPa。

b. 黏性土：

黏性土位于粉土及砂性土以上时：

当 $p_s \leqslant 1\,000$kPa 时，$q_{sik}=\frac{p_s}{20}$；

当 $p_s \geqslant 1\,000$kPa 时，$q_{sik}=0.025p_s+25$；

当 $p_s \geqslant 4\,000$kPa 时，$q_{sik}=125$。

黏性土位于粉土及砂性土以下时：

当 $p_s < 600$kPa 时，$q_{sik}=\frac{p_s}{20}$；

当 $p_s \geqslant 600$kPa 时，$q_{sik}=0.016p_s+20.45$；

当 $p_s \geqslant 5\,000$kPa 时，$q_{sik}=100$。

c. 粉土及砂性土：

当 $p_s < 5\,000$kPa 时，$q_{sik}=\frac{p_s}{50}$；

当 $p_s \geqslant 5\,000$kPa 时，$q_{sik}=100$。

当桩端穿越粉土、粉砂、细砂及砂层底面时，粉土及砂土估算的 q_{sik} 值需乘以表 2-8 中的系数 φ_s 值。

系 数 $\boldsymbol{\varphi_s}$ 值 表 2-8

p_s/p_{sl}	≤5	7.5	≥10
φ_s	1.00	0.50	0.33

注：①p_s 为桩端穿越的中密～密实砂土、粉土的比贯入阻力平均值；p_{sl} 为砂土、粉土的下卧软土层的比贯入阻力平均值；

②采用的单桥探头，圆锥底面积为 15cm²，底部带 7cm 高滑套，锥角 60°。

对于比贯入阻力值为 2 500～6 500kPa 的浅层粉性土及稍密的砂性土，计算桩端阻力和桩周侧阻力时应结合经验，考虑数值可能偏大的因素。用 p_s 估算的桩的极限端阻力不宜超过 8 000kPa，桩周极限侧阻力不宜超过 100kPa。

②采用静力触探试验双桥 q_c、f_{si} 值

可按下式估算预制桩单桩竖向极限承载力，适用于一般黏性土和砂土：

$$Q_u=u\sum f_{si}l_i\beta_i+\alpha q_c A_p \tag{2-2}$$

式中：f_{si}——第 i 层土的探头侧摩阻力，kPa；

β_i——第 i 层土桩身侧摩阻力修正系数，按下式计算；

黏性土、粉土：$\beta_i=10.043f_{si}^{-0.55}$

砂性土：$\beta_i=5.045f_{si}^{0.45}$

α——桩端阻力修正系数，对黏性土、粉土取 2/3，对饱和砂土取 1/2；

q_c——桩端上、下探头阻力，取桩尖平面以上 $4d$ 范围内按厚度的加权平均值，然后再和桩端平面以下 $1d$ 范围内的 q_c 值进行平均，kPa；

式中其他符号意义同前。

③单桩极限承载力计算值与测试值比较分析

表 2-9 列举了上海地区 110 根试桩资料，按上述方法计算得出的结果进行比较（图 2-13 和图 2-14），可以看到其计算精度是比较高的，其中，中长桩（15m<L<30m）最高，占总数 93％以上的桩其偏差值小于或等于±20％，长桩（L>30m）次之，短桩（6m<L<15m）往往浅层土差异较大，使精度降低，但 86％的桩偏差小于等于±20％的精度也足以优胜于根据物理参数确定的承载力。

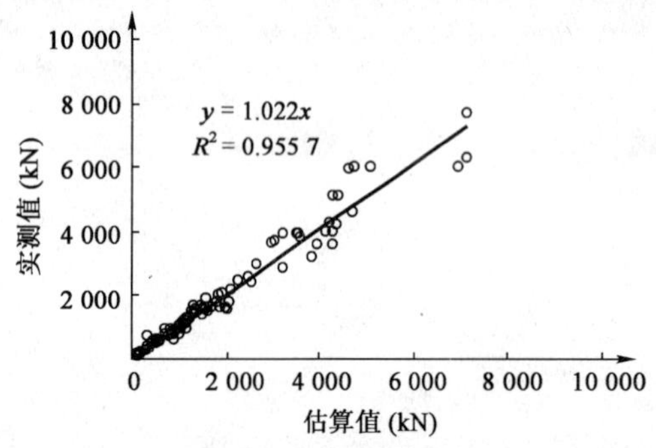

图 2-13 静探方法计算预制桩单桩承载力与实测承载力对比关系

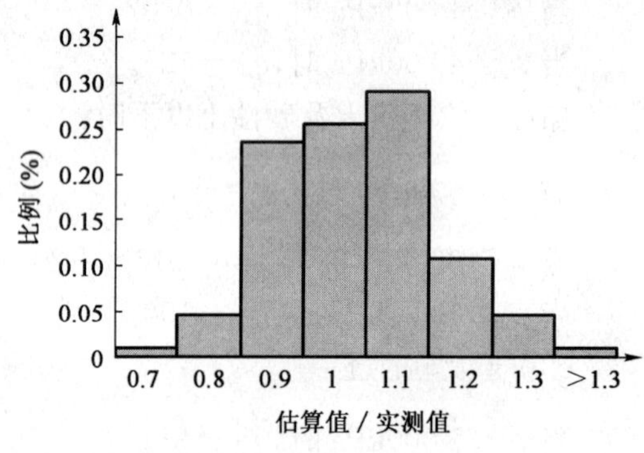

图 2-14 比值分布概率

针对灌注桩采用静力触探估算承载力，西安地区通过对 40 例实际工程，共 84 根灌注桩的承载力与实际静载试验承载力对比，总结经验，认为在原来双桥计算公式基础上，修正部分参数后具有更高的准确性：

$$Q_u = 1.24u\sum f_{si} l_i \beta_i + 0.77\varphi_{pa} q_c A_p \tag{2-3}$$

黏性土、粉土：
$$\beta_i = 10.043 f_{si}^{-0.55}$$

砂性土：
$$\beta_i = 5.045 f_{si}^{-0.45}$$

$$\varphi_{pa} = \frac{1}{1 + 1\times10^{-5}(\bar{q}_c)^{1.3} A_p}$$

式中：$\bar{q}_c$——桩尖以下 $1d$～$3.75d$ 范围的静力触探锥尖阻力平均值，MPa；

A_p——桩截面积，cm^2。

修正后承载力比值平均值为 1.03，变异系数为 0.14，实测值与计算值比值如表 2-10 和图 2-15 所示。

(2)根据旁压试验成果计算承载力方法

根据旁压试验与 133 组静载荷试验分析比较，得出根据旁压试验确定单桩竖向极限承载力的计算公式具有一定的普遍适用性，推荐计算方法如下：

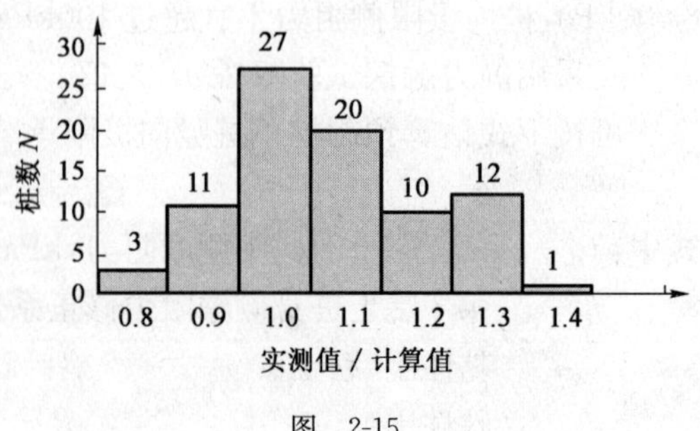

图 2-15

上海地区 110 根试桩资料表

表 2-9

序号	工程号	试桩号	试桩尺寸 (mm×mm×m)	静探孔号	桩端持力层	单桩极限承载力估算值(kN)	实测值 (kN)	估算值/实测值
(一)	(二)	(三)	(四)	(五)	(六)	(七)	(八)	(九)
1	501	1	450×450×17.8	2	粉质黏土	830	950	0.87
2	501	2	450×450×17.8	2	粉质黏土	830	950	0.87
3	502	1	450×450×26	2	粉质黏土	1 540	1 900	0.81
4	502	2	450×450×26	2	粉质黏土	1 540	1 900	0.81
5	503	6	500×500×25.5	2	粉质黏土	2 450	2 600	0.94
6	504	1	450×450×27.2	2	黏土	1 520	1 620	0.94
7	505	1	450×450×14.5	T1	粉砂	1 060	1 147	0.92
8	505	2	450×450×14.5	T1	粉砂	910	911	1.00
9	505	31	450×450×23.6	T1	淤泥质粉质黏土	1 130	933	1.21
10	505	32	450×450×29.2	T1	粉质黏土	1 860	1 637	1.14
11	506		450×450×21	3	粉砂夹砂质粉土	1 550	1 600	0.97
12	507	北	450×450×26	2	粉质黏土	1 470	1 430	1.03
13	508	27	450×450×30.7	D1、D2、D3	粉质黏土	3 210	≥2 840	1.13
14	509	主(B)	450×450×39.2	2～6	黏质粉土	3 510	≥3 930	0.89
15	509	烟	450×450×39.2	2～12	黏质粉土	3 540	≥3 930	0.90
16	510	66	400×400×18.2	S1、S2、S5、S6	淤泥质黏土	1 150	1 135	1.01
17	510	104	400×400×18.2	S1、S2、S5、S6	淤泥质黏土	1 150	1 135	1.01
18	510	119	400×400×18.2	S1、S2、S5、S6	淤泥质黏土	1 150	1 135	1.01
19	510	144	400×400×18.2	S1、S2、S5、S6	淤泥质黏土	1 150	1 135	1.01
20	511	1	450×450×30	3	粉质黏土、砂质粉土互层	2 960	≥3 640	0.81
21	511	2	500×500×37	3	粉质黏土、砂质粉土互层	4 620	≥5 950	0.78
22	512	61	450×450×40	1	粉质黏土	2 640	2 950	0.89

续上表

序 号	工 程 号	试 桩 号	试 桩 尺 寸 (mm×mm×m)	静 探 孔 号	桩端持力层	单桩极限承载力估算值(kN)	实测值 (kN)	估算值/实测值
(一)	(二)	(三)	(四)	(五)	(六)	(七)	(八)	(九)
23	512	232	450×450×40	1	粉质黏土	2 640	2 950	0.89
24	513	1	400×400×24.5	场地平均	黏土	1 220	1 300	0.94
25	513	2	400×400×24.5	场地平均	黏土	1 140	1 300	0.88
26	514	557 甲	450×450×22	5	淤泥质砂质粉土	1 760	≥1 800	0.98
27	515	658	450×450×18.5	22	粉、细、中砂	1 010	990	1.02
28	515	598	450×450×20.4	43	粉、细、中砂	2 070	2 200	0.94
29	515	270	450×450×20.4	41	粉、细、中砂	2 210	≥2 490	0.89
30	515	637	450×450×45	26	黏土	3 580	≥3 830	0.93
31	516	1	400×400×26	1	黏土	1 350	1 550	0.87
32	516	2	400×400×26	2、3	黏土	1 280	1 700	0.75
33	517	2	450×450×23.5	D1	黏土	1 610	1 520	1.06
34	517	1～k	450×450×22.7	D1	黏土	1 520	1 550	0.98
35	518	1	400×400×24.5	8	黏土	1 150	1 250	0.92
36	518	2	400×400×24.5	8	黏土	1 230	1 300	0.95
37	519	1	400×400×24.3	D1-2、D1-2、S1	砂质粉土	1 110	1 250	0.89
38	519	2	400×400×24.3	D2、S2	砂质粉土	1 080	1 200	0.90
39	519	3	400×400×24.3	D3	砂质粉土	1 250	1 500	0.83
40	520	1	450×450×45	D1	粉质黏土、砂质粉土互层	3 860	3 190	1.21
41	520	2	450×450×22.3	D2	黏质粉土	1 500	1 650	0.91
42	520	3	450×450×23.7	D3	淤泥质粉质黏土	1 830	≥2 000	0.92
43	521	2	ϕ500×25	T1	粉质黏土	1 480	1 600	0.93
44	522	3	450×450×31	D1	粉砂	4 360	≥4 200	1.04

续上表

序 号	工 程 号	试 桩 号	试 桩 尺 寸 (mm×mm×m)	静 探 孔 号	桩端持力层	单桩极限承载力估算值(kN)	实测值 (kN)	估算值/实测值
(一)	(二)	(三)	(四)	(五)	(六)	(七)	(八)	(九)
45	522	4	450×450×27	D1	黏土	2 020	1 800	1.12
46	523	5	450×450×27.5	D1	黏土	4 360	≥4 200	1.04
47	523	6	450×450×32.5	D1	黏质粉土夹砂质粉土	3 950	≥3 600	1.10
48	525	9	450×450×31.5	D1-1、D1-2	粉质黏土	3 210	3 940	0.81
49	525	11	450×450×31.5	D1-1、D1-2	粉质黏土	3 210	3 940	0.81
50	525	10	450×450×34.5	D1-1、D1-2	粉砂、细砂	4 310	5 100	0.85
51	525	20	450×450×34.5	D2-1、D2-2	粉砂、细砂	4 420	5 100	0.87
52	525	22	450×450×34.5	D2-1、D2-2	粉砂、细砂	4 420	5 100	0.87
53	525	21	450×450×31.5	D2-1、D2-2	砂质粉土	3 050	3 720	0.82
54	526	1	450×450×28.5	D1、D2	粉质黏土	2 500	2 400	1.04
55	526	2	500×500×39	D1、D2	粉砂、细砂	6 950	6 000	1.16
56	526	3	500×500×39	D1、D2	粉砂、细砂	6 950	6 000	1.16
57	530	模 1	200×200×18	3	粉细砂夹黏土	890	≥772	1.15
58	530	模 2	200×200×19.5	2、6	黏土	550	≥552	1.00
59	530	基 1	400×400×17.5	2、6	粉细砂夹黏土	1 650	≥1 640	1.01
60	530	基 2	400×400×17.5	2、6	粉细砂夹黏土	1 650	1 620	1.02
61	532	S2	φ550×45.26	D1、D2	粉质黏土夹粉砂	4 210	4 250	0.99
62	532	S4	450×450×45	D1、D2	粉质黏土夹粉砂	4 300	4 000	1.08
63	532	S1	450×450×45	D1、D2	粉质黏土夹粉砂	4 300	3 600	1.19
64	534	S1	φ400×31	D1	粉质黏土	1 280	1 450	0.88
65	534	S3	φ550×33.28	D1	粉质黏土	1 900	2 100	0.90
66	534	S4	φ550×59.27	D1	粉质黏土	4 700	≥4 600	1.02

续上表

序　号	工 程 号	试 桩 号	试 桩 尺 寸 (mm×mm×m)	静 探 孔 号	桩端持力层	单桩极限承载力 估算值(kN)	实测值 (kN)	估算值/实测值
(一)	(二)	(三)	(四)	(五)	(六)	(七)	(八)	(九)
67	534	S6	500×500×60.8	D1	粉质黏土	4 740	≥6 000	0.79
68	534	S7	500×500×55.1	D1	粉质黏土、黏质粉土互层	5 090	6 000	0.85
69	537	S10	500×500×34	D35、D37、D38、D39	砂质粉土夹粉砂、粉质黏土	4 150	4 000	1.04
70	537	S11	500×500×51.1	D35、D37、D38、D39	砂质粉土	7 130	≥6 300	1.13
71	537	S12	500×500×51.1	D35、D37、D38、D39	砂质粉土	7 130	≥7 700	0.93
72	537	S13	500×500×34	D35、D37、D38、D39	砂质粉土夹粉砂、粉质黏土	4 150	4 000	1.04
73	542	甲	500×500×51.1	8～22	黏土	1 980	1 650	1.20
74	542	乙	500×500×51.1	8～22	黏土	2 000	1 600	1.25
75	556	I1	300×300×10.4	N1	砂质粉土	340	369	0.92
76	556	I2	300×300×10.4	N1	砂质粉土	530	520	1.02
77	556	I3	300×300×10.4	N1	砂质粉土	580	560	1.04
78	556	I4	300×300×10.4	N1	砂质粉土	690	800	0.86
79	556	II2	300×300×10.4	N2	粉砂	450	≥550	0.82
80	556	II3	300×300×10.4	N2	粉砂	580	540	1.07
81	556	II4	300×300×10.4	N2	粉砂	760	720	1.06
82	556	II5	300×300×10.4	N2	粉砂	850	850	1.00
83	556	II6	300×300×10.4	N2	粉砂	900	890	1.01
84	556	II7	300×300×10.4	N2	粉砂	1 010	1 050	0.96
85	556	II8	300×300×10.4	N2	粉砂	1 130	1 100	1.03
86	558	2	450×450×8	9	粉砂、细砂	1 440	1 670	0.86
87	558	3	450×450×8	9、10、11	粉砂、细砂	1 470	1 590	0.92
88	559	ZH1-1	300×300×8.54	D1、D2	细砂	850	803	1.06

续上表

序 号	工 程 号	试 桩 号	试 桩 尺 寸 (mm×mm×m)	静 探 孔 号	桩端持力层	单桩极限承载力估算值(kN)	实测值 (kN)	估算值/实测值
(一)	(二)	(三)	(四)	(五)	(六)	(七)	(八)	(九)
89	559	ZH1-2	300×300×8.54	D1、D2	细砂	940	914	1.03
90	559	ZH2-1	300×300×8.50	D3、D4	细砂	790	720	1.10
91	559	ZH2-2	300×300×8.50	D3、D4	细砂	900	842	1.07
92	560	I1	300×300×9	D1、D2	粉砂、细砂	900	≥640	1.41
93	560	I2	300×300×10	D1、D2	粉砂、细砂	1 010	800	1.26
94	560	IV2	300×300×9	S10、S11	粉砂、细砂	340	750	0.45
95	560	IV3	300×300×10	S10、S11	粉砂、细砂	1 030	950	1.08
96	560	IV4	300×300×10	S10、S11	粉砂、细砂	1 070	1 050	1.02
97	561	1	300×300×7	2	粉砂	200	≥195	1.03
98	561	2	200×200×7	2	粉砂	200	≥205	0.98
99	562	1	200×200×16	S5	黏土	310	≥275	1.13
100	562	2	200×200×16	S5	黏土	310	≥305	1.02
101	563	3	200×200×8	S5	淤泥质黏土	110	145	0.76
102	564	5	200×200×6	1、2	淤泥质砂质粉土	110	106	1.04
103	564	A	200×200×6	1、2	砂质粉土	150	120	1.25
104	564	B	200×200×6	1、2	砂质粉土	150	150	1.00
105	566	1	300×300×7.3	N5	粉砂、细砂	590	624	0.95
106	566	2	300×300×8	N19	粉砂、细砂	710	936	0.76
107	566	3	250×250×7.8	N1	粉砂、细砂	540	562	0.96
108	566	4	250×250×7.8	N5、N19	粉砂、细砂	520	608	0.86
109	567	1	250×250×6.9	AB	粉砂	370	315	1.17
110	567	2	250×250×6.9	E15	粉砂	380	328	1.16

实测值与修正后计算的承载力之比 表 2-10

编号	比值	编号	比值	编号	比值	编号	比值
1	1.21	11	0.95	21	0.91	31	1.08
2	0.86	12	0.97	22	1.04	32	1.06
3	1.00	13	0.93	23	0.97	33	1.04
4	0.96	14	1.01	24	1.32	34	0.82
5	0.89	15	1.17	25	1.04	35	1.15
6	1.00	16	1.10	26	1.10	36	1.14
7	0.92	17	0.74	27	1.30	37	1.26
8	0.92	18	0.93	28	1.29	38	1.00
9	1.12	19	0.81	29	0.95	39	0.88
10	1.10	20	1.10	30	1.01	40	1.03

①对于挤土桩

极限端阻力：

a. 黏性土

$$f_{p混凝土}=2\times p_l \tag{2-4}$$

b. 粉性土

$$f_{p混凝土}=2.5\times p_l \tag{2-5}$$

c. 砂性土

$$f_{p混凝土}=3\times p_l \tag{2-6}$$

极限侧摩阻力 $f_{s混凝土}$ 按表 2-11 取值。

挤土桩的桩侧阻力极限值 $f_{s混凝土}$(kPa) 表 2-11

土性 \ 旁压试验 p_l(kPa)	200	400	600	800	1 000	1 200	1 400	1 600	1 800	2 000	2 200	2 400	>2 600
黏性土	10	24	36	50	64	74	80	86	90				
粉土		24	40	52	66	76	84	92	96	98	100		
砂土		24	40	54	68	84	94	100	106	110	114	118	120

注：表中数值可内插。

②对于非挤土桩(指钻孔灌注桩)

极限端阻力：

$$f_{p灌}=0.3f_{p混凝土} \tag{2-7}$$

极限侧阻力：

$$f_{s灌}=(0.7\sim0.8)\times f_{s混凝土} \tag{2-8}$$

单桩极限承载力计算公式：

$$Q_u=u_p\sum f_{si}\times l_i+f_p\times A_p \tag{2-9}$$

以上式中：$f_{p混凝土}$——挤土桩桩端承载力，kPa；

$f_{s混凝土}$——挤土桩桩侧承载力，kPa；

$f_{p灌}$——非挤土桩桩端承载力，kPa；

$f_{s灌}$——非挤土桩桩侧承载力,kPa;

u_p——桩周长,m;

A_p——桩截面面积,m^2;

l_i——桩身所在各土层厚度,m;

Q_u——单桩极限承载力,kN。

③计算方法与实测结果比较

将 133 组试桩结果(桩长 L=20～75m,桩型包括钢筋混凝土预制桩、PHC 管桩、灌注桩)旁压试验估算值 Q'_u与实测值 Q_u 的比较,按桩长 L 分别示于图 2-16。133 组试桩结果估算误差的频率分布按桩长 L 的分布示于图 2-17～图 2-20 分别是综合所有桩型的估算与实测比较及其误差频数分布图。

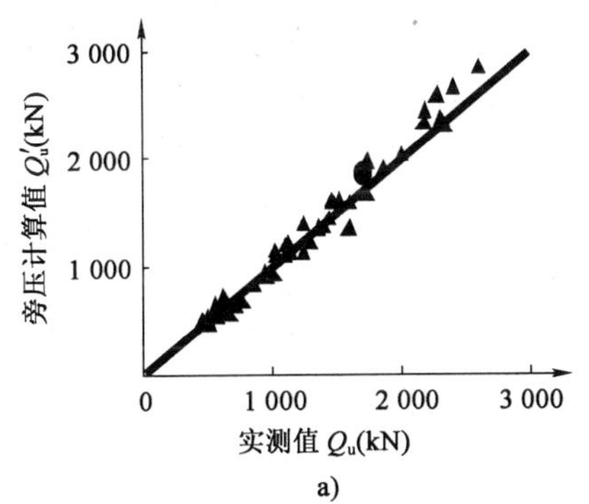

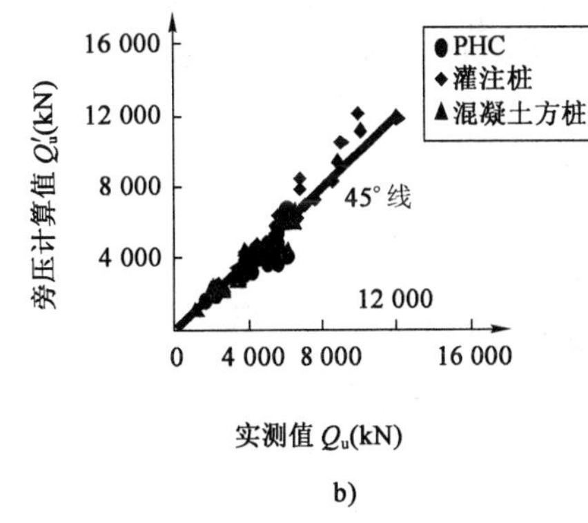

图 2-16 旁压计算值与实测值关系

a)L≤30m,n=59;b)L>30,n=74

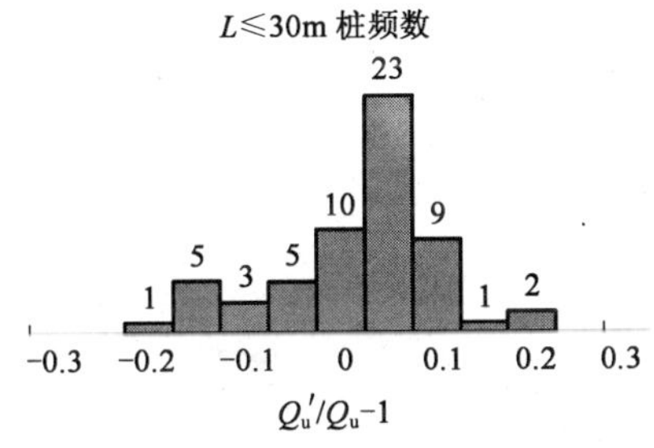

图 2-17 中长桩估算误差的频数分布(n=59)

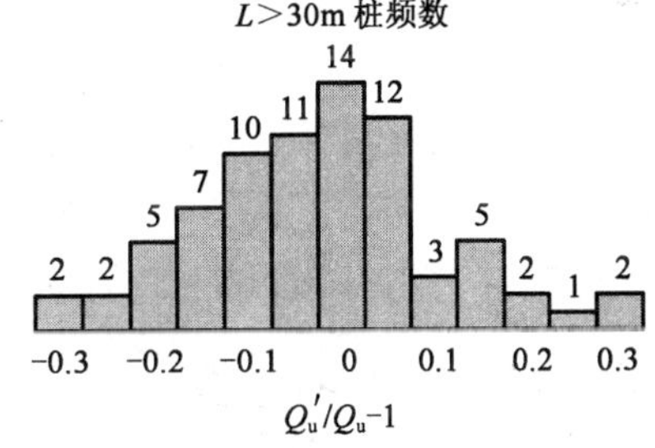

图 2-18 长桩、超长桩估算误差的频数分布(n=74)

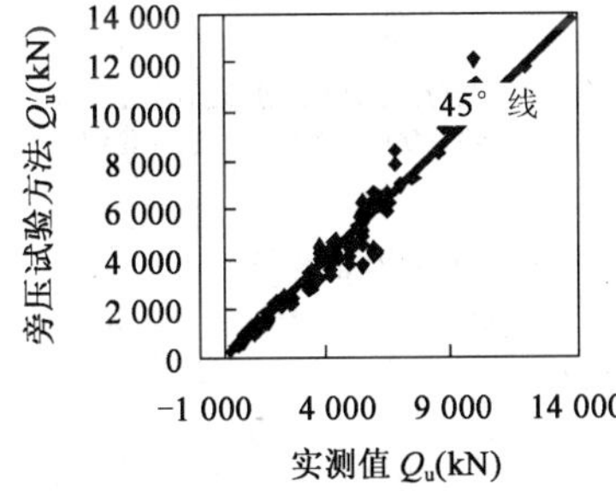

图 2-19 实测值与旁压试验方法(样本数 133 组)比较

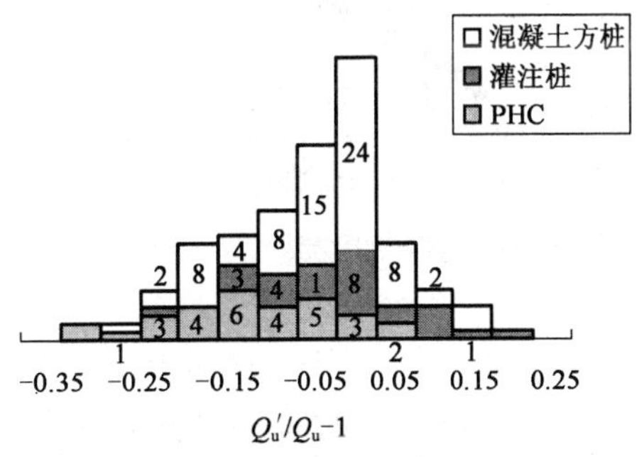

图 2-20 133 根桩的估算误差频数分布图

(3)旁压试验与静力触探试验的关系

Amar(1972年)研究了Marne新城泥灰岩,认为旁压试验与静力触探有如下关系式:

$$\frac{q_c^*}{p_l^*}=0.93\left(1+\frac{45}{z+9}\right) \tag{2-10}$$

Nazaret(1972年)则根据Loire地区砂土,认为两者关系如下:

$$\frac{q_c^*}{p_l^*}=3.7\times10^{-4}q_c^*+5.8 \tag{2-11}$$

式中:q_c^*——静探净端阻力;

z——深度;

p_l^*——净极限压力。

旁压试验测得的净极限压力与静探净端阻力存在相关性,在判断单桩承载力方面可以互相借鉴。图2-21是对379组分别采用旁压和静探试验估算的单桩承载力比较。从图中可以看出,除个别数据离散性较大外,采用旁压试验方法估算的单桩承载力与静探方法基本吻合。

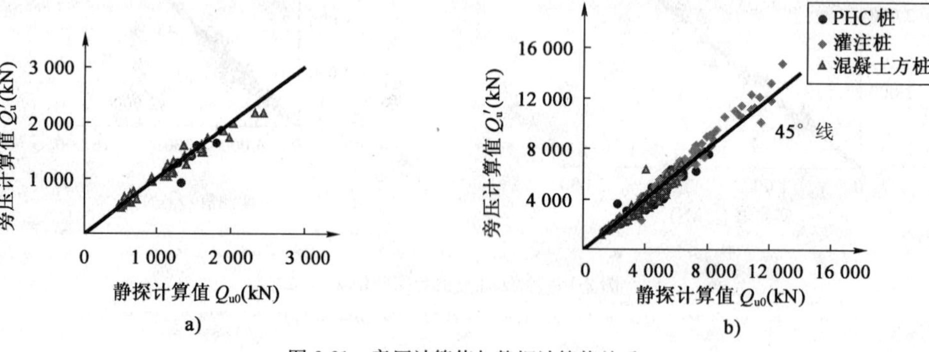

图2-21　旁压计算值与静探计算值关系

a)$L\leqslant30$m,$n=94$;b)$L>30$m,$n=285$

由图2-22、图2-23可知,静探方法与旁压之比接近于1,分布于0.9~1.1占到总数的85%,其变异系数为0.12,两种方法预估精度基本一致。

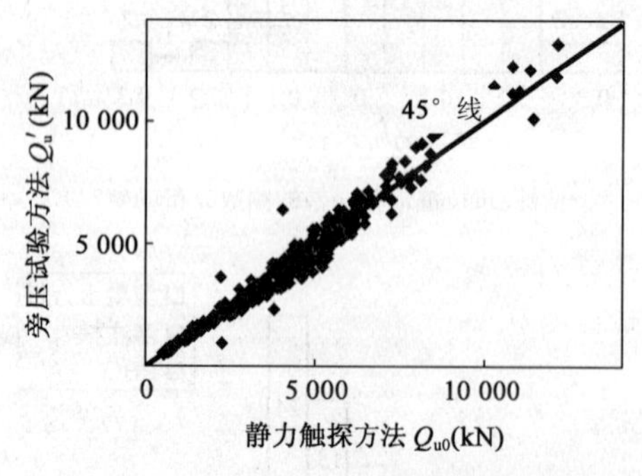

图2-22　静力触探方法与旁压试验方法计算结果比较(样本数379组)

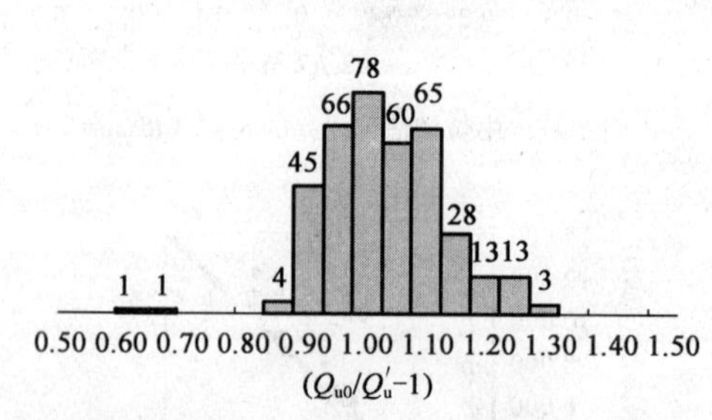

图2-23　旁压试验计算值与静力触探方法计算值误差频数分布图(样本数379组)

(4)在软土地区分析评价桩基承载力时要注意的问题

①桩基承载力与时间的关系:摩擦桩承载力随时间增长的现象早已为建筑工程界所注意,在软黏土中体现得尤为明显。20世纪40年代以来,不少国家开展了桩基承载力时效的试验

研究，我国也于60年代进行了一系列的室内外试验研究，根据不同土质、不同桩型、不同尺寸的桩承载力时效试验观测结果，得到单桩极限承载力比初始值增长40%～400%，达到稳定值所需要的时间由几十天到数百天不等。

②预制桩布桩过密、沉桩速率过快，易对土体产生显著扰动，软土的触变特性，导致土体强度急剧降低，土体强度的重新恢复则需要很长时间。过快的沉桩速率导致规范规定的间隙时间(28d)后试桩结果所得的承载力显著小于计算值。岩土工程师宜根据土性条件，建议控制预制桩布桩密度和沉桩速率。

③灌注桩的承载力与施工质量密切相关，桩侧泥皮过厚、桩身夹泥或桩底沉淤过大均导致单桩承载力偏低。对大直径的灌注桩，桩身范围内有厚层粉土或砂土时，泥浆配比十分重要，如果不能严格确保施工质量，则实际工程中常出现静载荷试验确定的承载力显著小于按规范计算的承载力值。

4)桩基沉降量预测

(1)影响桩基沉降的因素

影响桩基沉降的因素很多，包括荷载大小、加荷的速率、桩基持力层及压缩层深度范围内的土层性质、桩型、桩长、布桩面积系数、施工质量与施工流程等；软土地区采用以变形控制为主的设计原则，如何较为准确地预测桩基沉降量是人们长期关注的热点问题。影响桩基沉降量预测精度的因素主要包括计算方法中采用的应力分布模式、土层的压缩模量取值与实际的差异程度、选用的沉降计算修正系数是否合适等。

①压缩模量取值方法对沉降的影响

由于钻探取样进行室内试验获取的压缩模量不可避免地受到土样扰动的影响，尤其是粉性土或砂土的室内试验压缩模量较离散且与实际差异大，如稍密的粉砂与密实的粉砂，其标准贯入击数可能相差数倍，而室内试验获取的压缩模量可能接近。因此，目前工程界推荐对黏性土采用室内试验确定不同压力条件下的压缩模量，对无法或难以采取原状土的粉土与砂土样，则建议采用原位测试成果资料估算压缩模量。

②不同沉桩速率对沉降的影响

软土具有明显的触变特性、低渗透性。在软土中沉桩速率越快，对土体扰动程度越大，重塑固结引起的沉降增量也越大；另外，过快的沉桩速率，超孔隙水压力剧增，挤土效应易造成桩间脱节，引发非土性因素的沉降。

③不同加载速率对沉降的影响

不同加载速率对桩基础最终沉降量的影响常被忽略，这个现象在对建筑物进行沉降观测和分析中发现并被提出。如上海某两幢结构和体型完全相同的高层住宅楼，其土层条件、布桩面积系数、沉桩速率和基础施工时间均基本相同，但上部结构建造时间有一定的差异，分别为1.2年、1.9年，后期沉降观测发现，上部结构建造时间短的建筑物沉降明显大，两者比值结果达1.5。

(2)桩基沉降估算方法

桩基工程的沉降量分析方法包括：等代墩基模式、弹性理论法等。目前，技术标准或规范推荐半经验半理论的方法，如上海市工程建设规范《地基基础设计规范》(DGJ 08-11—1999)采用了以Mindlin应力公式为依据的单向压缩分层总和法并乘以相应经验系数公式计算地基沉降量。

①应用静力触探成果估算桩基沉降

室内土工试验测得的压缩模量存在着明显不合理或严重失真，相比之下，原位试验能够正确反映地基土的力学性质，用原位试验成果确定甚至代替室内土工试验结果，用于桩基沉降计算，具有不可比拟的优势。

a. Schmertmann 提出根据静探锥尖阻力 q_c 确定非黏性土的变形模量，用于群桩沉降计算，Meyerhof(1976 年)则建议直接采用 q_c 等代变形模量，按下式计算沉降量：

$$s=\frac{\sigma_0 \cdot B \cdot I}{2q_c} \tag{2-12}$$

式中：s——群桩沉降，mm；

σ_0——等代墩基底面附加压力，kPa；

B——墩基等代宽度，m，$B=\sqrt{A}$（A 为基础面积）；

I——深度修正系数，$I=1-0.8D'/B\geqslant 0.5$，其中 D' 为群桩有效埋深；

q_c——静力触探阻力，kPa。

b. 为寻找采用原位测试成果确定桩基沉降计算指标 E_s，上海地区通过大量工程数据统计分析，建立原位测试成果（如静探 p_s 与压缩模量 E_s 之间的关系），其统计结果如下。

对于砂质粉土和粉细砂：

$$E_s=(3\sim4)p_s$$

对黏性土：

$$E_s=3.3p_s+3.2$$

c. 根据静力触探试验 $p_s(q_c)$ 计算桩基沉降的修正经验方法：

$$s=\psi_s \cdot \frac{p_0}{2} \cdot B \cdot I/(3.3\overline{p}_s) \tag{2-13}$$

$$s=\psi_s \cdot \frac{p_0}{2} \cdot B \cdot I/(4\overline{q}_c) \tag{2-14}$$

式中：s——桩基最终沉降量，mm；

ψ_s——桩基沉降估算经验系数，有条件时应根据类似工程条件下沉降观测资料和经验确定；

p_0——桩端全断面处有效附加应力，kPa；

B——等效基础宽度，m，$B=\sqrt{A}$；

I——深度修正系数，可按 $I=1-p_c/p_0$ 计算，当 $I<0.3$ 时，取 0.3，p_c 为桩端处的有效自重压力，p_0 为桩端处有效附加压力；

$\overline{p}_s$ 或 $\overline{q}_c$——取 1 倍 B 范围内静探比贯入阻力或锥尖阻力按厚度修正平均值，MPa，其计算方法如图 2-24 所示。

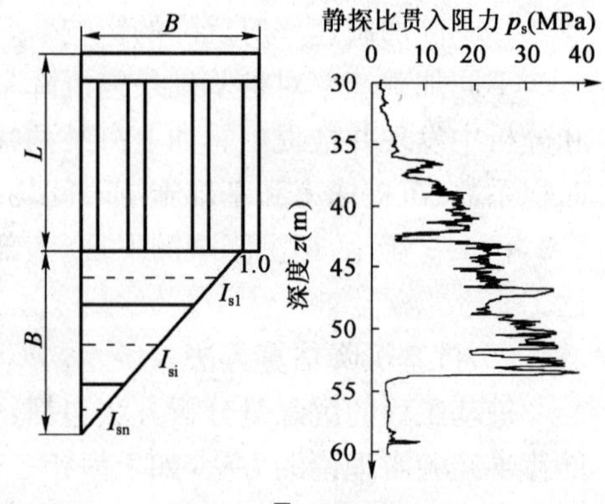

图 2-24　$\overline{p}_s$ 计算方法

$$\overline{p}_s=\sum_{i=1}^{n}p_{si}\cdot I_{si}\cdot H_i/\left(\frac{1}{2}\cdot B\right) \tag{2-15}$$

p_{si}——桩尖以下第 i 层土的修正比贯入阻力，MPa，若桩端持力层与下卧层 p_s 比值>3 或<1/3，则持力层比贯入阻力按下式修正：

$$p_{s1}=p_{s1}/(p_{s1}/p_{s2})^{1/3}$$

I_{si}——第 i 层土应变系数，取该层土深度中点处与以桩尖处为 1.0、1 倍等效宽度的深度处为 0 的应变三角形的交点值；

H_i——第 i 层土厚度，m；

B——基础等效宽度，m。

d. 修正经验方法计算结果与实测比较

收集上海地区 120 幢建筑物工程资料及其地质资料进行分析，按式(2-13)计算，与实测沉降比较如图 2-25 所示，相对误差频数分布如图 2-26 所示。

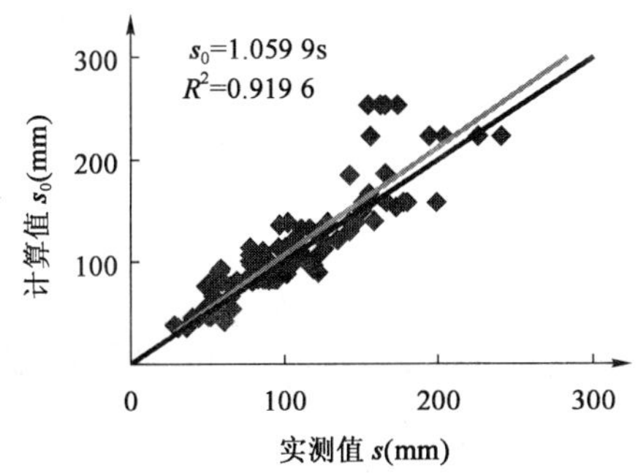

图 2-25　静力触探试验参数经验法计算与实测比较

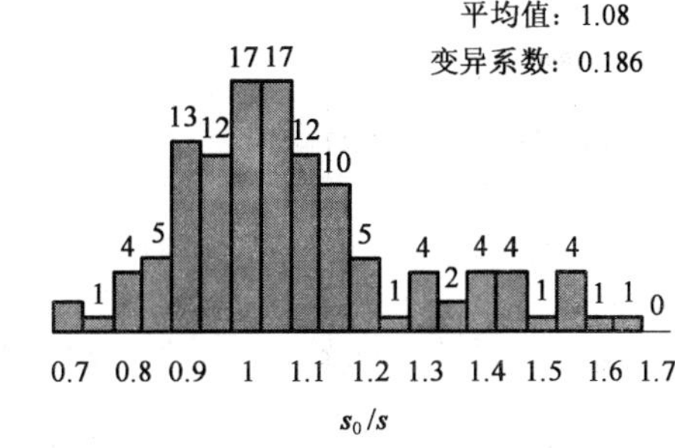

图 2-26　静力触探试验参数经验法相对误差频数分布

②桩基沉降分析估算中应注意的问题

a. 因勘察阶段通常荷载条件等不明确，勘察报告对沉降计算假定的边界条件应进行明确阐述，且假定的边界条件要与地区经验、类似工程具有相符性，防止误导设计。

b. 因勘察阶段布桩方式与数量无法确定，因此桩基沉降通常假定为实体深基础考虑。软土地区一般不考虑沿桩身的扩散(桩侧有厚度较大的粉土、砂土时除外)。

c. 对荷载差异大或地层差异大等情况，应建议设计采取适当措施控制过大的差异沉降；当同一建(构)筑物位于不同地层单元时，应建议按变形协调的原则进行设计。工程实践中一般通过控制总沉降量来控制差异沉降。

d. 要考虑软土触变性对沉降的影响，避免发生密集群桩沉桩速率过快，使得软土受到显著扰动或桩接头脱开，桩基沉降明显增大的情况。

e. 要考虑软土流变特性对沉降的影响，当桩身压缩层内以黏性土为主时，其竣工时沉降量仅占总沉降量的 20%～30%，固结稳定的时间长达十年以上。

f. 要充分重视同类经验类比，合理确定沉降计算经验系数，以提高预测精度。

5)需要注意的其他问题

(1)当出现实际桩基沉降量远大于预测值与地区经验值，且需要参与分析处理时，需要充分了解施工情况，如对预制桩需要了解布桩密度、沉桩速率、桩接头焊接效果等，对灌注桩需要了解泥浆配比、孔底沉淤等;更进一步的可了解上部建筑的加荷速度等。大量工程实践证明,上述的诸多因素均可能显著加剧桩基沉降。

(2)当场地涉及大面积堆土与地坪堆载或大面积降水时,有引发桩侧负摩阻力问题的可能,导致桩基承载力降低,桩基沉降量增加。勘察时需要详细了解是否有大面积堆土或堆载,堆土的范围、厚度、时间、成分、土性均匀性及荷载的均匀性。负摩阻力发生与持力层选择有关,目前准确估算中性点有难度,但勘察报告至少应提醒设计方注意该问题的不利影响。

(3)在工业区进行改造建设时,应注意原生产或储存过程中废液的泄漏,可能造成场地地下水(土)对建筑材料的腐蚀。当勘察初步判定地基土(水)对桩材料具有腐蚀时,应提出进一步勘察的建议,以确定污染土(水)空间分布范围,提出防腐设计建议。对桩基工程,一般宜采取以下措施进行防腐处理:桩表面涂保护层,增大截面法(钢管桩增加壁厚),选用抗腐蚀的水泥等。

第六节 桩基工程勘察实例

一、上海环球金融中心

1. 工程概况

上海环球金融中心是中日国际经济合作的重大项目,由日本投资,该工程位于上海市浦东陆家嘴金融贸易开发区 Z4-1 地块。主楼为地上 101 层,地下 3 层,高度为 492m,基础埋深约 18m,总荷载约 4 200 000kN。

2. 工程地质条件

该工程场地地层分布详见表 2-12。

场地地基土构成一览表　　表 2-12

层序	土层名称	层底标高(m)	塑性及密实度	标准贯入击数 N(击)	锥尖阻力 q_c 值(MPa)	土层描述
②	黏土	0.05～1.37	可塑～软塑	2.5	0.56	褐黄色,含氧化铁及铁锰质结核
③	淤泥质粉质黏土	−1.96～−4.09	流塑	2	0.72	灰色,含少量云母,夹多量薄层粉砂
④	淤泥质黏土	−12.69～−13.99	流塑	1	0.45	灰色,含贝壳碎屑和少量有机质,夹少量薄层粉砂
⑤	粉质黏土	−19.05～−23.07	软塑	5.5	0.86	灰～褐灰色,含钙质、粉质结核、腐殖物茎及有机质
⑥	粉质黏土	−23.88～−25.37	硬塑～可塑	19	2.18	暗绿色,含氧化铁斑纹,少量铁锰结核及有机质
$⑦_1$	砂质粉土夹粉细砂	−34.95～−38.82	中密～密实	33	12.0	草黄色,顶部夹薄层黏性土,随深度的增加含砂量增高

续上表

层序	土层名称	层底标高(m)	塑性及密实度	标准贯入击数N(击)	锥尖阻力 q_c 值(MPa)	土层描述
⑦$_2$	粉细砂	—52.53～—61.80	密实	60	24.6	草黄～灰色,成分以石英为主,含长石和云母,局部含暗色矿物
⑦$_3$	砂质粉土	—65.19～—67.27	中密～密实	46	15.4	草黄～灰色,夹薄层粉质黏土,局部夹多量粉砂
⑨$_1$	粉砂夹粉质黏土	—70.56～—73.80	中密～密实	52	16.1	灰色,含少量云母,局部粉砂与粉质黏土呈互层状
⑨$_2$	含砾中粗砂	—85.13～—88.77	密实	54	20.5	灰色,夹粉砂及粉质黏土,砾石含量为10%～20%
⑪	粉细砂	—138.83～—145.07	密实	79		灰～青灰色,成分以石英为主,其次为长石和云母,顶部夹有多量粉质黏土
⑫	粉质黏土	—163.77	硬塑～可塑			蓝灰～褐灰色,含钙质及粉质结核,上部夹黏土,下部夹薄层粉砂
⑬	粉细砂	—207.20	密实			灰～青灰色,成分以石英为主,含长石和云母,局部夹含砾中粗砂
⑭	黏土夹粉砂	—247.60	硬塑～可塑			蓝灰～褐灰色,含钙质粉质结核,夹薄层粉砂
⑮	粉细砂	—273.29	密实			灰～青灰色,成分以石英为主,含长石和云母,局部夹含砾中粗砂
⑯	花岗岩	未钻穿	坚硬			揭露厚度大于0.80m,上部0.30m为强风化层,下部为微风化花岗岩体

3.桩基方案分析评价

(1)桩型选择

主楼建议采用钢管桩,根据持力层比选的不同,建议桩径分别为 ϕ600～ϕ700mm及 ϕ900mm。

(2)桩基持力层比选

主楼部分比选第⑦$_2$ 层或第⑨$_2$ 层作为桩基持力层,桩端入土深度分别为50～55m(进入第⑦$_2$ 层10～15m)及80m(进入第⑨$_2$ 层2～3m),最终设计采纳第⑨$_2$ 层作为桩基持力层方案。建议桩基持力层方案见图2-27。

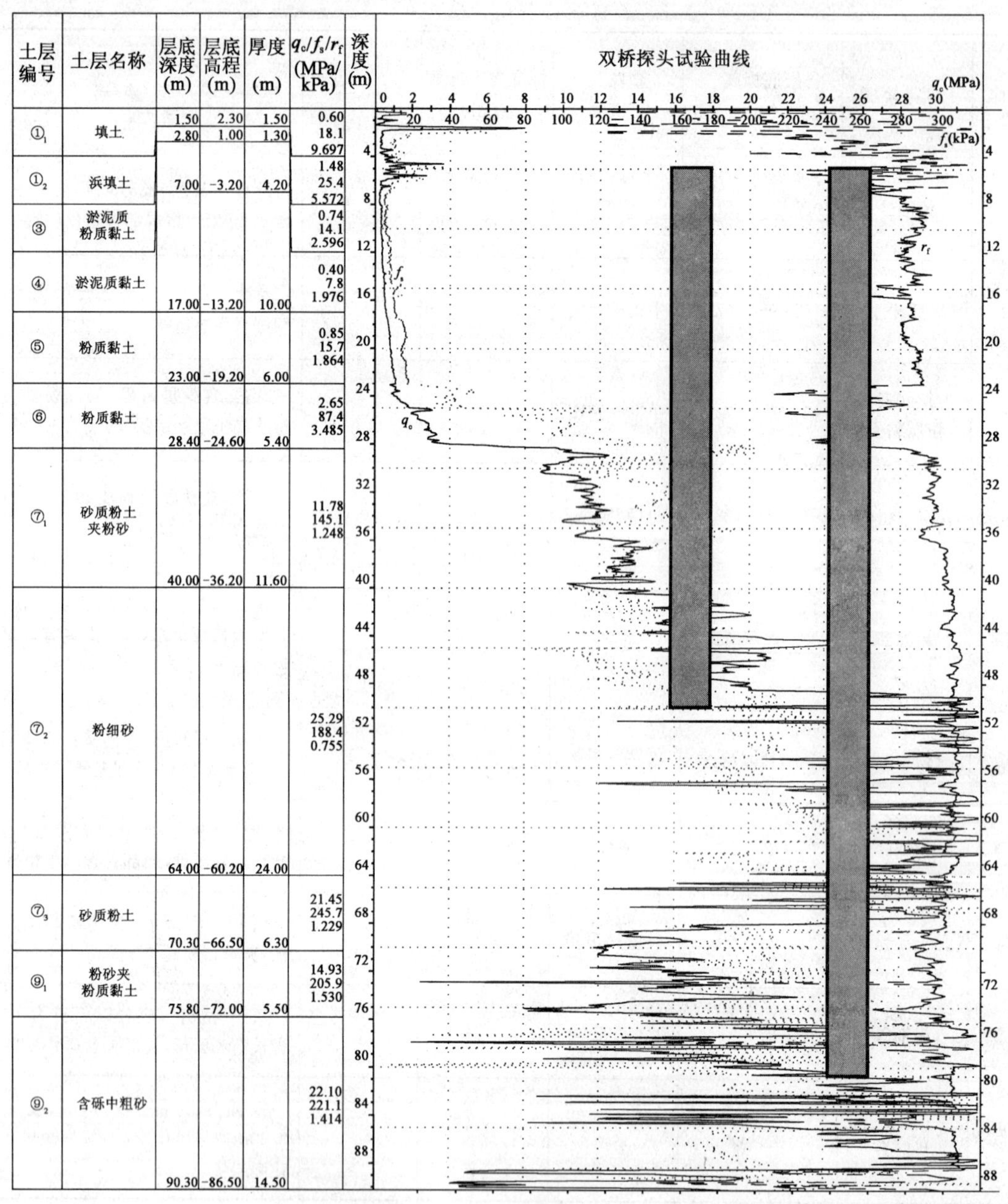

图 2-27　桩基持力层选择方案

(3)桩基设计参数(表 2-13)

桩侧极限摩阻力标准值 f_i 和桩端极限端载力标准值 f_p　　表 2-13

层　序	土 层 名 称	混凝土预制(预应力管)桩	
		$f_{i混凝土}$(kPa)	$f_{p混凝土}$(kPa)
②	黏土	15	
③	淤泥质粉质黏土	15	

续上表

层 序	土 层 名 称	混凝土预制(预应力管)桩	
		$f_{i混凝土}$(kPa)	$f_{p混凝土}$(kPa)
④	淤泥质黏土	25	
⑤	粉质黏土	50	
⑥	粉质黏土	90	
⑦1	砂质粉土夹粉细砂	100	
⑦2	粉细砂	110	8 000
⑦3	砂质粉土	100	6 500
⑨1	粉砂夹粉质黏土	105	7 000
⑨2	含砾中粗砂	110	9 000

当采用钢管桩时，应根据持力层的土性条件，考虑敞口钢管桩的桩侧挤土效应和桩端闭塞效应。

(4)单桩极限承载力估算(表 2-14)

单桩竖向承载力估算表 表 2-14

桩型	规格(mm)	桩长(m)	送桩(m)	桩尖入土深度(m)	持力层	单桩极限承载力(kN)	单桩抗拔极限承载力(kN)
钢管桩	ϕ600	24	18	42	⑦2	5 800	2 850
		27	18	45	⑦2	6 500	3 300
		32	18	50	⑦2	7 500	4 000
	ϕ650	27	18	45	⑦2	6 800	3 500
		32	18	50	⑦2	7 800	4 250
		37	18	55	⑦2	8 900	5 000
	ϕ700	32	18	50	⑦2	8 200	4 600
		37	18	55	⑦2	9 300	5 400
	ϕ900	62	18	80	⑨2	17 600	

(5)桩基沉降估算

①按上海市标准《地基基础设计规范》(DGJ 08-11—1999)方法计算

a. 沉降计算指标

各土层的压缩模量 E_s(为土层有效自重应力至有效自重应力加有效附加应力压力段的压缩模量)见表 2-15。

桩基沉降量计算参数表 表 2-15

层序	土名	室内固结试验(MPa)	静探 $E_s=3.5q_c$ (MPa)	标贯 $E_s=1.2N_{63.5}$ (MPa)	旁压 $E_s=(E_m+E_+)/2$ (MPa)	波速 $E_s=E_d/15$ (MPa)	建议值 E_s (MPa)
⑦2	粉细砂	67	86	73	91	63	75
⑦3	砂质粉土	57	54	56	65	56	60

续上表

层序	土名	室内固结试验(MPa)	静探 $E_s=3.5q_c$ (MPa)	标贯 $E_s=1.2N_{63.5}$ (MPa)	旁压 $E_s=(E_m+E_+)/2$ (MPa)	波速 $E_s=E_d/15$ (MPa)	建议值 E_s (MPa)
⑨$_1$	粉砂夹粉质黏土	65	56	63	79	84	80
⑨$_2$	含砾中粗砂	90	72	66	65	84	85
⑪	粉细砂	96		95		125	90
⑫	粉质黏土	41				108	55
⑬	粉细砂	93				108	95
⑭	黏土夹粉砂	70				110	70
⑮	粉细砂	120					120

注：E_s——压缩模量(MPa)，q_c——静探锥尖阻力(MPa)，$N_{63.5}$——标贯实测击数，E_m——旁压模量(MPa)，E_+——旁压试验抗压变形模量(MPa)，E_d——根据波速计算的动弹模(MPa)。

b. 计算条件

假设主楼基础尺寸为 60m×60m；基础埋深为 18m；主楼总荷载为 4 200 000kN。沉降计算经验系数根据类似工程条件下的沉降资料和规范要求综合确定。

主楼基础沉降量计算结果见表 2-16(供参考)。

桩基沉降量估算一览表 表 2-16

方案	桩端入土深度(m)	主楼基础沉降量 s(cm)* 桩端处有效附加压力 p_0(kPa) 700	800	900
1	55	14.0	16.4	18.8
2	80	8.6	10.1	11.7

注：* 桩基沉降量未包含钢管桩引起的压缩变形。

②采用有限元法计算

a. 沉降计算指标

根据现场旁压试验和 PS 检层波速试验综合求取土体的剪切模量，见表 2-17。

土层剪切模量一览表 表 2-17

层　序	土　名	旁压 $G=(G_m+G_+)/2$ (MPa)	波速 $G=G_d/15$ (MPa)	建议值 G (MPa)
⑦$_2$	粉细砂	33.74	21.4	33
⑦$_3$	砂质粉土	24.50	19.0	22
⑨$_1$	粉砂夹粉质黏土	29.20	29.2	29
⑨$_2$	含砾中粗砂	25.40	28.6	29
⑪	粉细砂		43.7	43
⑫	粉质黏土		37.7	37
⑬	粉细砂		38.1	38
⑭	黏土夹粉砂		38.3	38

注：G_m——旁压剪切模量，G_+——旁压试验中受压剪切模量，G_d——根据波速计算的动剪切模量，G——剪切模量。

b. 计算条件

假设主楼基础尺寸、基础埋深、主楼总荷载同上，基础底板为刚性。

主楼基础沉降量计算结果见表 2-18(供参考)。

桩基沉降量估算一览表　　表 2-18

方　案	假 定 条 件	桩端入土深度(m)	主楼基础沉降量 s(cm)*
1	钢管桩 ϕ609，桩数为 961 根	55	9.6
2	钢管桩 ϕ700，桩数为 841 根	55	10.0
3	钢管桩 ϕ914，桩数为 729 根	55	10.4
4	钢管桩 ϕ700，桩数为 729 根	80	8.2
5	钢管桩 ϕ914，桩数为 576 根	80	8.5

注：* 桩基沉降量未包含钢管桩引起的压缩变形。

据已有工程建(构)筑物的沉降量实测资料分析对比，由上海市标准《地基基础设计规范》(DGJ 08-11—1999)方法计算的沉降量一般大于实测值，其误差可达 20%～40%；按采用有限元法计算的沉降量与实测值较为接近。

(6)沉桩可能性分析

影响沉桩可能性的因素十分复杂，有桩本身的一些因素(如桩型、规格、桩距、桩身强度等)，有沉桩机具工艺因素(锤型、锤击能量、施工工艺及顺序等)，故要定量评估沉桩的难易程度是较困难的。本次根据邻近工程打桩经验，通过打桩实测资料与静探 p_s 或 q_c 值对比，建立相应的经验关系来估算沉桩阻力，评定沉桩的可能性。

经估算，其沉桩阻力见表 2-19(供参考)。

沉桩阻力一览表　　表 2-19

桩　型	规格(mm)	桩尖入土深度(m)	持力层	沉桩阻力(kN)	建议采用桩锤	控制贯入度(cm/10 击)
钢管桩	ϕ609	42	⑦$_2$	8 870	D62	3～5
		45	⑦$_2$	9 720	KB80	4～8
		50	⑦$_2$	11 000	KB80	4～8
	ϕ650	45	⑦$_2$	10 300	KB80	4～8
		50	⑦$_2$	11 600	KB80	4～8
		55	⑦$_2$	12 700	KB80	4～8
		80	⑨$_2$	19 400	D100+液压锤 Sc-150	4～8
	ϕ700	50	⑦$_2$	12 350	KB80	4～8
		55	⑦$_2$	13 400	D100	4～8
		80	⑨$_2$	20 300	D100+液压锤 Sc-150	4～8
	ϕ914	55	⑦$_2$	17 400	D100	4～8
		80	⑨$_2$	24 400	D100+液压锤 HA-30	4～8

据邻近工程经验，钢管桩 ϕ609，当采用 D62 锤，桩沉至 45m 时，其最后贯入度在 5～7cm/10 击；当采用 MH80 锤（相当于 KB80 锤），桩沉至 45m 时，其最后贯入度在 10～14cm/10 击。钢管桩 ϕ914，试桩时采用 KB80 锤，桩沉至 40m 时，其贯入度在 7～9cm/10 击，桩沉至 52m 时，其贯入度在 4～4.5cm/10 击，沉桩较为困难；采用 D100 锤，桩沉至 40m 时，其贯入度在 13～17cm/10击，桩沉至 54m 时，其贯入度在 6～8cm/10 击，桩沉至 62m 时，其贯入度在 4～6cm/10击，沉桩较困难；改用 HA-30 型液压锤，桩沉至 79m（进入$⑨_2$含砾中粗砂约 2m）时，其贯入度在 5～10cm/10 击，但在施工时，桩沉至 83m 时沉桩相当困难。

(7)结语

本工程主楼实际采用 ϕ700 的钢管桩，以$⑨_2$层为持力层，桩端标高－78m，实测的单桩承载力及沉降与预测值相近，2008 年已建成并投入使用。鉴于环球金融中心大厦为国内标志性的摩天大楼，具有主楼荷重极大、对单桩承载力要求高、需要严格控制主楼沉降以及主裙楼的差异沉降、进行预制桩沉桩可行性等特殊要求，在勘察工程中，勘察单位重视采用多种原位测试技术，充分借鉴上海陆家嘴金融区大量的超高层建筑尤其是临近已建金茂大厦(88 层)的建筑经验，桩基方案的分析评价详细深入，推荐的桩基设计参数经过验证是合理的。本桩基工程勘察对软土地区同类超高层建筑工程具有指导意义。

二、上海南浦大桥、杨浦大桥、徐浦大桥桩基方案

1. 工程概况

上海黄浦江上南浦大桥、杨浦大桥、徐浦大桥均为斜拉桥，一跨过江，江中不设墩台，为特大型桥梁。各大桥性质详见表 2-20。

几座跨黄浦江大桥性质表 表 2-20

桥　名	南浦大桥	杨浦大桥	徐浦大桥
竣工时间	1991.11	1993.10	1997
主跨及塔高	主跨 423m；主塔为折线 H 形，高度 154m	主跨 602m；主塔呈钻石形，主塔高度 220m	主跨 590m；主塔呈 A 字形，主塔高度 217m
桥面宽(m)	28	30.35	39.35
主墩上部荷载(kN)	5.0×10^5	9.0×10^5	10.5×10^5
主墩基础尺寸(m)	40.8×24.8×4.0	47.2×32.2×5.0	78.0×35.0×5.0

2. 工程地质条件

上海黄浦江上南浦大桥、杨浦大桥、徐浦大桥桥址主要地层分布详见表 2-21。

几座跨黄浦江大桥桥址主要地层表 表 2-21

层　序	土层名称	南浦大桥	杨浦大桥	徐浦大桥	
		层底埋深(m)	层底埋深(m)	层底埋深(m)	
				浦东	浦西
⑥	粉质黏土	28.5	31.0～34.5	29.6	33.0
$⑦_{1-1}$	砂质粉土	34.8	40.0	43.8	36.4
$⑦_a$	粉质黏土(夹层)				40.6

续上表

层序	土层名称	南浦大桥	杨浦大桥	徐浦大桥	
		层底埋深(m)	层底埋深(m)	层底埋深(m)	
				浦东	浦西
⑦1-2	粉砂	40.5	46.0	54.0	49.4
⑦b	砂质粉土			55.6	61.6
⑦2	粉细砂	59.0	71.5～78.2	82.2	64.4
⑧1	粉质黏土夹粉砂				69.4
⑧2	粉砂与粉质黏土互层	63.5	76.5～81.5	85.8	86.2
⑨	粉细砂、中粗砂	90.0(未穿)	87.3	100(未穿)	100.2

3. 桩基方案分析评价

(1)桩型选择

主桥墩承受的垂直和水平向荷载大，要求桩端进入密实、稳定的土层一定的深度；桩型的选择上通常采用质量可靠、穿透力强、施工速度较快的钢管桩，桩径一般选择 ϕ900mm。

(2)桩基持力层选择

南浦大桥、杨浦大桥、徐浦大桥浦东主桥墩均采用第⑦$_2$层作为桩基持力层，徐浦大桥浦西主桥墩由于第⑦$_2$层下分布有软弱的第⑧$_1$层，采用第⑨层作为桩基持力层。

南浦大桥、杨浦大桥、徐浦大桥桩基持力层方案见图 2-28。

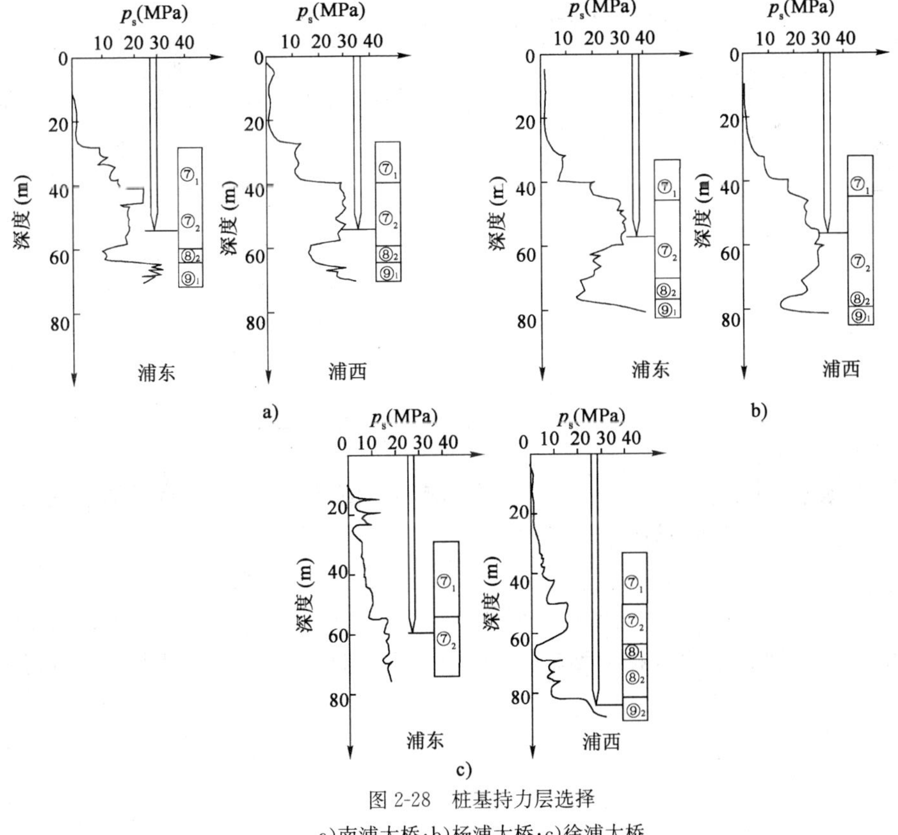

图 2-28 桩基持力层选择

a)南浦大桥；b)杨浦大桥；c)徐浦大桥

(3)桩基方案及试桩结果

南浦大桥、杨浦大桥、徐浦大桥桩基方案及试桩结果详见表 2-22。

南浦大桥、杨浦大桥、徐浦大桥桩基方案及试桩结果表 表 2-22

桥　名	南浦大桥	杨浦大桥	徐浦大桥
主墩桩基方案	采用 ϕ900 钢管桩（壁厚 18mm 和 20mm），以第⑦$_2$ 层为持力层，浦东和浦西桩端标高分别为－50.6m 和 －50.2m	采用 ϕ900 钢管桩，以第⑦$_2$ 层为持力层，浦东和浦西桩端标高分别为－53m 和－52m	采用 ϕ900 钢管桩，浦东以第⑦$_2$ 层为持力层，桩端标高－54.5～－60.4m；浦西以第⑨层为持力层，桩端标高－79.0m
主墩动测试桩结果	浦西：>11 000kN；浦东：13 000～14 000kN（静载>12 530kN）；设计采用单桩容许承载力：5 880kN	浦西：12 000kN；浦东：11 700kN；设计采用单桩容许承载力：5 400kN	浦西：13 200～14 600kN；浦东：11 500～12 900kN；设计采用单桩容许承载力：浦西 6 500kN，浦东 6 000kN

(4)桩基沉降

主墩由于基础尺寸大、基底附加压力大，在桩基方案选择上比较慎重，尤其是桩端下有第⑧$_2$ 层分布时，主墩基础的总沉降量以及第⑧$_2$ 层对总沉降量的影响程度，是评价采用第⑦$_2$ 层作为桩基持力层可行性的关键。采用实体深基础分层总和法估算桥梁主墩的总沉降如表2-23所示。

南浦大桥、杨浦大桥、徐浦大桥主墩基础沉降量估算表 表 2-23

桥名	位置	基底附加压力(kPa)	桩端入土深度(m)	计算总沉降量(cm)	压缩层厚度(m)	下卧第⑧$_2$ 层情况			实测沉降量(cm)
						埋藏深度(m)	厚度(m)	占总沉降量比例	
南浦大桥	浦西	430	54.7	8.5	35	56.2～63.4	4.8	30%	10
	浦东	440	54.5	8.5	35	59.5～63.5	4.0	23%	
杨浦大桥	浦西	600	57.0	17.0	44	78.2～81.5	3.3	9%	5
	浦东	600	57.0	18.0	45	71.5～76.5	5.0	17%	
徐浦大桥	浦东	420	60.0	17.0	45	82.2～85.8	3.6	9%	6

注：表中沉降量未考虑桩身的压缩变形。

从表 2-23 结果分析，一般计算沉降值大于实测的数值，但是一些其他非地层因素也会影响墩台的沉降量，如大面积降承压水等。

(5)结语

本节通过上海地区黄浦江上数座特大桥桥址地层条件、不同桥梁桩基方案以及珍贵实测资料的分析比较，获得软土地区特大型桥梁的桩基勘察与设计的经验，对类似工程具有借鉴作用。

第三章　桩基优化设计

第一节　桩基优化设计的基本概念

一、桩基设计基本概念

1. 桩基设计存在的主要问题及误区

随着工程技术进步和工程经验的积累，国内桩基工程不论在规模还是在技术方面都有了很大的进步和发展，桩基工程设计正朝专业化、设计施工一体化发展。但不可否认，在大量工程建设过程中，涉及桩基工程的问题数不胜数，其中不少原因是设计考虑不周、经验不足造成的，而造成设计问题的根源，则往往是设计上存在误区。总结下来，目前在设计上常存在如下误区。

(1)安全度越高越好

目前，我国采用的是以概率理论为基础的极限状态设计方法，在正常使用条件下，应确保建筑物具有相应的可靠概率。可靠度越高，意味着安全性越好，而为达到更高可靠率所需要的技术和质量储备代价也会越高，因此，我国根据现状生产力水平和技术水平，确定了适合我国国情的设计标准。当然，设计者在进行设计时，可针对建筑物使用性质、施工条件、场地特点等适当调整安全度，但总体可靠度不应低于规范要求最低标准。反过来说，遵照“技术可靠，经济合理”的设计原则，设计者也不能盲目提高安全度，造成资源浪费，增加投资成本。我们国家还处于经济欠发达、资源缺乏状态，节能减排、建设可持续发展的和谐社会是我们国家一直倡导的发展模式，设计者更应精心设计，优化结构。从以往大量工程经验看，设计人员试图在某方面提高安全储备，而忽略了其他因素影响，其效果往往是适得其反的。如某焦化厂设备车间，设备基础采用 PHC500 管桩，桩筏基础。设计人员考虑到设备从国外进口，费用昂贵，为减少设备基础可能出现沉降偏大的可能性，采取了有意识降低单桩使用承载力、增加布桩数量的方法，使分担到每根桩的荷载减少，设备沉降可控制在较低水平。但是施工后基坑开挖发现，80％桩发生大面积偏斜(图 3-1)，最大偏斜量超过了 2m，低应变检测表明普遍存在桩脱节、断桩现象，后期为采取补救措施而延误了两个月，费用增加 300 多万。事后对设计施工进行重新审视，发现在有意识降

图 3-1　桩基过密造成大面积桩基偏位

低单桩承载力后，桩数骤增一半，同样范围内布桩面积系数增加了1倍，桩间距过密，桩间挤土效应明显，造成了大面积工程事故。

再如绍兴某住宅项目，考虑到土层较软，对于14～18层住宅设计采用PC600管桩，桩长56m，现场施工时由于沉桩困难，沉桩速度仅能达到4根/d，为加快施工速度，后来进行桩基优化设计，桩型不变，桩长改为28m，静载荷试验表明，单桩承载力与原设计桩型相同，工期得以大大减少。这样的例子不胜枚举，其经验教训是：蹩脚的设计师是依样画瓢的绘图员，优秀的设计师是量体裁衣的好裁缝。

(2)贯入度(终止压桩力)控制宜小不宜大

目前，桩基设计为确保单桩承载力充分发挥，并控制后期沉降，往往对桩基进入持力层深度要求较高，如对于预制桩，当桩侧土性较软，沉桩阻力不大时，均以标高控制，沉桩阻力大时以标高及贯入度(或终止压力)控制。但在关于贯入度(或终止压力)控制标准方面，许多设计人员缺乏相关经验，为保守起见，控制标准往往定得过于严格，以致于造成不必要的工程质量事故。

如昆山某超高层商住楼，采用PHC 600管桩，桩长30m，采用D80柴油锤施工。由于地层复杂，持力层起伏较大，施工前设计人员确定了最后一阵(10击)贯入度20mm的停锤标准。施工单位"严格"按此标准施工至设计标高。基坑开挖后发现，大部分桩顶出现宽度超过10mm、深1～4m的纵向裂缝。事实上在沉桩施工中桩头由于无法经受高能锤击，已经破损(图3-2)，该工程后期处理费用高达100多万元。

图3-2 贯入度控制过小造成大面积桩身破损

(3)桩越长承载力越高

一般的认识是随着桩入土深度增加，桩侧阻力增大，单桩承载力也随之增加，桩基也越安全，形成一种盲目的设计风气或趋势，造成桩基设计越来越深，造价越来越高。但是设计时如忽略其他因素影响，其结果却往往南辕北辙。如上海某商贸中心(图3-3)，采用ϕ900钻孔灌注桩，桩长48.5m，进入密实砂层23m深，要求极限承载力9 200kN。由于设计要求进入砂层太深，造成施工时钻进困难，成孔时间太长，引起孔底沉渣过厚、桩侧泥皮过厚，最终实测极限承载力仅为4 550kN。根据类似工程经验，同样地层条件下，同样直径灌注桩，桩长35m，进入砂层控制在5m深以内，单桩承载力已能满足设计要求。

(4)规范无明确规定，设计五花八门

规范是对安全和技术要求的规定，并不是设计手册，不可能面面俱到，而且时代总是进步的，规范总是有所滞后，因此对于规范尚未涉及的内容，设计上就成为真空地带，不同设计单位做法差异很大。比较典型的是关于地下车库抗拔桩设计，由于对地下水位取值、上浮力计算并无明确规定，抗拔桩设计可谓五花八门。如天津某住宅小区有两个地下车库，体型、结构类型一致，仅因其中一车库兼作人防而分别由两家设计院完成。人防地下车库需考虑人防荷载，顶板、底板等均较另一普通地下车库厚，在埋深一致的情况下，设计结果是荷载重的人防地下车库采用了ϕ600灌注桩作为抗拔桩，桩长15m，桩数160根，而较轻的车库却直接采用了天然地基，筏板基础，未设置抗拔桩。对这一反常现象进行分析，发现勘察单位仅仅根据勘察阶段钻孔地下水位确定最高抗浮水位，由于分阶段勘察，水位变化相差1m，差之毫厘，谬以千里。

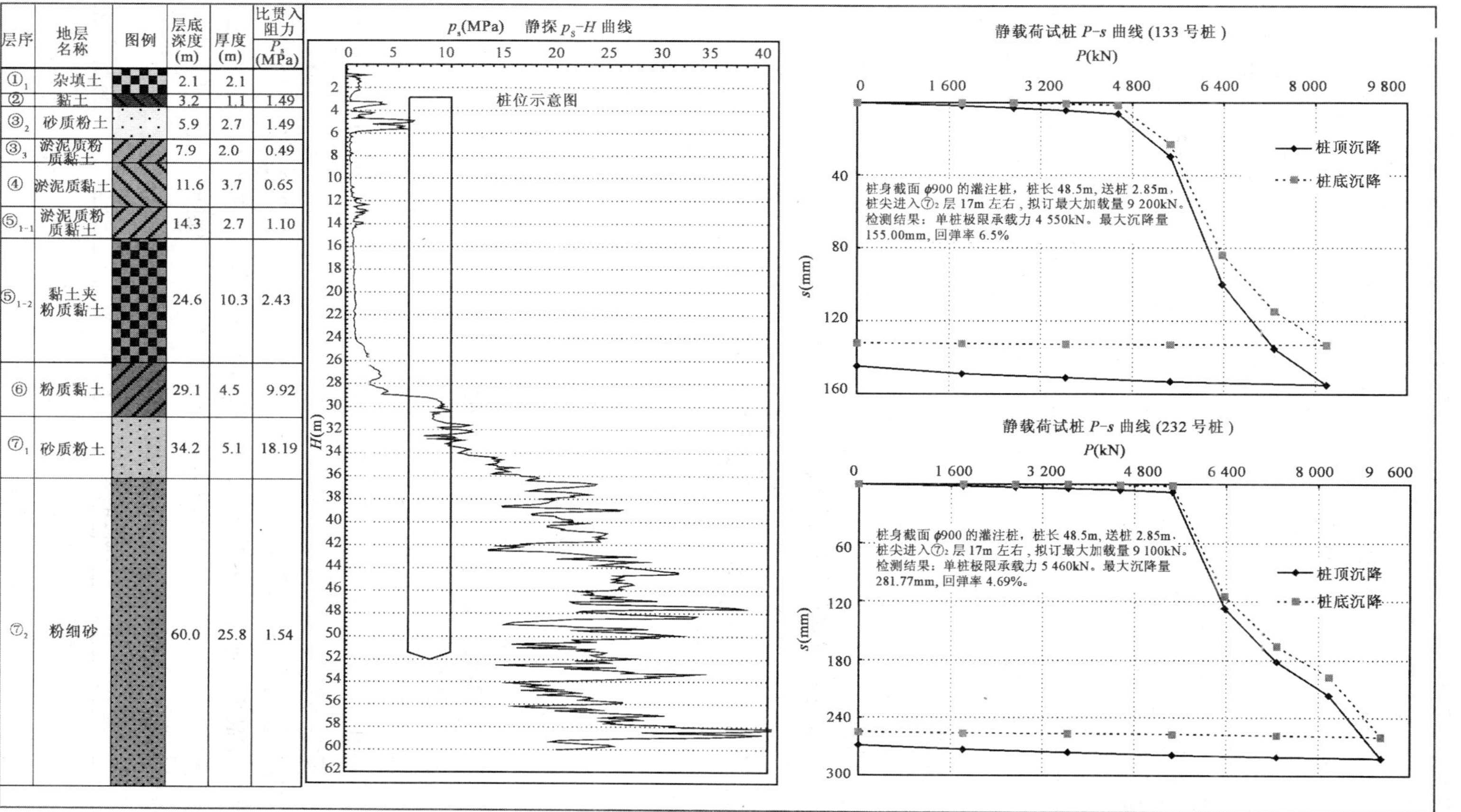

图 3-3 某商贸中心地层及静载荷试验曲线

造成上述设计误区的因素很复杂，明其根源，主要是因为岩土是一种具有明显非线性、不确定性、独特性的材料，岩土工程方面经验缺乏或认识上不深刻，就容易引起由于设计造成的工程问题。更进一步思考，我国长期以来专业分工过细，条块分割严重，从事桩基设计的工程师往往对土缺乏必要的了解和认识，对桩基施工工艺及关键技术认识不深刻，仅根据勘察报告提供参数进行设计，成为闭门造车者；而从事施工或勘察的人员极少涉足基础设计领域，不清楚基础设计所需要解决的关键问题，各工种之间的脱节造成了在桩基设计这一需要充分现场实践认识的工作无法得到系统性的知识体系保障。可幸的是，随着我国岩土工程执业资格认证体系的实施，越来越多的人认识到问题所在，越来越多的综合性人才得到培训，产生桩基设计误区的可能性也在逐步减少。

2.概率理论为基础的极限状态设计方法

基础是建筑物不可缺少的一部分，因此桩基础的设计方法应沿袭上部结构设计方法。根据《建筑结构可靠度设计统一标准》(GB 50068—2001)原则，桩基应采用概率理论为基础的极限状态设计方法，以可靠度度量结构构件的可靠度，采用分项系数的设计表达式进行设计，表达为极限状态的极限状态方程为：

$$R-S\geqslant 0 \text{ 或 } S\leqslant R \tag{3-1}$$

式中：R——单桩或群桩抗力；

S——作用于单桩或群桩的作用(荷载)效应。

为满足上部结构的功能要求，桩基应满足可靠度要求，即在规定时间内，在规定条件下，完成预定功能的概率符合可靠指标要求，表示为函数表达式：

$$\beta\geqslant[\beta] \tag{3-2-1}$$

$$\beta=\frac{\mu_Z}{\sigma_Z}=\frac{\mu_R-\mu_S}{\sqrt{\sigma_R{}^2+\sigma_S{}^2}} \tag{3-2-2}$$

$$\mu_Z=\mu_R-\mu_S \tag{3-2-3}$$

$$\sigma_Z=\sqrt{\sigma_R{}^2+\sigma_S{}^2} \tag{3-2-4}$$

式中：μ_S、σ_S——上部结构作用效应的平均值和标准差；

μ_R、σ_R——桩基抗力的平均值和标准差；

β——桩基的可靠指标；

$[\beta]$——桩基规定的可靠指标，应根据桩基破坏类型(延性破坏型或脆性破坏型)以及安全等级确定。

桩基破坏类型包括土体破坏和桩体本身破坏，土体破坏是一个高度非线性的复杂问题，目前关于土体参数可靠度的研究也是热门课题，而桩体本身基本以混凝土构件为主(灌注桩、预制方桩、预应力管桩等)，且按照脆性破坏型定量较延性破坏偏于保守，因此一般桩基可靠指标可按照脆性破坏考虑，对应不同安全等级的可靠指标限值如表3-1所示。

规定的桩基可靠指标[β]值 表3-1

破坏类型	安全等级		
	一级	二级	三级
脆性破坏	4.2	3.7	3.2

按照概率极限状态设计法进行桩基设计像上部结构设计一样，需要已知作用各种基本变量的统计特性，然后根据预先设定的可靠指标[β]值，求出所需的桩基抗力平均值并选择桩型，按照目前的水平还难以切实可行，因此一般采用以概率极限状态设计法为基础的实用设计表达式，即：

$$\gamma_0(\gamma_G S_{G_k}+\gamma_{Q_1}S_{Q_{1k}}+\sum_{i=2}^{n}\gamma_{Q_i}\psi_{ci}S_{Q_{ik}})=\gamma_0 S\leqslant\frac{R_k}{\gamma_R} \tag{3-3}$$

式中：γ_0 ——重要性系数，对于基础设计，不应小于 1.0；

γ_G ——永久荷载的分项系数；

γ_{Q_i} ——第 i 个可变荷载的分项系数，其中 γ_{Q_1} 为可变荷载 Q_1 的分项系数；

γ_R ——桩基抗力分项系数，对于混凝土桩，一般取 $\gamma_R=1.4$；

S_{G_k} ——按永久荷载标准值 G_k 计算的荷载效应值；

$S_{Q_{ik}}$ ——按可变荷载标准值 Q_{ik} 计算的荷载效应值；

ψ_{ci} ——可变荷载 Q_i 的组合值系数；

R_k ——桩基抗力标准值。

《建筑地基基础设计规范》(GB 50007—2002)针对桩基设计规定了不同状态下荷载组合方式：

(1)非抗震建筑按单桩承载力确定桩数时，传至承台底面上的荷载按正常使用极限状态下的标准组合，相应的桩基抗力采用承载力特征值。

楼面活荷载为主要可变荷载时：

$$S_k=S_{G_k}+S_{Q_k}+\psi_w S_{wk} \tag{3-4-1}$$

$$\psi_w=0.6 \tag{3-4-2}$$

风荷载为主要可变荷载时：

$$S_k=S_{G_k}+S_{wk}+\psi_c S_{Q_k} \tag{3-5-1}$$

$$\psi_c=0.7 \tag{3-5-2}$$

其中，对于楼面活荷载 S_{Q_k} 按《建筑结构荷载规范》(GB 50009—2001)规定可乘以楼面活荷载折减系数 η。

(2)非抗震建筑验算桩基沉降量时，按正常使用极限状态，取用荷载效应的准永久组合。相应的限值为地基变形允许值。

$$S_k=S_{G_k}+\psi_q S_{Q_k} \tag{3-6}$$

式中：ψ_q ——准永久值系数，一般楼面活荷载取 $\psi_q=0.3\sim0.5$，但风荷载的 $\psi_q=0$，即不考虑风荷载的效应。

(3)抗震建筑按单桩承载力确定桩数时，按正常使用极限状态，取用考虑地震作用的荷载效应标准组合。相应桩基抗力取用考虑抗震调整系数的单桩承载力特征值。

对于多层民用建筑可不计风荷载与水平地震作用的效应组合，且不计竖向地震作用效应。除《建筑抗震设计规范》(GB 50011—2001)规定可不计及地震作用效应的建筑外，其余可按下式进行组合。

$$S_k=S_{GE}+S_{Ehk} \tag{3-7-1}$$

$$S_{GE}=S_{G_k}+\overline{0.5}S_{Q_k} \tag{3-7-2}$$

式中：S_{GE} ——重力荷载代表值的效应，式中 0.5 冠以"—"表示仅适用于一般民用建筑楼面活荷载的组合值系数，其他用途的如藏书库等，应取用《建筑抗震设计规范》(GB 50011—2001)相应的规定值；

S_{Ehk} ——水平地震作用标准值的效应，尚应乘以相应的增大系数或调整系数。

对于高层民用建筑建议 9 度抗震时也不计竖向地震作用，但当房高 $H>60$m 时，则计及风荷载的效应。

$H\leqslant 60$m：

$$S_k = S_{GE} + S_{Ehk} \tag{3-8}$$

$H>60$m：

$$S_k = S_{GE} + S_{Ehk} + 0.2S_{wk} \tag{3-9}$$

(4)抗震建筑验算桩基沉降量时，与第(2)条相同，按正常使用极限状态，取用荷载效应的准永久组合，不考虑地震作用及风荷载效应。

(5)计算基础结构及桩承台承载力，确定承台高度、配筋和验算材料强度时，按承载力极限状态下，取用荷载效应的基本组合，且应考虑常为最不利的永久荷载效应的基本组合。相应抗力为基础构件或承台承载力设计值。

楼面活荷载为主要可变荷载时：

$$S = 1.2S_{G_k} + 1.4S_{Q_k} \pm 0.6\times 1.4S_{wk} \tag{3-10}$$

风荷载为主要可变荷载时：

$$S = 1.2S_{G_k} \pm 1.4S_{wk} + \overline{0.7}\times 1.4S_{Q_k} \tag{3-11}$$

永久荷载效应控制时：

$$S = 1.35S_{G_k} + 0.7\times 1.4S_{Q_k} \tag{3-12}$$

对由永久荷载效应控制的基本组合，也可采用简化规则：

$$S = 1.35S_k \tag{3-13}$$

(6)计算基础、抗拔桩基裂缝宽度时，按正常使用极限状态荷载效应标准组合，相应限值为对应环境和结构类型的最大裂缝宽度。

$$S_k = S_{G_k} + S_{Q_k} \tag{3-14}$$

(7)地下室按抗浮桩抗拔承载力确定桩数时，按正常使用极限状态，取用荷载效应标准组合，不考虑可变荷载效应的有利影响。相应桩基抗力取用单桩抗拔承载力特征值。

$$S_k = S_{Bk} - S_{G_k} \tag{3-15}$$

式中：S_{Bk} ——按上浮荷载标准值计算的荷载效应值。

3. 设计内容

1)设计流程

桩基设计流程见图 3-4。

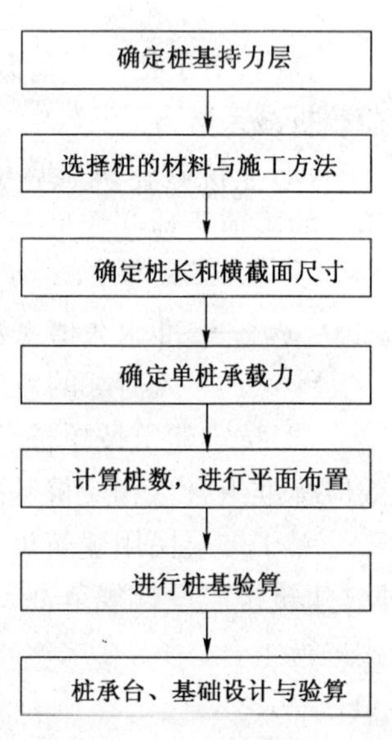

图 3-4　桩基设计流程

2)桩基验算内容

(1)单桩受力验算

在中心荷载作用下，每根桩实际承受的荷载不大于单桩竖向承载力特征值：

$$Q_k = \frac{F_k + G_k}{n} \leqslant R_a \tag{3-16}$$

式中：Q_k——相应于荷载效用标准组合轴心竖向力作用下任一单桩的竖向力；

F_k——相应于荷载效应标准组合时，作用于桩基承台顶面的竖向力；

G_k——桩基承台自重及承台上土自重标准值，$G_k = \gamma \cdot A \cdot d$，对于带地下室基础应扣除地下室范围内基础自重，其中 γ 为承台材料和基础上覆土的混合重度，一般可取 20kN/m^3，地下水位以下应扣除水浮力，A 为承台外包基底面积，d 为承台底埋置深度，一般自室外地面标高算起；在填方整平地区，可自填土地面标高算起，但填土在上部结构施工后完成时，应从天然地面标高算起；

R_a——单桩竖向承载力特征值；

n——桩基中的桩数。

在偏心荷载作用下，边缘桩所承受的最大荷载不大于单桩竖向承载力特征值的1.2倍：

$$Q_{max} = \frac{F_k + G_k}{n} + \frac{M_{xk} y_{max}}{\sum y_i^2} + \frac{M_{yk} x_{max}}{\sum x_i^2} \leqslant 1.2R_a \tag{3-17}$$

式中：M_{xk}、M_{yk}——相应于荷载效应标准组合作用于承台底面通过桩群形心的 x、y 轴的力矩；

x_{max}、y_{max}——最不利角桩至桩群形心的 y、x 轴线的距离。

至于边缘桩所承受的最小荷载限值，由于相关规范无明确规定，应根据桩基使用功能确定能否承受反向上拔力：

$$Q_{min} = \frac{F_k + G_k}{n} - \frac{M_{xk} y_{max}}{\sum y_i^2} - \frac{M_{yk} x_{max}}{\sum x_i^2} \geqslant -R'_a \tag{3-18-1}$$

或

$$Q_{min} = \frac{F_k + G_k}{n} - \frac{M_{xk} y_{max}}{\sum y_i^2} - \frac{M_{yk} x_{max}}{\sum x_i^2} \geqslant 0 \tag{3-18-2}$$

式中：R'_a——单桩竖向抗拔承载力特征值。

(2)荷载偏心率验算

相关规范无明确关于群桩基础的荷载偏心要求，根据以往工程经验，荷载偏心率应控制在15‰，即

$$e_x = \frac{\Delta x}{L} \leqslant 15‰ \tag{3-19-1}$$

且

$$e_y = \frac{\Delta y}{B} \leqslant 15‰ \tag{3-19-2}$$

式中：Δx、Δy——上部结构荷载中心与群桩形心间在 x、y 轴线方向上的距离；

L、B——群桩范围内建筑物长度和宽度。

(3)桩基沉降计算

桩基的计算最终沉降量应满足正常使用极限状态的要求：

$$s \leqslant s' \tag{3-20}$$

式中：s——按规范计算的桩基中心最终沉降量；

s'——建筑物沉降允许值。

(4)其他验算内容

桩端软弱下卧层承载力验算。

3)典型工程桩基设计计算书

(1)工程概况

某工程位于软土地区,为地上 35 层、地下 2 层框架剪力墙结构,基础底板底面埋深 9m,底板厚 2.2m,已知基础顶面上部结构荷载设计值为 F_d=833 625kN,上部结构荷载长期效应组合值为 666 900kN,底层无附加荷载。勘察报告反映地基土情况,如表 3-2 所示,地下水位埋深 0.5m。

工程地质地层参数简表 表 3-2

层 号	层 名	厚度(m)	重度(kN/m³)	E_s(MPa)	F_i(kPa)	f_p(kPa)
①₁	杂填土	0.30	18.0		15.0	
①₂	素填土	0.80	18.3		15.0	
②₁	淤泥质黏土	2.60	17.1		15.0	
②₂	淤泥质黏土	0.80	18.0		15.0	
②₃	淤泥	6.00	16.7		15.0	
②₄	淤泥质粉质黏土	4.70	18.0		30.0	
④₁	粉质黏土	7.50	18.7		50.0	
④₂	淤泥质黏土	12.50	17.5		60.0	
⑤₁	粉质黏土	1.70	19.5		50.0	
⑤₂	粉砂	1.50	19.3		70.0	
⑥	粉质黏土	13.30	18.8		70.0	
⑧₁	细砂	2.70	19.0	60.0	100.0	6 000.0
⑧₂	粉质黏土夹砂	4.10	19.0	20.0	100.0	
⑨	粉质黏土	9.00	17.3	15.0		
⑩₁	全风化粉砂岩	1.30	20.0	100.0		
⑩₂	强风化粉砂岩	50.00	20.0	1000.0		

(2)单桩竖向承载力特征值计算

本工程采用 PHC-AB600-130 管桩,长 45m,桩周长为 1.88m,截面积为 0.28m²。

①按桩身结构强度确定桩竖向承载力特征值

PHC-AB-600-130 管桩:$R_a \leqslant 3\ 550$kN。

②按地基土对桩的支承力确定桩竖向承载力特征值

桩侧总极限摩阻力标准值:

$$R_{sk}=U_p\sum f_{si}l_1=4\ 975.34\text{kN}$$

桩端极限阻力标准值:

$$R_{pk}=f_pA_P=1\ 696.46\text{kN}$$

则桩端阻比:

$$\rho_p=R_{pk}/(R_{sk}+R_{pk})=0.254\ 3$$

故单桩竖向承载力特征值:

$$R_a=(R_{sk}+R_{pk})/2=3\ 336\text{kN}$$

综合①、②的计算,单桩竖向承载力特征值取为 3 000kN。

(3)桩基最终沉降量及竖向承载力计算

①工程概况

本工程拟采用桩基，承台埋深 9m，地下水位−0.5m，承台总面积为 A=1 268.8m^2；桩长为 45m，桩截面边长(桩径)为 0.6m，总桩数为 234 根；上部结构荷载设计值为 F_d=833 625kN，上部结构荷载长期效应组合值为 666 900kN，底层附加荷载设计值为 0kN，底层附加荷载长期效应组合值为 0kN。

本工程有地下室，地下室面积为 903m^2，地下室底板顶面相对标高(室外地坪为±0.000)为−6.8m。

②单桩基本计算参数的确定

根据前述单桩承载力计算：

单桩承载力特征值(用户调整系数为 0.9)取为：R_a=1 500kN；

单桩扣除水浮力后自重标准值 G_{pk}=190.85kN；

端阻力 R_p=1 526.81kN，侧阻力 R_s=4 477.81kN；

单桩端阻比 $\alpha = R_p/(R_p+R_s)=0.254\,3$。

③最终沉降量计算

a. 计算点坐标(默认值为群桩形心，AutoCAD-WCS 坐标系，否则为用户指定)：

$$X_c = 604\,142\,000, Y_c = 98\,452\,500$$

b. 单桩沉降计算 Q 取长期效应作用下的单桩平均附加荷载(计入单桩 G_{pk})。

经计算，群桩顶部附加荷载长期效应组合值 F_l=593 894.43kN，故

$$Q=F_l/n+G_{pk}=593\,894.43/234+190.85=2\,728.86(\text{kN})$$

c. 压缩层厚度计算：按 Mindlin 解，考虑桩侧摩阻力为线性增加(Geddes 积分解)模式。

(a)地基中应力计算一览表见表 3-3。

应力计算式：

$$\sigma_z=\frac{Q}{L^2}\sum_{j=1}^{k}[\alpha I_{p,j}+(1-\alpha)I_{s,j}] \tag{3-21}$$

地基中应力计算一览表 表 3-3

桩尖以下深度 z(m)	土中附加应力(kPa)	自重应力(kPa)	应 力 比
0.0	290.19	443.54	0.654
1.0	322.11	452.54	0.712
2.0	225.27	461.54	0.488
3.0	212.53	470.54	0.452
4.0	206.48	479.54	0.431
5.0	200.95	487.69	0.412
6.0	195.31	494.99	0.395
7.0	189.53	502.29	0.377
8.0	183.65	509.59	0.360
9.0	177.73	516.89	0.344
10.0	171.83	524.19	0.328
11.0	165.98	531.49	0.312
12.0	160.22	538.79	0.297
13.0	154.59	546.09	0.283
14.0	149.10	554.74	0.269

续上表

桩尖以下深度 z(m)	土中附加应力(kPa)	自重应力(kPa)	应 力 比
15.0	143.77	564.74	0.255
16.0	138.61	574.74	0.241
17.0	133.63	584.74	0.229
18.0	128.84	594.74	0.217
19.0	124.23	604.74	0.205
20.0	119.81	614.74	0.195
21.0	115.57	624.74	0.185
22.0	111.51	634.74	0.176
23.0	107.62	644.74	0.167
24.0	103.90	654.74	0.159
25.0	100.34	664.74	0.151
26.0	96.94	674.74	0.144
27.0	93.69	684.74	0.137
28.0	90.58	694.74	0.130
29.0	87.61	704.74	0.124
30.0	84.77	714.74	0.119
31.0	82.05	724.74	0.113
32.0	79.46	734.74	0.108
33.0	76.98	744.74	0.103
34.0	74.60	754.74	0.099

(b)根据表 3-3 搜索压缩层厚度：

当桩以下 33.75m 时，自重应力为 752.19kPa，附加应力为 75.2kPa，应力比为 0.100，故压缩层厚度 33.75m。

d. 根据上海市工程建设规范《地基基础设计规范》(DGJ 08-11—1999)中第 6.4.2 条及地区经验，当桩端入土深度为 54m 时，$\psi_m=0.3$，桩基沉降压缩层分层沉降计算结果见表 3-4。

桩基沉降压缩层分层沉降计算结果 表 3-4

土 层 号	土层应力积分值	分层沉降(cm)	土 层 号	土层应力积分值	分层沉降(cm)
⑧$_1$	0.317	1.44	⑩$_1$	0.071	0.19
⑧$_2$	0.404	5.51	⑩$_2$	0.729	0.20
⑨	0.586	10.66			

桩基最终沉降量为：

$$S=\psi_m\sum_{t=1}^{T}\frac{1}{E_{s,t}}\sum_{i=1}^{nt}\sigma_{z,t,i}\Delta H_{t,i}=5.4\text{cm}$$

④桩基竖向承载力验算

桩顶荷载设计值：

$$F_d+G_d=872\ 720.69\text{kN}$$

按上海市工程建设规范《地基基础设计规范》(DGJ 08-11—1999)中第 6.2.1 条：

$$Q_d=(F_d+G_d)/n=872\ 720.69/234=3\ 729.58\text{kN}\leqslant R_d=3\ 750\text{kN}$$

故桩基竖向承载力满足要求。

二、桩基优化设计基本原则和原理

1. 桩基优化设计概念

正如所有设计一样，桩基设计本身是一个创作的过程，是根据上部结构需要创作桩基方案的实践。由于土体的复杂性，使桩基设计不是按图索骥、按部就班就能完成。合理的桩基设计方案需要设计者具有丰富的实践经验和类似工程参考，以及足够的判断能力，然后进行力学分析或按规范要求进行安全校核，修改设计。由于受个人经验制约，过程烦琐以及岩土复杂，往往方案难以称之为合理，甚至在可行性方面都存在问题，更毋论优化。由于桩基设计参数较多，难以建立简单的数学函数进行参数求解，因此传统的桩基设计，要求设计者根据设计要求和实践经验，参考类似工程设计，通过判断去创造设计方案，然后进行上述各项承载力、桩身强度、裂缝等计算。这里的计算实质上是对给定的方案进行分析，起一种安全校核的作用，仅仅是为验证设计方案的可行性。有时候为了获得相对合理的方案，会提出几个可能的方案进行比较，分别校核，但是在工程建设任务非常紧张的当今社会，这样的工作往往也会被忽略。哪怕经过比较的设计过程也仍有两方面缺点：一是工作繁复、效率低下；二是严重依赖于设计者的经验和判断能力，确定的方案往往不是最优化的方案。

桩基优化设计则是把力学、岩土概念和优化技术有机地结合起来，利用数学、逻辑推理作为手段，在可能的设计方案域中找到满足预定要求的、可行的且是最好的设计方案。实践证明，桩基优化设计能缩短设计周期，提高设计质量和水平，取得显著的经济效益和社会效益。桩基优化设计与普通桩基设计采用的是相同的基本理论，使用的是同样的计算公式，遵守的是同样的设计规范和施工技术、构造要求或验收规程，因而具有相同的安全度。桩基优化设计具有常规桩基设计相同的设计流程，均需通过桩型选择后进行各项校核，所不同的是，传统设计在安全性、经济性方面缺乏衡量标准，而桩基优化设计是用一个或多个明确特定的指标（如造价最低、工期最短、环境影响最小、施工最方便等）来衡量。桩基优化设计是许多桩基关键技术的浓缩过程，其技术含量和效率是传统桩基设计所不可比拟的。

2. 桩基优化设计基本原理及一般优化设计方法

1）最优准则法

最优准则法是最先发展起来的一种结构优化设计方法，从 20 世纪 50 年代末开始用于工程设计，其基本出发点是：预先规定一些优化设计必须满足的准则，然后根据这些准则建立达到优化设计的迭代公式，这些准则一般为强度准则、刚度准则等。

（1）满应力设计

满应力设计（Full Stressed Design，简称 FSD）是准则法的一种，也是最先发展和工程设计的优化设计方法，它不用数学上的极值原理，而是直接从力学的基本原理出发，以满应力为准则，保证桩的材料强度和土体强度得到充分利用。所谓满应力就是各桩和土在一组确定的荷载组合下承受荷载等于或接近单桩承载力特征值。

对于桩基优化设计，满应力设计对上部应力传递明确、桩基施工方式、桩基类型、桩基持力层已经确定的情况比较适用。下面介绍框架结构在竖向作用下桩基的满应力设计（不考虑弯矩影响）。

（2）应力比法

应力比法是满应力设计中常用的一种比较简单的迭代方法。所谓应力比就是工作应力与容许应力的比值,在基础设计中就是单桩所承受荷载与单桩承载力特征值的比值。该法的基本步骤如下。

①假定各柱的初始设计桩截面尺寸为 d_i,形成设计变量:

$$\boldsymbol{D}=[d_1 \quad d_2 \quad \cdots \quad d_n]^{\mathrm{T}} \tag{3-22}$$

②用 $\boldsymbol{D}$ 进行计算,不考虑沉桩可行性等其他问题,以桩身强度控制值作为单桩承载力特征值,得到承载力矩阵 $\boldsymbol{R}$:

$$\boldsymbol{R}=[r_1 \quad r_2 \quad \cdots \quad r_n]^{\mathrm{T}} \tag{3-23}$$

③计算柱下桩数矩阵:

$$\boldsymbol{\mu}_i=\left[\mathrm{ceiling}\left(\frac{N_1}{r_i}\right) \quad \mathrm{ceiling}\left(\frac{N_2}{r_i}\right) \quad \cdots \quad \mathrm{ceiling}\left(\frac{N_L}{r_i}\right)\right]^{\mathrm{T}}_{L\times n} \tag{3-24}$$

其中 ceiling( )是取上限整数函数。

④由桩数矩阵 $\boldsymbol{\mu}$ 可确定各桩径桩数列阵:

$$\bar{\boldsymbol{\mu}}=[\bar{\mu}_1 \quad \bar{\mu}_2 \quad \cdots \quad \bar{\mu}_n]^{\mathrm{T}} \tag{3-25}$$

⑤根据桩数列阵计算总方量列阵:

$$\boldsymbol{V}=[v_1 \quad v_2 \quad \cdots \quad v_n]^{\mathrm{T}} \tag{3-26}$$

进而求出桩方量最少的桩型即为最优解。

2)满位移设计

满应力设计只考虑承载力约束和几何约束(最小截面限制),但一幢建筑物基础只满足强度要求还不够,还必须满足其他要求,如建筑物变形控制要求和沉桩可行性问题。对于变形控制要求,主要指在准永久荷载作用下,建筑物沉降 s 不大于容许沉降$[s]$,即

$$s-[s]\leqslant 0 \tag{3-27}$$

除了与满应力设计匹配,桩基设计还有变形限制的满位移设计。满位移设计也是一种力学准则法,其优化准则是在满足承载力约束的优化基础上,使建筑物的沉降达到最大容许值的设计,因为这样的设计能使桩基尽量减短,方量最少。根据这个准则,可分为两种情况:①如果根据满应力设计或其他方法优化的结果,变形条件已经满足,则无须重新设计;②如果上述变形条件未满足,则必须调整桩长或截面,使变形降低。

3)线性、非线性规划问题最优解

桩基优化是在满足一定约束条件(施工、规范)下,在众多可行解中寻找对于某个方针或目标(如经济性最好、影响最小)的解,这类问题可以归为数学规划问题,当目标函数或约束条件为设计变量的线性函数时,称之为线性规划问题,否则称之为非线性函数。一般线性、非线性规划问题可以用下述的数学语言描述:

求

$$\boldsymbol{X}=[x_1 \quad x_2 \quad \cdots \quad x_n]^{\mathrm{T}} \tag{3-28}$$

使

$$F(\boldsymbol{X})\rightarrow\min \tag{3-29}$$

满足

$$g_i(\boldsymbol{X}) \leqslant 0, i=1,2,\cdots,m \tag{3-30-1}$$

$$h_i(\boldsymbol{X}) = 0, i=1,2,\cdots,k \tag{3-30-2}$$

F 是设计变量的函数，称为目标函数，式(3-30-1)是不等式约束，式(3-30-2)是等式约束。当式(3-28)～式(3-30)均为设计变量 $\boldsymbol{X}$ 的线性函数时，上述问题是一个线性规划问题，当其中任意一式为设计变量 $\boldsymbol{X}$ 的非线性函数时，上述问题即是一个非线性问题。由于土体本身的高度非线性，桩基设计优化过程中涉及内容基本以非线性规划问题为主。有约束非线性最优问题的解法很多，各方法各有所长，但还没有一个有效的、通用的方法，归纳起来大致可分为以下4类：

(1)直接处理约束的方法。例如可行方向法、最速下降法、梯度投影法等，这类方法需求函数的导数。

(2)直接搜索法。如网格法、单纯形法、复形法等，这类方法不需求函数的导数。

(3)用线性回归法来逐次逼近原问题的方法。如割平面法、序列线性规划法等。

(4)将约束优化问题转化为一系列无约束优化问题来求解，此类方法统称为无约束最优化问题。这类方法有罚函数法、乘子法等。

4)通过实例简单介绍桩基优化设计中常用的几种方法

高层建筑物的底板对工程造价影响很大，不同设计单位对底板受力认识不一致，底板厚度和配筋率千差万别，造价往往相差数倍之多，因此探讨此类构件的优化设计问题具有一定的现实意义。为减少计算工作量，从简单方面建立此类问题的数学模型。

对于等厚度底板，通过有限元或其他简化方法分析出在上部荷载和地基土共同作用下单位面积最大正弯矩为 M_x、M_y，最小负弯矩为 M'_x、M'_y，最大冲切力为 F，板高度为 h。试在满足强度条件以及相关钢筋混凝土规范所规定的构造要求条件下，进行钢筋混凝土底板本身材料费最少的设计。

(1)设计变量

等截面底板本身材料费用取决于混凝土造价和钢筋的造价之和，混凝土造价取决于截面面积与单价，钢筋价格取决于底板上表面和下表面纵横向主筋的用量与单价。从设计角度，一般应从构件受力方面出发，尽量减少构件在两个方向上弯矩产生过大的差异，因此作为简化处理，取最大正弯矩 M_x、M_y，最小负弯矩 M'_x、M'_y 中的最大值作为配筋依据，定义为 M，底板上下纵横对称通长配筋，配筋固定间距为 150mm。为施工方便，纵横向主筋直径一般相同，因此可选底板的厚度 h、主筋面积 A_s 为设计变量。

(2)目标函数

等厚度底板可取单位体积的价格作目标函数：

$$C = hc_h + 4A_s c_s \tag{3-31}$$

式中：c_h——混凝土单价；

c_s——钢筋单价。

(3)约束条件

①抗弯强度条件

$$M \leqslant \alpha_1 f_c bx(h_0 - x/2) + f'_y A'_s(h_0 - a'_s) \tag{3-32}$$

为简化计算，可按规范简化公式进行配筋：

$$A_s = A'_s = \frac{M}{0.9f_y(h_0 - a'_s)} \tag{3-33}$$

②抗冲切条件

$$F_l \leqslant \alpha f_t u_m h_0 \tag{3-34-1}$$

$$F_l = F - \sum Q_i \tag{3-34-2}$$

$$\alpha = 0.27/(\lambda + 0.2) \tag{3-34-3}$$

式中：F_l——作用在底板冲切破坏锥体上冲切力设计值；

λ——冲跨比，$\lambda = a_0/h_0$，a_0 为冲跨，即柱(墙)边到桩边的水平距离；当 $a_0 < 0.2h_0$ 时，取 $a_0 = 0.2h_0$，当 $a_0 > h_0$ 时，取 $a_0 = h_0$，λ 应满足 0.2～1.0；

$\sum Q_i$——冲切破坏锥体范围内各基桩的净反力(不计承台和承台上土自重)设计值之和。

应当注意，当所有桩均布置在柱下、墙下或在破坏锥体以内时，不存在冲切破坏的约束条件。

③最大裂缝宽度限制条件

$$w_{max} \leqslant w_{lim} \tag{3-35-1}$$

$$w_{max} = \alpha_{cr} \psi \frac{\sigma_{sk}}{E_s}\left(1.9c + 0.08\frac{d_{eq}}{\rho_{te}}\right) \tag{3-35-2}$$

$$0.2 \leqslant \psi = 1.1 - 0.65\frac{f_{tk}}{\rho_{te}\sigma_{sk}} \leqslant 1.0 \tag{3-35-3}$$

$$d_{eq} = \frac{\sum n_i d_i^2}{\sum n_i \nu_i d_i^2} = d = \sqrt{\frac{A_s}{10}/\frac{\pi}{4}} \approx 0.357\sqrt{A_s} \tag{3-35-4}$$

$$\rho_{te} = \frac{A_s}{A_{te}} = \frac{A_s}{500h} \geqslant 0.01 \tag{3-35-5}$$

$$\sigma_{sk} = \frac{M_k}{0.87h_0 A_s} \tag{3-35-6}$$

$$20\text{mm} \leqslant c = a_s - \frac{d}{2} \leqslant 65\text{mm} \tag{3-35-7}$$

④最小配筋率限制条件

$$A_s = A'_s \geqslant \rho_{min}\, bh \tag{3-36}$$

⑤最大配筋率限制条件

$$A_s = A'_s \leqslant \rho_{max}\, bh \tag{3-37}$$

⑥板厚限制条件

$$h > 0 \tag{3-38}$$

(4)优化数学模型

$$\boldsymbol{X} = [h \quad A_s]^T \tag{3-39-1}$$

$$\min F(\boldsymbol{X}) = C = hc_h + 4A_s c_s \tag{3-39-2}$$

$$\text{s.t.}\ M \leqslant 0.9f_y A_s h_0 \tag{3-39-3}$$

$$F_l \leqslant \alpha f_t u_m h_0 = 4\alpha f_t(b + h_0)h_0 \tag{3-39-4}$$

$$w_{max} \leqslant w_{lim} \tag{3-39-5}$$

$$A_s \leqslant \rho_{max} bh \tag{3-39-6}$$

$$h > 0 \tag{3-39-7}$$

(1)算例1

某高层住宅楼采用筏板+桩基础,已知设计数据如下:荷载作用下截面设计最大弯矩设计值为 $M=1\,000\text{kN}\cdot\text{m/m}$,相应弯矩标准值 $M_k=800\ \text{kN}\cdot\text{m/m}$,设计最大冲切力 $F_l=800\text{kN}$,柱(墙)边到桩边的水平距离 $a_0=400\text{mm}$,混凝土设计轴心抗压强度 $f_c=14.3\text{MPa}$,轴心抗拉强度 $f_t=1.43\text{MPa}$,$f_{tk}=2.01\text{MPa}$,钢筋设计抗拉强度 $f_y=f'_y=300\text{MPa}$,弹性模量 $E_s=2.0\times10^5\text{MPa}$,纵向受拉钢筋最小配筋率 $\rho_{min}=0.2\%$,最大配筋率 $\rho_{max}=5\%$,$a_s=a'_s=100\text{mm}$,板厚下限值 $h_0=300\text{mm}$,由于底板位于地下水位以上,裂缝宽度可不作控制。单位面积(1m×1m)底板内混凝土综合单价(含模板安装等)$c_h=800$ 元/m³(注:一般混凝土材料单价约300元/m³,包括机械人工费一般在500元/m³左右,考虑到底板厚度直接影响到基坑开挖深度,对总造价影响较大,故综合单价按800元/m³计算),钢筋综合单价(含钢筋加工绑扎等)$c_s=4\,500$ 元/t,试在满足强度条件以及钢筋混凝土规范所规定的构造要求条件下,进行钢筋混凝土底板本身材料费用最少的设计。

约束条件增多一方面能缩小有效解的范围,减少迭代或计算次数,但另一方面也增加了计算的复杂性和问题的非线性程度。在不影响最终计算结果的情况下,对于计算复杂的方法可分解约束,按简化约束进行分析。如同时考虑裂缝宽度和抗冲切计算相对复杂,作为示例性质,仅考虑按承载力约束控制,即上述问题简化为:

$$\boldsymbol{X}=[h\quad A_s]^T \tag{3-40-1}$$

$$\min F(\boldsymbol{X})=C=hc_h+4A_sc_s \tag{3-40-2}$$

$$\text{s.t.}\ M\leqslant 0.9f_yA_sh_0 \tag{3-40-3}$$

①拉格朗日乘子法

在求解具有等式约束的多维高次非线性问题时,拉格朗日乘子法是一种较为有效的方法。它通过引进待定乘子,将约束最优化问题转换为无约束最优化问题,使数学变换过程简化。对于以不等式形式出现的约束条件,通过引入松弛变量,也可转换成一般无约束最优化问题。对于本例,可引入拉格朗日乘子 λ 和松弛变量 s^2,转换成简单的求极值问题。

$$\begin{aligned}L(\{X\},\{\lambda\},\{S\})&=F(\{X\})+\sum_{j=1}^{m}\lambda_j[g_j(\{X\})+s_j^2]\\&=hc_h+4A_sc_s+\lambda(M-0.9f_yA_sh_0+s^2)\end{aligned} \tag{3-41-1}$$

上式为极值的必要条件为:

$$\frac{\partial L}{\partial h}=c_h-\lambda 0.9f_yA_s=0 \tag{3-41-2}$$

$$\frac{\partial L}{\partial A_s}=4c_s-\lambda 0.9f_yh=0 \tag{3-41-3}$$

$$\frac{\partial L}{\partial \lambda}=M-0.9f_yA_s(h-a_s)+s^2=0 \tag{3-41-4}$$

$$\frac{\partial L}{\partial s}=2\lambda s=0 \tag{3-41-5}$$

联合方程,求解得出 $h=855\text{mm}$,$A_s=4\,907\text{mm}^2$。取 $h=850\text{mm}$,配 $\phi25@100$。

依据上述优化数学模型,利用混合罚函数法求解,其计算过程如下。

②几何解法

当某些线性或非线性规划问题仅含两个决策变量时，可以用图解法求得该问题的最佳解。对于上例，在以 A_s 和 h 为坐标轴的直角坐标系中，非负条件 $A_s>0$ 和 $h>0$ 代表在第一象限，双曲线 $0.9f_yA_sh_0-M$ 以上区域代表满足约束条件的范围，目标函数 $hc_h+4A_sc_s$ 代表以 F 为参数的一族平行直线，当 F 值由小到大时，直线

$$A_s=-\frac{c_h}{4c_s}h+\frac{1}{4c_s}F \tag{3-42}$$

沿其法线方向向右上方移动，当移动至与双曲线重合时，F 的取值最小，得到问题最优解和目标函数最小值。从图 3-5 中可见，最优解即为双曲线切线。

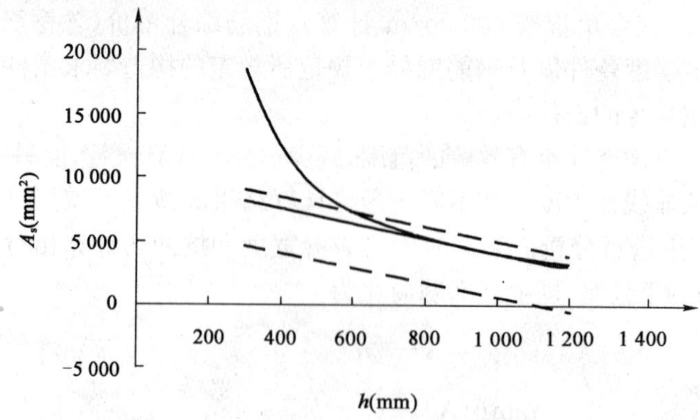

图 3-5　底板厚度与含钢量变化曲线

③罚函数法

罚函数法就是在类似式(3-28)问题条件下，引入罚函数如下：

$$V(x,r_k)=F(x)+r_kQ_k(g(x)) \tag{3-43}$$

上式右端第二项就是惩罚项，其作用是促使约束条件得到满足，其中 $V(x,r_k)$ 称为罚函数，r_k 称为罚系数，同样是通过罚函数转化为一般无约束极值问题。目前常用的方法是选取一个罚系数序列：$r_1,r_2,\cdots,r_k,\cdots$，一般在优化计算过程中，当迭代计算变量 x 离约束边界较远时，惩罚项数值较小；当变量 x 接近边界时，惩罚项数值急剧增大，防止变量越界。当 $k\to\infty$ 时，罚函数的极小值与原函数的极小值重合，这种方法称为无序列优化方法(SUMT 法)。实际经验表明，罚函数法用于基础优化设计，方法可靠，一般均能获得最优解，缺点是计算工作量略大。上述问题同样可采用罚函数法获得最优解，限于篇幅，不再展开。

④讨论

上述底板优化问题是一种典型的线性或非线性规划问题类优化方法，在优化过程中可总结出一些有用的规律。

a. 混凝土单价变化对优化结果影响

在上述问题的常数定义过程中，人为地调高了混凝土的综合单价，这是因为在基础底板混凝土造价中需综合其他关联因素，从上式可知，在钢筋单价不变的情况下，由于钢筋面积与混凝土厚度成反比，单价与厚度成反比，因此混凝土单价与厚度和总造价成反比关系，图 3-6 反映了不同混凝土单价与最优底板厚度的变化曲线。

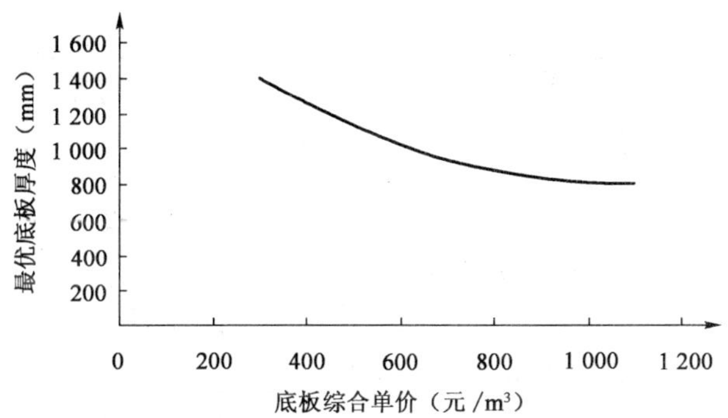

图 3-6　不同混凝土单价与最优底板厚度的变化曲线

因此，合理确定混凝土综合单价对最经济造价是一关键因素。与常规混凝土板造价分析不同，基础底板除需考虑常规直接费外，间接费比重很大，底板厚度越厚，钢筋含量越可有效减少，但是随基础挖深增加而来的费用（如基坑围护）和风险增加（混凝土开裂、基坑安全性等），这种隐性成本无法用精准的数学模型获得，仅凭经验确定，这也就是基础优化设计的难度所在。

b. 其他控制条件对优化结果影响

在上例中，为叙述方便，忽略了很多约束条件，如底板抗冲切和裂缝宽度控制要求。事实上，这些条件往往是控制性约束，也就是说，这些条件会缩小可行域，增加约束边界。将抗冲切和裂缝宽度约束增加后，用图解法获得可行解范围如图 3-7 所示。

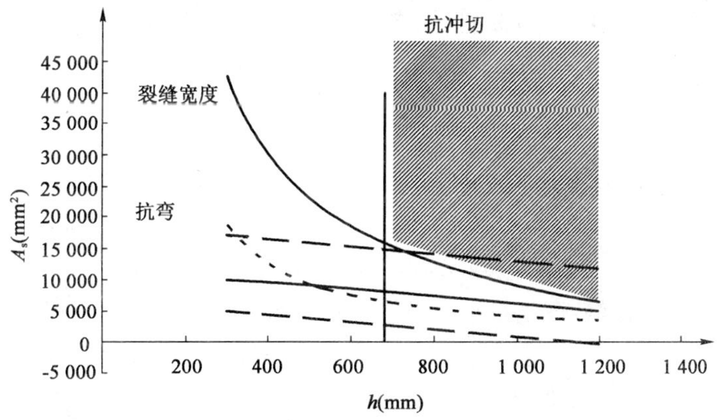

图 3-7　底板厚度、含钢量与底板抗弯、抗冲切及裂缝宽度关系图

由图 3-7 可见，裂缝宽度控制条件相对于抗弯承载力要求更高，因此是主控条件，对于与曲线相切的平行线组，则相应的切线位置需上移，意味着最优板厚和总造价的增加。

⑤多层框架结构优化设计方法

框架结构以其平面规整、建筑布置灵活成为许多多层结构如住宅、别墅、办公楼的首选结构形式，但由于其板、梁、柱的荷载传递模式，使应力集中在柱上，因此为满足上部结构荷载，基础形式一般采用柱下独立承台，当荷载较大，天然地基无法满足荷载要求时，常采用多桩承台。在此以典型工程为实例，阐明对于以承受竖向荷载为主的多层框架结构优化的基础设计方法，并就其技术合理性及经济性作简单探讨。

在不同荷载作用下有相对经济的桩径尺寸，图 3-8 是以柱荷载为变量，在不同桩径（$P250$～$P500$ 表示桩径 $\phi250$～$\phi500$）情况下所需的基础混凝土方量变化曲线，并与天然地基方量作对比。从图中可见一异常情况：同为单桩单柱，在小荷载作用下，采用大桩径反而比小桩径经济性好；在大荷载作用下，采用小桩径具有较好的经济性，其混凝土方量是最省的。大小荷载分界线（临界荷载）是桩端阻力 f_p的函数。f_p越大，荷载 N_{cr}越大，当 $f_p=8\ 000\text{kPa}$ 时，临界荷载可达 1 600kN 左右。究其原因，当浅层土性很好，桩端阻力比很大时，对于小荷载，端阻力已能满足承载力要求，所以采用"矮胖桩"反而经济。另外，在地基土承载力较低的情况下，采用天然地基混凝土方量与桩基相比反而浪费，尤其在大荷载的情况下，采用小直径桩与天然地基相比，具有明显的经济性优势，而且在大荷载情况下，由于所需承台尺寸增长明显，往往采用筏板形式基础亦难以满足承载力要求，且由于沉降一般较大，对于差异沉降要求较高的框架结构而言，采用经济性好的桩基显得更为合理。

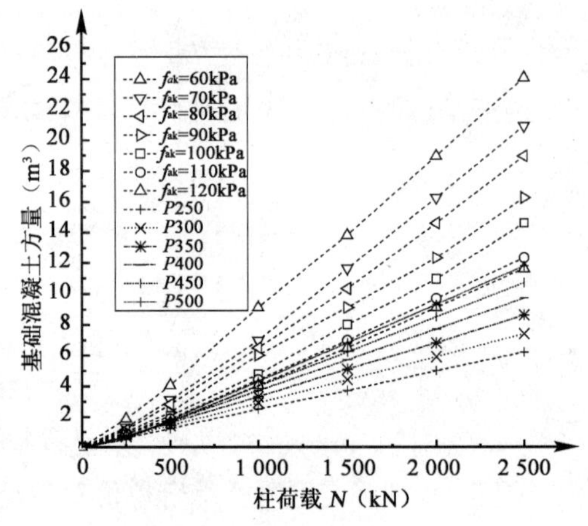

图 3-8　基础（天然地基 f_{ak}系列和桩基 P 系列）混凝土方量随柱荷载变化曲线

框架结构由于跨度、楼层、使用功能差异，各柱上的荷载是变化的。如何确定一个最合适的单桩承载力，使总桩长和承台方量最小是一个很现实的问题。下面以一简单例子来说明确定承载力的过程。某结构下有 16 根柱子，各柱荷载如表 3-5 所示。

某结构各柱荷载一览表　　表 3-5

柱　号	1	2	3	4	5	6	7	8
荷载(kN)	500	560	1 600	600	400	700	300	600
柱号	9	10	11	12	13	14	15	16
荷载(kN)	1 500	2 200	1 200	2 400	2 100	870	500	600

假定地基土是均匀材料，桩基设计参数 $f_s=50\text{kPa}$，$f_p=4\ 800\text{kPa}$，拟采用 250mm×250mm 的预制方桩，承台尺寸满足相关规定的最低要求，承台厚度统一采用 400mm，分别按桩长为 9m、12m、14m、18m、22m、26m 计算布桩，统计总桩长和承台总方量，结果如图 3-9 所示。

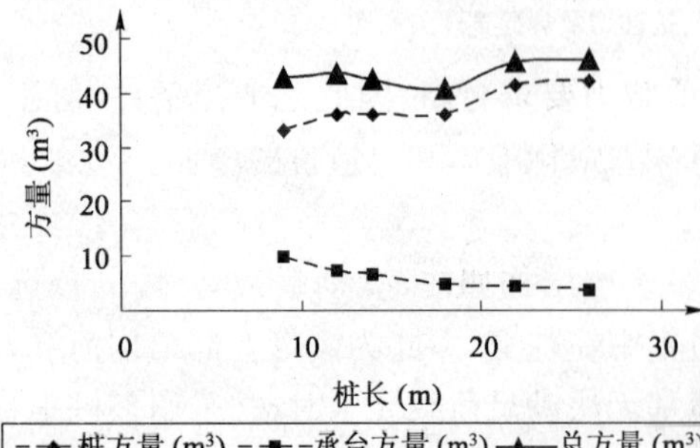

图 3-9　总方量随桩长变化曲线

由图 3-9 可见，对于均质地基土，随着单桩桩长增加，虽然承载力增加，承台方量减少，但总桩长却基本呈增加趋势，这是因为单桩承载力提高后，部分柱下承载力富余过多，承载力越高，富余程度越大；相反，也并非一味采用低承载力，短桩的经济性就越好，由于短桩承载力偏低，承台方量增加明显，因此总方量也增大。从上述分析可见，对于不同建筑、不同结构形式存在一个最优承载力选择，如图 3-9 以桩长 18m 的桩基和承台总方量为最小，经济性最好。事实上类似这种问题是一种典型的线性规划问题，只要通过数学建模，确定了自变量和约束条件，采用单纯形算法、内点算法等都能方便地解决，目前在诸如MATLAB、LINGO、MATHEMATICA等通用软件上，均包含这些算法和功能。本类型的标准形式如下式所示：

$$\min(\text{或}\max)z = f(\boldsymbol{x}), \boldsymbol{x} = (x_1 \quad \cdots \quad x_n)^T \tag{3-44-1}$$

$$\text{s. t. } g_i(\boldsymbol{x}) \leqslant 0, i = 1,2,\cdots,m \tag{3-44-2}$$

式中：　$\boldsymbol{x}$——决策变量；

$f(\boldsymbol{x})$——目标函数；

$g_i(\boldsymbol{x}) \leqslant 0$——约束条件。

对于上述问题可建立如下数学模型：

$$\min z = A_p \cdot \sum_{i=1}^{n} m_i \cdot x_i + \sum_{i=1}^{n} y_i \tag{3-45-1}$$

$$\text{s. t. } N_i - m_i \cdot (f_s \cdot x_i + f_p \cdot A_p) \leqslant 0, i = 1,2,\cdots,n \tag{3-45-2}$$

$$(m_i - 1) \cdot (f_s \cdot x_i + f_p \cdot A_p) - N_i \leqslant 0 \tag{3-45-3}$$

$$y_i = g(m_i) \tag{3-45-4}$$

x_i、n、m_i 为正整数。

以上式中：z——桩和承台总方量；

x_i——第 i 根柱下桩长；

y_i——第 i 根柱下承台方量，是桩数 m_i 和桩径 d 的函数，桩径此处按常数考虑；

A_p——桩横截面面积；

N_i——第 i 根柱荷载；

f_s——桩侧平均摩阻力；

f_p——桩端阻力。

需要说明的是，由于地基土本身的成层性和不均匀性，一般随着深度增加，侧阻力和端阻力增加比较明显，因此，承载力提高幅度增大，承载力与深度关系一般是不成线性关系的；上述假设也是基于以承担竖向荷载为主，未考虑弯矩和水平力影响。另外，一般情况下，考虑合适持力层和临界入土深度，在确定最优桩型或承载力前，一般先提供备选桩型，则可大大减少运算时间。上述方法是按照桩径为常数进行计算，当需对不同桩径对比时，按类似方法计算后综合对比确定。

a. 合理桩径确定

假定在单柱单桩情况下，以桩径 b 作为变量，桩与承台的总方量作为函数，则单桩承载力应满足式(3-46)：

$$R_a = (f_s \cdot U \cdot L + f_p \cdot A_p)/2 \geqslant N \tag{3-46}$$

式中：R_a——单桩竖向承载力特征值；

U——桩周长；

L——桩长；

A_p——桩截面面积。

则桩长可表示为：

$$L \geqslant (2N - f_p \cdot A_p)/(f_s \cdot U) = (2N - f_p \cdot b^2)/(f_s \cdot 4b) \tag{3-47}$$

桩方量及承台方量是桩径的函数：

$$V_p = L \cdot A_p = (2N - f_p \cdot b^2) \cdot b/(4f_s) \tag{3-48-1}$$

$$V_s = 4b^2 h \tag{3-48-2}$$

式中：V_p、V_s——桩和承台方量。

因此，通过式(3-46)～式(3-48)导出方量随桩径变化的解释式(3-49)。

$$V = V_p + V_s = (2N - f_p \cdot b^2) \cdot b/(4f_s) + 4b^2 h \tag{3-49}$$

求 V 对 b 的导数，令其等于零，获得式(3-50)，该方程为一元二次方程，有通解式(3-51)。

$$\frac{\partial V}{\partial b} = \frac{N}{2f_s} - \frac{3f_p b^2}{4f_s} + 8bh = 0 \tag{3-50}$$

$$b = \frac{16f_s h + \sqrt{256{f_s}^2 h^2 + 6N \cdot f_p}}{3f_p} \tag{3-51}$$

对式(3-48)作二次求导，并令其为零，可得式(3-52)：

$$\frac{\partial^2 V}{\partial b^2} = -\frac{3f_p b}{2f_s} + 8h = 0 \tag{3-52-1}$$

$$b = \frac{16h \cdot f_s}{3f_p} \tag{3-52-2}$$

对于单桩承台，当 b 大于式(3-52)的计算值时，式(3-51)获得的是极小值，式(3-52)是对应于特定 N、f_s 和 f_p 的最大边长。当 b 小于式(3-52-2)的计算值时，式(3-51)获得的是极大值，式(3-51)是对应于特定 N、f_s 和 f_p 的最小边长。类似推导过程同样适用于圆截面桩的直径[式(3-53)]和临界桩径[式(3-54)]：

$$d = \frac{16f_s h + \sqrt{256f_s^2 h^2 + 6N \cdot \frac{\pi}{4} f_p}}{\frac{3\pi}{4} f_p} \tag{3-53}$$

$$d = \frac{64h \cdot f_s}{3\pi f_p} \tag{3-54}$$

b. 长短桩结合

最新研究成果[1-2]表明，采用变刚度的桩基设计方法不但有利于沉降变形的协调性，而且能带来明显的经济效益。所谓变刚度就是根据上部结构刚度和荷载分布情况，采取变桩径、变桩长等方法进行设计，满足承载力和变形要求。该方法在最新修订的《桩基设计规程》中已得到反映。至于如何调整桩型和分配，使总方量最小，仍可采用上述式(3-45)的方法进行计算，所不同的是，桩长变量增加，如对于两种桩型的公式：

$$\min z = A_{p1} \cdot \sum_{i=1}^{n_1} m_i \cdot x_i + A_{p2} \cdot \sum_{i=1}^{n_2} m_j \cdot x_j + \sum_{i=1}^{n_1} y_i + \sum_{i=1}^{n_2} y_i \tag{3-55-1}$$

$$\text{s.t. } N_i - m_i \cdot (f_{s1} \cdot x_i + f_{p1} \cdot A_{p1}) \leqslant 0, i = 1,2,\cdots,n_1 \tag{3-55-2}$$

$$(m_i - 1) \cdot (f_{s1} \cdot x_i + f_{p1} \cdot A_{p1}) - N_i \leqslant 0 \tag{3-55-3}$$

$$N_j - m_j \cdot (f_{s2} \cdot x_j + f_{p2} \cdot A_{p2}) \leqslant 0, j = 1,2,\cdots,n_2 \tag{3-55-4}$$

$$(m_j - 1) \cdot (f_{s2} \cdot x_j + f_{p2} \cdot A_{p2}) - N_j \leqslant 0 \tag{3-55-5}$$

$$y_i = g(m_i) \tag{3-55-6}$$

$$y_i = g(m_j) \tag{3-55-7}$$

$$n_1 + n_2 = n \tag{3-55-8}$$

x_i、x_j、n_1、n_2、m_i、m_j、n 为正整数。

式中：z——桩和承台总方量；

x_i——第 i 根柱下第一种桩型桩长；

x_j——第 j 根柱下第二种桩型桩长；

y_i——第 i 根柱下第一种桩型承台方量，是桩数 m_i 和桩径 d 的函数，此时桩径也是变量；

y_j——第 j 根柱下第二种桩型承台方量，是桩数 m_j 和桩径 d 的函数；

A_{p1}——第一种桩型桩横截面面积；

A_{p2}——第二种桩型桩横截面面积；

N_i——第一种桩型第 i 根柱荷载；

N_j——第二种桩型第 j 根柱荷载；

f_{s1}——第一种桩型桩侧平均摩阻力；

f_{s2}——第二种桩型桩侧平均摩阻力；

f_{p1}——第一种桩型桩端阻力；

f_{p1}——第二种桩型桩端阻力；

n——柱总数。

与式(3-45)不同的是，式(3-55)存在 $n_1+n_2=n$，即存在总量分配问题。

(2)算例 2

某工程位于上海某科技园区，为 43 栋 2～3 层框架结构小型办公楼，跨度在 3～5m，其中 28 栋无地下室。场地天然地面标高一般在 3.20～4.2m，设计±0.0 标高为 4.95～5.95m。对于 28 栋无地下室建筑物，原设计采用十字交叉条形基础，埋深 2.20m(相对于±0.0)，地基土承载力设计值 f_d 取 110kPa，以第②层粉质黏土为持力层。原设计的天然地基方案如图 3-10 所示。

根据本工程勘察报告，本场地 50m 深度范围内均为第四纪沉积物，土层分布较为均匀，土性整体较为软弱，各土层物理力学特性如表 3-6 所示。

经分析，原设计方案主要存在以下几个问题：

①根据相关资料及科研成果[3]，该区域为上海地区天然地基 III 区，属于典型的软土地基，由于下卧软土层厚，含水率高，孔隙率大，对于三层建筑最终沉降可超过 10～15cm，六层建筑产生的沉降在 30～40cm，其实测沉降往往大于按规范方法计算结果。另外，本工程由于±0.0 标高较高，回填土厚度部分超过 1.5m，附加沉降较大，因此，本工程采用条形基础可能产生较大的沉降以及框架结构所敏感的差异沉降。

②经初步核算，采用条形基础的基底绝对标高约为 2.75m，根据勘察报告反映，该标高基本处于第①$_1$层杂填土上，距第②层粉质黏土持力层尚有 0.50～1.0m 距离，地基土承载力较难满足设计要求。若增大埋深，则将大幅度增加土建成本。

因此，在获得业主工期许可的情况下，优化设计将该 28 栋条形基础建筑物改为单柱单桩的基础形式。采用单柱单桩能把建筑物沉降控制在 5cm 以内，且经济性更好。结合勘察报告与以往相关工程经验，桩基础可采用 PHC400 管桩或 250mm×250mm 预制方桩，长短桩结合。由于本场地基本以软黏性土为主，沉桩一般无困难。经过分析对比，最终确定采用 PHC400 管桩，长桩桩长 36m，以第⑤$_3$层为持力层，基本以纯摩擦桩为主，单桩承载力设计值 1 400kN；短桩桩长 26m，第⑤$_2$层为持力层，单桩承载力设计值 800kN。优化后桩位和基础平面如图 3-11 所示。优化前后经济性对比见表 3-7。该工程后期采用桩基静载荷试验表明，上述桩型承载力能满足设计要求，整个基础工程节省费用超过 200 万元。

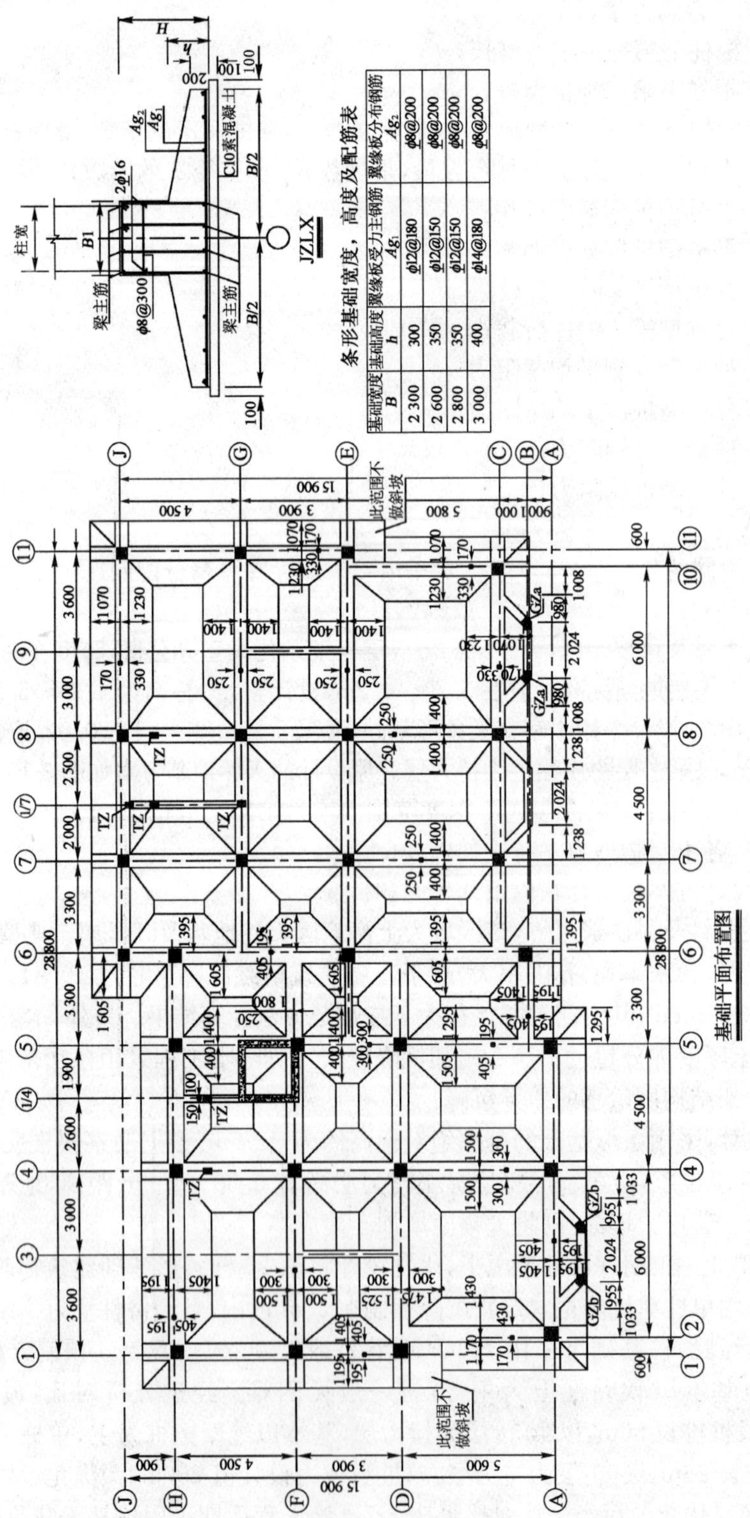

基础宽度 B	基础高度 h	翼缘板受力主钢筋 Ag_1	翼缘板分布钢筋 Ag_2
2 300	300	φ12@180	φ8@200
2 600	350	φ12@150	φ8@200
2 800	350	φ12@150	φ8@200
3 000	400	φ14@180	φ8@200

图 3-10 原设计天然地基方案（尺寸单位：mm）

场地地质情况及物理力学参数表

表 3-6

土层层号	土层名称	层底标高(m)	层厚(m)	含水率 w(%)	重度 γ (kN/m^3)	孔隙比 e_0	塑性指数 I_P	液性指数 I_L	黏聚力 c(kPa)	内摩擦角 φ(°)	压缩系数 $a_{0.1\text{-}0.2}$ (MPa^{-1})	压缩模量 $E_{s0.1\text{-}0.2}$ (MPa)	比贯入阻力 p_s(MPa)	天然地基承载力 f_{ak} (kPa)	桩侧 f_s/桩端 f_p (kPa)
①$_1$	杂填土	2.47	1.44												
②	灰黄色黏土	0.85	1.62	36.8	17.9	1.06	20.3	0.7	21	16	0.63	3.61	0.51	90	15
③	淤泥质粉质黏土	−3.81	4.66	44.9	17.1	1.27	16.7	1.43	13	18	0.78	3.04	0.46	70	25
④	淤泥质黏土	−13.98	10.17	51.2	16.6	1.45	21.3	1.31	14	11.5	1.21	2.11	0.48	65	25
⑤$_{1\text{-}1}$	灰色黏土	−18.23	4.25	42.9	17.2	1.23	19.8	1.02	15	13.5	0.81	2.88	0.65		40
⑤$_{1\text{-}2}$	灰色粉质黏土夹砂质粉土	−21.46	3.23	35	17.9	1.02	15.6	0.99	15	17.5	0.5	4.37	1.98		60
⑤$_2$	灰色黏质粉土夹粉质黏土	−26.5	5.04	34.4	17.9	1.01	14.8	0.96	12	23	0.46	4.61	2.56		75/200
⑤$_3$	灰色粉质黏土夹黏质粉土	−34.49	7.99	34.4	17.9	1.01	15.2	0.91	19	19	0.47	4.43	1.72		75/1 800
⑦$_1$	灰色砂质粉土与粉质黏土互层	未钻穿		30.6	18.3	0.89	13.4	0.97	7	27.5	0.26	8.22	4.24		80/3 500

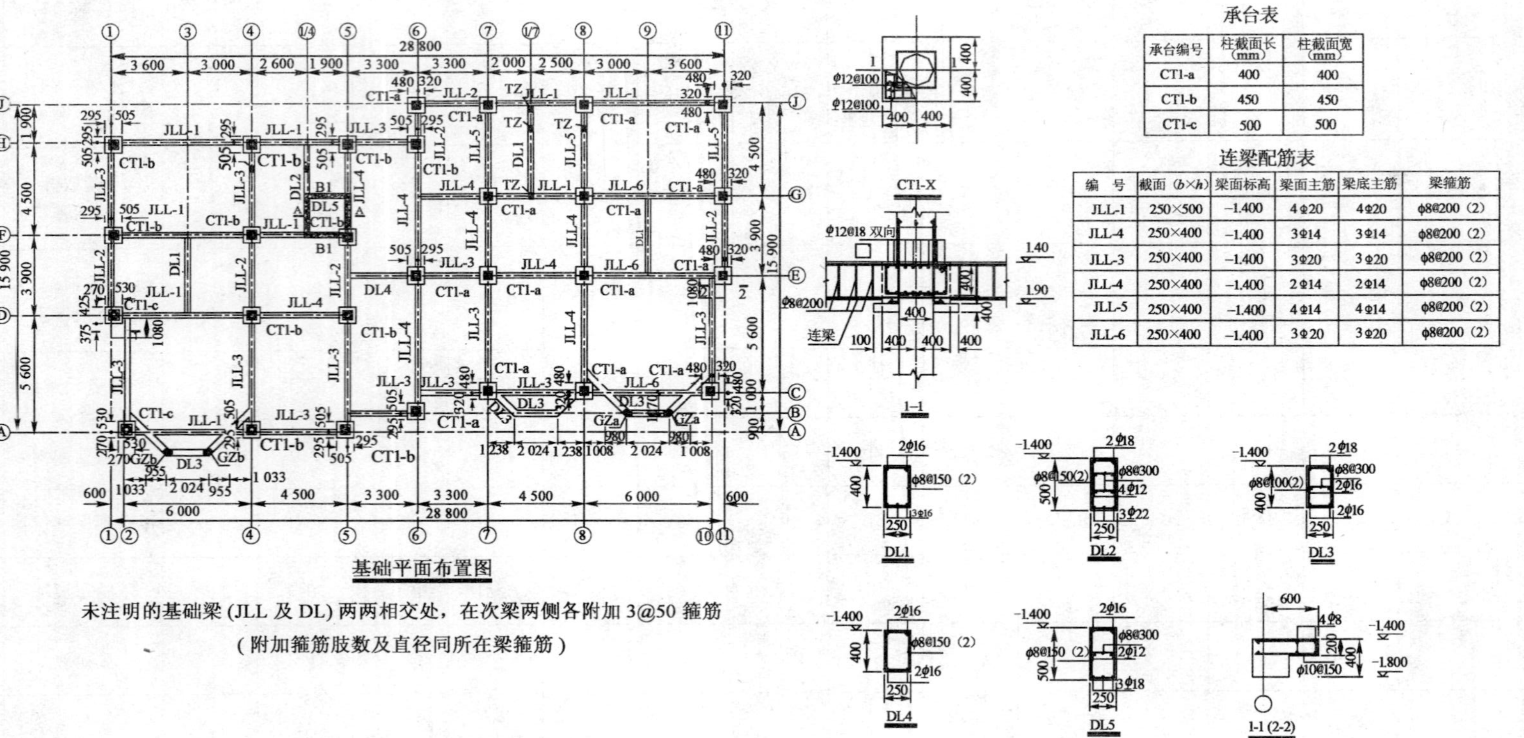

承台表

承台编号	柱截面长(mm)	柱截面宽(mm)
CT1-a	400	400
CT1-b	450	450
CT1-c	500	500

连梁配筋表

编号	截面（b×h）	梁面标高	梁面主筋	梁底主筋	梁箍筋
JLL-1	250×500	-1.400	4Φ20	4Φ20	φ8@200（2）
JLL-4	250×400	-1.400	3Φ14	3Φ14	φ8@200（2）
JLL-3	250×400	-1.400	3Φ20	3Φ20	φ8@200（2）
JLL-4	250×400	-1.400	2Φ14	2Φ14	φ8@200（2）
JLL-5	250×400	-1.400	4Φ14	4Φ14	φ8@200（2）
JLL-6	250×400	-1.400	3Φ20	3Φ20	φ8@200（2）

未注明的基础梁（JLL 及 DL）两两相交处，在次梁两侧各附加 3@50 箍筋

（附加箍筋肢数及直径同所在梁箍筋）

图 3-11　优化后桩位及基础平面图（尺寸单位：mm）

讨论:对于 2～3 层建筑物采用 36m 长的桩似乎有点不可理解,事实上,这是工程特点决定的。框架结构形式使荷载集中于柱上,当然也可以采用多桩承台,桩长可控制在 20m 左右,但通过分析发现,所需基础费用与天然地基无异,而且增加了桩基工期,该方案是不可取的。本工程地面下 40m 以内基本以软黏性土为主,因此为获得较高的单桩承载力,充分发挥桩身强度潜力,采用了 36m 的桩长,并通过长短桩进一步控制工程造价。实际优化设计过程中,还充分考虑了角桩、边桩效应以及回填土可能造成的负摩阻力。因此,优化后的基础设计是安全、经济和合理的。

单栋建筑物经济技术对比 表 3-7

基础类型 / 对比项目	条形基础	桩基础
基本参数	条基宽度 2.5～2.8m,埋深 1.5m 混凝土方量 236.8m^3	PHC 400 管桩,桩长 26/36m,共 28 根,总长度 858m,承台方量 8.96m^3,连梁 25.6m^3
预算(93 定额)(元)	220 796	136 753
优化后费用(元)		84 043
节省比例		38%
备注	上述节省费用未包括由于桩基础浅埋后节省的土方开挖、底层墙体、柱子减短的费用	
优点	工期快,施工简单	费用低,沉降小
缺点	(1)费用高; (2)后期沉降较大(可超过 15cm); (3)需慎重考虑技术可行性	(1)工期略长; (2)初步估算整个工程桩基部分增加工期 1～1.5 个月
建议	(1)基础适当增加埋深; (2)尽量减少基础覆土; (3)采用架空板等; (4)加强后期监测	(1)桩基工程提前准备、场地准备; (2)必要时提前进行静荷载试验

5)竖向承载单桩优化设计及其准则法(张武,1999 年)

竖向承载单桩包括竖向抗压桩与竖向抗拔桩。两类单桩的设计都可依据相关规范进行取值、计算、分析、比较,并结合设计者的经验确定合适的设计方案。尽管目前对竖向抗压桩的承载机理与荷载传递函数形式有不同认识,对抗拔桩的认识也在深化之中,但大量工程实例表明,基于规范原则设计的各类方案是技术安全和经济可行的。竖向承载单桩优化设计是在特定选型与布置条件下,遵循现行规范确定的设计原则,以一定的优化方法代替方案比较的过程,获得相对满意的设计目标。

(1)竖向承载单桩优化设计的数学模型

竖向承载单桩优化设计的数学模型包括给定参数、设计变量、约束条件和目标函数。

①给定参数

与其他工程设计一样,竖向承载单桩优化设计是在既定条件下,从众多可行的设计方案中寻求相对较优或最优的方案。因此,单桩所处土层的物理力学性质(如土的分层情况、各土层的桩侧阻力、桩端阻力、土的压缩性指标等)，单桩必须满足的功能要求(如竖向抗压设计值或抗拔力设计值等说明上述内容的参数)，在优化设计过程中视为给定参数。

②设计变量

描述单桩体形的设计变量为桩长 l、桩径 d，对扩孔桩或多支盘桩桩径沿桩长方向变化，分段桩长为 l_1、l_2……l_p，相应的桩径为 d_1、d_2……d_p，即单桩的设计变量为 $\boldsymbol{X}=[d_1 \quad d_2 \cdots\cdots d_p \quad l_1 \quad l_2 \cdots\cdots l_p]^T$。

由于成桩机具与工艺过程的要求，桩径多为模数取值，d 为离散型设计变量，而当地基土分层性质差别较大时，桩长 $l=\sum_{i=1}^{p} l_i$ 也为离散型设计变量，p 为桩端持力层土层序号。当地基土性均匀时，桩长 l 为连续型设计变量。对离散型设计变量，既可直接采用离散型设计变量优化方法，也可先以连续变量优化后再取标准模数。

③约束条件

a. 桩的承载约束条件

根据《建筑桩基技术规范》(JGJ 94)，对竖向受压单桩，竖向力设计值 N 小于桩的竖向承载力设计值 R，即承载力约束条件：

$$\gamma_0 N \leqslant R=\frac{1}{\gamma_{sp}}\left(\sum_{i=1}^{p} \psi_{si} \varphi_L q_{sik} d_i' l_i+\psi_p \varphi_A q_{pk} d_p^2\right) \tag{3-56}$$

式中：φ_L、φ_A——分别为桩断面形式系数，圆形桩 $\varphi_L=\pi$，$\varphi_A=\pi/4$，方形桩 $\varphi_L=4$，$\varphi_A=1$；

ψ_{si}、ψ_p——桩侧阻、端阻尺寸效应系数，当 $d_i \leqslant 800$mm 时均为 1，其余情形依表 3-8 选取；

γ_0、γ_{sp}、q_{sik}、q_{pk}的物理含义见规范。

大直径灌浆桩桩侧阻、端阻尺寸效应系数 表 3-8

土 类 别	黏土、粉土	砂土、碎石类土
ψ_{si}	$(0\ 8/d_p)^{\frac{1}{5}}$	$(0\ 8/d_p)^{\frac{1}{3}}$
ψ_p	$(0\ 8/D)^{\frac{1}{4}}$	$(0\ 8/D)^{\frac{1}{3}}$

相应的约束函数为：

$$g_1(x)=\gamma_0 N-\frac{1}{\gamma_{sp}}\left(\sum_{i=1}^{p} \psi_{si} \varphi_L q_{sik} d_i{}' l_i+\psi_p \varphi_A q_{pk} d_p{}^2\right) \tag{3-57}$$

对受上拔力的单桩，相应的约束函数为：

$$g_1(x)=\gamma_0 N-\frac{1}{\gamma_s} \sum_{i=1}^{p} \varphi_L \lambda_i q_{sik} d_i l_i+\sum_{i=1}^{p} \varphi_A \rho_c d_i{}^2 l_i \leqslant 0 \tag{3-58}$$

式中：ρ_c——桩体材料重度；

γ_s、λ_i 物理含义见《建筑桩基技术规范》(JGJ 94)。

b. 桩体强度约束条件

桩体自身在轴向荷载 N 作用下，不会发生强度破坏，即桩体任一断面 j 的轴向应力小于其材料强度$[\sigma_c]$。由于沿桩长侧向摩阻力的作用，$N_j=N-\sum_{i=1}^{j} \varphi_L q_{sik} d_i l_i$，相应的约束函数为：

$$g_2(x)=N_j-\varphi_A d_i{}^2\left\{[\sigma_c]-\sum_{i=1}^{j} \rho_i l_i\right\} \leqslant 0 \tag{3-59}$$

c. 桩体稳定约束条件

单桩竖向受压时，桩体本身不会屈曲，临界轴力 $N_{cr} \geqslant K_s N$，因此，稳定约束条件可表示为：

$$g_3(x)=K_sN-\pi E_0\varphi_A d^2 l\left\{\frac{l_p}{l_0}\right\}\leqslant 0 \tag{3-60}$$

式中：K_s——安全系数；

l_p——与桩端、桩顶支承状态相关的临界桩长；

l_0——计算桩长。

d. 桩顶位移约束条件

对支承于岩、土介质或嵌入其中的单桩，在桩顶竖向压力作用下的桩体弹性轴向变形 Δc 和桩底处土层的压缩变形 ΔR 构成桩顶位移，其值应小于容许值[Δ]，$\Delta c+\Delta R\leqslant[\Delta]$，相应的约束函数为：

$$g_4(x)=\sum_{i=1}^{p}\frac{N_i l_i}{\varphi_A E_i d_i^2}+\frac{N_p}{C_0\varphi_A d_p^2}-[\Delta]\leqslant 0 \tag{3-61}$$

式中：C_0——桩端下卧土层附加应力计算系数。

e. 桩长约束条件

对混凝土灌注桩或预制打入桩，从实际工程考虑，常对其入土深度提出要求，桩长 $l=\sum_{i=1}^{p}l_i$ 满足 $l_{max}\geqslant\sum_{i=1}^{p}l_i\geqslant l_{min}$。当 l_i 与地层分布相应时，l_1、l_2……l_{p-1} 为常数，仅 l_p 变化，相应的约束函数为：

$$g_5(x)=(l-l_{max})(l-l_{min})\leqslant 0 \tag{3-62}$$

f. 桩径约束条件

从施工机具与成桩方面考虑，可能对桩的直径提出要求，即桩径 d_i 满足相应的约束函数：

$$g_6(x)=(d_i-d_{max})(d_i-d_{min})\leqslant 0, i=1,\cdots,p \tag{3-63}$$

g. 桩的长径比约束条件

对某些土或岩石，桩的承载特性使桩的长径比 l/d 在一定范围内变化，相应的约束函数为：

$$g_7(x)=[(l/d)-(l/d)_{max}][(l/d)-(l/d)_{min}]\leqslant 0 \tag{3-64}$$

④目标函数

通常采用桩体工程量或工程造价为目标函数：

$$V(x)=\sum_{i=1}^{p}\varphi_A d_i^2 l_i \tag{3-65}$$

因此，竖向荷载作用下的单桩优化设计可归纳为：对设计变量 $\boldsymbol{X}=[d_1\cdots\cdots d_p \quad l_1\cdots\cdots l_p]^T$，其约束函数 $g_i(x)\leqslant 0(i=1,\cdots,7)$ 时，目标函数 $V(x)$ 取极小值。对扩孔桩或多支盘桩，设计变量分别为桩径 $d_1\cdots\cdots d_p$ 和桩长 $l_1\cdots\cdots l_p$，由于设计变量相对较多，上述优化问题可采用数学规划法。对桩径沿桩长不变的情况，设计变量仅为桩径 d 和桩长 l（实际上为 l_p），单桩优化可采用简单解法，如图解法等。在实际工程中，当桩长、桩径变化较大时，工程造价不一定唯一取决于桩体混凝土量，此种情况应另外考虑。

(2)单桩几何优化设计准则法

满足全部约束条件，材料用量最小的设计变量 d_i、l_i 实际上是优化的桩体外形尺寸，因此，上述问题可称之为单桩几何优化。对桩身强度相对较高的钢筋混凝土桩,可先不考虑桩体强度约束、桩顶位移约束与桩的几何约束,单桩几何优化主要取决于承载力约束条件,这种方法类似于结构优化设计的准则法,上述优化问题简化为:

$$\left.\begin{aligned} g_1(x) \leqslant 0 \\ V = \min V(x) \end{aligned}\right\} \tag{3-66}$$

根据结构优化定理:由轴力单元、薄膜单元和弯曲单元组成的结构,如存在最优解,则必定出现在可行域边界上。因此,当上述单桩优化问题有解时,其最优解 $\{x\}=[l\ d]^{\mathrm{T}}$,必使 $g_1(x)=0$,即竖向承载单桩体积最小的桩长、桩径必使其竖向承载力设计值等于竖向力设计值,上述优化问题可简化为极值问题:

$$\left.\begin{aligned} g_1(x) = 0 \\ V = \min V(x), x \in \text{可行域} \end{aligned}\right\} \tag{3-67}$$

如竖向受压单桩:

$$\frac{1}{\gamma_{sp}}\left(\sum_{i=1}^{p}\psi_{si}\varphi_{L}q_{sik}d_{i}l_{i}+\psi_{p}\varphi_{A}q_{pk}d_{p}^{2}\right)-\gamma_{0}N=0 \tag{3-68-1}$$

$$V=\min\left(\sum_{i=1}^{p}\varphi_{A}d_{i}^{2}l_{i}\right) \tag{3-68-2}$$

引入拉格朗日乘子 $\bar{\lambda}$,令

$$\phi=\sum_{i=1}^{p}\varphi_{A}d_{i}^{2}l_{i}-\bar{\lambda}\left[\frac{1}{\gamma_{sp}}\left(\sum_{i=1}^{p}\varphi_{L}\psi_{si}q_{sik}d_{i}l_{i}+\varphi_{A}\psi_{p}q_{pk}d_{p}^{2}\right)\right] \tag{3-69}$$

对函数 ϕ 求无条件极值即可得到满足承载力要求的单桩优化设计解。上述优化过程仅取决于承载力条件,故称为单桩优化设计的准则法,其含义是单桩优化几何尺寸必须满足竖向承载力与竖向力相等的原则。此种情况下,桩的承载力得到充分发挥。在均质土层中,$q_{sik}=q_{sk}$,对圆形截面桩,且桩径 d 沿桩长不变。$\varphi_{L}=\pi$, $\varphi_{A}=\pi/4$,桩受竖向压力 N 时:

$$\phi=\frac{\pi}{4}d^{2}l-\bar{\lambda}\left[\frac{1}{\gamma_{sp}}\left(\pi\psi_{s}q_{sk}dl+\frac{\pi}{4}\psi_{p}q_{pk}d^{2}\right)-\gamma_{0}N\right] \tag{3-70}$$

对 $d\leqslant 800\text{mm}$ 的中小直径桩,$\psi_{p}=\psi_{s}=1$,由

$$\frac{\partial\phi}{\partial d}=\frac{\pi}{2}dl-\bar{\lambda}\frac{1}{\gamma_{sp}}\left(\pi q_{sk}l+\frac{\pi}{2}q_{pk}d\right)=0 \tag{3-71-1}$$

$$\frac{\partial\phi}{\partial l}=\frac{\pi}{4}d^{2}-\bar{\lambda}\frac{1}{\gamma_{sp}}(\pi q_{sk}d)=0 \tag{3-71-2}$$

$$\frac{\partial\phi}{\partial\bar{\lambda}}=\frac{1}{\gamma_{sp}}\left(\pi q_{sk}dl+\frac{\pi}{4}q_{pk}d^{2}\right)-\gamma_{0}N=0 \tag{3-71-3}$$

解上述方程组得:

$$d=\left(\frac{4\gamma_{sp}\gamma_{0}}{3\pi}\right)^{\frac{1}{2}}\left(\frac{N}{q_{pk}}\right)^{\frac{1}{2}} \qquad (d<0.8\text{m}) \tag{3-72-1}$$

$$l=\left(\frac{\gamma_{sp}\gamma_{0}}{3\pi}\right)^{\frac{1}{2}}\left(\frac{NP_{pk}}{q_{pk}}\right)^{\frac{1}{2}} \tag{3-72-2}$$

$$V_{\min}=\left(\frac{\gamma_{sp}\gamma_{0}}{3}\right)^{\frac{3}{2}}\left(\frac{1}{\pi}\right)^{\frac{1}{2}}\frac{N^{\frac{3}{2}}}{q_{sk}(q_{pk})^{\frac{1}{2}}} \tag{3-72-3}$$

从上述表达式可知，与规范侧阻力分布模式相对应，对均匀地基土层中的中小直径桩：

①优化桩径与土层的侧摩阻力无关，而仅取决于桩的设计荷载与桩端阻力，桩的竖向力设计值越大，桩端阻力越小，桩径越大；与仅考虑端阻力的端承桩相比，优化桩径为端承桩径的1/3。

②优化桩长与桩的侧摩阻力成反比，而与桩的竖向力设计值及桩端阻力乘积的平方根成正比；与仅考虑桩侧摩阻力的摩擦桩相比，优化桩长为摩擦桩长的2/3。

③优化设计单桩体积与桩侧摩阻力成反比，与桩端阻力的平方根成反比。因此，提高桩侧摩阻力较提高桩端阻力将更有效地降低单桩工程量。

④在优化设计条件下，桩端与桩侧分载比为1∶2。因此，在单桩设计中，如果桩端承载力设计值达到竖向力设计值的1/3，或桩侧承载力设计值达到竖向力设计值的2/3，按现行设计标准，相应的设计方案则是合理的。

⑤优化设计桩的长径比 $l/d=q_{pk}/(2p_{sk})$，即当地层条件确定时，合适的桩长径比为定值，而与竖向力设计值无关。对黏土、粉土中桩径 $d>800$mm 的等截面大直径桩，其桩侧摩阻力与桩端阻力折减系数分别为 $\psi_{si}=1$，$\psi_p=(0.8/d)^{1/4}$，由式(3-70)有：

$$\phi=\frac{\pi}{4}d^2l-\bar{\lambda}\left\{\frac{1}{\gamma_{sp}}\left[\pi q_{sk}dl+\frac{\pi}{4}(0.8)^{\frac{1}{4}}q_{pk}d^{\frac{7}{4}}\right]-\gamma_0N\right\} \tag{3-73}$$

对上式求无条件极值，相应的优化问题解为：

$$d=\left[\frac{16\gamma_{sp}\gamma_0N}{11\pi(0.8)^{1/4}q_{pk}}\right]^{\frac{4}{7}} \qquad (d>0.8\text{m}) \tag{3-74-1}$$

$$l=\frac{7}{16}(0.8)^{1/4}\left[\frac{16\gamma_{sp}\gamma_0N}{11\pi(0.8)^{1/4}q_{pk}}\right]^{\frac{3}{7}}\frac{q_{pk}}{q_{sk}} \tag{3-74-2}$$

$$V_{min}=\frac{7\pi}{64}(0.8)^{1/4}\left[\frac{16\gamma_{sp}\gamma_0N}{11\pi(0.8)^{1/4}q_{pk}}\right]^{\frac{11}{7}}\frac{q_{pk}}{q_{sk}} \tag{3-74-3}$$

对砂土、碎石类土中桩径 $d>800$mm 的等截面大直径桩，其桩侧摩阻力与桩端阻力折减系数分别为 $\psi_{si}=(0.8/d)^{1/3}$、$\psi_p=(0.8/d)^{1/3}$，相应地：

$$\phi=\frac{\pi}{4}d^2l-\bar{\lambda}\left[\frac{\pi}{\gamma_{sp}}(0.8)^{\frac{1}{3}}\left(q_{sk}d^{\frac{2}{3}}l+\frac{q_{pk}}{4}d^{\frac{5}{3}}\right)-\gamma_0N\right] \tag{3-75}$$

同理，可得优化问题解：

$$d=\left[\frac{16\gamma_{sp}\gamma_0N}{9\pi(0.8)^{1/4}q_{pk}}\right]^{\frac{3}{5}} \qquad (d>0.8\text{m}) \tag{3-76-1}$$

$$l=\left[\frac{16\gamma_{sp}\gamma_0N}{9\pi(0.8)^{1/3}q_{pk}}\right]^{\frac{3}{5}}\frac{q_{pk}}{q_{sk}} \tag{3-76-2}$$

$$V_{min}=\frac{5\pi}{64}\left[\frac{16\gamma_{sp}\gamma_0N}{9\pi(0.8)^{1/3}q_{pk}}\right]^{\frac{9}{5}}\frac{q_{pk}}{q_{sk}} \tag{3-76-3}$$

如某均匀粉土地基的 $q_{sk}=60$kPa、$q_{sk}=1\,600$kPa，$\gamma_{sp}=1.65$，由建筑物等级取 $\gamma_0=1.1$，单桩竖向力设计值 $N=6\,000$kN，按准则法，优化设计的桩体几何尺寸（桩径均取模数）为：$d=2.00$m，$l=18.30$m，$V_{opt}=57.45\text{m}^3$。若将该桩移至 q_{sk}、q_{pk} 与上相同的砂土中，则优化桩体几何尺寸为：$d=2.35$m，$l=19.56$m，$V_{opt}=84.80\text{m}^3$。由于尺寸效应的差别，砂土中桩的工程量较黏土

中的大 47.6%。

(3)抗拔单桩优化设计

单桩竖向抗拔时，除满足前述承载条件外，还要求沿桩身通长配筋，其配筋量为 $A_g l$，A_g 为钢筋面积，且 $A_g f_s \geqslant \gamma_0 N$ 或 $A_g \geqslant \gamma_0 N/f_s$，取单桩的工程造价为目标函数：

$$V(x)=C_1\sum_{i=1}^{p}\varphi_A l_i d_i^{\,2}+C_2\sum_{i=1}^{p}\frac{\gamma_0 N}{f_s}l_i \tag{3-77}$$

式中：C_1、C_2——分别为混凝土、钢筋的单位造价；

f_s——钢材抗拉强度设计值。

按优化设计准则法：

$$\frac{1}{\gamma_s}\sum_{i=1}^{p}\varphi_L\lambda_i q_{sik}d_i l_i+\varphi_A\rho_c l_i d_i^{\,2}-\gamma_0 N=0 \tag{3-78-1}$$

$$V=\min V(x) \tag{3-78-2}$$

引入拉格朗日乘子 λ：

$$\phi=\sum_{i=1}^{p}C_1\varphi_A d_i^{\,2}l_i+C_2\frac{\gamma_0 N}{f_s}\sum_{i=1}^{p}l_i-\bar{\lambda}\left[\left(\frac{1}{\gamma_s}\sum_{i=1}^{p}\varphi_L\lambda_i q_{sik}d_i l_i+\sum_{i=1}^{p}\varphi_A\rho_c l_i d_p^{\,2}\right)-\gamma_0 N\right] \tag{3-79}$$

在均质土层中，$q_{sik}=q_{sk}$，抗拔系数 λ_i 在一定的 l/d 范围内取常数，取圆形截面桩，桩径沿桩长不变，$\phi_L=\pi$，$\phi_A=\pi/4$：

$$\phi=C_1\frac{\pi}{4}d^2 l+C_2\frac{\gamma_0 N}{f_s}l-\bar{\lambda}\left[\left(\frac{\pi}{\gamma_s}\lambda q_{sk}dl+\frac{\pi}{4}\rho_c l d^2\right)-\gamma_0 N\right] \tag{3-80}$$

对 ϕ 求无条件极值，取 $a_0=\dfrac{4C_2\gamma_0 N}{\pi C_1 f_s}$，$a_1=\dfrac{\gamma_s\rho_c}{4\lambda q_{sk}}$，则优化设计的桩径、桩长及工程造价分别为：

$$d=a_0 a_1+\sqrt{a_0+(a_0 a_1)^2} \tag{3-81-1}$$

$$l=\frac{4\gamma_0 N a_1}{\pi\rho_c(1+a_1 d)d} \tag{3-81-2}$$

$$V_{\min}=2C_1\frac{\gamma_0 N}{\rho_c}\frac{a_0 a_1}{d} \tag{3-81-3}$$

如河北省石家庄市某地进行大比尺桩筏基础模型试验，要求浇注 15 支锚桩作为加载装置的一部分(锚桩间相互作用可不予考虑)，已知地基为粉土、粉黏土或粉砂土互层，且粉砂土孔隙比 $e<0.75$，干作业成孔，估计锚桩长径比 $l/d\geqslant 20$，故取抗拔系数 $\lambda_i=0.8$，粉土类桩侧抗压极限侧阻 $q_{sk}=60$kPa，侧阻分项系数 $\gamma_s=1.7$。由于地下水埋藏较深，可不计水的浮力，故 $\rho_c=24$kN/m^3，HRB335(20MnSi)钢 $f'_y=300$MPa，锚桩抗拔设计值 $N=1\,200$kN，$\gamma_0=1.0$，桩基混凝土(含成孔)$C_1=800$ 元/m^3，桩基钢筋 $C_2=4\,000$ 元/t$=31\,200$ 元/m^3。按前述准则法，锚桩 $d=481.3$mm、$l=25.50$m 时，单根锚桩造价最低为 6 792.78 元。若桩径取模数，则锚桩优化尺寸为：$d=500$mm、$l=24.47$m，造价为 6 797.13 元。而实际采用锚桩的直径 $d=800$mm，$l=15$m，造价为 7 840.41 元。因此，如采用优化设计，优化效率可达 15.3%。

第二节 类比法桩基优化设计的方法

一、从基于范例推理到决策支持系统(CBR→DSS)

岩土工程中的不确定性因素很多,因此,采用常规的计算程序往往与实测值差异较大,在确定合理方案上缺乏可靠和准确的参数。类比法桩基优化的核心,就是在最优方案获得、选取方面,采用工程类比,基于范例的推理(case-based reasoning)比选方案,一般程序是通过专家经验,筛选出具有典型特征、涵盖各种土层类型、工程背景的实例,建成桩基设计的实例库,同时也是专家系统的专家经验库。面对新的拟建工程,从实例库中选取具有代表性、相似性的若干实例,作为拟建工程的建议方案,并通过多属性决策支持系统(decision support system)对这些方案比选,寻找合理、可靠的方案。最后,当整个桩基工程设计完毕,把该拟建工程桩基方案添加到实例库中。这样,随着实例的不断充实丰富,其适用性、准确性也随着提高。

二、基于范例推理(CBR)

1. 概述

基础工程设计的整个过程调用了大量的信息参数,包括上部建筑物的荷载、结构形式、空间受力分布情况,下部地基土的物理力学参数,需要考虑各种规范要求,施工可行性、经济性等,是一个包含了基本原理、结构物、结构行为、结构部件之间的约束和多种设计功能的决策与权衡等推理过程。然而在方案设计阶段,许多参数尚未确定,或者由于人的认识上有局限性或缺陷性甚至偏好性,无法在一开始就能获得最理想的方案。而大多数设计实例是很复杂的,设计实例的规模大小是一个很重要的问题,既要考虑实例的表示,又要考虑实例库的组织和推理。正是由于岩土工程本身包含大量的模糊信息,需要采用人工智能解决基础工程设计问题。根据人类思维方式,人工智能应用于解决工程设计主要方式如下。

(1)基于演绎的推理。基本形式一般有两类,其一是已知结论向前推论查找前提,称为目标驱动型(或反向推理型);其二是已知前提向后推论导出结果,称为数据驱动型(或正向推理型)。其具体应用形式是基于规则的产生式专家系统(rule-based reasoning,简称 RBR)。这种产生式系统适用于那些具有较完善的知识和较丰富经验的环境中,专家知识全部由具有因果关系的规则组成,规则间相互独立,信息传递靠上下文(或事实库)实现。系统的性能取决于规则的规模及规则的完备程度。其缺点是:

①当规则集中的规则数量增多时,规则的一致性及完备性难于检验和保证。

②推理效率低下。

③不太符合人类的初始认知规律,如难于表达著名的"三脚猫辨别"之类的知识。

(2)基于联想、类比的推理。联想·类比系统是试图实现某种初级的"形象"思维。其基本做法是在知识库中存放对象领域的各种典型模式和优秀模式(包括形状、形态、形式),系统按照某种策略和方法进行检索、比较,搜寻与设计对象类似的、性能优良的可借鉴模式,分别计算其差异性和优缺点,然后按某种观点、准则和系统进行参照、模仿和变幻,得到新的设计方案,具体应用形式是基于实例的推理系统(case-based reasoning, 简称 CBR)。

专家或设计人员的思维往往是先进行回忆,从记忆中找到一个与新问题相似的实例,然后把该实例中的有关信息和知识复用到新问题的求解之中。在他对某个新工程获得各种基本设计参数,比如说地层分布的情况之后,会想到以前某工程具有类似的地质情况,参考那些工程的桩基设计参数,用于眼前的这个工程。这种基于实例推理知识表示是以实例为基础,实例的获取比规则获取要容易,大大简化了知识获取。对过去的求解结果进行复用,而不是再次从头推导,可以提高对新问题的求解效率。过去求解成功或失败的经历可以指导当前求解时该怎样走向成功或避开失败,这样可以改善求解的质量,因此得到越来越多的关注,其应用领域也从原来针对法律审判、医学诊断扩充到各行各业。20 世纪 80 年代初期,Roger Schank 在耶鲁大学领导的研究小组中做出了 CBR 认知模型和基于此模型的第一个 CBR 应用。Jonet Kolodner 开发了被称为 CYRUS 的第一个 CBR 系统(Kolodner,1983 年),之后,相继在各个领域中得到了快速的发展。

2. CBR 在岩土工程专家系统中的实现及其工作流程

以某个岩土工程实例为例子,CBR 在岩土工程中实现的流程如图 3-12 所示。

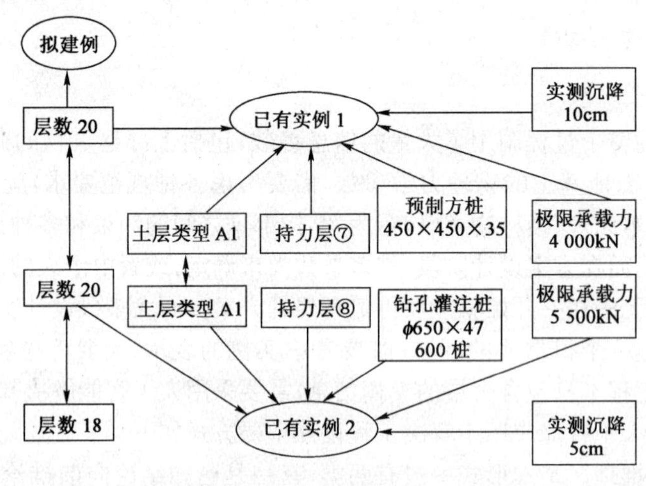

图 3-12　CBR 实例工作流程

当用户检索桩基方案时,画出检索网络的示意图,图中每个方案代表一个工程项目,如已有实例 1 包含五个信息实体:建筑物层数、地基土类型、持力层、桩基尺寸和单桩承载力。若用户拟建一幢 20 层的建筑物,则第一步激活信息实体＜层数 20＞节点(用矩形框表示),第二步激活会沿着"相似弧"(带双箭头)进行传播而到达信息实体＜层数 18＞(因其层数相似),第三步激活再沿着关联弧(带有单箭头)传播到达实例节点＜已有实例 1＞和＜已有实例 2＞(用椭圆框表示),从而提供两个类似工程桩基方案供查询者选择,同时显示这两个工程实际试桩结果和沉降观测结果,让查询者直观了解实际效果。

从上述例子可见,基于实例推理实际上是通过接受以往实例的知识或信息用于新问题求解的过程,是由目标实例的提示获取记忆中的源实例来指导目标实例求解的一种策略(图 3-13),其过程包括相似实例抽取→利用相似实例进行问题求解→修正问题的求解→新实例保存四个阶段。这一过程与人类在解决问题时的思维过程极为相似,可以认为,提供了一种模拟人类推理方式的方法,利于抽取和存储专家知识。

3. 岩土工程实例的表示、检索与匹配

为了能进行实例的有效检索，在实例的表示方面，必须采取简单、具有结构性和组织性而又能提供足够丰富信息的原则，因此常常采用抽象层次上的各种表示方式，如文本、模型、图形(或图像)、数据库、知识库等，即丰富的多媒体技术。一个典型的用于岩土工程桩基设计的实例可用多元组 $C=\langle E,S,R,M\rangle$ 表示。其中 $E=\{e_1,e_2,\cdots,e_n\}$ 是有限集合，表示问题的说明性信息；$S=\{s_1,s_2,\cdots,s_m\}$ 是非空有限集合，表示实例的特征信息；$R=\{r_1,r_2,\cdots,r_l\}$ 是一有限集合，表示特征信息的原因分析结论，$M=\{m_1,m_2,\cdots,m_k\}$ 是有限集合，表示实例求解的启发信息，如使用的方法、手段、模型、推理路线等。根据实际使用过程中的可行性，本专家系统中对四个变量赋值如下。

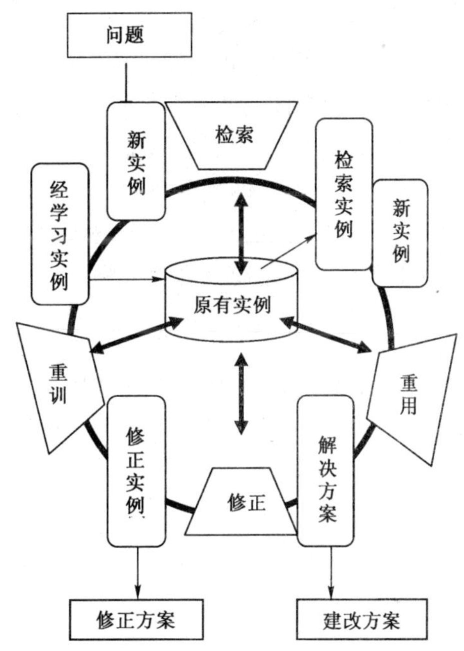

图 3-13　基于范例推理流程

$E=\{$ 工程名，结构类型，层数，地基类型(根据第三章成果)，持力层，持力层的 p_s(静探比贯入阻力)，持力层压缩模量 E_s，荷载，采用桩型，试桩结果，建筑物实测沉降 $\}$

$S=\{$层数，地基类型，持力层 p_s，持力层压缩模量 $E_s\}$

说明：

(1)结构类型很多时候决定了采用的基础形式，但对于同样采用桩基的方案来说，影响不大。

(2)在工程建设初期，结构荷载往往是未知的，但层数基本确定，按现行规范及常规设计方法，根据层数可以估算上部结构荷载，如按标准值 13～17kPa/层。

(3)由于属于哪种地基类型及桩基持力层选择是最优选择的关键问题之一，是一个综合性评判指标，但每个土层的物理力学性指标是知道的，作为范例的桩基持力层 p_s 和 E_s 值与拟建工程的接近程度能直接反映该范例工程的可用性。当然其他物理力学性指标也可以包括进去，但是鉴于原位测试结果的更可信性和可靠性，只考虑这两个因素。

对于某个实例工程，其可能的 R 如下：

$R=\{$ 工程名称：某某工程，结构类型：剪力墙结构，楼层数：18 层，地基土类型：II-A1，持力层：⑦$_{-1}$，持力层 p_s：10.0MPa，持力层 E_s：35MPa，基底附加应力：300kPa；桩型：预制方桩 450mm×450mm×32m，极限承载力 P_u：4 000kN，最终沉降：10cm $\}$

$M=\{$结构类型：剪力墙结构，楼层数：18 层，地基土类型：II-A1，持力层 p_s：10.0MPa$\}$

实例的组织与检索策略主要有以下几种：①最近相邻策略；②归纳推理策略；③知识引导策略。目前应用较多的是最近相邻策略，该法根据实例中各组成分的权值，求得其权和，然后根据其权和的远近来组织相应的实例；检索过程与此类似，主要是通过相似度的计算，从实例中选取特征最匹配的实例。本课题采用最近相邻策略检索实例。

4. 岩土工程实例间相似性的计算

相似度是所求问题的属性值与以往实例或实例的属性值一致程度的度量值。实例的属性值有定量值和定性值两种。定性值体现了属性的本质特征，定量值则具有特定的数值。定性属性的相似度不能有二义性，即只能是匹配或不匹配，我们在应用中规定定性值匹配其相似度具有特定的分值，不匹配分值为零。定量属性值的相似度采用线性加权算法计算。目前，目标实例与源实例之间的相似性有三种计算方法，即欧氏距离、曼哈顿距离（海明距离）和无限模距离，这里采用海明距离计算相似性。

$$d^{(i)}=\sum_{j=1}^{n}w_j\left|\mu_{A_j^{(i)}}-\mu_{B_j}\right| \text{，其中} \sum_{j=1}^{n}w_j=1 \tag{3-82}$$

权系数 w_j 表征在所作的类比中某个属性的重要程度。它根据设计对象的类别、主要设计要求等，查事先存储在计算机中的相应曲线来确定。对于上述属性集合 S，由于在基础设计过程中，地基类型也就是地基土的特性对桩基方案起决定性作用，因此采用了两级检索方法，即第一次检索必须满足拟建工程与范例工程的地基类型相同性，在第二级检索中再对其余属性进行加权检索，即

$$S=\{S_1,S_2\}$$

$$S_1=\{\text{地基类型}\}$$

$$S_2=\{\text{层数},p_s,E_s\}$$

其对应权数：

$$w=\{0.5,\ 0.35,0.15\}$$

运用比值法确定其相似度的过程如下：

对于某一个新实例 $F(25,p_s,E_s)$，根据问题要求及初始条件，按实例存储模型中的索引搜索，并提取出一组与当前问题相似的实例集 R。计算 F 与实例集 R 中每个实例的相似度，相似度最高的实例就是最相匹配的实例。

获取实例集 R 中每一实例的特征 $F_J(f_{j1},f_{j2},\cdots,f_{jn})$，$1<j<k$，$k$ 为实例集 R 中实例的个数。如找到某范例：

r_1（剪力墙，27，⑧$_2$ p_s=3.0MPa，E_s=10.0MPa）

r_2（剪力墙，18，⑦$_2$ p_s=15MPa，E_s=45MPa）

r_3（剪力墙，26，⑦$_1$ p_s=9MPa，E_s=30MPa）

将 R 与每个 F_J 相比较和匹配，确定每个特征的匹配值 S_i（$i=1,2,\cdots,n$），n 为实例 F 的特征数。

$$S_{ij}=\min(f_j,f_{ji})/\max(f_j,f_{ji}),0\leqslant S_j\leqslant 1$$

对于这种区间型的属性，其相似度计算为 $1-\Delta d/\Delta r$[4,13]，其中 Δd 为新旧实例的属性值的差的绝对值；Δr 为相似定义中的相似范围。此处的建筑物层数，新实例的层数是 25，相似实例的建筑物层数为 27，相似定义中定义层数的一个相似区间是[24,35]（向下取－1，向上取＋10），因此可知其中两个实例的荷载是相似的，其相似度为：

$$S_{11}=1-|25-27|/(35-24)=0.82$$

$$S_{21}=1-|25-18|/(35-24)=0.36$$

$$S_{31}=1-|25-26|/(35-24)=0.91$$

假定 p_s 值的相似区间是 $p_s/p_s'=[0.7,1.3]$，其中 p_s 为新实例值，p_s'为旧实例值。新实例中对应的土层 p_s 值与 E_s 值如表 3-9 所示。

新实例土层 p_s 值与 E_s 值 表 3-9

土　层	p_s(MPa)	E_s(MPa)
⑦1	8.0	31.0
⑦2	20.0	55.0
⑧2	4.0	15.0

$$S_{12}=1-|4/3-3/3|/(1.3-0.7)=0.44$$
$$S_{22}=1-|20/15-15/15|/(1.3-0.7)=0.44$$
$$S_{32}=1-|8/9-9/9|/(1.3-0.7)=0.81$$

假定 E_s 的相似区间也为 $E_s/E_s'=[0.7,1.3]$，其中 E_s 为新实例值，E_s'为旧实例值，则

$$S_{13}=1-|15/10-10/10|/(1.3-0.7)=0.17$$
$$S_{23}=1-|55/45-45/45|/(1.3-0.7)=0.63$$
$$S_{33}=1-|31/30-30/30|/(1.3-0.7)=0.94$$

求解实例的相似度：

$$d^{(i)}=\sum_{j=1}^{n}w_j\times S_{ij} \tag{3-83}$$

式中：$d^{(i)}$——实例 i 的相似度；

w_j——实例的第 j 个属性的权重值；$0<w_j<1,\sum_{j=1}^{n}w_j=1$；

S_j——第 j 个属性的匹配值，$S_j\in(0,1)$，0 表示不匹配，1 表示匹配。

$$d_1=0.5\times0.82+0.35\times0.44+0.15\times0.17=0.59$$
$$d_2=0.5\times0.36+0.35\times0.44+0.15\times0.63=0.43$$
$$d_3=0.5\times0.91+0.35\times0.81+0.15\times0.94=0.88$$

对相似度排序，选出最相似及次相似工程。从上面计算可得第三个工程最相似，$d_3=0.84$，其次为第二个工程，$d_2=0.43$。假如定义一个阈值 $1\geqslant D>0.5$，则过滤所有相似度小于 0.5 的实例，只有第一个备选方案。

但是，事实上按该法进行类似工程检索存在如下问题：

①仅考虑了持力层本身的相似性，而忽略了持力层以上土层对承载力的贡献以及持力层以下土层对沉降的影响，不能说明这两者之间具有很大的相似性，尽管按该法计算出来的相似度甚至可以接近 1，即完全相同。但是另一方面，假如同时考虑所有土层的影响，也就是说在范例属性上把各土层的 p_s 值和 E_s 值均计入相似度计算影响中，会造成权重过于分散，无法体现其主要矛盾，而且在处理的时候造成数据庞大，计算繁复，对于部分土层如第⑨层是否应该考虑，某种桩型的影响深度有多大等，因此这是无法解决的矛盾。

②对于各参数的相似区间及权重选取问题，本身存在模糊性。不同的土层其相似区间应该是变化的，如对于上述例子中的⑦2 层，尽管 p_s 值的相似度和⑧2 层一样，都是 0.44，但是对于单桩承载力来说，按照现行规范计算，采用新实例的 $p_s=20$MPa 与旧实例的 $p_s=15$MPa，不论端阻力 f_p 还是侧阻力 f_s 都不会有太大的区别。权重选取问题也一直是模糊数学上讨论最多的问题之一，其不确定性也会影响相似性评价结果。

鉴于以上分析，一般考虑采用综合比较的办法来进行类似工程比选。由于岩土工程具有大量的不确定性、模糊性，纯粹的数值计算往往具有较大的偏差，因此对于新实例和旧实例而言，要把旧实例应用到新实例中需要有两个步骤：首先要判定土层的相似性，在得到具有最相似的旧实例后，再根据旧实例实际采用的桩基方案所得到的实测单桩承载力修正同样桩基方案应用于新实例的单桩承载力(图 3-14)。同样的道理，采用修正系数的办法去估算新实例的沉降量。

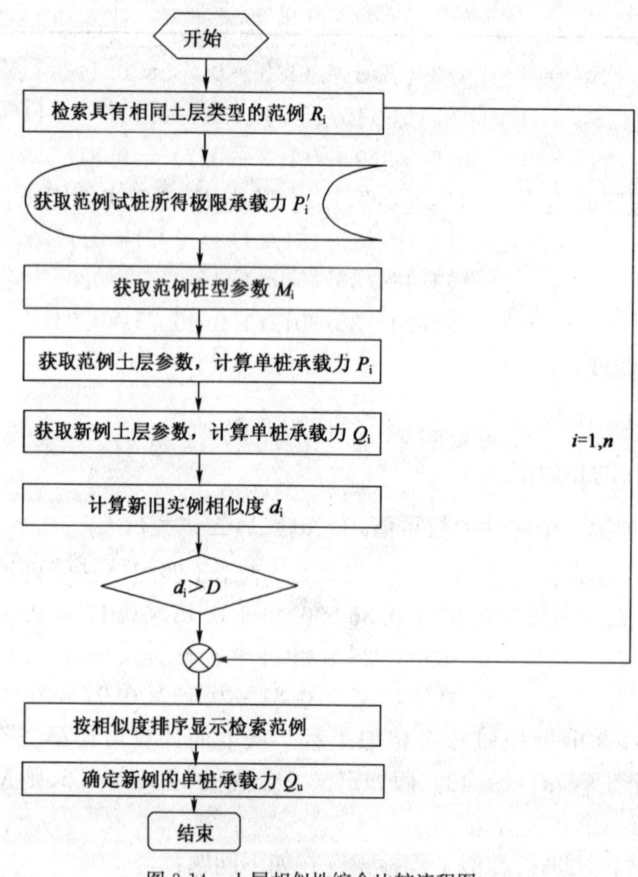

图 3-14　土层相似性综合比较流程图

图 3-14 中，范例库中的试桩单桩极限承载力 P_i' 应为达到破坏前的实际极限承载力，或者采用数值拟合预测的极限承载力；

预定义过程桩型参数 M_i＝{楼层数，桩型，桩径，所在持力层，进入持力层深度}

预定义过程沉降参数 N_i＝{建筑物平面尺寸，桩位图，基底总荷载，桩径，所在持力层，进入持力层深度}

相似度 $d_i=1-\Delta d/\Delta r$，指新旧范例单桩承载力的相似性，其中 $\Delta d=(Q_i/P_i-1)$，Δr 为新旧范例单桩承载力比值的相似区间，如[0.7,1.3]。

D 指相似度阈值，表明在一定范围内认为新旧范例具有相似性，可设 $1\geqslant D>0.5$。

桩端以上土层相似性判别(按承载力考虑)。

作为示例，下面以某拟建工程为例，按综合承载力进行地层相似性比较。

(1)根据前面系统功能,已经获得当前拟建工程的工程地质情况如表 3-10 所示。

拟建工程力学性指标 表 3-10

土层序号	土层名称	层底深度(m)	p_s(MPa)	f_s(kPa)	f_p(kPa)
①	填土	1.74		15	
②1	粉质黏土	3.48	0.92	15	
③	淤泥质粉质黏土	7.67	0.56	25(20)	
④	淤泥质黏土	17.2	0.44	20(15)	
⑤1	粉质黏土	26.3	0.93	45(35)	
⑥	粉质黏土	30.8	3.4	80(60)	2 000(1 500)
⑦1	砂质粉土	37.0	7.4	100(70)	5 000(2 000)
⑦2	粉细砂	42.4	20.22	100(80)	8 000(3 000)
⑧1	粉质黏土	53.2	2.1	65(50)	
⑧2	粉质黏土夹砂	60.27	4.68	90(75)	3 500(1 500)
⑨	中粗砂	68.00			

注:表中括号内数据为钻孔灌注桩参数。

(2)从表中数据分析可见,该地层模型属于 A1 类,即正常地层。

按 A1 类地层检索实例库,获得如下三个工程地质情况,见表 3-11~表 3-13。

工程 1 力学性指标 表 3-11

工程 1　建筑物层数:25　桩型:钻孔灌注桩 ϕ650mm×35m　持力层:⑦2　深度*:5.3m

土层序号	土层名称	层底深度(m)	p_s(MPa)	f_s(kPa)	f_p(kPa)
①	填土	1.60			
②1	粉质黏土	4.10	1.53	15	
③	淤泥质粉质黏土	8.60	1.33	45(35)	
④	淤泥质黏土	15.00	0.48	25(20)	
⑤1	粉质黏土	25.00	0.74	35(25)	
⑥	粉质黏土	29.00	2.39	65(50)	2 000(1 000)
⑦1	砂质粉土	33.00	8.31	100(70)	5 000(2 000)
⑦2	粉细砂	42.00	19.50	100(80)	8 000(3 000)
⑧1	粉质黏土	52.00	1.90	55(45)	
⑧2	粉质黏土夹砂	63.00	5.05	90(70)	3 500(1 800)
⑨	中粗砂	70.45			

注:*指桩尖进入持力层深度。表中括号内数据为钻孔灌注桩参数。

工程 2 力学性指标 表 3-12

工程 2　建筑物层数:18　桩型:钻孔灌注桩 ϕ600mm×35m　持力层:⑦2　深度*:4.7m

土层序号	土层名称	层底深度(m)	p_s(MPa)	f_s(kPa)	f_p(kPa)
①	填土	1.5			
②1	粉质黏土	3.2	1.25	15	
③	淤泥质粉质黏土	7.8	1.07	45(25)	
④	淤泥质黏土	15.4	0.51	25(15)	
⑤1	粉质黏土	24.6	0.79	35(20)	
⑥	粉质黏土	28.7	2.17	75(60)	2 000(1 000)
⑦1	砂质粉土	33.0	9.2	100(70)	5 000(2 000)
⑦2	粉细砂	41.8	14.72	100(80)	8 000(3 500)
⑧1	粉质黏土	48.0	1.82	55(45)	
⑧2	粉质黏土夹砂	57.0	5.55	90(70)	3 500(1 500)
⑨	中粗砂	65.0			

注:*指桩尖进入持力层深度。表中括号内数据为钻孔灌注桩参数。

工程 3 力学性指标　　表 3-13

工程 3　建筑物层数：33　桩型：PHC 管桩 ϕ600mm×32m　持力层：⑦$_1$　深度*：4.1m

土层序号	土层名称	层底深度(m)	p_s(MPa)	f_s(kPa)	f_p(kPa)
①	填土	2.2			
②$_1$	粉质黏土	3.6	1.99	15	
②$_3$	砂质粉土	13.5	10.49	80(65)	
④	淤泥质黏土	17.1	0.68	30(20)	
⑤$_1$	粉质黏土	29.6	1.57	50(40)	
⑥	粉质黏土	33.1	2.32	75(60)	2 000(1 000)
⑦$_1$	砂质粉土	39.3	8.32	100(70)	5 000(2 000)
⑦$_2$	粉细砂	42.9	18.45	100(80)	8 000(3 000)
⑧$_1$	粉质黏土	50.7	2.36	60(50)	
⑧$_2$	粉质黏土夹砂	65	6.32	100(70)	3 500(2 000)

注：* 指桩尖进入持力层深度。表中括号内数据为钻孔灌注桩参数。

(3)按各工程所采用桩型参数得出计算单桩极限承载力(P_i)及实测值(P_i')如下：

$$P_1=4\,400\text{kN}, P_1'=4\,500\text{kN}$$

$$P_2=3\,500\text{kN}, P_2'=3\,700\text{kN}$$

$$P_3=5\,300\text{kN}, P_3'=6\,000\text{kN}$$

(4)根据拟建工程地质情况计算各桩型的单桩承载力：

$$Q_1=5\,000\text{kN}, Q_2=4\,400\text{kN}, Q_3=4\,100\text{kN}$$

(5)计算拟建工程与检索实例的相似度：

$$d_1=1-(5\,000/4\,400-1)/(1.3-0.7)=0.77$$

$$d_2=1-(4\,400/3\,500-1)/(1.3-0.7)=0.57$$

$$d_3=1-(4\,100/5\,300-1)/(1.3-0.7)=1.4$$

从以上计算分析可得，工程 3 由于浅层存在②$_3$层砂质粉土，使得与拟建工程地质情况相差较大，不符合相似原则，工程 1 比工程 2 更接近拟建工程的地质情况。按照综合承载力方法比较土层情况，基本能够满足地质相似性问题，为下一步桩基方案选择奠定了基础。

桩端以下土层相似性判别(按变形考虑)：

(1)(2)步同上；

(3)按各工程所采用基础参数得出计算沉降 s_i 及实测值 s_i' 如下：

$$s_1=12.6\text{cm}, s'_1=5.5\text{cm}$$

$$s_2=9.65\text{cm}, s'_2=9\text{cm}$$

$$s_3=12.2\text{cm}, s'_3=8\text{cm}$$

(4)根据拟建工程地质情况计算各基础的沉降量：

$$ss_1 = 14.1\text{cm}, ss_2 = 24.5\text{cm}, ss_3 = 11\text{cm}$$

(5)计算拟建工程与检索实例的相似度：

$$d_1 = 1 - (14.1/12.6 - 1)/(1.3 - 0.7) = 0.80$$

$$d_2 = 1 - (24.5/9.65 - 1)/(1.3 - 0.7) = -1.65$$

$$d_3 = 1 - (11/12.2 - 1)/(1.3 - 0.7) = 1.16$$

从上述比较可见，桩端以下土层的相似性，以工程1最相似。

综合桩端以上及以下土层比较结果，可以认为按照综合比较法，工程1与拟建工程地层情况最相似。用该法比较，避免了个别土层参数噪声带来的比较结果失真，更接近于定性比较的范畴，更适合于比较对于这种多因素、结构性强、关联性强的组合比较。

5.岩土工程实例库的维护

当按照流程执行完设计咨询后产生了该拟建工程的桩基设计方案，经过细化设计，允许对必备的参数进行有效性检验后添加到实例库中，作为以后设计的备用实例库。这样随着使用次数增多，实例库中数据必将越来越多，检索所消耗系统资源也会越来越大，因此在基于工程实例推理中，工程实例库的维护很重要，必须将长期不用的实例删除掉，这种实例很可能是噪声实例，例如，误用的物理力学参数、非最优的设计等。Aha 建议对实例库中的每个实例建立一个匹配记录，就可以删除那些无用的或噪声实例，以维护实例库的有限性和可靠性。

三、多属性决策支持系统(DSS)在本专家系统中的应用

根据工程类比检索出来的范例按照相似度进行排序，但是每个工程都有本身的特点，比如说某工程对环境要求特别严格，而另一个工程对沉降要求严格，这些特点并不能在相似性中得到体现，因此在筛选出来的备用方案中，还有一个针对拟建工程特点的方案比选问题，也就是所谓的决策支持系统(decision support system)。

假定对于桩基工程多目标决策问题的方案集为 $A=\{A_1, A_2, \cdots, A_n\}$，目标集为 $G=\{G_1, G_2, \cdots, G_m\}$={好，较好，一般，较差，差}。方案 A_i 对目标 G_j 的属性值记为 $y_{ij}(i=1,2,\cdots,n; j=1,2,\cdots,m)$，矩阵 $\boldsymbol{Y}=(y_{ij})_{n\times m}$ 表示方案集 A 对目标集 G 的“属性矩阵”，也称“决策矩阵”。通常，目标有效益型目标、成本型目标、固定型目标和区间型目标之分。所谓效益型目标是指属性值越大越好的目标；成本型目标则是指属性值越小越好的目标；固定型目标则是指属性值既不能太大又不能太小，而以稳定在某个固定值为最佳的一类目标；区间型目标是指属性值以落在某个固定区间内为最佳的一类目标，国家标准中规定的等级划分通常都属于这类目标。通常对于一个桩基工程而言，可能需要考虑的评判因素集包括：

U={工期，环境影响，造价，沉降，施工难度}

对于这些评判因素，假定有相应的评判因素权重：

$$W = \{0.25, 0.3, 0.3, 0.1, 0.05\} \tag{3-84}$$

需要说明的是，对于每个方案而言，其权重应该是变化的，在系统比较过程中，应该由用户指定。同时，对于沉降因素，在小于规范规定范围内，其权重较小，一旦超过规范要求，则显得尤为重要，往往具有否决的权重。

对于某一方案在每个评判因素的单因素评价下的隶属函数值可以量化表示成：

工期量化成施工速度(单位：m^3/d)：

$$u_1=\{>200,[200,150],[150,100],[100,50],<50\}$$

环境影响，按打分法：

$$u_2=\{<10,[10,50],[50,70,],[70,90],>90\}$$

造价，按每建筑面积(单位：元/m^2)：

$$u_3=\{<80,[80,100],[100,120],[120,150],>150\}$$

沉降(单位：cm)：

$$u_4=\{<5,[5,10],[10,15],[15,20],>20\}$$

施工难度，按打分法：

$$u_5=\{<10,[10,50],[50,70,],[70,90],>90\}$$

多目标决策与单目标决策问题的本质区别，就在于目标间的不可公度性和目标间的矛盾性。所谓不可公度性是指各目标之间没有统一的度量标准，因而难于进行比较。由于目标间的不可公度性，直接使用决策短阵往往不便于分析，因此，决策之前首先应将决策矩阵 y 进行规范化，然而，目标类型的不同，决策规范化方法也将不同。

对于效益型目标：

$$Z_{ij}=\frac{y_{ij}-y_j^{\min}}{y_j^{\max}-y_j^{\min}} \qquad i=1,2,\cdots,n \tag{3-85}$$

对于成本型目标：

$$Z_{ij}=\frac{y_j^{\max}-y_{ij}}{y_j^{\max}-y_j^{\min}} \qquad i=1,2,\cdots,n \tag{3-86}$$

对于固定型目标：

$$Z_{ij}=\begin{cases}1.0 & y_{ij}=y_j* \\ 1-\dfrac{|y_{ij}-y_j*|}{\max|y_{ij}-y_j*|} & y_{ij}\neq y_j*\end{cases} \qquad i=1,2,\cdots,n \tag{3-87}$$

式中：y_j*——G_j 目标的最佳稳定值。

对于区间型目标：

$$Z_{ij}=\begin{cases}1-\dfrac{q_1-y_{ij}}{\max(q_1-y_j^{\max},y_j^{\min}-q_2)} & y_{ij}<q_1 \\ 1.0 & y_{ij}\in[q_1,q_2],i=1,2,\cdots,n \\ 1-\dfrac{y_{ij}-q_2}{\max(q_1-y_j^{\max},y_j^{\min}-q_2)} & y_{ij}>q_2\end{cases} \tag{3-88}$$

其中$[q_1,q_2]$为目标的最佳稳定区间。

假定现有三个备选方案，其隶属函数值分别为：

$$X_1=\{180,70,90,12,65\},X_2=\{110,80,70,15,70\},X_3=\{140,40,160,10,55\}$$

按照以上叙述，施工速度越快越好，应该为效益型目标，沉降量应该满足规范容许值要求，可以看做区间型目标(由于沉降必须控制在规范要求范围内，因此在满足规范要求前提下的桩基方案，可以按成本型目标考虑)，其余因素均为成本型目标，对这些隶属函数矩阵进行归一化得到：

$$\boldsymbol{B}=\begin{bmatrix}1 & 0.25 & 0.78 & 0.6 & 0.33\\ 0 & 0 & 1 & 0 & 0\\ 0.43 & 1 & 0 & 1 & 1\end{bmatrix} \tag{3-89}$$

$$\boldsymbol{D}=w\boldsymbol{B}^{\mathrm{T}}=[0.64\quad 0.3\quad 0.56] \tag{3-90}$$

故在三个备选方案中，以第一个方案最优，第三个次之，第二个最差。

第三节 桩基优化设计内容

一、影响单桩承载力因素

1. 地基土特性

地基土特性是影响单桩承载力最主要的因素，正是由于地基土自然沉积的原因，使岩土体具有明显地域性、不可整体改造性特点，建设者只能根据各工程场地地基土特点进行设计、施工，因此单桩承载力大小估算的准确程度取决于对地基土特性认识的深刻程度。尽管目前确定地基土承载力有许多方法和研究成果，客观地讲，对于软土地区原位测试方法仍是目前为止估算单桩承载力最为有效的手段。

(1)静力触探试验

静力触探是一种应用广泛的原位测试手段，它将触探探头在静力作用下连续贯入土中，测读探头的贯入阻力 p_s 值，由此来划分土层，提供土的物理、力学性指标及土的承载力等。近年来已大面积推广到确定桩基持力层、判断沉桩可行性和确定桩的承载力。

根据静力触探探头形式，目前有两种方法确定桩承载力，即单桥法和双桥法，具体计算方法详见第二章。

(2)旁压试验

旁压试验简称 PMT(Pressuremeter Test)，是轴对称的圆柱形孔穴受到一个均布的径向压力的作用，使孔壁周围的土体向外膨胀的试验，属于平面应变范畴。根据旁压试验测出旁压曲线特征值(初始压力 p_0，临塑压力 p_y，极限压力 p_l)，可“确定土的临塑压力和极限压力，为评定地基土承载力提供依据”[1]。在确定单桩承载力方面，国内外常见的方法有静载荷试验和根据静力触探试验等原位测试方法，其中，“单桩竖向极限承载力的确定就其可靠性而言，仍以传统的静载试验方法最高”[2]，而静力触探方法由于使用时间长，范围广，积累了大量经验，其可靠性也得到认可，我国行业标准和地方规范均已采纳。旁压试验从 20 世纪 80 年代开始在我国应用，积累经验相对较少，在计算承载力方面都借鉴了国外经验。国内制定规范时，曾搜集上海地区三十多项旁压试验资料工程，旁压试验孔深一般在 50～60m，最大深度达 135m，以及近 133 组静载荷试验，经过分析、统计、比较，得出根据旁压试验确定单桩竖向极限承载力的公式，表明该公式的普遍适用性，是对静载试验方法的有益补充。根据旁压试验计算单桩承载力方法详见第二章。

2.沉桩施工方法

目前常用的沉桩施工方法包括锤击、振动、静压、钻孔等，不同沉桩施工方法对桩周边土层造成的扰动是不同的，如机械搅动或挤压、土体重塑、土的应力状态或应力路径的改变、触变、机械振动、土体含水率的变化、组成成分的改变等。施工扰动对周围土体工程性质的影响，主要表现在土体抗剪强度的变化、渗透系数的变化、土体的变形等方面，由此产生的对桩承载力的影响有时是非常明显的。

打桩是利用桩锤自由下落时的瞬时冲击力撞击桩头，用冲击机械能来克服土体对桩的阻力，破坏其原有的静力平衡状态，使桩体下沉，直至达到新的平衡状态。振动桩锤是通过偏心回转激振器产生纵向振动，利用桩土振动降低桩土摩擦力和桩端阻力，将桩沉入地基中。静压桩是以桩机本身和配重作为反作用力，采用卷扬机滑轮组或电动油泵液压方式施加在桩顶或桩身上，当施加给桩的静压力与桩的入土阻力达到动态平衡时，桩逐渐被压入地基中。关于不同沉桩施工方法对地基的扰动影响，已有不少研究成果，根据这些成果，可以总结不同沉桩施工方法对单桩承载力强度的影响主要表现在下面几个方面：①对周边土体产生一定的扰动，改变了土体的性质，不同的沉桩方式对土体扰动程度差别较大；②沉桩时，土体受到超过其极限强度的冲击作用，产生挤出破坏，强度丧失，不同沉桩方式对土体的破坏形式是不一致的；③桩周土体隆起或水平位移使桩身产生负摩阻力的程度不同；④桩身受土体挤压，严重时会产生弯曲和扭转，并在桩身内部产生附加弯矩；由于土体挤压程度不同，附加弯矩及影响程度也不同；⑤在密集的建筑群中沉桩时，对邻近桩的影响程度不同；⑥土中形成较大的超静孔隙水压力，沉桩后期，由于超静孔隙水压力随时间而消散，地面会产生再固结作用，有效应力增加，由于产生的超静孔隙水压力不一致，其恢复程度和所需时间有差异。

对压桩引起的土体水平向和竖向变形的观测发现，在桩周一定范围内的土体会产生较大的扰动，对于不同的土体，扰动范围不同，但大致为 3 ～4 倍桩径以内，此外的土体变形相对较小；在贯入一开始，土体产生的侧向位移较小；当贯入到一定深度时，土体的侧向位移达到较大值，在此之下的土体位移基本为线性分布；对于振动沉桩，研究发现土壤内摩擦角随激振器振幅的增加而显著减小。随振动加速度增大，从静态值到动态值呈指数规律减小。桩周土体中孔隙水压力随激振作用呈周期变化，变化幅值很大，随着桩半径方向的距离增大，孔隙水压力幅值衰减很快。

1)典型案例

某工程分别采用静压法和振动法施工预制桩 300×300，$L=24$m，场地属于典型的饱和黏性土地基，分别对两种方法施工的基桩进行了静载荷试验，其中静力压入法为 S1，振动法为 S2，从图 3-15 中可见，静压法与振动法承载力差异达 40％。

(1)不同桩尖设置

桩尖是设置于桩(一般为预制桩)底部用于加强桩在硬土层中穿透能力的附加装置。如果把桩比喻成一根刺入土层中的针，那么桩尖就是针尖。根据材料分类，桩尖一般有钢桩尖和钢筋混凝土桩尖，其中钢筋混凝土桩尖一般为锥形，预制或与桩浇筑成整体(如预制方桩桩尖)，钢桩尖的形式则相对较多，有开口型、闭口型、半封闭型等，常用的钢桩尖形式如图 3-16 所示。

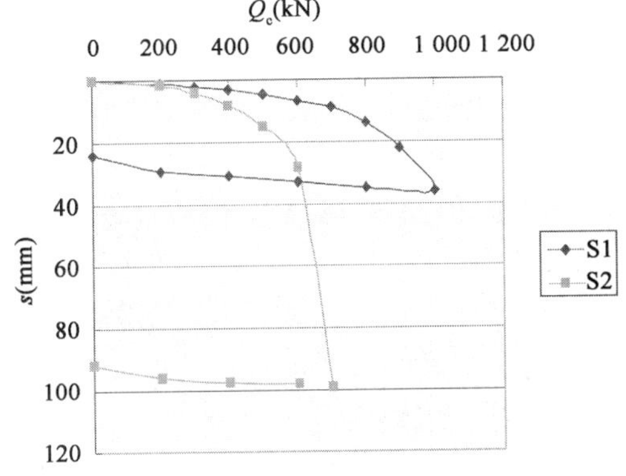

图 3-15 静压法与振动法承载力比较

关于桩尖的认识，一般都认为只是一种增加穿透能力的装置，因此有种误解，认为在软土地区没有沉桩困难，可以不带钢靴，甚至认为直接采用平头桩能增大沉桩动阻力，有利于单桩承载力发挥。工程实践证明，桩尖对于桩的作用是不容忽视的。带桩尖与不带桩尖在土层中的刺入破坏形态以及对土体扰动都有差异，由此造成的后期承载力差异在多项工程中得到反映。叶建忠等在“基于离散元理论的静压沉桩过程颗粒流数值模拟”一文中，利用颗粒流理论对不同桩径与桩端形式静压桩沉桩过程进行了数值模拟分析，认为：

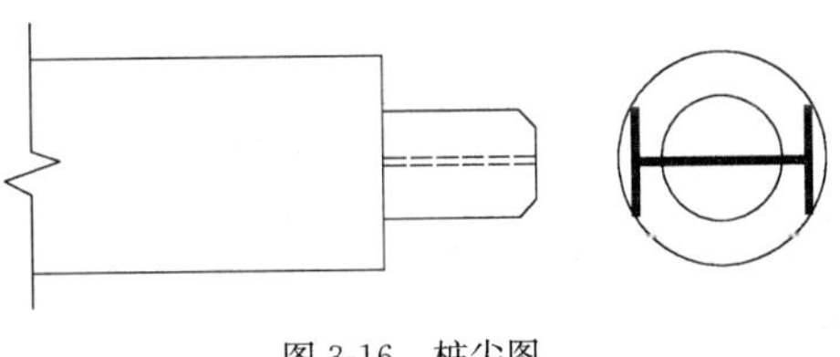

图 3-16 桩尖图

①沉桩过程中土体变位模式表现为浅部土体以隆起为主，中部土体以径向变形为主。锥形桩与平头桩所不同的是：锥形状的浅部土体隆起更加明显，隆起量更大；锥形桩桩端处颗粒被桩端挤开。颗粒作侧向向下运动；平头桩桩端以下颗粒跟随桩端向下运动，与侧面颗粒产生强烈剪切错动。

②不同桩端形式的端阻力曲线表明：平头桩比锥形头桩能够提供更大的端阻力，端阻力值与锥角有一定关系，锥角大者端阻力大。

李镜培等在“静压桩桩尖作用机理的数值模拟及参数分析”中，使用有限元方法，选用 DP

弹塑性土体模型，计算比较有无桩尖两种情形下土中应力场的不同，并分析可能影响应力场变化的各种参数。结果表明：当土体处于弹性状态时，桩尖能够引起其下土体较标高度的应力集中，使桩尖下的土体更易进入塑性；当土进入塑性流动、塑性区扩展后，应力集中的程度减弱。采用合适的桩尖形状也是很重要的，当穿越砂土等坚硬土层时，尖角能够明显地减小端阻力；当需穿越坚硬土层时，给管桩加设桩尖可起到很好的工程作用。

桩尖在工程应用中得到发展和完善，如有工程总结认为，《国家建筑标准图集预应力混凝土管桩》(03SG409)提供的十字形桩尖对于硬的土岩层(达到强风化与中风化之间)是不适应的。因为破岩的十字刀是平底的，而岩面不可能完全水平，当破岩刀碰到岩面时，所产生的强大的反力只作用于刀刃的一角；强大的偏心力等于在管桩端部施加了一个很大的弯矩，而且由于桩尖以上的土层通常很软弱，不能承受大的弯矩，这时管桩端部受力的一角就很容易压凹，进而在管桩端部以上约 5 倍桩径处裂断而破坏，为此提出改良的尖底、锯齿和方锥形十字桩尖。

桩尖在实际应用中还发展成一种新型的复合材料桩，如将桩尖用超长工字钢或钢管(文献记录最长 14m)代替，形成管桩—钢管桩(型钢桩)复合桩型，同时解决了管桩穿越超厚砂层、建筑物沉降和单桩承载力问题，具有较好的经济性。如上海某 34 层高层住宅，以第⑧层黏性土为持力层，需穿越厚度达 10m、静探 p_s 值超过 14MPa 的第⑦层粉砂，采用 PHC 500(100)管桩，利用开口钢管桩在荷载作用下在土层中的良好穿透力，来减少工程桩的沉桩阻力，为确定钢桩靴的最佳长度，分别选用长度为 1m、3m、5m、10m、15m 五种规格进行试验，并以钢桩靴的长度替代工程桩的有效桩长。钢桩靴的规格为：ϕ406mm，厚度为 10mm，其中 1m、3m 桩靴管身均布 8 条加强肋，桩靴与 PHC 管桩连接处加焊 ϕ12mm 的加强钢筋。最后实际采用钢桩靴长度在 5～10m，实测穿越第⑦层土时最大压力在 5 600kN 左右，顺利完成所有工程桩施工，三组试桩的单桩竖向抗压极限承载力均达到和超过 4 200kN。不同桩靴形式见图 3-17。

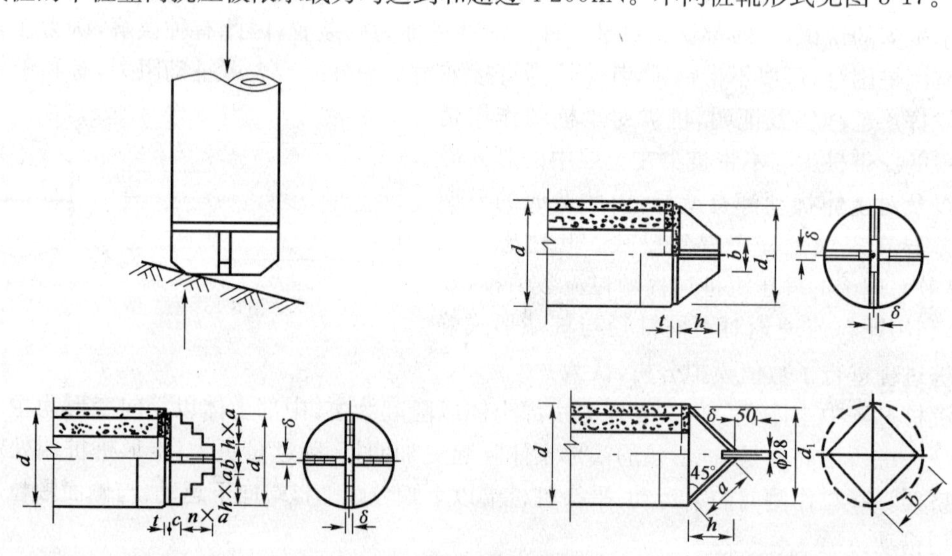

图 3-17　不同桩靴形式

(2)工程实例 1

某工程场地 50m 以上基本为饱和软黏性土，采用 PHC AB400 管桩，桩长 L=39m，部分采用带 20cm 开口型钢桩尖，部分不带桩尖，管桩为同一批次，均采用静压法施工(图 3-18)。沉桩过程中未发现异常现象，沉桩后休止期均达到 40d 后进行静载荷试验，带桩尖的三组试桩极限承载力是不带桩尖三组试桩承载力的 1.7 倍，低应变检测表明桩身均为完好。

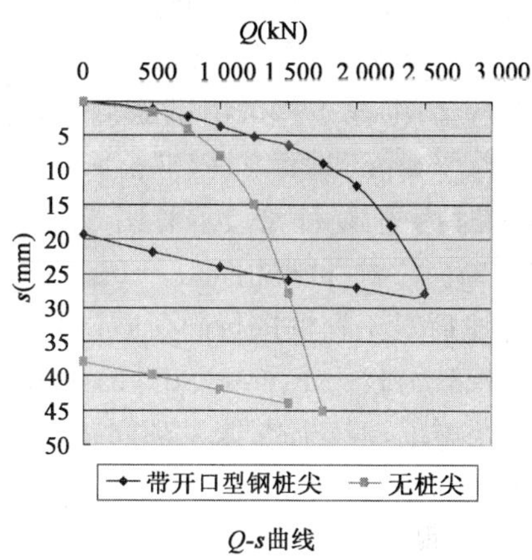

图 3-18 同条件有、无桩尖承载力比较

(3)工程实例 2

某工程为 28 层高层住宅，采用 PHC AB600 管桩，静力压入法。由于进入砂性土持力层深度较深，沉桩阻力较大，施工时分别采用了两种桩尖，一种是外套筒式开口型不带肋钢管，最大沉桩阻力仅 400 多吨，另一种是常规开口型带肋钢桩尖，沉桩阻力超过 600t，后期静载荷试验表明，带肋钢桩尖极限承载力是外套筒式承载力的 1.6 倍(图 3-19)，低应变检测表明桩身均为完好。

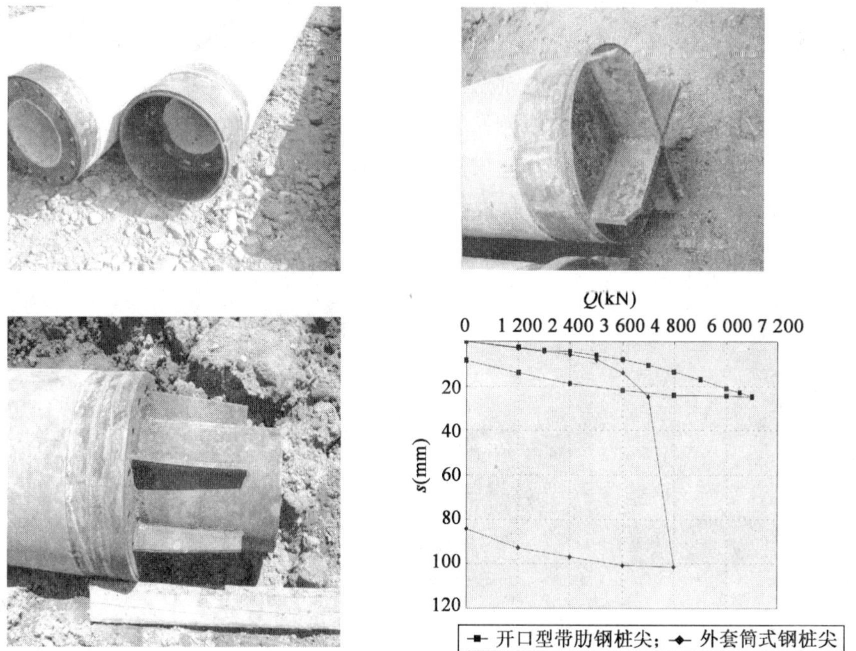

图 3-19 不同桩尖的承载力比较

2)试桩边界条件不同(松江)

静载荷试验被认为是迄今为止反映桩和土承载力最真实可靠的手段,但是这种手段也并非无条件地应用,这是因为静载荷试验所需要的很多前提条件稍有变化,对结果的真实性影响也是非常明显的,这些前提条件我们称之为试桩的边界条件。边界条件往往只影响检测结果,误导结果真实性,对实际承载力影响很小。

工程实例:某工程采用钢筋混凝土方桩,在工程桩施工前进行了静载荷试验,试桩采用250mm×250mm断面方桩,桩长$L=24$m,试验结果表明,单桩极限承载力$R_k=720$kN。大面积施工时由于设计变更,采用了300mm×300mm断面方桩,桩长相同,$L=24$m,而大面积施工完成后对工程桩进行静荷载试验检测,单桩极限承载力仅为$R_k=420$kN,两者采用相同的静压法施工,桩身质量未发现问题,而极限承载力相差70%(图3-20),且施工前试桩断面尺寸比施工后试桩小,通过调查发现,虽然工程桩试桩休止时间满足28d要求,但由于工期较紧,在静载荷试验期间尚有部分工程桩正在施工,场地内土体扰动尚未恢复,超静孔隙水压力尚未消散完成,造成工程桩试桩承载力偏低。

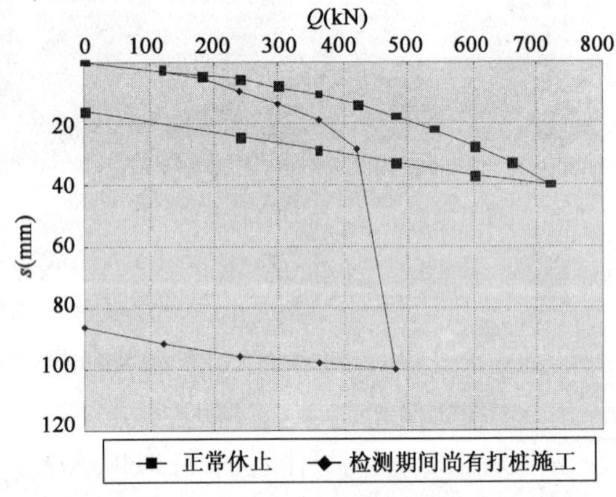

图3-20 不同休止条件下承载力比较

3)桩身质量

桩身质量问题是所有桩基问题中最突出、最普遍、危害最大的问题。通过对大量桩基承载力不足工程事故原因统计分析,桩身质量问题占60%~70%。单就单桩承载力而言,由于桩身质量造成的承载力不足往往掩盖了事实真相,降低了对地基土承载力判断,如同样采用PHC AB 600的某工程,采用锤击法施工,最高极限承载力在9 000kN情况下未发生破坏(这是有工程记录PHC600管桩目前所达到最高承载力),而相同条件下,另一根试桩则在3 600kN就开始破坏(图3-21),两者比值超过2.50,在试桩曲线上反映超过3 600kN后沉降陡降,桩身率先破坏。

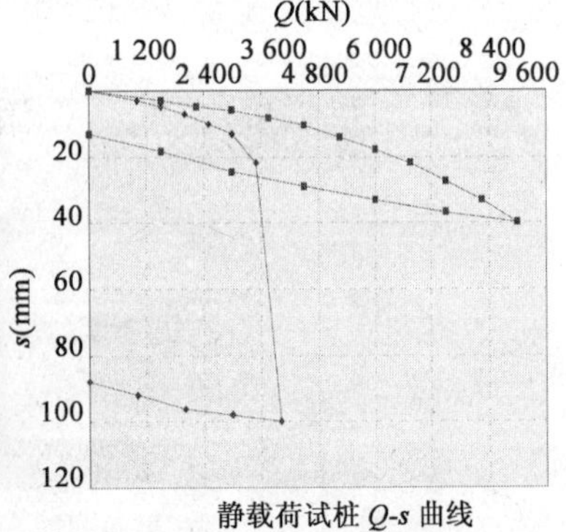

图3-21 同桩型不同桩身质量引起的承载力差别(一)

另一个工程，采用钢筋混凝土方桩，断面为 200mm×200mm，桩长 $L=8\mathrm{m}$，采用锤击法施工，两根试桩极限承载力比值 $R_1/R_2=1.63$，同样发生沉降陡降现象(图 3-22)。

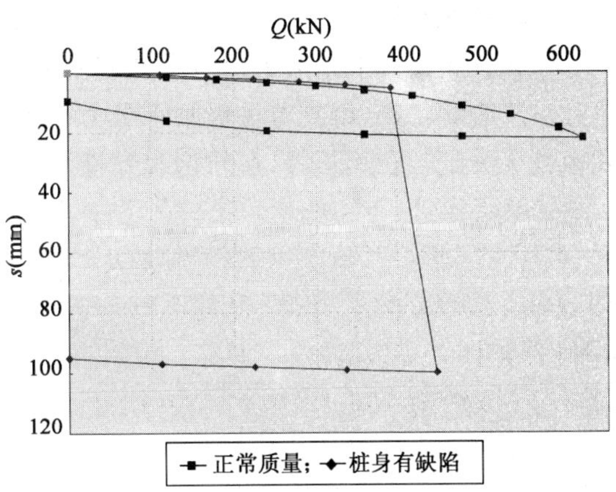

图 3-22 同桩型不同桩身质量引起的承载力差别(二)

4)挤土引起桩顶回弹

在饱和软黏土地基中沉桩，基本上是在不固结、不排水的条件下进行的。沉桩时，尤其是在沉入诸如预应力薄壁管桩等这样的完全挤土桩时，桩体需要排开差不多与沉入桩同体积的土体，会产生巨大的侧向挤压作用，使得沉桩场地及其附近相当范围内的土体发生向上隆起的竖向位移，先沉入的桩可能被上抬、挤压、偏位，甚至折断，也可能降低桩的承载力。总体而言，挤土产生的负摩阻力降低了单桩承载力，但是对于挤土引起邻桩承载力折减尚难以做定量分析。唐世栋等在《挤土桩施工引起的邻桩轴向拉力》中，通过现场实测桩沉入深度与邻桩上抬的关系，认为上抬过程可以分为 3 个阶段：① 施工桩入土深度小于临界深度时，浅层土体的隆起对邻桩的上拔力较小，邻桩微有上抬；② 临界深度以下，桩体挤入产生的水平位移使桩土间的摩阻力增加，邻桩受影响的面积也增大，故施工桩引起的土体向上位移会在邻桩桩身上产生较大的上拔力，容易使邻桩上抬(曲线斜率较大)；③沉桩深度继续增加，则深层土的向上位移量减小，且邻桩上部桩土间阻力会妨碍桩体的上抬，故此时邻桩的上抬速度减缓(曲线斜率变小)，并实测到最大桩轴向拉力达 227kN，邻桩中受施工桩影响产生最大轴向拉力的截面位置在约 4/5 桩长深度处。除了桩身上拔产生的轴向力之外，桩身的挠曲也会产生轴向力。桩身的挠曲大都也是由于邻桩施工时挤土的水平位移所引起。特别在浅层土中，施工中土体位移较大，而桩顶基本呈“自由端”状态，桩体在随着土体位移时产生了挠曲，也使轴向力发生变化。

工程实例：某工程位于硬黏性土地基，具有轻微膨胀性，采用 PHC AB600 管桩，静力压入法施工。工程桩施工完成后，发现大部分桩出现桩顶回弹现象，最大回弹量超过 20cm，三根试桩静载荷试验结果表明，回弹量越大，极限承载力越小，回弹量 21cm 试桩与回弹量 5.5cm 试桩极限承载力相差接近 30%(图 3-23)。

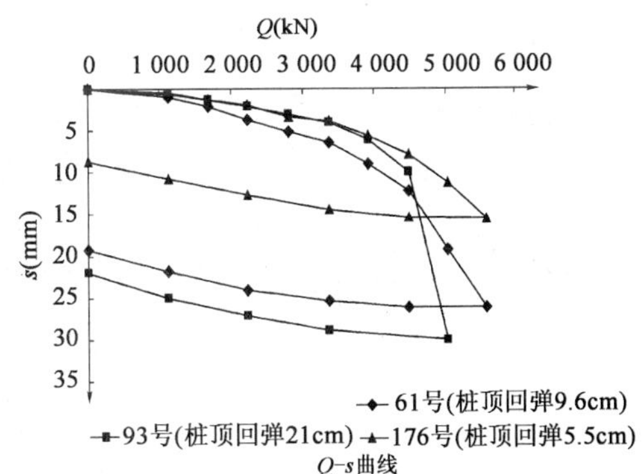

图 3-23 同桩型不同回弹性的承载力差异比较

5)沉桩休止期

沉桩休止时间对承载力增长的认识由来已久。不同土质、不同桩型、不同尺寸的桩承载力时效试验观测结果,得到单桩极限承载力比初始值增长 40%～400%,达到稳定值所需要的时间由几十天到数百天不等,在软饱和黏性土地基中尤为明显(图 3-24)。

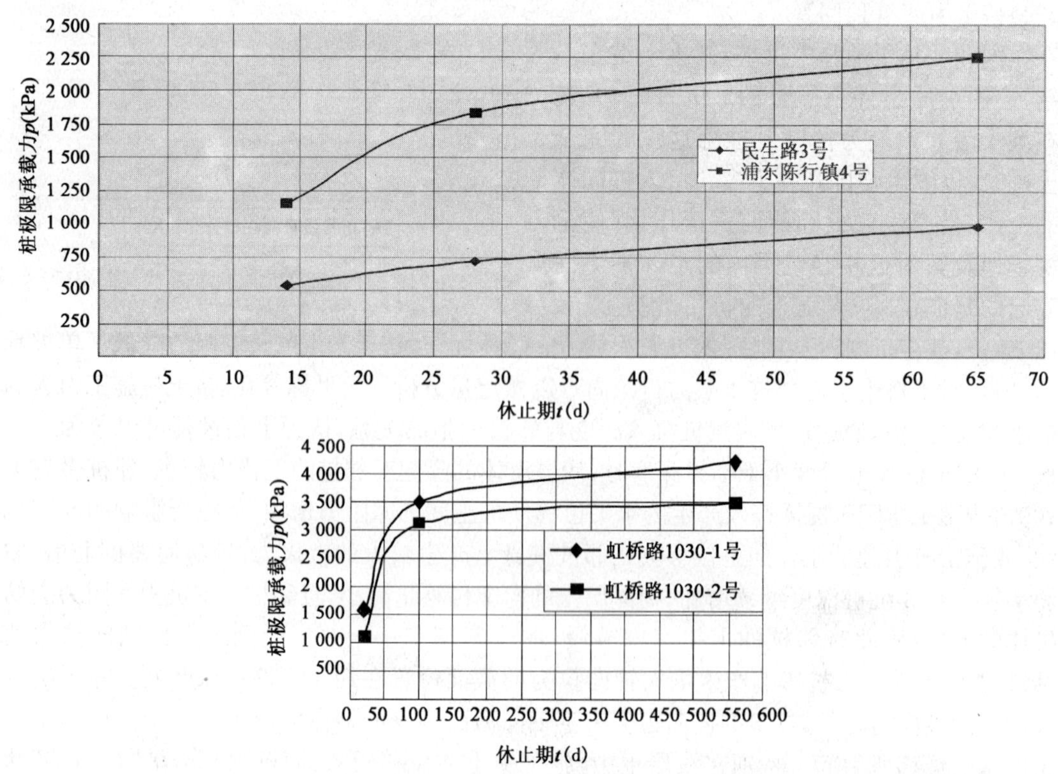

图 3-24 单桩承载力与沉桩休止期的关系

(1)对于桩周的土体,根据扰动程度的不同可分为三个区域:紧贴于桩身表面的结构完全破坏的第 I 区(完全扰动区)、保持原状的第 III 区(未扰动区)和介于二者之间的第 II 区(部分扰动区)。

(2)桩打(压)入黏性土中,主要在两方面改变了地基土的状态:一是破坏了地基土的天然结构;二是使土受到急速挤压,造成孔隙水压力急剧上升,有效应力减小。两种作用都使得桩周土(包括桩端土)的强度大为降低,因而桩周摩阻力和桩端阻力都处于较低的应力水平。随着时间的推移,这两者的情况都在不断地变化,桩的承载力也随之增长。

(3)大量的静载试桩资料表明,上海地区软黏土中钢筋混凝土预制桩在沉桩后,随着时间的推移,其极限承载力有大幅度的提高。单桩极限承载力增长的速度和幅度受土层条件及有效桩长等的影响很大。

(4)根据研究,采用迭代法回归分析能充分考虑同一工程桩在不同的休止期静载试桩极限承载力间的内在联系对单桩极限承载力增长规律的代表性;也可根据不同土层单桩后期极限承载力的变化规律预测,预测精度可以满足工程要求。

二、沉降计算

1. 规范沉降计算方法

(1)行业标准《建筑桩基技术规范》(JGJ 94—2008)采用等效作用分层总和法。

(2)国家标准《建筑地基基础设计规范》(GB 50007—2002)主要推荐了两种方法，一种方法为实体深基础(桩距不大于 $6d$)，计算模式有两种，一种附加应力自承台开始以 α 角向下扩散($\alpha=\varphi/4$，φ 为桩身范围内各土层内摩擦角的加权平均值)；另一种考虑实体基础四周侧摩阻力，其桩端下附加应力均采用 Boussinesq 应力解。

(3)上海市标准《地基基础设计规范》(DGJ 08-11—1999)采用了两种方法，第一种为以 Mindlin 应力公式为依据的单向压缩分层总和法；第二种为实体深基础并用 Boussinesq 应力公式计算的单向压缩分层总和法。

(4)行业标准《高层建筑岩土工程勘察规程》(JGJ 72—2004)采用原位测试参数估算群桩基础最终沉降量。

2. 常规计算方法讨论

计算精度差的原因分析：

(1)在计算桩端平面处以下土中的有效附加压力时，采用了弹性理论中的 Mindlin 和 Boussinesq 应力解，与土性无关。

(2)桩基沉降量的大小与桩端持力层性质及进入持力层深度密切相关。

(3)没有考虑桩侧土的作用，即沿桩身的压力扩散角。

(4)确定地基土的压缩模量是一个关键性的问题。

(5)对于某些地区(如上海地区第⑤、⑧层黏性土)的黏性土由于具有一定地质年代，一般具有超压密性(OCR>1)。

(6)与所选用桩型、沉桩速率、加荷速率以及沉桩后(预制桩)休止期等诸多因素有关。

沉降量的估算是工程设计的一项重要指标，目前常用的沉降计算方法很多，如上海市标准《地基基础设计规范》(DGJ08 11—1999)规定的实体深基础方法(以下简称"上海规范方法2")，国家行业标准《建筑桩基技术规范》(JGJ 94—2008)(以下简称"桩基规范方法")，按实体深基础 Mindlin 应力解法(以下简称"实体深基础 Mindlin 方法")；其沉降计算指标一般均采用压缩模量 E_s 值，对上述二种方法进行计算，并与实测沉降量进行计算分析比较(图 3-25～图 3-27)，各种方法计算精度如表 3-14 所示。

常用桩基沉降计算方法实测值比较　　表 3-14

序号	计算方法	计算值/实测值		相对误差(%) 最终沉降量 s(cm)					
		均值	方差	5	10	15	20	25	35
1	上海规范方法 2	1.95	0.53	165	82	55	41	32	23
2	实体深基础 Mindlin 方法	1.25	0.31	55	17	5	−2	−6	−10
3	桩基规范方法	1.25	0.25	65	17	2	−7	−11	−17

注：相对误差=(计算值−实测最终沉降量)/实测最终沉降量×100。

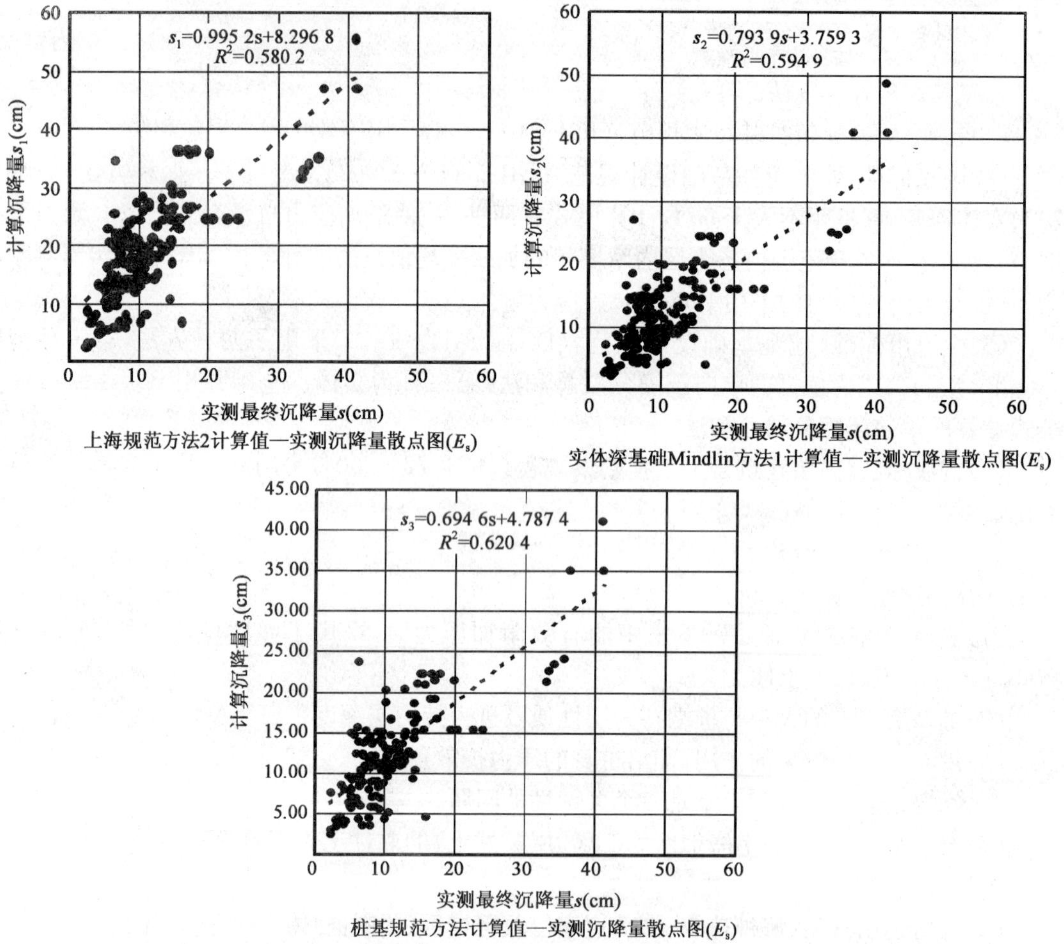

s_1=0.995 2s+8.296 8
R^2=0.580 2
计算沉降量s_1(cm)
实测最终沉降量s(cm)
上海规范方法2计算值—实测沉降量散点图(E_s)
s_2=0.793 9s+3.759 3
R^2=0.594 9
计算沉降量s_2(cm)
实测最终沉降量s(cm)
实体深基础Mindlin方法1计算值—实测沉降量散点图(E_s)
s_3=0.694 6s+4.787 4
R^2=0.620 4
计算沉降量s_3(cm)
实测最终沉降量s(cm)
桩基规范方法计算值—实测沉降量散点图(E_s)

图 3-25　常用桩基沉降计算方法的计算值—实测值散点图

均值：1.95
方差：0.53
频率
计算值 / 实测值
a)
均值：1.25
方差：0.25
频率
计算值 / 实测值
b)
均值：1.25
方差：0.31
频率
计算值 / 实测值
c)

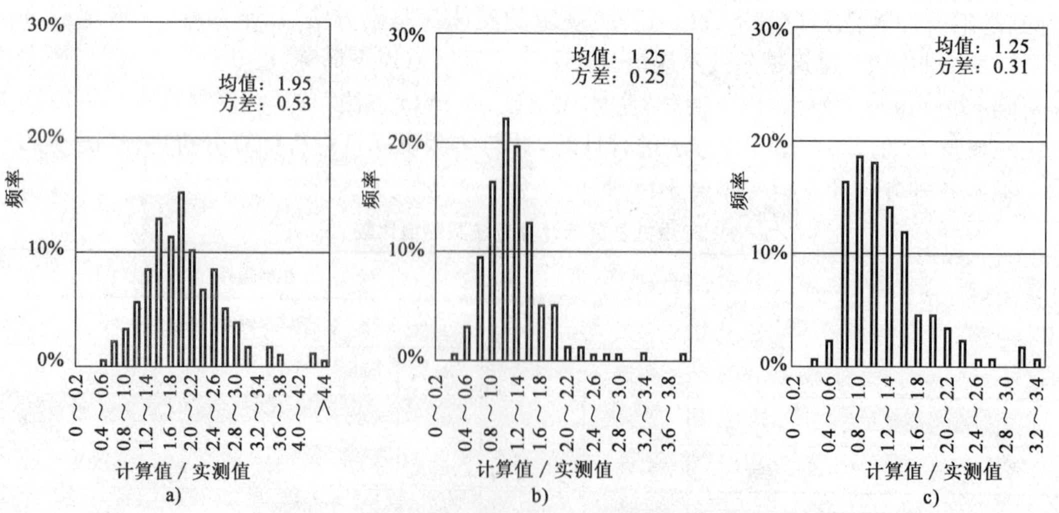

图 3-26　常用桩基沉降计算方法的计算值/实测值分布频率图

a)上海规范 99 样品分布频率图(E_s)；b)94 桩基样品分布频率图(E_s)；c)实体深基础 Mindlin 样品分布频率图(E_s)

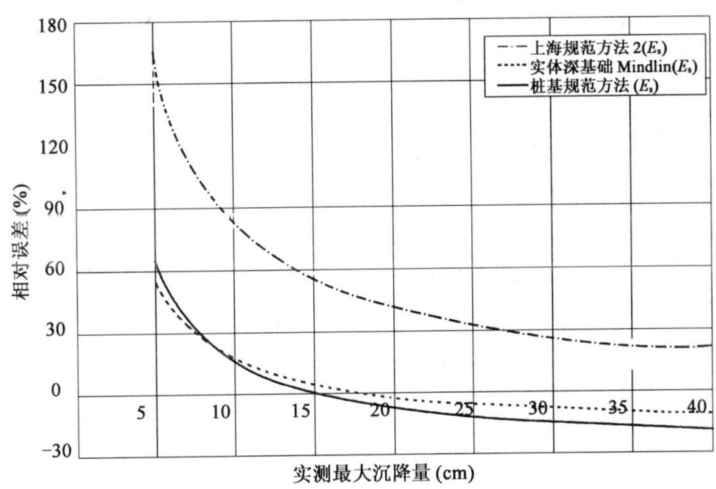

图 3-27 常用桩基沉降计算方法的计算值相对误差—实测值关系图

由以上图表可见，"上海规范方法 2"计算值明显大于实测值，其平均值达 1.95。虽然采用"实体深基础 Mindlin 方法"和"桩基规范方法"估算桩基沉降量较接近实测值或略大于实测值，平均误差在 25%左右，但如果仔细分析桩侧土与桩端土时，会发现当桩侧土和桩端以下土层均为软塑～可塑黏性土，其计算沉降量明显偏小，平均偏小约 15%；当桩侧土存在着一定厚度的硬塑黏性土或中密以上粉性土、砂土且桩端以下为中密以上的砂土、粉性土时，其计算沉降量明显偏大，平均偏大约 60%；可能会造成某些工程设计偏保守或沉降量偏大等。造成上述方法计算精度差的原因有：

(1)没有考虑桩侧土的作用，即沿桩身的压力扩散角，而实际上尽管上海浅层软土的内摩角较小，但或多或少存在着一定的桩身摩擦力，且随桩的深度增加，土质渐变硬，摩擦力也增大。目前由于施工技术有了很大的提高，沉桩设备能量大的柴油锤已达 D100，液压锤已有 30t，静压桩设备最大压力已达 8 000kN，与十多年前情况完全不同(原受沉桩设备影响，大部分桩基工程只能采用第⑥层硬土为桩基持力层)，一般高层建筑物或超高层建筑物均穿过第⑥层硬土，至第$⑦_1$层砂质粉土或进入第$⑦_2$层粉细砂，部分工程甚至穿过第$⑦_1$层砂质粉土和第$⑦_2$层粉细砂而进入第⑨层粉细砂。这样导致计算所得的作用在实体深基础底面(即桩端平面处)的有效附加压力偏大，相应地桩端平面处以下土中的有效附加压力也偏大。

(2)在计算桩端平面处以下土中的有效附加压力时，采用了弹性理论中的 Mindlin 和 Boussinesq 应力解，与土性无关(土层的软弱、土颗粒的粗细等)可能使实际土体中的应力与计算值不相符，也导致计算应力偏小或偏大，在软黏性土和密实砂土中尤为突出。

(3)确定地基土的压缩模量是一个关键性的问题，据目前的勘察水平，深层地基土的压缩模量很难正确确定，因为原状土样的采取受到很大的限制，特别是粉性土、砂土，扰动程度更大，导致地基土的压缩模量偏小或失真。如第$⑦_1$层砂质粉土，其比贯入阻力平均值 $P_{s1}=9\text{MPa}$，标贯击数平均值 N_1 为 28 击，属中密状态；第$⑦_2$层粉细砂，其比贯入阻力平均值为 $P_{s2}=22\text{MPa}$，标贯击数平均值 N_2 大于 50 击，属密实状态，两者力学指标比值：$P_{s2}/P_{s1}=2.44$，$N_2/N_1>1.79$，存在着明显差异，但由室内土工试验测得相同压力段的压缩模量基本相同，甚至个别工程第$⑦_2$层压缩模量(相同压力段)小于第$⑦_1$层。

(4)上海地区第⑤、⑧层黏性土由于具有一定地质年代，一般具有超压密性(OCR>1)，尤其是第⑧层黏性土地质时代属 Q_3，据一些工程试验数据(采用薄壁取土器)，其 OCR=1.25~1.4，如不考虑这些因素，势必造成沉降量估算值偏大。

3. 桩基沉降计算经验系数修正法

收集并整理分析上海地区近 140 幢建筑物的实测沉降资料(图 3-28~图 3-37)可知，该地区桩型以钢筋混凝土预制桩为主，桩端入土深度在 9~55m 之间，桩端持力层的类型有中密以上砂土、稍密粉土或硬可塑状黏性土及软塑的黏性土，其主要压缩层为砂土、粉土或黏性土层。

由图 3-28~图 3-37 可见，按桩基规范方法计算桩基沉降量明显大于实测值，其比值 $s_{计}/s_{实}$ 平均达 1.41，最小值为 0.65，最大值为 4.8，变异系数达到 36.9%；比值 $s_{计}/s_{实}$ 在 0.8~1.3 之间子样数仅占到 25.5%，小于 0.8 的子样数仅占到 4.3%，而大于 1.3 的子样数仅占到 70.2%，其估算精度相对较差，变异性大。

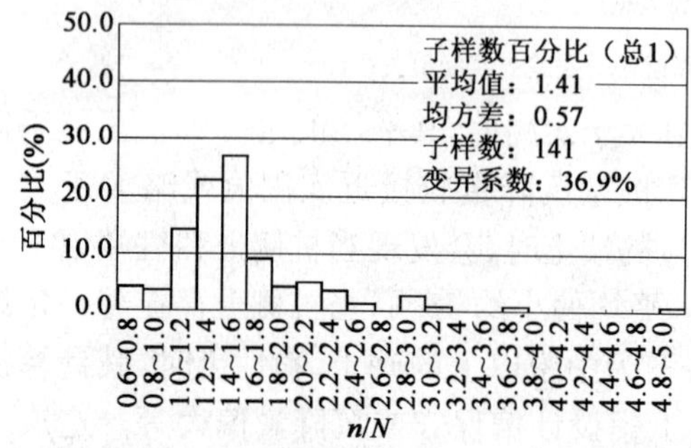

图 3-28　总体子样数计算频图

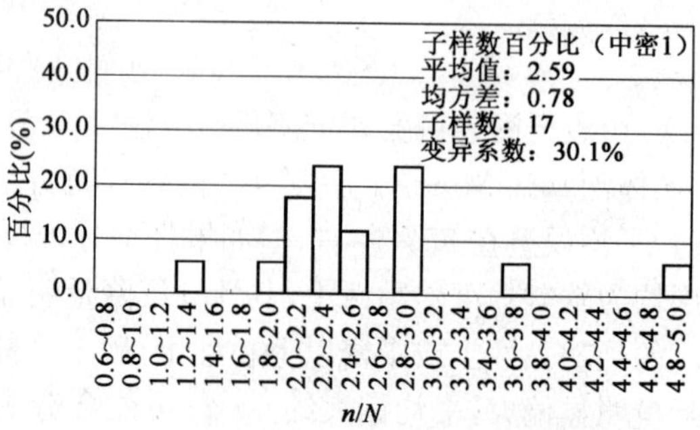

图 3-29　桩端持力层为中密砂土计算频图

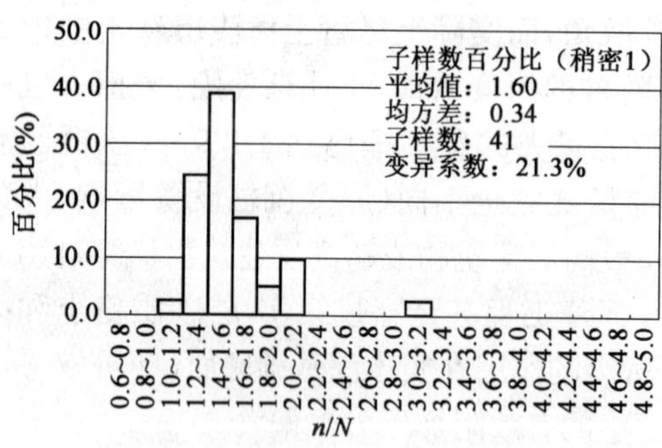

图 3-30　桩端持力层为稍密砂土计算频图

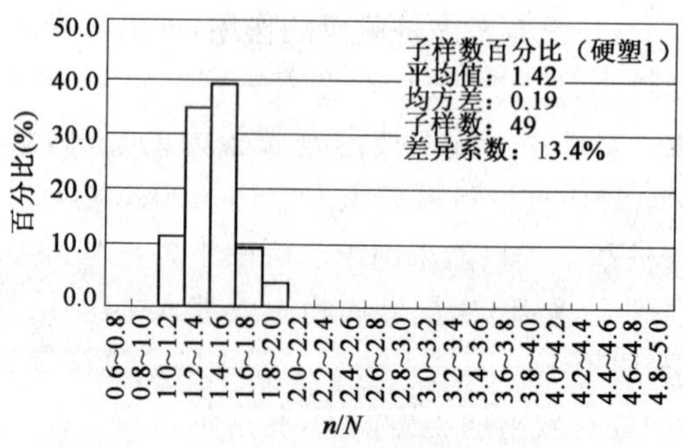

图 3-31　桩端持力层为硬塑黏性土计算频图

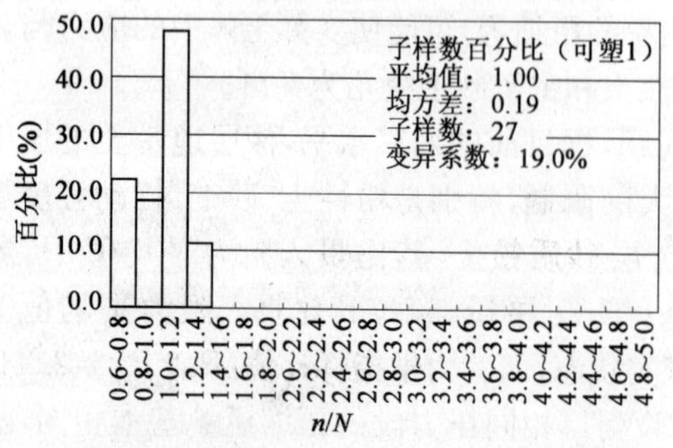

图 3-32　桩端持力层为软~可塑黏性土计算频图

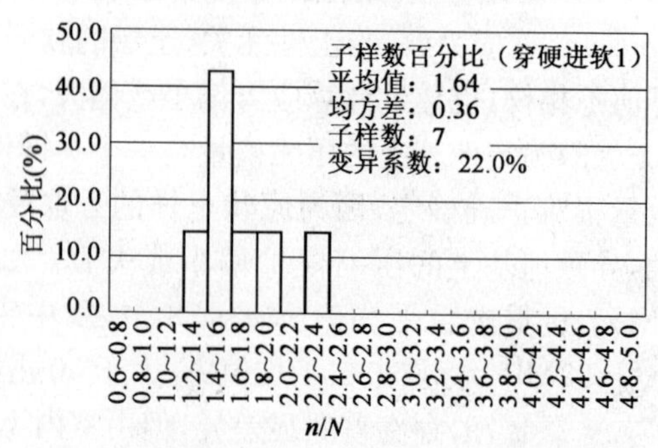

图 3-33　桩端穿越硬土进入软~可塑黏性土计算频图

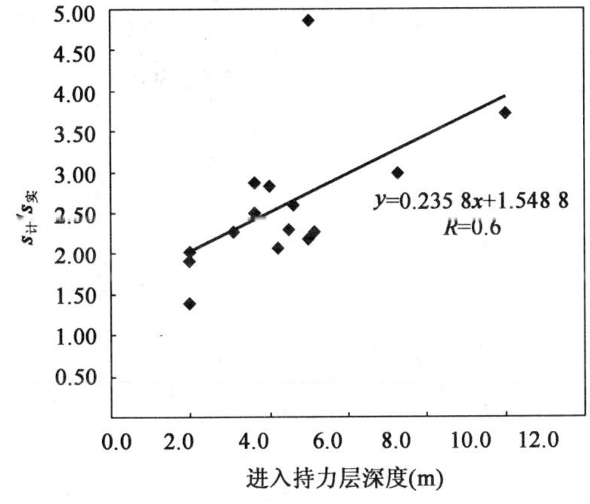

图 3-34 $s_{计}/s_{实}$与桩端进入持力层深度关系曲线（中密砂土）

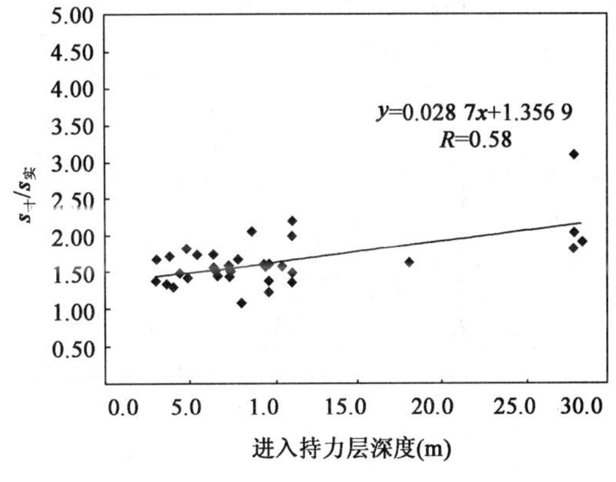

图 3-35 $s_{计}/s_{实}$与桩端进入持力层深度关系曲线（稍密砂土）

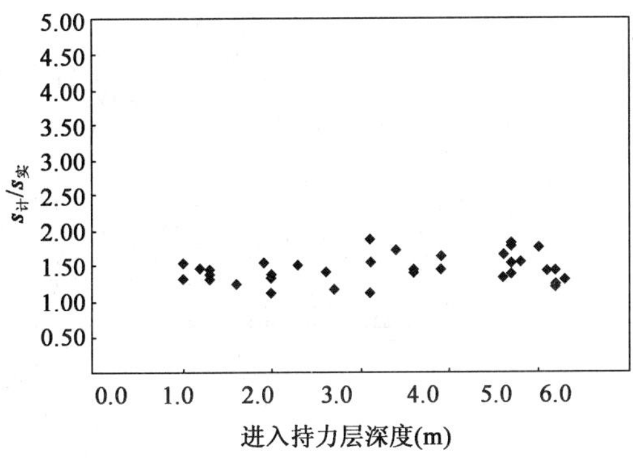

图 3-36 $s_{计}/s_{实}$与桩端进入持力层深度关系曲线（硬塑黏性土）图

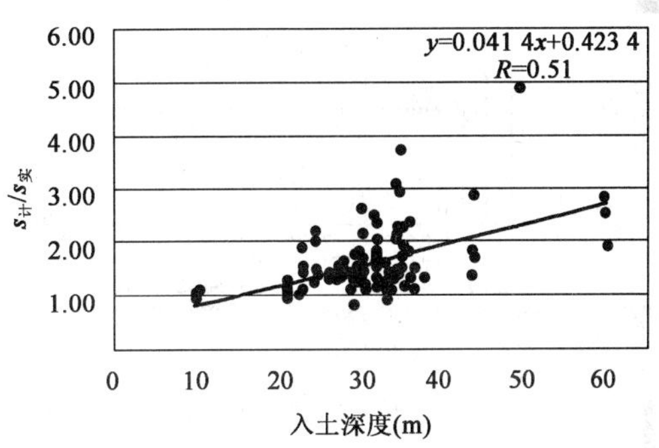

图 3-37 $s_{计}/s_{实}$与桩端入土深度关系曲线图

(1)如图 3-29～图 3-32 所示，桩端持力层土性越好，$s_{计}/s_{实}$比值相差越大（中密砂土：$s_{计}/s_{实}=2.59$→稍密砂土：$s_{计}/s_{实}=1.60$→硬塑黏性土：$s_{计}/s_{实}=1.42$→软～可塑黏性土：$s_{计}/s_{实}=1.00$），相应变异系数也越大（中密砂土：$C_v=30.1\%$→稍密砂土：$C_v=21.3\%$→可塑～硬塑黏性土：$C_v=13.4\%\sim19\%$）。

(2)如图 3-33 所示，比值 $s_{计}/s_{实}$与桩侧土性好坏密切相关，当桩侧土存在着一定厚度（大于桩长的 1/3 厚度）的硬塑黏性土或稍密以上粉性土、砂土时，计算沉降量明显偏大，比值 $s_{计}/s_{实}$平均达 1.64，变异系数达到 22.0%。

(3)如图 3-34～图 3-36 所示，桩基沉降量与进入持力层深度及桩端土性软硬有关。桩端土性越密实，计算沉降量越大，并有一定的相关性；桩端土性如为可塑～硬塑土时，与进入持力层相关性较差。

(4)如图 3-37 所示，桩端入土深度越大，比值 $s_{计}/s_{实}$一般越大，但相关性不够明显。

对于中密或中密以上砂土，桩基经验系数修正后计算值与实测值比较分析，见图 3-38 和图 3-39。

对于稍密砂土，桩基经验系数修正后计算值与实测值比较分析，见图 3-40 和图 3-41。

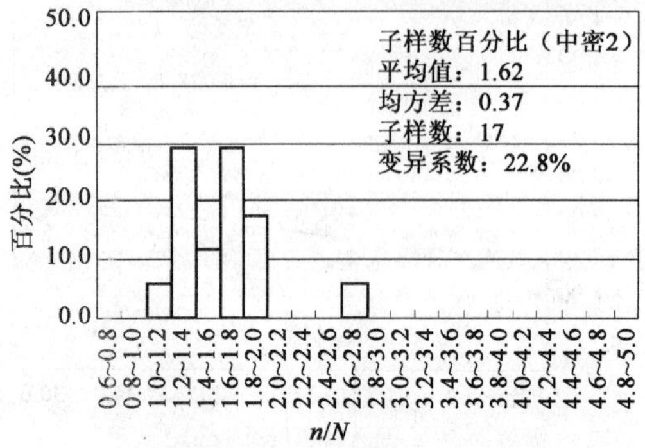

图 3-38 桩端持力层土性修正后 $s_{计}/s_{实}$ 频图

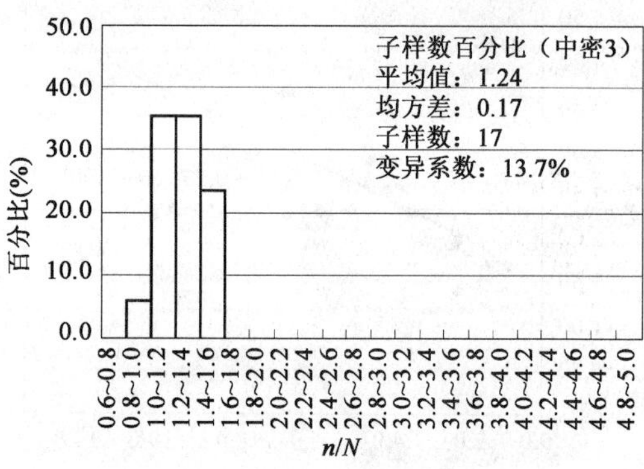

图 3-39 桩端持力层土性及桩端入土深度修正后 $s_{计}/s_{实}$ 频图

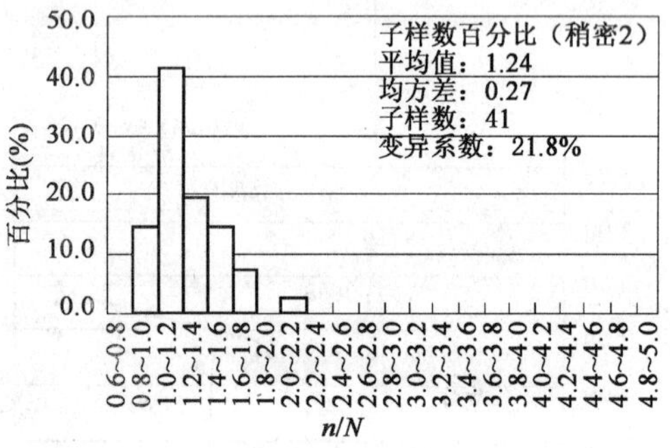

图 3-40 桩端持力层土性修正后 $s_{计}/s_{实}$ 频图

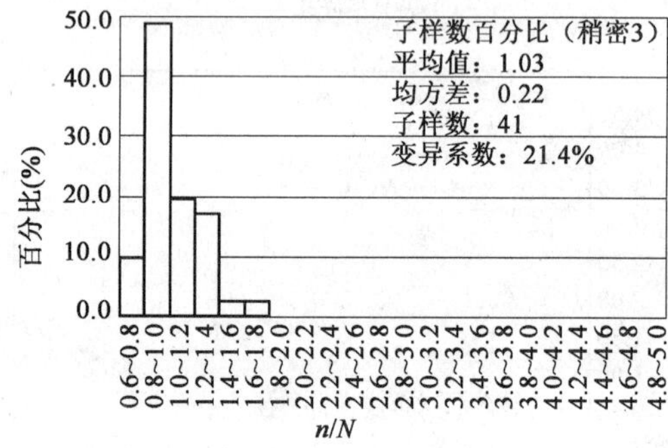

图 3-41 桩端持力层土性及桩端入土深度修正后 $s_{计}/s_{实}$ 频图

对于硬塑黏性土，桩基经验系数修正后计算值与实测值比较分析，见图 3-42～图 3-43。

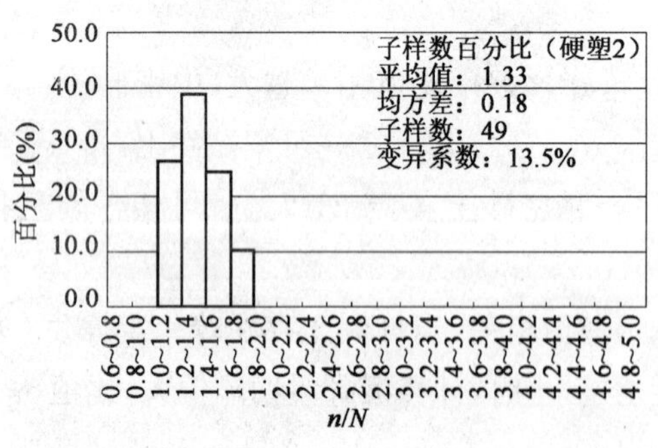

图 3-42 桩端持力层土性修正后 $s_{计}/s_{实}$ 频图

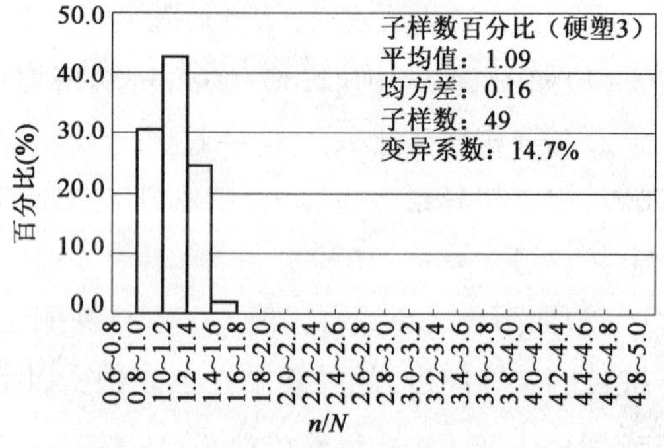

图 3-43 桩端持力层土性及桩端入土深度修正后 $s_{计}/s_{实}$ 频图

对于桩端穿越硬土层后进入可塑黏性土，桩基经验系数修正后计算值与实测值比较分析，见图 3-44。

通过分析上海地区近 140 幢高层建筑物沉降资料，比较全面地探讨了桩基变形特性，分析了桩基规范方法沉降计算方法与实测值存在较大差异的原因，提出了桩基沉降经验系数修正的建议方法，使沉降估算的精度得到了提高，计算值与实测值比值在 0.8～1.3 区间占总数的比例由原来的25.5%增加至80.1%，能满足工程设计要求。但在使用时应注意其经验性和适用条件，应根据不同地层条件和工程实测资料统计对比后确定桩基沉降经验系数。

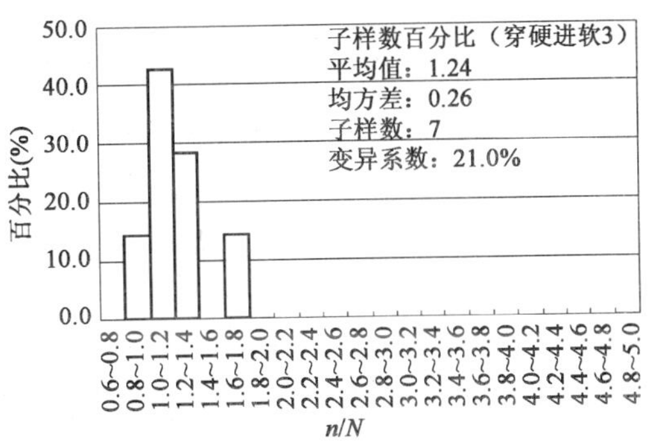

图3-44　桩端入土深度修正后 $s_{计}/s_{实}$ 频图

4.原位测试方法估算桩基沉降量

1）概述

桩基沉降估算一直是岩土工程的热点问题，国内计算桩基沉降方法可以划分成三类：①等代墩基模式；②弹性理论法；③原位试验法。前两种方法在计算中面临的困难之一是确定土的变形模量。目前变形模量主要根据室内土工试验确定，据目前的勘察水平，深层地基土的压缩模量很难正确确定，因为原状土样的采取受到很大的限制，特别是粉性土、砂土扰动程度更大，导致地基土的压缩模量偏小或失真。如在某层粉砂中，其静探比贯入阻力平均值 $p_{s1}=9\text{MPa}$，标贯击数平均值 N_1 为28击，属中密状态；而另一层粉细砂，其比贯入阻力平均值为 $p_{s2}=22\text{MPa}$，标贯击数平均值 N 大于50击，属密实状态，两者力学指标比值：$p_{s2}/p_{s1}=2.44$，$N_2/N_1>1.79$，存在着明显差异，但由室内土工试验测得相同压力段的压缩模量基本相同，甚至个别工程后者的压缩模量（相同压力段）小于前者，存在着明显不合理和严重失真。相比之下，原位试验能够正确反映地基土的力学性质，如旁压试验、静力触探试验和标准贯入试验，用原位试验成果确定甚至代替室内土工试验结果，用于桩基沉降计算，具有不可比拟的优势。

2）原位试验成果与地基土力学性质的关系

为寻找采用原位测试成果确定沉降计算指标 E_s，通过统计分析建立原位测试成果（如静探 p_s、标贯 N、旁压模量 E_m）与压缩模量 E_s 之间的关系，其统计结果如下：

（1）对砂土和砂质粉土，主要依据旁压试验 E_m 与静探比贯入阻力 p_s、N 值建立相应统计关系（近100个数据），如图3-45、图3-46所示。

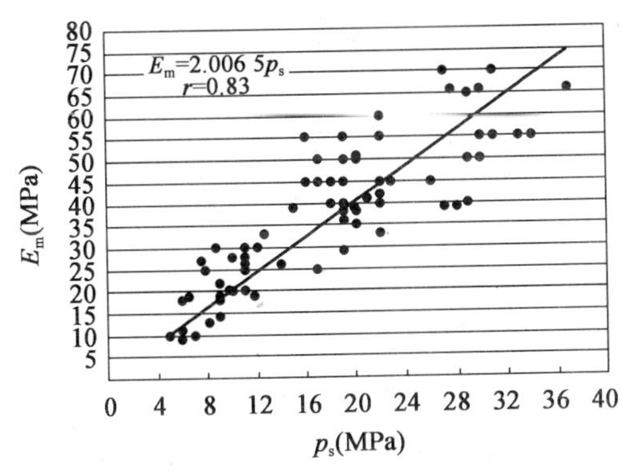

图3-45　旁压试验模量与静探比贯入阻力关系图

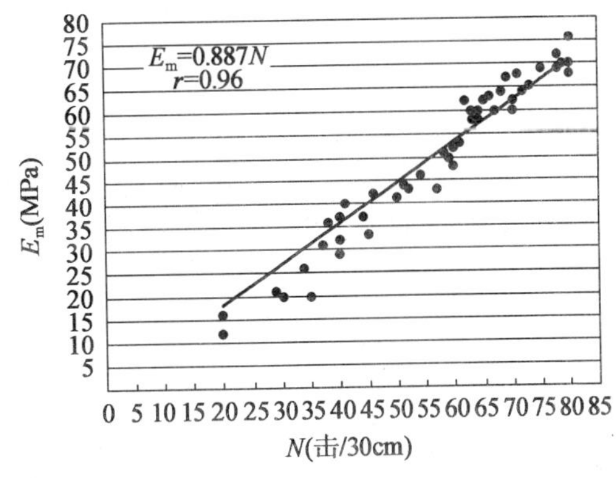

图3-46　旁压试验模量与标贯 N 关系图

由图3-44和图3-45可见，E_m 与 p_s、N 值有良好的线性关系（相关系数分别为0.83和0.96），由 E_s 与 E_m 相关关系[$E_s=(1.5\sim2.0)E_m$]，可得到 $E_s=(3\sim4)p_s$ 或 $E_s=(1.33\sim1.77)N$，与目前

勘察单位已使用经验公式基本一致，故表中对于砂质粉土和粉细砂采用经验公式：

$$E_s = (3 \sim 4)p_s \text{ 或 } E_s = (1.00 \sim 1.20)N \tag{3-91}$$

(2)对黏性土通过 p_s 值与室内试验得到 E_s 建立相应经验关系见图 3-47(约 100 项工程数据)。

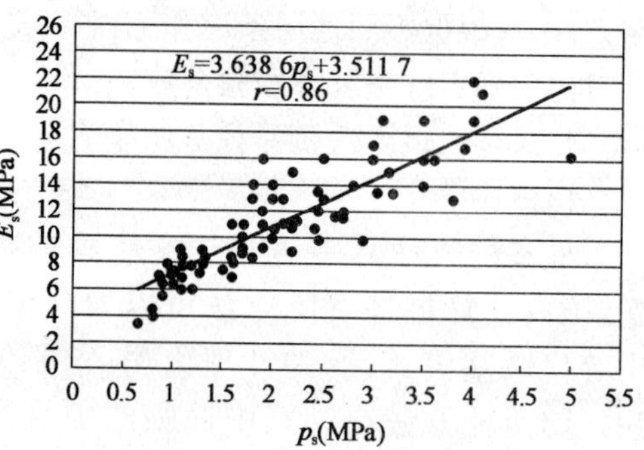

图 3-47 压缩模量 E_s 与静探比贯入阻力 p_s 关系图

由图 3-46 可见，E_s 与 p_s 值存在较好的相关性(相关系数约为 0.86)，考虑安全储备，对统计公式进行适当折减(9 折)，求得经验公式 $E_s=3.3p_s+3.2$。

3)根据原位试验计算桩基沉降的修正经验公式

详见第二章相关内容。

5. 沉降影响因素分析

1)不同加荷速率影响

不同加载速率影响沉降发展趋势是公认的土力学规律，但是不同加载速率对桩基础最终沉降量的影响却是被忽略的内容，这个现象在对建筑物进行沉降观测和分析中发现并被提出。如上海某两幢结构和体型完全相同的高层住宅楼，建筑物属性如表 3-15 所示，土层性质基本相同。由于荷载较大，布桩面积系数较大，约为 $a=5.8\%$，沉桩速率和基础施工时间基本相同，其中 12 号房平均沉桩速率 $K=7$ 根/日，13 号房平均沉桩速率 $K=8$ 根/日，12 号房沉桩后约 2 月进行基础施工，13 号房沉桩后约 1.5 月进行基础施工。但是在上部结构竣工时间上有差异，其中 13 号房施工比较顺利，竣工时间 $t=1.2$ 年，12 号房却因周边原因拖延了半年，竣工时间 $t=1.9$ 年，后期沉降观测(图 3-48)发现，13 号房沉降较 12 号房明显大，两者比值结果：$s_{13}/s_{12}=1.5$。

建 筑 物 属 性 表 3-15

层数与高度	基 础 尺 寸(m)	结 构 类 型	基底有效附加压力(kPa)
28 层	34×21　$B_e=26.5$	剪力墙	386
桩型及规格(预制桩)(m)	桩尖入土深度(m)	单桩容许承载力(kN)	桩数
0.50×0.50×35	40.2	1 900	162 根

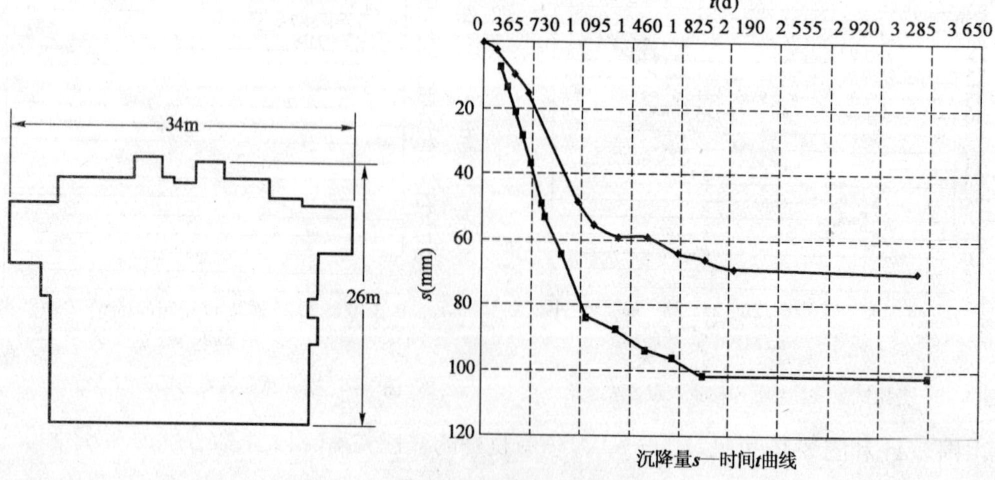

图 3-48 不同加荷率引起建筑物沉降差异比较

2)沉桩后的不同休止期影响

沉桩后的休止期对单桩承载力的影响已获得共识并有过深入的研究,但是对建筑物沉降的影响却未引起重视,事实上,由于休止时间差异造成的后期最终沉降变化是明显的。如上海某两幢结构和体型完全相同的高层住宅楼,建筑物属性如表 3-16 所示,土层性质基本相同。由于荷载较大,布桩面积系数较大,约为 $a=8.1\%$,沉桩速率基本相同,其中 10 号房平均沉桩速率 $K=8$ 根/日,13 号房平均沉桩速率 $K=8.5$ 根/日,10 号房竣工时间约 1.3 年,13 号房竣工时间略短,仅约 0.8 年。但是在沉桩后基础施工时间上有差异,其中 10 号房施工比较顺利,沉桩后 2 个月基础施工完成,13 号房却因周边原因在桩基施工完成后暂停了 9 个月,基础施工时间 $t=11$ 个月,后期沉降观测(图 3-49)发现,先施工的 10 号房沉降较晚施工的 13 号房明显大,两者比值结果:$s_{10}/s_{13}=1.53$。

建 筑 物 属 性 表 3-16

层数与高度	基 础 尺 寸(m)	结 构 类 型	基底有效附加压力(kPa)
18 层	33×17.5 $B_e=24$	剪力墙	243
桩型及规格(预制桩)(m)	桩尖入土深度(m)	单桩容许承载力(kN)	桩数
0.45×0.45×30.2	31.25	1 000	230 根

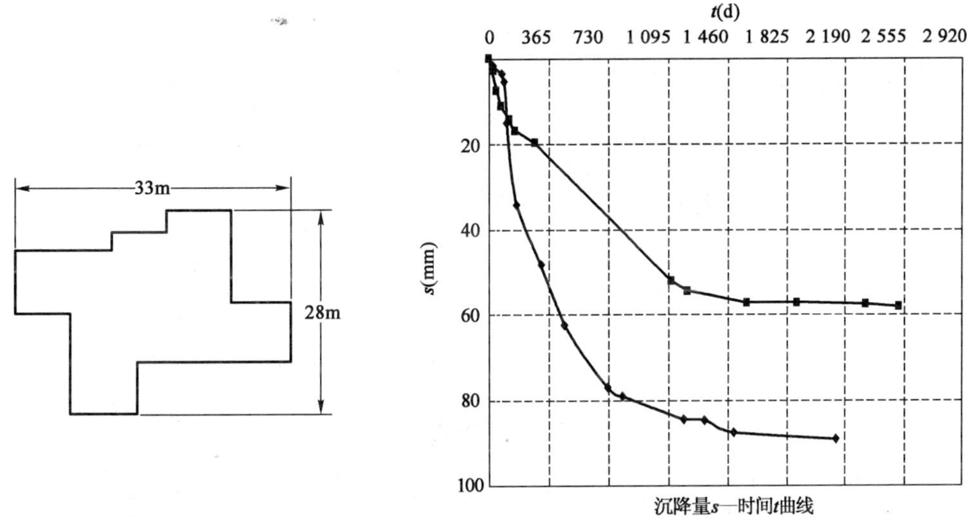

图 3-49 沉桩后不同休止期引起建筑物沉降差异的比较

3)不同沉桩速率影响

沉桩速率大小对建筑物沉降的影响主要集中在两方面:一方面影响了土体扰动程度和重塑固结时间;另一方面是过快的沉桩速率带来的负面影响,如质量难以控制,挤土造成的桩间脱节等问题,由于沉桩速率差异造成的沉降差异在软土地区表现尤为突出。

(1)实例 A

上海某两幢结构和体型完全相同的高层住宅楼,建筑物属性如表 3-17 所示,土层性质基本相同。由于荷载较大,布桩面积系数较大,约为 $a=7.1\%$,基础施工时间和结构竣工时间基本相同,均在沉桩后约 1.5 月基础施工,结构竣工时间分别为 1.88 年和 1.22 年,但是在沉桩速率上有差异,其中 12 号房平均沉桩速率达 $K=13$ 根/日,15 号房平均沉桩速率仅 $K=5.5$ 根/日,后期沉降观测(图 3-50)发现,12 号房沉降较 15 号房明显大,两者比值结果:$s_{12}/s_{15}=1.54$。

结 构 物 属 性 表 3-17

层数与高度	基 础 尺 寸(m)	结 构 类 型	基底有效附加压力(kPa)
15层	30×18 B_e=23.5	剪力墙	218
桩型及规格(预制桩)(m)	桩尖入土深度(m)	单桩容许承载力(kN)	桩数
0.45×0.45×25.5	27.4	850	194根

(2)实例B

上海某两幢结构和体型完全相同的高层住宅楼,建筑物属性如表3-18所示,土层性质基本相同。由于荷载较大,布桩面积系数较大,约为 $a=8.1\%$,基础施工时间405号房比406号房长,405号房在沉桩后9个月才进行基础施工,406号房则在沉桩后3个月就施工基础。结构竣工时间基本相同,分别为1.36年和1.0年,但是在沉桩速率上差异较大,其中405号房平均沉桩速率达 $K=22$ 根/日,406号房平均沉桩速率仅 $K=5$ 根/日,后期沉降观测(图3-51)发现,405号房沉降较406号房明显大,两者比值结果:$s_{405}/s_{406}=2.52$。

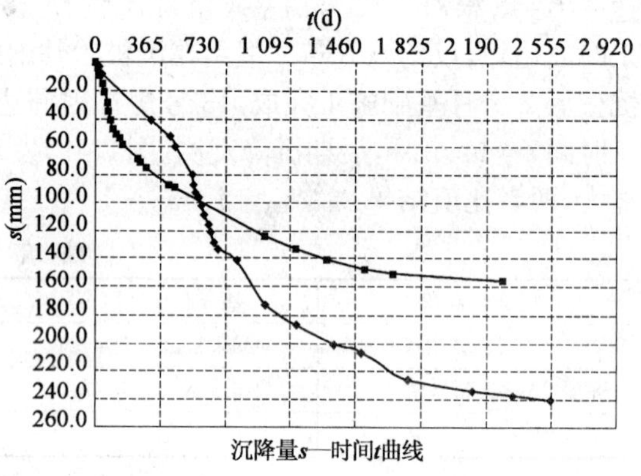

图3-50 不同沉桩速率引起建筑物后期沉降差异比较(一)

建 筑 物 属 性 表 3-18

层数与高度	基 础 尺 寸(m)	结 构 类 型	基底有效附加压力(kPa)
18层	33×17.5 B_e=24	剪力墙	243
桩型及规格(预制桩)(m)	桩尖入土深度(m)	单桩容许承载力(kN)	桩数
0.45×0.45×30.2	31.25	1 000	231根

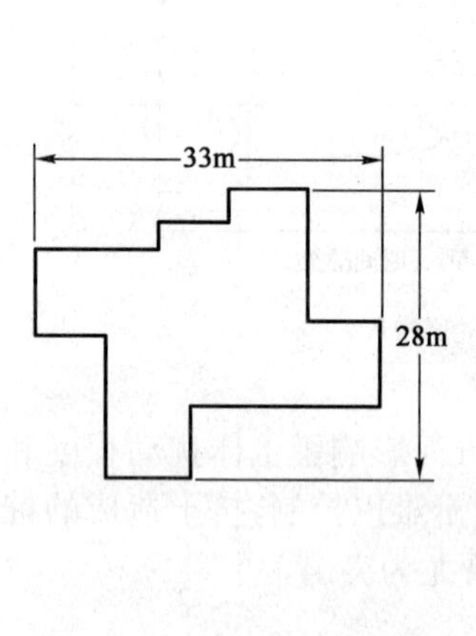

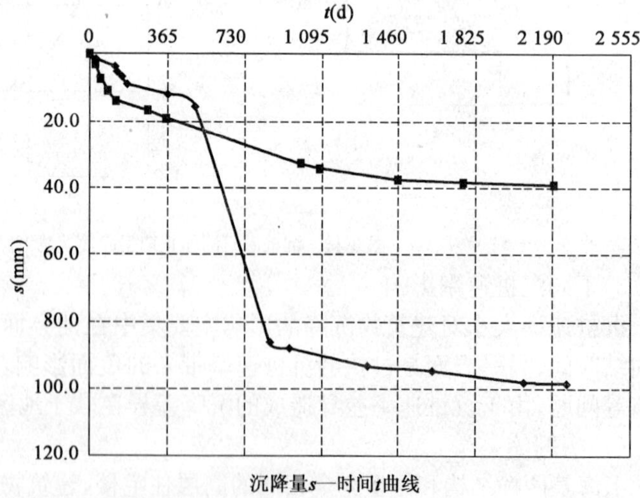

图3-51 不同沉桩速率引起建筑物后期沉降差异比较(二)

(3)实例C

上海某两幢结构和体型完全相同的高层住宅楼,建筑物属性如表3-19所示,土层性质基本相同(图3-52)。由于荷载较大,布桩面积系数较大,约为 $a=7.1\%$,基础施工时间和结构竣工时间基本相同，均在沉桩后约两月基础施工，结构竣工时间分别为 1.41 年和 2.2 年，沉桩速率均较大，206 号房平均沉桩速率达 $K=25$ 根/日，204 号房平均沉桩速率 $K=18$ 根/日，后期沉降观测（图 3-53）发现，两幢房虽然沉降比值不大：$s_{206}/s_{204}=1.2$，但是总沉降均超过 15cm，类似工程如能严格控制沉桩速率，其沉降量一般能控制在 9cm。

建 筑 物 属 性 表 3-19

层数与高度	基 础 尺 寸(m)	结 构 类 型	基底有效附加压力(kPa)
18 层	57×19.3 $B_e=33$	剪力墙	232
桩型及规格(预制桩)(m)	桩尖入土深度(m)	单桩容许承载(kN)	桩数
0.45×0.45×25.1	29.15	1 100	402 根

地层概况表							打桩资料	
层序	土 名	深度(m)	静探 p_s 曲线图 0 5 10	比贯入阻力 p_s(MPa)	桩侧极限摩阻力 f_i(kPa)	桩端极限端承力 f_p(kPa)	打桩曲线图 0 10 20	分层击数
1	填土	0.70						
②$_1$	粉质黏土	2.20		1.29				
②$_2$	粉质黏土	3.50		0.64				
②$_3$	黏质粉土	6.00		2.57				6
3	淤泥质粉质黏土	8.50		0.57	15/25			9
4	淤泥质黏土	18.80		0.54	25			5.3
⑥$_1$	粉质黏土	22.00		2.29	75	2 000		13
⑥$_2$	粉质黏土	25.50		2.86	80	2 500		17
7	砂质粉土	31.00		4.5				
⑧$_1$	粉质黏土	35.50		1.3				

图 3-52 地层概况

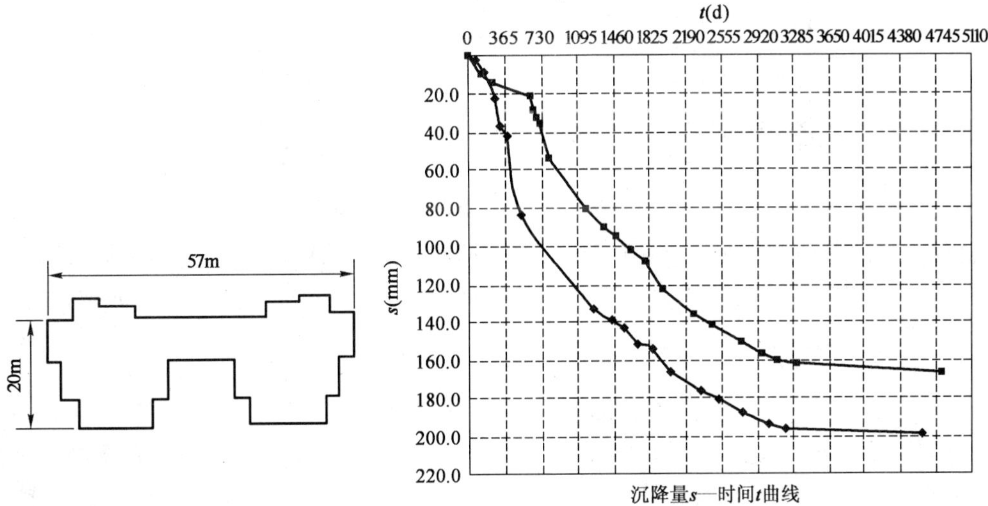

图 3-53 不同沉桩速率引起建筑物后期沉降差异比较(三)

三、控制沉降量的复合桩基优化设计

1. 桩、基础、地基土三者共同作用概述

常规的桩基基础设计过程中，为简化受力状态，常常不考虑承台下桩基与承台共同承担上部结构荷载，承载力校核及沉降验算仅考虑桩基的作用。这种设计概念忽略了桩土共同作用，简化了桩土共同作用的受力机理，致使桩间土体的较高承载能力被设计者们忽视。

近年来，在长三角、天津等软土地区，进行建筑物的基础设计过程中，当采用天然地基的基础形式时，往往会出现地基承载力能够满足要求，而沉降却过大的情况。因此为了有效控制基础沉降，在承台下设置少量桩基，通过利用桩土共同作用达到控制沉降量，这就是近年来被广泛采用的以沉降量为控制指标的复合桩基设计，该种设计理念是随着桩土相互作用理论研究的进一步发展而产生的，目前在软土地区被广泛应用，取得了很好的经济和社会效益。

2. 沉降控制复合桩基作用机理探讨

沉降控制复合桩基是承台下地基土与桩共同分担外荷载、按沉降控制要求确定桩数量的大桩距(一般在 5 倍桩身截面边长以上)低承台摩擦桩基，是介于天然地基上浅基础与常规低台摩擦桩基之间的一种地基基础形式。由于复合桩基的桩距较大，桩群中任一根基桩的工作性状接近独立单桩受力状态，群桩效应影响对于邻桩作用往往较小，图 3-54 为根据大量学者及设计工作人员对复合桩基的研究试验结果，总结的大小桩距桩土共同作用机理示意图。

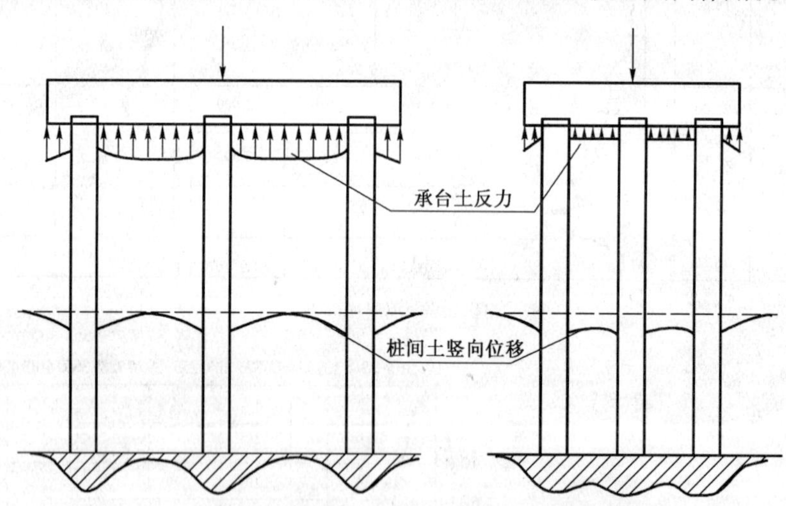

图 3-54 不同桩距的桩土作用机理示意图

桩顶受竖向荷载作用而向下位移时，桩土间的摩阻力带动桩周土产生竖向剪切位移，根据 Randolph(1978 年)等建议的均匀土层中剪切变形传递模型来描述桩周土的竖向位移，则离桩中心任一点 r 处的竖向位移为：

$$W_r = \frac{q_{sd}}{2G}\int_r^{nd}\frac{dr}{r} = \frac{1+\mu_s}{E_O}q_s d\ln\frac{nd}{r} \tag{3-92}$$

由式(3-92)可看出，桩周土的位移随土的泊松比 μ_s、桩侧阻力 q_s、桩径 d、土的变形范围参数 n(随土的抗拉强度、荷载水平提高而增大，$n=8\sim15$)增大而增大，随土的弹性模量 E_0、位移点与桩中心距离 r 增大而减小。在群桩的作用下，桩间土的竖向位移除随上述因素变化外，还因邻桩影响而增大，桩距越小，相邻影响越大，承台土反力的发生可以理解为由于桩顶平面桩间土的竖向位移小于桩顶位移产后接触压缩变形所致。因此承台土反力与桩、土变形密切相关，并随下列因素的变化而变化：

(1)承台底土的压缩性越低、强度越高、承台土反力越大；

(2)桩距越大，承台土反力越大；

(3)承台土反力随着荷载水平提高，桩端贯入变形增大，桩、土界面出现滑移而提高；

(4)桩越短，桩长与承台宽度比越小，桩侧阻力发挥值越低，承台土反力相应提高。

由于沉降控制复合桩基的桩间距较大，桩间土变形主要呈现“马鞍形”，桩的沉降主要以刺入变形为主，桩距越大，刺入变形在总沉降中的比例就越高。桩土共同作用过程中，由于桩的刚度远大于土体刚度，故总是桩先发挥作用，桩侧阻力由于桩土间产生较大相对位移而得以充分发挥。桩的支撑力接近极限值，桩的沉降进入全塑性变形阶段，即承载支撑能力不随桩的继续沉降而增长。此时土体的变形量明显超过桩沉降而引起桩间土的变形量，土体由于被压缩而逐渐承担承台上部荷载(图 3-55)。由于土体的本身性质，桩土交替承载是一个复杂的过程，且分担上部结构荷载的桩土固定分担比是不固定的。

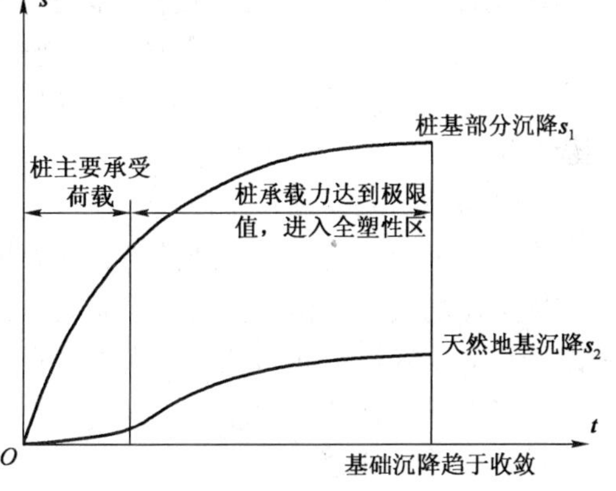

图 3-55 不同桩距的桩土作用机理示意图

根据以往前人进行模型及现场原位试验测试结果，桩土共同作用具有如下特征：

(1)由于相邻桩之间桩距较大，基桩受荷产生的竖向位移相互之间影响较小；

(2)桩与土的刚度在不同荷载水平下是不同的，刚度一直在变，桩土的刚度比也在变化；

(3)桩土共同作用的极限承载力不低于所有桩的极限承载力加地基土的极限承载力；

(4)桩的沉降主要以刺入变形为主，20 世纪 60 年代佟世祥在上海地区做的一系列试验表明，桩发生沉降时，刺入变形是构成桩的沉降的不可忽略的一部分，布桩密度越小，刺入变形在总沉降中的比例就越高；

(5)群桩侧阻的破坏模式：各桩的桩土间产生对位移，各桩的侧阻力剪切破坏发生于各桩桩周土体中或桩土界面。

3. 沉降控制复合桩基适用性原则

群桩承台与其下土体在承受上部结构荷载时一般可分为承台与土体脱离和与土体接触两种情况。沉降控制复合桩基选用的必要条件就是桩基承台与土体能够相互作用，通过承台底产生土反力，从而分担部分结构荷载。

在采用沉降控制复合桩基设计方案时，应充分考虑到是否会出现地基土与承台底脱离的问题。如上海码头某筒仓桩筏基础，承台土反力初期为 30kPa，随后又逐渐减小，以致与承台底脱离(陈绪录，1979 年)，这是由于所采用的打入式挤土桩，桩距较小($S_a=3.74d$)，布桩密度大($n=604$)，沉桩过程中桩间土隆起最大达 50cm，随着超孔隙水压力消散，重塑土再固结导致承台与其土体脱离。因此对于沉降控制复合桩基设计方案确定前，应确保承台下无欠固结土、湿陷性土、液化土。

针对沉降控制复合桩基的作用机理，其在使用中一般应采用以下原则：

(1)桩基持力层的选择应控制在压缩性较低但不宜过硬的土层中(其端阻力极限值宜小于5 000kPa)。

(2)桩截面不宜过大，从而间接控制单桩刚度，保证桩的沉降主要以刺入变形为主。

(3)桩的数量不宜过多。在采用沉降控制复合桩基设计方法中，一些设计者盲目提高布桩数量，从而期望在桩土共同承担荷载的前提下来进一步加大安全可靠度，却忽视了由于布桩密度大、桩距小，使土体在沉桩过程中扰动现象严重，反而易造成桩间土与承台脱离，最终影响承台间土体发挥真正的作用。

(4)承台持力层应选择强度高、压缩性低的土层，可以在保证用较少的桩数量控制沉降的前提下，考虑承台分担更大比例的上部结构荷载。

(5)承台应尽量浅埋，防止基坑开挖过程中，由于土体应力释放，桩间土隆起过大，对后期承台分担荷载不利。

4. 沉降控制复合桩基设计基本理念及设计方法

在经过理论分析及一系列试验验证等过程，摒弃关于桩土弹性变形协调的原有观念，将桩土共同工作的实际过程简化为桩顶荷载达到及超过桩的极限承载力两个阶段。这样，提出一种既能充分反映桩土共同工作的客观过程，又能在工程中广泛应用的桩基础的实用设计方法——沉降控制复合桩基设计方法。

1)设计基本理念

桩基础设计中，强度条件与变形条件是相互独立且必须同时满足的设计条件，这是结构设计中最基本的原则，根据这两个条件，将沉降控制复合桩基设计方法的基本理念归结为以下两点。

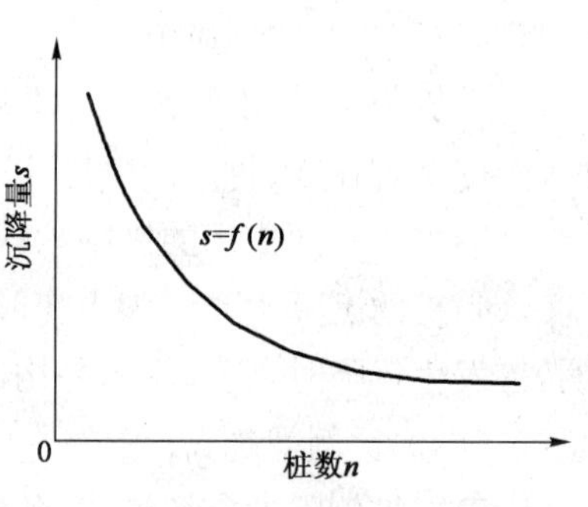

图 3-56　基础沉降与桩数的关系

(1)以沉降量作为控制条件，确定合理布桩数量

研究表明，对于每一幢桩基础建筑，针对明确的桩型、桩基持力层，都可以分析出桩的数量与这幢建筑物沉降量之间的一条关系曲线 $s = f(n)$ (图 3-56)，同时也可写成 $n = F(s)$，利用这条曲线，对于不同的沉降量控制值 s_a，可初步确定相应的用桩数量。

应该清醒地认识到，就目前岩土力学的研究水平，任何一种单纯理论方法都无法给出不同应力水平下各种土质条件都适用的沉降计算公式。因此各地区应根据该地一定数量的同类型工程在同地质条件下的桩基长期沉降观测资料，经过统计分析，对沉降计算模型中的经验系数进行强制规定。在上海地区经多年的研究、大量的统计对比，已经得到了前述的这种较好的沉降计算经验修正系数，同时又应用于大量工程实践，反复验证了这一方法的精度和可靠性，因此在上海地区该设计方法得到广泛的应用，取得了明显的经济效益。

虽然各地的沉降计算的经验修正系数可能不相同，所采用的计算方法也不尽相同，但这一曲线关系是客观存在的，这一设计理念也肯定是可行的。

(2)以桩土共同作用的极限状态作为强度验算条件

桩土共同作用是一个典型的非线性过程，根据前人的模型试验和现场足尺试验表明，在低承台摩擦桩基础上逐级加荷时，可以将桩土共同工作的过程简化为两个阶段。第一阶段为桩承担荷载阶段，当荷载较小，平均各桩桩顶的荷载小于单桩极限承载力时，承台底面的土压力很小，而且随着时间增长还有减小的趋势。因此可以近似地认为，该阶段的荷载全部由桩承担。第二阶段为桩土共同作用阶段，桩顶荷载达到单桩极限承载力，承台下的土体真正投入承担上部荷载工作中，在第二阶段最终，桩土共同工作的极限承载力不小于全部桩的极限承载力加上承台下全部土的极限承载力之和。

2)设计方法

沉降控制复合桩基设计的基本概念很简单，设计过程中主要是寻求桩数、承台面积、沉降量相互之间的一个优化平衡点，从而在满足规范要求的承载力、沉降量的前提下，保证工程造价节约。

上海地区根据对上海软土中的单桩与群桩沉降及承台下桩与地基土体共同作用承载规律等，进行了长期的计算方法和结合实际工程的现场试验等研究工作，提出并逐步完善了沉降控制复合桩基设计方法，并将其纳入上海市工程建设标准《地基基础设计规范》(DGJ 08-11—1999)。以下结合上海地区设计经验及规范对沉降控制复合桩基设计方法加以介绍。

(1)强度验算分析

目前的理论一般认为复合桩基中单根桩可以达到单桩的极限承载力状态，承台下土体承担的荷载按照下式计算：

$$Q_{承} = Q_{总} - nP_u \tag{3-93}$$

《地基基础设计规范》(DGJ 08-11—1999)提出了以下描述公式：

$$Q_u = \eta_{sp} \cdot n \cdot P_u + \eta_c \cdot f_u \cdot A_c \tag{3-94}$$

式中：n——桩数；

P_u——单桩极限承载力；

f_u——承台底土极限承载力；

A_c——承台底面积；

η_{sp}、η_c——群桩效率系数和承台效率系数，当平均桩距为5～6倍桩径时，平均近似取1。

天然地基极限承载力约为$2.5f$，f为承台底土体的承载力设计值。由于桩的存在，实际值将大于$2.5f$；忽略群桩效应，n根桩的极限承载力为nP_u，由于承台的削弱作用，实际值要小于它。因此复合桩基总的极限承载力可合理地估计为：

$$Q_u = 2.5fA + nP_u \tag{3-95}$$

承台面积根据上海市工程建设规范《地基基础设计规范》(DGJ 08-11—1999)按下式估算：

$$A_c \geqslant \frac{F_d + G_d}{\eta f_{s,d}} \tag{3-96}$$

式中：A_c——承台面积，m^2；

F_d——上部结构传至承台顶面的竖向荷载设计值，kN；

G_d——承台自重和上覆土重的设计值，kN；

$f_{s,d}$——承台下地基土承载力设计值，kPa；

η——经验修正系数，可取1.5～1.7。

(2)变形验算分析

初步确定承台底面积 A_c 后，若作用在承台底面处的荷载长期效应组合值为 P、承台底面处地基土自重应力为 σ_c，则在该承台下布有 k 根桩(单桩极限承载力标准值为 P_{uk}、扣除浮力后的自重标准值为 G_{pk})的复合桩基，根据桩土共同分担荷载的假定，沉降计算可按照下述原则进行：

$P-\sigma_c \cdot A_c \geqslant k \cdot P_{uk}$ 时，复合桩基沉降由两部分组成，一部分为在桩顶附加荷载为 $P_{uk}+G_{pk}$ 的 k 根桩作用下产生的沉降，可参照上海规范6.4.2条计算，沉降计算经验系数宜取1.0，另一部分为承台底面附加荷载为 $P-\sigma_c \cdot A_c-k \cdot P_{uk}$ 作用下产生的沉降，按照天然地基沉降的分层总和法进行这一部分沉降计算。

$P-\sigma_c \cdot A_c \leqslant k \cdot P_{uk}$ 时，复合桩基产生的沉降即为在桩顶附加荷载为 $(P-\sigma_c \cdot A_c)/k+G_{pk}$ 的 k 根桩作用下产生的沉降。

由于沉降控制复合桩基布桩密度小，桩基近似呈单桩作用状态，桩基最终沉降量计算一般可采用以Mindlin应力公式为依据的单向压缩分层总和法。

采用Geddes基于Mindlin应力公式积分得出单桩荷载在半无限体中的应力解析式，并假定群桩中各桩具有完全相同的受荷特性，按简单叠加法原则即可计算群桩荷载在地基中产生的竖向应力，则公式也可以表示为：

$$\sigma_z=\frac{Q}{L^2}\sum_{j=1}^{k}\left[\alpha I_{p,j}+(1-\alpha)I_{s,j}\right] \tag{3-97}$$

桩的端阻力可以假定为集中力，桩侧摩阻力可假定为沿桩身均匀分布和沿桩身线性增长两种形式。

对桩端的集中力情况：

$$I_p=\frac{1}{8\pi(1-\mu)}\left[\frac{-(1-2\mu)(m-1)}{A^3}+\frac{(1-2\mu)(m-1)}{A^3}-\frac{3(m-1)^3}{A^5}-\frac{3(3-4\mu)m(m+1)^2-3(m+1)(5m-1)}{B^5}-\frac{30m(m+1)^3}{B^7}\right] \tag{3-98}$$

对桩侧摩阻力沿桩身线性增长的情况：

$$I_s=\frac{1}{4\pi(1-\mu)}\left\{\frac{-2(2-\mu)}{A}+\frac{2(2-\mu)(4m+1)-2(1-2\mu)(1+m)m^2/n^2}{B}+\frac{2(1-2\mu)m^3/n^2-8(2-\mu)m}{F}+\frac{mn^2+(m-1)^3}{A^3}+\frac{4\mu n^2m+4m^3-15n^2m-2(5+2\mu)(m/n^2)(m+1)^3+(m+1)^3}{B^3}+\frac{2(7-2\mu)mn^2-6m^3+2(5+2\mu)(m/n)^2m^3}{F^3}+\right.$$

$$\frac{6mn^2(n^2-m^2)+12(m/n)^2(m+1)^5}{B^5}-$$

$$\frac{12(m/n)^2m^5+6mn^2(n^2-m^2)}{F^5}-2(2-\mu)\ln\left[\frac{A+m-1}{F+m}\times\frac{B+m+1}{F+m}\right]\Bigg\} \quad (3\text{-}99)$$

$$A^2=[n^2+(m-1)^2],B^2=[n^2+(m+1)^2],F^2=n^2+m^2,n=r/L,m=z/L$$

式中：μ——地基土的泊松比，上海地区一般可取0.4；

r——计算点离开桩身轴线的水平距离；

z——计算应力点离承台底面的竖向距离。

根据计算荷载，由应力公式计算得到竖向附加应力后，可采用单向压缩的分层总和法进行沉降计算：

$$s=\sum_{t=1}^{T}\frac{\sigma_{z,t}}{E_{s,t}}\Delta H_t=\sum_{t=1}^{T}\frac{\sigma_{zp,t}+\sigma_{zs,t}}{E_{s,t}}\Delta H_t$$

$$=\frac{Q}{L^2}\sum_{t=1}^{T}\Delta H_{t,i}\sum_{j=1}^{k}[\alpha I_{p,j}+(1-\alpha)I_{s,j}] \quad (3\text{-}100)$$

式中：T——在沉降计算点处压缩层范围内自桩端平面往下的土层数；

$E_{s,t}$——桩端平面下第 t 层土在自重压力至自重压力加附加压力作用时的压缩模量，MPa；

$\Delta H_{t,i}$——桩端平面下第 t 层土的第 i 个分层的层厚，m；

Q——单桩沉降计算荷载，kN；

L——桩长，m；

k——总桩数；

α、$(1-\alpha)$——分别是桩的端阻力和侧阻力占沉降计算荷载的比，α 近似按单桩的端阻比 ρ_p 取值；

$I_{p,j}$、$I_{s,j}$——分别为第 j 根桩的桩端阻力和桩侧摩阻力对应力计算点的应力影响系数。

桩基最终沉降量计算采用以Mindlin应力公式为依据的单向压缩分层总和法计算：

$$s=\psi_m\sum_{t=1}^{T}\frac{1}{E_{s,t}}\sum_{i=1}^{n_t}\sigma_{z,t,i}\Delta H_{t,i} \quad (3\text{-}101)$$

式中：n_t——桩端平面下第 t 层上的单向压缩计算分层总数；

$\sigma_{z,t,i}$——桩端平面下第 t 层土的第 i 个分层处土体的竖向附加压力，kPa；

ψ_m——桩基沉降计算经验系数，此处取1.0。

压缩层厚度自桩端所在平面算至土层附加应力等于土层自重应力的10%处止。

3)设计方法的优化思路

由于沉降控制复合桩基设计的必要前提是摩擦桩或以摩擦为主的低承台桩基础。只有低承台摩擦桩，当桩顶荷载达到土体对桩的极限支承力时，桩能向土体中刺入，才能保证承台下土体和桩一起参与工作。一些工程技术人员在采用该方法进基础设计时，往往为满足“刺入”变形这一条件，将桩端放在压缩性略高、强度一般的土层中，在进行沉降控制复合桩基的设计过程中，过分强调了桩基持力层应选择在不太硬土层上。例如上海地区某些设计人员总是将桩基选择在第⑤层粉质黏土上，该层为中等压缩性，静力触探 p_s 值一般仅1.0MPa左右，这种设计思路是对桩体沉降变形的一种误解。根据上海软土地区单桩静载荷试验结果的总结，对于以摩擦为主的桩，由于桩的承载力主要由桩间土通过桩侧接触面传递到桩身上，而桩端土体的贡献一般仅30%以下，因此可以判断“刺入”变形大小发生的程度主要由桩侧土体强度决定，桩尖土体的强度及压缩性与沉降发生程度则更加密切。

根据上海地区沉桩控制复合桩基优化设计经验，提供以下几点设计优化思路供大家参考：

(1)桩基持力层应选择在较好的土层，但不应将桩设计成端承桩或摩擦端承桩。桩端土不宜过硬，避免桩间土的沉降大于桩端土的沉降使承台与其下土体脱开。

(2)桩的数量的确定不仅仅与控制沉降量的大小有关，且与承台下地基土的强度及单桩承载力密切相关。当桩的数量过少，即使沉降满足了规范要求，但由于地基土承台比例增加，从而使承台的用方量及其构造等施工成本显著提高，因此合理的复合桩基设计，要寻求沉降量在允许范围内而经济性最优的平衡点。图3-57为桩、承台经济成本模式的比较。

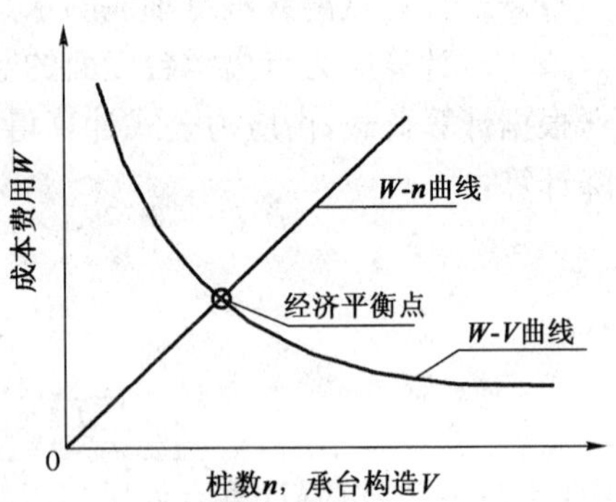

图3-57 桩、承台经济成本分析示意图

(3)沉降控制复合桩基由于其承受荷载的复杂性，在具体的设计过程中，不可能一次就使强度和变形两个条件都合理地满足。因此设计过程是一个优化过程，图3-58为复合桩基优化过程流程图。

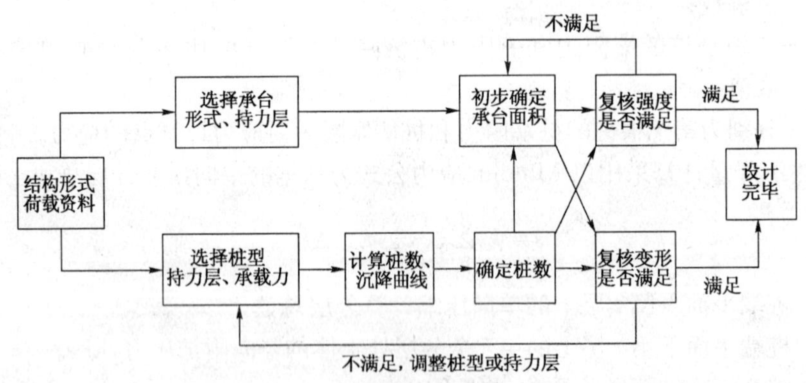

图3-58 复合桩基优化过程流程图

5. 工程实例

1)工程实例一　5层住宅桩基与沉降控制复合桩基设计比较

(1)工程概况

江苏省太仓市浏河镇紫薇园住宅小区位于浏河镇北，浏茜公路西侧，为农民动迁房，拟建住房均为4+1层多层住宅，为砖混结构形式。由于该工程为镇政府重点工程，在保证工程质量的前提下，要求尽量缩减工期及成本，在该小区二期开发时，委托上海岩土工程勘察设计研究院有限公司作为咨询顾问方对二期拟建多层砖混住宅进行基础设计优化。

(2)工程地质条件(表 3-20)

工 程 地 质 条 件 表 3-20

土层序号	土层名称	层厚(m)	比贯入阻力 p_s(MPa)	c (kPa)	φ (°)
①	素填土	0.40～1.90			
②$_1$	粉质黏土	0.40～1.30	1.48	22	14.4
②$_2$	淤泥质粉质黏土	0.50～1.60	0.67	16	9.8
④$_1$	淤泥	1.30～5.30	0.41	9	5.1
④$_2$	淤泥质粉质黏土	4.20～7.30	0.55	10	7.0
④$_3$	淤泥质粉质黏土	2.90～4.10	0.79	13	8.1
⑤$_1$	粉质黏土	1.60～4.10	2.69	46	12.6
⑤$_2$	粉质黏土	0.90～2.70	1.65	32	17.6
⑥$_1$	粉土	0.70～2.50	3.02	8	26.4
⑥$_2$	粉质黏土夹粉土	1.30～4.50	2.48	11	21.3
⑦	粉质黏土	未钻穿	1.78	17	14.1

由地基土构成可见:第④$_3$层及其以上各土层均为软弱黏性土,强度低,压缩性高,一般均不宜作为本工程建筑物居民楼的桩基持力层。⑤$_1$层粉质黏土,静探 p_s 值为 2.50～2.98MPa,具有中等压缩性、层位稳定、层面起伏较小等特性,是桩基的良好持力层。

(3)基础设计优化方案

由于该小区主要用来农民动迁,建筑规划重在简洁实用,故小区房型基本为一种单元类型,各建筑物为二或三单元组合形式。为体现沉降复合桩基设计特点,取一期中 1 号楼(未优化)与二期 19 号楼(优化)进行基础分析比较,见图 3-59 和图 3-60。

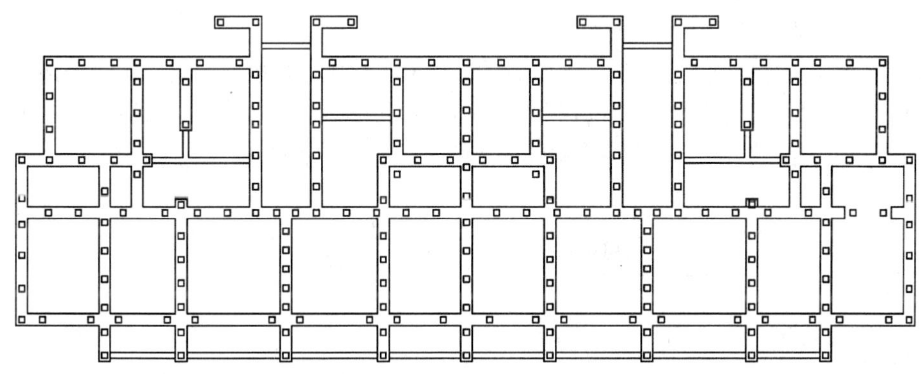

图 3-59 1 号楼(二单元)桩位平面布置图(未优化)

①1 号楼基础设计采用桩基形式,桩型为预制方桩 250mm×250mm,桩长 15m,总用桩数为 219 根;

②根据场地地层特点,建筑物结构形式,对 19 号楼的基础优化采用沉降控制复合桩基形式,桩型为 200mm×200mm 断面,桩长 16m,用桩数 145 根,桩基以⑤$_1$层粉质黏土为持力层,承台持力层为②$_1$层粉质黏土,承台埋深为 0.9～1.2m,条基宽为 1.2m。

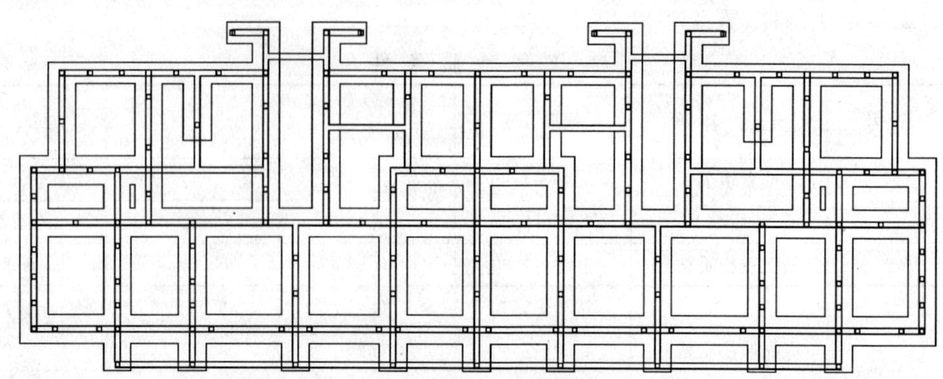

图 3-60　19 号楼(二单元)基础平面布置图(优化后)

在进行沉降控制复合桩基优化设计过程中,首先要得到完整的“桩数—沉降曲线”,一般先按常规桩基础设计计算法确定常规设计的用桩数量 n_1,除了计算桩数为 0 和 n_1 时的沉降外,还宜在这两点之间再插入 3 个计算点,例如可取桩数等于 $n_1/3$,$n_1/2$,$2n_1/3$ 时的计算沉降点。用这五点可以连成一条光滑的曲线。

前面已经介绍,应分两种情况进行计算:

①当桩数较多时,平均分到各桩桩顶的荷载不大于单桩极限承载力。承台以上的荷载全部由桩承受,承台下的土体不受力。这时的沉降计算与通常用的 Mindlin 应力公式计算沉降方法一样。分层总和法是从桩尖开始向下算到压缩层为止。

②当桩数较少时,平均分到各桩桩顶的荷载大于单桩极限承载力,桩顶压力不能大于单桩极限承力,桩要向下刺入土中,承台下的土体托住承台不让它下沉,多余的荷载由承台下的土体承担,分层总和法必须从承台底面算起一直到桩尖以下的压缩层底。

(4)经济技术性比较

①沉降实测结果比较分析

根据实测结果及桩数布置,在竣工验收阶段,沉降控制复合桩基设计方案中的附加荷载均由桩承担,单桩承载力得以充分发挥,承台下土体作为安全储备尚未承担结构荷载,因此单桩上的附加荷载较大,故其沉降大于桩基的沉降量,见图 3-61 和图 3-62。

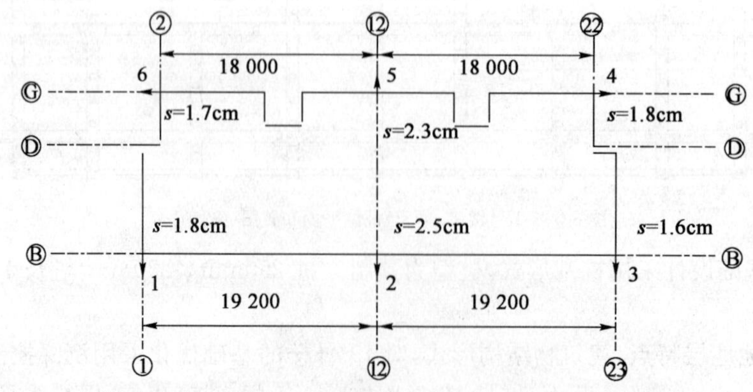

图 3-61　1 号楼原桩基方案沉降实测结果(竣工验收阶段)

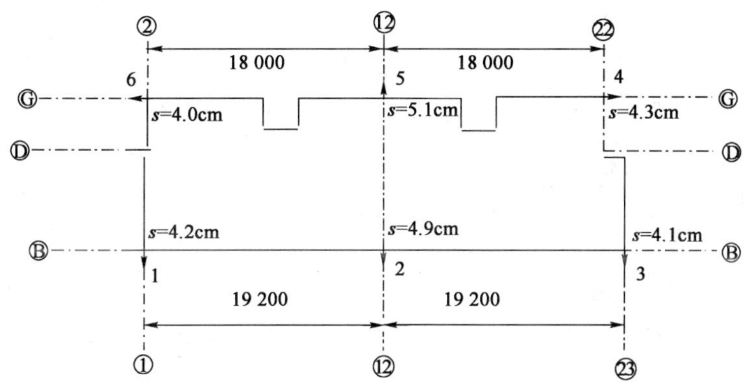

图 3-62 19 号楼复合桩基优化方案沉降实测结果(竣工验收阶段)

②经济性及工期的比较

根据图 3-63 及类似工程经验总结,对于场地地层(无明暗浜、土性满足桩端刺入变形)及建筑物性质满足沉降控制复合桩基方案,若合理地进行沉降控制复合桩基设计,其较桩基方案基础造价一般节约 50%~60%,工期亦可节约 20%~40%,具有较高的经济和社会效益。

2)工程实例二 沉降控制复合桩基处理仓库地坪

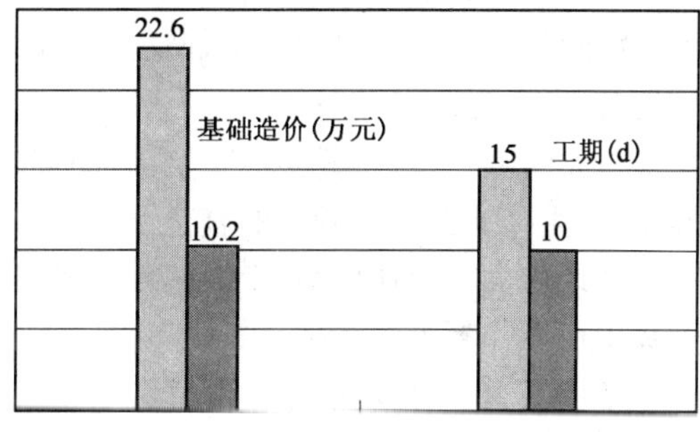

图 3-63 经济性及工期比较

随着沉降控制复合桩基在上海地区的广泛应用,该种设计理念不仅仅局限于新建建筑物的基础设计中,亦在原有建筑物加固、改扩建工程等设计中得以使用。本文列举上海某医药物流公司高架仓库采用沉降控制复合桩基进行地坪处理的特点及效果。

(1)工程概况

上海某医药物流公司位于上海普陀区,其高架仓库结构形式为单层排架结构,横向宽约 25m,纵向长约 110m,厂房总高度约 20m,±0.000 以上为轻钢结构,基础形式为柱下独立承台。仓库地坪主要存储中转药物,采用多层钢架(总高度 18~19m)存储方式,钢架通过下部角钢将荷载传至厂房地坪(注:厂房地坪为天然地基,基础形式为筏板,板厚 300mm,纵向上、下内配ɸ 12@150,横向上、下内配 ϕ8@150),由于钢架上储物荷载较大(地坪按使用荷载 60kPa 考虑),地坪不均匀沉降已达 4~6cm,导致钢架倾斜程度较大,堆垛机导轨出现一定咬轨现象,给正常使用带来一定的安全隐患。

(2)工程地质条件

本工程场地内地质条件属于滨海平原地貌,本场地浅部土层分布情况如表 3-21 所示。

土层分布情况一览表 表 3-21

土层序号	土层名称	层厚(m)	比贯入阻力 p_s(MPa)	c (kPa)	φ (°)
①1	杂填土	1.00~2.00			
①2	浜填土	2.60~4.40			

续上表

土层序号	土层名称	层厚 (m)	比贯入阻力 p_s(MPa)	c (kPa)	φ (°)
②$_1$	粉质黏土	0.60～1.60	0.83	24	17.5
②$_2$	黏土	0.50～1.10	0.51	18	14.0
④	淤泥质黏土	11.60～13.50	0.51	15	12.0
⑤$_{1-1}$	淤泥质粉质黏土	6.60～8.30	0.81	17	16.0
⑤$_{1-2}$	粉质黏土	2.80～6.20	1.14	21	17.0
⑥	粉质黏土	6.20～6.60	2.37	37	18.0
⑧	淤泥质粉质黏土	未钻穿		18	18.0

(3)基础加固设计方案

①工程特点

a.本工程位于已建成的药品仓库内，仓库内货架林立，多条轨道穿越，施工场地受到已建建筑物及构筑物的制约；

b.地坪地基加固过程中需保证60%以上使用规模，加固施工范围更加狭小，流水作业和施工管理能力要求更严；

c.前期施工、设计资料不完整，后期实测资料不连续，实际发生沉降和地基土固结程度不确定，产生差异沉降和倾斜的真正原因尚未最终确定，地基加固设计方案难以具有针对性；

d.地坪面积及作用荷载较大，软土地区在大面积荷载作用下的固结沉降规律与常规小范围集中荷载作用下的沉降有较大差异；

e.加固后相对沉降、差异沉降和货架倾斜要求严格，加固不理想容易引起更多次生灾害，造成更大经济损失。

②加固方案

由于高架仓库已使用近4年，其地基土承载力是可以承担仓库堆载的，仅仅是由于沉降压缩层为软弱土层，具有沉降量大、固结周期长，对高架仓库的正常使用带来安全隐患，故加固措施可不必完全基础托换，宜采用沉降控制复合桩基原理，通过布置少量稀桩，达到减沉的作用，且沉桩挤土可以达到尽量降低对土体的扰动，控制由于沉桩而带来较大的"拖带沉降"的影响。

根据土层特点，为有效控制地坪沉降，将桩应落于低压缩层土体内，沉降控制复合桩基的桩型选择静压锚植预制方桩，桩径250mm×250mm，桩长为30m，桩基持力层选择第⑥层粉质黏土，该层是划分晚更新世(Q3)和全新世(Q4)的标志层，呈可塑～硬塑状态，是荷载不大的建(构)筑物理想桩基持力层，经沉降计算，布桩数量按总荷载的40%控制，布桩密度控制在3%以内。锚杆静压预制方桩平面布置见图3-64。

(4)基础加固效果

由于本工程施工过程中，沉桩挤土将可能对现有货架及结构柱(独立承台地基)产生影响，故施工过程中进行沉降监测，监测频率为1～3天1次，保证信息化施工。对于加固后地坪进行1年期间的沉降观测，观测频率每1～2月1次。

根据施工期间沉降监测资料，地坪在沉桩过程中，由于沉桩对土体扰动的影响，使地坪产

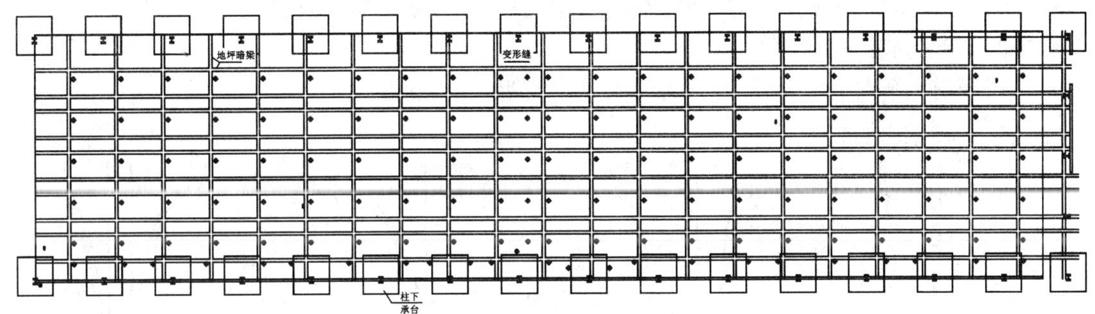

图 3-64 锚杆静压预制方桩平面布置图

生的拖带沉降达 0.7～1.5cm，基本控制在预期的 2cm 范围内。在竣工加固后 2 个月其沉降量为小于 1.5cm(不计施工拖带沉降)，且已基本呈收敛状态。根据本工程沉降控制复合桩基的应用总结以下优点：

①在已建建筑物中进行基础加固采用沉降控制复桩基方案，不仅可以有效控制投资，而且可以避免由于布桩过多，使土体严重扰动，过度加剧现有建筑的沉降变形，使加固措施适得其反，如本工程进行全基础托换，桩数较多，则布桩密度过大，其拖带沉降预估可能为 2～3cm。

②采用沉降控制复合桩基进行类似本工程的基础加固，可以避免由于基础全托换，使地坪与下部土体的脱离(由于沉降扰土引起)，尽量降低原有地坪结构的受力状态的改变。

③采用沉降控制复桩基方案进行基础加固，可以减小对原有结构的破坏，保证其原有结构的整体性。

四、扩底抗拔灌注桩设计

1. 概述

对于类似于上海地区的常年较高的地下水位，地下结构工程的抗浮设计显得尤为重要，目前抗拔桩基础仍为抵抗较大上浮力的有效措施，传统的等截面抗拔桩仅靠桩与土之间侧摩阻力提供抗拔阻力，抗拔能力较差，其基础成本相对较高。为了提高桩的竖向抗压或抗拔承载能力，通常可以将桩身做成变截面形式，其主要目的是使桩体不仅能发挥桩—土间的侧摩阻力，而且还能充分发挥桩身扩大部分的扩孔阻力，这种变截面桩通过改变桩身截面，以较小的材料增加获取显著的承载力提高，已成为桩基础发展的有效途径之一。根据变截面形状、位置不同，可衍生出不同的形式，其中仅对桩端截面进行扩大而成的扩底抗拔桩，由于施工工法相对简单、效果明显，成为最主要的变截面抗拔桩型。

地下空间的开发与利用已成为 21 世纪城市立体空间开发的主旋律之一，许多大城市已将地下空间的开发与利用纳入了城市整体规划，在诸如地下车库、地下商业街、地下广场、地下道路交通等地下工程的建设中，由于结构自重较轻，致使基础抗拔问题更加突出，通过扩底实现变截面桩型的改进，来达到显著提高单桩抗拔承载力是较合适的选择。

2. 扩底抗拔桩的破坏形态与机理

1)扩底抗拔桩的破坏形态

等截面桩受上拔荷载时，通过桩身将荷载传递到土的规律类似于受压状态，只是受力方向相反。随着桩顶向上位移的增加，桩身拉应力逐渐向下扩展，当桩端部位的桩土相对位移达到一定值时，此时桩侧表面摩阻力发挥到极限，这时整个桩身侧摩阻力也达到甚至超过了峰值，其后桩的抗拔力将逐渐下降。

等截面桩的破坏形态大致可分为四大基本类型(图 3-65)。

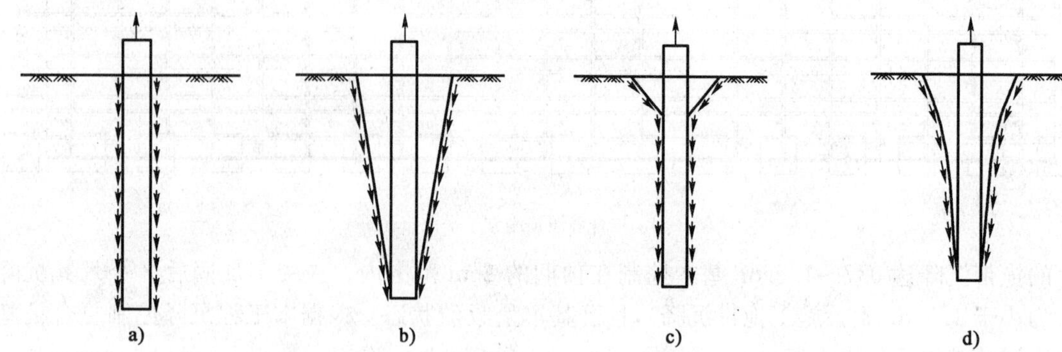

图 3-65　等截面桩的上拔破坏形态

a)I 型破坏形态；b)II 型破坏形态；c)III 型破坏形态；d)IV 型破坏形态

(1)I 形破坏形态：沿桩土侧壁界面剪切破坏；

(2)II 形破坏形态：与桩长等高的倒圆锥台土体剪切破坏；

(3)III 形破坏形态：复合剪切面破坏形式，即桩的下部沿桩土侧壁界面剪破，而上部的局部深度内土体中形成斜向裂面，其上部倒锥土体与桩体黏结在一起，与桩体同时向上变形。

(4)IV 形破坏形态：钢筋被拉断。

等截面桩的主要破坏形态还是沿着桩土侧壁界面上发生的圆柱形剪切破坏，一般使侧面阻力达到最大值所需的相对位移量为 1～2cm。只有在软岩中的粗短灌注桩才可能出现完整通长的倒锥形破坏，倒锥体的斜侧面也可呈现为曲面。复合剪切面常在硬黏性土中出现，而且往往桩的侧面不平滑，凹凸不平，黏土与桩黏结得很好。

与等截面抗拔桩不同，扩底抗拔桩上拔时，桩侧摩阻力的发挥与桩端扩大头上地基土受挤压变位时所引起的土抗力的发挥是远非同步的，通常桩侧摩阻力先达到极限值，而此时扩大头上的土抗力只达到极限值的一部分，桩的长细比越大更是如此，因此扩底桩总的极限抗拔力所对应的上拔位移很大，其位移的大小随土层性质、扩大头埋深及桩型(长细比、扩大头形状)等变化。

扩大头的上移使地基土内产生各种形状的剪切破坏面，这种基础的破坏形态较为复杂，与基础埋深、扩大头形状、土层性质密切相关。基本的破坏形式如图 3-66 所示。当桩基础埋深不是很大时，虽然桩侧面滑移出现得较早，但当扩大头上移导致地基土剪切破坏后，原来的圆柱形剪切面不一定能保持原有的形状，尤其靠近扩大头附近变得复杂，也可简化成图 3-67 所示的破坏形式。中部的圆柱状剪切面大致等于扩大头直径，可称为圆柱形冲剪式剪切面，最后可能在地面附近出现倒锥形剪切面，其后的变形发展过程与等截面桩相似。

2)扩底抗拔桩的作用机理

扩底桩的作用机理问题主要包括下述几方面内容：

(1)扩大角度影响；

(2)扩大头直身段长度影响；

(3)扩大头附近土体及桩身应力规律；
(4)锥底高度影响；
(5)桩端沉渣影响。

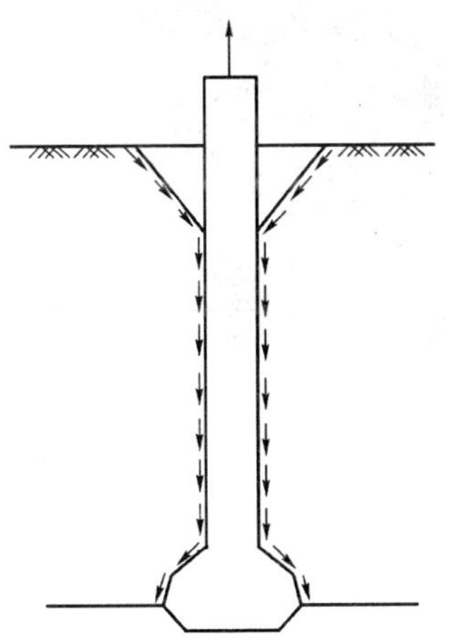
图 3-66 扩底桩上拔破坏形式

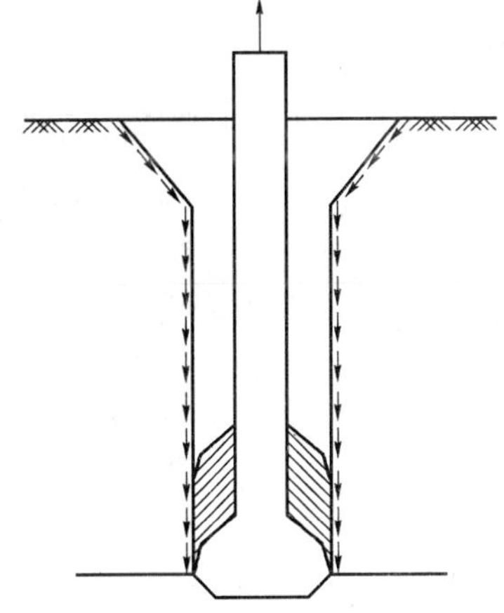
图 3-67 圆柱形冲剪式剪切面

本章针对上述问题，采用有限元分析方法进行模拟，获得对扩底桩作用机理的初步认识。

3)有限元模型的建立及参数的选取

(1)有限元模型的建立

以上海为代表的软土地区，土质条件差，较硬土层一般在 30m 以下，30m 以上基本以软黏性土为主。本文将建立三维轴对称有限元桩土接触模型，但鉴于桩与桩周软土刚度差异很大，将导致有限元计算的接触应力不准确，同时造成计算的不收敛。高广运(2003)讨论了两种静载试验确定大直径扩底桩竖向承载力的方法，并讨论了结果，认为通过纯摩擦桩承载力和深层载荷试验确定的扩底桩承载力的间接方法与直接试验法测出的结果基本一致，误差在 5%～10%之间。结合上述两种情况，受到启发，认为扩底桩的研究主要集中在扩底部分及其周围土体上，本文将建立类似深层载荷试验方式的模型，以研究扩底桩底部桩段的承载性状，具体模型如图 3-68 所示。

土体及扩底桩均采用三维八节点实体单元。扩底桩采用线弹性模型，符合广义虎克定律；土体采用摩尔—库仑模型，不考虑加工硬化，视为弹塑性材料，采用非相关流动法则。采用刚柔接触的面—面接触单元来模拟扩大头与其周围土体的接触行为，扩大头表面视为目标面，土体为接触面，形成接触对，摩阻力大小利用 Coulomb 摩擦模型。接触算法采用罚函数法与拉格朗日法混合的扩展拉格朗日乘子法，一方面减少病态，另外可以选择任意求解器，计算结果准确。

(2)有限元模型的建立

参数的选取主要包括两部分，一部分是地基土参数，另一部分是桩的参数选取。土体单元计算参数有弹性模量 E、泊松比 ν、摩擦系数 μ、内聚力 c、内摩擦角 φ 及膨胀角 φ_f 。桩侧土体参数依照上海地区土层参数选取。桩体单元计算参数包括弹性模量 E 和泊松比 ν，取 $E=2.8\times10^{10}\,\mathrm{Pa}$，$\nu=0.25$。

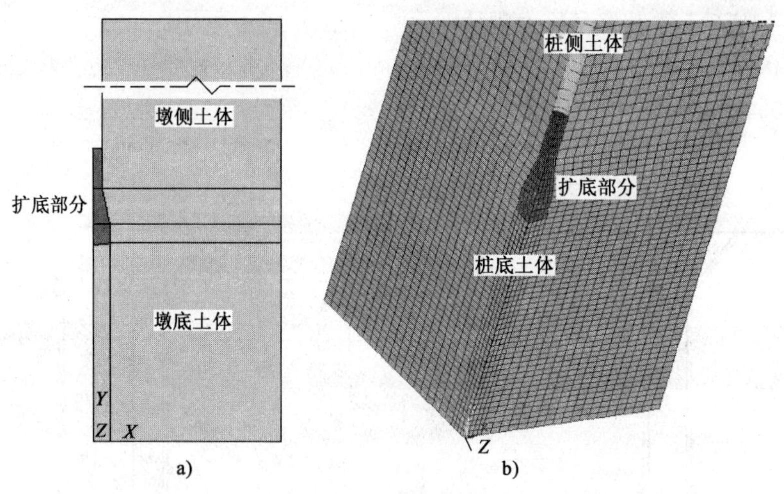

图 3-68 计算模型示意图

a)计算模型平面图;b)计算模型网格划分图

(3)整体承载力对比分析

对上述对象建立有限元模型,顶端加载计算后可得两种桩型的 Q-s 曲线,如图 3-69 所示。从荷载沉降 Q-s 曲线对比可以看出,两种桩型 Q-s曲线均出现拐点,两种情况桩底地基土均在转折点处达到破坏,但对扩底桩而言,顶部荷载 Q=3 500kN时,Q-s 曲线发生突变;等直径直桩在顶部荷载 Q=2 800kN 时发生突变,承载力提高 23%。由图可知,直桩的 Q-s 曲线始终处于扩底桩的下方,且偏离较大,可以说明扩底桩提供的承载力大于普通等直径桩。

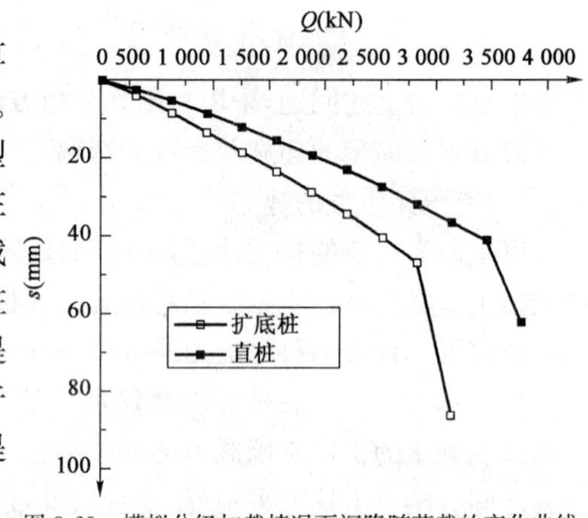

图 3-69 模拟分级加载情况下沉降随荷载的变化曲线

(4)扩大角度影响

从直桩直径扩底到设计扩大直径涉及扩大段高度和扩底角度问题。一种方法是以最小的高度和最大的扩底角度θ完成扩底(大θ小H型),见图3-70a),减少扩大段混凝土方量,但是

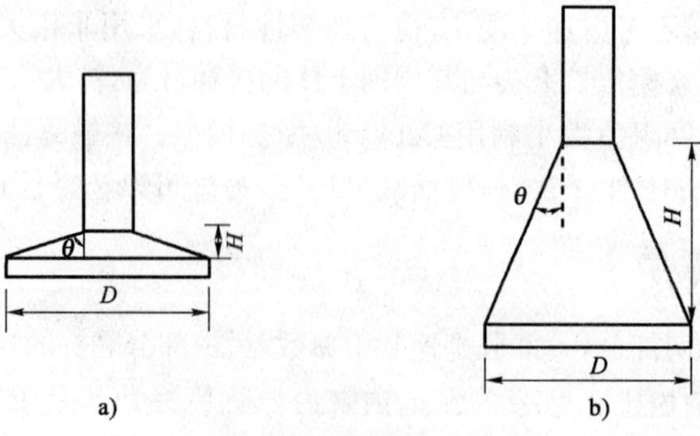

图 3-70 不同扩底方式示意图

a)大 θ 小 H 型;b)小 θ 大 H 型

对设备扭矩要求很高,桩身受力不合理;另一种方法是以很长的扩底高度实现扩底(小 θ 大 H 型),见图 3-70b)桩身受力均匀,设备要求不高,但是混凝土方量增加很多。如何寻找一种合理的扩底角度,是扩底设备设计师考虑的问题,同时也是桩基设计师的责任。合理的扩底角度是在不大量增加混凝土方量条件下,尽量使桩身和桩周土充分发挥侧阻力。

为研究扩底桩在受拉情况下的受力特性,采用有限元计算了几种扩孔桩的受力情况。计算结果如表 3-22 所示,图 3-71 是表 3-22 计算结果的曲线图。

不同扩底角度计算结果汇总 表 3-22

扩大头角度(°)	0(等截面)	6	9.5	12
变形(mm)	100	40.1	26.8	24.7

由表 3-22 可见,随着扩大角度增加,在相同作用荷载条件下,应力扩散后的桩端变形逐渐减少。同时,在扩大角度到一定程度后,变形减少趋势变缓,由图 3-71 可见,在扩底 6°以后与不扩底相比,桩端变形减少超过一半;而在超过 10°以后,角度扩大对控制桩端沉降效果已经变得不显著,也就是说,在超过 12°后再通过增加扩底角度来控制变形就变得事倍功半了。因此对于扩底桩而言,比较合理的扩底角度应在 6°~12°。

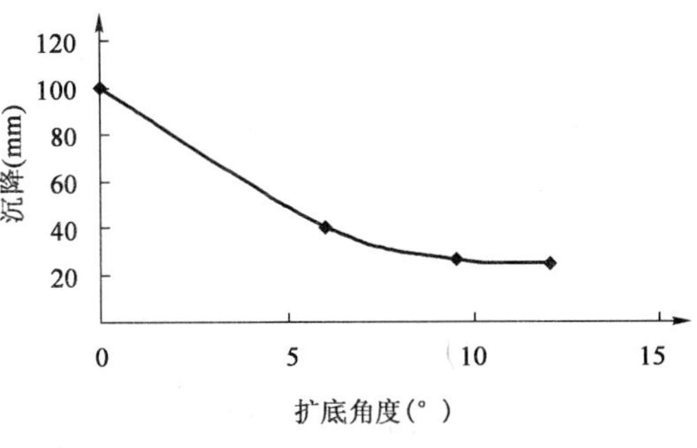

图 3-71 扩底角度与沉降的关系

(5)扩底部分桩土应力分析

扩底桩由于桩底面积大而使得桩底反力大于普通直桩,这一反力是通过桩底地基土提供的。所以研究桩底地基土如何提供反力,桩身和桩底地基土的应力如何分布是非常有必要的。图 3-72 给出了在上述边界条件下,不同扩底情况桩扩大部分的应力云图。

4)扩底抗拔桩承载特性浅析

与常规等截面桩相比,除桩侧摩阻力外,扩底抗拔桩还加上了通过扩底提供的阻力,从而在材料增加很少的情况下,使单桩承载力有较大的提高。根据大量资料表明,扩底抗拔桩具有如下特点:

(1)与等截面桩相比,抗拔钻孔灌注桩采用扩底工艺后,其单桩抗拔承载力可提高 1.5 倍以上,而扩底所耗的材料则是增加 5%左右桩身混凝土,故其经济技术效益明显。

(2)与等截面桩相比,扩底抗拔桩的 Q-s 曲线较平缓,且在破坏荷载时拐点不明显,有些类似于桩端土较硬的抗压桩的 Q-s 曲线,说明扩底桩后劲较足。等截面桩与之相比不仅抗拔承载力小,而且达到极限抗拔阻力时相应的位移也很小(5~10mm),Q-s 曲线有明显转折点,其后抗拔力迅速下降,即等截面桩的上拔破坏就可能带有突发性的特点,并且破坏变位较小。

(3)桩顶与桩端位移的发展规律从桩身变形角度反映其工作特性。当桩端变形增量小于桩顶变形增量时,整个桩身不断被拉长,桩顶荷载沿桩身向下传递,当桩顶与桩端的变形增量相同时,桩长不再变化,表明在当时荷载下,桩体处于刚度位移状态,桩的抗拔力开始进入极限。等截面桩在抗拔极限承载力最后一、二级荷载时,桩端与桩顶就可能出现同步位移,而扩

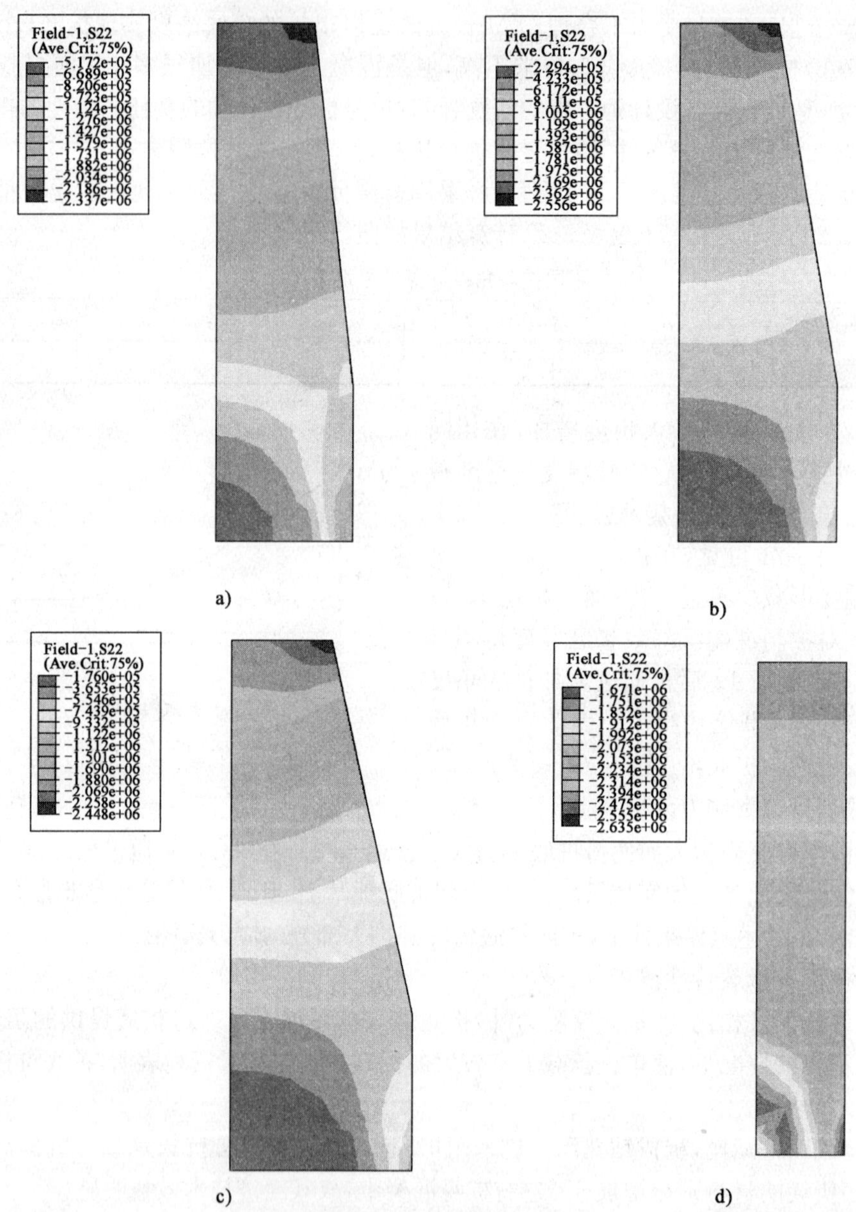

图 3-72　桩扩大部位竖向应力云图

a)$\theta=6°$，$D=1.4$m；b)$\theta=9.5°$，$D=1.6$m；c)$\theta=12°$，$D=1.8$m；d)$\theta=0°$，$D=1$m

底桩由于土体“卡”住了扩大头，以土体压缩的形式限制了桩端的上拔变形，在相同桩顶荷载下，桩端变形较小，且要等到比等截面桩大得多的桩顶荷载时才开始出现桩顶与桩端的同步位移，扩底作用相当明显。

(4)由桩顶与桩端位移发展规律，可以明显看到，由于扩大头周围土体对扩大头的嵌固作用，使桩身不断补拉长，在破坏状态时，扩底桩的桩身伸长率大于等截面桩，桩身伸长率的提高，表征扩底桩具有足够韧性的指标。

(5)在破坏状态下卸荷时，扩底桩的回弹率远小于等截面桩，由前述桩破坏论述可知，等截面抗拔桩是基于桩身与桩周土之间的“摩擦剪切”破坏，而扩底桩是由桩身土体“摩擦剪切”和桩端土体“压缩冲剪”共同控制的破坏模式，在这种模式下，两种作用不可能同时达到破坏，一般认为桩身“摩擦剪切”先达到极限，然后才是桩端土体的“压缩冲剪”破坏。在这个过程中，桩身发生更大的不可恢复性变形。因此在破坏状态时，扩底抗拔桩的上拔位移大，回弹率小，但这并不表明在工作状态时也有相同的规律，由于工作状态下扩底桩的刚度大于等截面桩的特性，可初步判断：对于相同的荷载，扩底桩的回弹率应大于等截面桩。

3. 承载力计算方法

根据上述抗拔桩的破坏机理，在大量的实测对比基础上，国外学者提出了一些抗拔桩的计算公式，常见的有以下几种。

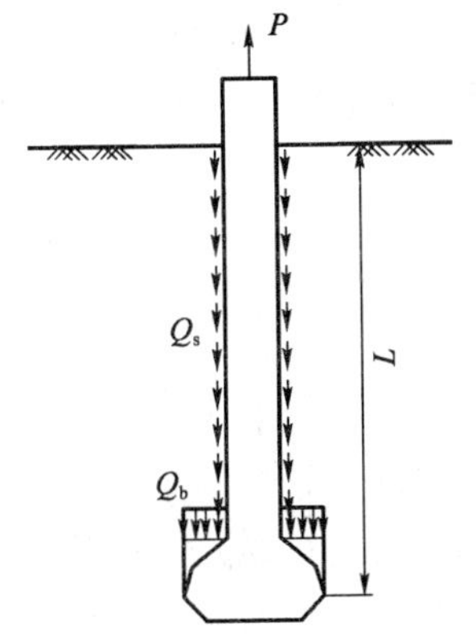

图 3-73 扩底桩抗拔承载力计算示意图

1)基本计算公式

扩底桩的极限抗拔承载力可认为由以下三部分组成，即桩侧摩阻力 Q_s、扩底部分抗拔承载力 Q_b 和桩的有效自重 W，其中，Q_s 的求法同普通抗拔桩，相应的公式为：

$$P_u = Q_s + Q_b + W_c \tag{3-102}$$

计算模型示意图见图 3-73，应注意桩长系从地面算到扩大头最大断面处，而 Q_s 的计算长度则只能从地面算到扩大头的顶面。

扩底部分的抗拔承载力应按土类不同性质分别求得。

(1)黏性土(不排水状态下)

$$Q_b = \frac{\pi}{4}(d_b^2 - d_s^2)N_c \omega c_u \tag{3-103}$$

(2)砂性土(排水状态下)

$$Q_b = \frac{\pi}{4}(d_b^2 - d_s^2)\bar{\sigma}_v N_q \tag{3-104}$$

式中：d_b——扩大头直径；

d_s——桩身直径；

ω——扩底扰动引起的抗剪强度折减系数；

N_c、N_q——承载力因素；

c_u——不排水抗剪强度；

$\bar{\sigma}_v$——有效上覆压力。

2)摩擦圆柱法

摩擦圆柱法(friction cylinder method)，其理论假定在桩破坏时，在桩端扩大头以上将出一个直径等于扩大头最大直径的竖直圆柱形破坏土体。计算模型示意见图 3-74，根据这种理论得出的极限抗拔承载力相当于与扩大头直径相当的等截面桩的承载力。

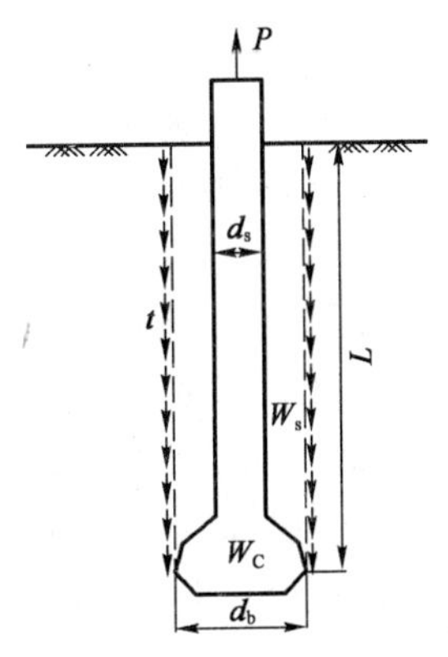

图 3-74 摩擦圆柱法计算示意

(1)黏性土(不排水状态下)

$$P_u = \pi d_b \sum_0^L c_u \Delta l + W_s + W_c \quad (3\text{-}105)$$

(2)砂性土(排水状态下)

$$P_u = \pi d_b \sum_0^L k \bar{\sigma} (\tan \bar{\varphi}) \Delta l + W_s + W_c \quad (3\text{-}106)$$

式中:W_s——包含在圆柱形滑动体内土体的重量;

$\bar{\varphi}$——土的有效内摩擦角。

3)Meyerhof-Adams 法

Meyerhof-Adams 提出用一个半经验的方法来计算基础的抗拔承载力,其根据模拟试验结果和所得数据指出:对于浅基础,从桩扩大头边缘以一定的弧形向地表面延伸成为连续滑移面。对于深基础和深的扩底桩破坏滑动面将达不到地表面,而是转化为土体内部冲切和压缩,见图 3-75。

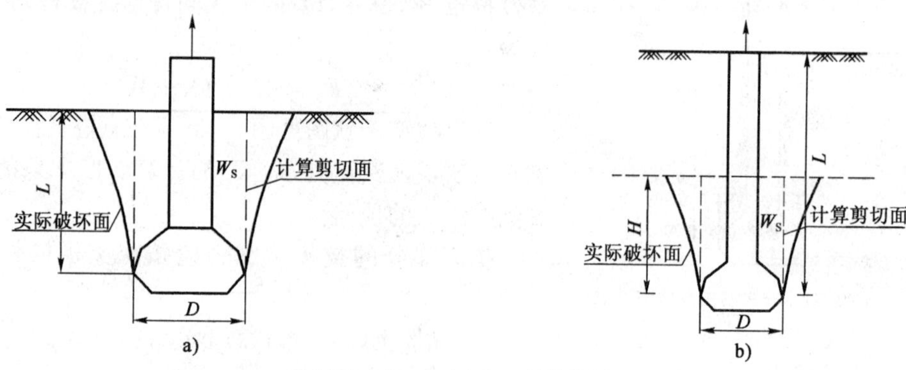

图 3-75　Meyerhof-Adams 计算简图

a)浅基础;b)深基础

由于破坏面的复杂性,Meyerhof-Adams 采用竖圆柱形滑动面代替在模型试验中观察到的喇叭形倒圆锥滑动面,来计算破坏面上的摩阻力,他们对浅基础和深基础分别提出了不同的算式。浅基础与深基础根据土体性质和桩的长径比而定,对于上海地区的抗拔桩属于深基础。深基础极限抗拔承载力的计算公共如下:

$$P_u = W_c + W_s + f(S_r, c, \varphi, L, H) \quad (3\text{-}107)$$

式中:W_c——桩的有效自重;

W_s——在高度 H 处的圆柱体内所包含的土重;

L——桩长;

S_r——决定圆柱体侧面上被动土压力大小的形状系数;

c、φ——土性参数,对于黏性土采用排水剪切试验成果。

4)上海地区总结的承载力计算方法

上海市一些科研、设计、施工单位根据上海软土地区的特点,总结分析了上海地区扩底抗拔桩破坏形态、承载机理及单桩抗拔承载力计算方法。

上海地质条件是上有软土层、下有硬黏土层及密实砂性土层,对于这种地质条件,一般认为,扩底桩的抗拔荷载主要由下面的硬黏土层、密实砂性土所承担,而上覆软黏土则至多起到压重作用，很难利用其微小的剪切强度，其破坏形态也将会不同。根据数值分析表明，从塑性区的发展规律与范围可以看出，扩大头附近土体可能发生的是局部冲剪破坏，而等截面段仍为沿桩土界面的剪切破坏，可能的破坏形式如图 3-76 所示。应当指出，在这种破坏形态下，桩的抗拔力并不会产生一个突变性的跳跃，而是随着桩顶上拔位移的增加，扩大头周围土体局部塑性区逐步向上扩展，表现出桩身位移逐渐增大，承载力逐渐减小，直到桩身拔出。

由于上海地区扩底桩在地层、桩型、扩大头形状等主要因素与已有研究具有很大的差异性，导致扩底抗拔桩承载机理与破坏形态大不相同，以下介绍上海地区扩底抗拔桩计算方法。

(1)圆柱面剪切法

假设桩端扩大头底部以上一定范围内的土体剪切面直径同扩大头最大直径，同时假设超过此范围的等截面部分的侧摩阻力不受影响，并分段套用现有规范的抗拔桩计算公式，见图 3-77，这样的计算方法可利用现有规范中的参数，较为简单易行。扩底影响长度可取扩大头起始位置以上 $8D$(D 为扩大头直径)，并加上扩大头长度，根据现有施工机械条件，扩大头长度一般在 1.0～2.5m，超过 2.5m 可按 2.5m 计算。

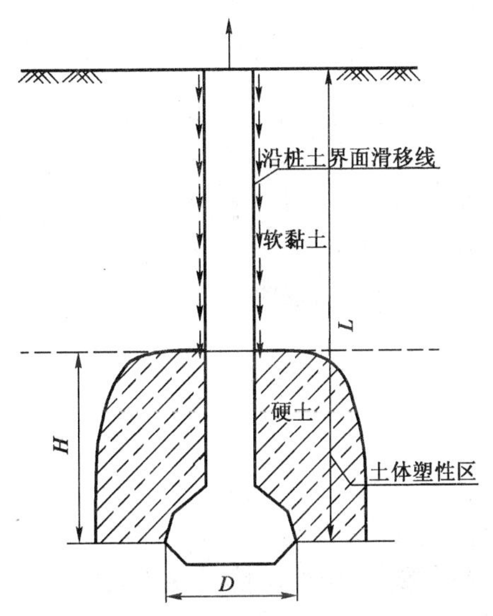

图 3-76　软土地区扩底桩破坏模式

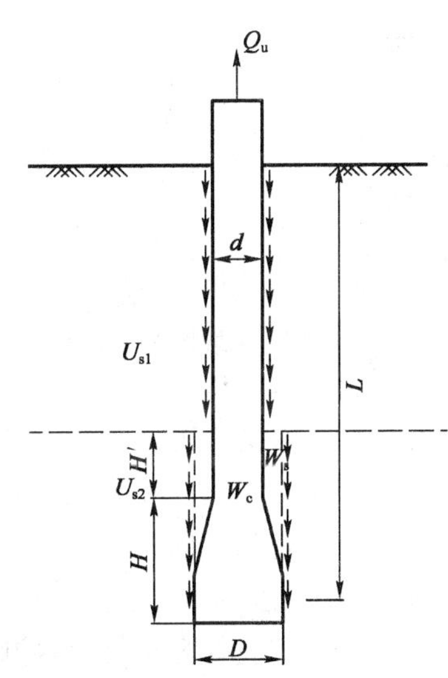

图 3-77　圆柱面剪切法计算示意

单桩竖向抗拔承载力标准值计算公式如下：

$$
\begin{aligned}
Q_{uk} &= U_{s1} + U_{s2} + W_c + W_s \\
U_{s1} &= \sum \lambda_i q_{sik} \pi d l_{i1} \\
U_{s2} &= \sum \lambda_i q_{sik} \pi D l_{i2}
\end{aligned}
\tag{3-108}
$$

式中：Q_{uk}——扩底抗拔桩单桩竖向抗拔承载力标准值；

U_{s1}——扩大头及影响范围 H' 以外部分 $[L-(H+H')]$ 的桩侧摩阻力标准值(按身直径 d 计算)；

U_{s2}——扩大头 H 及影响范围 H' 以内 $(H+H')$ 的桩侧摩阻力标准值(按扩大头直径 D 计算)；

W_c——桩身有效自重；

W_s ——扩大头影响范围内 H' 的土体有效自重；

l_{i1} ——自桩底起算的长度，取 $> H + H'$ 范围；

l_{i2} ——自桩底起算的长度，取 $< H + H'$ 范围；

H——扩大头长度；

H'——扩大头影响范围，一般取扩大头长度及扩大头以上 8D 范围，但不包括软弱土层的长度；

λ_i ——抗拔系数；

q_{sik} ——桩侧表面第 i 层土的抗压极限侧摩阻力标准值。

(2)扩大系数法

假设扩底桩的抗拔性能与等截面桩相似，即其破坏形式为沿桩—土侧壁界面剪破，桩端扩大头范围内的土体由于上覆土重及扩大头的旁压作用使其抗剪强度得到增强，并用扩大系数来反映，见图 3-78。

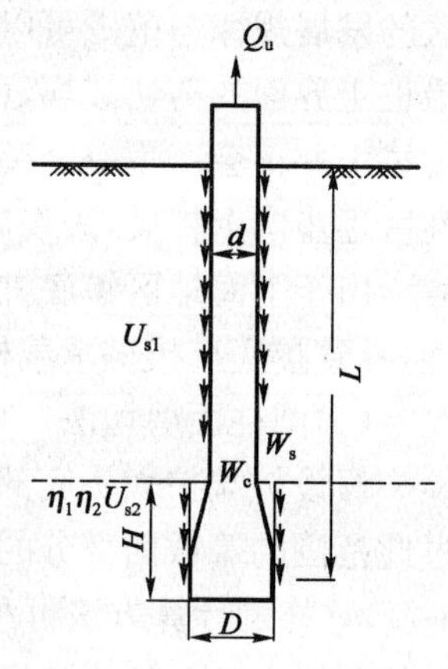

图 3-78　扩大系数计算示意图

单桩竖向抗拔承载力标准值计算公式如下：

$$Q_{uk} = U_{s1} + U_{s2} + W_c + W_s \tag{3-109}$$

$$U_{s1} = \sum \lambda_i q_{sik} \pi d l_{i1}$$

$$U_{s2} = U'_{s2} \times \eta$$

$$\eta = \eta_1 \times \eta_2$$

$$U'_{s2} = \sum \lambda_i q_{sik} \pi D l_{i2} \tag{3-110}$$

式中：Q_{uk}——扩底抗拔桩单桩竖向抗拔承载力标准值；

U_{s1}——等截面桩身段桩侧摩阻力标准值(按身直径 d 计算)；

U_{s2} ——扩大头段抗拔阻力标准值；

W_c ——桩身有效自重；

W_s ——扩大头影响范围内 H' 的土体有效自重；

l_{i1} ——自桩底起算的长度，取 $> H$ 范围；

η_1 ——扩底放大系数，根据土质情况进行确定，一般可取 1.5；

η_2 ——考虑扩底的旁压作用对侧摩阻力的影响系数，根据土质情况取 1.5～2.5，持力层土质情况较好时取大值，反之取小值；

U'_{s2}——扩大头段侧摩阻力标准值(按扩底直径 D 计算)；

l_{i2} ——自桩底起算的长度，取 $< H$ 范围；

H——扩大头长度；

λ_i ——抗拔系数；

q_{sik} ——桩侧表面第 i 层土的抗压极限侧摩阻力标准值。

4.扩底桩施工技术分析

扩底问题从本质上讲就是等截面桩变截面的问题，在扩底桩应用较早的地区，大都根据当地的地质情况，形成了一套相对适用的扩底方法，基本可以归纳为以下几类。

人工扩孔法：这种方法适于可人工成孔的地区，要求地下水位低、地质条件好，孔壁稳定性好，采用该法的多为短桩，且桩等截面直径不小于 1.4m。

爆孔法：通过爆炸作用产生的冲击力，在桩端形成扩大头，爆扩法扩底质量不易保证。

机械扩孔:采用扩孔机具进行扩孔,充分体现机械化施工在施工速度、成孔质量上的优势,是主流的发展方向。根据传力装置可分液压式和机械式,根据机具与土体的作用关系可分为挤扩、夯扩、挖扩、削扩等。

对于类似于上海软土地层区域,加之地下水位较高,在其他地区采用的诸如夯扩、爆扩、人工扩孔等扩孔方法均不宜采用,较为适合采用的方法主要有:液压挤扩法、机械式扩孔法,以下介绍液压挤扩法中的一种——AM 十取土全液压扩底灌注桩,其施工工艺及施工过程见图 3-79和图 3-80。

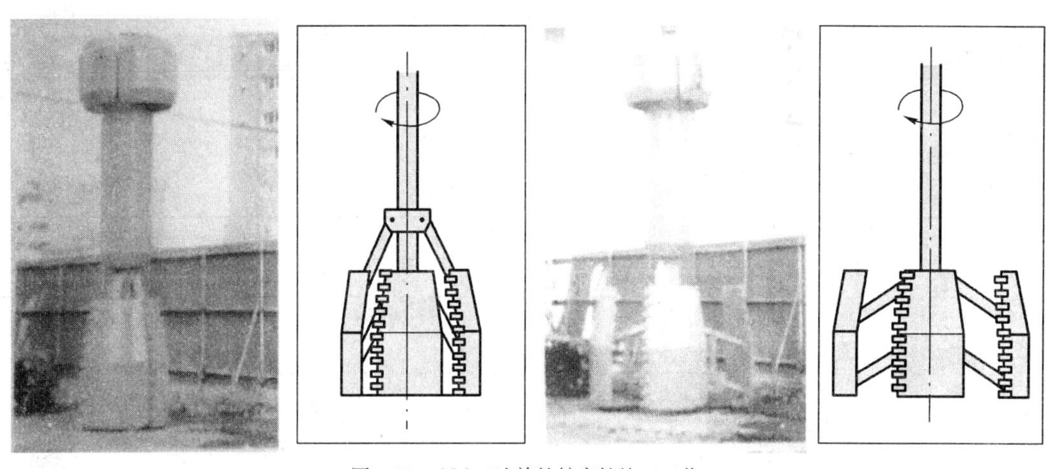

图 3-79 AM 工法旋挖扩底桩施工工艺

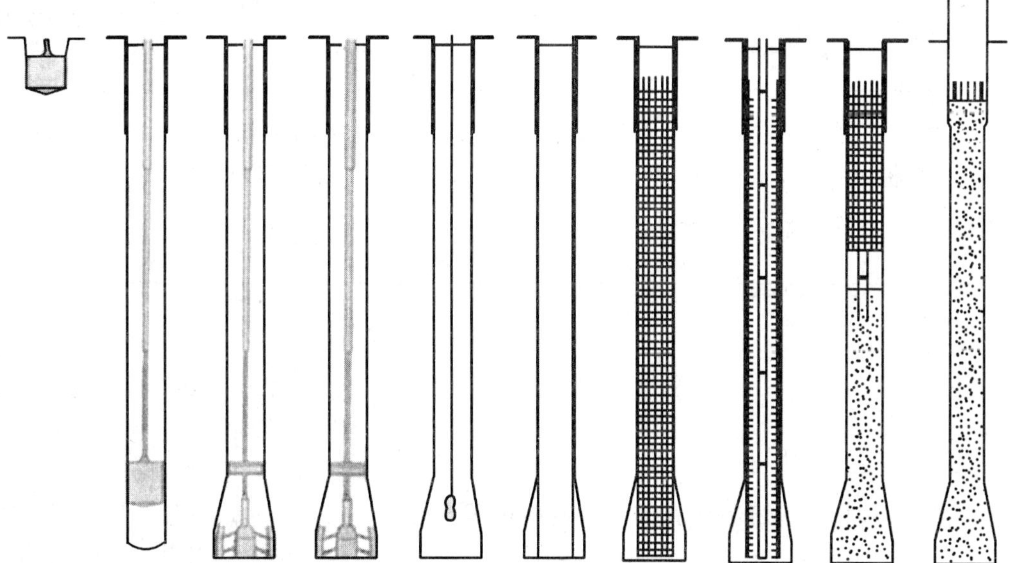

图 3-80 AM 工法旋挖扩底桩施工过程

AM 全液压扩底灌注桩施工技术采用全液压扩底快速魔力铲斗进行全液压切削挖掘,扩底时桩底端保持水平扩大,切削挖掘机施工时采用电脑管理及检测映像装置进行自动控制。首先用钻机按成孔桩径钻到设计深度,把扩底机(全液压扩底快速魔力铲斗)下降到桩的底端,打开扩大翼进行扩大切削挖掘作业。此时操作人员只需按照设计要求预先输入电脑的扩底数据和形式进行操作即可(桩底端的深度及扩底部位的形状、尺寸等数据和图像通过检测装置显示在操作室的监控器上)。AM 方法施工时采用要求严格的稳定液护壁,避免桩周泥皮过厚和孔底沉渣导致单桩承载力的降低。扩底桩直桩施工时,其施工工艺与普通施工工艺相同,主要区别出现在扩孔施工段。钻孔扩底桩部分采用魔力铲斗进行扩孔,该作业程序是整个扩底桩施工的重要环节。

5. 设计实例

1)上海铁路南站南广场

上海铁路南站位于沪闵路以南,石龙路以北,桂林路以东,柳州路以西。南广场主要由地下车库、商场、下沉式广场和各类地下通道组成,其中地下车库部分抗拔桩采用扩底抗拔钻孔灌注桩。

场地地层分布情况如表 3-23 所示。

场地地层分布情况 表 3-23

土层序号	土 层 名 称	厚 度(m)	侧 摩 阻 力(kPa)
②$_1$	粉质黏土	2.0	15
②$_2$	粉质黏土	0.8	15
③	淤泥质粉质黏土	2.2	25
④	淤泥质黏土	10.8	30~40
⑤$_1$	粉质黏土	3.6	55
⑤$_2$	砂质粉土	5.2	55
⑤$_{3-1}$	粉质黏土夹粉砂	15.8	60
⑤$_{3-2}$	砂质粉土	3.0	50
⑤$_4$	粉质黏土	3.0	70

本工程抗拔桩共有三种抗拔桩型(表 3-24),其中 A、B 为扩底桩,C 为等截面桩。原设计 C 型等截面桩,桩径为 600mm,桩长约 60m,后部分采用 A、B 型桩,桩身不变,桩端扩至 1 200mm,扩大头长 1,桩长缩短。

抗 拔 桩 桩 型 表 3-24

桩 型	桩身直径(mm)	扩底直径(mm)	扩大头长度(m)	桩长(m)
A	600	1 200	1	31
B	600	1 200	1	37
C	700	700		44

根据前述圆柱面剪切法计算得到扩底桩极限承载力为 3 300~3 500kN,与相同长度的 ϕ850 的等截面桩或 55mϕ600 的等截面桩的计算单桩承载力相近,经试桩,其极限承载力不小于 3 400kN,说明采用扩底桩具有较高的经济性,而且可以避免由于等截面超长桩的施工质量问题。

2)陆家嘴某广场

陆家嘴某广场位于上海市陆家嘴金融贸易区 2-2-3 地块,建筑面积约 25 758m^2,拟建建筑物由地上 3 层及地下 2 层组成。

根据上海市岩土地质研究院有限公司提供的岩土工程勘察报告，拟建场地 40m 深度范围内的地基土主要由黏性土、粉性土、砂土组成，一般具有成层分布特点。根据土的成因、结构及物理力学性质差异可划分为 7 个主要层次。其中第①、⑦层根据土的成因、土性特征分为若干亚层，土层分布情况如表 3-25 所示，桩身位置示意如图 3-81 所示。

本场地浅部土层分布情况一览表

表 3-25

土层序号	土 层 名 称	层底标高(m)	标准贯入击数平均值(击)	比贯入阻力平均值 p_s(MPa)
①$_1$	填土	2.86～1.07		
①$_2$	暗浜填土	1.23～0.92		
②	粉质黏土	1.29～0.79		0.85
③	淤泥质粉质黏土与砂质粉土互层	−5.21～−6.23	3.3	0.92
④	淤泥质黏土	−13.79～−14.30		0.58
⑤	黏土	−19.46～−20.09		1.06
⑥	粉质黏土	−24.01～−24.50		2.72
⑦$_{1-1}$	砂质粉土	−32.25～−33.46	31.8	11.96
⑦$_{1-2}$	粉砂	未钻穿	40.8	16.47

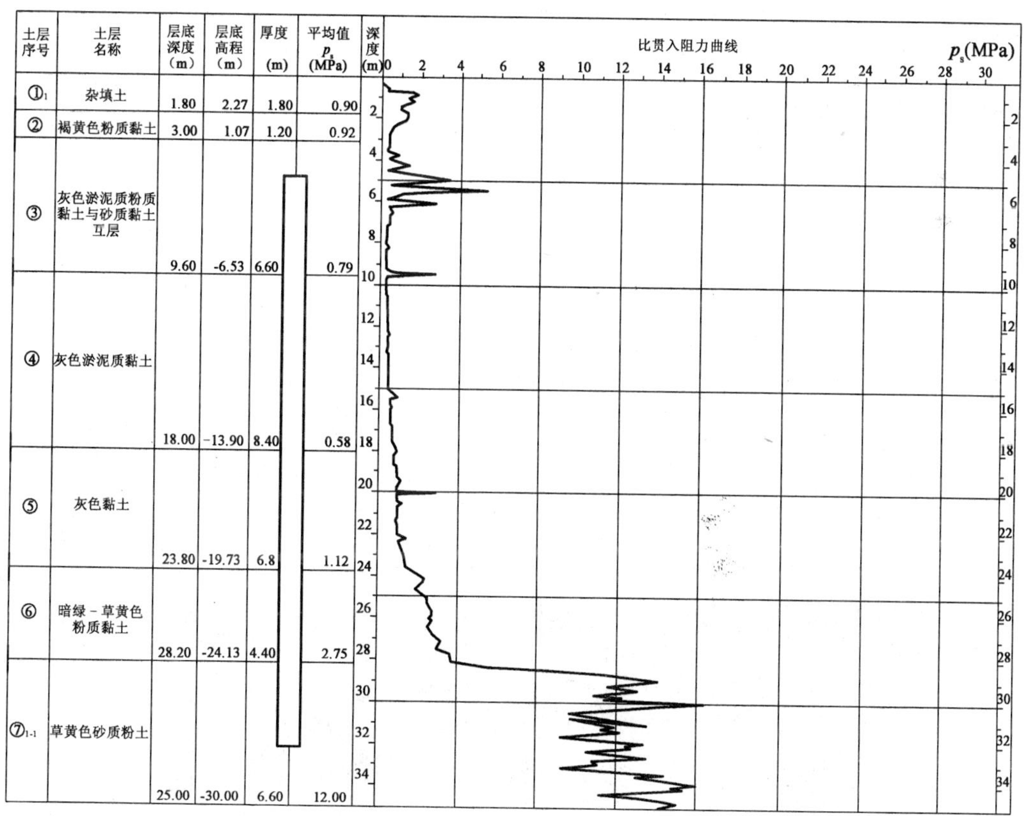

图 3-81 桩身位置示意图

本工程桩基以满足抗拔承载力要求为主，同时需满足一定的抗压承载力要求，综合考虑建筑物性质、地层情况以及周边环境条件，采用扩底钻孔灌注桩。根据拟建建筑物性质及岩土工程勘察报告，钻孔灌注桩直径 ϕ600，扩底端直径为 ϕ900，扩底高度为 2m。

通过采用 5 根试桩进行检测，最大上拔力不小于 2 650kN，具体试桩成果如表 3-26 所示。

试桩成果 表 3-26

桩号	最大上拔力(kN)	最大上拔量(mm)	残余上拔量(mm)	回弹量(mm)	回弹率(%)
SZ1	2 650	25.53	6.96	18.57	72.7
SZ2	2 650	22.89	5.91	16.98	74.2
SZ3	2 650	24.49	9.29	15.20	62.1
SZ4	2 650	24.84	13.11	11.73	47.2
SZ5	2 650	25.56	9.15	16.41	64.2

根据估算，扩大头产生的抗拔力约占总抗拔力的 50%，贡献十分可观，经济技术性效果较好。

第四节 案例分析

一、上海某高层住宅

1. 工程概况

上海某高层住宅位于上海市普陀区，由 3 幢 19 层、1 幢 19～28 层、1 幢 33 层住宅楼和其他辅助设施组成(图 3-82)，总建筑面积 10.5 万 m^2。

图 3-82 上海某高层住宅实景图(9 号楼、8 号楼)

本次咨询主要针对其中的 2 幢高层住宅楼，即 8 号楼和 9 号楼。8 号楼由 D1 单元、D+D 单元组合而成，其中 D1 单元为 19 层，D+D 单元为 28 层，9 号楼为 33 层。

2. 场地工程地质条件

根据勘察成果显示，本场地在深度 85m 内的地基土均属第四系河口～滨海及湖沼相沉积层，主要由黏性土、粉性土、砂性土组成。按其沉积时代、成因类型及其物理力学性质的差异可划分为 9 层，各土层情况见表 3-27。

土的物理力学性质指标　　表 3-27

土层序号	土层名称	层底一般深度(m)	标贯击数平均值(击)	比贯入阻力平均值 p_s(MPa)	备注
①$_1$	杂填土	1.0～4.0			遍布
②$_1$	砂质粉土夹黏质粉土	2.0～4.6	7.3	1.89	遍布
②$_{3-1}$	砂质粉土	5.0～8.0	8.2	2.56	遍布
②$_{3-2}$	粉砂	11.8～13.8	16.7	6.00	遍布
④	淤泥质黏土	15.0～17.10		0.66	遍布
⑤	粉质黏土	28.0～30.8		0.99	遍布
⑥	粉质黏土	31.6～33.1		2.16	遍布
⑦$_1$	粉砂夹砂质粉土	38.0～39.3	36.9	9.48	遍布
⑦$_2$	粉细砂	40.2～43.3	48.7	19.94	遍布
⑧$_1$	黏土	50.0～51.8		2.21	遍布
⑧$_{2-1}$	粉质黏土夹薄层粉砂	56.0～58.2		3.23	遍布
⑧$_{2-2}$	粉质黏土、粉砂互层	66.0～67.5	29.4	5.35	遍布
⑨$_1$	粉砂	79.0～80.2	>50		遍布
⑨$_2$	中粗砂	—	>50		遍布

3. 桩基咨询设计

针对本工程 19～28 层住宅楼(8 号楼)和 33 层住宅楼(9 号楼)，主要就桩基持力层选择、单桩承载力确定、桩基沉降量计算、高低层差异沉降控制和沉桩可行性等方面进行深入研究：充分分析工程地层条件，收集类似工程经验，综合考虑软弱下卧层结构强度和同类工程的沉降规律，选择合理的桩基持力层和桩型；开展广泛论证，最终提供桩基设计咨询报告，并完成了桩基施工图设计。

1)桩基持力层分析与选择及桩型的确定

根据岩土工程勘察报告，本工程为上海地区典型的地层分布：深部依次分布有第⑥层粉质黏土、第⑦$_1$层粉砂夹砂质粉土、第⑦$_2$层粉砂、第⑧$_1$层黏土、第⑧$_2$层粉质黏土夹粉砂、第⑨$_1$层粉砂、第⑨$_2$层中粗砂。

原设计拟采用灌注桩方案，以第⑧$_2$层粉质黏土为桩基持力层，桩径为 ϕ800mm，有效桩长为 55m，如图 3-83 中虚线桩位所示。

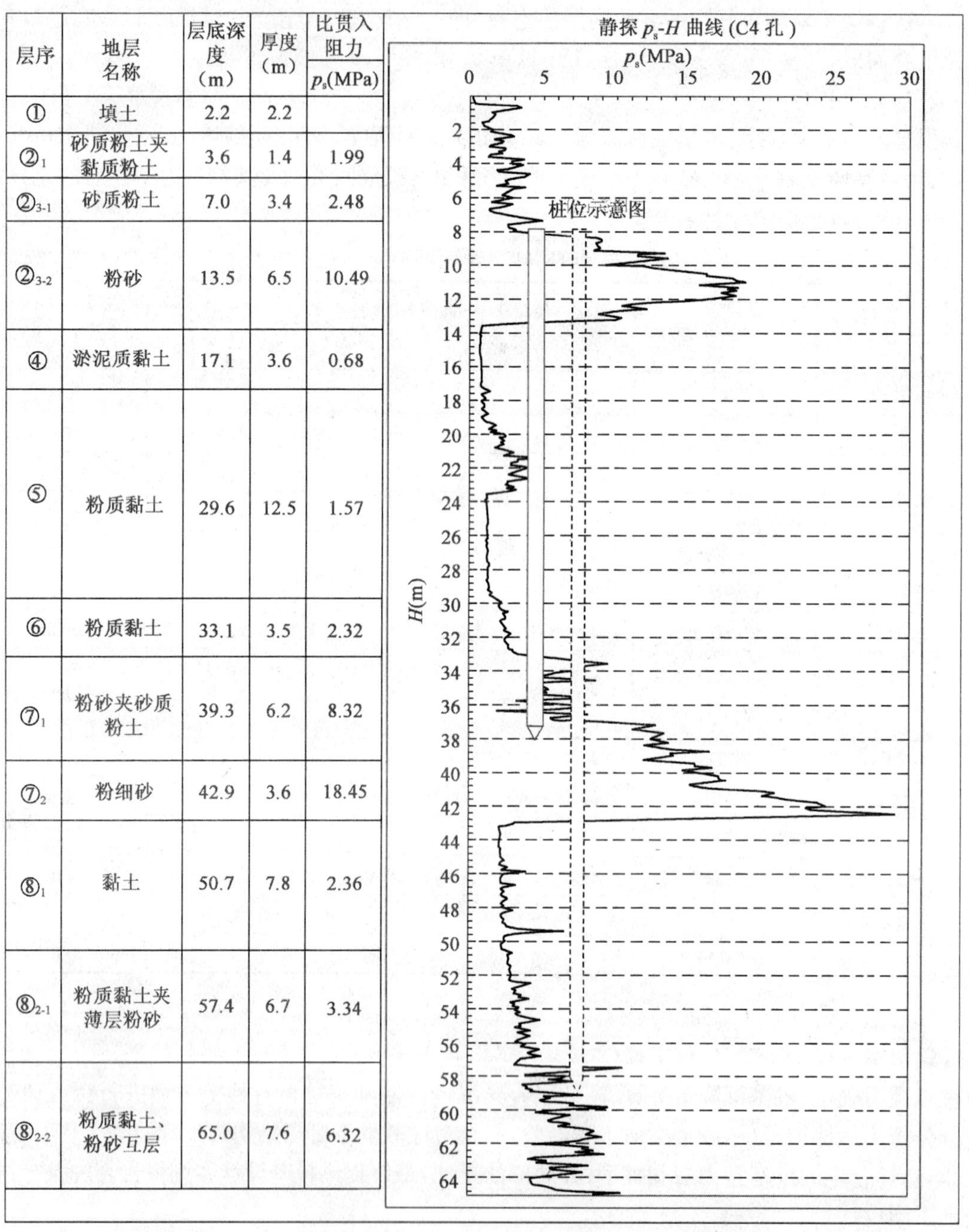

层序	地层名称	层底深度(m)	厚度(m)	比贯入阻力 p_s(MPa)
①	填土	2.2	2.2	
②$_1$	砂质粉土夹黏质粉土	3.6	1.4	1.99
②$_{3-1}$	砂质粉土	7.0	3.4	2.48
②$_{3-2}$	粉砂	13.5	6.5	10.49
④	淤泥质黏土	17.1	3.6	0.68
⑤	粉质黏土	29.6	12.5	1.57
⑥	粉质黏土	33.1	3.5	2.32
⑦$_1$	粉砂夹砂质粉土	39.3	6.2	8.32
⑦$_2$	粉细砂	42.9	3.6	18.45
⑧$_1$	黏土	50.7	7.8	2.36
⑧$_{2-1}$	粉质黏土夹薄层粉砂	57.4	6.7	3.34
⑧$_{2-2}$	粉质黏土、粉砂互层	65.0	7.6	6.32

图 3-83　静力触探成果表(9 号楼、C4)

根据近十多项类似工程地质条件的 26～45 层建筑物的沉降观测资料表明：当建筑物桩基持力层为第⑦层砂层，且 t/B_0 大于 0.25(t 为桩端下第⑦层砂层厚度，B_0 为建筑物宽度)，传至第⑧$_1$层顶面的有效附加压力控制在 350～450kPa，其竣工后的实测沉降量一般在 2.5～4.5cm，最终沉降量一般在 5.8～12cm。

所以本工程选用第⑦$_1$层砂质粉土作为桩基持力层完全能够满足单桩承载力及桩基沉降

量的要求，本工程第⑦层土总厚度一般为10m左右，控制桩端进入持力层深度为3～4m(既要充分发挥地基土潜力，又要确保工程桩后期沉桩顺利)。

本工程选择第⑦层为桩基持力层，桩型的选择余地较大，高强度预应力PHC管桩、钢筋混凝土预制方桩和钻孔灌注桩均可以满足设计要求。经技术经济方面综合比选，本工程采用PHC管桩，8号楼19层部位采用PHC400管桩，有效桩长为30m；8号楼28层部位和9号楼(33层)全部采用PHC600管桩，有效桩长为32m。

以9号楼PHC600AB管桩，桩长32m为例，根据同类型地质资料的PHC桩试桩成果，当采用ϕ600PHC桩，其单桩极限承载力标准值一般大于5 500kN，所以本工程单桩承载力确定时充分考虑了桩身结构强度，采用结构强度较高的AB桩型，使得地基土提供的承载力比较接近桩身结构强度，以达到最经济的效果。静载荷试验结果表明：单桩极限承载力不小于5 400kN(图3-84)，完全验证了先前的估算。

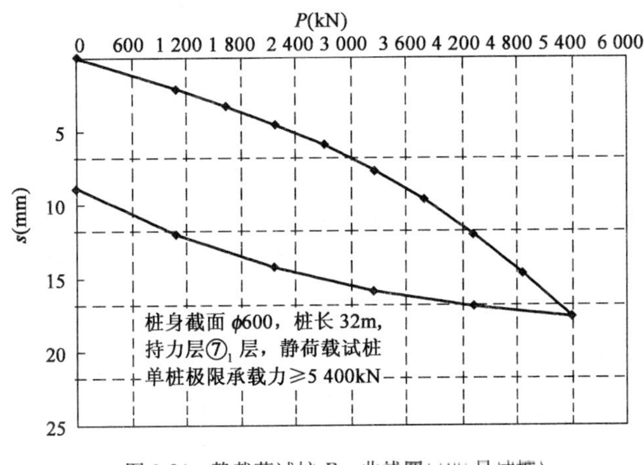

图3-84 静载荷试桩 P-s 曲线图(128号试桩)

2)沉降分析

本次桩基设计时，采用多种方法评价桩基沉降，并根据上部荷载特征，考虑桩土共同作用，调整桩位分布，优化桩基设计，三种计算方法如下。

方法1：通过类比法确定沉降经验修正系数，对上海地基基础规范的沉降计算方法进行修正。

方法2：依据旁压试验成果，应用《上海地区密集群桩沉降计算与承载力研究》课题成果，采用"旁压试验法"计算沉降量。

方法3：考虑上部结构—桩—土体三者共同作用，采用大型通用有限元软件对其桩基沉降问题进行三维建模计算研究。

沉降计算结果见表3-28。

基础沉降量估算(单位：cm) 表3-28

建筑物编号	方法1	方法2	方法3
8号楼(19层)	4.9	3.8	4.4
8号楼(28层)	9.9	11.7	8.1
9号楼(33层)	12.1	14.8	11.2

3)沉降观测结果

从 2001 年 8 月开工起,进行了长期沉降观测(图 3-85),至 2003 年 6 月结构封顶,建筑物平均沉降量为 2.4cm,竣工后一年平均沉降量为 4.1cm,根据类似工程沉降规律,桩基最终沉降量可控制在 10cm 以内。

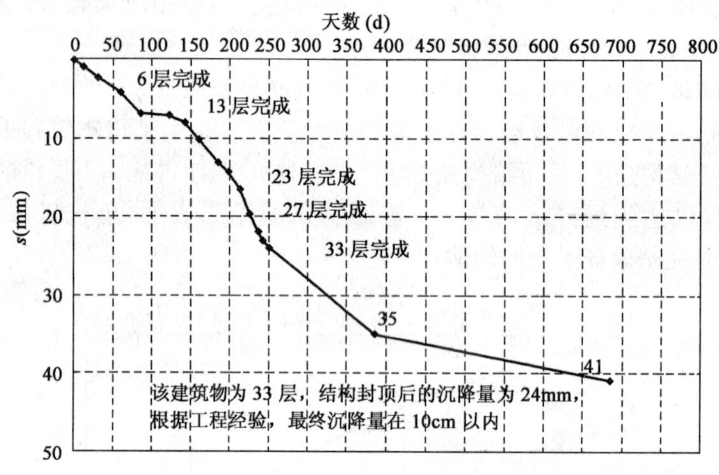

图 3-85 建筑物沉降曲线(最大点)

在施工图设计阶段,8 号楼和 9 号楼桩基如选择第⑦层为持力层,按规范方法计算沉降不能满足变形控制要求(<15cm),故设计单位选择第$⑧_2$层为持力层,考虑沉桩困难因素舍弃预制桩而改用灌注桩,桩径 $\phi750$,有效桩长 55m,8 号楼桩数 110 根,9 号楼桩数 228 根。上海岩土院根据上部荷载和工程地质条件,运用工程类比法、科研成果方法和考虑共同作用的数值分析法,分析得出选择第⑦层为持力层沉降可控制在 15cm 之内。故采用 PHC 预应力管桩(AB 型),桩径 $\phi600$,有效桩长 31～32m,8 号楼(28 层单元)桩数 130 根,9 号楼桩数 272 根。原桩基础方案与咨询优化后桩基础方案经济比较见表 3-29。

原桩基础方案与咨询优化后桩基础方案经济比较 表 3-29

方案	桩型	桩长	桩数	单桩承载力设计值(kN)	数量	单价	总价(万元)
原设计方案	灌注桩 $\phi750$	57m	338	4 000	8 508m³	850 元/m³	723.2
咨询设计方案	PHC 桩	31m	130	3 350	12 734m	270 元/m	343.8
	$\phi600$AB 型	32m	272	3 400			

另外,考虑到压桩的防护、监测等额外费用,节省桩基造价约 350 万元。

二、类似工程实例 2——某 33 层高层住宅

该工程原设计采用灌注桩 $\phi650$,持力层$⑧_2$;PHC600AB,持力层$⑦_1$,$R_k=5\,500$kN,经济指标:原方案 120 元/m²,现方案 50 元/m²。其静力触探成果及实景见图 3-86 和图 3-87。

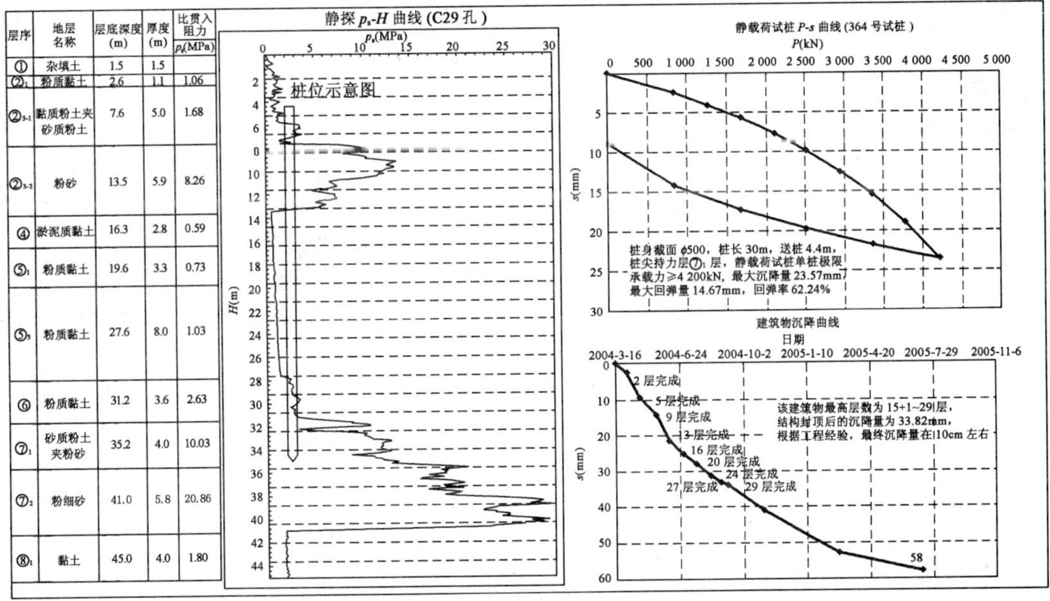

层序	地层名称	层底深度(m)	厚度(m)	比贯入阻力 p_s(MPa)
①	杂填土	1.5	1.5	
②1	粉质黏土	2.6	1.1	1.06
②3-1	黏质粉土夹砂质粉土	7.6	5.0	1.68
②3-2	粉砂	13.5	5.9	8.26
④	淤泥质黏土	16.3	2.8	0.59
⑤1	粉质黏土	19.6	3.3	0.73
⑤3	粉质黏土	27.6	8.0	1.03
⑥	粉质黏土	31.2	3.6	2.63
⑦1	砂质粉土夹粉砂	35.2	4.0	10.03
⑦2	粉细砂	41.0	5.8	20.86
⑧1	黏土	45.0	4.0	1.80

图 3-86 静力触探成果表

图 3-87 某 33 层高层住宅实景图

三、类似工程实例 3——杨浦区某 33 层住宅楼

该工程原灌注桩 $\phi700$，持力层⑧$_2$；PHC600AB，持力层⑦$_1$，$R_k=5\ 500\text{kN}$，经济指标：原方案 132 元/m^2，现方案 52 元/m^2。其静力触探成果及实景见图 3-88 和图 3-89。

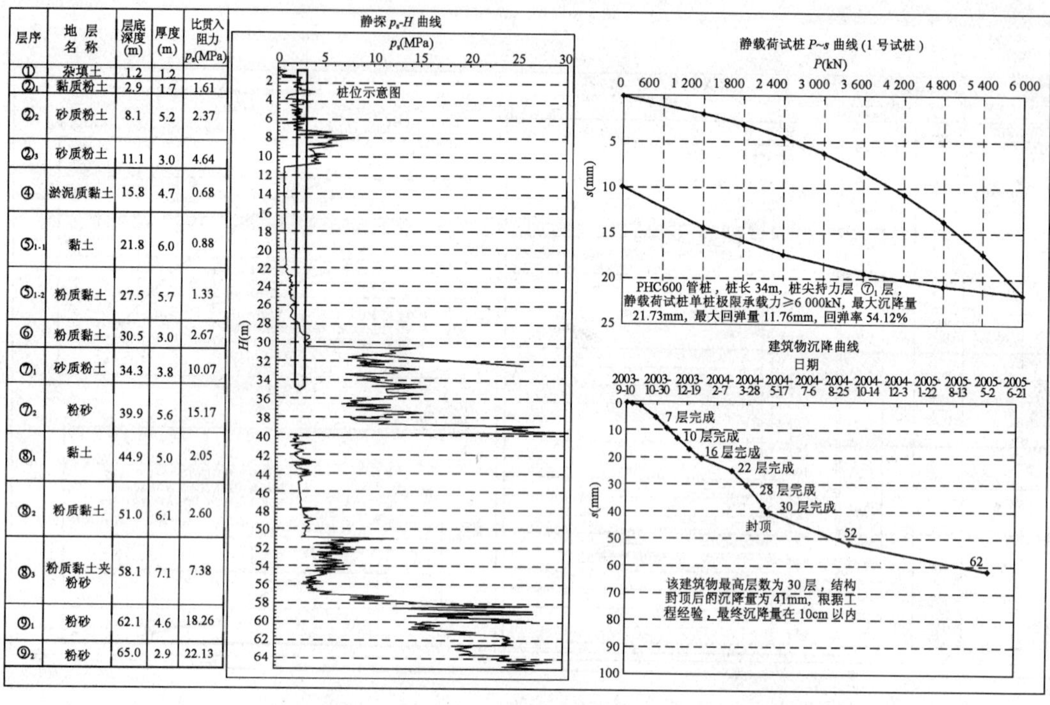

层序	地层名称	层底深度(m)	厚度(m)	比贯入阻力 p_s(MPa)
①	杂填土	1.2	1.2	
②1	黏质粉土	2.9	1.7	1.61
②2	砂质粉土	8.1	5.2	2.37
②3	砂质粉土	11.1	3.0	4.64
④	淤泥质黏土	15.8	4.7	0.68
⑤1-1	黏土	21.8	6.0	0.88
⑤1-2	粉质黏土	27.5	5.7	1.33
⑥	粉质黏土	30.5	3.0	2.67
⑦1	砂质粉土	34.3	3.8	10.07
⑦2	粉砂	39.9	5.6	15.17
⑧1	黏土	44.9	5.0	2.05
⑧2	粉质黏土	51.0	6.1	2.60
⑧3	粉质黏土夹粉砂	58.1	7.1	7.38
⑨1	粉砂	62.1	4.6	18.26
⑨2	粉砂	65.0	2.9	22.13

图 3-88　静力触探成果表

图 3-89　杨浦区某 33 层住宅楼实景图

本章参考文献

[1] 刘金砺，等. 桩土变形计算模型和变刚度调平设计[J]. 岩土工程学报，2000，22(2)：151-158.

[2] 张建辉，等. 不同桩长桩径桩筏基础的分析方法[J]. 岩土工程学报，2006，28(11)：1951-1957.

[3] 上海岩土工程勘察设计研究院. 上海地区多层住宅沉降控制研究[R]. 上海：上海岩土工程勘察设计研究院，1999.

第四章　预制桩施工技术及设备

第一节　静压桩的设备选型及适用条件

一、概述

静力压桩施工法是以设备自重及配重作反力，通过液压（或机械）驱动用静压力将预制桩压入地基土中的一种施工工艺，简称压桩法。与传统的锤击法和振动法比较，具有无振动、无噪声、无污染、施工速度快、施工现场干净文明、施工质量易控制等优点，被称为“环保型”绿色沉桩技术，在 20 世纪 90 年代得到大力发展，特别是近年来，大吨位静力压桩机的出现，使得其应用越来越广泛，取得了很好的经济效益和社会效益。

压桩法施工具有以下优点：

(1)无振动、无噪声、无污染，适合在市区施工。

(2)施工工序简单、施工过程直观，可随时记录压桩阻力随桩入土深度及终止压力的变化情况，从而可判断地层变化情况和单桩承载力能否满足设计要求。

(3)桩被静压力匀速均衡地压入土体中时，避免了锤击法对桩身产生的张拉应力。

(4)施工速度快且可 24h 连续施工，可大大缩短工期。

(5)施工现场整洁文明，机械化程度高，工人劳动强度低。

压桩法施工和其他工法一样也有其局限性，如需要穿透相对较厚但不能作为持力层的中密～密实状态的粉、砂性土、砾石层等土层沉桩困难；在饱和软黏土层压桩法施工的挤土效应明显，对周围地下管线及建筑物有影响等。

压桩法施工在我国许多地方已广泛应用，从海南、广东、广西、福建、浙江、上海、江苏、山东、天津等沿海地区到安徽、湖北、湖南、河南、陕西、云南等内陆地区以及东北等冻土地区已普遍应用，从民用建筑到工业设施，从高层建筑到市政路桥，到处都有压桩法施工工程。

二、压桩机

1. 压桩机的分类

(1)按压桩驱动力机理分为机械式和液压式。机械式压桩机是通过滑轮组驱动将桩压入土体中，其压入能力不大，最大 2 500kN，应用已经很少。液压式压桩机是通过液压驱动将桩压入土体中，是目前主流产品，其最大压入力已达 12 000kN。

(2)按给桩施加压力形式分为抱压式和顶压式。抱压式压桩机又叫箍压式压桩机,是通过抱夹装置将桩身抱住(箍紧),然后通过压桩油缸施加压力将桩压入土体中,其压入力较大,大吨位压桩机均为抱压式压桩机。顶压式压桩是通过桩帽从桩顶给桩施加压力将桩压入土体中,一般为小、中型压桩机,适宜小方桩和薄壁管桩。

(3)按压桩位置不同分为前压式和中压式。前压式压桩机的加压装置在其前端,可施压距离已有建筑物较近的桩,由于其偏心受力,压入力一般较小;中压式压桩机的加压装置在其中部,均衡堆载均衡施压,其压入力较高,工作面相对较大,大部分压桩机均为中压式。

(4)按行走机构不同分为滚筒式和步履式,目前主流产品为步履式。

(5)按吊机设置分为自吊式和它吊式。自吊式压桩机上设置有吊车,可自身完成吊桩、喂桩;它吊式压桩机吊车和主机分离,吊桩、喂桩需另配吊车,但该种压桩机配重好堆放。

(6)其他多功能桩机。如抱顶一体机,在抱压机基础上,增加一套顶压装置,既可抱压、也可顶压,又可以抱压、顶压同时使用,一机多用,方便快捷。中、边一体机,同一桩机既可中压又可将压桩机构移到前边压边、角桩,采用与主机一体化边角桩机构形式,边角桩压桩能力可达中桩的60%～70%,适应性强,最小边桩距离1.2m,最小角桩距离2.4m。

全液压步履式压桩机是目前压桩施工主流产品,其行走、旋转、压桩均为液压驱动,灵活机动,压入力大,适应性强,是一种新型桩基工程施工设备,在近年来得到大力发展和广泛应用,其代表产品为湖北武汉和上海生产的YZY系列及湖南长沙生产的ZYJ、ZYC系列全液压静力压桩机。

2. 压桩机的构造

全液压步履式压桩机主要由夹桩、压桩机构,升降行走、旋转机构,起重机构,液压系统,电器系统,配重等主要部件组成。

1)夹桩机构

夹桩机构为抱压式压桩机的关键结构,依靠液压油缸驱动,通过一定的传力构件将预制桩夹住,其夹桩力要大于压桩力,不打滑,且不把桩夹坏,桩才能被顺利压入土体中。常用的夹桩机构有以下三种:

(1)传统的对夹式,即两个对称方向上装有两组对顶的液压油缸,通过对顶夹持板将桩夹住,如图4-1所示,其优点是结构简单,机理明晰,其夹桩力的大小取决于系统油压、油缸面积及夹持板与桩的接触面积。其缺点是四只油缸不同步时桩身会受到剪应力而损坏,以及夹持板与桩身不能完全"吻合"而使桩身局部剪切或受拉应力而掉块损坏。压桩时夹桩油缸活塞杆易受剪而经常损坏。

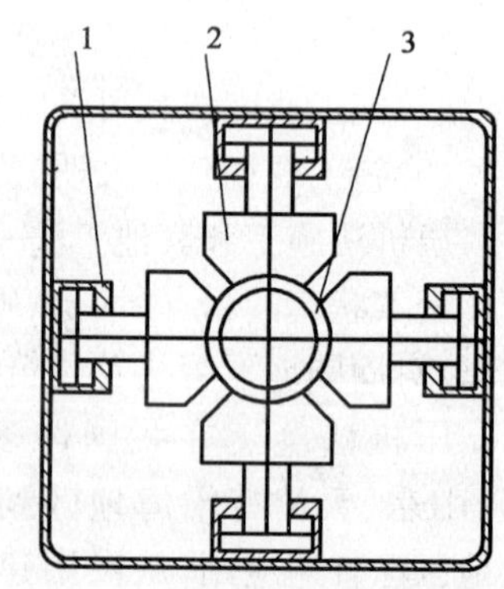

图4-1　普通型夹持机构夹桩原理
1-液压油缸;2-夹持板;3-预制桩

为了增大夹持板与预制桩的接触面积,可以同样两套这样的结构沿预制桩轴线分上下两层对称布置。

(2)利用杠杆原理,通过两只比较小的油缸推动楔形传力块,再推动夹持板将桩夹住,如图4-2所示,其优点是结构简单,机理明晰,由于利用杠杆原理,夹桩驱动油缸相对较小,且不易损坏。其夹桩力的大小取决于系统油压及夹持板与桩的接触面积。其缺点是夹持板与桩身不能完全“吻合”而使桩身局部剪切或受拉应力而掉块损坏。

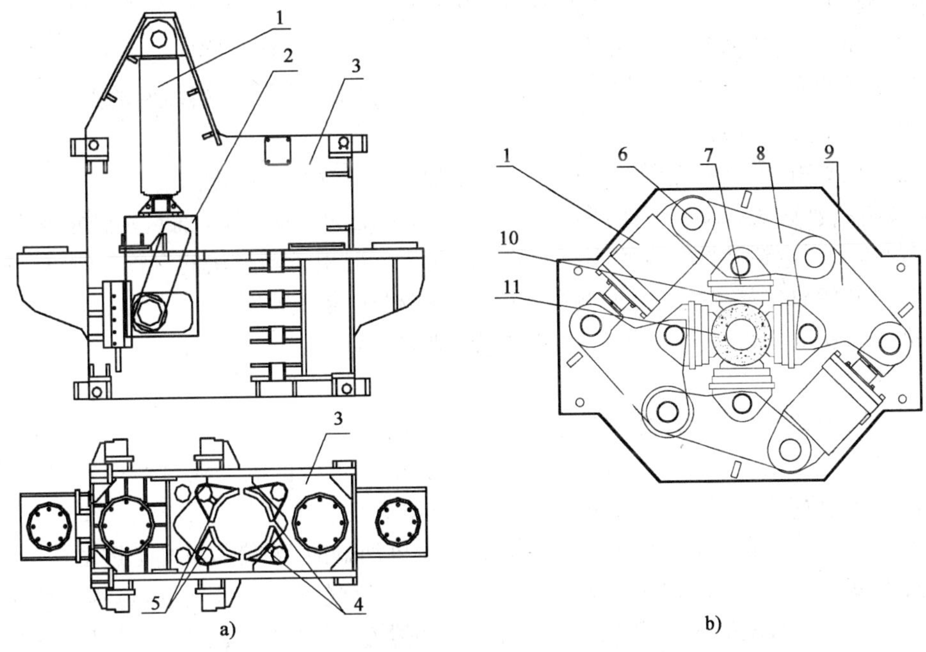

图 4-2 杠杆式夹持机构

1-夹紧油缸；2-传力楔形块；3-箱体；4-固定夹板；5-活动夹板；6-销轴；7、10-夹板；8-直铰；9-弯铰；11-桩

(3)多点均压式夹桩机构，其结构如图 4-3 所示，其结构原理如下：若干个轴向安装的夹桩液压缸 2 的活塞杆 3 与锥形圈(或锥形块)6 的内锥面与多瓣夹持板 5(其瓣数可根据实际需要任意确定)的外锥面接触，形成楔形结构，多瓣夹持板 5 间放置复位弹簧 4。

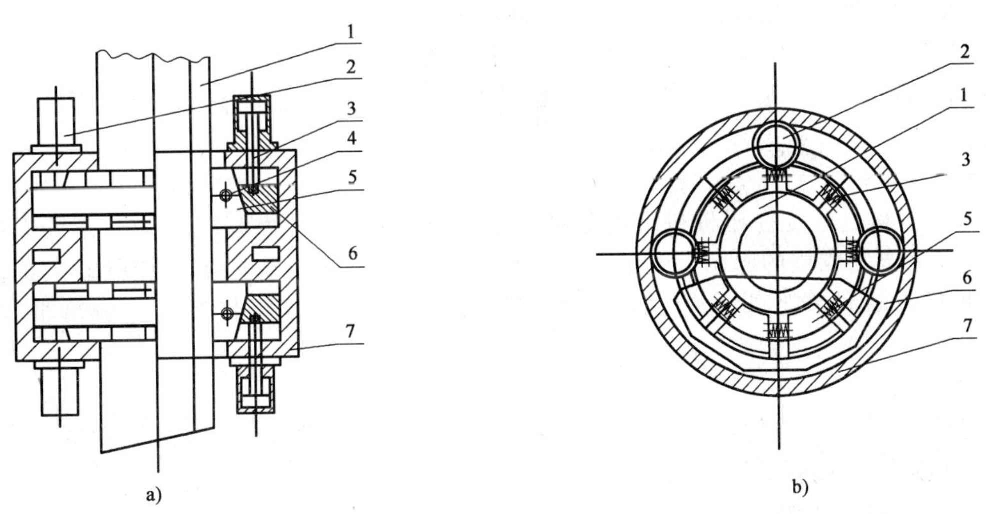

图 4-3 多点均压式夹桩机构原理

1-预制桩；2-液压缸；3-液压缸活塞杆；4-复位弹簧；5-多瓣夹持板；6-锥形圈；7-夹桩箱体

图 4-3a)表示由同样两套这样的结构沿预制桩轴线分上下两层对称布置,图 4-3b)表示这种夹桩机构的夹桩油缸和夹持板绕桩周的分布情况。其工作原理为:活塞杆 3 伸出时,驱动与它连接在一起的锥形圈或锥形块 6 轴向推进,锥形块 6 的内锥面迫使多瓣结构的夹持板 5 同时作径向运动,使复位弹簧 4 压缩并向中心收缩,使多瓣夹持板从多个方向可靠地夹紧预制桩。活塞杆 3 缩回时,锥形块 6 的内锥面离开夹持板 5 的外锥面,多瓣结构的夹持板 5 在复位弹簧 4 的作用下复位,即松开预制桩。

其优点是利用“手握鸡蛋”的夹持效果,有效地运用了楔形块的增力原理,将夹桩油缸轴线布置,夹持板在桩周实施多层多瓣多点夹持,并具有一定的浮动功能,能自动适应桩身表面状况自动定心,从而达到桩身均压使其应力分布均匀。同时由于楔形块的自锁作用,杜绝了一般夹桩机构因夹持油缸及系统元件泄漏可能引起的夹桩机构打滑甚至“座机”现象的发生,提高了夹桩机构的安全可靠性。其缺点是结构复杂,维修麻烦。

2)压桩机构

压桩机构是将固定在导向龙门架(或立柱架)上的一组竖向安装的压桩油缸和夹桩机构连在一起,通过压桩油缸的升程和回程来完成压桩的,抱压式压桩机一般对称设置两组油缸,一组主油缸一组副油缸,行程一般 2.0m 左右。压桩时夹桩机构将桩夹紧,压桩油缸向下伸出,把桩压入土体中。完成一个行程,夹持机构松开,压桩油缸向上回程,重复上述动作,就可连续将桩压入土体中。顶压式压桩机一般设置一组并排二只或三只压桩油缸,行程一般 1.5m 左右,其压完一个行程,压桩油缸回程时其顶端固定装置沿着导向龙门架(或立柱架)一挡一挡向下滑动,从而将桩自顶端一直压入土中。

压桩力的大小取决于压桩机结构、自重及系统油压、压桩油缸面积的大小。

3)升降行走、旋转机构

由主机平台、顶升油缸、长短船、行走油缸等组成,是压桩机的主要硬件部分。顶升油缸连接在主机平台和长短船上,其顶升可调平主机平台及行走时提升长短船,长短船是行走时的步履,其内铺设有行走轨道。当长船着地,短船提升,通过长船内行走油缸的升、回程完成桩机的纵向行走;当短船着地,长船提升,通过短船内行走油缸的升、回程完成桩机的横向行走,当两个短船内的行走油缸一个升程,一个回程运动,则可使压桩机旋转。

4)起重机构

起重机构是装配在压桩机上的起重装置,根据桩机吨位大小不同,设置不同大小的起重机,主要完成桩的起吊,均为液压驱动,一般有独立于桩机的液压和电器系统。部分压桩机没有设置起重机构,施工时需另外配置汽车吊或履带吊来完成吊桩、喂桩工作。

5)液压系统

是压桩机的核心机构,其行走、压桩全靠液压系统完成,一般由动力站、液压油泵、液压阀、油管、油缸等形成闭合回路系统。

由于液压静力压桩机的工作特殊性,目前,实际应用于静力压桩机液压系统设计的方法主要有两种,一种是恒流量设计法,其代表机型为早期的 YZY 系列液压静力压桩机,油泵采用定量齿轮泵;另一种是最近几年采用的准恒功率设计法,其代表机型为 ZYJ、ZYC 系列液压静力压桩机，油泵采用变量柱塞泵。

所谓恒流量设计就是使液压动力源的输出流量保持恒定的一种设计方法。在实际的液压静力压桩机液压系统中，在保持系统输出流量不变的条件下，以设计要求的最大压桩速度所需的流量和最大压桩力时所产生的系统油压作为系统装机功率的设计依据。很显然，该压桩系统相对简单，但采用这种设计方法，要想形成大吨位压桩力，往往是通过增大压桩油缸的面积来实现的，即采用多个大压桩油缸同时供油压桩，这样就造成压桩速度放慢，使得压桩速度和较大的压桩力无法同时兼顾。

目前对压桩速度及压桩能力的要求是静力压桩机的一个发展趋势。常规液压静力压桩机由于采用了恒流量设计方法，故而不能满足这一要求，致使设备能量利用率低，压桩能力受到限制。采用恒功率设计方法能解决这一问题。ZYJ、ZYC 系列液压静力压桩机就是采用准恒功率设计方法设计的新一代静力压桩机。

准恒功率设计方法是采用主压桩缸先工作的方案，一方面可提高低阻力阶段的工作油压，减少与高阻力阶段油压的差别；另一方面额定流量相同时，由于油压面积减少，占压桩过程绝大部分的低阻力阶段的压桩速度可显著提高。而当阻力增大时，让副压桩油缸参与压桩，增大压桩缸的油压面积，从而大幅度增加了压桩力。另外，采用恒功率变量泵配合主、副压桩油缸，同样可达到准恒功率压桩的目的，而且在高阻力阶段的恒功率特性更好。

准恒功率设计方法具有以下优点：

(1)由于采用两对压桩油缸，可以缩小液压缸的规格或降低额定油压。

(2)与传统设计方法相比具有明显优点，传统设计不论在低阻力阶段还是在高阻力阶段，其功率利用率都很低，而且在高阻力阶段多余的功率都以油液发热的形式消耗掉，而准恒功率设计开发的桩机在整个压桩过程中的功率利用率都很高，接近于 1。

(3)即使在桩机功率小很多的条件下，它比传统设计的压桩速度快(压桩力相同时)、压桩力大(压桩速度相同时)。

因此，准恒功率设计在较小功率配置条件下，大幅度地提高了压桩速度和压桩力，其能量利用率高，适用于大吨位桩机的设计开发，目前采用该法设计的桩机最大压桩速度可达 5m/min，最大压桩力可达 12 000kN。

6)电器系统

是压桩机的动力系统，由配电箱和电动机组成，与外接电源连接后，驱动液压泵工作，完成压桩机各种动作。

7)配重

和压桩机主机一起提供压桩反力，一般由铸铁或钢筋混凝土做成不同形状、规格的配重块，堆放在主机平台上，根据桩机及压桩力的大小灵活配置。

3. 部分全液压静力压桩机的构造示意图

图 4-4～图 4-7 为部分全液压静力压桩机的构造示意图。

4. 部分全液压静力压桩机主要性能参数表

表 4-1～表 4-3 为部分全液压静力压桩机主要性能参数表。

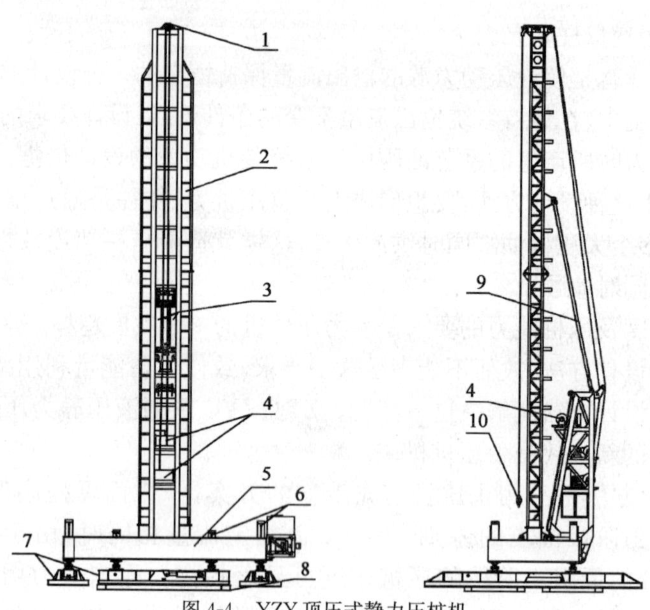

图 4-4　YZY 顶压式静力压桩机

1-天车;2-立柱龙门架;3-压桩油缸;4-卷扬机;5-主机平台;6-大小支腿油缸;7-大小船;8-转向底板;9-斜拉杆;10-吊桩大钩

a)　　　　b)

图 4-5　压桩机

a)ZYC-800 型;b)ZYJ-800 型

图 4-6　全液压静力压桩机施工现场

ZYC型系列全液压静力压桩机技术参数

表 4-1

参数 \ 型号		ZYC 60	ZYC 80	ZYC 120	ZYC 180	ZYC 240	ZYC 320	ZYC 400	ZYC 500	ZYC 600	ZYC 700	ZYC 800	ZYC 900	ZYC 1 000	ZYC 1 200
额定压桩力(10kN)		60	80	120	180	240	320	400	500	600	700	800	900	1 000	1 200
压桩速度(m/min)	高速	4.0	4.0	5.0	7.8	7.7	7.0	7.0	7.0	5.9	5.9	5.3	7.0	5.3	5.3
	低速	1.1	1.1	1.1	1.1	1.8	1.57	1.23	0.9	0.8	0.8	0.9	1.0	1.0	1.0
一次压桩行程(m)		1.4	1.4	1.5	1.6	2.1	2.1	2.2	2.2	2.2	2.2	2.2	1.8	1.8	1.8
一次行走距离(m)	纵向	1.4	1.4	1.6	2.4	3.3	3.6	3.6	3.6	3.6	3.6	3.6	3.6	3.6	3.6
	横向	0.4	0.4	0.4	0.5	0.6	0.6	0.6	0.6	0.6	0.6	0.6	0.52	0.52	0.52
每次转角(°)		15	15	15	15	15	11	11	11	11	11	11	8	8	8
升降行程(m)		0.6	0.6	0.8	1.0	1.0	1.0	1.1	1.1	1.1	1.1	1.1	1.1	1.1	1.3
适用方桩(mm)	最小	□200	□200	□200	□250	□300	□350	□400	□400	□400	□400	□400	□400	适用于H型和其他异型钢桩及ϕ800管桩，600×600方桩	
	最大	□300	□300	□300	□400	□400	□450	□500	□500	□500	□600	□600	□500		
适用圆桩(mm)	最小	—	—	ϕ300	ϕ300	ϕ300	ϕ300	ϕ300	ϕ400	ϕ400	ϕ400	ϕ400	ϕ400		
	最大	—	—	ϕ300	ϕ400	ϕ500	ϕ600	ϕ600	ϕ600	ϕ800	ϕ800	ϕ800	ϕ800		
边桩距离(mm)		400	400	450	560	1 200	1 300	1 380	1 380	1 380	1 380	1 380	1 650	1 650	1 650
角桩距离(mm)		800	800	1 000	1 210	2 400	2 600	2 800	2 800	2 800	2 800	2 800	3 000	3 000	3 000
吊机起重量(10kN)		3.0	3.0	5.0	8.0	12.0	12.0	12.0	16.0	16.0	16.0	16.0	25.0	25.0	25.0
吊桩长度(m)		7	7	10	12	14	14	14	15	15	15	15	15	15	15
功率(kW)	压桩	15	15	22	44	60	74	111	111	111	111	111	135	135	135
	起重	7.5	7.5	11	22	30	30	30	30	30	30	30	37	37	37
主要尺寸(m)	工作长	5.44	5.94	8.00	10.00	11.00	12.50	13.00	13.20	13.40	13.80	14.00	17.7	17.7	17.7
	工作宽	3.80	4.05	4.44	5.32	6.50	7.00	7.00	7.60	8.04	8.04	8.14	8.20	8.40	8.80
	运输高	2.60	2.60	2.88	2.88	2.95	3.00	3.05	3.10	3.15	3.15	3.15	3.40	3.40	3.40
总质量(t) ≥		60	80	120	180	240	320	400	500	600	700	800	900	1 000	1 200

ZYJ 型系列全液压静力压桩机技术参数

表 4-2

产品型号		ZYJ80	ZYJ120	ZYJ180	ZYJ240	ZYJ280	ZYJ320	ZYJ380	ZYJ420	ZYJ500	ZYJ600	ZYJ680	ZYJ800	ZYJ900	ZYJ1000	ZYJ1200
额定压桩力(kN)		800	1 200	1 800	2 400	2 800	3 200	3 800	4 200	5 000	6 000	6 800	8 000	9 000	10 000	12 000
额定工作油(MPa)		19.5	23.1	22.0	23.1	24.2	24.7	24.5	23.6	25	23.9	23.5	24.4	24.2	24.1	23.4
压桩速度(m/min)	高速	3.1		5.4	5.0		5.5	4.5				5.0	4.0	5.0	4.2	3.6
	低速	1.5		1.0	0.9			1.0		0.70		0.85	0.7	0.85	0.75	0.7
压桩行程(m)		1.5		1.6				1.8								
位移(m)	纵向	1.6		1.8	3.0			3.6								
	横向	0.4		0.5	0.6							0.7				
转角(°)		11		12	10			8								
升降(m)		0.6	0.65	0.75	0.9		1.0				1.1					
方桩(mm)	最小～最大	□200～□400			□300～□500			□350～□600								
最大圆桩(mm)		φ300		φ400	φ500			φ600						φ800		
边桩距离(mm)		0.45		0.8	0.8			0.68						0.9		
角桩距离(mm)		0.8		1.15	1.53			1.1					1.2		1.3	
额定起吊(10^3kg)/变幅力矩($\times 10^4$N·m)		5.0/16.0		8.0/40.0			12.0/60.0				16.0/80.0				25.0/90.0	
功率(kW)	压桩	15	22	37			60		74	90	111				135	
	起重	7.5		22			30								37	
尺寸(mm)	工作长	7 000	8 000	10 000		11 500	12 000	12 000		13 200	13 500	13 800			18 000	
	工作宽	4 054	4 254	5 200	6 200		6 550	6 860	6 980	7 030	8 460	7 900	14 500		9 160	
	运输高	2 650	2 880	2 900	2 920		2 940				3 020				3 100	
总质量(含配重)(10^3kg)		≥82	≥122	≥182	≥245	≥282	≥325	≥383	≥425	≥503	≥602	≥682	≥802	≥902	≥1 002	≥1 202

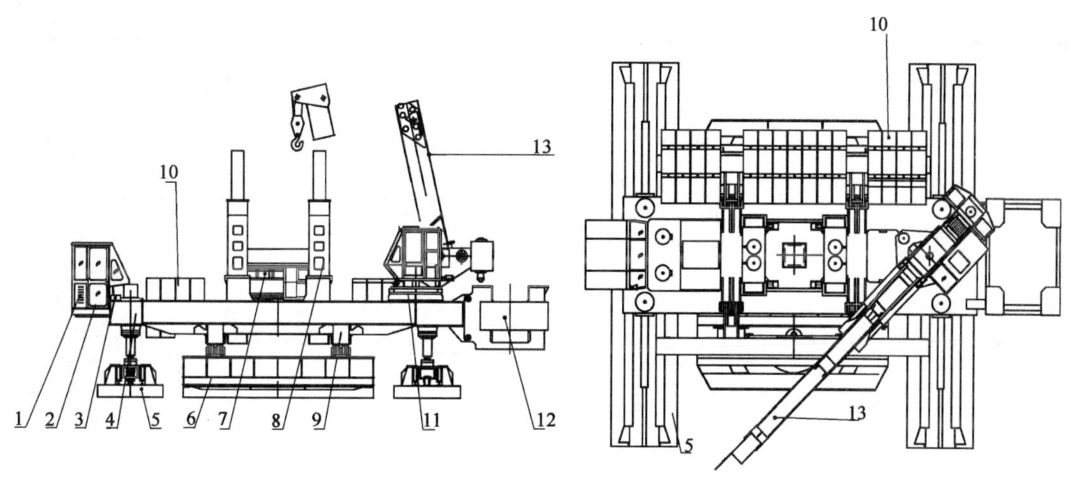

图 4-7 YZY 型压桩机结构示意图

1-电气系统；2-主机操作室；3-液压系统；4-平台；5-长船；6-短船回转；7-夹持机构；8-立柱龙门；9-支腿配重结构；10-配重铁；11-吊车操作室；12-边桩结构；13-吊臂

YZY 型系列全液压静力压桩机技术参数 表 4-3

参数 \ 型号		YZY300	YZY400	YZY500	YZY600	YZY680	YZY800
最大压桩力(kN)		3 000	4 000	5 000	6 000	6 800	8 000
最大工作压力(MPa)		21	21	23	24	24	25
最大压入速度(m/min)		3.8	3.8	3	3	3	2.6
压桩行程(m)		1.8	1.8	2	2	2	1.8
顶升行程(m)		0.8	0.8	1	1	1	1
行走	横向行程(m)	0.8					
	纵向行程(m)	2.6		3			
	回转角度(°)	10					
额定起重量(t)		12		16			
起升高度(m)		14					
起重力矩(t·m)		45		60			
适用桩型(mm)	方桩	□300～□500		□300～□550			
	管桩	ϕ300～ϕ500		ϕ300～ϕ600			
桩段长度(m)		6～14					
功率	主机(kW)	37×2		45×2			55×2
	吊机(kW)	30					
平台	长×宽×高(m)	9.2×3.2×3		12.5×3.34×3.2			13.0×3.36×3.25
	质量(t)	36	41	51	53	54	57
夹持	长×宽×高(m)	2.6×1.9×1.3		2.9×1.9×2	2.9×1.9×2	2.9×1.9×2	2.9×1.9×2
	质量(t)	10	11	14	15	15	16

续上表

参数 \ 型号		YZY300	YZY400	YZY500	YZY600	YZY680	YZY800
长履	长×宽×高(m)	8.4×1.5×0.7	10×1.6×0.75	10×2×0.8	11×2×0.94	11.6×2×0.94	11.6×2.2×1.1
	质量(t)	13×2	15×2	21×2	23×2	25×2	30×2
短履	长×宽×高(m)	5×2.2×1.2	5.2×2.6×1.3	5.8×2.8×1.4	5.8×3.0×1.4	5.8×3.2×1.4	6.3×3.2×1.5
	质量(t)	12×2	16×2	23×2	25×2	26×2	30×2
自重	质量(t)	110	140	185	193	210	220
配重铁	长×宽×高(m)	2.1×1.7×0.43					
	质量(t)	192	260	316	402	475	580

三、压桩机的选型及适用条件

压桩机的选型及适用条件应综合考虑以下三个方面的因素：

①场地岩土工程条件；

②桩的规格、型号、尺寸及布桩形式，桩身材料及强度，设计单桩极限承载力要求等；

③压桩机本身的性能。

(1)场地岩土工程条件是决定能否采用静力压桩施工的主要因素之一，主要取决于桩身要穿越土层的特性，桩端土层的特性等。一般对于上覆土层较软弱、桩端持力层为硬塑～坚硬的黏性土，中密～密实的粉性土、砂性土、碎石土，全风化岩层，强风化岩层的场地较适宜，宜根据土层岩性、厚度及埋藏深度，结合其静力触探 p_s 值及标准贯入 $N_{63.5}$ 值的大小来判断。本章第四节给出了沉桩阻力估算公式，可估算出沉桩阻力，从而选用相应能力的压桩机。

就目前压桩设备的性能及桩身材料强度，以下场地不宜采用或慎用静力压桩施工法施工：

①现场地表土层松软且未经处理因而容易发生陷机的场地。

②饱和软黏土地区，周围地下管线、建筑物距离较近的场地。

③土层中含有较难清除的孤石或其他障碍物的场地。

④桩端持力层为中密～密实砂土层且其上覆土层几乎全是稍密～中密砂土的场地。

⑤土层中含有不适宜作桩端持力层且又难贯穿的硬夹层，一般当该厚层度大于 5m，p_s 值大于 12MPa 或 $N_{63.5}$ 大于 35 击的粉性土、砂性土或碎石类土的场地。

⑥岩溶地区基岩上面无适合做桩端持力层的场地。

⑦覆盖层土体松软而静压桩难贯入的岩面埋藏较浅且岩面倾斜较大的场地。

(2)桩的规格、型号、尺寸及布桩形式，桩身材料及强度，设计单桩极限承载力要求等也是决定能否采用静力压桩施工的主要因素之一。对于相同的场地岩土工程条件，桩的断面尺寸越大，其沉桩阻力也越大，相应的设备能力也要求越大。

用于静力压桩的桩型一般有预制钢筋混凝土方桩(RC 桩)，预应力混凝土空心方桩(HKFZ 桩)，预应力混凝土管桩(PC 桩)，预应力高强混凝土管桩(PHC 桩)，预应力混凝土薄壁管桩(PTC 桩)，钢管桩及 H 型钢桩等，其桩身构造及强度等物理力学指标见国家及地方标准图集。压桩施工时应选用与沉桩阻力相匹配的桩身强度，以确保压桩时桩身材料不被压坏。

一般情况下，桩身允许抱压压桩力宜满足下列要求：

预制钢筋混凝土方桩：

$$P_{jmax} \leqslant 1.1 f_c A \tag{4-1}$$

PC、PTC 管桩：

$$P_{jmax} \leqslant 0.50(f_{ce} - \sigma_{pc})A \tag{4-2}$$

PHC 管桩：

$$P_{jmax} \leqslant 0.45(f_{ce} - \sigma_{pc})A \tag{4-3}$$

式中：P_{jmax}——桩身允许抱压压桩力；

f_c——钢筋混凝土方桩桩身混凝土轴心抗压强度设计值；

f_{ce}——管桩离心混凝土抗压强度，对于 C60 的 PC 桩，取 $f_{ce}=60$MPa；对于 C70 的 PC 桩，取 $f_{ce}=70$MPa；对于 C80 的 PHC 桩，取 $f_{ce}=80$MPa；

σ_{pc}——管桩混凝土有效预压应力，参见相应管桩图集，或取 $\sigma_{pc}=5$MPa；

A——桩身横截面面积。

顶压式压桩机的最大施压力或抱压式压桩机送桩时的施压力可比桩身允许抱压压桩力大 10%。

(3)压桩机本身的性能即桩机吨位的大小，压入力的大小。

综合以上因素，结合近年来各地压桩施工情况，将压桩机的选型列于表 4-4。

压桩机选型参考表　　表 4-4

项　目 \ 压桩机型号	100	160～180	240～280	300～360	400～460	500～600	800～900
最大压桩力(kN)	900	1 500～1 700	2 300～2 700	2 800～3 400	3 700～4 300	4 500～5 500	7 200～8 000
适用预制方桩边长(mm)	200～350	250～400	300～450	350～500	350～500	400～500	450～500
适用预制管桩桩径(mm)	ϕ300	ϕ300～ϕ400	ϕ300～ϕ500	ϕ400～ϕ500	ϕ400～ϕ550	ϕ400～ϕ600	ϕ500～ϕ600
单桩极限承载力(kN)	300～1 000	1 000～2 000	1 700～3 000	2 100～3 800	2 800～4 600	3 500～5 500	4 000～6 500
桩端持力层土层情况	稍密～中密的粉、砂性土，硬塑～坚硬的黏性土	中密～密实的砂层，硬塑～坚硬的黏性土，残积土层	密实的砂层，坚硬的黏性土，全风化岩层	密实的砂层，坚硬的黏性土，全风化岩层	密实的砂层，坚硬的黏性土，卵石层，全风化岩层，强风化岩层	密实的砂层，坚硬的黏性土，卵石层，全风化岩层，强风化岩层	密实的砂层，坚硬的黏性土，卵石层，全风化岩层，强风化岩层
桩端持力层表贯击数 N(击数)	10～20	20～25	20～35	30～40	30～50	30～55	30～55
桩端进入持力层深度(m)	约 1.5	约 1.5	2～3	3～4	4～5	4～5	5～6

注：本表仅供参考选择压桩机，不能作为确定单桩承载力的依据。

第二节　静压桩的施工技术

一、静力压桩的沉桩机理

静力压桩系以设备自重及配重作反力，克服桩在被压入过程中的桩侧摩擦阻力和桩端阻力，当预制桩在竖向静压力作用下贯入土层中时，桩周土体发生急速而激烈的挤压，桩尖首先直接使土体产生冲剪破坏，随着桩身的沉入，沿着桩身土体连续剪切破坏，土体中孔隙水受此冲剪挤压作用形成不均匀水头，产生急剧上升的超孔隙水压力，扰动了土体结构，这种破坏和扰动随着桩的贯入会连续不断地向下传递，使桩周一定范围内土体抗剪强度降低，发生扰动软化，从而使桩被连续压入土体中。

压桩过程中的阻力主要为桩端阻力，其桩侧摩擦阻力为土体在扰动破坏状态下的滑动摩阻力，相对较小；其大小并不一定随桩的入土深度的增加而累计增加，而是随桩尖穿越土层强度变化而变化，和静力触探曲线一样反映土体的软硬程度，这一点从压桩阻力随桩入土深度变化曲线很明显可以看出，这对判断沉桩的可行性非常重要。沉桩结束后，经过一段时间的休止期，土体中孔隙水压力逐渐消散，土的抗剪强度和侧摩阻力恢复提高，从而使桩获得较大的承载力，一般情况下，土性越软，恢复休止期越长，桩身获得的后期单桩极限承载力也越高。

静力压桩沉桩阻力的大小和分布规律主要受土质、土层的排列、硬土层的厚度、持力层的埋深及强度、桩的断面大小、桩的数量、桩距、布桩形式、施工顺序、沉桩速率及速度等因素影响。一般情况下，桩端阻力和桩侧阻力占沉桩阻力的比例是一个变值，当桩的入土深度较大时，通常要多考虑其侧摩阻力；当桩入土深度较浅时，桩端阻力所占的比例则较大。当桩穿越较硬土层时，其桩端阻力占沉桩阻力比例较大。对相同土质土层的地基土，桩的断面越大其沉桩阻力越大；同样大小的桩，穿越土层越硬，其沉桩阻力越大。

二、静力压桩施工工艺流程

静力压桩施工同打入桩施工一样，一般采取分段压入，逐段接长的方法，其桩的制作、起吊、运输、堆放、施工流程、测量放线、定位等同打入法施工一样。

(1)施工前准备工作：

①认真查阅岩土工程勘察报告及设计要求，弄清场地周围环境情况及工程进度要求，结合当地经验或有关公式，选择合适的压桩机型号及数量。

②踏勘现场，弄清场地周围交通情况，做好“三通一平”及场地内临时道路的铺设，满足压桩机及桩材进出场要求。将压桩机运入现场并安装调试正常。

③弄清施工场地及周围区域内地下及地上管线、地下建(构)筑物及障碍物、暗浜暗塘等，处理场地内影响压桩施工的高空及地下障碍物、暗浜暗塘等，以满足压桩机接地比压强要求，保证施工时不陷机。

④饱和软黏土地区，周围地下管线较复杂的场地，应预先做好防挤压措施及变形监测点的布设，施工时进行监测，做到信息化施工。

⑤测量定位，在不受施工影响的地方设置坐标、标高控制点及轴线定位点。

⑥会审图纸，设计交底，编制施工组织设计或施工方案。

⑦供电、供水、道路、排水、夜间施工照明、临设等应满足施工要求。

⑧向现场施工人员进行安全技术交底。

⑨施工前应同时具备下列文件和资料：场地岩土工程勘察资料、桩基施工图纸及会审纪要、施工组织设计或施工方案、桩材出厂合格证、压桩机及吊机的出厂合格证及安检部门出具的大型设备安检合格证、测量仪器及压力表的校准校核合格证、特种人员上岗证书等。

(2)测量定位、放好样桩经复核检验完毕，移机就位，对中样桩，调平主机平台，将下节桩吊入夹持装置，夹持油缸将桩抱紧后，启动压桩油缸将桩压入土中 1m 左右，再次复查桩位后，用两台经纬仪相互交叉成 90°方向测桩的垂直度，桩插入土中的垂直度偏差不得超过桩长的 0.5%，满足要求后，压桩油缸继续升程将桩压入土体中，一个行程压桩完成，夹持油缸回程松开，压桩油缸回程提升，夹持油缸再次夹抱桩，压桩油缸再次升程压桩，重复上述操作即可连续将桩压入预定土层中。

(3)预制桩的分节长度根据桩的制作工艺条件、起吊、运输、现场条件、桩的断面大小及配筋情况决定。一般情况下，PHC、PC 桩，直径 ϕ300mm 的单节长度≤11m；直径 ϕ400mm 的单节长度≤12m；直径 ϕ500～600mm 的单节长度≤15m。250mm×250mm～500mm×500mm 断面预制钢筋混凝土方桩单节长度在 12～15m 内。

(4)桩的连接方法有焊接、法兰及硫黄胶泥锚接三种方法，前两种可适用于各类土层；硫黄胶泥锚接适用于软土层，且对一级建筑桩基或承受拔力的桩宜慎重选用。目前焊接法比较常用。当第一节桩桩顶压到距离地面 0.5～1.0m 时，吊入第二节桩进行接桩，接桩时，上、下节桩的中心线偏差不大于 5mm，节点弯曲高不得大于桩长的千分之一，且不大于 20mm。

焊接接桩宜优先采用二氧化碳保护焊，同时应满足以下要求：

①方桩预埋件或管桩端板表面应用铁刷等清理干净，管桩坡口处应刷至露出金属光泽，并清除油污和铁锈，上下节桩桩顶平整度必须小于 2mm，纵轴线必须保持一致。

②方桩上下节桩之间的间隙应采用厚薄适当、加工成楔形的铁片填实焊牢。

③方桩应先四角电焊牢固，管桩应先在坡口圆周上电焊 4～6 点，然后对称施焊，以减少焊接变形。第一层焊应采用细焊条(ϕ3.2mm)打底，确保根部焊透，内层焊渣清理干净方可施焊外层，第二层焊可用粗焊条。焊缝必须每层检查，不应有夹渣、气孔等缺陷，焊缝要连续饱满，焊缝厚度必须满足设计要求。

④桩接头焊接完毕后，焊缝应在自然条件下冷却 5～8min 方可继续沉桩，严禁用水冷却焊缝。

⑤接桩的焊接质量应符合 GB 50205—2001 中对三级焊缝的要求，重要的工程尚应做探伤试验，对有腐蚀性的土层尚应做防腐处理。

⑥接桩拼缝允许偏差见表 4-5。

接桩拼缝允许偏差 表 4-5

序　号	偏 差 名 称	允许偏差值
1	桩身弯曲度	≤L/1 200
2	方桩两端板之间间隙	≤2mm

续上表

序　号	偏 差 名 称	允许偏差值
3	点焊高度	≤1mm
4	接缝错位	≤2mm

⑦每根桩应一次连续压到底，接桩、送桩应连续进行，中间不得无故停歇，且尽可能避免桩尖在穿越硬土层时进行接桩。

硫黄胶泥锚接法应符合下列规定：

①硫黄胶泥应严格按硫黄：水泥：砂：聚硫橡胶＝44：11：44：1 的重量配比配置成半成品，并应提供产品质量合格证。

②硫黄胶泥在运输、储存和使用时不得混有杂质，并应注意防潮、防火和防油污。

③接桩前应先调直和清刷锚筋，并应检查锚筋长度、锚孔深度及锚筋锚孔平面位置是否匹配。锚孔内应做到干燥清洁，不得有积水、杂物和油污。

④硫黄胶泥的熔煮应采用自控电热熔化器，其浇注温度控制在 140～145℃之间，浇注时间不得超过 2min。

⑤接桩时接头的平面间隙和锚孔应灌满硫黄胶泥，灌注前宜在下节桩桩顶处装上夹箍，确保桩头顶面满铺 20mm 厚的胶泥，严禁采用在桩头边缘堆砂止流的作业法。

⑥硫黄胶泥试块每班不得少于 1 组，每组三块，试验方法参照混凝土试块试验规定。

⑦灌注硫黄胶泥后需停歇的时间应符合表 4-6 的规定。

灌注硫黄胶泥后需停歇的时间　　表 4-6

桩截面(mm)	不同气温下的停歇时间(min)				
	0～10℃	11～20℃	21～30℃	31～40℃	41～50℃
400×400	4	5	7	9	12
450×450	6	7	9	11	14

(5)送桩是压桩施工最后一道工序，施工现场必须配备专用送桩器。由于送桩器和桩存在不连续面，会使送桩器与桩的断面存在间隙或差异，使桩顶局部应力集中，导致桩顶破碎，还会造成桩的局部弯曲。因此，对于压桩施工中的送桩，应严格按下列要求执行。

①对于抱压式压桩机，送桩器截面外周形状应与静压桩横截面外周形状相一致，并应有足够的强度和刚度，其表面尚应有防止夹持机构打滑的设施，其长度应满足送桩深度的要求。

②送桩器应采用专制钢质送桩器，不得借用施工用的工程桩作送桩器。与桩顶面接触的送桩器端面应平整，并与送桩器中心轴线垂直。

③送桩前应对桩位再作一次复测并详细记录，有异常情况及时通知有关单位作出补救措施。

④送桩器上应有尺寸标志，以便测读桩顶标高，控制桩的入土深度。

⑤送桩器与桩顶的接触面间应加衬垫，防止桩顶压碎。衬垫需经常更换，送桩器与桩顶接触面要保持密贴。控制送桩深度时，还要加上衬垫的厚度。

⑥送桩时，若送桩器垂直度控制不好，送桩后很容易使桩平面位置产生偏差，尤其是送桩深度越深，桩的偏斜越大。故施工中必须保证送桩器与桩身的纵向轴线保持一致。送桩时，需用两台互为正交的经纬仪观测控制送桩器的垂直度。

⑦拔启送桩器，切忌偏心。

⑧送桩器拔出后，要及时回填桩孔洞。

(6)静力压桩施工停压控制标准：

①对于摩擦桩和端承摩擦桩，桩端(指桩的全断面)位于一般土层，以标高控制为主，终压力作参考，应按设计的桩长度，把桩顶压至设计要求的桩顶标高。

②对于端承桩和摩擦端承桩，以终压力控制为主，桩端标高可作参考。

桩端持力层一般为坚硬、硬塑的黏性土，中密以上的粉性土、砂土、砾石类土、风化岩等，对于端承桩，压桩施工时以单一的标高控制很难做到，故以终压力作为控制主要参数，终压力值要具体分析土层的性质、密实程度、埋深、桩的大小、设计单桩极限承载力等因素后确定，一般可根据下列条件和原则综合确定：

a. 根据现场试压桩的试验结果。

b. 地区经验或参考条件相似工地的施工经验。

c. 终压力值不宜大于桩身允许抱压压桩力的 1.1 倍。

(7)在压桩过程中，遇下列情况之一应暂停压桩作业，并及时与有关单位研究确定是否继续施工：

①压桩机压力表读数巨变或读数与地质资料中土层性质明显不符。

②桩难以穿越具有软弱下卧层的硬夹层。

③实际桩长与设计桩长相差较大。

④桩身混凝土出现裂缝或破碎、露筋，超过规范允许值。

⑤桩顶破碎，桩身突然弯曲，无法沉入土内。

⑥土中桩身出现崩裂声等异常现象。

⑦桩身突然倾斜、跑位。

⑧地面明显隆起，附近房屋及市政设施开裂受损。

⑨夹持机构打滑、桩机下陷等。

⑩邻桩上浮或桩头位移。

三、静力压桩施工常用辅助措施

1. 引孔压桩法

当地基土在 20m 深度范围内有难以穿越且不能作为桩端持力层的硬土层时，为确保沉桩质量，可采用“引孔压桩法”。引孔的直径一般比桩径或桩边长小 100mm 左右，宜用螺旋钻干作业法。引孔的垂直度不宜大于 0.5%，引孔作业和压桩作业应连续进行，间隔时间不宜大于 12h。

2. 辅助振动法

当地基土在 12m(单节桩长度范围内)深度范围内有难以穿越的粉性土、砂性土、碎石类土等，且不能作为桩端持力层的硬土层时，为确保沉桩质量，可采用“辅助振动法”，桩沉到该层顶部，松开夹桩装置，用相应激振力的振动锤夹住桩顶振动，直至穿过该层，再继续压桩。

3. PHC 桩＋钢管桩组合桩法

压桩施工为 PHC 桩时，当地基土在 30m 深度以下有薄厚不等、软硬相间的好几层硬土层，其下有可作为持力层的稳定土层，设计要求桩须穿越该层又需进入持力层一定深度，判断压桩力超越 1.1 倍的桩身允许抱压压桩力，且“引孔压桩法”和“辅助振动法”都难以实施时，其下节桩可采用与 PHC 桩等直径的钢管桩，并对其桩端部进行加强处理。

四、静力压桩施工顺序

静力压桩施工顺序基本同锤击法施工一样，只是在饱和软黏土地区要多考虑其挤土效应，一般情况下综合考虑下列原则后确定。

(1)根据桩的密集程度及桩基础与周围建(构)筑物、地下管线的关系：

①若桩较密集且距周围建(构)筑物、地下管线距离大于 1.0～1.5 倍的桩入土深度，施工场地较开阔时，宜从中间向四周进行。

②若桩较密集且一侧靠近建(构)筑物、地下管线时，宜从毗邻建(构)筑物、地下管线的一侧开始由近及远进行。

(2)根据场地工程地质条件：

①若场地较大部分区域的上覆土层中含砂(碎石、卵石)时，宜先在含砂(碎石、卵石)区域内施压。

②若持力层埋深或桩入土深度差别较大时，宜先施压长桩后施压短桩。

③上覆饱和软土层较厚，挤土效应较大时，宜“走长线”分散压桩，以减少超孔隙水压力的累积叠加。

(3)根据桩的规格及分布情况：

①当场地内桩的规格不同时，宜先施压大桩，后施压小桩。

②当场地内存在 30 根以上的大承台时，宜先施压大承台桩，后施压小承台桩。

五、静力压桩施工质量检验与验收

1. 施工质量检验

(1)施工前应对成品桩(预制方桩或管桩)做外观及强度检验，接桩用焊条、焊丝或半成品硫黄胶泥应有产品合格证，或送有关部门检验，硫黄胶泥半成品应每 100kg 作一组试件(3 件)。

(2)静力压桩施工过程中，应检查压桩力、桩身垂直度、接桩间歇时间、接桩质量及压入深度。重要工程应对电焊接桩的接头做 10%的探伤检测。

(3)施工结束应检查桩顶标高、桩顶平面位置，并应做桩的承载力及桩身质量检验等。按桩顶标高控制的桩顶标高允许偏差为±50mm，按终压力控制的桩截桩后的桩顶标高允许偏差为±10mm。

桩身完整性检验：施工结束后对单体工程抽取 20%，且不少于 10 根，每根柱子承台下不得少于 1 根，进行小应变检测，检查桩身完整性及焊接质量。

桩的承载力检验：施工结束后对单体工程抽取 1%，且工程桩总数在 50 根以内的不少于 2 根，其他条件不少于 3 根，做单桩承载力静载荷试验。

具体质量检验要求详见相关规范。

2. 静力压桩施工验收

(1)验收程序：

①当桩顶设计标高与施工场地标高相同时，或桩基施工结束后，有可能对桩位进行检查时，工程验收工作可待全部桩施压完毕一次性完成。

②当桩顶设计标高低于施工场地标高，送桩后无法对桩位进行检查时，在送桩前进行中间验收，待全部施工完毕并开挖到设计标高后，再进行竣工验收。

(2)验收时应具备的文件和资料：

①桩基设计文件和施工图纸，图纸会审纪要、设计变更单等。

②桩位测量放线图，工程测量复核验线签证单。

③场地岩土工程勘察报告。

④经审定的施工组织设计或施工方案，包括实施中的变更文件及资料。

⑤桩材料出厂合格证及其性能资料，现场制桩的原材料质保书、复试检验报告、混凝土试块强度报告等。

⑥压桩施工记录、隐蔽工程验收记录，桩位编号及压桩流程图。

⑦桩位竣工图。

⑧桩身完整性检验报告(小应变检测)。

⑨单桩承载力检测报告。

⑩质量事故处理资料等。

六、静力压桩施工常见问题及对策

静力压桩施工常见问题及对策见表4-7。

静力压桩施工常见问题及对策　　表4-7

1. 沉桩困难，达不到设计标高	
主要原因	(1)压桩设备选型不合理，设备吨位小，能量不足； (2)压桩时中途停歇时间过长，焊接时间过长； (3)压桩过程中设备突然出现故障，排除时间过长，或中途突然停电； (4)没有详细分析地质资料，忽略了浅层杂填土层中的障碍物及中间硬夹层、透镜体等的存在等情况； (5)忽略了桩距过密或压桩顺序不当，人为形成"封闭"桩，使地基土挤密，强度增加； (6)桩身强度不足，沉桩过程中桩顶、桩身或桩尖破损，被迫停压； (7)桩就位插入倾斜过大，引起沉桩困难，甚至与邻桩相撞； (8)桩的接头较多且焊接质量不好或桩端停在硬夹层中进行接桩
相应对策	(1)配备合适的压桩设备，保证设备有足够压入能力； (2)一根桩应连续压入，严禁中途停歇； (3)进场前对设备进行大修维护，施工时进行例行检修，确保压桩施工时设备正常运行，避开停电时间施工； (4)详细分析地质资料，清除浅层障碍物，配足压重，确保桩能压穿土层中的硬夹层、透镜体或采取"引孔压桩法"等辅助措施； (5)制订合理的压桩顺序及流程，严禁形成"封闭"桩； (6)严把制桩各个环节质量关，加强进场桩的质量验收，保证桩的质量满足设计要求； (7)桩就位插入时，如倾斜过大应将桩拔出，待清除障碍物后再重新插入，确保压入桩的垂直度； (8)合理选择桩的搭配，避免在砂质粉土、砂土、碎石土等硬土层中焊接桩，采用 CO_2 气体保护焊或3～4台焊机同时对称焊接，尽量缩短焊接时间，使桩被快速连续压入

续上表

2. 桩偏移或倾斜过大	
主要原因	(1)压桩机大身(平台)没有调平; (2)压桩机立柱和大身(平台)不垂直; (3)就位插入时精度不足; (4)相邻送桩孔的影响; (5)地下障碍物或暗浜、场地下陷等影响; (6)送桩杆、压头、桩不在同一轴线上,或桩顶不平整所造成的施工偏压; (7)桩尖偏斜或桩体弯曲; (8)接桩质量不良,接头松动或上下节桩不在同一轴线上; (9)压桩顺序不合理,后压的桩挤先压的桩; (10)基坑围护不当,或挖土方法、顺序、开挖时间、开挖深度不当等
相应对策	(1)压桩施工时一定要用顶升油缸将桩机大身(平台)调平; (2)压桩施工前应将立柱和大身(平台)调至垂直满足要求; (3)桩插入时对中误差控制在10mm,并用两台经纬仪在互相垂直的两个方向校正其垂直度,插桩垂直度不大于0.5%; (4)送桩孔应及时回填; (5)施工前详细调查掌握工程环境、场址建筑历史和地层土性、暗浜的分布,以及填土层的特性及其分布状况,预先清除地下障碍物、处理暗浜等; (6)施工时应确保送桩杆、压头、桩在同一轴线上,并在沉桩过程中随时校验和调整; (7)提高桩的制作质量,加强进场桩的质量验收,防止桩顶和接头面的歪斜及桩尖偏心和桩体弯曲等不良现象发生,不合格的桩坚决不用; (8)提高施工焊接质量,保证上下节桩在同一轴线,严格按规范要求进行隐蔽工程验收; (9)制订合理的压桩顺序,尽量采取“走长线”压桩,给超孔隙水压力消散提供尽量长的时间,避免其累积叠加,或采取防挤土措施以减小挤土影响; (10)压桩结束10d左右,待超孔隙水压力充分消散后方可开挖;且围护结构应有足够的强度与刚度,避免侧向土体位移;机械开挖至桩顶30cm时采用人工开挖,避免挖斗碰撞桩头
3. 桩达到设计标高或深度,但桩的承载能力不足	
主要原因	(1)设计桩端持力层面起伏较大; (2)地质勘察资料不详细,古河道切割区未查清楚,造成设计桩长不足,桩尖未能进入持力层足够的深度; (3)试桩时休止期没达到规范规定的时间而提前测试,或测试时附近正在打桩,桩周土体仍在扰动中
相应对策	(1)当知道桩端持力层面起伏较大时,应对其分区并且采用不同的桩长,压桩施工时除标高控制外,尚应控制最终压入力; (2)当压桩时发现某个区域最终压桩力明显比其他区域偏低时,应进行补勘,以查清是否存在古河道切割区等不良地质现象;针对特殊情况及时和设计单位联系,通过变更设计,改变布桩,或增加桩数,或增加桩长等措施来满足设计承载力; (3)试桩的休止期一定满足规范规定,试桩时桩周1.5倍桩长范围内严禁打桩等作业

续上表

4. 压桩阻力与地质资料或试验桩所反映阻力相比有异常现象	
主要原因	(1)桩端持力层层面起伏较大； (2)地面至持力层层间存在硬透镜体或暗浜； (3)地下有障碍物未清除掉； (4)压桩顺序和压桩速率安排不合理
相应对策	(1)按照持力面的起伏变化，减小或增大桩的入土深度，压桩时除以标高控制为主外，还应以压入力作参考； (2)配备有足够压入能力的压桩设备，提高压桩精度，防止桩体破损； (3)用钢送桩杆先进行桩位探测，查清并清除遗漏的地下障碍物； (4)确定合理的压桩顺序及合适的日沉桩数量，对有砂性土夹层分布区，桩尖可适当加长，压桩顺序应尽量采用中心开花的施工方法，严禁形成“封闭”桩
5. 桩体破损，影响桩的继续下沉	
主要原因	(1)桩身质量不良或运输堆放过程中支点位置不准确； (2)吊桩时，吊点位置不准确、吊索过短以及吊桩操作不当； (3)压桩时，桩身强度不足或桩头不平整、送桩杆与桩不同心等所引起的施工偏压，造成局部应力集中； (4)送桩阶段压入力过大超过桩体强度，送桩尺寸过大或倾斜所引起的施工偏压； (5)桩尖强度不足，地下障碍物或孤块石冲撞等； (6)桩单节长度较长且桩尖进入硬夹层，桩顶冲击力过大，桩突然下沉，施工偏压，强力进行偏位矫正。
相应对策	(1)桩身混凝土强度达到设计值的70%方可起吊脱模，达到100%方可施工；运桩时，桩体强度应满足设计施工要求，支点位置正确，上下支点应对齐； (2)吊桩时，桩体强度应满足设计施工要求，支点位置正确，起吊均匀平稳，水平吊运采取两点吊，吊点距桩端0.207L(L为桩长)，单点起吊时吊点距桩端0.293L，起吊过程中应防止桩体晃动或与其他物体碰撞； (3)使用同桩径的送桩杆，保持压头、送桩杆、桩体在同一轴线上，避免施工偏压； (4)确保桩的养护期，提高混凝土强度等级以增强桩体强度； (5)桩头设置钢帽、桩尖设置钢桩靴等； (6)提高桩的就位和压入精度，避免强力矫正

第三节 静压桩施工的过程控制

静压桩施工同其他桩基施工工艺一样，其施工质量控制的关键是过程控制，以工序质量保证工程质量，其施工过程的主要控制关键点为：桩身质量控制、测量定位控制、桩的垂直度控制、接桩质量控制、桩位偏差及桩顶标高控制等。其控制要点、控制标准及方法见表4-8。

静压桩施工质量控制要点、控制标准及方法　　表 4-8

序号	质量控制点	质量控制内容	控制标准及方法
1	桩身质量控制	(1)制作过程控制 钢材、水泥、砂石等原材料质量控制； 钢筋笼制作质量控制； 预制方桩场地、支模，管桩模具控制等； 混凝土配合比及强度； 桩身养护； 外观尺寸及质量	查出厂合格证、质保书、复试检验报告等； 场地平整坚实，模板平整规矩、支撑牢固，管桩模平直、周正未变形，符合设计要求； RC及PC桩常温常压28d，PHC桩高温高压蒸养； 控制标准见相关规范
		(2)起吊、运输、堆放过程控制	预制方桩混凝土强度达到设计强度标准值的70%，方可起吊，PC、PHC强度达脱模强度C40时方可起吊； 桩强度达100%方可运输，装车要平稳，支点设置在钓钩位置，叠放平稳并垫实，绑扎牢固； 堆放场地平整坚实，排水良好，在吊点位置设置支点，各层垫木上下对齐，堆放层数不宜超过4层
		(3)施工过程中桩身质量控制 抱夹质量控制； 压桩及送桩质量控制	夹具平整，管桩夹具与桩体同心，夹桩时夹具同步，夹桩力不能大于桩身材料强度标准值； 压桩机选型要合理，压桩过程中避免出现浮机，第一节桩插桩时控制好桩身垂直度，最大压桩力不应超过桩身允许最大抱压压桩力；送桩器与桩同心同轴，并控制好垂直度，桩顶加好衬垫
2	测量定位控制	(1)建筑物定位控制 测角； 测距； 量距	采用二测回；测角中误差不大于5″，各控制点相关角度差应不大于5″； 采用往返测量，取平均值； 采用测距仪和鉴定过的钢尺，各控制点边长误差应达到1/10 000精度
		(2)桩基轴线的允许偏差控制 单排桩； 群桩	10mm； 20mm
3	桩的垂直度控制	(1)插桩垂直度控制	第一节桩插入时垂直度控制在0.5%，调平主机平台，同时在相互正交的两个方向设置两台经纬仪进行控制
		(2)压桩过程及送桩时垂直度控制	压桩场地应平整，桩机在施工过程中不会下陷，桩机平台始终调平，桩焊接时应将桩身调垂直塞好垫铁再焊；送桩时送桩器与桩同心同轴，并控制好垂直度，严禁偏压

续上表

序号	质量控制点	质量控制内容	控制标准及方法
4	接桩质量控制	(1)焊条、焊丝、硫黄胶泥质量控制	查出厂合格证,胶泥作复试检测
		(2)焊接、铆接质量控制	见相关规范
		(3)焊接、铆接后停歇时间控制	见相关规范
5	桩位偏差控制	(1)样桩偏差控制	轴线控制点放好后,采用直角坐标或极坐标法测放样桩,其相对轴线误差控制在10mm内
		(2)插桩、压桩、送桩过程偏差控制	桩机就位后,起吊下节桩对中样桩插桩,插入后压入1.0～1.5m,再用极坐标法复测桩位,其偏差控制在20mm内;压桩过程中始终保持桩身垂直,桩机大身平台水平,不浮机,不陷机;送桩时送桩器与桩同心同轴,并控制好垂直度,严禁偏压
		(3)最终偏差控制	见相关规范
6	桩顶标高控制	(1)按设计桩顶标高控制的桩	水准仪要在校核有效期内,前后视观看时水准泡一定要调平,送桩器上的刻度要清楚准确,控制在±50mm内
		(2)以终压力控制的桩	截桩后桩顶标高控制在设计值的±10mm内

第四节　静压桩沉桩可行性分析

近年来,随着施工机械和施工工艺的不断改进,以及PHC管桩的推广使用,预制桩已经超越了不能穿越硬土层的束缚,得到了越来越广泛的应用。然而,由于受桩型选择和设备选型的影响,预制桩在施工前要评价沉桩可行性。评价沉桩可行性首先需估算沉桩阻力,而沉桩阻力估算偏大或偏小都可能会产生相应的问题。

(1)如果对沉桩阻力估算偏小,会发生以下两种情况:

①施工时,压桩施工单位可能会选择配重较小的压桩机,压桩机容易被顶起,从而造成桩头破坏或桩身折断等不良后果,且桩身难以压到设计标高。

②受现有压桩技术、设备和桩身强度的影响,压桩工作根本无法完成。

(2)如果对沉桩阻力估算偏大,会发生以下两种情况:

①施工时,压桩施工单位可能会选择配重比较大的压桩机,压桩机配重增大,对施工场地耐力的要求将大幅度地提高,特别是大吨位压桩机,在新填土、耕植土及积水浸泡过的场地施工时容易发生陷机,从而造成桩位偏移大,桩身垂直度难以控制,严重的甚至出现桩上下接头断裂,或桩上部被侧挤而断桩的现象。

②因沉桩阻力估算偏大而弃用静压桩。

显然,沉桩阻力的合理估算是静压桩施工中的关键问题之一。

一、静力压桩与静力触探

软土地区，有经验的设计施工人员在进行桩基持力层选择、单桩承载力估算及判断沉桩可行性的过程中，一般都会参考岩土工程勘察报告中各土层的比贯入阻力 P_s值。很多工程中，静力触探比贯入阻力 P_s值甚至成为桩基设计施工最重要的参数。

事实上，静力压桩与静力触探在贯入过程方面的确有很大的相似性，如两者的贯入速度基本相同，约为 2cm/s；双桥静力触探与静压桩的桩端阻力、侧摩阻力在形式上相似。因此，现有国家行业标准《建筑桩基技术规范》(JGJ 94—2008)、《高层建筑岩土工程勘察规范》(JGJ 72—2004)，上海市工程建设规范《岩土工程勘察规范》(DGJ 08-37—2002)、上海市工程建设规范《地基基础设计规范》(DGJ 08-11—2010)中均有根据静力触探资料估算单桩竖向承载力的计算公式。所以在研究静压桩的机理时，可以利用静力触探方面已有的研究成果，在工程上，则可以利用在岩土工程勘察阶段取得的静力触探资料，采用合适的方法对静压桩沉桩阻力进行估算。

但静力压桩与静力触探又有许多差别，如两者的尺寸不同，造成的挤土效应不同，对土层结构的破坏程度不同，对薄层土层的敏感程度也不同；在层状地层中，静力压桩与静力触探在穿越软硬不同的土层时表现出来的状态不完全一致；两者的材质不同，摩擦段长度也不同。因此，在利用静力触探资料及其已有研究成果的时候，需要根据不同的情况区别考虑。

二、沉桩阻力与单桩承载力

沉桩阻力是沉桩过程中使桩能贯入土层所施加的压力；单桩承载力是沉桩完成后该桩能保持正常使用时可承受的荷载。静力压桩沉桩过程中可定量地观测到压桩力，本身就类似于一次荷载试验，区别在于静力压桩的整个过程都在“动”，即桩侧摩擦是动摩擦，桩端阻力也是动阻力，在桩的周围都是大变形造成的扰动了的土体。因此，静力压桩沉桩阻力与单桩承载力有一定的联系又有一定的差别。

一般来说，沉桩阻力越大，单桩承载力也越大。但由于桩侧和桩端土层土性的不同，其相互关系也会有所不同。

预制桩在黏土层中沉桩时，桩侧土由于剧烈的扰动，土的抗剪强度降低，沉桩阻力主要来自桩尖向下穿透土层时直接冲剪桩端土体的阻力，该阻力不一定随桩入土深度的增加而增大，而随桩尖土体的软硬疏密程度而波动，遇土层变化时会发生突变，土层相同时基本保持不变。当压桩终止且桩周土的孔隙水压力逐渐消散时，土体就发生固结，抗剪强度逐渐恢复，恢复后的土体抗剪强度使静压桩获得单桩承载力。而在砂性土层中沉桩时，由于砂层的渗透系数较大，沉桩产生的孔隙水压力迅速消散，沉桩阻力不仅随桩端砂层的密实度不同而变化，而且在同一性质的砂层中，沉桩阻力也随桩入土深度的增大而显著增大。当以砂层为持力层时，在终压力作用下，砂颗粒之间的咬合和摩擦作用提供的反作用力使桩处于动态平衡状态。卸载后一定时期内，砂颗粒之间会产生部分滑动，颗粒重新排列，根据沉桩引起土体“强化”效应和“松弛”效应的不同，单桩承载力较压桩力可能会增大，也可能会减小。

因此，在研究沉桩阻力时，可以有取舍地利用单桩承载力方面的研究成果。

三、静压桩沉桩阻力估算

1. 已有沉桩阻力计算公式

对静压桩沉桩机理的理论研究相对较多，但对工程技术人员而言，其实用性相对较差。近年来，随着静压桩的迅速发展，人们一直在寻求相对简单、实用性强且有一定预测精度的估算沉桩阻力的方法，随之提出了大量经验公式或拟合公式，部分公式如表 4-9 所示。

部分已有沉桩阻力计算公式　　表 4-9

<table>
<tr><th>作　者</th><th>计 算 公 式</th><th>符 号 说 明</th></tr>
<tr><td>武汉静力压桩协会</td><td>$P=0.075p_s+0.0163\sum p_{si}h_i$</td><td rowspan="6">$P$——沉桩阻力，kN；
p_s——桩端土层的比贯入阻力，kPa；
p_{si}——桩端以上各层土的比贯入阻力，kPa；
h_i——相应 p_{si} 值土层的厚度，m；
p_j——桩尖阻力，kN；
F_2——桩身中部桩侧摩阻力，kN；
F_3——桩身下部桩侧摩阻力，kN；
d——桩径或边长，m；
m_i——阻力系数，对软土或松砂可取 0.6，可塑～硬塑土可取 0.4～0.5，坚硬土取 0.3，粉土、粉砂取 0.9～1.0；
p_{si}——桩端影响深度范围内土层的比贯入阻力平均值，kPa；
L_i——相应 p_{si} 值的土层厚度，m；
A_p——桩端截面积，m^2；
U_p——桩周长，m；
L_2——桩身中部桩侧摩阻力范围，m；
L_3——桩身下部桩侧摩阻力范围，m；
f_{2i}——桩身中部单位摩阻力，kPa；
f_{3i}——桩身下部单位摩阻力，kPa；
n_i——桩身中部单位摩阻力折减系数，对软土或浅部粉土及稍密砂土取 0.2，对可塑土取 0.3，对硬土及密实砂土取 0.4～0.5；
f_i——桩侧第 i 层土的摩阻力，kPa；
l_i——第 i 层土的厚度，m；
R_s——由静力触探 p_s 值估算的桩端阻力；
α、β——桩端阻力和桩侧阻力分担系数；
μ_l——桩入土长度的折减系数，$\mu_l=2(0.1l-1+e^{0.1l})/(0.1l)^2$；
q_{si}——单位桩侧摩阻力，kPa；
q_p——桩端阻力，kPa；
S_{ti}——桩侧第 i 层土的灵敏度；
η_i——考虑桩侧涂抹作用影响系数，当桩由较软土层进入较硬土层时及由砂层进入黏土层时，桩侧摩阻力将有所降低，$\eta_i=0.8$～0.9；
q_{sui}——桩侧第 i 层土的单位静极限侧摩阻力，kPa；
α_b——修正系数，$\alpha_b=0.60+0.01H(15\leqslant H\leqslant 30)$，$H<15$m 时，$\alpha_b=0.75$；$H>30$m 时，$\alpha_b=0.9$；
γ_{cR}——桩端以下极限阻力折减系数，与桩的长径比及探头端阻有关，计算时，可取常数 0.8；
γ_{cf}——桩侧土的工作条件系数，平均采取 0.8</td></tr>
<tr><td>储王应
王能民</td><td>$P=P_j+F_2+F_3$
$=\dfrac{\sum_0^{2.5d}m_ip_{si}L_i}{2.5d}A_p+U_p\sum_0^{L_2}n_if_{2i}L_{2i}+U\sum_0^{L_3}f_{3i}L_{3i}$</td></tr>
<tr><td>韩选江</td><td>$P=\alpha R_s+\beta U_p\sum f_il_i$</td></tr>
<tr><td>朱小林</td><td>$Q=\mu_lU\sum_0^{L_2}q_{si}L_i+q_pA_p$</td></tr>
<tr><td>郑　刚
顾晓鲁</td><td>$P=U_p\sum\dfrac{\eta_iq_{sui}h_i}{S_{ti}}+\alpha_bA_pp_s$</td></tr>
<tr><td>谢树彬译
郭见杨校</td><td>$F_u=\gamma_{cR}R_sA+\gamma_{cf}u\sum f_{si}l_i$</td></tr>
</table>

对上述经验公式对比分析后可以看出，沉桩阻力均由桩端阻力和桩侧摩阻力组成，且都与静力触探试验成果有一定的联系，并且同计算单桩承载力的公式具有相似性。这种研究思路无疑是正确的，公式在工程应用过程中方便简单，且容易被工程技术人员理解和使用。

然而，各公式对桩端阻力和桩侧摩阻力的取值又不尽相同，尤其是对桩端影响范围和桩侧摩阻力折减的取值方法有很大的差异，因此不同公式计算出的沉桩阻力必将有一定的差别。另外，各公式均为相关研究人员根据某一地区，甚至某一工程经验得出，由于土体本身的物理力学性质极其复杂，这些公式的适用性还需进一步研究。

2. 桩端阻力分析

1)桩端阻力影响范围

对桩端阻力影响范围，不同的公式具有不同的计算方法。而桩端阻力影响范围对桩端阻力的计算结果影响很大，因此有必要确定一个比较准确、实用的桩端阻力影响范围。

(1)桩端阻力影响范围的相关试验研究

对桩端阻力影响范围的研究，首先可以从桩端持力层的临界深度和最小厚度方面进行。

如图 4-8 所示，桩端阻力随桩入土深度按特定规律变化。当桩端进入均匀土层或穿过软土层进入持力层，开始桩端阻力随深度基本呈线性增大；当桩端进入持力层达到一定深度后，桩端阻力基本恒定，深度继续增加，桩端阻力增大很少，该深度即为桩端阻力的临界深度 h_c，该恒定桩端阻力即为桩端阻力稳值 p_c。除了进入持力层的临界深度外，对于厚度有限的持力层，当持力层以下为软土层时，在桩端距软土层一定距离前，桩端阻力由原来的较大值迅速减小，这主要是由于桩端阻力受到软弱下卧层的影响而减小，这个距离即为最小厚度 h_k，对应的压力即为极限压力 p_k。

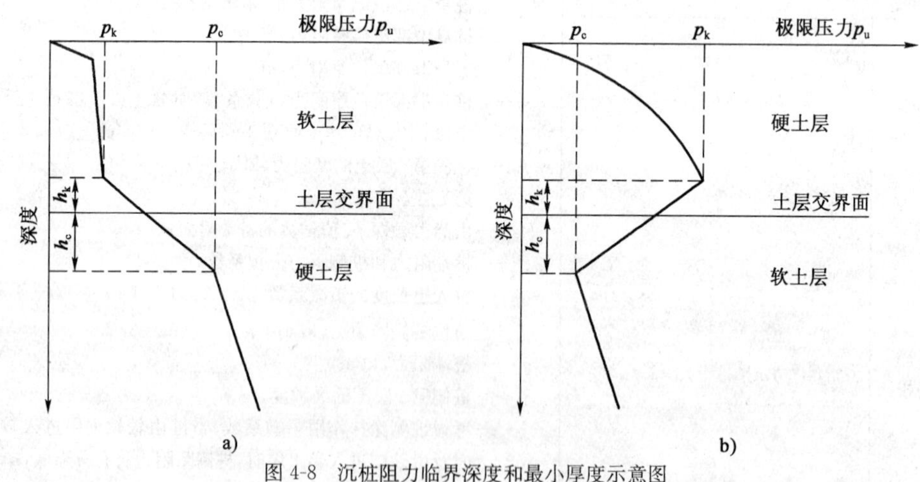

图 4-8　沉桩阻力临界深度和最小厚度示意图

a)上软下硬；b)上硬下软

桩端阻力的临界深度和最小厚度也可以从静力触探曲线得到反映。当探头进入某一土层一定的深度后，单桥静力触探比贯入阻力 p_s 值和双桥静力触探锥尖阻力 q_c 值一般都趋于恒定；在不同土层的分界面，静力触探也存在超前滞后现象，即也有影响范围的问题。

因此，可以通过研究桩端阻力的临界深度和最小厚度来研究桩端影响范围。临界深度处桩端阻力基本不变，说明其上土层对桩端阻力基本没有影响，故可以认为临界深度是桩端以上影响范围(d_1);最小厚度处桩端阻力有突变,说明其下土层对桩端阻力有一定的影响,故可以认为最小厚度是桩端以下影响范围(d_2)。

关于桩端极限承载力影响范围,部分研究成果见表 4-10。

影响桩端极限承载力的土层范围 表 4-10

取值范围	前苏联	罗马尼亚	挪威	铁道部	同济大学	交通部四航局	桩基规范	上海地基规范
桩端以上(d_1)	1D	3D(黏土)	5D	4D	4D	4D	8D	8D
桩端以下(d_2)	4D	4D(黏土)	3D	4D	1D	4D	4D	4D

注:D 为桩径,下同。

表 4-10 中的数值是针对已就位桩,求单桩承载力时提出的,而压桩是一个动态的过程,因此部分研究人员研究了压桩过程中桩端阻力影响范围,结果详见表 4-11。

影响桩端阻力的土层范围 表 4-11

取值范围	储王应、王能民	朱小林	郑刚、顾晓鲁	张明义
桩端以上(d_1)	2.5D	4D	4D	4D
桩端以下(d_2)	2.5D	1D	4D	2D

由表 4-10、表 4-11 可以看出,对桩端阻力影响范围的取值还存在一定的差异。为此,笔者对国内外已有试验研究成果进行了分析,对桩端阻力影响范围进行了系统研究。

对均质砂土,法国 Kerisl(1962 年)等在直径 6.4m、深 10.4m 的大型砂坑中,用不同直径的平底探头(ϕ45~ϕ320mm),在不同密实度的均匀石英砂中做了大量的试验,观察了端部阻力 q_c 随贯入深度的变化规律,测定了端阻随深度的变化,其结果如图 4-9 所示。

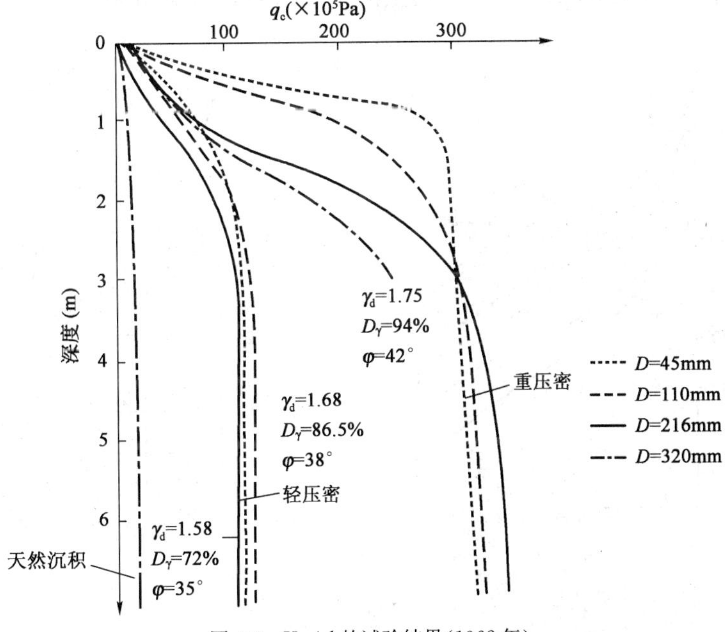

图 4-9 Kerisl 的试验结果(1962 年)

在多层砂土的研究方面,Foray 曾在 ϕ1.5×2.0m 的模型槽中用密度不同的同一种砂,分别对密砂(图 4-10 中曲线 1)、松砂(图 4-10 中曲线 2)及两种砂组成的双层土(图 4-10 中曲线 3)进行了系统试验。如图 4-10 所示为其中一组试验结果。

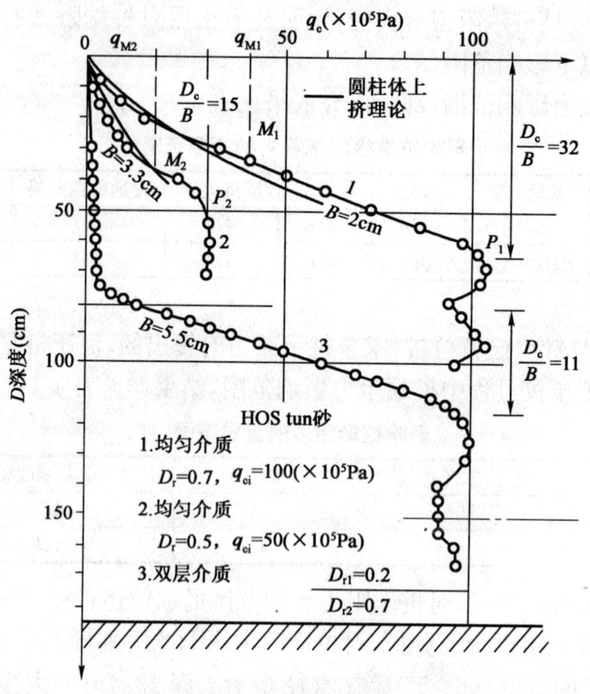

图 4-10 Foray 的试验结果(1976 年)

Meyerhof(1977 年)还系统地研究了双层土、三层土中桩端阻力的变化规律。其中双层土的试验结果如图 4-11 和图 4-12 所示，三层土的试验结果如图 4-13 所示。

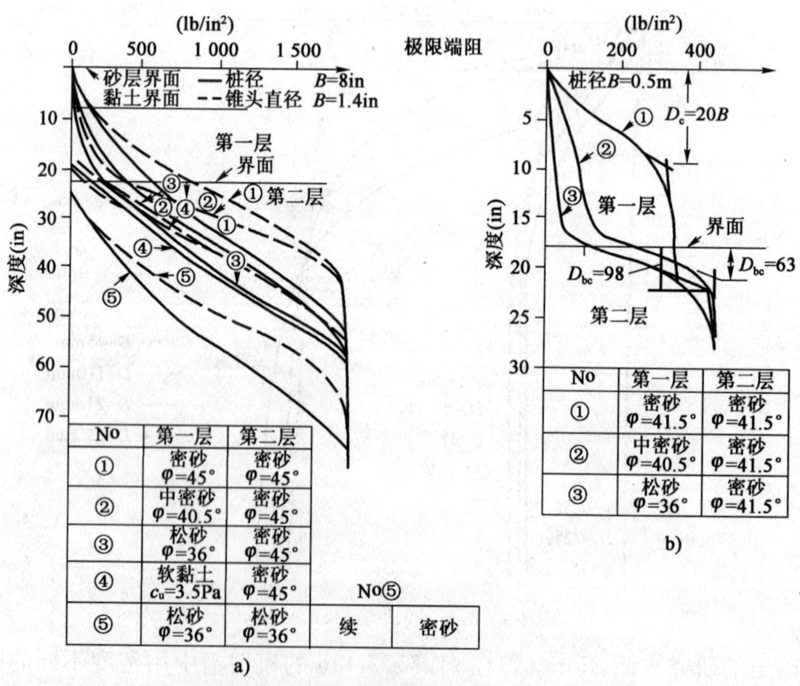

图 4-11 Meyerhof 对双层土模型的试验结果(上软下硬)(1977 年)

1in=0.025 4m；1lb6/in²=6.894 86kPa

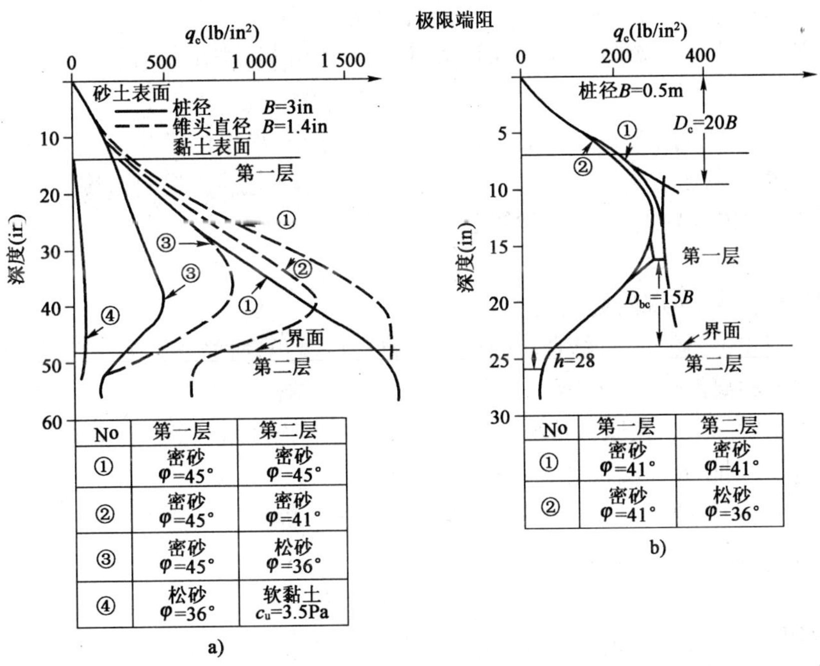

图 4-12　Meyerhof 对双层土模型的试验结果(上硬下软)(1977 年)

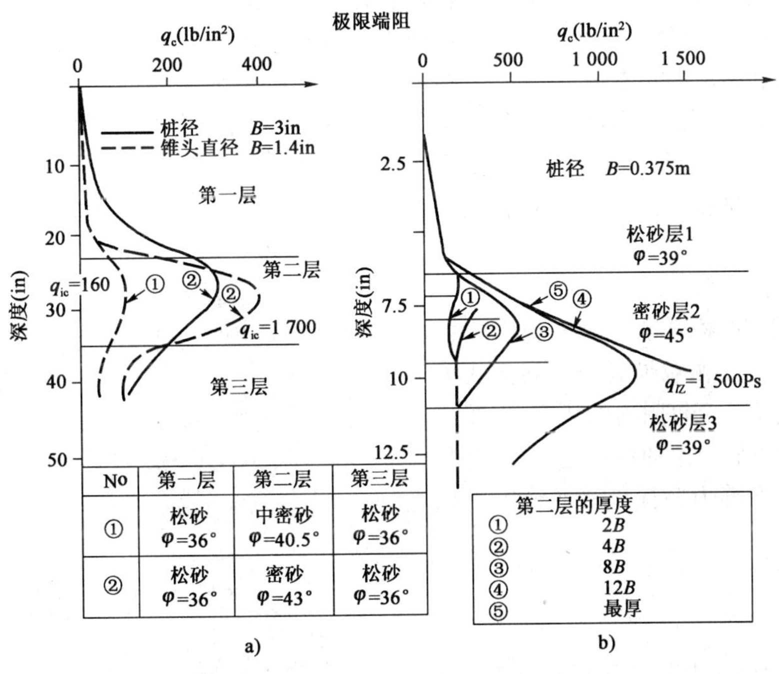

图 4-13　Meyerhof 对三层土的试验结果(1977 年)

对临界深度和最小厚度,部分国内的研究成果为:

李月健根据土体内空穴扩张引起周围应力问题的一般解推导了沉桩临界深度和最小厚度的计算公式,并针对不同的地层组合进行了计算,得出的结论是:砂性土的临界深度和最小厚度为(2.9～3.4)D,黏性土的临界深度和最小厚度为(1.6～1.9)D。

俞季民等对砂土中桩端阻力深度影响机理进行了分析,指出临界深度一般在(7～12)D之间。

王杰光对静力触探曲线超前滞后的深度进行了计算,得出的结果是超前深度为(6～25)D,且由硬土层进入软土层的超前深度大于软土层进入硬土层的超前深度;滞后深度为(7～15)D,且由硬土层进入软土层的滞后深度小于超前深度,由软土层进入硬土层的超前深度小于滞后深度。

(2)桩端阻力影响范围研究结论

仔细分析图4-9～图4-13,结合其他研究成果可以看出,桩端土层临界深度和最小厚度的研究结果有一定的离散性,但还是可以得出一些共性的结论:

①砂土密实度的大小在通常情况下反映了土体抗剪强度指标的大小,砂土密实度越大,土体抗剪强度越大,则临界深度也越大;

②桩的直径越大,则临界深度也越大,但临界深度与桩径的比值越小;

③临界深度随覆盖压力的增大而减小;

④下层土与上层土的强度比值越大,其临界深度也越大;

⑤砂土的最小厚度也与土层性质及其下卧层的强度有一定的关系,但其与桩径的比值(h_k/D)一般在2～7之间,并且主要集中在3～5。

为了与国内相关规范配套,笔者建议桩端阻力影响范围统一按桩端以上8倍桩径,桩端以下4倍桩径考虑,其他因素的影响通过单位面积桩端阻力进行调整。

2)单位面积桩端阻力取值

从上面的研究可以看出,在桩端进入临界深度后,桩端阻力趋于桩端阻力稳值 P_c。然而,因受持力层土性、桩径及上覆土压力等因素的影响,达到桩端阻力稳值时,桩端进入持力层的深度并不相同,也就是说,桩端进入持力层一定深度后,桩端阻力可能已经达到稳值,也有可能还没有达到稳值。

(1)从土性而言

研究表明,极限端阻力与土的内摩擦角、相对密度、土的颗粒组成及排列方式等都有一定的关系。沉桩阻力的研究,主要通过与静力触探试验成果的对比进行,而这些关系一般均能在静力触探试验曲线中得到反映。

(2)从桩径而言

从图4-10～图4-12可以初步看出,当探头直径较小时,砂土的极限端阻与探头的直径基本无关。除上述试验外,Vesic(1972年)在现场厚砂层中进行的静力触探和试桩结果如图4-14所示。图中两条曲线表示静力触探端阻的范围,圆圈表示不同深度的试

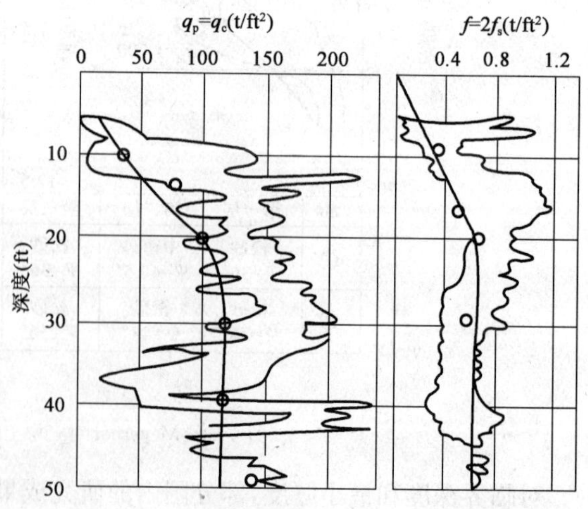

图4-14 Vesic在厚层砂中的试验结果(1972年)

注:1ft=0.3048m

桩结果。从图中可以看出，当桩的入土深度超过一定深度（约 20ft，1ft=0.304 8m）后，桩端阻力基本为一常数，且基本在静力触探端阻范围内，也就是说，桩径对极限端阻有一定的影响，但影响不大。

近年来，对于在黏性土中的系统试验工作的报导较少。Kerisel（1967 年）在法国一处饱和黏性土中用 4.5cm、7.5cm 和 11.0cm 直径的圆锥，并且将一直径为 102.5cm 的沉井压至地下 5m 深处，在沉井上安装应变片以将基底应力与桩侧摩阻力分开。不同尺寸的基底应力如图 4-15 中曲线 *a* 所示。随基底尺寸的加大，其端阻相应地减小。De Beer（1974 年）在比利时用 3.6cm、5.0cm 和 25cm 的探头在黏性土中做了比较试验，所得结果如图中曲线 *b* 所示，其趋势和 Kersil 的相似，但尺寸效应并不明显。

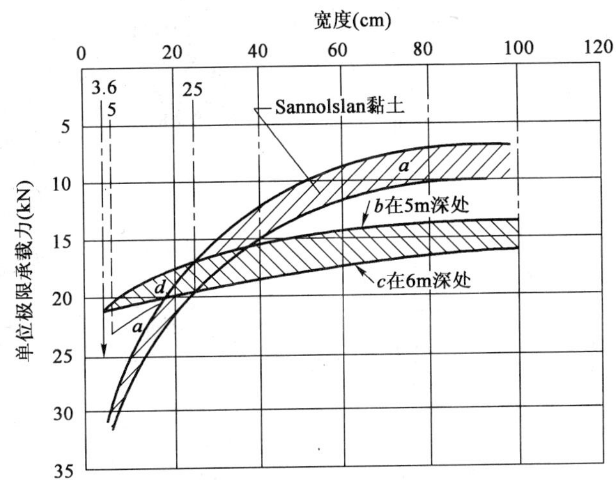

图 4-15 黏性土中的试验结果（Kerisel，1967 年，De Beer，1974 年）

上述研究表明：当探头直径较小时，极限端阻与探头的直径基本无关；当探头直径较大时，探头尺寸对极限端阻有一定的影响，一般随着探头尺寸的增大，极限端阻变小。但从工程实用观点出发，可以认为，若按桩端阻力取桩端以下 $4D$、桩端以上 $8D$ 范围的平均值，在估算桩端阻力时，可以不再考虑桩的尺寸效应。

（3）从其他方面而言

首先，从图 4-11 可以清楚地看到，虽然砂层的临界深度与上覆土压力及上覆土的性质有密切关系，但极限端阻则基本不变。

De Beer（1974 年）报道了基坑开挖对砂土端阻的影响。基坑土为超压密的砂，开挖前做了触探，基坑开挖 5.5m 后，又做了触探，触探曲线如图 4-16 所示。从图中可以看出，坑底6.5m 以内的端阻，由于卸载而有所降低，6.5m 以下，卸载对土中触探端阻不再产生影响。

在多层砂土的研究方面，Muhs（1957 年）在柏林工业大学的大砂坑中做浅基的砂土承载力试验时，曾用静力触探测定填筑砂土的密度变化，其结果如图 4-17 所示。基坑底面以下均为密实均匀细砂，事先测定了其端阻曲线，然后在坑底内回填砂（疏松或密实状态）后，又测定了整个砂土的端阻曲线。从图中曲线可知，基底以下砂的极限端阻值在三种情况下基本相等，不受其上回填砂的密实度或超载大小的影响。

因此，单位面积桩端阻力可由静力触探试验成果确定，一般取桩端全端面以上 8 倍桩径、以下 4 倍桩径范围内土层静力触探试验比贯入阻力 p_s 的平均值。然而，如前所述，临界深度随覆盖压力的增大而减小。按桩端进入持力层深度 $4D$ 来分析。当持力层为浅层土时，临界深度一般会达到 $10D$ 或更大，当持力层为深层土时，临界深度可能仅为 $5D$ 或更小。显然，临界深度的大小对桩端阻力有很大影响，但为了工程实用，不管对浅层土还是深层土，桩端影响范围均取桩端以下 $4D$、桩端以上 $8D$ 来研究，这显然会对桩端阻力估算的精度产生一定的影响。

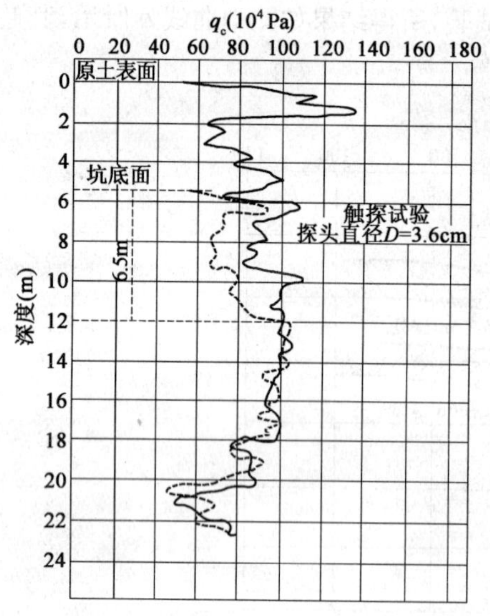

图 4-16　基坑开挖对触探端阻的影响(De Beer，1974 年)

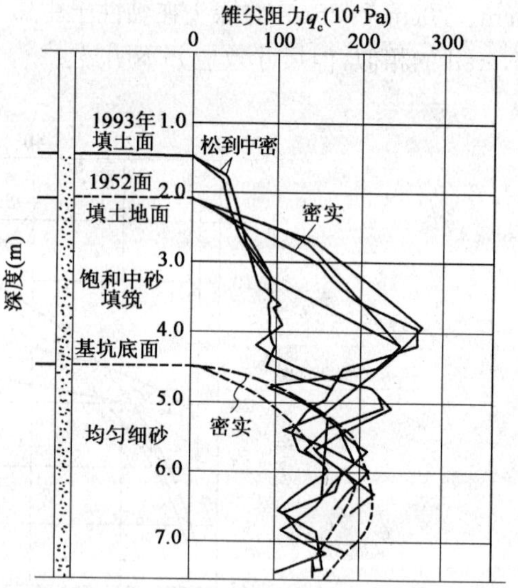

图 4-17　超载对触探端阻的影响(Muhs，1957 年)

同时，砂土在压缩过程中一般会产生“剪缩”现象。也就是说，在静压桩的贯入过程中，砂土在扰动的同时又被挤密，则沉桩时会产生超孔隙水压力，并使土体有效应力下降，从而降低了桩端阻力。虽然也有人认为在砂层中超孔隙水压力的消散是很快的，在超静孔压消散的同时，随着有效应力的增加和挤密作用会使砂土的强度得到提高，甚至高于原来的土体强度。但事实上，因为孔隙水压力消散也需要一个过程，一般最少也需要几分钟，因此，除非桩端在砂土中停留了一定时间外，若连续贯入，一般沉桩时的极限端阻均小于静力触探时的极限端阻(静力触探：影响范围小，超孔隙水压力消散快，极限端阻所受影响小)。桩端停留在砂层中接桩后，同一深度处接桩后的沉桩阻力较接桩前的大许多，有时甚至多达数倍，也从一个侧面反映了静压桩贯入过程中超孔隙水压力对极限端阻的影响。

因此，考虑到上覆土压力及超孔隙水压力等因素对桩端阻力的影响，需要对由静力触探试验成果确定的桩端阻力乘以一个与深度有关的折减系数。

3)桩侧摩阻力分析

按土力学理论，桩侧摩阻力与作用于桩身的水平有效应力有关，即

$$q_s = K_0 \sigma'_{r0} \tan\delta \tag{4-4}$$

$$q_s = \sigma'_{h0} \tan\delta \tag{4-5}$$

式中：q_s——单位面积桩侧摩阻力，kPa；

K_0——静止侧压力系数；

σ_{r0}——垂直有效应力，kPa；

σ_{h0}——水平有效应力，kPa；

δ——内摩擦角。

公式表明，随着深度的增大，作用在桩身的水平有效应力成正比增大，桩侧摩阻力也应逐渐增大。但沉桩时桩侧摩阻力实际并非如此，有人认为：

(1)由于沉桩时的挤土作用，在地表浅层形成隆起，产生径向裂隙；沉桩引起的侧向晃动，桩土间形成间隙，地下水沿间隙渗入，使地表以下约 $8D$ 范围内桩侧摩阻力基本丧失，再向下约(8～16)D 范围内的桩侧摩阻力有所降低。

(2)在桩端附近，由于桩端阻力的影响，侧向应力有所松弛，或出现径向张裂缝，或部分土随桩一起向下移动，使近桩端(3～5)D 范围的桩侧摩阻力有所降低。

(3)在均质土中，桩侧摩阻力在一定深度范围内是随深度而增大的，超过该深度后，桩侧摩阻力基本趋于定值，该深度即桩侧摩阻力的临界深度。

桩侧摩阻力的变化规律也可从双桥静力触探试验成果上得到反映：对同一土层，双桥静力触探侧摩阻力基本相同，并没有随入土深度的增大而明显增大的趋势。

对于桩侧摩阻力的取值，《建筑桩基技术规范》(JGJ 94—2008)给出的根据静力触探比贯入阻力值估算桩侧土极限侧摩阻力标准值的公式如表 4-12 所示。

《建筑桩基技术规范》(JGJ 94—2008)中桩侧摩阻力估算表 表 4-12

位于粉土及砂土土层以上的黏性土（或无粉土及砂土土层地区）		位于粉土及砂土土层以下的黏性土		粉土、粉砂、细砂、中砂	
p_s(kPa)	q_{su}(kPa)	p_s(kPa)	q_{su}(kPa)	p_s(kPa)	q_{su}(kPa)
$p_s<1\,000$	$0.05p_s$	$p_s<600$	$0.05p_s$	$p_s<5\,000$	$0.02p_s$
$1\,000<p_s<4\,000$	$0.025p_s+25$	$600<p_s<5\,000$	$0.016p_s+20.45$	$p_s>5\,000$	100
$p_s>4\,000$	125	$p_s>5\,000$	100		

注：对地表下 6m 范围内的土层，q_{su}取 15kPa。

上述相关公式是针对单桩承载力而制定的，是“静态”的桩侧摩阻力。事实上，在桩的压入过程中，桩端附近范围的桩侧土为挤压区，当桩头继续往下贯入时，桩身周围土受剪切而发生重塑，土的强度降低，直至到重塑土的残余强度。而且，除压桩的强烈扰动之外，在桩的压入过程中，桩土接触面是一个剪切过程，并且发展至剪损软化阶段，与十字板试验测定饱和土扰动后不排水抗剪强度的机理类似，桩侧土提供给桩侧的摩阻力亦会降低，甚至到残余强度。因此，软土地区静压桩的沉桩阻力必然与桩侧土的灵敏度有关。

笔者建议，上海地区静压桩施工时浅层各土层土体灵敏度推荐值如表 4-13 所示。

工程应用中，可根据土层物理力学性质和土体结构的具体扰动情况，按表 4-13 中推荐的数值取大值或小值。

上海地区静压桩施工时浅层各土层土体灵敏度推荐值　　表 4-13

层序	土　名	含水率 w(%)	孔隙比 e	压缩模量 $E_{s0.1-0.2}$ (MPa)	静探 p_s (MPa)	标贯(击)	灵敏度推荐值 S_t
②	黏土	26～40	0.75～1.1	3.5～6.5	0.70～1.3	2～5	1.5～2.5
③	淤泥质粉质黏土	38～45	0.98～1.3	2.8～3.9	0.55～1.5	1～4	2.5～3.5
④	淤泥质黏土	41～45	1.2～1.5	1.7～2.7	0.4～0.7	<1～2	3.0～4.0
⑤$_1$	粉质黏土	30～40	0.97～1.2	3.2～4.2	0.7～1.3	3～5	2.5～3.5
⑤$_3$	粉质黏土	29～38	0.85～1.0	4.6～5.8	1.3～2.5	5～9	2.5～3.5
⑥	粉质黏土	21～27	0.6～0.8	6.0～9.0	2.0～3.8	10～18	2.0～3.0

4)沉桩阻力估算公式及其精度分析

综合前文研究，可以得出静压桩沉桩阻力的估算公式为：

$$R_r = R_{sr} + R_{pr} = U_p \sum_{i=1}^{n} \alpha \cdot \frac{f_{si} l_i}{S_{ti}} + \beta \cdot f_{pr} A_p \tag{4-6}$$

式中：R_r——沉桩阻力，kN；

R_{sr}——桩侧阻力，kN；

R_{pr}——桩端阻力，kN；

U_p——桩周长，m；

n——桩身穿过的土层数；

α——侧阻力深度修正系数，对粉性土、砂性土 $\alpha=0.5+\bar{z}/100$，若 $\alpha>1$，取 $\alpha=1$，对黏性土，$\alpha=1$；

$\bar{z}$——第 i 层层顶与层底埋深平均值，m；

f_{si}——按照第 i 层土静力触探试验比贯入阻力平均值计算的单位面积桩侧摩阻力，kPa，可按表 4-12 取值，且对于粉土、粉砂、细砂、中砂，$p_s>5\ 000$ 时，仍按 $0.02p_s$ 计算；

l_i——第 i 层土的厚度，m；

S_{ti}——第 i 层土的灵敏度(上海地区建议按表 4-13 取值)；

β——桩端阻力深度修正系数，$\beta=0.5+z/100$，若 $\beta>1$，取 $\beta=1$；

z——桩端入土深度，m；

f_{pr}——单位桩端阻力，kPa，取桩端全断面以上 8 倍桩径、桩端以下 4 倍桩径范围内土层静力触探试验比贯入阻力 p_s 的平均值；

A_p——桩全断面面积，m^2。

式(4-6)是根据国内外相关研究成果，参考中华人民共和国行业标准《建筑桩基技术规范》(JGJ 94—2008)中相关计算单桩承载力的规定，以静力触探比贯入阻力 p_s 值为主要计算参数，结合一定的工程经验得出的估算静压桩沉桩阻力的经验公式。

由于静力触探与静压桩在贯入机理及贯入速率等方面的一致性，用静力触探比贯入阻

力 p_s值估算沉桩阻力已为工程界广泛认可。但其适用性如何，还需通过工程资料进行验证。

(1)桩基土分类

研究表明，沉桩阻力除了与桩端持力层的土性密切相关外，还与桩侧土性有关，当桩穿越一定厚度的硬塑状黏性土或中密以上粉性土、砂土后，这些地层对沉桩阻力有明显的影响。因此，按照桩端持力层土层性质和桩侧土性质可将桩基土划分为表 4-14 所示的四类。

桩基土分类表 表 4-14

桩基土类型	桩端持力层性质	桩侧土性质
I	持力层为一般黏性土或稍密～中密粉性土、砂土	桩侧土层中不存在厚度较大的硬土层
II	持力层为硬塑黏性土或中密以上粉性土、砂土	桩侧土层中不存在厚度较大的硬土层
III	持力层为硬塑黏性土或中密以上粉性土、砂土	桩侧土层中有厚度较大的硬土层
IV	持力层为一般黏性土或稍密～中密粉性土、砂土	桩侧土层中有厚度较大的硬土层

注：桩侧土中厚度较大的硬土层主要指 p_s＞5MPa，且厚度＞3m，或 p_s＞3MPa，且厚度＞5m 的土层。

(2)沉桩阻力估算值验证

根据大量工程实测资料，对所有桩基土类型中的沉桩阻力估算值与实测值进行对比，其结果如图 4-18 所示；按不同桩基土类型研究，得出各类桩基土类型中沉桩阻力估算值与实测值之间的关系如图 4-19～图 4-22 所示。

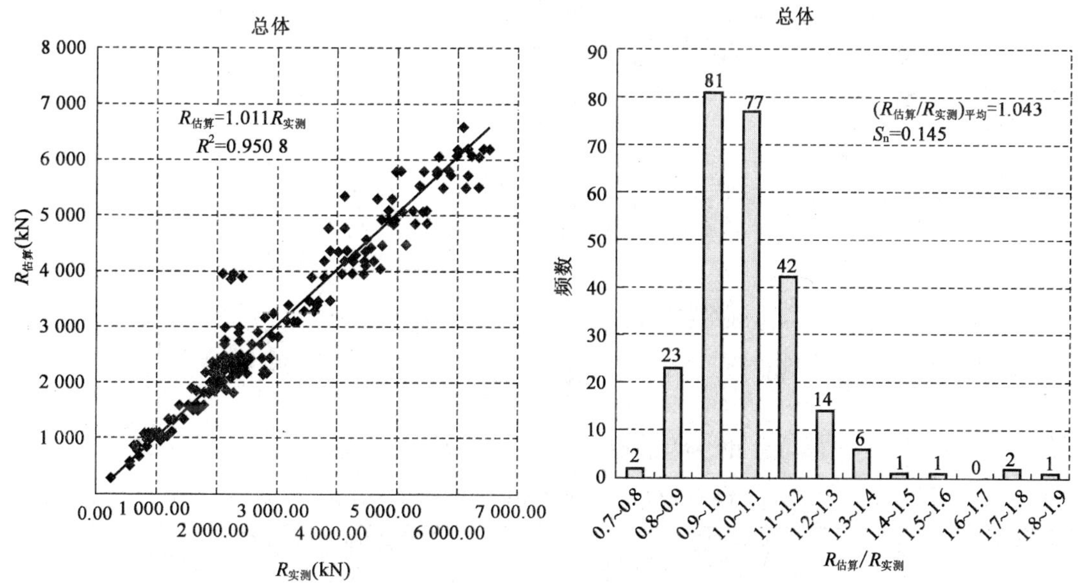

图 4-18 所有桩基土类型中沉桩阻力估算值与实测值的相互关系

根据图 4-18～图 4-22 中的数据，得出各桩基土类型中沉桩阻力估算值与实测值的相对误差对比分析如表 4-15 所示。

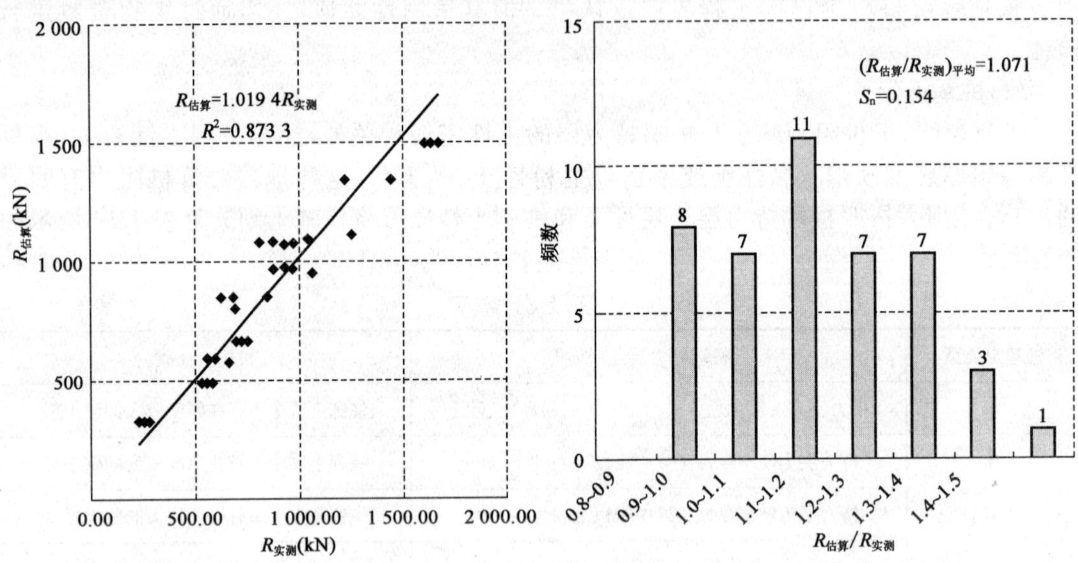

图 4-19 I类桩基土类型中沉桩阻力估算值与实测值的相互关系

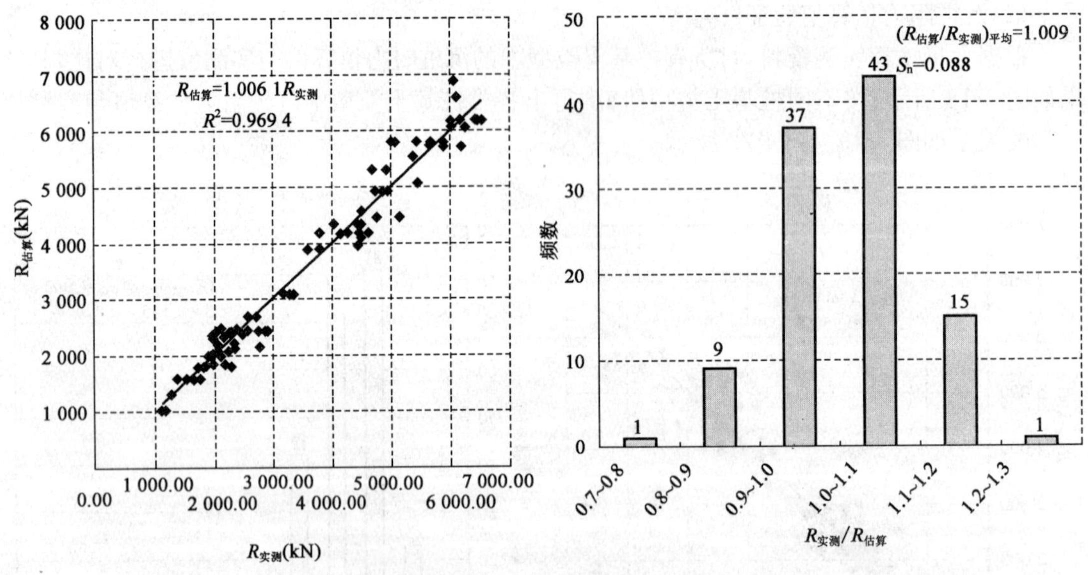

图 4-20 II类桩基土类型中沉桩阻力估算值与实测值的相互关系

各桩基土类型中沉桩阻力估算值与实测值对比 表 4-15

桩基土类型	样本数量	相关系数 R^2	沉桩阻力估算值/实测值				
			平均值	样本方差	<0.8(%)	0.8～1.2(%)	>1.2(%)
全部	250	0.950 8	1.043	0.145	0.80	89.60	9.60
I	44	0.873 3	1.071	0.154	0.00	75.00	25.00
II	106	0.969 4	1.009	0.088	0.94	98.20	0.94
III	36	0.947 0	1.055	0.092	0.00	97.22	2.78
IV	64	0.734 1	1.073	0.211	1.56	81.25	17.19

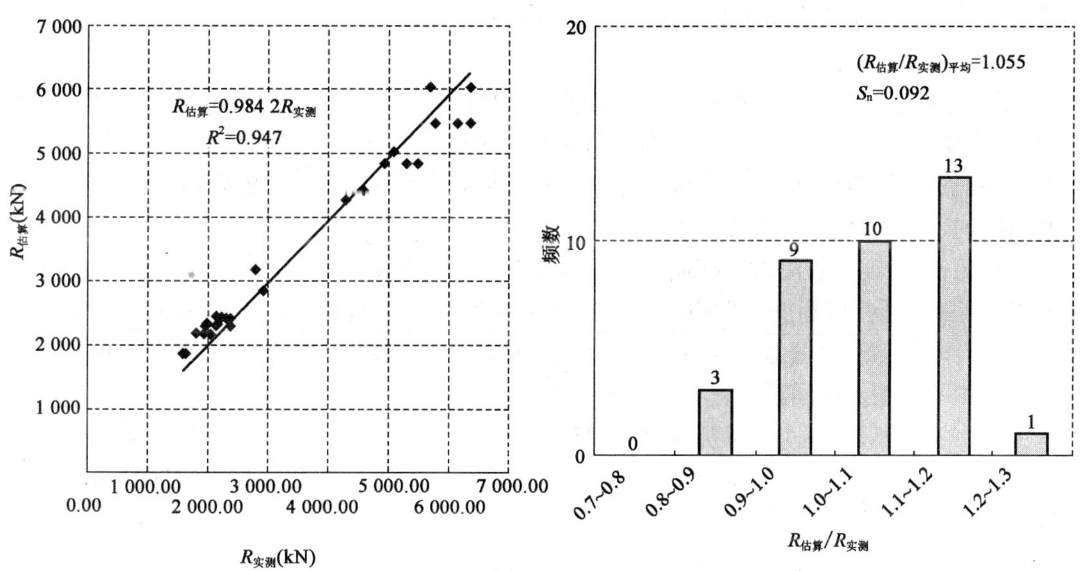

图 4-21 III 类桩基土类型中沉桩阻力估算值与实测值的相互关系

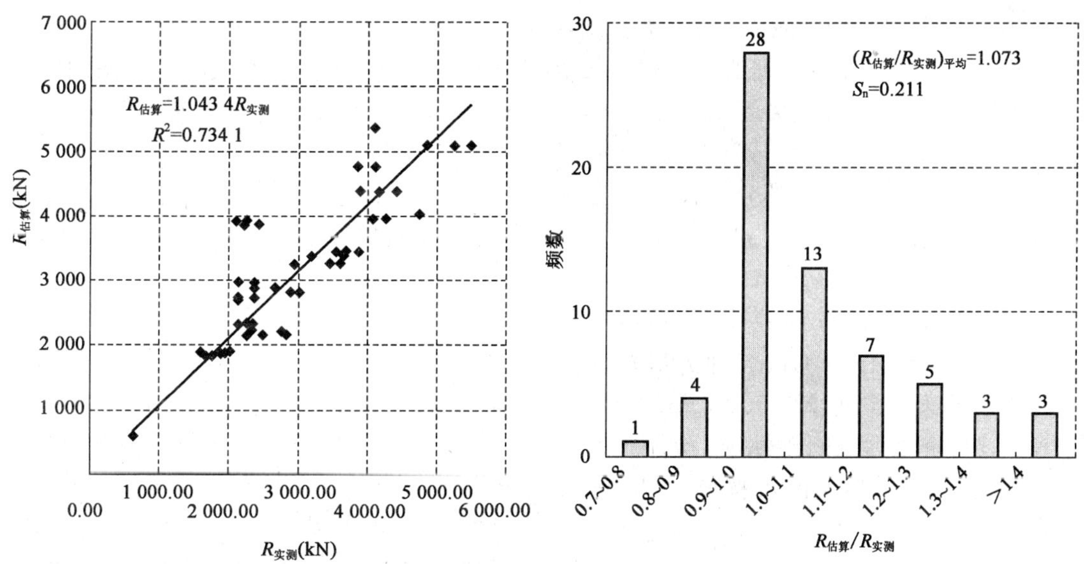

图 4-22 IV 类桩基土类型中沉桩阻力估算值与实测值的相互关系

由表 4-15 中的数值可以看出，沉桩阻力估算值与实测值的比值大部分在 0.8～1.2 之间，一般均能满足工程要求。进一步分析发现，对桩端持力层为中密以上粉性土、砂土的 II 类和 III 类桩基土类型，估算结果更接近实测值，这主要是这两类地层组合中沉桩阻力很大，记录和侧摩阻力估算引起的相对误差较小；对于 IV 类桩基土类型，由于对桩侧硬土层扰动影响的考虑相对较少，故沉桩阻力估算值往往偏大，但由于该类地层组合中，沉桩阻力最大值一般出现在即将穿越桩侧硬土层（此时为 II 类或 III 类土桩基土类型），故最终沉桩阻力估算值的误差对工程设计施工带来的影响相对较小。

(3)后期沉桩阻力估算

大量工程实践表明，当桩端持力层为砂性土或桩侧有厚度较大的砂性土层时，随着工程桩的施工，后期沉桩阻力一般都会有大幅度的提高。很多工程，施工初期沉桩阻力并不是很大，工程桩一般都能压至设计标高，但施工后期由于沉桩阻力增大，时常会出现压桩机被抬起或工程桩折断的现象，从而导致工程桩难以压至设计标高。

一般而言，后期沉桩阻力较初始沉桩阻力都会有一定幅度的增加，但随着土性及预制桩的面积置换率的不同，增加的幅度也有所不同。沉桩对桩侧土的影响因土性而异：对黏性土而言，其挤密作用甚微，物理力学性指标变化很小，而对粉性土或砂性土则挤密作用明显，其挤密程度与采用的桩型及桩间距有密切关系。

上海市工程建设规范《建筑抗震设计规程》(DGJ 08-9—2003)4.3.5 条规定：对于挤土桩，当桩距小于 4 倍桩径，且桩的排数不少于 5 排，总桩数不少于 25 根时，打桩后桩间土的标准贯入锤击数可按式(4-7)进行估算。

$$N_1 = N_p + 100\rho(1 - e^{-0.3N_p}) \tag{4-7}$$

式中：N_1——打桩后的标准贯入锤击数；

ρ——预制桩的面积置换率；

N_p——打桩前的标准贯入锤击数。

根据 Meyerhof 等人的研究，标准贯入试验的锤击数与静力触探的贯入阻力，都随土层的变化而显示出同样的变化关系，即 $N=\beta q_c$ 或 $N=\beta p_s$(β 是一个系数，随着土的种类和深度而变化)。

笔者收集了上海地区部分工程的标准贯入试验锤击数 N 值与静力触探比贯入阻力 P_s 值，采用线性拟合得出的标准贯入试验 N 值与静力触探比贯入阻力 p_s 值的关系如图 4-23 所示。

根据图 4-23，建议各砂性土、粉性土的标准贯入试验锤击数 N 值与静力触探比贯入阻力 p_s 的关系取为 $N=3.2p_s$(MPa)。结合式(4-7)，沉桩后桩间砂性土、粉性土的静力触探比贯入阻力 p_s 值可按式(4-8)进行估算。

$$p_{s1} = p_{sp} + 31.25\rho(1 - e^{-0.96p_{sp}}) \tag{4-8}$$

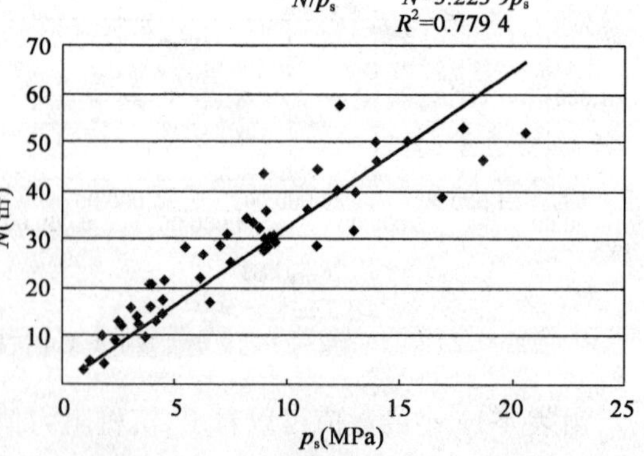

图 4-23　标准贯入试验 N 值与静力触探比贯入阻力 p_s 值拟合曲线

式中：p_{s1}——沉桩后的静力触探比贯入阻力，MPa；

ρ——预制桩的面积置换率；

p_{sp}——沉桩前的静力触探比贯入阻力，MPa。

假定 $p_{sp}=5$MPa，则 $e^{-0.96p_{sp}}=0.00823\approx0$，因此，当桩间砂性土、粉性土的静力触探比贯入阻力 p_s 较大时，沉桩后的静力触探比贯入阻力 p_s 可按式(4-9)所示的简化公式进行估算。

$$p_{s1} = p_{sp} + 31.25\rho \tag{4-9}$$

由式(4-8)和式(4-9)可以看出，沉桩后砂性土、粉性土的静力触探比贯入阻力的增加与预制桩的面积置换率密切相关。因此，施工时如果周围环境许可，应采用开放式的沉桩流程进行静压桩施工，这样可以减小预制桩的面积置换率，从而减小后期工程桩的沉桩阻力。

显然，对于桩端为密实砂土或桩侧存在厚度较大砂性土的工程，当预制桩的面积置换率相对较大时(＞5％)，后期沉桩阻力增大较多，一般为 1.2～1.5 倍，有时甚至会高达 2 倍，因此在桩身强度控制和设备选型时，一定要考虑后期沉桩阻力的影响。

(4)用其他原位试验参数估算沉桩阻力的经验公式

①双桥静力触探法

用双桥静力触探资料 q_c 和 f_s 估算单桩极限承载力，在中华人民共和国行业标准《建筑桩基技术规范》(JGJ 94—2008)和铁道部《静力触探技术规则》中都给出了相关的计算方法，华东电力设计院陈继成等(1987 年)汇总上海地区及东南沿海软土地区的双桥探头静力触探资料，也提出了相应的计算单桩承载力的公式。各种计算方法的计算式基本相同，但公式中各参数的取值有所不同。其中《建筑桩基技术规范》中的相关条文如下。

第 5.3.4 条，当根据双桥探头静力触探资料确定混凝土预制桩单桩竖向极限承载力标准值时，对于黏性土、粉土和砂土，如无当地经验时可按式(4-10)计算：

$$Q_{uk} = u\sum l_i \beta_i f_{si} + \alpha q_c A_p \tag{4-10}$$

式中：f_{si}——第 i 层土的探头平均侧阻力，MPa；

q_c——桩端平面上、下探头阻力，kPa，取桩端平面以上 $4d$(d 为桩的直径或边长)范围内按土层厚度的探头阻力加权平均值，然后再和桩端平面以下 $1d$ 范围内探头阻力进行平均；

α——桩端阻力修正系数，对于黏性土、粉土取 2/3，饱和砂土取 1/2；

β_i——第 i 层土桩侧阻力综合修正系数，按下式计算：

黏性土、粉土 $\beta_i = 10.04\ (f_{si})^{-0.55}$，

砂土 $\beta_i = 5.05\ (f_{si})^{-0.45}$。

上述计算方法均为用双桥静力触探参数来计算单桩承载力，如何将其运用到计算沉桩阻力还需做进一步的研究。

就机理而言，双桥静力触探更接近于压桩过程，用双桥静力触探参数估算沉桩阻力应当更合理。但由于受应用历史和经验的影响、勘察市场现有状况的制约及探头制造技术方面的原因，目前，我国工程勘察界单桥静力触探占统治地位，很多经验公式都是建立在单桥静力触探的试验参数上。为此，有必要寻求单桥静力触探与双桥静力触探参数的相互关系。

笔者对上海地区单桥静力触探与双桥静力触探之间的关系进行了深入研究，得出已知单桥静力触探比贯入阻力 p_s 值，求双桥静力触探锥尖阻力 q_c 和侧壁摩阻力 f_s 的经验公式，如表 4-16 所示。

单桥 p_s 值推求双桥 q_c 和 f_s 的经验公式(单位:MPa)　　表 4-16

土类	子样数	回归方程式 1		回归方程式 2	
		带截距	相关系数	不带截距	相关系数
淤泥质土	62	$q_c=0.8057p_s+0.0866$	0.93	$q_c=0.9235p_s$	0.92
		$f_s=0.0208p_s-0.0012$	0.92	$f_s=0.0196p_s$	0.91
黏性土	95	$q_c=0.8757p_s-0.0145$	0.96	$q_c=0.8631p_s$	0.96
		$f_s=0.0229p_s-0.0064$	0.91	$f_s=0.0173p_s$	0.88
粉性土 砂性土	238	$q_c=0.7880p_s-0.2128$	0.97	$q_c=0.7734p_s$	0.97
		$f_s=0.0091p_s+0.0003$	0.88	$f_s=0.0091p_s$	0.88

结合上述研究成果及有关单桥静力触探参数计算沉桩阻力的公式(4-6),即可得出用双桥静力触探计算沉桩阻力的公式:

$$R_r=U_p\sum_{i=1}^{n}\alpha f_{si}l_i+m\beta\cdot q_cA_p \tag{4-11}$$

式中:f_{si}——双桥静力触探第 i 层土的探头平均侧阻力,kPa;

q_c——桩端所在土层双桥静力触探探头阻力,kPa,取桩端全断面以上 8 倍桩径、全断面以下 4 倍桩径范围内土层探头阻力平均值;

m——土性参数,淤泥质土取 1.10,黏性土取 1.15,砂性土、粉性土取 1.30;

其他符号意义同前。

②标准贯入法

国内用标准贯入击数 N 计算单桩承载力的公式相对较少。在美国、加拿大、日本等地用得相对较多,但大都为经验公式,一般形式如式(4-12)所示。

$$R_u=a\cdot NA_p+b\overline{N}_sA_s+c \tag{4-12}$$

式中:a、b、c——相关经验系数;

N——桩端附近土的标贯平均值;

$\overline{N}_s$——桩侧土的标贯平均值;

A_s——桩侧表面积,m^2;

其他符号意义同前。

现结合式(4-6)及前文得出的单桥静力触探比贯入阻力 p_s 值与标准贯入击数 N 的关系式 $N=3.2p_s$,得出式(4-13)所示的经验公式(砂性土、粉性土中):

$$R_r=6.25U_p\sum_{i=1}^{n}\alpha\cdot N_{si}l_i+312.5\beta\cdot NA_p \tag{4-13}$$

式中符号意义同前。

对于部分工程,浅层黏性土只有静力触探试验比贯入阻力 p_s 值,而深层土砂性土只有标准贯入击数 N 值,可以结合式(4-6)及式(4-13)进行沉桩阻力的估算。

四、与沉桩可行性有关的一些问题

1. 桩型选择

静压桩设计施工时，除考虑沉桩阻力外，还需考虑桩身结构强度的制约。例如，对上海市建筑标准设计《先张法预应力混凝土管桩》(DBJT 08-92—2002)中的 PHC AB 400 80 管桩，假定沉桩阻力为 4 000kN，若不考虑桩身结构强度，根据现有设备，工程桩完全可以压至设计标高。但事实上，如不作特殊处理，由于受桩身强度限制，一般在沉桩阻力达到 2 500～3 000kN时，即会发生断桩及桩头爆裂等问题。

对于混凝土预制方桩，桩身结构强度能够承受的最大压力可按式(4-14)进行估算。

$$R_k = (0.60 \sim 0.75) f_k A_p \tag{4-14}$$

对于 PHC 管桩，桩身结构强度标准值可按式(4-15)进行估算，也可按相关规范中的桩身结构强度取值。

$$R_k = (0.60 \sim 0.75) f_k A_p - 0.34 A_p \sigma_{pc} \tag{4-15}$$

式中：f_k——混凝土轴心抗压强度标准值，MPa；

A_p——桩端混凝土有效面积，m^2；

σ_{pc}——桩身截面上混凝土有效预压应力，MPa。

对因考虑基础沉降，确需穿越砂性土层的工程桩，若桩身结构强度无法满足沉桩要求，可以采用加厚壁厚的方法进行处理；对根据岩土工程勘察报告提供的桩基参数计算的桩土相互作用确定的单桩承载力无法满足设计要求，而沉桩阻力又超过桩身结构强度的工程，可以采用单桩静载荷试验等方法，进一步确定单桩承载力，若单桩承载力能够满足设计要求时，可考虑采用适当减短桩长的方式进行处理。

2. 压桩机及其配重选择

在桩身结构强度足够的前提下，压桩机及其配重的选择，不仅与沉桩阻力有关，还与表层土的强度有关。工程上，考虑到压桩机的实际压桩功率，一般可按桩身结构强度标准值或沉桩阻力估算值的 1.2 倍选用压桩机及其配重。但是对于表层土强度较低的工程，时常会发生陷机、工程桩偏位及断桩的现象。因此，如果沉桩阻力相对较小，一般可采用大型号压桩机加小配重的方式来降低接地比压强；如果沉桩阻力很大，应采用填建筑垃圾或换填等方式对表层土的强度进行加固。

3. 沉桩阻力现场校验

上海某工程，沉桩阻力估算值并不大，桩身也未破坏，而施工单位给出的沉桩阻力又很大，设计人员根据沉桩阻力减短了桩长，待建筑物结构施工到一大半时，即发生了整体失稳。也有些工程，沉桩阻力估算值不大，施工单位给出的压桩机及其配重完全能满足压桩要求，但在沉桩过程中，时常发生压桩机整体抬升现象，导致大批工程桩断桩及桩头爆裂，从而严重地影响了工程质量，给施工工期也带来了不小的影响。

显然，市场上小型号压桩机相对较多，压桩成本相对较低，很多施工单位低价进入后，无法按设计要求施工，于是采用小型号压桩机，通过虚报压桩力来蒙混过关。因此，对无法沉桩到位的工程，不能轻信施工单位上报的“数据”，而需对实测沉桩阻力进行校验。一般校验可按下述两条途径同时进行：

其一，压桩机及其配重校验。压桩机自重比较固定，可以通过相关设备说明书或货运清单确定；压桩机配重为铸铁块或钢筋混凝土块，每块的重量均可通过计算确定。若压桩机及其配重的总重量小于其沉桩阻力，则说明数据明显有误，可令其调换压桩机或增加配重后再进行压桩施工。

其二，沉桩阻力数据校验。若压桩机及其配重的总重量大于其沉桩阻力，应进一步对其沉桩阻力的数值进行校验。一般而言，压桩机都有 2～4 个油缸，沉桩时，为了提高沉桩速度，沉桩阻力较小时，只利用其中的一个或部分几个油缸进行压桩，当沉桩阻力较大时，则启动剩余油缸进行工作。因此，校验时，首先需确认其工作油缸的数量及直径，确保油压表标定准确，油路系统工作正常，然后按式(4-16)估算沉桩阻力：

$$R_r = mA/1\,000 + n \tag{4-16}$$

式中：R_r——沉桩阻力，kN；

m——油压表读数，MPa，一般小于 30MPa；

A——油缸总断面积，mm^2；

n——送桩杆重量，kN，一般小于 200kN。

例如，某一压桩机，共有 4 个油缸($2\phi320+2\phi240$)，送桩杆重量为 100kN，则 4 个油缸全部工作时，油缸总断面积为 251 200mm^2，压力表读数为 20MPa，沉桩阻力为 $251\,200\times\frac{20}{1\,000}+200=5\,224$kN。

校验时，一般应亲自到压桩机操作室读取压力表读数。若校验值小于施工单位上报的沉桩阻力，则可令其整改；若校验值与施工单位上报的沉桩阻力基本一致，可以判断为沉桩阻力实测值确实大于估算值，需做进一步技术处理，如加厚管桩壁厚或缩短桩长等。

五、部分沉桩可行性问题的定性解答

(1)由于受桩端桩侧土的共同作用，桩端为砂性土时，工程桩能进入桩端持力层的深度并不是一个定值。但一般而言，若桩端进入持力层深度达到 $12d$(桩端以上、以下影响深度范围总和)以后，沉桩阻力增长速率明显降低，甚至保持不变。

(2)对桩侧有厚度较大硬土层的地层组合，工程桩穿越桩侧硬土层时，在距硬土层底部 $4d$ 时沉桩阻力达到最大，之后会明显减小。因此，在具体工程中，应首先估算桩端达到桩侧硬土层底 $4d$ 时的沉桩阻力(对预制桩的面积置换率较大的工程，应考虑砂土挤密作用的影响)，若沉桩阻力小于桩身强度及压桩机配重，则工程桩一般均能穿透桩侧硬土层。

(3)由于受埋藏深度、上覆压力、固结状态及应力路径等因素的影响，静力触探比贯入阻力 P_s 值基本相同的砂性土层，在埋深较浅时桩端能够进入的深度较埋深较深时大。

(4)由于超孔隙水压力的消散及土体结构强度的恢复，沉桩时若有一定的停顿时间，沉桩阻力会明显增大，且在砂性土中增长的速率较黏性土中明显大，因此接桩时，桩端不宜停留在砂性土层中。

(5)黏性土中，初始沉桩阻力与最大沉桩阻力相差不大；砂性土中，由于砂土挤密作用，后期沉桩阻力会明显增大，一般为1.2～1.5倍。当桩长较短，桩侧桩端砂性土较密实，预制桩的面积置换率较大时，后期沉桩阻力的增大幅度也较大，有时甚至达到初始沉桩阻力的2倍以上。

(6)减小沉桩阻力的措施：

①合理安排沉桩流程，可以减小预制桩的面积置换率，从而减小砂土挤密作用对后期沉桩阻力的影响。

②尽量减少桩端位于砂性土中接桩，以减小接桩后的起动压力。

③常规开口桩靴一般会减小沉桩阻力，但影响幅度不大；锥形桩靴可能有利于减小沉桩阻力，但由于成本相对较高且沉桩阻力减小幅度有限，工程实用价值不高。

④桩位取土是最有效地减小沉桩阻力的方法，但成本较高。

⑤最直接的减小沉桩阻力的方法是减短桩长。但在桩长确定时应扣除施工单位虚报等因素的影响，保证单桩极限承载力，且尽量使沉桩阻力与桩身结构强度相匹配。

⑥若桩基沉降不能满足设计要求，需穿越一定厚度的硬土层，而沉桩阻力过大难以穿越时，可以考虑在桩端下接一定长度的圆钢管或型钢来达到既减小沉桩阻力，又能满足桩基沉降量设计要求的目的。

第五节　打入桩的设备选型及适用条件

一、概述

打入桩施工包括锤击打入法和振动打入法。锤击打入法是利用桩锤冲击桩头，使桩在桩锤的冲击力作用下打入土中。振动打入法是使桩产生一定频率的振动，从而大大减小桩与土间的阻力，并在自重和一定外力下使桩打入土中。两种施工方法对桩的作用都需要桩锤，桩锤的发展基本代表打入桩的发展历史。

1. 锤击打入法桩锤

锤击桩锤主要有四种：落锤、蒸汽锤、柴油锤、液压锤。

最早的打入设备落锤，由于贯入能力及生产效率低，对桩损伤很大，而在20世纪50年代为蒸汽锤代替。随着后来柴油锤的日益成熟与推广使用，蒸汽锤也已基本被淘汰。

20世纪30年代成功制造了筒式柴油桩锤，50年代后以德国德马格(Demag)、日本三菱和神钢(Kobelco)为代表的柴油锤生产厂商得以长足发展。国内20世纪80年代引进德国德马格(Demag)公司技术，使我国生产的柴油锤性能有了很大的提高，目前最大、最新的柴油锤冲击质量为18t(D180)，冲击能量为590kN·m。柴油桩锤目前已成为国内主要的桩锤。

在20世纪70年代的欧洲，随着城市现代化的发展和环保法规的逐步完善，曾经是打桩市场主力的柴油打桩锤由于其自身结构无法解决的问题即噪声、振动和油烟污染问题，而逐步被禁止使用。而且由于热容积和效率的限制，理论上讲，最大的柴油锤的冲击锤芯质量也只能达到15t，不能满足大型预制桩的施工要求。为了寻求柴油打桩锤的升级替代产品，各国都在研究新的打桩设备和施工工艺，英国BSP公司早在1972年率先研制出了第一台液压打桩锤，液压打桩锤就是在这种形势下发展起来的。

液压打桩锤由于噪声低，振动小，无油烟污染，而且打击能量大、冲击频率高，也适于水下施工，在世界各国已经得到广泛的应用，其先进性已经被广泛认可。如今在西方发达国家和亚洲的日本、韩国、香港和新加坡等国家和地区，柴油锤施工被禁止使用，液压打桩锤已经完全取代了柴油打桩锤，成为打桩市场的主力。

目前，我国柴油锤还是市场的主力设备，液压锤的使用几近凤毛麟角，目前主要在港口、桥梁等大型桩的打入中引进国外设备。上海工程机械厂 20 世纪 90 年代以技贸结合的方式引进了日本车辆株式会社的液压锤制造技术，开发出 7t、10t 液压锤；郑州勘察机械有限公司也与英国 BSP 公司合作组装了 10t 液压锤，液压锤的油烟污染和噪声污染小于柴油锤，但由于价格原因在我国一直没有得到推广。

随着我国加入 WTO，对施工中的环保要求将更加重视，我国的城市中心已禁止使用柴油锤；同时，随着大型混凝土桩的应用，更由于柴油锤的性能局限性，用液压打桩锤替代柴油打桩锤势在必行。

2. 振动打入法桩锤

振动桩锤是前苏联在 1934 年发明，1953 年我国开始生产。目前我国电动式振动锤的发展已经非常成熟，从几千瓦到几百千瓦都能自行设计制造。比较大的生产厂家有：浙江振中工程机械股份有限公司、兰州建筑通用机械总厂、浙江瑞安八达工程机械厂等。

从国际趋势看，液压振动锤要逐步替代电动振动锤。像法国 PTC 公司的液压振动锤已能满足在城市中施工的噪声要求。在振动桩锤的联动技术方面，美国 APE 公司 4 台联动振动锤已成功应用于广东番禺南沙码头工程，当时是将直径 12.5m，最长 37m 的钢圆筒沉入水下，整个工程施工非常顺利，振动沉管效果非常好，沉入一个钢圆筒最多用十几分钟。此种设备及工法还将用到上海、烟台等地的码头施工中。浙江振中公司的 2 台 200kW 电动式可调偏心力矩振动锤联动技术也已成功用于苏通长江大桥（苏州—南通）桥墩的钢护筒沉没工程。

液压振动锤在我国只是刚起步，我国已经具备液压振动锤的设计制造能力，但液压站的费用是制约我国液压振动锤发展的一大障碍。液压振动锤已向高频、调频调幅的方向发展。高频液压振动锤是一种发展于 20 世纪 80 年代、成熟于 90 年代的新液压桩工机械，它依靠柴油机提供强大动力，采用高频振动来实现沉桩和拔桩作业。高频液压振动锤在德国、美国、意大利、荷兰等西方发达国家，已是技术非常成熟的一种环保、高效的工程机械，已广泛应用于社会建设的诸多领域，社效益和经济效益显著。

振动式沉桩与锤击式沉桩相比，它具有成本低、工效高、使用方便和污染小、利于环保等优点，特别在我国水运工程建筑行业中应用日益广泛。随着港口建筑技术的不断提高，振动式桩基施工设备也在更新换代，不仅有电动振动锤，也相继研制了能适于水下施工的液压振动锤。液压振动锤的偏心力矩从 2.6kg·m 至 240kg·m，动力站功率从 30kW 至 1 373kW，激振力已达到 5 000kN。因此，振动式沉桩不仅广泛应用在陆上各种建筑基础和市政等工程的打拔桩，而且开辟了深水结构物，如深水码头、跨海特大桥梁、近海离岸的油井平台、人工岛等新时代的桩基施工。

二、柴油桩锤

1. 分类

柴油桩锤是以柴油为燃料，依靠燃料在燃烧室内燃烧发出能量而进行工作的。第一个工作循环是靠外力启动的,启动后便可连续进行工作。

柴油桩锤按其结构分为两大类:导杆式柴油桩锤和筒式柴油桩锤。导杆式柴油桩锤是活塞不动,其汽缸作为冲击部分,沿两根导向杆上下滑动得名的。筒式柴油桩锤是活塞作为冲击部分,在筒式汽缸里滑动得名的。导杆式柴油桩锤打桩效率较低,且其安装精度较高,使用较少,下面主要讲述筒式柴油桩锤。

(1)筒式柴油桩锤根据作用形式又可分为:单动、半复动、双作用三种类型。单动筒式柴油桩锤是目前国内最常生产、使用的类型。半复动筒式柴油桩锤比单动筒式柴油桩锤增加打击次数,提高了打桩效率,但结构比单动复杂,使用维修比较困难,生产较少。双作用是更先进的技术,打桩效率、噪声、油烟污染均好于前两者。

(2)筒式柴油桩锤根据冷却方式也可分为:水冷却和风冷却两种类型。早期是水冷却型较多,但水冷却型柴油桩锤的水箱焊缝处容易发生破裂而漏水。风冷却型汽缸材料要优于水冷却型,价格也要高些。

(3)筒式柴油桩锤根据作业环境要求还可分为:陆上型和海上两类型。主要区别是陆上型柴油桩锤的导轨为钢管,海上型的导轨为工字钢。工字钢刚度大,以克服海浪的影响,增强对锤的约束能力

2. 构造

筒式柴油锤依靠活塞上下跳动来锤击桩,构造如图 4-24 所示,由锤体、燃料供给系统、润滑系统、冷却系统和启动系统等构成,见表 4-17。

筒式柴油锤构造及描述 表 4-17

构　造	描　述
锤体	锤体主要由上汽缸 16、导向缸 17、下汽缸 21、上活塞 1、下活塞 14 和缓冲垫 5 等组成。导向缸在打斜桩时为上活塞引导方向,还可防止上活塞跳出锤体。上汽缸介于导向缸和下汽缸之间,是上活塞的导向装置。下汽缸是工作汽缸,与上、下活塞一起组成燃烧室,是柴油锤爆发冲击的工作场所。由于要承受高温、高压及冲击荷载,下汽缸的壁厚要大于上汽缸,材料也较优良。上、下汽缸用高强度螺栓连接。在上汽缸外部附有燃油箱及润滑油箱,通过附在缸壁上的油管将燃油与润滑油送至下汽缸上的燃油泵与润滑油泵。上活塞和下活塞都是工作活塞,上活塞又称自由活塞,不工作时位于下汽缸的下部,工作时可在上、下汽缸内跳动,上、下活塞都靠活塞环密封,并承受很大的冲击力和高温高压作用。在下汽缸底部外端环与下活塞冲头之间装有一个缓冲垫 5(橡胶圈),主要作用是缓冲打桩时下活塞对下汽缸的冲击。这个橡胶圈强度高、耐油性强。在下汽缸四周,分布着斜向布置的进、排气管,供进气和排气用
燃油供给系统	燃油供给系统由燃油箱、滤清器、输油管和燃油泵组成。上活塞在汽缸内落下时,打击燃油泵的曲臂,使燃油泵将油喷入下活塞表面。随着活塞上下运动,油泵一次又一次地喷油,使柴油锤的工作不停地延续下去。燃油因上活塞对下活塞冲击而雾化
润滑系统	润滑系统由润滑油箱、输油管及润滑油泵组成。润滑油箱也设置在上汽缸外侧。两个润滑油泵分别安置在柴油喷油泵的两侧,当曲臂下压时,带动推杆使两个润滑油泵将润滑油泵出。泵出的润滑油通过两个出口再由数根油管将油分别送到上汽缸与下汽缸的各个运动部位
冷却系统	冷却系统有风冷和水冷两种。水冷是在筒式柴油锤下汽缸外部没置冷却水套,用水来降低爆炸产生的高温使冷却系统升温,冷却效果比风冷好。风冷构造比水冷简单,使用方便

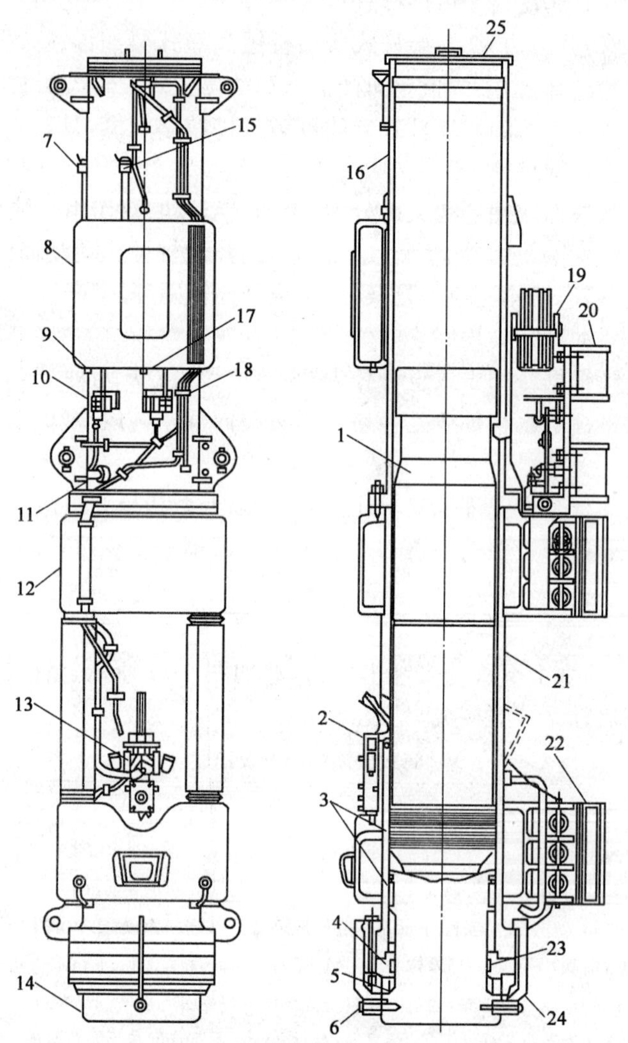

图 4-24 D72 型筒式柴油锤构造

1-上活塞；2-燃油泵；3-活塞环；4-外端环；5-缓冲垫；6-橡胶环导向；7-燃油进口；8-燃油箱；9-燃油排放旋塞；10-燃油阀；11-上活塞保险螺栓；12-冷却水箱；13-燃油和润滑油泵；14-下活塞；15-燃油进口；16-上汽缸；17-导向缸；18-润滑油阀；19-起落架；20-导向卡；21-下汽缸；22-下汽缸导向卡爪；23-钢套；24-下活塞保险卡；25-顶盖

3. 工作原理

柴油锤启动时，由桩架卷扬机将起落架吊升，起落架钩住上活塞提升到一定高度，吊钩碰到撞块，上活塞脱离起落架，靠自重落下，柴油锤即可启动。

筒式柴油锤的工作原理及其循环如图 4-25～图 4-31 及表 4-18 所示。

4. 筒式柴油锤产品介绍

筒式柴油桩锤目前在国内有生产厂生产，其产品以 D 为代号，型号划分以冲击体质量为主参数。表 4-19 为部分筒式柴油锤的性能参数。

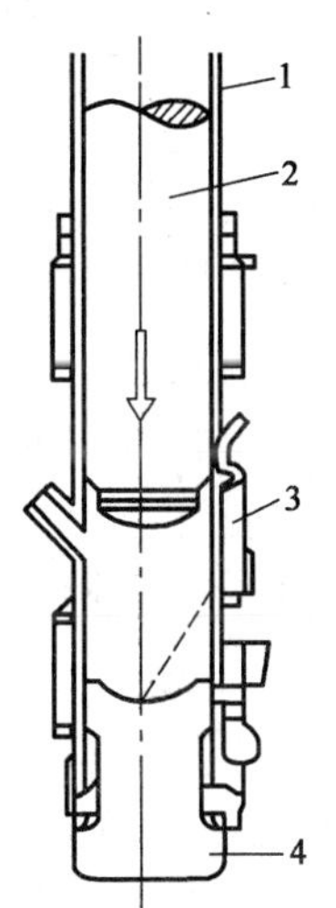

图 4-25 筒式柴油锤喷油过程
1-汽缸;2-上活塞;3-燃油泵;
4-下活塞

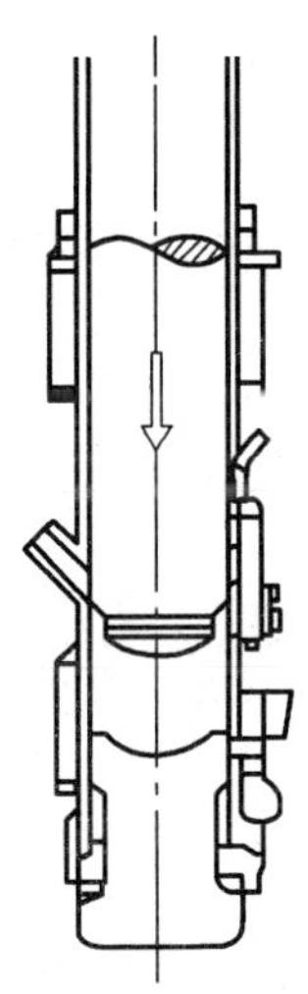

图 4-26 筒式柴油锤
压缩过程

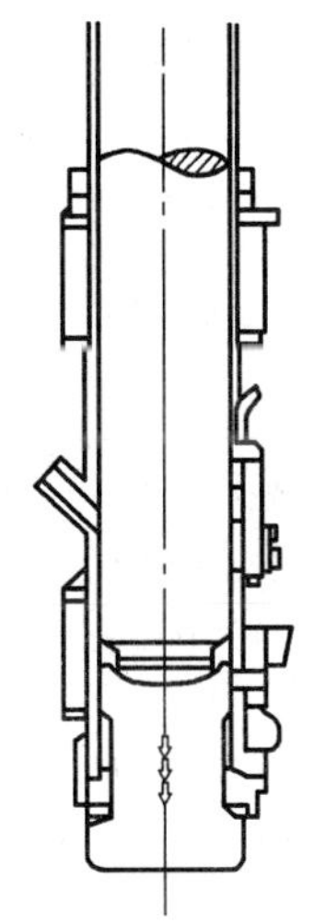

图 4-27 筒式柴油锤冲
击、雾化过程

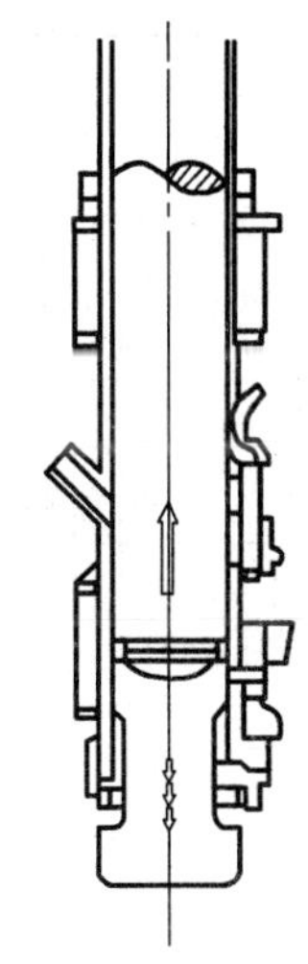

图 4-28 筒式柴油锤
燃烧过程

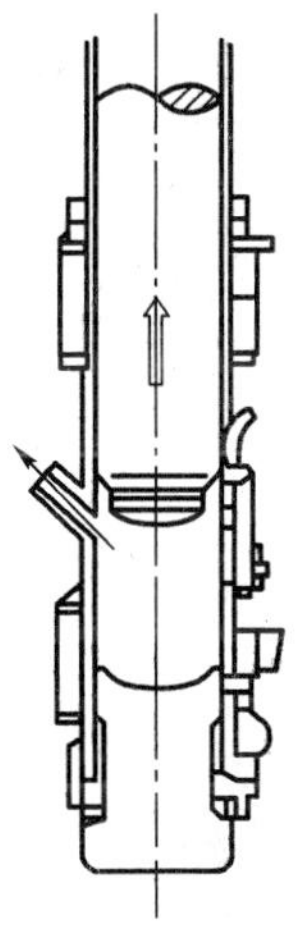

图 4-29 筒式柴油锤
排气过程

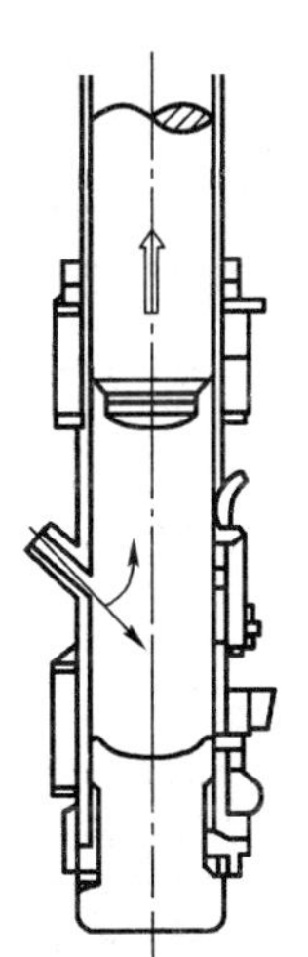

图 4-30 筒式柴油锤
吸气过程

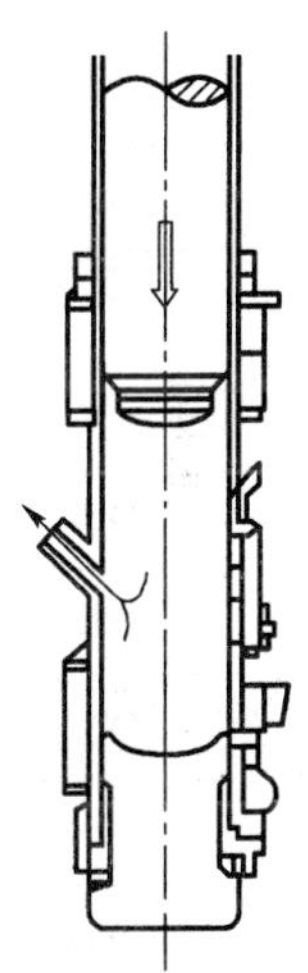

图 4-31 筒式柴油锤
降落过程

筒式柴油锤工作过程及其描述 表 4-18

过 程	描 述
喷油过程 (图 4-25)	上活塞被起落架吊起,新鲜空气进入汽缸,燃油泵进行吸油。上活塞提升到一定高度后自动脱钩掉落,上活塞下降。当下降的活塞碰到油泵的压油曲臂时,把一定的燃油喷入下活塞的凹面
压缩过程 (图 4-26)	上活塞继续下降,吸、排气口被上活塞挡住而关闭,汽缸内的空气被压缩,空气的压力和温度均升高,为燃烧创造条件

续上表

过　程	描　述
冲击、雾化过程（图 4-27）	当上活塞与下活塞相撞时，燃烧室内的气压迅速增大。当上、下活塞碰撞时，下活塞冲击面的燃油受到冲击而雾化。上、下活塞撞击产生强大的冲击力，大约有 50%左右的冲击机械能传递给下活塞，通过桩帽，使桩下沉，被称为“第一次打击”
燃烧过程（图 4-28）	雾化后的混合气体，由于受高温和高压的作用，立刻燃烧爆发，产生巨大的能量。通过下活塞对桩再次冲击（即第二打击），同时使上活塞跳起
排气过程（图 4-29）	上跳的活塞通过排气口后，燃烧过的废气从排气口排出。上活塞上升越过燃油泵的压油曲臂后，曲臂在弹簧作用下，恢复到原位；同时吸入一定量的燃油，为下次喷油作准备
吸气过程（图 4-30）	上活塞继续上行，汽缸内容积增大，压力下降，新鲜空气被吸入缸内
降落过程（图 4-31）	上活塞上升到一定高度，失去动能，又靠自重自由下落，下落至进、排气口前，将缸内空气扫出一部分至缸外，然后继续下落，开始下一个工作循环

部分筒式柴油锤的性能参数表　　表 4-19

生产厂	型　号	冲击体质量（上活塞）(t)	最大冲击能量（kN·m）	冲击次数（次/min）	燃油消耗（L/h）	冲程（m）	锤总质量（t）	作用于桩上的最大爆破力
上海工程机械厂有限公司	D25	2.5	40～79	37～52	8		5.6	1 300
	D30	3.0	48～95	37～52	10		6.1	1 300
	D36	3.6	55～113	37～53	11.5		8.2	1 695
	D46	4.6	71～145	37～53	16		9.2	1 695
	D62	6.2	107～219	35～50	20		12.3	1 800
	D80	8.0	171～266	36～45	25		16.9	2 600
	D100	10	214～333	36～45	30		20.3	2 600
	D128	12.8	273～426	36～45	41		27	3 600
	D138	13.8	460	36～45	40.5		28	3 900
	D160	16.0	533	36～45	43		35	4 500
	D180	18.0	590	36～45	56.5		37.5	5 000
三菱重工（日本）	MH15	1.5	45	42～60	5～8	3 000	3.35	680
	MH25	2.5	75	42～60	9～14	3 000	5.5	1 150
	MH35	3.5	105	42～60	13～20	3 000	7.74	1 550
	MH45	4.5	135	42～60	15～22	3 000	10.3	2 000
	MH72B	7.2	216	42～60	25～37	3 000	18.4	2 800

续上表

生产厂	型　号	冲击体质量（上活塞）(t)	最大冲击能量(kN·m)	冲击次数(次/min)	燃油消耗(L/h)	冲程(m)	锤总质量(t)	作用于桩上的最大爆破力
神户制钢所（日本）	K35	3.5	105	39～60	12～15	3 000	7.5	1 500
	K45	4.5	135	39～60	17～21	3 000	10.5	1 910
	K150	15.0	396			2 640	36.5	
	KB60	6.0	160	39～60	24～30	2 700	15	2 460
	KB80	8.0	220	39～60	32～40	2 700	20.5	
	KC45	4.5	135	39～60	17～21	3 000	11.2	1 910
DELMAG（德国）	D22-13	2.2	33.5～67	38～52	7.5			
	D30-13	3.0	45.5～91	38～52	10	3 400	6.0	
	D36-13	3.6	57.5～115	38～52	11.5	3 400	8.2	
	D46-13	4.6	73～146	38～52	16	3 400	9.2	
	D62-13	6.2	111.6～232.2	35～50	20	3 600	12.3	
	D80	8.0	288	35～50		3 600	17.1	

5. 双作用柴油桩锤介绍

一般柴油锤的上活塞是自由落体运动，因而冲击频率主要取决于起跳高度。若减小起跳高度，冲击频率可以提高，但冲击能量却相应减小。而双作用柴油桩锤，则将燃烧爆发后上活塞向上运动的一部分动能储存起来，到上活塞下行时再释放出来，使上活塞加速下行，从而在冲击能量几乎不减少的情况下，大大提高冲击频率。

表 4-20 为两个国外生产的双作用柴油桩锤的技术参数。

国外双作用柴油桩锤的技术参数　　表 4-20

生产厂	型　号	冲击体质量(t)	最大冲击能量(kN·m)	冲击次数(次/min)	燃油消耗(L/h)	锤总质量(t)
BSP 公司（英国）	B15	1.5	37.9	80～100	6	3.82
	B25	2.5	63.2	80～100	10	6.23
	B35	3.5	88.5	80～100	14	8.64
	B45	4.5	114	80～100	18	11
ICE 公司（荷兰）	180	0.78	17.35	90～95	2.5	2.06
	422	1.81	42.5	76～82	4.9	4.43
	520	2.3	60.7	80～84	6.4	6.44
	640	2.73	76.5	74～77	8.3	7.07
	1070	4.54	133.2	64～70	13	9.77

三、液压桩锤

1. 分类

液压打桩锤也属于冲击式打桩锤，按其结构和工作原理可分为单作用式和双作用式两种。

(1)单作用式是指冲击锤芯通过液压装置提升到预定高度后快速释放，冲击锤芯以自由落体方式打击桩体；单作用液压打桩锤对应重锤轻打理论，以较大的锤芯重量、较低的冲击速度、较长的锤击作用时间为特点，桩锤每击贯入度大，适应各种形状和材质的桩型，损桩率低，尤其适合打混凝土管桩。

(2)双作用式是指冲击锤芯通过液压装置提升到预定高度后，从液压系统获得加速度能量来提高冲击速度而打击桩体。双作用液压打桩锤对应轻锤重打理论，以较小的锤芯重量、较高的冲击速度、较短的锤桩作用时间为特点，冲击能量大，最适合打钢桩。

2. 构造

液压打桩锤可分成以下几个模块。

(1)液压蓄能器系统

液压打桩锤的核心是液压蓄能器系统，它与冲击锤芯弹性连接。液压蓄能器被电磁阀击发后驱使高压油加速带动液压油缸提升冲击锤芯，在冲击锤芯接近设定的冲程高度时切断高压油的供应，冲击锤芯减速到达设定的冲程高度，然后自由下落冲击桩帽，随后开始下一个循环。

(2)冲击锤芯

冲击锤芯为模块式结构，由声音衰减率高的特种铸钢加工而成，其重量可根据施工需要自由组合，在同一锤体框架内可得到 7t、9t、11t 及 15t 等吨位，可以方便地适应不同桩打入的要求。

(3)锤体框架

锤体框架是用来支撑液压蓄能器系统和为冲击锤芯导向的，由上下两部分组成。上部结构用来容纳液压蓄能器系统。下部结构的组成为两条纵向弦杆作为冲击锤芯的导杆，一个配备缓冲器的底部支撑结构用来保护锤体不因打桩时的冲击波而损坏。

(4)控制、监测系统

液压打桩锤由电子液压系统远程遥控，既可进行全自动控制也可进行手动操纵。冲击锤芯的冲程高度和锤击频率可在最大值和最小值之间无级调整，因此对打桩能量可以实现精确控制，以适应不同桩型和地质情况。该系统还具有体积小、易于操作的特点。

(5)液压动力站

液压动力站由发动机和液压系统组成，发动机驱动液压系统为液压打桩锤提供液压动力。液压动力站结构紧凑，体积小，可独立放置，也可作为配重安装在吊车或桩架上。如果液压履带吊车或桩架有液压动力输出，也可直接驱动液压打桩锤，无需额外的液压动力站。

(6)消音系统

消声系统包括：在锤体框架和桩帽中使用的特种聚合物缓冲材料和为锤体和桩头部分安装的全封闭消音罩等。消音系统能有效地减小液压打桩锤的工作噪声，从而满足在市区和噪声敏感地区施工的要求。

3. 工作原理

下面介绍单作用液压桩锤的工作原理，见图4-32。

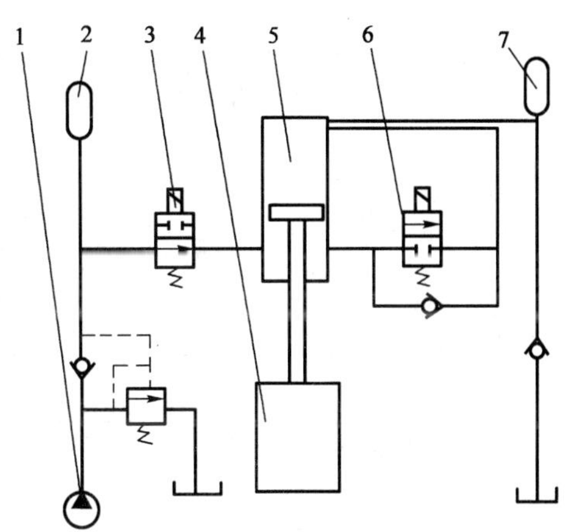

图4-32 HNC液压桩锤的液压回落

1-液压泵；2-蓄能器；3-阀 A；4-桩锤；5-液压油缸；6-阀 B；7-蓄能器 B

(1)提升阶段：工作时由控制系统发出指令信号提升桩锤，接通阀A，断开阀B，液压压力油便经阀A进入液压油缸的下腔，在压力油作用下，提升桩锤，蓄能器A也释放其蓄积的液压油加速桩锤的提升，液压油缸上腔的液压油则通过单向阀流入油箱，蓄能器B也吸收部分液压油。

(2)下落阶段：当桩锤上升到预定高度时，控制系统发出电信号，断开阀A，接通阀B，这时液压油缸上下腔连通，下腔的液压油经由阀B流入上腔，桩锤在压力差依靠自重作用下快速下落，蓄能器B中蓄积的液压油也同时流向液压油缸上腔，以弥补上下腔的体积差，而下降过程中液压泵照常工作，其压力油进入蓄能器A蓄积起来以备第二次上升行程使用。

4. 桩锤型号

液压桩锤型号划分大部分国家以冲击体质量为主参数，比如日本、中国、芬兰；德国以打击能量主参数。表4-21为部分液压桩锤的性能参数。

部分液压锤的性能参数 表4-21

生产厂	型 号	冲击体质量(t)	最大冲击能量(kN·m)	冲击次数(次/min)	最大行程(mm)	锤总重(t)	液压流量(L/min)	液压压力(MPa)
上海工程机械厂有限公司	NH-70	7.0	89.6	25～70	1 280	14.4	218	21.0
	NH-100	10.0	144	20～56	1 440	22.5	242	21.0
H.B.M公司(荷兰)	HBM500	4.3	100	40～70	1 200	9.8		
	HBM850	10.0	180	40～70	1 200	18		
	HBM1500	20	300	40～70	1 200	45		
	HBM3000	63	1 100	40～70	1 200	135		
日立建机(日本)	HNC65	6.5	78	18～60	1 200 无级	13.5		
	HNC80	8.0	96	18～60	1 200 无级	17.5	250	15.0
日本车辆制造(日本)	NH-20	2.0	31.4	30～90	1 600	5.4	148	18.1
	NH-40	4.0	59.6	33～80	1 520	9.8	238	20.6
	NH-70	7.0	87.9	30～72	1 280	14.3	277	20.6
	NH100-2	10.0	141	27～62	1 440	22.5	402	20.6
	NH-115B	11.5	203	23～62	1 800	27.5	413	29.4
	NH-150B	15.0	235	20～52	1 600	33.5	413	29.4
	NH-70S	7.0	82.4	38～80	1 200	11.5	225	
	NH-150s	15.0	195	40～80	1 300	24.5	688	27.9

续上表

生产厂	型　号	冲击体质量(t)	最大冲击能量(kN·m)	冲击次数(次/min)	最大行程(mm)	锤总重(t)	液压流量(L/min)	液压压力(MPa)
JUNTTAN公司(芬兰)	HHK-9A	9	108		1 200	13.2		
	HHK-12A	12	144		1 200	21.0		
	HHK-14A	14	168		1 200	23.5		
	HHK-16A	16	192		1 200	26.0		
	HHK-18A	18	216		1 200	28.0		
MENCK公司(德国)	MH145	7.5	145			18.0		
	MH160	8.6	160			20.5		
	MH195	10	195			24.0		
	MHU195	18.5	195	36		33.7		
	MBRU6000	60	1 050	50～70	1 750	182	3 200	
BSP公司(英国)	HH8	8	96	40	1 200	14.0	400	26
	HH11	11	132	38	1 200	17.3	400	26
	HH14	14	168	35	1 200	20.5	400	26

四、振动锤

1.分类

(1)振动桩锤按工作原理可分为振动式和振动冲击式。振动冲击锤振动器所产生的振动不直接传给桩,而是通过冲击块作用在桩上,使桩受到连续的冲击。这种振动锤可用于黏性土层和坚硬土层上打桩和拔桩工程。

(2)振动桩锤按其机械特性可分为电动式、液压式,其中振动器液压的频率能无级调速。

(3)振动桩锤根据强迫振动频率的高低可分为低频、中频、高频、超高频四种。但其频率范围的划分并没有严格的界限,一般以 300～700r/min 为低频,700～1 500r/min 为中频,2 300～2 500r/min 为高频。还有采用振动频率达 6 000r/min 的称为超高频。

2.构造

振动锤的主要组成部分是原动机、振动器、夹桩器和减振装置,如图 4-33 所示。

(1)原动机

在绝大多数的振动锤中均采用笼型异步电动机作为原动机,只在个别小型振动锤中使用汽油机。近年来为了对振动器的频率进行无级调节,开始使用液压马达。采用液压马达驱动,由地面控制,可以实现无级调频。此外,液压马达还有起动转矩大,外形尺寸小,重量轻等优点。

(2)振动器

振动器是振动锤的振源。现在振动锤都是采用定向机械振动器。最常用的是具有两根轴的振动器,但也有采用四轴或六轴振动器和单轴振动器的。

(3)夹桩器

振动锤工作时必须与桩刚性相连,这样才能把振动锤所产生的不断变化大小和方向(向上向下)的激振力传给桩身。因此,振动锤下部都设有夹桩器。夹桩器将桩夹紧,使桩与振动锤成为一体,一起振动。大型振动锤全都采用液压夹桩器。

(4)减振装置

减振装置由机组、弹簧与起吊扁担构成,防止振动器的振动传到悬吊它的桩架或起重机上去。

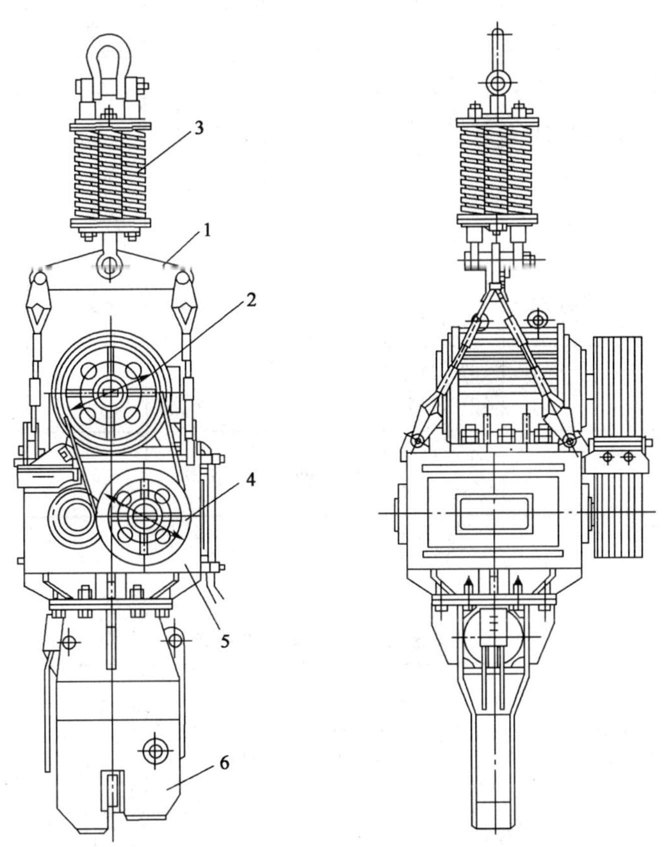

图 4-33 振动锤的构造

1-扁担梁;2-电动机;3-减振装置;4-传动机构;5-振动器;6-夹桩器

3. 工作原理

振动桩锤工作时,利用对称装置的偏心块在同步齿轮的带动下,作反向旋转运动,两个偏心轮旋转产生的离心力,在转轴中心连线方向上的分量在同一时间内将相互抵消,而在转轴中心连线垂直方向的分量则相互叠加并最终形成一个按正弦曲线变化的沉桩激振力。

4. 产品介绍

(1)国内型号

国内主要是电机振动桩锤,液压振动桩锤很少。国内型号主要介绍电机振动桩锤。

我国关于振动桩锤的标准规定,振动桩锤的电机功率为振动桩锤的主参数,以 DZ 代表机械式振动桩锤,其后数字为主参数,代表电机功率。主参数后加 K 代表中孔,见表 4-22。

国内液压振动桩锤技术参数　表 4-22

型　号	电机功率(kW)	偏心力矩(kN·m)	激振力(kN)	偏心轴转速(r/min)	空载振幅(mm)	允许拔桩力(kN)	允许加压力(kN)	整机质量(kg)
DZ40	37～40	190	230	1 050	9.3	100	100	3 200
DZ50	45	250	280	1 000	9	120	120	3 750
DZ60	55	300	350	1 000	10.1	120	120	3 950
DZ45KS	22×2	200	265	1 100	8.1	130	100	3 684
DZ60KS	30×2	270	360	1 100	10.1	200	120	4 500
DZ75KS	37×2	322	419	1 078	13.1	230	150	4 850
DZ60KA	30×2	376/282	276,207 340,255	810/900	10/7.5	180	180	5 800
DZ90KA	45×2	508/381	380,285 496,352	810/900	13/11	220	220	6 500
DZ110KA	55×2	675/506	486,324 682,511	810/960	14/13	280	280	9 500
DZ150KA	75×2	786/695	576,510 810,716	810/960	13/12	300	300	13 600
DZ180KA	90×2	943/835	690,612 970,860	810/960	13/12	320	320	16 700

(2)国外型号

国外型号见表 4-23。

国外液压振动桩锤技术参数　表 4-23

生产厂	桩锥型号	桩锤功率(kW)	偏心力矩(N·m)	激振力(kN)	偏心转速(r/min)	振幅(mm)	最大拔桩力(kN)	外形尺寸长×宽×高(mm)	桩锤质量(kg)
德国MULLER公司	MS-6HB2.5	87	25	210	0～2 750		40	660×1 050×672	1 100
	MS-6HB4	87	40	300	0～2 650		40	660×1 050×672	1 200
	MS-6HB6	100	60	400	0～2 450		40	660×1 050×672	1 200
	MS-15H	132	150,125,100,75	500	0～3 000		240	880×1 450×1 342	2 000
	MS-20H	115	200,180,150	600	0～1 708		240	660×1 800×1 695	3 200
	MS-20HV	151	220,200,180	600	0～1 708		240	660×1 800×1 695	3 200
	MS-25H	217	250,220,190,160	700	0～1 750		240/450	660×1 800×1 805	3 600
	MS-50H	398	500,440,380,320	1 400	0～1 653		450	660×2 360×2 385	5 800
	MS-100H	497	1 000,880,760,640	2 000	0～1 330		600	660×2 410×3 155	8 500

续上表

生产厂	桩锥型号	桩锤功率(kW)	偏心力矩(N·m)	激振力(kN)	偏心转速(r/min)	振幅(mm)	最大拔桩力(kN)	外形尺寸 长×宽×高(mm)	桩锤质量(kg)
法国PAJOT公司	5-17	50	50	170	1 800	14	120	1 000×300×1 200	980
	13-40	116	132	400	1 650	23	250	1 250×310×2 050	2 100
	22-62	170	220	620	1 600	14	360	2 450×310×2 680	5 400
	26-80	233	260	800	1 650	16	360	2 450×310×2 680	5 400
	52-140	238	520	1 400	1 550	23	360	2 450×310×2 980	6 700
荷兰ICE公司	14RF	213	0～140	0～810	2 300	10	240	750×1 919×1 943	2 500
	28RF	417	0～280	0～1 600	2 300	11	500	777×2 400×2 244	3 800
	46RF	496	0～460	0～2 670	2 300	12	600	933×2 460×2 705	5 100
	216	95	115	325	800～1 600	15.5	180	305×1 190×1 755	1 480
	223	157	115	670	1 600～2 300	12.5	240	305×1 190×1 755	1 840
	416	188	230	645	800～1 600	11.8	400	485×2 310×1 960	3 910
	420	261	230	1 010	1 400～2 000	10.4	400	485×2 360×1 960	4 410
	815	300	460	1 250	800～1 570	18.7	400	485×2 310×2 360	4 910
	1 412	442	1 150	2 300	800～1 350	28.2	800	810×2 440×3 010	8 150
	1 412	884	2 300	4 600	1 350	19	1 600	3 000×3 000×3 260	25 000
	1 423	188	140	810	1 600～2 300	12.9	240	305×1 190×1 755	1 840
	3 025	625	300	2 055	2 500	10.9	400	500×2 310×2 480	5 500
	5 515	300	550	1 486	800～1 570	22.4	400	485×2 310×2 440	4 910
	6 025	1 170	600	4 110	2 500	10.4	800	1 000×2 310×2 580	11 500
	8 514	400	835	1 830	800～1 400	24	800	810×2 440×2 790	8 150
美国HPSI公司	260		300	1 000	1 600	20.3	450	356×2 134×2 540	4 880
	400		461	1 450	1 600	28.6	600	356×2 413×2 819	6 174
	450		519	1 640	1 600	25.4	750	356×2 413×2 819	6 401
	520		600	1 900	1 600	28.6	750	356×2 413×2 946	7 241

五、打入桩锤设备选型及适用范围

打入桩锤设备选型及适用范围见表4-24。

打入桩锤设备选型及适用范围 表4-24

类型	优点	缺点	适用范围
柴油锤	(1)不需外部能源，桩架轻、移动灵活方便； (2)燃料消耗少，锤击速度大，锤击力大	(1)容易损桩；不能精确控制能量； (2)存在软启动问题； (3)噪声、振动大，存在油烟污染； (4)能量传递率低； (5)维护、修理频繁	(1)不适合市区环保要求严格的区域； (2)适用于一般土层砂土，含砾石黏土层，不适宜于层厚较大的软弱黏土和坚硬土层

续上表

类型		优点	缺点	适用范围
液压锤		(1)采用无级调速,具有单次锤击功能大,杜绝溜桩现象; (2)打击效率高,比柴油锤高出70%~100%; (3)锤芯重,速度低,作用时间长,贯入度大; (4)在任何材料桩施工中都不损坏桩头; (5)在桩打入中检查桩承载力,可自动记录、控制打桩; (6)维修简单可靠	(1)设备贵; (2)相对柴油锤运营费偏高	(1)适于打各种直桩和斜桩; (2)适用于任何土层; (3)可用于拔桩和水下打桩; (4)可进行桩架作业和悬挂作业; (5)符合环保要求,适合市区施工
振动锤	电机振动锤	(1)桩架轻、移动灵活方便; (2)施工费用便宜	(1)噪声大,振感大; (2)调频调幅困难; (3)必须有电源,而且需要较大容量	(1)适于打各种直桩和斜桩; (2)适用于一般土层砂土,黏土层;不适宜于层厚较大坚硬土层; (3)可进行桩架作业和悬挂作业
	液压振动锤	(1)不用设置导向桩架,只要用起重机吊起即可工作; (2)振动锤工作时不损伤桩头; (3)振幅可以在工作中进行调节,实现无共振施工; (4)可实现无级变频,选择最佳的振动频率和振幅,保证动力系统始终满载输出,以获得最佳工效	(1)设备贵; (2)必须有电源,而且需要较大容量,工作时拖着电缆	(1)适于打各种直桩和斜桩; (2)适用于任何土层; (3)可用于拔桩和水下打桩; (4)可进行桩架作业和悬挂作业; (5)符合环保要求,适合市区施工

第六节　打入桩的施工技术及选型

本章第二节对预制桩的常规施工技术叙述比较清楚,故本节分两部分分别叙述锤击打入桩和振动打入桩在施工中应考虑的技术要求。

一、锤击打入桩的施工技术及选型

锤击打入法与静压法施工方法不同,但仍然必须确保施工过程中桩身的质量,故对锤击桩的沉桩动阻力估算是个关键的施工技术,而且由于冲击作用,锤击桩的动阻力与静压桩法的动阻力会不同。另外,锤击桩锤型号的合理选择也是非常关键的施工技术。锤击打入桩的其他施工技术本节就不多介绍。

1. 锤击打入桩的沉桩机理

锤击桩在沉桩过程中,打桩锤的动能传递给桩体,桩体以振动波的形式传给土体。振动波对土体具有压缩和剪切作用,在桩锤的反复作用下,桩尖处土体产生塑性流动,形成连续的滑动面，并从桩尖表面被向下和侧面压缩挤开，使桩尖继续下沉。

锤击桩施工过程中，桩体对桩尖土与桩间土的挤压使其侧移并趋于密实，同时在振动波的作用下，土体中的孔隙水压力急剧增大，产生较大的超孔隙水压力，使粉土发生液化、黏性土产生软化，通过打桩锤的反复作用，桩周土体在桩体侧壁及四周形成排水通道将孔隙水排出，沉桩过程终止后，土体中的超孔隙水压力逐渐消失，桩间土与桩尖土则由于孔隙水的排出，土体产生固结作用，土的抗剪强度得到提高，桩侧摩阻力增大，扰动重塑的桩端土体强度也会得到恢复。

2.锤击桩的沉桩动阻力估算

锤击打桩时，当桩顶施加的动荷载能克服桩周动摩阻力和桩端动阻力之和后，桩就可贯入下沉。由于在贯入过程中，桩周上部一定范围与土体产生缝隙，该区段动摩阻力几乎等于零，该区段称为桩穴区，其下又可分成两段，分别是滑移区(中段)和挤压区(下段)。故贯入动阻力的组成基本是滑移区(中段)和挤压区(下段)的动摩阻力和桩端动阻力。

预估沉桩动阻力一般可分为试打测定法和土质估算法两类。试打测定法常用的有波动方程测定法、大应变动测法(PZD动测法、PDA动测法)、打桩分析仪测定法、液压锤动力测定法等。土质估算法常用的基本方法有静力触探估算法、动力触探估算法、经验动阻力估算法等。

试打测定法都是近代应用波动方程理论来测定桩的贯入动阻力的新方法。运用先进的计算机技术简化大量计算工作。它不仅能使人们更好地理解打桩过程的机理，而且还能测定桩在打入过程中的不同贯入阻力及其沿桩身的分布状况。但是，由于运用波动方程理论进行打桩阻力分析时，需要较精确地掌握桩锤效率系数。桩锤的弹簧系数、垫材的弹簧系数和恢复系数、桩周受桩底土的最大弹性变形值和阻尼系数等十多种参数，往往需依赖大量的实践对比试验资料，否则将会造成较大的误差。所以目前应用波动方程理论分析打桩阻力虽为测定桩的贯入动阻力提供了较正确的理论方法，但在实际应用中尚应与较成熟的地区性经验和精确测试各种参数的量测方法相结合，才能消除较大的误差，使测定的动阻力较为精确。而且为了估算沉桩动阻力，仍需预先运入打桩施工设备进行试打。故目前实际采用的方法还是希望比较简单的方法。

土质估算法是应用地基土质资料和桩的设计施工经验资料与贯入动阻力的分布规律相结合的半经验半理论方法。其经验公式有三种，表示如下。

1)静力触探估算公式

$$P_u = F_中 + F_下 + P_d = U_0 \cdot \sum_0^{l_中} l_{中i} \cdot f_{si} + U_0 \cdot \sum_0^{l_下} l_{下i} \cdot f_{si} \cdot n_i + \rho \cdot m \cdot q_s \cdot s \tag{4-17}$$

式中：P_u——沉桩动阻力，kN；

U_0——桩外周长，cm；

s——桩尖截面，cm^2；

$l_{中i}$——滑移区土层厚度，当桩的入土深时，可取50%～60%·L_0，当L_0为45～60m时，可取40%～50%·L_0；

f_{si}——静力触探探头单位侧摩阻力，kPa；

$l_{下i}$——挤土区土层厚度，通常为5～8倍桩径；当桩很大、土质硬时取较小值，反之取较大值；

n_i——挤压区土层的桩周冲击系数，黏性土可取2.5～3.5，砂性土可取2～3；

m——桩尖处土层的桩尖系数，黏性土中可取2，砂性土可取1.2～1.5；

ρ——桩尖尺寸效应折算系数，一般为0.4～0.6；

q_s——静力触探探头单位端阻力，通常可取桩尖最大截面上下各2.5倍桩径范围土层的平均值。

2)动力触探估算公式

$$P_u = F_{中} + F_{下} + P_d = U_0 \cdot \sum_0^{l_{中}} l_{中i} \cdot N_i \cdot J_i + U_0 \cdot \sum_0^{l_{下}} l_{下i} \cdot N_i \cdot J_i \cdot n_i + \rho \cdot m \cdot N \cdot J \cdot s \tag{4-18}$$

式中：N_i——已深度修正的标准贯入击数；

J_i——标贯阻力折算系数，kPa/击，黏土、粉质黏土、砂质粉土、粉砂为2～3.5，中密到松散细砂和中砂为4～5，粗砂和含少量砾石的土为5～6，砂砾土和砾石为8～10。

3)经验动阻力估算公式

$$P_u = F_{中} + F_{下} + P_d = U_0 \cdot \sum_0^{l_{中}} l_{中i} \cdot f_{中i} + U_0 \cdot \sum_0^{l_{下}} l_{下i} \cdot f_{下i} + s \cdot R_d \tag{4-19}$$

式中：$f_{中i}$——滑移区桩周土层的动态摩阻力，kPa，一般约为静态摩阻力的0.65倍；

$f_{下i}$——挤压区桩周土层的动态摩阻力，kPa，一般均大于静态摩阻力，中层粉质黏土约为9～10倍，深层粉质黏土约为7～9倍，砂土约为8～10倍；

R_d——桩尖处土层的动态端阻力，kPa，一般均大于静态端阻力，中层黏土约为1.6～1.8倍，深层黏性土约为1.5～1.7倍，砂土约为2.4～2.7倍。

上述土质估算法能在桩基施工前，无需进行桩的打入试验，即可予先估算桩的贯入动阻力，为解决打桩的可行性及更好地进行施工管理提供了较大的帮助，但应用本公式时，需具备一定的土质分析经验。

施工前预先估算沉桩动阻力的作用有两个：

(1)可以预先初步判断沉桩过程中动阻力是否小于桩身材料强度，以避免桩身破坏；并可以初步判断设计进入持力层是否太多而导致截桩；

(2)是选择桩锤型号的前提。

3.锤击桩锤的选用原则

选择合适的锤型和锤级必须先对桩的参数(形状、尺寸、质量、结构形式、强度)以及土质参数作综合分析，再按照桩锤的特性进行选定。其中，必须使用锤击力能充分超过贯入动阻力的桩锤；另外，桩锤与桩重应适宜，不同的比值变化会产生不同的打桩效率。

锤击桩锤的选择是个复杂的问题，需要综合考虑各方面的因素。锤击桩锤选用原则主要是：

(1)能保证桩的承载力满足设计要求；

(2)能顺利或基本顺利地将桩下沉到设计深度；

(3)桩的锤击应力应小于桩材的容许强度，保证桩不遭受破坏；

(4)桩的贯入度不宜过小，不宜小于10～20mm/10击；

(5)每根桩的总锤击数和锤击时间应适当控制，避免桩的疲劳和破坏或降低桩锤效率。

满足第(1)条，要求桩锤能量要足够大，确保桩进入持力层足够深；

满足第(2)条，要求桩锤冲击力要足够大，要大于沉桩动阻力；

满足第(3)条，要求桩锤冲击力又不能太大，确保锤击应力在桩材容许强度内；

满足第(4)、(5)条，可避免桩的疲劳和破坏或降低桩锤效率。国外有试验结果表明：28d强度为49MPa的混凝土，当锤击应力为混凝土强度的75%(37MPa)时，锤击819次破坏；当锤击应力为混凝土强度的45%～57%(22～28MPa)时，锤击2 400次破坏；当锤击应力为混凝土强度的27%～33%(13～16MPa)时，锤击3 400次破坏。实际打桩时，一般要求打桩压应力控制在混凝土极限强度的50%以内，锤击1 500次左右不会发生疲劳破坏，超过2 500次就有可能发生疲劳破坏。所以打桩时锤击次数不宜超过2 000(PC桩)～2 500(PHC桩)次。同样的理由，对最后贯入度控制值也不能认为越小越好。贯入度定得太小，锤击数必然增多，还会降低柴油锤的使用寿命。

4. 柴油桩锤选型方法

根据上面的桩锤选用原则，一般采取多种方法综合确定，一般桩锤选型步骤：

(1)首先根据土质，估算动阻力；

(2)根据动阻力，确定需要的桩锤冲击力(确保贯入)，初选锤重；

(3)根据桩重复核锤重，以达到重锤轻打；

(4)根据桩锤冲击能量复核桩锤。

步骤一：根据土质估算动阻力，方法见前面。

步骤二：按桩锤冲击力选用桩锤。只有当所选用桩锤的冲击力大于桩的动阻力时，桩才能穿透土层打入到预定的深度。但桩锤的冲击力过大将会使桩产生过大的锤击应力而引起桩的破损。桩的贯入动阻力可根据上节估算，估算后乘放大系数(1.1～1.3)确定需要的桩锤冲击力，然后根据桩锤设备提供的性能来选择桩锤。

步骤三：按桩重复核桩锤。锤重一般为桩重的0.4～0.5倍为佳，落锤高度通常为1～3m，以重锤低落距打桩最好。如采用轻锤，即使落距再大，常难以奏效，且易击碎桩头，并因回弹损失较多的能量而减弱打入效果。故宜在保证适当的桩锤落距(混凝土桩1.9～2.3m，钢桩2.0～2.5m)内，能将桩打入的情况下，来选定桩锤的质量。

说明：采用锤击法沉桩时，当打桩锤锤击桩头时，就产生一个沿桩身向下传播的压缩应力波，应力波的最大强度主要取决于桩锤的锤击速度。而锤击速度与锤的落距平方根成正比。为了防止桩受锤击时产生过大的冲击应力而使桩头打烂击碎，柴油锤也需遵循“重锤低击”的选锤原则。近几年生产的柴油锤，供油油门分四挡。若选锤合理，柴油锤运作时，油门一般只开二挡，最多开三挡，这样，桩不易被打碎，锤也不易损坏。如果一直要开到四挡才能将桩沉到设计持力层，那么按“重锤低击”的原则，不如选择一个大一级的柴油锤采用开2～3挡油门的。

步骤四：根据桩锤冲击能量复核桩锤。根据桩锤性能，确定其最大桩锤冲击能量，一般工作不会使用最大落锤高度，故工作时的冲击能量取桩锤最大冲击能量的0.6～0.8；另外，桩锤实际传递到桩的能量损失较多，实际工作时的传递系数一般为0.25～0.40；根据实际传到桩的能量除动阻力，可以估算最后1.0～2.0m的贯入度，若贯入度太小(小于1～2mm/击)，进入持力层太深，将导致锤击次数多而出现疲劳破坏。

实践表明：打桩时锤击总次数不宜超过2 000(PC桩)～2 500(PHC桩)次，进入持力层锤击次数不应超过600～800次；最后贯入度控制值为20～40mm/10击时，桩锤的选择是比较理想的。一般来说，中等桩锤如果最后贯入度控制值超过60～80mm/10击就能达到设计承载力的要求，说明选用的桩锤过大。

在选用桩锤时，尚应考虑到打桩机的起吊能力应能满足桩体和桩锤质量。必要时，也可通过现场打桩来验证所选锤型的合理性。

根据上面的原则和方法，柴油锤锤重选择参考表见表 4-25。

柴油锤锤重选择参考表　　表 4-25

锤　型			柴油锤(t)						
			D25	D35	D45	D60	D72	D80	D100
桩的动力性能	冲击部分质量(t)		2.5	3.5	4.5	6.0	7.2	8.0	10.0
	总质量(t)		6.5	7.2	9.6	15.0	18.0	17.0	20.0
	冲击力(kN)		2 000～2 500	2 500～4 000	4 000～5 000	5 000～7 000	7 000～10 000	>10 000	>12 000
	常用过程(m)		1.8～2.3						
	预制方桩、预应力管桩的边长或直径(mm)		350～400	400～450	450～500	500～550	550～600	600以上	600以上
	钢管桩直径(mm)		400		600	900	900～1 000	900以上	900以上
持力层	黏性土粉土	一般进入深度(m)	1.5～2.5	2.0～3.0	2.5～3.5	3.0～4.0	3.0～5.0		
		静力触探比贯入阻力 p_s 平均值(MPa)	4	5	>5	>5	>5		
	砂土	一般进入深度(m)	0.5～1.5	1.0～2.0	1.5～2.5	2.0～3.0	2.5～3.5	4.0～5.0	5.0～6.0
		标准贯入击数 $N_{63.5}$(未修正)	20～30	30～40	40～45	45～50	50	>50	>50
锤的常用控制贯入度(cm/10 击)			2～3		3～5	4～8		5～10	7～12
设计单桩极限承载力(kN)			800～1 600	2 500～4 000	3 000～5 000	5 000～7 000	7 000～10 000	>10 000	>10 000

注：1. 本表仅供选锤用；

2. 本表适用于桩端进入硬土层一定深度，长度为 20～60m 的钢筋混凝土预制桩及长度为 40～60m 的钢管桩。

5. 液压桩锤选型

液压锤目前国内使用较少，我们只能借鉴相近打击有效能量的柴油锤。下面先介绍有效能、有效能传递率的概念，然后根据有效能量相等原则，借鉴柴油锤的打桩能力来选择。

(1)有效能传递率

液压锤锤芯下落过程相当于自由降落运动，这是因为提供锤降落过程中克服摩擦损失的液压能不产生任何阻力，但是不论液压锤还是柴油锤，其锤击过程中由于锤垫、桩垫及其他因素影响，能够传到桩身的有效能量需乘以一个折减系数即有效能传递率。

三航局对英国 BSP 公司 HH30 单作用液压锤施打混凝土大管桩测试结果，与同样额定冲击能量的柴油锤相比，液压锤有效能传递系数可提高 1.6～2.2 倍，柴油锤传到桩身的实际能量是锤的额定能量的 20%～30%，而液压锤可达到 45%～48%。

汕头港 LPG3 号泊位采用芬兰永腾公司 HHK-12A 双作用液压打桩锤打钢管桩，通过大量动测资料分析，液压锤 HHK-12A 型有效能量传递率达 85%，有效能量是 KB-80 柴油锤的 1.8 倍以上，而柴油锤传到桩身的实际能量是锤的额定能量的 30%～40%。

所以一般地说，有效能传递率柴油锤为 25%～40%，液压锤为 60%～85%(前者对于混凝土桩，后者对钢桩而言)。

(2)有效能比较

液压锤与柴油锤有效动能比较情况见表 4-26～表 4-28。

HHK-12A 型液压锤与柴油锤比较(汕头港测试)　　表 4-26

锤　型	KB-80	D62-22	D80-23	D100-12	HHK-12A	HHK-9A	备　注
锤总重(kN)	205	126.8	176.5	211	210		
最大冲击能量(kN·m)	220	223	260	340	144		
能量传递率(经验)(%)	30	30	35	40	85	89.7	
有效能量(kN·m)	66	66.9	91	136	122	96.9	与 D100-2 型锤接近

芬兰永腾液压锤系列与柴油锤系列对比　　表 4-27

型号对应(即获得相同有效能的液压锤对应的柴油锤)	德尔玛克柴油锤				永腾液压锤				备　注
	锤型	打击动能(kN·m)	动能比	总重(kN)	锤型	打击动能(kN·m)	动能比	总重(kN)	
	D62-22	107～219	1:2.0	126.8	HHK-9A	108	1:1	132	①动能比以永腾锤为 1 的基数比较； ②柴油锤以最大动能量计
	D80-23	171～267	1:1.9	176.5	HHK-12A	144	1:1	210	
	D100-13	214～334	1:2.0	211.1	HHK-14A	168	1:1	235	
	D100-13		1:1.7	211.1	HHK-16A	192	1:1	260	
	D125-3	417	1:1.9	250.7	HHK-18A	216	1:1	280	

英国 BSP 公司液压锤系列与柴油锤系列对比　　表 4-28

型号对应(即获得相同有效能的液压锤对应的柴油锤)	Demag 柴油锤(德国)				Kobe 柴油锤(日本)				BSP 柴油锤(英国)				备　注
	型号	打击动能(kN·m)	动能比	总重(kN)	型号	打击动能(kN·m)	动能比	总重(kN)	型号	打击动能(kN·m)	动能比	总重(kN)	
	D12- D15	31～ 54	1.6:1 2.7:1		K13	37	1.9:1	29	HH1.5 (双)	20	1:1		①动能比以液压锤为 1 的基数比较； ②B.S.P 液压锤为单作用锤
	D30- D36	97～ 116	1.6:1 1.6:1	62.8～ 82.3	K35	105	1.6:1	75	HH5- HH6	60-72	1:1	72.5～ 89	
	D46	148	1.8:1 1.4:1	95.9	K45	135	1.4:1	105	HH7- HH9	84-107	1:1	112.5～ 133.8	
	D62	223	2.1:1 1.7:1	126.8					HH9- HH11	107-131	1:1	133.5～ 172.4	
	D80	272	1.6:1 1.3:1	176.5					HH11- HH14	165-209	1:1	172.4～ 204.3	
	D100	340	1.4:1	278.6					HH16	240	1:1	227.6	

(3)液压桩锤选型

液压桩锤型号选择原则和方法同柴油锤,但要先计算其有效能量,然后参考相近有效能量的柴油锤,就可确定其适用条件,切不可根据其最大冲击能量而简单套用柴油锤的适用范围。

二、振动打入桩的施工技术及选型

1.振动法沉桩机理

振动法沉桩即采用振动锤进行沉桩的施工方法。在桩上设置以电或液压驱动的振动锤,使振动锤中的偏心重锤相互逆旋转,其横向偏心力相互抵消,而垂直离心力则叠加,使桩产生垂直的上下振动,造成桩及桩周土体处于强迫振动状态,从而使桩周土体强度显著降低和桩尖处土体挤开,破坏了桩与土体间的黏结力和弹性力,桩周土体对桩的摩阻力和桩尖处土体抗力大大减小,桩在自重和振动力的作用下,克服惯性阻力而逐渐沉入土中。

2.振动锤的选用原则

(1)振动式沉桩适用的土质

最适合进行振动法沉桩的土为非黏性土、砾石或砂,特别是饱水的非黏性土、砾石或砂。对于混合土或黏性土,只有当它们具有很高的含水率时,才可使用振动锤沉桩。对于干硬性的黏土或经过人工排水的砂中进行振动法沉桩,其沉桩阻力可能很大。

(2)振动锤的选用原则

目前各国在选择振动参数时,需考虑共振和振动冲击两种效果。共振方法中又有强迫振动和土体共振。

低频振动锤是使强迫振动与土体共振,其振动时振幅值很大,能破坏桩与土体间的黏结力和弹性力,使桩自重下沉。一般振幅在7~25mm内,有利于克服桩尖处土层阻力,可用于下沉大口径管桩、钢筋混凝土管桩。但将对邻近建筑物产生一定的影响。

中高频振动锤是通过高频来提高激振力,增大振动加速度。但振幅较小,通常为3~8mm。在黏性土中,常会显得能量不足,故仅适用于松散冲积层、松散和中等密度的砂石层中的沉拔钢板桩、预钻孔及中掘法并用的桩基础施工。

高频振动锤是使强迫振动频率与桩体共振,利用桩产生的弹性波对土体产生高速冲击,由于冲击能量较大,将会显著减小土体对桩体的贯入阻力,因而沉桩速度极快。在硬土层中下沉大断面桩时,能产生较好的效果。对周围土体的剧烈振动影响一般在30cm以内,适用于城市桩基础。

超高频振动锤乃是一种高速微振动锤,它的振幅极小,一般是其他振动锤的1/4~1/3。但振动频率极高,而对周围土体的振动影响范围极小,并通过增加锤重和振动速度来增加冲击动量,常用于对噪声和限制振动公害较严的桩基础施工中。

3.振动锤的选用方法

桩要顺利打入预定深度,应同时满足三个条件:

(1)激振力P必须大于桩和土体的侧摩阻力F,即$P>F$,这是保证产生振动的条件。

(2)振动桩锤和桩自重Q(或增加外力)必须大于桩端阻力R,即$Q>R$;这是保证下沉的必要条件之一。

(3)振动桩锤是桩产生的振幅A必须大于土体的临界振幅A_0,即$A>A_0$,这是保证下沉的必要条件之二，实际振幅过大会使桩锤的功率成平方比例的增加。

故选择振动桩锤也主要是按上面三个条件进行。

1)振动锤应具有必要的起振力 P_0

为了保证使桩能顺利下沉至设计标高，起振力 P_0 必须大于桩土之间的摩阻力 F_v。静止地存在于土体中的桩与土体之间有静摩阻力，若对桩给以强制振动则会产生一种固定不变的调和振动，这种调和振动会传播给和桩接触的土体。在振动加速度的作用下，桩周土将会产生液化现象，桩周土体粒子运动，会减少粒子间的内部摩擦，造成振动前的桩周静摩阻力 F 急剧下降至 F_{v0}，以 μ 代表土体的振动影响系数，则：

$$P_0 \geqslant F_v = \mu \cdot F \tag{4-20}$$

当用低频振动锤下沉钢筋混凝土桩及管桩时 μ=0.6～0.18。黏土的 μ 值比砂土为大，并随着振动加速度增大而增大，使土体的强度相应降低。

F_v 的估算：

$$F_v = U_0 \cdot \sum_0^l \tau_i \cdot l_i \tag{4-21}$$

式中：U_0——桩的外周长，cm；

l_i——桩入土范围内各类土层厚度，cm；

τ_i——桩相应土层的单位动阻力系数，kPa，见表 4-29。

动阻力系数 τ 取值(kPa)　　表 4-29

土质类别	桩 τ 值		
	钢管桩	钢筋混凝土桩	钢筋混凝土管柱(管内挖土)
饱和砂土及软型黏性土	6	7	5
同上，但有密实黏性土间层或砾石土间层	8	10	7
硬塑性黏土	15	18	10
固态及半固态黏性土	25	30	20

振动锤的起振力 P_0 可从振动锤的性能表中查出，也可按下式计算。

$$P_0 = \frac{Q_B + G_{桩}}{g} \cdot A_0 \cdot w_A^2 = (Q_B + G_{桩}) \cdot \eta \tag{4-22}$$

式中：Q_B——振动锤质量，kg；

$G_{桩}$——桩的质量，kg；

A_0——振动体系的振幅，cm。

同时，选用的振动锤的激振力 P 应与振动体系的质量($Q_B + G_{桩}$)相协调。

$$v_1 < \frac{(Q_B + G_{桩})}{P} < v_2 \tag{4-23}$$

式中：v_1、v_2——振动锤协调系数。

对钢板桩：v_1=0.15、v_2=0.5；

对木桩和钢管桩：v_1=0.3、v_2=0.6；

对钢筋混凝土桩和管桩：$v_1=0.4$、$v_2=1.0$。

2)振动锤应具有必要的锤重

在计算出下沉至要求深度的动侧摩阻力后，即可初选或检验拟用振动锤型号，据此锤的性能资料和桩的类型、尺寸和土层类型，利用经验公式估算和检验该锤是否能克服桩端动阻力，下沉至要求的深度，换言之，即振动体系的质量应大于桩端动阻力。

3)振动体系应具有必要的振幅

振动体系的振幅 A_0 要能超过桩下沉时所需的振幅 A，桩才能下沉到要求的深度。初选振动锤型号后，据此锤的性能资料以及桩的类型、尺寸和土壤种类，用以下经验公式可计算和检验振动体系的工作振幅 A_0 和把桩振沉至要求深度所必需的最小振幅 A。

$$A_0=\frac{\text{偏心力矩}}{\text{振动动重}}=\frac{K}{Q}$$

$$A=\frac{N}{12.5}+3$$

$$A_0>A$$

式中：A_0——振动体系的振幅(也叫工作振幅)，mm；

Q——振动质量(桩的质量+夹桩器质量+支承梁质量+振动锤振动部件质量)，kg；

A——振动沉桩到要求深度所加最小振幅，mm；

其他符号意义同前。

关于桩振沉到要求深度所需最小振幅 A 可按上面经验公式进行估算，在实际工作中也可用以下经验值直接进行检验。

(1)美国 ICE 公司认为：各类型的土质对最小振幅要求有所不同。在砂性土中，振动造成的液化程度较高，所以要求比较小，用 ICE 振动锤只要 3.0mm。在黏土里，由于土体能跟随桩侧运动，振幅要求达到 6mm 才能摆脱土体。在非常理想的情况下，如在水下的砂性土中，2.0mm就足够。

(2)法国 PTC 公司根据 30 年的经验，用于评估沉桩的最小振幅见表 4-30。

法国 PTC 公司评估沉桩最小振幅 A　　表 4-30

标准贯入度(SPT)(N/击)	在非黏性土体中干振时，最小振幅 A	在黏性土体中干振时，最小振幅 A	在有水的情况或借助于其他方法时的非黏性土体中最小振幅 A
0～5	2	3	1
5～10	2.25	3.25	1.50
10～15	3	3.50	2.0
15～30	3.50	3.75	2.50
30～40	4	4.25	2.75
40～50	4.5	4.75	3.75
>50	≥5	≥5.75	≥4

注：借助于其他方法可以将筒内的土挖出或辅以冲水。

第七节 打入桩施工的过程控制

一、锤击打入桩的施工控制要求

锤击打入桩停打标准即终止打桩的控制指标，对打桩工程质量起着至关重要的作用。

从控制参数上而言：在实际施工中，绝大多数设计、施工及监理单位都把最后贯入度作为打桩收锤的控制条件，使打桩收锤有个定量指标，容易实施。但如果把最后贯入度作为打桩收锤的唯一控制指标，甚至认为贯入度越小越好，那又会使事物走向一个极端。事实上，贯入度本身就是一个受多种因素制约的可变量。另外，每米沉桩锤击数也是一个不可忽视的参考指标，特别是最后一米沉桩锤击数，通过观察分析桩的每米沉桩锤击数，可以比较直接地估计出桩长范围内每层土的厚度及软硬松密程度，甚至可以判断桩尖进入强风化岩层的深度，为打桩收锤提供直观的信息。

从持力层而言：

(1)对软土地基中的端承摩擦桩和桩尖处土层为松砂的端承摩擦桩或摩擦端承桩，采取以“预定桩尖标高控制”法为主，并以“最后贯入度控制”法为辅来制定停打标准是较合适的。

(2)而在硬土地基中的端承桩桩基工程施工中，采取以“最后贯入度控制”法为主，并以“预定桩尖标高控制”法为辅的停打标准是较合适的。即一般按设计要求将桩施打进入持力层达到预定最后贯入度控制值后就可以停打，但必须同时检验桩的施打标高是否已进入持力层足够深度来判定桩是否已符合设计要求；当桩的设计标高已达到，而桩的最后贯入度仍较大时可以继续施打直至最后贯入度符合设计要求后停打；反之，则需继续锤击 3 阵后，其每阵 10 击的最后贯入度平均值仍较小时方可提前停打。

(3)当地基土质变化较复杂时，有时尚可以“桩的总锤击数控制”法和“最后 5m 锤击数控制”法来判定桩可否停打，以避免桩身锤击数过多和锤击应力过大而产生疲劳破损的现象。

综上所述，桩的停打控制标准如下：

(1)桩端位于一般土层时，以控制桩尖设计标高为主，贯入度可作参考。

(2)桩端达到中密以上砂土持力层时，以贯入度控制为主，桩尖标高应作参考。

(3)贯入度已达到设计要求而桩尖标高未达到时，应继续锤击 3 阵，其每阵 10 击的贯入度不应大于设计规定的数值，见表 4-31。

(4)必要时，贯入度控制标准应通过试打后确定。

桩的停打控制标准建议值 表 4-31

桩 型	PC 桩				RC 桩			
桩规格(cm)	闭口	开口	闭口	开口	40×40	45×45	50×50	50×50
桩尖处土质 (N 值)	砂质土 (30～50)	硬黏土 (20～25)	砂质土 (30～50)	硬黏土 (20～25)	硬黏土 (20～25)			砂质土 (30～50)

续上表

桩型		PC 桩		RC 桩			
锤型	柴油锤	20～25 级	30～40 级	30 级	30～35 级	35～45 级	40～45 级
	气锤(t)	4～7	7～10	7	7～10	10	10
总锤击数控制值(击)		＜2 000～2 500		＜1 500～2 000			
最后 5m 锤击数控制值(击)		＜700～800		＜500～600			
最后贯入度建议值	柴油锤	2～3mm/击		2～3mm/击			
	气锤	3～4mm/击		3～4mm/击			

二、振动打入桩的施工控制要求

振动沉桩与锤击沉桩基本相同,除以振动锤代替冲击锤外,可参照锤击沉桩法施工。

桩机设备进场、安装调试并就位后,可吊桩和插入桩位中,然后将桩头套入振动锤桩帽中或被液压夹桩器夹紧,便可启动振动锤进行沉桩直到设计标高。沉桩宜连续进行,以防停歇过久难以沉入,振动沉桩过程中,如发现下沉速度突然减小,此时可能遇上硬土层,应停止下沉而将桩略为提升 0.6～1.0m,重新快速振动冲下,可较易打穿硬土层而顺利下沉。沉桩时如发现有中密以上的细砂、粉砂、重黏砂等硬夹层,且其厚度在 1m 以上时,可能沉入时间过长或难以穿透,继续沉入将易损坏桩头和桩机,并影响施工质量。此时宜会同有关部门共同研究采取措施。

振动沉桩注意事项:

(1)桩帽或夹桩器必须夹紧桩头,以免滑动而降低沉桩效率,损坏机具或发生安全事故。

(2)夹桩器和桩头应有足够的夹紧面积,以免损坏桩头。

(3)桩架顶滑轮、振动锤和桩纵轴必须在同一垂直线上。

(4)桩架应保持垂直、平正,导向架应保持顺直。

(5)沉桩过程中应控制振动锤连续作业时间,以免因时间过长而造成振动锤动力源烧损。

本章参考文献

[1] 中华人民共和国行业标准.JGJ 94—2008 建筑桩基技术规范[S].北京:中国建筑工业出版社,2008.

[2] 中华人民共和国行业标准.JGJ 72—2004 高层建筑岩土工程勘察规程[S].北京:中国建筑工业出版社,2004.

[3] 中华人民共和国铁道部.TB 10018—2003 铁路工程地质原位测试规程[S].北京:中国铁道出版社,2003.

[4] 上海市工程建设规范.DGJ 08-37—2002 岩土工程勘察规范[S].上海,2002.

[5] 上海市工程建设规范. DGJ 08-11—2010 地基基础设计规范[S]. 上海,2010.
[6] 上海市工程建设规范. DGJ 08-9—2003 建筑抗震设计规程[S]. 上海,2003.
[7] 储王应,王能民. 静力压桩沉桩阻力分析与估算[J]. 岩土工程技术,2000,1:25-28.
[8] 韩选江. 静压桩的压桩力和承载力的试验研究[J]. 建筑结构学报,1996,17(6):71-77.
[9] 朱小林. 预估桩的沉桩阻力和沉桩可能性//软土地基理论与实践[M]. 北京:中国建筑工业出版社,上海:同济大学出版社,1992:125-128.
[10] 郑刚,顾晓鲁. 软土地基上静力压桩若干问题的分析[J]. 建筑结构学报,1998,19(4):54-60.
[11] 谢树彬(译),郭见扬(校). 用静力触探确定开口管桩阻力[J]. 土工基础,1996,10(1):38-42.
[12] 史佩栋. 实用桩基工程手册[M]. 北京:中国建筑工业出版社,1999.
[13] 李月健. 土体内球形空穴扩张及挤土桩沉桩机理研究[D]. 杭州:浙江大学,2001.
[14] 张明义. 静力压入桩的研究与应用[M]. 北京:中国建材工业出版社,2004.
[15] 王杰光. 静力触探曲线超前滞后深度的计算[J]. 桂林工学院学报,1998,18(1):57-61.
[16] Kerisl J,et al. Foundation profondes. AITBTP No. 179, 1962.
[17] Panet M. E'trde des foundations sur sable enmedole se'drit. AITBTP No. 291, 1972.
[18] Biarez J,et al. Essais et suggestions pour le calcul de la firce portante des pieux en milieu pulverulent. Geotechnique, 1972,22(2).
[19] Foray P,et al Influence de la comprssibilite'sur la force portante a la rupture des pieux en milieu pulve'enlwnr. AITBTP No. 339, 1976.
[20] Tcheng Y. Mesures experimentales en milieu pulverulent AITBTP No. 332, 1975.
[21] Vesic A S. Ultimate loads and settlements of deep foundation in sand. Symposium of bearing capacity and settlement of foundation. Duke University, 1967.
[22] Meyerhof G G, et al. Bearing capacity of piles in layeral soils. Proc 9 ICSMFE , 1977, 1.
[23] Meyerhof G G, et al. Bearing capacity of piles in layeral soils. Part I,Part II,Canadian Geotechnique,1978(1).
[24] 俞季民. 砂土中桩端阻力深度影响机理分析[J]. 岩土工程学报, 1991(5).
[25] Vesic A S. Expansion of cavity in an infinite soil mass. J. S. M. F. E. ASCE, 1972, 98(3): 265-289.
[26] De Beer E E, et al. Scale effects in results of penetration tests performed in stiff clays. ESOPT, 1974, 2.
[27] De Beer E E. Decrease in penetration resistance due to excavation in an over consolidated Glauconitie sand. ESOPT, 1974, 2.
[28] Begemann. The influence of excavation on soil strength below excavation level.
[29] Muhs H. uber das verhalten bein bruch, die Grenztragfahigkeit und die zulassige Belastung von Sand Baumashine und Bautechnik Heft 1, Heft2, 1957.
[30] 杨位洸. 地基及基础[M]. 3 版. 北京: 中国建筑工业出版社, 1999: 96-105.

[31] 陈继成，龚启昌. 静力触探单、双用探头实测 p_s、Q_c 值的相关分析[J]. 工程勘察，1985，2：44-45.
[32] 张银海，陈桂英，胡培进. 沉桩挤密作用对土性影响[J]. 华东建工勘察，2005，3：16-20.
[33] 樊向阳，顾国荣，黄宏伟. 上海地区沉桩阻力估算方法分析探讨[J]. 力学季刊，2004，25 (2)：219-225.
[34] 樊向阳，顾国荣，黄宏伟. 上海地区土体灵敏度的研究[J]. 岩土工程技术，2004，18 (3)：130-132.
[35] 樊向阳，魏根群，马晓晴. 上海地区单桥静力触探与双桥静力触探之间的关系[J]. 工程勘察，2007，9：10-13.
[36] 樊向阳. 静压桩施工沉桩阻力及沉桩挤土效应研究[D]. 上海：同济大学，2007.
[37] 邓明权，陶格兰. 现代桩工机械[M]. 北京：人民交通出版社，2004.
[38] 肖波，周健，董华钢. 液压锤在盐田 3＃泊位桩基工程中的应用[J]. 水运工程，2004，11：56-58.
[39] 王启茂，王江天. 液压打桩锤在海港基桩工程中的应用[J]. 中国港湾建设，2003，6：9-11.
[40] 刘宝河，边强，袁猛全. 振动沉桩锤的选型及应用[J]. 中国港湾建设，2008，3：38-41.
[41] 王仕方，陈仁朋，陈云敏. 预制桩可打性的分析[J]. 浙江大学学报：工学版，2003，6：657-662.

第五章　灌注桩施工技术及设备

灌注桩是指在工程现场通过机械钻孔、钢管挤土或人力挖掘等手段在地基土中形成桩孔，并在其内放置钢筋笼、灌注混凝土而做成的桩。

灌注桩最早发明在100多年前的1893年，因为工业的发展以及人口的增长，高层建筑不断增加，城市的地基条件比较差，不能直接承受由高层建筑所传来的压力，地表以下存在着厚度很大的软土或中等强度的黏土层，建造高层建筑如仍沿用当时通用的摩擦桩，必然产生很大的沉降。于是工程师们借鉴了掘井技术发明了在人工挖孔中浇筑钢筋混凝土而成桩。在随后的50年之后，即20世纪40年代初，大功率钻孔机具研制成功，首先在美国问世；二战后，世界各地特别是欧美发达国家经济复苏与发展，时至今日，随着科学技术的日新月异发展，钻孔灌注桩在高层、超高层建筑物和重型构筑物中被广泛应用。

20世纪80～90年代，伴随我国经济的高速发展，城市化进程的加快，钻孔灌注桩技术由于其独特的优势在高层建筑、桥梁、港口得到广泛应用，钻孔灌注桩设计及施工水平也得到了长足的发展。

随着中国城市化进程的加快，城市环境条件越来越复杂，对噪声、挤土等要求也越来越高，钻孔灌注桩对环境的适应能力强，具有施工噪声低、无挤土效应、对已有建构筑物影响小、施工安全性好等特点，在桩型选择上具有独特的优势，在城市建设中得到广泛应用。

近年来，灌注桩新技术、新方法、新工艺不断发展，从传统的“钻孔成孔”发展为“旋挖成孔”，从“泥浆护壁”发展为“全套管”钻进（又称贝诺特灌注桩），从“等直径桩”发展为“挤扩多支盘桩或扩底桩”，从“灌注桩清孔”进一步拓展成“后压浆技术”等，新技术、新方法、新工艺的采用焕发了灌注桩技术的活力，创造了巨大的社会技术经济效益。

第一节　灌注桩施工技术及设备选型

一、灌注桩新技术、新方法、新工艺概述

1.钻孔挤扩多支盘灌注桩技术

挤扩支盘桩是在普通钻孔灌注桩的基础上发展起来的。支盘桩作为一种桩型具有很长的历史，是在人工挖孔桩中用人工扩孔形成多个承力盘，成为竹节桩。不过，由于没有专用的施工机械设备，其应用范围受到限制。20世纪80年代末期发明了用于支盘挤扩成型的液压设备，该设备适用于水上水下各种环境及各种地质条件，使挤扩支盘桩成为一种普遍适用的新技

术。检测结果表明,挤扩支盘桩承载力的 80%～90%来自承力盘的支撑力,桩侧摩阻力只占总承载力的 10%～20%。挤扩支盘桩的承载力是同样桩长、桩径普通灌注桩的 2.0～3.0 倍。

2. 钻孔扩底灌注桩技术

钻孔扩底灌注桩是对等截面普通钻孔灌注桩施工工艺进一步改进和完善的新桩型。施工时当柱状钻头钻到设计持力层后,采用特殊的扩底机械和钻头,通过加压撑开钻头的扩孔刀刃使之旋转切削地层,从而扩大钻孔灌注桩的底部,在达到设计要求的扩底直径后浇注混凝土成桩,形成底部混凝土扩大头。钻孔扩底灌注桩可以充分利用桩底土层承载力高的特点,从而大大提高单桩承载力,节约造价。该技术 20 世纪 50 年代在国外得到成功应用,近年来我国在该项技术上得到迅速推广和应用。

3. 钻孔灌注桩后压浆技术

钻孔灌注桩承载力低的原因之一是由于桩侧的泥皮过厚和桩底沉渣过厚。为了解决这个问题,在钻孔灌注桩施工过程中,在钢筋笼上设置桩底压浆管和桩侧压浆管,并固定在钢筋笼上随钢筋笼一起下入钻孔,然后浇灌混凝土。等混凝土达到一定强度后,从压浆管压入高压水泥浆使桩侧泥皮和桩底沉渣得到加固,一般在桩底形成水泥浆加固体的扩大头,在桩侧形成水泥浆劈裂渗透的网状结构,使桩端和桩侧阻力得到提高。检测结果表明,注浆后的单桩承载力提高 30%～100%。目前该技术在软黏土地区提高钻孔灌注桩承载力起到重要作用,并已逐渐发展成为较成熟的工艺技术,在上海、天津、广州等地得到广泛应用。

4. 钻孔复合桩技术

挤扩支盘桩、扩底桩、后压浆灌注桩从提高土对桩的阻力方面作了改进,使桩的承载力得到大幅度提高。但是,对灌注桩的桩身缩颈、离析,甚至断桩问题没有得到根本的解决。对于桩侧土的摩阻力和桩端阻力大幅度提高,设计采用一柱一桩情况下,确保桩身质量问题显得更加突出。为解决桩身质量问题,采用钻孔的方法植入钢筋混凝土预制桩。其施工流程为,先在预定的位置钻孔,然后将钢筋混凝土预制桩接好,放入钻孔中心,将注浆管插入桩底把高压水泥浆压入桩与钻孔的空隙中,等水泥浆凝固后就形成了一个钻孔复合桩。由于设计时桩身轴力全部由预制桩承担,因此,桩身质量绝对可靠。为了提高桩的承载力,还可以把挤扩支盘桩技术和后压浆灌注桩技术与钻孔植入桩相结合,从而制作成高承载力、质量可靠的桩。而由于钻孔复合桩承载力比较可靠,因此一柱一桩的基础形式成为一种理论上可行的设计方案。而一柱一桩的基础形式与传统的桩筏基础相比受力更加明确合理,可以节省很厚的筏板,从而大大节约工程造价。

二、灌注桩施工技术及设备选型

钻孔灌注桩按照成孔设备和成孔方法的不同,可以分为干作业法钻孔灌注桩、泥浆护壁钻孔灌注桩和全套管钻孔灌注桩。

1. 干作业法

干作业法钻孔灌注桩在我国北方地区应用较为广泛,主要为螺旋钻孔,机动洛阳铲成孔和人工挖孔成孔。干作业法由于其特殊的施工工法,目前在此工法基础上发展了多节扩孔灌注桩和扩底灌注桩等。

1)基本原理

干作业螺旋钻孔灌注桩按成孔方法可分为长螺旋钻孔灌注桩和短螺旋钻孔灌注桩。

长螺旋钻孔成孔施工法是用长螺旋钻孔机的螺旋钻头，在桩位处就地切削土层，被切土块钻屑随钻头旋转，沿着带有长螺旋叶片的钻杆上升，输送到出土器后自动排出孔外，然后清孔安放钢筋笼，浇注混凝土成桩。

短螺旋钻孔施工法是用短螺旋钻孔机的螺旋钻头，在桩位处就地切削土层，被切土块钻屑随钻头旋转，沿着带有数量不多的螺旋叶片的钻杆上升，积聚在短螺旋叶片上，形成“土柱”，此后靠提钻、反钻、反转、甩土，将钻屑散落在孔周，一般每钻进 0.5～1.0m 就要提钻甩土一次。然后清孔安放钢筋笼，浇注混凝土成桩。其工艺流程见图 5-1。

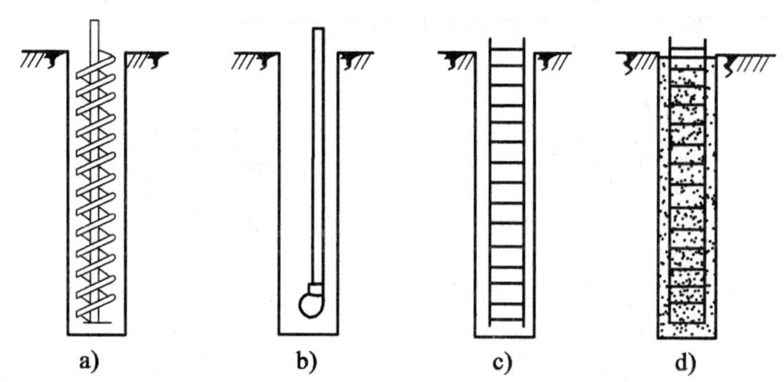

图 5-1 干作业螺旋钻孔灌注桩工艺流程图

a)钻机就位钻孔取土；b)空转清土后掏土；c)放入钢筋笼骨架；d)浇注混凝土成桩

2)干作业法钻孔灌注桩优缺点

(1)优点

①振动小，施工噪声低，不扰民。

②移位快、定位准确，钻进速度快。在一般土层中，用长螺旋钻孔机钻一个深 12m、直径 400mm 的桩孔，作业时间只需 7～8min，其钻进效率远非其他成孔方法可比。

③无泥浆污染，对环境保护好。

④造价低，经济性好。

⑤设备简单，施工方便。

⑥混凝土灌注质量较好。因是干作业成孔，混凝土灌注质量隐患通常比水下灌注或振动套管灌注等要少得多。

(2)缺点

①桩端或多或少留有虚土。

②单方承载力(即桩单位体积所提供的承载力)较打入式预制桩低。

③适用范围受施工工艺限制较大。

3)适用范围

干作业螺旋钻孔适用于地下水位以上的填土层、黏性土层、粉土层、砂土层和粒径不大的砾砂层，但不宜用于地下水位以下的上述各类土层以及碎石土层、淤泥层、淤泥质土层。对非均质含碎砖、混凝土块、条块石的杂填土层及大卵砾石层，成孔困难大。

4)设备选型及适用条件

(1)按钻杆上螺旋叶片多少，可分为长螺旋钻孔机(有称全螺旋钻孔机，即整个钻杆上都装置螺旋叶片）和短螺旋钻孔机（其钻具只是临近钻头 2～3m 内装置带螺旋叶片的钻杆）。

长螺旋与短螺旋钻孔机的选择首先考虑钻孔直径和钻孔深度的设计要求，国产长螺旋钻孔机，桩孔直径为 300～1 000mm，成孔深度在 20m 以下。国产短螺旋钻孔机，桩孔最大直径可达 1 828mm，最大成孔深度可达 70m（此时桩孔直径为 1 500mm）。

长螺旋与短螺旋钻孔机根据叶片螺纹距的不同，分为密纹叶片和疏纹叶片。前者应用于含水率较大的软塑土层，后者主要应用于含水率较小的砂土或可塑、硬塑的黏性土中成孔。

长螺旋与短螺旋钻头底部的形式多样，分平底、耙式、筒式和锥式，施工时根据不同土层条件使用。平底钻头用于松散土层，耙式钻头用于杂填土，遇到混凝土块或大卵石等障碍物时，可用筒式钻头，对于一般黏性土可用锥式钻头，详见图 5-2。

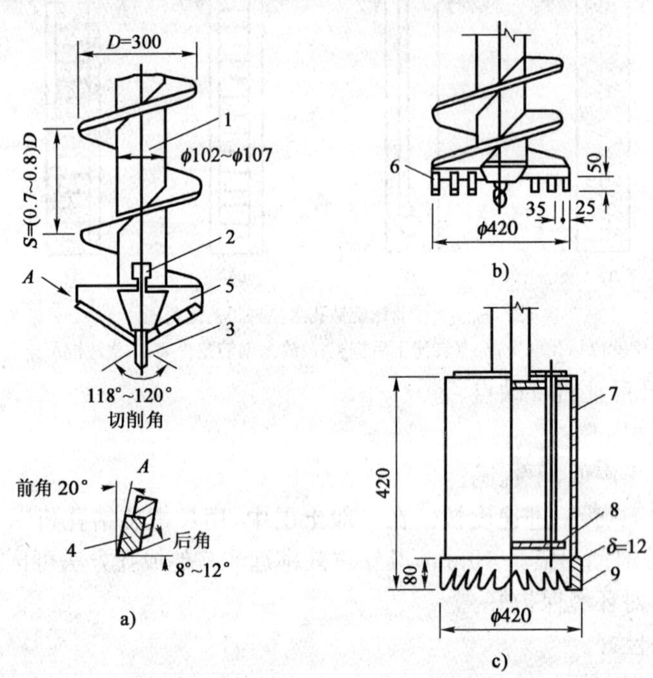

图 5-2　螺旋钻头图（尺寸单位：mm）

a）平底钻头；b）耙式钻头；c）筒式钻头

1-螺旋钻杆；2-钻头接头；3-导向尖；4-合金刀；5-切削刀；6-耙齿；7-筒体；8-推土盘；9-八角硬质合金刀头

螺旋钻头直径与钻孔直径匹配关系见表 5-1。

螺旋钻头直径与钻孔直径匹配关系　表 5-1

钻孔直径（mm）	300	400	500	600	700	800	1 000
钻头直径（mm）	296	396	495	594	693	792	990

（2）按装载方式不同，螺旋钻机底盘可分为履带式、步履式、轨道式和汽车式。

不同的装载方式各有优缺点，主要根据场地的施工环境条件和技术经济指标进行确定。履带式桩架构造简单，操纵方便，但垂直精度调节较差。步履式机动灵活，移动桩位方便，打桩效率高，是适用性强的桩架。汽车式移动桩位方便，但钻孔直径和深度均受到限制。轨道式应用较少。

(3)按钻孔方式不同,螺旋钻机可分为单根螺旋钻孔的单轴式和多根螺旋钻机的多轴式。

在通常情况下,都采用单轴式螺旋钻孔,多轴式螺旋钻机一般多用于地基加固和排列桩等施工。

目前,生产螺旋钻孔的国内外厂家较多,其规格、型号及技术性能有一定的差异,具体选型时宜考虑场地土层条件,周围环境条件,设计钻孔深度、直径,进行设备的能力综合确定。

2.泥浆护壁法

泥浆护壁钻孔灌注桩应用广泛,施工工艺成熟,包括正、反循环钻孔灌注桩,旋挖钻孔灌注桩,潜水钻成孔灌注桩。目前,正、反循环钻孔灌注桩,旋挖钻孔灌注桩应用最为广泛。

1)正、反循环钻孔灌注桩

(1)基本原理

正循环钻孔灌注桩是由钻机回转装置带动钻杆和钻头回转切削破碎岩土,钻进时用泥浆护壁、排渣;泥浆由泥浆泵输进钻杆内腔后,经钻头的出浆口射出,带动钻渣沿钻杆与孔壁之间的环状空间上升到孔口溢进沉淀池后返回泥浆池中净化。钻孔完毕后二次清孔,下导管灌注混凝土成桩,见图5-3a)。

反循环钻孔灌注桩是由钻机回转装置带动钻杆和钻头回转切削破碎岩土,钻进时用泥浆护壁、排渣;泥浆沿钻杆与孔壁之间的环状空间流入孔底,携带钻渣沿钻杆内腔返回地面泥浆池中净化。钻孔完毕后二次清孔,下导管灌注混凝土成桩,见图5-3b)。

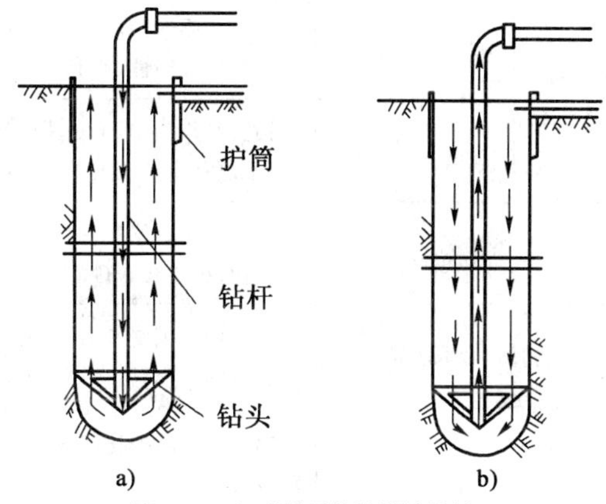

图5-3　正、反循环钻孔灌注桩施工

a)钻孔正循环施工;b)钻孔反循环施工

一般情况下,反循环钻进孔底的排渣能力要强于正循环钻进工艺。

(2)正、反循环钻孔灌注桩优、缺点

钻孔灌注桩优点:

①施工时基本无噪声、无振动、无地面隆起或侧移,因此对环境和周边建筑物危害小;

②大直径钻孔灌注桩直径大、入土深,单桩承载力高,可以实现一柱一桩;

③设备简单,工艺成熟,效率高;

④对地层适应能力强,可在饱和软黏土中施工,也可以在坚硬的岩石中施工;

⑤工艺灵活,可以实现钻孔扩底钻孔灌注桩、"挤扩支盘"钻孔灌注桩和钻孔后注浆,从而更好地发挥桩端承载力,提高桩的承载力,减少沉降量;

⑥钻孔灌注桩通常布桩间距大,群桩效应小;

⑦施工设备简单轻便,可以实现特殊条件下施工;如进行水下施工,能在较低的净空条件下施工;进行特殊角度的灌注桩施工等。

钻孔灌注桩缺点:

①钻孔灌注桩在施工中影响成桩质量的因素较多,质量不够稳定,有时候会发生缩径、桩身局部夹泥、孔底沉渣等现象,桩侧阻力和桩端阻力的发挥会随着工艺而变化,且又在较大程度上受施工操作影响。

②钻孔灌注桩泥浆排放量大，处理不当易对环境造成污染。

(3)适用范围

正、反循环钻孔灌注桩适用于填土层、淤泥层、黏土层、粉土层、砂土层，部分砂卵石层、软质基岩和较硬基岩中使用。

钻孔正循环钻进对于桩孔直径大（一般大于 1m）、桩孔深度大的情况，效率低，孔底沉渣多，泥皮厚，一般不适用。对含有卵石、砾石的地层也不适用。

钻孔正、反循环钻进成孔不适用于自重湿陷性土，也不适用于无地下水的地层。

(4)设备选型及适用条件

正、反循环钻孔机械选用，应根据桩型、钻孔深度要求、土层条件、泥浆排放处理等条件综合确定。对于孔深大于 30m 的端承桩，宜采用反循环工艺。

正循环钻机适用范围：正循环钻机由动力机、泥浆泵、转盘钻架、钻杆、水龙头和钻头等组成，不同的钻头类型其适用范围不同，详见表 5-2。

正循环钻机适用范围　　表 5-2

钻头类型		钻进特点	适用范围
合金全面钻进钻头	双腰带翼状钻头	对第四系的地层适应性好，回转阻力小，钻头具有良好的扶正导向性，有利于清除孔底沉渣	黏土层、砂土层、砾砂层、粒径小的卵石层和风化基岩
	鱼尾钻头	钻头制作简单，但钻头的导向性差，钻头直径一般较小，不适宜直径较大的桩孔施工	黏土层、砂土层
合金扩孔钻头		冲洗液顺螺旋翼片之间的空隙上返，形成旋流，流速增大，有利于孔底排渣	黏土层、砂土层
筒状肋骨合金取芯钻头		主要用于某些基岩（砂岩、灰岩）地层钻进，以减少破碎岩石的体积，增大钻头的比压，提高钻进效率	砂土层、卵石层和一般岩石地层
滚轮钻头		钻头与孔底的接触既有滚动又有滑动，还有钻头回转对孔底的冲击振动。在钻压和回转力矩的作用下，钻头不断冲击、刮断、剪切破碎岩石而获得进尺	软岩、较硬的岩层和卵砾石层，也可用于一般地层
钢粒全面钻进钻头		钢粒钻进利用钢粒作为碎岩磨料，达到破碎岩石进尺。泥浆的作用不仅是悬浮携带钻渣、冷却钻头，而且还将磨碎失去作用的钢粒从钻头唇部冲出	主要用于中硬以上的岩层，也可用于大飘砾和大孤石

反循环钻机适用范围：反循环钻机由钻头、加压装置、回转装置、扬水装置和升降装置组成，常用钻头类型及其适用范围见表 5-3。

反循环钻机适用范围　　表 5-3

钻头类型	钻进特点	适用范围
多瓣式钻头	效率高，使用较多，但在 $N>40$ 以上硬土层中钻进困难	黏土、粉土、砂土和砂砾层，粒径小于 10mm 的卵石层
三翼式钻头	锥头为带有平齿状硬质合金的三叶片	$N<50$ 的黏土、粉土、砂土和砂砾层

续上表

钻头类型	钻进特点	适用范围
四翼式钻头	钻头的刃尖部分为阶梯式圆筒形，钻挖时先钻一个小圆孔，然后成阶梯形扩大	无侧限抗压强度<1MPa 的硬土，特别是坚硬的砂砾层
抓斗式钻头	对漂石和孤石具有适用性钻头	用于粒径>150mm 的砾石层
圆锥形钻头	适用于冲击破碎岩石	无侧限抗压强度 1～3MPa 的软岩（页岩、泥岩和砂岩）
滚轮式钻头	钻挖时需加压 50～200kN，需用 400kN 容许荷载的旋转连接器和转矩为 30～80kN·m 的旋转盘	坚硬的黏土的砂砾层及无侧限抗压强度小于 2MPa 的硬岩
并用式钻头	此类钻头是在液轮式钻头上安装耙形刀刃，无需繁琐地更换钻头，进行连贯的钻挖作业	土层和岩层混合存在的地层
扩孔钻头	形成扩底桩，以提高桩端阻力	专用于一般土层或砂砾层

2）旋挖钻孔灌注桩

（1）基本原理

旋挖钻机的英文为 rotary drilling rig。该方法利用钻杆和钻斗的旋转及重力使土屑进入钻斗，土屑装满钻斗后提升钻斗出土，这样通过钻斗的旋转、削土和出土，多次反复而成孔。

旋挖钻机除配置各种回转斗作业外，也可配置短螺旋和长螺旋钻进，安装套管护壁钻进，配合摇管装置和冲抓斗等进行全套管施工；配合伸缩式导杆抓斗进行地下连续墙施工，配合潜孔锤进行硬岩破碎施工；更换作业装置后也可进行旋喷施工和正循环施工；也可以配置液压锤、振动锤、柴油锤等进行其他形式桩基施工。

（2）旋挖钻孔灌注桩优缺点

旋挖钻孔灌注桩优点：

①履带式自动行走，移动方便，定位速度快，准确度较高。

②成孔速度快，可采用不同的钻头钻进。通过实践比较，采用旋挖钻进行钻孔灌注桩施工比普通回旋钻进工作效率高 5～10 倍。

③自带动力，振动小，噪声低，节能、环保。

④在硬质黏土中可不用稳定液进行干钻；采用稳定液可确保孔壁不坍塌。

⑤对地层的适应能力较强，除常规的黏性土、粉、砂性土外，对卵砾石及软岩都有较强的适应性。

旋挖钻孔灌注桩缺点：

①对稳定液要求高，处理不当易塌孔，同时增加排土困难。

②钻孔易扩径，沉渣处理困难。

③在卵石层及强承压水土层中施工困难。

（3）适用范围

旋挖钻机一般适用黏土、粉土、砂土、淤泥质土、人工回填土及含有部分卵石、碎石的地层。对于具有大扭矩动力头和自动内锁式伸缩钻杆的钻机，可以适应微风化岩层的施工。为了满足施工要求，旋挖钻机底盘和工作装置的配置具有装机功率大、输出扭矩大、施工效率高等特点。目前，旋挖钻机的最大钻孔直径为 3m，最大钻孔深度达 120m(主要集中在 40m 以内)，最大钻孔扭矩 620kN·m。

(4)设备选型及适用条件

近年，旋挖钻机及其施工工法在国内逐渐被认识。以北方地区为代表，在大直径钻孔灌注桩施工中已经得到普及应用。已建或在建的几项大工程如青藏铁路、2008 年奥运会主要场馆、首都机场新航站楼等基本上都是以旋挖钻机施工为主。但是我国幅员辽阔，地质状况千变万化，目前单一的旋挖钻机施工钻孔灌注桩受到了一定的局限。如我国的南方特别是东南沿海发达地区，由于地层较软，桩一般比较大、比较深，旋挖钻机成孔困难，所以目前仍以正反循环工程钻机为主。

实际上旋挖钻机配上一些其他设备完全可以在南方地区施工。一种方法是旋挖钻机与套管式钻机联合作业，利用旋挖钻机本身的动力驱动套管。但套管钻机及套管本身的造价较高，我国目前的施工企业同时拥有旋挖钻机和套管钻机两种设备的很少。另一种方法就是利用我国目前已广泛使用的振动桩锤沉拔钢护筒，也能实现旋挖钻机在软土地区的成孔施工。振动桩锤在我国发展已十分成熟，从几千瓦到几百千瓦的设备我国都能自行设计制造。振动桩锤配上钢管夹头利用桩架或起重机沉拔大直径大深度钢管桩或钢管护筒在我国也有十分成熟的施工经验。将振动锤与旋挖钻机结合在软土地区施工已有几个工程的成功实践，如浙江大唐乌沙山电厂(宁波地区)、浙江金华兰溪电厂、福建宁德电厂等，证明完全是可行的，施工效率高而成本低。

旋挖钻机因其效率高、污染少、功能多等特点，适应上述综合发展的需求，在国内外的现浇混凝土灌注桩施工中得到了广泛应用。

到 20 世纪 90 年代末，我国旋挖钻机的拥有量仅为 100 台左右，2002 年，我国进口各种旋挖钻机近百台，截至 2003 年年底，我国旋挖钻机的保有量为 350～400 台，截至 2004 年年底，我国旋挖钻机的保有量为 450～500 台。

旋挖钻机的发展历史：旋挖钻机是在回转斗钻机和全套管钻机的基础上发展起来的，第二次世界大战前，美国 CALWELD 公司首先研制出回转斗，短螺旋钻机。20 世纪 50 年代，法国 BENOTO 公司将全套管钻机应用于桩基础施工，而后由欧洲各国将其组合并不断完善，发展成为今天的多功能组合模式。意大利土力公司首先从美国将安装在载重汽车上和附着在履带起重机上的钻机引入欧洲，动力头为固定式，不能自行安装套管，难以适应硬质土层施工，1960 年德国维尔特公司和盖尔茨盖特公司同时开发了可动式动力头。1975 年德国宝峨公司研制了配有伸缩钻杆的 BG7 型钻机，该钻机直接从底盘提供动力，配置可锁式钻杆实现加压钻孔，钻孔扭矩增大，可实现在紧密砂砾和岩层的钻孔。

目前，国外的旋挖钻机主要生产厂家为：德国的 BAUER、LIEBHERR、Delmag、WIRTH、MGF，意大利的 SoilMec、MAIT、CMV、CASAGRANDE、IMT、ENTEGO；西班牙的 LLAMADA；日本的日车车辆、HITACHI、住友、加藤；芬兰的 JUNTTAN、TAMROCK；美国的 APE、Ingersoll-Rand；英国的 BSP 等。

根据旋挖钻机的主要技术参数,如扭矩、钻孔直径、钻深、发动机功率、整机质量等,可分为大、中、小3种类型。目前国外的旋挖钻机主要分为以欧洲为代表的方形立柱加平行四边形连杆机构的独立式,以日本为代表的履带起重机附着式。

欧洲的独立式旋挖钻机具有以下特点:

(1)动力头由一个或多个液压马达驱动,一类以宝峨、永腾为代表,转速较低、没有高速反转。另一类以土力、迈特、卡萨为代表,动力头运转由一至两个大排量变量马达驱动,高速反转由另外一个小马达驱动,还有一类如意马,直接通过行星减速机的换挡来实现高速反转甩土。前面两种结构简单,液压配管方便,成本低,后面一种液压管布设复杂,减速机结构复杂,易出故障,造价高。

(2)钻杆分为摩阻式与机锁式。机锁式又分为间断式和齿条式。摩阻式钻杆用于普通地层钻进,机锁式用于坚硬地层钻进。旋挖钻机工作时,钻杆同时承受拉压、剪切、扭转、弯曲等复合应力。欧阳旋挖钻机所造的伸缩钻杆均采用高强度特殊合金无缝管制造。设计制造都有一些特殊的要求,这样才能达到质量轻,传扭矩大、耐磨损、寿命长。

(3)立柱采用箱形结构,刚性好,重量轻。滑道多采用耐磨方形无缝管,便于传递大转矩。立柱支撑机构有三种形式。一种为平行四边形小三角结构,其特点是变幅范围大,可整机放倒,折叠,降低运输高度和长度;缺点是前面重量偏重,稳定性稍差,不能承受超大转矩。另一种为大三角结构,以宝峨为代表,其特点是结构简单,稳定性好,能承受大转矩;缺点是运输时要拆开,费时,需要辅助起重设备。第三种以西班牙拉马达公司、意大利安特高为代表,虽然也是大三角支承结构,由于装有辅助起架油缸,整机也能放倒折叠,具有以上两种结构的优点,结构新颖,经济实用。

(4)主卷扬是旋挖钻机的关键部件,根据旋挖钻机的施工特点,在钻机每个工作循环(对孔下钻—钻进—提钻—回转—卸土),主卷扬的结构和功能都非常重要,钻孔效率的高低、钻孔事故发生的几率,钢丝绳寿命的长短都与主卷扬有密切的关系。欧洲的旋挖钻机都有钻杆触地自停和动力头随动装置,以防止乱绳损坏钢丝绳。特别是意大利迈特公司的旋挖钻机,主卷扬的卷筒容量大,钢丝绳为单层缠绕排列,提升力恒定,钢丝绳不重叠碾压,从而减少钢丝绳之间的磨损,延长了钢丝绳的使用寿命。国外旋挖钻机主卷扬都采用柔性较好的非旋转钢丝绳,提高了使用寿命。

(5)底盘分为专业桩架底盘(可横向伸缩,带有后支腿,立柱三点式支承,如BAUER、BSP等),旋挖钻机专业底盘(横向伸缩式底盘,如SOILMEC、CASAGRANDE、LLAMADA等),起重机履带底盘(如LIEBHERR等),挖掘机履带底盘(上车后部加长,立柱下加支腿,工作装置独立,如IMT、WIRTH、MGF等),汽车底盘(为了提高机动性,主要在城区或要求快速施工的场合使用的,如MAIT、CMV、SOILMEC等)。

可变履带间距的底盘,低重心及配重的可调整设计布置,既保证了整机的稳定性,又满足了运输的要求,采用宽履带,降低接地比压及增强了爬坡能力,保证了钻机现场转位所要求的机械性能。

(6)机电一体化功能的设计

①发动机与负载相匹配(降低油耗、减少噪声)的电子控制系统;

②手动和自动切换,监控立柱垂直度(保证柱孔垂直度)的自动纠缠系统;

③高精度钻孔倒土回转定位(防止桩孔变形)控制技术;

④钻孔深度(防止过放钢绳和确认孔深)测量及显示系统;

⑤故障(带负载起动,卷扬过卷)检测、报警及信息显示系统;

⑥整机工作状态(启动前先自动预检)动画及虚拟仪表显示系统;

⑦GPS定位与移动电话数据（快速联络、及时到位）传输系统；

⑧成柱过程（提高成桩质量）的反馈显示、记录、打印系统。

(7)适应施工的多种机具配置

旋挖钻机一般用于大口径短螺旋和旋挖斗钻孔施工。除此之外，钻机采用的是多用途模块式设计，还配置长螺旋（CFA）钻具、全套管与冲抓斗、液压抓斗地下连续墙、液压锤、振动锤等机具施工。

日本生产的旋挖钻机主要以附着式为主。实际上它的底盘并不是纯粹的起重机，只是外观像起重机，它的平台、吊臂、液压系统都是根据旋挖钻机的特点设计的。附着式旋挖钻机的最大特点是一机多用（既可作钻机用，也可以作起重机用），作业范围大，并且可以定装扩底装置；缺点是动力头扭矩偏小，不能长距离加压，成孔的垂直度没有独立式钻机好。

国内近年来利用各种方式和途径在消化吸收国外先进技术的基础上，不断创新，相继开发了多种形式的旋挖钻机，如湖南山河、徐工集团等开发的专用底盘旋挖钻机；三一重机、石家庄煤机等开发的挖掘机底盘旋挖钻机。国产旋挖钻机整体水平虽然与国外产品还有一定差距，但主要性能已接近国外先进水平，价格优势明显，所以从2003年下半年开始，国内旋挖钻机市场已经从进口机为主变为已国产机为主。

目前，国产旋挖钻机品种比较单一，大多数产品的转矩是180～220kN·m，用户选择的余地较小。据统计，我国80%～85%的桩基础桩径在1 200mm以下，深度不超过40m，今后，可发挥旋挖钻机多功能这一最大优点，不片面强调大转矩条件，开发适合我们国情、满足施工要求、价格较低的国产旋挖钻机。日本旋挖钻机转矩大多数在100kN·m以下就是一个例证。国内进口的很多日本二手旋挖钻机，用户使用的效果也很好。

旋挖钻机因其具有装机功率大、输出转矩大、轴向压力大、机动灵活、施工效率高、环保等特点，配合不同钻具，适应我国大部分地区的地质条件，成为适合建筑基础工程中成孔作业最理想的施工机械。近年来，北京地铁、环线路网建设、特别是青藏铁路、奥运场馆、首都机场新航站楼等大型工程的施工中，旋挖钻机高效、环保、效益高的优势得到公认。

旋挖钻机及施工工艺在我国北方地区已经得到了很快普及，在南方地区特别是东南沿海发达地区由于地层较软，桩一般较大较深，旋挖钻机成孔困难，目前仍以正反循环钻机为主。实际上旋挖钻机配合一些其他设备也可以在该地区施工，一种方法是旋挖钻机与套管式钻机联合施工；另一种方法是利用我国已广泛使用的振动桩锤沉拔钢护筒在软土地区成孔施工，通过浙大唐乌沙山电厂、宁波金华兰溪电厂、福建宁德电厂等施工证明完全是可行的。

旋挖钻机的大量应用只是在近几年，我们缺乏相应的产品标准，尚未编制旋挖钻机施工规范，没有系统的工法研究，缺少技术培训，基本理论的研究有待深入，旋挖钻机与土木工程及施工工艺结合的非常紧密。研制旋挖钻机的设计技术人员应熟悉桩基础施工，使用旋挖钻机的工程技术人员应了解其工作原理和作业性能，为此，中国工程机械工业协会将和有关科研单位，主机生产厂家及施工部门开展与旋挖钻机相关的（基本结构、工作原理、液压技术、机电控制技术、安全规程等）技术培训、施工经验的交流等活动，适时地制定旋挖钻机产品标准及相关标准，推动机械化施工和旋挖钻机产品的发展。

3. 全套管护壁法

1)基本原理

全套管钻孔灌注桩又称贝诺特灌注桩，是利用摇动装置的摇动（或回转装置的回转）使钢套管与土层间的摩擦阻力大大减小，边摇动（或边回转）边压入，同时利用冲抓斗挖掘取土，直至套管下到桩端持力层为止。挖掘完毕后立即进行挖掘深度的测定，并确认桩端持力层，然后清除虚土。成孔后将钢筋笼放入，接着将灌注导管竖立在钻孔中心，最后灌注混凝土而成桩。

2）全套管钻孔灌注桩优缺点

全套管施工法与采用泥浆护壁的钻、冲击成孔及其他干作业法的大直径灌注桩的施工法相比，成孔成桩工艺方面有以下优点：

（1）环保效果好。噪声低，振动小；不使用泥浆，无泥浆污染，施工现场整洁文明，很适合于在市区内施工。

（2）成孔和成桩质量高。取土时因套管插入整个孔内，孔壁不会坍落；易于控制桩断面尺寸与形状；含水比例小，较容易处理孔底虚土，清底效果好；充盈系数小，节约混凝土。

（3）可在各种杂填土（含有砖渣、石渣及混凝土块等）中施工，适合于旧城改造的基础工程。

（4）由于钢套管护壁的作用，可避免钻、冲击成孔灌注桩可能发生的缩颈、断桩及混凝土离析等质量问题。

全套管钻孔灌注桩缺点：

（1）对场地要求高，需要较大场地，同时工地边界到边桩中心的距离也要求较大。

（2）钢套管的限制使桩径选择受限，同时，抓斗作业时宜使桩端土层松软。

（3）孔底易发生涌砂、隆起现象，有时会发生钢筋笼上浮事故。

3）适用范围

除岩石以外，任何土质均适用。但在孤石、泥岩层或软岩层成孔时，成孔效率将显著降低。

当地下水位下有厚细砂层（厚度5m以上）时，由于摇动作业使砂层压密，造成压进或拉拔套管困难，应避免在有厚砂层的土层中使用。

4）设备选型及适用条件

全套管钻机又称贝诺特钻机，是由法国贝诺特公司于20世纪50年代初开发和研制而成。随后，日、德、英、意等国引进和研制，机种和施工方法均有很大发展，产品不断更新换代。截至1997年12月，日本已生产摇动式全套管钻机770台，全回转式全套管钻机433台。据日本基础建设协会1993年对31家施工单位的10.1万根灌注桩的调查，全套管工法占26%。目前在香港，各基础施工公司已拥有全套管钻机不少于300台，成桩数的市场份额约占45%。

我国于20世纪70年代开始引进摇动式全套管钻机，90年代中期在我国开始研制MZ系列摇动式全套管钻机，简称磨桩机。随之在昆明、温州、北京、深圳等地的多个基础工程中应用，取得显著的经济效益。全回转式全套管钻机到目前为止国内还是空白。2004年上海隧道公司引进了两台日本车辆株式会社生产的全回转式全套管钻机用于地铁4号线发生坍塌事故的工程修复，取得了良好的效果。全套管工法虽然施工成本相对较高，但由于其具有其他工法无法替代的优点，特别是我国很多城市都面临着二次开发，对原有基础的处理为全套管工法在我国的推广应用提供了广阔的前景。

第二节　旋挖扩底灌注桩——AM工法施工技术

一、概述

近年来，随着我国基础设施建设的快速发展，建筑桩基的设计施工量越来越大，桩基类型众多,设计要求的单桩承载力也越来越高。桩基工程如何降低造价、提高质量、增加施工速度,成为项目工程管理的关键环节,也是建设方最为关心的技术、经济指标。

桩基承载力是桩基设计的重要参数,提高单桩承载力、降低桩基工程造价是桩基研究和发展的核心和动力,广大科研工作者通过不懈的努力,发展了各种先进工法和技法,其中旋挖扩底灌注桩——AM 工法是近期在工程上成功应用的一种先进工法。

该工法采用先进的可视计算机控制旋挖成孔和扩孔技术,克服了我国现有扩底灌注桩在地下水丰富地区施工的局限性,具有成孔速度快,扩孔、清孔及桩身施工质量稳定的特点。

二、AM 工法介绍

可视可控旋挖扩底灌注桩——AM 工法(AM construction method:visible & controllable screw-drilled under-reamed cast-in-situ pile)施工工艺是一种新型的桩基础施工技术,以旋挖钻机成孔、全液压铲斗扩底、配备施工影像管理装置等技术为核心的施工方法,由履带式主机、伸缩式凯式钻杆、旋挖钻斗、全液压扩底铲斗、智能控制系统等组成。采用该施工技术进行桩基施工,地质适应性强,且不受施工场地限制,具有速度快、质量高、成本低、无噪声、无振动、不出泥浆、原始土外运、减少环境污染等优点,降低了投资成本,节省了国家资源,满足了节能节支和环保的高要求,是一种符合节能减排可持续发展要求的桩基础施工技术。

AM 工法扩底灌注桩扩底直径见表 5-4。

AM 扩底灌注桩设计扩底直径表 表 5-4

直桩直径 d(mm)	常规扩底直径 D(mm)	最大扩底直径 D(mm)	扩底高度 h_1(mm)
ϕ850	ϕ1 300	ϕ1 500	1 620
ϕ1 000	ϕ1 600	ϕ1 800	1 900
ϕ1 200	ϕ1 800	ϕ2 000	2 280
ϕ1 300	ϕ1 900	ϕ2 300	2 480
ϕ1 500	ϕ2 300	ϕ2 500	2 860
ϕ1 600	ϕ2 500	ϕ3 100	3 050
ϕ1 800	ϕ3 000	ϕ3 600	3 430
ϕ2 000	ϕ3 200	ϕ3 800	3 810
ϕ2 200	ϕ3 800	ϕ4 100	4 190
ϕ2 500	ϕ4 000	ϕ4 300	4 760
ϕ3 000	ϕ4 500	ϕ5 000	5 170

三、AM 工法设备

全液压可视可控扩孔旋挖钻机,主要由履带式主机、伸缩式凯式钻杆、旋挖钻斗、全液压扩底铲斗、智能控制系统等组成。由全液压扩底快换魔力铲斗进行全液压切削挖掘,扩底时使桩底端保持水平扩大。这一过程完全采用电脑管理影像追踪监控系统进行控制,首先用钻机将直径桩(成孔)钻到设计深度后,再更换全液压扩底快换魔力铲斗下降到桩的底端,打开扩大翼进行扩大挖掘作业,此时操作人员只需按设计要求预先输入扩底数据和形状进行操作即可,桩底端的深度及扩底部位的形状、尺寸等数据和图像,通过检测装置显示在操作室内的监控器上(图 5-4)。图 5-5 为 AM 工法全套设备,图 5-6 为 AM 工法魔力铲斗。

四、AM 工法施工技术流程

图 5-4 AM 工法可视仪

AM 工法施工技术流程：①施工准备；②定桩位和钻机就位；③护筒设置；④等径桩开始成孔；⑤等径桩钻到设计孔深；⑥等径桩钻孔完成后，更换扩底铲斗并将设计扩大数据输入电脑施工管理装置内进行扩孔施工；⑦通过扩底铲斗切削至设计要求，停止切削挖掘；⑧测量深度；⑨按放钢筋笼；⑩利用特殊清渣泵清除沉渣；⑪安放导管；⑫灌注混凝土；⑬混凝土灌注结束，拔出导管；⑭拔出钢护筒。

图 5-5 AM 工法全套设备

图 5-6 AM 工法魔力铲斗

AM 工法施工技术流程示意见图 5-7。

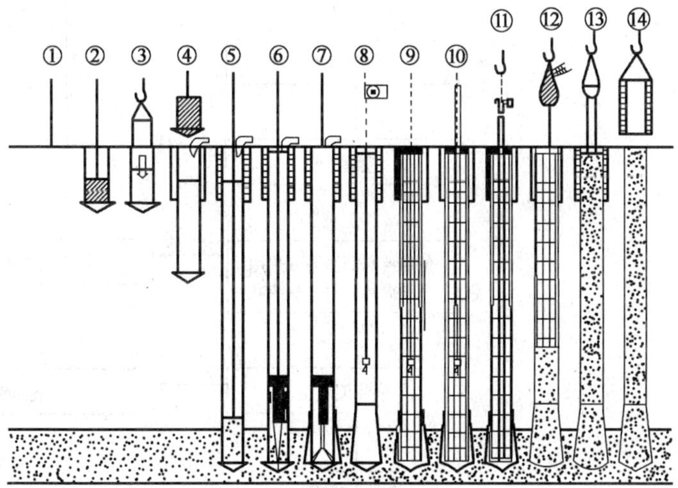

图 5-7 AM 工法施工技术流程示意图

AM 工法施工技术流程框图见图 5-8。

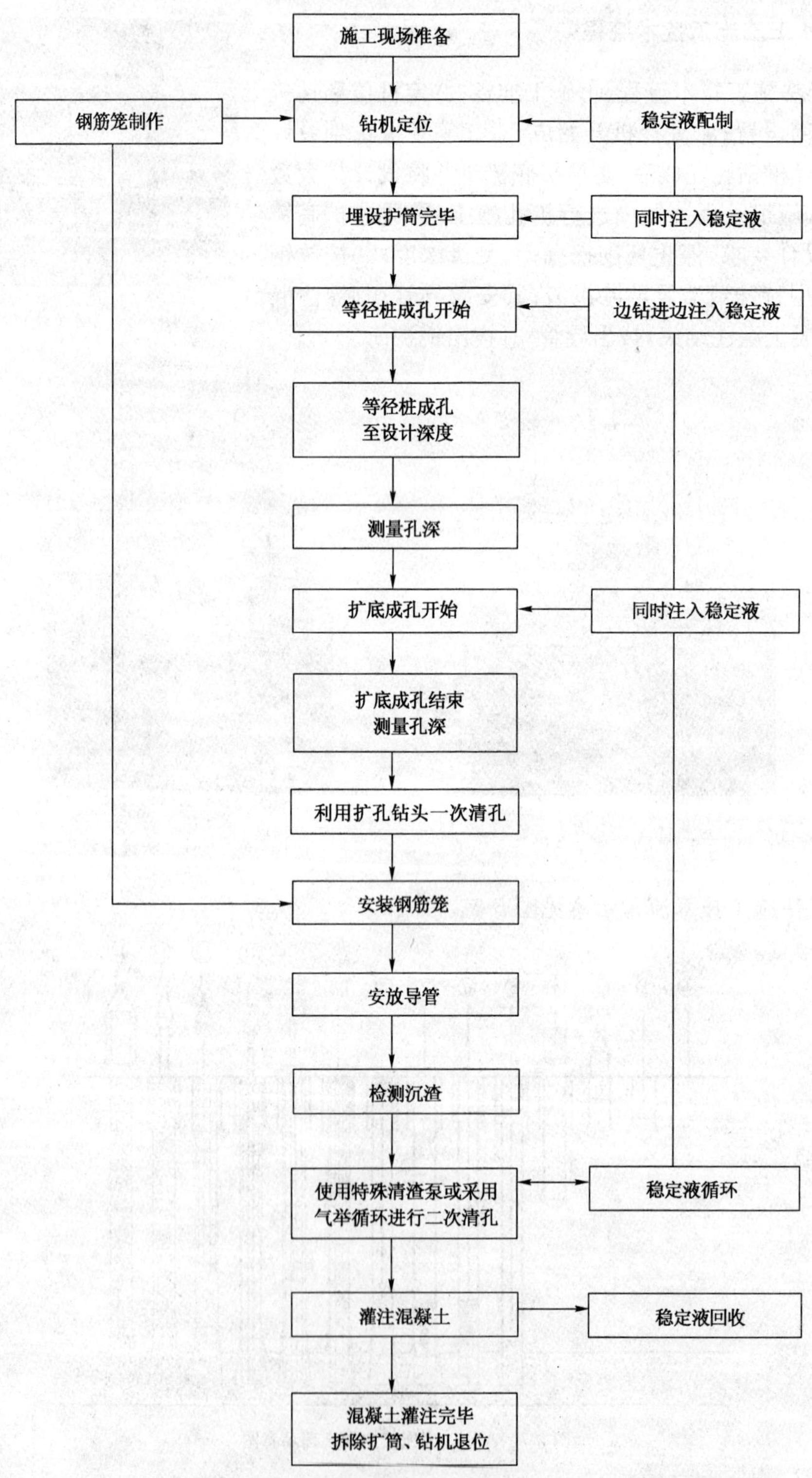

图 5-8　AM 工法施工技术流程框图

五、AM 工法施工技术

1. 施工现场和技术准备工作

(1)成桩机械应在鉴定合格期内使用,超过合格期或未经鉴定合格机械严禁在工程中使用。

(2)基桩轴线的控制点和水准基点应设在不受施工影响的地方;开工前,经施工管理技术部门会同监理单位复核后应妥善保护,施工中应定期复测。

(3)施工前应按施工平面布置图的要求将施工用的供水供电、施工道路、施工设施及生活设施等在开工前准备就绪。

(4)施工场地应进行平整处理和排水系统设置,并应预先探明和清除桩位处的地下障碍物。

(5)工程施工前,施工单位应组织有关人员参加设计交底,熟悉工程图纸和工程地质资料,踏勘施工现场,在了解掌握情况的基础上,合理选定施工工艺方案,编制施工组织设计。

(6)施工组织设计的编制应具备下列主要技术资料和条件:建筑场地的工程、水文地质资料;AM 扩底灌注桩设计施工图;施工总平面图和施工区域内及邻近区域内的地下地上管线(管道、电缆)、地下障碍物、地面原有建筑物、构筑物、精密仪器车间等的调查资料;可供施工用的电、水量;主要施工机械及配套设备的技术性能资料。

(7)施工前应逐级进行施工技术交底。

2. 定桩位和钻机就位

1)定桩位

测量时设置闭合导线网并与控制点闭合,达到规范要求精度,经验收合格后,导线点作为桩位放样的基准点。桩位点在埋设护筒时会被破坏,所以桩位点确定之后,再放 4 个以上的保护桩,用保护桩校核护筒的准确性。

2)钻机就位

(1)施工现场情况复杂多样,在埋设护筒、钻机就位前,应对场地进行清理平整,使钻机能安置在坚实的场地上,保证钻机不会发生沉降、位移、偏斜。

(2)由于成孔的垂直精度、位置偏差,很大程度取决于钻机的安置精度,所以钻机底部支承一定要坚实稳定,如地面过软就需采取加固、支垫措施,否则易出现沉降、偏斜、位移,从而影响成孔质量。

(3)就位时,钻机要找平找正,使钻机的钻杆中心线对准桩位中心,误差小于 50mm;倾斜度不大于 1%。

3. 护筒设置

护筒是钻孔桩施工的重要设施,其主要作用是保证孔内有高于地下水位的水头,维持孔内泥浆压力,防止塌孔;隔离地表水;保护孔口标高以及对钻孔导向。

施工前应定出施工桩位并埋设好成孔用护筒。不适用护筒作业的施工场合应有其他护口措施。护筒的选用及埋设应符合下列规定:

(1)护筒常用足够刚度的钢板卷制(按护筒的直径大小、长短、下筒方法而定),其直径比钻头直径大 200mm。

(2)护筒埋置深度:顶端高出地面30cm,地面以下进入坚实土层。

(3)护筒埋设位置应准确,其中心线与桩位中心线的允许偏差为20mm,并应保证护筒垂直。

(4)护筒埋设用机械方法或人工挖埋法,其中心位置偏差不大于50mm,倾斜度偏差不大于1%。护筒四周填黏质土,分层夯实,保证后续施工不移位、不渗水。

4.等径桩开始成孔

1)稳定液制备

稳定液应具有以下主要作用:防止地基土坍塌;抑制地基土层中的地下水压力;支撑土压力,对于有流动性的地基土层,用稳定液能抑制其流动;使孔壁表面在钻完孔到开始灌注混凝土能保持较长时间的稳定;稳定液渗入地基土层中,能增加地基土的强度,防止地下水流入钻孔内;在砂土中钻进时,稳定液可使其碎屑的沉降缓慢,清孔容易;稳定液具有与混凝土不相混合的特性,利用其亲液胶体性质,能被混凝土代替而排出。

稳定液性质应根据地质条件的不同而进行调整,稳定液的主要组成材料见表5-5。

稳定液主要组成材料 表5-5

材料名称	成分	主要使用目的
水	H_2O	稳定液主体
膨润土	以蒙特土为主的黏性矿物	稳定液主要材料
重晶石	硫酸钡	增加稳定液相对密度
CMC	羧四基纤维素钠盐	增加稳定液黏度
腐殖酸族分散剂	硝基腐殖酸钠盐	改善和控制稳定液的变质
木质素族分散剂	铬铁木质素硫黄钠盐	
渗水防止剂	纸浆、棉子、锯末等	防渗水

稳定液质量应满足表5-6的要求。

稳定液质量控制指标 表5-6

管理项目	允许范围			测定结果	处理办法
	下限	标准	上限		
黏度(s)	18	24	28	下限以下	添加膨润土CMC补充新液
				上限以上	添加水和分散剂
浓度(比重)	—	1.05	1.2	下限以下	添加膨润土,CMC新液补充
				上限以上	砂的场合:脱砂
pH值	8	10	12	下限以下	添加剂进行中和
				上限以上	添加剂进行中和
含砂量(%)			6	上限以上	脱砂处理,废弃

2)试成孔

(1)用作桩基的工程桩施工前必须试成孔,数量不得少于两个,以便核对地质资料,以检验所选的设备、机具、施工工艺以及技术要求的适宜性。如孔径、垂直度、孔壁稳定和沉淤等检测指标不能满足设计要求时,应拟定补救技术措施,或重新确定工艺参数。

(2)除需按规定进行两个试成孔外，尚应在工程桩中均匀随机抽查孔径。抽查数量不得少于总数的10%；或按设计要求抽查。

(3)成孔开始前应充分做好准备工作，成孔施工应连续完成，等径桩成孔完成后及时调换扩底钻斗进行扩底施工，不得无故停钻，扩底完成结束至灌注混凝土的间隔时间不宜大于8h。

(4)成孔时钻机定位应准确、水平、稳固，钻机的钻杆中心应对准桩位中心，其与护筒中心的允许偏差为20mm。

(5)护壁稳定液以膨润土为主，辅以其他材料调制而成，稳定液的性能指标应根据不同的水文地质情况，结合施工工艺合理选用。稳定液性能指标应满足表5-6要求。

(6)成孔过程中，孔内稳定液的液面应保持稳定，其液面高度应高于地下水位500mm，或不低于自然地面500mm，以保证稳定孔壁的作用。

3)旋挖钻进时的一般操作原则

(1)钻机自行走至桩位处，使用钻机水平仪，调整钻机水平度，调整完成后再用钻机钻杆对准桩位中心，再次定位，然后把钻机的钻杆中心对准桩位，调整垂直度，并锁定钻机上定位装置。

(2)先启动泥浆泵注入稳定液，使之空转一段时间，待稳定液输进一定数量后可开始钻进。在护筒内钻进，要稳，要慢，在护筒刃脚部位，应低挡慢速，钻速不宜超过0.2m/min，使刃脚处有坚固的泥皮护壁。钻至刃脚下1m后，可按土质以正常速度钻进。

(3)旋挖钻机启动后，旋挖机正转旋挖切削原始土，开始时先轻压慢钻，进入正常状态后，可逐渐增大转速。调整钻速，在淤泥或淤泥质土层中，钻速不宜大于10m/h；在松散砂层中，钻速不宜大于15m/h。

(4)在硬土层或岩土层中，钻进应以钻机不发生大跳动为准。

(5)穿过软硬土层交界处时，为保持钻杆垂直，宜缓慢进尺，在含砖头、瓦块的杂填土层或含水率较大的软塑黏性土层中钻进时，应减少钻杆晃动，以免扩大孔径。

4)钻进记录及渣样记录

整个钻进过程应作施工记录，特别注意试成桩，要完整地记录开钻标高、终钻标高、各地层层号、地层特征、层厚、纯钻进时间、钻进速度及操作参数，作为孔位资料和其后各桩施工的参考。

钻进过程随时留取渣样，每米不少于1组，在离设计标高1.0～1.5m范围时，已接近或已进入持力层，更要注意留取砂样，每30cm留1组，作为终钻的一个重要依据。

5.等直径桩钻到设计孔深

旋挖钻机利用液压控制系统进行原始土挖掘钻进，反复提升钻斗进行土体的挖掘、卸土作业，同时在钻进过程中根据地质情况调整钻进速度，并加入调配好的稳定液。稳定液液面始终保持高于地下水位0.5m以上，以保证孔内稳定液起到平衡孔壁的作用。重复上述过程补充稳定液，直到完成等径桩成孔至设计标高。

空钻斗升降速度不宜超过表5-7的限值。

空钻斗升降速度限值 表5-7

直桩直径 d(mm)	升降速度(m/s)	直桩直径 d(mm)	升降速度(m/s)
<1 200	1.30	≥1 300	0.83
1 200	1.21		

等径桩成孔到设计孔深度后，施工管理技术部门或现场质量员对其孔深进行自检，自检合格后，通知监理单位进行等径桩成孔深度验收，验收合格后方可进行下道扩底施工工序。

桩的终孔深度：采用丈量钻杆长度的方法测定，取孔内钻杆长度＋钻头长度。直径和倾斜度检测：孔径用井径仪，垂直度用超声波探测仪。

6.扩孔施工

(1)扩孔施工管理装置进行扩孔施工前，应检查扩孔钻斗张开与闭合状态的尺寸与施工管理装置是否相符，并检查扩孔钻斗液压系统、电源信号系统，确保其正常工作。

(2)扩底桩设计相关数据应在施工前输入施工管理装置电脑，并根据指令系统进行操作管理。

(3)旋挖钻进成孔到达设计深度后，应在30min内转换成全液压扩底钻头进行扩底施工，并确保期间孔壁的稳定性。

7.扩底施工

(1)通过回转扩底铲斗旋转将土体平分成2份或4份进行切削挖掘，实施水平扩底；扩底施工时，应在影像监视系统监视和自动管理中心指示下施工。

(2)扩底过程中应慢速钻进，确保扩孔质量，铲斗所容纳泥土应及时提升并带到地面。

(3)扩底施工时，应在影像装置监控下，严格控制每次扩孔量和铲斗出土体积，减少沉渣产生。

(4)扩底成孔过程中，应及时补充稳定液，以保证护壁质量。

(5)扩底成孔后应及时组织施工技术管理部门、监理单位进行扩底成孔检验。

8.测量深度

通过施工管理装置确认钻孔深度、直径和扩孔的直径，并提供施工记录和报表。

一次及二次清孔处理后，由有资质的单位进行孔深、孔径、扩孔直径和孔底沉渣的检测，并提供检测报告。

9.钢筋笼制作及安装

1)钢筋笼制作

(1)钢筋笼宜根据吊装设备分段制作；分段长度应视成笼的整体刚度、来料钢筋长度及起重设备的有效高度等因素合理确定。

(2)加强箍宜设在主筋外侧，主筋不设弯钩，根据施工工艺要求所设弯钩不得向内圆伸露，以免妨碍导管安放。

(3)钢筋笼的内径与导管接头处外径差值不宜小于100mm。

(4)钢筋笼应采用环形模制作。其制作质量应符合下列规定：

①钢筋笼的外形尺寸应符合设计要求，其允许偏差应符合表5-11的规定。

②钢筋笼主筋混凝土保护层允许偏差为±5mm；为保证保护层厚度，在钢筋笼上设保护层垫块，设置数量每节钢筋笼不应少于2组；长度大于12m的，中间应增设1组。每组块数不得少于4块，且应匀称地分布在同一截面的主筋上。保护层垫块可采用混凝土块，也可采用扁钢定位环。

(5)当受力钢筋采用机械连接接头或焊接接头时，设置在同一构件内的接头宜相互错开。纵向受力钢筋机械连接接头及焊接接头连接区的长度为$35d$(d为纵向受力钢筋较大直径)且不小于 500mm。同一连接区段内，纵向受力钢筋的接头面积百分率应符合设计要求，当设计无具体要求时，受拉区不宜大于 50%。

2)钢筋笼安装

(1)钢筋笼在起吊、运输和安装中应采取措施防止变形。起吊吊点宜设在加强箍筋部位。

(2)钢筋笼安装入孔时，应保持垂直状态，对准孔位徐徐下放，避免碰撞孔壁，下笼中若遇阻碍不应强行下放，应查明原因酌情处理后再继续下笼。

(3)钢筋笼孔口焊接应符合下列规定：

下节笼上端露出操作平台高度宜为 1m；上、下节笼主筋焊接部位表面污垢应予清除；上、下节笼各主筋位置应校正对正，且上、下节笼持垂直状态时方可施焊；焊接时宜两边对称施焊；每节笼子焊接完毕后应补足焊接部位的箍筋，并按表 5-11 规定经中间检查合格后，方可继续进行下一节笼的安装。

(4)钢筋笼安装应符合设计及规范要求，其允许偏差为±100mm；钢筋笼全部安装入孔后应检查安装位置，确认符合要求后，将钢筋笼吊筋进行固定，以使钢筋定位，避免灌混凝土时钢筋笼上拱。

10. 清渣泵清除沉渣

清孔是清除孔底的石渣和沉淀的泥浆，它们的厚度是影响桩承载力的重要因素。规范要求：端承桩≤50mm，摩擦端承桩≤100mm，摩擦桩≤300mm。

(1)清孔应分两次进行。第一次清孔在成孔完毕后立即进行，第二次清孔则是在钢筋笼下放后，灌注混凝土之前进行。

(2)AM 扩底灌注桩第一次清孔应利用成孔钻具直接进行。AM 扩底灌注桩清孔时应将钻头(桶式，带挡板)放至孔底，采用钻桶旋转钻进清孔。

(3)AM 扩底灌注桩第二次清孔方法宜用满足本工法要求的特殊清渣泵进行泵吸清孔，清孔方法应根据桩孔规格、地质条件、设计要求以及与其相匹配的成孔工艺等因素合理选择。

(4)清孔时送入孔内的稳定液不宜少于清渣泵的排量，使清渣过程中补液充足，保持稳定液在孔内的水头高位，保证孔壁稳定。清孔时应合理控制泵吸量。

(5)使用特殊清渣泵清孔时应满足下列要求：

①清渣泵置入孔底后维持泵底与沉渣面之间相距 0.5～1.0m；

②根据沉渣的厚度及板结程度决定泵吸时间，宜控制在 10～15min；

③随着沉渣的排出，泵体可逐渐下放，保持合适的间距，确保排渣的效果，直至清孔达到设计要求。

(6)清孔过程中应测定稳定液指标，清孔后稳定液相对密度应小于 1.20，孔底沉淤之厚度应控制在小于 50mm。

(7)清孔后应注意保持水头的高度，并应在 30min 内灌注混凝土，若超过 30min，灌注混凝土前应重新测定孔底沉渣厚度，如大于 50mm，则应重新清孔至符合要求。

11. 安放导管

1)导管的选用应符合下列要求

(1)导管内径应按直桩直径和每小时灌注量确定,宜为 ϕ200～250mm,直径允许偏差为±2mm,导管壁厚不应小于 3mm。

(2)导管的第一节底管长度应大于 4m,导管标准节长度宜为 2.5m,并可按工艺要求配适量不同长度的非标准管节。

(3)导管连接应平直,密封性要好。

(4)导管使用后应及时清除管壁内外黏附的混凝土残浆。导管的壁厚、连接部位丝扣应定期检查、测定,不符合要求的应及时处理。

2)导管的安装应注意下列事项

(1)导管应全部安装入孔,安装位置应居中。导管底口距孔底高度以能放出隔水塞和混凝土为宜,宜控制在 500mm。

(2)混凝土灌入前应先在灌斗内放入隔水板,然后再灌入混凝土;固定导管的插板应用铁丝拴在护筒上部,防止在操作中掉入孔中。

(3)导管总长 2/3 处或钢筋笼半笼上 2m 处放一节有三角形加劲板的导管,以防止导管提升过程中碰撞钢筋笼。

(4)导管使用前,需经过压水试验,试水压力为 0.6～1.0MPa,确保不渗漏水,方能投入灌注混凝土工作。导管安设完毕时,底端距孔底的距离为 300～400mm,若过大,浇灌混凝土时,桩底混凝土易混入泥浆,形成疏松混凝土,影响成桩质量;若过小,导管中的隔水塞不易排出,造成堵管。

12.混凝土灌注

1)混凝土配合比

混凝土配合比试配时应采用不少于三个不同的配合比。各配合比的水灰比差值为0.02～0.03。每种配合比应制作不少于一组(3 块)试块,进行标准养护,测定 28d 龄期强度。根据试配结果,选定其中合适的配合比。混凝土配合比的设计和选定应符合下列规定。

(1)水下灌注的钻孔灌注桩的混凝土强度应比设计强度高一级进行配置。配合比应通过计算和试配确定。

(2)试配混凝土用的材料应是实际施工将采用的材料。

(3)混凝土强度应比设计桩身强度提高 15%～25%。

(4)坍落度为 160～220mm。

(5)含砂率为 40%～45%。

(6)粗集料粒径应小于 40mm,宜在 5～25mm 之间。

(7)最小胶凝材料用量不得少于 380kg/m^3,最大用量不宜大于 500kg/m^3。

(8)应具有良好的和易性和流动度;坍落度损失应能满足灌注要求。

(9)混凝土初凝时间应为正常灌注时间的 2 倍。

2)混凝土拌制

混凝土拌制时,原材料投入量应严格计量。水泥、外掺混合材料、粗细集料、水、外加剂溶液等材料投入量按重量计,允许偏差不超过±2%。

混凝土应采用机械搅拌。搅拌时间应根据搅拌机类型和容积合理确定。最短搅拌时间不应少于表 5-8 的规定。

混凝土最短搅拌时间 表 5-8

搅拌机类型	最短搅拌时间(s)	
	搅拌机容积 < 1 000L	搅拌机容积 > 1 000L
自落式	90	120
强制式	60	90

注:掺用粉煤灰的混凝土搅拌时间应按本表适当增加。

混凝土拌制过程中,应按要求做好坍落度测试和混凝土试块制作。

拌制好的混凝土应以最短的距离运至灌注点并尽快灌注。混凝土因运输周转产生离析现象,应重新搅拌后才能使用。对大直径深桩宜采用商品混凝土。

3)混凝土灌注

(1)混凝土开灌前应采取措施保证灌注工作连续紧凑,单桩混凝土灌注时间不宜超过 8h。混凝土灌注的充盈系数不应小于 1.0,也不宜大于 1.3。

(2)混凝土灌注用隔水塞可采用混凝土浇制,强度不应低于 C20,外形应规则光滑并配有橡胶片。

(3)混凝土灌斗应符合下列要求:

①应有足够的刚度,宜用 4～6mm 钢板制作;

②灌斗下部锥体夹角不宜大于 80°,与导管的连接应可靠;

③灌斗容量应能满足混凝土的初灌量要求(自拌混凝土)。

(4)混凝土开灌前隔水板应用钢丝挂于吊机吊钩上;待灌斗混凝土足量后,方可提升隔水板钢丝绳将混凝土灌至孔底。

(5)混凝土初灌量不应低于扩底部分顶部,自拌混凝土应能保证混凝土灌入后,导管埋入混凝土深度为 0.8～1.3m,导管内混凝土柱和管外稳定液柱压力平衡。

(6)混凝土灌注过程中,导管应始终埋在混凝土中,严禁将导管提出混凝土面。导管埋入混凝土面的深度宜为 3～10m,最小埋入深度不得小于 2m。导管应勤提勤拆,一次提管拆管不得超过 6m。

(7)混凝土灌制中应防止钢筋笼上拱。除严格控制混凝土工艺性能和钢筋笼的施工质量外,在灌注中混凝土面接近钢筋笼底端时,导管埋入混凝土面的深度宜保持在 3m,灌注速度应适当放慢;当混凝土面进入钢筋笼底端 1～2m 后,可适当提升导管。导管提升要平稳,避免出料冲击过大或钩带钢筋笼。

(8)混凝土灌注中应经常测定和控制混凝土面上升情况,当混凝土灌注达到规定标高时,应经测定确认符合要求方可停止灌注。

(9)混凝土实际灌注高度应比设计桩顶标高高出一定高度。高出的高度应根据桩长、地质条件和成孔工艺等因素来合理确定,其最小高度不宜小于桩长的 5%,且不应小于 2m,保证设计标高以下的混凝土符合设计要求。

13. 拔出导管和护筒

混凝土灌注完毕后应及时割断吊筋,拔出导管和护筒,清除孔口浆液和混凝土残浆。桩顶混凝土面低于自然地面高度的桩孔应回填和加盖。

六、AM 工法扩底灌注桩常遇问题、原因及处理方法

AM 工法扩底灌注桩常遇问题、原因及处理方法见表 5-9。

AM 工法扩底灌注桩常遇问题、原因及处理方法 表 5-9

常遇问题	主要原因	处理方法
孔壁坍塌	护筒埋设不当	将护筒底部埋入稳定土层
	稳定液在孔内的水位高度不够	使孔内稳定液高度高出地下水位 1m 以上
	重型施工机械振动导致地层失稳	尽量减少重型施工机械作业振动影响
	有强透水层漏水	选用比重、黏度大的稳定液
	施工安放钢筋笼碰撞孔壁	钢筋笼绑扎、吊装及定位等环节予以注意
	钻斗钻进速度过快	调整钻斗钻速，配备合理的稳定液
	钻斗升降时碰撞孔壁	调整钻斗外径与刀刃之间的距离
桩身缺陷	稳定液与混凝土的置换性不够好	选用与混凝土不相混合的稳定液
桩位偏斜	钻机安装不水平，钻杆不竖直	调平钻机，更换钻杆
	护筒埋设不垂直	调整护筒埋设，确保垂直
	遇地层中的障碍物或孤石	清除障碍物和孤石

七、AM 工法扩底灌注桩质量控制

1. AM 工法扩底灌注桩施工过程控制

(1)AM 扩底灌注桩成孔后应二次清孔，测量孔径、孔深、孔位、垂直度、沉渣厚度，并应符合设计要求，AM 扩底灌注桩检验除设计有规定外，应满足表 5-10 的要求。根据施工过程控制的重要性，分主控项目和一般控制项目。

AM 扩底灌注桩质量检验标准 表 5-10

项目	序号	检查项目	允许偏差或允许值		检查方法
			单位	数值	
主控项目	1	桩位	mm	100～150	基坑开挖前量护筒，开挖后量桩中心
	2	孔深	mm	+300	只深不浅，用重锤测，或测钻杆长度，嵌岩桩应确保进入设计要求的嵌岩深度
	3	混凝土强度	设计要求		试件报告或钻芯取样送检
	4	桩体质量检验	按基桩检测技术规范，如钻芯取样，大直径嵌岩桩应钻至桩尖下 500mm		按基桩检测技术规程
	5	承载力	按基桩检测技术规程		低应变动测、单桩静载荷试验等

续上表

项目	序号	检查项目	允许偏差或允许值		检查方法
			单位	数值	
一般控制项目	6	稳定液浓度	1.05～1.20g/cm^3		用比重计测，清孔后在距孔底 500mm 处取样
	7	稳定液标高（高于地下水位）	m	0.5～1.0	目测
	8	沉渣厚度	mm	≤100	用沉渣仪或重锤测量
	9	混凝土坍落度	180～220mm		坍落度仪
	10	钢筋笼安装深度	±100mm		用钢尺量
	11	混凝土充盈系数	>1.0		检查每根桩的实际灌注量
	12	桩顶标高	mm	+30	水准仪，需扣除桩顶浮浆层及劣质桩体
	13	垂直度	1%		测钻杆，或超声波探测，干施工时吊垂球
	14	桩径	±50mm		井径仪或超声波检测，干施工时用钢尺量
	15	扩底桩径	±100mm		井径仪检测，干施工时用钢尺量

（2）AM 扩底灌注桩钢筋笼制作允许偏差应符合表 5-11 的规定。

AM 扩底灌注桩钢筋笼制作允许偏差 表 5-11

项目	序号	检查项目	允许偏差或允许值	检查工作量		检查方法
				范围	点数	
主控项目	1	主筋间距	±10	每个构件	4	任意一个断面连续量取钢筋间（排）距取其平均值作为一点
	2	长度	±100		2	用钢尺量
一般项目	1	钢筋材质检验	设计要求		—	抽取送检
	2	箍筋间距	±20		5	连续量取 5 挡，取其平均
	3	同截面内受拉钢筋接头截面积占钢筋总面积	不大于 50%		—	观察
			—		—	
	4	保护层厚度	±5		8	用尺量
	5	直径	±10		—	用尺量

2. AM 工法扩底灌注桩质量检验

（1）工程桩应进行承载力检验。对于重要工程地基基础或地质条件复杂、成桩质量可靠性低的灌注桩，应采用静载荷试验的方法进行检验，检验桩数不应少于总数的 1%，且不应少于 3 根，当总桩数少于 50 根时，不应少于 2 根。桩身质量应进行现场检验，检验方法可采用钻芯法或声波透射法，抽检数量不宜少于总桩数的 10%，且不应少于 5 根。

（2）扩底桩应进行成孔孔径检测，检测桩数为总桩数的 100%，基桩施工完成后应打印完整的扩底施工记录。

(3)每根桩应做混凝土强度检测,每浇注 $50m^3$ 应有 1 组试件;小于 $50m^3$ 的桩,每根桩不少于 1 组试件。混凝土抗压强度应按 150mm 立方体的试件,在温度为 20℃±3℃及相对湿度不低于 90%的环境下养护 28d,做抗压试验时所测得的抗压强度、混凝土强度应符合各行业工程施工质量验收规范相关规定要求。

(4)水下混凝土坍落度宜为 180~220mm,在可能与水接触的最初灌注阶段坍落度可适当减小。每根桩应进行坍落度试验检验。

八、AM 工法应用实例

AM 工法——旋挖扩底灌注桩已经在上海地铁、青藏铁路、津京高速、民用建筑等诸多工程中得到应用,并取得良好的技术、经济效益。图 5-9～图 5-11 为实际工程应用照片,以下介绍两个典型的工程实例。

图 5-9 青藏铁路的旋挖扩底灌注桩施工

图 5-10 上海地铁旋挖扩底灌注桩施工

图 5-11 京津高速旋挖扩底灌注桩施工

实例一:上海某公司厂房工程

1. 工程概况

为研究旋挖等直径灌注桩和扩底灌注桩在承载力计算、荷载传递、桩身轴力及桩侧阻力、桩端阻力等方面的机理,在上海市某公司厂房工程中进行了等直径灌注桩与扩底灌注桩的原型对比静载荷试验,并试验至破坏,以此比较两种工法的技术、经济效益,并对试验成果进行分析。图 5-12为其旋挖扩底灌注现场图。

图 5-12 上海某厂房旋挖扩底灌注

2. 土层分布

根据该场地的勘察报告，其土层分布属上海市典型的正常地层分布区，浅部以滨海～浅海、河口相水平沉积的软弱黏性土为主，有第⑥层暗绿色硬土层分布，深部分布有第⑦层中密～密实砂层，是本工程的主要桩基持力层。土层主要物理力学性质参数见表5-12。

土层主要物理力学性质参数表 表5-12

土层序号	土层名称	层底标高(m)	w (%)	γ (kN/m³)	e	I_p	c (kPa)	φ (°)	静探 p_s (MPa)	标贯(击)
①	填土	1.61								
$②_1$	粉质黏土	1.01	28.5	19.1	0.65	14	25	22.5	0.89	
$②_2$	黏土	−0.99	36.9	18.1	0.88	18	18	19.5	0.61	
③	淤泥质粉质黏土	−6.29	42.1	17.2	1.12	12	11	12.8	0.36	
$⑤_{1\text{-}1}$	黏土	−18.25	43.2	16.8	1.13	20	11	12.0	0.73	
$⑤_{1\text{-}2}$	粉质黏土	−21.19	38.7	18.2	0.95	15	13	16.0	1.09	
⑥	粉质黏土	−24.09	26.4	19.5	0.61	14	43	21.6	2.53	12
$⑦_1$	砂质粉土	−31.69	30.1	18.7	0.78		2	30.5	7.68	28
$⑦_2$	粉砂	未穿	28.4	19.0	0.71		0	32.6	12.55	47

3. 试验桩设计及施工参数

试验桩设计及施工参数见表5-13。

试验桩设计及施工参数表 表5-13

桩号	桩类型	桩径(mm)	桩长(m)	扩底直径(mm)	持力层	桩底标高(m)	混凝土强度等级	孔底沉渣(cm)	充盈系数	试桩休止期(d)
2号	钻孔灌注桩	1 000	36.5	无扩底	$⑦_2$	−32.80	C35	6	1.27	75
5号	钻孔灌注桩	1 000	37.4	扩底至1 800	$⑦_2$	−34.04	C35	5	1.26	69
6号	钻孔灌注桩	1 000	37.4	扩底至1 800	$⑦_2$	−34.04	C35	5	1.26	69

试验时为测定沿桩身的应力分布，在2号和5号试桩分别埋设钢筋应力计，每根桩设置4～5个量测截面，每一个截面设3个钢筋应力计，呈120°布置，其中第一个量测截面用作混凝土应力应变关系的基准截面，各埋设截面标高见表5-14。

钢筋应力计埋设位置表 表5-14

桩截面编号	标 高 (m)			
	2号桩(不扩底)	应力计个数	5号桩(扩底)	应力计个数
1-1′	+1.2	3	+1.2	3
2-2′	−20.6	3	−20.6	3
3-3′	−23.4	3	−23.4	3
4-4′	−32.8	3	−30.8	3
5-5′			−32.8	3
合计		12		15

4. 静载荷试验成果

试验采用慢速荷载维持法，逐级加载直至破坏。试验成果见表 5-15。

各试桩静载荷试验结果一览表 表 5-15

桩 号	桩型及工艺	最大加载量（kN）	最大沉降量（mm）	残余沉降量（mm）	回弹率（%）	单桩竖向抗压极限承载力标准值（kN）
2 号	钻孔灌注桩（无扩径）	5 920	201. 80	195. 20	6. 6	5 180
5 号	钻孔灌注桩（有扩径）	10 870	120. 45	103. 98	16. 47	8 060
6 号	钻孔灌注桩（有扩径）	8 750	112. 76	104. 16	8. 6	7 500

试验桩 2 号及 5 号的 Q-s 曲线见图 5-13～图 5-15。

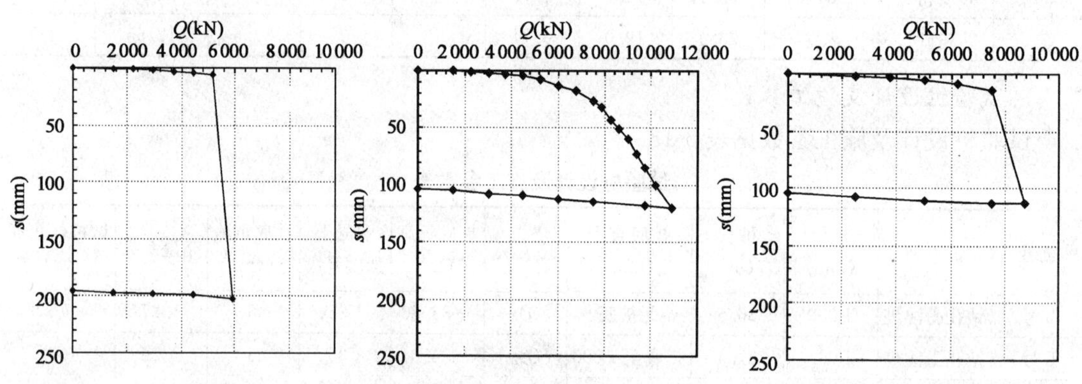

图 5-13 2 号试桩的 Q-s 曲线　图 5-14 5 号试桩的 Q-s 曲线　图 5-15 6 号试桩的 Q-s 曲线

静载荷试验结果：

2 号桩加载至 5 180kN，Q-s 曲线平缓，s-lgt 曲线平直，累计沉降量仅 5. 73mm；加载至 5 920kN，荷载维持 90min，沉降量急剧增加，累计达 201. 80mm，s-lgt 曲线明显向下弯曲。说明在 5 920kN 荷载作用下，桩周土达到破坏状态，该桩的单桩极限承载力为 5 180kN。

5 号桩加载至 6 750kN，Q-s 曲线平缓，s-lgt 曲线平直，累计沉降量较小（为 14. 81mm），加载至 7 500kN，荷载本级沉降量增加较明显（为上级的 2. 5 倍），从 7 500～10 875kN，均需要约 20mm 的沉降量后才达到稳定，s-lgt 曲线较平直；整个 Q-s 曲线呈缓变形，取总沉降量为 40mm 所对应的荷载为该桩的单桩极限承载力，为 8 060kN。

6 号桩加载至 7 500kN，Q-s 曲线平缓，s-lgt 曲线平直，累计沉降量较小（为 13. 86mm），加载至 8 750kN，荷载维持 30min，沉降量急剧增加，累计达 112. 76mm，s-lgt 曲线明显向下弯曲。说明在 8 750kN 荷载作用下，桩周土达到破坏状态，该桩的单桩极限承载力为 7 500kN。

5. 荷载传递试验成果

1)试验假定

(1)同一截面钢筋与混凝土的变形协调,即钢筋与混凝土的应变相等。

(2)桩身混凝土质量是均匀的,即桩身各处混凝土具有相同的应力应变关系。

(3)1-1′截面所受轴力与静载荷试验的荷载相同。

2)试验数据处理

(1)根据钢筋应力计的标定曲线计算各截面在各级荷载下的钢筋轴力 p_s(取均值),并换算成相应的应变 ε_s:

$$\varepsilon_s=\frac{p_s}{A_s \cdot E_s} \tag{5-1}$$

式中:A_s——钢筋应力计的截面积,m^2;

E_s——钢筋应力计的弹性模量,MPa。

(2)根据假定(3)计算出 1-1′截面混凝土的应力应变关系,并作为桩身任一处的应力应变关系。

(3)由应变和应力应变的关系计算出各截面的桩身轴力。

(4)由各截面的轴力计算桩侧摩阻力 f_s:

$$f_s=\frac{\Delta P}{A_{侧}} \tag{5-2}$$

式中:ΔP——相邻截面间的轴力差,kN;

$A_{侧}$——相邻截面间的侧面积,m^2。

(5)由各截面的轴力、桩顶沉降量估算各截面间的平均沉降量。

(6)绘制桩身轴力—深度曲线、桩侧摩阻力—沉降曲线及桩端阻力(最后一个截面的轴力)—沉降曲线。

3)荷载传递试验结果

各级荷载作用下,试桩轴力 Q 与深度 Z 的关系曲线见图 5-16 和图 5-17。

各级荷载作用下桩侧摩阻力、截面沉降结果见表 5-16 和表 5-17。

2 号试桩在各级荷载作用下的桩侧摩阻力、截面沉降结果一览表 表 5-16

截面侧摩阻力和沉降		各级试验荷载值(kN)						
		1 480	2 220	2 960	3 700	4 440	5 180	5 920
桩顶	沉降(mm)	1.0	1.6	2.3	3.3	4.2	5.7	201.8
1-2 截面 (0～23.8)	摩阻力(kPa)	11.6	17.4	22.9	28.2	33.5	38.4	35.8
	沉降(mm)	0.6	1.0	1.6	2.4	3.2	4.5	200.7
2-3 截面 (23.8～26.6)	摩阻力(kPa)	11.0	16.0	19.7	26.5	27.3	26.0	17.4
	沉降(mm)	0.3	0.4	0.8	1.5	2.1	3.3	199.5
3-4 截面 (26.6～36.0)	摩阻力(kPa)	13.1	20.3	28.6	37.8	46.2	55.8	67.7
	沉降(mm)	0.1	0.2	0.6	1.1	1.6	2.7	198.8

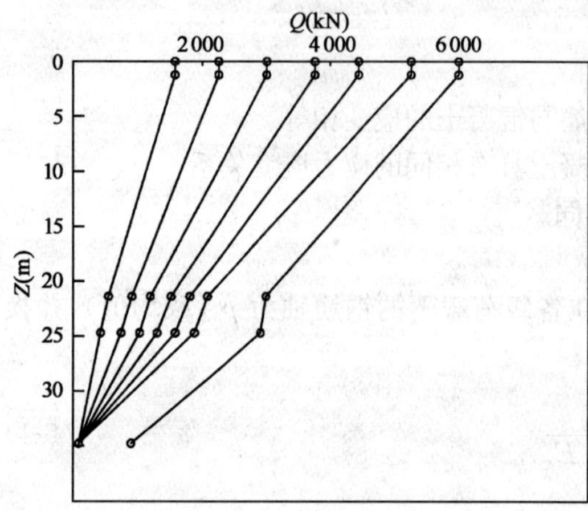

图 5-16　2 号试桩轴力 Q 与深度 Z 的关系曲线

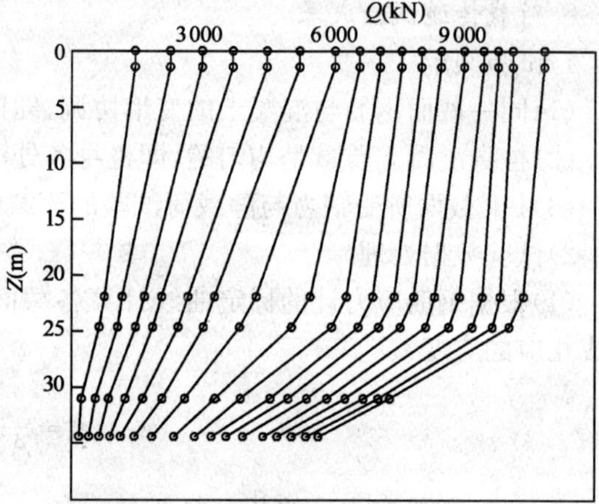

图 5-17　5 号试桩轴力 Q 与深度 Z 的关系曲线

5 号试桩在各级荷载作用下的桩侧摩阻力、截面沉降结果一览表　　表 5-17

截面侧摩阻力和沉降		各级试验荷载值(kN)						
		1 500	2 250	3 000	3 750	4 500	5 250	6 000
桩顶	沉降(mm)	1.7	2.6	3.5	4.5	5.7	7.1	10.0
1-2 截面 (0～23.8)	摩阻力(kPa)	12.4	17.1	22.2	25.9	28.4	30.7	29.7
	沉降(mm)	1.1	1.7	2.4	3.3	4.4	5.6	8.6
2-3 截面 (23.8～26.6)	摩阻力(kPa)	9.7	21.2	31.0	40.4	48.0	50.9	54.5
	沉降(mm)	0.5	0.9	1.4	2.0	3.0	4.1	7.1
3-4 截面 (26.6～34.0)	摩阻力(kPa)	10.7	18.6	28.1	42.2	58.7	75.3	98.9
	沉降(mm)	0.4	0.8	1.2	1.8	2.7	3.7	6.6
4-5 截面 (34.0～36.0)	摩阻力(kPa)	15.9	23.5	26.4	33.4	42.1	55.3	72.5
	沉降(mm)	0.4	0.7	1.1	1.6	2.4	3.4	6.2
截面侧摩阻力和沉降		各级试验荷载值(kN)						
		6 750	7 500	8 250	9 000	9 750	10 125	10 875
桩顶	沉降(mm)	14.8	26.9	45.8	68.9	95.7	104.0	120.5
1-2 截面 (0～23.8)	摩阻力(kPa)	25.2	18.0	10.3	5.7	3.8	5.1	8.1
	沉降(mm)	13.6	26.0	45.3	68.6	95.5	103.7	120.0
2-3 截面 (23.8～26.6)	摩阻力(kPa)	63.4	49.3	43.6	39.0	43.2	53.9	77.8
	沉降(mm)	12.3	25.1	44.8	68.3	95.3	103.4	119.5
3-4 截面 (26.6～34.0)	摩阻力(kPa)	127.0	160.4	183.7	185.2	174.1	166.3	140.8
	沉降(mm)	11.7	24.4	43.9	67.4	94.5	102.6	118.8
4-5 截面 (34.0～36.0)	摩阻力(kPa)	101.0	141.3	161.3	182.8	179.5	163.4	108.5
	沉降(mm)	11.1	23.6	43.0	66.5	93.6	101.8	118.1

6. 静载荷及荷载传递试验成果分析

(1)从桩顶荷载与桩身轴力关系曲线分析，桩顶受竖向荷载后，桩身压缩而向下位移，桩侧受到土的向上摩阻力，桩顶荷载通过发挥出来的摩阻力传递到桩周土层中，从而使桩身轴力随深度递减，且荷载的传递深度也逐渐加深。

(2)由桩侧摩阻力与截面沉降关系分析，随着桩顶荷载增加，桩身变形增加，桩土间相对位移量增加，桩侧摩阻力逐渐发挥。在桩侧沉降达到几毫米至十几毫米时桩侧摩阻力迅速达到最大或较大的水平；随沉降的增加，部分截面间桩侧摩阻力有所增加；部分截面间桩侧摩阻力则有所下降，但增加或下降的速率明显降低。

(3)从桩端阻力与截面沉降关系分析，在最初几毫米的沉降时，桩端阻力仅发挥出很小一部分，随着沉降的增加桩端阻力才逐渐增加；只有到桩端沉降达到 100mm 以上时，桩端阻力才得到较充分的发挥。初步分析，桩端阻力的发挥及应力分担见表 5-18。

桩端阻力发挥及应力分担表　　表 5-18

桩　号	桩型及工艺	最大加载量(kN)	最大桩端阻力(kN)	相应沉降量(mm)	桩端应力分担比
2 号	钻孔灌注桩(无扩径)	5 920	789	198.8	13.3%
5 号	钻孔灌注桩(有扩径)	10 870	5 163	118.1	47.5%

实例二：天津小白楼音乐厅及地下开发工程

1. 工程概况

天津市小白楼音乐厅及地下开发工程位于天津市和平区小白楼建设路与南京路所夹地块内，为地上 2～3 层、地下 2 层框架结构，框架跨度为 8.4m×8.4m，底板底标高程为－14.00m(±0.0＝3.62m，为大沽标高)，埋深在 13.5m 左右。由于基坑开挖深度大，周边环境复杂，保护建筑、管线众多，场地狭小，本工程采用盖挖逆作法，逆作竖向钢管柱支撑作为永久结构柱使用，施工方法决定了本工程桩型只能选择灌注桩，对钢管混凝土柱进行单柱单桩支撑，并作为使用阶段的抗拔桩。地下室平面布置如图 5-18 所示。

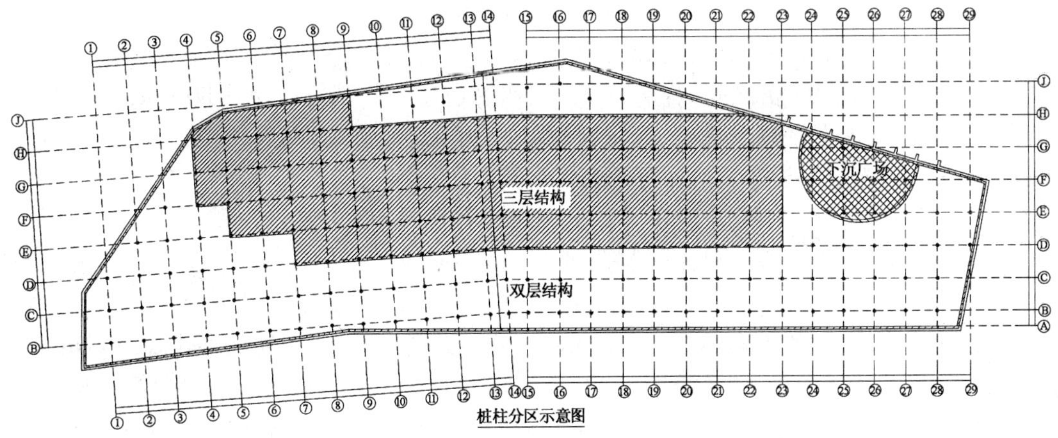

图 5-18　地下室平面布置图

本工程为重点工程，因此对桩基承载力及变形安全性要求严格。桩基承载力要求如表 5-19 所示。

建筑物桩基承载力要求 表 5-19

建筑物	桩顶压力设计值 N_{dmax}(kN)	桩顶拔力设计值 N'_{dmax}(kN)	单桩抗压承载力极限值 R_{kmax}(kN)	单桩抗拔承载力极限值 R'_{kmax}(kN)
双层结构	8 264.6	6 117.8	13 223	9 788
三层结构	7 259.8	7 382.1	11 616	11 811
下沉广场	6 298.7	9 165.9	10 078	14 665

从表 5-19 可知，上部结构对桩基承载力要求较高，其中双层结构以抗压承载力控制，三层结构以抗拔承载力控制。

根据设计单位提供的资料，地下二层立柱 Z1 为 $\phi800\times16$ 钢管混凝土柱，Z2 为 $\phi600\times16$ 钢管混凝土柱，因此在桩径选择方面应满足立柱插入灌注桩施工倾斜精度要求(1/150)，一般不宜小于 1 500mm。

2.地质条件及桩基设计参数

根据本工程勘察报告，场地内地貌类型属河流中下游冲积海积平原，70m 深度范围内主要分布黏性土、粉性土和粉砂，除个别地层略有起伏外，土层分布较为均匀，典型地质剖面如图 5-19 所示。

本工程施工阶段为抗压桩，使用阶段为抗拔桩，根据本工程地质情况，在埋深 70m 范围内有 5 个土质较好、强度较高、水平方向分布较稳定的土层，可考虑作为本次盖挖逆作法的立柱桩持力层。

在埋深 25～30m 间普遍分布第⑥层粉土、粉砂层，土质均匀，标贯击数算术平均值为 54.7 击，土性极好，但由于埋深较浅，在基础埋深较大情况下，桩有效长度小，一般长度仅 15m，难以满足承载力要求，尤其是使用阶段的抗拔承载力要求。但可以通过该层局部扩径，利用其土性的高强度低压缩性特点，以提高单桩抗压和抗拔承载力，并可有效控制单桩的变形。

第$⑦_d$ 层粉土土性较好，标贯击数大于 50 击，第$⑦_e$ 层粉质黏土天然孔隙率较低，为 0.69，标贯击数一般在 18～19 击之间，若采用该两层作为逆作法桩基持力层，则在满足承载力和沉降要求的情况下，能有效减少桩长，经济性较好。本场地局部场地分布有第$⑦_f$ 层粉土，标贯击数大于 50 击，若层厚超过 5m，亦可考虑作为持力层。

第$⑧_b$ 层粉质黏土和第$⑨_a$ 层粉质黏土不论在孔隙率(0.62 和 0.62)还是标贯击数(20 击和 21.6 击)，均较上述$⑦_d$ 和$⑦_e$ 层好，埋深较大，土层分布稳定，可联合作为本次桩基持力层。

故设计以第$⑦_d$ 层粉土和第$⑦_e$ 层粉质黏土为持力层，进入持力层深度 1～3m，同时应保证桩端下硬土层厚度在 3m 左右，使桩间差异沉降控制在 20mm 以内。由于上部结构钢管混凝土柱直径为 800mm，为防止桩位定位误差造成钢管柱偏位，无法支撑或大偏心支撑于桩身上，楼盖梁无法施工。根据以往经验，设计桩直径采用 1 500mm。

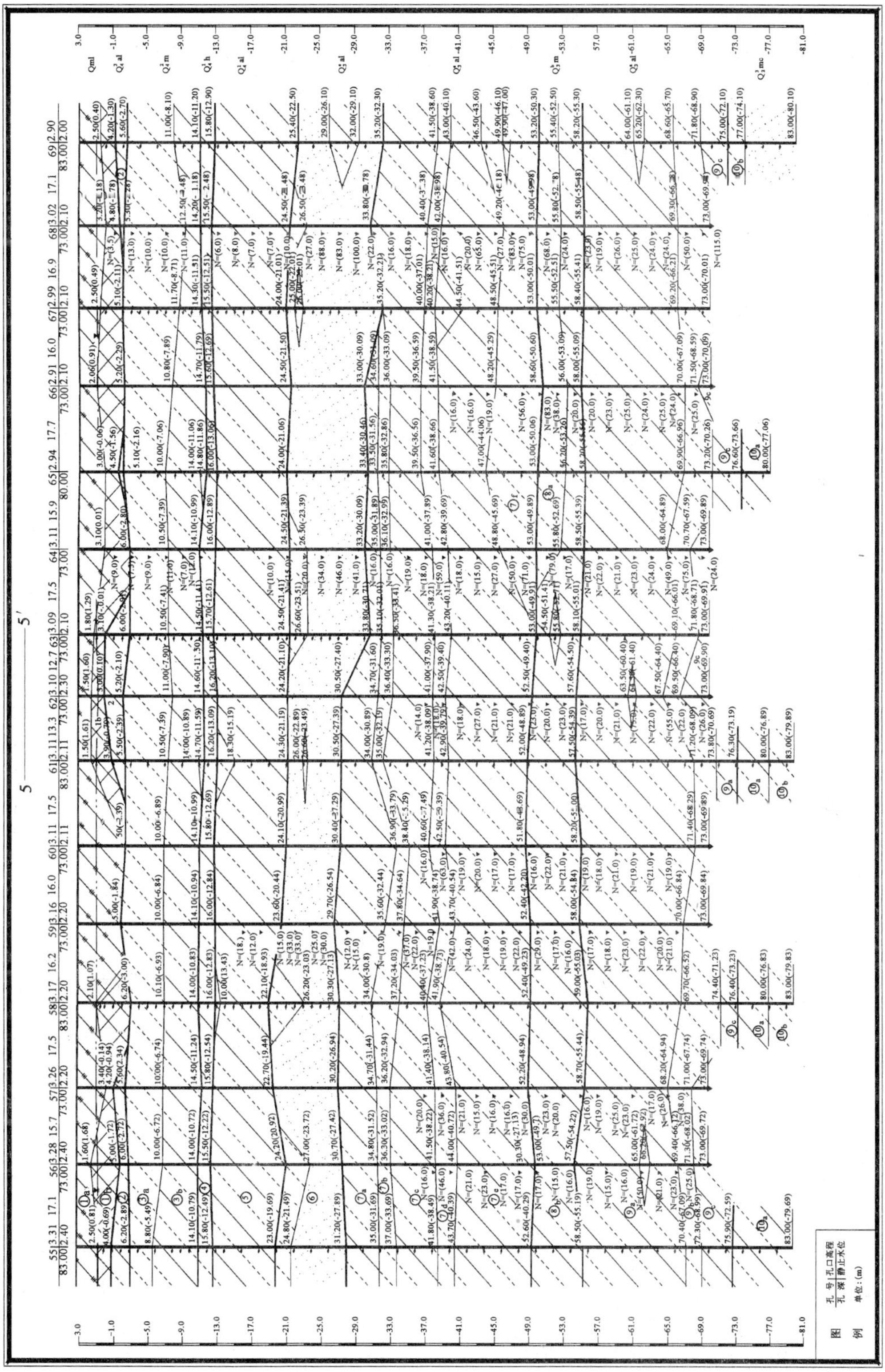

图5-19 典型地质剖面图

对于本工程而言，若采用常规钻孔灌注桩（桩径 1 500mm），由于基坑埋深比较大（13.5m），桩需穿越砂性土层，钻进速度较慢，侧向应力减少，易造成孔壁坍塌，不论正反循环方法均难以将粗颗粒沉渣清除等，且由于桩径大，径向应力拱效应减小，往往容易造成大直径钻孔灌注桩承载力偏低。而旋挖灌注桩在继承了钻孔灌注桩优点的同时，避免了钻孔灌注桩在单位体积混凝土承载力低、施工速度慢、质量难以保证等缺点，对于类似逆作法工程，对单桩承载力及沉降要求均较高时，是较优的选择。若同时采用扩孔机械，在保证施工质量以及施工速度的前提下，则可进一步提高单桩承载力。尤其当使用阶段以抗拔为主，扩大端部使桩土间产生端阻力，应力以倒梨形向扩大端两侧扩散，改善桩身抗拔性能，提高了单桩抗拔承载力。综合考虑各方面因素，最终选择 AM 旋挖扩底灌注桩工艺。

根据本工程勘察报告成果，结合标准贯入试验成果，确定桩侧摩阻力特征值 q_s 与端阻力特征值 q_p，见表 5-20。

桩侧摩阻力特征值 q_s 与桩端阻力特征值 q_p 表 5-20

层　序	土　名	标贯击数 $N_{63.5}$	按勘察报告参数	
			q_s(kPa)	q_p(kPa)
①a	填土		15	
①b	素填土	5.8	20	
②	粉质黏土	6.8	43	
③a	粉土	10.8	46	
③b	粉质黏土	6.2	32	
④	粉质黏土	7.3	45	
⑤	粉质黏土	10.1	53	
⑥	粉土粉砂	54.7	75	900
⑦a	粉质黏土、黏土	17.4	55	
⑦b	粉土	53.1	73	
⑦c	粉质黏土	17.9	56	550
⑦d	粉土	50.3	73	
⑦e	粉质黏土	19.8	54	600
⑦f	粉土	57.1	70	
⑧a	粉土	68.3	70	
⑧b	粉质黏土	20.0	53	650
⑨a	粉质黏土、黏土	21.6	60	800

按照勘察报告参数及按原位测试成果确定参数，计算单桩承载力及设计桩型见表 5-21～表 5-24。

设计桩型一览表　　　　表 5-21

区域	参照孔	建议采用桩型	建议桩长(m)	持力层	桩顶标高(m)	桩端标高(m)	单桩承载力极限值 R_k(kN)	单桩抗拔承载力设计值 R_d(kN)
双层结构	43	ϕ1 500 扩底至 2 500 扩径标高：−22.00 −39.38	29.0	⑦$_d$		−39.38	14 525	8 125
三层结构	37	ϕ1 500 扩底至 2 500 扩径标高：−24.00 −37.38	27.0	⑦$_d$	−10.38	−37.38	13 125	7 970
下沉广场	13	ϕ1 500 扩底至 2 500 扩径标高：−25.00 −50.38	40.0	⑦$_f$		−50.38	12 965	9 600

注：孔号位置参照勘察报告。

3. 现场施工情况及静载荷试验

工程于 2006 年 3 月开始施工试桩，共施工试桩 3 根，同年 4 月开始进行静载荷试验，试验时考虑节省试桩费用，试桩在竖向抗压试验后进行竖向抗拔试验，现场施工情况见图 5-20。

图 5-20　现场施工图

静载荷试验曲线见图 5-21～图 5-25。

由图 5-21～图 5-25 可见，AM 工法灌注桩竖向抗压承载力满足设计要求。由于在抗压试验后进行竖向抗拔试验，土体经过重塑，桩侧土体已产生较大滑移，影响竖向抗拔承载力发挥，但基本满足设计要求。

4. 经济性对比

按照常规设计与 AM 工法桩设计经济性对比如表 5-25。

从表 5-25 可见，采用 AM 工法桩可有效降低混凝土使用量和工程造价。

九、结语

AM 工法(可视旋挖扩底灌注桩)施工技术进行桩基施工，具有地质适应性强，且不受施工场地限制，具有速度快、质量高、成本低、无噪声、无振动、不出泥浆、原始土外运、减少环境污染等优点，是一种符合节能减排可持续发展要求的桩基础施工技术。

AM 工法全液压扩底灌注桩在上海、天津和西藏等地得到成功应用，实践证明，该工法对饱和软黏土及中硬土层地区沉桩较为适用，适用范围广。

AM 工法在持力层为中密以上砂土层或其他坚硬土层，在相同桩身直径情况下，扩底灌注桩的单桩承载力可提高 30%以上，可有效减少布桩数量，技术经济效益突出。

双层结构土层参数及桩基设计表　　表 5-22

层次	土层名称	地质符号	层底深度(m)	土层厚度(m)
①a	填土		0.70	0.70
①b	素填土		3.50	2.80
②	粉质黏土		6.00	2.50
③a	粉土		10.00	4.00
③b	粉质黏土		14.30	4.30
④	粉质黏土		15.60	1.30
⑤	粉质黏土		22.60	7.00
⑥	粉质粉砂		29.80	7.20
⑦a	粉质黏土、黏土		34.00	4.20
⑦b	粉土		37.80	3.80
⑦c	粉质黏土		41.40	3.60
⑦d	粉土		43.40	2.00
⑦e	粉质黏土		51.80	8.40
⑧b	粉质黏土		57.50	5.70
⑨a	粉质黏土、黏土		69.00	11.50
⑨b	粉土		71.00	2.00
⑨c	粉质黏土		73.00	2.00
⑨c	粉质黏土		80.00	7.00

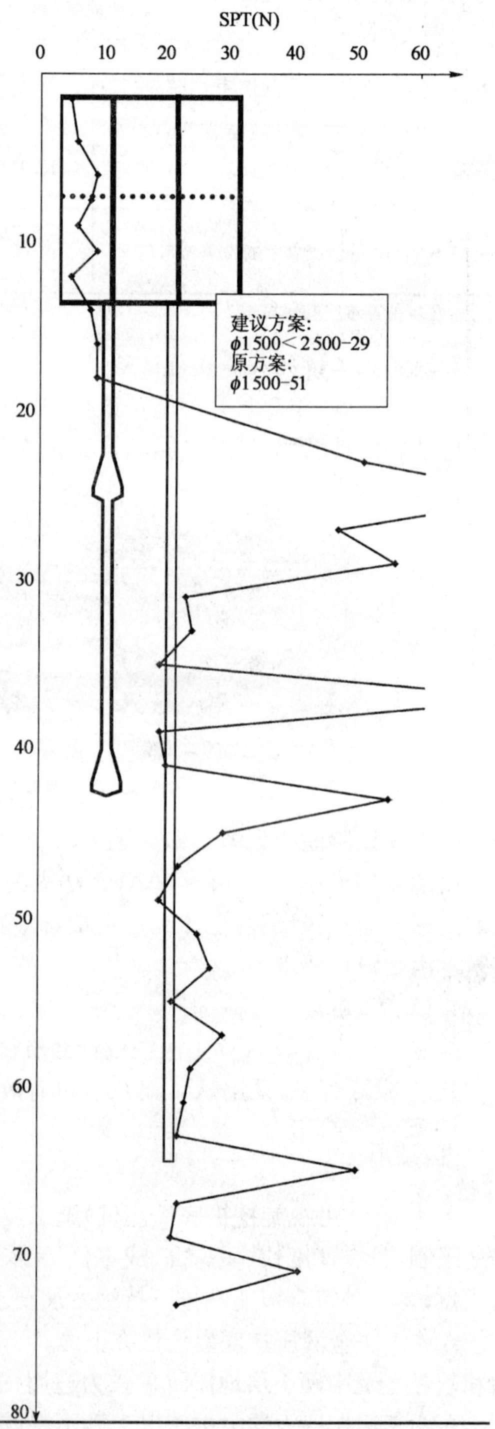

三层结构土层参数及桩基设计表 表 5-23

层次	土层名称	地质符号	层底深度(m)	土层厚度(m)
①a	填土		0.60	0.60
①b	素填土		2.70	2.10
②	粉质黏土		5.50	2.80
③a	粉土		11.00	5.50
③b	粉质黏土		14.00	3.00
④	粉质黏土		15.80	1.80
⑤	粉质黏土		23.00	7.20
⑥	粉土粉砂		36.30	13.30
⑦c	粉质黏土		39.50	3.20
⑦d	粉土		42.00	2.50
⑦e	粉质黏土		47.00	5.00
⑦f	粉土		52.00	5.00
⑧a	粉土		55.10	3.10
⑧b	粉质黏土		57.80	2.70
⑨a	粉质黏土、黏土		69.20	11.40
⑨b	粉土		73.00	3.80
⑨c	粉质黏土		80.00	7.00

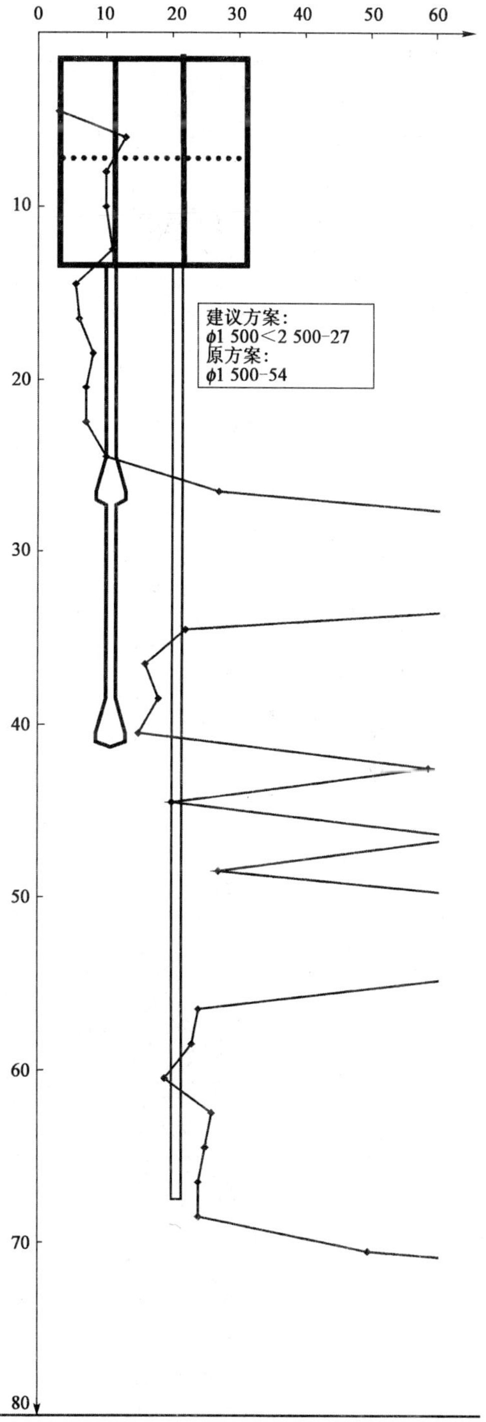

下沉广场土层参数及桩基设计表 表 5-24

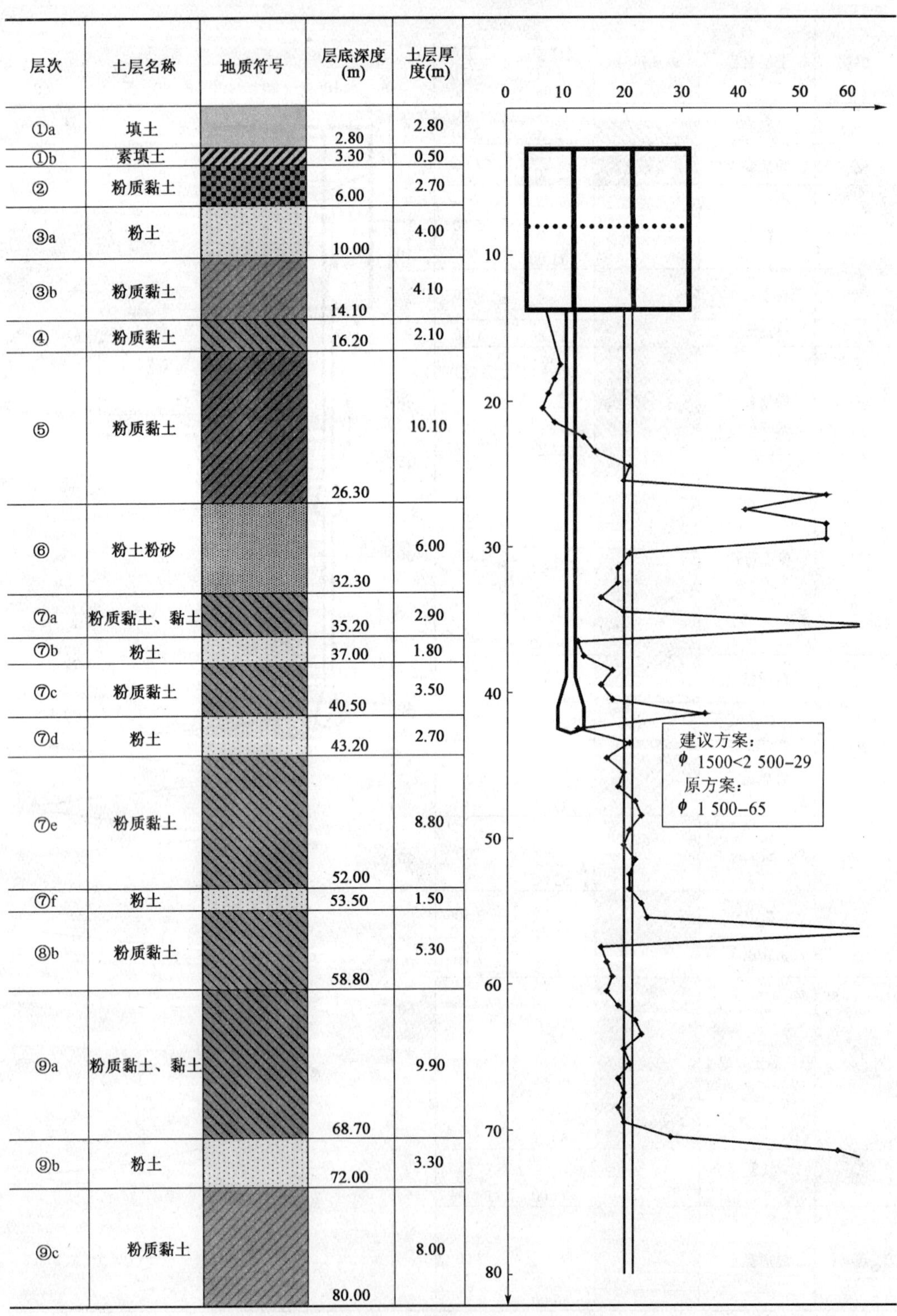

层次	土层名称	地质符号	层底深度(m)	土层厚度(m)
①a	填土		2.80	2.80
①b	素填土		3.30	0.50
②	粉质黏土		6.00	2.70
③a	粉土		10.00	4.00
③b	粉质黏土		14.10	4.10
④	粉质黏土		16.20	2.10
⑤	粉质黏土		26.30	10.10
⑥	粉土粉砂		32.30	6.00
⑦a	粉质黏土、黏土		35.20	2.90
⑦b	粉土		37.00	1.80
⑦c	粉质黏土		40.50	3.50
⑦d	粉土		43.20	2.70
⑦e	粉质黏土		52.00	8.80
⑦f	粉土		53.50	1.50
⑧b	粉质黏土		58.80	5.30
⑨a	粉质黏土、黏土		68.70	9.90
⑨b	粉土		72.00	3.30
⑨c	粉质黏土		80.00	8.00

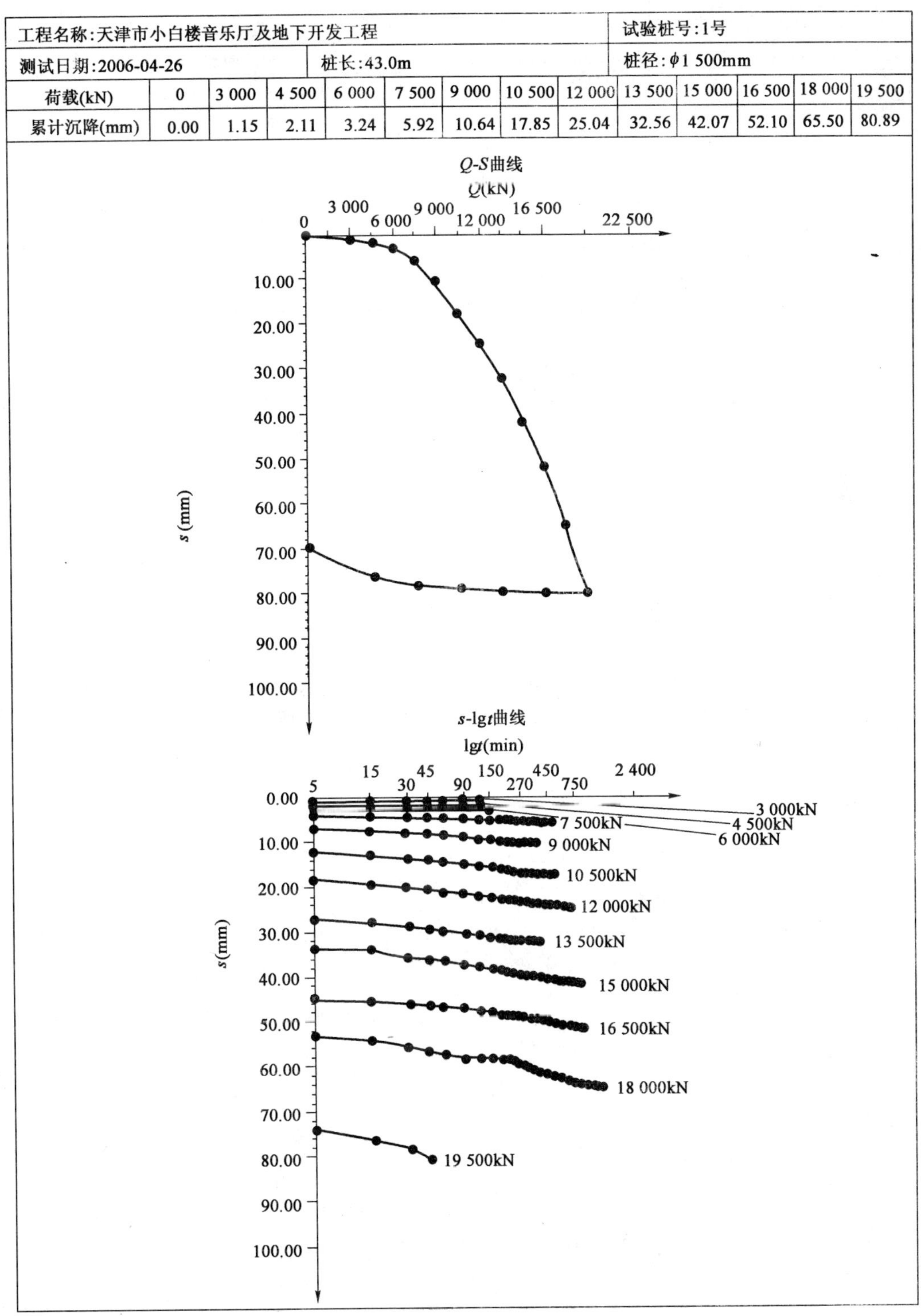

工程名称:天津市小白楼音乐厅及地下开发工程									试验桩号:1号				
测试日期:2006-04-26				桩长:43.0m					桩径:ϕ1 500mm				
荷载(kN)	0	3 000	4 500	6 000	7 500	9 000	10 500	12 000	13 500	15 000	16 500	18 000	19 500
累计沉降(mm)	0.00	1.15	2.11	3.24	5.92	10.64	17.85	25.04	32.56	42.07	52.10	65.50	80.89

图 5-21　静载荷试验曲线

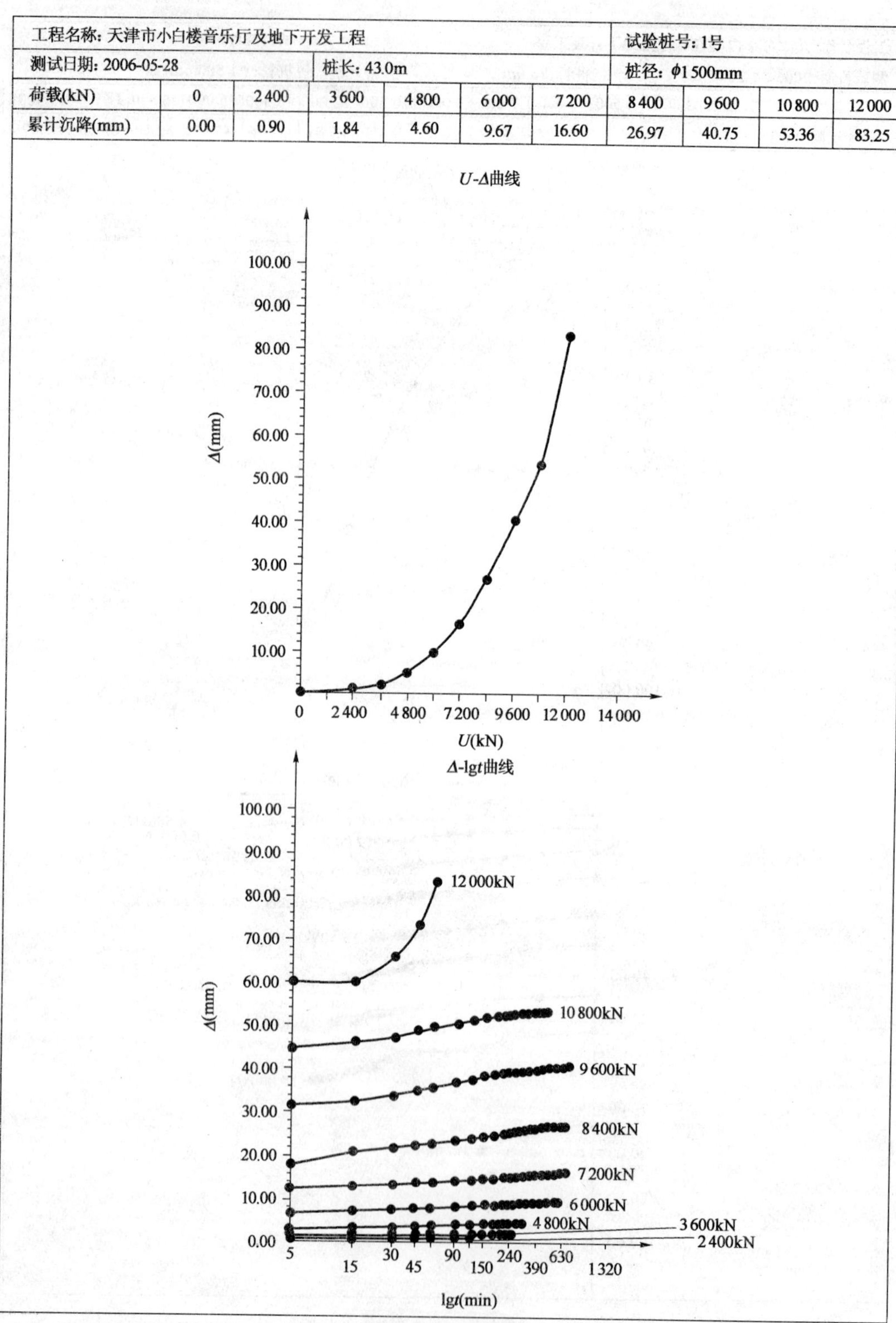

工程名称：天津市小白楼音乐厅及地下开发工程								试验桩号：1号		
测试日期：2006-05-28			桩长：43.0m					桩径：ϕ1 500mm		
荷载(kN)	0	2 400	3 600	4 800	6 000	7 200	8 400	9 600	10 800	12 000
累计沉降(mm)	0.00	0.90	1.84	4.60	9.67	16.60	26.97	40.75	53.36	83.25

图 5-22　静载荷试验曲线

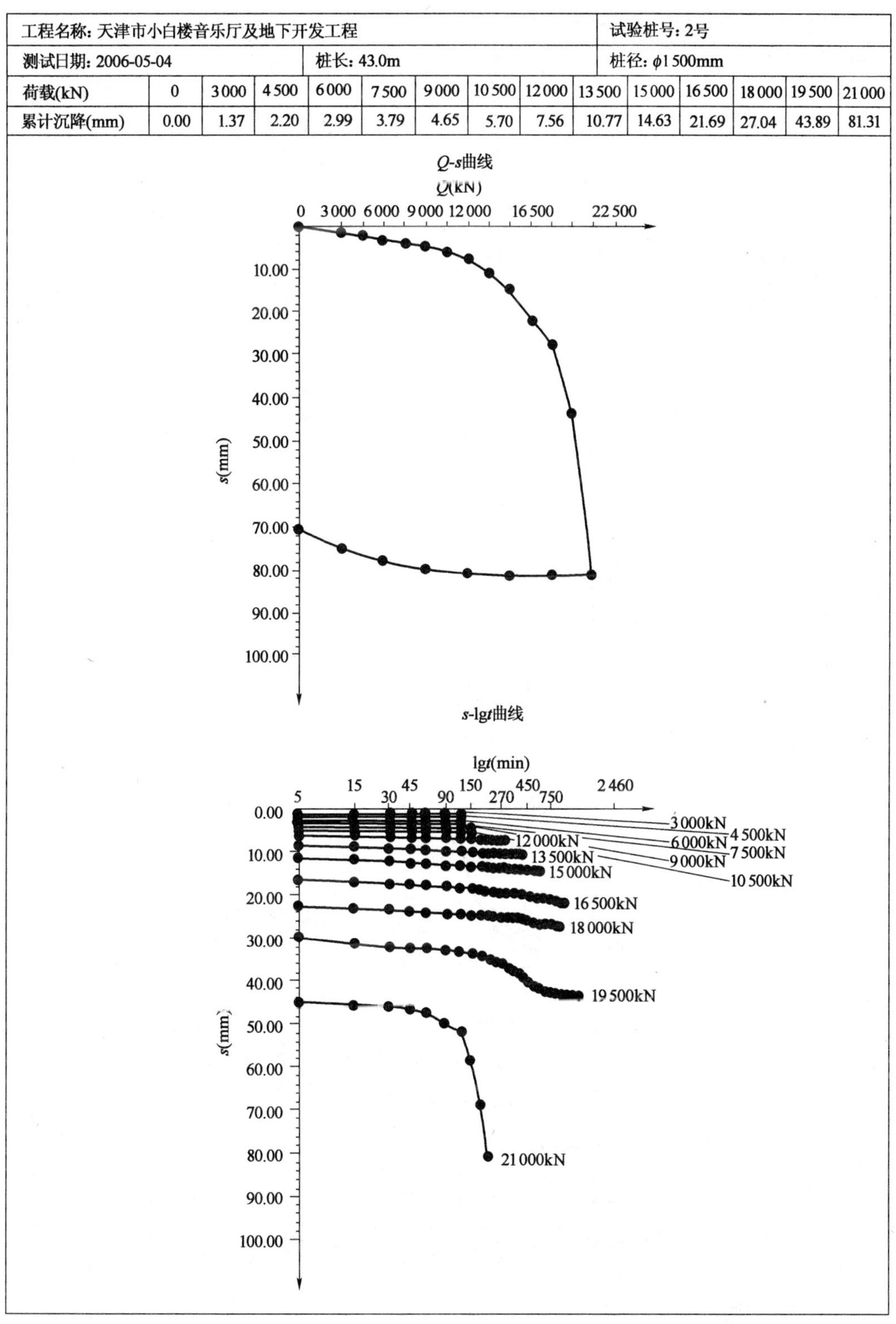

工程名称：天津市小白楼音乐厅及地下开发工程										试验桩号：2号				
测试日期：2006-05-04					桩长：43.0m					桩径：ϕ1 500mm				
荷载(kN)	0	3 000	4 500	6 000	7 500	9 000	10 500	12 000	13 500	15 000	16 500	18 000	19 500	21 000
累计沉降(mm)	0.00	1.37	2.20	2.99	3.79	4.65	5.70	7.56	10.77	14.63	21.69	27.04	43.89	81.31

图 5-23 静载荷试验曲线

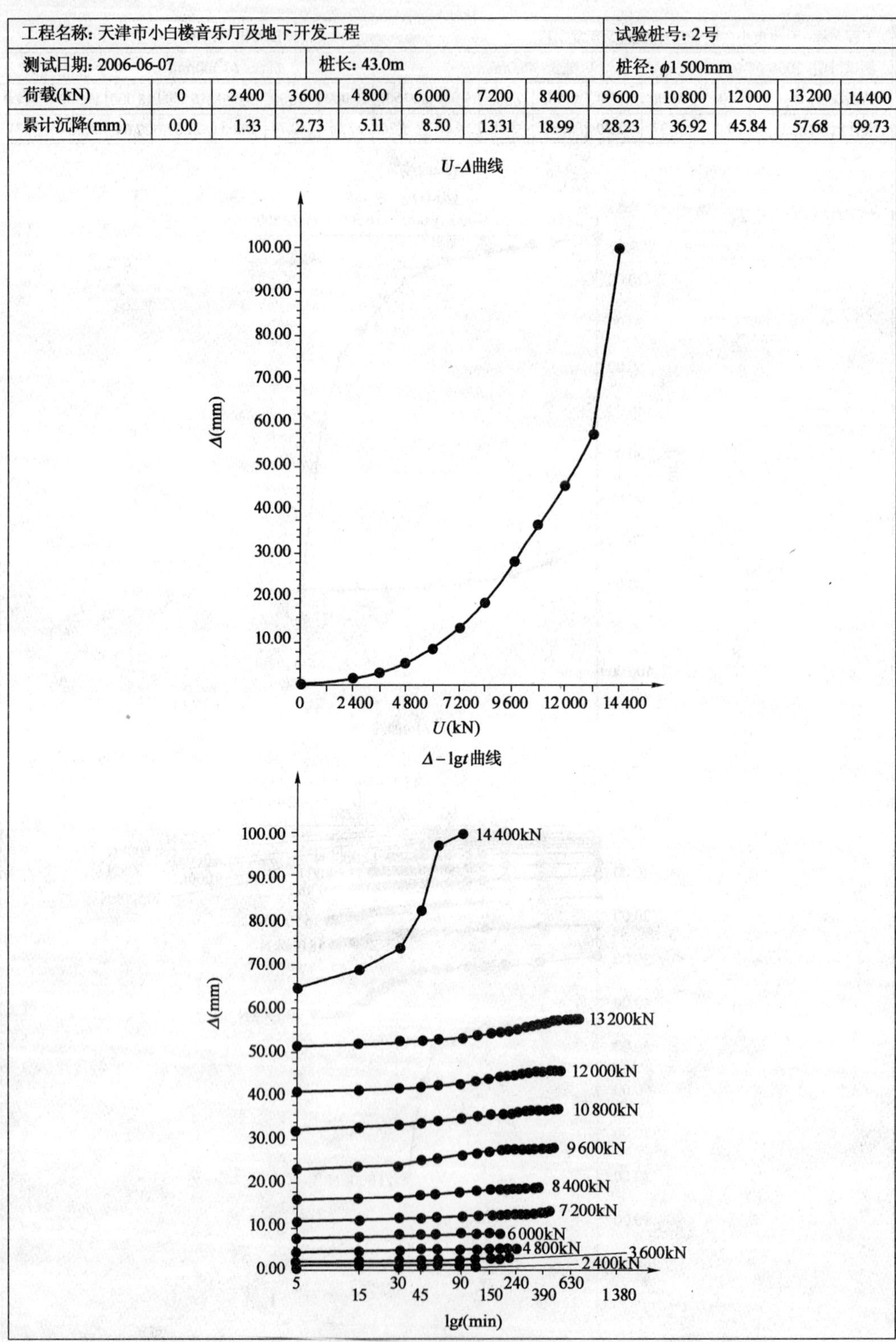

工程名称：天津市小白楼音乐厅及地下开发工程										试验桩号：2号		
测试日期：2006-06-07				桩长：43.0m						桩径：ϕ1 500mm		
荷载(kN)	0	2 400	3 600	4 800	6 000	7 200	8 400	9 600	10 800	12 000	13 200	14 400
累计沉降(mm)	0.00	1.33	2.73	5.11	8.50	13.31	18.99	28.23	36.92	45.84	57.68	99.73

图 5-24　静载荷试验曲线

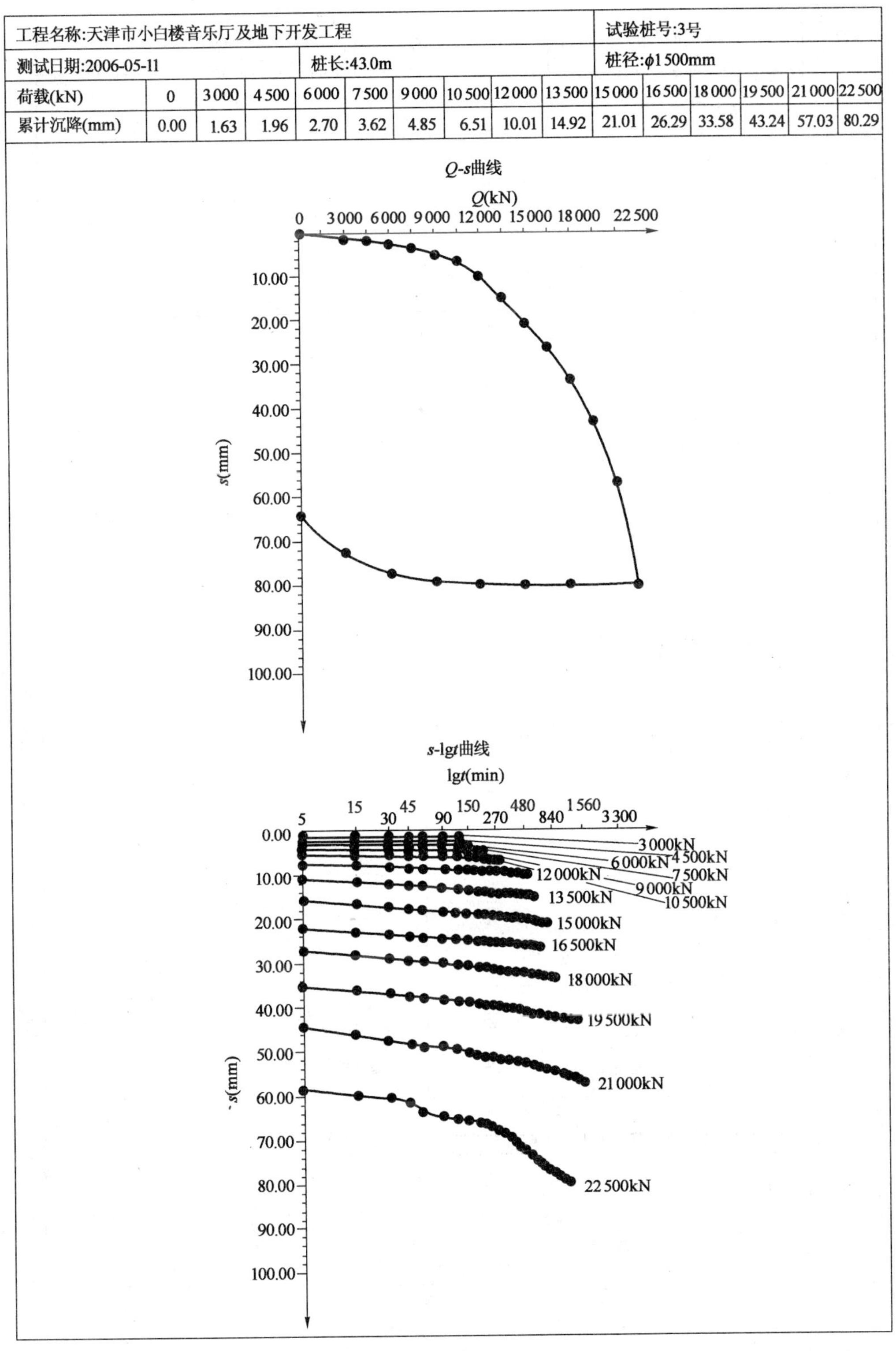

工程名称:天津市小白楼音乐厅及地下开发工程															试验桩号:3号
测试日期:2006-05-11				桩长:43.0m											桩径:ϕ1 500mm
荷载(kN)	0	3 000	4 500	6 000	7 500	9 000	10 500	12 000	13 500	15 000	16 500	18 000	19 500	21 000	22 500
累计沉降(mm)	0.00	1.63	1.96	2.70	3.62	4.85	6.51	10.01	14.92	21.01	26.29	33.58	43.24	57.03	80.29

图 5-25　静载荷试验曲线

天津市小白楼音乐厅及地下开发工程经济技术比较总表

表 5-25

建筑物		示意图	桩型	方案参数	桩截面	桩长(m)	持力层	承载力设计值(kN)	单桩方量(m^3)	方量节省比例	造价(万元)	造价节省比例
双层结构	常规设计方案		灌注桩	ϕ1 500	ϕ1 500	51	第⑨$_a$层	8 346kN	90.1	36%	13.5	29%
	建议方案		旋挖扩底灌注桩	ϕ1 500 扩底至 2 500	ϕ1 500	29	第⑦$_d$层	8 675kN	58.0		9.6	
三层结构	常规设计方案		灌注桩	ϕ1 500	ϕ1 500	54	第⑨$_a$层	8 721kN	95.4	36%	14.3	29%
	建议方案		旋挖扩底灌注桩	ϕ1 500 扩底至 2 500	ϕ1 500	27	第⑦$_d$层	8 200kN	61.2		10.1	
下沉广场	常规设计方案		灌注桩	ϕ1 500	ϕ1 500	65	第⑨$_a$层	9 279kN	114.8	27%	17.2	19%
	建议方案		旋挖扩底灌注桩	ϕ1 500 扩底至 2 500	ϕ1 500	40	第⑦$_f$层	9 600kN	84.1		13.9	

注：本工程抗拔承载力要求较高，含钢量高，故常规钻孔灌注桩按 1 500 元/m^3，旋挖扩底灌注桩按 1 650 元/m^3 计算。

第三节　灌注桩的后注浆技术

一、前言

近年来我国的高层建筑迅猛发展，对地基承载力的要求越来越高，桩基形式一般采取灌注桩，而常规的泥浆护壁钻孔灌注桩有许多缺点。首先桩底沉渣很厚，桩端阻力很难充分发挥，无论采用正循环法还是反循环法，桩底沉渣均难以达到设计要求；其次由于采用泥浆护壁进行钻孔灌注桩施工，造成桩侧泥皮厚，侧摩阻力的发挥大打折扣；再有灌注桩成孔时孔壁、孔底易受扰动，在砂层中这种现象尤为明显；上述种种原因造成钻孔灌注桩承载力离散性很大。基于这种考虑，我国设计和施工工作者在20世纪80年代引进了灌注桩后注浆技术，经过多年的探索和实践，总结了多种灌注桩后注浆方法，提高了桩基承载力，缩短了桩长，减少了工期，取得了良好的综合社会经济效益。

灌注桩后注浆技术是工业与民用建筑、道路桥梁等土木工程桩基领域中的一项新技术，该技术旨在通过桩端桩侧后注浆固化沉渣（虚土）和泥皮，并加固桩端和桩侧一定范围土体，以大幅提高桩的承载力，增强桩的质量稳定性，减小桩基沉降。目前该项技术应用趋势及范围迅速扩大，也越来越为工程界人士所认可，新版的中华人民共和国行业标准《建筑桩基技术规范》也已将其列入，同时该技术也可用于各类钻、挖、冲孔灌注桩及地下连续墙的沉渣、泥皮和桩底、桩侧一定范围土体的加固。

灌注桩后注浆有封闭式和开放式两种，但国内主要使用开放式注浆，本节重点介绍开放式注浆的加固机理、施工工艺和特点，并通过工程实例分析其中的一些规律。

二、后注浆加固机理

后注浆是在桩身混凝土达到预定强度后，用注浆泵将水泥浆或水泥与其他材料的混合浆液，通过予置于桩身中的管路压入桩侧或桩端土层中，桩侧（身）注浆会使桩土间界面的几何和力学条件得以改善，桩端注浆将使桩底沉渣、施工桩孔时桩端受到扰动的持力层得到有效的加固或压密，进而提高桩的承载能力。在灌注桩施工中将钢管沿桩钢筋笼埋设，桩混凝土强度满足要求后，将水泥浆液通过钢管由压力作用压入桩端及桩侧的砂或碎石层孔隙中，使得原本松散的沉渣、碎石、土粒和裂隙胶结成一个高强度的结合体。水泥浆液在压力作用下，由桩端或桩侧在砂或碎石层的孔隙里向四周扩散，对于单桩区域，向四周扩散相当于增加了端部的直径，向下扩散相当于增加了桩长；群桩区域所有的浆液连成一片，使得砂或碎石层成为一个整体，从而使得原来不满足要求的碎石层满足结构的承载力要求。在钻孔灌注桩施工过程中，无论如何清孔，孔底都会留有或多或少的沉渣；在初灌时，混凝土从细长的导管落下，因落差太大造成桩底部位的混凝土离析形成“虚尖”、“干渣石”；孔壁的泥皮阻碍了桩身与桩周土的结合，降低了摩擦系数，以上几点都影响到灌注桩的桩端承载力和侧壁摩阻力。浆液压入桩端后首先和桩端的沉渣、离析的“虚尖”、“干渣石”相结合，增强该部分的密实程度，提高了承载力；浆液沿着桩身和土层的结合层上返，消除了泥皮，提高了桩侧摩阻力，同时浆液横向渗透到桩侧土层中也起到了加大桩径的作用，以上几点是提高灌注桩单桩承载力的主要因素。由于砂土或粉性土的渗透性较黏性土强，因此后注浆在砂土或粉性土中的作用也更加显著。

三、后注浆施工工艺

1. 施工器具

1)注浆管的制作

注浆管应在制作钢筋笼的同时进行制作。底注浆管采用直径为25mm左右的钢管制作，当底注浆管和超声波检测共用时，可采用ϕ50的钢管，接头采用丝扣连接，两端采用丝堵封严。注浆管长度比钢筋笼长度多出30～50cm，在桩底部长出钢筋笼3～5cm，上部高出桩顶混凝土面50cm，注浆管在最下部接注浆阀。

2)注浆阀

注浆管最下接注浆阀(注浆喷头，俗称花管)。注浆阀应能承受1MPa以上的静水压力，注浆阀的外部保护应能够抵抗砂石等坚硬物的碰撞而不至于受损。一般在注浆管最下部20cm处采用钻头均匀钻出4排(每排4个)、间距3cm、直径3mm的注浆孔作为注浆喷头；用图钉将注浆孔堵严，外面套上同直径的自行车内胎并在两端用胶带封严，这样，注浆喷头就形成了一个简易的单向装置。当注浆时注浆管中压力将车胎迸裂、图钉弹出，水泥浆通过注浆孔和图钉的孔隙压入土层中，而混凝土灌注时该装置又保证混凝土浆不会将注浆管堵塞。侧注浆一般采用平行桩身分布直管和环桩身分布的环行管两部分，其中平行桩身分布的注浆管可选直径为25mm左右的钢管制作，环行管可采用相同直径的柔性高压塑料管，钻孔并设置单向阀装置。

3)注浆管的布置

底注浆管及注浆阀数量宜根据桩径大小设置。对于直径不大于1 200mm的桩，宜沿钢筋笼圆周对称设置2根；对于直径大于1 200mm小于2 500mm的桩，宜对称设置3根。对于非通长配筋桩，下部应有不少于2根与注浆钢管等长的钢筋组成的钢筋笼通底。桩端注浆管考虑到下钢筋笼时安装方便，可将2根注浆管对称绑在钢筋笼外侧。桩侧注浆管一般可放在钢筋笼内侧，成孔后清孔、提钻、下钢筋笼。在钢筋笼吊装安放过程中，要注意对注浆管的保护，钢筋笼不得扭曲，以免造成注浆管在丝扣连接处松动；喷头部分应加混凝土垫块保护，不得摩擦孔壁，以免车胎破裂造成注浆孔的堵塞。

4)注浆泵的选择

后注浆对注浆泵的要求较高，不仅要压力大，而且要稳定，根据各地施工经验，泵压最大值不应小于7MPa，如在上海及郑州等地常用的BW-150型泥浆泵，其技术参数见表5-26。

BW-150型泥浆泵技术参数 表5-26

手柄位置	快				慢			
	1	2	3	4	1	2	3	4
泵速(min^{-1})	57	86	130	222	47	71	107	183
流量(L/min)	38	58	90	150	32	47	72	125
压力(MPa)	7.0	4.8	3.2	1.8	7.0	6.0	4.0	2.3

2.施工工艺

1)浆液配置

配制注浆浆液一般可采用PC32.5级复合硅酸盐水泥,水泥要求新鲜、不结块,浆液水灰比一般取0.45～0.65,桩端及桩周土孔隙比大时,浆液浓度可大些;反之,浆液浓度要小些。搅拌时间不少于2min,浆液用3mm×3mm的滤网进行过滤,浆液采用纯水泥浆;为了增加浆液的流动性,加入适量的木钙等减水剂是可行的,同时加入少量的浆液悬浮稳定剂。

2)开塞与注浆

在正式注浆前,均要开塞,其目的在于检查注浆管有无损坏并打通注浆通道,开塞时间与注浆工艺有关,一般控制在7d之内,当桩端有碎石填料,并且注浆管插入碎石中时,开塞时间可适当延长,当注水压力达到1MPa左右并迅速归零,说明开塞成功,若压力大于4MPa,可认定管路不通。当桩身混凝土有一定的强度时,即可开始注浆,一般成桩后3～5d。

3)注浆量

由于工程地质条件不同、桩本身的规格以及沉渣量都不相同,因此注浆量有很大的差异,单桩注浆量应通过理论计算并重点结合类似工程的经验加以确定,主要考虑桩尖土、桩侧土以及桩底沉渣厚度等因素的影响,通常是注浆量越大越好,但明显不经济。经验表明,存在最优注浆量,超过最优注浆量,桩的承载力增加幅度很小。在工程实际应用中,最好通过试桩确定最优注浆量,工程桩严格按照试桩的注浆量执行,因为注浆量是注浆控制的最关键环节。

4)注浆压力

注浆压力与许多因素有关,如桩周及桩端土渗透性、注浆器结构、浆液浓度以及注入速度等。上海地区的正常注入压力在1MPa左右,高值可达2～3MPa,郑州地区正常注入压力为1～2MPa,高值可达3～4MPa。

5)注浆施工顺序

根据以往工程实践,在砂性土层中,水泥浆在工作压力作用下影响面积较大。为防止注浆时水泥浆液从临近薄弱地点冒出,注浆的桩应在混凝土灌注完成3～7d后,并且该桩周围至少8m范围内没有钻机钻孔作业,该范围内的桩混凝土灌注完成也应在3d以上。注浆时最好采用整个承台群桩一次性注浆,注浆先施工周圈桩位再施工中间桩;注浆时采用2根桩循环注浆,即先压第1根桩的A管,注浆量约占总量的70%,压完后再压另1根桩的A管,然后依次为第1根桩的B管和第2根桩的B管,这样就能保证同一根桩2根管注浆时间间隔30～60min以上,给水泥浆一个在碎石层中扩散的时间,如有侧注浆,应先做好上部注浆,然后依次向下注浆。注浆时应做好施工记录,记录的内容应包括施工时间、注浆开始及结束时间、注浆数量以及出现的异常情况和处理的措施等。压浆时常会发生水泥浆沿着桩侧或在其他部位冒浆的现象,若水泥浆液是在其他桩或者地面上冒出,说明桩底已经饱和,可以停止压浆;若从本桩侧壁冒浆,压浆量也满足或接近设计要求,可以停止压浆;若从本桩侧壁冒浆且压浆量较少,可将该压浆管用清水或用压力水冲洗干净,等到第2天原来压入的水泥浆液终凝固化、堵塞冒浆的毛细孔道时再重新压浆。

6)注浆终止条件

(1)注浆量达到设计值。

(2)注浆量少于设计值,但不低于设计值的75%,注浆压力超过4.0MPa,且稳定

3～10min。

7)注浆过程常见问题

(1)清水开塞

开塞清水不宜过多,压力也不宜过大,以免桩身混凝土强度受到影响。注浆后再注入大致等于输浆管容积的清水,以免浆液回流至注浆泵与注浆管之间的一段输浆管内。

(2)注浆压力

①压力逐渐上升,但达不到要求的压力,这可能是浆液在黏土中形成脉状劈裂渗透,或浆液浓度低、凝胶时间长,或部分浆液逸出。

②注浆开始后压力不上升,甚至离开初始压力值呈下降趋势,这可能是浆液外逸。

③压力上升后突然下降,这可能是浆液从注浆管周围溢走,或注速过大,扰动土层,或遇到空隙薄弱部位。

④压力上升很快,而速度上不去,表明土层密实或凝胶时间过短。

⑤压力有规律上升,即使达到容许压力,注浆速度也很正常(变化不大),这表明注浆是成功的。

⑥压力上升后又下降,而后再度上升,并达到预定的要求值,可以认为是第③种情况的空隙部位已被浆液填满,这也是注入成功的现象。

(3)串孔现象

由于地层空隙及持力层裂隙的存在,在A桩进行注浆时可能会有水泥浆从邻近B桩已开塞但未注浆的管中喷出,造成注浆管堵塞,致使B桩今后可能注浆失败。这种串孔扩散现象还可能引起周边土体固结,造成邻近桩机难以钻进。为避免因串孔而造成注浆失败,实际工程中一般采用分片开塞、分片注浆的施工流水作业。保证成桩1d后开塞,7d后注浆,从场地外围向内分片完成全场注浆任务。至于何时开始注浆,其实只要桩身混凝土强度大于岩石强度且不致因高压注浆而破坏混凝土自身结构即可。

(4)二次注浆

若采取二次注浆则效果可能会更好。一般二次注浆量约为第一次的1/3,水灰比可适量提高。

四、工程实例

实例一:郑州绿地广场

1.工程概况

郑州绿地广场项目位于河南省郑州市郑东新区CBD的中心,场地西北侧与正在建设中的河南省艺术中心相邻,场地东侧紧邻已建成的郑州国际会展中心,场地西南侧紧邻金水路立交桥引道及郑东新区CBD内环路,北侧紧邻如意湖。该项目包括主楼、主楼周围地下室和大型商业裙房三部分;其中主楼高度280m,地下室三层,埋深约20m,为中原五省第一高楼,其效果图见图5-26。

图5-26 建筑效果图

2.地层资料

场地深度20m以下地层均为密实状态粉砂、细砂层,可塑～

坚硬状态的粉质黏土层(属超固结土层),密实状态的粉土层,具体情况详见表5-27及图5-27。

岩土物理力学性质统计表　　表5-27

层号	土层名称	层底埋深(m)	w (%)	γ (kN/m³)	G_s	e	c_{cu} (kPa)	φ_{cu} (°)	静探 p_s (MPa)	标贯(击)
②	粉土	3.0	23.0	17.69	2.70	0.735			3.76	6
③	粉质黏土	4.0	24.1	18.42	2.71	0.703	10.3	22.5	0.71	5
④	粉土	5.5	22.1	18.42	2.70	0.663	18.0	19.5	2.79	4
⑤	粉质黏土	6.5	27.3	18.27	2.71	0.769	16.1	22.8	0.79	9
⑥	粉土	10.5	23.0	18.94	2.70	0.641	15.0	17.0	2.48	8
⑦	粉质黏土	13.5	26.0	18.75	2.72	0.714	16.8	24.2	0.93	6
⑧	粉土	14.5	24.3	18.68	2.70	0.675	21.4	15.3	3.61	11
⑨	粉质黏土	16.5	23.7	18.31	2.72	0.808	16.1	22.5	1.09	8
⑩	粉土	18.8	22.3	18.80	2.70	0.620	18.1	13.6	3.17	21
⑪	粉砂	20.8	23.5	19.90	2.68	0.674	20.0	23.5	11.68	38
⑫	细砂	27.3	17.2	20.30	2.66	0.515	3.0	25.0	25.24	67
⑬	粉质黏土	29.2	18.2	19.38	2.72	0.539	0	27	3.50	25
⑭	细砂	32.2	21.0	19.10	2.67	0.614	20.0	19.0	34.79	69
⑮	粉质黏土	41.0	20.6	19.04	2.72	0.610	0	27.0	3.47	26
⑯	粉土	45.5	22.5	18.73	2.70	0.655			8.19	36
⑰	粉质黏土	50.5	25.3	18.43	2.73	0.734			3.41	30
⑱	粉土	52.5	23.4	18.96	2.70	0.641			12.38	42
⑲	粉质黏土	56.0	21.0	19.01	2.72	0.613			4.18	30
⑳	粉质黏土	60.5	22.1	18.85	2.72	0.642			3.86	34
㉑	粉质黏土	69.5	22.6	18.76	2.72	0.661			4.48	37
㉒	细砂	72.0		19.2					26.24	90
㉓1	粉质黏土	82.0	20.8	19.03	2.72	0.611			4.72	30
㉓2	细砂	90.0	23.3	18.82	2.67	0.715				90
㉔	粉质黏土	99.0	19.6	19.33	2.73	0.570				55
㉕	粉质黏土	111.0	21.8	18.94	2.73	0.635				
㉖	细砂	119.0		19.5						
㉗	粉质黏土	130.0	22.6	18.72	2.72	0.667				100

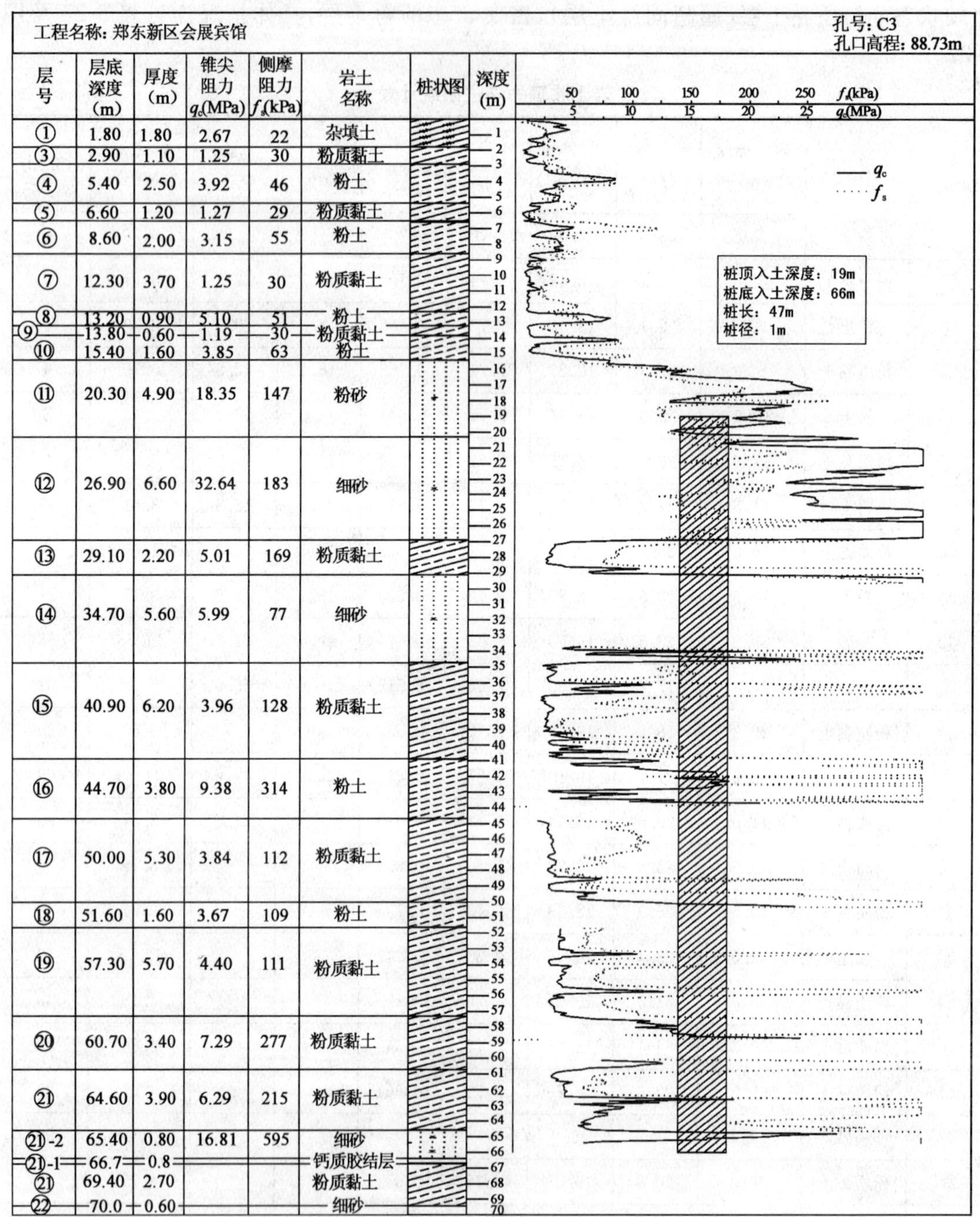

工程名称：郑东新区会展宾馆　　孔号：C3　孔口高程：88.73m

层号	层底深度（m）	厚度（m）	锥尖阻力 q_c(MPa)	侧摩阻力 f_s(kPa)	岩土名称
①	1.80	1.80	2.67	22	杂填土
③	2.90	1.10	1.25	30	粉质黏土
④	5.40	2.50	3.92	46	粉土
⑤	6.60	1.20	1.27	29	粉质黏土
⑥	8.60	2.00	3.15	55	粉土
⑦	12.30	3.70	1.25	30	粉质黏土
⑧	13.20	0.90	5.10	51	粉土
⑨	13.80	0.60	1.19	30	粉质黏土
⑩	15.40	1.60	3.85	63	粉土
⑪	20.30	4.90	18.35	147	粉砂
⑫	26.90	6.60	32.64	183	细砂
⑬	29.10	2.20	5.01	169	粉质黏土
⑭	34.70	5.60	5.99	77	细砂
⑮	40.90	6.20	3.96	128	粉质黏土
⑯	44.70	3.80	9.38	314	粉土
⑰	50.00	5.30	3.84	112	粉质黏土
⑱	51.60	1.60	3.67	109	粉土
⑲	57.30	5.70	4.40	111	粉质黏土
⑳	60.70	3.40	7.29	277	粉质黏土
㉑	64.60	3.90	6.29	215	粉质黏土
㉑-2	65.40	0.80	16.81	595	细砂
㉑-1	66.7	0.8			钙质胶结层
㉑	69.40	2.70			粉质黏土
㉒	70.0	0.60			细砂

图 5-27　地层柱状图及与桩关系图

3. 桩基设计

本工程基底埋深 20m，采用筏板基础，基底压力达到 1 200～1 400kPa，因此桩基设计是整个设计的重点，经比选采用直径 ϕ1 000 的钻孔灌注桩，桩尖入土深度分别为 60m 和 67m，有效桩长分别为 40m 和 47m，并采用后注浆技术，试桩极限承载力分别要求 24 600kN 和 27 000kN（是不注浆的同类型的钻孔灌注桩极限承载力的 1.6 倍），为保证注浆质量，结合桩侧有大量砂性土的实际情况，采用了侧注浆与底注浆相结合的方式，即在37m和48m处设置两个侧注浆环，同时在底部注浆。

4.后注浆施工参数设置

1)注浆浆液设计基本参数

(1)配制注浆浆液采用P·O32.5级普通硅酸盐水泥，水泥要求新鲜、不结块，并按有关规定批次送检，合格后方可使用。

(2)浆液水灰比取0.6，搅拌时间不少于2min，浆液用3mm×3mm的滤网进行过滤，浆液采用纯水泥浆。

(3)进行后注浆时，注浆流量不应超过50L/min。

2)注浆量及注浆压力控制

(1)每根桩总注浆量控制在5t(纯水泥)。

(2)侧注浆第一环(37m)：注浆量2t(纯水泥)，采用间歇式分两次注浆，第一次注浆量0.7t(纯水泥)，压力应不大于1MPa，第二次注浆量1.3t(纯水泥)。

(3)侧注浆第二环(48m)：注浆量0.5t(纯水泥)，压力达到2.5MPa，且稳定3～10min。

(4)底注浆(60或67m)：采用两根注浆管注浆，总注浆量2.5t(纯水泥)，采用间歇式分两次注浆，第一次注浆量2.0t(纯水泥)，第二次注浆量0.5t(纯水泥)，压力达到2.5MPa，且稳定3～10min，瞬间压力大于4MPa，考虑到注浆管中残留量，每根桩增加4包水泥。

3)后注浆顺序

成桩7～10d开始注浆，注浆从整体上而不是单桩上考虑：平面上采用先外围、后中间的方式；垂直面上采用第一环第一次注浆、0.5～1h后第一环第二次注浆，浆液初凝后，第二环注浆，间歇时间8～10h后，进行桩底第一次注浆，3h后桩底第二次注浆。

4)后注浆的终止条件

(1)以注浆量控制为主，注浆量达到设计值即可终止。

(2)注浆量少于设计值，但不低于设计值的80%，注浆压力超过4.0MPa，且稳定3～10min，否则应采取补浆措施。

5.试桩结果

共进行7组试桩，均采用直径ϕ1 000的钻孔灌注桩，桩尖入土深度分别为60m和67m，有效桩长分别为40m和47m，试桩极限承载力分别要求24 600kN和27 000kN，测试成果表明，其承载力均达到设计要求，如表5-28及图5-28所示，60m桩长的试桩在达到设计承载力时桩顶最大沉降量仅为38.62mm，最大残余沉降量仅为14.42mm；67m桩长的试桩在达到设计承载力时桩顶最大沉降量仅为39.62mm，最大残余沉降量仅为17.66mm。

静载荷试验结果汇总表 表5-28

序号	桩号	桩型	最大加载量(kN)	最大沉降量(mm)	残余沉降量(mm)	极限承载力(kN)	−20.0m下有效桩长部分极限承载力(kN)
1	S1	STZ1	27 000	34.27	10.01	27 000	23 010.2
2	S3	STZ2	27 000	38.85	11.62	27 000	22 402.5
3	S4	STZ1	27 000	33.62	7.97	27 000	23 230.1

续上表

序号	桩号	桩型	最大加载量(kN)	最大沉降量(mm)	残余沉降量(mm)	极限承载力(kN)	-20.0m下有效桩长部分极限承载力(kN)
4	S5	STZ1	27 000	39.62	17.66	27 000	22 316.9
5	S2	STZ3	24 600	30.56	10.23	24 600	20 011.4
6	S6	STZ3	24 600	27.01	8.28	24 600	20 193.9
7	S7	STZ3	24 600	38.62	14.22	24 600	20 545.5

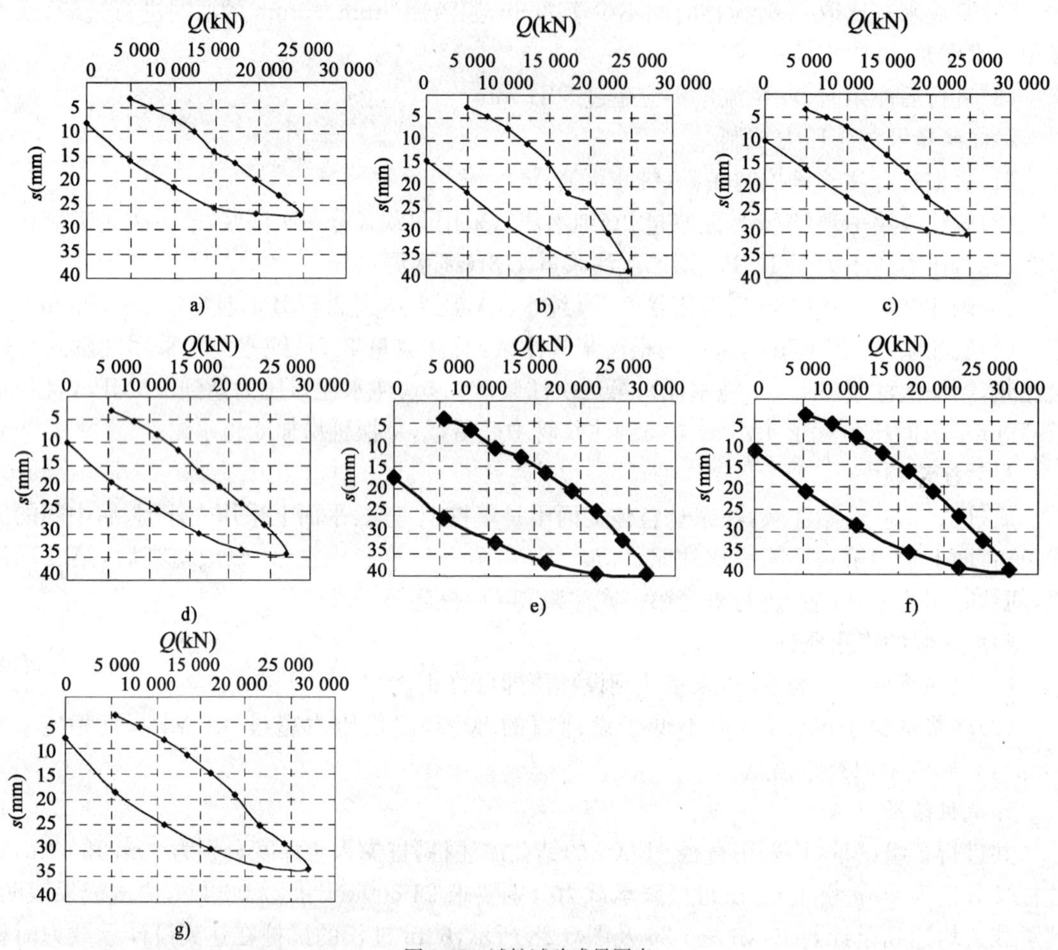

图 5-28 试桩试验成果图表

a)S6 试桩 Q-s 曲线；b)S7 试桩 Q-s 曲线；c)S2 试桩 Q-s 曲线；d)S1 试桩 Q-s 曲线；e)S5 试桩 Q-s 曲线；f)S3 试桩 Q-s 曲线；g)S4 试桩 Q-s 曲线

6. 试桩资料分析

本工程在试桩过程中采用了两种方法对桩身内力进行跟踪测试，采用 VW-1 振弦读数仪测定桩侧各土层应力计埋设截面的振弦式钢筋应力计的自振频率，然后根据相关公式计算得出有效桩长范围内桩身分层抗压摩阻力和桩端支承力。

1)桩身轴力

如表 5-29 所示，桩轴力自桩顶向下开始逐渐衰减，虽衰减的幅度不同，但到了距桩顶 45m

左右处轴力值已减小了近70%。从本次试桩情况来看，桩端承担荷载很小。一家检测单位的测试数据显示，桩端承载力一般为桩顶承载力的6%～20%，而另一家检测单位提供的测试成果认为桩端承载力一般为桩顶承载力的0.3%～4%。

2)桩侧平均阻力和桩端阻力分析

(1)桩侧平均阻力分析

根据摩阻力及工程桩的实际埋深情况，把桩侧摩阻力分为三段进行分析：第一段为桩顶到20m之间的土层，以黏性土为主；第二段为20～45m之间的土层，以砂性土为主；第三段为45m到桩端之间的土层，以黏性土为主。当桩顶施加荷载时，第一段土层的侧阻力首先发挥，随着荷载的增加，这部分土层的侧阻力很快达到极限值，而后向下衰减。由于工程桩埋深为20m左右，这段土层本次不予分析；随着荷载的进一步增加，第二段土层的侧阻力逐渐发挥，这段土层以砂性土为主，注浆后承载力增加的效果尤为明显，因而承担更多的上部荷载。当荷载进一步增大时，第三段土层开始发挥作用，本次试桩大部分荷载主要由第二段土层来承担，而第三段土层的侧阻力有较大的潜力。

(2)桩端阻力分析

由于桩侧土承担了大部分的荷载，因而传到桩端的荷载已经很小，使得桩端的承载力远没有得到发挥，根据本工程的详勘报告及类似工程经验，桩端的地基土仅发挥出其承载能力的10%～20%。

综合上述试验结果，根据其试桩残余沉降量较小及实测桩身轴力分布的特点，其深度45m以下土层的桩侧摩阻力和桩端阻力尚未发挥，按类似工程经验，对大直径且桩端入土深度达60m以上的灌注桩，其桩顶沉降量达6～8cm或残余沉降量达2.5～3.0cm时，其桩侧摩阻力和桩端阻力基本达到极限状态，因此，本工程的试桩结果，地基土的支承力尚有一定潜力。表5-30为最大荷载作用下的桩侧阻力和桩端支撑力沿桩身分布汇总表。

7.试桩结论

(1)测试成果表明，本次试桩各项指标均达到设计要求。

(2)本次试桩桩身45m以下的侧摩阻力及端阻力还没有得到充分发挥，即单桩竖向抗压承载力还有一定的潜力。

(3)若按预定单桩承载力设计值，其有效桩长40m和有效桩长47m两种试桩的残余沉降都很小，若作为主楼的工程桩，都能有效地控制地基沉降。

实例二：中建大厦

中建大厦位于上海浦东新区陆家嘴金融贸易区内竹园商贸区，处在由向城路、竹林路、世纪大道所围成的区域内，该项目由1幢35层商业办公楼及1幢4层商业裙楼组成，主楼与裙房有4层地下室。基础设计均采用桩基，其工程地质情况如表5-31所示。

该工程主楼桩基进行了两组对比试桩，一组为常规钻孔灌注桩ϕ850，以第$⑦_{1b}$层粉砂作为桩基持力层，试桩有效桩长为59m；另一组为后注浆钻孔灌注桩ϕ850，以第$⑦_{1b}$层粉砂作为桩基持力层，试桩有效桩长为50m。

其中，桩端后注浆采取了如下施工工艺。

1.注浆浆液设计参数

(1)配制注浆浆液采用P·O42.5级普通硅酸盐水泥，水泥要求新鲜、不结块，并按有关规定批次送检，合格后方可使用；

最大荷载作用下的桩身轴力沿桩身分布汇总表

表 5-29

桩号	最大荷载(kN)	传感器埋设截面沿桩身分布(m) / 传感器埋设截面轴力(kN)											
S1	27 000	−4.8	−20.0	−26.6	−29.0	−33.0	−39.0	−44.4	−47.7	−53.0	−57.0	−61.0	−66.0
		27 000	23 010.2	19 578.7	17 548.9	14 048.2	9 870.5	6 847.0	6 032.2	4 431.8	2 670.2	993.9	235.5
S3	2 7000	−2.5	−20	−29	−32.9	−40	−42.9	−50	−52	−56	−61.5	−66	—
		27 000	22 402.5	18 141.2	14 896.5	11 065.0	9 714.6	4 831.7	4 475.8	3 728.2	1 761.5	455.2	—
S4	27 000	−2.5	−20	−29	−32.9	−40	−42.9	−50	−52	−56	−61.5	−66	—
		27 000	23 230.1	19 794.0	16 371.6	11 519.2	9 434.7	4 565.1	3 065.0	2 192.3	1 135.2	625.5	—
S5	27 000	−2.5	−20	−29	−34	−42	−45.3	−50	−52.3	−56.3	−63.5	−66	—
		27 000	22 316.9	14 979.5	10 611.3	6 916.8	4 756.0	2 068.4	1 585.6	942.6	359.7	84.4	—
S2	24 600	−4.8	−20	−26.6	−29	−33	−39	−44.4	−47.7	−53	−59	—	—
		24 600	20 011.4	14 775.9	13 220.8	9 792.5	5 287.2	2 814.9	1 815.8	793.6	152.6	—	—
S6	24 600	−2.5	−20	−29	−34	−42	−45.3	−50	−52.3	−56.3	−59	—	—
		24 600	20 193.9	13 837.9	10 086.8	5 299.9	3 709.4	1 429.9	697.4	268.1	196.7	—	—
S7	24 600	−2.5	−20	−28.5	−30	−32	−42	−45.2	−49	−52.1	−59	—	—
		24 600	20 545.5	14 924.9	14 210.9	12 777.4	8 760.3	7 219.2	5 478.0	3 803.7	1 055.4	—	—

注:采用 VW-1 振弦读数仪测定。

表 5-30

最大荷载作用下的桩侧阻力和桩端支撑力沿桩身分布汇总表

桩号	最大荷载(kN)	传感器埋设截面沿桩身分布(m) 桩侧平均摩阻力和桩阻力(kPa)											
S1	27 000	4.8~20.0	20.0~26.6	26.6~29	29~33	33~39	39~44.4	44.4~47.7	47.7~53	53~57	57~61	61~66	桩端阻力
		83.6	165.6	269.3	278.7	221.7	178.3	78.6	96.2	140.3	133.5	48.3	300.0
S3	27 000	2.5~20.0	20.0~29	29~32.9	32.9~40	40~42.9	42.9~50	50~52.0	52.0~56.0	56.0~61.5	61.5~66	—	桩端阻力
		83.7	150.8	265.0	171.9	148.3	219.0	56.7	59.5	113.9	92.5	—	579.9
S4	27 000	2.5~20.0	20.0~29	29~32.9	32.9~40	40~42.9	42.9~50	50~52.0	52.0~56.0	56.0~61.5	61.5~66	—	桩端阻力
		68.6	121.6	279.5	217.7	228.9	218.4	238.9	69.5	61.2	36.1	—	796.8
S5	27 000	2.5~20.0	20.0~29	29~34	34~42	42~45.3	45.3~50	50~52.3	52.3~56.3	56.3~63.5	63.5~66	—	桩端阻力
		85.2	259.6	278.2	147.1	208.5	182.1	66.9	51.2	25.8	35.1	—	107.5
S2	24 600	4.8~20.0	20.0~26.6	26.6~29	29~33	33~39	39~44.4	44.4~47.7	47.7~53	53~59	—	—	桩端阻力
		96.1	252.6	206.4	272.9	239.1	145.8	96.4	61.4	34.0	—	—	194.3
S6	24 600	2.5~20	20~29	29~34	34~42	42~45.3	45.3~50	50~52.3	52.3~56.3	56.3~59	—	—	桩端阻力
		80.2	224.9	238.9	190.6	153.5	154.5	101.4	34.2	8.4	—	—	341.5
S7	24 600	2.5~20.0	20.0~28.5	28.5~30	30~32	32~42	42~45.2	45.2~49	49~52.1	52.1~59	—	—	桩端阻力
		73.8	210.6	151.6	228.3	127.9	153.4	145.9	172.0	126.8	—	—	1 344.5

注:采用 VW-1 振弦读数仪测定。

(2)浆液水灰比取0.55,搅拌时间不少于2min,浆液用3mm×3mm的滤网进行过滤,浆液采用纯水泥浆;

(3)注浆过程中应测定注浆量与注浆压力的关系,以确定与土性相适宜的注浆压力控制值;

(4)进行后注浆时,注浆流量不应超过50L/min;

(5)单桩注浆水泥用量初步定为2 000kg;

(6)配制好的浆液在注入之前必须经过湿磨机细化处理,湿磨机单桶浆液处理时间控制在3min,细化后的浆液中的水泥应保证有>50%的颗粒在40μm以下。

中建大厦钻孔灌注桩综合柱状图 表5-31

土层 / 分布	土层序号	土层名称	层底标高(m)	f_s(kPa) f_p(kPa)
	①	填土	2.83~-0.25	15
	②	褐黄~灰黄色粉质黏土	1.63~0.33	15
	③	灰色淤泥质粉质黏土	-4.60~-5.98	15
	③夹	灰色黏质粉土	-1.60~-3.10	20
	④	灰色淤泥质黏土	-9.60~-11.67	20
	⑤1a	灰色黏土	-13.60~-14.77	30
	⑤1b	灰色粉质黏土	-19.69~-21.76	40
	⑥	暗绿~草黄色粉质黏土	-25.80~-26.79	65
	⑦1a	草黄色砂质粉土	-35.82~-38.37	80
	⑦b	草黄色粉砂	-56.15~-58.79	90(2 800)

2.后注浆导管

(1)后注浆导管采用2根ϕ34×3.5mm无缝钢管,与钢筋笼加劲筋焊接固定;

(2)下部应有不少于4根主筋与注浆管组成钢筋笼通底(钢筋笼应沉放到底处理,不得悬吊,下笼受阻时不得撞笼、墩笼或扭笼);

(3)导管应连接牢固或密封,采用螺纹丝扣连接,为确保丝扣连接的牢固和承压能力,管壁厚应≥3.2mm,接头部位缠绕止水胶带;

(4)注浆导管与钢筋笼用10号或12号铁丝绑扎,绑扎间距为2m;

(5)注浆导管顶标高应利于注浆,且不影响其他灌注桩施工,一般以地面为参照的-0.1~+0.2m为宜。

3.注浆器

(1)注浆器施工工艺由施工单位提供,设计单位确认;

(2)注浆器应具备逆止功能,即设置单向阀门;

(3)安放注浆器时,为防止注浆口堵塞,注浆出口用薄型橡皮包住;

(4)注浆器伸出钢筋笼底20~40cm。

4.后注浆施工流程

(1)钻孔灌注桩成孔施工;

(2)钢筋笼预置注浆管(底部设置单向阀);

(3)成桩后 8～10h,注水加压进行清水劈裂;

(4)成桩后 7d,开启注浆管均匀注入浆液;

(5)注浆量达到设计要求后,即停止注浆。

5. 后注浆施工要求

(1)在每节钢筋下放结束时,应在注浆导管内注入清水检查其密封性能,当注浆导管注满清水后,保持水面稳定即为达到要求。如发现漏水应提起钢筋笼检查,在处理好后方可再次下笼。

(2)对露在孔口的注浆导管管口应用堵头拧紧,防止杂物及泥浆掉入注浆管内,确保管路畅通。

(3)在成桩后 8～10h,进行清水劈裂,当压力表显示压力突然明显下降,表示注浆管底部混凝土已成功贯通,停止注水,应测定注水水量。

(4)在成桩 7d 后,开始进行水泥浆液注入,流量不宜高于 50L/min,以便水泥浆液自然渗入土层中。

(5)每根桩必须一次注浆完成,注浆间隔时间不得超过 12h。

(6)在 1 根注浆管堵塞的情况下,可通过另 1 根注浆管完全注浆,当 2 根注浆管都堵塞的情况下,须进行补注浆。

(7)施工过程中,发现异常应及时通知设计单位共同协商采取相应处理措施。

图 5-29 为常规钻孔灌注桩试桩曲线,图 5-30 为桩底后注浆钻孔灌注桩试桩曲线;表 5-32 为各试桩静载荷试验结果一览表。

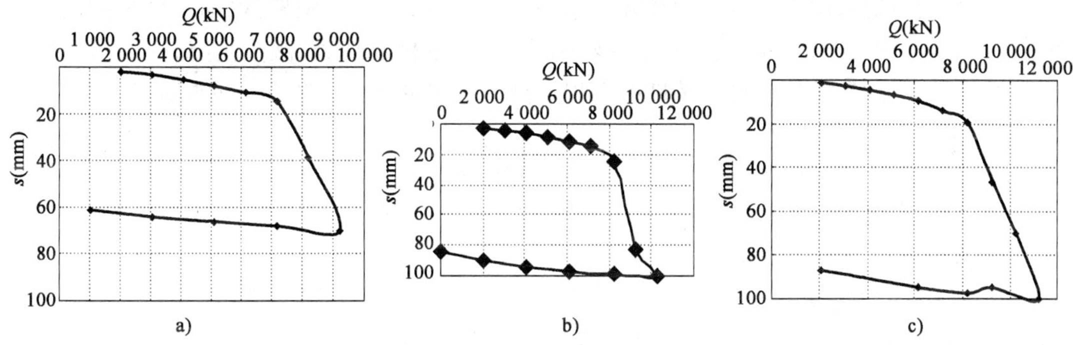

图 5-29 常规钻孔灌注桩试桩曲线

a)试桩 2 号 Q-s 曲线;b)试桩 15 号 Q-s 曲线;c)试桩 10 号 Q-s 曲线

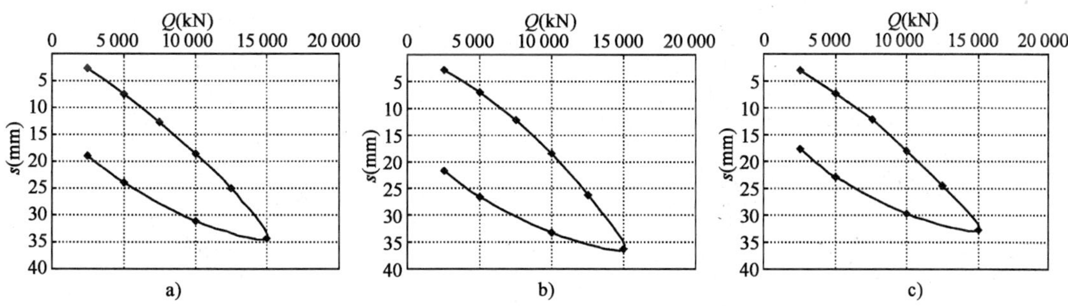

图 5-30 桩底后注浆钻孔灌注桩试桩曲线

a)239 号试桩 Q-s 曲线;b)240 号试桩 Q-s 曲线;c)252 号试桩 Q-s 曲线

各试桩静载荷试验结果一览表　　表 5-32

桩号	桩型及工艺	最大加载量(kN)	最大沉降量(mm)	残余沉降量(mm)	回弹率(%)	单桩竖向抗压极限承载力标准值(kN)
2号	常规钻孔灌注桩，桩长 59m，ϕ850	9 216	70.36	59.47	10.86	7 168
15号		10 240	100.18	83.99	16.19	10 240
10号		11 264	100.03	81.73	18.30	11 264
239号	钻孔灌注桩，桩长 50m，ϕ850（后注浆）	15 000	34.37	12.14	64.7	≥15 000
240号			36.27	15.90	56.2	≥15 000
252号			32.64	11.74	64.0	≥15 000

同一场地，同一桩型，在桩长减短 9m 的情况下，桩底后注浆的试桩单桩极限承载力较常规灌注桩提高 50%以上（后注浆试桩未做破坏试验），且最大沉降量、残余沉降量、回弹率等各项试桩指标均有大幅度改善。

五、结束语

后注浆的效果因工程地质条件不同有很大的差异，不可能有相同的压浆参数，预先设定的压浆参数往往参考相似工程的经验，而压浆参数的最终确定往往参考试验桩的结果，目前全国各地正越来越多地采用灌注桩的后注浆技术，随着经验的进一步积累，再加上理论的探讨，最终形成一个成熟的技术。灌注桩后注浆技术具有提高单桩承载力、减少沉降，提高生产率，节约建设资金的优点，所以，在具备条件的工程中推广后注浆施工工艺有着重要的意义和广阔的前景。

第六章　特种桩型施工技术及设备

第一节　载体桩施工技术及设备

一、载体桩施工技术的诞生

单桩竖向承载力主要取确于桩侧阻力和桩端阻力的发挥值，而桩侧阻力和桩端阻力发挥受下列因素的影响：桩侧土体与桩端土体的土性、桩侧与桩端的受力面积，因此人们通常都通过增加桩侧和桩端的受力面积及利用土的特性来提高单桩承载力，但受桩间距的限制，桩径不可能过分地被增加，桩端的扩底面积也不可能扩得太大，否则会影响到周围桩的受力，从而降低了群桩的受力，于是人们发明了一些挤土效应的扩底桩，这些桩既扩大桩端的受力面积，同时也在一定程度上挤密了周围一定范围的土体，提高了桩端土的端阻力，但受施工方法或机械的影响，这些提高往往是有限的。四十多年来人们又发明了压力注浆的施工方法，通过注浆管对桩侧和桩端土体注入水泥浆液用以提高桩侧阻力和桩端阻力，该施工方法受桩端土体及桩侧周围土体影响较大，并且当注浆超过一定的量后，单桩承载力的增加就不再明显。载体桩就是在这种情况下诞生的。

二、载体桩的技术特性

1. 载体桩技术的受力机理

载体桩是通过柱锤夯击、反压护筒成孔或沉管设备成孔；达到设计标高后，分批向孔内填入砖、碎石等填充料进行夯实挤密；当达到设计要求三击贯入度后，再填入干硬性混凝土进行夯实，形成载体；然后放置钢筋笼、灌注混凝土或直接放置预应力管节而形成的桩。简而言之，载体桩是由载体与混凝土桩身构成的桩，其中载体由混凝土、填充料和挤密土体三部分构成。实测表明，载体的影响区域深度为3～5m，直径为2～3m，即施工完毕时，桩端下深3～5m、宽度2～3m范围内的土体都得到了有效挤密，载体桩的构造见图6-1。

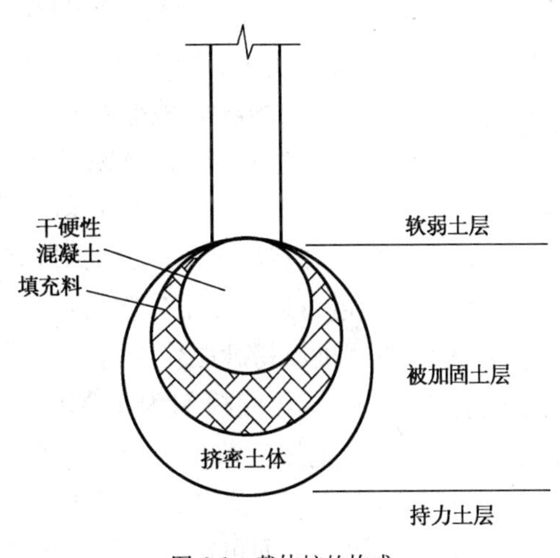

图6-1　载体桩的构成

根据桩身混凝土的施工方法、施工材料及受

力条件等的不同，载体桩分为现浇钢筋混凝土桩身的载体桩、素混凝土桩身的载体桩和预应力桩身的载体桩。

载体桩桩长都比较短，且有限元分析和实际试验表明，在受力时载体以上一定区域形成裂隙，没有侧阻力，因此在受力时，桩侧摩阻力都比较小，大部分荷载通过桩身传递到桩端的载体，再通过载体传递到持力层土体上。载体由三部分组成：混凝土、填充料到挤密土体。从混凝土到挤密土体，材料的压缩模量逐级降低、承载力也逐级降低，下一层材料对于上一层材料，是相对软弱的下卧层，应力在每一个相对软弱的下卧层顶都被扩散，因此从桩身传递的附加压力经过三种材料逐级扩散，当传递到持力土层时，附加压力已大大降低，小于地基土的承载力，这是载体桩单桩承载力高的主要原因。

从受力上分析，载体桩受力类似无筋扩展基础的受力，如图 6-2 所示。当上部荷载作用在

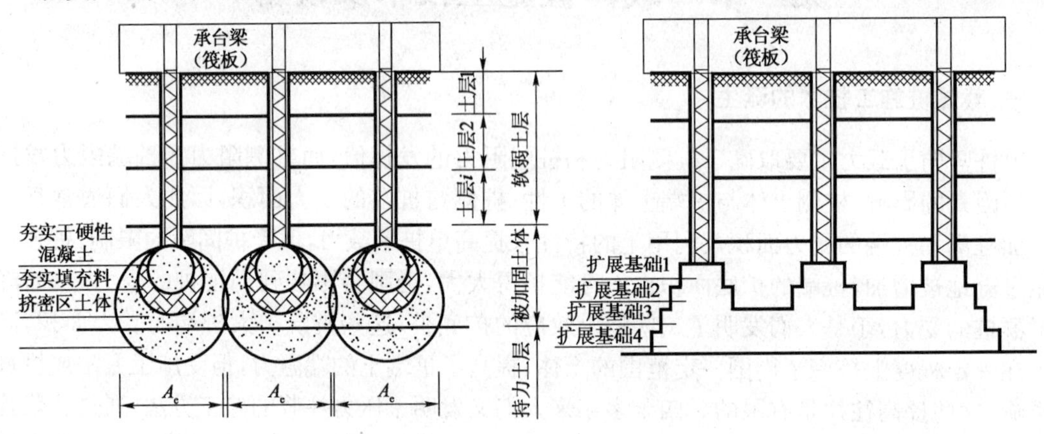

图 6-2　载体桩的受力传递

桩顶时，通过桩身传到载体，并最终将荷载扩散到扩展基础底部的持力土层。桩身可以等效为传力的杆件，载体等效为传递荷载的扩展基础。当桩间距在 2.0～3.0m 之间，采用承台梁和载体桩的基础，其受力可以等效为条形基础的受力；若采用独立承台基础，其受力可以等效为独立柱基的受力；若采用满堂布置的载体桩，则其受力可以等效为筏板基础的受力。因此载体桩将地基处理的问题变为结构设计中的基础设计问题，通过沉管深度来控制载体基础的埋深；通过三击贯入度对干硬性混凝土和填料的施工进行控制，实现设计要求的载体桩等效扩展基础面积。这点也可以通过一个试验来进行验证。图 6-3为北京波森特岩土工程有限公司在北京武夷花园进行的载体和载体桩承载力的对比试验曲线。该工程的土层自地表以下依次为：填土、黏质粉土和粉砂，载体桩以粉砂层作为持力土层，该土层承载力为 160kPa，压缩模量为 12MPa，为试验载体的承载力，在施工完载体后，放入柱锤，以柱锤作传力杆立即进行荷载试验，一方面消除柱锤侧面的摩阻力，另一方面可以直接进行试验，避免

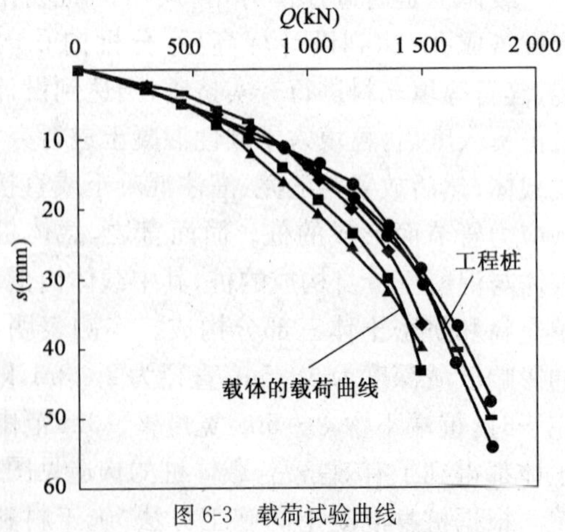

图 6-3　载荷试验曲线

了采用现场灌注混凝土桩身必须等一定龄期后才能试验的限制，载体的施工参数见表 6-1。

载体施工参数　　表 6-1

桩　　号	钻孔直径 (mm)	钻孔深度 (m)	填料量 (块)	三击贯入度 (cm)
1 号	370	4.5	480	8
2 号	370	4.5	380	12
3 号	370	4.5	320	13

通过试验对比发现：载体桩的承载力与载体的承载力比较接近，经计算，侧摩阻承载力所占比例约为 10.5%。可见载体桩侧侧阻较小，载体桩承载力主要来源于载体的承载力。

2. 载体桩技术的优点

由于载体桩是由载体和混凝土桩身组成的桩，与普通混凝土桩相比具有显著的优点。

(1)通过填入填充料夯击形成载体，提高单桩承载力。通常情况下，其承载力是同条件下，相同桩径、桩长的普通混凝土灌注桩承载力的 3～5 倍。

(2)在同一施工场地，可通过调整施工参数来实现不同的单桩承载力，图 6-4 为采用不同施工参数的载体桩的荷载试验曲线，表 6-2 为其施工控制参数。

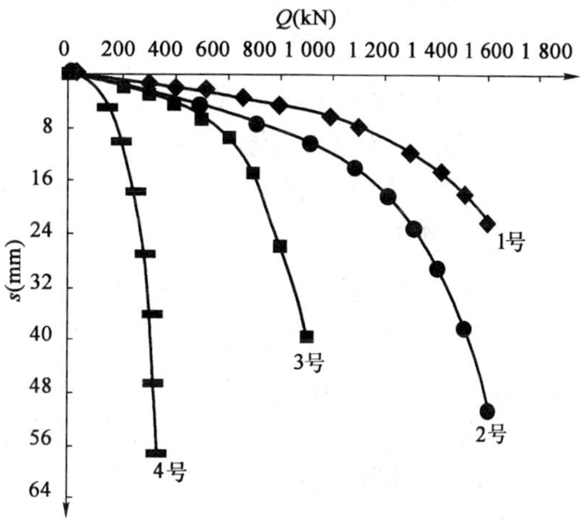

图 6-4　同一场地内不同施工参数的载体桩对应的 Q-s 曲线

施工控制参数　　表 6-2

桩　　号	桩径 (mm)	桩长 (m)	持力层	填砖数 (块)	三击贯入度 (cm)
1 号	410	5.2	粉砂	300	5
2 号	410	4.0	穿黏土进粉土	460	12
3 号	410	2.7	黏土	485	9
4 号	410	4.0	—	—	直杆桩

(3)施工机械轻便，移动灵活。

(4)施工过程中，无需降水，减少开挖的工程量，提高施工速度，缩短工期。

(5)施工过程中无泥浆产生，同时还能消纳大量的建筑垃圾和工业废料，保护建筑环境。

(6)该工艺以建筑垃圾等废料作为建筑材料，降低了施工造价。

3. 载体桩与普通夯扩桩的区别

由于载体桩在施工过程中有填入干硬性混凝土夯击的工艺，许多人将载体桩误认为是夯扩桩，其实载体桩与夯扩桩是截然不同的两种桩型，两者的区别主要包括以下几点。

（1）成桩工法不同

夯扩桩是在锤击沉管灌注桩机械设备与施工法的基础上加以改进，增加 1 根内夯管，按照一定的施工工艺，采用夯扩的方式将桩端混凝土夯出护筒形成扩大头，桩身混凝土在桩锤和内夯管的作用下密实成型的施工工艺。

载体桩是通过柱锤或沉拔管成孔后，在桩端填料夯实形成载体，再放置钢筋笼浇灌灌注混凝土或放置预应力管节的施工工艺。

（2）桩的构造不同

夯扩桩由混凝土桩身和混凝土扩大头构成，扩大头为单一的混凝土材料；载体桩由混凝土桩身和载体构成，而载体则由干硬性混凝土、填充料和挤密土体构成。

（3）研究重点不同

夯扩桩研究的重点为：选择在什么样的土层中形成扩大头，桩端扩大头为多大使单桩实现最大承载力；而载体桩研究的重点为：选择什么样的土体作为被加固土层和持力层，多少填充料量能实现周围土体的最佳密实，最大限度提高单桩承载力。

（4）承载力的计算方法不同

载体桩的承载力主要来源于载体，桩侧阻力在整个单桩承载力中所占的比例较少，在设计中侧阻常常作为安全储备，载体桩承载力的计算方法参照浅基础承载力的计算方法；而夯扩桩的承载力一部分来源于扩大头外，还有相当一部分来自于桩侧阻力，故设计中不能忽略侧阻，单桩承载力的计算按普通桩基础承载力的计算方法计算。

（5）控制指标不同

夯扩桩通过控制每次填入的混凝土体积、外管上拔高度实现设计的扩大头面积；载体桩的控制指标为三击贯入度，通过控制三击贯入度来控制填料实现设计要求的载体等效计算面积。

三、载体桩技术施工工艺及设备

1. 施工工艺

载体桩施工工艺主要包括以下步骤（图 6-5）：

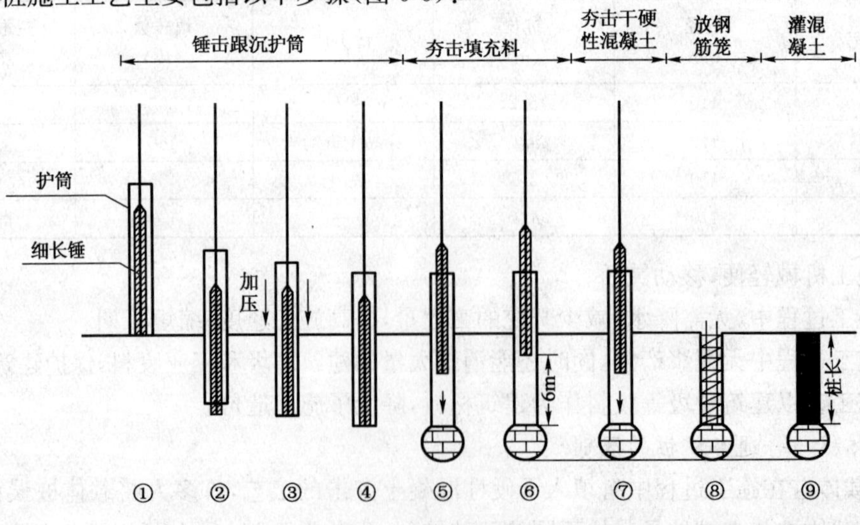

图 6-5　载体桩施工工艺

①在桩位处挖直径等于桩身直径、深度约为500mm的桩位圆柱孔,移机就位;

②提升柱锤后快速下放,使柱锤出护筒、入土一定深度;

③用副卷扬机钢丝绳对护筒加压,使护筒底面与锤底平齐;

④重复②、③的步骤,将护筒沿竖直方向沉入到设计深度;

⑤提起夯锤,通过护筒投料孔向孔底分次投入填充料进行夯击;

⑥填充料被夯实后,提升柱锤到6m自由落体,连续夯击三次,并记录三击贯入度,若三击贯入度不满足设计要求,重复⑤和⑥的步骤,直至三击贯入度满足设计要求为止;

⑦通过护筒投料孔向孔底分次投入设计需要的干硬性或低流态混凝土,再进行夯击;

⑧放入钢筋笼;

⑨灌注桩身混凝土(若施工预应力管节,将⑧和⑨修改为放入预应力管节)。

2. 载体桩的施工设备

HKJ-4载体桩的施工设备是根据载体桩技术的施工工艺发明的专用设备。该设备的特点:采用液压传动和控制,施工移动灵活、就位方便;船型步履式行走装置,接地比压小,耐振性能好;产品功能多,装运方便;其回转、前进及后退功能操作简单;对使用环境条件无特殊要求,电源采用普通三相交流。液压步履式载体桩机主要由机架、底座部分、主卷扬机、副卷扬机、液压系统、控制台、落锤及护筒等组成,如图6-6所示。顶部滑轮和主卷扬机用于起吊落锤进行夯击作业,三轮滑车及副卷扬机用于压入和拔出护筒。底座部分及液压系统用于设备自身移动、调整对位以及保持设备的稳定性。

图6-6 NKJ-4型载体桩机

(1)机架部分

机架构成整个机器的骨架,安装在支承平台上,由立柱、护筒导向滑道、横梁、滑轮组、斜撑及连杆组成,两根立柱位于支承平台的前端,立柱的内侧有护筒导向滑道用于控制护筒;立柱的上部是上横梁,上横梁上装有滑轮组和三轮滑车,用来引导钢丝绳牵引柱锤和护筒。立柱的后面设有斜撑和连杆,用于增加立柱的稳定性,它们均可拆卸,便于运输。

(2)底座部分

底座部分用来支承平台,并保证平台灵活移动。底座部分由回转台、步履和支腿组成。回转台与支承平台用回转支承连接,通过液压驱动可使支承平台在回转台上转动;步履用两个由槽钢焊接成，用以支撑整个设备；四个支腿内设有液压缸，通过液压驱动可使步履前后移动，实现设备的行走功能。

(3)其他部分

在支承平台上，装有主卷扬机、副卷扬机、控制部分和液压系统。

主卷扬机在支承平台的中部，它与上横梁上的天轮配合牵引落锤，进行锤击操作以形成桩孔，它是设备的主要部分。主卷扬机由卷筒、离合器、制动器、减速器、联轴器、电动机、操纵部分及电器等组成。工作时，电动机空载启动，联轴器、减速器开始工作；当离合器接合后带动卷筒运转，缠绕在卷筒上的钢丝绳牵引落锤上升；达到一定高度时使离合器松开，落锤靠重力下落，到位后拉紧制动器使卷筒惯性转动停止。

副卷扬机在支承平台的前面，它与三轮滑车及平台前端的反压滑轮配合，用以压入和提升护筒。副卷扬机由卷筒、行星齿轮传动装置、制动装置、托架和电动机组成。

液压系统及控制台位于支承平台的后部，液压系统为设备各部分的液压缸提供动力，用以实现设备的移动和升降。

(4)技术参数

HKJ-4 型液压步履式载体桩机的主要技术参数见表 6-3。

HKJ-4 型液压步履式载体桩机的主要技术参数 表 6-3

参数名称	单位	参数
落锤质量	kg	3 500
桩架总高度	m	15.6
最大桩径	mm	460
桩深	m	12
每分钟打击次数	次/min	2.5
主卷扬机牵引力	kN	60
主卷扬机功率	kW	22
付卷扬机功率	kW	11.4
外形尺寸(长×宽)	mm	7 610×2 260
设备总质量	t	18
电源	三相 380V，50Hz	

四、载体桩的设计

由于载体桩包括混凝土桩身和载体，因此，载体桩的设计既包括桩身设计，同时也包括载体的设计。

1. 设计桩长和间距的确定

载体桩设计桩长的确定主要考虑上部结构荷载和桩端土层情况两个因素。桩长的确定直接决定桩的被加固土层和持力层，桩长既要满足设计承载力的要求，还要满足施工工艺及造价经济的要求。而桩间距受填料的影响，同时直接影响承载力。桩间距越小，调料量就越小，否则填料过多，影响邻桩的成桩质量。当布桩间距越大，单桩要求承载力就越高，桩长必然就越长。

桩长和桩间距并不是单一的，必须综合上部结构荷载、施工及造价等因素，确定桩长和桩间距。

2. 单桩承载力及载体施工参数的确定

由于载体桩桩身较短，其侧阻力所占比例较小，根据规范采用如下公式估算单桩承载力特征值。

$$R_a = f_a \cdot A_e \tag{6-1}$$

式中：f_a——载体下持力层地基土经深度修正后承载力的特征值，应按现行国家标准《建筑地基基础设计规范》(GB 50007—2002)执行；

A_e——载体等效计算面积，m^2，其值可按表 6-4 选用。

载体等效计算面积 A_e(m^2) 表 6-4

加固土层土性		三击贯入度(cm)				
		<10	10	20	30	>30
黏性土	$0.75<I_L\leqslant1.0$	—	2.0～2.3	1.6～1.9	1.4～1.7	<1.8
	$0.25<I_L\leqslant0.75$	—	2.3～2.6	1.9～2.2	1.7～2.0	<2.1
	$0.0<I_L\leqslant0.25$	2.7～3.2	2.6～2.9	2.2～2.6	2.0～2.3	<2.2
粉土	$e>0.8$	2.4～2.7	2.2～2.5	1.9～2.2	1.6～1.9	<1.7
	$0.7<e\leqslant0.8$	2.7～3.0	2.5～2.8	2.2～2.5	1.9～2.2	<2.0
	$e\leqslant0.7$	3.0～3.4	2.8～3.1	2.5～2.8	2.2～2.5	<2.3
粉砂	中密	2.7～3.1	2.4～2.8	2.1～2.5	1.8～2.2	<1.9
细砂	稍密	3.1～3.5	2.8～3.2	2.5～2.9	2.2～2.6	<2.2
中砂	中密	2.9～3.4	2.7～3.1	2.4～2.8	1.9～2.4	—
粗砂	稍密	3.4～3.8	3.1～3.5	2.8～3.2	2.4～2.8	—
碎石土	中密	3.2～3.8	2.9～3.4	2.6～3.0	—	—
卵石	稍密	3.8～4.5	3.4～3.8	3.0～3.4	—	—

3. 桩身混凝土满足强度要求

桩身混凝土强度满足承载力要求，桩身强度应符合下式要求：

$$N = \psi_c f_c A_p \geqslant N \tag{6-2}$$

式中：N——相应于承载力极限状态下荷载效应基本组合时，作用于载体桩单桩上竖向压力设计值；

f_c——混凝土轴心抗压强度设计值，应符合现行国家《混凝土结构设计规范》(GB 50010—2002)的规定；

A_p——桩身截面面积；

ψ_c——工作条件系数，桩采用预制桩时取 0.8，桩身现场浇注时取 0.75。

4. 软弱下卧层的验算

当载体桩持力层下受力范围内存在软弱下卧层时，应进行软弱下卧层承载力验算。软弱下卧层应满足：

$$\sigma_z + \gamma_i z \leqslant f_a \tag{6-3}$$

$$\sigma_z = \frac{(F_k + G_k) - 2(L_0 + B_0)\sum q_{sia} l_i}{(L_0 + 2\Delta R + 2t \cdot \tan\theta)(B_0 + 2\Delta R + 2t \cdot \tan\theta)} \tag{6-4}$$

式中：σ_z——作用于软弱下卧层顶面的附加应力；

γ_i——软弱层顶面以上各土层(地下水位以下取浮重度)按土层厚度加权平均的重度；

q_{sia}——第 i 层土侧阻力特征值，根据经验确定；

t——载体底面等效计算位置至软弱层顶面的距离；

f_a——经深度修正后软弱下卧层的地基承载力特征值；

L_0、B_0——承台下最外侧桩桩身沿深度方向投影形成矩形的长边和短边的边长，见图 6-7；

ΔR——等效计算距离，可取 0.6～1.0m，当被加固层较软弱时，取小值；被加固层较硬时，取大值；

θ——压力扩散角，按表 6-5 取值。

地基压力扩散角 表 6-5

E_{s1}/E_{s2}	$t=0.25B_0$	$t>0.50B_0$
3	6	23
5	10	25
10	20	30

注：E_{s1} 为持力层地基土压缩模量；E_{s2} 为软弱下卧层地基土压缩模量；
$t<0.25B_0$，扩散角取 0；$t>0.5B_0$，扩散角取 $0.5B_0$ 对应的扩散角；
当 $E_{s1}/E_{s2}<3$ 时，按均质土考虑。

5. 载体桩沉降计算

载体桩最终沉降的计算按实体深基础采用单向压缩分层总和法进行计算，沉降计算面从桩端平面下 2m 开始计算，实体面积为载体外边缘投影面积，边长近似取承台下边桩投影形成矩形的边长加 $2\Delta R$，附加压力近似取桩端下 2m 的附加压力。桩基沉降应按下列公式计算(图 6-8)：

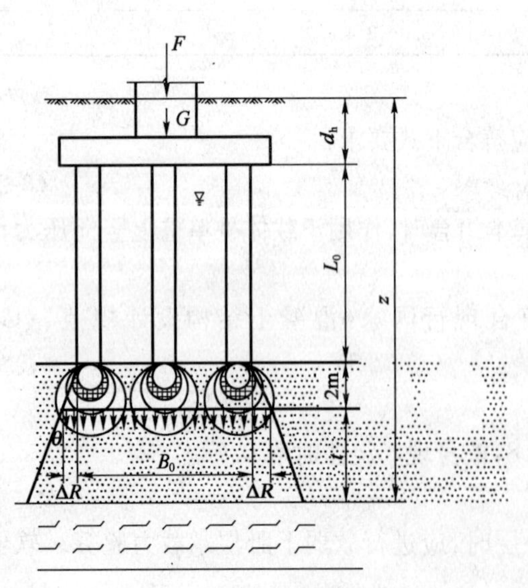

图 6-7 软弱下卧层计算简图

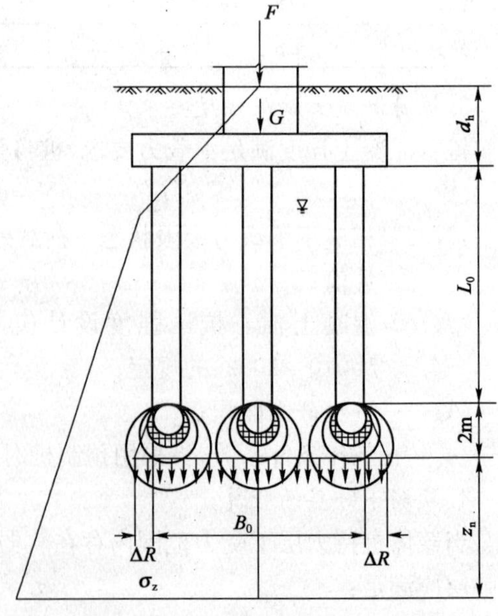

图 6-8 沉降计算简图

$$s=\psi_p p_0 \sum_{i=1}^{n}\frac{z_i\overline{\alpha}_i - z_{i-1}\overline{\alpha}_{i-1}}{E_{si}} \tag{6-5}$$

对于独立承台基础：

$$p_0=\frac{F+G-\gamma d_h A-2(L_0+B_0)\sum q_{sia} l_i}{(L_0+2\Delta R)(B_0+2\Delta R)} \tag{6-6}$$

对于墙下布桩条形承台梁基础.

$$p_0=\frac{F+G-\gamma d_h A-2L_0\sum q_{sia} l_i}{L_0(B_0+2\Delta R)} \tag{6-7}$$

式中：s——桩基最终沉降量，mm；

ψ_p——沉降计算经验系数，根据地区沉降观测资料及经验确定；当没有相关经验系数值时，参照《建筑地基基础设计规范》(GB 50007—2002)执行；

p_0——对应荷载效应准永久组合压缩层顶部的附加压力；

n——桩基沉降计算范围内所划分的土层数；

z_i、z_{i-1}——载体底面至第 i 层土、第 $i-1$ 层土底面的距离，m；

$\overline{\alpha}_i$、$\overline{\alpha}_{i-1}$——第 i 层、第 $i-1$ 层土底面深度范围内平均附加应力系数，可按现行国家标准《建筑地基基础设计规范》(GB 50007—2002)规定执行；

E_{si}——桩基沉降计算范围内第 i 层土的压缩模量，MPa，取土的自重压力至土的自重压力与附加压力之和的压力段计算；

A——承台面积，m^2；

d_h——承台埋深，m；

F——相应于正常使用极限状态下，荷载效应准永久组合下承台顶受的竖向力；

G——承台和承台上地基土自重。

五、工程实例

1.预制桩身的载体桩

本工程位于天津市东丽区天津空港物流加工区航空路和航天路之间地块，共包括 10 幢厂房和综合楼，框架结构，其各土层的物理力学参数指标见表 6-6，由于天然地基不能满足设计要求，采用载体桩基础，但由于天津属于软土地区，为避免桩身出现缩径等缺陷，采用预制桩身的载体桩，设计单桩承载力特征值为 1 500kN。

土的物理力学指标　　表 6-6

土 层	厚度(m)	含水率(%)	干密度(g/cm^3)	孔隙比 e	液限 w_L	塑限 w_P	压缩模量(MPa)	承载力特征值(kPa)
①素填土层	0.9～1.8	28.9	1.91	0.843	34.4	19.0	5.33	—
②黏土	1.0～2.5	38.5	1.83	1.069	22.1	19.0	3.4	100
③$_1$淤泥质黏土	2.5～5.3	46.8	1.75	1.304	41.3	22.3	2.63	70
③$_2$淤泥质粉质黏土	2.0～5.5	33.7	1.87	1.002	31.6	18.0	3.80	90
③$_3$粉质黏土	2.5～5.1	29.3	1.92	0.836	30.6	17.7	5.14	115
④粉质黏土	1.0～2.1	23.1	2.01	0.637	27.5	16.0	5.87	140
⑤$_1$粉土	3.1～5.7	24.2	2.03	0.668	25.8	17.2	13.82	180

根据土层地质情况和单桩承载力要求，选取⑤$_1$层作为持力层，桩长为18.0m，桩径为400mm，承台埋深为1.5m，经深度修正后地基土承载力 $f_a=180+2.0\times(18+1.5+2.0-0.5)\times10=600$kPa，三击贯入度控制为10cm，$A_e=3.00\text{m}^2$，单桩承载力 $R_a=f_aA_e=1\,800$kN，大于设计要求1 500kN。

根据上部荷载，按基本组合计算单桩桩顶所受竖向荷载为1 200kN，选取桩径为ϕ400mm PHC80的预应力管桩，管桩承载力设计值为1 650kN。1 200kN小于1 650/1.35=1 222kN，满足设计要求。

施工完毕后，经静载荷试验和低应变完整性检测，所有试桩承载力和桩身完整性都满足设计要求，静载荷试验曲线如图6-9所示。

2.现浇桩身的载体桩

北京万科紫台工程是由北京万科置业有限公司投资开发的一个高档纯板社区，位于丰台区小屯。一期总建筑面积约13万m^2，共包括10幢高层住宅楼和2个地下车库。该场地原为一沙坑，后回填杂填土，形成了厚度不等的杂填土深坑，各土层土性和厚度如下：

①房渣土填土，厚度2.3～17.0m；②卵石和圆砾石，厚度0～3.7m，压缩模量为40MPa，承载力为250kPa；其下为③卵石/圆砾，厚度0.7～10m，承载力为400kPa。再往下为卵石，未揭穿，压缩模量为100MPa，承载力为500kPa。原方案采用人工挖孔灌注桩，后修改为载体桩。

以第四纪沉积层③卵石层作为桩端持力层，承载力标准值为400kPa，设计桩桩径为ϕ450和ϕ600，桩长2～12m（以达到持力层为准）。

载体持力层经深度修正后的承载力特征值为700kPa（以平均桩长进行计算），三击贯入度取10cm，查规范$A_e=4.0\text{m}^2$。计算单桩承载力为2 800kN。

设计单桩承载力特征值分别取为1 550kN和2 000kN，共布桩1 313根。施工完毕后经检测，所有试桩承载力都满足设计要求。部分载荷试验曲线见图6-10。

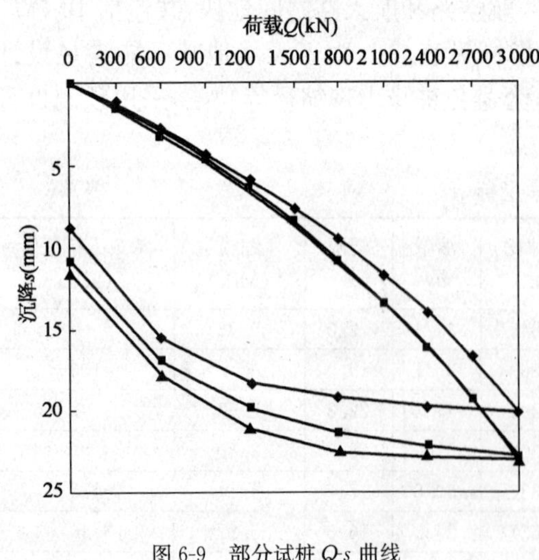

图6-9 部分试桩Q-s曲线

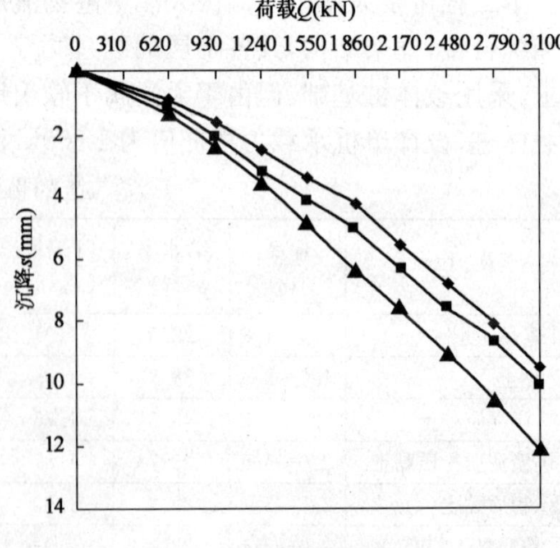

图6-10 荷载试验曲线

六. 结语

载体桩是一种全新的技术，它突破了传统桩基础的概念，通过对桩端土体进行填料夯实，使载体周围的土体得到最有效的密实，再灌注混凝土形成载体桩扩展基础，将作用在桩顶的上部荷载通过桩身传递给载体，并扩散到载体下的持力土层。该技术具有承载力高、施工快捷、消纳建筑垃圾等优点，具有显著的经济和社会效益，具有广阔的应用前景。

第二节　锚杆静压桩施工技术及设备

一、概述

锚杆静压桩地基加固新技术自20世纪80年代初由笔者结合安徽省芜湖市少年宫事故工程开发研究成功至今已有20多年之久，回顾这漫长的历程，就是该项技术成长发展的过程。

1985年该项技术在南京通过冶金部部级鉴定，并授予冶金部科技成果三等奖；

1987年研究成功的建筑物顶桩掏土纠偏技术，通过冶金部部级鉴定；

1989年由笔者主编中华人民共和国行业标准《锚杆静压桩技术规程》(YBJ 227—91)，1991年初正式颁布实施；

1991年度锚杆静压桩技术被建设部评为一级(国家级)工法，工法编号为“YJGF—0291”；

1992年研究建(构)筑物桩基逆作法技术，通过上海市建委科学技术委员会的成果鉴定；

1994年参与《上海地基处理技术规范》第十一章(锚杆静压桩)编写工作，该规范已于1995年4月1日正式颁布实施；

2000年已列入中华人民共和国行业标准《既有建筑物地基基础加固技术规范》(JGJ 123—2000)。

该项技术与其他地基加固工法相比，具有无法比拟的优点，如锚杆静压桩受力明确，桩基质量有保证，事故工程经加固后可以起到立竿见影的效果；施工机具轻巧，操作方便，施工时无振动、无噪声、无环境污染，属于半机械半人工操作方法，加固费用低廉。由此可见，该项新技术研究成功后，得到迅速推广应用，目前华东地区、广东沿海地区、武汉地区等全国各地已广泛使用，特别是上海地区在处理沉降、倾斜超标工程中得到了首肯的应用。

锚杆静压桩技术开始时仅用于事故工程的地基加固，但随着对该项技术的深入研究，在工程中运用锚杆静压桩的机理，扩大了使用范围。例如，用于倾斜超标建筑物的纠偏工程，在建筑物南、北两侧外挑基础上进行补桩加固，并在沉降少的一侧辅以掏土后使建筑物回倾到允许范围内；同时通过锚杆静压桩对建筑物南、北两侧加固，对建筑物立刻起到稳定作用。又如在闹市密集建筑群中，以及不允许有噪声的环境条件下，当大型机具无法进入时，可以采用锚杆静压桩桩基逆作施工法进行建筑物的地基基础加固；又于20世纪90年代中后期(1995～1999年)上海大发展时期，在新建高层建筑过程中，曾多次出现桩基移位和桩基事故工程，如何解决大型缺陷桩，是当时工程中急需解决的重大技术问题，笔者运用锚杆静压桩机理，在地下室内进行大型静压钢管桩的研究与应用，成功解决了高层桩基缺陷桩的补强加固，确保高层建筑顺利施工。

锚杆静压桩是我国自主创新开发的一项地基加固新技术，经过大量工程实践总结了经验，编制了《锚杆静压桩技术规范》，在东南沿海得到广泛应用，该项技术覆盖面很广，从基础托换加固到新建工程的地基加固，从小截面桩的加固扩展到直径 ϕ600×14 钢管桩，压桩力由 50t 增大到 500t，从多层民用建筑 5～6 层楼的基础托换加固到 12～32 层高层桩基事故的处理，以及高速公路桥基事故托换加固，应用该项技术可化险为夷，收效十分明显。

二、锚杆静压桩工法的优点

锚杆静压桩是锚杆和静力压桩两项技术巧妙结合而形成的一种桩基施工新工艺，亦是一项地基加固处理新技术。加固机理类同于静力压桩，受力直接、清晰，桩基质量可靠。

工程实践表明，锚杆静压桩工法具有以下优点：

(1)施工设备轻便、简单，移动灵活，操作方便，可在狭小的空间 1.5m×2m×(2～4.5)m(高)内进行压桩作业，特别适用于大型地基加固机械无法进入施工现场的地基加固工程；

(2)压桩施工过程中无振动、无噪声、无污染，对周围环境无影响，做到文明施工，适用于密集的居民区内的地基加固施工，尤其适用于老城区改造和在密集建筑群内新建多层建筑时，不允许污染环境的地基加固工程。

(3)对于新建桩基工程施工时，可采用桩基逆作法，即与上部建筑同步施工，不另占用桩基施工工期，可缩短工程的总工期，具有良好的综合经济效益。

(4)可在车间不停产、居民不搬迁情况下，进行基础托换加固，特别适用于老厂技术改造、建筑物加层、倾斜和开裂建(构)筑物的托换加固、缺陷桩的补桩加固工程。

(5)锚杆静压桩配合掏土或冲水，可成功应用于倾斜建(构)筑物的纠偏工程中。

(6)采用锚杆静压桩施工，传递荷载过程和受力性能非常明确，可直接测得每根桩的实际压桩力和桩的入土深度，对施工质量检验有可靠保证。

(7)设备投资少，能耗低，材料消耗少，所以加固费用低，具有明显的技术经济效果。

(8)锚杆静压桩无需施工工期，压桩施工不会污染环境，环境效果好，故具有良好的综合效益。

三、锚杆静压桩的适用范围

(1)锚杆静压桩适用于加固处理的土质，如淤泥质土、黏性土、人工填土和粉性土。

(2)锚杆静压桩特别适用于已建、新建多层和小高层建(构)筑物、中小型工业厂房的地基处理和托换工程。

①在城市改造的密集建筑群中和稠密居民区内，不允许有振动、噪声、环境污染以及施工场地狭小或施工高度受限制的新建或改建的建(构)筑物需要进行地基处理。

②既有建(构)筑物基础的不均匀沉降引起上部结构开裂或基础倾斜的托换加固。

③多层建筑物加层、高层建筑桩基事故工程和吊车荷重增大的工业厂房基础托换加固。

④新建的建(构)筑物需要采用桩基，但不具有单独打桩工期的情况下，可采用桩基逆作施工法进行地基处理。

⑤用于高层桩基事故的基础托换加固和改造工程的基础补桩加固，对于单桩承载力设计值较大的桩基工程，可用锚杆静压大直径钢管桩进行补桩加固。

⑥可用于地下工程的抗浮桩。

四、锚杆静压桩的工作机理

锚杆静压桩的工作原理就是利用建(构)物自重,先在基础上开凿出压桩孔和锚杆孔,然后埋设锚杆或在新建建(构)物基础上预留压桩孔和预埋锚杆,借锚杆反力,通过反力架用千斤顶将桩逐渐压入基础的压桩孔中,当压桩力(P_p)达到1.3 P_a(P_a 为单桩的承载力特征值)和满足设计桩长时,便可认为满足设计要求,再将桩与基础迅速连接在一起,该桩便能立即承受上部荷载,从而减小基底地基土的压力。阻止建(构)筑物继续产生不均匀沉降,从而达到地基加固的目的。锚杆静压桩的力系平衡见图 6-11。

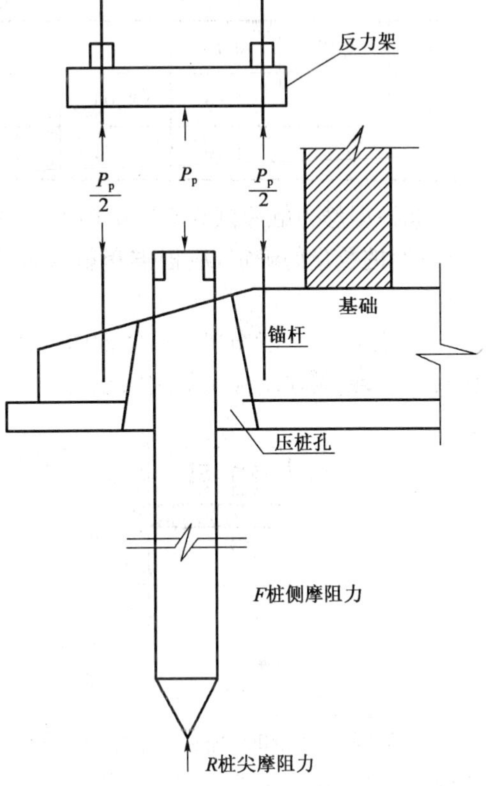

图 6-11　锚杆压桩桩力系平衡示意图

五、锚杆静压桩的设计

(1)桩基竖向承载力计算。

①荷载试验确定单桩承载力。按地基土对桩的支承能力确定单桩竖向承载力设计值时,宜用静荷载试验按下式确定:

$$R_d = \frac{R_k}{\gamma_R} \tag{6-8}$$

式中:R_d——单桩竖向承载力的设计值,kN;

R_k——单桩竖向极限承载力的标准值,kN;

γ_R——单桩竖向承载力分项系数,取 $\gamma_R=1.6$。

②当没有进行桩的静载荷试验,按地基土对桩的支承能力确定单桩竖向承载力设计值时,可根据地基勘察报告提供的土层相关数据由下式估算确定:

$$R_d=\frac{R_{sk}}{\gamma_s}+\frac{R_{pk}}{\gamma_p}=\frac{U_p\sum f_{si}l_i}{\gamma_s}+\frac{f_pA_p}{\gamma_p} \tag{6-9}$$

式中:U_p——桩身截面周长,m;

f_{si}——桩侧第 i 层土的极限摩阻力标准值,kPa;

f_p——桩端处土的极限端阻力标准值,kPa;

l_i——第 i 层土的厚度,m;

A_p——桩端横截面面积,m^2;

γ_s——总侧摩阻力的分项系数,可按端阻比 ρ_p 由表 6-7 查用;

γ_p——桩端阻力的分项系数,可按端阻比 ρ_p 由表 6-7 查用;

ρ_p——桩的极限端阻力标准值与桩的极限承载力标准值之比。

$$\rho_p = \frac{R_{pk}}{R_{pk} + R_{sk}} \tag{6-10}$$

式中：R_{pk} ——桩端极限阻力标准值，kN；

R_{sk} ——桩侧总极限摩阻力标准值，kN。

分项系数 γ_s、γ_p 表 6-7

ρ_p	0.05	0.10	0.15	0.20	0.25	0.30	0.35	0.40	0.45
γ_p	1.02	1.05	1.08	1.12	1.18	1.24	1.30	1.41	1.50
γ_s	1.64	1.70	1.75	1.79	1.82	1.83	1.80	1.76	1.69

③根据静力触探试验确定单桩承载力。

(2)桩数量的确定，应根据单桩竖向承载力设计值 R_d 结合上部结构荷载情况通过计算确定。

(3)压桩孔一般布置在墙体的内外两侧或柱子四周，桩位孔布置见图 6-12，并尽量靠近墙体或柱子，使其在刚性角范围内受力。

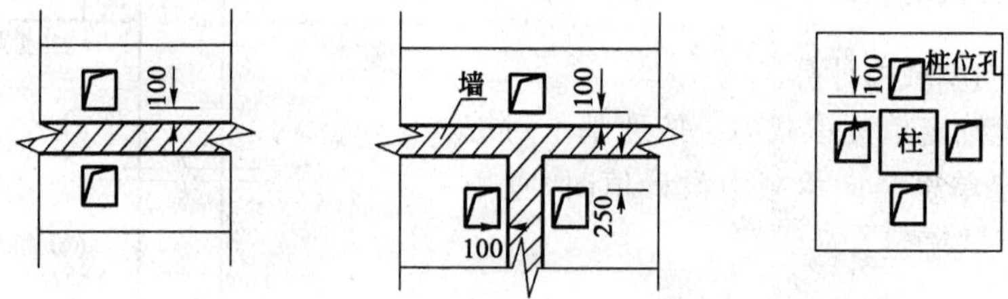

图 6-12 桩位孔布置图(尺寸单位：mm)

用于新建基础时，压桩孔的形状可做成上小下大的截头锥形，压桩孔洞口的底板、板面应设保护附加钢筋，压桩孔构造见图 6-13。如用抗拔锚杆桩时，压桩孔应为上大下小。

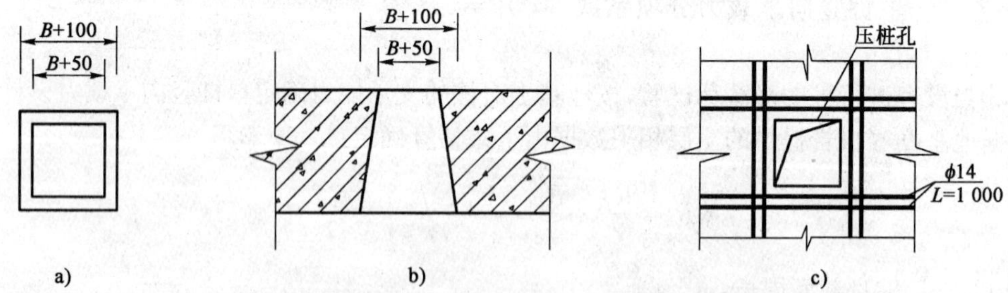

图 6-13 预留压桩孔构造图(尺寸单位：mm)

a)压桩孔平面图；b)压桩孔剖面图；c)板底、板面洞口附加筋

用于既有建(构)筑物原有基础时，压桩孔可由人工或机械开凿，孔形要求略呈上小下大形状。

(4)桩的接头形式：当桩承受水平力、抗拔力和七度抗震设计时，应采用焊接接头；如果桩承受垂直压力时亦可采用硫黄胶泥接头。

(5)由于压桩施工可以直接测得压桩力，设计时可以不考虑多节桩的接头强度折减和长细比对桩承载力的影响。如 250mm×250mm 混凝土方桩在多项工程中桩长达 30m，单桩承载力可达 400～500kN。

(6)桩段构造设计应符合下列要求：

①桩身材料可采用钢筋混凝土、预应力混凝土和钢材。

②钢筋混凝土桩的截面形状有方形和圆形两种，通常采用方形，其边长为 200～400mm，圆形管桩直径为 ϕ300～500mm，钢管桩直径为 ϕ100～600mm。

③桩段长度应考虑室内高度和施工搬运方便，桩段长度一般为 1～3m，常用的桩段长为 2.5m。

④当单桩承载力设计值大于 1 500kN 时的桩基托换加固工程，建议选用锚杆静压大直径钢管桩；此桩有利于穿透土层进入到深土层，具有承载能力高等特点。

⑤钢筋可选用 HPB235 或 HRB335 钢筋，桩身混凝土强度一般为 C30～C35，钢管桩钢材为 Q235。

(7)桩基承台构造应符合下列要求：

①新建桩基承台厚度应由设计确定，承台厚度不宜小于 400mm，桩头进入桩基承台为 50～80mm。

②采用锚杆静压桩进行基础托换时，应对原有基础厚度和强度进行抗冲切强度的验算，如不能满足要求时，应采取必要的植筋和加厚加大压桩承台等加固措施。

③当原有基础底板厚度小于 350mm 时，应在桩孔上设置桩帽梁，如桩要求承受水平力或抗拔力时其构造见图 6-14。

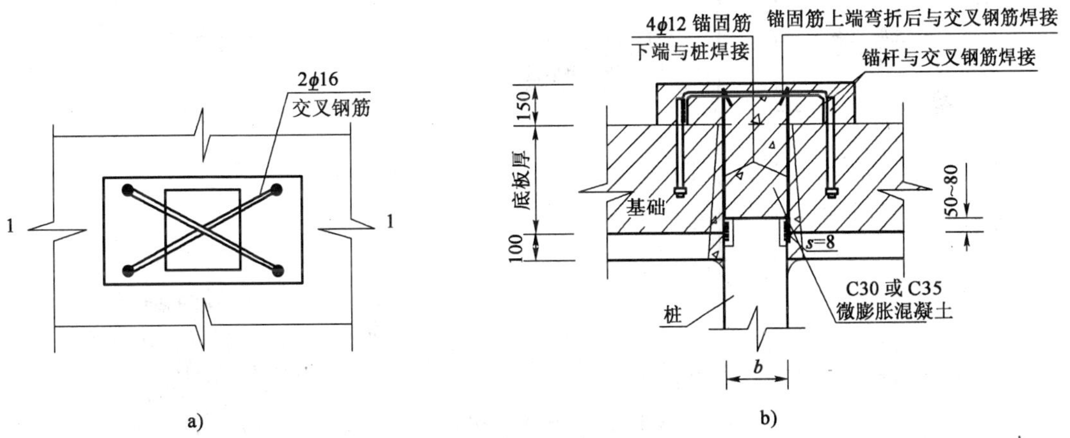

图 6-14 承台构造(尺寸单位:mm)

a)交叉钢筋;b)焊接桩抗震封桩节点

(8)锚杆可采用预先埋设和后成孔埋设两种；锚杆螺栓的锚固深度为 12～15d(d 为螺栓直径)，用于抗拔力大的锚杆，锚杆直径和埋入深度应通过计算确定。

(9)压桩孔内封桩应用 C30 或 C35 微膨胀混凝土。

(10)对沉降有严格要求的既有建(构)筑物，为减少压桩施工时引起的附加沉降，可采用预加反力封桩法，桩顶预加反力值取(1.1～1.3)R_d，详见图 6-15。当封桩混凝土达到设计强度的 80%时，可拆除桩顶千斤顶，封桩用水泥推荐采用超早强水泥。

六、锚杆静压桩施工

锚杆静压桩施工工艺比较简单，但对每道工序都有严格要求，施工人员必须严格遵守，如桩的垂直度，焊接质量，封桩前对封桩孔必须清洗干净，排除积水，焊接交叉钢筋，经检查合格后方可浇捣 C30 微膨胀混凝土。

(1)锚杆静压桩设备装置示意图见图 6-16。

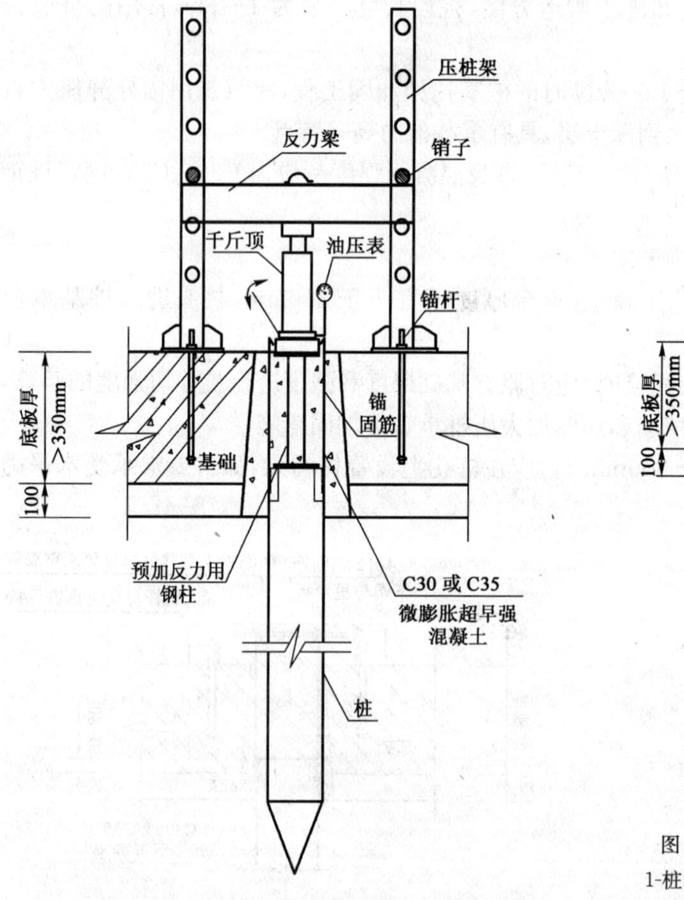

图 6-15　预加反力封桩示意图

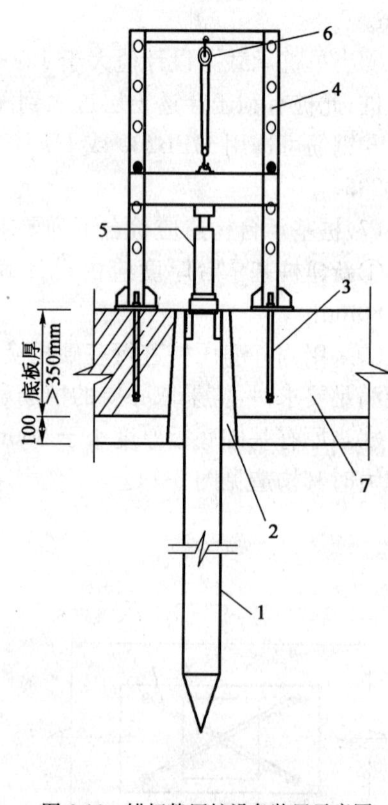

图 6-16　锚杆静压桩设备装置示意图

1-桩；2-压桩孔；3-锚杆；4-压桩架；5-液压千斤顶；6-手拉或电动葫芦；7-基础

①压桩架的选择：为满足设计要求和穿透砂层需要，可选用 YZ-50 型、YZ-100 型、YZ-200 型、YZ-500 型。

②千斤顶：可选用 50t、100t、150t、250t、500t。

③锚杆：M20、M25、M30、M42。

④锚杆孔成孔机，混凝土基础底板厚度小于 400mm，采用人工风镐开凿，大于 400mm，则采用机械成孔或金刚石薄壁钻成孔。

⑤施工机具：开凿压桩孔和锚杆孔可用风动凿岩机金刚石薄壁钻或大直径钻机。

⑥压桩机：可采用 YZ-50～500 型锚杆静力压桩机。

⑦辅助机具：空气压缩机、钢筋切割机、电焊机、熬制胶泥用专用设备。

(2)压桩施工顺序如图 6-17 所示。

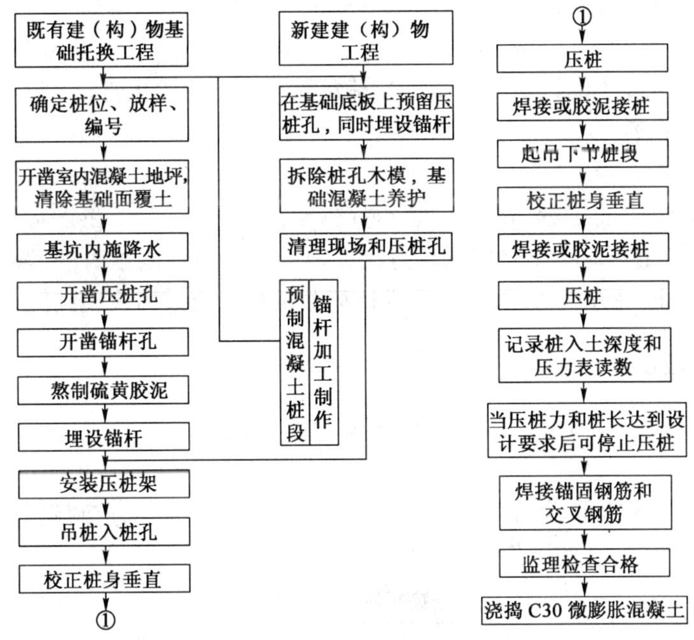

图 6-17　压桩施工流程图

(3)压桩施工应遵守以下规定：

①压桩架安装时要保持垂直，拧紧螺母，防止压桩架晃动。

②桩尖就位时必须保持垂直，桩段就位后必须加以校正，保持与上节桩在同一轴线上，可用吊垂法和水准靠尺法检查桩的垂直度。

③压桩时不得偏心加压，桩顶应垫麻袋加钢板，防止压坏桩头混凝土。

④数台压桩机同在一个独立柱基础上压桩施工时，要验算压桩力的总和不得大于该基础以上荷载的总重量，严防基础上抬；两台或两台以上压桩机在同一基础上压桩时，应保持对称压桩。

⑤压桩施工要求一次到位，如需中途停顿，桩尖可停留在软土中，停留时间不得超过 24h。

⑥用硫黄胶泥接桩时，硫黄胶泥的操作施工应按《建筑地基基础工程施工质量验收规范》(GB 50202—2002)的要求进行。

⑦压桩施工过程中，遇到砂层或障碍时，应采取相应措施，如高压射水引孔、高压喷旋引孔、钻机引孔等措施。

(4)认真做好封桩工作，对截桩、清孔、焊接交叉钢筋、浇灌 C30 微膨胀混凝土的每道工序应严格控制。

(5)质量检验。

①压桩孔与设计位置的平面偏差不得大于±20mm。

②压桩时桩段的垂直偏差不得超过 1.5%的桩段长。

③压桩力与桩入土深度应根据设计要求进行验收。

④桩与基础连接前，应对压桩孔进行认真检查，验收合格后方可浇捣混凝土。

⑤压桩施工验收时，施工单位应提供以下资料：

a. 桩位施工平面图与桩位编号图；

b. 桩材与封桩混凝土的试块强度报告及硫黄胶泥出厂检验报告；

c. 压桩施工汇总表；

d. 隐蔽工程自检记录。

⑥对需要进行试桩的工程，试桩数量不宜少于总桩数的1%，在正常情况下不应少于3根；试桩的最大加荷量不应小于单桩承载力设计值的1.6倍。间歇时间：黏性土、粉性土宜为4周，砂土为2周。试桩方法：宜采用慢速维持荷载试桩法或采用快速试桩法。

七、锚杆静压桩设备

锚杆静压桩设备由液压设备和压桩架两部分组合而成。

(1)液压设备：主要选用上海地区生产厂生产的液压油泵和各种规格的千斤顶，其主要型号和技术性能如表6-8所示，其余设备如：小型电动泵、风镐、风钻、熬制硫黄胶泥设备、混凝土振捣器等都是常规设备，为此不作详细介绍。

锚杆静压桩设备 表6-8

序号	设备名称	型号	主要技术参数
1	BZ型超高压油泵站	BZ63-8	额定压力63MPa，流量8L/min，功率7.5kW
2	QF型分离式油压千斤顶	QF50T-20b	起重高度200mm，活塞杆直径70mm，工作压力62.4MPa，质量31.1kg
		QF100T-20b	起重高度200mm，活塞杆直径100mm，工作压力63.7MPa，质量54.76kg
		QF200T-20b	起重高度200mm，活塞杆直径150mm，工作压力62.7MPa，质量118.4kg
		QF500T-20b	起重高度200mm，活塞杆直径250mm，工作压力60.9MPa，质量393.1kg
3	风冷移动空气压缩机	W-0.9/7-S	排气量0.9m³/min，排气压力0.7MPa，转速880r/min，储气桶容积0.17m³
		W-1/7-S	排气量1m³/min，排气压力0.7MPa，转速990r/min，储气桶容积0.17m³
4	BX6系列交流弧焊机	BX6-200-2	输出范围90～200A，额定负载持续率20%，电压1P-220V/380V/50Hz
		BX6-160-2	输出范围90～160A，额定负载持续率20%，电压1P-220V/380V/50Hz
5	NBC系列CO_2气体保护半自动弧焊机	NBC-500A	输出范围110～540A，额定负载持续率60%，电压3P-380V/50Hz/60Hz

(2)压桩架：选用不同规格的槽钢，加工不同承载力的压桩架，结合国内常规千斤顶抬升高度而设计插销孔距离和不同承压力的销子直径，目前常规的压桩架为50t、100t、200t、500t四种，锚杆直径分别为M20、M25、M30、M42。使用锚杆数量由提供抗拔力大小而定。

YZ 型系列锚杆静压桩机是通过埋设在已有建筑物基础上的抗拔锚杆，利用建筑物自重及抗拔锚杆，通过压桩架将桩压入土中，当桩达到设计长度后用早强混凝土将桩与基础锚固在一起，该桩便能承受上部荷载。

本系列压桩机属液压压桩，桩基施工时无振动、无污染、无噪声，具有操作简便，维修方便，设备投资少等优点。

结合多年来的施工经验，具备 YZ-50 型、YZ-100 型、YZ-200 型、YZ-500 型四种压桩架，基本满足压桩施工要求，对有特殊要求时可自行设计加工制作。

YZ 型系列锚杆静压桩机主要技术参数见表 6-9。

锚杆静压桩机主要技术参数　　表 6-9

参数＼型号		单位	YZ-50	YZ-100	YZ-200	YZ-500
桩架高		m	3.5～4.0	3.5～4.0	3.5～4.0	3.5～4.0
最大压桩力		t	50	100	200	500
桩段长度		m	2.5	2.5	2	2
压桩截面	方桩	m^2	200～300	250～350	300～400	400
	圆桩	cm	ϕ100～229	ϕ229～325	ϕ325～406	ϕ406～600
千斤顶选用		t	50	100～200	200～250	500～600
油泵	系统压力	MPa	63	63	63	63
	最大流量	L/min	8	8	8	8
电动机功率		kW	7.5	7.5	7.5	7.5
锚杆直径		mm	4M22	4M32 或 6M25	8M32	16M32

四种 YZ 系列锚杆静压桩桩架见图 6-18～图 6-21。

图 6-18　50t 压桩架

图 6-19　100t 压桩架

图 6-20　200t 压桩架

图 6-21　500t 压桩架

八、工程实例

下面将对应用该项技术在基础托换加固、纠偏、桩基逆作施工、大型静压钢管桩等方面的应用现状介绍如下。

1. 锚杆静压桩技术应用于基础托换加固工程

我公司近几年来相继承接了多座建于天然地基上栈桥或库房的基础托换加固工程，在厂房内都堆放有较大的荷载，如钢卷和厚板、坯料等地面堆载达 4～12t/m²，从而引起中柱和边柱的大量沉降，造成柱子倾斜、小柱开裂、吊车运行出现滑轨和卡轨现象等事故，直接影响正常生产和结构的安全使用。

以往承接基础托换加固工程如：上钢三厂板坯库露天栈桥，上钢三厂炼钢车间露天栈桥，上钢五厂落锤车间露天栈桥，宝钢运输公司 3 号库堆料场工程等。下面重点介绍宝钢运输公司 3 号库基础托换加固情况。

1)工程概况

宝钢运输公司 3 号库(简称 3 号库)由一期车间、二期扩建车间和冷作车间组成，车间是单层双跨门式钢架轻钢结构，长 90m，宽 2×21m，高 11.3m，柱距 6m，吊车荷载为 10t 和 20t 两种，独立基础，面积为 3.1m×3.8m 和 3.0m×3.4m，天然地基。厂房由当地乡政府建造，建于 2000 年，建成后租给宝钢运输公司使用，至今已有 5 年之久。3 号库房内除堆放宝钢生产的各种不同规格的钢卷外(钢卷重由 4～23t 不等，并叠成两层堆放)，单位面积投影荷载为 4～13t/m²，从而超过了地基的承载力，3 号库区内尚有钢材半成品的加工设备，如开卷机、切割机和打包机等，对各柱沉降观测结果表明，3 号库区内堆有荷载区柱基沉降较大，设备区柱基沉降较小，沉降差多达 60cm，造成吊车滑轨、卡轨、柱子内倾、局部剪刀撑弯曲，直接影响车间的正常运行。为此，建设方急于要求进行加固处理，制止不均匀沉降的继续发展，确保厂房结构的安全使用。

2)工程地质

地层分布情况如下：

①填土。

②粉质黏土：层厚 2.0m，呈可塑～软塑，中等压缩性。

③淤泥质粉质黏土：层厚 4.7m，饱和状，呈流塑，高压缩性。

③夹黏质粉土：层厚 1.6m，饱和状，松散～稍密，属中等压缩性。

④淤泥质黏土：层厚 8.20m，饱和状，软塑～流塑，中等压缩性。

⑤粉质黏土：层厚 1.26m，饱和状，软塑～流塑，中等压缩性。

⑥粉质黏土：未钻穿，可塑～硬塑，中等压缩性。

由上可见，3 号库区地质较差，软弱土层较厚，建于天然地基上且车间内又有大面积堆载情况下的工业厂房，沉降必然很大。

3)柱基不均匀沉降情况

根据宝钢集团房屋质量检测站提交的检测结果（轴线平面位置详见图 6-22），各柱基相对沉降差值最大达到 646mm，其中相对沉降较大值主要在Ⓓ、Ⓖ列，这与现场ⒹⒼ跨堆放有大量的钢卷情况相符，Ⓓ列柱的相对沉降最大差值为 344mm（⑤线和①线），Ⓐ列柱的相对沉降最大差值为 153mm（⑤线和⑯线），Ⓖ列柱的相对沉降最大偏差值为 158mm（①线和⑤线）。由上可见，厂房柱基存在明显的不均匀沉降，由此引起的轨道顶面的高差：Ⓐ轴最大高差为 52mm（④线和⑭线）；北Ⓓ列最大高差为 117mm（⑥线和⑮线），南Ⓓ列最大高差为 121mm（⑤线和⑮线），Ⓖ列最大高差为 46mm（⑤线和⑮线）。

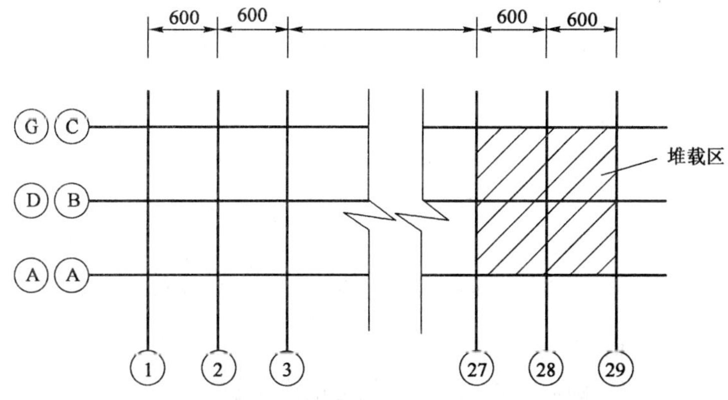

图 6-22 轴线平面示意图（尺寸单位：mm）

中心柱与边柱沉降差在堆载区比较明显，如ⒶⒹ跨跨距 21m，在⑯线处两点偏差最大值为 186mm，ⒹⒼ跨跨距 21m，在⑭线处两点偏差最大值为 199mm。

4)造成柱基大量沉降的原因分析

众所周知，冶金生产厂的板坯或钢卷等钢材需要有较大的存放场地，根据钢材要求，有的堆放在露天栈桥，有的则要堆放在带屋盖的库房内；存放的钢材或钢卷堆载荷重较大，每平方米少则几吨，多则几十吨，因此对地坪承载要求较高，常规的地坪地基都需作加固处理。然而本厂区内的库房为天然地基，土质较差，有较厚较软弱土层，虽然地表有一层②土层粉质黏土，地基承载力设计值为 125kPa，然而③土层淤泥质粉质黏土和④淤泥质黏土，均属软塑～流塑状的软土，软土层厚达 20m 左右，地基承载力设计值仅为 70kPa 左右，所以当 20t 钢卷大面积均匀堆放在天然地基上的混凝土板上，在如此大的荷载作用下，下卧层土体必将引起压缩变形和软土的侧向变形，由于两跨库房宽度达 42m 和 48m，单跨为 21m 和 24m，压缩层厚度深达 21～24m，主要受力变形区在③、④层土内。大面积堆载引起的沉降呈两边小，中间大的锅底形变形，从而导致柱基础产生大量沉降和柱基转动。

由于宝钢 3 号库厂房为带屋盖的钢架结构，从而约束了柱顶的转动，所以柱子倾斜受到制约，但柱子仍有一定量侧向变形，柱基沉降仍然是比较大的。测量结果表明，堆载引起的沉降达 400～650mm，如果柱基按此沉降下去，将对上部结构带来极大的危害。不规则堆载，经调查发现钢卷直接堆在柱子边缘，经柱基开挖后发现，中间柱柱基础沿柱子边缘断裂。

由于上述原因，造成柱基大量沉降这是必然的结果。

5)中间柱受堆载影响的沉降计算

我们参照《建筑地基基础设计规范》(GB 5007—2002)中推荐的计算公式进行计算。

受地面堆载的影响，一般以中间柱基为最大。假设堆载为均布荷载，如图 6-23 所示。

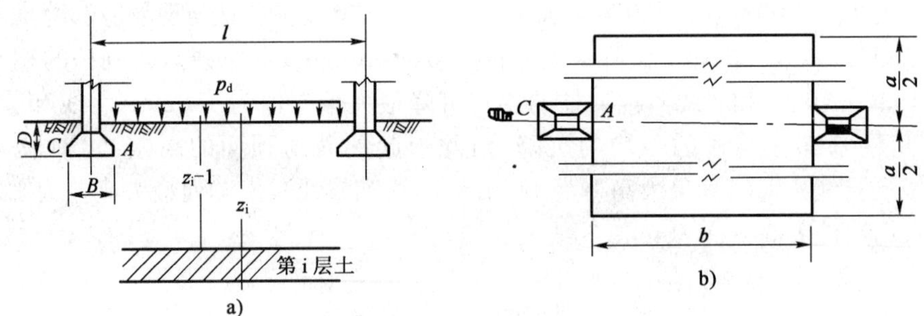

图 6-23 大面积地面堆载示意图

a)剖面图；b)平面图

中间柱基内外两侧边缘中点的附加沉降量分别如式(6-11)和式(6-12)所示。

$$s_A = \sum_{i=1}^{n} \frac{p_d}{E_{si}}(Z_i C_{Ai} - Z_{i-1} C_{Ai-1}) - \frac{p_d}{E_{SD}} D C_{AD} \tag{6-11}$$

$$s_C = \sum_{i=1}^{n} \frac{p_d}{E_{si}}(Z_i C_{Ci} - Z_{i-1} C_{Ci-1}) - \frac{p_d}{E_{SD}} D C_{CD} \tag{6-12}$$

式中：p_d——均布的地面堆载，t/m²；

n——地基压缩层范围内所划分的土层数；

E_{si}——室内地坪下第 i 层土的压缩模量，t/m²；

Z_i、Z_{i-1}——室内地坪至第 i 层和第 i-1 层底面的距离，m；

C_{Ai}、C_{Ci}、C_{Ai-1}、C_{Ci-1}——柱基内外侧中点自室内地坪面起算至第 i 层和第 i-1 层底面范围内平均附加压力系数，可按《建筑地基基础设计规范》(GB 5007—2002)规范附录五选用；

C_{AD}、C_{CD}——柱基内外侧中点自室内地坪面起算至基础底面处的平均附加压力系数；

E_{SD}——室内地坪面至基础底面土的压缩模量，t/m²；

D——基础埋深，m。

通过计算，3 号库大面积堆载区影响中柱最大计算沉降量为 320mm，但实际测值为 400～600mm，说明土体进入塑性变形后引起的侧向变形增大是柱基大量沉降的主要原因。

6）柱基托换加固设计

宝钢 3 号库属带屋盖的轻钢结构，对边柱和中柱发生转动，起到强有力的制约作用。由测试结果表明，大面积堆载区中柱沉降较大，但柱子偏斜不大，一般保持在小于 4‰范围内，少数柱子倾斜率为 7‰～8‰，为此，本工程重点解决今后继续堆载情况下，如何有效控制柱基的下沉。以往工程经验表明，中、边柱采用桩基后，沉降与倾斜可以得到有效控制，效果是明显的；但由于厂房已建成，车间不能停顿加固，经多方案比较，推荐采用锚杆静压桩地基加固新技术，可以在不停产情况下进行补桩加固，通过锚杆静压桩桩基将上部荷载传递到深层土中去，能克服大面积堆载引起的附加沉降的影响。桩数设计主要考虑吊车荷载、混凝土基础和基础混凝土上面的填土荷载，以及大面积的负摩阻力影响。经计算，中柱为 6 根桩，边柱为 4 根，桩截面为 250mm×250mm，桩长 20m，桩尖进入⑥层粉质黏土，压桩力 $P_p>1.5\times300=450$kN。

通过对基础底板抗冲切验算，发现板厚 300mm 不能满足 400kN 抗冲切力的要求，为此需要通过植筋，重新浇捣 300mm 厚混凝土板。对于柱边基础底板断裂的处理，除桩基移位外，尚需对断裂混凝土底板作加固处理，使其形成整体，见中柱、边柱布桩图和承台加固图（图 6-24）。

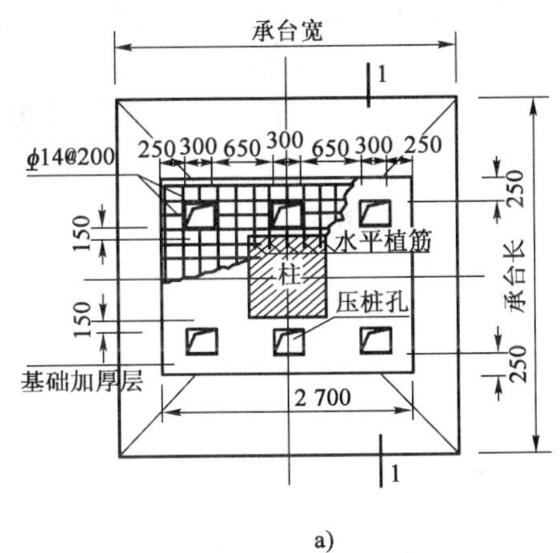

a)

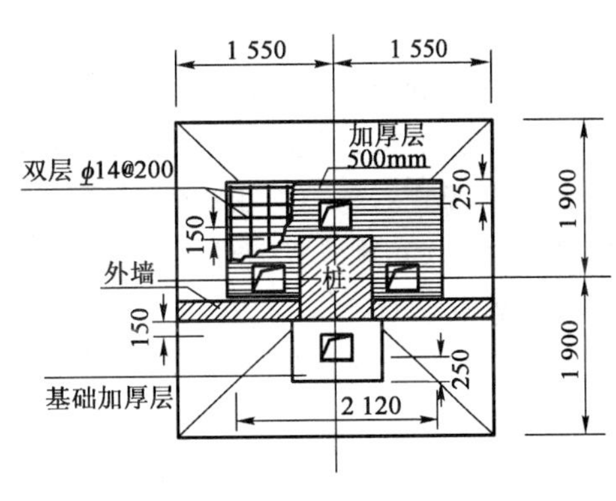

b)

注：▤区域加厚层为 500mm 厚

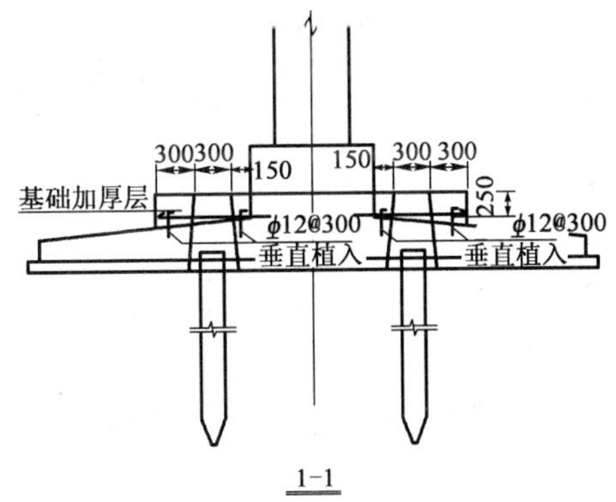

图 6-24 中柱、边柱布桩图和承台加固图（尺寸单位 mm）

a）中柱 6 桩承台平面图；b）边柱 4 桩承台平面图

7)基础托换加固后效果

3 号库加固自 2006 年 2 月 10 日～5 月 30 日历时 108d，压桩数 761 根，桩长 20m，压桩力大于 450kN，柱子基础植筋加固计 177 只，植筋数 16 300 根。

2006 年 6 月 30 日测量结果，柱子倾斜率均在 4‰以内；沉降速率：设备区为 0.08mm/d，堆载区为 0.12mm/d，由此可见，3 号库基础经锚杆静压桩托换加固后，取得了明显的加固效果，有效控制了库房的沉降，确保了仓库的安全使用。

2. 锚杆静压桩技术应用于纠偏加固工程

1)工程概况

某住宅小区，已建 11 幢六层加跃层公寓楼，基础形式为天然地基上设片筏基础，上部结构为砖混结构。该工程结构封顶 7 个月后，发现所有建筑物都有程度不一的较大沉降和不均匀沉降，且沉降速率较大，最严重的一幢楼沉降量高达 484.1mm，沉降速率曾达 2.64mm/d，倾斜率竟达 18.8‰，这些值都远远超过了规范规定的允许值，而且沉降、倾斜都尚在进一步发展中。为此，必须对所有建筑物针对不同情况分别进行托换加固处理及纠偏加固处理。

2)工程地质资料

据工程地质详勘报告，该地区的地层特征为：①层为耕土；②层为粉质黏土，层厚 2.5m，承载力为 90kPa，平均孔隙比为 1.01，平均压缩模量为 6.5MPa，属中等压缩性；$③_a$ 层为淤泥质黏土，层厚 7.3m，承载力为 50kPa，平均孔隙比为 1.41，平均压缩模量为 1.8MPa，属高压缩性：$③_b$ 层为淤泥质粉质黏土，层厚 5.4m，承载力为 60kPa，平均孔隙比为 1.28，平均压缩模量为 3MPa，属高压缩性；④层为粉质黏土，层厚 4m，承载力为 80kPa，平均孔隙比为 0.98，平均压缩模量为 4.5MPa，属中等压缩性；⑤层为砂质粉土，承载力为 150kPa，平均孔隙比为 0.95，平均压缩模量为 10MPa，属中等压缩性，该层未钻穿。

3)工程事故原因分析

据工程实况及地质报告，天然地基沉降大、沉降速率大并伴随严重倾斜的原因有以下三方面：

(1)建筑物自重较大，加跃层局部为七层，并有大量的装饰荷载，其基底压力已达 98kPa，超过了基底直接接触的②层土的承载力。

(2)片筏基础下 1 倍基宽范围内的主要持力层为土质很差的$③_a$ 及$③_b$ 土层，作用于$③_a$ 层表面处附加应力已超过了该层土经过深度修正后的承载力，即下卧层强度不足，这意味着不仅会发生较大的垂直变形，还会发生较大侧向变形而引起更大的垂直变形，沉降速率也自然会大并不易趋于稳定。

(3)由于建筑物局部有跃层，使建筑物有较大的偏心，导致沉降不均匀而发生倾斜。

4)住宅楼地基加固方案确定

事故出现后，甲方曾邀请各方专家对多种加固、纠偏方案进行了比较，有的方案甚至已付诸于实施。如某楼有某单位进行过搅拌桩封闭，再作注浆加固，后因未获理想效果而被迫放弃。经分析比较后，最终确定对六幢楼号采用锚杆静压桩托换加固，对五幢楼号采用锚杆静压桩可控纠偏加固。

5)三种工况计算分析

加固方案确定以后，为了预估建筑物沉降及基础底板内力，对天然地基及锚杆静压桩加固的三种工况进行了三维弹性有限元计算分析。

(1)计算模型:本计算为三维弹性有限元计算,即假定土体的变形均在弹性范围内。

土体用三维块体模拟,并按土层分层考虑。计算范围为 $3a \times 3b \times 3h$(其中 a、b、h 分别为底板的长、宽和静压桩的长度)。锚杆静压桩的桩体用三维梁单元模拟,桩土之间的相对移动忽略不计,房屋筏基底板用板单元模拟。

原状土的计算参数取勘测资料提供的数据,锚杆静压桩的尺寸及桩体混凝土强度等级均按实际来取。

上部结构根据层数分为不同的区域,按实际的荷重折算成均布力加在底板上,活荷载的作用不予考虑,地面超载及周围结构物的影响均忽略不计。

计算程序采用 SAP91 三维有限元通用计算程序。

(2)计算内容:计算分为以下三种工况(针对 x 号楼)。

工况一:天然地基上直接建造结构物;

工况二:南、北两侧均布桩后建造结构物;

工况三:南、北两侧外加中间一排布桩后建造结构物。

(3)计算结果与分析:计算结果得到了三种工况基底处沉降等值线分布,三种工况底板东西向及南北向的应力等值线分布,工况一第②层土及第③层土的最大主应力及最大剪应力呈等值线分布,工况二第②层土及第③层土的最大剪应力呈等值线分布等(表 6-10)。其具体数值是三种工况的结构物最终沉降为:

工况一的平均沉降为 694mm;

工况二的平均沉降为 192mm;

工况三的平均沉降为 180.5mm。

最大沉降都位于南侧居中。

三种工况的底板最大应力　　表 6-10

工　况	东西向(kPa)	南北向(kPa)	$M^c\max/M^t\max$(东西向)	$M^c\max/M^t\max$(南北向)
工况一	4 880	2 340	0.60	0.32
工况二	4 170	2 230	0.59	0.50
工况三	3 680	1 520	0.52	0.32

注:表中应力均为底板下表面拉应力。

$M^c\max$ 为计算所得底板最大弯矩;$M^t\max$ 为底板所能承受的最大弯矩。

计算结果表明:

①工况一在天然地基条件下,第②层和第$③_a$ 层土体都已进入塑性状态,其中底板角点和底板南侧下方土体塑性破坏尤为严重,这说明了天然地基土体的塑性破坏和土体的侧向变形是导致结构物过大的沉降与不均匀沉降的主要原因。

②工况二在南北两侧进行锚杆静压桩加固地基后,上层土体应力明显减少且都在弹性范围内工作,而桩底下卧层土体应力增加,但由于该土层的物理力学指标较高,土体未破坏。这说明采用锚杆静压桩加固地基后能减小土体侧向变形,减小上部土层的压力,从而能有效地控制地基沉降,同时也改善了房屋底板的受力状态。

③工况三相对于工况二只是减少了底板应力，但沉降减少不多。这主要是因为工况二与工况三的土体都在弹性范围内。根据土壤应力应变曲线，弹性区间内应变变化不大，但到了塑性区域应变就剧增。所以工况二相对工况一能有效减小沉降，而工况二与工况三沉降相差不大。由于工况三相当于在底板增加了一排刚度较大的弹性支座，所以工况三能减少南北向底板应力。

从计算结果可看出，加中间一排桩后结构物的沉降量变化不明显，而工况二的底板应力也已在允许范围内，因此中间一排桩可不布设。

6)锚杆静压桩的机理及布桩加固设计

当锚杆静压桩用于可控纠偏时，其工序为先在沉降大的一侧压桩并封桩，使之制止进一步继续倾斜，然后在沉降小的一侧采用沉井射水或射水掏土进行纠偏，待纠偏到预期倾斜值时，在沉降小的一侧进行保护桩施工。由于保护桩的作用，使其能够达到可控的目的。

据三维弹性有限元计算结果，决定锚杆静压桩均布于建筑物片筏底板的外侧四周悬挑部分，并且单桩大都布置在挑梁与基础梁的交叉附近，这样便于力的传递。桩截面为 $250\times250mm^2$，桩段长 2.5m，C30 混凝土，桩长 20m，桩压至⑤层土，单桩设计承载力为 250kN，控制压桩力为大于 320kN，实际压桩力为 320～500kN。

为确保桩能正常传递荷载的功能，除了必须确保封桩的质量外，尚须对底板进行抗剪、抗冲切的验算。由于本工程原片筏基础底板厚度仅 30cm，故必须设置桩帽梁，按常规桩帽梁高度定为 15cm，经底板抗剪及抗冲切验算合格，故最终在每根桩上都设置了 15cm 厚的桩帽梁。

7)工程加固效果

加固效果见表 6-11。从表中可看出，加固效果是十分明显的。

工程加固效果表

表 6-11

楼号	纠偏加固内容	南侧桩数（根）	北侧桩数（根）	设计桩长（m）	纠偏前倾斜率（‰）	纠偏后倾斜率（‰）	加固前沉降速率（mm/d）		加固后沉降速率（mm/d）		平均沉降速率（mm/d）	
							S	N	S	N	S	N
1	托换加固	36	32	20			1.7	1.2	0.032	0.064	117.6	92.76
2	沉井纠偏加固	36	32	20	18.8	2.75	2.64	0.52	0.030	0.045	58.90	243.6
3	沉井纠偏加固	36	32	20	6	0.95	0.83	0.58	0.034	0.041	61.98	119.8
4	沉井纠偏加固	32	28	20	13.9	2.8	0.67	0.43	0.029	0.033	50.40	156.1
5	沉井纠偏加固	34	30	20	9.1	3.15	0.61	0.68	0.029	0.027	44.83	92.68

(1)所有纠偏楼号经过加固纠偏后，其倾斜率都小于 4‰，满足了规范要求，达到了预期的效果。

(2)经过托换加固后的所有楼号其平均沉降都小于 20cm，达到了预定目标。

(3)所有楼号经过加固后的平均沉降速率都很小，并逐渐已趋向稳定。现举一个比较有代表性的 2 号楼纠偏工程为例，其桩位布置平面见图 6-25，s-t 曲线见图 6-26。

图 6-26 中 S 线为南侧测点的平均沉降与时间的关系曲线；N 线为北侧测点的平均沉降与时间的关系曲线。图中绘出的初始沉降值为 1996-11-25 日测得的纠偏前平均倾斜率 18.8‰，1996-11-25～1996-12-20 日压完并封桩，其后在 1996-12-12 日开始在砌筑好的沉井中冲水掏

土进行纠偏，于 1997-1-26 日冲水结束，并于 1997-2-5 日压完并封好北侧桩，期间北侧发生大量沉降，以使经纠偏后的平均倾斜率为 2.75‰，达到了理想的纠偏效果。此外，在图中还可看出不管 S 线还是 N 线，其末端线都已趋于水平，这说明了沉降已逐步趋于稳定，纠偏的加固效果也就稳定了。

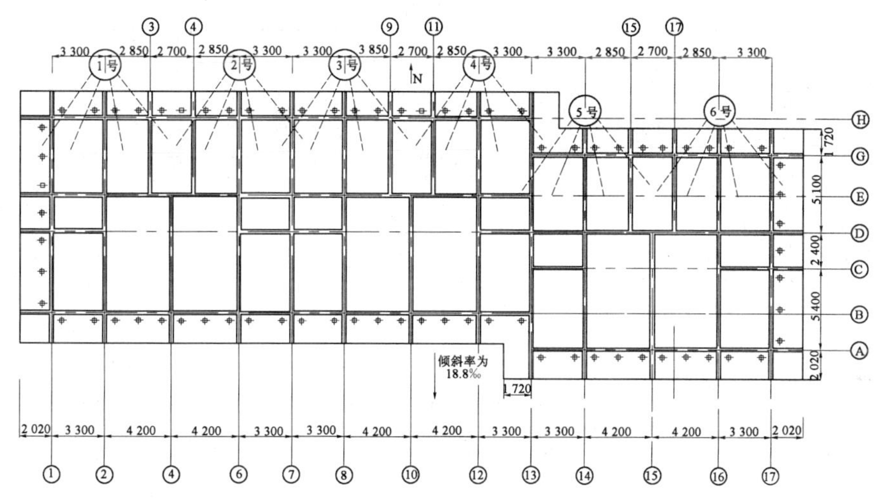

图 6-25　桩位布置平面图(尺寸单位:mm)

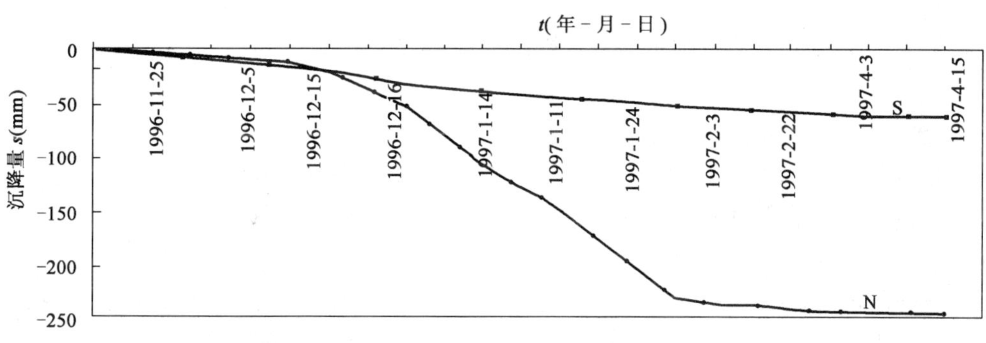

图 6-26　s-t 曲线

加固效果表明：建筑物在用锚杆静压桩加固以后，能有效消除"片筏基础底部的土层塑性区域，并在理论上论证了取消中间一排桩的可行性。从工程实践和建筑物的沉降观测资料来看，也验证了上述理论计算结果，即在南北两侧加锚杆静压桩后，大大改善了基底下土体塑性区的开展，有效制止了建筑物的不均匀沉降。这些理论计算及工程实践为今后新建工程的合理布桩设计提供了依据和经验。

3. 锚杆静压桩技术用于新建工程

1)工程概况

常州市中南大厦位于常州市区，东临健身路、北侧紧邻关河路，南侧及西侧均临居民住宅。该建筑物长 38.4m，宽 31.8m，高 49.6m。地上 15 层，地下一层，基础形式为片筏基础，底板为承台梁板式，最厚处达 1.5m，最薄处为 0.5m，上部为现浇钢筋混凝土框架结构。

2)工程土质条件

建筑区有古河道横穿,正常冲积的⑤层黏土层部分被切割,形成该区土层分布不均匀,中部软弱土层教深,周边较浅。东南部尚留少量未被切割的⑤层硬塑黏土,各土层承载力标准值、压缩模量、桩端承载力、桩周土摩擦力、双桥静力触探平均值等各项指标列于表 6-12。

地基土特性参数 表 6-12

土层	土名	承载力标准值(kPa)	压缩模量 E_s(MPa)	桩端承载力标准值 q_p(kPa)	桩周土摩擦力标准值 q_s(kPa)	Q_c(MPa)	f_s(kPa)
②	黏土	140	6.0		20	1.01～1.34	32.58～58
③	淤泥质粉质黏土	90	4.0		10	0.6～1.04	11.8～26.6
④	粉质黏土	150	6.0		25	1.55～2.61	27.5～58.5
⑤	黏土	260	10.0		35	1.8～2.2	60～90
⑥	黏土	130	6.5		30	2.9～6.67	63.5～166.2
⑦$_a$	粉砂	160	8.0	1 300	35	4.28～5.69	46.5～85.7
⑦$_b$	粉砂	200	10.0	2 000	35	6.4～8.01	88.1～104.5
⑦$_c$	粉砂	260	11.0	2 800	40	10.55～11.5	160.3～210.9

3)地基基础方案选择及锚杆静压桩设计

由于天然地基无法满足强度要求,勘察报告建议采用锤击沉管夯扩桩,桩尖持力层选用⑦$_b$。

本工程附近有一幢建筑物在施工锤击沉管夯扩桩时,由于振动和噪声遭到附近居民竭力反对而被迫放弃该方案。但是本工程进度要求紧迫,故本工程在设计时经过再三选择,决定采用“三无工法”即无振动、无噪声、无污染的锚杆静压桩逆作施工新技术方案,桩基施工不占用工期。

锚杆静压桩设计桩长为 8～11m,桩截面 300mm×300mm,桩节为 2.2m,设计桩的根数为 466 根,设计压桩力不小于 900kN,桩尖进入⑦$_a$ 或⑦$_b$ 粉砂层。以荷载大小及分布来设计桩位布置,桩位布置图见图 6-27。

4)锚杆静压桩施工

为了避免过大的挤土效应,压桩区分三批进行,第一批先压建筑物周边外侧桩,压完桩并封桩;第二批为进入地下室内压建筑物周边内侧桩及柱子周边二分之一的桩,压完后一次封桩;第三批压余下的桩,并分三个区段进行分区压桩,压完后一次封桩。压桩施工于 1997 年 1 月 29 日开始,于 1997 年 5 月 6 日全部结束,桩入土深度为 4.4～11m,压桩力为 904.5～1 185kN。

5)桩加固效果

本工程观测从 1997 年 2 月 3 日开始至 1998 年 7 月 27 日为止,历时 540d,主体结构封顶时间为 1999 年 8 月 22 日。从历次沉降观测结果不难看出,沉降比较均匀,累计沉降为 23.5mm,沉降速率为 0.018 3mm/d(详见图 6-28s-t 曲线),沉降曲线呈平缓趋势,沉降已趋稳定。

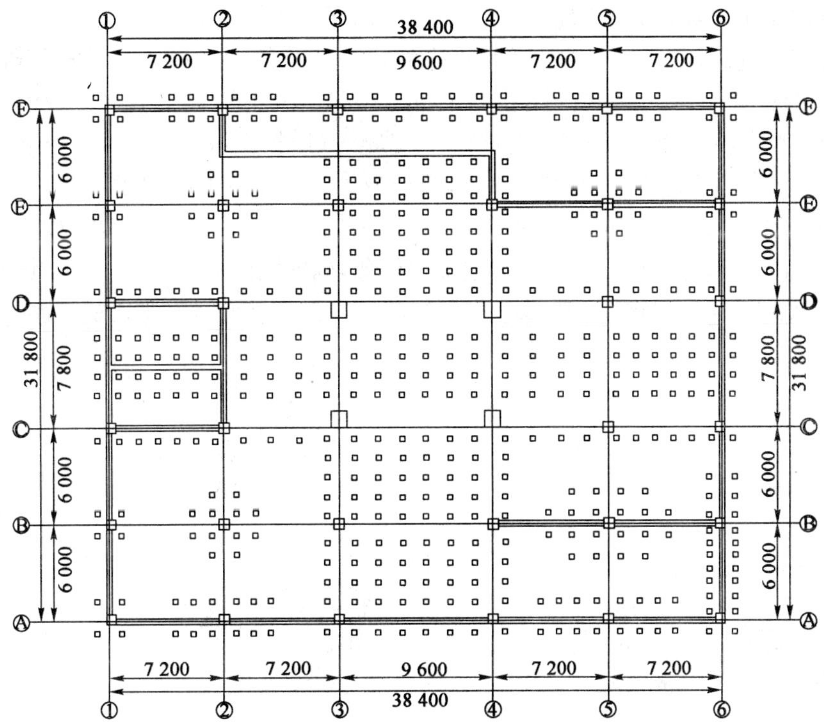

图 6-27 桩位图(尺寸单位:mm)

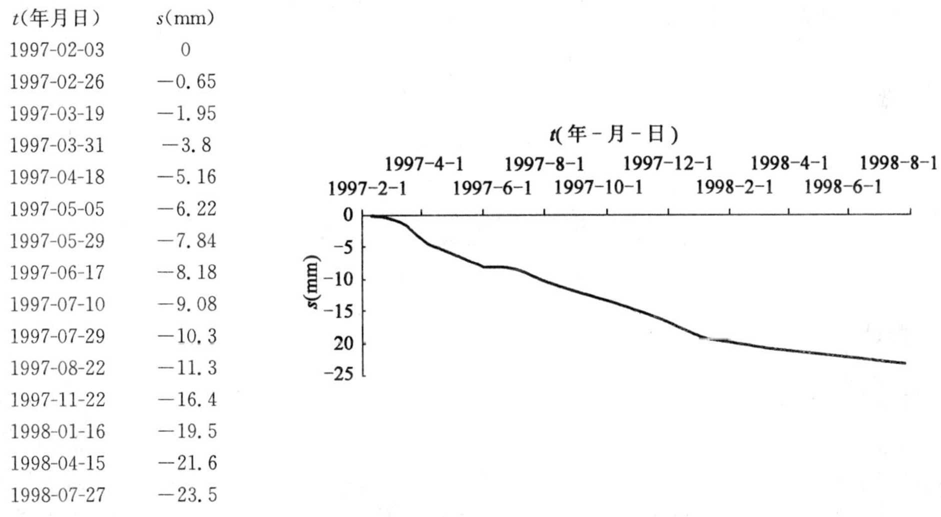

t(年月日)	s(mm)
1997-02-03	0
1997-02-26	−0.65
1997-03-19	−1.95
1997-03-31	−3.8
1997-04-18	−5.16
1997-05-05	−6.22
1997-05-29	−7.84
1997-06-17	−8.18
1997-07-10	−9.08
1997-07-29	−10.3
1997-08-22	−11.3
1997-11-22	−16.4
1998-01-16	−19.5
1998-04-15	−21.6
1998-07-27	−23.5

图 6-28 s-t 曲线

测量结果表明,16 层建筑物采用锚杆静压桩逆作施工新技术达到了理想的效果。

4. 大型锚杆静压钢管桩技术应用于高层建筑基础托换工程

上海国际会议中心地上 11 层,地下 2 层,设计单位为浙江省建筑设计研究总院,原设计方案为钢筋混凝土框架结构,8m 柱距,箱桩基础,底板厚 1.1m,PHC 管桩,已全部施工完毕。后考虑到作为国际会议中心大厅,应有大跨度空间,多功能大厅内需取消跨中柱子,为此,需修改设计方案。经研究,设计院采用 50m 大跨度钢网架结构,但网架的荷重都落在拱脚基础上,拱脚需要放在桩基上。经计算新增桩数为272根。由于工期紧迫，大型打桩机具无法进入深坑内，经多方比较，建设方、设计院决定采用由上海华冶建筑危难工程技术开发公司推荐的拥有专利权的大型锚杆静压钢管桩新技术，专利号为97235450.6，钢管直径为ϕ406mm，壁厚为10mm，16锰钢管，桩长39m，钢管内充填C20混凝土，压桩力取1.5P_a（P_a为单桩承载力）即2 300kN，底板全部采用金刚石薄壁钻成孔，孔径为ϕ450mm，压桩孔两侧共埋设12根M30锚杆，提供压桩所需抗拔力，补桩加固曲线图见图6-29所示。该补桩工程共投入压桩设备16台，经过近1个月的紧张施工，完成了补桩加固任务，确保国际会议中心工程的顺利进行，该工程使用至今情况良好，说明该项技术是安全可靠的，对解决特殊基础加固提供新了的途径。

P_p(×10kN)	D(m)
0	0
11	−2.5
30	−5
64.6	−7.5
61.6	−10
40	−12.5
42.6	−15
47.3	−17.5
48.9	−20
67.7	−22.5
80	−25
80	−27.5
92.3	−30
93.9	−32.5
104.5	−35
205.2	−37.5
262.2	−40

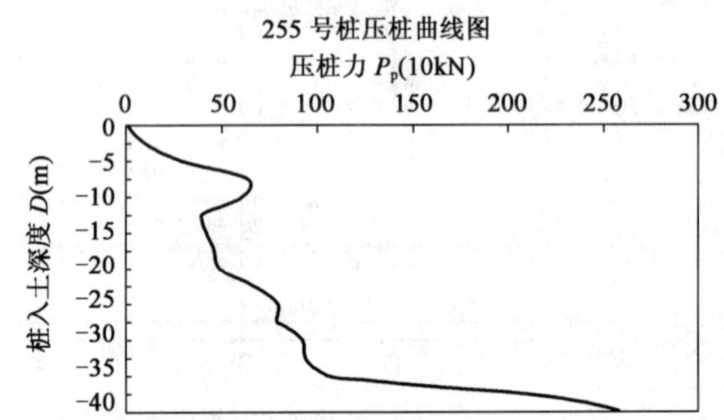

桩径ϕ406mm，壁厚10mm，16锰钢管，单桩设计承载力1 500kN。
压桩设备为250t压桩机，桩长38.5m，桩尖进入⑦$_1$层

图6-29　补桩加固曲线图

第三节　树根桩施工技术及设备

一、概述

1.树根桩的定义

树根桩（Root Pile）是一种小直径的经钻孔后灌注而成的桩，又称为钻孔喷灌卫星桩、小桩或微型桩（Micropiles），于20世纪30年代初由意大利的Fondedile公司首先开发应用，距今约有80年的历史。树根桩如布置成三维结构系统的网状体系则称为网状结构树根桩（Reticulated Root Piles），简称RRP工法。

树根桩根据需要，可以做成垂直的，也可以做成倾斜的；既可以是单根的，又可以是成束的；可以是端承桩，也可以是摩擦桩。树根桩的直径一般为100～300mm，桩长一般为5～30m，但长细比不易过大，否则下部桩体作用难以发挥。

从树根桩的应用形式、桩径及工艺性能上看，树根桩桩名的产生及沿用可以从两方面理解：一是最初在国外常用垂直和倾斜的树根桩组成网状结构的加固体，因其桩径小而形状类似

"树根",所以得名;二是采用压浆法施工的树根桩,其浆液对粉性土和砂性土夹层有明显的渗透性,在桩体周围形成脉状细枝而类似"树根",故而沿用至今。

我国从20世纪70年代初开始研究树根桩,并于1981年由同济大学推荐率先在上海市应用。目前树根桩桩径不断增大,趋近于小直径灌注桩,在其他工艺方面也有了较大的改进和发展。

2. 应用范围

(1)建筑物需要加层(或上部增加荷载),或其他原因导致地基和基础承载力不足时的地基加固和托换。

(2)由于地层不均匀分布、设计或施工方面的原因,建筑物使用期间发生不均匀沉降的处理。

(3)市政工程中地铁或隧道通过建筑物下面地基土层时,预防建筑物产生不均匀沉降的隔离作用。

(4)古建筑的地基基础加固。

(5)对岩石和土体边坡的加固。

(6)沟槽、基坑开挖的支护结构。

(7)池形构筑物的抗浮基础。

(8)作为防渗堵漏措施等。

3. 树根桩的优点

(1)施工简单灵活,由于使用小型钻机所需施工场地较小,在平面尺寸为1.0m×1.5m,净空高度约2.5m即可施工,可保证能够在室内施工,且被托换的工厂不受影响可以继续生产,公用设施可以继续使用。

(2)施工时噪声和振动小,适合于对公害控制严格的市区作业,又因桩孔小,故对基础和地基土几乎不产生应力,其施工几乎对被处理的建筑物和周边环境不产生扰动。

(3)所有操作都在地面上进行,施工较为方便,且没有从基础下面开挖带来的风险,无须临时支撑结构和大量的改建和修复工作。

(4)采用压力灌浆能使桩体外表面比较粗糙,从而使桩体与地基土紧密结合,具有较高承载力,另外桩、承台和墙身可以浇筑联成一体,托换后结构整体性好。

(5)能穿透各种障碍物,可用于淤泥、淤泥质土、杂填土、素填土、碎石土、砂土、黏性土、湿陷性黄土与膨胀土等各种不同地质条件以及岩溶地区,既能在水位以上干作业成孔,也可在有地下水的情况下成孔,因而使用范围较广。

(6)由于所需工作面小,可以多台设备同时工作,与灌注桩相比浆液灌注量少,桩体单位体积承载力高,故施工周期较短,经济性强。

(7)竣工后不会损伤既有建筑物的外貌,这对修复古建筑尤为重要。

二、树根桩的承载机理

1. 内在机理

压力灌浆树根桩在地基加固上起到三方面的作用:

(1)改变基础的传力途径,通过树根桩将上部荷载直接传至基础下的较坚硬的土层或基岩；

(2)通过压浆渗透机理，对周边土体起到注浆加固的作用，改善土体结构、提高土的承载力，以达到加固软弱土层及增大桩侧的摩擦阻力；

(3)对于桩承台基础的加固，在同一承台的原有桩中间施工树根桩，由于桩距相对较小，通过二次压力灌浆，除可增大树根桩本身桩侧的摩擦阻力外，同时也可增大原桩基桩侧的摩擦阻力，并与原桩基及承台下桩间土形成相对较为刚性的整体复合地基形式，对原配筋长度不足或缩颈的灌注桩的单桩受力，加固效果尤为显著[9]。

压力灌浆将浆液充分注入所要加固的软弱松散土体中，通过浆液在土体中渗透作用机理及压力的作用，在桩体周围形成脉状细枝而类似树根，使该桩像树根一样分布于软土中形成树枝状水泥网脉体，而增加桩的摩阻力，改善土的结构提高土的承载力，以达到加固的目的。

2. 传力发挥机制[10]

树根桩基本上是摩擦桩，采用树根桩进行托换时，可认为树根桩在施工中不起作用。此后，当建筑物产生极小的沉降时，桩立即反应承担部分荷载，通过桩体把上部结构的部分荷载传递到地基深部，减少作用在基底土层的附加应力，减少沉降，同时提高地基的承载力。为了维持桩与桩间土的变形协调，建筑物即使仅产生极小的沉降，桩体即会发生迅速反应，承担建筑物部分荷载，相应使基底下土的反力减少。若建筑物继续下沉，则桩继续分担上部荷载，减小基底压力，直至最终整个建筑物荷载都由树根桩承担为止。由于桩体的模量远大于桩间土的模量，土中应力将向桩体发生集中，使桩体承受的竖向应力远大于土中承受的竖向应力。

图 6-30 为树根桩静载荷试验的 P-s 曲线。设计人员要根据被托换建筑物的具体条件，预估经托换后该建筑物所能承受容许的最大沉降量为 s_a，此时在 P-s 曲线上可求出相应的单桩使用荷载 P_a。当建筑物出现小于沉降 s_a 的 s_m 时，则相应的荷载为 P_m，此时则意味着建筑物的一部分荷载传递给桩，而另一部分荷载仍为既有建筑物基础下地基土所承担。因此，比 P_a 值大得多的极限荷载 P_u 并不重要，亦即用于托换时的树根桩是不能充分发挥桩本身承载能力的。树根桩的承载力主要取决于被托换建筑物的容许沉降量。因而在实际设计时，根据单桩载荷试验资料即可按一般桩基设计力法进行。

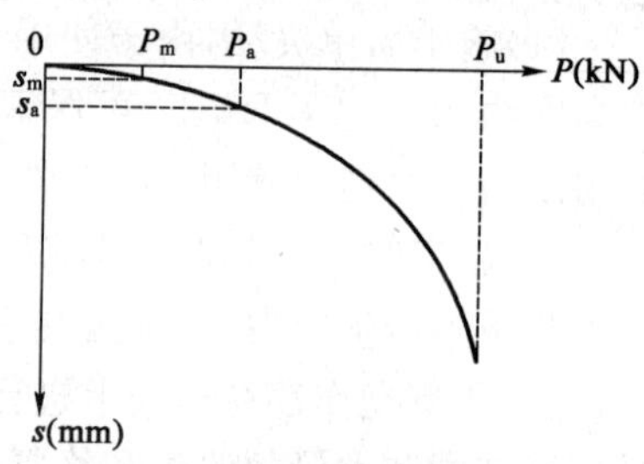

图 6-30 树根桩静载荷试验曲线

三、树根桩的设计计算和规定

1. 单根树根桩的设计计算

树根桩作为支承桩时，单桩承载力可采用下述方法确定：

(1)单桩静载荷试验(承压或抗拔)。

(2)参考同类工程资料。

(3)参照《建筑地基基础设计规范》(GB 50007—2002)计算确定，但桩侧摩阻力取规范中的较大值。

如果按照摩擦桩设计，则：

$$P_{af} = U_p \times \sum q_i \times l_i / K \tag{6-13}$$

式中：P_{af}——单桩摩擦力特征值，kN；

U_p——桩周长，m；

q_i——第 i 层土的极限摩阻力，kPa；

l_i——第 i 层土中的桩长，m；

K——安全系数，一般可取 2，对沉降有特殊要求的托换工程可适当增大。

当桩尖进入硬土层且进行端部扩径时，可计入桩端承载力。扩径长度应不小于 2.5 倍桩径，桩端支撑力特征值为：

$$P_{ac} = A_p \times q_p / K \tag{6-14}$$

式中：P_{ac}——单桩桩端承载力特征值，kN；

A_p——桩端扩径截面积，m^2；

q_p——桩端土层极限端承力；

其余符号意义同上。

单桩承载力特征值　　$P_a = P_{af} + P_{ac}$

设计树根桩桩身强度时，桩身混凝土轴心抗压强度应满足下式要求：

$$P_a / A_p \leqslant 0.7 f_c \tag{6-15}$$

式中：P_a——单桩承载力特征值，kN；

A_p——桩身截面积，m^2；

f_c——桩身混凝土轴心抗压强度设计值，kPa，桩身混凝土强度应不小于 C20 级。

2. 网状树根桩的设计计算

网状树根桩的设计首先进行树根桩的布置，再按布置的情况验算受拉、压的受力模式，对内力或外力进行计算分析。

对于网状结构树根桩，日本提出了一套设计计算方法，其基本原理是将树根桩群与土考虑为一个复合加筋土体，将桩与土围起来的部分可视为一个整体结构，根据材料力学方法对其内力进行计算。网状结构树根桩分为受拉和受压两种情况，下面分别进行论述。

(1)受拉网状结构树根桩[11]

在没有抗拉强度的土中设置的树根桩，就是要使树根桩具有抗拉构件的功能。网状结构树根桩用于保护土坡则不需任何开挖。在实际工程中，受拉树根桩可布置在与预测滑动面成 $45° + \varphi/2$（φ 为土体内摩擦角）角度的受拉变形方向上；另外，由于滑动面可能有多种方向，而树根桩的布置也可能有多种方向，因此，必须考虑树根桩与受拉变形方向的角度误差。故而可将树根桩布置在与土的受拉变形成 0°～20°的角度范围内。

①内力计算

如图 6-31 所示，按压顶梁背面的作用力为主动土压力时，树根桩的拉应力按下式计算：

$$T_{Ri} = P_i \times \Delta H \times \Delta B \times \cos\alpha_1 \times \cos^{-1}\theta_P \times \cos^{-1}\theta_B \tag{6-16}$$

式中：T_{Ri}——第 i 根树根桩上作用的拉力，kN；

P_i——第 i 根树根桩上作用的土压力，kPa；

ΔH——树根桩的纵向间距，m；

ΔB——树根桩的横向间距，m；

α_1——土压力作用方向与水平线所成的夹角，(°)；

θ_P——树根桩布置方向与水平线所成的投影角,(°);

θ_B——树根桩水平方向的角度,(°)。

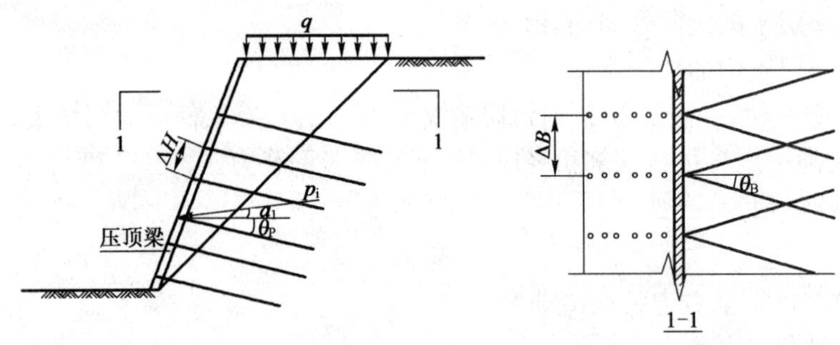

图 6-31 树根桩拉力计算

$$p_i = K_a(\gamma_{sat} \times H_i + q) \tag{6-17}$$

式中:K_a——主动土压力系数;

γ_{sat}——土的饱和重度,kN/m^3;

H_i——上覆荷载作用面至第 i 根树根桩的距离,m;

q——上覆荷载,kPa。

按抗滑力为主动压力时,作用于树根桩的拉力可按下式计算:

$$T_{Ri} = p_R/S_i \times \cos\alpha_2 \times \cos^{-1}\theta_P \times \cos^{-1}\theta_B \tag{6-18}$$

式中:T_{Ri}——每根树根桩上作用的拉力,kN;

p_R——避免发生圆弧滑动需增加的抗滑力,kN/m;

S_i——每单位宽度中树根桩的根数;

α_2——滑动力作用方向与水平线所成的角度,(°)。

树根桩中钢筋拉应力同时应满足抗拉设计强度的要求。

②设计长度

根据压顶梁后土体处于主动极限平衡状态的计算长度,滑动面下部锚固区内的树根桩可视为抵抗拉力作用;主动区内则不考虑抵抗拉力作用。

$$L_{r0} = T_{Rmax}/(\pi \times D \times \tau_{r0}) \times F_{sp} \tag{6-19}$$

式中:T_{Rmax}——树根桩所受的最大拉力,kN;

L_{r0}——树根桩的锚固长度,m;

D——树根桩的直径,m;

τ_{r0}——树根桩与桩间土的黏着应力,kN/m^2;

F_{sp}——安全系数。

树根桩的设计长度等于树根桩的锚固长度加主动区内树根桩的长度,但其总长度不应小于 4m。桩的设计长度取以下两种情况的计算长度的较大值,参见图 6-32。

$$L = L_0 + L_{r0} \tag{6-20}$$

$$L \geqslant 4m \tag{6-21}$$

式中:L——树根桩的设计长度,m;

L_0——主动区内树根桩的长度。

③钢筋与压顶梁的黏着长度

$$L_{m0} = T_{Rmax}F_{sp}/(\pi \times d \times \tau_{ca}) \tag{6-22}$$

式中：L_{m0}——钢筋与压顶梁的黏着长度，m；

d——钢筋的直径，m；

τ_{ca}——钢筋与压顶梁的黏着力强度设计值，kN/m^2。

④整体稳定性计算

由于网状结构树根桩的布置与滑动方向成 $45° + \varphi/2$ 的角度，这可约束土体的受拉变形，其加固效果可看做是土体的黏聚力增大了 Δc 值，增大了小主应力就可使其与大主应力的比值增大，从而提高土体的强度和增加其稳定性。

$$\Delta c = R_t/(\Delta H \times \Delta B) \times K_p^{0.5}/2 \tag{6-23}$$

式中：Δc——黏聚力的增量，kPa；

R_t——树根桩的抗拉破坏强度，kN；

K_p——被动土压力系数。

$$K_p = \tan^2(45° + \varphi/2) \tag{6-24}$$

考虑到树根桩和受拉变形方向实际上存在角度误差，因此黏聚力的增量可修正为：

$$\Delta c' = \cos\theta \times \cos\theta_B \times \Delta c \tag{6-25}$$

式中：$\Delta c'$——修正后的黏聚力增量，kPa；

θ——推算所得土的拉伸变形方向与树根桩布置方向所成的角度，(°)；

θ_B——树根桩水平方向的角度，(°)。

求得加固后的土坡的黏聚力，即可按常规的稳定分析方法计算抗滑稳定安全系数。

(2)受压网状结构树根桩[12]

①内力计算

如图 6-32、图 6-33 所示，计算基准面处的网状结构树根桩加固体的等值换算面积和等值换算截面惯性矩为：

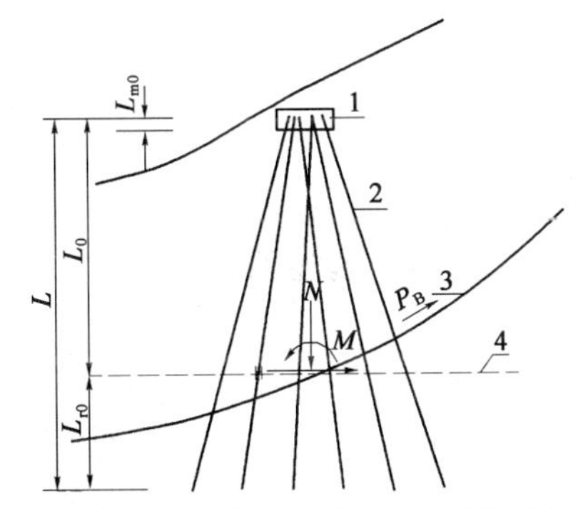

图 6-32　受压网状结构树根桩上的作用力

1-压顶梁；2-树根桩；3-可能滑动面；4-计算基准面

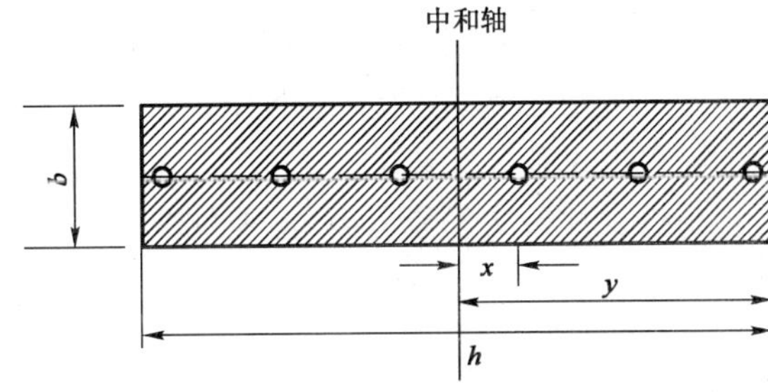

图 6-33　计算基准面示意图

$$A_{RRP} = m \times A_p \times S_2 + b \times h \tag{6-26}$$

$$A_p = (n-1) \times A_s + A_c \tag{6-27}$$

$$I_{RRP} = m \times A_p \times \sum x^2 + b \times h^3/12 \tag{6-28}$$

式中：A_{RRP}——计算基准面处，网状结构树根桩加固体的等值换算截面积，cm^2；

I_{RRP}——计算基准面处，加固体的等值换算截面惯性矩，cm^4；

A_p——单根树根桩的等值换算截面积，cm^2；

m——桩与周围土的弹性模量比，一般取200；

n——钢筋与砂浆（或混凝土）的弹性模量比，一般取15；

S_2——计算基准面内包括的树根桩桩数；

b、h——树根桩布置的宽度和长度，cm；

x——计算基准面中和轴至各个树根桩的距离，cm；

A_c——树根桩的截面积，cm^2；

A_s——钢筋的截面积，cm^2。

由此求得计算基准面处，网状结构树根桩加固体上作用的最大压应力为：

$$\sigma_{RRP} = N \times 10^3 / A_{RRP} + M \times 10^5 / I_{RRP} \times y \tag{6-29}$$

式中：σ_{RRP}——计算基准面处，网状结构树根桩加固体上作用的最大压应力，N/cm^2；

N——计算基准面处，网状结构树根桩加固体上作用的垂直力，kN；

M——计算基准面处，网状结构树根桩加固体上作用的弯矩，kN·m；

y——计算基准面中和轴至计算基准面边缘的距离，cm。

②加固体中土压应力校核

网状结构树根桩加固体中土的压应力应满足：

$$\sigma_{RRP} < f_a \tag{6-30}$$

式中：f_a——计算基准面处，经修正后地基承载力特征值，N/cm^2。

③砂浆与钢筋上的压应力

$$\sigma_R = m \times \sigma_{RRP} > \sigma_{ca} \tag{6-31}$$

$$\sigma_{sc} = n \times \sigma_R > \sigma_{sa} \tag{6-32}$$

式中：σ_R——作用于砂浆上的压应力，N/cm^2；

σ_{ca}——砂浆压应力设计值，N/cm^2；

σ_{sc}——作用于钢筋上的压应力，N/cm^2；

σ_{sa}——钢筋压应力设计值，N/cm^2。

④树根桩设计长度

树根桩设计长度等于计算基准面以下必要的固着长度 L_{r0} 与计算基准面以上长度 L_0 之和。

$$L_{r0} = A_c \times \sigma_R / (\pi \times D \times \tau_{r0} \times 10^2) \tag{6-33}$$

式中：τ_{r0}——树根桩与计算基准面以下土间黏结力设计值，N/cm^2；

D——树根桩直径，cm。

⑤钢筋与压顶梁间的黏着长度

钢筋与压顶梁间的黏着长度 L_{m0} 按下式计算：

$$L_{m0} = A_s \times \sigma_{sc} / (\pi \times d \times \tau_{ca} \times 10^2) \tag{6-34}$$

式中：A_s——钢筋的截面积，cm^2；

d——钢筋直径，cm；

τ_{ca}——钢筋与压顶梁间黏着力设计值，N/cm^2。

⑥加固土体整体稳定性计算

对网状结构树根桩加固体在内的土体整体稳定性计算，一种方法是假定滑动面不通过网状结构树根桩加固体；另一种是意大利 Fondedile 公司采用的方法，即不发生圆弧滑动而需增加的抗滑抵抗力，亦即按树根桩的抗剪力进行计算的方法。

3. 相关设计规定

综合各相关规范，树根桩在设计时应遵循的有关规定如下[13-14]：

(1)树根桩直径宜为 150～300mm，桩长不宜超过 30m，桩的布置可采用直桩型或网状结构斜桩型。

(2)树根桩的单桩承载力可通过单桩静载荷试验确定。当无试验资料时，也可按国家现行标准《建筑地基基础设计规范》(GB 50007—2002)有关规定估算。树根桩的单桩竖向承载力的确定，尚应考虑既有建筑的地基变形条件的限制和桩身材料的强度要求。

(3)树根桩采用的碎石集料粒径宜在 10～25mm 范围内，桩身混凝土强度等级应不小于 C20，钢筋笼外径宜小于设计桩径 40～60mm。常用的主筋直径为 12～18mm，箍筋直径为 6～8mm，间距为 150～250mm，截面主筋不宜少于 3 根。对软弱地基，主要承受竖向荷载时的钢筋长度不得小于 1/2 桩长，主要承受水平荷载时应全长配筋。

(4)对作为支承的树根桩，宜注水泥砂浆，配比应符合设计混凝土强度等级要求，一般为水：水泥：砂＝0.5：1.0：0.3(重量比)，砂粒粒径不宜大于 0.5mm。对作为侧向支护和防渗漏的树根桩，宜注水泥浆，浆液水灰比宜为 0.4～0.5。树根桩成桩时可根据施工需要掺入适量的早强剂和减水剂。

(5)在沟槽开挖埋管时，作为侧向支护的树根桩工程可不采用井点降水措施，树根桩墙的设计应满足抗渗漏的要求。树根桩的插入深度宜在 0.6～1.0 倍开挖深度内选取，应尽可能使桩尖进入不透水层。内支撑的垂直向间距为 1.5～2.5m；沿沟槽纵向间距为 2.5～4.0m。树根桩直径宜在 ϕ200～300mm 范围内选取，树根桩墙断面设计可按有关规定。

(6)在开挖基坑中作为侧向支护的树根桩墙参照有顶梁和顶撑的板桩挡土墙设计，其插入深度宜在 1.0～1.2 倍开挖深度内选取，桩体组合应确保墙体有良好的抗渗性。在无条件采用顶部对撑的工程，应根据具体施工条件，采用墩桩、排桩、锚桩或角撑，使树根桩墙具有足够的抗稳定性。

(7)树根桩设计时，尚应对既有建筑的基础进行有关承载力的验算。当不满足上述要求时，应先对原基础进行加固或增设新的桩基承台。

四、树根桩的施工技术

1. 施工设备

在树根桩的整个施工过程中，所需的主要设备包括成孔设备和压力注浆设备。

根据施工设计要求、钻孔孔径大小和场地施工条件来选择钻机机型，常用的成孔设备为工程地质钻机或探矿工程钻机，如 MGJ-50 型、XY-100 型、BTGJP-JA 型、GXY-1A 型、SD100-1 型和 ZSD150-II 型钻机。成孔方法可根据地层条件选择回转、冲击或泥浆护壁跟管钻进，采用水或泥浆作为循环冷却钻头和除渣手段，为了提高树根桩的承载力多采用正循环方法。对斜桩应选择可任意调整立轴角度的液压回转钻机，如 XY-1 型钻机。在软土中成孔钻头可采用平口合金钻，钻机的液压压力为 1.5～2.5MPa，配套供水压力为 0.1～0.3MPa，钻机转速一般为 220r/min。当遇到硬土层时，需要换上水力扩孔钻头，以达到扩孔目的。由于施工钻进时往往受到净空低的条件限制，因而需要配制一定数量的短钻具和短钻杆。桩端如需要扩径，则在扩径部分采用偏心钻，并采用增大循环泥浆水泵压力相配合的方法进行。

有条件时，注浆设备优先选用兼注水泥浆和水泥砂浆的注浆泵。采用 UBJ2 型挤压式灰浆泵时，最大工作压力为 2.5MPa。压力注浆设备通常采用 BW-120 型、BW-150 型、BW-250 型、SYB-50 型、UFJ2 型泥浆泵、砂浆泵、砂浆搅拌机与附属设备。泥浆泵一般要求泵压不低于 1.5MPa。

注浆管可采用无缝钢管或者 PVC 管，一般在管底口以上 1.0m 范围内做成花管形状，孔眼直径 8mm，纵向间距 10cm，竖向 4 排。注浆孔出口高出孔口大约 15cm，最下端距孔底 30cm 左右。

2.施工工艺

(1)工艺流程

树根桩的施工工艺流程见图 6-34[15]。

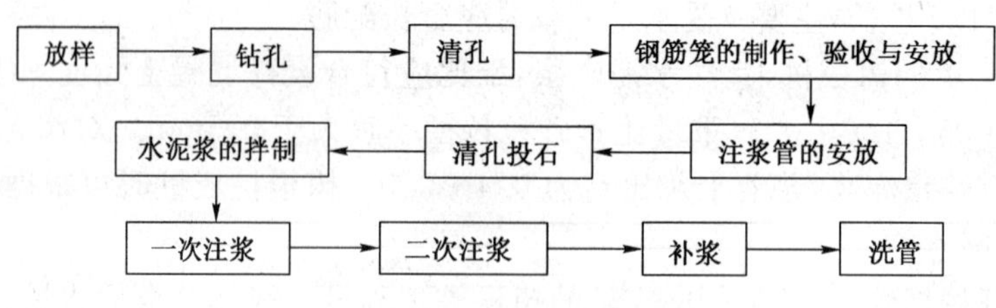

图 6-34　树根桩的施工工艺流程

(2)工艺说明

①钻机定位成孔

安装钻机，用清水及循环液护壁工艺回旋钻进，开始钻孔时如需护壁，最好用水泥浆液(不宜用泥浆)，钻到设计深度(或再扩孔)而终孔。为提高树根桩的桩侧摩阻力，可采用合金三叶偏心钻头高速钻进，以达扩孔目的。

②清孔

钻至设计标高及扩孔后，下放灌浆管，用往复式注浆泵抽取清水进行清孔，直到溢出清水为止。

③填灌碎石

碎石粒径宜在 10～25mm 内，用水冲洗后定量投放。填入量应不小于计算空间体积的 0.8～0.9 倍。当填料量过少时，应分析原因，采取相应措施。在投放碎石过程中，应利用注浆管继续冲水清孔。

④低压灌浆

在搅拌桶里按水灰比 0.5 的比例将水及水泥进行充分搅拌，把水泥浆存放到泥浆池中，通过铁丝网过滤，滤去块状物，用往复式注浆泵抽取水泥浆液并通过灌浆管从桩底由下往上灌注水泥浆，到溢出水泥浆液为止。

⑤钢筋笼的制作及安放工艺

灌浆后应及时安放钢筋笼，钢筋笼根据设计深度制作，钢筋保护层厚度为 20～25mm。如受房屋层高的限制，钢筋笼可分几节制作，每段钢筋笼的长度视现场条件和机具的吊放能力而定，钢筋笼的接头采用双面焊接法，搭接长度为 5 倍的钢筋直径。

⑥二次压力灌浆管的制作工艺[16]

灌浆管的制作，当考虑拔出时，接头处采用外缩节，使外管壁光滑，容易从砂浆（或混凝土）中拔出。为防止二次灌浆管内进入泥浆或杂物，管底用黑胶布或聚乙烯胶布密封，在需压浆部位（软弱土层、松散层、砂层、承台底等）做成花管形状，孔眼用透明胶布封闭，二次压力灌浆管随同钢筋笼一起捆绑安放到桩孔内。需二次压浆部位范围较大的桩孔，可考虑安放多条二次压力灌浆管，并在每段需要压浆部位处钻孔眼，其压浆效果较好，针对性强。

⑦第二次压力灌浆

第一次注浆初凝后，终凝前（约 5～10h，根据水泥类型及注浆泵最大压力现场试验确定）进行第二次压浆，纯水泥浆液水灰比采用 0.5～0.6，可加适量减水剂，增加浆液的流动性，灌浆压力为 1.5～3.0MPa（根据现场试验确定）。水泥砂浆常用的质量配比为水∶水泥∶砂＝(0.5～0.6)∶1∶0.3，砂粒粒径一般不大于 0.5mm。

⑧拔注浆管和振捣桩头

拔出注浆管以后，再向桩头上加入水泥、砂子和石子振捣密实。振捣设备用细长软管振动棒。

3. 二次注浆的必要性

树根桩能承受荷载是桩土相互作用的结果，可以从土力学及其受力的方式简明分析树根桩桩土共同作用的力学机理。在第四系松散地层中施工的树根桩，其承载力主要是靠桩和土体的摩擦力，当桩在受压时达到屈服极限，往往都是桩周土体的抗剪强度破坏。由下式可以看出二次注浆对提高桩承载力的效果：

$$\tau = \sigma_r \times \tan\varphi + c \tag{6-35}$$

式中：τ——土的抗剪强度；

σ_r——桩体受到土体的法向应力；

φ——土的内摩擦角；

c——土体的内聚力。

二次注浆过程中加压较大，水泥浆注入到桩和土体间，桩周土体受挤压，增大了土体的应力，出现了 $\Delta\sigma_r > 0$，同时土体孔隙比减小，并且有水泥浆的压力渗透作用（有部分还可渗透到土内孔隙里）和胶凝作用等，使桩周土体 φ 值亦有很大提高。由于 σ_r 和 φ 值的提高，使得土体的抗剪强度 τ 有较显著的提高，因此土体抵抗外力破坏的能力也有了较大的提高[9]。

通过上述理论分析以及目前积累的大量工程实践经验也可证明，二次注浆成桩可比一次注浆成桩提高所加固地基的承载力为 20%～40%。另外，进行二次注浆可使桩缩径、断桩、桩身混凝土局部不均匀现象出现的概率大大降低，增强了对桩身质量的保障，因此尽可能在树根桩的施工过程中采用二次灌浆法。

4.相关施工要求的规定

(1)桩位平面允许偏差±20mm,直桩垂直度和斜桩倾斜度偏差均应按设计要求不得大于1%。

(2)可采用钻机成孔,穿过原基础混凝土。在土层中钻孔时,宜采用清水或天然泥浆护壁,也可用套管。

(3)钢筋笼宜整根吊放。当分节吊放时,节间钢筋搭接焊缝长度双面焊不得小于5倍钢筋直径,单面焊不得小于10倍钢筋直径。注浆管应直插到孔底。需二次注浆的树根桩应插两根注浆管,施工时应缩短吊放和焊接时间。

(4)当采用碎石和细石填料时,填料应经清洗,投入量不应小于计算桩孔体积的0.9倍,填灌时应同时用注浆管注水清孔。

(5)注浆材料可采用水泥浆液、水泥砂浆或细石混凝土,当采用碎石填灌时,注浆应采用水泥浆。

(6)当采用一次注浆时,泵的最大工作压力不应低于1.5MPa,开始注浆时,需要1MPa的起始压力,将浆液经注浆管从孔底压出,接着注浆压力宜为0.1~0.3MPa,使浆液逐渐上冒,直至浆液泛出孔口停止注浆。

(7)当采用二次注浆时,泵的最大工作压力不应低于4MPa。待第一次注浆的浆液初凝时方可进行第二次注浆,浆液的初凝时间根据水泥品种和外加剂掺量确定,可控制在45~60min范围。第二次注浆压力宜为2~4MPa,第二次注浆不宜采用水泥砂浆和细石混凝土。

(8)注浆施工时,应采用间隔施工、间歇施工或增加速凝剂掺量等措施,以防止出现相邻桩冒浆和串孔现象。树根桩施工不应出现缩颈和塌孔现象。当采用泥浆护壁仍不可避免产生上述现象时,应将套管下到产生缩颈或塌孔的土层深度以下。

(9)拔管后应立即在桩顶填充碎石,并在1~2m范围内补充注浆。

(10)树根桩施工时应防止出现穿孔和浆液沿砂层大量流失的现象。树根桩的额定注浆量不超过按桩身体积计算量的3倍,当注浆量达到额定注浆量时应停止注浆。可采用跳孔施工、间歇施工和增加速凝剂掺量等措施来防范上述现象。

(11)用作防渗堵漏的树根桩,通常不配筋,允许在水泥砂浆中掺适量(应不大于30%)的磨细粉煤灰。

5.施工注意事项和常见问题的处理

(1)桩位

如果发现钻孔偏离孔位的情况,应回填砂土至偏孔上方300~500mm处,然后重新钻孔。

(2)钻孔

采取有效的防控技术措施,防止扰动孔壁酿成塌孔、扩孔、卡钻和掉钻等意外事件。

(3)下套管

施工时如出现缩颈或塌孔现象,应将套管下到产生缩颈或塌孔的土层深度以下。

(4)注浆

从开始注浆起,对注浆管要进行不定时上下松动。在注浆结束后要立即拔注浆管,每拔1m必须补浆一次,直至拔出为止。

树根桩的额定注浆量应小于3倍桩身计算体积,当注浆量达到额定注浆量时即停止注浆。

为了防止出现穿孔和浆液沿砂层大量流失的现象，可采用跳孔施工、间歇施工和增加速凝剂掺量等施工技术措施。

(5)桩顶标高

注浆后由于水泥浆收缩较大，故在控制桩顶标高时，应根据桩截面和桩长，采用高于设计标高5%～10%的施工标高。

(6)成孔过程中常见问题的处理[17]

①塌孔

泥浆稠度不够或遇到岩石裂隙而使泥浆流失造成较深处塌孔时，应快速将钻杆拔出。塌孔时人员、机械应迅速转移，因为此时孔周围将可能出现2～3m^{2}的“泥潭”，应防止人员、机械设备落入其中。塌孔发生后，应将预先准备的黏土随同塌陷的泥土、泥浆填入孔中，使黏土随同泥浆进入孔中，对塌方起填补作用，直至“泥潭”静止不再下沉为止。此后应避免扰动此处，经过泥浆沉淀后(大约需要20d)可重新在原桩位上钻孔。如果重新钻孔仍不能成孔，可采用在原桩位两侧加钻桩的方法处理。

地表土较松软而造成地表处较小范围塌孔的处理，可采取放钢套管的方法。将钢套管放入塌孔的范围内，待碎石填放后即可将套管拔出，也可采用水泥浆护壁的方法，在有可能塌孔的部位钻孔时，将护壁泥浆充分渗入砂中凝结后再钻孔。

②有较厚回填砂层的成孔

地表有回填砂层时树根桩的成孔，可采用在泥浆中加入适量的水泥护壁，使浆液渗入砂中并凝结的方法。此种方法应适当放慢钻孔速度，使浆液有足够的时间渗入砂中。也可以在桩位处浇灌较大水灰比的水泥浆，待水泥浆充分渗入砂中凝结后再钻孔。

③有较大块建筑垃圾或爆破石渣层的成孔

树根桩施工中经常可遇到地表为建筑垃圾或爆破石渣等的回填层。具体做法可采用树根桩结合挖孔桩的方法成孔。挖孔直径采用1m左右，用钢筋混凝土护壁将桩位处的石渣挖出，然后在此“挖孔”中填满泥土后钻孔。此方法施工时应严格进行护壁钢筋混凝土受力计算，防止塌方。

(7)成桩过程中常见问题的处理[17]

在注浆过程中，有时会遇到穿孔、冒浆和浆液沿砂层或某一地下通道大量流失的现象，应及时处理。

穿孔是指注浆从邻近已完工的桩顶冒出，预防措施可采用桩位间隔施工的方法，即间隔1～2个桩位施工，同时可在水泥浆中加入适量的早强剂。

冒浆是指浆液从附近地势较低的地面冒出的现象，此情况大多出现在表层是松散填土层的场地，常用的措施是调整注浆压力和掺适量的早强剂并适当减缓灌浆速度，也可以注入浓浆或砂浆，这样可以堵塞土层中的空隙，减小土层的渗透性。

在注浆过程中，浆液除了充填桩身之外，在压力的作用下还向四周土层中渗透。注浆量达到按桩身体计算量的2倍属正常现象，若出现注浆量超出桩身体积计算量的3倍时，应停止注浆，观察周围是否有漏浆等情况。查清原因后采取相应的措施。

如果遇到采取以上措施仍不能成桩的地质结构，可以将注浆管更换成较粗大的导管，直接注入砂浆或粒径较小的混凝土，这样形成小直径的混凝土灌注桩。

6.施工质量控制与检验

(1)施工质量控制

①钻孔成孔质量控制

树根桩口径小,施工过程中严格控制成孔质量,主要包括孔径、孔斜及孔深误差校正和钻进的方法。采用合金三叶偏心钻头扩孔时,要用较快的转速,上下提升与下放钻具进行扩孔。桩端入土(岩)段要取土(岩)芯作鉴定。应防止桩底部沉渣过厚,清孔应彻底。宜在孔口处设置1.0～2.0m长的套管,以防孔口土方坍落。

②浆液的质量控制

严格按照施工方案中所设计的配比进行施工,注浆前应对配制的浆液(或注浆混凝土)进行抽样检查,确定其凝固情况。二次注浆液可掺入适量减水剂,以减少水泥浆的析水,提高浆液的流动性和可泵性。不可盲目增大水灰比来增大流动性,否则会大大降低浆液的强度及桩身的质量。要防止桩身混凝土强度过低,应严格控制承灰比及集料填充量,注浆完成后应振捣桩头部分,防止出现蜂窝等缺陷。

③注浆的质量控制

严格按照施工方案所设计的水泥浆配合比及注浆压力进行,并掌握好二次注浆时间,以及注浆量的控制。注浆时应控制压力和流量,使浆液均匀上冒,直至在孔口泛出。初次注浆应使浆液至桩顶冒浆,由稀变稠,然后按实际情况可封口进行二次注浆。注浆量一般要控制在桩体积的1.5倍左右,但现场技术员要结合实际情况灵活掌握,根据可能出现的注浆管渗漏或堵塞、凝固过快等现象,采取相应的措施。注浆应一次性完成,中途不拔管;万一拔管,必须测定混凝土面及管底标高,确保注浆管不露出浆液面,以保证桩身连续。

④吊放钢筋笼的质量控制

钢筋笼吊放应执行施工方案所设计的工艺要求,要注意钢筋笼焊接及吊放的垂直度。钢筋笼加工时,一定要按配筋设计图要求加工,箍筋与主筋的焊点一定要牢固,主筋搭接要保证双面满焊。钢筋笼应垂直,钢筋笼的安放一定要到位,且在孔口固定牢固,以防下掉和上窜。

⑤充填集料的质量控制

集料灌填前应冲洗,并保持湿度。在灌料时应轻摇钢筋笼,使集料密实,注浆完成后应振捣桩头部分,防止出现蜂窝等缺陷。防止桩身缩颈,要在成孔后及时安放钢筋笼和不间断地投填集料。同时要防止发生断桩,施工中保证石子投放的均匀性,不发生投放卡壳或注浆间断等情况,实际集料填充量应大于理论计算量。

(2)施工质量检验

①做好现场施工验收记录,包括钢筋笼制作安放、成孔、二次压力灌浆等各项工序指标考核。

②水泥浆液应做试块进行不同龄期的抗压试验,以检验注浆液的强度;每3～6根桩做一组试块,以测定桩身材料的抗压强度。如用注浆混凝土,要用同样的浆液再投放碎石集料(按成桩工艺制作,不要搅拌),用混凝土试件的规格制作试块进行抗压试验。

③对作为侧向支护的树根桩,可边开挖边垂直检验。当发现严重偏斜、缩颈、露筋、蜂窝、甚至断桩等现象时,应及时采取加固措施。

④对作为防渗漏的树根桩。可采用监测墙后孔隙水压力在开挖期下跌幅度的方法来检验防渗效果。当墙面出现渗漏现象时,应及时采取墙前封堵和墙后注浆等措施。

⑤在建造上部结构(或与原基础连接)前,应检验桩位、桩数和桩头强度,桩体的整体性和均匀性,桩体的有效直径。

⑥可用动测法检验桩身完整性和桩身质量,用静荷载试验检查单桩竖向承载力特征值是否达到设计要求。

⑦做好托换基础的沉降观测及建筑物的裂缝观测,以确保树根桩对建筑物基础加固的效果。

⑧施工原材料和半成品应作常规检验,检查其质量是否达到要求。

7. 与钻孔灌注桩的区别[18]

尽管树根桩与钻孔灌注桩相似,但树根桩不是直径较小的钻孔灌注桩。为了更清楚地阐明两者之间的不同之处,可从以下 4 个方面分析。

(1)施工工艺流程

钻孔灌注桩的工艺流程:钻机就位→开孔钻进→到设计深度后冲孔→下钢筋笼、下注浆管→第二次清孔→从注浆管中灌入混凝土→混凝土要求溢出地表→成桩。

树根桩的工艺流程:钻机就位→开孔钻进到设计深度→沉入钢筋笼和注浆管→直接投放碎石骨架材料→用已放入的注浆管冲洗孔底及碎石→在注浆管内加压注水泥浆→待水泥浆溢出孔口后拔出注浆管→从第二根注浆管中进行第二次注浆→拔出第二根注浆管时稍加振动→成桩。

(2)灌注材料和方式

钻孔灌注桩直接用 C30 以上级别的混凝土浇筑,而树根桩采用碎石通过注浆凝固而成。因为钻孔灌注桩口径大,一般内置 ϕ220mm 注浆导管,而树根桩由于口径小常采用 ϕ20mm 左右的注浆管。

(3)桩体外形

由于钻孔灌注桩采用泥浆护壁,成桩后桩侧面比较平整。树根桩由于采用了二次注浆成桩(属于劈裂注浆),成桩后浆液呈不规则分布,孔底为凸出状,桩端扩径明显。

(4)施工设备

钻孔灌注桩常采用 SGP-15 型或 SGP-10 型钻机施工,设备体积大,最少需要 3.5m^2 以上的施工场地。而树根桩设备体积小,布置灵活,一般只需要 1.5～2.0m^2 的施工场地即可施工。

五、树根桩技术新进展

随着树根桩的广泛应用和实践的发展,目前树根桩的构成和施工方法出现了一些新的进展,简要介绍如下。

1. 采用钢管桩施工方法进行树根桩施工[19]

由于传统的施工方法中,钻孔成桩的工艺相对较为复杂,钢管桩的施工方法被用来制作树根桩。钢管桩方法进行树根桩施工具有进尺速度快、清孔彻底安全等优点;另外,钢管桩施工时,常将注浆管设在钢管外壁,清孔完成后,无须再下注浆管即可注浆,边注浆边拔管,速度快,质量也容易保证。

2. 大桩径、长树根桩的广泛采用

在土质许可、需较大幅度提高地基基础的承载力时,树根桩的直径和桩长在逐渐增加,使树根桩的加固速度和加固效果得到了进一步的提高。

3. 树根桩材料方面的进展

传统的树根桩的材料是灌注水泥浆,随着桩径的增大,常常在放入钢筋笼后,往桩孔中填碎石,碎石中的孔隙通过高压注浆填满。这样树根桩的材料实际上演变成了混凝土材料,这种材料方面的改进,可以提高施工速度,节约灌注的水泥浆数量,使树根桩具有更好的经济性。

4. 新的外掺剂

在树根桩桩体材料中掺入适量的建筑石膏(半水石膏),优化桩体构成材料组成,从而可有效抑制水泥浆液的扩散流失。建筑石膏凝结硬化较快(在 7～12min 硬化),而且在凝结硬化过程中体积微膨胀,同时与水泥能很好结合,对钢筋无破坏作用,且成本低廉,有助于促进水泥浆液的凝结硬化,具备保持桩体良好浆液的作用,有利于桩体的形体饱满。但过量的建筑石膏对水泥石后期有破坏性胀裂作用,所以一般在二次注浆工艺中采用,掺入量应小于 5%。

5. 清孔方式

一般树根桩清孔采用清水、水泥浆液循环方式,但在地下水位较低,且土性较好的西部地区可以采用风压清孔方式。

6. 新型桩骨架

一般树根桩桩骨架采用钢筋笼形式,特别是树根桩用作围护桩时,可以采用型钢、钢管等替代钢筋笼来充当桩骨架,从而能够提供更大的侧向刚度。

7. 与其他施工工艺的混合利用

利用各种工艺技术的优势方面,将多种工艺结合在一起来服务工程实际。如利用弧形布置的树根桩的抗压强度,弧形支点采用钻孔灌注桩,从而达到隔离的作用;又如用树根桩和土工膜袋混凝土联合技术来加固边坡等。

六、工程实例

树根桩经过 30 年的实际应用和发展,在工程实际中得到了大量的应用,应用的范围也在不断拓展,出现了相当数量的堪称经典的树根桩设计方案和施工方案。工程实例的赘述已无必要,在此仅列出树根桩应用的典型工程实例的文献出处,读者需要时可以再详细查阅。

树根桩在地基加固和托换技术上的应用实例可参见文献[20]。

树根桩控制差异沉降技术的应用实例参见文献[21]。

树根桩在地铁、隧道、桥涵等市政方面的应用实例分别参见文献[22-24]。

树根桩隔离作用的应用实例参见文献[25]。

树根桩在基坑领域的应用实例参见文献[26]。

树根桩在边坡方面的应用实例参见文献[27]。

第四节 DX挤扩灌注桩施工技术及设备

一、挤扩灌注桩分类

1. 多节扩孔灌注桩与多节挤扩灌注桩发展概况

20世纪50年代后期，印度开始在膨胀土中采用多节扩孔桩；60年代和70年代，印度、英国及前苏联在黑棉土、黄土、亚黏土、黏土和砂土中采用多节扩孔桩。

国外经验表明，多节扩孔桩与直孔桩相比，承载力大大提高，沉降小，技术经济效益显著[28-29]。现以前苏联北乌拉尔地区为例，在硬和半硬的亚黏土中采用两节和三节扩孔桩，其承载力可达800kN，而相应的直孔桩的承载力则为200～220kN。试验表明，前者桩体体积因带扩大头而增加27%，承载力却增加近3倍[1]。

1978年初，北京市建筑工程研究所等在团结湖小区进行干作业成孔的小直径（桩身直径300mm、扩大头直径480mm）两节和三节扩孔短桩（桩长不足5m）的施工工艺及静载试验研究。试验表明，两节和三节扩孔桩的单位体积提供的极限荷载分别为直孔桩的1.28倍和1.76倍。

1979年，建设部建筑机械研究所和北京市机械施工公司在国内首先研制开发出挤扩、钻扩和清虚土的三联机，简称ZKY-100型扩孔器[30]，同年，北京市桩基研究小组首先在劲松小区对用该挤扩装置制作成的四节挤扩分支桩（桩身直径400mm、挤扩分支直径560mm，每一节为6个分支，单支宽度200mm、高度200mm、桩长8.70m）和相应的直孔桩（桩径400mm、桩长8.85m）进行了竖向抗压静载试验，试验表明，前者的极限荷载为后者的138%[31]。

20世纪90年代，北京俊华地基基础工程技术集团[32]研制开发出该公司的第一代锤击式挤扩装置（靠冲击锤锤出两支腔的简易设备）和第二代YZJ型液压挤扩支盘成型机（单向液压油缸两支腔挤扩机），依此实施挤扩多分支承力盘桩（简称挤扩支盘桩，或支盘桩）。需要指出的是，YZJ型挤扩支盘成型机的主要技术特征已被ZKY-100型扩孔器及日本久保田铁工株式会社的挤扩装置专利（1978年）的主要特征所涵盖。

鉴于YZJ型挤扩支盘成型机存在6个方面的缺陷，1998年贺德新高级工程师研制开发出三岔双缸双向DX液压挤扩装置（简称DX液压挤扩装置）[33]，并先后于2000年10月11日和2001年4月17日获中国和美国的发明专利授权。2001年12月12日，贺德新“多节三叉挤扩桩”实用新型专利获中国国家知识产权局授权。依次实施三岔双向挤扩灌注桩（又称多节三岔挤扩灌注桩，简称DX挤扩灌注桩或DX桩），已在全国百余项桩基工程中得到应用，取得了显著的技术经济社会效益。

在DX桩技术发展的同时，一些地方也开发出挤扩设备，并在一些工程中实施[34-36]。实践证明，DX挤扩装置的技术性能显著优于以上几种挤扩设备。

2. 挤扩灌注桩分类

挤扩灌注桩按挤扩设备的挤扩原理可分为两大类。属于第一类挤扩灌注桩的有挤扩多分支承力盘桩（简称挤扩支盘桩或支盘桩）[32]、可变式扩底支盘桩[34]、挤扩分支桩[35]、力宝挤扩桩、单缸单向挤压三支桩和变径灌注桩[36]；属于第二类挤扩灌注桩的为DX挤扩灌注桩。第一类挤扩灌注桩的挤扩盘(支)空腔是采用单向液压缸单向往下挤压的挤扩装置完成的。DX挤扩灌注桩的挤扩盘(岔)空腔是采用三岔双缸双向 DX 液压挤扩装置(简称 DX 液压挤扩装置)完成的。

二、DX 挤扩灌注桩基本原理、组成和构造

1. 基本原理

三岔双向挤扩灌注桩是在预钻(冲)孔内,放入专用的三岔双缸双向液压挤扩装置,按承载力要求和地层土质条件在桩身适当部位,通过挤扩装置双向油缸的内外活塞杆作大小相等、方向相反的竖向位移,带动三对等长挤扩臂对土体进行水平向挤压,挤扩出互成 120°夹角的 3 岔状或 $3n$ 岔(n 为同一水平面上的转位挤扩次数)状的上下对称的扩大楔形腔或经多次挤扩形成近似双圆锥盘状的上下对称的扩大头腔,成腔后提出三岔双缸双向挤扩装置,放入钢筋笼,灌注混凝土,制成由桩身、承力岔、承力盘和桩根共同承载的钢筋混凝土灌注桩。

(1)承力岔定义

用三岔双缸双向液压挤扩装置在桩孔外侧沿径向对称挤扩,形成一定宽度的上下对称的楔形腔,此后岔腔与桩孔同时灌注混凝土所形成的楔形体,称为承力岔。承力岔按同一水平面上的转位挤扩次数可分为 3 岔型(一次挤扩)和 $3n$ 岔型(n 次挤扩)。承力岔可简称“岔”。

(2)承力盘定义

在桩孔同一标高处,用三岔双缸双向液压挤扩装置在桩孔外侧沿径向对称挤扩,经过 7 次以上的转位挤扩,在桩孔周围土体中形成一近似双圆锥盘状的上下对称的扩大头腔,此后盘腔与桩孔同时灌注混凝土形成的盘体,称为承力盘。承力盘可简称“盘”。

(3)桩身定义

桩的等直径部分。

(4)桩根定义

底承力盘以下的桩身部分。

2. DX 挤扩灌注桩类型

DX 桩可有以下几种类型:多节 3 岔型桩,多节 $3n$ 岔型桩,单节、两节与多节承力盘桩及多节 3 岔(或 $3n$ 岔)与承力盘组合的桩。DX 挤扩装置和 DX 桩是对 YZJ 型支盘挤扩机和支盘桩的扬弃,前者是在后者的基础上进行了多方位的实质性改进,明显地改善了挤扩成型的效果。

3. DX 挤扩灌注桩构造

DX 挤扩灌注桩构造示意如图 6-35 所示。

三、DX 液压挤扩装置

1. DX 液压挤扩装置定义

DX 液压挤扩装置(三岔双缸双向液压挤扩装置的简称)是在桩周土体中挤扩形成承力岔和承力盘腔体的 DX 液压挤扩专用设备。

2. DX 液压挤扩装置示意

DX 液压挤扩装置示意如图 6-36 所示。

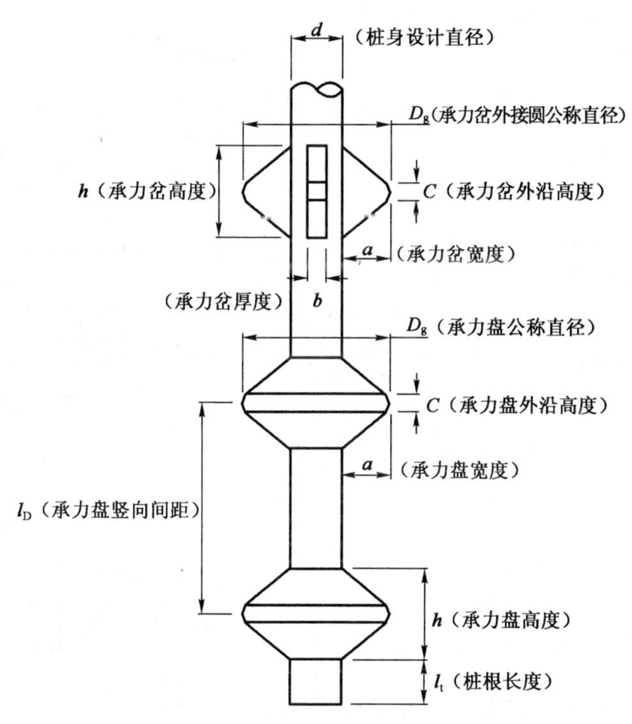

图 6-35 DX 挤扩灌注桩的构造示意图

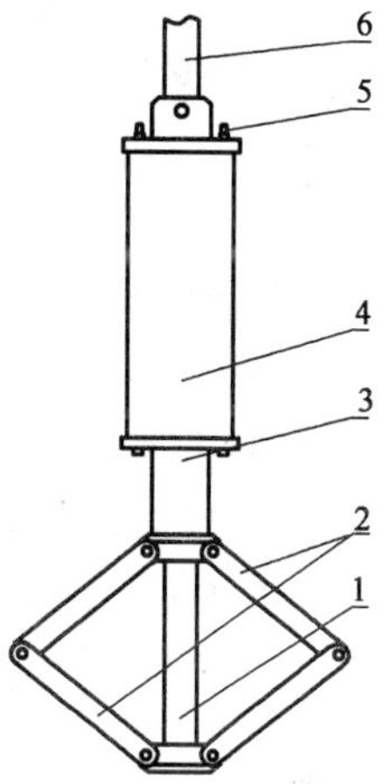

图 6-36 DX 液压挤扩装置示意图
1-内活塞杆；2-三岔挤扩臂；3-外活塞杆；4-油缸；5-油管；6-接长杆

3. DX 液压挤扩装置主要技术参数

表 6-13 为 DX 液压挤扩装置主要技术参数表。

DX 液压挤扩装置主要技术参数表 表 6-13

参数＼设备型号	DX-400	DX-500	DX-600	DX-800	DX-1000
桩身设计直径(mm)	450～550	500～650	600～800	800～1200	1200～1500
承力盘(岔)公称直径(mm)	1 000	1 200	1 550	2 050	2 550
承力盘(岔)设计直径(mm)	900	1 100	1 400	1 900	2 400
挤扩公称直径时两挤扩臂夹角(°)	70	70	70	70	70
挤扩臂收回时最小直径(mm)	380	450	580	750	950
液压系统额定工作压力(MPa)	25	25	25	25	25
油缸公称输出压力(kN)	1 256	1 256	2 198	4 270	4 270
油泵流量(L/min)	25	25	63	63	63
电机功率(kW)	18.5	18.5	37	37	37

4. DX 液压挤扩装置与 YZJ 型支盘挤扩机的性能比较

两者的性能对比见表 6-14。

DX 挤扩装置与 YZJ 型支盘挤扩机工作性能比较[37]　　表 6-14

比较项目	YZJ 型支盘挤扩机	DX 挤扩装置
1	单缸单向往下挤压,挤扩过程中挤扩臂上部产生"临空区",对土体扰动大,沉渣多,见图 6-40a)	双缸双向相对位移带动 3 对挤扩臂对土体进行水平挤压,挤扩臂始终与土体接触,腔体上下面土体均被挤压,土体扰动小,沉渣少,见图 6-40b)
2	挤扩过程中,活塞杆单向外伸运动,活塞杆受压,两对挤扩臂对活塞杆不能稳固支撑,在横向力不平衡时作用力矩大,活塞杆易弯曲受损	挤扩时,内活塞杆受拉力作用,作用力矩小,三对挤扩臂对活塞杆稳固支撑,活塞杆不易弯曲受损
3	一次挤扩完成一字形两支扩大腔,在土体受力不均或孔壁偏斜时,挤扩机不易与桩身轴心准确对中	一次挤扩 3 对挤扩臂同时工作,三向支撑,三向同时受力,完成对称的 3 岔形扩大腔,挤扩装置能准确与桩身轴心对中
4	挤扩臂在套筒内连接,臂内表面呈平面形,易夹土,多次挤扩时挤扩臂往往不能顺利复位,造成挤扩装置出孔困难,甚至发生断臂情况	无套筒,挤扩臂为外连接,臂内表面呈三角形,不易夹土,挤扩臂能顺利复位
5	连接管与机身为刚性连接,挤扩中遇硬物或孔壁斜度偏大时,连接部易被顶断	连接管与挤扩装置为柔性连接,挤扩时,即使遇硬物或孔壁斜度偏大时,连接部也不易受损
6	挤扩臂外表面和挤扩腔顶壁呈多个平面形,腔壁易变形坍塌	挤扩臂外表呈圆孤面,数次挤扩后的形腔顶部呈多个"屋脊形"相连的伞形腔面,不易变形坍塌
7	无清除虚土的装置,尤其是干作业时,无法清除孔底虚土	设有旋挖斗清虚土装置,清孔效果良好,有效解决缩径和孔底虚土问题
8	挤扩后形成上下不对称的支盘形腔,盘腔底面较平,易积回落土,不利于灌注混凝土	盘、岔腔形对称,盘腔底面倾斜,不易积回落土,有利灌注混凝土
9	挤扩时产生挤扩装置上浮现象,使支、盘腔顶壁产生"临空区",以至该处土体容易塌落,不利于支、盘的抗拉性能	挤扩时,上下挤扩臂铰点只作水平运动,盘、岔的腔顶壁土体不易变形坍塌,盘、岔的抗拉性能好

图 6-37 为两种挤扩装置的运动轨迹[38]。

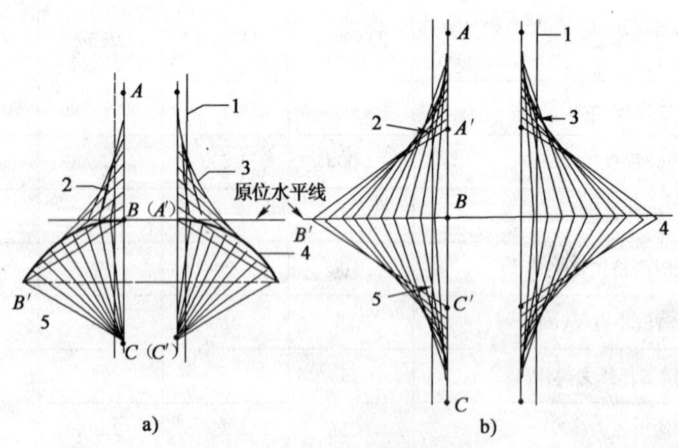

图 6-37　挤扩装置的运动轨迹

a) YZJ 型支盘挤扩机;b) DX 挤扩装置

1-桩孔壁;2-上挤扩臂;3-盘、支(岔)腔壁;4-挤扩臂铰点轨迹;5-下挤扩臂

图 6-37a)是 YZJ 型支盘挤扩机在盘、支腔挤扩过程中,上、下挤扩臂及挤扩臂铰点的运动轨迹。由图 6-37a)可知,上臂 AB 和下臂 BC 的 A、B、C 三点的运动轨迹如下:

$$A\text{点}\{x=0, y=\downarrow\}$$
$$B\text{点}\{x=\rightarrow, y=\downarrow\}$$
$$C\text{点}\{x=0, y=0\}$$

当 B 点移到 B' 时，这个运动轨迹是一个包络线。$AB'B$ 所包围的面积，即是在挤扩过程中形成的临空区现象。因 B 点有 y 方向的位移，对不太密实的土体或砂层进行挤扩时，由于该体积本身重量造成挤扩腔顶壁坍落并增加沉渣，这样就无法完整地完成侧面形腔。

图 6-37b)是 DX 挤扩装置在盘、岔腔挤扩过程中，上、下挤扩臂及挤扩臂铰点的运动轨迹。由图 6-37b)可知，上臂 AB 和下臂 BC 的 A、B、C 三点的运动轨迹如下：

$$A\text{点}\{x=0, y=\downarrow\}$$
$$B\text{点}\{x=\rightarrow, y=0\}$$
$$C\text{点}\{x=0, y=\uparrow\}$$

且 A 点 $|y\downarrow|=C$ 点 $|y\uparrow|$，所以 B 点只有水平方向运动，挤扩臂铰点轨迹即为原位水平线，且 AB' 和 CB' 所形成的包络线均匀连续、上下对称，受力总是平衡的，使挤扩过程中，挤扩腔顶壁不易掉土，容易获得高质量的空腔，从而提高空腔挤扩的稳定性和可靠性。

由表 6-14 及图 6-37 可知，DX 桩的成孔和成桩质量均明显优于支盘桩，从而大大减少桩承载能力的离散度，使建筑物的沉降均匀。

四、DX 挤扩灌注桩优缺点、特点、适用范围和设置原则

1. DX 挤扩灌注桩优缺点

(1)优点

①单桩承载力高，可充分利用桩身上下各部位的硬土层。

②成孔成桩工艺适用范围较广，DX 桩按不同成孔工艺可结合采用潜水钻机、正循环钻机、反循环钻机、冲击钻机、旋挖钻机和钻斗钻机进行泥浆护壁法成孔，也可结合采用长螺旋钻机、旋挖钻机和钻斗钻机进行干作业法成孔，还可结合采用贝诺特钻机进行全套管护壁法成孔。

③低噪声、低振动，泥浆排放量减少。

④节约成本，缩短工期。

⑤挤扩盘、岔腔成形稳定而不坍塌。

⑥桩身稳定性好。

⑦抗拔力大。

⑧机控转角，定位准确，成桩差异性小。

⑨可实施成孔与挤扩装置的车载一体化，挤扩效率高。

(2)缺点

挤扩力还需增大，按现有装置，承力盘和承力岔可设置在标准贯入试验锤击数 $N<40$ 击的粉土和砂土中；也可设置在标准贯入试验锤击数 $N\geqslant40$ 击的粉土、砂土和卵砾石层的顶面上。如果增大挤扩压力，则可在比上述土层更硬的土层中挤扩。

2. DX 挤扩灌注桩特点

(1)DX 挤扩灌注桩通过沿桩身不同部位设置的承力盘和承力岔，使等直径灌注桩成为变截面多支点的端承摩擦桩或摩擦端承桩，从而改变桩的受力机理，显著提高单桩承载力，既能

提供较高的竖向抗压承载力，也能提供较高的竖向抗拔承载力。

(2)钻孔扩底桩与人工挖孔桩是在不改变原地基土物理力学特性的情况下，将扩底部承压面积扩大。而DX桩的承力盘(岔)腔体是在挤密状态下形成的，此后灌入的混凝土与承力盘(岔)腔处的被挤密土体紧密地结合成一体，从而使承力盘(岔)端阻力较大幅度地提高。

(3)每个承力盘腔的首次挤扩压力值可反映出该处地层的软硬程度，地面液压站的压力表指示数可以直观准确地显示该数值。在一定量的范围内通过对DX液压挤扩装置深浅尺寸的调整，可有效地控制设计所选择的承力盘(岔)持力土层的位置，保证单桩承载力能充分满足设计要求，同时还可掌握相关地层的厚薄软硬变化，弥补勘察精度的不足，从而挤扩装置可以容易地借助于起重设备的升降进行入孔深浅的调整。这种主动调控性能是DX挤扩灌注桩施工工艺的突出特点。

(4)挤扩装置入孔过程也可以看做是对直孔部分的成孔质量(孔径、孔深及垂直度的偏差等)进行二次定性检测。

3. DX挤扩灌注桩适用范围及设置原则[40]

DX桩不仅可作为高层建筑、多层建筑、一般工业建筑及高耸构筑物的桩基础，还可作为电厂、机场、港口、石油化工、公路与铁路桥涵等建(构)筑物的桩基础。

(1)抗压DX挤扩灌注桩承力盘(岔)的持力土层选择的原则

从荷载传递机理看，DX挤扩灌注桩可分属于端承摩擦桩或摩擦端承桩，而承力盘(岔)是DX挤扩灌注桩的重要的承载部分。因此选择结构稳定、压缩性较小、承载能力较高的土层作为承力盘(岔)的持力土层是十分重要的。实际工程经验表明，视承载要求，可塑～硬塑状态的黏性土层、稍密～密实状态的粉土和砂土层、中密～密实状态的卵砾石层及残积土层、全风化岩或强风化岩均可作为承力盘(岔)的持力层。

工程实践还表明，承力盘(岔)应设置在可塑～硬塑状态的黏性土层中或稍密～密实状态($N<40$)的粉土和砂土层中；承力盘也可设置在密实状态($N\geqslant40$)的粉土和砂土层或中密～密实状态的卵砾石层的上层面上；底承力盘也可设置在残积土层、全风化岩或强风化岩层的上层面上。对于黏性土、粉土和砂土交互分层的地基中选用DX挤扩灌注桩是很合适的。

以下土层不得作为承力盘(岔)的持力土层：

①淤泥及淤泥质土层；

②松散状态的砂土层；

③可液化土层；

④湿陷性黄土层；

⑤大气影响深度以内的膨胀土层；

⑥遇水丧失承载力的强风化岩层。

(2)承力盘和承力岔的设置原则

挤扩灌注桩的桩身设计直径为d、承力盘(岔)设计直径为D和高度为h。

①承力盘的持力土层厚度不宜小于$3d$，若有软弱下卧层时，承力盘的持力土层厚度不宜小于$4d$；承力岔的持力土层厚度不宜小于$2d$，若有软弱下卧层时，承力岔的持力土层厚度不宜小于$3d$。

②承力盘底进入持力土层的深度不宜小于$(0.5\sim1.0)h$，承力岔底进入持力土层的深度

不宜小于 1.0h。

③相邻桩的最小中心距不宜小于 3.0d 并不宜小于 1.5D。当 D 大于 2m 时，桩的最小中心距不宜小于 $D+1$(m)。

④承力盘的竖向中心间距不宜小于(2.0～2.5)D，持力土层为砂土时取大值，黏性土、粉土取小值。

⑤承力岔的竖向中心间距不宜小于 1.5D；承力岔与承力盘的竖向中心间距不宜小于(1.5～2.0)D，粉细砂取大值，黏性土、粉土取小值。

注：d、D、h 分别为挤扩灌注桩的桩身设计直径、承力盘(岔)设计直径和高度。

(3)桩端持力土层的选择和桩根长度的要求

①宜选择较硬土层作为桩端持力土层。桩端全断面进入持力土层的深度，对于黏性土、粉土不宜小于 2.0d；砂土不宜小于 1.5d；碎石类土不宜小于 1.0d。当存在软弱下卧层时，桩端以下硬持力层厚度不宜小于 3d。

②工程实践表明，为保证挤扩过程中底承力盘腔的完整性，桩根长度不宜小于 2.0d。

(4)抗拔 DX 挤扩灌注桩的承力盘(岔)设置原则

抗拔 DX 挤扩灌注桩的承力盘(岔)宜设置在持力土层的下部，其设置原则：承力盘(岔)应设置在可塑～硬塑状态的黏性土层中或稍密～密实状态($N<40$)的粉土和砂土层中；承力盘(岔)也可设置在密实状态($N\geqslant40$)的粉土和砂土层或中密～密实状态的卵砾石层的底面下。其他要求，如承力盘(岔)的持力土层厚度、承力盘(岔)进入持力土层的深度、相邻桩的最小中心距和承力盘(岔)的竖向中心距均与抗压多节三岔挤扩灌注桩相同。为了充分发挥 DX 挤扩灌注桩的抗拔承载力，顶承力盘(岔)的埋深不宜太小。

五、DX 桩竖向抗压承载力计算要点

1.单桩竖向抗压极限承载力标准值 Q_{uk} 的估算[40]

DX 多节挤扩灌注桩的荷载传递机理与普通直孔灌注桩差别很大，故其竖向抗压极限承载力标准值 Q_{uk} 的估算公式及极限盘端阻力标准值等取值也与普通直孔灌注桩有很大差别。

初步设计时，单桩竖向抗压极限承载力标准值 Q_{uk} 可按下式估算：

$$Q_{uk}=Q_{sk}+Q_{Bk}+Q_{pk}=u\sum q_{sik}l_i+\eta\sum q_{Bik}A_{pD}+q_{pk}A_p \tag{6-36}$$

式中：Q_{uk}——单桩竖向抗压极限承载力标准值；

Q_{sk}——单桩总极限侧阻力标准值；

Q_{Bk}——单桩总极限盘端阻力标准值；

Q_{pk}——单桩总极限桩端阻力标准值；

q_{sik}——单桩第 i 层土的极限侧阻力标准值，如无当地经验值时，可按表 6-15 取值；

q_{Bik}——单桩第 i 个盘的持力土层极限盘端阻力标准值，如无当地经验值时，可按表 6-16 取值；

q_{pk}——极限端阻力标准值，如无当地经验值时，可按表 6-16 取值；

u——桩身周长；

l_i——桩穿过第 i 层土的厚度；

η——总盘端阻力调整系数，单个和 2 个承力盘时，$\eta=1.00$；3 个及 3 个以上承力盘时，

$\eta=0.93$；

A_p——桩端设计截面面积，$A_p=\frac{\pi}{4}d^2$；

A_{pD}——在水平投影面上的承力盘（扣除桩身设计截面面积）设计截面面积，$A_{pD}=\frac{\pi}{4}(D^2-d^2)$；

D——承力盘设计直径；

d——桩身设计直径。

DX 挤扩灌注桩的极限侧阻力标准值 q_{sik}[40]　　表 6-15

土的名称	土的状态		q_{sik}(kPa)
填土			16～22
淤泥			10～14
淤泥质土			16～22
黏性土	流塑	$I_L>1$	20～30
	软塑	$0.75<I_L\leqslant1$	30～40
	可塑	$0.50<I_L\leqslant0.75$	40～54
	硬可塑	$0.25<I_L\leqslant0.50$	54～66
	硬塑	$0<I_L\leqslant0.25$	66～75
	坚硬	$I_L\leqslant0$	75～83
红黏土	$0.7<a_w\leqslant1$		12～26
	$0.5<a_w\leqslant0.7$		26～60
粉土	稍密	$e>0.9$	20～35
	中密	$0.75\leqslant e\leqslant0.9$	35～54
	密实	$e<0.75$	54～68
粉细砂	稍密	$10<N\leqslant15$	20～35
	中密	$15<N\leqslant30$	35～54
	密实	$N>30$	54～68
中砂	稍密	$10<N\leqslant15$	30～45
	中密	$15<N\leqslant30$	45～60
	密实	$N>30$	60～77
粗砂	稍密	$10<N\leqslant15$	40～60
	中密	$15<N\leqslant30$	60～80
	密实	$N>30$	80～100
砾砂	稍密	$10<N_{63.5}\leqslant15$	60～80
	中密	$15<N_{63.5}\leqslant30$	80～100
	密实	$N_{63.5}>30$	100～120
圆砾、角砾	稍密	$5<N_{63.5}\leqslant10$	65～85
	中密	$10<N_{63.5}\leqslant20$	85～125
	密实	$N_{63.5}>20$	125～170
碎石、卵石	稍密	$5<N_{63.5}\leqslant10$	80～120
	中密	$10<N_{63.5}\leqslant20$	120～160
	密实	$N_{63.5}>20$	160～320

注：1. 对于尚未完成自重固结的填土和以生活垃圾为主的杂填土，不计算其侧阻力。

2. a_w为含水比，$a_w=w/w_L$，w为天然含水率，w_L为液限，e为孔隙比，I_L为液性指数。

3. N为标准贯入击数；$N_{63.5}$为重型圆锥动力触探击数。

4. 表中数值适用于老沉积土；对于新近沉积土，q_{sik}应按土的状态，降一级取值。

表 6-16

DX 挤扩灌注桩的极限盘端阻力标准值 q_{Bik} 和极限桩端阻力标准值 q_{pk} (kPa)[40]

土的名称	土的状态		桩入土深度 l(m)					
			$5\leqslant l<10$	$10\leqslant l<15$	$15\leqslant l<20$	$20\leqslant l<25$	$25\leqslant l<30$	$l\geqslant 30$
黏性土	软塑	$0.75<I_L\leqslant 1$	100～150	150～250	200～300	300～375	375～450	450～525
	可塑	$0.50<I_L\leqslant 0.75$	250～350	350～450	450～550	550～625	625～700	700～775
	硬可塑	$0.25<I_L\leqslant 0.50$	550～700	700～800	800～900	900～975	975～1 050	1 050～1 125
	硬塑	$0<I_L\leqslant 0.25$	750～1 000	1 000～1 200	1 200～1 400	1 400～1 550	1 550～1 700	1 700～1 850
粉土	中密	$0.75<e\leqslant 0.9$	250～350	300～500	450～650	575～725	650～800	725～900
	密实	$e\leqslant 0.75$	550～800	650～900	750～1 000	800～1 000	850～1 050	925～1 050
粉砂	稍密	$10<N\leqslant 15$	200～400	350～500	450～550	550～625	625～700	725～800
	中密	$15<N\leqslant 20$	400～650	650～800	800～900	900～1 000	1 000～1 100	1 000～1 150
	密实	>20	600～750	750～900	900～1 050	1 050～1 150	1 150～1 350	1 300～1 450
细砂	稍密	$10<N\leqslant 15$	350～550	500～650	600～700	700～775	775～850	800～875
	中密	$15<N\leqslant 30$	700～900	900～1 000	1 000～1 150	1 150～1 300	1 300～1 450	1 450～1 600
	密实	>30	800～1 000	1 000～1 100	1 100～1 250	1 250～1 400	1 400～1 650	1 600～1 850
中砂	中密	$15<N\leqslant 30$	950～1 100	1 100～1 300	1 300～1 450	1 450～1 600	1 600～1 750	1 750～1 900
	密实	>30	1 050～1 250	1 250～1 400	1 400～1 550	1 550～1 700	1 700～1 850	1 850～2 050
粗砂	中密	$15<N\leqslant 30$	1 650～1 900	1 900～2 150	2 150～2 300	2 300～2 400	2 400～2 500	2 500～2 600
	密实	>30	1 750～2 000	2 000～2 250	2 250～2 400	2 400～2 500	2 500～2 600	2 600～2 700
砾砂	中密	$15<N\leqslant 30$	1 700～1 900	1 900～2 300	2 300～2 500	2 500～2 600	2 600～2 700	2 700～2 800
	密实	>30	1 800～2 000	2 000～2 400	2 500～2 600	2 700～2 800	2 800～2 900	2 900～3 000
角砾、圆砾	中密、密实	$N_{63.5}>10$	1 800～2 100	2 100～2 500	2 500～2 700	2 700～2 800	2 800～2 900	2 900～3 200
碎石、卵石	中密、密实	$N_{63.5}>10$	2 000～2 300	2 300～2 700	2 700～2 900	2 900～3 000	3 000～3 100	3 100～3 300

注：1. 砂土和碎石类土中桩的极限桩端阻力取值，宜综合考虑土的密实度、桩端进入持力层的深度比 h_b/d 及成孔方法。密实的，h_b/d 大的土和干作业成孔时宜取高值。

2. I_L 为液性指数，e 为孔隙比，N 为标准贯入击数，$N_{63.5}$ 为重型圆锥动力触探击数。

3. 极限岔端阻力标准值 q_{Bik} 按同条件的极限盘端阻力标准值 q_{Bik} 取值。

4. 表中数值适用于老沉积土；对于新近沉积土，q_{Bik} 和 q_{pk} 应按土的状态，降一级取值。

式(6-36)和表6-15与表6-16的建立基于以下分析，现加以说明[40]：

(1)承载力参数统计共收集各地有效试桩资料83根，分布于北京、天津、山东、黑龙江、河北、山西、福建、江苏、浙江等地。分析中，首先对所有试桩逐一核实地层柱状图和土的物理力学特性，然后根据11根埋设测试元件的试桩资料，按实测数据划分出桩身侧阻、承力盘(岔)端阻力和桩端阻力，经统计分析编制成表；此后根据83根试桩资料按式(6-36)验算承载力，经统计分析，调整形成表6-15和表6-16。

(2)对于DX桩的试桩资料主要按 s-lg$Q$ 曲线的末段直线段起始点法再结合其他方法确定极限承载力。

(3)为验证计算式(6-36)的可靠性，将极限承载力实测值与计算值之比作为随机变量进行统计分析，由频数分布图可知，实测值与计算值之比为1.0～1.2之间者占52%，实测值大于计算值者占86%。经统计分析，实测值与计算值之比的平均值为1.149 5，标准差为0.155 4，变异系数为0.135 2，具有95%保证率的置信区间为[0.876 0，1.446 6]。说明计算值较实测值略偏小，具有必要的安全储备。

(4)承力岔的主要作用作为竖向抗压承载力的补充，增加桩的整体刚度。对30根设置有一组3承力岔的DX挤扩灌注桩(其中，1岔1盘多节三岔挤扩灌注桩3根，1岔2盘DX挤扩灌注桩20根，1岔3盘DX挤扩灌注桩7根)按式(6-36)简化计算后发现，估算值减小1.30%～5.60%，平均减小3.0%，因此，对仅设置有1组或2组承力岔的DX桩，为简化计算，在式(6-36)中未计及承力岔承载力。

(5)研究分析表明，式(6-36)中计算DX挤扩灌注桩的总桩侧阻力 Q_{sk} 时，既不考虑承力盘下方区桩侧阻力的增大，也不考虑承力盘上方区桩侧阻力的减小，即桩侧阻力 q_{sik} 沿桩身全长是有效的(承力盘高度范围内不计侧阻力)。

(6)对主要土层为第四纪全新世新近沉积土的山东省东营、菏泽、滨州、聊城、淮安、广饶、高唐等地区的39根试桩的承载力验算，若不考虑地质年代，估算值平均高于实测值18.97%，标准差0.149 0；若将全新世新近沉积土层的状态降一等级后验算，估算值平均低于实测值14.07%，标准差0.106 5，具有一定的安全储备。因此，建议对于主要土层为第四纪全新世新近沉积土，应将土层的状态降一等级后使用表6-15和表6-16。

(7)DX挤扩灌注桩的承力盘腔是通过DX液压挤扩装置挤压成孔，盘端土体经挤压后密度提高，几乎没有扰动、松弛或回弹现象，这与钻扩成孔或挖扩成孔工艺显著不同，故在式(6-36)中 Q_{Bk} 的计算不考虑端阻尺寸效应系数。

(8)根据30余根DX挤扩灌注桩实测盘端阻力的结果表明，各承力盘分担桩顶荷载的比例是不一样的。通常情况是，顶承力盘先受力，以下各承力盘逐渐发挥出更大的承载力。基于上述情况，式(6-36)中 Q_{Bk} 为各承力盘端阻力的叠加值乘以总盘端阻力调整系数 η 值，建议 $\eta=0.93$，盘数少于3个时，不考虑折减。

(9)工程实践表明，多数承力盘均设置在10～30m的土层中，故表6-17增设 $15\leqslant l<20$、$20\leqslant l<25$ 和 $25\leqslant l<30$ 三个档次，便于设计选择应用。

2. 单桩竖向抗压承载力特征值 R_a 的计算

$$R_a=\frac{1}{K}Q_{uk} \tag{6-37}$$

式中：K——安全系数，可取 $K=2$；

Q_{uk}——单桩竖向极限承载力标准值。

六、桩身强度验算

(1)轴心受压时，桩身强度应按下式验算：

$$N \leqslant \psi_c f_c A \tag{6-38}$$

式中：N——相应于荷载效应基本组合时的桩顶轴向压力设计值；

ψ_c——工作条件系数，取 0.80～0.90，泥浆护壁成孔时取低值，干作业成孔时取高值；

f_c——混凝土轴心抗压强度设计值，按现行国家标准《混凝土结构设计规范》(GB 50010—2002)取值；

A——桩身设计截面面积。

需要说明的是，式(6-38)中工作条件系数 ψ_c 应综合考虑桩身受力状态、纵向主筋与箍筋的作用及成孔成桩工艺等因素。

对于式(6-38)验算桩身强度，从所收集到的 63 组 172 根泥浆护壁成孔 DX 挤扩灌注桩及 4 组 12 根干作业成孔 DX 挤扩灌注桩静载试验结果与桩身受压极限承载力计算值 R_u 列表进行比较，以检验桩身受压承载力计算模式的合理性和安全性。上述 R_u 计算时未考虑纵向主筋的承压作用和箍筋的侧向约束增强作用。尽管如此，泥浆护壁成孔 DX 桩共计 63 组，对比结果分三种情况，第一大组中有 8 组桩，$\psi_c=Q_{max}/R_u=1.27\sim2.00$，即使加载值较大，还未见桩身压碎的情况；第二大组中有 41 组桩，$\psi_c=Q_{max}/R_u=0.77\sim1.27$，该大组的加载值略偏小。第三大组中有 14 组桩，$\psi_c=Q_{max}/R_u=0.59\sim0.78$，该大组的加载值均偏小，故 ψ_c 也偏小，表明加载值还有较大的上升空间，这样 ψ_c 值还可增大。

综上所述，式(6-38)中 ψ_c 的取值，既合理，又安全。

(2)挤扩灌注桩的桩身设计直径 d、承力盘(岔)设计直径 D 和高度 h 符合相应规定时，可不进行承力盘(岔)的抗剪和抗冲切验算[40]。

(3)桩基沉降计算。

DX 挤扩灌注桩基最终沉降量应按下式计算：

$$s = \psi_D s_z \tag{6-39}$$

式中：s——DX 挤扩灌注桩基的最终沉降量；

ψ_D——修正系数，根据地区沉降观测资料及经验确定，无地区经验时可取 $\psi_D=0.6\sim0.8$；

s_z——按等截面桩基计算的最终沉降量，即将 DX 挤扩灌注桩基础的桩身直径 d 作为设计直径、桩端平面位于底承力盘平面的等截面桩基，按现行国家行业标准《建筑桩基技术规范》(JGJ 94—2008)的有关规定计算的最终沉降量[40]。

七、DX 挤扩灌注桩施工

1. 一般规定

(1)DX 挤扩灌注桩的承力盘(岔)挤扩成型必须采用 DX 挤扩灌注桩专用三岔双缸双向 DX 挤扩装置。

(2)桩位的放样允许偏差应符合《建筑地基基础工程施工质量验收规范》(GB 50202—

2002)第 5.1.1 条的规定。

(3)成直孔的控制深度必须保证设计桩长及桩端进入持力层的深度。

(4)承力盘(岔)应确保设置于设计要求的土层。

(5)当土层变化需要调整承力盘(岔)的位置时,调整后应确保竖向承力盘(岔)间距的设计要求。

(6)桩的中心距小于 1.5D 时,施工时应采取间隔跳打。

(7)DX 挤扩灌注桩成孔的平面位置和垂直度允许偏差应满足《建筑地基基础工程施工质量验收规范》(GB 50202—2002)表 5.1.4 的要求。

(8)钢筋笼制作除符合设计要求外,尚应符合相关规范的规定。

(9)检查成孔、成腔质量合格后,应尽快灌注混凝土。桩身混凝土试件数量应符合《建筑地基基础工程施工质量验收规范》(GB 50202—2002)的规定。

(10)为核对地质资料、检验设备、成孔和挤扩工艺以及技术要求是否适宜,桩在施工前,宜进行试成孔、试挤扩承力盘(岔)腔,了解各土层的挤扩压力变化,检验承力盘(岔)腔的成型情况,并应详细记录成孔、挤扩成腔和灌注混凝土的各项数据,作为施工控制的依据。

(11)施工现场所有设备、设施、安全装置、工具、配件及个人劳保用品必须经常检查,确保完好和使用安全。

2.泥浆护壁成孔 DX 挤扩灌注桩的施工

1)施工程序

钻进成直孔→进行第一次孔底沉渣清理→将 DX 挤扩装置放入孔内→按设计位置自下而上依次挤扩承力盘(岔)腔→移走 DX 挤扩装置→检测承力盘(岔)腔直径→下放钢筋笼→插入导管→灌注混凝土前清理孔底沉渣→水下灌注混凝土→拔出导管→拔出护筒,成桩。

如果孔底沉渣较厚,在移走 DX 挤扩装置后可进行第二次沉渣处理;如果孔底沉渣不厚,可省略此工序。但对于这两种情况,均需在灌注混凝土前清理孔底沉渣。

2)成直孔工艺

(1)成直孔机械

视地质土层特点及施工设备情况,可采用潜水钻机、正循环钻机、反循环钻机、冲击钻机及旋挖钻机(或钻斗钻机)等。

(2)成直孔要求

按采用不同钻机钻进成直孔的要求,详见参考文献[30]和[39]。

3)施工注意事项

(1)使用 DX 挤扩装置应遵守以下规定:

①DX 挤扩装置入孔前,必须认真检查油管、接头、螺栓、液压装置及挤扩臂分合情况,一切正常后方可投入运行。

②将 DX 挤扩装置在孔中找正对中,使其下放时尽量不碰击孔壁,处于自由放落状态。下放速度要适中,避免下放过程中紧急停机。

③DX 挤扩装置放入孔中的深度、接长管的伸缩长度、挤扩过程中转角的控制等,均应由专人负责指挥和操作,并做好详细的施工记录。

④施工过程中,要特别注意液压站和液压胶管的检查与保护,避免杂质进入胶管和油箱,

及时检查和更换系统液压油。

(2)挤扩承力盘(岔)腔体时应遵守以下规定:

①直孔部分钻进的注意事项参见潜水钻成孔、正循环钻成孔、反循环钻成孔、钻斗钻成孔及冲击钻成孔灌注桩施工注意事项(参考文献[30]和参考文献[39]的相关章节)

②经过桩身直孔部分的孔径、孔深和垂直度等检验合格后,即将 DX 挤扩装置吊入孔中。

③直孔部分钻进时的泥浆要求见参考文献[30]和[39]的有关章节;挤扩盘(岔)腔时的泥浆相对密度应为 1.20～1.25,以免发生盘(岔)腔体坍塌;在灌注混凝土前,即第二次沉渣处理后,孔内泥浆相对密度宜小于 1.15。

④按设计位置,通常自下而上依次挤压形成承力盘(岔)腔体,对不同土层,按不同 DX 挤扩装置型号施加不同压力。

⑤挤扩盘腔前,按盘径和挤扩臂宽度算出挤扩次数(一般不少于 7 次),视孔深不同,采用人工或机械转动依次重叠搭接挤扩,采集挤扩压力值,转动 120°后,盘腔完成。

⑥盘(岔)腔体成型过程中,应认真观测液压表的变化,详细记录各岔腔的压力峰值,测量泥浆液面落差、液位计变化量、机体上浮量和每桩孔的盘(岔)腔成型时间。

⑦接长杆上除刻有刻度标志外,还应醒目地标出承力岔及承力盘的深度位置。

⑧构成盘腔的首次挤扩压力值若不能满足预估压力值时,可将盘位在上下 0.5～1.0m 高度范围内调整;若调整后因地层土质变化很大,仍不能满足设计要求时,应与设计及监理等部门洽商解决。

⑨在盘(岔)腔成型过程中,应及时补充新鲜泥浆,以维持水头压力。

⑩当桩距较密时,宜采用跳跃式施工流水顺序或适当错开邻桩的竖向盘位。

(3)灌注混凝土时应遵守以下规定:

①盘(岔)腔成型后,应及时向孔中沉放钢筋笼,插入导管和再次进行孔底沉渣处理,随后立即灌注混凝土。

②灌注混凝土时导管离孔底 300～500mm,初灌量除应确保底承力盘腔混凝土一次灌满外,还应保证初灌量埋深。一般说来,前一项要求满足后,第二项要求往往也自然满足。

3. 干作业成孔 DX 挤扩灌注桩的施工

1)施工程序

钻机就位→钻进成直孔→检查成孔质量→第一次孔底处理→挤扩装置就位→按设计盘位自上而下挤扩成腔→检查成腔质量→第二次孔底处理→移走钻机及挤扩装置。

2)成直孔工艺

(1)视地质土层特点及施工设备情况可采用螺旋钻机及旋挖钻机(或钻斗钻机)等。

(2)成直孔要求:按采用不同钻机钻进成直孔的要求,详见参考文献[30]和[39]。

3)施工注意事项

(1)使用 DX 挤扩装置应遵守的规定基本上同泥浆护壁成孔。

(2)挤扩承力盘(岔)腔体时应遵守以下规定:

①直孔部分钻进的注意事项参见螺旋钻成孔和钻斗钻成孔灌注桩施工注意事项(参考文献[30]和[39]的相关章节)。

②成孔检验合格后,随即将 DX 挤扩装置缓慢平稳地下入孔内,尽量避免剐蹭孔壁。

③按设计位置，挤扩盘(岔)腔次序应自上而下进行。

④如持力层发生变化应进行盘位调整。

⑤成腔时可利用设在DX挤扩装置下端的钻斗及时分批清除掉落在钻斗中的虚土。

⑥成孔成腔作业完成后，散落在地面上的浮土，须及时清除运走。

⑦检查验收后盖好孔口盖板，并及时转入下一道工序。

(3)灌注混凝土时应遵守以下规定：

①混凝土应随成孔随灌注，不应晾孔。

②钢筋笼入孔下放时要缓慢并保持竖直，放到预定深度时将钢筋笼上端妥善固定。

③灌注混凝土前，孔口应先放置护孔漏斗，随后放置钢筋笼并再次测量孔内虚土厚度。

④灌注混凝土时，应防止运输车压坏桩孔。

⑤灌注混凝土必须通过溜槽；当高度超过3m时，应用串筒，串筒末端离孔底高度不宜大于2m。

⑥第一次灌注宜连续灌至底承力盘腔的顶面；灌注桩顶以下5m范围内混凝土时，应随灌注随振动，每次灌注高度不得大于1.5m。

⑦混凝土灌至接近桩顶时，应随时测量桩身混凝土顶面标高，实际灌注高度应比设计桩顶标高至少高出0.3m以上，保证设计桩顶标高以下的混凝土符合设计要求。

4.质量检查要点

DX挤扩灌注桩的施工质量检查包括：成孔、清孔、成腔、钢筋笼制作及混凝土灌注五个主要工序的检查。表6-17为DX挤扩灌注桩施工质量检查标准。

DX挤扩灌注桩施工质量检查标准 表6-17

序号	检查项目	允许偏差或允许值		检查方法
		单位	数值	
	一、成孔			
1	桩位			应按现行国家标准执行
2	泥浆护壁成孔	mm	±50	用井径仪或超声波孔壁测定仪检测
3	干作业成孔	mm	−20	用钢尺或井径仪检测
4	孔深	mm	+300	1.用重锤测量；2.测钻杆钻具长度
5	成孔垂直度	%	<1	1.以挤扩装置自然入孔检查；2.用测斜仪
	二、清孔			
6	虚土厚度(抗压桩)	mm	<100	用重锤测量
7	虚土厚度(抗拔桩)	mm	<200	用重锤测量
	三、成腔			
8	盘径	%	−4	用承力盘腔直径检测器检测
9	泥浆相对密度		<1.25	用比重计测量
	四、钢筋笼制作			应按现行国家标准执行
	五、混凝土灌注			
10	混凝土坍落度(泥浆护壁)	mm	160～220	用坍落度仪测定

续上表

序号	检查项目	允许偏差或允许值		检查方法
		单位	数值	
11	混凝土坍落度(干作业)	mm	70～100	用坍落度仪测定
12	混凝土强度			应符合设计要求
13	混凝土充盈系数		>1	检查混凝土实际灌注量
14	桩顶标高	mm	+30、-50	用水准仪测量

对于DX挤扩灌注桩施工质量检查除上述五个项目外，还应包括承力盘(岔)的数量和盘(岔)的位置。

八、DX桩应用实例

1.武汉伟业大厦DX桩基工程

(1)工程概况

工程地点位于武汉市新华路中段西侧，拟建建筑物为地上18层，地下1层。该建筑物基础采用DX桩，桩径0.62m，桩长31m，每桩设置4个承力盘，盘径1.40m，桩数170根，单桩竖向承载力设计值2 800kN。桩基施工于1999年3～4月完成。3根试桩的静载试验完全满足设计要求，同年12月，建筑物主体结构封顶，此时建筑物最大沉降量10.31mm，平均沉降量为8.81mm。

(2)场地工程地质条件概况

场地地貌为长江一级阶地，场地土层厚度45～48m，典型二元结构，自上至下地层依次为：①杂填土；②软塑粉质黏土；③可塑黏土；④软塑粉质黏土夹粉土、$④_1$稍密粉土；⑤松散稍密粉砂；⑥中密粉砂、$⑥_1$可塑粉质黏土；⑦中密～密实细砂。地下水稳定水位在地表下0.4～2.1m。场地土属中软场地土，建筑场地类别为II类。4个承力盘设置的地层：⑤层1个；⑥层2个；⑦层1个；桩端持力层为⑦层。

(3)施工概况

试成孔前，武汉地区不少专家对能否在上述地层中挤扩成孔持怀疑或否定态度。为此在另一个类似地层的场地上，分别用YZJ型支盘挤扩机和DX挤扩装置在2个桩孔中各自进行挤扩成孔试验。试成孔参数为孔径650mm，盘径1 400mm，孔深20m，拟挤扩2个盘腔。结果表明，用YZJ型支盘挤扩机挤扩第1个盘腔后，沉渣就过厚，挤扩第2个盘腔，只挤扩3次，孔底沉渣已达2.50m左右，盘腔土体坍落严重，不成型，只得退出施工。该场地用DX挤扩装置挤扩成2个盘腔后，孔底沉渣中有10cm左右，得到了专家的一致好评，因此业主决定采用DX桩方案。

在伟业大厦场地中，用DX挤扩装置进行了3个试挤扩成孔作业，在挤扩成盘腔后8h、12h、24h内对桩孔进行多方面观测。观测结果表明，在8～12h后，孔底沉渣少于10cm，24h后孔底沉渣为30cm。此后在3个桩孔中采用日本KE200型超声波孔壁测定仪对直孔壁及承力盘腔进行成孔(尤其是挤扩成孔)的效果检测判定，测试结果表明，所形成的承力盘腔几何形状规则，盘腔上下孔壁无塌陷现象。

由此可见，使用DX挤扩装置挤扩成的盘腔完整、稳定，并在较长时间内无坍孔现象，满足施工工艺要求，这也打消了专家们的疑虑。这样，DX桩以明显的优势和可靠的质量，保障了整个桩基施工的顺利完成。DX桩施工结果表明，DX桩施工时，保证挤扩承力盘腔的质量是关键。在武汉地区，特别是在深厚的砂层地基中采用挤扩桩基础，必须使用DX多功能双向三维挤扩装置，它能很好地解决类似武汉地区长江一、二级阶地富含地下承压水的深厚砂层的成盘腔稳定性问题。

1999年4月30日，武汉市城乡建设管理委员会主持召开了"DX桩在武汉地区应用技术论证会"，与会专家一致认为："DX桩是在钻孔灌注桩施工工艺的基础上，增加挤扩成型的新型多支节变截面桩。DX桩又是在原来第一、第二代多支节承力盘桩的基础上，进行了全方位的改进，明显改善了挤扩成型的效果"。"该新桩型确有降低工程造价、减少环境影响(无噪声、无振动)等优点，机械先进，技术经济竞争力强，社会与经济效果显著，适宜范围较广，是一项较成熟的桩基技术。"

2. 天津巴黎现代广场DX桩基工程

(1)工程概况

工程地点位于天津市河西区围堤道，拟建建筑物群由住宅楼(26～30层)、写字楼(20～22层)、购物中心(4层)和停车场(地下1层)组成。该建筑物基础采用DX桩，桩径0.70m，桩长27m，实际设计桩长20m，每桩设置3个承力盘，盘径1.5m，单桩竖向承载力设计值3 500kN，总桩数759根。桩基施工于2001年4～7月完成。

(2)场地工程地质条件概况

自上而下地层依次为：①松散杂填土；②流塑淤泥；$③_a$可塑粉质黏土；$③_b$中密粉土；$④_a$中密粉土；$④_b$软塑粉质黏土；$⑤_a$可塑粉质黏土；$⑥_a$可塑粉质黏土；$⑥_b$中密～密实粉土；$⑦_a$可塑粉质黏土；$⑦_b$密实粉砂。地下水位埋深1.00～1.30m，属潜水类型。3个承力盘设置的地层：$⑥_b$层、$⑦_a$层和$⑦_b$层。

(3)试验情况

试桩共设3根，1号和3号试桩为DX桩，2号试桩为支盘桩。支盘桩在挤扩盘腔时，底盘位于密实粉砂中，当时用YZJ型支盘挤扩机经多次挤扩，因该挤扩机挤扩压力值不够，无法挤动，业主请北京中阔地基基础公司用DX挤扩装置在同一位置上进行挤扩，一挤就动。这样2号试桩的底盘腔的首次挤扩是用DX挤扩装置完成的。此后为了确保承载力，用YZJ型支盘挤扩机进行超量超次挤扩成孔，致使2号桩的混凝土充盈系数达1.35。3根试桩均进行了竖向抗压静载试验和水平静载试验。

(4)施工概况

经DX挤扩装置与YZJ型支盘挤扩机的实践对比，业主决定工程的759根桩全部采用DX桩型。桩基施工期间，天津辰达工程监理公司进行了全程跟踪监测，并出具了评估报告。该工程检测包括两组竖向抗压静载试验、水平静载试验、10%的高应变检测及30%低应变反射波法检测。天津市建筑设计院作为设计单位认为检测结果符合设计要求。天津市地质工程勘察院对75个桩孔，用日本KE-200型超声波孔壁测定仪进行检测，结论如下："结合我院多年对支盘类型的桩孔监测经验，DX多节挤扩钻孔灌注桩具有以下优势。(1)成盘效果好，DX支盘的检测结果表明，成盘效果表现在以下几个方面：a.盘形较好，实测结果中有许多较为标准的曲线图，这在其他支盘类型的桩孔监测中是从未有过的；b.盘的中心位置稳定；c.盘径较好地满足设计要求；d.孔底沉渣厚度较低。(2)成盘稳定性高。总之，通过对DX桩支盘的监测表明，DX挤扩机具在同类设备中具有明显优势。"

2002年3月18日，天津市建委组织的巴黎现代广场DX桩基工程使用认定会的专家评议意见如下。

DX桩技术具有以下特点：

(1)工艺独特，操作设备方便；

(2)使用DX桩技术施工噪声小、污染小、符合环保要求；

(3)施工效率高，工期短；

(4)明显提高承载力，成桩差异性小；

(5)降低造价，具有一定的经济效益和社会效益。

经过专家组论证认为，DX桩专利技术适合于在天津地区使用。

九、结论

DX挤扩装置和DX桩是对YZJ型支盘挤扩机和支盘桩的扬弃。前者是在后者的基础上进行了多方位的实质性改进，明显地改善了挤扩成型的效果，前者实质上是后者的第三代产物。DX桩具有：工艺独特，操作方便；机械先进，技术经济竞争力强；单桩承载力高，成桩差异性小，盘腔成形稳定；低噪声、低振动、泥浆排放量减少；节约成本、降低造价、缩短工期；社会与经济效益显著，适用范围较广等特点，是一种较成熟的桩基技术。近两年来，DX挤扩装置和DX桩技术又有新的进展。

本章参考文献

[1] 王继忠，等. JGJ 135—2007 载体桩设计规程[S]. 北京：中国建筑工业出版社，2007.

[2] 沈保汉，等. DX桩荷载传递机理的现场试验研究//中国建筑学会地基基础分会2004年学术年会论文集. 成都，2004.

[3] 杨家丽. 建筑工程地基处理技术：夯扩桩的设计与施工[M]. 北京：科学技术出版社，1997.

[4] 王继忠，杨启安，等. 载体桩成套技术研究报告[R]. 2006.

[5] 顾晓鲁，等. 地基与基础[M]. 北京：中国建筑工业出版社，2003.

[6] 天津105厂地质勘察报告及桩基础检测报告[R]. 2005.

[7] 万科紫台地质勘察报告及桩基检测报告[R]. 2005.

[8] 刘文清. 最新水利水电桩基工程施工工艺与技术标准实用手册[M]. 合肥：安徽文化音像出版社，2004.

[9] 李锦城，范思莹. 压力灌浆树根桩在地基加固和托换技术上的应用[J]. 中国非金属矿工业导刊，2007，60：61-64.

[10] 叶书麟，叶观宝. 地基处理与托换技术[M]. 3版. 北京：中国建筑工业出版社，2005.

[11] 叶书麟，韩杰，叶观宝. 地基处理与托换技术[M]. 2版. 北京：中国建筑工业出版社，1994.

[12] 地基处理手册编写委员会. 地基处理手册[M]. 2版. 北京：中国建筑工业出版社，2000.

[13] DBJ 08-40—94 地基处理技术规范[S].

[14] JGJ 123—2000 既有建筑地基基础加固技术规范[S].

[15] 欧高军. 树根桩治理不均匀沉降厂房的实例[J]. 化工矿产地质,2006,28(2):117-120.

[16] 廖永忠,陈代君. 树根桩的施工方法及二次注浆的重要性浅析[J]. 西部探矿工程,2005,106(3):32-33.

[17] 周晓光. 树根桩技术简介及常见施工问题处理[J]. 电力建设,2005,26(6):30-32.

[18] 蔡广桓. 关于树根桩的应用[J]. 南方金属,2002,127:25-27.

[19] 韩小林. 树根桩在已有建筑物加固改造中的应用[J]. 山西建筑,2006,32(12):61-62.

[20] 陈常青. 树根桩在基础托换中的应用实例及几点体会[J]. 化工矿产地质,2001,23(3):185-188.

[21] 李文明. 树根桩处理不均匀地基施工技术[J]. 山西建筑,2001,27(3):43-55.

[22] 索晓明. 树根桩加固技术在北京地铁中的应用[J]. 铁道勘察,2005,2:62-64.

[23] 刘国庆. 树根桩技术在铁路隧道中的应用[J]. 设计与施工,2006,21(3):50-52.

[24] 魏加志. 树根桩应用于加固桥涵地基的实践[J]. 探矿工程,2006,6:27-29.

[25] 吴权. 深基坑工程树根桩隔离作用实例分析[J]. 建筑技术,2007,38(3):199-202.

[26] 陈江涛. 树根桩-土钉墙复合支护的设计与应用探讨[J]. 基建优化,2005,26(3):83-86.

[27] 方建瑞,林义国,庄晓莹. 树根桩和土工膜袋混凝土联合技术的应用研究[J]. 地下空间与工程学报,2007,3(1):187-190.

[28] 沈保汉. 多节扩孔灌注桩垂直静载初步试验. 建筑技术科研情报,1978,5:28-43.

[29] 沈保汉. 多节扩孔灌注桩垂直承载力的评价//第三届土力学及基础工程学术会议论文集. 北京:中国建筑工业出版社,1981.

[30] 沈保汉. 桩基础//杨嗣信. 高层建筑施工手册:上册. 2版. 北京:中国建筑工业出版社,2001.

[31] 沈保汉. 评价桩工作特性的新方法——P/P_u-s/s_u 曲线法. 建筑技术开发,1994,2:11-21.

[32] 张晓玲,王理,唐业清. 挤扩支盘灌注桩的研究与工程应用. 地基基础工程,1991,1:1-17.

[33] 贺德新,沈保汉. DX 挤扩装置及 DX 多节挤扩桩的应用. 工业建筑,2001,1:27-31.

[34] 赵书平,刘宝利,樊春义,等. 挤扩支盘桩的研究与应用. 科技情报开发与经济,2001,1:51-52.

[35] 史鸿林,胡林忠,王维雅,等. 新型挤压分支桩的计算与试验研究. 建筑结构学报,1997,2:49-54.

[36] 沈炳煜,童明华,杜新智. 钻孔液压变径灌注桩在工程上的应用. 岩土工程界,2001,9:35-37.

[37] 沈保汉,贺德新,刘振亮,等. DX 多节挤扩桩的产生及特点. 工业建筑,2004,3:1-5.

[38] 贺德新,杨奇. DX 桩智能型挤扩装置运动机理分析. 岩土工程界,1999,3:29-32.

[39] 沈保汉. 桩基与深基坑支护技术进展. 北京:知识产权出版社,2006.

[40] 中华人民共和国行业标准. 三岔双向挤扩灌注桩设计规程(报批稿). 2007.

[41] 王伟,李光茂,梁伯超. 武汉伟业大厦基础 DX 桩施工工程实录. 土工基础,2001,12:11-14.

[42] 魏章和,李光茂,贺德新. DX 桩的试验与研究. 岩土工程界,2000,5:12-16.

[43] 周青春,于南燕. DX 桩的试验与研究. 岩土力学,2001,3:298-302.

[44] 李光茂,王伟,梁伯超. DX 桩在武汉某高层建筑中的应用. 水文地质工程地质,2001,4:63-66.

第七章 基坑围护工程的桩墙技术及设备

第一节 排桩式围护挡土墙施工技术

排桩式围护挡土墙是将一根根相互独立的桩体密排打入地层，通过冠梁、围檩等结构联系起来，形成连续墙体抵挡后面的土压力、水压力以及超载等引起的侧向压力，并在其保护下开挖桩前的地层，形成建造地下结构的空间。

用排桩作为基坑工程的围护结构，经历了一个由简单到复杂，由易到难，由小到大，由预制到钻孔现浇的发展过程。从规模较小的市政排管到深、大的基坑工程都可以采用排桩支护。排桩的桩体可以是预制的，也可以是现场钻孔浇筑的；桩身材质可以是木材、钢材，也可以是钢筋混凝土；近几年发展起来的型钢水泥土搅拌桩墙是以上两种形式的结合，即预制的型钢桩插入现场搅拌的水泥土搅拌桩中，形成连续的、水密性的墙体承受侧向土压力和水压力。

一、排桩式挡土墙的类别

排桩式挡土墙的类别，如图 7-1 所示。

二、连续预制排桩施工技术

1. 木桩

人类最早使用的木桩，即将树木树干密排插入地层，以抵挡土体的侧向移动。开挖较浅时仅作为抗滑桩；开挖深度大于 3.0m，连续密排的木桩还须加以支撑使之能够承受侧向土压力，就形成土桩支撑体系。由于木材来源缺乏，现很少使用木桩排桩。但在山区，木材资源较丰富的地区，仍有工程采用木桩排桩作为支护工程。木桩一端削尖，用锤击法或挖土机械压入地层是常见的方法。木桩如图 7-2 所示。

2. 钢板桩

钢板桩的最大优点是可重复使用，以降低支护结构成本；缺点是侧向刚度较小，变形较大，不利于周边环境的保护。

(1)槽钢板桩

对于开挖深度不超过 5.0m 的浅基坑工程或沟槽，作为开挖的临时性支护，常采用槽钢(U 型钢)连续正、反相扣形成挡土结构(图 7-3)。

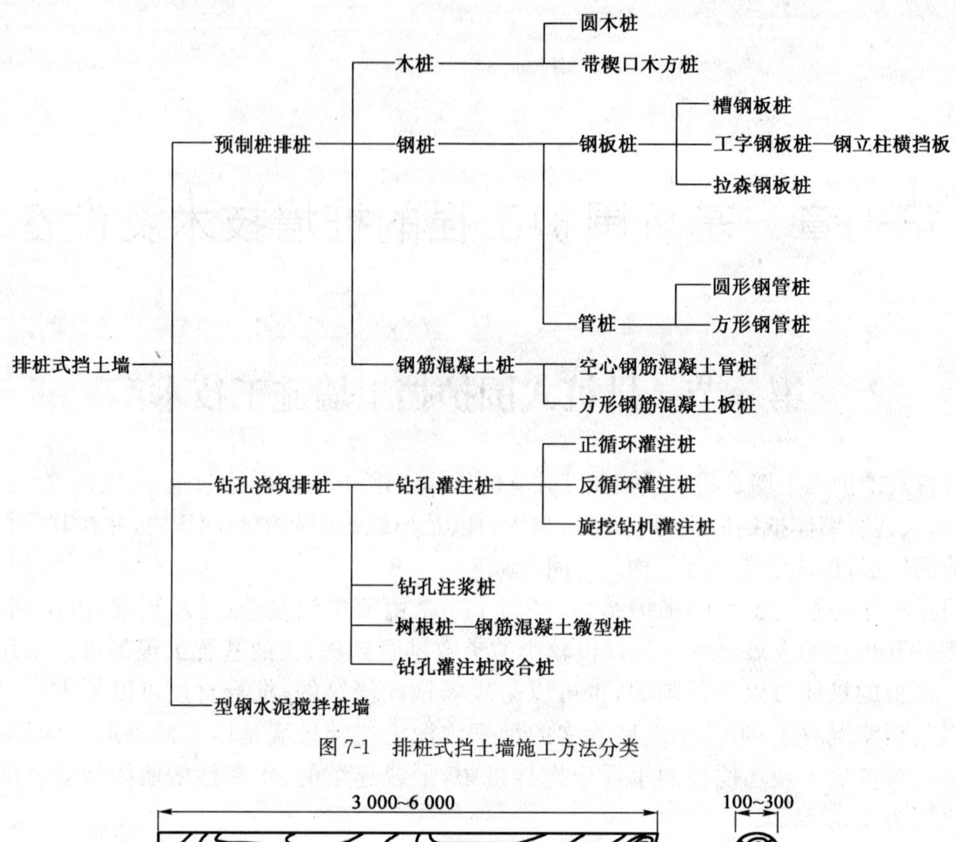

图 7-1 排桩式挡土墙施工方法分类

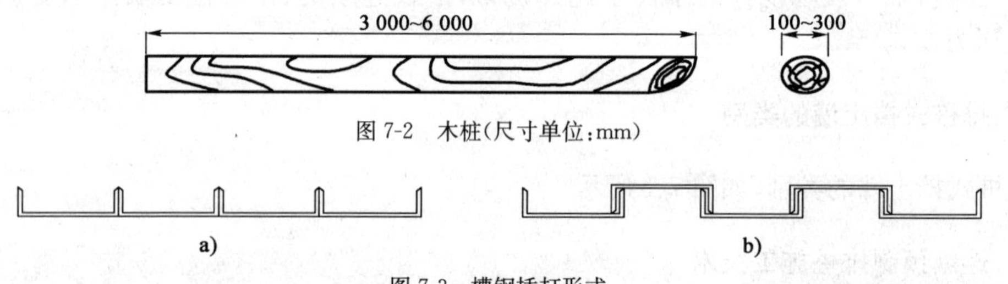

图 7-2 木桩(尺寸单位:mm)

图 7-3 槽钢插打形式

a)同向排列;b)正、反相扣排列

选用槽钢大小由其刚度、强度要求确定,其长度除满足基坑稳定性要求外还须考虑产品出厂规格。一般常用的有 6.0m、9.0m 和 12.0m 等数种。对于长度较短的槽钢可采用挖土机械压入地层;对于长度较长,如长 9.0m 和 12.0m 的槽钢则一般采用小型打桩机架打入地层。

对于开挖深度不大于 3.0m 的槽钢挡墙可采用悬臂形式;开挖深度大于 3.0m 的槽钢挡墙,则需要与支撑或拉锚系统配合使用,以维系槽钢挡墙的稳定和变形要求。

(2)工字钢板桩加横挡板

工字钢板桩加横挡板,如图 7-4 所示。

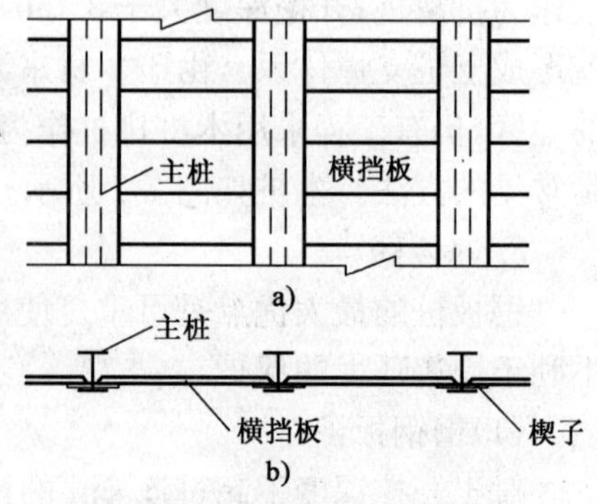

图 7-4 H 型钢桩加横挡板

a)侧面;b)平面

(3)专用钢板桩

由于钢板桩作为基坑、沟槽支挡结构，具有可重复使用、施工周期短等优点，设计和生产了各种形式的专用钢板桩。

①国产拉森（U 型）钢板桩

国产拉森（U 型）钢板桩种类及规格，如表 7-1 所示。

拉森式（U 型）钢板桩 表 7-1

型号	尺寸(mm)				单根截面积 A (cm^2)	质量(kg/m)		惯性矩 I_x		截面抵抗矩	
	宽度 b	高度 h	腹板厚 t_1	翼缘厚 t_2		单根	每米宽	单根 (cm^4)	每米宽 (cm^4/m)	单根 (cm^3)	每米宽 (cm^3/m)
鞍 IV 型	400	180	15.5	10.5	99.14	77.73	193.33	4.025	31.963	343	2 043
鞍 IV 型(新)	400	180	15.5	10.5	98.70	76.99	192.58	3.970	31.950	336	2 043
包 IV 型	500	185	16.0	10.0	115.13	90.80	181.60	5.955	45.655	424.8	2 410

②国外企业生产的钢板桩

国外钢铁企业为了满足工程要求，设计和生产了各种形式的钢板桩，除以上介绍的 U 型板桩（常称：拉森型钢板）外，还有 Z 型、H 型等形式。我国工程界鲜有引进，所以这里不作介绍。如有需要可查有关工程手册和五金手册。

拉森钢板桩（U 型）有较大的刚度和水密性，与支撑式拉锚配合使用可支挡开挖深度不大于 7.0m 的基坑工程。

拉森板桩通常用锤击桩架打入地层，有的用压桩架压入地层。拉森钢板桩排列方式可分为小齿口连接和大齿口搭扣，小齿口连接形成既能挡土又有一定隔水效果的连续板桩墙，如图 7-5a）所示。小齿口连接充分发挥了拉森板桩的性能，但对打桩施工要求较高，且板桩必须平直，齿口部分未缺损。所谓大齿口连接，忽视了齿口部分的连接作用，简单地将拉森板桩正反扣在一起，如图 7-5b）所示。大齿口连接方法仅用于无地下水渗透之忧的地层中。

图 7-5 拉森钢板桩（U 型）连接方式

a）小齿口连接；b）大齿口连接

3. 钢管桩

钢板桩因为刚度较小，因此一般仅应用于临时性挡土结构，且一般位移比较大。对于永久性的挡土、挡水构筑物，如船坞、河堤、驳岸和江河湖海中的围堰等，多采用刚度较大的钢管桩相互衔接形成既可隔水又能挡土的挡墙。

（1）大口径钢管桩

大口径钢管桩多用于永久性的水土结构，如河道护岸、堤防加固、港湾码头、桥墩基础、筑岛围堰、造船船坞等。钢管直径从 800mm 到 2 000mm 不等。根据板桩打入地层和周边环境的不同，采用不同的沉桩方法。在陆地上沉桩，多用击入法和压入法；在水域中则采用打桩船沉桩。管桩之间用齿口相互咬合，上部以悬臂形式挡土和水压力。当挡土深度较深时，亦可采用内支撑或拉锚维系管桩的平衡和稳定。大口径钢管桩截面，如图 7-6 所示。

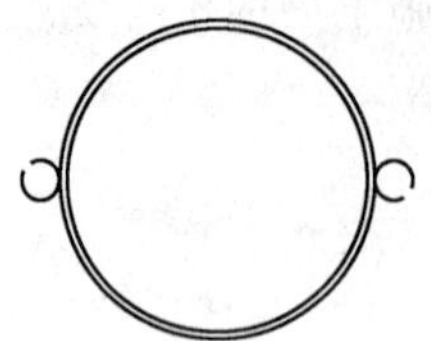
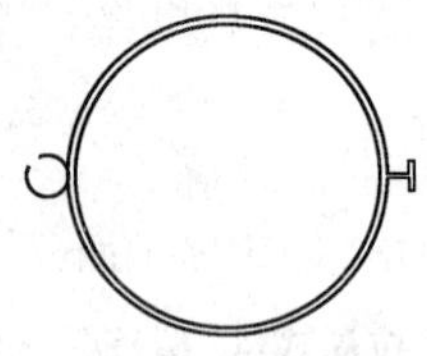
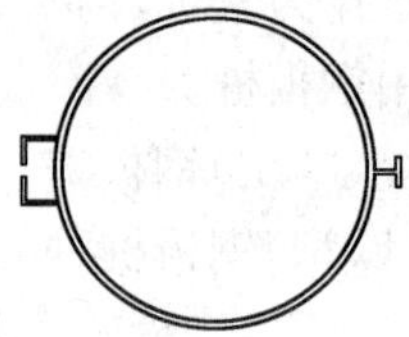

图 7-6　大口径钢管桩截面

对于水域中连续打桩，日本厂商发展了一种遥控式静压连续桩施工系统（图 7-7）。该系统利用已压入的桩墙作为基础，压桩机在上面行走，并利用其抗拔力将最前面的管桩压入。该压桩系统具有以下特点：

①环境保护性。该系统施工过程无噪声、无振动（能在市区昼夜施工），施工占地面积小，结构紧凑，易搬运。

②安全性。施工作业时，该系统的卡脚紧夹在已施工的桩上后再进行压桩式拔桩动作，因此比较安全，不会翻倒。它具有压桩和拔桩两项功能，且不受桩长度的影响。

③经济性。结构独特，桩机不需另外起重机械配合，自己在桩顶上行走（前进或后退）。因此，可省略栈桥、平台等辅助工程，并可超低空间作业，节省大量工程费用，降低施工成本。

④速度性。该系统自动化控制，远距离无线遥控操作。集运桩、吊桩和压桩、拔桩作业于一体，能大大提高工效，缩短工程周期。

⑤压桩质量可靠。桩体压入的方向、垂直度，均可通过手提遥控器进行细微调整。它能方便地进行圆弧、转角等处高精度施工，同时还可随时获取桩的承载力等参数，确保施工质量。

图 7-7　遥控式静压连续桩施工系统

遥控式静压连续桩施工系统有几个系列，如 KGK-130C4 型的主要技术指标，如表 7-2 所示。

KGK-130C4 型主要技术指标　　表 7-2

压力(t)	130	动力源(kW)	45
拔力(t)	130	操作方法	无线遥控
行程(mm)	1 000	本体移动方式	自走式
压入速度(m/min)	1.8～4.9	适应桩形式	II-IV
引拔速度(m/min)	1.9～16.7	本体质量(kg)	7 800

该压桩系统只要简单地调换夹具即可压各种类型的拔桩，如U型拉森板桩、钢筋混泥土板桩、钢管桩、钢筋混凝土管桩等。

(2)小口径钢管桩

对于岩石地层与土质地层混含的地层，在东南亚及我国港澳地区发展了一种小口径钢管桩内灌细石混凝上的形式作为基坑支护排桩(图7 8)。由于地层 般上部为土质地质、下部为风化基岩，并要求支护桩嵌入中风化基岩内，所以无法用击入法和压入法沉桩，多采用旋挖钻机成孔，钢管随钻杆跟进，钻至设计高程后，钻杆和钻头从钢管内拔出，而将钢管留在地层中，然后在钢管内压注水泥砂浆或细石混凝土，形成小口径压浆钢管桩。随地层开挖对钢管桩加支撑或土层锚杆，形成基坑围护体系。该支护体系不具备隔水功能，多用于透水性较差的地层中。若有地下水渗入的可能，可用焊钢板的方法加以封堵。

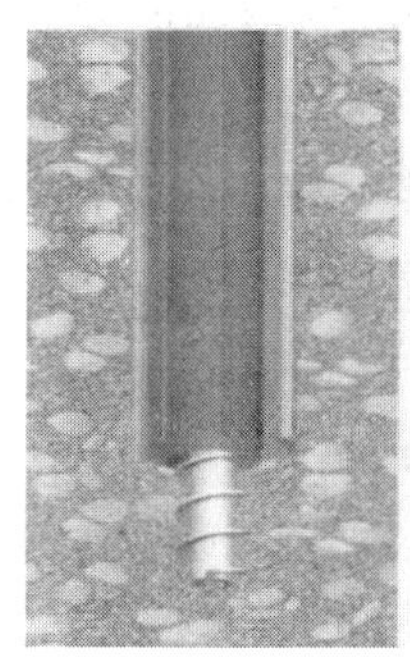 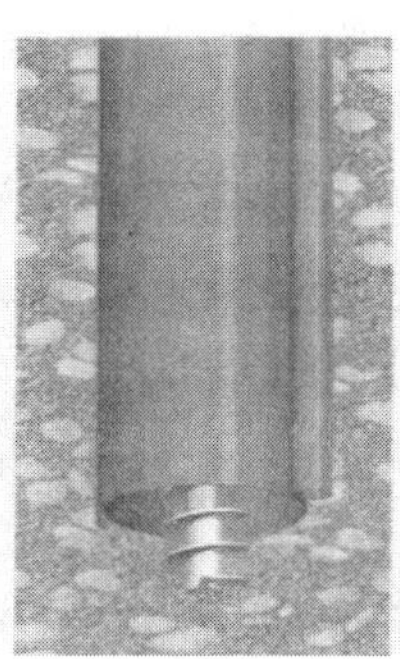 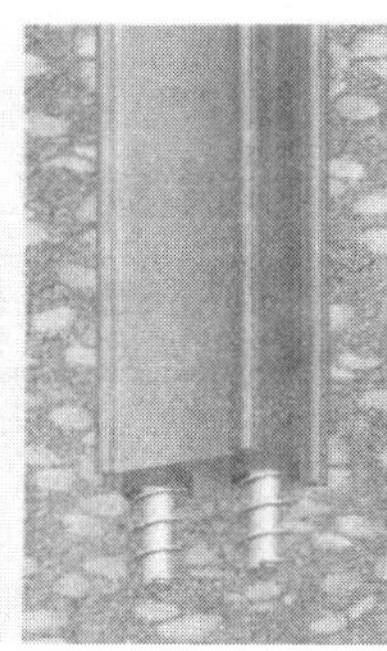 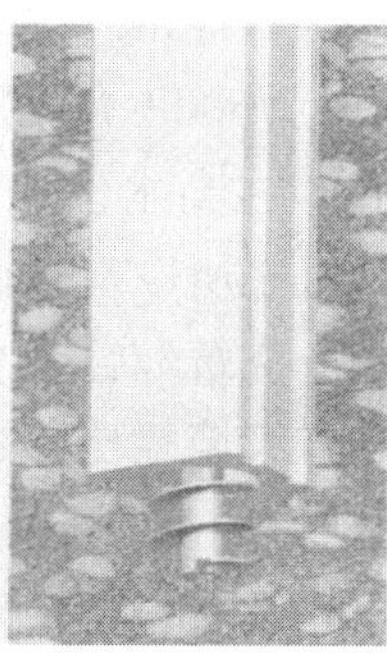

图7-8　小口径钢管灌浆排桩

小口径钢管灌浆排桩工艺，可以在非常贴近已有建筑物的情况下施工。已有工程表明，小口径灌浆桩距建筑物外墙仅10cm。

钢管直径一般采用ϕ220～ϕ600mm，钢管壁厚6～22mm，通过排桩计算确定。

4. 钢筋混凝土预制排桩

钢筋混凝土预制桩作为围护支护桩有较大的抗弯刚度，且一般不再回收重复应用。它在土质特别松软的地层中常被采用，如在江苏、连云港等欠固结地区中，常用双排PHC，钢筋混凝土管桩(预应力钢筋混凝土管桩)作为抗滑桩支护基坑工程。

(1)钢筋混凝土管桩

钢筋混凝土管桩作为基坑支护，如图7-9所示。用钢筋混凝土管桩作为支护桩，沉桩工艺基本与工程桩沉桩工艺相同，也是采用打入式和压入式。管桩根据基坑挖深可以是单排或是双排，不管单排还是双排，桩顶需用钢筋混凝土冠梁联系起来，以发挥群体抗滑功能。

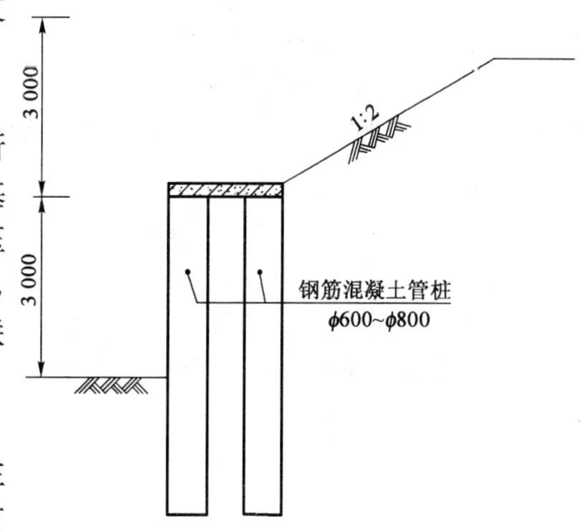

图7-9　钢筋混凝土管桩作为基坑支护(尺寸单位:mm)

(2)钢筋混凝土板桩

以预制的钢筋混凝土板桩作为侧向支护桩，主要用于永久性的驳岸和码头。钢筋混凝土板桩有较大的抗弯刚度，且不易受潮水冲刷而锈蚀。钢筋混凝土板桩有时也用于临时性基坑支护，但比较少。它用于基坑支护时，有一定防渗要求，因此其截面多设计成凹凸接口(图 7-10)，沉桩时一根根桩相互密贴，并使凹凸接口相配，以减小泥土和地下水的渗入。其桩长 6～12m，顶部浇筑钢筋混凝土圈梁联系整体，必要时辅以支撑或锚杆。

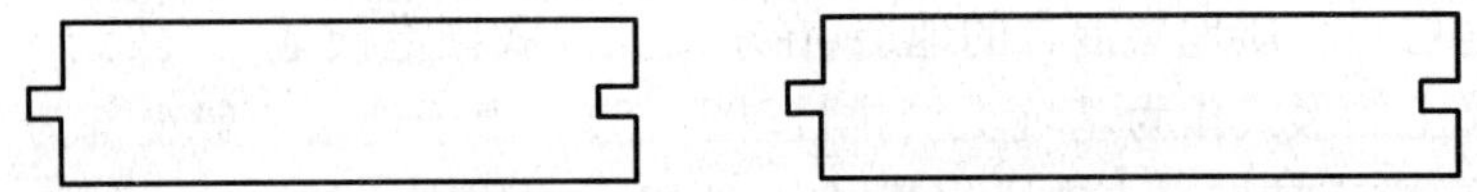

图 7-10 钢筋混凝土板桩截面形式

三、钻孔现浇式排桩

1. 钻孔灌注桩

钻孔灌注桩排桩，是近几年深基坑支护的主要支护桩型。主要用于开挖深度 7～13m 的基坑工程。桩径 ϕ600～ϕ1 000mm，一般取开挖深度的 1/12～1/10。桩长 15～25m，一般为开挖深度的 2 倍。在高水位地层中，一般与水泥土搅拌桩或高压旋喷桩配合使用，形成防渗帷幕。钻孔灌注桩之所以在基坑工程中得到广泛应用主要有以下特点：

①钻孔现场浇筑，对周边环境影响比较小，无挤土效应。

②与地下连续墙相比，采用设备比较简单，该工程所采用的钻机，量大面广，且可以多台设备同时施工，加快施工进度。

③与地下连续墙相比，施工成本和材料成本比较低，节省造价。

④平面布置灵活，可以布置成方形、圆形、不规则多边形。

⑤圆形截面抗弯刚度大，对周边环境影响较小。

钻孔灌注桩的缺点是排出大量泥浆，泥浆的外排运输工作量大。此外，施工现场的文明施工比较困难。尽管如此，钻孔灌注桩排桩支护还是比较适合我国国情的一种支护形式。

钻孔灌注桩作为排桩，必须注意其施工顺序和工艺。灌注桩排桩与水泥土搅拌桩配合使用时，必须首先施工水泥土搅拌桩，后施工灌注桩。时间一般相差 5～7d 为最佳。这是因为水泥土搅拌桩强度较低，钻孔设备可以贴近水泥土桩钻孔，而不损坏水泥土桩的隔水效果。相反，先施工灌注桩后施工搅拌桩，由于灌注桩扩径等原因，水泥土桩不可能贴近施工，这样就不能保证水泥土防渗帷幕的连续性和密水性。

密排的钻孔灌注桩不可顺序施工，必须间隔跳打。必须给浇筑的桩身混凝土适当的凝固时间。所谓“适当”，即是既要保证相邻桩钻孔时，已浇筑的混凝土不发生流淌，又要防止混凝土凝固强度太高影响相邻桩钻孔作业。一般在桩身混凝土初凝以后、终凝之前，施作相邻桩比较合适。最佳时间在桩身混凝土浇灌以后的第二天到第五天。根据上述基本原则并考虑施工速度，进行桩施工顺序的安排(图 7-11)。可以是隔一打一：即 1、3、5……先施工，2、4、6……后施工。也可以是隔二打一：即 1、4、7……先施工，2、5、8……再施工，3、6、9……后施工的顺序安排。不管施工顺序怎么安排，桩头护筒要按顺序一次性埋好。

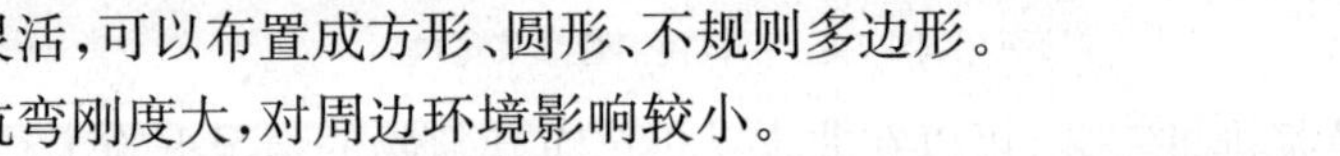

①②③④⑤⑥⑦⑧⑨　　①○③○⑤○⑦○⑨　　○②○④○⑥○⑧○

a)　　b)　　c)

图 7-11 钻孔灌注桩排桩施工顺序安排

a)埋设护筒；b)第一遍打设灌注桩；c)第二遍打设灌注桩

钻孔灌注桩排桩施工定位误差和倾斜误差小于1%。误差过大,将影响后续桩的顺利施工。

目前钻孔灌注桩施工,主要靠自然造浆护壁,并靠泥浆循环将渣土带走。在以黏土为主的地层中,钻进过程中水从钻空腔中压入,伴随钻头旋转将地层土搅拌成泥浆,泥浆从孔口溢出,带走了渣土,这就是所谓正循环。但在砂土地层,水与砂土不能搅拌成浆,也没法通过泥浆将土渣带走。且泥浆太稀,无法起到支撑孔壁的作用,这时宜采用反循环工艺。反循环工艺即搅拌有适量澎润土的泥浆(或黏土)浆液从孔口注入,沉淀与孔底的砂土渣土用吸浆泵从钻杆抽汲到地面排走。反循环工艺,清渣比较彻底,桩底部桩身质量易得到保证。反循环工艺钻孔也比较快。

当地层中含有漂石、卵石等大颗粒物体时,则应选择冲击钻机或旋挖钻机成孔。

2. 树根桩—钢筋混凝土微型桩

钻孔灌注桩施工中通过套管浇灌水下混凝土成桩。但桩径小于400cm时,就无法用套管浇灌水下的混凝土。树根桩的沉桩工艺(图7-12)如下:

①定位、放杆:原则同钻孔灌注桩,也须间隔跳打。

②钻孔并清孔。

③插入钢筋笼并注浆管。

④投放粗集料:仅投放石子,一般不宜投放砂子。

⑤注浆,通过预先埋入的注浆管压注水泥浆液或水泥砂浆,拔出第一次注浆管。

⑥通过第二根注浆管进行二次压浆或补浆。

⑦通过以上工艺,可以发现:先投放石子,再注浆,该工艺中混凝土无须拌和,通常称为升浆混凝土。升浆混凝土强度达不到搅拌混凝土的强度。且升浆混凝土水泥用量要多于普通拌和混凝土。若注入水泥砂浆,升浆混凝土强度可达到C20级。若注入纯水泥浆,升浆混凝土强度仅能达到C15级。所以树根桩作为基坑围护桩仅用挖深不大于6.0的较浅基坑工程。

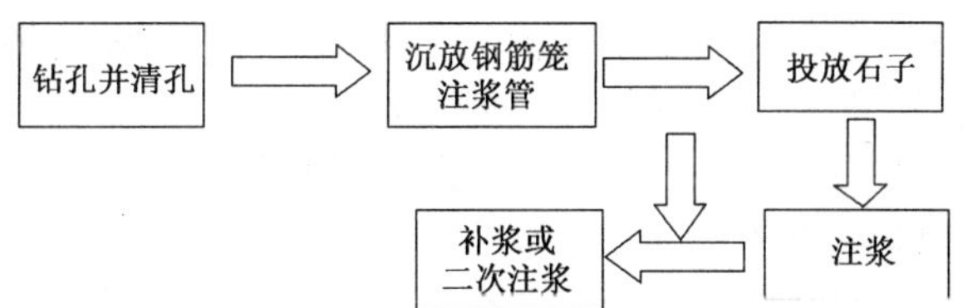

图7-12 树根桩成桩工艺流程

3. 钻孔注浆桩

一种特殊的钻孔灌注桩,桩径一般100~600mm,桩长取决钻孔机械的提升能力,通常在15m以内。它克服了一般钻孔灌注桩施工时大量泥浆外运和处理的缺陷。

钻孔注浆桩的施工工艺为以下几个方面。

(1)钻孔:一般采用长螺旋钻机,干取土。由于相当于桩身体积的土体一次性提出,所以要求钻机有较大的提升能力。

(2)注浆:钻机提升取土的过程,极有可能发生坍孔,必须及时补充护壁浆液。因为在钻孔提升的同时,通过空心钻杆往孔内注入水泥浆液。注浆速度必须与钻杆提升速度相协调。注入的水泥浆液发挥三方面的作用:

①护壁作用,防止孔壁坍塌。

②减少钻机的提升负荷,钻机提升取土的过程,如果孔内空腔不能及时得到填充,必然产生负压吸力,加大了提升负荷。注入的浆液不仅及时填充了孔内的空腔,还会产生向上推力,帮助将土塞提出。

③注入的水泥浆即是升浆混凝土的胶凝剂。

(3)在浆液中沉放钢筋笼。

(4)投放粗集料石子。

钻孔注浆桩排桩施工过程一定要充分估计到相邻桩的相互影响,作出间隔跳打的顺序安排。

钻孔注浆桩由于钻孔机械设备的限制,直径和长度都不可能很大、很长,因此深基坑的使用中要受到较大限制。成桩过程中,对周边地表产生较小影响,所以在靠近建筑物的基坑中有些应用。

第二节　全套管钻孔咬合桩施工技术及设备

一、概述

全套管钻孔咬合桩又称全套管切割桩(Cased Secant Pile)。其按第二序列桩切割第一序列桩时,第一序列桩混凝土凝固情况,可分为硬切割全套管钻孔咬合桩和软切割全套管钻孔咬合桩。硬切割全套管钻孔咬合桩指在第一序列桩混凝土硬化后,实施第二序列桩对第一序列桩进行切割;软切割全套管钻孔咬合桩指在第一序列桩混凝土初凝前,实施第二序列桩对第一序列桩进行切割。

1.硬切割全套管钻孔咬合桩

(1)基本特点

①采用双旋转动力头钻机,在全套管护壁情况下进行长螺旋钻成孔成桩;

②临桩相互咬合一定宽度,以形成桩排式地下连续墙。

施工设备:双旋转动力头钻机,上动力头驱动长螺旋钻杆,下动力头驱动套管,如土力公司R-622HD、R-825和CM-120钻机。

(2)施工程序

①提起长螺旋钻杆和套管,对准桩孔位置;

②同时驱动套管和长螺旋钻杆,在土中切割钻进;

③当套管完全地进入预定土层中后,单独驱动长螺旋钻杆达到设计深度;

④通过长螺旋钻杆内腔向孔底压灌混凝土,边提升钻杆边灌注混凝土;

⑤混凝土灌满桩孔并且钻杆全部拔出后,拔出套管;

⑥将钢筋笼放入到新鲜混凝土中。

(3)实例

意大利马蒂尼车库(圆形车库,内径18.90m,深度15.50m)。

采用104根咬合桩,桩径800mm,桩长16.5m,套管入土长度13.5m,桩间距604mm,咬合厚度194mm。

作业时间：第一序列桩成孔时间 30min；第二序列桩成孔时间分三种情况，即 40min（在第一序列桩灌注混凝土 4～5d 后）、60min（在第一序列桩灌注混凝土 9～10d 后）、75min（在第一序列桩灌注混凝土 20d 后）；灌注混凝土时间 15min。

硬切割全套管钻孔咬合桩，是在第一序列桩灌注混凝土若干天后，即已获得相当强度后，再设置与其咬合的第二序列桩，这可能在切割过程中产生裂缝，也可能会产生施工缝，甚至会产生渗水或漏水现象。

2. 软切割全套管钻孔咬合桩

软切割全套管钻孔咬合桩是利用超缓凝混凝土的特殊性能，采用高精度的全套管钻机按专门工艺成孔、成桩的一种特殊桩型，通过桩与桩之间的咬合搭接，可形成挡土截水的连续排桩围护结构或地下防渗墙。

软切割全套管钻孔咬合桩的特点如下：

①采用全套管钻机，在成孔成桩过程中始终有超前钢套管护壁，所以无需泥浆护壁，更无需排放泥浆，近于干法成孔；机械设备噪声低，振动小，大大减少工程施工时对环境的污染。

②对沉降及变位容易控制，能紧邻相近的建筑物和地下管线施工。

③能有效地防止孔内流沙、涌泥，并可嵌岩，成桩质量高。

④能起到完全的止水作用。

⑤混凝土强度可按设计要求提高，可靠性高。

⑥全套管的护孔方式使第二序列的施工桩在已有的第一序列的两桩间实施切割咬合，能保证桩间紧密咬合，并且咬合桩的混凝土终凝出现在桩咬合之后，成为无缝的连续"桩墙"，从而形成良好的整体连续结构。

全套管钻孔咬合桩施工工艺的关键技术在于先施工桩的桩身混凝土，凝结时间要长 3d，强度要低，以保证能被后施工桩的钻机套管下沉时切割，同时混凝土的 28d 强度能达到设计强度等级。因此混凝土能否满足设计与施工要求是该工艺能否成功的关键之一。这种切割法属于软切割，不会产生施工缝，能起到完全的止水作用。

二、摇动式全套管钻机

全套管钻机按其成孔直径可分为：小型钻机，钻孔直径分别为 0.8～1.0m、1.0～1.2m，摇动转矩分别为 1 255kN · m、1 470kN · m，钻孔深度为 35～45m；中型钻机，钻孔直径为 1.2～1.5m，摇动转矩为 2 650kN · m，钻孔深度为 35～45m；大型钻机，直径在 1.6 ～ 2.0m 之间或更大。欧洲、日本在用全套管钻机施工时，多用大、中型钻机。全套管钻机是一种机械性能好，成孔深度大，成桩直径大的新型桩工机械，集取土、成孔、护壁、吊放钢筋笼、灌注混凝土等作业工序于一体，效率高，工序辅助费用低。

全套管施工常用贝诺特（Benoto）灌注桩施工法，实质上是冲抓斗跟管钻进法。该法利用摇动装置的摇动（或回转装置的回转）使钢套管与土层间的摩阻力大大减少，边摇动（或边回转）边压入，同时利用冲抓斗挖掘取土，直至套管下到桩端持力层为止。挖掘完毕后立即进行挖掘深度的测定，并确认桩端持力层，然后清除虚土。成孔后将钢筋笼放入，接着将导管竖立在钻孔中心，最后灌注混凝土成桩。

全套管施工法与采用泥浆护壁的钻、冲击成孔及其他干作业法的大直径灌注桩的施工法相比，成孔、成桩工艺方面具有以下优点：

①环保效果好。噪声低，振动小；由于应用全套管护壁，不使用泥浆，无泥浆污染环境的忧虑，施工现场整洁文明，很适合于在市区内施工。

②孔内所取泥土，含水率较低，方便外运。

③成孔和成桩质量高。取土时因套管插入整个孔内，孔壁不会坍落；易于控制桩断面尺寸与形状；含水比例小，较容易处理孔底虚土，清底效果好；充盈系数小，节约混凝土。

④配合各种类型抓斗，几乎在各种土层、岩层均可施工，当桩端需嵌岩时，可采用十字冲锤等进行冲击钻进。

⑤可在各种杂填土(含有砖渣、石渣及混凝土块等)中施工，适合旧城改造的基础工程。

⑥在挖掘时可确切地搞清摩擦持力层和桩端持力层的土性和岩性，可以选择合适的桩长。

⑦可挖掘小于套管内径 1/2 的石块。

⑧因用套管护壁，可靠近既有建筑物施工。

⑨可避免采用泥浆护壁法的钻、冲击成孔时产生的泥膜和沉渣，对灌注桩承载力削弱的影响。

⑩由于钢套管护壁的作用，可避免钻、冲击成孔灌注桩可能发生的缩颈、断桩及混凝土离析等质量问题。

⑪可避免其他泥浆护壁法难以解决的流沙问题。

全套管施工法的缺点如下：

①因是大型机械施工，故要有较大的场地，工地边界到边桩中心的距离也要求较大。

②桩径受一定限制，因一般施工单位缺乏经济实力购置多种直径的钢套管。

③地下水位以下有厚细砂层(厚度 5m 以上)时，拉拔套管较困难。

④用冲抓斗挖掘时将使桩端持力层松软。

⑤当套管外地下水位较高时，孔底容易发生隆起、涌沙现象，使桩端持力层松软。

针对上述缺点，可以采取相应的措施，在此不再详述。这已在施工实践中得到验证。

1. 摇动式全套管钻机组成

捷程牌 MZ 系列摇动式全套管钻机，由主机(磨桩机)、钢套管、锤式抓斗和液压工作站组成。因该钻机属于附着式全套管钻机，故需另配履带式吊车，如图 7-13 所示。

(1)主机(又称磨桩机)

主机是整套机组中的工作机，由机架、提升油缸、锁定油缸、摇动油缸、调节油缸及定位油缸等组成。

在主机底座装有提升油缸和机架，机架随提升油缸升降，控制钢套管上下运动；机架上还设有锁定油缸及夹具，以夹紧或放松钢套管；在主机底座的另一端固定一个支架，支架上安装两个摇动油缸及左右摇臂，控制钢套管在一定的角度范围内作周期性反复摇动；支架上的定位调节油缸用于调节钢套管的垂直度；为使钢套管提升或下放并调整锁定夹具的位置，避免钢套管的下落，在底

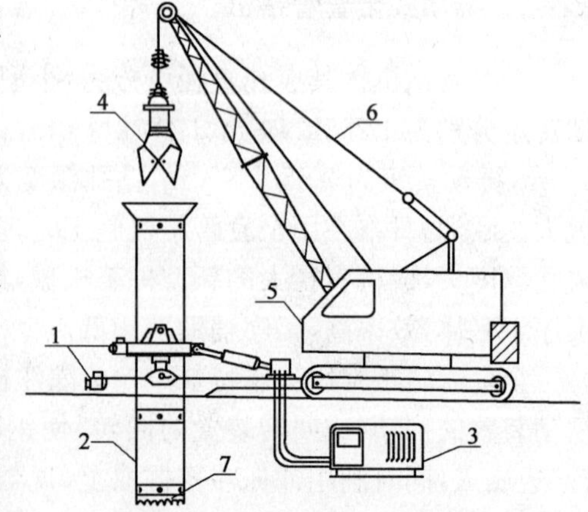

图 7-13　MZ 液压摇动式全套管灌注桩机配套设备示意图
1-主机(磨桩机)总成；2-钢套管总成；3-液压工作站；4-锤式抓斗；5-履带吊车；6-钢丝绳；7-切割环

座上固定两个定位油缸及定位夹具。

(2)锤式抓斗

锤式抓斗按桩孔土、岩的特性,分万能型、硬质土用型、卵砾石用型及进岩的十字凿锤等。抓斗的外径要与套管的内径相匹配。

锤式抓斗的作用和工作过程是,当套管压入土中,抓斗片呈打开状态,卷扬筒突然放松,抓斗以落锤(自由落体)方式向套管内冲入切土;此后闭合抓斗片,提起抓斗移出孔位;打开抓斗片弃土。

(3)钢套管

标准套管的长度为8m,套管在入土过程中承受一定的扭矩,桩孔越长所承受的扭矩越大。考虑到全套管钻机成孔深度不大于45m,故采用16Mn钢单层套管,其壁厚为20mm。套管上下接头均为经过精确加工的雌雄接头,便于套管准确连接,并用螺栓固定。

在第一节套管底部设有带刃口的切割环,其刃口外径比标准套管外径稍微大一些,以减少在下沉过程中标准套管与孔壁间的摩阻力。

(4)液压工作站

液压系统由液压站、钢丝胶管总成及液压控制箱等组成,以控制各类用途的油缸工作。

(5)履带式起重机

履带式起重机主要起配合作用,其起重能力要求见表7-3。在磨桩机的底座上设有与履带吊固定用的连接装置,履带吊的吊臂及钢索上连接锤击抓斗。

2.摇动式全套管钻机的规格、型号和技术性能

摇动式全套管钻机的规格、型号和技术性能见表7-3。

摇动式全套管钻机的规格、型号和技术性能 表7-3

性能指标		MZ-1	MZ-2	MZ-3
钻孔直径(m)		0.8～1.0	1.0～1.2	1.2～1.5
钻孔深度(m)		35～45	35～45	35～45
压管行程(mm)		550	650	600
摇动推力(kN)		1 060	1 255	1 648
摇动扭矩(kN·m)		1 255	1 470	2 650
提升力(kN)		1 157	1 353	1 961
夹紧力(kN)		1 765	1 960	2 255
定位力(kN)		294	353	490
摇动角度(°)		27	27	27
前后倾角(°)		8	8	8
钳口高度(mm)		450	550	550
功率(kW)		55	75	95
油缸工作压力(MPa)		35	35	35
外形尺寸(mm)	长度	4 700	5 500	6 000
	宽度	2 200	2 500	2 800
	高度	1 500	1 540	1 600

续上表

性能指标		MZ-1	MZ-2	MZ-3
质量(kg)	主机	14 000	18 000	28 000
	液压工作站	2 800	3 200	3 500
配合履带吊起重能力(kN)		≥147	≥196	≥343
锤式抓斗(kN)		20 ～25	25 ～35	35 ～50
十字冲锤(kN)		40 ～60	60 ～80	80 ～100

注:摇动推力、定位力分别为各自的两缸合力。

3. 全套管灌注桩施工

(1)施工程序

施工程序包括成孔和成桩。

①成孔

a. 将磨桩机的底座与履带吊连接,形成一个整体,并移动到桩位上,将底部装有切割环的钢套管对准桩位后,启动定位油缸,用定位夹具夹紧钢套管。

b. 将提升油缸提升到最大高度,启动锁定油缸,推动锁定夹具夹紧钢套管,使钢套管定位在由锁定夹具形成的环箍中。

c. 检查钢套管垂直度,若偏差超过允许范围,则启动调节油缸使钢套管垂直度达到要求。

d. 收缩提升油缸,使套管插入地层,底座被支起而离开地面。此时摇动油缸开始工作,通过两个摇臂带动套管作周期性反复摇动,使套管底部的切割环钻入土层,加上机架重量,套管逐渐被压入地层中。

e. 套管在摇动过程中不断下沉,当底座接近地面,停止摇动油缸工作,并收缩锁定油缸,以使其放松并脱离套管,底座随之落地。

f. 将提升油缸升回到最大高度,再启动锁定油缸,使套管固定在由锁定夹具形成的环箍中,而后再次收缩提升油缸,底座又被支起而离开地面,此时摇动油缸重新恢复工作。

g. 重复 e、f 的施工程序,直至需要加装另一节套管;将加装的套管插入已被锁定夹具夹紧的下套管的上端,对准接头螺口,上紧螺栓。

h. 重复 e、f、g 的施工程序,直至使套管达到设计要求的深度为止。

i. 在挖掘桩孔过程中,应在套管顶部安设一个护筒,以防止锤式抓斗冲击时损坏套管的上端口,同时悬挂于履带吊吊臂上的锤式抓斗依靠自重下落不断地从套管中抓取泥土,达到桩的设计深度。

j. 挖掘完毕后立即测定桩孔深度,确认桩端持力层,清除孔底虚土。

②成桩

造孔结束后,为避免孔壁坍塌,采取拔套管与灌注混凝土交替进行的方法,即边拔套管边灌注混凝土。

a. 将钢筋笼放入孔中。

b. 将带储料斗的导管放入孔中。视套管内有无水,采用水下灌注混凝土方式或采用非水下灌注混凝土方式。

c. 将提升油缸伸展拔出一段套管后,停止提升油缸工作,开始灌注混凝土,然后再拔管、再灌注混凝土，如此循环多次，直至提升油缸达到最大高度。

d. 启动定位油缸，推动定位夹具夹紧套管，然后收缩锁定油缸放松并脱离套管，将提升油缸收缩到最小位置，再启动锁定油缸，锁定夹紧套管，随后收缩定位油缸，使定位夹具放松并脱离套管。

e. 伸展提升油缸，拔出一段套管，再灌注混凝土。这样，边灌注混凝土，边拔导管和套管，多次循环，直至导管及套管全部拔出，混凝土灌注完成。

在拔出套管时，只需将连接上下两节的螺栓取除，即可取下上面一节的套管。

(2)施工特点

①能摇动套管装置、压入套管和挖掘同时进行。

②锤式抓斗的抓斗片张开、落下、关闭和拉上可用一根钢丝绳操作。

③可以避免泥浆护壁法成孔工艺所造成的泥膜和沉渣对灌注桩承载力削弱的影响。

三、全套管钻孔咬合桩的施工工艺

1. 全套管钻孔咬合桩施工的关键因素及施工工法

全套管钻孔咬合桩施工的三大关键因素，即第二序列桩（B 桩）对第一序列桩（A 桩）进行软切割，咬合桩孔垂直度的保证和超缓凝混凝土的配制。已有工程开挖结果表明，桩身咬合良好，无渗漏水现象。

在工程实践中完整地形成了全套管钻孔咬合桩施工工法，其包含以下主要内容：

①咬合桩的单桩施工工艺流程；

②咬合桩的排桩施工工艺流程；

③导墙施工方案；

④孔口定位误差的控制——孔口定位误差允许值的规定；

⑤桩垂直度控制的三个环节，其中含采用“测环法”检测钻孔咬合桩垂直度的做法；

⑥咬合桩咬合厚度的确定；

⑦克服“管涌”的技术措施；

⑧遇地下障碍物的处理方法；

⑨克服钢筋笼上浮的方法；

⑩分段施工接头的处理方法；

⑪事故桩的处理方法（平移桩位侧咬合，背桩补强及预留咬合企口等）。

全套管钻孔咬合桩施工，如图 7-14 所示。

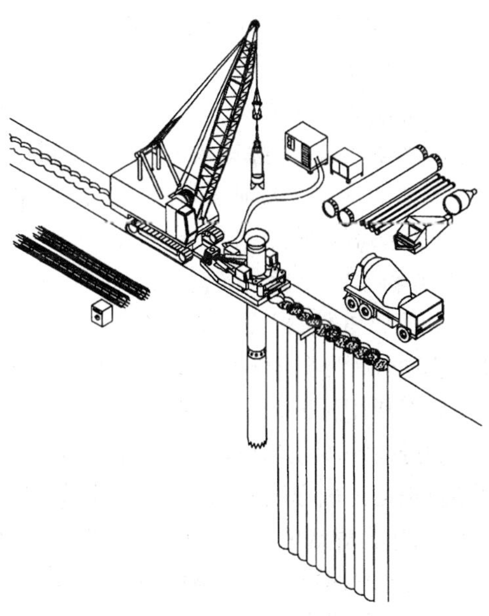

图 7-14 全套管钻孔咬合桩施工示意图

2. 全套管钻孔咬合桩的单桩施工工艺流程

全套管钻孔咬合桩的单桩施工工艺流程，如图 7-15 所示。

全套管钻孔咬合桩的单桩施工工艺流程图 7-15中，吊放钢筋笼一项可能有三种情况：

①当第一序列桩为素混凝土桩时[图 7-16a)]，就无此工序；

②当第一序列桩为钢筋混凝土桩时[图

7-16b)],便有此工序;

③第二序列桩为钢筋混凝土桩时(图7-16),便有此工序。

钻孔咬合桩在施工时不仅要考虑第一序列桩混凝土的缓凝时间控制,注意相邻的第一序列桩和第二序列桩施工的时间安排,需防止因第一序列桩强度增长过快而造成第二序列桩无法施工,还要控制好成桩的垂直度,防止因第一序列桩垂直度偏差较大而造成与第二序列桩搭接效果不好的情况,甚至出现基坑漏水,无法止水而失败的情况;同样也要防止因第二序列桩垂直度偏差较大而造成与第一序列桩搭接效果不好,致使基坑漏水而失败的情况。

(1)导墙施工

①导墙的作用

导墙对确保全套管钻孔咬合桩的孔口成孔精度起到重要作用,具体而言:正确控制钻孔咬合桩的平面位置;支撑机具重量,防止孔口坍塌;确保全套管钻机平正作业;确保咬合桩护筒的竖直。

②导墙材料及厚度

导墙材料一般为混凝土或钢筋混凝土。

导墙厚度:350mm(地表层土较好)或≥450mm(地表层土为软土,需回填后分层碾压)。

③导墙施工步骤

a. 平整场地:清除地表杂物,填平碾压地下管线迁移的沟槽。如遇到杂填土层,应采用置换素土的方法,导墙制作完成后,孔内土层应夯实,有利于钢套管正确就位。

b. 测放桩位:根据设计图纸提供的坐标按外放100mm(为抵消咬合桩在基坑开挖时在外侧土压力作用下向内位移和变形而造成的基坑结构净空减小变化)计算排桩中心线坐标,采用全站仪根据地面导线控制点进行实地放样,并做好护桩,作为导墙施工的控制中线,报监理复核。

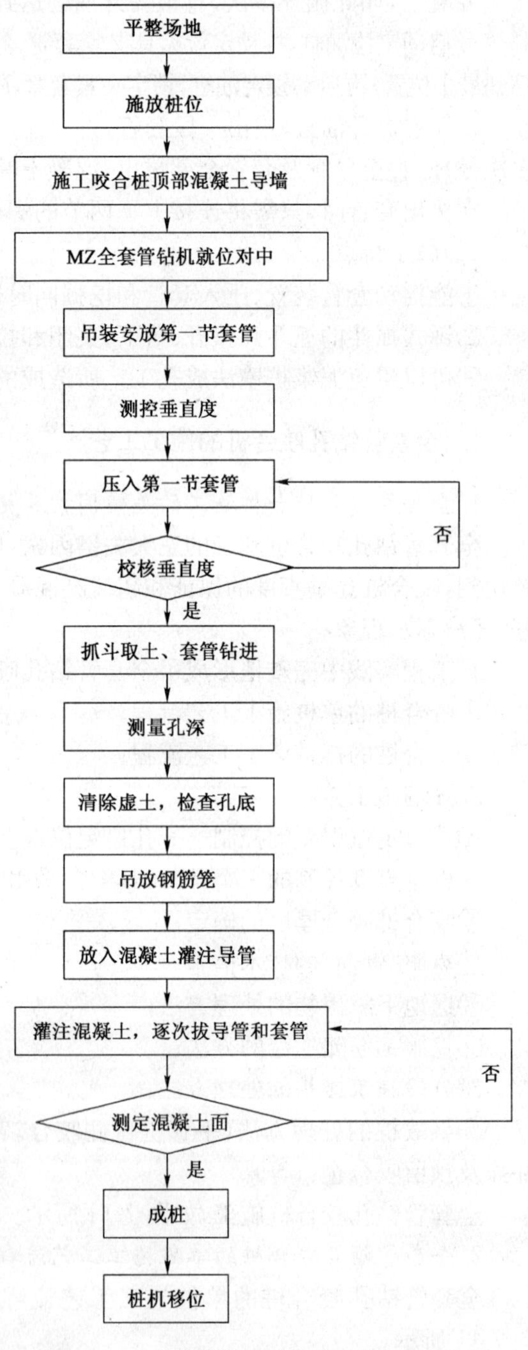

图7-15　全套管钻孔咬合桩的单桩施工工艺流程

c. 导墙沟槽开挖:在桩位放样线符合要求后即可进行沟槽的开挖,采用人工开挖施工。开挖结束后,立即将中心线引入沟槽下,以控制底模及模板施工,确保导墙中心线正确无误。

d. 钢筋绑扎:沟槽开挖结束后绑扎导墙钢筋,导墙钢筋按设计布置,经“三检”合格后,填写隐蔽工程验收单，报监理验收，经验收合格后方可进行下道工序施工。

e. 模板施工：模板采用自制整体木模，导墙预留定位孔模板直径为套管直径扩大30～50mm。模板加固采用钢管支撑，支撑间距不大于1m，确保加固牢固，严防跑模，并保证轴线和净空的准确；混凝土浇注前先检查模板的垂直度和中线以及净距是否符合要求，经"三检"合格后报监理通过方可进行混凝土浇注。

f. 混凝土浇注施工：混凝土采用商品混凝土，混凝土浇注时两边对称交替进行，严防走模。如发生走模，应立即停止混凝土的浇注，重新加固模板，并纠正到设计位置后，方可继续进行浇注。振捣采用插入式振捣器，振捣间距为600mm左右，防止振捣不均，同时也要防止在一处过振而发生走模现象。

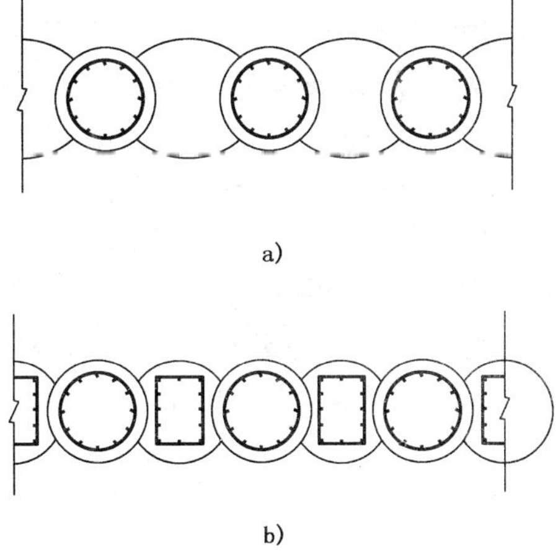

图7-16　钻孔咬合桩配筋示意图

a)第一序列素混凝土桩与第二序列钢筋混凝土桩咬合；b)第一序列和第二序列均为钢筋混凝土桩咬合

g. 当导墙有足够的强度后，拆除模板，重新定位放样排桩中心位置，将点位反到导墙顶面上，作为钻机定位控制点。

(2)钻机就位对中

待导墙有足够的强度后，移动套管钻机，使套管钻机抱管器中心对应定位在导墙孔位中心。定位后，在导墙孔与钢套管之间用木塞固定，防止钢套管端头在施压时位移。液压工作站置放于导墙外平整地基上。

(3)吊装安放第一、第二节套管

埋设第一、第二节套管的竖直度，是决定桩孔垂直度的关键，在套管压入过程中，用经纬仪或测锤不断校核垂直度。当套管垂直度相差不大时，固定钻机上夹具，利用钻机上夹具来调整垂直度；当套管垂直度相差较大时，一般应拔出来重新埋设，有时也可将钻机向前后左右移动一下使之对中。

(4)取土成孔

先压入第一节套管(每节套管长度8m)，压入深度约2.5～3.0m，然后用抓斗从套管内取土，一边抓土，一边下压套管，要始终保持套管底口超前于取土面且深度不小于2.5m；第一节套管全部压入土中后(地面以上要留着1.2～1.5m，以便于接管)检测成孔垂直度，如不合格则进行纠偏调整，如合格则安装第二节套管下压取土，直到设计孔底高程。

(5)吊放钢筋笼

如为钢筋混凝土桩，成孔至设计高程后，检查孔的深度、垂直度，清除孔底虚土，检查合格后吊车吊放钢筋笼；安放钢筋笼时应采取有效措施保证钢筋笼高程。

(6)灌注混凝土

孔内有水时，采用水下混凝土法灌注施工。孔内无水时，采用干孔灌注施工，此时需振捣。开始灌注混凝土时，应先灌入2～3m^{3}混凝土(约2m深左右时)将套管搓动后提升20～30cm，以确定机械上拔力是否满足要求；不能满足时，则应采用吊车辅助起吊。灌注过程中应确保混凝土高出套管端口不小于2m，防止上拔过快造成断桩事故。

(7)拔管成桩

一边灌注混凝土一边拔管，应注意始终保持套管底低于混凝土面2.5m以上。

3.全套管钻孔咬合桩的排桩施工工艺原理和工艺流程

(1)工艺原理

全套管钻孔咬合桩是采用全套管钻机钻孔施工，在桩与桩之间形成相互咬合排列的一种基坑支护结构(图7-17)。为便于切割，桩的排列方式一般为一根第一序列桩即A桩(素混凝土桩或矩形钢筋笼混凝土桩)和一根第二序列桩即B桩(圆形钢筋笼混凝土桩)间隔布置，施工时先施工A桩后施工B桩，A桩混凝土采用超缓凝混凝土，要求必须在A桩混凝土初凝之前完成B桩的施工。B桩施工时采用全套管钻机切割掉相邻A桩相交部分的混凝土，实现咬合(图7-18)，B桩一般采用普通混凝土。

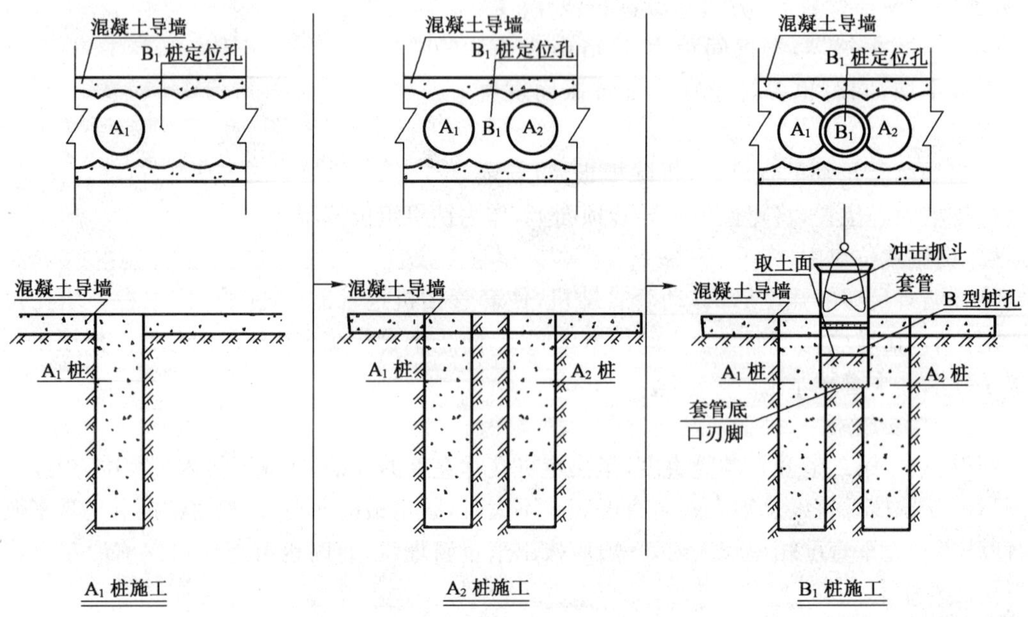

图7-17　全套管钻孔咬合桩的施工工艺原理

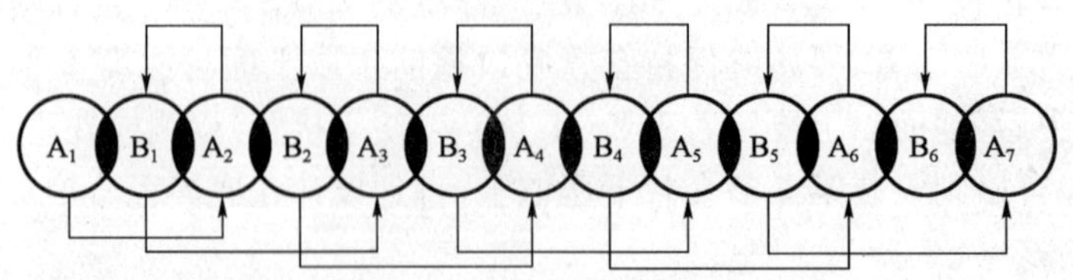

图7-18　全套管钻孔咬合桩的施工工艺流程

(2)工艺流程

总的原则是先施工A桩，后施工B桩，其施工工艺流程是：$A_1 \rightarrow A_2 \rightarrow B_1 \rightarrow A_3 \rightarrow B_2 \rightarrow A_4 \rightarrow B_3 \cdots\cdots A_n \rightarrow B_{n-1}$。

对A桩的施工只要严格按照单桩施工工艺流程作业，确保垂直精度就能满足要求。对B桩的施工，除了确保垂直精度、使桩体能充分咬合外，还涉及施工过程中切割的挤压、摩擦等产生对已成桩(A桩)的损害。为克服这一难题,采用在混凝土中加入超缓凝剂,使A桩混凝土在未初凝状态前就施工B桩,消除对A桩的危害。

4. 全套管钻孔咬合桩的施工要点

(1)孔口定位误差的控制

为了保证钻孔咬合桩底部有足够的咬合量,应对其孔口的定位误差进行严格的控制。孔口定位误差的允许值,可按表7-4进行选择。

孔口定位误差允许值　　表7-4

咬合厚度(mm) \ 桩长	10m以下	10～15m	15m以上
100	±10	±10	±10
150	±15	±10	±10
200	±20	±15	±10

注:表中孔口定位误差允许值单位以mm计。

为了有效地提高孔口的定位精度,应在钻孔咬合桩桩顶以上设置混凝土或钢筋混凝土导墙,导墙上定位孔的直径宜比桩径大30～50mm,如图7-19所示。钻机就位后,将第一节套管插入定位孔并检查调整,使套管周围与定位孔之间的空隙保持均匀。

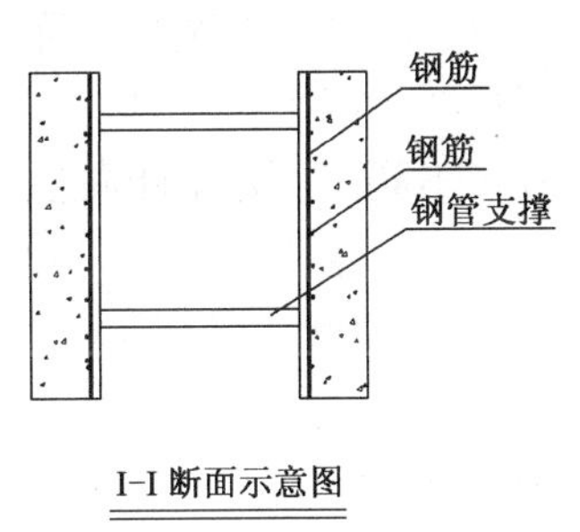

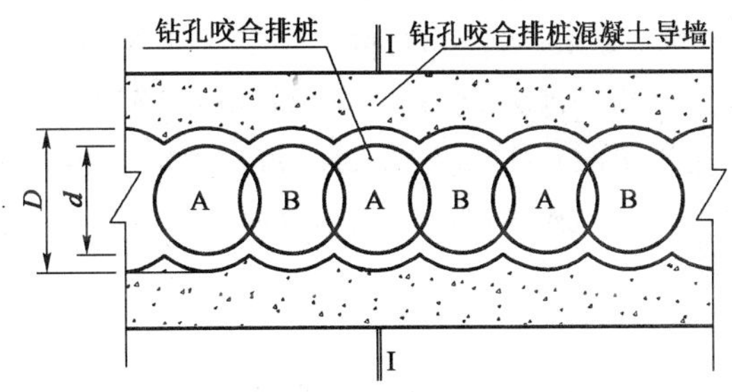

图7-19　钻孔咬合桩导墙平面布置示意图

d-钻孔咬合排桩单桩直径;D-导墙预留定位孔直径,$D=d+20$mm

(2)桩垂直度的控制

①控制桩垂直度的环节

为了保证钻孔咬合桩底部有足够厚度的咬合量,除对其孔口定位误差严格控制外,还应对其垂直度进行严格的控制,如果成孔垂直精度控制不好,将会发生前后、左右开叉的后果。根据我国《地下铁道工程施工及验收规范》(GB 50299—1999)第3.1.5条规定,桩的垂直度允许偏差为3‰。

以深圳地铁会购区间全套管钻孔咬合桩工程为例,桩径1 000mm,咬合厚度200mm,A桩长21m,B桩长18m,如果桩的垂直度允许偏差为3‰,则此时B桩最不利咬合面厚度仍有92mm[200－18 000×0.003×2＝92(mm)]。

成孔过程中要控制好桩的垂直度,必须抓好以下两个环节的工作。

a. 套管的顺直度检查和校正。

钻孔咬合桩施工前在平整地面上进行套管顺直度的检查和校正,首先检查和校正单节套管的顺直度,然后将按照桩长配置的套管全部连接起来进行整根套管(15~25m)的顺直度检查,其偏差宜小于10mm。检测方法:于地面上测放出两条相互平行的直线,将套管置于两条直线之间,然后用线锤和直尺进行检测。

b. 成孔过程中桩的垂直度监测和检查。

地面监测:在地面选择两个相互垂直的方向采用经纬仪或线锤监测地面以上部分的套管垂直度,发现偏差随时纠正。这项检测在每根桩的成孔过程中应自始至终坚持,不能中断。

孔内检查:每节套管压完后安装下一节套管之前,都要停下来用测锤、测环或测斜仪进行孔内垂直度检查,不合格时需进行纠偏,直至合格才能进行下一节套管施工,采用"测环法"检测钻孔咬合桩垂直度的做法,见相关文献。

②纠偏

成孔过程中如发现垂直度偏差过大,必须及时进行纠偏调整,常用方法有以下五种:

a. 发现钢套管有倾斜趋势时,立即通过反复摇动、微量扭、挪套管支座等将套管倾斜消除在初始状态。

b. 利用钻机油缸进行纠偏:如果桩孔偏差不大或套管入土不深(<5m),可直接利用钻机的两个顶升油缸和两个推拉油缸调节套管的垂直度,即可达到纠偏的目的。

c. A桩孔纠偏方法:如果A桩套管在入土5m以下发生较大偏移,可先利用钻机油缸直接纠偏,如达不到要求,可向套管内充填砂土或黏土,一边填土一边拔起套管,直至将套管提升到上一次检查合格的地方,然后调直套管,检查其垂直度合格后再重新下压。

d. B桩孔纠偏方法:B桩孔的纠偏方法与A桩孔基本相同,其不同之处是不能向套管内填土而应填入与A桩相同的混凝土,否则有可能在桩间留下土夹层,从而影响排桩的防水效果。

e. 无法利用套管钻机重新成孔时,在待处理桩位的两侧注浆,形成隔渗帷幕拦截地下水,做人工挖孔咬合桩补救。

由以上可知,采用全套管钻机施工钻孔咬合桩有以下两个显著优点:

一是,成孔精度可以得到有效控制。这是由于套管压入地层是靠主机液压油缸行程完成的,每次压入深度约250mm,套管每节长度8m,可以边压入边纠偏,进行全过程的垂直度控制。

二是,成孔垂直度检测可在套管内进行,使检测工作变得更为方便、更易控制且有直观感。这是其他种类的咬合桩无法比拟的。

(3)桩咬合厚度的确定

相邻桩之间的咬合厚度d根据桩长来选取,桩越短咬合厚度越小(但最小不宜小于100mm),桩越长咬合厚度越大,按式(7-1)进行计算:

$$d-2(kl+q)\geqslant 50\text{mm} \tag{7-1}$$

式中:l——桩长;

k——桩的垂直度;

q——孔口定位误差容许值;

d——钻孔咬合桩的设计咬合厚度。

式(7-1)的意义在于保证桩底的最小设计咬合厚度不小于50mm。

(4)管涌及其产生条件和克服管涌的技术措施

在全套管钻孔咬合桩施工中，可能会遇到两种性质不同砂土管涌和混凝土管涌(亦可称混凝土绕流管涌)。

①管涌及其产生条件

a. 砂土管涌及其产生条件。

在桩孔较深处存在松砂层时，且又作用着向上的渗透水压力，如果由此产生的动水坡度大于砂土层的极限动水坡度时，砂土颗粒就会处于冒出、沸涌状态形成砂土管涌。

在桩孔挖掘过程中，如果软土层深厚，地下水位高，且砂质粉土层或黏性土与粉土层中夹薄层粉砂时，极易在渗透水压作用下产生砂土管涌。

在持力层有大量的承压水而孔内水却很少或无水的状态下，套管接近持力层附近的承压水时，承压水就突然把套管超前部分的孔内不透水层突破，向孔内喷水，带走持力层附近的砂砾，使桩端持力层松动。

b. 混凝土管涌及其产生条件。

如图 7-20 所示，在 B 桩成孔过程中，由于 A 桩混凝土未凝固，还处于弱流塑状态，随着取土和深度的增加，可能会产生 A 桩混凝土不同程度地从 A、B 桩相交处涌入 B 桩孔内，称之为混凝土“管涌”现象。

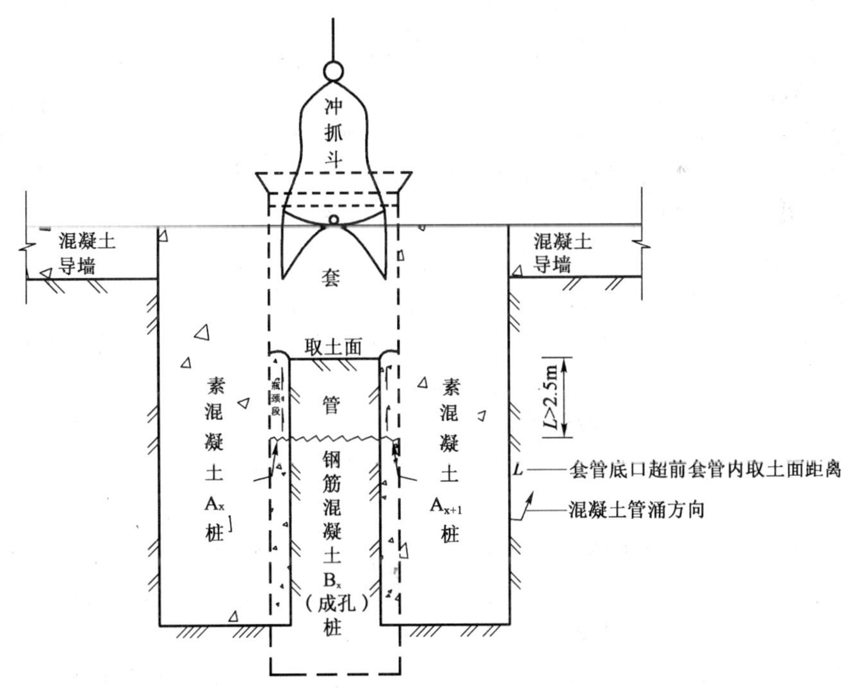

图 7-20 B 桩施工过程中的混凝土管涌现象示意图

②克服管涌的技术措施

a. 克服砂土管涌的技术措施。

针对上述三种产生砂土管涌的条件，可分别采取以下三种不同的克服砂土管涌的技术措施。

措施1:随时观察孔内地下水和穿越砂层的动态,按少取土多压进的原则操作,做到套管超前,充分发挥全套管跟进的钻孔工艺特点。

实例:杭州钱江路地下通道四标段和五标段钻孔咬合桩工程,其特点离居民区较近,土质以砂质粉土为主,地下水位高,施工中容易出现管涌现象。对此在施工中采用接长套管,使套管尽量超前,一般超过设计孔深3～4m,以克服管涌问题。

措施2:依据套管的最大切割下压能力,做到套管始终超前,抓土在后,抓土面离套管底的最小距离应保持在1m以上,使孔内留足一定厚度的反压土层,防止管涌的产生。

实例:天津地铁一号线西南角站钻孔咬合桩工程,由于桩底处于粉质黏土层,距细砂层0.5m,如穿过粉质黏土层会出现翻砂现象,所以在施工时,在距孔底1.5～2.0m时往孔内注水15～20m深,使内外压力达到平衡。在混凝土灌注过程中将孔内逐步抽回积水坑。

措施3:往孔内灌水,直灌到相当于承压水头的高度后再钻进。

实例1:杭州解放路隧道延伸线钻孔咬合桩工程位于杭州城东"贴沙河"两岸,采用明挖和暗挖围护结构设计。明挖采用咬合桩工法,最大开挖深度18m,钢筋混凝土内支撑作永久性支护,明挖和暗挖节点处设计为咬合堵头桩,先施工明挖段再施工暗挖段。该工程处于闹市区,地下管线密布,相邻建筑仅5～6m,近邻沪杭铁路和"贴沙河";该工程地下水位1.0～1.5m,3a层、3b层、3c层砂质粉土夹粉砂层厚11.2～16.0m,砂粒径集中在0.25～0.075mm,70%地下水为潜水,由贴沙河补给。由于特殊的粉细砂及高地下水位,该工程若采用其他方法(如钻孔桩加深搅帷幕、SMW工法及地下连续墙等),穿透厚度较大的"亚纳米"粉细砂层,施工将会极为困难,甚至无法实施。方案比较结果,该工程采用全套管钻机施工咬合桩,方案施工中当桩端为黏性土层时,采用干法成孔;当桩端为粉细砂时采用注水施工、水头平衡,用水下冲抓器抓砂土。基坑开挖施工过程中地面变形甚微,深得当地建设主管部门好评,并将全套管钻孔咬合桩工法引用于杭州地铁一号线试验段秋涛路站的围护结构施工。

实例2:杭州地铁一号线秋涛路车站钻孔咬合桩(堵头桩)工程,由于桩底处于粉质黏土和黏质粉土层,距中细砂层0.5m左右,为了避免穿过黏土层出现翻砂现象,因此在施工时距孔底1.5～2m时向桩孔内灌注水15～20m,使内外压力达到平衡,然后采用水下取土器成孔至设计高程,在混凝土灌注过程中逐步将水抽回积水坑。

b.克服混凝土管涌的技术措施。

A桩混凝土的坍落度应尽量小一些,不宜超过16cm±2cm,以便于降低混凝土的流动性,增加阻力克服管涌。

套管底口应始终保持超前于开挖面一定距离,即依据全套管钻机的最大切割下压能力,做到套管始终超前,抓土在后,以便于造成一段"瓶颈",阻止混凝土的流动,如果钻机能力许可,这个距离越大越好,但至少不应小于2.5m。

如有必要(如遇地下障碍物套管底无法超前时)可向套管内注入一定量的水,使其保持一定的反压力来平衡A桩混凝土的压力,阻止"管涌"的发生。

B桩成孔过程中应注意观察相邻两侧A桩混凝土顶面是否下陷,如发现A桩混凝土下陷应立即停止B桩开挖,并一边将套管尽量下压,一边向B桩内填混凝土或注水,直到完全制止住"管涌"为止。

掌握施作B桩的最佳时间,避免A桩刚灌注完不久就马上被切割的情况。

总之，B桩宜在A桩坍落度较小时至初凝之间灌注混凝土并拔套管，这样可保证A桩的混凝土既不会管涌到B桩，同时又保证A、B桩混凝土凝结成为一整体并且顺利拔出套管。

(5)处理地下障碍物的方法

全套管钻机施工过程中如遇地下障碍物处理起来都比较困难，特别是施工钻孔咬合桩还要受时间的限制，因此采用钻孔咬合桩的工程必须对地质情况十分清楚。对于一些比较小(小于1/3套管直径)的障碍物还是容易处理的，如卵石层，体积较小的孤石等。

遇到较大障碍物不能正常施工时，可以先将锤式抓斗换成十字冲锤击碎障碍物将其清除。

遇到管线、钢筋、工字钢等时，先抽干套管内积水，然后再吊放作业人员下去用氧焊工具吹断处理。遇到特大障碍物人工不能处理时，只能用套管内爆破法等处理。

实例5：天津地下铁道二期工程3号线华苑站钻孔咬合桩工程部分钻孔咬合桩下埋有ϕ1 000mm污水管，埋深6m，如不处理会对钻孔咬合桩的施工进度、质量、材料等带来较大影响，其具体影响为：

①在钢筋混凝土桩施工时遇到污水管，套管钻进难度较大，容易出现管涌现象(施工钢筋混凝土桩时素混凝土桩混凝土流入套管内)。

②在混凝土灌注过程中混凝土会流入污水管内，造成混凝土浪费；若钢筋混凝土桩混凝土流入污水管内，会影响后序桩的正常施工或无法切割咬合。

所以在钻孔咬合桩施工前必须对污水管进行处理。处理方案为“二次成孔法”。

第一次成孔：污水管处理。待导墙制作好后，用全套管钻机将所有桩成孔至污水管底部(≥6m)，成孔过程中用冲抓或十字冲锤等进行处理。然后用素土或砂回填夯实。

第二次成孔：按钻孔咬合桩正常施工工艺流程施工。

实例6：杭州地铁一号线秋涛路车站钻孔咬合桩(堵头桩)工程的地质特点：−0.39～−1.39m为抛石层，为了保证工程质量，该工程采用“二次成孔法”施工，即：先施工钢筋混凝土桩将其成孔至10～11m，穿过抛石层，将孔用素土回填，再按钻孔咬合桩的施工工艺进行施工。

(6)钢筋笼定位

①克服钢筋笼上浮的方法。由于套管内壁与钢筋笼外缘之间的空隙较小，因此在上拔套管的时候，钢筋笼将有可能被套管带着一起上浮。其预防措施主要有：

a. B桩混凝土的集料粒径应尽量小一些，不宜大于20mm。

b. 在钢筋笼底部焊上一块比钢筋笼直径略小的薄钢板以增加其抗浮能力。

c. 在钢筋笼外侧加焊定位耳形钢筋，一是利于定位，二是保证保护层厚度，减小钢筋笼与套管内壁的摩擦阻力，有效控制钢筋笼上浮。

②防止钢筋笼扭转变形。起吊钢筋笼时，采用3点同时起吊，有效地防止钢筋笼产生扭转变形。

③钢筋笼固定。钢筋笼吊放至设计高程后，采用悬吊钢筋焊接固定在孔口型钢上，起拔套管时断开。

④防止钢筋笼下沉。孔底由于锤式抓斗作业扰动，砾质黏性土遇水易软化，在套管入土深度达到设计高程后，清除孔底虚土及沉渣，投放20～30cm厚碎石，有效防止钢筋笼下沉。

(7)分段施工接头的处理方法

往往一台钻机施工无法满足工程进度，需要多台钻机分段施工，这就存在与先施工段的接头问题。采用砂桩是一个比较好的方法，如图7-21所示。在施工段与段的端头设置一根砂桩(成孔后用砂灌满)，待后施工段到此接头时挖出砂灌上混凝土即可。

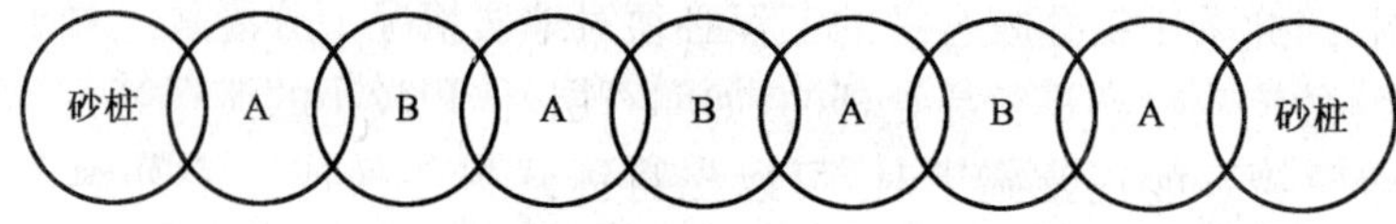

图7-21　分段施工接头预设砂桩示意图

此外，实际施工中经常出现钻孔咬合桩流水作业中断时，则须迅速移机对末端成孔进行切割单侧咬合面成孔，然后再孔内灌砂拔出套管形成砂桩，待后续施工至该桩位时重新成孔。

实例7:深港西部通道深圳侧接线工程围护结构咬合桩工程Ⅰ标段，因该工程需要6台钻机分段施工，这就存在各施工段的接头问题。接头处理采用砂桩是一个比较好的方法，在施工段的端头设置一根砂桩(成孔后用砂灌满)，待施工到此接头时挖出砂灌上混凝土即可。因砂桩施工处不可避免产生施工缝，开挖后会出现渗水现象;因此在基坑开挖前所施工的砂桩接缝外侧另增加一根旋喷桩作为防水处理。

实例8:上海市污水治理三期工程1.4B标顶管工作井支护结构钻孔咬合桩工程，由于汶8号接受井设计为圆形围护结构，共设29根桩，存在第一根桩和最后一根桩施工缝接头处理问题，为此根据实际情况先施工图纸编号26号A型桩(素混凝土桩)，后施工27号砂桩，再依次施工24号A型桩，25号B型桩(钢筋混凝土桩)。以下施工编号顺序为22、23、20、21、18、19、16、17、14、15、12、13、10、11、8、9、6、7、4、5、2、3、29、1、27、28，其中双号为素混凝土桩，单号为钢筋混凝土桩。但是，29、27号桩为素混凝土桩，28号桩为钢筋混凝土桩。

在26号和27号桩端头设置一根砂桩(成孔后用砂灌满)，待后施工段到此接头时挖出砂灌上混凝土即可。因砂桩施工处不可避免产生施工缝，开挖后会出现渗水现象，因此在基坑开挖前所施工的砂桩接缝外侧另增加一根旋喷桩作为防水处理。此加固位置放在洞口处。

(8)钻进入岩的处理方法

如前所述，钻孔咬合桩主要适用于软土、黏性土、砂土及卵石等地层，当施工中遇到局部小范围区域少量桩入岩情况，可采用“二阶段成孔法”进行处理:第一阶段，不论A桩还是B桩，先钻进取土至岩面。然后卸下锤式抓斗改换冲击锤，从套管内用冲击锤冲钻至桩底设计高程，成孔后向套管内填土，一边填土一边拔出套管，即第一阶段所成的孔用土填满;第二阶段，按钻孔咬合桩正常施工方法施工。

(9)事故桩的处理方法

在钻孔咬合桩施工过程中，因A桩超缓凝混凝土的质量不稳定出现早凝现象或机械设备故障等原因，造成钻孔咬合桩的施工未能按正常要求进行而形成事故桩。事故桩的处理，主要分以下几种情况:

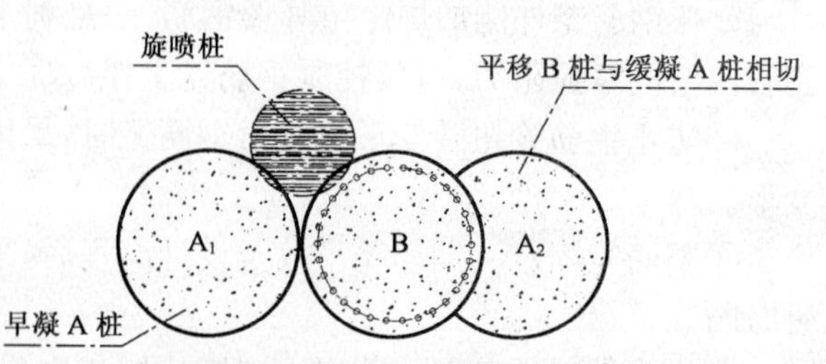

图7-22　平移桩位单侧咬合示意图

①平移桩位单侧咬合。如图7-22所

示，B桩成孔施工时，其一侧A桩的混凝土已经凝固，另一侧A_2桩的混凝土还未到初凝，这样全套管钻机不能按正常要求切割咬合A_1、A_2桩。在这种情况下，宜向A_2桩方向平移B桩桩位，使套管钻机单侧切割A_2桩施工B桩，并在A_1桩和B桩外侧另增加一根旋喷桩作为防水处理。

②跳桩施工，背桩补强。如图7-23所示，B_1桩成孔施工时，其两侧A_1、A_2桩的混凝土均已凝固，在这种情况下，则放弃B_1桩的施工，调整桩序继续后面咬合桩的施工，以后在B_1桩外侧增加一根咬合桩及两根旋喷桩作为补强、防水处理。在基坑开挖过程中将A_1和A_2桩之间的夹土清除喷上混凝土即可。

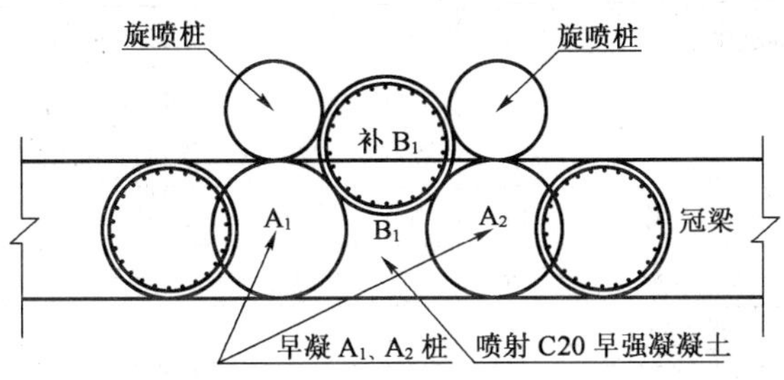

图7-23 咬合桩背桩补强示意图

③预留咬合企口。如图7-24所示，在B_1桩成孔施工中发现A_1桩混凝土已有早凝倾向但还未完全凝固时，此时为避免继续按正常顺序施工造成事故桩，可及时在A_1桩右侧施工一根砂桩以预留出咬合企口，待调整完成后再继续后面桩的施工。

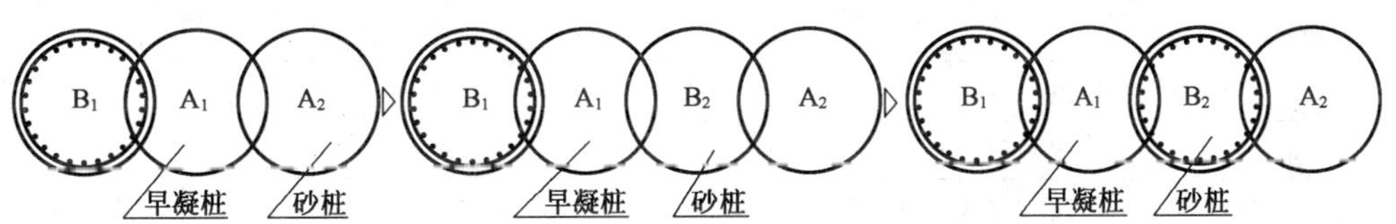

图7-24 预留咬合企口示意图

5. 全套管钻孔咬合桩工程实践

钻孔咬合桩在深圳、上海、天津、杭州、南京和贵阳等32个项目（桩径0.8～1.2m、桩长7～35m，总桩数28 002根）中得到了推广应用。实践证明：在一定的地质条件及环境条件下应用全套管钻孔咬合桩，可取得显著的社会及技术经济效益。表7-5为全套管钻孔咬合桩部分工程实例一览表。

全套管钻孔咬合桩部分工程实例一览表 表7-5

序号	实例简称	桩径(mm)	咬合厚度(mm)	基坑开挖深度(m)	桩长(m)	数量(根)	施工时间
1	深圳地铁会购区间	1 000	200	15.8	18、21	960	2000.6～2000.10
2	深圳地铁香蜜湖站	1 200	200	14～16	21～23	522	2001.5～2001.7
3	贵阳贵开路茶店大沟段	1 000	100	5.5～7.5	7～13	1500	2002.1～2002.3
4	杭州解放路隧道延伸线	800/1 000	200	7～18	14～32	400/1 200	2002.11～2003.3

续上表

序号	实例简称	桩径（mm）	咬合厚度（mm）	基坑开挖深度（m）	桩长（m）	数量（根）	施工时间
5	天津地铁一号线西站站	1 000	250	11～12	19.7	305	2003.3～2003.6
6	天津地铁一号线西南角站	1 000/1200	250	10～12	17～25.8	438/111	2003.6～2004.5
7	上海邯郸路地道工程	1 000/1200	200	10～14	22～23	284/400	2003.11～2004.1
8	南京火车站站前广场隧道	800/1 000	200	8～11.5	11～22	957/287	2003.12～2004.3
9	杭州钱江路地下通道五标段	1 000	250	7～13.7	18～26	600	2004.6～2004.8
10	杭州武林门旅游客运中心	1 000	300	9.1～16.1	11.6～29.6	348	2005.1～2005.3
11	杭州钱江路地下通道四标段	1 000	250	8～16	11.55～27.45	884	2004.5～2004.9
12	深圳西部通道深圳侧接线工程	1 000	200	7～13	14.9～21.9	2 257	2005.5～2005.11
13	上海污水治理三期工程 1.4B 标	1 000	200	8～15	12.7～26	141	2004.7～2005.4
14	上海污水治理三期工程 2.8B 标	1 000	200	11～13	23～25	104	2005.6～2005.7
15	上海轨道交通 6 号线 21B 工程	1 000	200	15	25	1 194	2005.7～2005.10
16	天津地铁三号线华苑站	1 000	250	16.3～18.1	16.4～29.6	693	2005.5～2005.11
17	杭州地铁一号线秋涛路堵头桩	1 000	250	18	35	27	2004.8～2004.9
18	南京地铁二号线一期工程所街站、集庆门站	1 000	200	18	24～32	1 900	2006.2～2006.11
19	南京地铁二号线一期工程新街口站	800	200	18	22～38	1 340	2006.8～2007.3
20	余姚市东旱门隧道工程	1 000	250	5～20	8～24	1 700	2006.11～2007.5
21	南京地铁一号线南延线河定桥站	1 000	200	18	20～30	960	2006.12～2007.5
22	合肥市一环路畅通工程 D 标段	1 000/2 000	200	7～13	10～16	1 440	2007.8～2007.12
23	合肥市一环路畅通工程 E 标段	1 000/2 000	200	7～13	10～16	1 920	2007.10～2007.12

四、超缓凝混凝土的研究与实施

1. 软切割全套管钻孔咬合桩施工对混凝土的要求

2000 年 6 月深圳地铁一期工程会展中心至购物公园区间采用了钻孔咬合桩围护结构，钻孔咬合桩围护结构用于地铁深基坑支护在国内实属首次。钻孔咬合桩施工采用全套管钻机成孔咬合桩施工工艺。用全套管钻机施工咬合桩要求后施工的桩在成孔时要切割两侧相邻的先施工桩的部分桩身混凝土，以达到相邻桩相互咬合的目的。该施工工艺的关键技术在于先施工桩的桩身混凝土凝结时间要长，3d 强度要低，以保证能被后施工桩的钻机套管下沉时切割，同时混凝土的 28d 强度能达到设计强度等级。因此，混凝土能否满足设计与施工要求是该工艺能否成功的关键之一。在深圳地铁一期工程钻孔咬合桩实际施工中，先施工被切割的桩身混凝土均要求凝结时间在 60h 以上，在实际结构施工中采用凝结时间如此长的混凝土，在国内外极为罕见。由于该混凝土比一般缓凝混凝土凝结时间还长两倍以上，故将其称为超缓凝混凝土。

超缓凝混凝土主要用于A桩，其作用是延长A桩混凝土的初凝时间，以达到其相邻B桩的成孔能够在A桩混凝土初凝之前完成。

为满足咬合桩施工工艺的需要，超缓凝混凝土必须达到以下技术参数的要求。

A桩混凝土缓凝时间≥60h，其确定的方法如下：

①测定时间

单桩成桩所需时间t应根据工程具体情况(工程地质条件、桩径、桩长)和所选钻机的类型在现场作成桩试验来测定。试验结果t为12～15h，取上限值$t=15$h。

②确定A桩混凝土缓凝时间T

A桩混凝土的缓凝时间，可根据式(7-2)进行计算：

$$T = 2t_A + t_B + K \tag{7-2}$$

为施工方便起见，式(7-2)可简化为式(7-3)：

$$T = 3t + K \tag{7-3}$$

式中：T——A桩混凝土的缓凝时间(初凝时间)；

K——储备时间，一般取$1.0t$；

t——单桩成桩所需时间；

t_A——A桩成桩所需时间；

t_B——B桩成桩所需时间。

混凝土坍落度：14～18cm。

混凝土的3d强度值R_{3d}不大于3MPa。

2. 普通混凝土缓凝剂与超缓凝剂的差别

普通混凝土缓凝剂，由于具有引入空气的性质，掺量过多会引起混凝土强度的降低和硬化不良，且初凝时间较短(4～10h)，一般不能用于需长时间延续混凝土凝结的场合。但超缓凝剂(super setting retarder)却不然，它基本不引入空气，可按掺量多少，在24h甚至72h内控制混凝土的初凝时间。尽管凝结时间推迟，可一旦开始凝结，后期强度却发展很快，一般28d的标准强度还会略高于基准混凝土。

3. 超缓凝混凝土试配要点

(1)选择合适的缓凝减水剂并确定其掺量

用缓凝剂尤其是复合性缓凝高效减水剂，是使混凝土具有超缓凝性能的主要手段。这既有利于混凝土具有超缓凝性能(初凝时间60h以上)，也有利于增强混凝土的后期强度使之能达到设计要求。采用缓凝高效减水剂既可降低外加剂掺量，也可减少由于掺外加剂过量后给混凝土带来的不利因素。实践经验表明：外加剂的掺量都有一个极限，当外加剂掺量达到极限值时，即使再增大外加剂掺量，外加剂的作用也不会因此而增大；缓凝剂掺量过大，不仅会使混凝土凝结时间过长，还可使早期强度发展缓慢，甚至会使混凝土施工性受到损害。

(2)确定掺和料(目前主要选用粉煤灰作掺和料)的掺量

粉煤灰对混凝土凝结时间和强度(特别是后期强度)的影响是不可忽视的。合适的粉煤灰掺加到混凝土之中，对降低混凝土的水化热、延缓混凝土的凝结、降低混凝土的水胶比、提高混凝土的后期强度，均极为有利。粉煤灰的合理掺量应在试配之前，综合平衡各种因素，从而定出合理的粉煤灰的掺量。

(3)影响混凝土凝结时间的长短

影响混凝土凝结时间的长短除与缓凝减水剂和粉煤灰的掺量有关外，还与水泥品种、水泥强度等级、水泥与缓凝剂的适应性、粗细集料的颗粒级配与吸水率、砂率、水灰比、运输过程中坍落度损失以及环境温度与湿度等有关。因此，在超缓凝混凝土试配时要充分考虑上述诸多因素。

4.深圳地铁一期工程超缓凝混凝土研制与应用情况

由于全套管钻孔咬合桩于2000年在深圳地铁一期工程会展中心至购物公园区间率先在国内应用，不仅钻孔咬合桩的施工无规范、规程可依，而且关键技术之一的混凝土超缓凝60h以上的技术也无标准可循。

配制和生产该混凝土的关键一方面是要确保混凝土凝结时间在60h以上，另一方面混凝土各龄期强度须满足设计施工需要。

(1)超缓凝混凝土技术要求

①强度。超缓凝混凝土设计强度等级分别为C15、C20，要求3d强度不大于3MPa，5d强度不大于10MPa，28d强度满足设计要求。

②凝结时间。混凝土初凝时间不得早于60h，终凝时间不宜迟于72h。

③坍落度。施工要求坍落度为180～200mm。

④和易性。黏聚性、保水性好，混凝土灌注前后不得有明显离析、泌水现象。

(2)配制用原材料

①水泥。湖南韶峰水泥厂P·O52.5水泥。

②河砂。东莞中砂，细度模数2.8，堆积密度1 420kg/m^3，含泥量2.2%。

③碎石。深圳蛇口石场5～20mm花岗岩碎石，针片状颗粒含量6.7%，压碎指标10.2%，紧密密度1 500kg/m^3。

④粉煤灰。广东沙角电厂II级粉煤灰，0.045mm筛筛余19.2%，烧失量3.12%，需水量比98%，抗压强度比86%。

⑤缓凝减水剂。经过对多个厂家送来的数种缓凝减水剂进行试验筛选，最后选取AN9、MNF-HSP、HIP-A100R三种缓凝减水剂供试配。AN9为粉剂，推荐掺量为水泥与掺和料总量的2.0%～2.5%，减水率10%～15%。MNF-HSP和HIP-A100R均为液剂，固粒含量为40%，推荐掺量为水泥与掺和料总量的2.0%～2.5%，减水率18%～25%。

(3)超缓凝混凝土配制

①外加剂的选择。选择外加剂主要是考察外加剂对混凝土凝结时间、保水效果及各龄期强度的影响。在试配前初步设计一普通C20泵送混凝土配合比分别用上述三种缓凝减水剂的两个掺量进行混凝土试拌测试。试验结果表明，MNF-HSP及HIP-A100R的性能相近，减水及缓凝效果良好，虽然3d强度很低，但混凝土凝结后强度发展很快。特别是缓凝减水剂掺量提高后使混凝土强度降低不明显，两种缓凝减水剂均较适宜配制超缓凝混凝土，但HIP-A100R配制出混凝土的泌水量更小，因此实际配制及生产时选用了HIP-A100R缓凝减水剂。

②混凝土配制强度的确定。根据深圳港创建材股份有限公司商品混凝土搅拌站的生产质量控制水平及水下桩基混凝土的施工特点，确定C15混凝土的配制强度为26.6MPa，C20混凝土的配制强度为31.6MPa。

③混凝土配合比设计的基本参数及原则。

a. 混凝土单方用水量为180～190kg/m^3；

b. 胶结材料（水泥和粉煤灰）总量为360kg/m^3；

c. 砂率为45%；

d. 粉煤灰及外加剂掺量。粉煤灰掺量以设计出混凝土配合比的各龄期实际强度进行调整确定。缓凝减水剂的掺量，也根据水泥用量、水泥性能及环境气温等通过试验确定。

④配合比设计及试配。选定4个粉煤灰掺量、2个外加剂掺量，计算得出8个配合比进行试配。

⑤确定生产配合比。根据试验结果，确定生产用的C15、C20混凝土大致配合比如表7-6所示。当混凝土要求坍落度较大时，表中水、水泥用量取较大值，反之则取较小值。缓凝减水剂掺量根据施工生产时的气温、水泥性能的变化随时进行调整。

深圳地铁一期工程C15、C20超缓凝混凝土生产用配合比 表7-6

强度等级	水（kg/m^3）	水泥（kg/m^3）	粉煤灰（kg/m^3）	砂率（%）	HIP-A100R（%）
C15	180～190	180～200	160～80	45	2.0～2.2
C20	180～190	220～240	120～140	45	2.3～2.5

（4）生产应用

①应用情况。表7-7所示为上述超缓凝混凝土实际生产强度统计。

深圳地铁一期工程超缓凝混凝土实际生产强度统计 表7-7

强度等级	试件组数	3d强度（MPa）	28d强度统计（MPa）			按GBJ 107评定	使用工程
			平均值	最低值	标准差		
C15	616	0.0～2.1	29.3	14.4	4.56	合格	益田站、金益区间
C20	294	0.0～1.9	34.6	19.6	5.12	合格	香蜜湖站、罗湖站

②生产施工中应注意的几个问题。超缓凝混凝土对温度、湿度较为敏感，一般温度越高、湿度越低，混凝土凝固越快。混凝土设计除了考虑水泥和缓凝剂适应性外，还要根据施工现场的温度、湿度调整配合比，才能保证足够缓凝时间和坍落度要求。超缓凝混凝土各项性能指标满足设计施工要求，是软切割全套管钻孔咬合桩施工工艺成功的前提；混凝土凝结时间、和易性及各龄期强度中一项出现意外，均会严重影响施工正常进行和工程质量。因此，对混凝土生产质量控制及现场施工组织的要求较高。总结超缓凝混凝土的生产质量控制经验及现场施工情况，在混凝土生产及施工中应特别注意以下几个问题：

a. 生产混凝土用各类材料的质量应保持稳定，尤其是水泥、外加剂的质量必须严格控制。

b. 原材料发生变化时，应提前按混凝土配合比进行试拌验证，混凝土性能正常方可生产。

c. 生产中采取可靠措施防止材料误用，主要材料尽量备专罐专用，运输时专车运送。

d. 混凝土运抵工地后，施工方应仔细核查混凝土类别，防止普通混凝土与超缓凝混凝土误用。同时，各车缓凝混凝土均留置一个试块，用保鲜膜覆盖后观察混凝土的凝结情况，以便出现异常情况及时处理。

e. 施工前做好各项组织准备工作，确保混凝土在灌注后60～70h内切割。

f. 混凝土检查试块制作后须以保鲜膜或塑料纸覆盖，至少3d方可拆模，并应注意对试块搬运及养护过程的保护。

(5)结论

通过对外加剂的合理选用(选用 HIP-A100R 缓凝减水剂)和配合比合理确定,完全能够配制出凝结时间 60～72h、3d 强度小于 3MPa、28d 强度大于 30MPa 的超缓凝混凝土。同时,只有严格加强对生产和施工中各个环节的控制,才能保证生产出超缓凝混凝土的质量和施工的正常进行。

五、全套管钻孔咬合桩工程实例

1. 深圳地铁一期工程会购区间(会展中心至购物公园区间)钻孔咬合桩工程

(1)场地环境、工程及水文地质概况

①场地环境

会购区间原名叫金田站至益田站区间,招标文件设计为明挖顺作的二层三跨钢筋混凝土结构,后变更为单层左、右矩形钢筋混凝土箱体隧道,净跨度 19.7～25.1m,采用明挖顺作法施工。

会购区间隧道位于益田路与福华路交汇处之福华路东段,长 448.192m(其中明挖段为 371m,暗挖段 77.192m),施工里程 SK7+977.158～SK8+425.35。

基坑开挖深度 15.8m 左右,基坑宽度 21.1m 左右。场地周边有大中华广场及邮电枢纽大厦,基坑两侧地下管网密布,基坑南侧有电缆沟、煤气管道,北侧有雨水、污水管道,管线离基坑的最小距离仅 1.5m。该区间所处场地原为河道,后回填平整为道路,但地面基本无车辆行驶。

②工程地质

区间隧道范围内上覆第四系全新人工堆积层(Q_4^{ml})、全新统冲积层(Q_4^{al})及第四系中更新统残积层(Q_2^{el}),其岩性特征分述如下。

第四系全新统(Q_4):素填土(黏土)(Q_4^{ml}),坚硬～可塑,夹有砂砾、碎石、块石,厚0～6.6m;素填土(粉质黏土)(Q_4^{ml}),可塑～坚硬,夹有砂砾、碎石、块石,厚 0～10.5m;冲积层(Q_4^{al}):粉质黏土,坚硬～流塑,厚 0～3.9m;淤泥质粉质黏土,流塑,厚 0～3.2m;中砂,松散,饱和为地震可液化层,厚 0～2.6m;砾砂,稍密～中密,饱和,厚 0～7.4m。

第四系中更新统残积层(Q_2^{el}):砾质黏性土,坚硬～可塑,厚 0～12.8m。

从地层特性看,既分布有可塑、流塑状态的淤泥质粉质黏土和砾质黏土层,又有强透水性的富水砂层。

基坑主要位于回填土、砂层及砾质黏性土层中。

③水文地质

本区段地下水埋深 3.0～5.5m,水位变幅 0.5～2.0m。地下水按赋存介质为孔隙潜水,主要赋存于第四系黏性土层、砂层和残积土层中,主要补给来源为大气降水。地下水具有弱腐蚀性。

(2)基坑支护工程概况

在场地环境、工程地质及水文地质条件比较复杂的会购区间进行深基坑工程施工,选择一种挡土止水效果良好、对环境无害及经济指标偏优的围护结构成为一大难题。

①6 种深基坑围护结构对比

最早曾提出过 3 种围护结构方案:用泵吸反循环钻成孔的锁口管预留咬合面方案;两根钢筋混凝土桩中间旋喷加固挡土方案;二钻一冲方案(先钻进成孔施作两侧素混凝土 A 桩,再用冲击钻机冲击成孔施作钢筋混凝土 B 桩咬合方案)。这三种方案都因达不到咬合桩的止水设计要求而未被采纳。

后来又对全套管钻孔咬合桩、人工挖孔咬合桩、钻孔桩加旋喷桩和地下连续墙四种围护结构方案进行技术经济比较，结果见表 7-8 和表 7-9。

三种围护结构形式的使用效果对比 表 7-8

围护结构形式	全套管钻孔咬合桩	人工挖孔咬合桩	地下连续墙
是否降水	不要	要	不要
对周围地层的影响	小	大	一般
施工劳动强度	小	大、不安全	小
机械化程度	高	低	高
止水效果	好	一般	好
工程造价	低	一般	高
施工进度	快	慢	一般

围护结构方案比较 表 7-9

围护结构方案	施工条件	环保要求	经济指标	止水效果
地表下 4m 放坡开挖＋全套管钻孔咬合桩	适合多种地质条件，尤其是软弱土层	噪声低，无泥浆污染	4.8 万元/m	好
地下连续墙	适合多种地质条件，尤其是软弱土层	泥浆对环保影响大	6.18 万元/m	好
地表下 4m 放坡开挖＋钻孔桩、旋喷桩	适合多种地质条件，尤其是软弱土层	泥浆对环保影响大	5.3 万元/m	差

注：表中经济指标指每延米基坑长度的造价。

②方案比较

比较的结果说明，全套管钻孔咬合桩方案具有低噪声、无泥浆污染、止水效果好、造价最低的优点。最终，全套管钻孔咬合桩加内支撑的基坑围护方案被选定，该结构不仅作为基坑挡土、止水结构，而且作为区间主体结构防水、防腐的第一道防线。

③全套管钻孔咬合桩优点

a. 振动小、噪声低、无泥浆污染，环保效果好；

b. 在钢套管护壁条件下，可顺利穿越饱和含水地层，施工安全快捷，桩身混凝土质量易于控制；

c. 由于钢套管的保护，可靠近已有建筑物施工，对周围环境影响小，利于文明施工；

d. 咬合面成型好，不需要施作止水帷幕；

e. 与其他形式的围护结构相比，在造价上有优势；

f. 成孔精度可以得到有效控制，可以边压入边纠偏，进行全过程的垂直度控制；

g. 垂直度检测在套管内进行变得更为方便、易控制，且有直观感。

(3)全套管钻孔咬合桩设计与施工

①全套管钻孔咬合桩设计

a. 基坑挡土支护方案。1999 年铁道部第三勘测设计院，在会购区间隧道明挖段的基坑支护设计时采用全套管钻孔咬合桩。在基坑施工过程中，为了保持坑外水位、控制地表及管线下沉，基坑地表以下 3m 内采用土钉墙支护，3m 以下采用具有止水效果的钻孔咬合桩和三道 ϕ600mm 钢管水平支撑联合支护。围护桩(B 桩、C 桩)长度均为 21.0m，嵌固深度 7.0m；素混凝土止水桩长度约为 18.0m，伸入基坑下 4.0m。桩身垂直度偏差为 3‰。在基坑土方开挖及主体结构施工阶段，只在坑内进行井点降水。基坑两端头分别与金田站及益田站围护结构连接，未设堵头桩。

b. 钻孔咬合桩规格。桩身直径 1 000mm，标准段钢筋混凝土桩(B 型桩)与素混凝土桩(A 型桩)间隔布置，桩中心间距 800mm，钢筋混凝土桩切割素混凝土桩，每侧切割厚度 200mm。局部扩大段拐角处采用两根钢筋混凝土桩相割布置(另一根为 C 型桩，即异型钢筋混凝土桩)。A 桩长 18m，B 桩、C 桩长均为 21m。

c. 全套管钻孔咬合桩工程量。总桩数 960 根。其中，A 桩(C15 素混凝土)：480 根，桩长 18m；B 桩(C25 钢筋混凝土)：474 根，桩长 21m；C 桩(C25 钢筋混凝土异型桩)：6 根，桩长 21m。

②全套管钻孔咬合桩施工

a. 施工机械的选择。2000 年初，总包方到北京进行实地考察，证实了捷程 MZ 系列全套管钻机的实用性、可操作性及成孔精度、检测易于控制等诸多特点。研究决定选用国产 MZ-1 型全套管钻机作为会购区间钻孔咬合桩施工机械，并商定 5 台钻机同时调运深圳工地。后经施工检验，它比国外机械更具灵活性与可操作性。

b. 施工技术参数的确定。施工前先后在北京和深圳两地进行预备试验。2000 年 1 月捷程桩工有限公司和北京市建筑工程研究院在北京市通州基地进行了超缓凝混凝土配制和全套管钻孔咬合桩切割的探索性试验，随着在深圳进行了超缓凝混凝土的配合比试验。通过上述两地试验，最终选定该工程的有关技术参数，如表 7-10 所示。

全套管钻孔咬合桩技术参数 表 7-10

项　目	孔口定位误差允许值	允许垂直度	A、C 桩混凝土缓凝时间
技术参数	±10mm	3‰	60h

c. 超缓凝混凝土的配制及实施。表 7-11 所示为该工程 C15 超缓凝混凝土生产用配合比。表 7-12 所示为上述超缓凝混凝土实际生产强度统计。通过对外加剂的合理选用(选用 HIP-A100R 缓凝减水剂)和配合比(见表 7-12)合理确定，配制出缓凝时间 60～72h、3d 强度小于 3MPa、28d 平均强度为 29.3MPa 的超缓凝混凝土。同时只有严格加强对生产和施工中各环节的控制，才能保证超缓凝混凝土的质量和施工的正常进行。

会购区间钻孔咬合桩工程 C15 超缓凝混凝土生产用配合比 表 7-11

强度等级	水(kg/m³)	水泥(kg/m³)	粉煤灰(kg/m³)	砂率(%)	HIP-A100R(%)
C15	180～190	180～200	160～180	45	2.0～2.2

会购区间钻孔咬合桩工程 C15 超缓凝混凝土实际生产强度统计 表 7-12

强度等级	试件组数	3d 强度(MPa)	28d 强度统计(MPa)			按 GBJ 107 评定
			平均值	最低值	标准差	
C15	616	0.0～2.1	29.3	14.4	4.56	合格

d.施工进度。由于钻进土层不同,全套管钻机成孔速度最快为4.16m/h,最慢为2.91m/h,平均3.37m/h,加上垂直度校核、混凝土灌注及钻机就位等时间,每根桩完成时间估算为10~15h。A桩成桩估算时间:钻机就位0.5h,成孔10h,灌注混凝土3.5h,合计约14h;B桩成桩估算时间:钻机就位0.5h,成孔11h,灌注混凝土3.5h,合计约15h。表7-13所示为全套管钻孔咬合桩实际施工进度情况表。

钻孔咬合桩实际施工进度情况表 (单位:根) 表7-13

时　　间	月进度	其　　中			备　　注
		A桩	B桩	C桩	
2000.6	159	87	72		试桩阶段
2000.7	228	115	110	3	
2000.8	201	99	99	3	
2000.9	268	132	136		
2000.10	104	47	57		完工月
合　　计	960	480	474	6	

(4)质量情况

会购区间隧道明挖段于2000年11月23日开挖基坑施工隧道箱体结构,2001年10月30日完成。基坑开挖后,桩间无渗水现象,围护结构安全、稳定。

经监理与业主验收,钻孔咬合桩的咬合质量及桩身垂直度等合格率100%、优良率98%,经深圳市质检总站按10%比例进行桩身混凝土抽芯检验,全部合格。

因全套管钻孔咬合桩施工工序连续、咬合时机合理,可使基坑围护桩形成没有施工缝的桩排式连续墙,具有较好的止水效果。在实施坑内降水的情况下,坑外水位基本没有变化,桩壁只有少量偶见的渗水点,保证了坑外管线的安全,同时为坑内基坑提供了无水作业的环境。

因全套管钻孔咬合桩形成桩排式连续墙,具有较强的挡土作用,加上三层钢管支撑的共同作用,该工程桩顶最大位移仅为4.3mm。

(5)结论

①由于960根全套管钻孔咬合桩在会展中心至购物公园区间明挖段的成功实施,取得了显著的技术、经济和环境效益,填补了我国地下工程围护结构的一项空白,开创了在地铁工程中实施全套管钻孔咬合桩的先河,此后全套管钻孔咬合桩逐渐在全国各城市地铁工程中得到推广应用。

②全套管钻机达到了类似进口设备的施工效果,造价低,可替代进口设备,有利于钻孔咬合工法在我国的推广应用与发展。

2.杭州解放路隧道延伸线钻孔咬合桩工程

(1)场地环境、工程及水文地质概况

①场地环境

杭州市解放路隧道工程路线从建国路和解放路交叉口开始,在大学路口以东约30m下挖,采用隧道形式穿越解放路和环城东路交叉口三角地、环城东路、沪杭铁路、贴沙河、杭州清泰自来水厂高配房及凯旋路后出洞走地面。

解放路隧道由两座上、下行分离式小间距隧道组成。隧道为双洞双向车道，长度为1 000m，埋深在地面以下5m。隧道轮廓采用三心圆，拱部$r_1=5.672$m，$r_2=4.452$m，隧道内轮廓净宽10.628m，净高6.572m。设计时速为60km/h。

②工程地质

该段隧道在地貌上属于钱塘江冲积平原，沉积着较厚的砂质粉土层，自上而下划分为8个工程地质层，18个亚层，分层描述如下：

a. 1a、1b层：杂填土及素填土层，褐灰～灰色，土性以粉质土为主，层厚2.8～3.8m，结构松散、质地不均，多含碎石。

b. 2c层：砂质粉土层，黄灰色，局部略显黄绿色，湿，稍密～中密，中等压缩性，层厚在0～3.4m之间。

c. 3a、3b、3c层：砂质粉土夹粉砂层，灰色～绿灰色及灰黄色，湿，中密，中等压缩性，层厚在11.2～16.0m之间。3a层夹有中风化凝灰岩块石及大量朽木，为早期杭州城城墙护堤。

d. 5b层：粉质黏土层，灰黄色～褐黄色，可塑～软塑，含粉细砂，黏性一般，厚度在4.0～6.2m之间。

e. 以下为含砂粉质黏土层及圆砾卵石层。

③水文地质

隧道开挖范围在地下水类型属于潜水型，富水性和透水性具有各向异性。地下水位埋藏较浅，一般在1.0～1.5m之间，渗透系数一般在10^{-4}数量级左右。

(2)基坑支护工程概况

该工程有五段明挖，基坑开挖宽度为27.5m、深度7～18m、长度为65m、85m、100m以及两端200m的变坡基坑。支护结构由钻孔咬合桩、钢筋混凝土支撑梁、锚索结构组成。桩深为基坑深度的1.8倍。

支撑梁由20ϕ22钢筋混凝土组成，截面为800mm×800mm，支撑梁间距为12m。支撑梁中部设立柱支撑。在隧道结构体的上方深度大于2m时采用两道支撑梁，小于2m时为一道支撑梁。

锚索采用5根7股$d=15.24$mm预应力钢绞线，长度为22m，设计抗拉力为600kN，每侧三道，每根锚索间距为1 600mm，每道间距为1 600mm。上部800mm×800mm的支撑梁，在隧道结构体部位采用三道锚索抗拉。

(3)全套管钻孔咬合桩设计与施工

①全套管钻孔咬合桩设计

钢筋混凝土桩(B桩)的纵向钢筋为24ϕ25＋6ϕ20，混凝土等级为C25；素混凝土桩(A桩)采用超缓凝72h的C15混凝土。A桩和B桩的咬合厚度200mm，其直径有1 000mm和800mm两种。

②全套管钻孔咬合桩施工

a. 钻孔咬合桩工程量。桩数总计1 600根，其中桩径1 000mm，桩数1 200根；桩径800mm，桩数400根。桩长14～32m，工程量21 000m^3。

b. 机械设备数量。MZ-1、MZ-2、MZ-3型全套管钻机分别为3台、4台、3台，共计10台；25t履带吊车10台；BX＋400电焊机10台；气焊10套。

c. 施工时间。2002 年 11 月至 2003 年 3 月。

d. 该工程特点、难点及基坑开挖情况。该工程处于闹市区，地下管线密布，距相邻建筑仅 5～6m，近邻沪杭铁路和“贴沙河”；该工程地下水位 1.0～1.5m，3a、3b、3c 砂质粉土夹粉砂层厚 11.2～16.0m，砂粒径集中在 0.25～0.075mm，占 70％地下水为潜水，由贴沙河补给。由于特殊的粉细砂及高地下水位，该工程若采用其他方法（如钻孔桩加深搅帷幕、SMW 工法及地下连续墙等），穿透厚度较大的“亚纳米”粉细砂层，施工将会极为困难，甚至无法实施。方案比较结果，该工程采用全套管钻机施工咬合桩，在方案实施中当桩端为黏性土层时，采用干法成孔；当桩端为粉细砂时采用注水施工、使水头平衡，用水下冲抓器抓砂土。

(4)基坑开挖情况

①基坑开挖后，全套管钻孔咬合桩无缩颈、露筋及断桩等常见的钻孔灌注桩通病。

②全套管钻孔咬合桩形成桩排式地下连续墙，可靠地起到基坑围护及止水作用。

③桩顶最大侧向位移仅有 10mm。

第三节　型钢水泥土搅拌墙(SMW 工法)技术及设备

一、概述

型钢水泥土搅拌墙(composite steel soil-cement mixed diaphragm wall)，是在连续套接的三轴水泥土搅拌桩内插入型钢形成的复合挡土止水结构，也称 SMW 工法。它是基于深层搅拌桩施工方法发展起来的一种基坑围护形式。

型钢水泥土搅拌墙适应于多种地层条件，可在黏性土、粉土、砂砾石（卵石直径达 100mm 以上）和单轴抗压强度 60MPa 以下的岩石中应用。

型钢水泥土搅拌墙的发展经历了较长的历史过程。二次世界大战后，美国研制出 MIP (mixing in-place pile)工法，并于 1953 年被引入日本。1955 年，大阪市安治川河畔进行 MIP 工法试验性施工，尝试依次连续施工做成一道柱列式地下连续墙，形成型钢水泥土搅拌墙的雏形，以 MIP 工法施工形成的水泥土柱列式挡土墙以其噪声小、无振动、施工速度快等优势而受到青睐。1968 年，日本开发出一种双轴搅拌钻机。1971 年，日本成幸工业公司经过改进开发出多轴搅拌钻机。

在国内，型钢水泥土搅拌墙工艺在 1987 年被冶金建研院列项研究。1993～1996 年，国内进一步完善国产双轴深层搅拌机及配套桩架，为型钢水泥土搅拌墙在我国的应用与推广打下了基础。1996 年，武汉地区首先从日本引进与应用 3ϕ650 三轴深层搅拌机整套施工机械设备及施工工艺。1996 年工程试验取得成功，1997 年 8 月“型钢水泥土复合搅拌桩支护结构研究”通过上海市科委鉴定，并获上海市科技进步二等奖。1997 年，上海从日本引进了一套 3ϕ650 三轴深层搅拌机设备和施工工艺，成功应用于上海东方明珠国际会议中心基坑围护工程。1998 年，上海地区共引进三台日本 3ϕ650 三轴深层搅拌机，在 1997 年 10 月至 1998 年的一年多时间，应用工程达 16 个，最大基坑开挖深度达 11.5m，促进了型钢水泥土搅拌墙技术在我国的进一步推广应用。1998 年上海隧道工程股份有限公司研究开发了组合式四轴深层搅拌机，经适当组合形成一字排列的二轴、三轴、四轴式深层搅拌机，一次成墙长度大于进口的三轴机一次成墙长度，成墙深度可达28m，为型钢水泥土搅拌墙技术在我国的进一步推广作出了贡献。2005年，上海地区推出国内第一本型钢水泥土搅拌墙规范——《型钢水泥土搅拌墙技术规程》(DGJ 08-116—2005)，进一步规范了型钢水泥土搅拌墙的设计和施工。2010年3月15日，中华人民共和国住房和城乡建设部发布了《型钢水泥土搅拌墙技术规程》(JGJ/T 199—2010)经过十多年的实践和摸索，型钢水泥土搅拌墙工艺在技术上的先进性和经济上的优越性已经得到了广大设计和施工单位的认可，在基坑围护领域中发挥着举足轻重的作用。

型钢水泥土搅拌墙技术是近年来国内用得最广泛、最先进、最环保的基坑围护形式，特别是在开挖深度5～10m左右的基坑围护中优势明显。在我国上海、南京、苏州、天津、广州、杭州等地的城市建设中被广泛使用，特别是在市政、地铁等项目中，结合多道支撑的应用(图7-25)，型钢水泥土搅拌墙的施工深度及基坑开挖深度记录被不断刷新，如上海轨道交通9号线一期工程R404标区间段工程型钢水泥土搅拌墙最大深度27m，型钢最大长度26m；南京地铁1号线珠江路站基坑最大开挖深度达19.45m；上海地铁1号线上海南站改建工程中，围护桩入土深度30m。

二、工艺特点

型钢水泥土搅拌墙工艺成熟，施工方便，成桩质量可靠，主要特点如下：

(1)防渗性好，不必另设止水帷幕，如图7-26所示。

图7-25 型钢水泥土搅拌墙结合多道支撑应用

图7-26 三轴搅拌桩成桩效果图

(2)具有多种用途。既可止水又可插入H型钢、钢板桩甚至钢筋混凝土方桩等刚性材料作为挡土结构。

(3)挤土效应小。施工过程中进行土体置换，与传统双轴水泥土搅拌桩相比，对周围地基影响小，不会产生邻近地面下沉、房屋倾斜等危害。

(4)施工工期短。型钢水泥土搅拌墙采用就地加固原土而一次筑成墙体，成桩速度快，墙体构造简单，施工效率高。

(5)H型钢可以回收重复使用，一般至少可使用四次以上。

(6)环保，低噪声、低振动，不存在泥浆排放，减少了环境污染。

(7)减少地下空间污染。随着地铁车站及地下商场等地下空间的开发利用，基坑围护结构大部分永久性地埋在了地下，对地下空间的后续开发利用造成了极大困难。如上海市地铁7号线静安寺站工程北端头井施工中，必须拔除10多根原来作为围护结构的1 000mm钻孔灌注桩(深度25m左右)，每根桩的自重达52t之多，拔除的施工难度极大，且费用昂贵。而采用型钢水泥土搅拌墙作为围护结构，H型钢回收利用，就不会产生如此问题。

三、构造方式

目前型钢水泥土搅拌墙常用的三轴搅拌桩直径有650mm、850mm和1 000mm三种，内插型钢一般采用H型钢。型钢的选型、布置形式和长度根据计算确定，常用的布置形式有“密插”、“插2跳1”和“插1跳1”三种，如图7-27所示。三轴水泥土搅拌桩施工顺序通常采用跳槽式双孔全套复搅式或者单侧挤压式，如图7-28所示。一般情况下均采用跳槽式双孔全套复搅方式施工，对于围墙转角处或有施工间断情况下采用单侧挤压式施工。

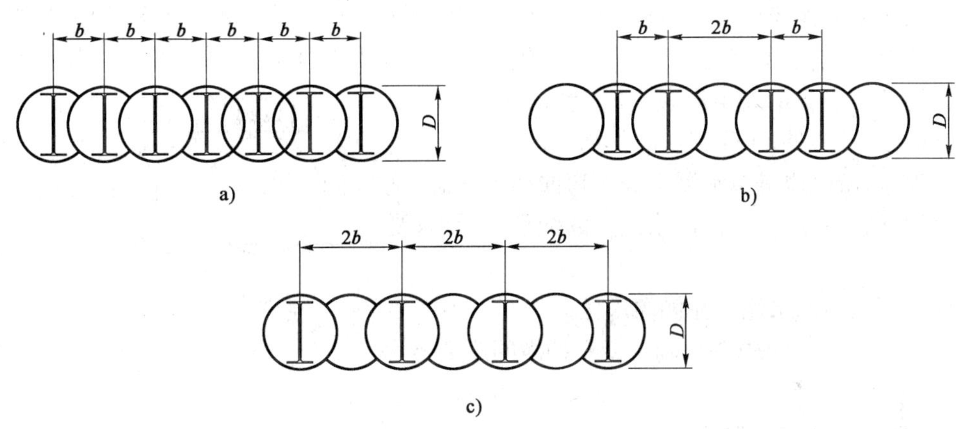

图7-27 型钢水泥土搅拌墙型钢平面布置形式

a)密插型；b)插2跳1型；c)插1跳1型

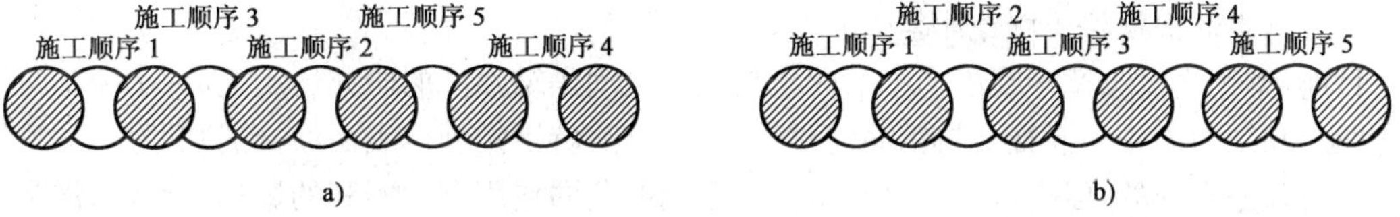

图7-28 型钢水泥土搅拌墙施工搭接顺序

a)跳槽式双孔全套复搅式(阴影部分为复搅)；b)单侧挤压式(阴影部分为复搅)

型钢水泥土搅拌墙中常用的内插型钢截面及圈梁断面构造要求，如表7-14所示。

型钢水泥土搅拌墙构造要求 表7-14

桩直径(mm)	内插型钢型号	围檩尺寸要求
650	H500×200	宽度不应小于900mm，高度不应小于600mm，下同
	H500×300	宽度不应小于900mm，高 M_0 桩径大350mm
850	H700×300	宽度不应小于1 100mm，高 M_0 桩径大350mm
1 000	H850×300	宽度不应小于1 200mm，高 M_0 桩径大350mm

四、设计计算

1.型钢水泥土搅拌墙入土深度的确定

(1)H 型钢的入土深度 D_h 主要根据基坑抗隆起、抗倾覆、整体稳定性和围护墙的内力、变形计算要求,并考虑地下结构施工完毕后型钢能否顺利回收以及机械设备的施工能力等条件确定。在进行围护墙结构内力、变形和基坑抗隆起稳定分析时,围护墙结构的深度仅计算到型钢底端,不考虑型钢端部以下水泥土搅拌桩的作用。

(2)水泥土搅拌桩的入土深度 D_c 主要根据地层情况确定,满足基坑抗渗和抗管涌的稳定性要求,确保坑内降水不影响基坑以外环境,且同时应满足 $D_c \geqslant D_h$。一般情况下水泥土搅拌桩端比型钢端部深 0.5~1.0m,以满足型钢端部变刚度截面处的抗剪切要求。

2.型钢净间距的确定

型钢水泥土搅拌墙是由型钢和水泥土共同组成,水泥土除了需满足水力条件外,尚需保证它足够的强度,特别是型钢之间的水泥土在侧向水土压力作用下,以型钢为支点,基本上是水平向受力构件。当型钢间距离较大时,型钢间的水泥土除了受到剪力、轴力外,还受到弯曲作用。因为水泥土的抗拉强度很小,所以应避免水泥土处于弯曲应力状态,这就要求型钢间距不能过大,保证水泥土的强度由受剪、受压控制。

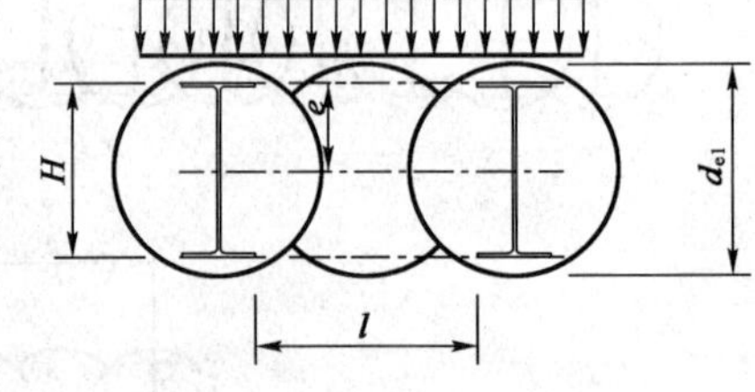

图 7-29 型钢净距确定

为保证型钢间的水泥土在侧向水压力作用下不产生弯曲应力,按图 7-29 和式(7-4)确定型钢的净间距 l:

$$l \leqslant d_{e1} + H + 2e \tag{7-4}$$

式中:d_{e1}——水泥土墙体厚度,mm;

H——型钢高度,mm;

e——型钢形心轴与截面对称轴的距离,型钢形心轴近基坑内侧为正,mm。

3.型钢水泥土搅拌墙内力计算

目前,型钢水泥土搅拌墙工艺中水泥土与型钢之间黏结强度的研究还不充分,水泥土与型钢之间的黏结力无法和混凝土与钢筋的黏结强度相比,特别是型钢表面涂抹的减摩剂,对型钢的顺利拔除是有利的,但是对于型钢与水泥土之间的共同作用有着不利的影响,导致水泥土与型钢无法达到共同工作。因此,通常认为水土侧压力全部由型钢承担,水泥土搅拌桩的作用仅在于防渗止水。试验表明,水泥土对型钢的包裹作用提高了型钢的刚度,可以有效减少位移。此外,由于水泥土的套箍作用,对 H 型钢而言可以防止翼缘失稳,从而使翼缘厚度减小到很薄(<10mm)。试验表明,在常规荷载作用下,水泥土与 H 型钢的组合体抗弯刚度比相应的 H 型钢自身抗弯刚度大 20%。刚度的提高可用刚度提高系数 α 表示如下:

$$\alpha = \frac{E_{cs} I_{cs}}{E_s I_s} \tag{7-5}$$

式中:E_{cs}、E_s——分别为水泥土搅拌桩与 H 型钢混合体及 H 型钢的弹性模量,MPa;

I_{cs}、I_s——分别为水泥土搅拌桩与 H 型钢混合体及 H 型钢的惯性矩,mm^4。

用上式计算出的提高系数 α 值与实测 α 值相差较远,原因是实际工程中的构件很难达到理想化的状态。如能准确确定 α 值，对于计算墙体的变形具有重要的意义，图 7-30 推荐了工程计算时水泥土刚度系数取值曲线，图中横轴为围护结构的最大水平位移与围护结构入土深度的百分比，纵轴为刚度系数 α。但是目前准确确定 α 值有一定困难，甚至于工程中在不考虑提高系数 α 值的前提下，型钢水泥土搅拌墙实际发生的变形也比计算值大，因此所有设计计算中受力计算均只考虑 H 型钢单独承担水土压力，水泥土搅拌桩仅作为一种安全储备加以考虑。

型钢水泥土搅拌墙的内力计算与地下连续墙类似，具体计算步骤如下。

(1)等刚度的混凝土连续墙折算厚度 B 确定。

设型钢宽度为 w、净距为 t，如图 7-31 所示。具体计算过程分以下两种情况考虑。

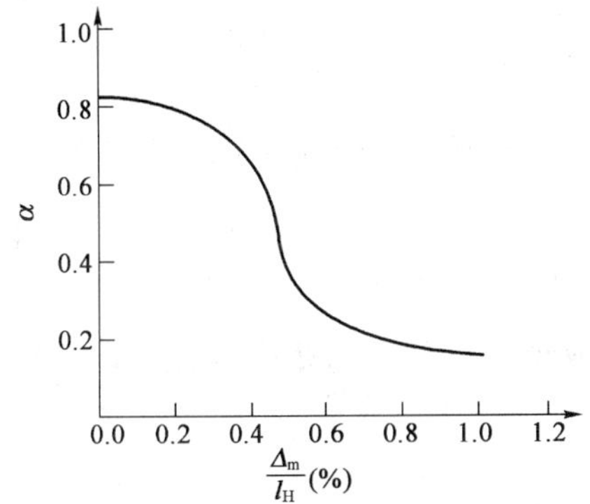

图 7-30　水泥土刚度系数 α 取值

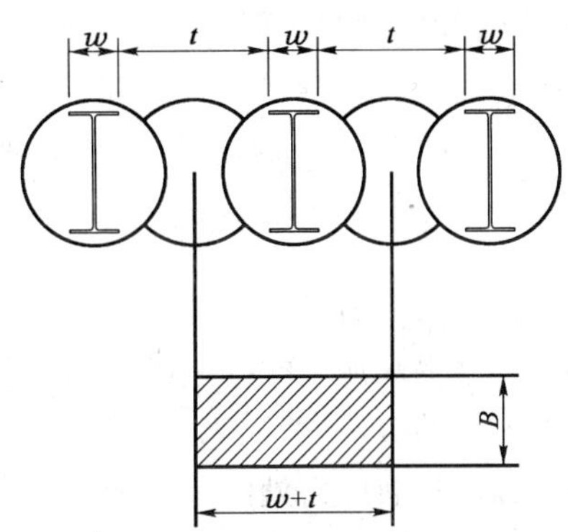

图 7-31　型钢水泥土搅拌墙等效厚度折算

①不考虑刚度提高系数 α。

挡墙刚度仅考虑型钢刚度，则每根型钢应等价为宽度 $w+t$、厚度 B 的混凝土连续墙。按照刚度等代原则，可得式(7 6)和式(7-7)：

$$E_s I_s = \frac{1}{12} E_c (w+t) h^3 \tag{7-6}$$

$$h = \sqrt[3]{\frac{12 E_s I_s}{E_c (w+t)}} \tag{7-7}$$

②考虑刚度提高系数 α。

同理，按照刚度等代原则可得式(7-8)和式(7 9)：

$$E_{cs} I_{cs} = \frac{1}{12} E_c (w+t) h^3 \tag{7-8}$$

$$h = \sqrt[3]{\frac{12 \alpha E_s I_s}{E_c (w+t)}} \tag{7-9}$$

(2)按照厚度为 B 的混凝土连续墙，计算出每延米墙身弯矩 M_w、剪力 Q_w 和位移 U_w。

(3)换算得每根型钢承受的内力和位移，见式(7-10)、式(7-11)、式(7-12)。

$$M_p = (w+t) M_w \tag{7-10}$$

$$Q_p = (w+t) Q_w \tag{7-11}$$

$$U_p = U_w \tag{7-12}$$

应当指出，按第①种情况(不考虑 α)时，由于仅考虑型钢的作用，势必造成计算的位移偏大,弯矩偏小;而当按第②种情况(考虑 α)时,从理论上说与实际情况比较吻合。因此在有足够可靠的试验资料和工程经验的前提下,建议按照第②种情况进行型钢强度验算,目前工程应用当中均按第①种情况考虑。

4. 型钢承载力验算

(1)型钢水泥土搅拌墙的弯矩应全部由型钢承担,并按式(7-13)验算型钢的抗弯刚度:

$$\sigma=\frac{M}{W}\leqslant f \tag{7-13}$$

式中:M——型钢水泥土搅拌墙的弯矩设计值(N·mm),可取计算得到的弯矩标准值乘以相应的分项系数,一般取 1.25;

W——型钢沿弯矩作用方向的截面模量,mm^3;

f——型钢的抗弯强度设计值,N/mm^2。

(2)型钢水泥土搅拌墙的剪力应全部由型钢承担,并按式(7-14)验算型钢的抗剪强度:

$$\tau=\frac{QS}{I\delta}\leqslant f_v \tag{7-14}$$

式中:τ——计算剪力设计值,N/mm^2;

Q——型钢水泥土搅拌墙的剪力设计值,kN,可取计算得到的弯矩标准值乘以相应的分项系数,一般取 1.25;

S——计算剪应力处的型钢面积矩,mm^3;

I——型钢沿弯矩作用方向的截面惯性矩,mm^4;

δ——型钢腹板厚度,mm;

f_v——钢材的抗剪强度设计值,N/mm^2。

5. 水泥土强度校核

型钢水泥土搅拌墙应验算水泥土搅拌桩桩身局部抗剪承载力,包括型钢与水泥土之间的错动剪切和水泥土最薄弱截面处的局部剪切,如图 7-32 所示。

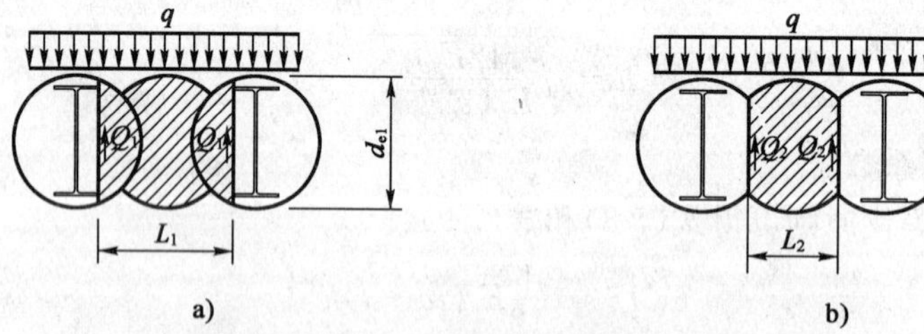

图 7-32 搅拌桩局部抗剪强度计算示意图

a)型钢与水泥土间错动剪切破坏验算图;b)最薄弱截面剪切破坏验算图

(1)型钢与水泥土之间的错动剪切承载力,应按式(7-15)、式(7-16)计算:

$$\text{剪力}\quad Q_1=\frac{\eta_1 q L_1}{2} \tag{7-15}$$

$$\text{剪应力}\quad \tau_1=\frac{Q_1}{d_{e1}}\leqslant\frac{\tau_c}{\eta_2} \tag{7-16}$$

式中:Q_1——型钢与水泥土之间单位深度范围内的错动剪力标准值,N/mm;

τ_1——型钢与水泥土之间的错动剪应力标准值,N/mm^2;

q——计算截面处作用的侧压力标准值，N/mm^2；

L_1——型钢翼缘之间的净距，mm；

d_{e1}——型钢翼缘处水泥土墙体的有效厚度，mm；

τ_c——水泥土抗剪强度标准值，N/mm^2，可取水泥土无侧限抗压强度标准值的$\frac{1}{5}\sim\frac{1}{10}$，对于淤泥或淤泥质土层，宜取低值；

η_1——剪力计算经验系数，可取 0.6；

η_2——水泥土抗剪强度调整系数，可取 1.6。

(2)如型钢为隔孔设置时，除了需验算型钢与水泥土之间的错动剪切承载力外，还应按式(7-17)、式(7-18)计算水泥土搅拌桩最薄弱断面的局部抗剪强度：

$$\text{剪力}\quad Q_2=\frac{\eta_1 q L_2}{2} \tag{7-17}$$

$$\text{剪应力}\quad \tau_2=\frac{Q_2}{d_{e2}}\leqslant\frac{\tau_c}{\eta_2} \tag{7-18}$$

式中：Q_2——水泥土最薄弱截面处单位深度范围内的剪力标准值，N/mm；

τ_2——水泥土最薄弱截面处的局部剪应力标准值，N/mm^2；

L_2——水泥土最薄弱截面的净距，mm；

d_{e2}——水泥土最薄弱截面处墙体的有效厚度，mm。

6. 型钢抗拔验算

H 型钢起拔回收和重复利用，是型钢水泥土搅拌墙的一个最大特点。H 型钢回收是通过 H 型钢表面涂刷减阻材料，降低 H 型钢与水泥土的黏结力，当向上起拔力达到一定程度时，隔离材料发生剪切破坏，使起拔阻力减小，当起拔阻力小于型钢的破坏强度时，H 型钢就能无损回收。

实际施工中型钢起拔时，需借助圈梁反力，利用千斤顶尽情初始起拔，待隔离材料发生剪切破坏后，再采用吊车继续进行拔除工作。现场拔除情况，如图 7-33 和图 7-34 所示。

图 7-33　千斤顶初始起拔

图 7-34　吊车起拔

为确保型钢回收，在型钢水泥土搅拌墙设计时，需进行型钢抗拔验算。确保比较完好地回收型钢，据此控制型钢埋入水泥土中的深度。

(1)最大抗拔力 P_m的计算

考虑型钢回收重复使用,应使拔出的型钢保持完好,建议型钢最大拉拔应力不超过型钢屈服强度的 70%,以使型钢保持在弹性状态。

$$\sigma_H = \frac{P}{A_H} \leqslant 0.7\sigma_s \quad (7\text{-}19)$$

式中:P——型钢抗拔力,kN;

A_H——型钢截面积,m^2;

σ_s——型钢的屈服强度,kPa。

则最大抗拔力 P_m不得大于 $0.7\sigma_s A_H$。

(2)型钢埋入深度 L_H的计算

图 7-35 所示为拔出力 P 与拔出长度 H'的特征曲线。从曲线可以看到,最大拔出力的起拔力 P_0,由静止摩擦变为动摩擦后,拔出力迅速减少。因而,要保证型钢顺利拔出,要求起拔力 P_0小于最大抗拔力 P_m,即

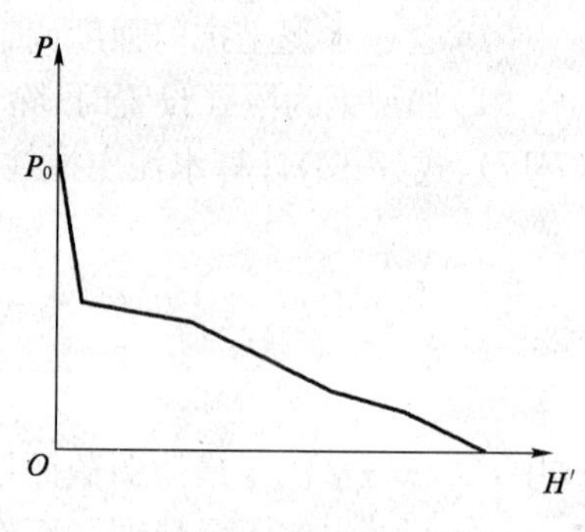

图 7-35 型钢拔出特征曲线

$$P_0 \leqslant P_m \quad (7\text{-}20)$$

$$且\ P_0 \geqslant P_f + P_D + G \quad (7\text{-}21)$$

式中:P_f——摩阻力,kN;

P_D——因型钢变形产生的附加阻力,kN;

G——型钢自重力,kN,一般相对起拔力而言可以忽略不计。

试验表明,起拔力 P_0与型钢的垂直度以及变形形状密切相关。对变形阻力的定量化很困难,通过对试验成果的分析,在型钢变形不大的条件下,即变形 $\Delta_m/L_H \leqslant 0.5\%$时,$P_D \approx P_f$,起拔力 P_0可按式(7-22)估算:

$$P_0 \geqslant 2P_f = 2u_f S_H L_H \quad (7\text{-}22)$$

式中:Δ_m——墙体最大水平位移,mm;

L_H——型钢在水泥土搅拌桩中的总长度,mm;

S_H——型钢截面的周长,mm;

u_f——H 型钢与水泥土之间的单位面积静摩阻力,kPa。

即可由式(7-23)计算 L_H。

$$L_H \leqslant \frac{P_0}{2u_f S_H} \quad (7\text{-}23)$$

因此,由稳定验算所得到的型钢埋入深度 L_H 尚需满足式(7-23)。

五、施工工艺

1. 施工原理

三轴搅拌机施工时,搅拌钻机在原地层中切碎土体,外侧两轴同向旋转喷浆与土拌和,中轴逆向高压喷气在孔内与水泥土充分翻搅拌和,形成水密性较高的水泥土柱列式挡墙,并置换出大量原状土。钻杆具有螺旋推进翼与搅拌翼相间设置的特点,随着钻掘和搅拌反复进行,可

使水泥系固化剂与土得到充分搅拌，而且墙体全长无接缝，从而使它可比传统的连续墙具有更可靠的止水性。

目前国内市场上常用的机型有步履式和履带式，如图7-36和图 7-37 所示。步履式施工设备适用于施工深度较深的工程，但对场地条件有较高要求；而履带式设备操作较为灵活，适用于施工操作空间较小的工程。

图 7-36　步履式机械设备

图 7-37　履带式机械设备

2. 施工流程及控制要点

(1)施工流程

型钢水泥土搅拌墙施工顺序，如图 7-38 所示。

(2)施工控制要点

①水泥掺量及水灰比控制

型钢水泥土搅拌墙工艺中水泥土搅拌桩主要起防渗作用，但其强度不宜过低，如水泥土强度过低，基坑围护结构产生微小变形时即会导致水泥土开裂，进而失去防渗作用。根据 1994 年铃木健夫等对水泥土挡墙的材料特性进行了室内试验研究，结果表明，对于相同注浆量的水泥土，水灰比越小、含砂率越大，其无侧限抗压强度也越大，并符合下述经验公式：

$$q_{\mathrm{n28}} = \frac{k}{m} \cdot s + n \tag{7-24}$$

式中：q_{n28}——28d 龄期的无侧限抗压强度，kPa；

m——水灰比；

s——含砂率；

n——含砂率为零的 q_{n28}，kPa；

k——系数。

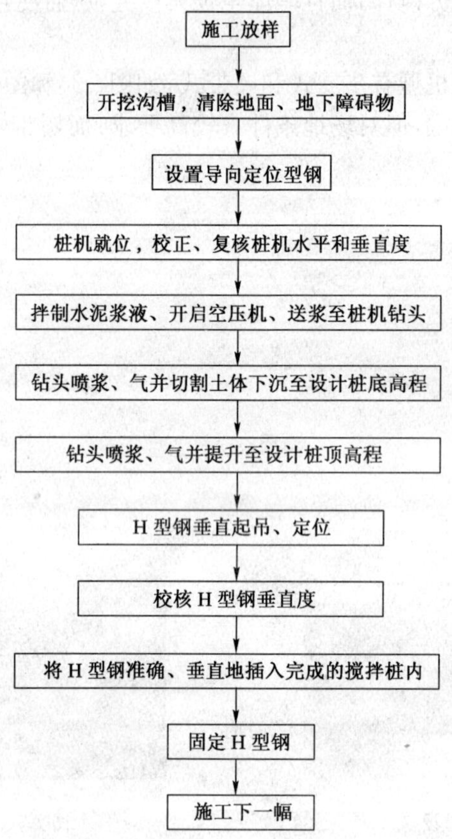

图 7-38　型钢水泥土搅拌墙施工顺序

因此，合理地确定水泥浆液的配比，是确保水泥土搅拌桩体强度和防渗性能的关键因素之一。在水泥制品中，在能够满足水泥水化反应和施工可行性的前提下，水灰比越低，强度越高，因此选择低水灰比的方案是一个施工原则。上海市工程建设规范《型钢水泥土搅拌墙技术规程(试行)》(DGJ 08-116—2005)(下文简称《规程》)明确规定，型钢水泥土搅拌墙水泥掺入比不应小于 20%，水灰比 1.5～2.0，且在型钢依靠自重和必要的辅助手段可插到位的前提下取下限。目前可采用的辅助手段包括采用振动锤辅助 H 型钢下沉及在水泥浆液中掺加一些外掺剂，例如膨润土等。水泥浆液采用自动控制系统搅拌，减少人为因素影响。

同时《规程》要求水泥土 28d 无侧限抗压强度标准值不宜小于 1.0MPa。但是在实际施工中，通过采用钻孔取芯进行水泥土强度试验证明：水泥土无侧限抗压强度标准值可能远远达不到 1.0MPa 的设计要求，而且水泥土强度的离散性很大，同时呈现随深度增加强度递减的规律。同时水泥土强度还有一个重要现象：埋在地下时，强度形成非常慢，而一旦随着基坑的开挖暴露于空气中，强度上升非常快，基本 3d 可以达到设计指标。

综上所述，在满足施工可行性前提下降低水泥浆液中水灰比，是提高型钢水泥土搅拌墙工艺中水泥土强度的一个重要因素。

②水泥土搅拌桩施工工艺控制

a. 控制钻孔施工的垂直度，《规程》要求桩身垂直度不小于 1/250 的桩长。

b. 钻进速度控制。《规程》规定三轴水泥土搅拌桩的下沉速度和提升速度应控制在0.3～2.0m/min范围内，并保持匀速下沉和提升，避免孔内出现负压、孔壁坍塌等显现，进而影响水泥土的密实性和止水效果。

c. 注浆控制。钻进搅拌时连续注浆，注浆量一般为额定浆量的70%～80%，提升搅拌时注浆量为额定浆量的20%～30%，防止产生断桩现象。

d. 施工冷缝处理。避免在关键部位出现冷缝，冷缝部位应做加强处理，外补1～2副搅拌桩。

图7-39所示，为某型钢水泥土搅拌墙工程隔水效果不佳开挖后管涌。

③型钢质量控制

a. 型钢宜采用整材，当需分段焊接时，应采用坡口焊接，焊缝质量不应低于二级。

b. 单根型钢接头不宜超过两个，焊接接头的位置应避免在型钢受力较大处，如支撑位置或开挖面附近，相邻型钢的接头竖向位置宜相互错开不宜小于1m。

c. H型钢在使用前必须涂刷减摩剂，以利拔出，减摩剂涂抹前应清除H型钢表面铁锈和灰尘，减摩剂涂抹厚度大于1mm，并保证涂抹均匀。

d. H型钢宜在搅拌桩施工完毕后30min内插入，插入时应保证垂直度。

④支撑施工控制

a. 围檩施工时，如遇型钢施工偏差(垂直围檩方向)较大，应自动加大相应部位的围檩断面，确保型钢翼缘外侧钢筋混凝土保护厚度，避免基坑开挖过程中围檩出现裂缝甚至剪切破坏。

b. 如型钢水泥土搅拌墙采用钢围檩，应确保H型钢与钢围檩之间的缝隙用快硬细石混凝土填实，待达到强度时，支撑才能施加预应力。为了保证支撑及时施加预应力，可先在钢围檩与H型钢之间的缝隙安放一些铁垫块，施加完预应力后在缝隙间及时填筑细石混凝土。

c. 设置支撑钢牛腿时，必须清除H型钢外露部分的涂层，方能电焊。地下结构完成后撤除支撑，必须清除钢牛腿和牛腿周围的混凝土，并磨平型钢表面，然后重新均匀涂刷上减摩剂，否则型钢将无法拔出。

图7-40所示，为某工程钢筋混凝土保护层厚度不足造成基坑开挖后围檩开裂。

图7-39 管涌现象

图7-40 围檩开裂

3. 型钢的减摩擦问题

型钢水泥土搅拌墙工艺的特点之一就是H型钢可以回收重复使用,从而降低工程造价。影响型钢起拔的主要因素有两个:一是型钢与水泥土之间的摩擦阻力;二是围护墙变形导致型钢弯曲。型钢与水泥土之间的摩擦阻力可以通过在型钢表面涂刷减摩剂来降低摩阻力,并要求减摩剂在挡墙工作期间具有较好的黏结力,提高型钢与水泥土的复合作用。

根据上海隧道工程股份有限公司试验研究,涂抹固体减摩剂后材料的黏结强度最小,油性减摩剂黏结强度较大,水溶性减摩剂更大。试验数据表明,与未涂抹减摩剂的试件相比,固体减摩剂的黏结强度占其5%~15%,油性减摩剂的黏结强度占其23%~72%不等,水溶性减摩剂的黏结强度占其39%~61%,可见涂抹固体减摩剂后效果十分明显。

4. 质量检查与验收

型钢水泥土搅拌墙施工中,应对制浆选用的水泥、外加剂、浆液水灰比、水泥掺量、型钢规格、焊缝质量及水泥土搅拌桩桩身强度等进行检查与验收。主控项目及一般项目检查数量、方法及控制标准,如表7-15和表7-16所示。

主控项目检查要求 表7-15

项目	检查数量	检验方法
水泥、外加剂等原材料	按批检查	查产品合格证及复试报告
浆液水灰比、水泥掺量	每台班不少于3次	水灰比采用比重计抽查,水泥掺量检查施工记录
型钢规格、焊缝质量	全数检查	型钢规格用尺测量,焊缝质量肉眼观察及超声波探伤
桩身混凝土强度	每台班2根桩,每根桩制作3组试块	28d无侧限抗压强度试验

一般项目检查要求 表7-16

项目	允许偏差或允许值	检查频率		检验方法
		范围	点数	
桩底高程(mm)	+100 −50	每根	1	测钻杆长度
桩位偏差(mm)	50	每根	1	用钢尺量
桩径(mm)	±10	每根	1	用钢尺量
桩体垂直度	≤1/200	每根	全过程	经纬仪测量
型钢垂直度	≤1/20	每根	全过程	经纬仪测量
型钢长度(mm)	±10	每根	1	用钢尺量
型钢底高程(mm)	−30	每根	1	水准仪测量
型钢平面位置(mm)	50(平行基坑方向)	每根	1	用钢尺量
	10(垂直基坑方向)	每根	1	用钢尺量
形心转角(°)	3	每根	1	量角器测量

六、型钢水泥土搅拌墙设计经验小结

1.长短桩方案

根据计算理论，在坑底以下一定距离后，随着深度增加，围护桩的弯矩减小，因此增加型钢入土深度对抵抗围护桩的内力和位移作用十分有限，可考虑在坑底以下一定深度后，型钢水泥土搅拌墙内插型钢可采用长短相间的形式。这样，既确保了基坑围护结构的安全，又节省了工程投资。

工程实例1：南京地铁一号线珠江路站

(1)工程概况

南京地铁一号线珠江路由车站主体、地铁控制中心等组成，车站结构总长198.7m，主体净宽19.6m，主体结构开挖深度为15.68m，南端头井开挖深度17.5m。地铁控制中心处深度19.45m。车站周围有重要建筑物及市政管线，环境保护要求较高。

(2)工程地质条件

浅部土层物理力学性质指标，如表7-17所示。

场地浅部土层物理力学性质指标一览表 表7-17

名称	重度γ (kN/m^3)	c(kPa)	φ(°)	渗透系数k_V (cm/s)	渗透系数k_H (cm/s)
素填土	17.8				
粉质黏土	19.8	39.7	19.6	0.26	0.48
粉质黏土	18.1	14.4	17.3	0.24	0.66
粉砂～中砂	20.8	9.6	30.3		

(3)围护方案

围护结构采用三轴3ϕ850@1200水泥土搅拌桩，内插H700×300×12×14型钢，插入形式为插二隔一，插入比0.75。同时型钢采用长短间隔的形式布置，长型钢采用26m、28m和29m三种，短型钢采用21m和22m两种。支撑系统采用ϕ609mm钢管，水平间距3m，挖深15.68m区域设置4道支撑，挖深17.5m和19.45m区域设置5道支撑。

(4)施工监测

根据监测数据，基坑变形情况良好，最大侧向变形仅为20mm，发生在坑底处。

(5)结论

对于型钢水泥土搅拌墙工艺，通过合理设置支撑、坑底土体加固等措施，可有效减小型钢入土深度，在满足各项稳定性要求时，型钢插入比可减小到0.6以下。

2.型钢插入比问题

在常规的型钢水泥土设计中，型钢插入比一般均大于1，随着设计施工经验的总结，目前对于土性较好的地区，型钢插入比可达到0.7，甚至更小。

工程实例2：苏州某工程

(1)工程概况

苏州某工程地上21层(局部8层),地下2层,为框架剪力墙结构,主楼高度84m,总建筑面积29 785m²。基坑形状比较规则,周长约235延米,面积约3 500m²。基坑开挖深度为9.70m,局部深坑超挖深度1.20m和2.90m不等。

(2)工程地质条件

浅部土层物理力学性质指标,如表7-18所示。

场地浅部土层物理力学性质指标一览表 表7-18

层号	土层名称	重度γ (kN/m³)	渗透系数k(建议值) (cm/s)	直剪固快峰值(建议值)	
				c(kPa)	φ(°)
①	杂填土	18.5		15	10
②	黏土	20.1	1.0E-7	57.07	13.35
③	粉质黏土	18.9	5.0E-6	23.24	16.44
④$_1$	粉土夹粉质黏土	18.9	2.0E-3	12.56	21.97
④$_2$	粉砂	19.2	5.0E-3	6.41	33.08
⑥	黏土	20.1		54.94	12.28

(3)围护方案

综合考虑各方面条件,该基坑采用型钢水泥土搅拌墙(3ϕ850@1200搅拌桩内插H700×300×13×24型钢)+一道钢筋混凝土支撑的围护方案。该工程基坑开挖深度9.70m,型钢插入坑底下深度6.80m,插入比0.70,各项稳定性验算指标均满足规范要求。

(4)施工监测

本工程在基坑开挖过程中进行全程监测,监测结果表明,基坑本体及周边建筑物变形均较小,未对周边环境造成不利影响。

3.沉桩挤土效应控制

型钢水泥土工艺虽在施工过程中进行土体置换,挤土效应明显小于常规的两轴水泥土搅拌桩,但是对于周边有对沉降较为敏感的重要保护建筑物的工程,其挤土效应仍然无法忽视。在周边环境较为敏感,对施工挤土效应要求较高的工程中,可采取下列措施控制或减小施工影响:

(1)控制日成桩数量,采取跳打,如隔三打一或隔五打一等。同时采取信息化施工,根据监测数据调整施工进度。

(2)水灰比调整,如水灰比太大,施工阻力小,施工相对容易,施工时对周边环境影响也小,但桩体强度增长慢;如水灰比小,施工阻力大,对周边环境影响也加大。需通过试验确定合理的水灰比。

(3)下沉速度控制,钻头下沉速度越慢,对周边环境影响越小。

4.型钢插入问题

常规工程中,一般型钢可依靠自重就能顺利就位,但是对于土性较为复杂的工程,有时依靠型钢自重无法顺利完成型钢插入就位,需要采取一系列辅助措施后方可。型钢起吊插入及固定,如图7-41、图7-42所示。

工程实例3：上海地铁一号线上海南站改建工程中，深基坑处的SMW工法桩入土深度基本上为30m左右，施工难度极大。围护方案采用三轴ϕ850水泥土搅拌桩内插H700×300×13×24型钢，地表下22～25m深度范围内分布有第⑤$_{2\text{-}1}$层，此层特点是不易搅拌均匀，易塌孔，特别是型钢插入难度极大。常规解决办法有以下几种：

(1)采用振动榔头，将外力沿型钢向下传递，但垂直度控制不佳，容易将型钢振至未搅拌的土层中，影响型钢起拔。

(2)调整型钢插入密度，原设计方案插入形式为插二隔一，两根型钢的中心距为600mm，与相邻的型钢距离为1 200mm，后间距统一调整为900mm，该法的弊端是需要在搅拌桩圆弧接头处增加搅拌，增加水泥用量，对成本控制不利。

(3)在不易搅拌的土层中进行复搅，先注入按一定比例配置的膨润土浆液，起到护壁和搅松土层目的，然后再喷入水泥浆。其特点是成本投入小，且施工质量有保证。

图7-41 型钢起吊

(4)此外，在型钢插入过程中，在水泥土初凝前，需做好型钢的固定工作，否则型钢在自重作用下会不断下沉，如图7-43所示。

图7-42 型钢定位

图7-43 型钢插入后下沉

本章参考文献

[1] 沈保汉. 桩基础//高层建筑施工手册[M]. 2版. 北京：中国建筑工业出版社，2001.

[2] 沈保汉. 长螺旋钻成孔工艺的发展[J]. 施工技术，2000(10)：49～51.

[3] 沈保汉. 钻斗钻成孔灌注桩[J]. 施工技术，2000(6)：46～48.

[4] 沈保汉. 反循环钻成孔灌注桩[J]. 施工技术，2000(7)：48～50.

[5] 沈保汉.贝诺特灌注桩[J].施工技术,2000(8):47～49.
[6] 沈保汉.钻孔压浆桩[J].施工技术,2000(9):47～49.
[7] 沈保汉.挤土及部分挤土灌注桩的施工//桩基工程手册[M].北京:中国建筑工业出版社,1995.
[8] 沈保汉.预先钻孔法埋入式桩[J].施工技术,2001(7):43～45.
[9] 沈保汉.钢管桩[J].施工技术,2001(9):45～47.
[10] 沈保汉.静压桩[J].施工技术,2001(10)40～42.
[11] 沈保汉.挡土支护结构类型的选择[J].建筑技术开发,1996(5).
[12] 沈保汉.软土地区常用的支护结构类型[J].建筑技术开发,1996(6).
[13] 沈保汉.一般黏性土地区常用支护结构类型[J].建筑技术开发,1996(7).
[14] 中华人民共和国行业标准.建筑地基处理技术规范 JGJ 79—2002[S].北京:中国建筑工业出版社,2002.
[15] 中华人民共和国行业标准.建筑基坑支护技术规程 JGJ 120—99[S].北京:中国建筑工业出版社,1999.
[16] 廖少明,李象范.柱列式挡土墙的设计与施工//基坑工程手册[M].北京:中国建筑工业出版社,1997.
[17] 丛霭森.地下连续墙的设计施工与应用[M].北京:中国水利水电出版社,2001.
[18] 昆明捷程桩工有限责任公司,等.液压摇动式全套管灌注桩和钻孔咬合桩成套技术研究与开发报告.2005 年.
[19] 刘富华.液压摇动式全套管灌注桩机:中国,1014120-0059-0115[P].1994-09-07.1994 年 9 月 7 日.
[20] 王安龙.钻孔咬合桩——地铁工程围护结构新型式[J].铁道工程学报,2003(3):53～59.
[21] 刘建国.钻孔咬合桩设计与施工[J].铁道工程学报,2001(6):134～136.
[22] 王立久,张铁民,刘军,等.混凝土新型超缓凝剂研究.混凝土,2000(10):58～63.
[23] 王善拔,贾怀锋.水泥和缓凝剂对混凝土凝结时间的影响——兼论预拌混凝土的超缓凝及其预防.水泥,2003(8):1～6.
[24] 王怀春,黄庆发.某高层住宅楼混凝土五天不凝固原因分析及防治措施.混凝土,2002(9):63～64,27.
[25] 上海市工程建设规范.DGJ 08-116—2005 型钢水泥土搅拌墙技术规程(试行)[S].上海,2005.
[26] 张剑锋,陈昌斌.SMW 工法的工程应用和技术进步[J].上海地质,2001(2).
[27] 任岗,唐黎明.30m 深 SMW 工法桩在基坑围护中的应用[J].建筑施工,2005,(2).
[28] 伍宇进,唐忠德.上海地区 SMW 工法围护设计降低造价方法[J].工业建筑,2006,36(增刊).
[29] 孔德志,朱悦明,刘良.SMW 工法在大型深基坑工程的应用[J].建筑技术,2006,37(12).
[30] 习哲,窦培松,孙燕.SMW 工法在南京地铁围护工程中的应用[J].现代隧道技术,2004.
[31] 王健,夏明耀,傅德明.H 型钢与水泥土搅拌桩围护结构的设计与计算[J].上海:同济大学学报,1998,26.

[32] 谢秀栋,方建瑞,李志高.基于遗传算法的SMW围护结构水泥土刚度系数计算[J].岩土工程学报,2006,28(增刊).

[33] 陆申一.超深SMW工法在临近地铁隧道边的工程实践[J].建筑施工,2005,27(12).

[34] 归正,黄宗益,陈卫明.SMW工法施工机械[J].建筑机械化,2001,22(3).

[35] 张冠军,徐永福,傅德明.SMW工法型钢起拔试验研究及应用[J].岩石力学与工程学报,2002,21(3).

[36] 陈辉.SMW工法中型钢—水泥土共同作用的研究[J].建筑科学,2007,23(7).

第八章　沉桩施工的环境效应问题

按沉桩过程中的挤土程度对桩进行分类，可基本反映沉桩施工对土体的影响；对土体的影响也反过来影响着桩的性状，如成桩质量、承载力等。基于这一方法，可将桩分为以下三类：

(1)挤土桩：典型如预制混凝土桩、闭口钢或混凝土管桩、沉管灌注桩。

(2)部分挤土桩：典型如开口钢管桩、H型钢桩，这两种桩型当土塞效应明显时，也可能转变为挤土桩。

(3)非挤土桩：典型如钻孔灌注桩、人工挖孔桩。

从施工方法看，挤土桩通常采用锤击打入或静压；非挤土桩则有干作业法及泥浆护壁法。

讨论完桩的分类后，可显见各类桩沉桩施工对环境的影响。

对挤土及部分挤土桩而言，沉桩的挤土效应是主要的。挤土效应引起的土体位移及土体性状的改变，如强度、孔隙水压力，会对邻近桩、建(构)筑物、地下管线、基坑、边坡等造成不良影响。当采用锤击打入施工时，则不得不关注噪声和振动引起的环境问题。

对非挤土桩来说，其施工过程是最终桩以非挤压方式取代同体积土体的过程。最明显的环境问题是干作业法产生的弃土和泥浆护壁法产生的废弃泥浆的处置问题。而值得引起注意的是施工过程中土体卸载应力释放引起的环境影响问题。当桩径小、桩数少的时候，这一问题并不明显；而当桩数多、桩径大、桩又长，或者采用地下连续墙工艺制作大承载力的壁桩，密集施工时，土体卸载量大，需要注意这时应力释放对环境的影响。此外，遇到砂层或碎石层时，施工扰动可能造成土层损失而引起沉降。

本章将主要讨论沉桩施工的挤土效应问题，对打桩的噪声与振动问题也有所涉及。对非挤土桩，讨论土层应力释放、废弃泥浆的处置、垃圾填埋场区灌注桩的施工，以及与地下水位相关的问题等几方面内容。在本章最后，讨论减少沉桩环境影响的措施。

第一节　沉桩噪声影响

一、沉桩引起的噪声

冲击锤打桩时，锤冲击桩、桩锤本身以及桩自身等均可产生噪声。当采用钻孔桩、壁桩等工艺时，噪声则来自于不同的辅助设备，如空气压缩机、混凝土搅拌机、成槽机、吊车等。

场地噪声是空气运动的结果，可相对直接通过测量设备给定噪声的特征和模式。沉桩施工噪声的测量，可依据国家标准《建筑施工场界噪声测量方法》(GB 12524—90)[1]，测量参数为等效连续A声级 L_{eq}，单位为dB(A)。

等效连续声级代表声级的能量平均值，即随时间变化噪声的等能量稳态声级。按定义此量为：

$$L_{eq}=10\lg\left(\frac{1}{T}\int_0^T 10^{0.1LA(t)}\mathrm{d}t\right) \tag{8-1}$$

式中：$LA(t)$——某测量时刻 t 的瞬时 A 声级，dB；

T——规定的测量时间，s。

当测量是采样测量，且采样的时间间隔一定时，式(8-1)可表示为：

$$L_{eq}=10\lg\left(\frac{1}{n}\sum_{i=1}^{n}10^{0.1L_i}\right) \tag{8-2}$$

式中：n——所规定的时间 T 内采样的总数；

L_i——第 i 次测量的 A 声级，dB。

国标《建筑施工场界噪声限值》(GB 12523—90)[2]规定在与敏感区域相应的建筑施工场地边界线处，打桩作业所产生的噪声限值昼间为 85dB(A)，夜间禁止打桩。表 8-1 所示给出了一些沉桩工程的典型噪声水平[3]。

不同桩型沉桩的典型噪声水平[3] 表 8-1

桩 型	桩径(宽)(m)	沉桩方式	沉桩能量	桩垫类型和状况	L_W(A)[dB(A)]	土类	L_{eq}[dB(A)] 10m 处(1 个循环)
钢板桩	0.48	柴油锤	310MN·m	无	133	黏土	104
H—钢桩	0.36	柴油锤	620MN·m	无	125	填土/黏土/砂石	96
预制板桩	0.535	落锤	6 t,0.5m	木(好)	124	填土	83
预制混凝土桩	0.275	落锤	4t,0.5m	木(一般)	116	石灰石/黏土	87
沉管灌注桩	0.4	落锤	4 t,1.0m	木(好)	119	填土/黏土/砂—泥灰岩	89
冲击钻灌注桩	0.5	三角架绞车	18kW	无	104	填土/黏土/石灰石	76
钻孔灌注桩	0.75	螺旋钻机	99/125kW	无	117	黏土/粉土	79

二、降低噪声的措施

1. 改变沉桩方式

避免使用冲击打桩方法，改用振动锤打桩、静压桩或使用钻孔桩。

在打空心桩时，采用内部落锤打桩，噪声从空心桩底部开始消散，锤击后噪声源将位于地面以下以减少噪声影响。

2. 采用消音罩封闭桩锤或整个打桩系统

采用消音罩封闭桩锤或打桩机系统以降低噪声。但应用消音罩可能降低桩锤的打桩效率并使桩难以操作或定位。此外由于桩本身也是噪声源的很大一部分，因此即使很好的桩锤消音罩，也只能减少总噪声的50%[4]。

3.在施工场地周围设置防噪声屏[5]

噪声屏的有效性取决于噪声屏防护的范围、噪声的频率、噪声屏的材料、屏上开孔的比例等。

高频噪声比低频噪声更易于被屏蔽和吸收。噪声屏应面向噪声源成线状布置且在其上覆盖厚层的吸声材料，如玻璃纤维等；如果没有吸声材料，噪声只是被反射回场地并增加总的场地噪声水平。即使噪声屏自身很大并做得很好，任何开孔都会降低噪声屏的有效性；一般10%的开孔将减少噪声屏对声音的衰减约10dB(A)。

第二节　沉桩振动影响

沉桩引起的场地振动可能对周围建(构)筑物、敏感设备以及人造成相当大的环境影响问题。如使邻近建筑物的使用者感到烦躁而不可接受，干扰敏感设备的生产过程，损害邻近建筑物或构筑物，引起地基土的沉降，导致邻近的岸坡失稳等。

本节主要介绍沉桩引起的场地振动特性，沉桩振动对周围环境的影响以及沉桩振动的防护措施。

一、沉桩引起的场地振动特性

沉桩产生的振动不同于地震产生的地面振动，也不同于由地面震源产生的以面波为主的地面振动。沉桩产生的振动波源，主要集中在桩端处一定范围。沉桩过程中，随着桩尖入土深度的不同，振源的深度也同时发生变化[6]。靠近振源的近场主要由体波控制，这些体波以球面的方式向外传播。在震源一定距离的地方，体波中的P波(压缩波)和S波(剪切波)在半空间界面处相干涉，产生R波(面波)。根据弹性波的传播特征，体波衰减快，面波衰减慢。由于引起近场和远场地面质点振动的波的性质不同，振动衰减将有一个由快到慢的过程，在远场地面质点的振动主要为R波引起[7-8]。

地基土体的振动强度不仅与桩锤冲击能量的大小相关，而且与桩锤能量的传播有关。控制桩锤能量传播的最重要因素是地基土体抵抗桩贯入下沉的阻力，尤其是桩端附近土体。作用在桩身的能量一部分通过与土间的相互作用转化为变形能(主要是桩尖处土体变形)，另一部分能量则通过弹性波的形式向四周传播。当沉桩能量不变时，桩下沉的贯入度越小，则传递到地基土中的振动能量就越大；而在桩快速下沉中，大部分能量将消耗在桩的贯入下沉过程中。土获得的变形能大，弹性波的能量就小，反之亦然。当桩沉入硬持力层时，不仅振动的振幅A_{max}较高，而且振动频率也较高；当桩贯入至软黏土层时，振动振幅A_{max}会变小，而且主要是低频振动[8]。实测数据表明，地面质点振动强度与静力触探曲线有较好的相关性。静力触探锥尖阻力q_c越大，引起的地面质点振动峰值速度越大。此外，近场地面振动不仅与桩端处的锥尖阻力q_c有关，而且与桩端下一定深度范围内的锥尖阻力q_c有关。如某个深度的锥尖阻力q_c很大，但其下的锥尖阻力q_c较小时，地面质点振动也可能比较小[7]。也有实测资料显示沉桩造成的地面振动强度及频率与静力触探比贯入阻力p_s具有良好的相关性[6]。

地面振动的衰减，与振源的振动频率即地基土的强度有关。频率越高衰减越快，频率越低衰减越慢。值得注意的是振源埋深对地面振动衰减的影响，随着桩端入土深度的增加，振源的深度加大，体波的影响范围逐渐扩大，从而减缓地面振动的衰减。在这种情况下，不能简单认为近距离的地面振动减小，则远处的地面振动也会减小。某打入桩的实测结果表明：当桩入土深度为 27m 时，虽然在近距离范围内（<8.0m）地面振动要比桩入土深度为 18m 和 20m 时的小，但在这一距离之外，桩入土深度为 27m 时的地面振动要大得多[6]。

二、沉桩振动对周围环境的影响及沉桩振动的预测

1. 沉桩振动对土体的影响

沉桩振动通常会增加砂土的密实度并引起砂土表面沉降，进而对房屋造成损害。比起砂土，振动对黏土的影响要小很多，这是因为黏土颗粒间的黏性胶结干扰了粒间滑动。不过，在频率接近自身频率的持续密集振动作用下，软黏土也可能会固结到中等程度而产生沉降。一般桩机的锤击频率远低于土体的共振频率，但一系列打桩引起的振动叠加效应则可能引起土体的共振。

打桩在一定深度产生的振动使无黏性砂土挤密。当桩打入松散砂土中，尽管沉桩挤土，桩间地表依然沉降。某工程，长 14m 的预制混凝土桩以 1m 桩距打入水下细砂，虽然桩的体积等于 0.3m 厚的土层，地面沉降仍达 1m 之多；打桩使砂土孔隙率从约 44%减少到 38%。沉桩也会引起邻近区域沉降。在一个例子中，100 根 15m 长的桩被打入砂土沉积层和松散砾石，在打桩区域，地表沉降了 150mm；沉降随离沉桩区边缘距离的增加而减小，在 15m 外沉降为 2mm[9]。当桩打入密实、钙质、粉性或含砾砂性土中时，也有产生大的沉降的报道。此外，桩型、桩距、沉桩方法（冲击或振动锤）、打桩流水、桩数等对沉降也有影响。Woods 分析了预估打桩引起松砂沉降量的已知方法，指出采用简化方法无法预测这一问题，当预计有沉降时应采取谨慎措施[10]。

必须说明的是带有一定黏性的砂性土和黏性填土也能被打桩所密实。这类土的密实不是因为打桩的振动，而是因为静压力减少了孔隙的体积。如果土体位于地下水位以上，孔隙中充填空气，打桩的密实效应很明显。然而，如果土体位于水位以下，密实效应则随土体渗透性的降低而迅速下降。水位以下的软弱粉性土因打桩而成为半液态，因此，与挤密不同，打桩至少在短期内弱化了这类土[9]。

2. 沉桩振动对邻近构筑物的影响

作为一个随时间变化的量，沉桩引起的振动通常由振幅、速度、加速度及频率来描述。通常以峰值质点速度 PPV(peak particle velocity)作为判断建(构)筑物在场地振动下破坏的临界参数。沉桩振动影响下已有结构的峰值质点速度大小取决于振源的量级（如冲击锤的能量）、振源与基础间的距离和土的类型等[11]。

场地振动对结构物造成的损害，并不仅仅取决于结构峰值质点速度的大小，也与结构的类型、状况以及年代有关。有一定历史的砖石结构建筑（尤其是装修考究的）比起现代钢筋混凝土框架结构更易于为振动所损害。以沉桩引起建筑物基础的振动峰值质点速度为标准，表 8-2列出文献[11]建议的一些不同土体中引起结构损害的临界峰值质点速度，其变化范围在 2.5mm/s 到 50mm/s。

不同土体中引起结构损害的振动临界峰值质点速度(单位:mm/s)[11]　　表 8-2

结构物类型	松散/软土	中等密实土	密实土
历史建筑物	2.5	5	10
现代建筑物	5	10	20
钢筋混凝土建筑物	15	30	50

香港为保护地铁结构，规定打桩、拔桩或其他施工活动引起的结构振动峰值速度需小于15mm/s[4]。虽然缺乏详细的工程分析，但作为一般准则及倾向保守的做法，认为将临界峰值质点速度限定为15mm/s对大多数构筑物、排水管道和公共设施都是适用的。然而，对更为敏感的结构，如防洪构筑物、输水隧道、砖石挡土墙和陈旧建筑物等，临界峰值质点速度的一个更严格的值是7.5mm/s。另外一个可采用的标准是限制动位移(如一般200μm，防洪构筑物100μm)。对具有重要历史意义的建筑物，一般将临界峰值质点速度限制为2～3mm/s。香港有限的工程实例认为临界峰值质点速度6～8mm/s是可以被接受的。原则上，在评价临界峰值质点速度时，需要考虑峰值振动发生的持续时间。基于问题的复杂性，上述的一般原则并不总是合适的。建议对每个场地评估其特点，考虑周围建筑物的现状、可能的放大效应和潜在的破坏。重要情况下，建议试打桩并进行振动监测，以评估潜在影响并给出更为符合现场实际的限值标准。在判定可接受的限值时，也应该考虑主频及振动持续时间的影响。有研究发现，当振动频率较高时，可接受的峰值质点速度限值也较高。此外，比起间断性振动，持续振动的峰值质点速度限值则可能要低一些[12]。

上海地铁保护技术标准曾规定由于打桩、爆炸产生的振动对隧道引起的峰值速度小于25mm/s[13]。

实践中关于锤击振动波引起房屋共振并倒塌的事例未见报道，认为共振一般不会发生。打入式沉桩，在地面产生的竖向频率一般测得为3～5Hz，引起建筑物竖向振动的频率也不大，而一般建筑物竖向自振频率约5～20Hz，两者相差较多，不大可能发生共振。至于水平向振动，建筑物的卓越周期为0.9s，而锤击振动引起邻近房屋的水平振动频率约2～7.5Hz，相当于周期0.13～0.50s，两者有一定差距。由于锤击振动波在传播过程中衰减很快，即使频率谱中有一部分与建筑物自振频率接近，但其微弱的能量似也难以激起邻近建筑物的共振而造成灾难性破坏[14]。

较之建筑物，人对振动更为敏感。人对振动的感觉与建筑物楼板的振动有关，并取决于振动速度、频率及持续时间。大略上，人可以察觉到0.12～0.15mm/s的建筑物振动。研究表明约30%的人不能忍受房屋0.3mm/s的振动，而当振动提高到2mm/s时，这一比例上升为60%。微电子原件生产对振动更为敏感，甚至0.01mm/s都不可接受。因此，较之引起建筑物损害的打桩振动峰值质点速度，人所能容忍的要低得多。在市区不能用冲击锤打桩，很大程度上是因为人的不舒服而不是因为对邻近结构的损害[11]。

3.沉桩振动的预测

预测沉桩振动对邻近建(构)筑物的影响，首先需要预测可能的峰值场地加速度、速度、振幅及频率等，然后确定不同类型结构的场地振动安全限制。然而，很难可靠预测实际沉桩振动影响。这是因为很难确定传递给土体的能量(振动的高频成分衰减很快)以及不同类型结构在场地振动下的反应。一些结构细部,如楼板的共振,可能导致振动效应的放大。在考虑场地振动合理限值时,需评估振动的背景水平;在建筑场地,大型载重汽车在距道路 10m 处引起的振动峰值速度超过 3mm/s。重要的是进行场地实测,最好全面记录场地振动进行频率分析。安装加速度计是必要的,因为结构的放大效应很容易产生振幅 10 倍差异。此外建议使用三轴加速度计,因为通常不清楚哪个方向传播最容易产生损害的振动[3]。

实用的方法是参考类似建筑场地类似土体情况下的实测结果。图 8-1 所示,归纳总结了一些以峰值质点速度 PPV 为指标的由场地实测结果得到的设计线[12]。此外,一些文献总结指出可以采用式(8-3)对自由场地峰值质点速度矢量和 PPV(mm/s)作保守的上限预估[12]:

$$\mathrm{PPV} = \frac{k\sqrt{E}}{\Delta h} \tag{8-3}$$

式中:k——常数,近似预估时可取 1.5,最好采用场地实测资料进行统计分析;

E——每击或每循环的打桩能量,J;

Δh——距桩轴的水平距离,m。

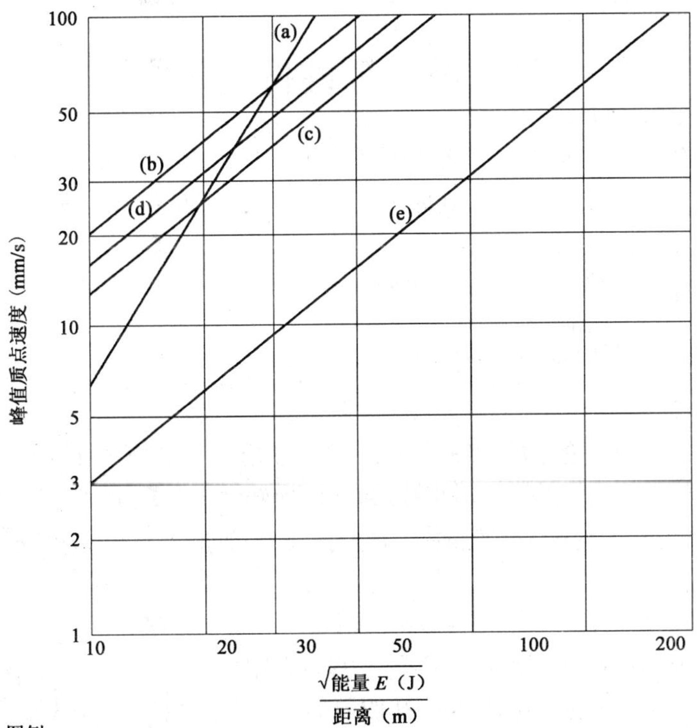

图例:
(a) 黏土;(b) 湿砂;(c) 干砂;(d) 砂与砂砾,粉土,黏土;(e) 含黏土砂或硬黏土。
备注:
(1)　(a) ~ (c) 对应地震距离,亦即从桩端到量测点的距离;
(2)　(d) ~ (e) 对应桩轴线与量测点的水平距离;
(3)　(a) ~ (d) 对应速度的垂直分量,而 (e) 对应合成速度。

图 8-1　峰值质点速度与归一化打桩能量的关系[33]

三、沉桩振动的防护

减小沉桩振动对周围环境的影响，可供选择的防护措施大体上有以下几种：

(1)控制同一时间的沉桩数量。控制同一时间的沉桩数量，以减小同一时间打桩引起的振动叠加效应。

(2)预钻孔。采用预钻孔，可在一定程度上减少近场地面振动。

(3)改变沉桩体系。将冲击锤改为振动锤；采用特殊缓冲垫衬或缓冲器；改变桩型、减少桩数；采用静压沉桩等。

(4)"主动"或"被动"隔离。"主动"隔离，指在振源附近采用波的屏障体系(如沟槽、空气衬垫)；"被动"隔离，则指在靠近受影响构筑物附近设置屏障。当被保护对象距振源有一定距离时，对于来自桩端的振动，由于振源深，采用"主动"隔离不一定有效，此时应考虑在靠近保护对象附近开挖减振沟，采用"被动"隔离措施。沟槽边最好是无支护的。如果有空间，有限沟槽必须直立，支撑必须被设计为不能传递振动。观测结果表明在振动频率高的时候沟槽最有效。

(5)控制打桩流水。控制打桩流水，使打桩顺序远离敏感结构。

(6)结构加固。对陈旧性和古建筑物宜采取临时托换加固体系防护措施，以提高建筑物的抗振性能。

第三节　沉桩挤土效应

对挤土及部分挤土桩而言，桩贯入土中要排开一定体积的土体，进而扰动周围土层。本节首先简述沉桩挤土效应的分析方法；其后讨论与环境相关的沉桩挤土效应：沉桩引起的土体位移，土中超孔隙水压力的产生，土体强度的变化以及对邻近建筑物、地下管道的影响，对基坑开挖的影响，对边坡的影响等；最后讨论减小挤土影响的措施及环境影响的监测。

一、挤土效应的分析与研究方法

1. 小孔扩张理论

对单桩挤土效应的理论分析，多采用小孔扩张理论[15]。桩沉入土中的过程，可看作在无限体中扩出一个与桩径相同的圆柱形小孔，为利用弹塑性力学理论，假定土是均匀、各向同性的理想弹塑性材料；饱和黏土不可压缩；土体屈服不受静水压力影响，并满足库仑—摩尔强度准则；小孔扩张前，土体具有各向等同的有效应力。

利用轴对称圆柱孔扩张课题应力平衡方程，当无限土体中扩张出一个半径为r的小孔时，在小孔四周形成一个应力影响区，如图8-2所示。

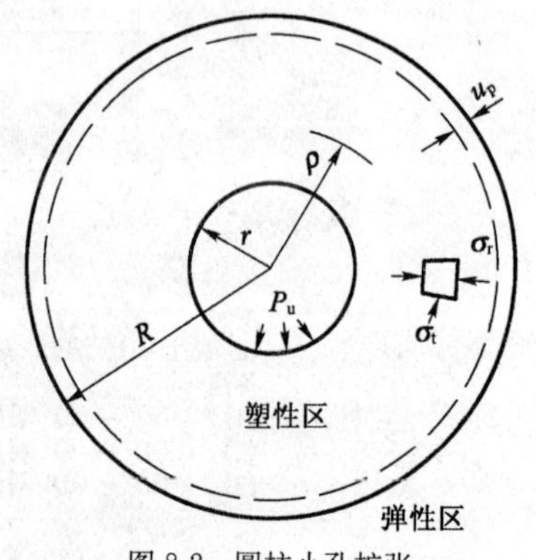

图8-2　圆柱小孔扩张

对饱和软土，可以求得塑性区内任意点三个方向的总应力增量：

$$\frac{\sigma_r}{c_u}=2\ln\frac{R}{\rho}+1;\quad \frac{\sigma_t}{c_u}=2\ln\frac{R}{\rho}-1;\quad \frac{\sigma_v}{c_u}=2\ln\frac{R}{\rho}$$

弹性区内任意点三个方向的应力增量如下：

$$\sigma_{\mathrm{r}} = \left(\frac{R}{\rho}\right)^2; \quad \sigma_{\mathrm{t}} = -\left(\frac{R}{\rho}\right)^2; \quad \sigma_{\mathrm{v}} = 0$$

塑性区半径：

$$\frac{R}{r} - \sqrt{\frac{E}{2(1+\mu)c_{\mathrm{u}}}} \tag{8-4}$$

桩土界面扩张压力：

$$\frac{P_{\mathrm{u}}}{c_{\mathrm{u}}} = \ln\frac{E}{2(1+\mu)c_{\mathrm{u}}} + 1 \tag{8-5}$$

以上式中：E——土的模量；

μ——土的泊松比；

c_{u}——土的不排水强度。

R——影响区或塑性区半径；

r——扩张小孔半径，即桩的半径；

ρ——所求应力点与扩张孔中心线的距离；

P_{u}——桩土界面上的总径向应力，即扩张压力；

σ_{r}——径向总挤土应力；

σ_{t}——切向总挤土应力；

σ_{v}——竖向总挤土应力；

u_{p}——影响区边界的径向位移。

对非饱和土，内摩擦角不为0，不能直接利用上述公式，需进行修正，具体可参考文献[16]。

2. 应变路径法及有限单元法

Baligh M. M(1985)提出主要用于分析深基础问题的应变路径法[17]。将桩贯入视作准静态问题，假定桩周土变形与土抗剪强度无关，从而在沉桩过程中可以不必考虑土体的本构关系而比较准确地确定土体位移场。采用流函数及应变路径法，对桩周土的应力应变及孔压进行分析。然而，该理论对桩周土的近场解无法满足平衡方程，忽略了基础的表面效应如地面的隆起，在实用上过于复杂，目前难以应用于工程计算。

文献[18]、[19]总结了有限单元法在沉桩挤土问题中的应用。采用有限单元法分析挤土时涉及的主要问题有：有限变形问题、桩土界面的接触问题、土体的本构模型问题、荷载施加问题（力贯入法或位移贯入法）、孔隙水压力问题、土的扰动与结构性问题等。文献[20]则进一步指出，在沉桩过程中，桩周土发生很大的变形及应变。在分析时不仅应考虑材料的非线性，也要对几何非线形进行考虑。采用大变形比小变形有限元更为全面，但大变形有限元的理论推导及编程都比较复杂，计算精度严重依赖本构模型的选用及参数的确定。

3. 模型试验及现场测试

对岩土工程问题用数学模型进行电算，近年相当流行，但单纯用它来对工程问题作出结论往往不可靠，同时理论分析和计算研究的准确性和有效性也需要通过模型试验及现场实测研究来检验。因此，在岩土工程中，模型试验及现场实测研究占有极其重要的地位。针对沉桩挤土效应的试验与测试，主要集中在土体位移性状、孔隙水压力以及沉桩后不同时间桩承载力的变化等几个方面。

4.分析与研究方法评述

(1)对单桩的理论研究比较多,但出于种种原因,目前常见的仍是基于小孔扩张理论的方法。该方法可以较好地体现沉桩挤土效应的基本机理。但理论本身的缺陷以及环境条件与边界条件的复杂性,其结果常常很难与实际吻合。

(2)对于群桩,挤土效应的应力应变解析解几乎没有,这与影响因素及边界条件过于复杂有关。目前一般将群桩按一定组合分区,将每一分区的桩近似为当量单桩,然后按单桩分析群桩的挤土。这种分析方法忽略了桩施工的先后次序对桩间土及已施工桩的影响,本质上仍是采用单桩的分析方法。到目前为止,群桩挤土应力应变及位移场的解析方法进展缓慢。

(3)由于数值方法能够考虑施工中的细节问题,对复杂的边界条件及初始条件有较好的处理能力,因此,在沉桩挤土问题的分析中扮演了极为重要的角色。数值分析最重要的不是数学问题,而是土工参数的问题,但目前,对沉桩挤土状态下,土体的土工参数研究并不充分,在一定程度上影响了数值方法分析的准确性。

(4)模型试验及现场实测是重要的研究手段。对于群桩的研究,现场实测占据重要地位。实测结果常促使人们探求问题背后的实质,促进理论的发展,同时,也积累了大量的经验,反过来指导实践。由于理论及数值方法在解决沉桩挤土这一复杂问题上的不足,使得分析计算目前只能停留在定性的阶段,模型试验及现场实测在解决工程实际问题中的作用不可忽视。

二、沉桩引起的土体位移

挤土桩的沉桩施工会引起沉桩区及周围土体的竖向及侧向位移。大量的土体位移常导致邻近的构筑物隆沉、道路开裂、地下管线爆裂、边坡失稳等环境事故。

1.土体竖向位移

大规模挤土桩施工时,场地的土体隆起会成为显著问题。当预计有大的隆起时,需要仔细监测桩头及地表高程。土体隆起会引起已打入桩的上浮,可能会减小桩的承载力或刚度,甚至会引起组合桩或拼接桩在连接处的破坏。如果桩身完好,可通过复打恢复上浮桩的承载力。如果桩身受拉破坏,需花费较大的代价修复,可能需要沿桩身填芯修补裂缝。隆起影响可能扩展到桩群外围很远处并损害邻近构筑物。当沉桩工地靠近敏感构筑物时,通常采用部分挤土桩或非挤土桩以减小沉桩影响[3]。

最容易引起土体隆起的是非灵敏性黏土和淤泥,这类土中,挤土桩施工排开土体的体积近似等于桩的体积。基于实测,有研究者建议这类土中桩群内外的地表隆起量各为一半排土体积。在密实砂土地基中,沉桩时的排土也会造成土体出现较显著的隆起现象[3,8]。

在灵敏性黏土中的土体隆起则是局部的。施工扰动后的重塑土主要是沿桩周被挤出地表,重塑土的再固结会减小地基土的隆起。这种情况下,地基土的隆起量往往小于桩的入土体积,重塑土的再固结会对桩身产生下拖力。类似的,在松散砂土和砾石中,很少有隆起现象发生。这种情况下,挤土桩施工通常体现为挤密效应,常见的是沉桩排土挤密引起的地表土沉陷[3,8]。

上海黄浦江东岸某饱和软土中的打桩工程,距码头坡顶约103m,系列主体工程是一组以桩筏为基础的筒仓。桩的截面积为45cm×45cm,长30.7m,桩距1.7m,共604根。打桩速度平均16～17根/d。打桩区内地面最大隆起达50cm;离桩基边缘25m处的地面还隆起5cm左右，可见土体移动的范围相当广。可估计出地面隆起的总体积为 1 854.46m^3；桩的体积为 4 140m^3。可得出，土的隆起量占桩体积的 44.79%，而桩群范围内的隆起量约占土总隆起量的 40%。换言之，有 60%的土被挤向打桩区的四周[15]。

2. 土体侧向位移

挤土不仅产生土体的竖向位移，同时也产生侧向移动。土体侧向位移容易发生在靠近河堤岸坡的地方、边坡场地、抗基底破坏安全储备不足的基坑底部，或靠近浅嵌固深度的挡土结构附近。

先打入桩趋向于被后打入桩挤土产生的侧向位移所推移。土体侧向位移对桩的影响取决于桩的变形模式，如桩是否表现为高弯曲应力的悬臂梁或刚体转动或平动；此外，桩的扭曲也会在桩身产生扭转应力。桩头的变形不应成为评价位移后桩完整性的单一标准。应综合采用复打、动力和静力载荷试验或挖出桩等手段进行桩的完整性测试。不建议试图通过在桩头挤压来纠偏，因为这样可能引起桩截面的弯曲破坏[4]。

3. 表面约束下的土体位移

在现有城市的改扩建工程中，或者在密集建筑群落的场地上，沉桩挤土效应不可避免地要受到沉桩区周围硬地坪或城市道路等表面约束的影响。不少实际工程的监测数据表明，在沉桩点周围有硬地坪覆盖或者存在城市道路情况下，挤土影响的特征有所不同。因此，有必要探求表面约束下的沉桩挤土效应，从而为环境保护及防范提供更为全面的信息，采用数值方法对这一问题进行模拟研究[21]。

采用平面四节点等参元程序进行有限元数值模拟。假定沉桩挤土为一次性水平向挤土过程，桩长 25m，单桩水平向挤土位移 150mm。计算域深 40m，长 60m。以道路约束为例，假定地表一定范围内为道路所覆盖，沉桩点距道路 1m。为尽可能模拟土体实际受力状况，在道路与土体之间设置 Goodman 四节点接触面单元。为模拟土体单元与道路单元不在接触面处重叠，取接触面法向劲度系数为 10^8kN/m^3，而取切向劲度系数为较小的 100kN/m^3，以模拟土体表面与道路底部在沉桩挤土影响下可能产生的错动滑移。假定道路本身不发生水平位移，仅随土体产生垂向隆起。

假定土体为理想弹塑性材料，采用 Druck-Prager 理想弹塑性本构模型，将计算域内 40m 深的土体分为 4 层。分层情况及参数，如表 8-3 所示。

有限元计算土体参数　　表 8-3

土　类	深度(m)	重度 γ(kN/m)^3	E_s(kPa)	泊松比	c(kPa)	φ(°)
淤泥质土	0～12	17.5	3 000	0.4	35	0
粉质黏土	12～24	18.5	5 000	0.3	9	12
砂质粉土	24～30	18.5	19 000	0.3	19	20
粉质黏土	30～40	18.5	5 000	0.3	9	12

由于淤泥质土在沉桩过程中基本处于不排水状态，因此，其计算参数取不排水的三轴 UU 指标，而其他土层则取三轴 CU 指标。

以 5m 宽道路约束为例，地表水平位移及隆起如图 8-3、图 8-4 所示。图中横坐标 0 点为沉桩点。由图分析可知：

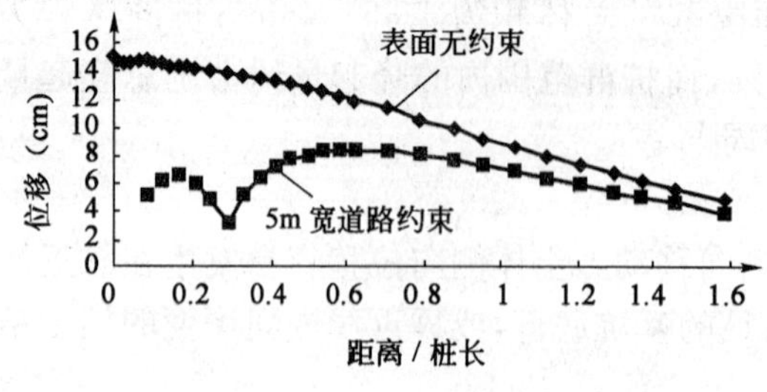

图 8-3 土体表面的水平位移

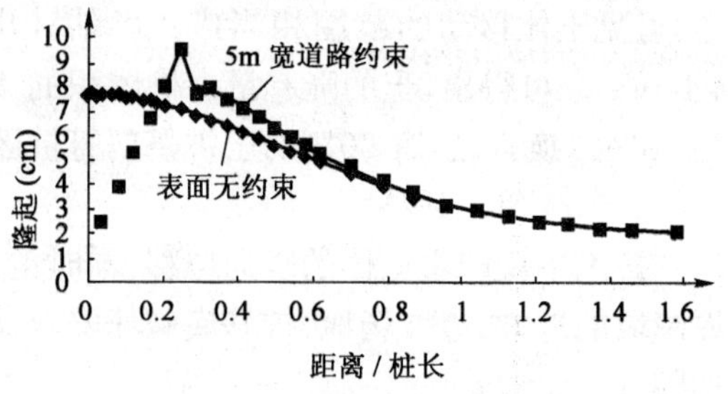

图 8-4 地表隆起

(1)在限定道路本身不发生水平位移的条件下，道路与其下土体发生较大的相对滑移。道路的存在极大地约束了地表的水平位移，随着与道路距离的增大，约束能力逐渐衰减，但在整个计算域内，水平位移均小于无约束下的计算结果。

(2)道路的存在，使地表隆起亦发生极大的变化。表面无约束条件下，地表隆起随距沉桩点距离的增大而减小。而在 5m 宽道路约束的条件下，隆起最大处为道路与沉桩点相对的一边而非无约束下的沉桩点处；并使从道路与沉桩点相对一边(图 8-4 中道路约束下隆起的最大值处)至 0.8 倍桩长范围内整个地表的隆起均大于表面无约束条件下，从而使沉桩挤土对地表隆起的影响加剧。同时，值得注意的是，在道路范围内，近沉桩点处的隆起值远小于远离沉桩点处的隆起值。

为分析道路对深层土体位移的影响，选择距沉桩点 5m 和 10m 两处，将随深度变化的水平位移与表面无约束下同一位置的水平位移比较如图 8-5 所示。由图可知，在道路约束下，深层土体的水平位移特征发生了变化，由无约束下的水平挤土模式变为“舌”形挤土模式。水平位移的最大值点由地表移至地下 10m 左右。从图中也可以看出，道路影响深度也在大约 10m 左右，10m 以下，有、无约束的位移曲线逐渐重合。

以道路约束为例的数值模拟表明：道路的存在，约束了地表的水平位移，并改变了水平位移随深度的变化模式。地表隆起最大值一般在与桩区相对而非相邻的一侧，因此应加强对道路相对一侧的监测及管线保护；道路的存在加剧了远端地表的隆起，相应附近浅基础房屋的隆起会因之增大。由道路存在的约束引申到一般在地面有约束条件时挤土规律性的表现，可以预计，当表面存在约束时，沉桩挤土影响的程度及所波及范围会有所增大，应引起足够的重视。

上海米兰花苑住宅楼基础采用小型桩，桩长 26m，桩截面 300mm×300mm，总量 531 根，压入式沉桩施工。沉桩区三边为硬地坪所覆盖，东侧为浦东南路，北西两侧分别为宽 10m 的道路及 15m 左右的硬地坪。为预警并防范沉桩挤土可能带来的不良影响，在北西两侧的地面及房屋上布设沉降观测点。观测发现西侧距沉桩区边缘超过 1 倍桩长处的烟囱受挤土影响而隆起，北侧道路相对一侧的花坛被拱起开裂。这些现象在一定程度上体现了表面约束对沉桩挤土效应的影响(道路相对一侧隆起增大以及影响波及范围增大)。

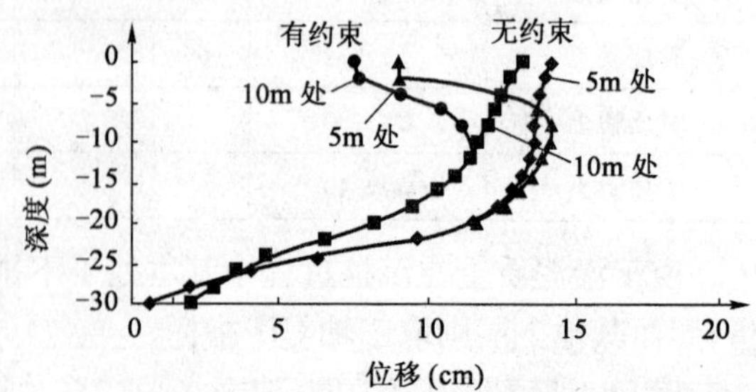

图 8-5 有无约束随深度变化水平位移比较

4. 已打入桩对土体位移的遮帘效应[22]

当群桩施工临近密集建筑群或重要地下管线时，为减小土体位移产生的不良影响，人们常采用控制打桩流水的方法（如背向被保护构筑物打桩），或预先在构筑物附件打入保护桩排，以期先打入桩能够发挥对土体位移的遮帘作用，减小沉桩对周围环境的影响。借助 Poulos 对侧向移动土中桩的理论分析结果，及有限元数值模拟手段对这一问题进行探讨。

1）已打入桩对侧向位移的遮帘作用

（1）侧向移动土中桩的理论分析

Poulos (1973)[23]分析了侧向移动土中桩的性状。在群桩的施工过程中，后打入桩引起土体侧向挤出，而已打入桩的遮帘效应，在实质上表现为已打入桩与移动土体间的相互作用问题。因此，可借助 Poulos 对侧向移动土中桩的研究结果，分析已打入桩的遮帘效应。

假定桩为宽 d、长 L 且具有柔度 E_pI_p 为常数的竖直薄条，将其分为 $n+1$ 个单元。土体假定为各向同性弹性材料，其杨氏模量 E_s 及泊松比不因土中有桩而改变。桩土之间产生的应力假定与桩表面垂直，不考虑土与桩侧的剪应力。为接近土的真实性状，假定土体的杨氏模量 E_s 可沿桩长变化，且桩土之间的水平向压力（桩相反两侧的土压力之差）有一个也沿桩长有变化的界限值 P_y。

桩的位移可根据梁挠曲方程得到。对沿桩的每个节点用有限差分写出方程，桩的位移可表述为：

$$[D]\{\rho\} = -\frac{dL^4}{E_pI_p}\{P\} \tag{8-6}$$

式中：$\{\rho\}$——桩位移矢量；

$\{P\}$——水平压力矢量；

$[D]$——有限插分系数矩阵。

土位移是由外因运动（本文中可认为是由后打入桩挤土引起）和桩-土互相作用引起的压力而产生的，可表述如下：

$$\{\rho\} = \frac{d}{E_{sr}}\{E_{sr}/E_s\}[I]\{P\} + \{\rho_e\} \tag{8-7}$$

式中：E_{sr}——土模量参考值；

E_s——节点处土模量；

$[I]$——土位移影响系数矩阵，可用 Mindlin 方程，按半无限体内水平荷载引起的水平位移估算；

$\{\rho_e\}$——外部土位移矢量。

当土体保持为弹性时，令桩土位移相等，有：

$$\left[D+\frac{II}{K_R n^4}\right]\{\rho\} = \frac{[II]}{K_R n^4}\{\rho_e\} \tag{8-8}$$

式中：$[II]$——土位移系数逆矩阵，$[II]=[I]^{-1}$；

K_R——桩柔度系数，$K_R=E_pI_p/E_sL^4$。

求解上述方程，并注意压力值的上限为屈服压力 P_y，则可解得桩体的位移及应力。

(2)理论分析结果

据此,在桩长 $L/d=25$,土的泊松比为 0.5,土的杨氏模量 E_s 与界限值 P_y 均为常数且比值为 10 的情况下,Poulos(1973)[23]给出如下研究成果。

当桩头自由、桩底铰接,在给定的土体位移下,当桩的柔度系数 K_R 为 10^{-3}(中等柔度桩)及 10^{-1}(相当刚性桩)时,桩体位移如图 8-6 所示。相同土体位移下,桩头自由,桩底固定时中等柔度桩的桩体位移也示于图 8-6 中。

由图 8-6 可见,在同样桩底铰接的情况下,相当刚性桩的桩体位移与中等柔度桩完全不同。由于相当刚性桩桩身没有挠曲,在土体位移作用下,桩身绕桩底转动,从而在桩的上半部分发生大的位移。而中等柔度桩的位移模式与土体类似,呈现中间大两头小的态势。对于同样中等柔度下的桩,桩底固定时,桩头的位移一样而桩身的位移则较桩底铰接时来得小。

当桩头自由、桩底铰接、土质均一时,改变土体的位移分布模式,对于中等柔度桩(K_R 为 10^{-3}),其桩体位移如图 8-7 所示。比较可见,桩的位移依赖于土体位移量。大的表面土体位移引起大的桩头位移。受桩底铰接影响,在位移模式为 2 及 3 的情况下,桩体的最大位移量均大于土体的最大位移量。

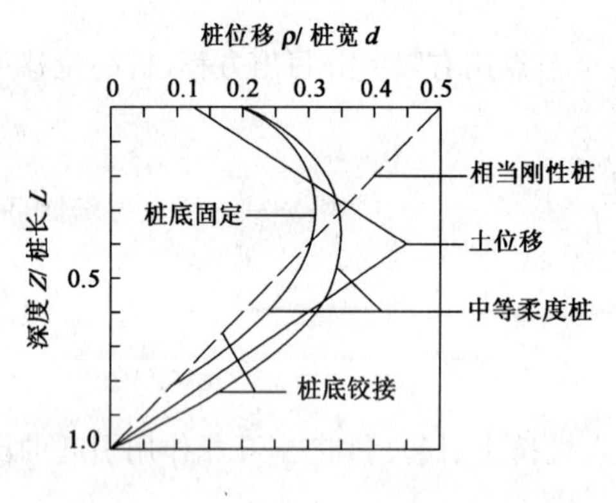

图 8-6　不同刚度桩位移比较图

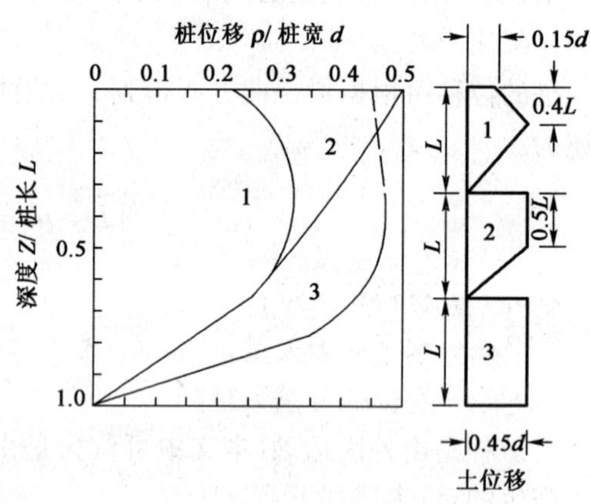

图 8-7　不同土位移下的桩位移比较

(3)沉桩引起的土体侧向移动

沉桩挤土所引起的土体侧向位移随已打入桩与沉桩点的水平距离发生变化。图 8-8 所示,给出了由上节有限元方法计算得到的土体侧向位移随沉桩点距离变化的情况。

由图 8-8 可见,随着距沉桩距离的增大,由沉桩引起的土体侧向移动在不断减小。对比图 8-7 中的土体移动模式,可见在近沉桩处,类似土位移模式 3;随着水平距离的增加,呈现出土位移模式 2 的态势。可以预计,当采取一定深度预钻孔减小沉桩上部土体侧向移动的情况下,土位移将类似于图 8-7 中的土体移动模式 1。

(4)分析结果的讨论

由于桩土变形协调,因此,将问题的角度从桩体的位移转移到桩后土体的位移,即可考查已打入桩对土体水平移动的遮帘作用。由图 8-6 及图 8-7 中 Poulos 的研究成果可知:

①已打入桩存在一定程度上能够遮帘部分深部土体侧向移动,然而地表土体的位移则会增大。相对较小刚度的桩,较大刚度桩的这一特征更为明显(见图 8-6)。

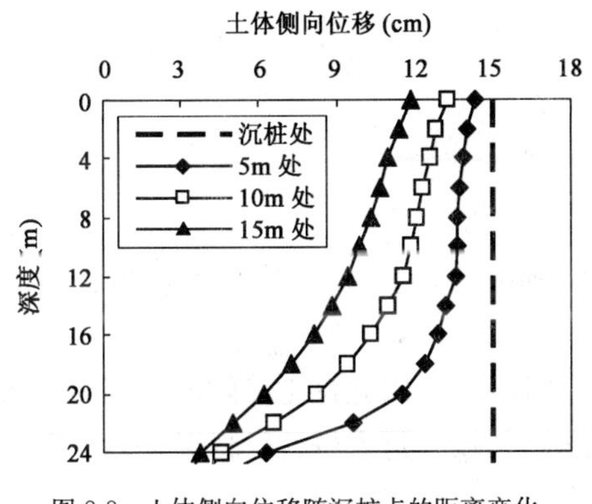

图 8-8　土体侧向位移随沉桩点的距离变化

②从图 8-6 及图 8-7 桩体位移曲线包络的面积可知，已打入桩更多的是改变了桩后土体的位移分布模式，而对土体移动总量并无明显影响。

③图 8-6 显示，桩底固定比桩底铰支时能够遮帘更多的土体位移。沉桩过程中，随着桩体贯入、土体移动的深度增大，已打入桩逐渐由相对桩底固定变为桩底铰支，对移动土体的遮帘效应不断降低。由此可见，欲使已打入桩遮帘更多的土体位移，已打入桩的桩长应该比后打入桩引起的土体移动深度大，此外已打入桩需进入相对坚硬的土层，以起到固端作用。

④图 8-7 表明，已打入桩后土体的位移取决于移动土体的位移。而图 8-8 显示，随距沉桩处距离的增大，土体的水平位移量减小。由此可见，当背向构筑物打桩时，随着沉桩点距构筑物距离的增大，在构筑物附近沉桩引起的土体水平位移减小，这是背向构筑物打桩时沉桩挤土影响小的主要原因，而已打入桩对水平位移的遮帘作用则是次要的。

2)已打入桩对地表隆起的遮帘作用

(1)桩周强扰动区的存在

理论分析及试验研究均证实，打桩引起桩周土体扰动的特性随深度、离开桩的距离、时间以及土的特性等因素而改变。在桩周土体中形成不同的扰动区：强扰动区 A，中扰动区 B，弱扰动区 C，桩底扰动增强区 F，地表扰动隆起区 E 以及非扰动区 D。

这里值得关注的是强扰动区 A。沉桩过程中，该区不仅经历了较大位移，而且由于打桩扰动，导致该区土体上下左右错动，结构完全破坏。此区位于桩周约 $1.5D$(D 为桩径或边长)范围内。这一扰动区内，土体强度大大降低，甚至于出现某些流体的特征。但随着土体的固结，这一区域内的土体强度逐渐恢复，甚至于超过原有的强度。对这一问题的认识，有助于在数值模拟时根据桩周土的固结时间确定合理的桩土接触面单元强度参数，从而对已打入桩的遮帘作用作出正确分析。

(2)计算模型

与上节相似，仍采用平面四节点等参元及表 8-3 中的土体参数进行数值模拟分析，在沉桩点 24m 深度范围内给予侧向土体移动 15cm，计算域为 40m×60m。在距沉桩区 1.5m 处设置一排 24m 长的桩体单元，考虑已打入桩与土体的材料特性差异，在桩土接触面上设置 Goodman 四节点接触面单元。为模拟土体单元与结构物单元不会在接触面处重叠，将接触面的法向劲度系数取为 10^8kN/m^3。

假定已打入桩为混凝土桩，重度为 24kN/m^3，弹模为 3.0×10^7kPa，泊松比为 0.15。考虑桩排间距，将桩单元计算参数进行折算。如图 8-9 所示。

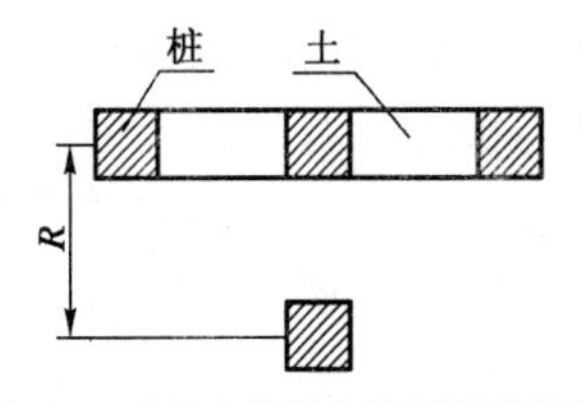

图 8-9　已打入桩排参数折算示意图

假定在距沉桩轴线 R 处有 n 根桩时，将 n 根桩及桩间土所组成的矩形体看作由另一种均质弹性材料组成。由于桩间土的弹模较混凝土小得多，在此可忽略不计。可知折算后的弹模：

$$E' = EnA/A'$$

式中：E——桩体弹模；

n——桩数；

A——桩身截面积；

A'——桩排外包面积。

本文计算中将折算后的桩排单元重度取为20kN/m³，弹模为1.0×10^7kPa，泊松比为0.3。

(3)间隔期较短时的单排桩遮帘作用

当已打入桩间隔期较短时，考虑到桩周强扰动区呈流体特征，因此桩土接触面单元的切向劲度系数取一个很小值$k_s=3\text{kN/cm}^3$，其他参数如前所述，与没有打入桩遮帘情况下的地表隆起比较，如图8-10所示。

由图可见，随着距沉桩点距离的增大，地表隆起量减小。在沉桩点与已打入桩之间桩间土的隆起超过14cm，远大于无桩遮拦情况下的7.7cm。而在已打入桩后的地表隆起则小于无桩遮拦的情形。

这是因为饱和软土的压缩性较低，当桩土界面土体严重扰动后，已打入桩的遮帘作用主要体现在对土体位移的"水平阻隔"上。在沉桩点与已打入桩之间土体沿桩土界面发生流动向上隆起，从而使得地表隆起量大幅增加。而沉桩点与已打入桩之间土体的大量隆起使已打入桩后土体的隆起相应减小。

(4)间隔期较长时的单排桩遮帘作用

当间隔时间较长时，桩周强扰动区的土体强度随时间恢复，甚至可能超过原土体强度。网格划分及计算模型等均与间隔期较短相同，唯一的区别在于桩土间的接触面单元切向劲度系数取较大值$k_s=100\text{kN/m}^3$。

地表隆起计算结果，如图8-11所示。随着距沉桩点距离的增大，地表隆起量减小。然而，与间隔期较短时不同，有已打入桩遮帘的情形下，沉桩点以后的地表隆起均小于无遮帘时。

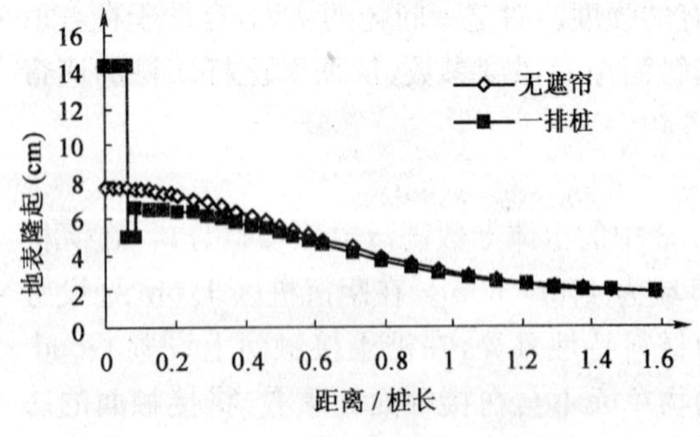

图8-10　一排桩遮帘(间隔短)下的地表隆起

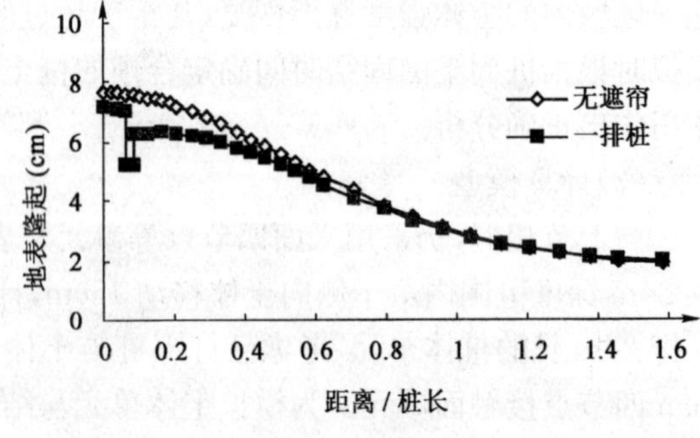

图8-11　一排桩遮帘(间隔长)下的地表隆起

当间隔时间较长时，此时已打入桩与桩周土体间存在较大的摩阻力而限制了土体的位移，使桩与桩之间及桩后土体的隆起均小于无打入桩的情形。此时已打入桩的遮帘作用体现在竖向摩阻力对土体隆起的"抑制"上。

3)工程实例分析

文献[15]报道某钢厂在已建成的车间内打桩，打桩区面积为15m×25m，共打了长45m、50cm×50cm混凝土预制桩72根。打桩区离最近一排柱基础中心线只有5.5m。当时为考虑减少打桩影响，在打桩区边上设置了一排长12m的钢板桩加以保护。结果发现钢板桩向外推移了79mm。尽管被保护柱基础下有与打入桩同样桩长及截面的桩16根，仍向外推移了62mm和55mm。打入桩长45m，挤土深度远大于钢板桩的桩长12m，整个钢板桩都处于移动土体的影响深度范围中，甚至桩底连铰接都谈不上；此外，钢板桩本身的刚度很小，类似柔性桩。从前面的分析可见，这样的钢板桩设置对土体侧向位移的遮帘效应是微乎其微的。

Hagerty和Peck(1971)[24]调查了13个涉及土体位移和桩身位移的工程实例，对土体位移和地表隆起作了分析。表明当打桩顺序是从桩基周边向中间包围时，桩基中间地表隆起比按从一端打到另一端顺序的大。虽然没有对间隔时间进行报道，但可以推测，在沉桩施工过程中，已打入桩的间隔时间是比较短的。因此，当从桩基周边向中间包围时，已打入桩阻隔了土体位移，在沉桩点与已打入桩之间的地表隆起量大幅度增加。当采用从一端打到另一端的打桩顺序时，由于已打入桩的遮帘使其后的土体隆起减小。这是造成不同打桩顺序桩基中间地表隆起量差异的原因。

遗憾的是，对已打入桩遮帘作用的详细实测数据还未见报道，不能作进一步的分析。

4)小结

采用侧向移动土中桩的理论分析结果以及有限元数值模拟，较为系统地分析了沉桩工程中已打入桩对土体侧向位移及地表隆起的遮帘作用，分析结果表明：

①已打入桩的存在更多的是改变了桩后土体的位移分布模式，而对土体侧向移动总量并无明显的影响。已打入桩在一定程度上能够遮帘部分深部土体侧向移动，然而地表土体的位移则会增大。桩底固定比桩底铰支时能够遮帘更多的土体位移。欲使已打入桩遮帘更多的土体位移，已打入桩的桩长应该比后打入桩引起的土体移动深度大，此外已打入桩需进入相对坚硬的土层，以起到固端作用。

②已打入桩的存在，可减小其后的地表隆起量。随着打桩间隔时间的不同，已打入桩对土体隆起遮帘作用的内在机理有所不同。打入桩间隔期较短时，已打入桩的遮拦作用主要体现在对土体位移的“水平阻隔”上，土体沿桩土界面发生流动向上隆起，而桩与桩之间土体的大量隆起使桩后土体的隆起相应减小。而间隔期较长时，桩土间存在有较大的摩阻力而限制了土体的位移，此时已打入桩的遮拦作用体现在竖向摩阻力对土体隆起的“抑制”上。

5.邻近深基础约束下的土体位移

沉桩区附近相邻建筑物为深基础时，由于其挡土作用，地基上的侧向位移会显著减小，但沉桩区与深基础之间的地基土体隆起会显著增大。相邻建筑物对沉桩引起的地基土体变位的有效约束作用，与其离沉桩区的距离有关。在黏性土地基中，一般为1～2倍桩长范围。在砂性土地基中，一般接近1倍桩长。不论地基特性如何，当距离小于10m时约束作用将是十分明显的[8]。

6.土中侧压力的增加

沉桩引起的土体位移会增加土中的侧向压力，进而可能对挡土结构造成不良影响。

桩距小时，侧压力的增加就大。软黏土中压力增加主要取决于以弹性模量E及泊松比u表示的黏土压缩性及黏土的抗剪强度[25]。

对软土中沉桩时单桩周围土中侧压力增量的量测表明，桩侧土中侧压力增量随距离的分布呈对数型衰减，侧压力增量的影响半径约为15倍桩径。沉桩时对桩周土引起的挤压力中，除了产生超孔隙水压力外，也包括一部分有效应力[26]。群桩施工时，桩体入土使土体逐渐挤密而增加了土中的挤压力，而继续施工则可能对密实土体产生扰动而使已有的压力得到部分松弛。特别在土体浅层，使地面隆起且让压力得到部分释放。因此桩群中的土压力在施工过程中同时存在积累和松弛。土压力一般保持在一个稳定水平，这一稳定值与该深度土单元达到塑性破坏所需要的最大主应力值基本接近。但施工过程中也会出现大于稳定值 2 倍的峰值，这是值得注意的[27]。

三、超孔隙水压力

1. 沉桩引起的超孔隙水压力

沉桩引起的超孔隙水压力一般随黏土抗剪强度的增加而增加，随桩距的减小而增加[25]。黏土的灵敏度越高可能产生的超孔隙水压力越大。Lo(1968)讨论了孔隙压力比(孔隙压力增量/先期固结压力)与黏土灵敏度的关系。发现当土的灵敏度为 1 时，孔隙压力比约为 0.5；而当土的灵敏度为 50 时，孔隙压力比约为 0.9。

桩侧面的超孔隙水压力能达到甚至大于其有效上覆压力，某些情况下可接近 1.5～2.0 倍的原位竖向有效应力。靠近桩端附近，甚至可产生更大的超孔隙水压力，达到 3～4 倍原位垂向有效应力[28]。当超孔隙水压力超过土中的侧向有效应力时，就会产生竖向裂缝；而当超孔隙水压力超过土中的竖向有效应力时，则会产生水平裂缝。超孔隙水压力使土中有效应力降低而导致出现裂缝的现象称为“水裂”作用。水裂现象加速了孔隙水压力的消散。当孔隙水压力降低到临界值后，土中的裂缝又会重新闭合，孔隙水压力消散速度又随之变慢。所以，土体中的孔隙水压力值不可能无限积累，只能维持在某一临界范围内[15]。表 8-4 所示，给出了宁波某工程群桩施工完毕时各测点的实测结果[29]。由表可见，桩群内各测点的孔隙水压力稳定值基本与上覆有效应力相当。

群桩施工结束后各孔隙水压力计的量测值[29]　　表 8-4

<table>
<tr><th rowspan="2">测点号</th><th rowspan="2">埋深 h(m)</th><th colspan="2">打桩结束后的超孔隙水压力值</th><th rowspan="2" colspan="2">备　注</th></tr>
<tr><th>Δu(kPa)</th><th>$\Delta u/(\gamma h)$</th></tr>
<tr><td>1</td><td rowspan="3">2.7</td><td>0.25</td><td>1.00</td><td rowspan="9" colspan="2">桩群内</td></tr>
<tr><td>2</td><td>0.26</td><td>1.03</td></tr>
<tr><td>3</td><td>0.24</td><td>0.96</td></tr>
<tr><td>4</td><td rowspan="3">8.00</td><td>0.56</td><td>0.89</td></tr>
<tr><td>5</td><td>0.53</td><td>0.84</td></tr>
<tr><td>6</td><td>0.53</td><td>0.84</td></tr>
<tr><td>7</td><td rowspan="3">12.6</td><td>1.0</td><td>1.04</td></tr>
<tr><td>8</td><td>0.98</td><td>0.98</td></tr>
<tr><td>9</td><td>1.0</td><td>1.04</td></tr>
<tr><td>10</td><td rowspan="3">8.00</td><td>0.45</td><td>0.70</td><td rowspan="3">桩群外</td><td>4m</td></tr>
<tr><td>11</td><td>0.34</td><td>0.53</td><td>5m</td></tr>
<tr><td>12</td><td>0.15</td><td>0.23</td><td>11.5m</td></tr>
</table>

在灵敏性软黏土中，超孔隙水压力和重塑的影响可能导致土体抗剪强度的显著降低。这点对桥台桩基尤为重要，因为台后填土会对桩基作用水平向荷载[4]。超孔隙水压力的消散可使土体强度恢复，导致桩的承载力随时间增长；需注意桩周土的再固结也会引起负摩阻力及场地沉降。在粉土中，超孔隙水压力会在相当长距离内使粉土液化；然而，几天或几周后粉土可能变成固体并像原先一样稳定[9]。

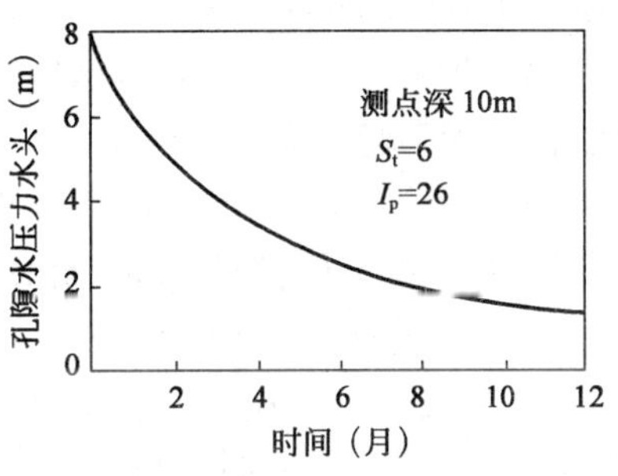

图 8-12　孔隙水压力随时间的变化

图 8-12 所示为在一座拱桥桥台沉桩时，测得的桩群中心 10m 深处孔隙水压力随时间的消散曲线[15]。现场土的灵敏度 $S_t = 6$，塑性指数 $I_p = 26$。沉桩结束后头两个月内孔隙水压力就下降了 50%左右，12 个月后下降到 25%。

2. 孔隙水压力的估算[28]

从桩周围径向区域的土体破坏考虑，可以得出预估邻近桩侧最大孔隙水压力的关系式：

$$\frac{\Delta u_m}{\sigma'_{vo}} = \left[(1-k_0) + \frac{2s_u}{\sigma'_{vo}}\right]A_f \tag{8-9}$$

式中：Δu_m——最大超孔隙水压力；

k_0——静止土压力系数；

s_u——不排水抗剪强度；

A_f——破坏时的孔压系数；

σ'_{vo}——土中初始垂向有效应力。

在桩周破坏区内，孔隙压力达最大值并为一个常数，打入邻近桩在这个区域，孔隙水压力仅有轻微增加。在破坏区外，孔隙水压力随距离很快消散，在距桩 16 倍直径外可以忽略。在破坏区外，打入邻近桩孔隙水压力直接叠加，直至达到最大值。因此，桩群中打入很多桩可达到的最大孔隙水压力可简单用式(8-9)来估算。破坏区半径约为 4 倍桩半径。

估算超孔隙水压力随距桩距离分布的理论方法，或基于弹塑性方法，或基于柱孔扩张理论。简便实用估算超孔隙水压力分布的方法如下所述：

(1)由方程式(8-9)求得从桩侧到距桩侧 R 处这一范围内的最大孔隙水压力。对非灵敏性黏土，R 的变化在 3～4 倍桩半径，对灵敏性黏土，则为 8 倍桩半径。

(2)在距离 R 以外，超孔隙水压力变化与距桩距离 r 的平方成反比，即

$$\Delta u = \Delta u_m / \left(\frac{r}{R}\right)^2 \tag{8-10}$$

(3)对于桩群，各个桩周孔隙压力分布可以叠加，需注意超孔隙压力不超过最大值 Δu_m。

四、土体强度

基于打桩后不同时间在桩上进行的直至破坏的载荷试验，推断出打桩初期黏土的不排水强度下降很多，但随着打桩与试桩间隔时间的延长，强度显著恢复。一般的，可以预期黏土中打桩由于土体在含水率不变下的重塑，在开始阶段，有一些(甚至很大的)不排水强度损失。此后，由于两个因素土体强度通常会增加：一方面由于重塑破坏的土体结构间的结合至少部分恢

复时，触变引起的不排水强度损失得到恢复；另一方面由桩周土应力增加而引起的超孔隙水压力消散导致黏土的局部固结，从而产生强度的增加。可以想象，存在负固结现象(随时间膨胀)，因此除重塑引起的强度削弱外，又产生一个强度损失的因素(如对于坚硬的超固结土[28])。

打桩时，桩间距越小，扰动程度越大，土的重塑破坏越严重。桩密度越大，扰动程度越大。图8-13所示是宝钢在不同间距的砂井区用十字板测得的资料；砂井是采用沉管法施工，所以与排挤土桩类似。实测结果表明，桩排列越密，桩间土扰动与重塑破坏越严重[15]。

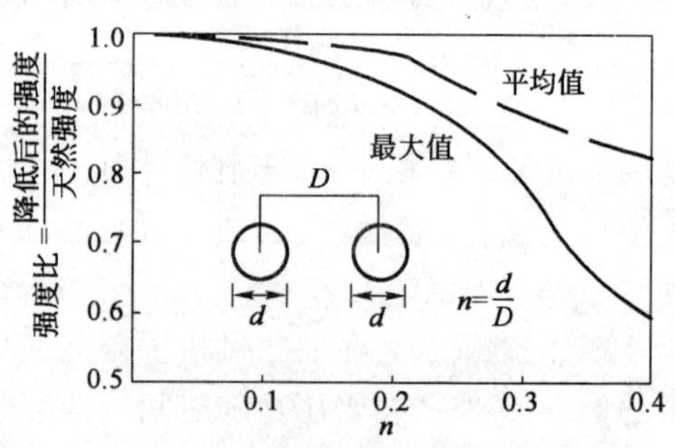

图8-13　强度变化与桩距的关系

唐世栋[30]对打桩前和打桩结束后5d的土体做了静力触探试验，G_1孔为打桩前，G_2孔为打桩后，结果如表8-5、表8-6所示。

对比G_1、G_2孔的试验结果可见：在4m以上土层，G_2孔的试验结果均小于G_1孔，而4m以下各土层，G_2的锥尖阻力均远大于G_1，除淤泥质软土层外，其余各土层的侧摩阻力也均有增长。此外，从孔隙水压力的量测结果也可以看到，除淤泥质黏土层因透水性差外，其余各土层的孔隙水压力均有所减少，这与静力触探所揭示的结果一致。

G_1孔试验结果[30]　　表8-5

土层编号	层厚(m)	土性	静力触探指标				
			锥尖阻力(100kPa)	侧摩阻力(100kPa)	摩阻比(%)	孔压(100kPa)	超孔压(100kPa)
1	1.7	杂填土	16	0.21	1.31		
2_1	3.1	粉土	6	0.1	1.67	0.08	−0.16
2_2	2.5	软黏土	2	0.05	2.5	1.0	0.49
3_1	3.2	砂质粉土	25	0.14	0.56	0.42	−0.37
3_2	2.0	粉质砂土	60	0.32	0.53	0.8	−0.24
4	8.5	淤泥质土	8	0.05	0.63	3.8	2.23
5	—	黏土	15	0.13	0.87	3.0	0.82

G_2孔试验结果[30]　　表8-6

土层编号	层厚(m)	土性	静力触探指标				
			锥尖阻力(100kPa)	侧摩阻力(100kPa)	摩阻比(%)	孔压(100kPa)	超孔压(100kPa)
1	1.3	杂填土	8.5	0.12	1.41		
2_1	2.8	粉土	5	0.04	0.8	0.13	−0.11
2_2	1.9	软黏土	13	0.08	0.02	0.96	0.48
3_1	3.8	砂质粉土	87	0.47	0.54	0.22	−0.53
3_2	2.2	粉质砂土	97	0.78	0.80	0.44	−0.60
4	9.5	淤泥质土	22	0.03	0.14	4.3	2.25
5	—	黏土	72	0.75	1.04	0.3	−1.94

五、挤土效应对周围环境的影响

1.对邻近建筑物和地下管道的影响

打桩可以很快并在某些情况下较大地改变了场地应力状态，从而在不同的场地引起不同形式的场地位移，如黏性土中的隆起和固结，砂土中的密实或膨胀。这些都会引起邻近建筑物的位移或刚体转动或因差异沉降而引起变形[11]。此外，还需注意超孔隙水压力消散对邻近建筑物后续固结沉降的影响。

挤土效应也会对沉桩区附近的地下管线造成不利影响。市政管线，可分为柔性管线和刚性管线。前者如电话线和电缆线等；后者如煤气管道、上下水管道、污水管等。一般刚性管线易受挤压而发生变形破坏；而柔性管线可随桩周土体一起变形。

在某石化厂装置改造工程中，对沉桩引起邻近装置的变位进行了长期的观测。结果发现：在沉桩期间装置上抬了33cm。其后随着孔隙水压力的消散，在4个月内又回落了23cm。桩周土体的上抬、回落使该装置受到严重破坏[31]。在上海南市区某高层建筑打桩时，附近的地下煤气管道因土体的水平位移而破裂，引起火警；邻近结构较差的民房因受挤土影响产生裂缝，在施工期间，居民不得不迁移[32]。

2.与基坑开挖的有关问题

(1)打桩与基坑开挖的相互影响

打桩与基坑开挖的相互影响，表现在两个方面：其一是打桩区附近开挖基坑侧卸载，造成本身桩向基坑方向位移及邻近基坑围护体系移动；其二是基坑工程本身卸载，由于大量桩打入地下，储存的很大的挤压应力释放，自身工程桩发生移位。

宝钢铁水包坑有两个540m的矩形深坑，一个坑在打钢管桩时，另一个坑恰好在开挖，由于开挖卸荷释放了地层应力同时又释放了沉桩引起的附加应力，使得部分钢管桩发生了主要是向着开挖方向的大幅位移，最大值达30cm[31]。南京国贸大厦因开挖造成工程桩倾斜，桩顶偏位1m以上的达22.4%，桩体倾斜8°～14°的达30.4%。根据单桩动测资料与静载试验资料比较，倾斜为2°～7°范围内的桩，其单桩承载力降低27%～30%[33]。

(2)对后续基坑工程的不良影响

对设置打入桩以解决抗浮问题的地下车库，或以沉入桩作为承压桩且设有地下室的建筑物等，均存在沉桩后的基坑开挖问题。前述表明，沉桩会引起土体的强度降低并在土中产生超孔隙水压力，这些会对基坑开挖造成不利影响。随着打桩后时间的推移，土体强度又逐渐恢复。

从稳妥的角度，笔者建议，在基坑设计时不能采用沉桩施工前土体的测试指标，而应在沉桩施工后，对扰动土体进行原位测试并重新取样进行土工试验，在此基础上，采用符合现场实际的沉桩扰动后土体强度指标进行基坑围护体系设计。时间效应是一个必须注意的问题，沉桩结束后，不能急于开挖基坑，需留充分的时间使土中的超孔隙水消散，给土体以充足的强度恢复时间。合理规划工期，勘察、设计与施工紧密配合，以保证基坑工程的安全。

3.对边坡的影响

对边坡的影响包括以下两个方面：一是，这样的场地容易发生土体的侧向位移；二是，打桩引起的超孔隙水压力及对土体的扰动使土体强度降低。这些影响可能导致边坡的过大位移甚至失稳。

已观测到平均倾斜度小于3°的边坡中，打桩引起的裂缝宽0.1～0.2m[25]。上海某电厂在黄浦江边建一煤场，由于打桩没有控制，使原有码头桩向江面移动并发生断裂，防汛墙损坏[15]。

4. 沉桩挤土的影响范围

文献[8]指出，在黏性土和密实砂质土地基中，土体的侧向位移和隆起在沉桩区及附近10～15倍桩径范围内通常达到较大值，并将随距离的增大而逐步减小，影响范围约为一倍桩长。但对软土地基，其影响范围可达50m外。在松散和中密的砂质土中，地基土体的沉降和位移影响情况也基本相同，较大的沉降影响区为沉桩区及附近4～5倍左右桩径范围，较显著的位移影响区为沉桩区及邻近2倍桩径左右处。

文献[14]根据大量的工程实例统计，不论打桩流水和速率，也不分采取防治措施与否，必须框出一个建议的最大影响范围：

(1)结构很差的砖木结构、简陋旧屋、三层以下的民宅私房，其差异沉降达1～2cm，会导致平顶粉刷层剥落，墙面、地坪开裂。沉桩对这类房屋产生损害的距离约1.0～1.5倍桩的入土深度(个别工程达2倍桩长距离)。

(2)结构尚好的二三层房屋及五层以下的简易工房等采用条基的多层建筑物、砖砌人防、脆性材料和接头的地下管道，在离沉桩区边缘约1.0倍桩长的入土深度范围内，有可能超过其容许变形而出现不同程度的损害现象。

(3)五层以上新工房、荷重很大的老式混合结构公寓、基础为箱基或桩基的建筑物、采用柔性材料和接头的地下管线，在离沉桩区边缘约0.5倍桩长的入土深度范围外，一般无明显损害现象。

由上述可见，确定沉桩挤土的影响范围是一个很复杂的问题，不仅取决于施加作用的一方(沉桩挤土)，也与受作用的一方(周边环境)相关，涉及场地土的特性、周围建筑物、管线等的结构类型等多种因素。此外，如前所述，在表面约束及深基础约束的情况下，土体的位移特性也与自由场地有所不同。当采取一定的工程措施后，挤土的影响范围也可能大大减小。在目前的认识水平下，合理确定沉桩挤土范围只能有赖于工程的类比、周边环境的详细调查、对场地土性的把握以及工程师的经验。

六、减小挤土影响的措施

(1)调整桩基的设计方案。采用非挤土的钻孔灌注桩或部分挤土桩，如管桩、H型钢桩等，当周边环境保护要求很高时，这是最根本的解决方法。此外，为减少沉桩挤土影响，适当增加桩的长度，降低布桩密度也是值得考虑的[14]。

(2)采用减少桩排土量的方法，如桩位预钻孔取土、掘削。桩位预钻孔取土是减小挤土影响的一种直接手段。预钻孔的直径一般不大于桩径的2/3；深度不大于桩长的2/3。有时需通过现场试验评估预钻孔对桩基承载力的影响。文献[14]指出，桩位预钻孔显著减小了地表及浅层土的挤压，使桩区内土体的隆起大为降低，并使近距离(约等于取土深度)的地表土体水平位移显著减少，但取土深度以下深层土的侧向挤压改善不多。深层土的侧向挤压会传递扩散到沉桩区外的一定距离处，并引起地面隆起和位移，这也是穿越深厚软黏土的大片密集桩群挤土范围广的直接原因。因此，桩位预钻孔取土能减少但不能消除挤土影响，也不会大大缩小挤土影响范围。在空心管桩施工中采用边沉桩边掘削的施工工艺，可明显增大桩内土芯量、提高桩的排土量，显著减小沉桩挤土对地基变位和超孔隙水压力的影响程度和范围[8]。

(3)选择最优的打桩流水。打桩流水对挤土隆起的总量或许是没有作用的，但可以改变土体隆起的分布模式使之对邻近结构有利[4]。施工时，可根据实际情况，选择不同的打桩流水。迎着和背着打桩流水方向、离沉桩距离相等的两个点地面土体隆起和位移往往相差1倍甚至数倍。这与已打入桩对土体位移的遮帘效应有关。沉桩原则上应背向被保护建筑物，由近往远进行；当四周都有被保护对象时，宜从外围向中心推进[14]。

(4)控制打桩速率。打桩速率指每天的打桩数。每天入土的桩数越多，孔隙水压力的积聚越快，土的扰动越严重。特别是打桩后期，打桩区内入土桩数已达一定数量，土体的可压缩性逐渐丧失，打桩速率的影响特别敏感。当发现邻近建筑物和地下管线的变形接近或达到报警值时，应减少沉桩数或暂停一、两天，变形会有一定恢复并可能使变形不再超过前期出现的峰值[14]。

(5)采用“缓释”沟槽或孔，有时充填一定的可压缩材料，以减少对敏感结构或管线的影响。在沉桩区内或桩区外靠近被保护建筑物或管线附近钻孔取土。应力释放孔的存在，在沉桩区与被保护建筑物及桩与桩之间形成了缓冲带或局部缓冲区。沉桩时土体向四周挤出时孔井被压扁，同时释放了土体的侧向挤压力，待孔被全部挤密时，沉桩也将结束，应力释放孔完成其使命。上海地区常用取土孔深度8～20m，孔径300～500mm，孔距0.6～1.5m。孔内以不回填砂为好土。上海地区防挤沟多挖成宽1m左右、深1.5～2m的浅沟。沟内以不填砂为宜。防挤沟底高程应位于被保护对象基础底面以下。由于防挤沟不可能做得很深，无法割断深层土的挤压作用，所以对平面尺寸较大的建筑物所起的保护作用不大，但用于保护地下管线有相当效果[14]。

(6)设置排水砂井或塑料排水板，或沿桩身粘贴排水带。采用排水措施促使孔隙水压力尽快消散。

第四节 非挤土桩施工的环境问题

一、土层的应力释放问题

钻孔可导致土层的应力释放，进而引起地层损失与变形。

有研究者在一个连续墙槽段的试验中观察到，当超泥浆水头为1.5时，完全风化的花岗岩产生相当的膨胀与地层损失及沉降[4]。

在地铁隧道附近施工灌注桩与地下连续墙将改变隧道周围土体应力状态，使隧道发生变形和变位，直接影响隧道的使用功能和地铁的运行安全。下面以上海某工程实测结果说明这一问题[34]。

上海广场项目由塔楼（地上34层、地下3层）和裙房（地上6层、地下1层）组成，占地9 600m^2，地下室平面呈不规则多边形，由0.8m中隔地下连续墙分隔为南北两个基坑，南部挖深7.0m，北部挖深15.1～16.0m，地铁上、下行两条隧道转弯半径区间在南部基坑下面穿过，其中下行隧道距离中隔连续墙仅2.8～5.0m。此外，在地铁隧道两侧还分布着灌注桩基础。整个地下施工划分为两个阶段，首先施工灌注桩及地下连续墙，然后施工地下室基坑。在两条隧道内各布置12个测点剖面：下行线为D01～D12，上行线为U01～U12。隧道侧向位移和竖向位移的报警值均为±10.0mm，而两者的矢量和必须控制在±20.0mm以内。

如图8-14所示，邻近隧道的灌注桩/连续墙施工分4个工况，以I～IV表示，分别为：施工上、下行隧道之间的灌注桩及下行隧道D08～D10区段北侧沿线的灌注桩，施工浅基坑区600mm地下连续墙，施工800mm中隔地下连续墙和施工深基坑区余下的灌注桩。

以测点D09为例，图8-15描述了该点竖向位移的发展（隧道向上移位取"+"、向下移位取"—"）：

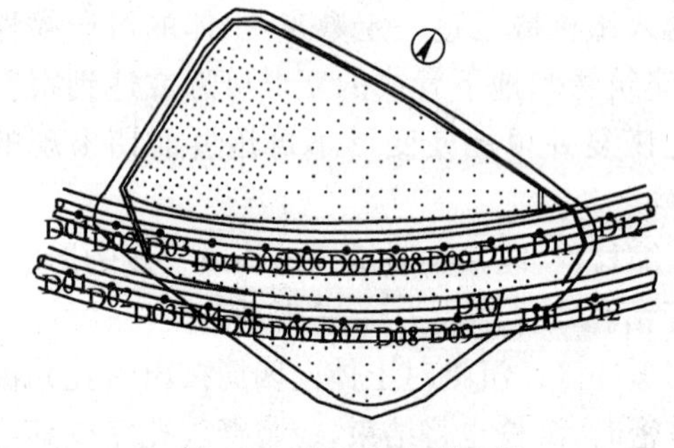

图8-14　灌注桩平面分布图

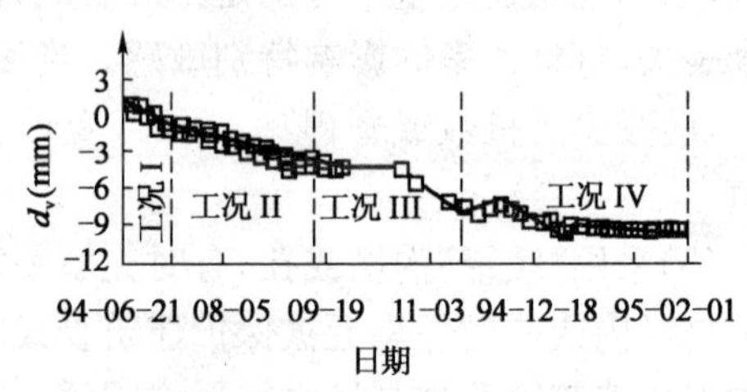

图8-15　灌注桩/地下连续墙施工阶段隧道竖向位移发展

(1)在工况I中，位移发展由平缓波动段和下降段组成，分别对应于工程量的70%和30%，说明少量灌注桩施工对位移影响微弱、桩群逐步形成后将引起隧道产生沉降。

(2)由于浅基坑区地下连续墙在隧道上方且二者呈空间交叉，对隧道的影响微弱，因此，沉降在工况II中的发展主要是工况I影响的延续，延续时间约1个半月。

(3)在工况III中，位移发展由平缓停滞段和下降段组成，分别对应于测点D09远处和近处的连续墙施工，说明连续墙分片槽段施工只引起其近临区段隧道产生沉降。

(4)由于中隔地下连续墙的屏蔽效应，在其北侧施工灌注桩对隧道产生的影响可以忽略，因此，沉降在工况IV中的发展主要是工况III影响的延续，延续时间约1个半月。

截止工况IV结束时，灌注桩/连续墙施工使D09产生了9.5mm的沉降量，接近报警值。

观测表明，在地铁隧道沿线附近施工灌注(群)桩/地下连续墙将使隧道产生沉降，进而可能对地铁隧道的使用功能产生影响，处理不当很有可能危及地铁运营安全，需要引起高度重视。

二、废弃泥浆处置问题

灌注桩的广泛应用，带来废弃泥浆的处置问题。关于泥浆违法排放造成的污染事故多有报道。上海某工程大量施工泥浆不经沉淀处理直接排入排水管道，造成直径1 500mm的管道70%以上管径积泥，堵塞管道长度达120m以上。上海海事局曾采用扇形多波束扫测系统探测和从三维立体图上分析，发现黄浦江航道中有许多新浅生点，经确定是乱排建筑泥浆所致。违章排放泥浆造成部分码头、航道水域底泥淤积、变硬，危及航运安全[35]。

我国目前决定泥浆是否废弃，主要看 pH 值，一般情况下泥浆的 pH 值超过 9.5 就呈絮凝状，无法流动而应予以放弃。为了不造成环境污染和水质污染，废弃泥浆不能任意倾倒或排入河流或下水道，因而对废弃泥浆的处理受到一些限制。废弃泥浆的处理方法目前主要有[36]：

1.用密闭箱或真空车运至规定地区填埋

由于废弃泥浆含水率较高，因而要用密闭箱(罐)、真空车(能自动将废弃泥浆吸入泥浆罐，排泄时打开泥浆罐尾部的盖子可倾翻排浆)，运至国家规定或施工单位专用的填海造地处或填埋场进行填埋。仅用废弃泥浆填埋，只用重力脱水很难达到保证填埋地基强度所需要的含水率(含水率要在 90%以下)，因此宜与好的填土混合填埋或进行脱水处理后再填埋。我国过去多用此法处理。

上述将原状废弃泥浆直接填埋的方法，因为保护环境已越来越受到限制。而且由于填埋地点远离城市，运输费用也较高，因而不是一种好的处理方法。为此，对废弃泥浆的泥水分离技术进行了大量研究，这将是废弃泥浆处理的发展方向。

2.废弃泥浆的泥水分离

废弃泥浆的泥水分离是在施工现场或指定地方通过化学和机械方法，将含水率较大的废弃泥浆分离成水和泥渣两部分。水可排入河流或下水道，泥渣可用作填土。从而减少了废弃泥浆的运输量，运输手段和废弃物填埋场地也容易得到解决。

进行废弃泥浆的泥水分离时，由于废弃泥浆中含有膨润土的细微颗粒，所以仅用机械分离处理很难得到含水率低的泥渣。因此需要同时用凝聚剂进行化学处理。凝聚剂的种类很多，如能使膨润土颗粒的负电荷中和产生凝聚的无机凝聚剂(氯化铁、硫酸铝、氢氧化钙等)，也有能使凝絮进一步增大、沉淀、浓缩或提高与水分离作用的高分子凝聚剂(聚乙烯氧化物、聚胺、聚丙烯酰胺等)。选择聚凝剂时应注意选用无毒性的聚凝剂，以便使处理后的泥或水不污染环境。泥水分离可采用压力过滤机、真空吸滤机和离心过滤机等。

三、垃圾填埋场区的灌注桩施工问题

垃圾填埋场区的灌注桩施工带来的主要问题，有沼气外泄、受污染弃土的排放、泥浆在空洞处的突然流失、对填埋场防渗体系的破坏等。

垃圾渗滤液中有毒害的污染物种类繁多，浓度很高，钻孔灌注桩施工时破坏垃圾填埋场内现有的防渗体系，渗滤液通过钻孔进入到地下水中，会对地下水造成一定程度的污染。在垃圾土层中应采用全护筒支护，护筒到位时，强行排出护筒内的渗滤液后，应立即注入泥浆，这是控制渗滤液污染地下水体的关键。采用膨润土进行造浆，泥皮的渗透系数低于一般黏土，适当增大泥浆的密度可成倍地增加泥浆液的黏度，能有效降低泥液的损失量。施工期间尽量缩短泥浆的渗透历时，这不仅能有效降低泥浆的损失量，而且能减少泥皮的厚度，有利于提高基桩的承载能力。此外，施工前，应建立场区地下水水质变化监测点，并监测地下水在各个时期的水质状况，一旦地下水出现较严重污染时，应停止基桩施工，分析原因，加强施工监理和调整施工参数；施工时，注意测试钻孔浆液中污染物质的浓度，并检测泥浆的浓度以及黏度，以调整膨润土的掺和比，并计算成孔后最大停顿时间，以便施工时进行控制[37]。

四、与地下水位相关的问题

1. 抽水造成的沉降问题

地下水位以下的人工挖孔桩施工，可能因抽水造成地下水位下降进而引起周边地面沉降。人工挖孔桩类似于特殊情况下的非完整井；内衬构成不透水帷幕而滤管仅在非套管开挖段有效。应用人工挖孔桩降水引起沉降并可能对邻近设施及建筑物产生影响时，可考虑采用几种预防措施：通过注浆等方法在场地或挖孔周围形成止水帷幕；分区分时段施工；回灌。采用回灌措施时，需注意回灌井与桩之间要有一定的距离，以避免高水头对建筑工人的安全造成危险。对于大多数场地，采用回灌井对一定距离外的设施与结构进行保护是有效的；然而对于很靠近挖孔处的建筑物，也许仅有注浆保护才是最有效的措施。也可采用分阶段施工，但会延长桩基工程的工期[38]。

2. 桩群对地下水渗流的影响

小桩距的密集桩群会对地下水的渗流形成水力屏障，进而影响地下水位。

在边坡地带，当地下水渗流沿桩群的屏障效应会使上游的地下水位升高，如图 8-16 所示[39]。地下水位的升高可能会引起边坡稳定性的降低甚至失稳。此外，需考虑水位升高增加的浮力对邻近构筑物如地铁隧道的影响。

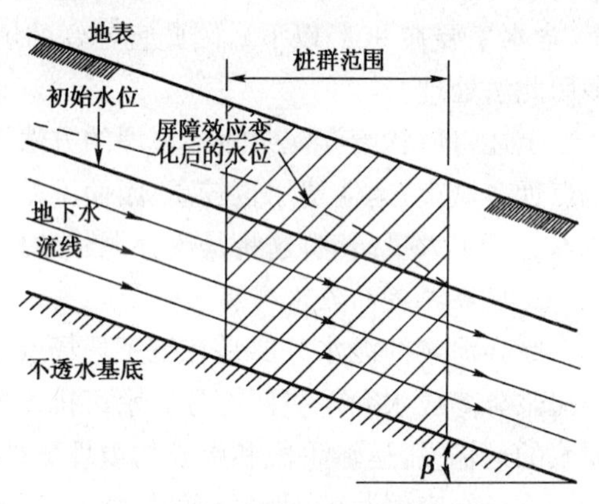

图 8-16　不透水基底上的边坡含水层

第五节　减小沉桩施工对环境影响的工作方法

前述各节对挤土桩施工的噪声、振动、挤土及非挤土桩施工对环境影响的具体问题进行了论述。必须指出的是，减小沉桩施工对环境影响的措施，是一个综合技术、经济因素，涉及规划、设计、施工各方面的一个系统的问题。

在项目前期，需要收集可能影响到的周边建筑物、构筑物、管线等的详细资料，仔细分析其特点，确定容许的位移、振动控制指标等。在了解场地土性的基础上，综合技术及经济分析比较，确定桩基方案，并预计可能产生的不良后果，提出预案。在施工时，除了采取必要的措施外，尚应加强监测，做到信息化施工；在项目完工后，对必要的监测，应持续进行到可容许的范围。

本节首先讨论环境监测问题，其后给出减小沉桩施工环境影响建议应采取的工作步骤。

一、沉桩施工对周围环境影响的监测

现阶段理论分析尚难以定量指导施工，因此，环境监测问题就尤为重要。依据监测的反馈信息，及时调整施工参数，进行信息化施工，是减小沉桩施工对环境影响问题中尤为重要的一点。

1. 沉桩前对周围环境的调查研究及控制指标的确定

沉桩前应对沉桩区边缘3倍桩长范围内的环境状况进行详细研究，要收集周围建筑的平面布置，基础类型，使用现状，周围地下管线情况，有无重要煤气管、电缆等。确定监测范围及控制指标。

对建筑物可参考国家和地区地基基础设计规范对沉降和倾斜的控制指标。一般建议沉降及隆起不超过20mm，每天发展不超过3mm。

对煤气管道的变位，建议沉降及水平位移不超过10mm，每天发展不得超过2mm。

对上水管及污水管变位，建议沉降不超过30mm，每天发展不得超过5mm。

噪声及振动的控制指标可参考前文所述。

2. 噪声监测

在噪声保护要求高的区域，需进行噪声监测。噪声的测量可依据国家标准《建筑施工场界噪声测量方法》(GB 12524—90)[1]。

3. 振动监测

当场地周围有敏感建筑物、精密仪器、设备时，需进行振动监测。测点布置应根据监测目的和现场实际情况确定，一般可在振动强度较大的区域内的建筑物基础或地面布设观测点。控制标准及监测方法，可参照工程建筑标准化协会标准《场地微振动测量技术规程》(CECS 74—95)。

4. 土体竖向及水平位移的监测

监测点在沉桩区内可均匀布置，沉桩区外应主要布设在边坡及对位移较敏感的建筑物所在区域。监测资料应整理出土体位移随桩数、施工流水、沉桩速率变化等的规律，预估位移发展趋势，整理垂直、水平位移随沉桩区距离变化的规律。

沉桩结束后宜继续观测土体再固结引起的沉降。

5. 孔隙水压力的监测

软土地区打桩时孔隙水压力增长，是引起土体位移的主要原因。通过孔隙水压力监测，可掌握场地地质条件下孔隙水压力增长和消散的规律，为调整打桩速率、减少挤土影响等提供施工参数。

在沉桩区内应选1～2处孔压预计较高的区域集中布点，不同深度监测点应搭配布置。主要监测孔压与桩入土深度、距离的关系，监测施工流水对孔压的影响，监测桩群外孔压变化情况，确定沉桩影响范围和沉桩结束后孔压消散规律。

6. 邻近建筑物的监测

邻近建筑物的监测，包括位移及裂缝发展状况两大方面。

每次监测结束后，根据监测数据应整理出测点位移随沉桩流水、沉桩速率、建筑物荷重、基础埋深、基础形式的不同而产生的变化。应用整理的成果预估位移的发展趋势及建筑物可能产生的损坏。

建筑物的裂缝观测，可用目测和裂缝观测仪两种方法测试。裂缝的总体分布可用目测法；单个或典型的裂缝则可采用裂缝观测仪测试。

7. 地下管线的监测

应直接在管线上设置抱箍式测点或在管线周围相同深度的土体中设测点，通过小直径钻孔、套管、钢筋等将测点引至地面监测。

要根据不同管线适应变形的特性,确定其在地层变形时的允许最小曲率半径;然后监测在沉桩过程中曲率半径的变化情况,当曲率半径接近允许最小曲率半径时,应立即通知施工单位采取措施。

二、建议应采取的工作步骤

减小沉桩施工对环境影响建议应采取的步骤及相关责任方如表 8-7 所示。因具体项目的不同所采取的步骤及相关责任方可能会有所差异,然而,希望通过表 8-7,强调在减小沉桩施工环境影响这一问题上,规划、设计、施工等各方面密切交流与合作的重要性,其过程应贯穿项目始终。

减小沉桩施工环境影响应采取的步骤及相关责任人* 表 8-7

序号	步　骤	项 目 阶 段	相关责任方
1	确定可能影响到的已有建筑物及公共设施	规划	规划/设计师
2	调查邻近建筑物和公共设施并确定容许位移	设计或勘察	设计师
3	勘察并评估场地状况	设计或勘察	岩土工程师/设计师
4	设计桩基并预测桩基对邻近建筑物及公共设施的可能影响	设计	岩土工程师/设计师
5	确定可能的施工方法	设计	设计师
6	制订邻近建筑物及结构的监测方案	设计	设计师
7	规划施工程序,包括设计临时保护系统	施工前	建造师
8	制订出现工程偶发事故的预案	施工前	建造师
9	施工	施工	建造师
10	监测施工及邻近结构物的表现并核查影响是否在许可范围内	施工	建造师/设计师
11	如果影响超出许可范围,依据预案调整施工	施工	建造师/设计师
12	持续监测直至影响小到可接受范围	施工及完工后	建造师/设计师

*注:本表系笔者参考文献[11]改写。

本章参考文献

[1] GB 12524—90 建筑施工场界噪声测量方法[S]. 北京:中国标准出版社,1990.

[2] GB 12523—90 建筑施工场界噪声限值[S]. 北京:中国标准出版社,1991.

[3] Fleming W G K, Weltman A J, Randolph M E, Elson W K. Piling engineering [M]. 2nd ed. London: Blackie & Sons, 1992.

[4] Geotechnical Engineering Office (GEO). Pile design and construction[M]. Hong Kong: GEO Publication No. 1/96, 1996.

[5] Cockerell M J, Kan K K. The control of noise from piling operations[J]. Hong Kong Engineer, 1981(3): 73~76.

[6] 高彦斌, 费涵昌. 打桩引起的地面振动的测试与分析[J]. 地下空间, 2004, 24 (2): 190~193.

[7] 周青春，李海波，等. 预制桩施工的振动影响分析[J]. 岩土力学，2006，27 (5)：754-758.
[8]《桩基工程手册》编写委员会. 桩基工程手册[M]. 北京：中国建筑工业出版社，1995：481～495.
[9] Terzaghi K，Peck R B，Mesri G. Soil mechanics in engineering practice[M]. New York：John Wiley & Sons，1996.
[10] Svinkin M R. Environmental vibration problems during construction[C]. //Proceedings of the 16th International Conference on Soil Mechanics and Geotechnical Engineering (16ICSMGE)，OSAKA，2005，Netherlands：Millpress Science Publishers：2453～2456.
[11] Kastner R，Kjekstad O，Standing J. Avoiding damage caused by soil-structure interaction：lessons learnt from case histories [M]. London：Thomas Telford Publishing，2003.
[12] Geotechnical Engineering Office (GEO). Foundation design and construction[M]. Hong Kong：GEO Publication No. 1/2006，2006.
[13] 上海地铁沿线建筑施工保护地铁技术管理暂行规定[R]. 上海市市政工程管理局，1994.
[14] 黄绍铭，高大钊. 软土地基与地下工程[M]. 2 版. 北京：中国建筑工业出版社，2005.
[15] 胡中雄. 土力学与环境土工学[M]. 上海：同济大学出版社，1997.
[16] 周健，吴世明，徐建平. 环境与岩土工程[M]. 北京：中国建筑工业出版社，2001.
[17] Baligh M M. Strain path method[J]. J Geotech. Engng. Div. Am. Soc. Civ. Engs 111，1985,GT9：1108～1136.
[18] 罗战友，龚晓南，王建良，等. 静压桩挤土效应数值模拟及影响因素分析[J]. 浙江大学学报：工学版，2005，39 (7)：992～996.
[19] 龚晓南，李向红. 静力压桩挤土效应中的若干力学问题[J]. 工程力学，2000，17 (4)：7～11.
[20] 施建勇，彭劼. 沉桩挤土效应研究综述[J]. 大坝观测与土工测试，2001，25 (3)：5～9.
[21] 王浩，魏道垛. 表面约束下的沉桩挤土效应数值模拟研究[J]. 岩土力学，2002，23 (1)：107～110.
[22] 吴晓峰，王浩，文新伦. 软土中已打入桩对土体位移的遮帘作用研究[J]. 岩土力学，2006，27 (12)：107～110.
[23] Poulos H G. Analysis of piles in soil undergoing lateral movement [J]. Journal of Soil Mechanics and foundation Division ASCE，1973，99(5)：391～406.
[24] Hagerty D J，Peck R B. Heave and lateral movement due to pile driving[J]. J. Geotech. Eng.，ASCE，1971，97:1513～1532.
[25] 叶书麟，宰金璋. 软黏土工程学[M]. 北京：中国铁道出版社，1991.
[26] 唐世栋，何连生，叶真华. 软土地基中桩基施工引起的侧向土压力增量[J]. 岩土工程学报，2002，24 (6)：752～755.
[27] 唐世栋，杨卫东，王永兴. 软土地基中桩基施工时的挤压力影响[J]. 同济大学学报，2004，32 (5)：570～574.

[28] Poulos H G，Davis E H. Pile foundation analysis and design [M]. New York：John Wiley & Sons，1980.

[29] 姚笑青. 饱和黏土中挤土桩的桩间土再固结及单桩承载力随时间的增长[D]. 上海：同济大学，1994.

[30] 唐世栋，朱小林. 用孔隙水压力-静力触探试验实测场地打桩前后的变化[J]. 工程勘察，1987(6)：15～19.

[31] 祝龙根，刘利民. 沉桩的环境效应及监测工作[J]. 大坝观测与土工测试，1998，22 (4)：7～10.

[32] 王兴龙，陈磊，窦丹若. 打桩挤土的现场试验研究及土体位移的计算公式[J]. 岩土力学，2003，24 (Suppl)：175～179.

[33] 高晋. 挤土桩挤土效应的弹塑性分析及消除挤土效应的对策[J]. 江苏建筑，2000，2：36～42.

[34] 况龙川，李智敏，殷宗泽. 地下工程施工影响地铁隧道的实测分析[J]. 清华大学学报：自然科学版，2000，40 (S1)：79～82.

[35] 建筑泥浆岂能乱排[N]. 中国环境报，1999-8-10 (2).

[36] 刘建航，候学渊. 基坑工程手册[M]. 北京：中国建筑工业出版社，1997.

[37] 杨明亮，等. 钻孔灌注桩施工过程中垃圾渗滤液对地下水的污染分析[J]. 岩土力学，2005，26 (4)：586～590.

[38] Morton K，Lan K M，Tsui K W. Drawdown and settlement resulting from the construction of hand-dug cassions[J]. Hong Kong Engineer，1981 March：31～38.

[39] Pope R G，Ho C S. The effect of piles and caissons on groundwater flow[J]. Hong Kong Engineer，1982 November：25～27.

第九章 桩荷载试验

第一节 静力试桩

桩基是一种应用十分广泛的基础形式，如何正确评价桩的承载能力，选择合理的设计参数，是一个关系到桩基是否安全与经济的重要问题。桩的静荷载试验是获得桩竖向抗压、抗拔以及水平向承载力的最基本而且最可靠的方法，主要包括桩的竖向抗压静载荷试验、竖向抗拔静载荷试验以及水平静载荷试验等。

一、竖向抗压静载荷试验

1. 概述

单桩竖向抗压静载荷试验，就是采用接近于竖向抗压桩实际工作条件的试验方法。荷载作用于桩顶，桩顶产生位移（沉降），可得到单根试桩 Q-s 曲线，还可获得每级荷载下桩顶沉降随时间的变化曲线。当桩身中埋设有量测元件时，还可以直接测得桩侧各土层的极限摩阻力和端承力。

一个工程中应取多少根桩进行静载试验，各个部门规范没有统一规定，实际测试时，可根据工程具体情况参考相关规范进行。

2. 试验装置、仪表和量测元件

1)试验加载装置

试验加载装置，一般选用单台或多台同型号的千斤顶并联加载。千斤顶加载反力装置，可根据现有条件选取下述三种形式之一。

(1)锚桩横梁反力装置

一般锚桩至少需要四根。用灌注桩作锚桩时，其钢筋笼要通长配置。如用预制长桩，要加强接头的连接。锚桩按抗拔桩的规定计算确定，并应对试验过程中锚桩上拔量进行监测。横梁的刚度、强度与锚桩拉筋断面在试验前要进行验算，试验布置如图 9-1 所示。在大承载力桩试验中，横梁自重很大，需要以其他工程桩作支承点，且基准梁亦应放在其他工程桩上较为稳妥。该方案不足之处是进行大吨位灌注桩试验时无法随机抽样。

(2)堆重平台反力装置

堆载材料一般为铁锭、混凝土块或砂袋，堆载重量不得小于预估试桩破坏荷载的 1.2 倍。堆载最好在试验前一次加上，并均匀稳固放置于平台上，如图 9-2 所示。在软土地基上大量堆载将引起地面较大下沉，基准梁要支撑在其他工程桩上，并远离沉降影响范围。作为基准梁的工字钢应尽量长些，但其高跨比宜大于 1/40。堆载的优点是可对试桩随机抽样，适合不配或少配筋的桩。

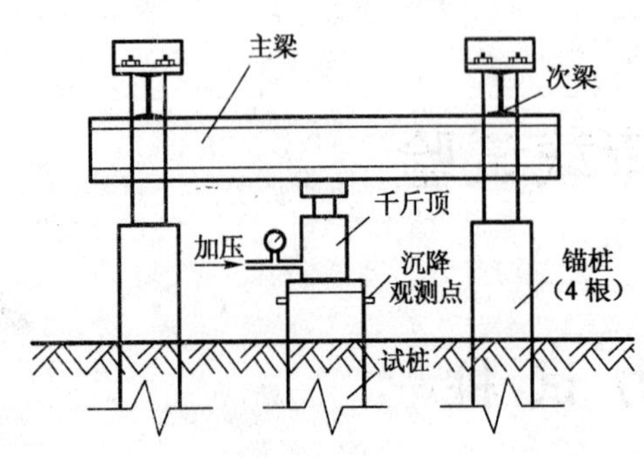

图 9-1　锚桩横梁反力装置示意图

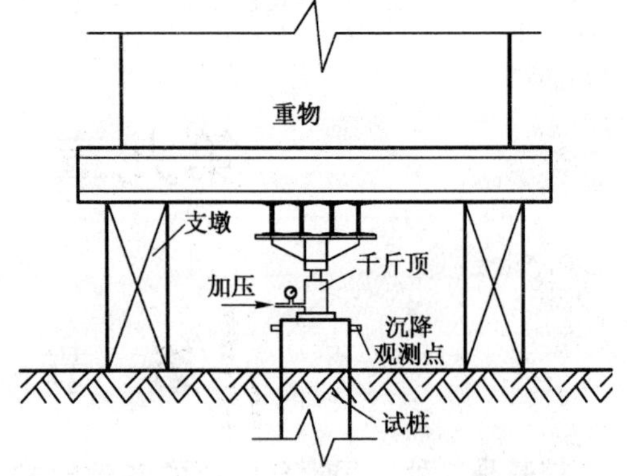

图 9-2　堆重平台反力装置示意图

(3)锚桩堆重联合反力装置

当试桩最大加载重量超过锚桩的抗拔能力时，在锚桩上或横梁上配重，由锚桩与堆载共同承受千斤顶反力。

千斤顶应严格进行物理对中。多台千斤顶并联加载时，其上、下部应设置足够刚度的钢垫箱，并使千斤顶合力通过试桩中心。

2)测试仪表

荷载可用并联于千斤顶的高精度压力表测定油压，压力表的精度等级一般为 0.4MPa，并根据事先标定的千斤顶率定曲线换算荷载。重要的桩基试验还需在千斤顶上放置应力环或压力传感实行双控校正。

沉降测量一般采用百分表或电子位移计，设置在桩的 2 个正交直径方向，对称安装 4 个；小直径桩可安装 2 个或 3 个。沉降测定平面离开桩顶的距离不应小于 0.5 倍桩径。固定和支承百分表的夹具和横梁在构造上应确保不受气温、振动及其他外界因素的影响而发生竖向变位。为了防止堆载引起的地面下沉影响测读精度，应用水准仪对基准梁系统进行监控。

各行业部门对试桩、锚桩和基准桩之间的中心距离有不同的规定，见相关规范。

3)桩身量测元件

国内桩身埋设的测试元件用得较多的是电阻式应变计和振弦式钢筋应力计，用屏蔽导线引出。在国外，以美国材料及试验学会(ASTM)推荐的量测钢管桩桩身应变的方法较为常用，即沿桩身的不同高程处预埋不同长度的金属管及测杆，用千分表量测杆趾部相对于桩顶处的下沉量，经计算求得应变与荷载，如图 9-3 所示。

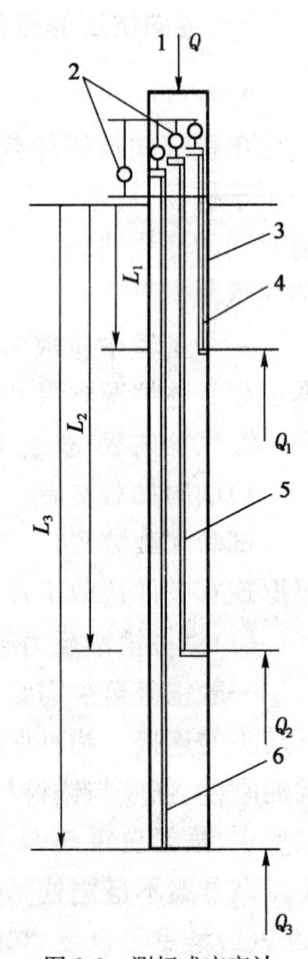

图 9-3　测杆式应变计

1-荷载；2-千分表；3-桩；4-第 1 个测杆；5-第 2 个测杆；6-第 3 个测杆

$$Q_3 = \frac{2AE\Delta_3}{L_3} - Q \tag{9-1}$$

$$Q_2 = \frac{2AE\Delta_2}{L_2} - Q \tag{9-2}$$

$$Q_1 = \frac{2AE\Delta_1}{L_1} - Q \tag{9-3}$$

式中：Q_3、Q_2、Q_1——分别为第3、第2和第1个测杆处的轴向力，kN；

A——桩身的截面积，m^2；

E——桩身材料的弹性模量，MPa；

Q——施加于桩顶的荷载，kN；

Δ_3、Δ_2、Δ_1——分别为第3、第2和第1个测杆量测的变形值，mm；

L_3、L_2、L_1——分别为第3、第2和第1个测杆量测的长度，m。

桩端阻力一般用埋置于桩端的扁千斤顶量测。

3. 试验方法

1)试桩要求

为了保证试验能真实地反映实际工作条件，试桩必须满足如下几点要求：

(1)试桩成桩工艺和质量控制标准，应与工程桩一致。

(2)灌注桩试桩顶部应凿除浮浆，在顶部配置加密钢筋网2～3层，或以薄钢板护筒做成加强箍与桩顶混凝土浇成整体，桩顶用高强度砂浆抹平。

(3)预制桩桩顶如出现破损，其顶部应外加封闭箍后浇捣高强细石混凝土予以加强。

(4)为安置沉降测点和仪表，试桩顶部露出试验坑地面高度不宜小于60cm。

(5)试桩间歇时间。从预制桩打入和灌注桩成桩到开始试验的时间间隔，在满足桩身强度达到设计要求的前提下：对于砂类土，不应少于7d；对于粉土，不应少于10d；对于非饱和黏土，不应少于15d；对于饱和黏土，不应少于25d。

2)加载方法

一般采用慢速维持荷载法，即逐级加载，每一级荷载达到相对稳定后，再加下一级荷载，直至破坏，然后卸载至零。我国沿海软土地区也较多采用快速维持荷载法，即每隔1h加一级荷载。快速法所得的极限荷载所对应的沉降值比慢速法的偏小百分之十几。

另外，还有多循环加卸载法(每级荷载达到相对稳定后卸载到零)及等贯入速率法。此法的加荷速率常取0.5mm/min，加载至总贯入量为50～70mm，或荷载不再增大为止。

3)慢速维持荷载法

(1)加载总量要求

进行单桩竖向抗压静载试验时，试桩的加载量应满足以下要求：

①对于以桩身承载力控制极限承载力的工程桩试验，加载至设计承载力的1.5～2.0倍；

②对于嵌岩桩，当桩顶沉降量很小时，最大加载量不应于小于设计承载力的2倍；

③当堆载为反力时，堆载重量不应小于试桩预估极限承载力的1.2倍。

(2)荷载分级

按试桩的预计最大试验加载力等分为10～15级进行逐级等量加载。亦可将沉降变化较小的第一、二级加载合并，预估的最后一级加载和在试验过程中提前出现临界破坏那一级荷载亦可分成二次加载，这对判定极限承载力精度将有所帮助。

(3)测读桩沉降的间隔时间

①下沉未达稳定不得进行下一级加载。

②每级加载的观测时间规定为：每级加载完毕后，每隔 15min 测一次；累计 1h 后，每隔 30min 观测一次。

(4)稳定标准

每级加载过程中，每一小时的下沉量不超过 0.1mm，并连续出现两次(由 1.5h 内连续三次观测值计算)，认为已达到相对稳定，可加下一级荷载。

(5)加载终止条件

①总位移量≥40mm，本级荷载下沉量大于或等于前一级荷载下沉量的 5 倍时，加载即可终止。取终止时荷载小一级的荷载为极限荷载。

②总位移量≥40mm，本级荷载加上后 24h 未达稳，加载即可终止。取此终止时荷载小一级的荷载为极限荷载。

③施工过程中的检验性试验，一般加载应继续到桩的 2 倍设计荷载为止。如果桩的总沉降量不超过 40mm，及最后一级加载引起的沉降不超过前一级加载引起的沉降的 5 倍，则该桩可予检验。

(6)卸载规定

每级卸载值为加载增量的 2 倍。卸载后隔 15min 测读一次，读两次后，隔半小时再读一次，即可卸下一级荷载。全部卸载后，隔 3～4h 再读一次。

4. 试验资料整理

(1)为了便于应用与统计，试验成果应整理成表格形式，如表 9-1 所示。并应对成桩和试验过程中出现的异常现象作必要说明。

静压试验记录表 表 9-1

工程名称＿＿＿＿ 地点＿＿＿＿ 试桩编号＿＿＿＿ 地质情况＿＿＿＿
沉桩方法及设备型号＿＿＿＿ 桩的类型、截面尺寸及长度＿＿＿＿
桩的入土深度＿＿(m) 设计荷载＿＿(kN) 最终贯入度＿＿(mm/击)
加载方法＿＿＿＿ 加载顺序＿＿＿＿

荷载编号	起止时间			间歇时间(min)	每级荷载(kN)	各表读数(mm)			平均读数(mm)	位移(mm)			气温(℃)	备注
	日	时	分			1号	2号			下沉	上拔	水平		

其他记录：

(2)绘制有关试验成果曲线，一般绘制 Q-s(按整个图形比例横∶竖＝2∶3，取 Q、s 的坐标比例)、s-lg$t$、s-lg$Q$ 曲线以及其他进行辅助分析所需曲线，图 9-4 所示是最典型的 Q-s 曲线。

5. 单桩竖向极限承载力的确定

1)试桩竖向极限承载力的确定

在工程实践中，除了遵循有关的规范规程外，可参照下列标准确定极限承载力：

(1)当 Q-s 曲线的陡降段明显时，取相应于陡降段起点的荷载。

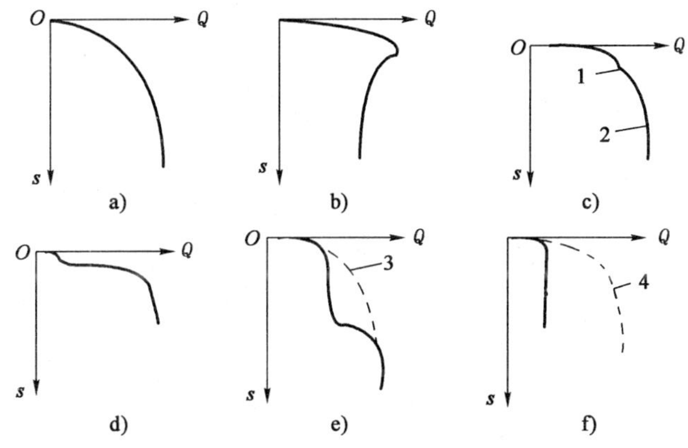

图 9-4 典型的单桩竖向抗压静载荷试验曲线

a)软至半硬黏土或松砂中的摩擦桩；b)硬黏土中的摩擦桩；c)桩端支承在软弱而有孔隙的岩石上；d)桩端开始离开坚硬岩石，当被试验荷载压下后又重新支承在岩石上；e)桩身的裂缝被试验的下压荷载闭合；f)桩身混凝土被试验荷载剪断

1-桩端下岩石结构的破损；2-岩土的总剪切破坏；3、4-正常曲线

(2)对于缓变型 Q-s 曲线，一般可取 $s=40$mm 对应的荷载。

(3)对于长桩($L>40$)，一般可取桩沉降 $s=2QL/3E_cA_p+20$mm 所对应的荷载。

(4)取 s-lg$t$ 曲线尾部出现明显向下弯曲的前一级荷载。

(5)对于摩擦型灌注桩，取 s-lg$Q$ 曲线出现陡降直线段的起始点所对应的荷载值。

(6)对于大直径钻孔灌注桩，取桩顶沉降 $s_b=0.025D$ 所对应的荷载为极限荷载。国内建议取 $s=0.05D$ 所对应的荷载为极限承载力。

(7)当桩顶沉降量尚小，但因受荷条件的限制而提前终止试验时，其极限承载力一般应取最大加荷值。在桩身材料破坏的情况下，其极限承载力可取破坏前一级的荷载值。

2)单桩竖向抗压极限承载力标准值的确定

单桩竖向抗压极限承载力的标准值，应根据试桩位置、实际地质条件、施工情况等综合确定。当各试桩条件基本相同时，单桩竖向抗压极限承载力标准值可按下面的方法确定：

(1)计算试桩结果的统计特征值，其方法是：

①确定正常条件下几根试桩的极限承载力实测值 Q_{ui}；

②计算几根试桩实测极限承载力平均值 Q_{um}：

$$Q_{um}=\frac{1}{n}\sum_{i=1}^{m}Q_{ui} \tag{9-4}$$

③计算每根试桩的极限承载力实测值与平均值之比 a_i：

$$a_i=Q_{ui}/Q_{um} \tag{9-5}$$

④按下式计算 a_i的标准差 S_n：

$$S_n=\sqrt{\sum_{i=1}^{n}\frac{(a_i-1)^2}{n-1}} \tag{9-6}$$

(2)确定单桩竖向抗压极限承载力标准值 Q_{uk}，此时应分两种情况分别进行：

当 $S_n\leqslant0.15$ 时，

$$Q_{uk}=Q_{um} \tag{9-7}$$

当 $S_n>0.15$ 时，

$$Q_{uk}=\lambda Q_{um} \tag{9-8}$$

单桩竖向抗压极限承载力标准值折减系数 λ 可由变量 a_i 的分布，按下面的方法确定：

①当试桩数 $n=2$ 时，按表 9-2 确定；

②当试桩数 $n=3$ 时，按表 9-3 确定。

单桩竖向抗压极限承载力折减系数 λ($n=2$)　　表 9-2

a_2-a_1	0.21	0.24	0.27	0.30	0.33	0.36	0.39	0.42	0.45	0.48	0.51
λ	1.00	0.99	0.97	0.96	0.94	0.93	0.91	0.90	0.90	0.88	0.85

单桩竖向抗压极限承载力折减系数 λ($n=3$)　　表 9-3

a_2 \ λ \ a_3-a_1	0.30	0.33	0.36	0.39	0.42	0.45	0.48	0.51
0.84							0.93	0.92
0.92	0.99	0.98	0.98	0.97	0.96	0.95	0.94	0.93
1.00	1.00	0.99	0.98	0.97	0.96	0.95	0.93	0.92
1.08	0.98	0.97	0.95	0.94	0.93	0.91	0.90	0.88
1.16							0.86	0.84

③当试桩数 $n\geqslant 4$ 时，按下式计算：

$$A_0+A_1\lambda+A_2\lambda^2+A_3\lambda^3+A_4\lambda^4=0 \tag{9-9}$$

$$A_0=\sum_{i=1}^{n-m}a_i{}^2+\frac{1}{m}\left(\sum_{i=1}^{n-m}a_i\right)^2 \tag{9-10}$$

$$A_1=-\frac{2n}{m}\sum_{i=1}^{n-m}a_i \tag{9-11}$$

$$A_2=0.127-1.127n+\frac{n^2}{m} \tag{9-12}$$

$$A_3=0.147(n-1) \tag{9-13}$$

$$A_4=-0.042(n-1) \tag{9-14}$$

取 $m=1$、2……满足式(9-9)的 λ 即为所求。

二、单桩竖向抗拔静载荷试验

1. 概述

高耸建(构)筑物往往承受较大的水平力，导致部分桩承受上拔力，多层地下室的底板也会承受较大水浮力，而抗拔桩是重要的措施。迄今为止，桩基础上拔承载力的计算还没有从理论上得到很好解决，现场原位抗拔试验就显得相当重要。

2. 试验装置、仪表和量测元件

1)试验加载装置

单桩竖向抗拔承载力试验装置(见图 9-5)，一般采用千斤顶加载，其反力装置一般采有两根锚桩和承载梁组成，试桩和承载梁用拉杆连接，将千斤顶置于两根试桩之上，顶推承载梁，引

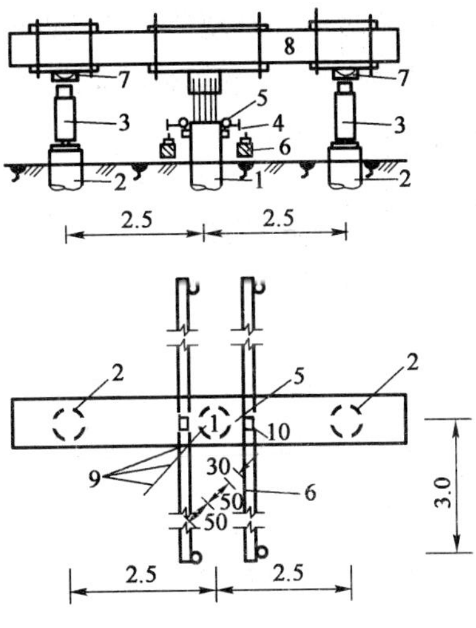

起试桩上拔。应尽量利用工程桩为反力锚桩，若灌注桩作锚桩，宜沿桩身通长配筋，以免出现桩身的破损。

2)测试仪表、元件

荷载可用并联于千斤顶上的高精度压力表测定油压，并根据率定曲线核算荷载；也可用放置在千斤顶上的应力环、压力传感器直接测定。上拔量一般用百分表量测，其布置方法与单桩抗压试验相同。桩身量测元件与单桩抗压试验相同。

图 9-5 单桩竖向抗拔静载荷试验示意图(尺寸单位：m)
1-试桩；2-锚桩；3-液压千斤顶；4-表座；5-测微表；6-基准；7-球铰；8-反力梁；9-地面变形测点；10-10cm×10cm 薄铁板

3. 试验方法

1)试验要求

试桩应按最大加载力计算桩身钢筋，且钢筋应沿桩身通长布置。从成桩到开始试验的间隔：在桩身强度达到设计要求的前提下，对于砂类土，不应少于 10d；对于粉土和黏性土，不应少于 15d；对于淤泥或淤泥质土，不应少于 25d。

2)加载和卸载方式

抗拔试验一般采用慢速维持荷载法。施加的静拔力必须作用于桩的中轴线。加载应均匀、无冲击。每级加载为预计最大荷载的 1/10～1/15，达到相对稳定后加下一级荷载，直到试桩破坏，然后逐级卸载到零。也可结合工程桩实际受荷情况采用多循环加载法，即每级荷载上拔量达到相对稳定后卸载到零，然后再加下一级荷载。

3)变形观测

进行单桩竖向抗拔静载试验时，除了要对试桩的上拔量进行观测外，尚应对桩周地面土的变形情况以及桩身外露部分裂缝开展情况进行观测记录。

试桩的上拔量观测，应在每级加载后间隔 5min、10min、15min 各测读一次，以后每隔 15min 测读一次，累计 1h 后每隔 30min 测读一次，每次测读值记录在试验记录表中。

4)上拔稳定标准

单桩竖向抗拔静载试验上拔量相对稳定标准应以 1h 内的变形量不超过 0.1mm，并连续出现两次为准。

5)终止加载条件

试验过程中，当出现下列情况之一时，即可终止加载：

(1)桩顶荷载为桩受拉钢筋总极限承载力的 0.9 倍。

(2)某级荷载作用下，桩顶上拔位移量为前一级荷载作用下的 5 倍。

(3)建筑部门试桩的累计上拔量超过 100mm，桥桩则规定累计上拔量超过 25mm。

4. 试验资料整理

单桩竖向抗拔静载试验报告的资料整理，应包括以下一些内容：

(1)单桩竖向抗拔静载试验概况，试验记录、汇总，可参照表 9-1 整理成表格形式，并对试验过程中出现的异常现象作补充说明。

(2)绘制单桩竖向抗拔静载试验上拔荷载 U 和上拔量 Δ 之间的 $U-\Delta$ 曲线，以及 Δ-lg$t$ 曲线。

(3)当进行桩身应力、应变量测时，尚应根据量测结果整理出有关表格，绘制桩身应力、桩侧阻力随桩顶上拔荷载的变化曲线；必要时绘制桩土相对位移 $\Delta'-U/U_u$(U_u为桩的竖向抗拔极限承载力)曲线，以了解不同入土深度对抗拔桩破坏特征的影响。

5. 确定单桩竖向抗拔承载力

对于陡变形 $U-\Delta$ 曲线，取陡升起始点荷载为极限承载力；对于缓变形 $U-\Delta$ 曲线，根据上拔量和 Δ-lg$t$ 曲线变化综合判定，一般取 Δ-lg$t$ 曲线尾部显著弯曲的前一段荷载为极限荷载承载力。

三、单桩水平静载试验

1. 概述

单桩水平静载试验采用接近于水平受荷桩实际工作条件的试验方法达到下列目的。

(1)确定试桩承载能力。检验和确定试桩的水平承载能力是试验的主要目的，试桩的水平承载力可直接由水平荷载和水平位移曲线判定，亦可根据实测桩身应变来判定。

(2)确定试桩在各级荷载下弯矩分布规律。当桩身埋设有量测元件时，可以较精确求得各级水平荷载作用下桩身弯矩的分布情况，从而为检验桩身强度，推求不同深度弹性地基系数提供依据。

(3)确定弹性地基系数。进行水平荷载作用下单桩分析时，弹性地基系数的选取至关重要。目前常用的C法、M法、K法各自假定了地基反力系数沿深度不同分布的模式，因此都有一定的适用范围。通过试验，可选择比较符合实际情况的计算图式及地基系数。

(4)推求实际地基反力系数。弹性地基系数虽然使用比较方便，但误差较大。实际地基反力系数沿深度的分布图式是比较复杂的，且随侧向位移的变化是非线性的。因此，通过试验直接获得不同深度处抗力和侧向位移之间的关系，用它分析工程桩的受力情况更符合实际要求。

2. 试验装置

单桩水平静载试验装置通常包括加载装置、反力装置、量测装置三部分，如图9-6所示。

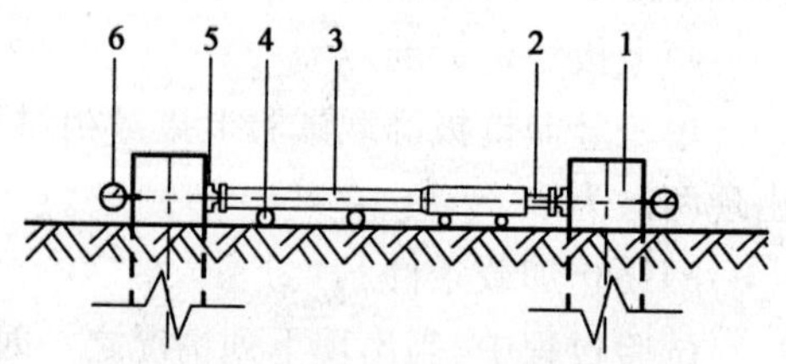

图9-6 单桩水平静载荷试验装置

1-桩；2-千斤顶及测力计；3-传力杆；4-滚轴；5-球支座；6-百分表桩

1)加载装置

试桩时一般采用卧式千斤顶加载，用测力环或测力传感器确定施加荷载值，对往复式循环试验可采用双向往复式油压千斤顶。水平荷载试验，特别是悬臂较长的试桩，作用点位移较大，所以要求千斤顶有较大行程。为保证千斤顶施加作用力水平通过桩身轴线，千斤顶与试桩接触面处安置球形铰座。

在试桩时，为防止力作用点处产生局部挤压破坏，须用钢垫板进行局部补强。

2)反力装置

反力装置的选用应充分利用试桩周围的现有条件，但必须满足其承载能力应大于最大预估荷载的 1.2～1.5 倍，其作用力方向上刚度不应小于试桩本身的刚度。

最常用的方法是利用试桩周围的工程桩或垂直加载力试验用的锚桩作为反力墩。可根据需要把 2 根甚至 4 根桩连成一整体作为反力座，有条件时也可利用周围现有结构物作反力座，必要时可浇筑专门的支座来作反力架。

3)量测装置

桩的水平位移采用大量程百分表来量测。每一试桩应在荷载作用平面和该平面以上 50cm 左右各安装一只或两只百分表，下表量测桩身在地面处的水平位移，上表量测桩顶水平位移，根据两表位移差与两表距离的比值求出地面以上桩身的转角。如果桩身露出地面较短，也可只在荷载作用水平面上安装百分表量测水平位移。

3. 试验方法

1)试桩要求

(1)试桩位置应根据场地地质、设计要求综合选择具有代表性的地点。

(2)试桩周边 2～6m 范围内布置钻孔，并取土样进行土工试验。

(3)试桩数量一般不少于 2 根。

(4)成桩到开始试验时间间隔，砂性土中打入桩不应少于 7d；黏性土中打入桩不应少于 14d；钻孔灌注桩成桩后一般不少于 28d。

2)加载、卸载方式

实际工程中，桩的受力情况十分复杂。为模拟实际荷载的形式，国内外出现了众多的加载方式。各部门采用的方法很不统一，一般可划分为单循环连续加卸载法和多循环加卸载法。

每级荷载施加后，恒载 4min 后测读水平位移，然后卸载到零，停 2min 后测读残余水平位移，至此完成一个加、卸载循环，如此循环 5 次便完成一级荷载的试验观测。为了保证试验结果的可靠性，加载时间尽量缩短，测量位移的时间间隔应准确，试验不得中途停歇。

3)终止试验条件

当试验过程出现下列情况之一时，即可终止试验：

(1)桩顶水平位移超过 30～40mm，软土均取 40mm。

(2)桩身已断裂。

(3)桩侧地表明显裂纹或隆起。

(4)已达到试验要求的最大荷载或最大位移量。

4. 单桩水平荷载和极限荷载的确定

1)绘制荷载试验曲线

绘制单桩水平静载试验水平力(H)-时间(t)-位移(x)、水平力-位移梯度(H-$\Delta x/\Delta H$)、水平力-位移双对数($\lg H$-$\lg x$)曲线。其中，H-t-x 曲线(见图9-7)和 H-$\Delta x/\Delta H$ 曲线(见图 9-8)是比较常用的。

当桩身埋设量测元件时，尚应绘制各级荷载作用下地面以下不同深度处的 q-y 曲线。

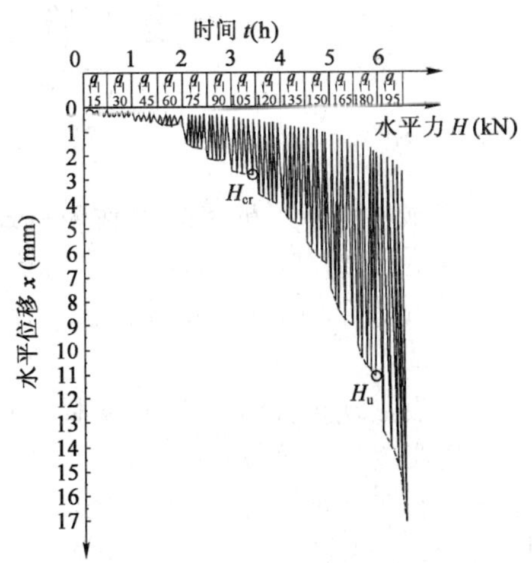

图 9-7　单桩水平静载荷试验 H-t-x 曲线

2)单桩水平临界荷载的确定方法

单桩水平临界荷载(桩身受拉区混凝土明显退

出工作前的最大荷载)，一般按下列方法综合确定：

(1)取 H-t-x 曲线出现突变点的前一级荷载为水平临界荷载 H_{cr}，如图 9-7 所示。

(2)取 H-$\Delta x/\Delta H$ 曲线第一直线段的终点所对应的荷载为水平临界荷载 H_{cr}，如图 9-8 所示。

(3)当桩身埋设有量测元件时，取 H-σ_g 第一突变点所对应的荷载为水平临界荷载 H_{cr}，如图 9-9 所示。

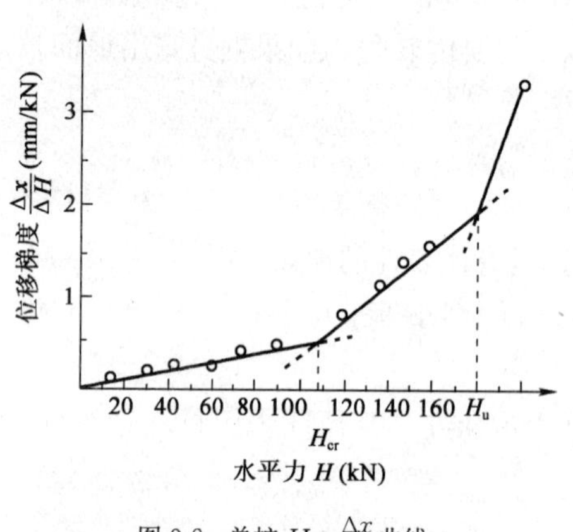

图 9-8　单桩 $H-\frac{\Delta x}{\Delta H}$ 曲线

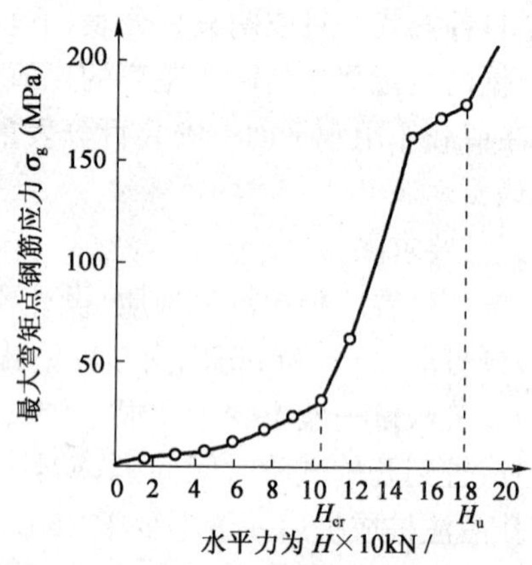

图 9-9　根据 H-σ_g 确定单桩的水平临界荷载

3)单桩水平极限荷载的确定方法

单桩水平极限荷载，可根据下列方法综合确定：

(1)取 H-t-x 曲线明显陡降的前一级荷载为极限荷载 H_u。

(2)取 H-$\Delta x/\Delta H$ 曲线第二直线段的终点所对应的荷载为极限荷载 H_u。

(3)取桩身折断或钢筋应力达到流限的前一级荷载为极限荷载 H_u。

(4)当试验项目对加荷方法或桩顶位移有特殊要求时，可根据相应的方法确定水平极限荷载 H_u。

第二节　自平衡测试技术

一、概述

自平衡检测即用桩侧阻力作为桩端阻力的反力测试桩的承载力，最早由日本的中山(Nakayama)和藤关(Fujiseki)提出，称为桩端加载试桩法，并在 1973 年取得了对钻孔桩的测试专利[1-2]；随后，Gibson 和 Devenney 在 1973 年采用类似的技术测定在钻孔中混凝土与岩石间的胶结应力。1978 年 Sumii 获得了对于预制桩的测试专利，但限于当时的科学技术水平和桩基工程发展现状，自平衡测试技术并未得到应有的重视和认可。

美国学者 Osterberg 于 1985～1987 年期间，在分析、总结前人经验的基础上，对自平衡测试技术进行了系统的研究、开发，并于 1989 年进行了首次钻孔桩商业试验，自平衡测试技术才真正开始走向实际工程应用，因此又名 Osterberg-Cell 载荷试验或 O-Cell 载荷试验[3-4]。三年后，O-Cell 载荷试验方法逐渐被美国工程界接受，美国深基础协会(DFI)为此授予 Dr. Osterberg

“杰出贡献奖”，并称试桩已进入了“Osterberg 新时期”。至今，该法已在美、英、日本、加拿大、新加坡、菲律宾及我国香港等10余个国家和地区得到推广应用。

在我国，清华大学李广信教授在1983年首次将此法介绍到国内，并做了大量的模型试验和理论研究[5]，但因自平衡试桩法作为一种新兴的测试技术其自身并不完善以及限于当时国内环境、技术、信息等条件的限制，并未引起国内工程界的注意。浙江省建筑科学研究院史佩栋教授在《工业建筑》1996年第12期“国际科技交流”专栏发表了《国外高层建筑深基础及基坑支护技术若干新进展》一文，并报道了美、日、英、加、新加坡等国和我国香港特别行政区等地正在广泛应用的自平衡试桩法之后，引起了广泛关注[6-8]。随后，国内多家单位对自平衡试桩法展开了大量的理论研究和模型试验。1996年，东南大学土木工程学院率先开始实用性研究[9-11]，并于1999年制定了江苏省地方标准《桩承载力自平衡测试技术规程》(DB32/T 291—1999)。目前该法已在北京、上海、天津、重庆、广东、广西、江苏、浙江、江西、安徽、福建、河南、河北、云南、贵州、四川、辽宁、吉林、黑龙江、湖南、湖北、山西、山东、青海、新疆等省市应用。除江苏省外，江西省也制定了自己的地方标准。

应用十余年来，试桩类型已包括钻孔灌注桩、打入式钢管桩、打入式预制混凝土桩及矩形(或条形)“壁板桩”等多种桩型，试桩最大深度为90m，最大直径3m，最大荷载133 000kN。

自平衡测试方法具有以下优点[12]：

(1)自平衡测试设备装置较简单，不占用场地，不需运入数百吨或数千吨堆载物料，也不需构筑笨重的反力架，试桩准备工作省时省力。

(2)自平衡测试技术利用桩的侧阻力与端阻力互为反力，因而可直接测得桩的侧阻力与端阻力，采用合理的荷载转换方法，可同时得到桩的竖向抗压承载力和竖向抗拔承载力。

(3)试验费用省，自平衡载荷试验方法与传统静载荷试验方法相比可节省试验总费用的30%～60%，具体比例视工程条件而定。

(4)试验后试桩仍可作为工程桩使用。

自平衡与常规的静载荷试验比较，目前还存在以下不足：

(1)自平衡法所测的桩侧摩阻力是向下的，亦即是负摩擦力，这与实际工程中竖向抗压桩的摩阻力方向相反，与竖向抗拔桩的受力机理也有所区别。

(2)测试设备。目前还没有专用成熟的检测设备，大都在利用传统的静载荷试验设备进行试验，测试设备有待进一步完善。

(3)试验质量。由于自平衡法荷载箱的安装要求很高，且上下荷载箱的位移精确测量困难，如何确保试验质量有待继续努力。

(4)检测规程。目前还没有成熟通用的“自平衡检测技术规程”。

因此，扶持、改进和提高自平衡载荷测试技术，对于提高载荷试验技术水平是很有现实意义的。

二、测试原理和设备

自平衡测试法最初是应用在桩基试验和检测上，它的技术原理是利用试桩自身反力平衡的原则，在桩端附近或桩身截面处预先埋设单层或多层荷载箱，试验时，通过荷载箱对上、下段桩身施加荷载；一方面迫使上段桩身上抬，使桩侧摩阻力徐徐发挥，同时迫使下段桩下沉，使下段桩桩侧阻力及桩端阻力徐徐发挥,从而达到试桩自身反力平衡加载的目的。

自平衡测试法不需要压重平台或反力架,也不是从桩顶加载,自平衡测试法与传统静载试验的加载方式及桩身受力对比,如图 9-10 所示。自平衡测试系统的硬件主要包括荷载箱、测控系统、油压加载系统、位移与力传感器量测系统等,如图 9-11 所示。

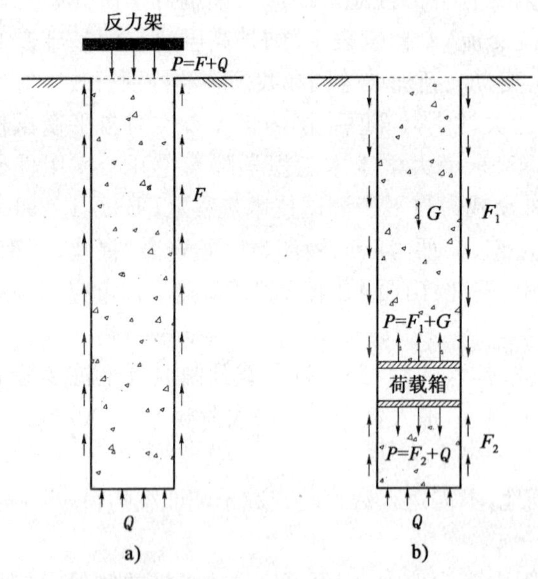

图 9-10 传统静载试验与自平衡测试法桩身受力对比示意图
a)传统静载试验;b)自平衡测试法

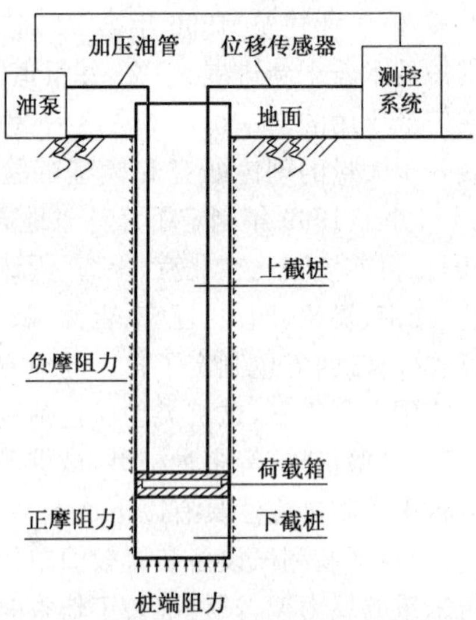

图 9-11 自平衡法试验布置图

自平衡测桩法的主要装置,是一种经特别设计可用于加载的荷载箱。它主要由活塞、顶盖、底盖及箱壁四部分组成。在顶、底盖上布置位移棒,将荷载箱与钢筋笼焊接成一体放入桩底后,即可浇捣混凝土成桩。桩身混凝土严格按照施工规范一次浇捣成型。

试验时,在地面上通过油泵加压,随着压力增加,顶、底盖脱开,桩侧阻力及桩端阻力随之发生作用。由于加载装置简单,可多根桩同时进行测试。

经与中国科学院武汉岩土力学研究所共同合作,在传统静载仪的基础上,国网北京电力建设研究院成功研制开发出可用于自平衡试验量测的自平衡测试仪(EPCRI-ZPH),见图 9-12。自平衡测试仪(EPCRI-ZPH)主要通过液压传感器和数字式位移传感器自动监测荷载与位移,精确控制油泵进行自动加载、补载,能实现自平衡试验、单桩竖向抗压、单桩竖向抗拔和岩石锚杆抗拔等多种试验工况。该设备对目前工程中常用的静载仪进行了技术更新与改进。在试验中可自动维持荷载、自动判稳、自动保存数据、实时绘制 Q-s、s-lg$Q$、s-lg$t$ 以及拟合曲线;并具有在试验出现异常时报警、保存数据、异常解除后恢复试验的功能(如断电、调表等)。

图 9-12 自平衡测试仪(EPCRI-ZPH)

三、荷载箱埋设技术

荷载箱的埋设位置是自平衡试桩法能否成功完成的一个重要关键技术，对此应根据试桩实际的地质条件及试验目的，按照荷载箱上下段桩身反力平衡原则，将荷载箱放置于桩端及桩身不同位置，如图 9-13 所示。

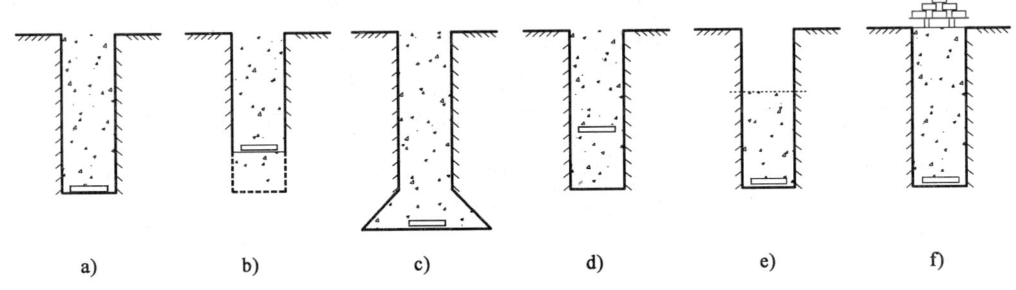

图 9-13 荷载箱埋设位置

(1)对于桩侧阻力与桩端阻力大致相等，或端阻力大于侧阻力而试桩的目的在于测定侧阻力极限值的情况，可按图 9-13a)方式布置。这也是 Osterberg 试桩法最常用的形式，放置荷载箱前先在孔底稍做注浆或用少量混凝土找平。

(2)对于输电线路基础中的抗拔桩，由于抗拔桩需要测出整个桩身的侧阻力，故荷载箱必须布置在桩端，若桩端反力不足以提供平衡反力，可进行桩底压浆或增加桩长，荷载箱以下桩段采用扩大头等处理措施，以此来增加桩端阻力，如图 9-13b)、图 9-13c)所示。

(3)图 9-13d)是将荷载箱放置于桩身中某一位置，若此位置合适，则当荷载箱以下的桩侧阻力与桩端阻力之和达到极限值时，荷载箱以上的桩侧阻力同时达到极限值。

(4)图 9-13e)适用于当有效桩顶高程位于地面以下有一定距离时(如高层建筑的地下室、地下变电站桩基)，此时可将输压管及位移棒引至地面方便地进行测试，此布置形式可消除多余的上部桩身侧阻力的影响。

(5)当桩端阻力明显大于桩侧阻力时，若必须测出桩端阻力极限值时，可采取如下措施：将现场的吊车或其他机械设备置于试桩顶部，以提供反力；在试桩附近设置若干地锚以补充反力；在桩顶架设补充反力架，如图 9-13f)所示；在土层变化不大的情况下，将试桩打深一些以增加桩侧阻力。

总之，荷载箱的位置应根据土质情况、试验目的和要求等予以确定，这不仅有寻找平衡点的理论问题，还需要相当丰富的实践经验，是一个系统工程。

为了保证自平衡试验测试的成功，在钻孔灌注桩施工及荷载箱埋设时，应采取以下施工措施。

(1)钻孔时严格掌握钻压、钻进速度，防止偏孔、斜孔；保证孔内泥浆面不低于护筒底，防止反串塌孔。终孔后进行二次清孔，测定孔底沉渣厚度、孔底泥浆相对密度，以保证桩端承载力的发挥和桩身混凝土浇筑的顺利进行。

(2)在地面上绑扎和焊接钢筋笼，钢筋应力计、导线等按预先设计的位置提前绑扎好，位移棒外护管、位移棒与荷载箱连接采用围焊，并与钢筋笼绑扎成整体，确保护管不渗泥浆和水泥浆。

(3)在荷载箱与钢筋笼处上下增加喇叭筋，对导管起导向作用，便于导管顺利通过荷载箱，同时喇叭筋对桩身上下混凝土起加强作用，防止因荷载箱处桩身轴力较大，造成桩身局部破坏，影响试验。

(4)荷载箱与钢筋笼焊接时，将荷载箱放在平整场地上，用吊车将上节钢筋笼(护管)吊起与荷载箱上板焊接(所有主筋围焊，并确保钢筋笼与荷载箱起吊时不会脱离)；再点焊喇叭筋，喇叭筋上端与主筋、下端与荷载箱内圆边缘点焊；然后荷载箱底板与下节钢筋笼连接，焊接下喇叭筋(要求同上)，以确保荷载箱与钢筋笼连接成整体，防止吊装过程中造成荷载箱脱落。

(5)桩身混凝土浇筑前，检查桩径、桩长、油管长度、护管距离。

(6)荷载箱以下桩身混凝土坍落度要求＞200mm，便于浮浆在荷载箱处上翻。

(7)在桩身混凝土浇筑过程中，当混凝土面接近荷载箱底面时，放慢导管提升速度，当荷载箱埋深＞2.5m时，导管底端方可拔过荷载箱顶面。

(8)混凝土浇筑过程中制作两组试块，以便测试前测试混凝土强度。

(9)桩身浇筑结束后，对油管、导线、钢管封头进行保护。

四、自平衡测试准则

1.测试时间

根据《建筑基桩检测技术规范》(JGJ 106—2003)规定：承载力检测前桩的休止应保证受检桩的混凝土龄期达到28d或预留同条件养护试块强度达到设计强度，当无成熟的地区经验时，可参考表9-4规定的时间。

休止时间 表9-4

土的类型		休止时间(d)
砂土		7
粉土		10
黏性土	非饱和	15
	饱和	25

注：对于泥浆护壁钻孔灌注桩，宜适当延长休止时间。

2.加载方式

单桩竖向抗压静载试验宜采用慢速维持荷载法，即逐级加载，每级荷载作用下，上、下两段桩均达到相对稳定后方可加下一级荷载，直到试桩破坏，当一段桩已达破坏，而另一段桩未破坏时，应继续加至两段桩均破坏，然后分级卸载到零。当有成熟的地区经验时，也可采用快速维持荷载法，快速维持荷载法的每级荷载维持时间至少为1h，是否延长维持荷载时间应根据位移收敛情况确定。

单桩竖向抗拔静载试验宜采用慢速维持荷载法。需要时，也可采用多循环加卸载方法。

3.加卸载与位移观测

加卸载分级、位移观测间隔时间及位移相对稳定标准，可根据工程具体情况和试验目的，参考相应部门规范执行，如对于《建筑基桩检测技术规范》(JGJ 106—2003)，规定如下：

(1)试验加卸载方式应符合下列规定：

加载应分级进行，采用逐级等量加载；分级荷载宜为最大加载量或预估极限承载力的

1/10，其中第一级可取分级荷载的 2 倍。

卸载应分级进行，每级卸载量取加载时分级荷载的 2 倍，逐级等量卸载。

加卸载时应使荷载传递均匀、连续、无冲击，每级荷载在维持过程中的变化幅度不得超过分级荷载的±10％。

每级加载为预估加载值的 1/10～1/15，第一级按两倍荷载分级加载。

(2)慢速维持荷载法试验步骤应符合下列规定：

每级荷载施加后按第 5min、15min、30min、45min、60min 测读桩顶沉降量，以后每隔 30min 测读一次。

位移相对稳定标准：每一小时内的位移变化量不超过 0.1mm，并连续出现两次(从分级荷载施加后第 30min 开始，按 1.5h 连续三次每 30min 的位移观测值计算)。

当位移变化速率达到相对稳定标准时，再施加下一级荷载。

卸载时，每级荷载维持 1h，按第 15min、30min、60min 测读桩顶沉降量后，即可卸下一级荷载。卸载至零后，应测读桩顶残余沉降量，维持时间为 3h，测读时间为第 15min、30min，以后每隔 30min 测读一次。

(3)终止加载条件应符合下列规定：

当出现下列情况之一时，即可终止加载。

①某级荷载作用下，桩顶沉降量大于前一级荷载作用下沉降量的 5 倍。

注：当桩顶沉降能相对稳定且总沉降量＜40mm 时，宜加载至桩顶总沉降量超过 40mm。

②某级荷载作用下，桩顶沉降量大于前一级荷载作用下沉降量的 2 倍，且经 24h 尚未达到相对稳定标准。

③已达到设计要求的最大加载量。

④当荷载-沉降曲线呈缓变型时，可加载至桩顶总沉降量 60～80mm；在特殊情况下，可根据具体要求加载至桩顶累计沉降量超过 80mm。

⑤桩顶总下沉量＜40mm，但荷载已达荷载箱加载极限，或两段桩累计位移已超过荷载箱行程，加载即可终止。

4. 成果整理和承载力确定

单桩竖向静载试验记录同传统静载荷试验方法，一般应绘制 Q-$s_{上}$、Q-$s_{下}$、$s_{上}$-lg$t$、$s_{下}$-lg$t$、$s_{上}$-lg$Q$、$s_{下}$-lg$Q$ 曲线。在实际工程测试时，上述曲线及相应表格均由计算机自动生成。

当进行桩身应力、应变测定时，应整理出有关数据的记录表和绘制桩身轴力分布、侧阻力分布、桩顶荷载-沉降、桩端阻力-沉降关系等曲线。

根据位移随荷载的变化特性确定极限承载力，可根据工程具体情况并参考执行标准确定。如对于《建筑基桩检测技术规范》(JGJ 106—2003)，陡变形 Q-s 曲线取曲线发生明显陡变的起始点；对于缓变形 Q-s 曲线，上段桩极限侧阻力取对应于向上位移 $s^{+}=40$mm 的荷载；下段桩极限承载力值取 $s^{-}=40$mm 的荷载；当桩长＞40m 时，宜考虑桩身弹性压缩量，对于大直径桩的 $s=0.05D$ 的对应荷载。

根据沉降随时间的变化特征确定极限承载力：取 s-lg$t$ 曲线尾部出现明显弯曲的前一级荷载值。根据上述准则，可求得桩上、下段极限承载力实测值 Q_{u}^{+}、Q_{u}^{-}。

检测报告一般应包含以下内容：

(1)委托方名称,工程名称、地点,建设、勘察、设计、监理和施工单位,基础、结构形式,层数,设计要求,检测目的,检测依据,检测数量,检测日期。

(2)地质条件描述。

(3)受检桩的桩号、桩位和相关施工记录。

(4)自平衡检测方法,检测仪器设备,检测过程叙述。

(5)各桩的检测数据,实测与计算分析曲线、表格和汇总结果,承载力确定方法。

(6)与检测内容相应的检测结论。

五、简化转换方法

1.概述

桩承载力自平衡测试法具有显著的优越性,但传统静载荷方法在荷载传递、桩土作用机理上与单桩的实际受荷情况基本一致,是最基本而且可靠的测试方法。自平衡法测试结果有向上、向下两个方向的荷载-位移曲线,而传统静载桩只有向下的荷载-位移曲线。因此分析自平衡法桩上、下桩段的受力特性,将自平衡法测试结果等效成传统静载荷结果(等效桩顶加载曲线),有一个转换方法的问题,这是该项技术推广应用的一个关键问题。

传统静载荷试验的荷载作用于桩顶,桩侧摩阻力由桩顶向下逐渐发展,而在自平衡法中,上段桩的摩阻力由荷载箱处向上发展且方向向下。由于作用力的作用点不同,自平衡法上段桩(托桩)受力机理与传统抗拔桩的受力机理也不相同。

从理论上分析这个问题是十分复杂的。两种情况下的荷载-位移曲线的影响因素可能包括:桩身轴向的拉压变形对荷载点位移的影响;桩身在不同荷载作用下的侧向胀缩变形对桩土间正应力及摩阻力的影响;桩体在土中不同运动方式引起土的应力路径的不同;由于二者的边界条件不同而引起的土变形的剪胀和剪缩,应变硬化和应变软化的不同等等。例如在桩体相对地基土向上运动时,常常伴随着地表的隆起和开裂,从而减少了桩体上部的摩阻力。

因此,有必要对托桩摩阻力传递机理进行研究,以便进一步了解自平衡法的机理。

2.单桩荷载传递机理的一般认识

在自平衡试桩试验中,桩侧摩阻力为负摩阻力,而且是外力作用于桩身底部引起的,这种负摩阻力不仅和一般关心抗压桩的正摩阻力有所不同,和抗拔桩的负摩阻力也有所不同。对于抗压桩、抗拔桩与自平衡测试桩的荷载传递机理,如图9-14所示。

1)抗压桩荷载传递机理

对于承受竖向压力的抗压桩,轴向荷载施加于单桩桩顶,最初的几级荷载作用下,由于桩身混凝土的弹性压缩,桩身产生相对于土层的向下位移,由此桩侧表面产生向上的摩阻力,桩身荷载通过发挥出来的桩侧摩阻力从上至下逐渐传递到桩周土层中,从而使得桩身轴力沿深度逐渐减小,此时桩顶荷载由桩侧摩阻力提供;随着荷载增大,桩侧摩阻力从桩顶土层到桩端逐渐发挥。

桩端有位移时桩端阻力就发挥作用;沉渣厚,桩端力在沉渣压实过程中逐渐发挥作用;尔后随着荷载增大,桩身混凝土表现为弹塑性性质,桩端力也由于桩侧摩阻力的逐步发挥而进一步发挥。如桩端持力层较坚实,桩端与桩顶沉降变大,桩体与桩侧土体产生较大的滑移,摩阻力达到极限;若再加大荷载,桩底持力层破坏或桩身破坏,单桩承载力达到极限状态。

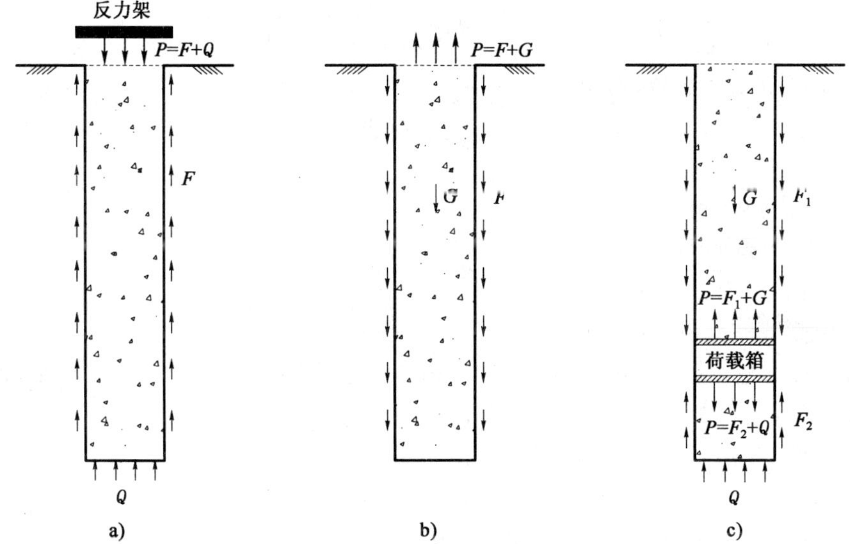

图 9-14 荷载传递示意图

a)抗压桩;b)抗拔桩;c)自平衡测试桩

图 9-15 所示为抗压桩桩土之间荷载传递,由图可以得出,任一深度 z 桩身截面的荷载为:

$$Q(z)=Q_0-U\int_0^z q_s(z)\mathrm{d}z \tag{9-15}$$

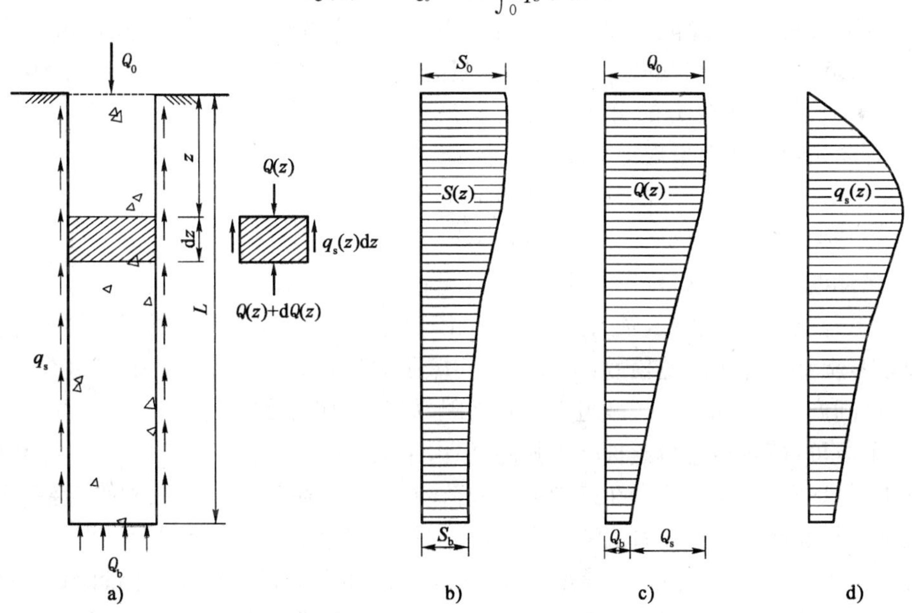

图 9-15 抗压桩桩土之间荷载传递

a)荷载传递规律;b)位移;c)轴力;d)摩阻力

任一深度 z 处的竖向位移为:

$$s(z)=s_0-\frac{1}{E_P A_P}\int_0^z Q(z)\mathrm{d}z \tag{9-16}$$

桩侧单位面积上的荷载传递量为:

$$q_s(z) = -\frac{1}{U}\frac{dQ(z)}{dz} \tag{9-17}$$

将式(9-16)代入式(9-17)可得：

$$q_s(z) = \frac{E_p A_p}{U}\frac{d^2 s(z)}{dz^2} \tag{9-18}$$

式中：E_p——桩身弹性模量；

A_p——桩身截面积；

U——桩身周长。

2)自平衡测试桩荷载传递机理

对于自平衡测桩，荷载箱内千斤顶施加的荷载分别作用于单桩自平衡点的下段桩桩顶和上段桩桩底，其荷载传递机理分上段桩与下段桩进行分析。

对于上段桩，最初的几级荷载作用下，由于桩身混凝土的弹性压缩，桩产生相对于土层的向上位移，由此桩侧表面产生向下的摩阻力，桩身荷载通过发挥出来的桩侧摩阻力从下层到上层逐渐传递到桩周土层中去，从而使桩身轴力沿深度向上逐渐减少，荷载由桩侧摩阻力和桩身自重提供，Q-s^+ 曲线表现出一定的弹性，如图 9-16 中的 OA 段。

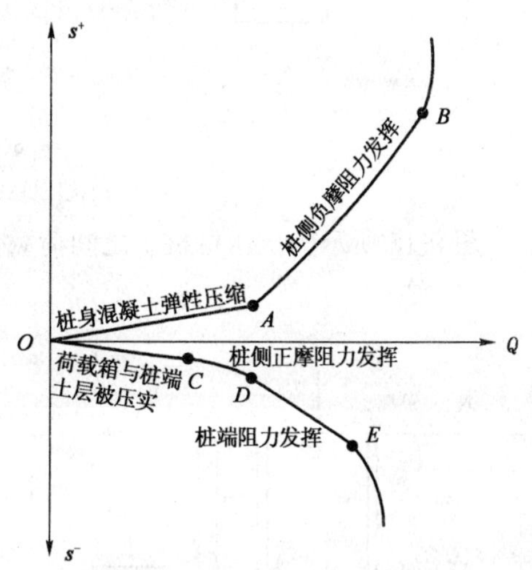

图 9-16　自平衡测试桩典型的 Q-s 曲线

随着荷载增大，桩侧摩阻力从上段桩桩底土层到桩顶土层逐渐发挥。此时的摩阻力是负摩阻力，与抗压桩时不同。负摩阻力的分布因为土层是上部松散下部紧密而大体上呈现上部摩阻力小，下部摩阻力大，桩身的变形和轴力的分布与压桩时都是不同的。各截面位移则是从下向上逐渐减小，桩土间位移也是如此。下部土层首先发挥摩阻力，随着荷载增大，下部土层逐渐屈服，轴力向上传递，由于桩顶是临空面，其上并无土层支撑，在变形发展过程中，上部土层越来越松散，上部桩土间摩阻力相对较小，此时桩顶、桩底位移变大，桩侧与土体之间产生较大的滑移，摩阻力达到极限，如图 9-16 中的 AB 段。

对于下段桩，荷载传递与压桩基本相同，但由于上下段桩与周围土层组成一个有机的受力整体，上下段桩必然互相影响。在最初的几级荷载时，由于荷载箱与桩端之间存在一定的虚接触，以及下段桩底部可能存在着沉渣，因此在很大的荷载增量下，曲线的斜率并不大，如图9-16 中的 OC 段。由于下段桩的桩身一般较短，由此表现出的端阻的性质要比侧阻的性质多，因此在桩侧土层屈服阶段也比较短，如图 9-16 中的 CD 段。随着荷载的增加，桩底的端阻力特性逐渐发挥出来，如图 9-16 中的 DE 段。

以下重点分析自平衡测试桩中上段桩沿桩长各截面的位移、轴力、摩阻力的分布规律，如图 9-17 所示。假设上段桩符合荷载传递法，为了获得上段桩桩侧摩阻力方便而实用的解析解，特将问题简化如下：假定荷载传递函数为线弹性关系，如图 9-18 所示，分析弹性阶段上段桩的摩阻力分布规律。

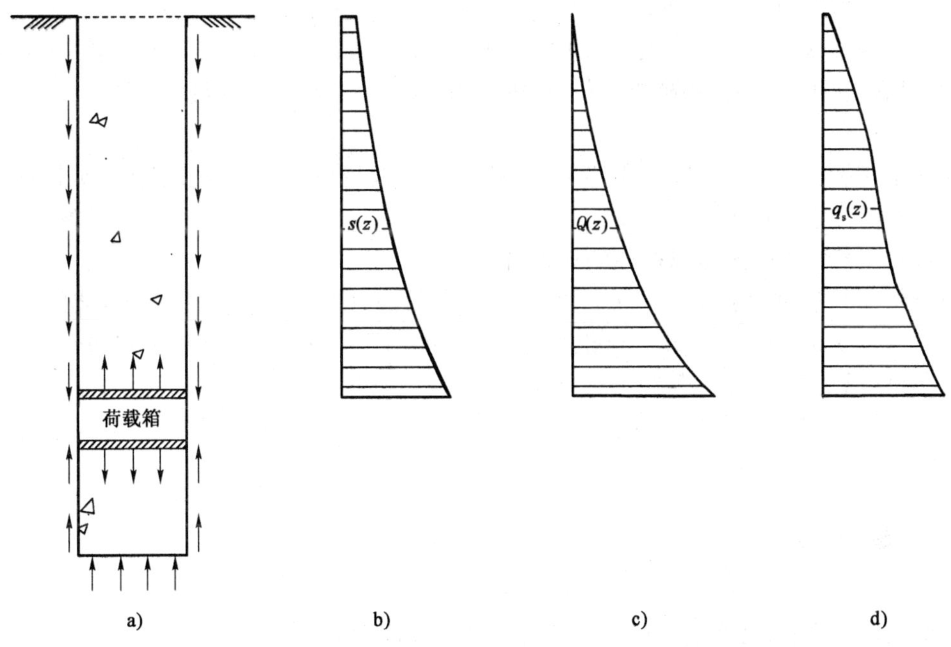

图 9-17 自平衡测试桩上段桩桩土之间荷载传递图

a)荷载传递规律;b)位移;c)轴力;d)摩阻力

当桩土之间的位移 s_z 小于弹性位移极限值 s_u 时,桩周土体处于弹性状态。桩上任一深度 z 处单元体,则此单元受到的摩阻力 $q_s(z)$ 为:

$$q_s(z) = k_1 s_z \tag{9-19}$$

则根据式(9-18)可得:

$$k_1 s_z = \frac{E_p A_p}{U}\frac{d^2 s(z)}{dz^2} \tag{9-20}$$

边界条件为:

$$-E_p A_p \frac{ds_z}{dz}\bigg|_{z=0} = 0 \tag{9-21}$$

$$-E_p A_p \frac{ds_z}{dz}\bigg|_{z=L} = -Q \tag{9-22}$$

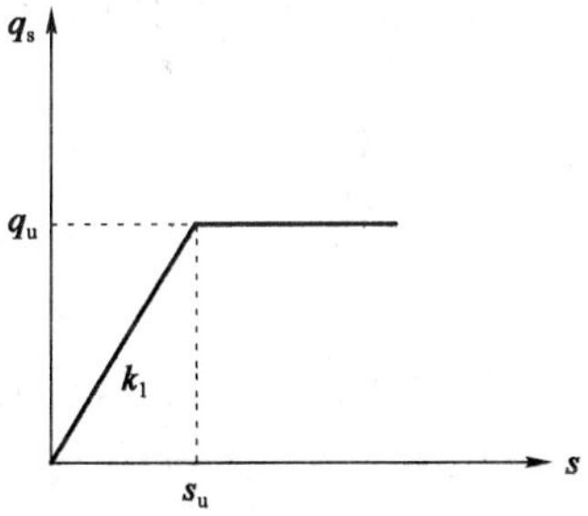

图 9-18 摩阻力弹塑性分布函数

令 $\alpha=\sqrt{\frac{k_1 U}{E_p A_p}}$,$\beta=L\sqrt{\frac{k_1 U}{E_p A_p}}$,联合式(9-20)、式(9-21)、式(9-22),可解得桩土相对位移、摩阻力、桩身轴力分布分别为:

$$s(z) = \frac{Q\cosh(\alpha z)}{E_p A_p \alpha \sinh\beta} \tag{9-23}$$

$$q_s(z) = k_1 \cdot \frac{Q\cosh(\alpha z)}{E_p A_p \alpha \sinh\beta} \tag{9-24}$$

$$Q(z) = -\frac{Q\sinh(\alpha z)}{\sinh\beta} \tag{9-25}$$

式中：k_1——桩周土的刚度系数。

由上式可知，$s(z)$、$q_s(z)$与$Q(z)$均为单调递减函数，如图9-17所示，对于自平衡测试桩的上段桩，靠近荷载箱上顶板的桩土间位移、桩身轴力、桩侧摩阻力均为最大。

3. 简化转换方法

相比于传统的静载试验与三角架法，自平衡试桩法具有很强的优越性，但是如何将自平衡试桩中得到的两条Q-s曲线向传统的静载试验Q-s进行转换，等效成传统静载试验结果，这是目前困扰自平衡试桩技术得以推广的一个瓶颈。

对于将荷载箱埋设于桩底的自平衡试验，其上段桩得到的Q-s曲线与输电线路中的抗拔桩Q-s基本一致，但由于荷载作用点位置的不同、桩土间互相挤压的作用力强弱也不同，自平衡法上段桩（托桩）受力机理与传统抗拔桩的受力机理也不相同。但目前根据前人的研究成果，对于工程应用来说，可直接将自平衡测试法获得的上段桩的抗拔Q-s曲线等同于传统的抗拔桩试验Q-s曲线。

对于将荷载箱埋设于桩中下部的自平衡测试法，将其等效转换为受压桩条件下的荷载位移曲线，具体转化原理如下所述。

根据自平衡桩的埋设原理可知荷载箱的埋设位置为桩自身平衡点，以此为界限将桩分为上下两段，其中下段桩视为端承桩、上段桩桩侧负摩阻力可转换为相同条件下受压桩的正摩阻力，对此定义为简化转换法。

传统静载试验得到的受压桩的承载力Q为桩侧摩阻力Q_p与桩端阻力Q_s之和，即：

$$Q = Q_p + Q_s \tag{9-26}$$

自平衡测试桩得到的极限承载力Q，可等效为上段桩与下段桩的极限承载力之和，即：

$$Q = K_{上}(Q_{上} - G) + K_{下}Q_{下} \tag{9-27}$$

式中：$K_{上}$、$K_{下}$——分别为上段桩、下段桩向静载受压桩的转换系数；

$Q_{上}$、$Q_{下}$——分别为平衡点处向上、向下的荷载值；

G——上段桩桩身自重。

根据前人研究成果，在工程应用中可不考虑上段桩、下段桩之间的相互影响作用，因此对于下段桩，其受力特性与抗压桩一致，因此取$K_{下}=1.0$，$K_{上}$简化K，即：

$$Q = K(Q_{上} - G) + Q_{下} \tag{9-28}$$

式中，K值应通过自平衡法与抗压桩的对比试验予以确定。

通过上述转换，可将自平衡法测得的上下段桩的承载力成功转化为传统的受压桩极限承载力。

下面将介绍如何将自平衡桩中的向上、向下两条Q-s曲线转换成相同条件下的静载荷Q-s曲线，首先应作出如下假定：

（1）将等效的受压桩也分为上段桩与下段桩，分界截面即为自平衡桩中的荷载箱埋设平衡点截面，桩侧平均摩阻力为q_s，下段桩$Q_{下}=\sigma_0 A_p$，如图9-19所示。

（2）等效受压桩的下段桩与自平衡法的下段桩受力状态一致，其位移值也相等，如图9-20所示。

$$s_a = s_{下} \tag{9-29}$$

（3）等效受压桩的上段桩桩身压缩量，为图9-21所示的桩端及桩侧荷载两部分引起的弹性压缩变形量之和，即：

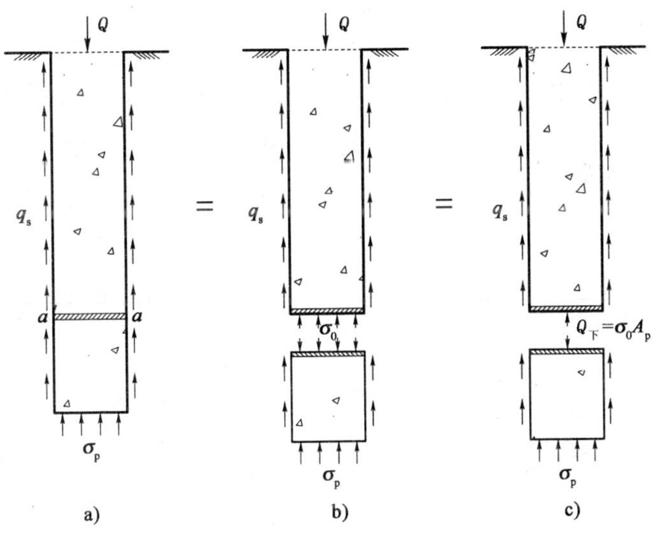

图 9-19　受压桩受力简图

$$\Delta s = \Delta s_1 + \Delta s_2 \tag{9-30}$$

$$\Delta s_1 = \frac{Q_下 L}{E_p A_p} \tag{9-31}$$

$$\Delta s_2 = \frac{(Q - Q_下)L}{2E_p A_p} = \frac{K(Q_上 - G)L}{2E_p A_p} \tag{9-32}$$

式中：Δs_1——受压桩上段桩在桩端 $Q_下$ 作用下产生的弹性压缩量；

Δs_2——受压桩上段桩在桩侧摩阻力作用下产生的弹性压缩量；

L——受压桩上段桩桩长。

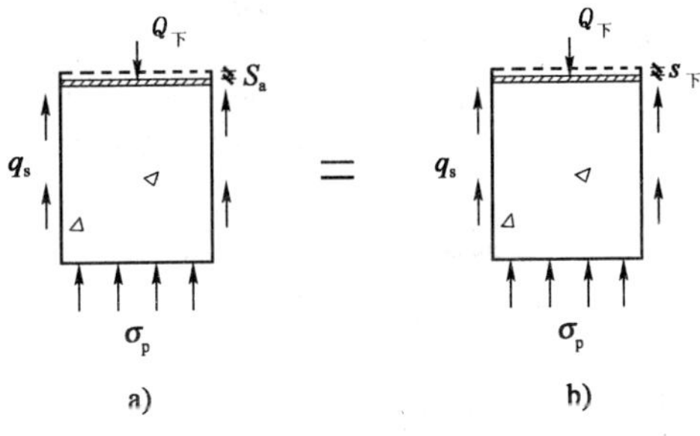

图 9-20　下段桩受力简图
a)受压桩；b)自平衡桩

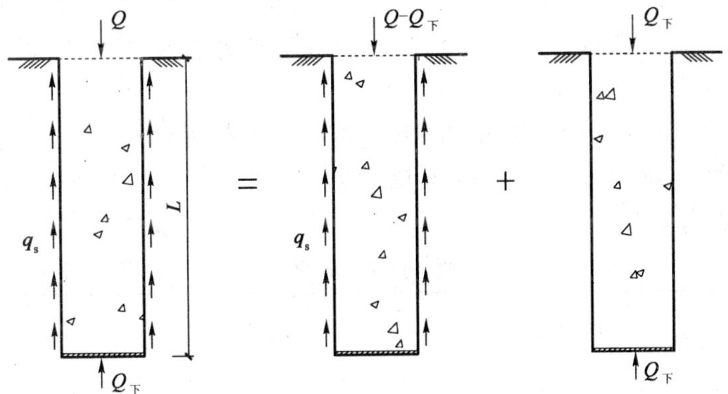

图 9-21　上段桩受力简图

将式(9-31)、式(9-32)代入式(9-30)可得：

$$\Delta s = \Delta s_1 + \Delta s_2 = \frac{[K(Q_上 - G) + 2Q_下]L}{2E_p A_p} \tag{9-33}$$

至此，可根据自平衡法得到的上下两段 Q-s 曲线向传统的静载 Q-s 曲线进行转换，即：

$$Q = K(Q_{上} - G) + Q_{下} \tag{9-34}$$

$$s = s_{下} + \Delta s \tag{9-35}$$

在式(9-34)、式(9-35)中，$Q_{下}$、$s_{下}$ 直接量测，G、Δs 可计算得到，$Q_{上}$ 取值分析如下：在上述假定过程中，受压桩在 a-a 截面被分割成上下两段桩，在每一级荷载作用下上段桩的顶板位移与下段桩的桩头位移量必然相等(即 a-a 截面是不可分割的)，因此 $Q_{上}$ 取值应该对应于 $s_{上} = s_{下}$ 时的上段桩荷载，如图 9-22 所示。

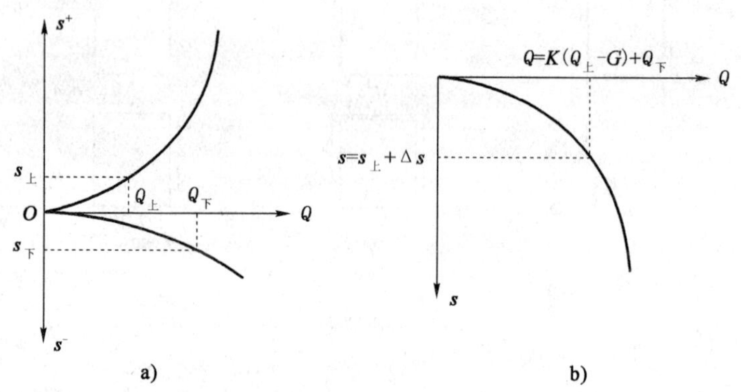

图 9-22 Q-s 曲线转换

a)自平衡 Q-s 曲线；b)等效静载试验 Q-s 曲线

六、工程实例

1. 工程概况

500kV 世博输变电工程位于上海市北京西路、南北高架、山海关路和大田路所围区域，综合性试桩工程采用钻孔灌注桩。为确定桩的极限承载力，使设计既安全可靠又经济合理，根据国家有关规范规定和工程的需要，设置了 3 根 ϕ950 桩底注浆钻孔灌注桩(T7、T8、T9)进行竖向抗压载荷试验，并在桩体内埋置了应变计，实测在每级荷载作用下各应变计的应变，以便可求得在各级荷载作用下各桩截面的桩身轴力值及轴力、摩阻力随荷载和深度变化的传递规律。

其中 T7、T8 采用的是传统的锚桩法，T9 采用的是自平衡法[采用了双荷载箱，上荷载箱的作用是消除高程 −33.4m 以上桩段土层的影响，以保证可以利用下荷载箱测出高程 −33.4m以下桩段(有效桩长 55.8m)的承载力]，试桩参数详如表 9-5 所示。

试桩参数表 表 9-5

试桩编号	桩型及规格	孔口标高(m)	桩长(m)	桩长/有效桩长(m)	桩端持力层	荷载箱位置	预估加载值(kN)
T7、T8	ϕ950 钻孔灌注桩	2.8	89.7	89.7	粗砂	19 000	19 000
T9	ϕ950 钻孔灌注桩	2.8	89.7	89.7/55.8	粗砂	上 −33.4	上 2×5 000
						下 −80.0	下 2×9 500

根据地质地层分布情况，从上到下描述如下：

①$_1$ 人工填土：松散，填土厚度在 1.0～3.0m 深度范围内。②灰黄色粉质黏土：很湿～饱和，可塑，厚度 0.4～2.4m，锥尖阻力 q_c一般为 0.66MPa。③灰色淤泥质粉质黏土：饱和，流塑，含腐殖质，厚度 4.1～8.6m，锥尖阻力 q_c一般为 0.55MPa。④灰色淤泥质黏土：饱和，流塑，含腐殖质，厚度 5.3～9.0m，锥尖阻力 q_c一般为 0.53MPa。⑤$_{1-1}$灰色黏土：局部为粉质黏土。很湿，软塑～可塑，夹砂质粉土，厚度 2.7～5.9m，锥尖阻力 q_c一般为 0.72MPa。⑤$_{1-2}$灰色粉质黏土：很湿，软塑，夹砂质粉土，厚度 3.6～7.1m，锥尖阻力 q_c一般为 0.98MPa。⑥$_1$暗绿～草黄色粉质黏土：可塑～硬塑，湿，厚度 2.7～5.0m，锥尖阻力 q_c一般为 1.94MPa。⑦$_1$草黄～灰色砂质粉土、粉砂：饱和，稍密～中密，浅层含较多的黏性土薄层、以下为粉砂，厚度 4.5～8.2m，标贯击数 36～38 击，锥尖阻力 q_c一般为 9.71MPa。⑦$_2$灰色粉砂：饱和，中密～密实，夹少量的黏性土，含云母，厚度 6.2～11.6m，标贯击数均在 36～66 击，锥尖阻力 q_c一般 19.28MPa。⑧$_1$灰色粉质黏土：很湿，软塑～可塑，含少量腐殖质，厚度 12.9～16.5m，锥尖阻力 q_c一般 1.41MPa。⑧$_2$灰色粉质黏土与粉砂互层：很湿，可塑，稍密，浅层夹薄层粉砂，层底夹多量薄层粉细砂，厚度 7.4～15.5m，锥尖阻力 q_c一般 2.35MPa。⑧$_3$灰色粉质黏土与粉砂互层：很湿，可塑，稍密～中密，层底含多量厚层细砂，厚度 2.2～6.7m，锥尖阻力 q_c一般 6.00MPa。⑨$_1$灰色中砂：饱和，中密～密实，夹砾砂和少量黏性土，含云母，层厚 8.0～9.7m，标贯击数均在 50 击以上，锥尖阻力 q_c一般 11.06MPa。⑨$_2$灰色粗砂：饱和，密实，夹砾砂和细砂，含云母，含块石。该层水平和垂直分布变化较大，可见厚度 23.80m，标贯击数均在 50 击以上。⑩青灰色黏质粉土：中密，夹杂色条纹，可见结核硬块，部分为砂质粉土。

2.测试结果

T7 桩最大加载量为 19 000kN，第一级为 3 000kN，500kN 为一级，在每一级加载过程中桩身沉降稳定较快，在加载至 19 000kN 时一切正常；在所有 s-lg$t$ 曲线没有明显下弯趋势，各级在持续了 120min 沉降达到相对稳定，桩顶总沉降量仅为 38.11mm，桩底总沉降量仅为2.82mm。荷载卸至零时桩身总沉降量为 8.3mm，回弹率为 76%。最大加载 19 000kN 沉降已达到稳定，实测该桩的极限承载力为 19 000kN。

T8 桩最大加载量为 20 000kN，500kN 为一级，第一级为 3 000kN，在每一级加载过程中桩身沉降稳定较快，在加载至 20 000kN 时一切正常；在所有 s-lg$t$ 曲线没有明显下弯趋势，各级在持续了 120～150min 沉降达到相对稳定，桩顶总沉降量为 49.80mm，桩底总沉降量仅为 5.82mm。荷载卸至零时桩身总沉降量为 8.3mm，回弹率为 71%。最大加载 20 000kN 沉降已达到稳定，实测该桩的极限承载力为 20 000kN。

T9 试桩抗压试验于 2005 年 12 月 5 日开始加载，12 月 7 日结束。上荷载箱 2×500kN 为一级，第一级为 2×1 000kN，最大加载量为 2×5 500kN。最大加载 2×5 500kN 时，沉降已达到相对稳定，实测的地面下 33.5m 抗拔极限承载力为>5 500kN。下荷载箱 2×850kN 为一级，第一级为 2×1 700kN，最大加载量为 2×10 200kN。最大加载 2×10 200kN 时，沉降已达到相对稳定，实测的地面下 33.5m 以下桩段极限承载力为 21 830kN，相应的位移为 36.50mm。

现场实测数据和曲线，如表 9-6～表 9-9 和图 9-23～图 9-35 所示。

T7 桩竖向抗压静载荷试验时间和沉降量汇总表　　表 9-6

序号	荷载(kN)	历时(min)		沉降(mm)	
		本级	累计	桩端	桩顶
0	0	0	0	0	0
1	3 000	120	120	0.20	2.88
2	4 500	120	240	0.30	4.39
3	6 000	120	360	0.41	6.36
4	7 500	120	480	0.54	8.89
5	9 000	120	600	0.75	11.44
6	10 500	120	720	1.07	15.02
7	12 000	120	840	1.31	18.6
8	13 500	120	960	1.53	22.19
9	15 000	120	1 080	1.81	26.13
10	16 500	120	1 200	2.13	29.94
11	18 000	120	1 320	2.46	34.48
12	19 000	120	1 440	2.82	38.11
13	16 500	60	1 500	2.78	36.66
14	13 500	60	1 560	2.39	33.33
15	10 500	60	1 620	2.09	30.21
16	7 500	60	1 680	1.67	25.38
17	4 500	60	1 740	1.43	20.35
18	0	180	1 920	0.42	8.76
桩顶最大沉降量:38.11mm;桩端最大沉降量:2.82mm					
桩顶最大回弹量:29.35mm;桩端最大回弹量:29.35mm					
回弹率:77%					

T8 桩各级荷载下沉降量汇总表　　表 9-7

序号	荷载(kN)	历时(min)		沉降(mm)	
		本级	累计	桩端	桩顶
0	0	0	0	0	0
1	3 000	120	120	0.57	3.50
2	4 500	120	240	0.57	5.87
3	6 000	120	360	0.51	8.55
4	7 500	120	480	0.61	11.54
5	9 000	120	600	0.70	14.60
6	10 500	120	720	0.77	18.03
7	12 000	150	870	1.01	21.61
8	13 500	150	1 020	1.19	25.27

续上表

序号	荷载(kN)	历时(min)		沉降(mm)	
		本级	累计	桩端	桩顶
9	15 000	150	1 170	1.31	30.27
10	16 500	150	1 320	1.58	35.10
11	18 000	150	1 470	1.98	40.98
12	20 000	150	1 620	2.72	49.80
13	16 500	60	1 680	2.53	48.26
14	13 500	60	1 740	1.96	44.33
15	10 500	60	1 800	1.44	40.53
16	7 500	60	1 860	1.22	35.33
17	4 500	60	1 920	1.05	29.28
18	0	180	2 100	0.34	14.43
桩顶最大沉降量:49.80mm;桩端最大沉降量:2.72mm					
桩顶最大回弹量:35.37mm;桩端最大回弹量:2.38mm					
桩身回弹率:70%					

T9 桩上荷载箱向上位移量汇总表 表 9-8

序号	荷载(kN)	历时(min)		向上位移(mm)	
		本级	累计	本级	累计
0	0	0	0	0	0
1	2×1 000	120	120	0.42	0.42
2	2×1 500	120	240	0.30	0.72
3	2×2 000	120	360	0.53	1.26
4	2×2 500	120	480	0.92	2.18
5	2×3 000	120	600	1.01	3.19
6	2×3 500	120	720	1.36	4.55
7	2×4 000	120	840	1.41	5.96
8	2×4 500	120	960	1.61	7.56
9	2×5 000	120	1 080	2.25	9.82
10	2×5 500	120	1 200	2.0	11.82
11	2×4 500	60	1 260	−1.23	10.58
12	2×3 500	60	1 320	−1.26	9.32
13	2×2 500	60	1 380	−1.66	7.66
14	2×1 500	60	1 440	−1.00	6.66
15	2×0	60	1620	−1.10	5.56
最大位移量:11.82mm					
最大回弹量:6.26mm					

T9 桩下荷载箱下沉降量汇总表　　表 9-9

序号	荷载(kN)	历时(min)		沉降(mm)	
		本级	累计	本级	累计
0	0	0	0	0	0
1	2×1 700	120	120	−1.58	−1.58
2	2×2 550	120	240	−1.28	−2.86
3	2×3 400	120	360	−1.88	−4.74
4	2×4 250	120	480	−1.96	−6.70
5	2×5 100	120	600	−2.13	−8.83
6	2×5 950	120	720	−2.98	−11.80
7	2×6 800	240	960	−3.64	−15.44
8	2×7 650	180	1 140	−3.79	−19.23
9	2×8 500	150	1 290	−3.54	−22.77
10	2×9 350	180	1 470	−4.63	−27.39
11	2×10 200	180	1 650	−4.87	−32.27
12	2×8 500	60	1 710	2.13	−30.14
13	2×6 800	60	1 770	2.55	−27.59
14	2×5 100	60	1 830	2.85	−24.74
15	2×3 400	60	1 890	2.61	−22.14
16	2×0	180	2 070	3.61	−18.53
最大沉降量:32.27mm					
最大回弹量:13.74mm					

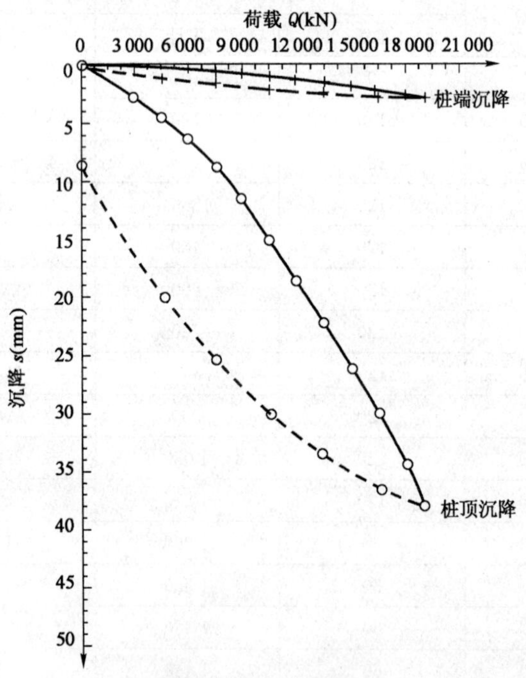

荷载(kN)	3 000	4 500	6 000	7 500	9 000	10 500	12 000	13 500	15 000	16 500	18 000	19 500	21 000
桩顶沉降量(mm)	2.88	4.39	6.36	8.89	11.44	15.02	18.60	22.19	26.13	29.94	34.48	38.11	36.66
桩端沉降量(mm)	0.20	0.30	0.41	0.54	0.75	1.07	1.31	1.53	1.81	2.13	2.46	2.82	2.78

图 9-23　T7 号试桩 Q-s 关系曲线

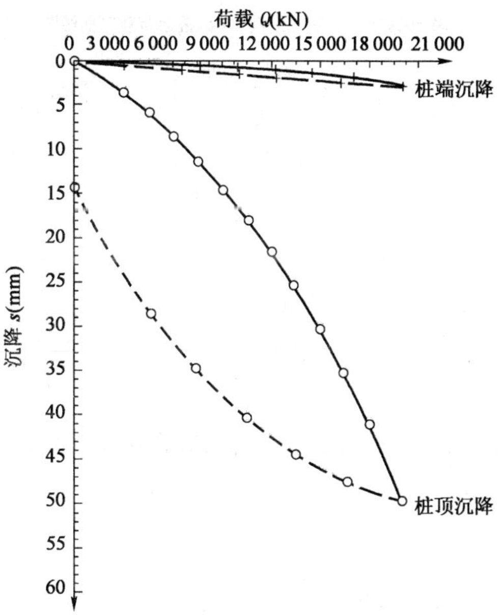

荷载(kN)	3 000	4 500	6 000	7 500	9 000	10 500	12 000	13 500	15 000	16 500	18 000	20 000
桩顶上拔量(mm)	3.50	5.87	8.55	11.54	14.60	18.03	21.61	25.27	30.27	35.10	40.98	49.80
桩端上拔量(mm)	0.57	0.57	0.51	0.61	0.70	0.77	1.01	1.19	1.31	1.58	1.98	2.72

图 9-24 T8 号试桩 Q-s 关系曲线

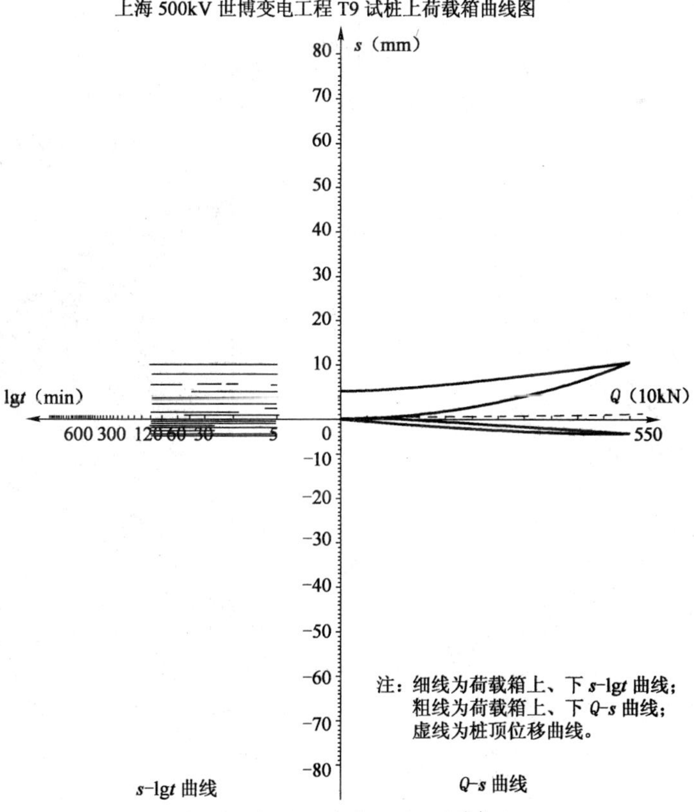

图 9-25 T9 号试桩 Q-s、s-lg$t$ 关系曲线

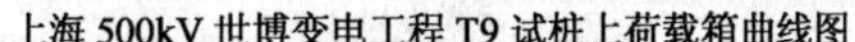

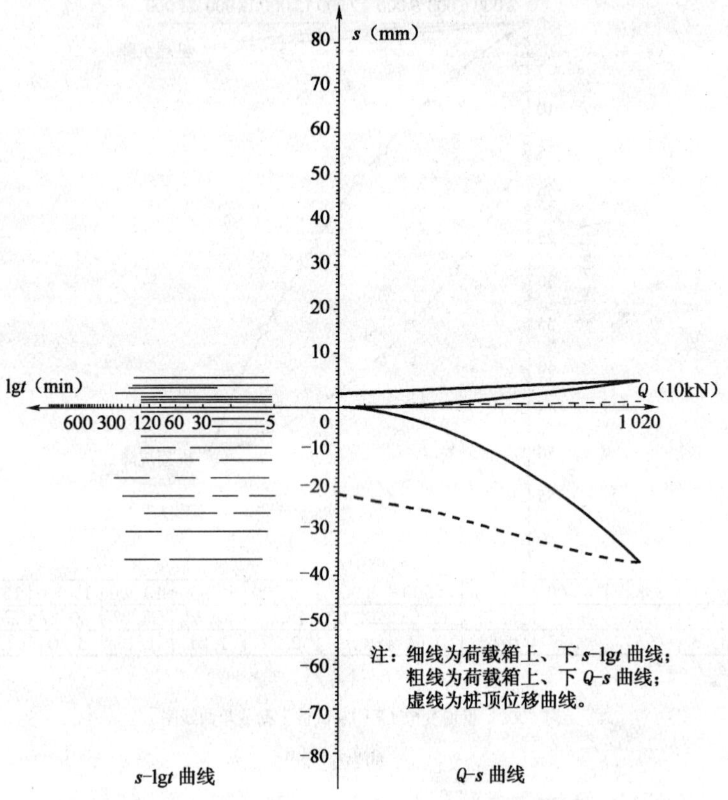

图 9-26　T9 号试桩 Q-s、s-lg$t$ 关系曲线

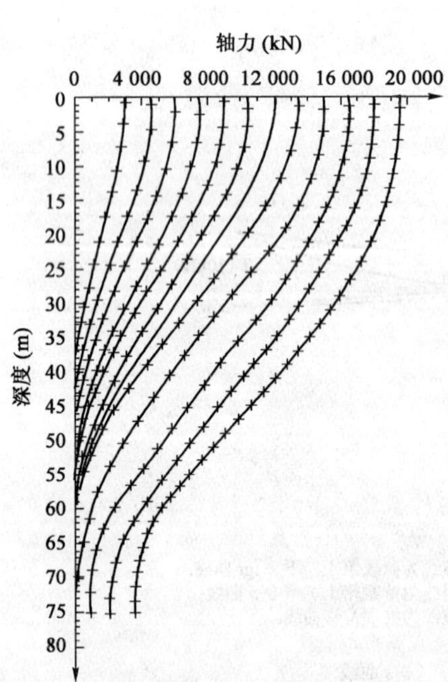

图 9-27　T7 号试桩桩身轴力沿深度分布图

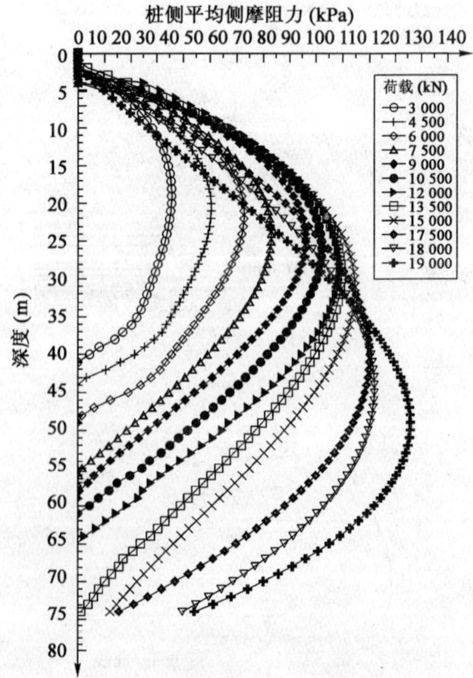

图 9-28　T7 号桩桩侧平均摩阻力沿深度分布图

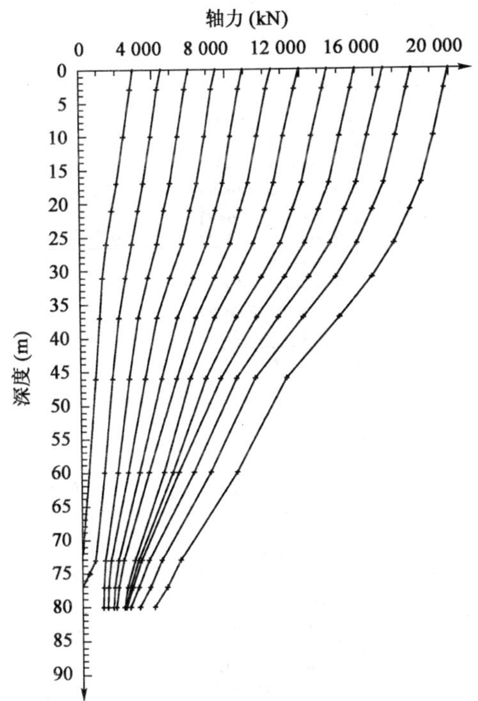

图 9-29　T8 号试桩桩身轴力沿深度分布图

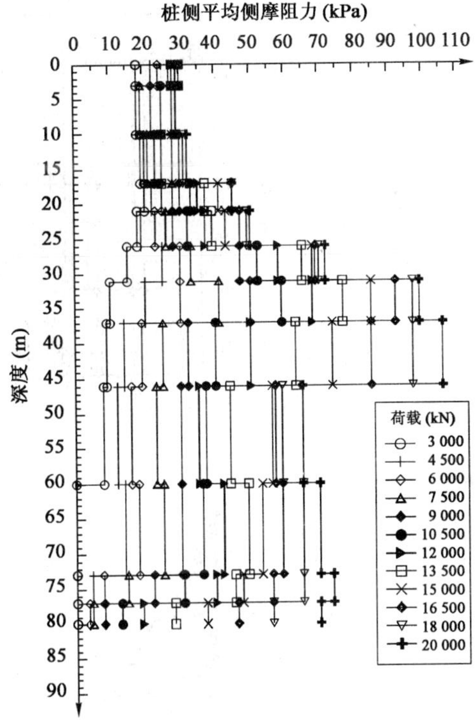

图 9-30　T8 号桩桩侧平均摩阻力沿深度分布图

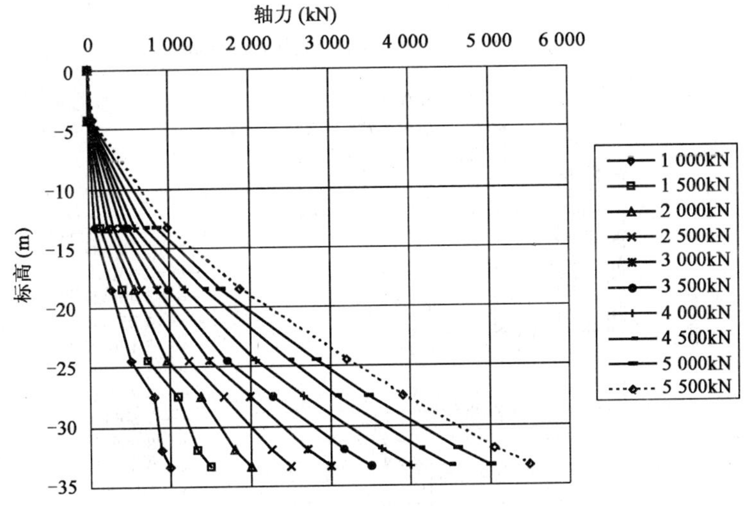

图 9-31　T9 号桩(上荷载箱)加载轴力分布图

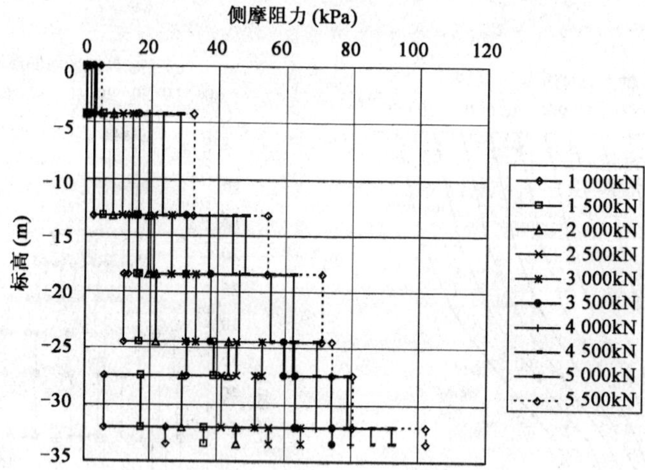

图 9-32 T9 号桩(上荷载箱)桩侧摩阻力深度分布图

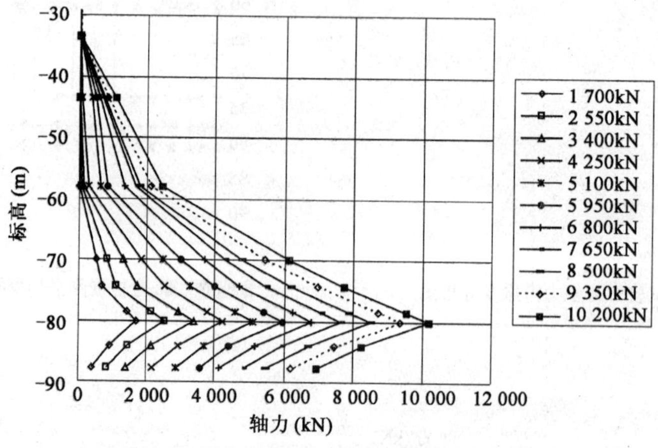

图 9-33 T9 号桩(下荷载箱)加载轴力分布图

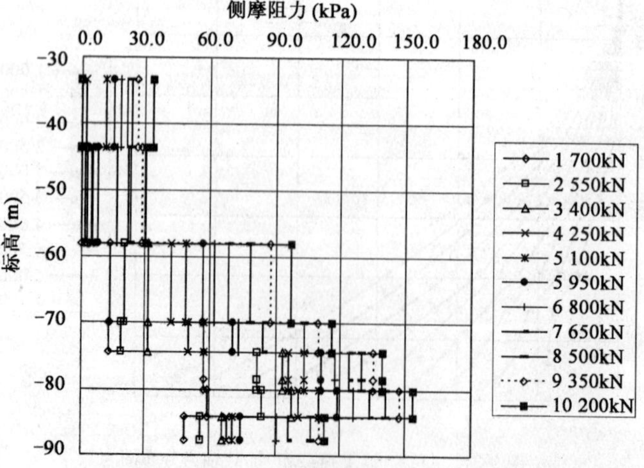

图 9-34 T9 号桩(下荷载箱)桩侧摩阻力深度分布图

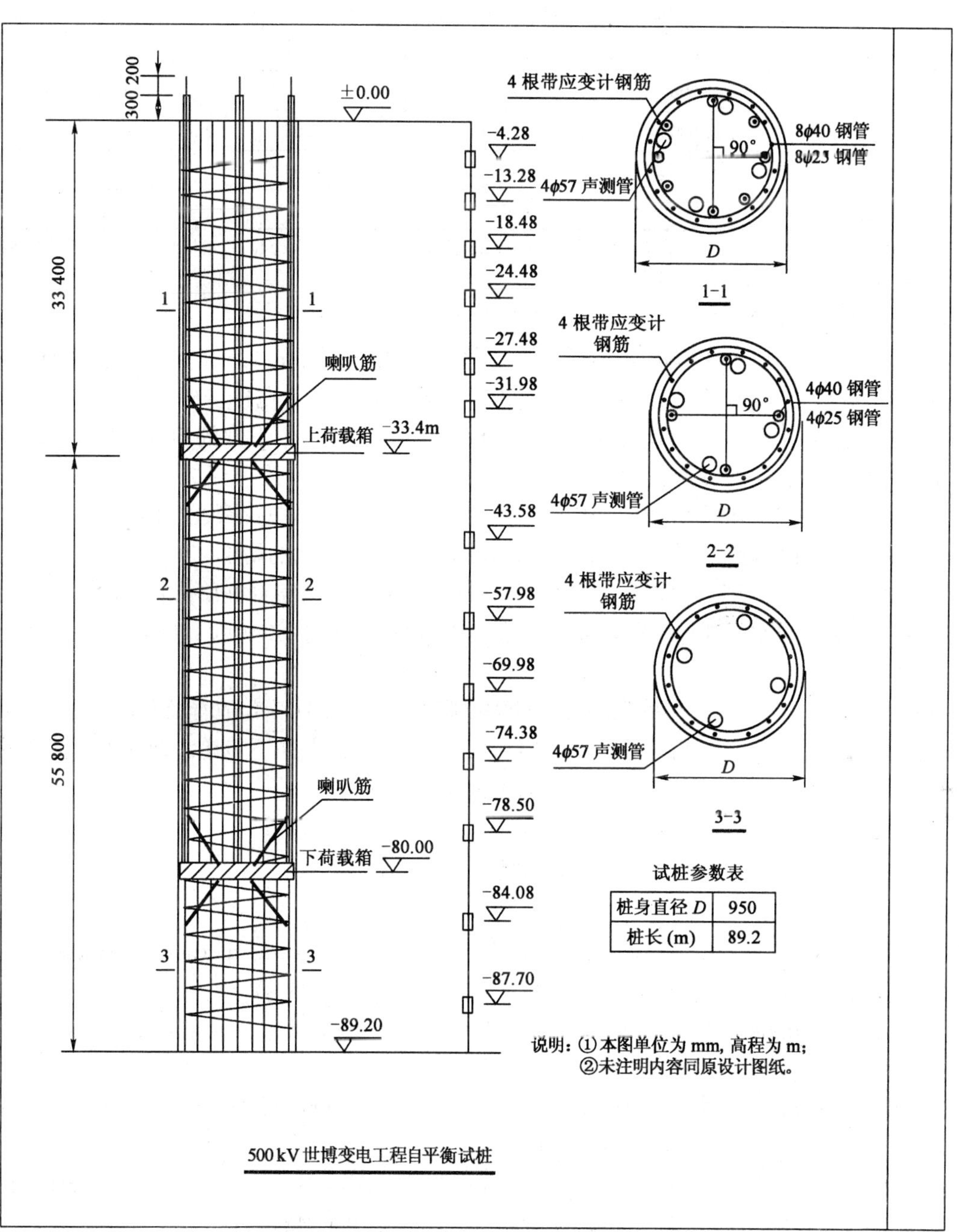

图 9-35 T9 号桩荷载箱及应变计位置图

3. 结论

(1)竖向抗压载荷试验结论，如表 9-10 所示。

ϕ950 灌注桩单桩竖向抗压极限承载力及相应最大沉降量　　表 9-10

试桩编号	最大加载量(kN)	单桩抗压极限承载力(kN)	桩顶最大沉降量(mm)	备　注
T7	19 000	19 000	38.11	桩底注浆
T8	20 000	20 000	49.80	桩底注浆
T9	2×10 200	21 830	36.50	桩底注浆
建议值	—	19500	—	桩底需注浆

注：试桩的抗压极限承载力统计：取平均值 Q_{um} 为 19 500kN，标准差 S_n 为 0.12<0.15，故单桩竖向抗压极限承载力标准值为 $Q_{uk}=Q_{um}=19\,500$kN。

(2)应变测试结论如下：

从 T7 桩桩身轴力和桩侧摩阻力汇总表可知，试桩在 40～50m 以下的桩身应变趋缓，应变发展较均匀，底部轴力较小。在加荷量达到 15 000kN 前，摩阻力在桩身中上部发挥最大。随着荷载的增加，中上部桩侧摩阻力有所减少，最大摩阻力下移到中下部的 50m 左右，土层的摩阻力达到 120kPa。在最大荷载作用下，端阻力有发展扩大趋势并得到进一步发挥。经计算 T7 桩在加荷至 19 000kN 时，试桩平均端阻力达到 3 850kN，约占总荷载的 20%左右。

从 T8 号桩桩身轴力和桩侧摩阻力汇总表中可知，随着荷载的增加，各层土的桩侧摩阻力逐渐增大，上部土层的摩阻力首先达到峰值，并逐渐往下传递。随着桩顶荷载的增大达到最大试验荷载，上部土层(0～40m)的摩阻力充分发挥，距桩顶顶部 80m 以下桩侧阻力未完全发挥，桩端阻力未达到极限。

从 T9 号桩(自平衡试桩)桩身轴力和桩侧摩阻力汇总表中可知，随着荷载的增加，各层土的桩侧摩阻力逐渐增大，且荷载箱处的摩阻力最大，并逐渐往上往下传递。即使桩顶荷载的增大达到最大试验荷载，桩顶和桩端土层的摩阻力均未达到极限。

本章参考文献

[1] Nakayama J, Fujiseki, Kiyoomi Yamada. A pile load testing method. Japanese Patent No. 1973-27007(in Japanese).

[2] Toyokazu Fujioka, Kiyoomi Yamada. The development of a new pile load testing system.

[3] Deep Foundation Testing. Equipment and Technical Services Specializing in Osterberg Cell Technology (Optimized for Netscape).

[4] Jori Osterberg. New device for load testing driven piles and drilled shaft separates friction and end bearing. Piling and Deep Foundations. 1989,421～427.

[5] 李广信，黄锋，帅志杰. 不同加载方式下桩的摩阻力的试验研究. 工业建筑，1999,29(12)：19～22.

[6] 史佩栋. 国外高层建筑深基础及基坑支护技术若干新进展. 工业建筑，1996,26(12)：56～60.

[7] 史佩栋. 关于 Osterberg 静载荷试桩法的进一步探讨. 工业建筑，1998,28(2)：56～58.

[8] 史佩栋,陆怡. Osterberg 静载荷试桩法 10 年的发展. 工业建筑,1999,29(12):17、18、52.
[9] 龚维明,蒋永生,翟晋. 桩承载力自平衡测试法. 岩土工程学报,2000,22(5):532～536.
[10] 龚维明,戴国亮,蒋永生,薛国亚. 桩承载力自平衡测试理论与实践. 建筑结构学报,2002,23(1):82～88.
[11] 龚维明,翟晋,薛国亚. 桩承载力自平衡测试法的理论研究. 工业建筑,2002,32(1):37～40.
[12] 龚维明,戴国亮. 桩承载力自平衡测试技术及工程应用. 北京:中国建筑工业出版社,2006.

第十章　桩动力测试

第一节　低应变动测法

根据《建筑基桩检测技术规范》(JGJ 106—2003)定义，低应变动测法为：在桩顶施加低能量荷载，实测桩顶速度(或同时实测力)的响应，通过时域和频域分析，判定桩身的完整性的检测方法。本节仅讨论弹性波反射法，即通过对反射信号进行分析计算，判断桩身混凝土的完整性，判定桩身缺陷的程度及其位置。

一、基本原理

1. 一维波动方程

(1)基本模型

假定：

①桩身为一维线弹性杆件，即满足虎克定律；

②桩身材料均匀、截面恒定，即截面积A、弹性模量E、质量密度ρ为定值；

③杆件变形时横截面保持平面，且彼此平行；

④杆件横截面上应力分布均匀；

⑤不考虑桩身材料的内阻尼及桩周土体对沿桩身传播的应力波的影响。

杆件受轴向力F作用时，沿杆件轴向产生位移u，则质点运动速度$v=\partial u/\partial t$、质点运动加速度$a=\partial^2 u/\partial t^2$、应变$\varepsilon=\partial u/\partial x$、应力$\sigma=F/A$(见图10-1)。

根据牛顿第二定律：$\sum F=m\cdot a$，则

$$\frac{\partial F}{\partial x}\mathrm{d}x=A\cdot \mathrm{d}x\cdot\rho\cdot\frac{\partial^2 u}{\partial t^2} \tag{10-1}$$

根据虎克定律：

$$\sigma=\varepsilon\cdot E=\frac{\partial u}{\partial x}\cdot E \tag{10-2}$$

合并式(10-1)、式(10-2)及$\sigma=F/A$，得：

$$\frac{\partial^2 u}{\partial t^2}=\frac{E}{\rho}\cdot\frac{\partial^2 u}{\partial x^2} \tag{10-3}$$

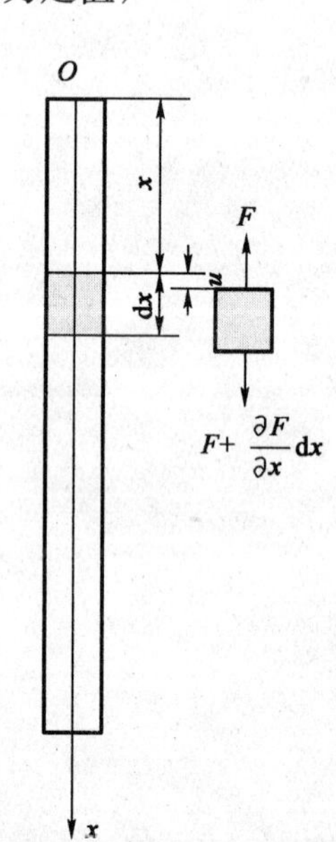

图10-1　直杆的纵向振动模型

定义 $c=\sqrt{\dfrac{E}{\rho}}$ 为位移、速度、应变或应力波在杆件中的纵向传播速度，得到如下一维波动方程：

$$\frac{\partial^2 u}{\partial t^2}-c^2\cdot\frac{\partial^2 u}{\partial x^2}=0 \tag{10-4}$$

(2)采用分离变量法解波动方程

采用分离变量法，将波动方程表示为：

$$u(x,t)=U(x)\cdot G(t) \tag{10-5}$$

可得常微分方程组，并解得：

$$U(x)=C_1\sin\frac{\omega}{c}x+C_2\cos\frac{\omega}{c}x \tag{10-6}$$

$$G(t)=C_3\sin\omega t+C_4\cos\omega t \tag{10-7}$$

上两式中，$\omega=2\pi f$ 为圆频率，C_1、C_2、C_3、C_4 为任意常数，由边界条件确定。

将式(10-6)及式(10-7)代入式(10-5)，则波动方程可写成：

$$u(x,t)=\left(C_1\sin\frac{\omega}{c}x+C_2\cos\frac{\omega}{c}x\right)\cdot(C_3\sin\omega t+C_4\cos\omega t) \tag{10-8}$$

忽略桩周土阻尼的作用，将桩周土对桩的综合支承作用简化为一个作用于桩底，刚度为 k 的弹簧表示(见图 10-2)。

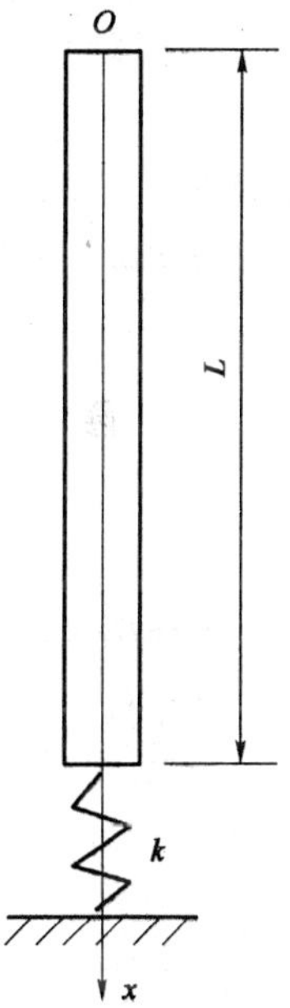

桩顶为自由端，其应力必须为零$\left(即 E\dfrac{\partial u}{\partial x}=0\right)$，将式(10-8)代入得：

$$E\frac{\partial u}{\partial x}V_{X=0}=EC_1\ \frac{\omega}{c}(C_3\sin\omega t+C_4\cos\omega t)=0$$

由于上式必须任何 t 时刻都成立，故 $C_1=0$；

桩底简化为一个刚度为 k 的弹簧作用，其应力为$\dfrac{ku}{A}\left(即 E\dfrac{\partial u}{\partial x}=\dfrac{ku}{A}\right)$，将式(10-8)代入得：

$$\begin{aligned}E\frac{\partial u}{\partial x}V_{X=L}&=E\frac{\omega}{c}\left(C_1\cos\frac{\omega}{c}L-C_2\sin\frac{\omega}{c}L\right)(C_3\sin\omega t+C_4\cos\omega t)\\&=\frac{ku}{A}=\frac{k}{A}\left(C_1\sin\frac{\omega}{c}L+C_2\cos\frac{\omega}{c}L\right)(C_3\sin\omega t+C_4\cos\omega t)\end{aligned}$$

将 $C_1=0$ 代入上式，化简后得：

$$\tan\frac{2\pi f_n}{c}L=-\frac{kc}{2\pi f_n EA} \tag{10-9}$$

则桩-土体系固有频率 f_n 可表示为：

$$f_n=\frac{c}{2L}\left(n-\frac{1}{\pi}\tan^{-1}\frac{kc}{2\pi f_n EA}\right)\quad(n=1,2,3,\cdots) \tag{10-10}$$

图 10-2 桩-土模型

对于具体桩而言，其长度 L、截面积 A、弹性模量 E 及纵波速度 c 均为定值，则弹簧刚度 k 值的变化对桩-土体系固有频率 f_n 有明显的影响。

①当桩底为自由(相当于纯摩擦桩)时，$k\to 0$，相应的固有频率 f_n 和基频 f_1 分别为：

$$f_n=\frac{nc}{2L},f_1=\frac{c}{2L}\quad(n=1,2,3,\cdots) \tag{10-11}$$

②当桩底为固定(相当于端承桩)时,$k\to\infty$,相应的固有频率 f_n和基频 f_1分别为:

$$f_n=\frac{c}{4L}(2n-1),f_1=\frac{c}{4L}\quad(n=1,2,3,\cdots)\tag{10-12}$$

③当桩底为一般支承条件时,$0<k<\infty$,相应的固有频率 f_n和基频 f_1分别为:

$$f_n=\frac{c}{2L}(n-\alpha),f_1=\frac{c}{2L}(1-\alpha)\quad(n=1,2,3,\cdots)\tag{10-13}$$

式中,$\alpha=\frac{1}{\pi}\tan^{-1}\frac{kc}{2\pi f_n EA}$为$k$ 的函数,$0<\alpha<\frac{1}{2}$。

由式(10-11)、式(10-12)可得,相邻两阶固有频率之差相等:

$$\Delta f=f_{n+1}-f_n=\frac{c}{2L}\tag{10-14}$$

由式(10-13)可得,相邻两阶固有频率之差为:

$$\begin{aligned}\Delta f=f_{n+1}-f_n&=\frac{c}{2L}\left[1-\frac{1}{\pi}\left(\tan^{-1}\frac{kc}{2\pi f_{n+1}EA}-\tan^{-1}\frac{kc}{2\pi f_n EA}\right)\right]\\&=\frac{c}{2L}\left(1+\frac{1}{\pi}\tan^{-1}\frac{f_{n+1}-f_n}{\frac{2\pi EA}{kc}\cdot f_{n+1}\cdot f_n+\frac{kc}{2\pi EA}}\right)\approx\frac{c}{2L}\end{aligned}\tag{10-15}$$

式中,$\beta=\frac{1}{\pi}\tan^{-1}\frac{f_{n+1}-f_n}{\frac{2\pi EA}{kc}\cdot f_{n+1}\cdot f_n+\frac{kc}{2\pi EA}}>0$,但其值很小,在实际工程应用中可以认为接近于零,且桩长越短β值越小,f_n阶数越高β值越小。

就实际工程桩而言,桩底不可能绝对自由也不可能绝对固定,即式(10-13)中k值为大于零的有限值,k值的大小对低阶固有频率的影响较大,$\frac{c}{4L}<f_1<\frac{c}{2L}$,且基频$f_1$越接近$\frac{c}{2L}$则桩底支承条件越差。

由式(10-15)可知,频差Δf并不严格保持等间距,但随着阶数的增加,Δf趋近于常数$\frac{c}{2L}$。

上述结论在缺陷桩中同样适用且表现更明显,应力波在桩顶与缺陷间来回反射,出现缺陷频率谐振峰f'_n和基频f'_1,基频f'_1越接近$\frac{c}{2L'}$(L'为缺陷距桩顶的距离)则L'处缺陷越严重;基频f'_1越接近$\frac{c}{4L'}$(L'为缺陷距桩顶的距离)则L'处扩径现象越严重;无论何种缺陷,其相邻谐振峰的频差$\Delta f'$均接近于$\frac{c}{2L'}$。

2.应力波在桩身不同阻抗界面处的反射与透射

阻抗变化与杆件的截面尺寸、质量密度、弹性波速等因素有关,可用式(10-16)表示:

$$Z=\rho cA=EA/c\tag{10-16}$$

式中:Z——桩身截面力学阻抗,kN·s/m;

ρ——桩身材料质量密度,t/m^3;

c——桩身应力波传播速度,m/s;

E——桩身材料弹性模量,kPa,$E=\rho\cdot c^2$;

A——桩身截面面积,m^2。

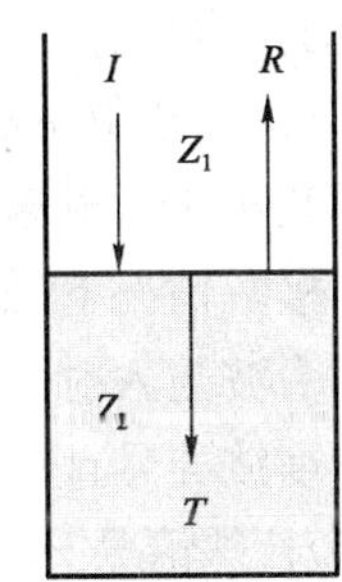

图 10-3 两种不同阻抗材料的桩

假定图 10-3 所示的桩身由两种材料的阻抗组成(ρ、c、A 中一个或均发生变化),当应力波(下行波)从波阻抗为 Z_1 的介质入射至波阻抗为 Z_2 的介质时,在两种不同介质的界面上将发生反射(上行波)和透射(下行波),用下标 I、R、T 分别表示入射、反射和透射。入射波和透射波应满足下行波阵面的跳跃条件,即:

$$\left.\begin{aligned} F_{\mathrm{I}} &= Z_1 \cdot v_{\mathrm{I}} \\ F_{\mathrm{T}} &= Z_2 \cdot v_{\mathrm{T}} \end{aligned}\right\} \tag{10-17}$$

反射波应满足上行波阵面的跳跃条件,即:

$$F_{\mathrm{R}} = - Z_1 \cdot v_{\mathrm{R}} \tag{10-18}$$

当应力波在交界面发生反射和透射时,应满足作用力与反作用力相等的牛顿第三定律,也应满足连续介质的位移(速度)连续的原理,即下式成立:

$$\left.\begin{aligned} F_{\mathrm{I}} + F_{\mathrm{R}} &= F_{\mathrm{T}} \\ v_{\mathrm{I}} + v_{\mathrm{R}} &= V_{\mathrm{T}} \end{aligned}\right\} \tag{10-19}$$

解方程式(10-17)、式(10-18)、式(10-19),并令完整性系数 $\beta = Z_2/Z_1$、反射系数 $R = (\beta - 1)/(\beta + 1)$、透射系数 $T = 2\beta/(\beta + 1)$,得:

$$\left.\begin{aligned} F_{\mathrm{R}} &= \frac{Z_2 - Z_1}{Z_2 + Z_1} F_{\mathrm{I}} = \frac{\beta - 1}{\beta + 1} F_{\mathrm{I}} = R \cdot F_{\mathrm{I}} \\ F_{\mathrm{T}} &= \frac{2Z_2}{Z_2 + Z_1} F_{\mathrm{I}} = \frac{2\beta}{\beta + 1} F_{\mathrm{I}} = T \cdot F_{\mathrm{I}} \\ V_{\mathrm{R}} &= -\frac{Z_2 - Z_1}{Z_2 + Z_1} v_{\mathrm{I}} = -\frac{\beta - 1}{\beta + 1} v_{\mathrm{I}} = -R \cdot v_{\mathrm{I}} \\ V_{\mathrm{T}} &= \frac{2Z_1}{Z_2 + Z_1} v_{\mathrm{I}} = \frac{2}{\beta + 1} v_{\mathrm{I}} = \frac{1}{\beta} \cdot T \cdot v_{\mathrm{I}} \end{aligned}\right\} \tag{10-20}$$

下面就式(10-19)进行讨论:

(1)由于透射系数 $T \geqslant 0$,所以透射波总是与入射波同号。

(2)对于完整桩,桩身范围内阻抗保持不变($Z_2 = Z_1$),完整性指数 $\beta = 1$,反射系数 $R = 0$,透射系数 $T = 1$,反射力波、速度波为零($F_{\mathrm{R}} = 0$,$V_{\mathrm{R}} = 0$),透射力波等于入射力波($F_{\mathrm{T}} = F_{\mathrm{I}}$),透射速度波等于入射速度波($v_{\mathrm{T}} = v_{\mathrm{I}}$);即应力波以不变的形态沿桩身传播。

(3)对于缺陷桩,桩身某处的阻抗下降($Z_2 < Z_1$),完整性指数 $\beta < 1$,反射系数 $R < 0$,反射力波与入射力波异号,如入射力波为压力波则反射力波为拉力波,与后面到来的入射压力波叠加起到卸载的作用;反射速度波与入射速度波同号,与后面到来的入射速度波叠加起到增强的作用;由于透射系数 $T < 1$,则透射力波的幅值总是小于入射力波($F_{\mathrm{T}} < F_{\mathrm{I}}$),透射速度波的幅值总是大于入射速度波的幅值($v_{\mathrm{T}} > v_{\mathrm{I}}$);上述结论在桩底阻抗小于桩身的完整桩桩底同样适用。极端情况下(如断桩、桩顶、纯摩擦桩桩底),$Z_2 \to 0$,$\beta \to 0$,相当于绝对自由端反射,$R = -1$、$T = 0$,该截面反射力波与入射力波异号且幅值相同,叠加后使该截面合力为零;反射速度波与入射速度波同号且幅值相同,叠加后使该截面质点运动速度加倍($v_{\mathrm{T}} = 2v_{\mathrm{I}}$)。

(4)对于扩径桩,桩身某处的阻抗上升($Z_2 > Z_1$),完整性指数 $\beta > 1$,反射系数 $R > 0$,反射力波与入射力波同号,如入射力波为压力波则反射力波亦为压力波,与后面到来的入射压力波叠加起到增强的作用；反射速度波与入射速度波异号，与后面到来的入射速度波叠加起到减弱的作用；由于透射系数 $T>1$，则透射力波的幅值总是大于入射力波（$F_T>F_I$），透射速度波的幅值总是小于入射速度波的幅值（$v_T<v_I$）。上述结论在桩底阻抗大于桩身的完整桩桩底同样适用。极端情况下（如嵌岩桩桩底），$Z_2\to\infty$，$\beta\to\infty$，相当于绝对固定端反射，$R=1$、$T=2$，该截面反射力波与入射力波同号且幅值相同，叠加后使该截面合力加倍（$F_T=2F_I$）；反射速度波与入射速度波异号且幅值相同，叠加后使该截面质点运动速度为零。

(5)特殊情况下，完整桩的桩底的广义波阻抗 Z_2 与桩身波阻抗 Z_1 相等或非常接近（$Z_1\approx Z_2$），则桩底的反射系数 $R\to0$，透射系数 $T\to1$，反射力波、速度波趋近于零（$F_R\to0$，$V_R\to0$）。此时，在桩顶测试时就无法得到反射信号。

3.频谱分析

(1)简谐波与复杂波

当许多振幅 A_n、相位 φ_n、频率 f_n 不同的简谐波叠加在一起的时候，可以得到一个复杂波；反过来，在一般情况下，一个复杂波可以分解成多个简谐波的叠加。

在区间$[t_0,t_0+T]$上，对于一个不是十分复杂的波 $x(t)$，可以分解为有限多个简谐波的叠加：

$$x(t)=A_0+\sum_{n=1}^{N}A_n\sin(2\pi f_0nt+\varphi_n)$$

上式右端实际上是一个常量加上 N 个简谐波，当简谐波数量 N 增加到无限（$N\to+\infty$）时，$x(t)$成为一个十分复杂的复杂波，则上式可改写成：

$$x(t)=A_0+\sum_{n=1}^{+\infty}A_n\sin(2\pi f_0nt+\varphi_n)\tag{10-21}$$

其中 $f_0=\frac{1}{T}$为基频，A_0为 $x(t)$的直流分量或常数分量，$A_n\sin(2\pi f_0nt+\varphi_n)$为 $x(t)$的 n 次谐波。

把 n 次谐波变换为：

$$\begin{aligned}A_n\sin(2\pi f_0nt+\varphi_n)&=A_n\cos\varphi_n\sin2\pi f_0nt+A_n\sin\varphi_n\cos2\pi f_0nt\\&=a_n\sin2\pi f_0nt+b_n\cos2\pi f_0nt\end{aligned}$$

式中，$a_n=A_n\cos\varphi_n$；$b_n=A_n\sin\varphi_n$；$b_0=A_0$。

则式(10-21)可写成：

$$x(t)=b_0+\sum_{n=1}^{+\infty}(a_n\sin2\pi f_0nt+b_n\cos2\pi f_0nt)\tag{10-22}$$

式(10-21)、式(10-22)均称为 $x(t)$的富氏级数展开式，右端称为 $x(t)$的富氏级数。

引入尤拉公式：

$$e^{j2\pi f_0nt}=\cos2\pi f_0nt+j\sin2\pi f_0nt\tag{10-23}$$

式中，$j=\sqrt{-1}$。

将式(10-23)代入式(10-22)经化简后，得 $x(t)$的复数形式的富氏级数展开式：

$$x(t)=\sum_{n=-\infty}^{+\infty}c_n\cdot e^{j2\pi f_0nt}$$

$$c_n=\frac{1}{T}\int_{t_0}^{t_0+T}x(t)\cdot e^{-j2\pi f_0 nt}dt \tag{10-24}$$

式中，c_n称为富氏级数的系数，$n=0,\pm1,\pm2,\pm3,\cdots$。

(2)富氏积分与连续谱

在整个时间坐标轴$(-\infty,+\infty)$上的连续信号$x(t)$，我们在有限区间$[-T/2、T/2]$上考察它，按照式(10-24)有：

$$x(t)=\sum_{n=-\infty}^{+\infty}c_n\cdot e^{j2\pi nf_0 t},t\in[-T/2,T/2] \tag{10-25}$$

$$c_n=\frac{1}{T}\int_{-T/2}^{T/2}x(t)\cdot e^{-j2\pi nf_0 t}dt \tag{10-26}$$

$$f_0=\frac{1}{T}$$

当$T\to+\infty$时，式(10-26)的有限积分就转换为无限积分，令：

$$X(f)=\int_{-\infty}^{\infty}x(t)\cdot e^{-j2\pi ft}dt \tag{10-27}$$

nf_0表示n次谐波的频率，记$f_n=nf_0$，$\Delta f_n=f_{n+1}-f_n=f_0=\frac{1}{T}$，并将式(10-27)代入式(10-26)得$c_n=\Delta f_n\cdot X(f_n)$，再代入式(10-25)得：

$$x(t)=\sum_{n=-\infty}^{+\infty}X(f_n)\cdot e^{j2\pi f_n t}\cdot\Delta f_n,t\in[-T/2,T/2]$$

当$T\to+\infty$时，$\Delta f_n=\frac{1}{T}\to0$，上式右边就变成无穷积分，上式可写成：

$$x(t)=\int_{-\infty}^{+\infty}X(f)\cdot e^{j2\pi ft}\cdot df,t\in[-T/2,T/2]$$

把上面结果总结为一对公式：

$$X(f)=\int_{-\infty}^{\infty}x(t)\cdot e^{-j2\pi ft}dt \tag{10-28}$$

$$x(t)=\int_{-\infty}^{+\infty}X(f)\cdot e^{j2\pi ft}\cdot df \tag{10-29}$$

以上两式是以复数形式表示的一个富氏变换对，其中式(10-28)表示信号$x(t)$的富氏积分或富氏变换，式(10 29)表示$X(f)$的富氏逆变换；从以上两式可以看出$x(t)$确定后就可以唯一地确定$X(f)$，反之，当$X(f)$确定后就可以唯一地确定$x(t)$。这里，$X(f)$为$x(t)$的连续频谱，通常简称为频谱。

由于$X(f)$是复函数，因此，$X(f)$可表示为：

$$X(f)=A(f)\cdot e^{j\phi(f)}$$

其中：

$$A(f)=|X(f)|$$

$$\phi(f)=\arg X(f)$$

通常称$A(f)$为$x(t)$的振幅谱，$\phi(f)$为$x(t)$的相位谱。而由信号$x(t)$求出它的频谱$X(f)$，称为对$x(t)$作频谱分析。

(3)连续信号的离散化及离散信号的频谱

在实际工程的桩基检测中，传感器测得的信号是连续信号或称模拟信号，经数字化即模/数(A/D)转换后，由计算机进行处理；由模拟信号转为数字信号的过程称为连续信号的离散化。

设一连续信号 $x(t)$($t\in[-\infty,+\infty]$)，按一定的时间间隔 Δt 进行取值，得到离散信号 $x(n\Delta t)$($n=0,\pm1,\pm2,\pm3,\cdots$)，$\Delta t$ 称为抽样间隔或采样间隔。

注意：只有当频谱 $X(f)$ 有截频 f_c(即当 $|f|\geqslant f_c$)时 $X(f)=0$，亦即 $x(t)$ 的频率范围是有限的，只包含低于 f_c 的成分，且 $\Delta t\leqslant\frac{1}{2f_c}$ 或 $f_c\leqslant\frac{1}{2\Delta t}$ 时，离散信号 $x(n\Delta t)$ 完全确定频谱 $X(f)$，且由 $x(n\Delta t)$ 完全确定连续信号 $x(t)$。因此，在低应变动测采集数据时，采样间隔或采样频率的设置，对数据能否忠实地还原传感器测得的连续信号起着决定性的作用。

对于一个离散信号 $x(n\Delta t)$，若在有限范围($n\in[0,N-1]$)之外全为 0，则称 $x(n\Delta t)$ 为有限离散信号，其中 $N=2^k$；令：

$$f_n=\frac{n}{N\cdot\Delta t},(n=0,1,2,3,\cdots,N-1)$$

$$t=m\cdot\Delta t,(m=0,1,2,3,\cdots,N-1)$$

$$T=N\cdot\Delta t$$

则式(10-28)、式(10-29)的富氏变换对可写成：

$$X(f_n)=\sum_{m=0}^{N-1}x(m\Delta t)\cdot e^{-jnm\frac{2\pi}{N}} \tag{10-30}$$

$$x(m\Delta t)=\frac{1}{N}\sum_{n=0}^{N-1}X(f_n)\cdot e^{jnm\frac{2\pi}{N}} \tag{10-31}$$

上述两式一起称为有限离散富氏变换，它表示了有限离散信号 $x(m\Delta t)$ 和有限离散频谱 $X(f_n)$ 的一一对应关系。式(10-30)称为正变换，式(10-31)称为反变换。

二、检测系统

弹性波反射法的检测系统由激振锤、传感器、放大器、滤波器、积分器、数据采集装置、波形显示记录装置等组成，目前通常使用的桩基动测仪均集放大、滤波、积分、数据采集、记录、分析、波形显示等于一体，其检测框图如图 10-4 所示。

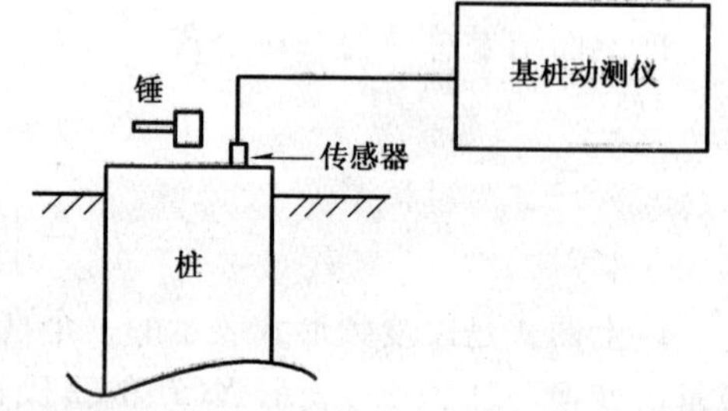

图 10-4　弹性波反射法检测框图

检测系统组成部分的技术性能指标应达到下列要求：

1. 激振锤

工程检测中常用的激振锤有手锤、特制的力锤、力棒、大铁锤、穿心锤、铁球等。锤垫多选用工程塑料、高强尼龙、铝、铜、橡皮等材料，锤体的质量在几百克至几百千克不等。

大量的现场试验和理论分析表明，只有在桩顶施加合适的激振信号，才有可能得到正确的波形；激振锤施加于桩顶的力为一瞬态脉冲信号，理想的脉冲信号为一广谱信号，即在我们需要研究的频率范围内都有能量分布，且大小大致相同。

但实际上脉冲宽度受锤重、锤头或锤垫的材料的软硬程度及其厚度的影响，锤越重、锤头或锤垫的材料越软脉冲宽度越宽，反之越窄。脉冲宽度越窄，频率范围越宽、能量越分散；脉冲宽度越宽，频率范围越窄、能量越集中。

冲击能量的大小对检测的结果也有较大的影响，能量小则弹性波会很快衰减，从而无法检测到深部缺陷及桩顶反射信号。当冲击能量太大时，脉冲宽度会很宽，激振信号的高频成分会缺失，又会造成浅部缺陷及微小缺陷被掩盖。

也就是说，我们无法找到一种理想的锤，使其激发的脉冲信号的频谱为广谱，且有足够的能量；因此，在工程检测中，不能用一种锤来检测所有的桩，应通过现场试验选择不同材质的锤头、锤垫及冲击能量。一般而言对于较短的桩，应选择较窄的脉冲宽度；对于长度较长的桩，应选择较宽的脉冲宽度及较大的冲击能量，以检测较深部位的缺陷及桩底反射信号，并辅以较窄的脉冲宽度，以检测浅部的缺陷。对于缺陷深度与频率的关系，大约遵循下列关系：

$$L_n=\frac{\bar{c}}{2f_1}$$

式中：L_n——缺陷深度，m；

$\bar{c}$——完整桩的平均速度，m/s；

f_1——缺陷桩的基频，Hz。

假定 $\bar{c}=4\,000$m/s、$L_n=1$m 则 $f_1=2\,000$Hz，由此可见，对于浅于 1m 的缺陷，激振信号的高频成分必须高于 2000Hz，且有一定的能量；否则会出现漏检的情况。

某工程桩桩型为 JZHb—25-8B 的桩，混凝土强度为 C30，分别用手锤及手锤下垫橡胶垫采集信号；从手锤敲击获得的曲线见图 10-5a) 中，可以明显发现桩顶下 1.1m 处出现一个同向反射信号，为 1.1m 处混凝土断裂；当该桩在手锤下垫橡皮垫后进行测试，测得的曲线见图 10-5b) 入射脉冲宽度变宽，桩顶下 1.1m 处同向反射信号找不到了，即用橡皮垫后测得的曲线上浅部缺陷的反射信号被掩盖了。

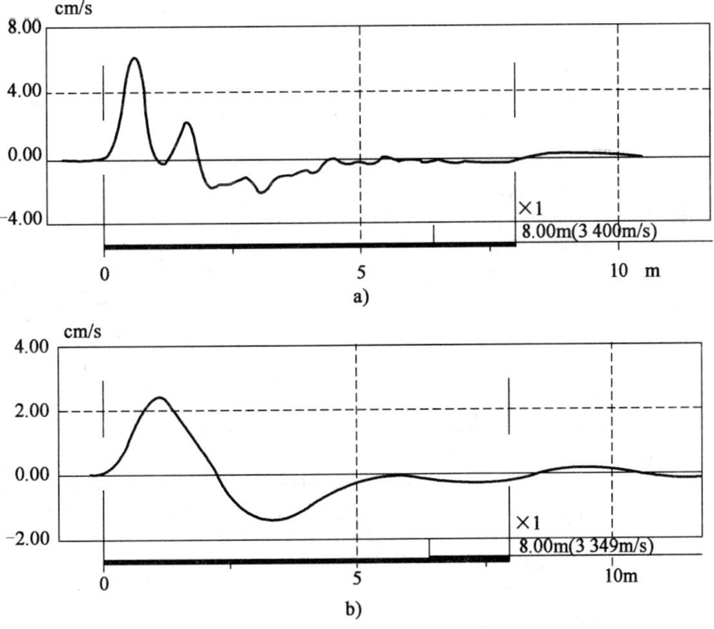

图 10-5 某工程桩桩型为 JZHb—25-8B 的测试曲线

a)手锤敲击的测试曲线；b)手锤下垫橡皮垫的测试曲线

2. 传感器

低应变动测宜采用加速度传感器[普通的压电加速度计或内置集成道路式阻抗变换器的压电加速度传感器(简称内装式加速度传感器)],频率范围宜为 5~5 000Hz,电荷灵敏度宜为 30~100PC/g,电压灵敏度以大于 100mV/g,量程宜大于 100g,横向灵敏度小于 5%且越小越好。

根据加速度传感器的结构特点和动态性能,当加速度传感器的可用上限频率在其安装频率的 1/5 以下时,可保证较高的冲击测量精度,且在此范围内,相位误差几乎可以忽略;所以应当尽量选用自振频率较高的加速度传感器。

对于桩顶瞬态响应的测量,习惯上是将实测的加速度信号积分成速度信号,并据此进行分析、判读。实践表明:除采用小锤硬碰硬敲击外,速度信号中的有效高频成分一般在 2 000Hz 以内。但这并不是说,加速度计的频响线性段达到 2 000Hz 就足够了,这是因为,加速度原始信号比积分后的速度信号中要包涵更多的高频成分,高频成分的多少取决于它们在频谱上占据的频带宽窄和能量大小。信号的积分在频域上可表示为:速度频谱=加速度频谱/($2\pi f$),亦即速度谱的谱值与相应的频率成反比,对高频信号的抑制相当明显。当加速度计的频响线性段较窄时,就会造成信号失真。所以,在±10%幅频误差内,加速度计幅频线性段的高限不宜小于 5 000Hz。

3. 基桩动测仪

根据产品标准《基桩动测仪》(JG/T 3055—1999),基桩动测仪的主要技术性能如表 10-1 所示。

基桩动测仪主要技术性能表 表 10-1

<table>
<tr><th colspan="3">级别
项目</th><th>1</th><th>2</th><th>3</th></tr>
<tr><td rowspan="2">A/D转换器</td><td colspan="2">分辨率,bit</td><td>≥8</td><td>≥12</td><td>≥16</td></tr>
<tr><td colspan="2">单通道采样频率,kHz</td><td colspan="2">≥20</td><td>≥25</td></tr>
<tr><td rowspan="6">加速度测量子系统</td><td rowspan="2">频率响应</td><td>幅频误差≤±5%,Hz</td><td>5~2 000</td><td>3~3 000</td><td>2~5 000</td></tr>
<tr><td>幅频误差≤±10%,Hz</td><td>3~3 000</td><td>2~5 000</td><td>1~8 000</td></tr>
<tr><td rowspan="2">幅值非线性</td><td>振动</td><td colspan="3">≤5%</td></tr>
<tr><td>冲击</td><td>≤10%</td><td colspan="2">≤5%</td></tr>
<tr><td colspan="2">冲击测量时零漂</td><td>≤2%FS</td><td>≤1%FS</td><td>≤0.5%FS</td></tr>
<tr><td colspan="2">传感器安装谐振频率①,kHz</td><td>≥5</td><td colspan="2">≥10</td></tr>
<tr><td rowspan="4">速度测量子系统</td><td rowspan="2">频率响应②</td><td>幅频误差≤10%,Hz</td><td>15~1 000</td><td>10~1 200</td><td>不适用</td></tr>
<tr><td>相频非线性误差≤10°</td><td>$3f_n \sim 0.5f_H$③</td><td>不适用</td><td>不适用</td></tr>
<tr><td colspan="2">幅值非线性</td><td colspan="2">≤10%</td><td>不适用</td></tr>
<tr><td colspan="2">传感器安装谐振频率①,kHz</td><td colspan="3">≥2</td></tr>
</table>

续上表

项目＼级别			1	2	3
应变测量子系统④	传感器静态性能	非线性、滞后、重复性	≤0.5%FS		
		零点输出	≤+10%FS	≤+5%FS	
	应变信号适调仪	电阻平衡范围	≥±1.0%	≥±1.5%	
		零漂	≤±1%FS/2h	≤±0.5%FS/2h	≤±0.2%FS/2h
		误差≤5%时的频率范围上限,Hz	≥1 000	≥1 500	≥2 000
	传感器安装谐振频率①,kHz		≥2		
动态力测量了系统	传感器静态性能	非线性、滞后、重复性	≤0.5%FS		
		零点输出(应变式)	≤±10%FS	≤±5%FS	
	幅值非线性		≤5%	≤2%	
	传感器安装谐振频率①,kHz	应变式	≥1.5	≥2	
		压电式	≥5	≥10	
单通道采样点数			≥1024		
系统动态范围,dB			≥40	≥66	≥80
输出噪声有效值,mV_{rms}			≤20	≤2	≤0.5
衰减挡(或程控放大)误差			≤2%	≤1%	≤0.5%
任意两通道间的一致性误差	幅值,dB		≤±0.5	≤±0.2	≤±0.1
	相位,ms		≤0.1	≤0.05	

注:1. 指传感器的安装方式与实际使用接近时,在实验室内测得的第一谐振频率。

2. 对于“动力参数法”测量,其频响范围可为10～300Hz,对于“稳态机械阻抗法”测量,其相频非线性误差可不予考虑。

3. f_n 指速度计在相位差为90°时所对应的固有频率;f_H 为频率范围上限。

4. 当不采用前端放大或六线制接线法时,应给出电缆电阻对桥压影响的修正值。

4. 桩头处理

桩顶条件和桩头处理好坏直接影响测试信号的质量,因此,要求受检桩桩顶的混凝土质量、截面尺寸应与桩身设计条件基本相同。灌注桩应凿除桩顶浮浆或松散、破损部分,并露出坚硬的混凝土表面,桩顶表面应平整干净且无积水,妨碍正常测试的桩顶外露钢筋应割掉。对于预应力管桩,应在焊锚固钢筋或填芯前进行测试;当法兰盘与桩身混凝土之间结合紧密时,可不进行处理,否则,应采用电锯将桩头锯平。对于预制方桩,应在凿桩头或焊锚固钢筋前进行测试;若桩头破损时应凿除破损部分,并露出坚硬的混凝土表面。对于需要处理的桩头,应把激振点和传感器安装位置凿成大小合适的平面,平面应平整并与桩身轴线基本垂直。

如若桩头存在松散、破损混凝土或法兰盘与桩身混凝土有缝隙、脱开,会形成一个或多个不连续界面,敲击桩头产生的弹性波在这些界面上多次反射,影响弹性波向下传播(见图10-6)。这种杂波幅值很大,与正常信号叠加后,会掩盖桩下部的信息。

当预应力管桩桩顶已焊锚固钢筋后,敲击点和传感器的位置无法远离锚固钢筋,敲击时锚固钢筋产生振动,与正常信号叠加后,同样会掩盖桩下部的信息(见图10-7)。

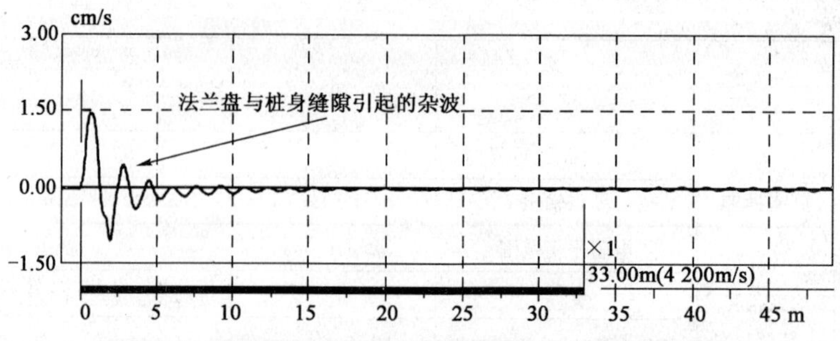

图 10-6　预应力管桩法兰盘与桩身混凝土有缝隙时测得的曲线

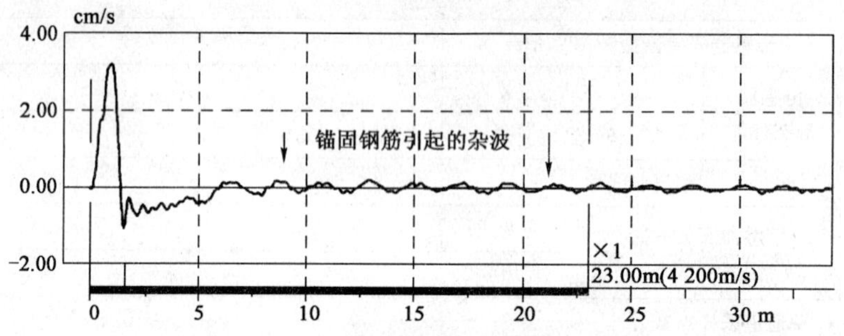

图 10-7　预应力管桩桩顶已焊锚固钢筋后测得的曲线

当桩头与承台或垫层相连时，相当于桩头处存在很大的截面阻抗变化，对测试信号会产生影响。因此，测试时桩头应与混凝土承台断开；当桩头侧面与垫层相连时，除非对测试信号没有影响，否则应断开。

5. 传感器安装及激振

传感器用耦合剂黏结时，黏结层应尽可能薄；必要时可采用冲击钻打孔安装方式，但传感器底安装面应与桩顶面紧密接触。

相对桩顶横截面尺寸而言，激振点处为集中力作用，在桩顶部位可能出现与桩的横向振型相应的高频干扰。当锤击脉冲变窄或桩径增加时，这种由三维尺寸效应引起的干扰加剧；传感器安装点与激振点距离和位置不同，所受的干扰程度各异。初步研究表明：实心桩安装点在距桩中心约 $2R/3$ 时，所受干扰相对较小；空心桩安装点与激振点平面夹角等于或略大于 90°时也有类似效果，该处相当于横向耦合低阶振型的驻点。另应注意，加大安装与激振两点距离或平面夹角将增大锤击点与安装点响应信号的时间差，造成波速或缺陷定位误差。传感器安装点、锤击点标准，如图 10-8 所示。

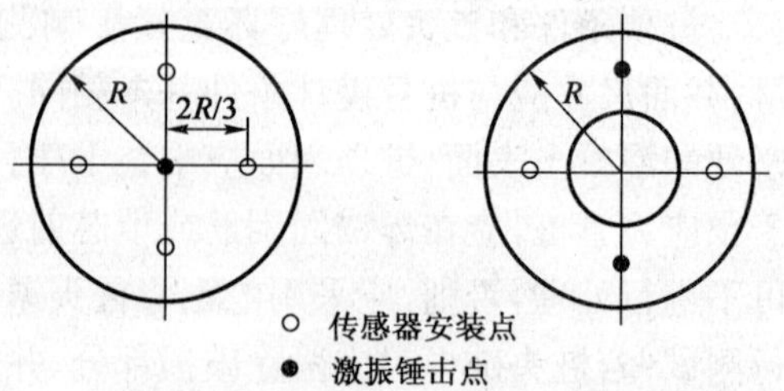

图 10-8　传感器安装点、激振点布置示意图

激振点与传感器安装点应远离钢筋笼主筋，其目的是减少外露钢筋对测试产生的干扰，若外露主筋过长而影响正常测试时，应采取措施。

敲击时应尽量使力垂直作用在桩顶，有利于抑制质点的横向振动；应避免二次冲击，防止后续波的干扰。当桩径较大时，若桩身存在局部缺陷，则不同测点获得的信号有差异，应视桩径大小，选择 2～4 个测点，测点按圆周均匀分布。

现场测试时必须对测试信号进行及时分析，反复测试，获得比较准确的第一手资料，不将难题留到室内分析时。对测试时现场的异常情况，如：附近有无法排除的振动源、桩身倾斜、截去的桩长、钻孔灌注桩表面渗水、有空洞、预应力管桩内水位高低等，应进行详细记录，以便室内分析。

三、测试数据的分析、处理

1. 桩身波速

根据反射波与入射波的波形特征、幅值、相位、频率的比较，对桩身完整性进行分析，若完整桩桩底反射信号明显，则桩身纵波的速度 c 可用式(10-32)和式(10-33)计算：

$$c = \frac{2L}{t} \tag{10-32}$$

$$c = 2L\Delta f \tag{10-33}$$

式中：c——桩身纵波波速，m/s；

L——完整桩桩长，m；

t——纵波从桩顶传播至桩底再反射至桩顶的时间，s；

Δf——完整桩频谱曲线中相邻波峰之间的频差，Hz。

图 10-9 所示，为一桩径 ϕ800、长 69.2m、混凝土强度等级为 C40 的钻孔灌注桩，用 100kg 的铁球激振，测得时域曲线上桩底反射明显，频域曲线上桩底反射信号的频差同样明显，纵波传播时间 t=37.1ms，频差 Δf=27.04Hz；根据式(10-32)、式(10-33)得：$c = \frac{2L}{t}$ =3 742m/s、$c = 2L\Delta f$ =3 730m/s 二者基本一致。该桩判断为完整桩。

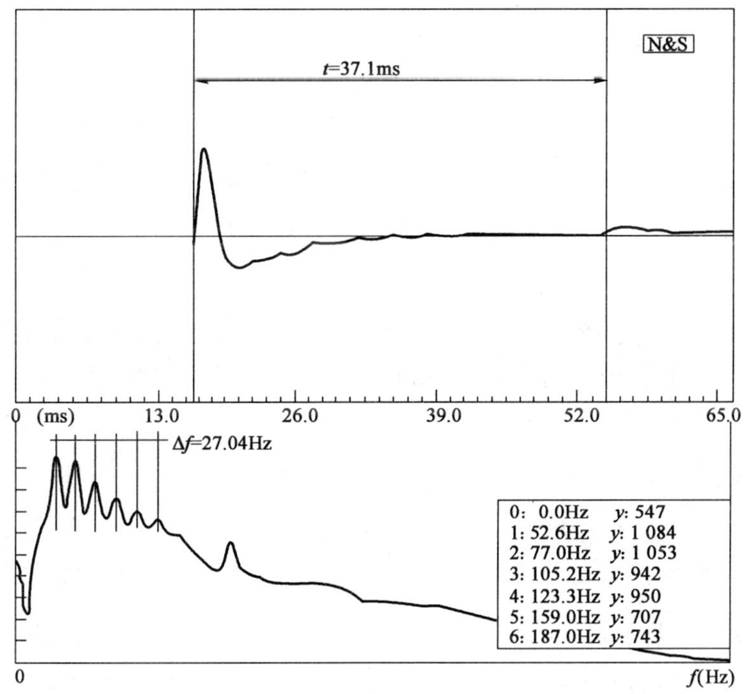

图 10-9　完整桩典型的速度时域、频域曲线

对于某工程项目的平均纵波速度，可选取该工程项目中有代表性的若干根完整桩的检测结果，按式(10-34)计算：

$$\bar{c}=\frac{1}{n}\sum_{i=1}^{n}c_i \tag{10-34}$$

式中：$\bar{c}$——n 根完整桩桩身纵波波速的平均值，m/s；

c_i——第 i 根完整桩的纵波波速，m/s，且$\frac{|c_i-\bar{c}|}{\bar{c}}\leqslant 5\%$；

n——完整桩的数量，$n\geqslant 5$。

当无法按上述方法确定平均波速时，可根据本地区的经验确定。

2. 桩身缺陷位置计算

桩身缺陷位置的计算公式如下：

$$x=\frac{1}{2}\bar{c}\cdot t_x \tag{10-35}$$

$$x=\frac{\bar{c}}{2\Delta f_x} \tag{10-36}$$

式中：x——桩身缺陷至桩顶间的距离，m；

t_x——纵波从桩顶传播至缺陷处再反射至桩顶的时间，s；

Δf_x——缺陷桩频谱曲线中相邻波峰之间的频差，Hz。

注意：如果桩底反射信号可以辨别，则以上两式中的 $\bar{c}$ 改为该桩的纵波波速。

图 10-10 所示，为一桩径 ϕ800、长 46.0m、混凝土强度等级为 C30 的钻孔灌注桩，从时域曲线上可以明确看出缺陷位置的多次反射信号，$t_x=4.63$ms，$x=\frac{1}{2}\bar{c}\cdot t_x=7.9$m（$\bar{c}$取项目的平均值 3 400m/s）；频域曲线上也有明显峰-谷起伏，且峰-谷间的差距较大，其第一个峰 $f=32.6$Hz，为缺陷以上部分桩身的有阻尼自由振动的自振频率，第二个峰 $f_1=227.9$Hz，为缺陷桩的基频，$f_2=439.5$Hz 为 f_1 的二次反射频率，$f_3=651.0$Hz 为 f_1 的三次反射频率，$\Delta f_x=217$Hz；$x=\frac{\bar{c}}{2\Delta f_x}=7.8$m。时域和频域计算的结果基本相同，该桩判断为桩顶下 7.9m 左右桩身严重缩径。

图 10-11 所示，为一桩径 ϕ650、长 36.0m、混凝土强度等级为 C35 的钻孔灌注桩，该桩为静载荷试验桩。当加载至 3 600kN 时，荷载不能维持，沉降急剧增加，桩头发生明显倾斜，初步判断为桩身浅部断裂。后进行低应变动测，激振为 100kg 重的铁球，从时域曲线上可以明确看出缺陷位置的多次反射信号，$t_x=1.63$ms，$x=\frac{1}{2}\bar{c}\cdot t_x=2.9$m（$\bar{c}$取项目的平均值 3 600m/s）；频域曲线上也有明显峰-谷起伏，且峰-谷间的差距较大，其第一个峰 $f=62.8$Hz，为缺陷以上部分桩身的有阻尼自由振动的自振频率，第二个峰 $f_1=592.9$Hz，为缺陷桩的基频，$f_2=1.04$kHz为 f_1 的二次反射频率，$\Delta f_x=520$Hz；$x=\frac{\bar{c}}{2\Delta f_x}=3.5$m。二者差别稍大，其原因是：由于用铁球激振，振源的主要能量集中在 300～500Hz 之间，使信号的高频成分能量不够（f_2 的峰值低而且过于圆滑）；由于提高了时域的分辨率，使频域的分辨率降低。

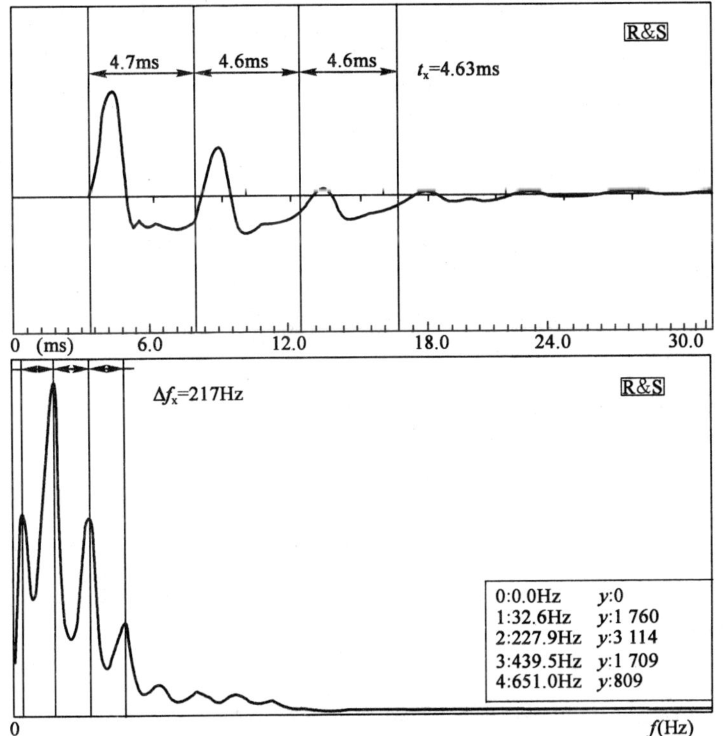

图 10-10 缺陷桩典型的速度时域、频域曲线

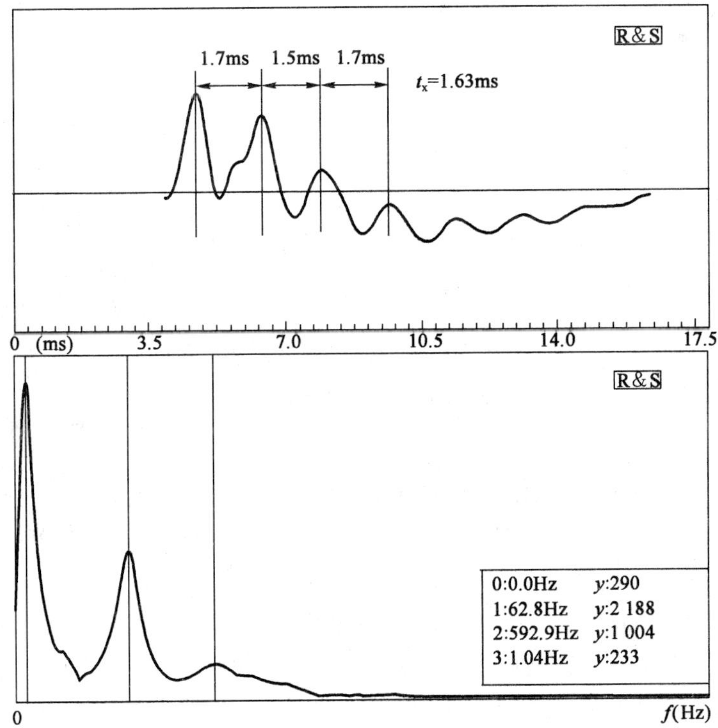

图 10-11 缺陷桩典型的速度时域、频域曲线

可以采用下列方法来解决上述瑕疵：激振采用小铁锤；在提高时域分辨率的同时，相应地增加采样点数（采样长度），使频域的分辨率不降或提高。

频域的分辨率 δ_f 可用公式 $\delta_f = \dfrac{1}{\delta_t \cdot N}$ 来计算，式中 δ_t 为时域的采样间隔，N 为采样点数。

3. 桩身完整性类别判定

桩身完整性类别应结合缺陷出现的深度、测试信号衰减特性以及设计桩形、成桩工艺、地质条件、施工情况等，按表 10-2 所列实测时域或频域信号特征进行综合分析判定。

桩身完整性类别判定表

表 10-2

桩身完整性类别	分类原则	时域信号特征	频域信号特征
I	无任何不利缺陷，桩身结构完整	$2L/c$ 时刻前无缺陷反射波，有桩底反射波；波形规则、波列清晰、完整桩之间波形特征相似	幅频曲线正常，桩底谐振峰基本等间距，其相邻频差 $\Delta f \approx c/(2L)$，完整桩之间幅频曲线特征相似
II	有轻度不利缺陷，但不影响或基本不影响原设计的桩身结构承载力	$2L/c$ 时刻前有轻度缺陷反射波，有桩底反射波；桩底反射波受轻度缺陷反射波的干涉，反射波的规律不如完整桩	桩底谐振峰排列基本等间距，其相邻频差 $\Delta f \approx c/(2L)$，轻微缺陷产生的谐振峰之间的频差 $\Delta f' > c/(2L)$
III	有明显不利缺陷，影响原设计的桩身结构承载力	有明显缺陷反射波，其他特征介于 II 类和 IV 类之间	
IV	有严重不利缺陷，严重影响原设计的桩身结构承载力	$2L/c$ 时刻前缺陷反射波强烈，且有二次甚至多次重复反射，无桩底反射； 或因桩身浅部严重缺陷使波形呈现低频大振幅衰减振动，无桩底反射	幅频曲线有十分深凹的峰-谷状多次起伏，缺陷谐振峰排列基本等间距，相邻频差 $\Delta f' > c/(2L)$，无桩底谐振峰； 或因桩身浅部严重缺陷只出现单一谐振峰，无桩底谐振峰

注：对同一场地、地质条件相近、桩形成桩工艺相同的基桩，因桩端部分桩身阻抗与持力层阻抗相匹配导致实测信号无桩底反射波时，可按本场地同条件下有桩底反射波的其他桩的实测信号判定桩身完整性类别。

4. 桩身完整性的综合分析

在低应变检测时，大部分桩仅依据时域、频域曲线就能判定桩身结构完整性，但部分桩仅凭曲线可能无法正确判定其完整性，这就需要结合现场情况、借助其他手段进行综合分析、相互印证。

(1)某工程采用桩形为 PHC AB500100111010，桩顶低于自然地面 2.0m 左右，基坑开挖时把挖出的土堆在基坑边上，使土体向坑内滑移同时挤压桩身，桩顶偏位达 1m 左右，桩面明显向坑内倾斜。低应变测试曲线[见图 10-12a)～c)]中未发现明显的同向反射信号，似乎桩身结构均较完整，但它们都有一个明显的特征，即桩顶下 11m 以上范围内均有许多小的反射信号；后采用测斜仪对它们进行倾斜测试，结果发现[见图 10-12d)～e)]桩身倾斜不是整体倾斜，而在桩顶下 12m 左右有一个明显的拐点（上部垂直度在 7%左右、下部垂直度在 1%左右），据此判断该桩应是缺陷桩。那么低应变时域曲线中为什么未出现足够大的缺陷反射信号呢？其原因可能是：桩在偏移过程中上部桩身产生许多微小的裂缝（这也是在桩顶下 11m 以上范围内均有许多小的反射信号的原因），由于这些微小裂缝的存在，应力波在向下传播过程中衰减很快，以致并不太深的缺陷也无法发现。

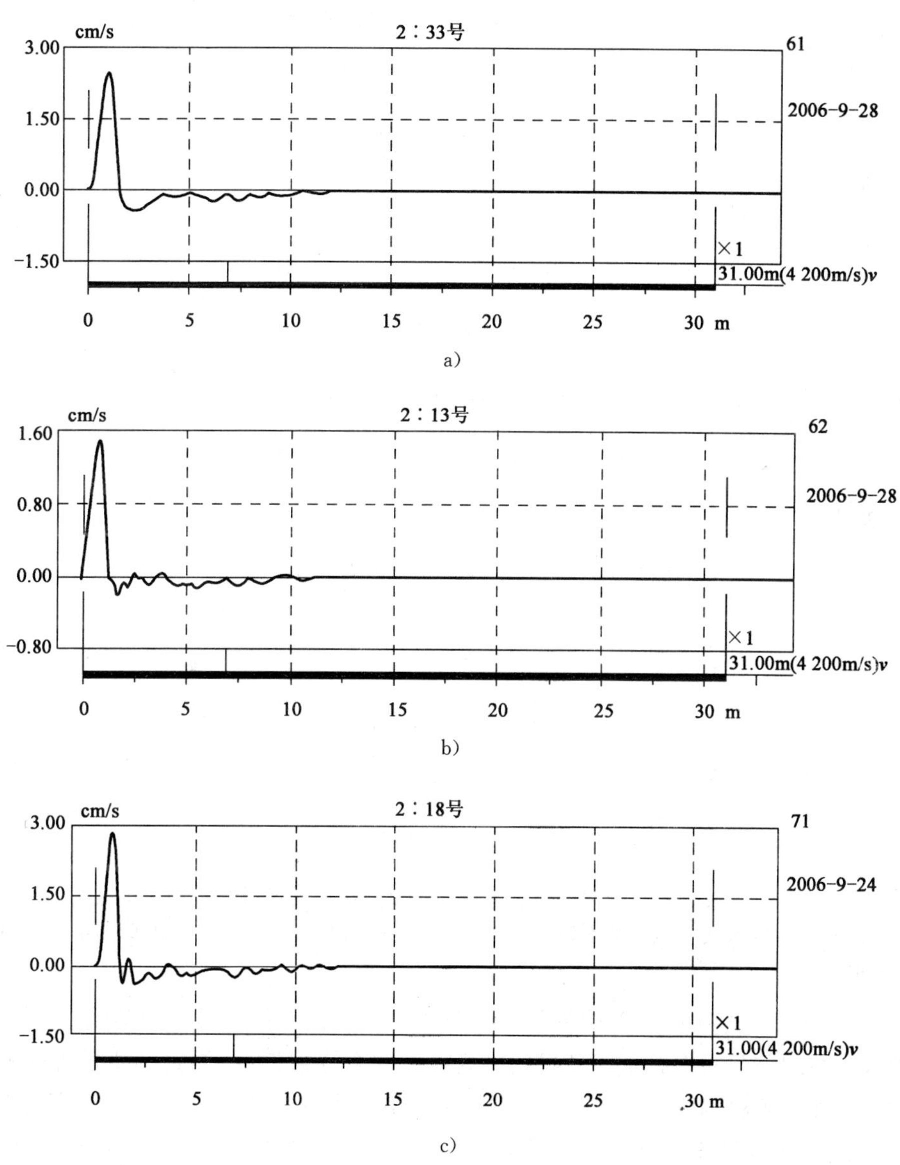

a)

b)

c)

图 10-12

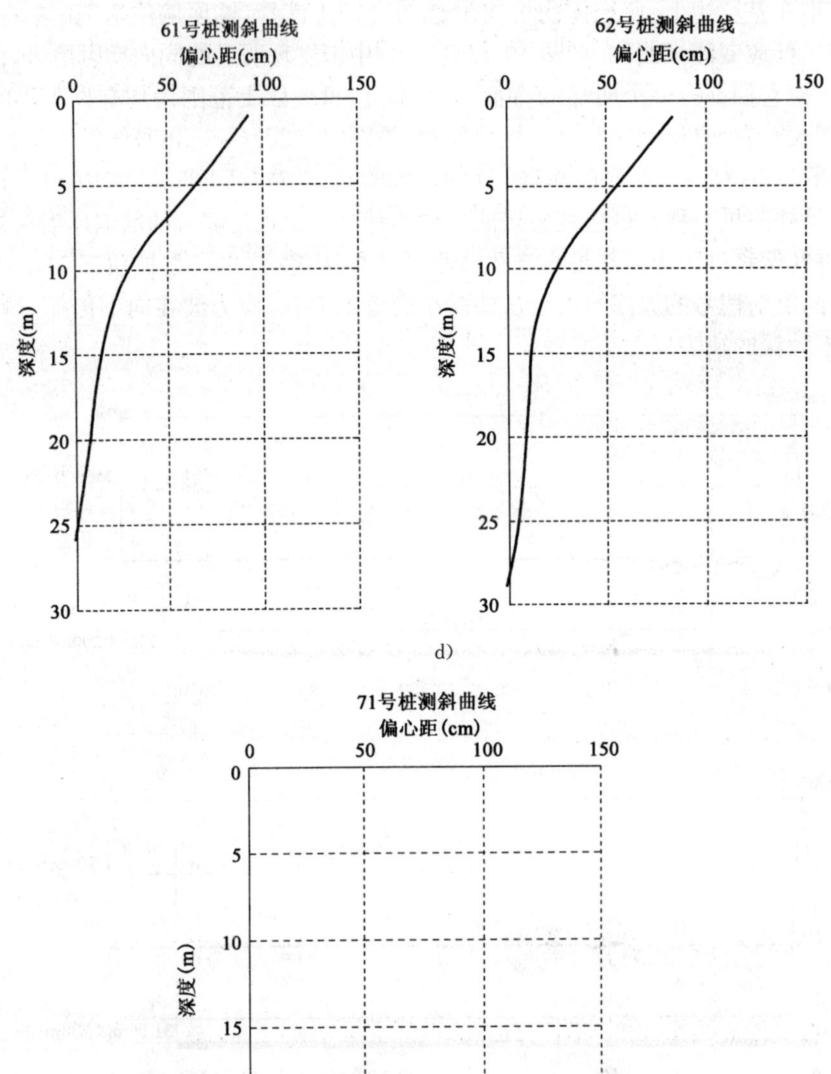

图 10-12 61 号、62 号、71 号桩的速度时域曲线和测斜曲线；

a)61 号桩的速度时域曲线；b)62 号桩的速度时域曲线；c)71 号桩的速度时域曲线；d)61 号、62 号桩的测斜曲线；e)71 号桩的测斜曲线

(2)某工程地质条件均匀，采用桩形为 JZHb-235-1314B，低应变动测曲线如图 10-13 所示。从曲线上可以明显看出在上下节桩接桩处有一同向反射信号，而且 394 号桩的反射信号的幅度要大于 200 号桩，就曲线而言判定其接桩处存在缺陷应没有异议。在对这两根桩进行抗拔静载荷试验验证时，200 号桩在加载至 200kN 时，上拔量急剧增加，荷载不能维持，据此判断该桩接桩处焊缝脱开无疑；按理说 394 号桩的反射信号的幅度要大于 200 号桩，由此推断

394号的情况也应相同;但394号桩加载至450kN时,最大上拔量仅11.93mm,该桩接桩处焊缝未脱开,不影响原设计的桩身承载力。

注:预制方桩上下节桩间一般采用四根角铁焊接的连接方式,当上下节桩的端面不太平整(二者之间的接触面较小),且未按要求用锲形铁板垫密实时,这样在接桩处存在一个低阻抗界面;当二者之间的接触面小到一定程度时,其反射信号与断桩相差无几,以致无法区分,这时需要采用抗拔、抗压静载荷试验、高应变动测等方法进行验证。

(3)对于钻孔灌注桩,存在桩身截面(阻抗)渐变后恢复至原桩径,并在该阻抗突变处产生反射信号;对于桩身截面(阻抗)逐渐扩大后恢复至原桩径,往往会在时域信号分析时解读为该处存在缩径,造成误判;对于桩身截面(阻抗)逐渐缩小后恢复至原桩径,往往会在时域信号分析时解读为该处存在扩径,这是十分危险的。此时应结合地质条件、成桩工艺等进行综合分析,必要时应采用其他测试手段进行区分、验证。

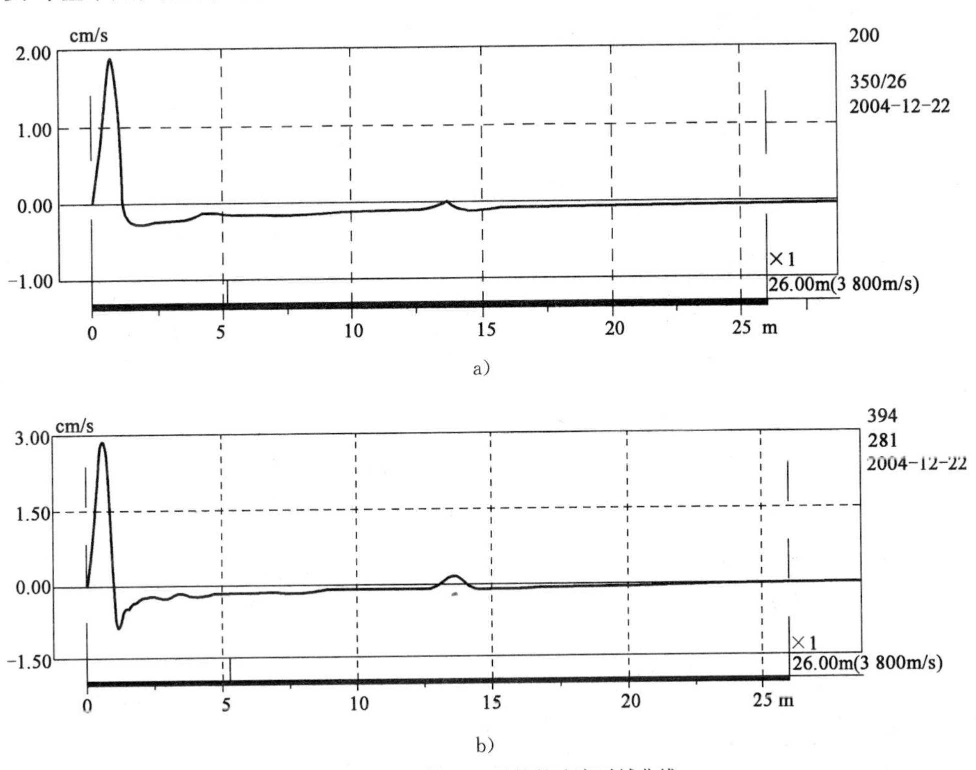

图10-13 200号、394号桩的速度时域曲线

a)200号桩的速度时域曲线;b)394号桩的速度时域曲线

第二节 高应变动测法

所谓高应变动测法,广义地讲,是指所有能使桩土间产生永久性位移的动力检测桩基承载力的方法;毋庸置疑,这类方法要求给桩土系统施加较大能量的瞬时荷载,以保证桩土间产生一定的相对位移。自19世纪人们开始采用打桩公式计算桩基承载力以来,这种方法已包括:

(1)打桩公式法：用于预制桩施工时同步测试，采用刚体碰撞过程中的动量与能量守恒的原理，根据打桩时测得的贯入度与打桩所消耗的能量建立关系式，推算桩的极限承载力。

(2)锤击贯入法：曾在我国许多地方得到应用，仿照静载荷试验获得动态打击力与相应沉降之间的 Q_d-$\sum e$ 曲线，通过动静对比系数计算承载力，也有人采用波动方程法和经验公式法计算承载力。

(3)Smith 波动方程法：设桩为一维弹性杆件，桩土间符合牛顿粘弹性体和理想弹塑性体模型，将锤、冲击块、锤垫、桩垫、桩等离散化为一系列单元编程求解离散系统的差分方程组，得到打桩反应曲线，根据实测贯入度，考虑土的吸着系数，求得桩的极限承载力。

(4)动静法(statnamic)：其意义在于延长冲击力的作用时间(~100ms)，使之更接近于静载荷试验状态。

(5)波动方程半经验解析法，也称 CASE 法：将桩假定为一维弹性杆件，土体静阻力不随时间变化，动阻力仅集中在桩尖。根据应力波理论，同时分析桩身结构完整性和桩土系统承载力。

(6)波动方程拟合法，即 CAPWAP 法：其模型较为复杂，只能编程计算。

CASE 法和 CAPWAP 法是目前最常用的两种高应变动测法，也是狭义的高应变动测法，同时也是我国目前主要规范中推荐的高应变动测方法。本节就这两种方法进行讨论。

一、基本原理

1. 上行波和下行波(图 10-14)

波动方程(10-3)的通解可写成：

$$u = f(x - ct) + g(x + ct) \tag{10-37}$$

式(10-37)也称达朗贝尔(D′Alembert)通解，f 和 g 分别对应下行波和上行波传播的不变量，c 为应力波传播速度。

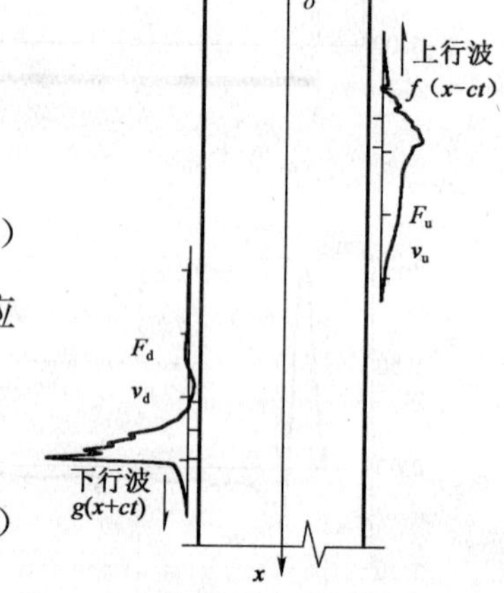

图 10-14　上行波、下行波

下行波的质点运动速度 v_d：

$$v_d = \frac{\partial g(x + ct)}{\partial t} = c \cdot g'(x + ct) \tag{10-38}$$

下行波产生的应变 ε_d：

$$\varepsilon_d = \frac{\partial g(x + ct)}{\partial x} = g'(x + ct) \tag{10-39}$$

下行波产生的力 F_d：

$$F_d = \varepsilon_d \cdot AE = g'(x + ct) \cdot AE \tag{10-40}$$

令：

$$Z = \frac{AE}{c} \tag{10-41}$$

式中各符号的含义与本章第一节相同。

由式(10-38)、式(10-40)、式(10-41)得：

$$F_d = Z \cdot v_d \tag{10-42}$$

上行波的质点运动速度 v_u：

$$v_u = \frac{\partial f(x-ct)}{\partial t} = -c \cdot f'(x-ct) \tag{10-43}$$

上行波产生的应变 ε_u：

$$\varepsilon_u = \frac{\partial f(x-ct)}{\partial x} = f'(x-ct) \tag{10-44}$$

对于上行波产生的力 F_u：

$$F_u = \varepsilon_u \cdot AE = f'(x-ct) \cdot AE \tag{10-45}$$

由式(10-41)、式(10-43)、式(10-45)得：

$$F_u = -Z \cdot v_u \tag{10-46}$$

在一般情况下任一截面上质点运动速度 v 或力 F，都是上行波与下行波叠加的结果：

$$v = \frac{\partial u}{\partial t} = \frac{\partial f(x-ct)}{\partial t} + \frac{\partial g(x+ct)}{\partial t} = v_u + v_d \tag{10-47}$$

$$F = AE \cdot \frac{\partial u}{\partial x} = AE \cdot \left[\frac{\partial f(x-ct)}{\partial x} + \frac{\partial g(x+ct)}{\partial x}\right] = F_u + F_d \tag{10-48}$$

由式(10-6)、式(10-46)、式(10-47)、式(10-48)得：

$$\left.\begin{aligned} v_u &= \frac{1}{2}\left(v - \frac{F}{z}\right) \\ v_d &= \frac{1}{2}\left(v + \frac{F}{z}\right) \end{aligned}\right\} \tag{10-49}$$

$$\left.\begin{aligned} F_u &= \frac{1}{2}(F - v \cdot z) \\ F_d &= \frac{1}{2}(F + v \cdot z) \end{aligned}\right\} \tag{10-50}$$

应用上面两组公式很容易将各时刻某一截面的质点运动速度与力用上、下行波分离开来。

2. 桩身阻抗变化

当桩身阻抗变化时（见图 10-15），由变阻抗界面处力平衡条件和连续条件可以写出：

$$\left.\begin{aligned} F &= F_{1,u} + F_{1,d} = F_{2,u} + F_{2,d} \\ v &= v_{1,u} + v_{1,d} = v_{2,u} + v_{2,d} \end{aligned}\right\} \tag{10-51}$$

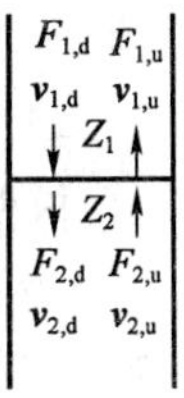

图 10-15 桩身阻抗发生

将式(10-6)、式(10-46)及 $Z_1 = E_1 \cdot A_1$、$Z_2 = E_2 \cdot A_2$ 代入式(10-51)，并解

得：

$$\left.\begin{aligned} F_{1,\mathrm{u}} &= \frac{Z_2 - Z_1}{Z_1 + Z_2}F_{1,\mathrm{d}} + \frac{2Z_1}{Z_1 + Z_2}F_{2,\mathrm{u}} \\ F_{2,\mathrm{d}} &= \frac{2Z_2}{Z_1 + Z_2}F_{1,\mathrm{d}} + \frac{Z_1 - Z_2}{Z_1 + Z_2}F_{2,\mathrm{u}} \end{aligned}\right\} \tag{10-52}$$

$$\left.\begin{aligned} v_{1,\mathrm{u}} &= \frac{Z_1 - Z_2}{Z_1 + Z_2}v_{1,\mathrm{d}} + \frac{2Z_2}{Z_1 + Z_2}v_{2,\mathrm{u}} \\ v_{2,\mathrm{d}} &= \frac{2Z_1}{Z_1 + Z_2}v_{1,\mathrm{d}} + \frac{Z_2 - Z_1}{Z_1 + Z_2}v_{2,\mathrm{u}} \end{aligned}\right\} \tag{10-53}$$

当只有下行波 $F_{1,\mathrm{d}}$、$v_{1,\mathrm{d}}$ 通过变阻抗界面，或只有上行波 $F_{2,\mathrm{u}}$、$v_{2,\mathrm{u}}$ 通过变阻抗界面时，上面两组公式与式(10-18)的含义相同。当下行波、上行波都存在时，上两式可以表达为：

$F_{1,\mathrm{u}} = F_{1,\mathrm{d}}$ 的反射波$+$ $F_{2,\mathrm{u}}$ 的透射波；

$F_{2,\mathrm{d}} = F_{1,\mathrm{d}}$ 的透射波$+$ $F_{2,\mathrm{u}}$ 的反射波；

$v_{1,\mathrm{u}} = v_{1,\mathrm{d}}$ 的反射波$+$ $v_{2,\mathrm{u}}$ 的透射波；

$v_{2,\mathrm{d}} = v_{1,\mathrm{d}}$ 的透射波$+$ $v_{2,\mathrm{u}}$ 的反射波。

在特殊情况下，式(10-51)、式(10-52)、式(10-53)可以变换成：

①当桩端自由时 $Z_2 = 0$ 且 $F_{2,\mathrm{u}} = 0$、$v_{2,\mathrm{u}} = 0$，则：

$$F_{1,\mathrm{u}} = -F_{1\mathrm{d}} \qquad F = F_{1,\mathrm{u}} + F_{1,\mathrm{d}} = 0 \tag{10-54}$$

$$v_{1,\mathrm{u}} = v_{1,\mathrm{d}} \qquad v = v_{1,\mathrm{u}} + v_{1,\mathrm{d}} = 2v_{1,\mathrm{d}} \tag{10-55}$$

上两式表示力波达到自由端后，将产生一个符号相反、幅值相同的反射波，即下行波为压力波时上行波为拉力波、反之亦然。上、下行波叠加后自由端合力为零。速度波达到自由端后，将产生一个符号相同、幅值相同的反射波，叠加后自由端质点运动速度增加一倍。

②当桩端为固定端时 $Z_2 \to \infty$ 且 $F_{2,\mathrm{u}} = 0$、$v_{2,\mathrm{u}} = 0$，则：

$$F_{1,\mathrm{u}} = F_{1,\mathrm{d}} \qquad F = F_{1,\mathrm{u}} + F_{1,\mathrm{d}} = 2F_{1,\mathrm{d}} \tag{10-56}$$

$$v_{1,\mathrm{u}} = -v_{1,\mathrm{d}} \qquad v = v_{1,\mathrm{u}} + v_{1,\mathrm{d}} = 0 \tag{10-57}$$

上两式表示力波达到固定端后，将产生一个符号相同、幅值相同的反射波，即下行波为压力波时上行波亦为压力波、下行波为拉力波时上行波亦为拉力波。上、下行波叠加后固定端合力增加一倍。速度波达到固定端后，将产生一个符号相反、幅值相同的反射波，叠加后固定端质点运动速度为零。

3. 土阻力

(1)桩侧土阻力

当入射应力波在深度 x 处与桩侧土阻力 R_{x} 相遇(见图 10-16)时：

利用力平衡条件，有：　$F_{1,\mathrm{u}} + F_{1,\mathrm{d}} - (F_{2,\mathrm{u}} + F_{2,\mathrm{d}}) = R_{\mathrm{x}}$

利用连续条件，有：　$v_{1,\mathrm{u}} + v_{1,\mathrm{d}} = v_{2,\mathrm{u}} + v_{2,\mathrm{d}}$

解得：

$$F_{1,u} = F_{2,u} + R_x/2 \qquad (10\text{-}58)$$

$$F_{2,d} = F_{1,d} - R_x/2 \qquad (10\text{-}59)$$

上两式表示，下行入射波通过界面 x 时，将在界面处分别产生幅值各为 $R_x/2$ 的向上压力波和向下拉力波，如图 10-16 所示。即 $t=x/c$ 时刻 R_x 被激发，$R_x/2$ 的压力波于 $2x/c$ 时刻反射至桩顶，它将使在桩顶测得的力曲线上升 $R_x/2$，同时使质点运动速度乘阻抗(vZ)曲线下降 $R_x/2$。这样反映在力及速度乘阻抗曲线上，R_x 使二曲线分开，间距为 R_x。

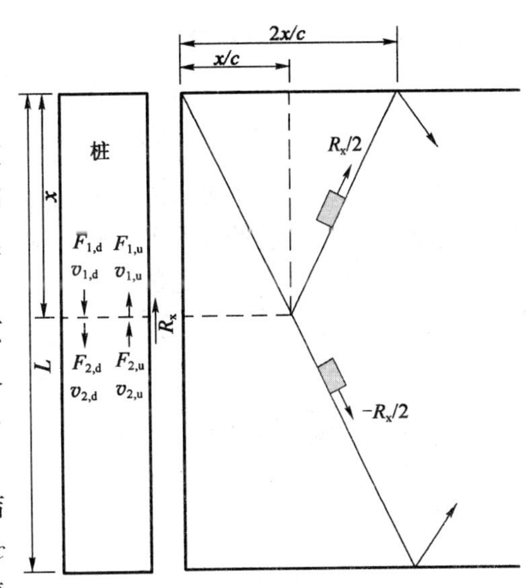

图 10-16 桩侧土阻力 R_x 的作用

由于 x 是完全任意的，于是可以得出如下结论：在桩顶测得力和速度时程曲线的 $2x/c$ ($x<L$)时刻，力曲线与速度乘阻抗曲线的差代表了应力波从桩顶下行至 x 深度的过程中所受到的所有桩侧土阻力之和，即：

$$R_x = F(t_1 + 2x/c) - Z \cdot v(t_1 + 2x/c) \qquad (10\text{-}60)$$

图 10-17 中，R_x代表锤击时测量到桩顶下 x 深度内的桩侧土阻力。R_x越大则 x 深度以上的桩侧土阻力就越大。

(2)桩端土阻力

在 $t=t_1+L/c$ 下行波 $F_{d,toe}$ 到达桩端，激发桩端阻力(设为 R_{toe})并产生上行波 $F_{u,toe}$(见图 10-18)，由力平衡条件得：

$$R_{toe} = F_{d,toe} + F_{u,toe} \qquad (10\text{-}61)$$

由式(10-58)、式(10-59)得：

$$F_{d,toe} = F_d(t_1) - R_L/2 \qquad (10\text{-}62)$$

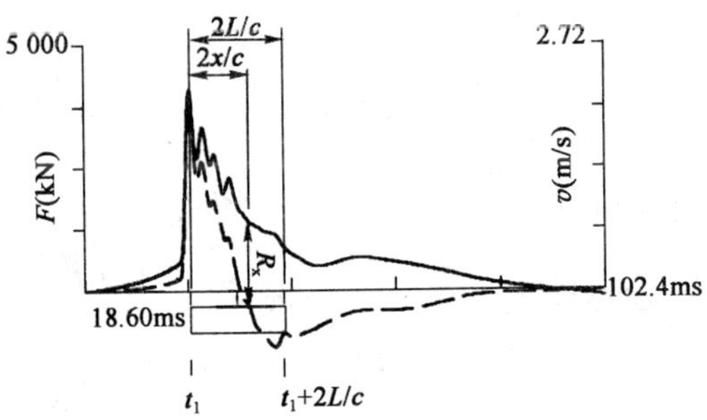

图 10-17 打桩过程中桩侧土阻力的测量

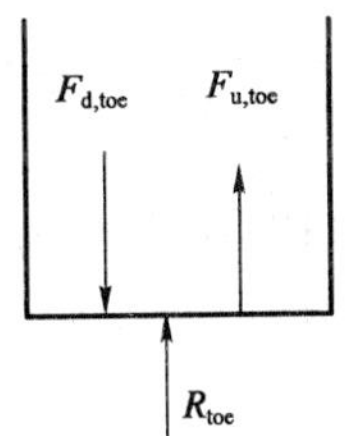

图 10-18 桩端土阻力 R_{toe}的作用

$$F_{u,toe} = F_u(t_1 + 2L/c) - R_L/2 \qquad (10\text{-}63)$$

式中，R_L为桩侧阻力的总和。

整理式(10-61)、式(10-62)、式(10-63)得：

$$R_{\text{toe}} = F_{\text{d}}(t_1) + F_{\text{u}}(t_1 + 2L/c) - R_{\text{L}} \tag{10-64}$$

4. 桩身完整性

上面我们分别讨论了桩身阻抗变化及土阻力对上、下行波的影响，在实际工作中往往是在桩顶附近测量质点运动的速度及力的时程曲线，而不是在缺陷处，这需要运用桩顶附近测量的时程曲线来估算桩身完整性指数。由公式(10-52)整理得：

$$\beta = \frac{F_{1,\text{d}} + F_{1,\text{u}}}{F_{1,\text{d}} - F_{1,\text{u}}} \tag{10-65}$$

这里桩身完整性指数β定义为：$\beta = Z_2/Z_1$，$F_{1,\text{d}}$、$F_{1,\text{u}}$分别为缺陷界面处的上、下行波。桩身完整指数计算，如图 10-19 所示。

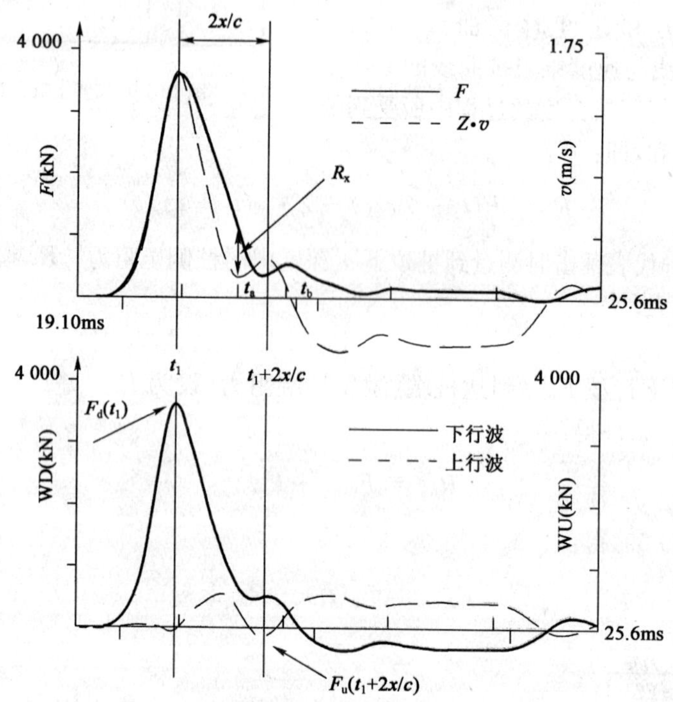

图 10-19 桩身完整性指数计算

由式(10-58)、式(10-59)及式(10-60)可以得到：

$$F_{1,\text{d}} = F_{\text{d}}(t_1) - \frac{1}{2}R_{\text{x}} = \frac{1}{2}[F(t_1) + Z \cdot v(t_1)] - \frac{1}{2}R_{\text{x}}$$

$$F_{1,\text{u}} = F_{\text{u}}(t_1 + 2x/c) - \frac{1}{2}R_{\text{x}} = \frac{1}{2}[F(t_1 + 2x/c) - Z \cdot v(t_1 + 2x/c)] - \frac{1}{2}R_{\text{x}}$$

将上述两式代入(10-65)得：

$$\beta = \frac{F_{\text{d}}(t_1) - R_{\text{x}} + F_{\text{u}}(t_1 + 2x/c)}{F_{\text{d}}(t_1) - F_{\text{u}}(t_1 + 2x/c)} \tag{10-66}$$

或

$$\beta=\frac{[F(t_1)+Z\cdot v(t_1)]-2R_x+[F(t_1+2x/c)-Z\cdot v(t_1+2x/c)]}{[F(t_1)+Z\cdot v(t_1)]-[F(t_1+2x/c)-Z\cdot v(t_1+2x/c)]} \tag{10-67}$$

《建筑基桩检测技术规范》(JGJ 106—2003)中给出了根据桩身完整性指数β进行桩身完整性分类，如表 10-3 所示。

桩身完整性分类表　　表 10-3

类　别	β　值	类　别	β　值
I	$\beta=1.0$	III	$0.6\leqslant\beta<0.8$
II	$0.8\leqslant\beta<1.0$	IV	$\beta<0.6$

但出现下列情况之一的，桩身完整性判定宜按工程地质条件和施工工艺结合实测曲线拟合法或其他检测方法综合进行：

①桩身有扩径的桩；

②桩身截面渐变或多变的混凝土灌注桩；

③力和速度曲线在峰值附近比例失调，桩身有浅部缺陷的桩；

④锤击力波上升缓慢，力与速度曲线比例失调的桩；

⑤对于预制桩接桩处桩身完整性指数的变化情况等。

此外，由图 10-19 所示，对于预制桩的接头缝隙或桩身水平裂缝的宽度，可采用下式估算：

$$\delta_W=\frac{1}{2}\int_{t_a}^{t_b}\left(v-\frac{F-R_x}{z}\right)\cdot dt \tag{10-68}$$

5. CASE 法承载力计算方法

基本假设：

①桩身为阻抗恒定(即：截面 A、质量密度 ρ 和弹性模量 E 都是常量)的线弹性杆件，本构关系满足虎克定律，且无缺陷。

②应力波沿桩身传播时，除了土阻力的影响外，再也没有其他因素造成能量耗散和波形畸变。

③土阻力模型采用刚-塑性模型，即土体对桩的静阻力大小与桩土之间的位移大小无关，而仅与桩土之间是否存在相对位移有关。具体地讲：应力波一旦达到，此时静阻力立即达到极限静阻力，且随位移增加不再改变。

④动阻力全部集中在桩端，且与桩端速度成正比。

(1)总阻力 R_{TL}

将式(10-64)整理后得：

$$R_{TL}=R_{toe}+R_L=F_d(t_1)+F_u(t_1+2L/c) \tag{10-69}$$

或

$$R_{TL}=\frac{1}{2}[F(t_1)+z\cdot v(t_1)]+\frac{1}{2}[F(t_1+2L/c)-z\cdot v(t_1+2L/c)] \tag{10-70}$$

式中，R_{TL}为总土阻力，即应力波在一个完整的 $2L/c$ 历程中所遇到的全部土阻力的总和。

这里除了以上假定①、②、③外，再也没有其他假设，所以打桩过程中的桩侧土阻力是直接测量得到的。打桩阻力的大小显然与桩的竖向抗压承载力有关系，承载力越高，打桩时土阻力越大。尽管土阻力是直接测量的，但土阻力为静阻力和动阻力的叠加，只有采用恰当的方法扣除动阻力后，才能得到静阻力。

(2)阻尼系数法 R_s

根据基本假设④动阻力全部集中在桩端，且与桩端速度成正比，有：

$$R_d = J_c \cdot Z \cdot v_{toe}$$

$$R_d = J_c \cdot Z \cdot (v_{d,toe} + v_{u,toe}) = J_c \cdot (F_{d,toe} - F_{u,toe})$$

将式(10-62)、式(10-63)代入上式，得：

$$\begin{aligned} R_d &= J_c \cdot [F_d(t_1) - F_u(t_1 + 2L/c)] \\ &= \frac{1}{2} J_c \cdot \{[F(t_1) + z \cdot v(t_1)] - [F(t_1 + 2L/c) - z \cdot v(t_1 + 2L/c)]\} \end{aligned} \tag{10-71}$$

总阻力 R_{TL} 可分为静阻力 R_s 和动阻力 R_d：

$$R_s = R_{TL} - R_d \quad R_s = \frac{1-J_c}{2}[F(t_1) + Z \cdot v(t_1)] + \frac{1+J_c}{2}[F(t_1 + 2L/c) - z \cdot v(t_1 + 2L/c)] \tag{10-72}$$

式中：R_s——由 CASE 法判定的单桩竖向抗压承载力，kN；

J_c——CASE 阻尼系数。

公式(10-72)即为《建筑基桩检测技术规范》(JGJ 106—2003)中推荐的 CASE 法判定单桩竖向承载力公式。

(3)最大阻力法(RMX)和最小阻力法(RMN)

公式(10-72)的推导是建立在土阻力的刚-塑性模型基础上的，此时 t_1 选择在速度曲线初始第一峰处。实际上被激发的静阻力是位移的函数，而 t_1 点虽是桩顶速度的最大值，但非是桩顶位移的最大值，桩顶位移最大值出现在桩顶质点运动速度为零的时刻。这样静土阻力的发挥往往滞后于速度极值(t_1)处，公式(10-72)的计算偏于保守；于是将 t_1 向右移动找出 R_s 的最大值 $R_{s,max}$；或者当毗邻第一峰 t_1 还有明显的第二峰时，将 t_1 对准第二峰，这就是 CASE 法的最大阻力修正法(RMX 法)。这种方法主要适用于端承型桩且端阻力发挥需要较大位移的情况。一般来说，它不适用于阻尼系数很高、端承力很低的粉土或黏性土，采用 RMX 时 J_c 值不能小于 0.4。

RMN 法与 RMX 法有所差别，它不是固定 $2L/c$ 不动，而是固定 t_1，左右变化 $2L/c$ 值用公式(10-72)寻找承载力的最小值。这个方法主要用于桩底反射不明显、桩身缺陷存在使桩底反射滞后或桩极易被打动等情况，以避免出现出现高估承载力的危险。

(4)卸载修正法(RSU)

公式(10-72)计算承载力时，只采用 t_1 时刻及 $t_1 + 2L/c$ 桩顶实测力及质点运动速度来进行计算，而忽视了 $t_1 \sim t_1 + 2L/c$ 时间段桩身运动情况。对于应力波于 $2L/c$ 返回以前，桩顶的速度已变为负值，桩顶向上移动，部分摩阻力开始卸载的情况，用公式(10-72)可能低估其承载力。

CASE 法给出了一种近似的修正方法(见图 10-20)：首先确定桩顶速度变成零的时刻和 $t_1 + 2L/c$ 的时间差(t_u)，并计算 $t_1 + t_u$ 时刻力与速度曲线的差值($2UN$)，将 UN 加到总阻力 R_{TL} 上，以补偿由于提前卸载所造成的 R_{TL} 减小，然后从其中减去阻尼分量而得到修正后的静阻力。

(5)自动法(RAU)、(RA2)

在桩端质点运动速度为零时,动阻力也为零,此时有两种计算承载力与 J_c 无关的"自动"法,即 RAU 法和 RA2 法。

RAU 法适用于桩侧阻力很小的情况。当桩端质点运动速度为零时,桩端位移最大,静阻力发挥最大,此时的桩端承载力是其激发的最大承载力。

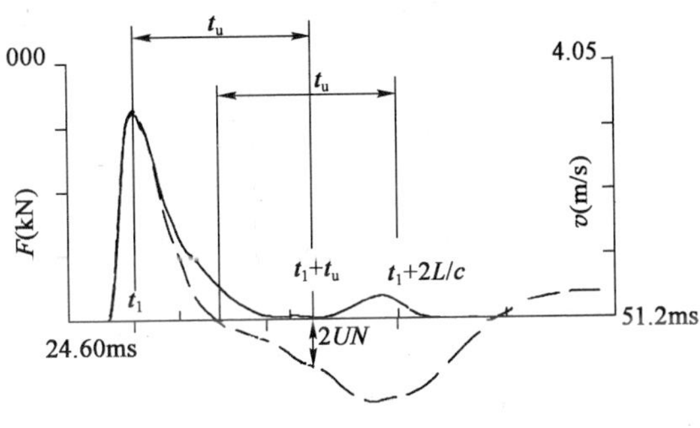

图 10-20 卸载修正法

RA2 法适用于桩侧阻力较大的桩。当桩端质点运动速度为零时,桩侧土大部分都经历了卸载,此时所计算的承载力自然是卸载后某时刻的值,比真实土的极限阻力小得多,即对于桩侧摩阻力较大的桩 RAU 偏于保守。为此,GRL 提出了摩擦桩承载力的自动计算公式:当总阻力为桩顶速度与广义波阻抗乘积的 2 倍时,对应时刻的总阻力值为桩的静极限阻力。这种方法是拿桩端的动阻力来补偿侧摩阻卸载的一种方法。

6. 打桩时桩身最大压应力、最大拉应力测量

(1)打桩时桩身最大压应力

一般情况下,可以认为桩身的最大压应力就等于传感器所直接测得的最大压力除以桩身面积。最大压应力出现在桩顶,可用下式计算。

$$\sigma_p = \frac{F_{max}}{A} \tag{10-73}$$

式中:σ_p——最大桩身锤击压应力,kPa;

F_{max}——力传感器测到的最大锤击力,kN。

但有时,打桩过程中会突然出现贯入度骤减或拒锤,一般是碰上基岩或孤石,继续施打会造成桩身压应力过大而破坏。此时,最大压应力部位不一定出现在桩顶,而是接近桩端的部位,特殊情况下,当桩侧摩阻力很小、桩端牢固地支承于坚固岩石上时,最大压应力值约为传感器测得的最大应力值的 2 倍。此时,最大压应力可用下式计算。

$$\sigma_p = \frac{F_{d,toe} + F_{u,toe}}{A} = \frac{R_{TL} - R_L}{A} \tag{10-74}$$

(2)打桩时桩身最大拉应力

桩身锤击拉应力是混凝土预制桩施打控制的最重要指标。在深厚软土地区,打桩时侧阻力和端阻力虽小,由于桩很长,桩锤能正常爆发起跳,桩底反射回来的上行拉力波的头部(拉应力幅值最大)与下行传播的锤击压力波尾部叠加,在桩身某一部位产生净的拉应力。当拉应力强度超过混凝土抗拉强度时,会引起桩身拉裂。拉裂部位一般发生在桩的中上部,且桩愈长或锤击力持续时间短,最大拉应力部位就愈往下移。

利用上、下行波分析,很容易查明是否出现拉应力。锤击时的桩顶压力波以下行波的形式沿桩身向下传播(见图 10-21),在 t_1+L/c 时刻达到桩端并产生反射,当桩端土阻力较小时,反射波以上行拉伸波的形式向上传播,在 x 位置与逐渐减弱的下行波叠加,就会在桩身某一部位出现净拉力,根据式(10-62)、式(10-63)有:

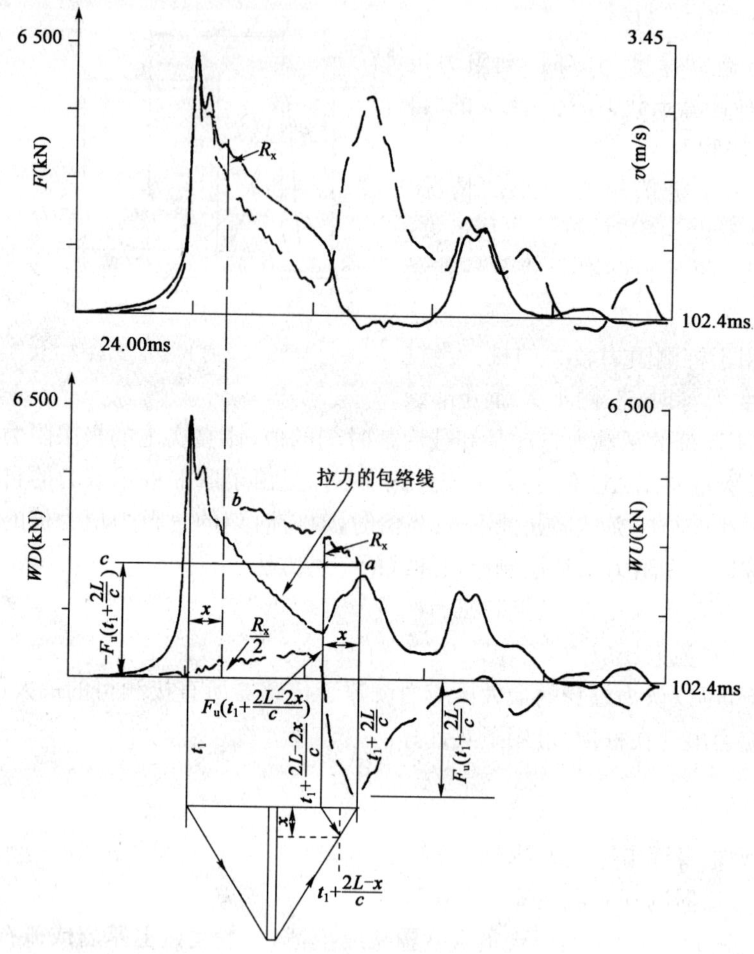

图 10-21　桩身锤击拉应力计算方法示意图

在 $t_1+\dfrac{2L-x}{c}$ 时刻：从桩端反射的上行波达到桩身 x 位置，$t_1+\dfrac{2L}{c}$ 时刻达到桩顶；桩身 x 位置上行波 $F_{u,x}$ 可以用下式计算：

$$F_{u,x}=F_u\left(t_1+\frac{2L}{c}\right)-\frac{R_x}{2}=\frac{1}{2}\left[F\left(t_1+\frac{2L}{c}\right)-z\cdot v\left(t_1+\frac{2L}{c}\right)\right]-\frac{R_x}{2}\qquad(10\text{-}75)$$

在 $t_1+\dfrac{2L-x}{c}$ 时刻：桩顶 $t_1+\dfrac{2L-2x}{c}$ 时刻的下行波达到桩身 x 位置；桩身 x 位置的下行波 $F_{d,x}$ 可以用下式计算：

$$\begin{aligned}F_{d,x}&=F_d\left(t_1+\frac{2L-2x}{c}\right)-\frac{R_x}{2}\\&=\frac{1}{2}\left[F\left(t_1+\frac{2L-2x}{c}\right)+z\cdot v\left(t_1+\frac{2L-2x}{c}\right)\right]-\frac{R_x}{2}\end{aligned}\qquad(10\text{-}76)$$

在 $t_1+\dfrac{2L-x}{c}$ 时刻，桩身 x 位置的合力 CTN 为：

$$\mathrm{CTN}=F_{u,x}+F_{d,x}=F_u\left(t_1+\frac{2L}{c}\right)+F_d\left(t_1+\frac{2L-2x}{c}\right)-R_x\qquad(10\text{-}77)$$

或

$$\mathrm{CTN}=\frac{1}{2}\left[F\left(t_1+\frac{2L}{c}\right)-z\cdot v\left(t_1+\frac{2L}{c}\right)+F\left(t_1+\frac{2L-2x}{c}\right)+z\cdot v\left(t_1+\frac{2L-2x}{c}\right)\right]-\left[F(t_1+2x/c)-Z\cdot v(t_1+2x/c)\right] \tag{10-78}$$

当 CTN 小于零时即为拉力，最大拉应力 σ_t 的搜寻由下式表达：

$$\sigma_t=\min_{0<x<L}\left\{\frac{1}{2}\left[F\left(t_1+\frac{2L}{c}\right)-z\cdot v\left(t_1+\frac{2L}{c}\right)+F\left(t_1+\frac{2L-2x}{c}\right)+z\cdot v\left(t_1+\frac{2L-2x}{c}\right)\right]-\left[F(t_1+2x/c)-Z\cdot v(t_1+2x/c)\right]\right\}\frac{1}{A}\leqslant 0 \tag{10-79}$$

式中，x 为传感器安装点至计算点的距离，$0<x<L$。

当桩侧摩阻力很小时，$R_x\rightarrow 0$ 式(10-79)就为规范中推荐的公式。图 10-22 下行波与 ac 连线的距离为不考虑土阻力时的拉力；ac 与 ab 间的距离为土阻力(即上行波的二倍)，下行波与 ab 连线的距离为考虑土阻力时的拉力。

拉应力引起的桩身破坏一般先在桩身产生细微的水平环状裂缝。在拉应力较大部位，这种环状裂缝可能不只一条，最初出现的裂缝是能闭合的，而且能传递锤击压应力。但当桩受反复锤击时，在裂缝边缘的最小曲率半径处，应力集中现象最显著，于是在此应力集中处先产生局部抗压破坏，最后导致桩身断裂。所以有些被打断的桩，表面上看是抗压破坏。为证实桩是否是因拉应力引起的破坏，可观察断裂处附近是否还存在其他水平裂缝。

7. 桩锤的锤击能量

每一锤传入桩身的能量 E_n 按下式计算：

$$E_n=\int_0^T F(t)\cdot v(t)\cdot \mathrm{d}t \tag{10-80}$$

其中，积分区间 T 是从桩顶受到锤击开始到 $F(t)$ 或 $v(t)$ 两者中有一个量首先变成零为止。

8. 实测曲线拟合法

(1)桩模型

按特征线差分格式的要求，将桩划分为 N_P 个单元(见图 10-22)。单元内部无阻抗的变化，而单元之间可以有阻抗的变化，以模拟桩身阻抗的变化。单元的长度按应力波通过单元的时间相等的原则划分，一般采用 1m 左右；只有那些由不同材料组成的桩，才会因满足等时原则而导致不同的分段长度。土阻力由分布荷载等效为集中荷载，且可选地作用与指定单元与邻单元的界面处，即土单元数 N_S 可以与桩单元数 N_P 不同，第 N_S+1 单元的阻力 R_{N_S+1} 即为桩端阻力。单元内部的应力波衰减符合一种线性黏性体模型。

桩的模型中还包括接头和裂隙的模拟——松动模型(见图 10-23)。该模型仅在单元接点处发挥作用；基本上，一条裂缝如果是全开放的，就可能导致全面反射；如果是闭合的，就可能传递应力波。在一个拉伸量 S_t 或压缩量 S_c 作用后，只要在松动区相邻的两个桩段之间的相对位移达到了这个有限的松动，它就可以传递拉力波和应力波。

应力波在单元节点处因受土阻力、桩身阻抗、裂隙等作用的影响，产生反射和透射。

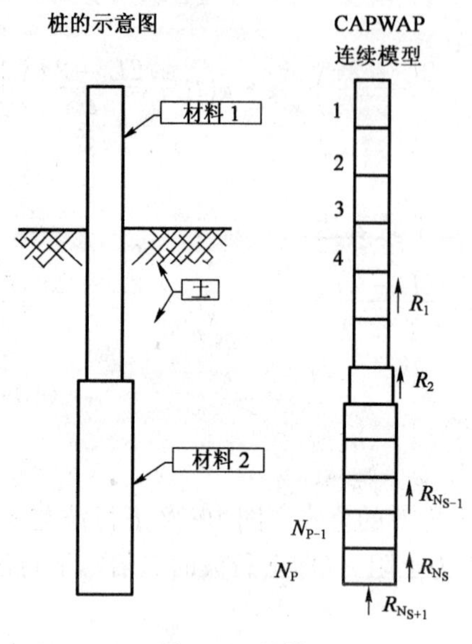

图 10-22　桩模型

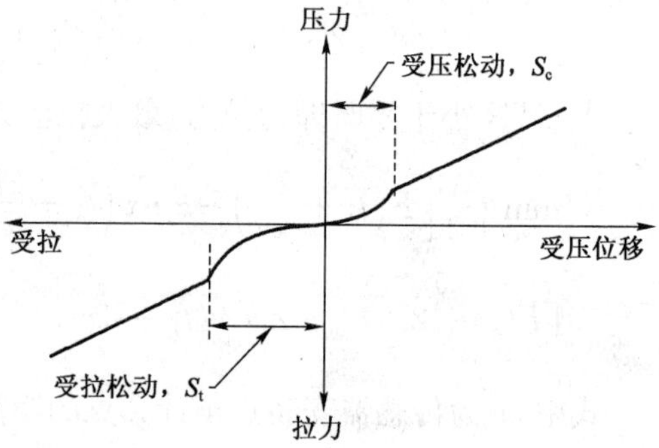

受压松动，S_c
压力
受拉
受压位移
受拉松动，S_t
拉力

图 10-23　松动模型

(2)土模型

假定土阻力分为静阻力和动阻力两个不相关项，即静阻力和动阻力分布只与其相关桩单元的位移和速度有关：

$$R_T = R_s + R_d \tag{10-81}$$

式中：R_T——总的土阻力；

R_s——土的静阻力，其力学模型如图 10-24、图 10-25 所示；

R_d——土的动阻力，其值与相关桩单元的运动速度成正比，即：

$$R_d = J_c \cdot z \cdot v \tag{10-82}$$

土的静阻力 R_S 与桩单元的位移有关，其模型如图 10-24、图 10-25 所示。图中 R_{uk}、R_{ut} 分别为桩侧、桩端的极限土阻力；q_k、q_t、q_{km}、q_{tm} 分别为桩侧、桩端加载和卸载的最大弹性变形(弹限)，当变形超过加载弹限(q_k、q_t)时土阻力达到极限并不再增加(除非引进硬化、软化模型)，当卸载变形超过弹限(q_{tm})时桩端土阻力减小至零；U_n 为卸载程度，它反映当桩侧卸载变形超过弹限(q_{km})时负阻力发挥的程度，其取值在 0～1 之间。R_L、R_{Lk} 为反复加载程度，当土体卸载后重新加载：在低于 R_L、R_{Lk} 时，其加载刚度同卸载刚度，而高于 R_L、R_{Lk} 时，其加载刚度同原来的加载刚度(加载刚度等于极限土阻力除加载弹限，卸载刚度等于极限土阻力除卸载弹限)；α 为土的加工硬化系数($\alpha > 0$)或加工软化系数($\alpha < 0$)，$\alpha = 0$ 表示当变形超过弹限后，土阻力不再随变形增加，即所谓理想的弹-缩性模型。土隙为模拟钻孔灌注桩出现的桩底沉渣或预制桩由于挤土效应上浮而使桩端与土层脱开的情况，当桩端沉降小于土隙时，桩端的动、静土阻力均为零。

(3)土塞

所谓土塞，是指附着在桩底上的质量，它对桩的运动产生一个和加速度成正比的阻力，CAPWAP 用外部的阻力来模拟这个作用(见图 10-26)。土塞的作用实际上是在某种程度上延迟桩端的反射，其常见的作用是使计算力在紧靠 $2L/c$ 之前(正加速度)增大、而紧靠 $2L/c$ 之后(负加速度)降低。

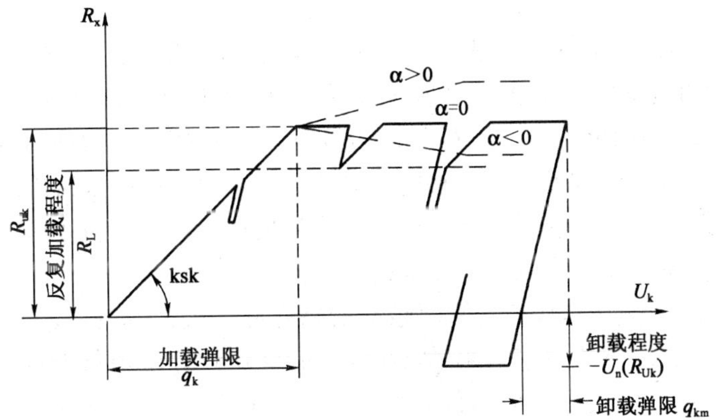

图 10-24　桩侧静阻力模型

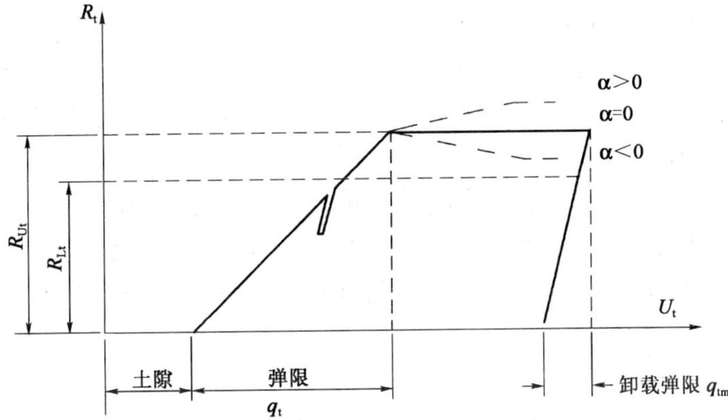

图 10-25　桩端静阻力模型

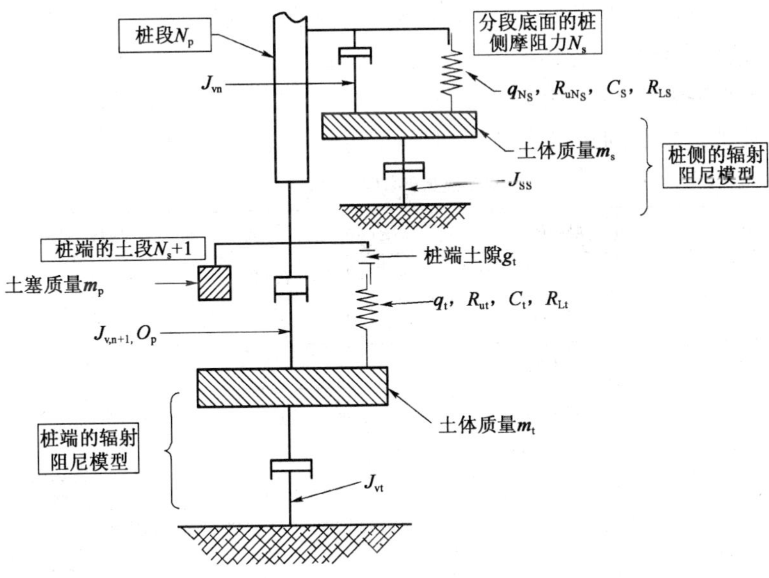

图 10-26　土阻力模型

(4)辐射阻尼

前面讨论时,我们都假定桩周土是不动的,但实际上高应变测试时,桩对土施加一反作用力,这个力会使土产生运动。当桩的位移较小,以至于桩周土的剪切破坏并未真正出现时,土的运动就显得很重要,例如桩支承在岩石上,当桩对土产生作用时,岩石内必然产生一应力波,而土阻力将表现为速度的函数而不是位移的函数(阻尼为主)。这就是讨论地基土辐射阻尼的原因(此时能量是以波的形式在土体中传播,而不是消耗在土体的剪切变形中),这也是使用质量块及阻尼器代替史密斯模型中刚性土支承的原因。

桩运动时,桩周土也将运动,尤其侧面粗糙的钻孔灌注桩,实测曲线中若 $2L/c$ 前的变形表明土摩阻力较大,而 $2L/c$ 之后总承载力不高,一般会导致静反力偏低而动阻力很高,史密斯侧阻尼将大于 1.3s/m。大家越来越普遍地认为,当史密斯桩侧阻尼达到 1.3s/m 时,为了使动测与静载荷试验结果相吻合,必须用辐射阻尼模型来描述土的运动。分别用两个参数在桩侧和桩端描述这种辐射阻尼模型(见图 10-26)。

①桩侧土的辐射阻尼模型参数

桩侧土支承阻尼 J_{SS}(SKdp):如果 SKdp=0,CAPWAP 将默认有一个无限刚性阻尼器(无土体运动)。虽然建议采用的起步值是 1.0,0.2~0.1 左右的值也已经是相当低了,过低的取值会造成单桩承载力高估。

桩侧土支承质量 m_S(MSkn):它代表的是桩单元周围一定范围内的土质量,当力作用于桩周土上时,这个质量块就开始运动。一般取值为长度等于土单元长度,直径为六倍桩径的土体重量。如果取值过大,则会延迟 SKdp 的作用,若 MSkn 很大,则会使这种辐射阻尼模型失败。

②桩端辐射阻尼模型参数

桩端土支承阻尼 J_{st}(BTdp):它作用于桩端支承于岩石,没有塑性贯入的情况。一般 BTdp=0(无辐射阻尼),BTdp>0 表明存在辐射阻尼,它可取低至 0.2 的值。

桩端土的支承质量 M_t(MToe):它会延迟桩端辐射阻尼效果,建议采用的起步值可以从桩端开始延伸到三倍桩径深度的土体(直径为桩径)重量。

(5)CAPWAP 各拟合参数的建议值。

CAPWAP 各拟合参数的建议值,如表 10-4 所示。

CAPWAP 各拟合参数表 表 10-4

参量	程序中的符号	量纲	推荐的最小值	推荐的最大值	推荐的起步值
桩侧弹限	QSkn	cm	0.025	max4[2]	0.25
桩端弹限	QToe	cm	0.025	$max4_t$−TGap	0.25
桩侧的卸载弹限比[1]	CSkn	—	0.01	1.0	1.0
桩端的卸载弹限比[1]	CToe	—	0.01	1.0	1.0
桩侧阻力的卸载比[1]	UNld	—	0	1.0	1.0
桩侧的反复加载比[1]	LSkn	—	−1.0	1.0	−1.0
桩端的反复加载比[1]	LToe	—	0.0	1.0	0
桩侧的 Case 阻尼	JSkn	—	N/A	N_s	0.1

续上表

参　　量	程序中的符号	量纲	推荐的最小值	推荐的最大值	推荐的起步值
桩侧的 Smith 阻尼	SSkn	s/m	0.08	1.0[3]	N/A
桩端的 Case 阻尼	JToe	—	N/A	1.0	0.1
桩端的 Smith 阻尼	SToe	s/m	0.08	1.0(*3)	N/A
Smith 阻尼的选择项	OPtd	—	0	2.0	0
桩身阻尼	PIld	—	0	0.03	0
桩侧土的阻尼器	SKdp	—	0.02	N/A	0
桩侧土的质量	MSkn	Fu	0	N/A	0
桩端土的阻尼器	BTdp	—	0.02	N/A	0
桩端土的质量	MToe	Fu	0	N/A	0
土塞质量	PLug	Fu	0	三倍桩端重	0
桩端土隙	TGap	cm	0	$maxU_t - Q_t$	0
残余应力选择项	REss	—	0	5	0

注：[1]是个乘数；

[2]最大位移；

[3]可能更高，但极不寻常。

(6)主要参数对拟合效果的影响

①静阻力：静阻力的增减直接影响计算力曲线的升降，静阻力增加引起计算力曲线上升，静阻力下降则引起力曲线下降。

②桩侧弹限(QSkn)：其值不能为零，即不能出现理想的塑性状态。它们不能超过桩的最大位移，否则会导致阻力激发的不充分。大的桩侧弹限会使土阻力的停留时间较长，其计算得到的力曲线后面部分会较高。QSkn 减小时，会引起计算的力曲线前部偏高、后部则会相对降低。

③桩端弹限(QToe)：其值不能为零，并且不超过最大的桩端位移减去桩端土隙，其作用和桩侧弹限相同。此外，在很高的端承力时，大的桩端弹限允许在 2L/c 时刻出现很大的拉力波，除非桩是被打入岩石中，QToe 通常都大于 QSkn。

④桩侧的卸载弹限比(CSkn)：该系数用来计算桩侧卸载弹限，桩侧卸载弹限＝CSkn* QSkn。小的 CSkn 会使桩侧土单元卸载速度加快，自然会使计算力曲线的后方提前下降，与桩侧阻力的卸载比、桩端的卸载弹限比相比，它引起的下降区间稍前，且下降形态上亦略有区别。

⑤桩端的卸载弹限比(CToe)：该系数用来计算桩端卸载弹限，桩端卸载弹限＝CToe* QToe。其影响与桩侧的卸载弹限比相仿，但下降起始点与结束部位略微靠后。

⑥桩侧阻力的卸载比(UNld)：它用于计算在回弹或卸载过程中极限负阻力的系数，极限负阻力＝－UNld* 极限正阻力。UNld 的减小意味着卸载后的反弹阻力或负摩阻力的减小，因此往往导致计算力曲线的尾部上升。

⑦土阻尼：土阻尼的作用与静阻力的作用相仿，与静阻力相比，其作用时间相对要短很多。降低阻尼使土单元的动阻力减小，计算力曲线偏低，过分低的土阻尼会使计算力曲线出现轻微的低频振荡，过高的土阻尼则会使曲线出现高频振荡。

⑧土塞：土塞的作用表现为自身的惯性力，初试阶段当桩端速度增加时会推动土塞产生一个向下的加速度，形成向上的阻力使计算力曲线在 $2L/c$ 靠前处升高，而在 $2L/c$ 后移一点点，桩端速度峰值已过，土塞会反而形成一向下的拉力使计算力曲线下降，局部顺时针扭曲现象会随着土塞重量的增加而增加。

⑨土隙：土隙会延缓桩端阻力作用的充分发挥，因此减小土隙会使 $2L/c$ 前一小段计算力曲线偏高，$2L/c$ 时刻后局部计算力曲线降低。

⑩辐射阻尼：辐射阻尼的引入，将会使部分能量消耗在土体的振动之中，减小了有效相对位移的速度，从而产生较少的激发阻力，使计算力曲线下降(将总土阻力中分出一部分考虑为能耗)。

⑪平均波速：平均波速的增加不仅会使计算的桩底反射的时间提前，而且会显著地提高 $0\sim2L/c$ 段前端的计算力曲线，降低 $0\sim2L/c$ 段后部的计算力曲线。

⑫总土阻力：总阻力的增加，无疑会使整个计算力曲线特别是 $2L/c$ 以前的部分增加；如果保持总土阻力不变，而降低桩端土的静阻力则会使计算力曲线前部升高、后部下降。

(7)拟合质量的评估

拟合质量系数(MQ)，是利用计算的和实测的桩顶变量之间的相对差的绝对值之和来加以评估的：

$$MQ=\sum\frac{|f_{jc}-f_{jm}|}{F_m} \tag{10-83}$$

式中：f_{jc}、f_{jm} ——分别是 j 时刻的桩顶的计算变量和实测变量；

F_m ——实测的最大桩顶力。

分析时段分成四段(见图 10-27)：

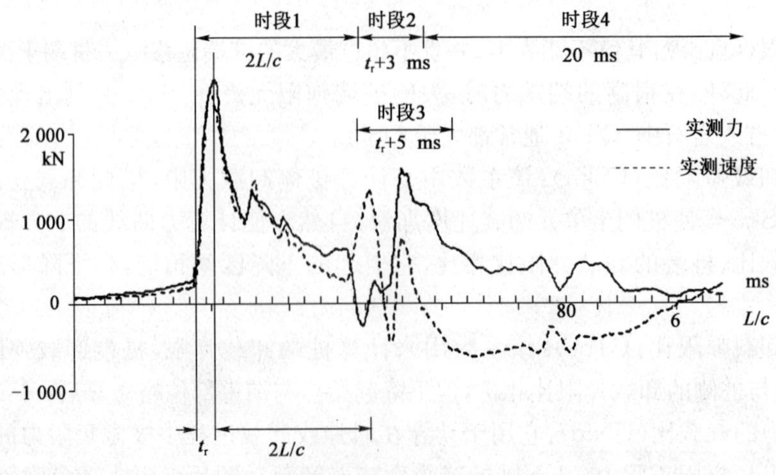

图 10-27 拟合法拟合质量评估计算区间划分

第一个时段：从锤击的起跳点开始延伸一个 $2L/c$ 时段，这个时段一般表明了桩侧摩阻力分布情况。

第二个时段：从峰值后 $2L/c$ 的时刻开始，持续到一个和上升时间加上 3ms 相等的时段，它通常对于正确确定端承阻力的参数和总阻力都很重要。

第三个时段：起始点与第二时段相同，持续时间比第二时段长 2ms，在此期间，正确的总的静土阻力表现最清楚。

第四个时段：以第二个时段结束时刻为起始点持续 20ms 的时段，在这个时段中，土的卸载性状影响最大。

总的拟合系数反映了四个时段的拟合质量，由于第二和第三时段重叠较大部分，MQ 计算时在 $2L/c$ 时刻以后的一段时间比其他时间段有了两倍的加权，因此，总的静土阻力大小比其他土阻力参数对 MQ 具有更大的影响。

(8)锤击数的校合

除了用 MQ 来进行拟合程度的评价外，常常还要用计算的锤击数和实测的锤击数进行计算结果合理性校合，计算的贯入击数为：

$$BCT_q=\frac{1}{U_{tm}-q_{av}} \tag{10-84}$$

$$q_{av}=\frac{\sum(q_i \cdot R_{ui})}{\sum R_{ui}} \tag{10-85}$$

式中：BCT_q——计算贯入击数；

U_{tm}——最大的桩端计算位移；

q_i、R_{ui}——是分段的弹限和分段的极限静阻力值。

好的拟合结果应该是具有小的 MQ 及计算锤击数与现场实测的锤击数相符合的特征，同时土阻力参数应在合理的范围内。

二、检测系统及现场测试技术

高应变的检测系统由锤、主机、力传感器及加速度传感器组成，其框图如图 10-28 所示。

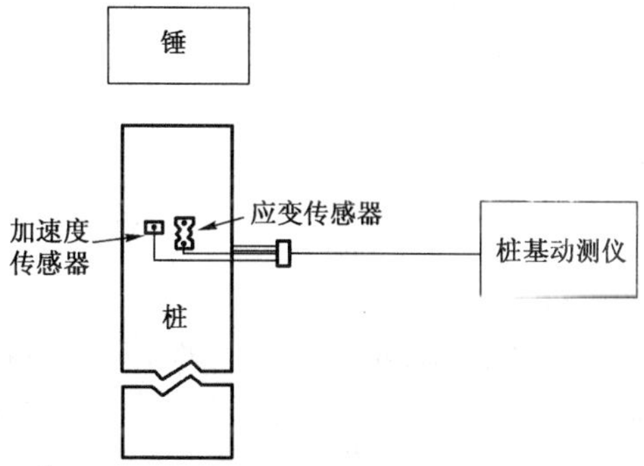

图 10-28 高应变检测系统

1. 桩基动测仪、传感器

根据产品标准《基桩动测仪》(JG/T 3055—1999)，基桩动测仪与传感器的主要技术性能必须满足表 10-1 的规定，在此不作赘述。

2. 锤

高应变检测用锤应材质均匀、形状对称、锤底平整，高径(宽)比不得小于 1，并采用铸铁或铸钢制作。在能采用打桩机械宜首选打桩机械，但导杆式柴油锤由于荷载上升时间过于缓慢，容易造成响声信号失真而不宜采用。在进行承载力检测时，锤的重量应大于预估单桩极限承载力的 1%～2%，以 2%为佳。锤重及落距的选择还宜满足实测单击贯入度在 2～6mm 之间的条件。

3. 传感器的安装

每次检测时应在桩身两侧对称安装两只加速度传感器和两只应变传感器，对于大直径的桩采用四只加速度传感器和四只应变传感器更佳，它们与桩顶的距离不宜小于 2 倍桩径(或桩边长)。应变传感器的中心位置应与加速度传感器处在同一个截面处，同一侧的应变传感器与加速度传感器间的水平距离不宜大于 100mm。传感器安装处的桩身表面必须平整，且该截面附近无明显缺损或截面突变；固定传感器的螺栓应与桩轴线垂直，固定后的应变传感器及加速度传感器应紧贴桩身，传感器中心轴线应与桩的中心轴线平行；应变传感器安装在安装过程中要对其初值进行监测，不得超过该传感器的允许初始变形值。传感器安装如图 10-29 所示。

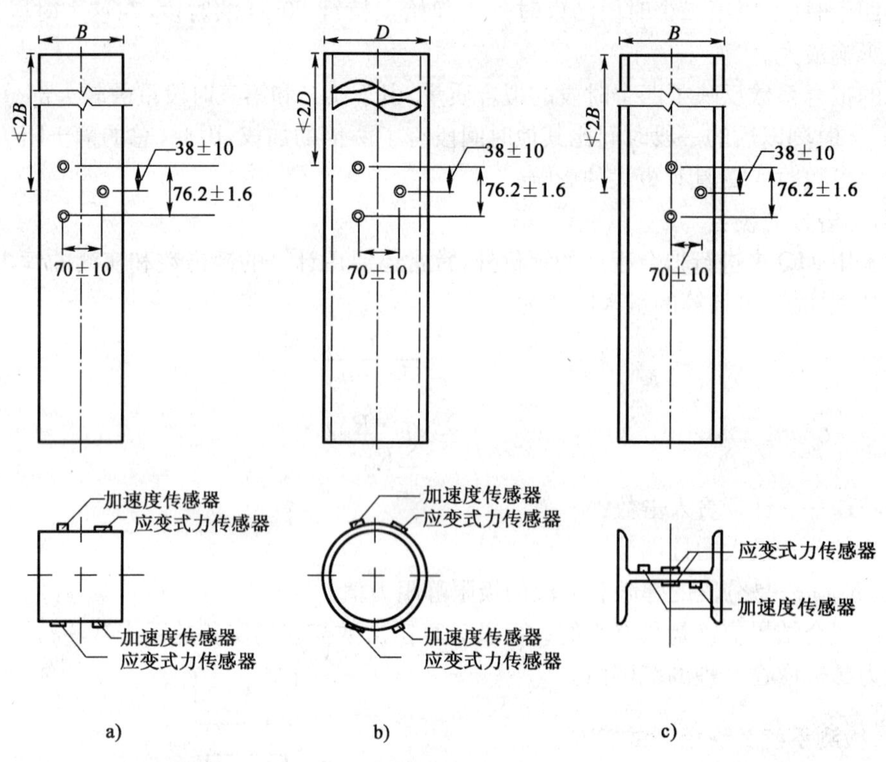

图 10-29　传感器安装示意图(尺寸单位：mm)

a)混凝土方桩；b)管桩；c)H 型钢桩

4. 桩头处理

桩顶必须保持平整，露出地面长度应满足上述安装传感器及锤击的需要。对于预制桩，如桩头破坏，应按原设计要求修复；对于灌注桩，应凿除桩顶强度较低的混凝土，所有主筋均需接至桩顶保护层下，并在此范围内设置加强箍筋及 3～5 层钢筋网片，桩顶混凝土强度与桩身混凝土强度相同，接桩处的桩身面积应与下部桩身截面积相同(注意：不是设计截面积)，且中心轴线应重合。

钻孔灌注桩的加固长度以大于 2 倍的桩径为佳，以方便传感器安装，混凝土强度相同及面积相同则满足传感器安装附近无明显阻抗变化的条件。

5. 锤垫

检测时在锤与桩顶间应设置垫层，对于用打桩机进行检测时垫层宜采用打桩时采用的垫层。而采用自由锤进行测试时，垫层宜采用厚度相同材质均匀的纤维板、石棉板、木板，或均匀铺设黄砂，对于锤击时易在桩顶产生水平向拉力的橡胶板等则不应作为垫层使用。

6. 试打桩与打桩监控

目前普遍采用的静载荷试验、低应变动测、高应变动测等桩基检测手段均着重于施工验收方面，等检测时发现质量问题回头再处理时，大大增加了工程造价和延误工期。而试打桩与打桩监控可以在施工过程中对桩身应力进行监测，评估打桩设备的匹配能力，对设计的桩长与承载力进行校合，它同时可以选择合理的收锤标准减少打桩时的破损率，进而提高施工质量及工作效率。试打桩与打桩监控是信息化施工不可或缺的重要环节，应大力推广。

(1)试打桩

①为选择工程桩的桩形、桩长和桩端持力层进行试打桩时，应符合下列规定：

a. 试打桩位置的工程地质条件应具有代表性。

b. 试打桩过程中，应按桩端进入的土层逐一进行测试；当持力层较厚时，应在同一土层中进行多次测试。

②桩端持力层应根据试打桩的承载力与贯入度的关系，结合场地岩土工程勘察报告综合判定。

③采用试打桩判定桩的承载力时，应符合下列规定：

a. 判定承载力时应采用本场地初、复打试验所确定的桩在地基土中的时间效应系数，复打试验应采用实测曲线拟合法计算单桩承载力，必要时应采用静载荷试验校合，复打或静载荷试验应有一定的数量及具有代表性。

b. 采用地区经验时，时间效应系数应取低值，也就是说，对承载力随休止时间增加而增长的估计不应过高，并应进行复打或静载荷试验校合，复打试验应采用实测曲线拟合法计算单桩承载力，复打或静载荷试验应有一定的数量及具有代表性。

c. 初打至复打的休止时间，应符合表 10-5 的要求。

初打至复打休止时间表 表 10-5

土 的 类 别		休止时间(d)
砂土		7
粉土		10
黏性土	非饱和	15
	饱和	25

注：对于泥浆护壁的灌注桩，宜适当延长休止时间。

(2)打桩监控

①打桩监控包括监测锤击能量、桩身锤击拉应力和桩身压应力。锤击能量、桩身锤击拉应力和桩身压应力，可用式(10-80)、式(10-79)、式(10-73)、式(10-74)计算。

②打桩监控可在试打桩或工程桩施工过程中进行。在试打桩时进行，可对打桩机械的锤型、落距、垫层材料等选择是否合适作出科学的判断，可根据监测数据对打桩机械的锤型、落距、垫层材料等进行调整，使其适合实际工程情况，提高施工质量及效率。

③桩身锤击拉应力宜在预计桩端进入软土层或桩端穿过硬土层进入软弱夹层时测试。一般桩较长，锤击数小，桩底反射强，但桩锤能正常爆发起跳时，打桩拉应力很强。

如图 10-21 所示 PHC-AB600(110)管桩的实测曲线，$F_u\left(t_1+\frac{2L}{c}\right)=-2\ 742$kN、$F_d\left(t_1+\frac{2L-2x}{c}\right)=1\ 272$kN、$R_x=759$kN，根据式(10-77)、式(10-79)计算得桩身最大拉应力 $\sigma_t=-13.17$MPa，显然该桩已处于危险的境地，若不进行锤击拉应力的控制很可能造成桩身破坏。对于这种情况可采取减小落距、增厚或更换垫层材料等方法来减小桩身最大拉应力，从而确保沉桩质量。

④桩身锤击压应力宜在桩端进入硬土层或桩周土阻力较大时测试，但注意桩身最大锤击压应力虽然在多数情况下出现在桩顶但也有出现在桩端。

对于图 10-21 所示 PHC-AB600(110)管桩的实测曲线，显然最大桩身压应力出现在桩顶，$F(t_1)=6\ 264$kN，按公式(10-73)计算得桩顶锤击压应力为 37MPa。

如某钢管桩，打桩监控测得高应变曲线(见图 10-30)，按公式(10-73)计算得桩顶锤击压应力为 156MPa；按公式(10-74)计算得桩端锤击压应力为 222MPa。显然桩端的锤击压应力要大于桩顶，因此对于桩端持力层进入基岩或碰到孤石的桩，在打桩过程中进行实时监控既能获得较高的承载力又能保证桩端不至于压应力过大而破坏。

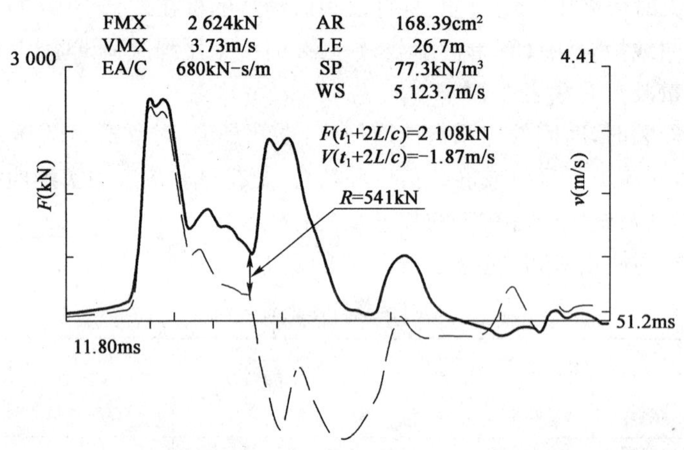

图 10-30 桩端压应力大于桩顶的例子

三、测试数据的分析、处理

1. 锤击信号的选取

可靠的信号是得出正确分析计算结果的基础。除柴油锤施打的长桩信号外，力的时程曲线必须最终归零。对于混凝土桩，高应变测试信号质量不但受传感器安装好坏、锤击偏心程度和传感器安装面处混凝土是否开裂的影响，也受混凝土的不均匀性和非线性的影响。这种影响对应变式传感器测得的力信号尤其敏感。混凝土的非线性一般表现为：随应变的增加，弹性模量减小，并出现塑性变形，使根据应变换算到的力值偏大且力曲线尾部不归零。锤击偏心是指两侧力信号之一与力平均值之差超过或低于平均值的 30%。通常锤击偏心很难避免，因此严禁用单侧力信号代替平均力信号。

从一阵锤击信号中选取分析用信号时，除要考虑有足够的锤击能量使桩周岩土阻力充分发挥外,还应注意下列问题:①连续打桩时桩周土的扰动及残余应力;②锤击使缺陷进一步发展或拉应力使桩身混凝土产生裂隙;③在桩易打或难打以及长桩情况下,速度基线修正带来的误差;④对桩垫过厚和柴油锤冷锤信号,加速度测量系统的低频特性所造成的速度信号误差或严重失真。

在多数情况下,高应变测试曲线,力和速度信号第一峰应基本成比例,但在以下几种情况也会造成比例失调:①桩浅部阻抗变化;②土阻力影响;③采用应变式传感器测力时,测点处混凝土的非线性造成力值明显偏高;④锤击力波上升缓慢或桩很短时,土阻力波或桩底反射波的影响。除对第②种情况属正常,第③种情况可适当减小力值,避免计算的承载力过高外,其他情况均需采取措施进行避免。对于第①种情况:预制桩通常桩身阻抗比较均匀,只有当桩身存在裂缝时才会产生阻抗变化,对于这种情况应截去裂缝以上桩身桩头加固后进行测试,或更换试桩,否则只能判断该桩浅部桩身存在裂缝而无法判定其竖向承载力。钻孔灌注桩桩身阻抗变化大的情况时有发生,在传感器的安装时应避开阻抗变化的位置,最好的办法是在选择试桩时或桩头处理前先用低应变检查桩身浅部的均匀性,然后进行桩头处理及高应变动测。对于第④种情况:锤击力波上升缓慢不外乎锤、锤垫、桩头三方面的因素造成的。锤:上面已经谈到导杆式柴油锤就会引起上述情况不宜采用,锤过重、落距过大也会造成这种情况,可通过减小锤重、落距的办法来解决;采用多片组合锤时,单片厚度太薄或已变形、垫入其他物体、拉杆未紧固等情况均会造成锤击力波上升缓慢等情况,需通过更换变形的钢板、薄钢板、去除异物、紧固拉杆等来解决,或更换一体锤。锤垫:锤垫过厚也会引起上述情况,则需减薄锤垫就可解决。桩头:桩头松软也会造成锤击力波上升缓慢,这种情况很少见,仅发生在少数未经处理的钻孔灌注桩的身上,因此,对于钻孔灌注桩的桩头必须进行处理后方能进行高应变动测。对于很短的桩无法满足一维弹性杆件的假设,不宜采用高应变动测进行承载力检测。

2. 桩身平均波速的确定

桩身平均波速可根据下行波起升沿的起点到上行波下降沿的起点之间的时差与已知桩长确定(见图 10-31)。桩底反射信号不明显时,可根据桩长、混凝土波速的合理取值范围以及邻近桩的桩身波速值综合确定。

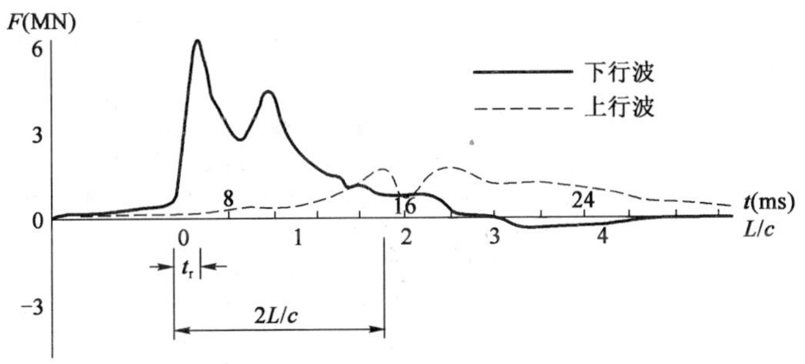

图 10-31 桩身平均波速的确定

3. 通过静载荷试验确定 CASE 阻尼系数

上海某工程,桩规格为 PHC-400(80)-1213B,桩侧土层依次为粉质黏土、淤泥质粉质黏土、淤泥质黏土、粉质黏土、砂质粉土、桩端持力层为砂质粉土。静载荷试验结果单桩极限承载力为 1 800kN,两周后进行高应变动测,采用 40kN 重锤,实测曲线见图 10-32,$F(t_1)=$

2 943kN, $v(t_1)=3.26$m/s, $F(t_1+2L/c)=304$kN, $v(t_1+2L/c)=-0.23$m/s, $z=938$kN·s/m。利用式(10-72)且令 R_S 等于静载荷试验结果($R_S=1\ 800$kN)，即可求 CASE 阻尼系数 $J_C=0.533$。

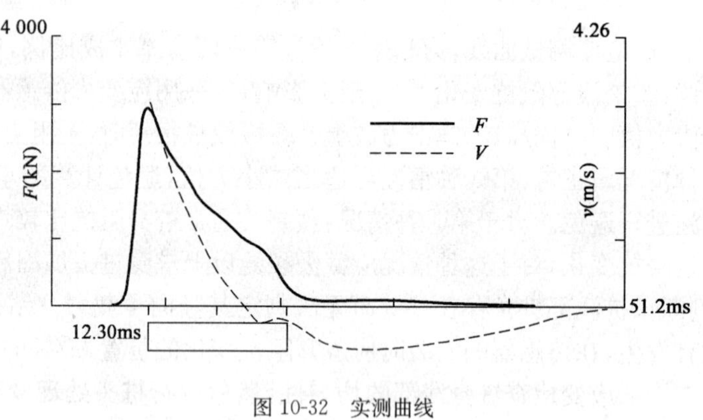

图 10-32　实测曲线

4. 实测曲线拟合法计算承载力的例子

将上例的测试数据采用实测曲线拟合法进行承载力分析，分析结果如图 10-33 所示，与静载荷试验结果很接近。

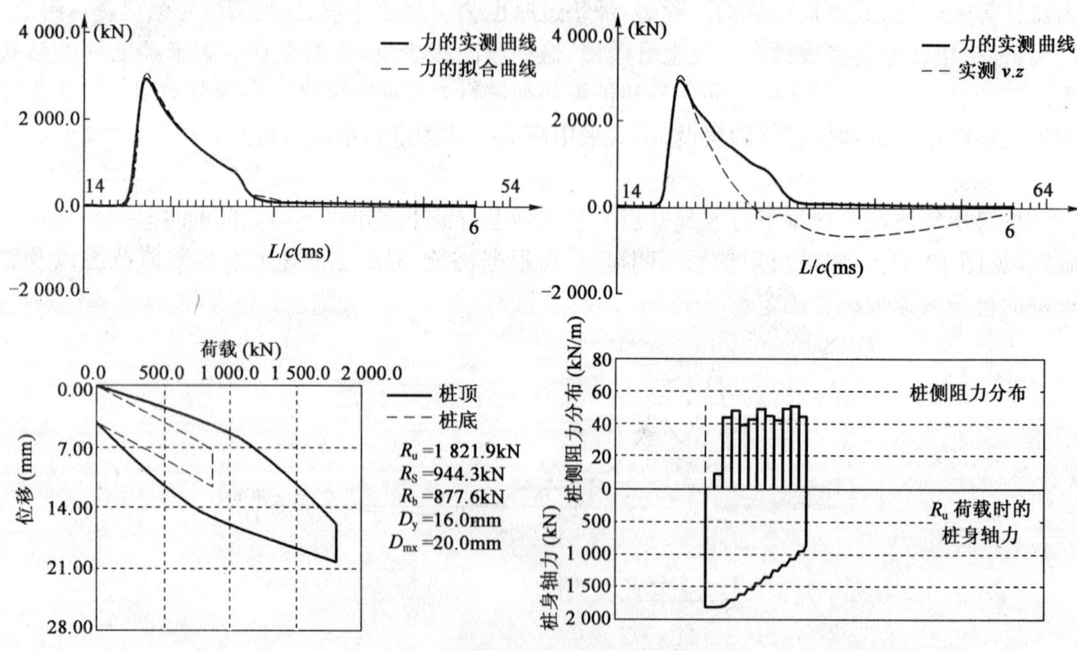

图 10-33　实测曲线拟合结果

5. 土参数变化对拟合曲线影响的例子

在上例的基础上，独立改变主要的拟合参数，观察这些土参数单独改变时对拟合曲线的影响，其结果如图 10-34(图中虚线为计算曲线、实线为实测曲线)所示。

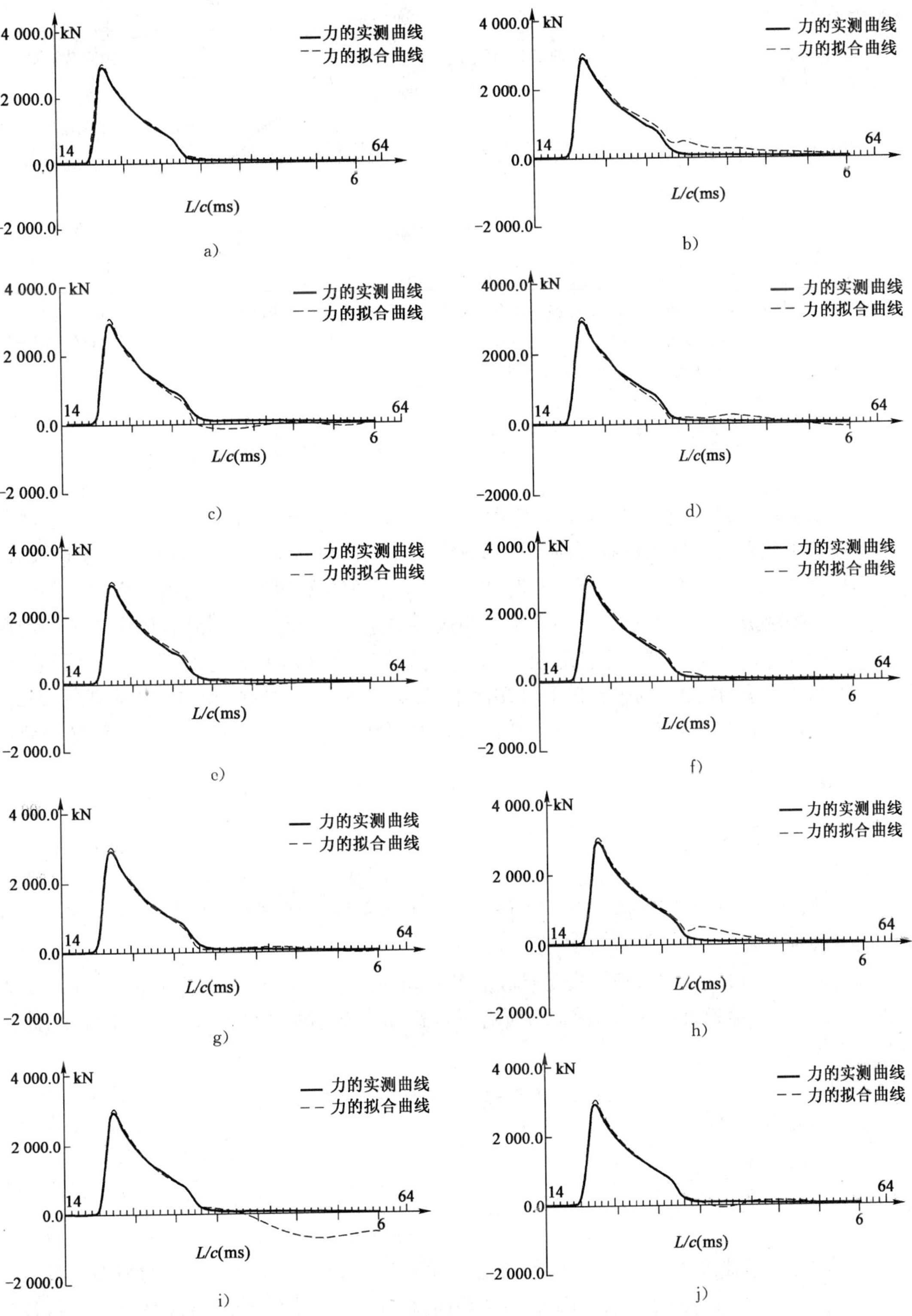
4 000.0
kN
2 000.0
0.0
-2 000.0
14
64
6
L/c(ms)
力的实测曲线
力的拟合曲线
a)
b)
c)
d)
e)
f)
g)
h)
i)
j)

图 10-34

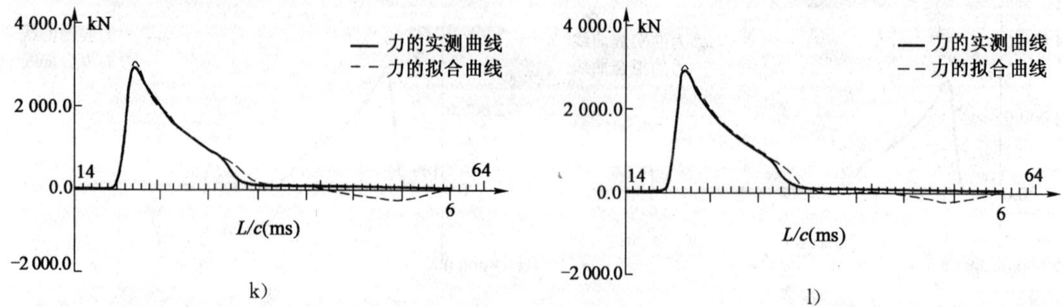

图 10-34　土参数变化对拟合曲线的影响

a)参照曲线；b)桩侧桩端静阻力增加 20%；c)桩侧桩端静阻力减小 20%；d)总阻力不变，桩端阻力增加 20%；e)总阻力不变，桩端阻力减小 20%；f)桩侧桩端阻尼增加 20%；g)桩侧桩端阻尼减小 20%；h)桩侧辐射阻尼系数增加一倍；i)桩侧阻力卸载比由 0 增加至 1；j)桩侧弹限减小 50%；k)桩端弹限减小 50%；l)桩侧、桩端弹限均减小 50%

第三节　混凝土灌注桩超声波检测

混凝土灌注桩超声波检测法，是在桩身内埋设若干根平行于桩的纵轴线的声测管道，将超声探头通过声测管直接伸入桩身混凝土内部，逐点、逐段向桩身混凝土发射并接收超声波，通过实测超声波在混凝土介质中传播的声时、波幅衰减和频率等声学参数的相对变化来判定桩身完整性的检测方法。其基本原理与上部结构构件的超声波探伤原理相同，但由于桩的混凝土灌注条件与上部结构的成型条件完全不同，尤其是水下灌注时差异更大，混凝土的配合比、混凝土的离析程度、声测管的平行度等许多因素，都会严重影响对缺陷和均匀性的判断，因此，灌注桩的超声波检测必须有一套适合其特点的方法和判据，而不能完全沿用上部结构检测的现有方法。

一、基本原理

1. 波动方程

所谓波动方程，是指用来描述介质中任一质点的位移随该质点的空间位置和时间变化规律的数学物理方程。

假设有一平面波在理想介质(指无吸收的各向同性弹性介质)中沿 x 方向传播，由于是平面波，所以在与 x 轴垂直的任意平面上，所有质点运动状态相同。如果在 $x=0$ 平面上，质点振动方程为：

$$u = A_0 \cdot \cos(\omega t) \tag{10-86}$$

式中：u——质点位移；

A_0——质点振幅；

ω——圆频率；

t——时间。

若声波的传播速度为 c，经时间 τ 后，声波传播距离为 $x=c\cdot\tau$，即在 x 处的平面上各质点的振动，比 $x=0$ 平面上的质点振动滞后了一段时间 $\tau=x/c$，因为介质是理想弹性介质，各质点振幅不变，x 处质点振动规律为：

$$u = A_0 \cdot \cos\left[\omega\left(t - \frac{x}{c}\right)\right] \tag{10-87}$$

上式表示，距波源为 x 的平面上各质点在任何时刻 t 的运动规律，因此，它就是平面余弦波在理想介质中的波动方程。

波在一个周期 T 内所传播的距离为波长，用 λ 表示，根据波速 c、频率 f、波长 λ 的关系，有：

$$c = f \cdot \lambda \text{或} \lambda = c/f \tag{10-88}$$

根据上式可以计算波长，如，采用 20kHz 或 50kHz 的超声波对混凝土进行测试，测得的波速均为 4 000m/s，则按式(10-87)可计算得混凝土中超声波的波长分别为 200mm 或 80mm。

对于球面波，波向四周扩散，在介质不吸收波的能量时，球面波的振幅也逐渐减小。根据通过各波阵面的平均能量流相等的原理，可以证明球面波的波动方程为：

$$u = \frac{A_0}{r}\cos\left[\omega\left(t - \frac{r}{c}\right)\right] \tag{10-89}$$

式中：r——质点距波源的距离；

A_0——距波源单位距离的振幅。

对于柱面波，其波动方程为：

$$u = \frac{A_0}{\sqrt{r}}\cos\left[\omega\left(t - \frac{r}{c}\right)\right] \tag{10-90}$$

在式(10-87)、式(10-89)、式(10-90)中含两个自变量距离 $x(r)$、时间 t，如果给定距离，则上述三式均表达为波阵面上所有质点做简谐振动。如果给定时间，则位移将单纯是距离的函数，这时波动方程表示在某时刻波线上各质点的位移。若以位移为纵坐标，质点在波线上距振源的距离为横坐标，对于式(10-87)也得到一条余弦曲线(见图 10-35)，而对于式(10-89)、式(10-90)则为随距离增加幅值逐渐衰减的准余弦曲线，见图 10-36～图 10-38。

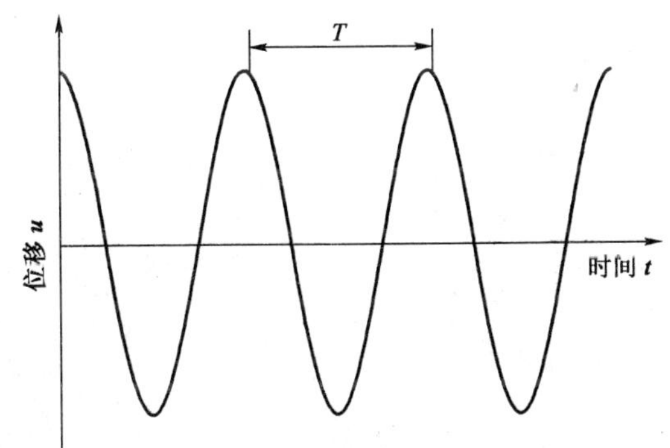

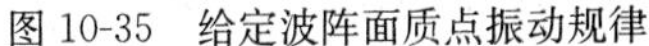
图 10-35　给定波阵面质点振动规律

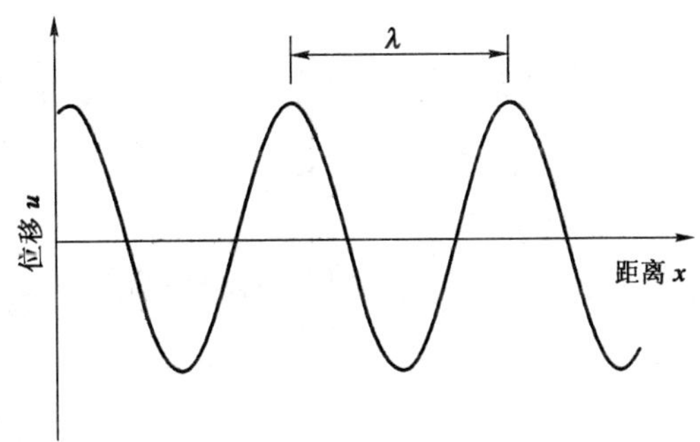

图 10-36　平面波给定时刻各质点位移

2. 声波在固体介质中的传播速度

不同类型的声波在传播过程中速度各不相同，且其声速还取决于固体介质的性质(密度 ρ、弹性模量 E、泊松比 μ)，所以声速是表征介质声学特征的一个参数。另外，声速的大小还与固体介质的边界条件有关。

(1)纵波声速

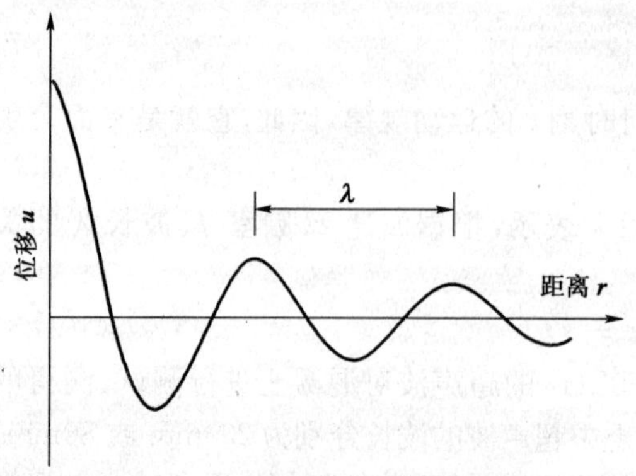

图 10-37　球面波给定时刻各质点位移

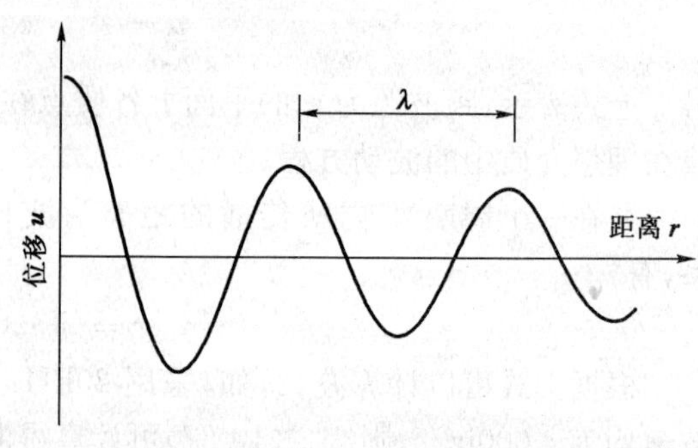

图 10-38　柱面波给定时刻各质点位移

在无限大固体介质中传播的纵波速度：

$$c_{\mathrm{p}}=\sqrt{\frac{E}{\rho}\frac{1-\mu}{(1+\mu)(1-2\mu)}} \tag{10-91}$$

在薄板(板厚远小于波长)中纵波速度：

$$c_{\mathrm{B}}=\sqrt{\frac{E}{\rho}\frac{1}{(1-\mu^{2})}} \tag{10-92}$$

在细长杆(横向尺寸远小于波长)中纵波速度：

$$c_{\mathrm{L}}=\sqrt{\frac{E}{\rho}} \tag{10-93}$$

(2)横波波速

在无限大固体介质中传播的横波声速：

$$c_{\mathrm{s}}=\sqrt{\frac{G}{\rho}}=\sqrt{\frac{E}{\rho}\frac{1}{2(1+\mu)}} \tag{10-94}$$

式中：G——介质的剪切弹性模量。

(3)表面波声速

在无限大固体介质中传播的表面波声速：

$$c_{\mathrm{R}}=\frac{0.87+1.12\mu}{1+\mu}\sqrt{\frac{G}{\rho}}=\frac{0.87+1.12\mu}{1+\mu}c_{\mathrm{s}} \tag{10-95}$$

无限大的介质实际上是不存在的，当固体介质的尺寸与所传播的波长足够大时，可视为半无限大固体，其声速即与无限大介质中声速相近。

3. *声场*

充满声波的空间叫声场。声压、声强及声阻抗率是描写声场特征的几个重要物理量。

(1)声阻抗率

声阻抗率定义为：介质中某点的声压与质点运动速度的比值，用符号 Z 表示，它取决于介质的特性，又称为特性阻抗。可由下式计算：

$$Z = \rho \cdot c \tag{10-96}$$

(2)声压

声场中某一点在某一时刻所具有的压强 P_1 与没有声场存在时同一点的静态压强 P_0 之差称为声压 P(单位为帕)。可由下式计算：

$$P = \rho \cdot c \cdot v \tag{10-97}$$

式中：v——介质质点振动速度。

(3)声强

将垂直于声波传播方向上单位面积、单位时间内通过的声能量称为声强，通常用 J 表示，可由下式计算：

$$J = \frac{1}{2} \cdot \rho \cdot c \cdot v_m^2 = \frac{1}{2} \cdot \rho \cdot c \cdot A_0^2 \cdot \omega^2 \tag{10-98}$$

式中：v_m——介质质点振动的最大速度。

4. *声波在两种介质界面上的传播规律*

声波在介质中传播过程中，遇到与原来介质阻抗不同的介质时，在两种介质的界面上声波的传播规律、声波能量的分配都将发生变化。这种变化的规律依赖于声波波长和其他介质尺寸的比率、两种介质的特性以及声波的入射角度。

①如果其他介质尺寸远大于波长，则声波在两种介质的界面处发生反射、折射等现象。

②如果其他介质尺寸与波长相近，则将发生显著的绕射现象。

③如果其他介质尺寸比波长还小时，声波的大部分能量可绕过其他介质，少部分能量向其他介质四周散射。

④如果其他介质为刚性球状体(直径为 d)，且 $kd >> 1$($k = 2\pi/\lambda$，角波数)，则其他介质形成一个新振源将声波能量向四周散射，此时混凝土中的粗集料就可看作是声波的散射源。

混凝土是一种多种材料的聚合体，在其内部存在多种声学界面，声波在混凝土中的传播是一个非常复杂的声学现象，研究声波在异质界面上的传播规律对混凝土质量的声波检测是有重要意义的。

(1)垂直入射情况

当超声波从一种介质($Z_1 = \rho_1 \cdot c_1$)传播至另一种介质($Z_2 = \rho_2 \cdot c_2$)时，将产生一个与入射波方向相反的反射波和一个与入射波方向相同的透射波(见图 10-39)。

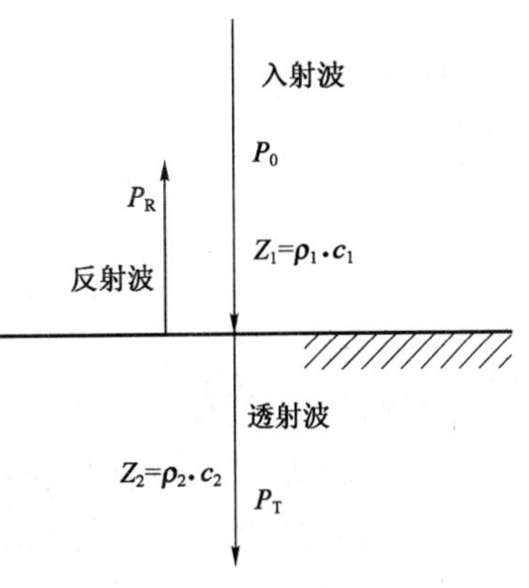

图 10-39　垂直入射情况

①入射波、反射波、透射波声压之间的关系。

声压反射率 R 定义为反射波声压 P_R 与入射波声压 P_0 的比值：

$$R = \frac{P_R}{P_0} \tag{10-99}$$

声压透射率 T 定义为透射波声压 P_T 与入射波声压 P_0 的比值：

$$T=\frac{P_T}{P_0} \tag{10-100}$$

根据界面两侧的边界条件：一侧的总声压等于另一侧的总声压，两侧质点振动速度的幅值应相等。上述两式可写成：

$$R=\frac{P_R}{P_0}=\frac{Z_2-Z_1}{Z_2+Z_1} \tag{10-101}$$

$$T=\frac{P_T}{P_0}=\frac{2Z_2}{Z_2+Z_1} \tag{10-102}$$

当第二介质(Z_2)为第一介质(Z_1)中的薄夹层时，薄夹层的反射率 R 和透射率 T 可按下列公式计算：

$$R=\sqrt{\frac{\frac{1}{4}\cdot\left(\frac{Z_1}{Z_2}-\frac{Z_2}{Z_1}\right)^2\cdot\sin^2\frac{2\pi\delta}{\lambda}}{1+\frac{1}{4}\cdot\left(\frac{Z_1}{Z_2}-\frac{Z_2}{Z_1}\right)^2\cdot\sin^2\frac{2\pi\delta}{\lambda}}} \tag{10-103}$$

式中：δ——为薄夹层的厚度。

$$T=\frac{1}{\sqrt{1+\frac{1}{4}\cdot\left(\frac{Z_1}{Z_2}-\frac{Z_2}{Z_1}\right)^2\cdot\sin^2\frac{2\pi\delta}{\lambda}}} \tag{10-104}$$

②入射波、反射波、透射波声强之间的关系。

声强反射系数 f_R 定义为反射波声强 J_R 与入射波声强 J_0 的比值：

$$f_R=\frac{J_R}{J_0} \tag{10-105}$$

声强透射系数 f_T 定义为透射波声强 J_T 与入射波声强 J_0 的比值：

$$f_T=\frac{J_T}{J_0} \tag{10-106}$$

可以推导出：

$$f_R=\frac{J_R}{J_0}=\left(\frac{Z_2-Z_1}{Z_2+Z_1}\right)^2=R^2 \tag{10-107}$$

$$f_T=\frac{J_T}{J_0}=\frac{4Z_1Z_2}{(Z_2+Z_1)^2}=1-R^2 \tag{10-108}$$

(2)倾斜入射情况

当超声波从一种介质中倾斜入射到另一种介质界面时，将产生方向、角度及波形的变化。和光的传播类似，超声波在界面上方向和角度的变化服从反射定律和折射定律，即：入射角的正弦与反射角的正弦之比等于入射波与反射波的速度之比，入射角的正弦与折射角的正弦之比等于入射波与折射波的速度之比。

上述情况在流体介质中只有单一的波(纵波)出现,而在固体介质中要复杂些,当一种波(如纵波)入射到固体分界面时,不仅波方向发生变化且波形也发生变化,分离为反射纵波、反射横波、折射纵波和折射横波。各类波的传播方向(即反射角与折射角)各不相同,如图 10-40 所示。

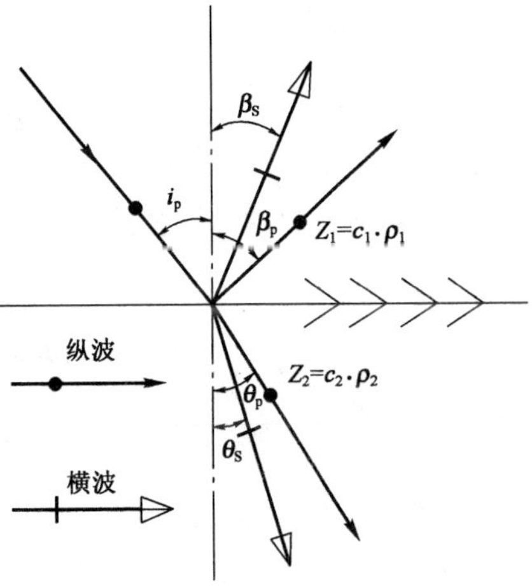

各种类型波传播方向的变化同样符合几何光学中的折射定律与反射定律。其数学表达式如下:

$$\frac{c_{1p}}{\sin i_p}=\frac{c_{1p}}{\sin\beta_p}=\frac{c_{1S}}{\sin\beta_S}=\frac{c_{2p}}{\sin\theta_p}=\frac{c_{2S}}{\sin\theta_S} \tag{10-109}$$

图 10-40 固体界面上声波的反射与折射

式中:c_{1p}、c_{2p}——纵波在第一、第二种介质中的传播速度;

c_{1S}、c_{2S}——横波在第一、第二种介质中的传播速度;

i_p、β_p、θ_p——纵波入射角、反射角、折射角;

β_S、θ_S——横波反射角、折射角。

5. 声波在传播过程中的衰减

声波在介质中传播的过程中,其质点振幅将随传播距离的增大而逐渐减小,这种现象称为衰减。这种衰减现象既与介质内部结构及性能有关,也和波源扩散的几何特征有关。

(1)衰减系数

当平面波通过某介质时,其声压将随距离 x 的增加而衰减。衰减按指数规律变化,其数学表达式为:

$$p=p_0\cdot e^{-\alpha x} \tag{10-110}$$

式中:p_0——$x=0$ 处的声压,即声源的声压;

p——距声源为 x 处的声压;

e——自然对数的底,e=2.718 28;

α——衰减系数。

对上式取自然对数得:

$$\alpha=\frac{1}{x}\ln\frac{p_0}{p} \tag{10-111}$$

由于声波的声压与介质质点的振动幅值成正比,上式亦可写成:

$$\alpha=\frac{1}{x}\ln\frac{A_0}{A} \tag{10-112}$$

式中,α 的单位为奈培每厘米(NP/cm)。

现在,常用两个同量纲的比值取常用对数再乘 20 来表示衰减,称为分贝(dB),即:

$$分贝数(dB) = 20\lg \frac{p_0}{p} \tag{10-113}$$

$$分贝数(dB) = 20\lg \frac{A_0}{A} \tag{10-114}$$

这样衰减系数的计算公式为：

$$\alpha = \frac{1}{x} 20\lg \frac{p_0}{p} (dB/cm) \tag{10-115}$$

$$\alpha = \frac{1}{x} 20\lg \frac{A_0}{A} (dB/cm) \tag{10-116}$$

(2)声波衰减的原因

①吸收衰减

声波在介质中传播时，部分机械能被介质转换成其他形式的能量(如热能)而散失，这种衰减现象称为吸收衰减。声波被介质吸收的机理是比较复杂的，它涉及介质的黏滞性、热传导及各种驰豫过程。通常认为，吸收衰减系数 α_a 与声波频率的一次方、二次方成正比。

②散射衰减

当介质中存在颗粒状结构(如液体中的悬浮粒子、气泡、固体介质中的颗粒状结构、缺陷、掺杂物等)而导致的声波衰减称散射衰减，以散射系数 α_s 来表征。对混凝土来说，一方面是因为其中大的颗粒(粗集料)构成许多声学界面，使声波在这些界面上产生多次反射、折射和波形转换；另一方面，微小颗粒在相应频率的超声波作用下产生共振现象，其本身成为新的振源，向四周反射声波，使声波能量的扩散达到最大。散射衰减与散射粒子的形状、尺寸、数量和性质有关，其过程是很复杂的。通常认为，当颗粒尺寸远小于波长时，散射衰减系数与频率的四次方成正比；当颗粒尺寸与波长相近时，散射衰减系数与频率平方成正比。

吸收衰减与散射衰减都取决于介质本身的性质。若令因介质本身引起的衰减系数为 α，它由两部分组成：吸收衰减与散射衰减，即 $\alpha = \alpha_a + \alpha_s$。

综合上述衰减系数与频率的关系，对于固体介质来说，由介质本身的性质引起的衰减系数与频率的关系通常可表示为：

$$\alpha = af + bf^2 + cf^4 \tag{10-117}$$

式中：a、b、c——由介质本身的性质和散射物特性所决定的比例系数。

③扩散衰减

通常的声波辐射器(发射换能器)发出的超声波束，都有一定的扩散角。因波束的扩散，声波能量逐步分散，从而使单位面积的能量随传播距离的增加而减弱。声波的声压和声强，均随距声源距离的增加而减弱。在混凝土超声波检测中所采用的低频超声波，其扩散角很大；当超声波传播一定距离后，在混凝土中的超声波已近于球面波。球面波的声压与至声源的距离成反比。这种因声波的扩散而引起的衰减称扩散衰减。

扩散衰减的大小仅取决于声辐射器的扩散性能及波的几何形状，而与传播介质的性质无关。因此，在计算介质的衰减系数时总是希望将该项修正消除，或在测量时选取相同的距离使扩散衰减成为一定值，使其不影响将所测得的衰减系数作为相对比较得出介质的衰减特性规律。

二、检测系统

超声波透射法检测系统由超声波检测仪、声波发射与接收换能器、换能器升降设备、声测管和耦合剂等组成。其检测系统如图10-41所示。

1.超声波检测仪

目前国内检测机构使用较多的是智能型数字声波仪，一般由计算机、高压发射与控制、程控放大与衰减、A/D转换与采集四大部分组成，部分仪器具有换能器升降控制系统。高压发射电路受主机同步信号控制，产生受控高压脉冲激励发射换能器，电声转换为声波脉冲传入被测介质，接收换能器接收到穿过被测介质的声波信号后转换为电信号，经程控放大与衰减对信号做自动调整，将接收信号调到最佳电平，输送到高速A/D采集板，经A/D转换后的数字信号以DMA方式送入计算机，进行各种信息处理。计算机数字信号处理包括频谱分析、平滑、滤波、积分、微分等，还可用计算机软件自动进行声时和波幅的判读，并可依据各种规程的要求，编制相应的数据处理软件，对测试数据进行分析，得出检测结果，从而提高检测工作的效率。

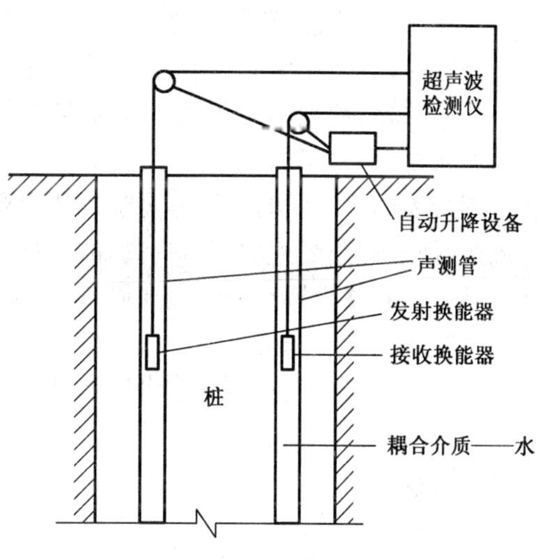

图10-41 超声波检测系统示意图

中国工程建设标准化协会《超声法检测混凝土缺陷技术规程》(CECS 21:2000)对混凝土声波仪的技术要求作了较详细的规定：

①具有波形清晰、显示稳定的示波装置，波形显示幅度分辨率应不低于1/256，并具有可显示、存储和输出打印数字化波形的功能，波形最大存储长度不宜小于4kb。

②具有手动游标测读和自动游标测读方式，声时最小分度为0.1us。当自动测读时，在同一测试条件下，1h内每隔5min测读一次声时的差异应不大于±2个采样点。

③自动测读方式下，在显示的波形上应有光标指示声时、波幅的测读位置。

④具有最小分度为1dB的衰减系统。

⑤接收放大器频响范围10～500kHz，总增益不小于80dB，接收灵敏度(在信噪比为3：1时)不大于50uV。

⑥宜具有幅度谱分析功能(FFT功能)。

⑦电源电压波动范围在标称值±10%的情况下能正常工作。

⑧连续正常工作时间不少于4h。

2.换能器

埋管超声波检测的换能器，均采用圆柱状径向振动的换能器。换能器根据其能量转换方向的不同，又分为发射换能器和接收换能器，发射换能器为实现声能向电能转换，接收换能器为实现电能向声能转换。两种换能器的基本结构是相同的，一般情况下是可以互换使用，但有的接收换能器为了增加接收灵敏度而增设了前置放大器，这时，收、发换能器就不能互换使用。

目前，工程中常用的径向换能器主要有增压式、圆环式及一发双收式。

1)增压式径向换能器

增压式径向换能器的构造原理,如图 10-42 所示。在一金属管内侧紧贴若干等距离排列的压电陶瓷圆片,各圆片之间用串联、并联或串并混合等方式连接,由引出电缆引出。整个换能器用绝缘材料密封。当声波作用于换能器圆柱表面时,整个圆管表面所承受的声压总力加到压电陶瓷圆片周边,使其周边受到的声压提高,故名增压式。反过来,在电脉冲激励下,各压电片作径向振动,共同作用,并将振动传给金属圆管,这比单片陶瓷片反射效率高。

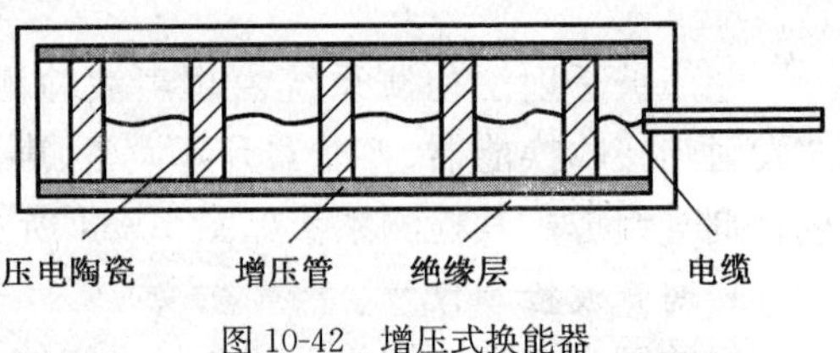

图 10-42 增压式换能器

2)圆环式径向换能器

圆环式径向换能器是采用圆环式压电陶瓷片代替普通圆片式压电陶瓷制作的径向换能器,其结构如图 10-43、图 10-44 所示。由于圆环压电陶瓷片比普通的压电陶瓷片具有更高的径向灵敏度,这样就不必采用多片连接的方式,从而减小换能器的尺寸。而且,这类换能器还

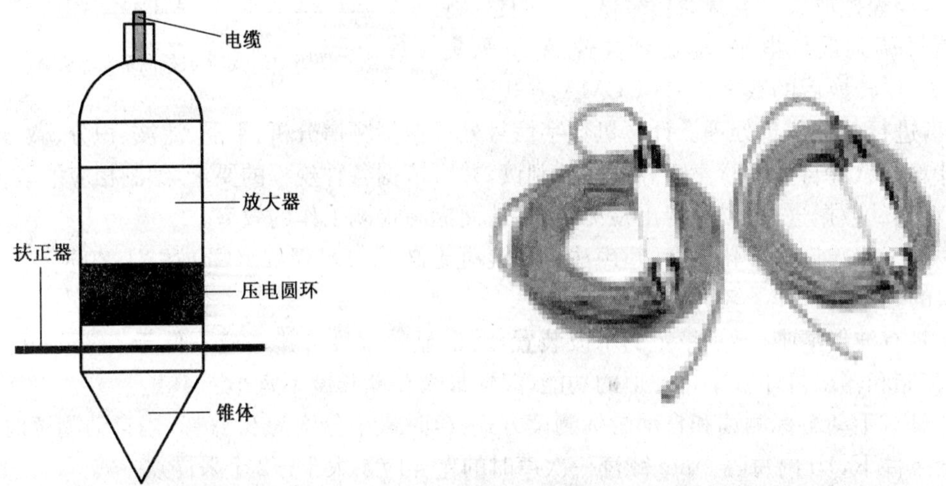

图 10-43 圆环式径向换能器的构造

图 10-44 圆环式径向换能器的外观

在接收压电陶瓷圆环上端设置密封的前置放大器,将接收信号在没有导线、仪器等干扰的情况下进行前置放大,提高了测试系统的信噪比和接收灵敏度,增强了高频换能器在大距离检测时的适用性,同时有利于换能器在声测管中的移动,也减小了声测管的尺寸,降低了检测成本,同时也提高了检测精度。

圆环式径向换能器下方的锥形铜头可以旋下,套上一个扶正器再拧紧。所谓扶正器就是用 1～2mm 厚的橡皮剪成一齿轮形,套在换能器上,齿轮的外径略小于声测管的内径,这样既能保证换能器在声测管中能居中,又保证换能器在声测管中上下移动中不致与管壁碰撞而损坏换能器,软的橡皮齿又不至于阻碍换能器通过管中某些狭窄部位。

3)一发双收换能器

一发双收换能器是由一个发射、两个接收的压电陶瓷圆环串在一根轴线上构成,其结构如图 10-45、图 10-46 所示,它是用于在一个孔中测量,也称为单孔换能器。发射压电圆环 F 与接收压电圆环 S_1 间距 l 取决于孔壁介质的波速、孔径的大小,目的是使 F 发射的透过孔中水层

沿孔壁传播的波先于从 F 直接经水中传到 S_1 的波。孔壁介质波速越低，要求 l 越长，市售的换能器 l 一般为 50cm 左右，S_1、S_2 间的距离通常为 20cm 左右。

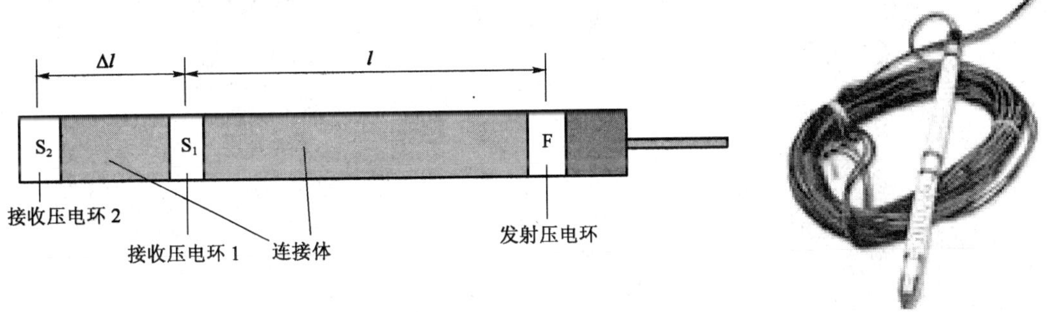

图 10-45　一发双收换能器的构造　　　图 10-46　一发双收换能器的外观

4）自动升降设备

自动升降设备是在桩身混凝土质量检测时，由超声波检测仪控制换能器升降的设备。配置自动升降设备的超声波检测系统可实现自动检测，以减轻劳动强度提高检测效率。

5）声测管

声测管是预留的声波换能器的通道，需预先埋设在灌注桩中；通常是将声测管固定在钢筋笼内侧，随钢筋笼一段一段地下入桩孔中，然后灌注混凝土。

（1）对声测管的总要求是：连接牢靠不脱开，密封良好不漏水，连接平整不打折，管与管之间相互平行，管内无异物保证畅通。

（2）对声测管的材料要求是：有足够的机械强度，保证在混凝土灌注过程中不变形，并与混凝土黏结良好，不至在混凝土与声测管之间形成缝隙，影响测试。目前一般均采用钢管，但在短桩中也采用 PVC 塑料管或金属波纹管。

（3）声测管的内径应能保证换能器上下顺畅移动，一般以比换能器外径大 10～20mm 为宜。

（4）对声测管的连接要求是：有足够的强度，保证声测管不致应受力而弯曲脱开；连接应有足够的水密性，保证在钻孔中的水压下不渗漏。目前主要的连接方法有螺纹连接与套管连接两种：

①螺纹连接：每根钢管两侧均车成外螺纹，另外备一套筒，其内螺纹与钢管的外螺纹相配，从而将两段钢管连接起来。注意加工螺纹时不能将金属丝等异物留在管内，为了保证水密性，螺纹应缠生料带或带漆麻丝。

②套筒连接：准备一个长＞10cm 的钢套筒，套筒内径略大于声测管外径，将两声测管套起来，用电焊将钢套筒与声测管上下两端焊接起来。需要注意的是，既要保证焊缝饱满不漏水，又不能将声测管焊通，阻塞换能器的上下移动。

（5）声测管的数量和布置

声测管的数量根据桩径的大小来决定，《建筑桩基检测技术规范》（JGJ 106—2003）规定：D（桩径）≤800mm，埋设两根管；800mm＜D≤2 000mm，埋设三根管；D＞2 000mm，埋设四根管。声测管应沿桩截面外侧呈对称状态布置，如图 10-47 所示。

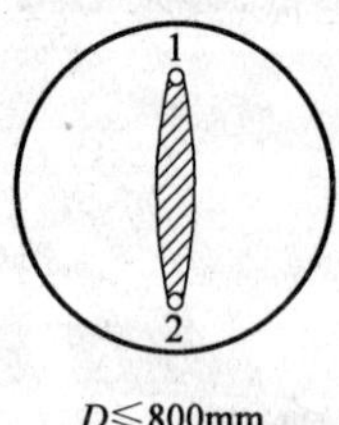

D≤800mm

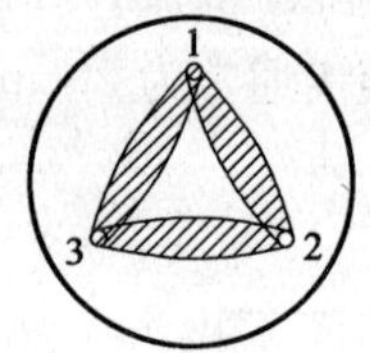

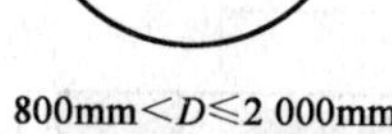

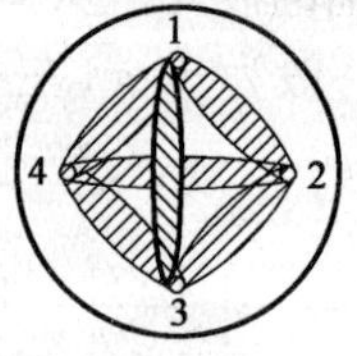

D>2 000mm

图 10-47　声测管的布置

三、现场检测

1. 混凝土的龄期

超声波检测的主要目的是检测桩身混凝土的完整性，而分析方法主要是通过相对比较进行判断，因此，原则上只要求混凝土硬化并达到一定强度即可进行测量，而不必一定要达到设计强度或 28d 龄期。《建筑桩基检测技术规范》(JGJ 106—2003)规定：当采用低应变或声波投射法检测时，受检桩混凝土强度至少达到设计强度的 70%，且不小于 15MPa。混凝土达到设计强度的 70%一般需要 14d 左右。

2. 检测前的准备工作

(1)了解灌注桩的有关技术资料、施工工艺、施工情况及地质资料等，这些资料将有助于对桩身缺陷的范围、性质作出判断。

(2)将伸出桩顶的声测管切割至同一高程，测量孔口高程，以此作为计算各测点高程的基础。

(3)用一段与换能器相同桩径的圆钢作疏通吊锤，检查声测管的畅通情况。

(4)向声测管内灌满清水待检；对于长桩建议该步骤在下声测管过程中进行，以减小声测管内外的压力差，增加声测管的成活率。

(5)给各声测管编号，用钢卷尺测量桩顶各声测管之间的净距，并作记录。

3. 现场检测步骤

1)常规对测

将发射、接收换能器分别置于两个声测管中，从管底或管顶开始以一定间距进行等高程对测(见图 10-48)。测点间距各测试规程规定有所不同，《建筑桩基检测技术规范》(JGJ 106—2003)规定：测点间距不宜大于 250mm。一对声测管测完后再换另一对声测管进行测试。

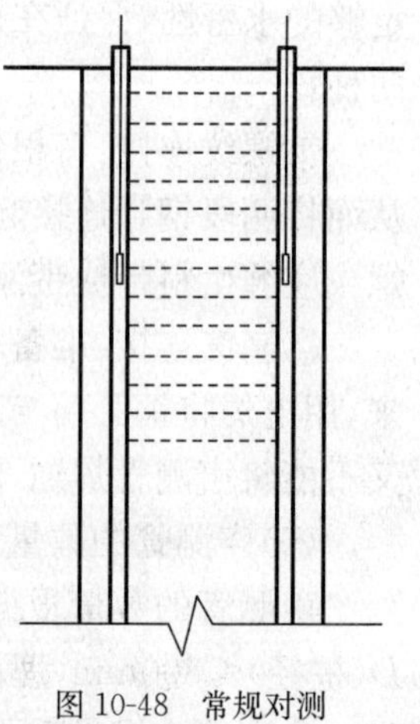
图 10-48　常规对测

测试的参数包括声时、振幅和主频率，重点是声时和振幅，并对波形进行存储。

在现场检测时应注意观察声时、振幅及记录波形的变化，发现异常情况时应局部加密(即测点间距减小至 50～100mm)，一方面验证常规对测的结果，另一方面可以借此确定异常部位的位置(深度)；在确定此处异常后，应进一步采用斜、交叉测量方法进行探测，以进一步确定缺陷的位置、判断其性质及严重情况。

2)斜、交叉测量

所谓斜、交叉测量(见图 10-49),就是将收、发换能器错开一定距离进行测量,错开的距离一般为 1～2m 之间,如果接收到的信号有足够大,错开距离大一些有利于对缺陷的判断。斜测间距宜为 100～200mm,通过斜、交叉测量可以进一步确定缺陷的位置、判断其性质及严重情况。

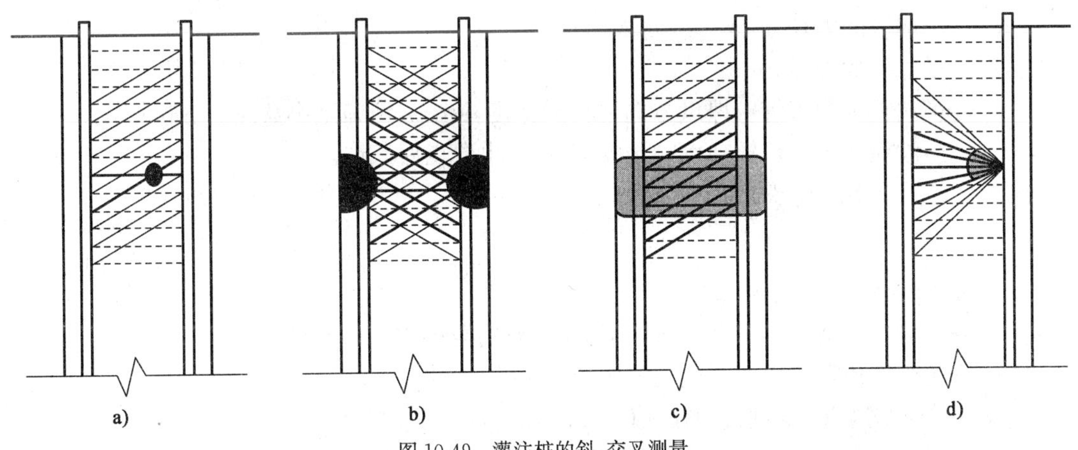

图 10-49　灌注桩的斜、交叉测量

a)局部缺陷;b)缩径或声测管附近夹泥;c)层状缺陷(断桩);d)扇行扫描测量

(1)局部缺陷:图 10-49a)所示,在对测中发现某测线测值异常(图中用粗实线表示,下同)。进行斜测时,如果在多条斜测线中仅有一条测线测值异常,其余均正常,则可以判断这只是一个局部的缺陷,位置就在两条实线的交叉点处。

(2)缩径或声测管附近夹泥:图 10-49b)所示,在对测中发现某些测线值异常,则对其进行斜测。如果斜测测线中通过异常对测点收、发处测线的测值异常,而穿过两声测管连线中间部位的测线的测值正常时,则可判断桩中心部位混凝土结构正常,缺陷可能出现在桩的边缘、声测管附近,可能是缩径或声测管附近夹泥。

(3)层状缺陷(断桩):图 10-49c)所示,在对测中发现某些测线值异常,进行斜测时,如果斜测测线中不但通过异常对测点收、发处测线的测值异常,而且穿过两声测管连线中间部位的斜测测线的测值也异常时,则可判定整个断面的缺陷,如夹泥、混凝土疏松等,即断桩。

(4)扇形扫描测量:图 10-49d)所示,为了减少换能器升降次数,作为一种辅助手段,也可进行扇形扫描测量,一只换能器固定某一高程不动,另一只换能器逐点移动,测线程扇形。需要注意的是,扇形测量中的测距是各不相同的,虽然波速可以计算,相互比较,但振幅测值却没有相互可比性,只能根据相邻测点振幅的突变来发现振幅是否异常,进而判断测线是否遇到缺陷。

四、数据处理

声波检测中测试的声学参数主要是波速、振幅,必要时也测试主频和观察波形。

1. 声速

声时及声速按下式计算:

声测管及耦合水的声时修正值 t'(s)：

$$t' = \frac{D-d}{v_t} + \frac{d-d'}{v_w} \tag{10-118}$$

式中：t'——声时修正值，μs，精确到 0.1μs；

D——声测管的外径，mm；

d——声测管的内径，mm；

d'——换能器的外径，mm；

v_t——声波在声测管管壁厚度方向的传播速度，km/s，精确至小数点后三位；

v_w——声波在水中的传播速度，km/s，精确至小数点后三位。

声波在混凝土中的传播速度 v_i(m/s)：

$$v_i = \frac{l}{t_i - t_0 - t'} \tag{10-119}$$

式中：v_i——声波在混凝土中的传播速度，km/s，精确至小数点后三位；

l——两个检测管外壁间混凝土的距离，mm；

t_i——第 i 个测点声时原始测试值，μs。

2. 振幅

信号首波幅值由下式计算：

$$A_{pi} = 20\lg \frac{a_i}{a_0} \tag{10-120}$$

式中：A_{pi}—— 第 i 测点信号首波波幅值，dB；

a_i—— 第 i 测点信号首波峰值，V；

a_0—— 零分贝信号幅值，V。

3. 声波在混凝土中的振动频率

目前我们使用的仪器均有频谱分析功能，声波在混凝土中的振动频率 F_i(kHz)可直接通过频谱分析得到。

4. 波形记录与观察

实测波形的形态能综合反映发、收换能器之间声波能量在混凝土中各种传播路径上总的衰减情况，现场检测时应全部记录各测点的波形曲线。分析对比混凝土质量正常的波形曲线与异常的波形曲线，可作为对桩身混凝土完整性的辅助判断。

五、数据分析和判断

1. 概率法

1)概率法基本原理

正常情况下，由随机误差引起的混凝土质量波动是符合正态分布的，这可以从混凝土试件抗压强度的试验结果得到证实，由于混凝土质量(强度)与声学参数存在相关关系，可大致认为正常混凝土的声学参数的波动也服从正态分布规律。

混凝土构件在施工过程中，可能因为外界环境恶劣及人为因素导致各种缺陷。这种缺陷由过失误差引起，缺陷处的混凝土质量将偏离正态分布，与其对应的声学参数也同样会偏离正态分布。

具体做法是：根据抽样（测试）结果，确定抽样母体的正常随机波动、离散水平，再按正常波动水平推算一个点或相邻点在正常波动情况下可能出现的最低值，这个值就是临界值。因为若低于这个值，则说明这样的低值不可能是由正常波动引起的，而是过失误差导致的，那么这样的低值就是异常值。

2）灌注桩的声波检测时声速临界值的计算方法

（1）将同一检测剖面各测点的声速值 v_i 由大到小依次排序，即

$$v_1 \geqslant v_2 \geqslant \cdots v_i \geqslant v_{n-k} \geqslant \cdots v_{n-1} \geqslant v_n (k = 0,1,2\cdots) \tag{10-121}$$

式中：v_i—— 按序排列后的第 i 个声速测量值；

n —— 检测剖面测点数；

k —— 从零开始逐一去掉式(10-121)v_i序列尾部最小数值的数据个数。

（2）从零开始逐一去掉式 v_i序列尾部最小数值后余下的数据进行统计。当去掉最小数值的数据个数为 k 时，对包括 v_{n-k}在内的余下数据 $v_1 \sim v_{n-k}$按下列公式进行统计计算：

$$v_0 = v_m - \lambda \cdot s_x \tag{10-122}$$

$$v_m = \frac{1}{n-k}\sum_{i=1}^{n-k} v_i \tag{10-123}$$

$$s_x = \sqrt{\frac{1}{n-k-1}\sum_{i=1}^{n-k}(v_i - v_m)^2} \tag{10-124}$$

式中 v_0—— 异常判断值；

v_m——$n-k$ 个数据的平均值；

s_x——$n-k$ 个数据的标准差；

λ—— 由表 10-6 查得的与 $n-k$ 相对应的系数。

λ-(n—k)对应系数表 表 10-6

$n-k$	20	22	24	26	28	30	32	34	36	38
λ	1.65	1.69	1.73	1.77	1.80	1.83	1.86	1.89	1.92	1.94
$n-k$	40	42	44	46	48	50	52	54	56	58
λ	1.96	1.98	2.00	2.02	2.04	2.05	2.07	2.09	2.10	2.11
$n-k$	60	62	64	66	68	70	72	74	76	78
λ	2.13	2.14	2.15	2.17	2.18	2.19	2.20	2.21	2.22	2.23
$n-k$	80	82	84	86	88	90	92	94	96	98
λ	2.24	2.25	2.26	2.27	2.28	2.29	2.30	2.30	2.31	2.32
$n-k$	100	105	110	115	120	125	130	135	140	145
λ	2.33	2.34	2.36	2.38	2.39	2.41	2.42	2.43	2.45	2.46
$n-k$	150	160	170	180	190	200	220	240	260	280
λ	2.47	2.50	2.52	2.54	2.56	2.58	2.61	2.64	2.67	2.69

(3)将 v_{n-k}与异常判断值 v_0进行比较,当 $v_{n-k}\leqslant v_0$时,v_{n-k}及其以后的数据均为异常,去掉 v_{n-k}及其以后的异常数据;再用数据 $v_1\sim v_{n-k-1}$并重复式(10-122)～式(10-124)的计算步骤,直到余下的全部数据满足:

$$v_i > v_0 \tag{10-125}$$

此时,v_0为声速的异常判断临界值 v_c。

(4)声速异常时的临界值判据为:

$$v_i \leqslant v_c \tag{10-126}$$

当上式成立时,声速可判为异常。

2. 声速低限值法

当检测剖面 n 个测点的声速值普遍明显偏低、离散性很小且混凝土龄期大于 28d 时,宜采用声速低限值判据:

$$v_i < v_L \tag{10-127}$$

式中:v_i——第 i 测点声速,km/s;

v_L——声速低限值,km/s,由预留同条件混凝土试件的抗压强度与声速对比试验结果,结合本地区实际经验确定。

当上式成立时,可直接判断为声速低于低限值异常。

3. PSD 判据(斜率法判据)

PSD 判据的全称是:声时-深度曲线相邻两点之间的斜率与声时差之积。

PSD 值按下列公式计算:

$$PSD = K \cdot \Delta t \tag{10-128}$$

$$K = \frac{t_{ci} - t_{ci-1}}{z_i - z_{i-1}} \tag{10-129}$$

$$\Delta t = t_{ci} - t_{ci-1} \tag{10-130}$$

式中:t_{ci}——第 i 测点声时,μs;

t_{ci-1}——第 i-1 测点声时,μs;

z_i—— 第 i 测点深度,m;

z_{i-1}—— 第 i-1 测点深度,m。

PSD 实际上是把相邻两测点声时突变放大。显然,在缺陷边缘处,由于声时值变化大,PSD 值也大,而正常混凝土处,声时变化不大,PSD 值则小,于是在 PSD 很大的地方,有可能是缺陷的边缘。这样根据 PSD 值在某深度处的突变,结合波幅变化情况,就可以进行异常的判定。

值得注意的是,对于某些缓变型的缺陷,由于这种情况下波速是一种缓变的变化,PSD 值并不大,所以不能反映出来。

斜率法的一个优点是:由于将声学参数声时变为没有物理意义的 PSD 值作为判断依据,

而 PSD 值的大小主要取决于相邻测点的声时差值，对于因声测管不平行造成的测试误差对判断的干扰有削弱作用。

4. 波幅判据

接收首波波幅是判定混凝土灌注桩桩身缺陷的另一重要参数，首波波幅对缺陷的反应比声速更敏感，但波幅的测试值受仪器设备、测距、耦合状态等许多非缺陷因素的影响，因而其测值没有声速稳定。且桩身混凝土声波波幅与正态分布的偏离较远，因此采用基于正态分布规律来计算波幅临界值可能缺乏可靠的理论依据。

因此，《建筑桩基检测技术规范》(JGJ 106—2003)中规定：波幅的临界值判据应按下列公式计算：

$$A_m=\frac{1}{n}\sum_{i=1}^{n}A_{pi} \tag{10-131}$$

$$A_{pi}<A_m-6 \tag{10-132}$$

当上式成立时，波幅可判定为异常。

式中：A_m—— 波幅平均值，dB；

n—— 检测面测点数。

5. 主频判据

声波接收信号的主频漂移程度，反映了声波在桩身混凝土中传播时的衰减程度，而这种衰减程度又能体现混凝土质量的优劣。声波接收信号的主频漂移越大，该测点的混凝土质量就越差。但接收信号的主频受测试系统状态、耦合状况、测距等许多非缺陷因素的影响，其波动特征与正态分布也存在偏差，测试值没有声速稳定，对缺陷的敏感性不及波幅，在一般的工程检测中，主频判据用得不多，只作为声速、波幅等主要声参数判据之外的一个辅助判据。

6. 实测声波波形

实测波形可以作为判断桩身混凝土缺陷的一个参考，前面讨论的声速和波幅只与接收波的首波有关，接收波的后续部分是发、收换能器之间各种路径声波叠加的结果，目前做定量分析比较困难，但后续波的强弱在一定程度上反映了发、收换能器之间声波在桩身混凝土内各种声传播路径上总的能量衰减。

7. 桩身混凝土完整性的综合判断

相对于其他判据来说声速的测试值是最稳定的，可靠性也最高，而且测试值是有明确物理意义的量，与混凝土强度有一定的相关性，是进行综合判断的主要参数，波幅的测试值是一个相对比较量，本身没有明确的物理意义，其测试值受许多非缺陷因素的影响，测试值没有声速稳定，但它对桩身混凝土缺陷很敏感，是进行综合判断的另一重要参数。PSD 突出了声时的变化，对缺陷较敏感，是进行综合判断的又一重要参数。主频判据及实测声波波形可作为综合判断的一个辅助判据。

综合分析往往贯穿于检测过程的全过程，因为检测过程中本身就包含了综合分析的内容，如对平测普查结果进行综合分析后找出异常测点进行加密测量、斜测、扇形扫描等，而不是说在现场检测完成后才进行综合分析。

现场检测和综合分析，可按下列步骤进行：

(1)采用平测法对桩的各检测剖面进行全面普查。

(2)对各检测剖面的测试数据进行综合分析确定异常测点。

(3)对各剖面的异常测点，采用加密平测、交叉斜测、扇形扫描等手段进行加密检测。

(4)综合各个检测剖面加密测试结果，推断桩身缺陷的范围和程度。

(5)在对缺陷的范围和程度进行推断的基础上，结合桩的使用要求、基础类型、缺陷的部位等因素，按表 10-7 的描述对桩身完整性类别进行判断。

桩身完整性类别 表 10-7

类 别	分 类 原 则	声 学 特 征
I	无任何不利缺陷，桩身结构完整	各检测剖面的声学参数均无异常，无声速低于低限值异常
II	有轻度不利缺陷，但不影响或基本不影响原设计的桩身结构承载力	某一检测剖面个别测点的声学参数出现异常，无声速低于低限值异常
III	有明显不利缺陷，影响原设计的桩身结构承载力	某一检测剖面连续多个测点的声学参数出现异常；两个或两个以上检测剖面在同一深度测点的声学参数出现异常；局部混凝土声速出现低于低限值异常
IV	有严重不利缺陷，严重影响原设计的桩身结构承载力	某一检测剖面连续多个测点的声学参数出现明显异常；两个或两个以上检测剖面在同一深度测点的声学参数出现明显异常；桩身混凝土声速出现普遍低于低限值异常或无法检测首波或声波接收信号严重畸变

六、工程实例

[例 10-1] 某工程 1-2 号桩，桩径 ϕ800、桩长 45m、混凝土强度设计值为水下 C25，共埋设 3 根声测管，由于工程进度的要求测试时混凝土龄期为 10d。典型的接收波形及各剖面声速 v、波幅 A 曲线，如图 10-50 所示。检测结果桩身混凝土质量正常、无缺陷。

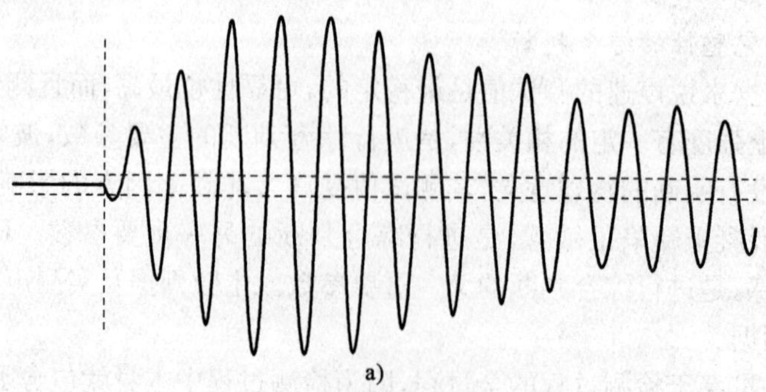

a)

图 10-50

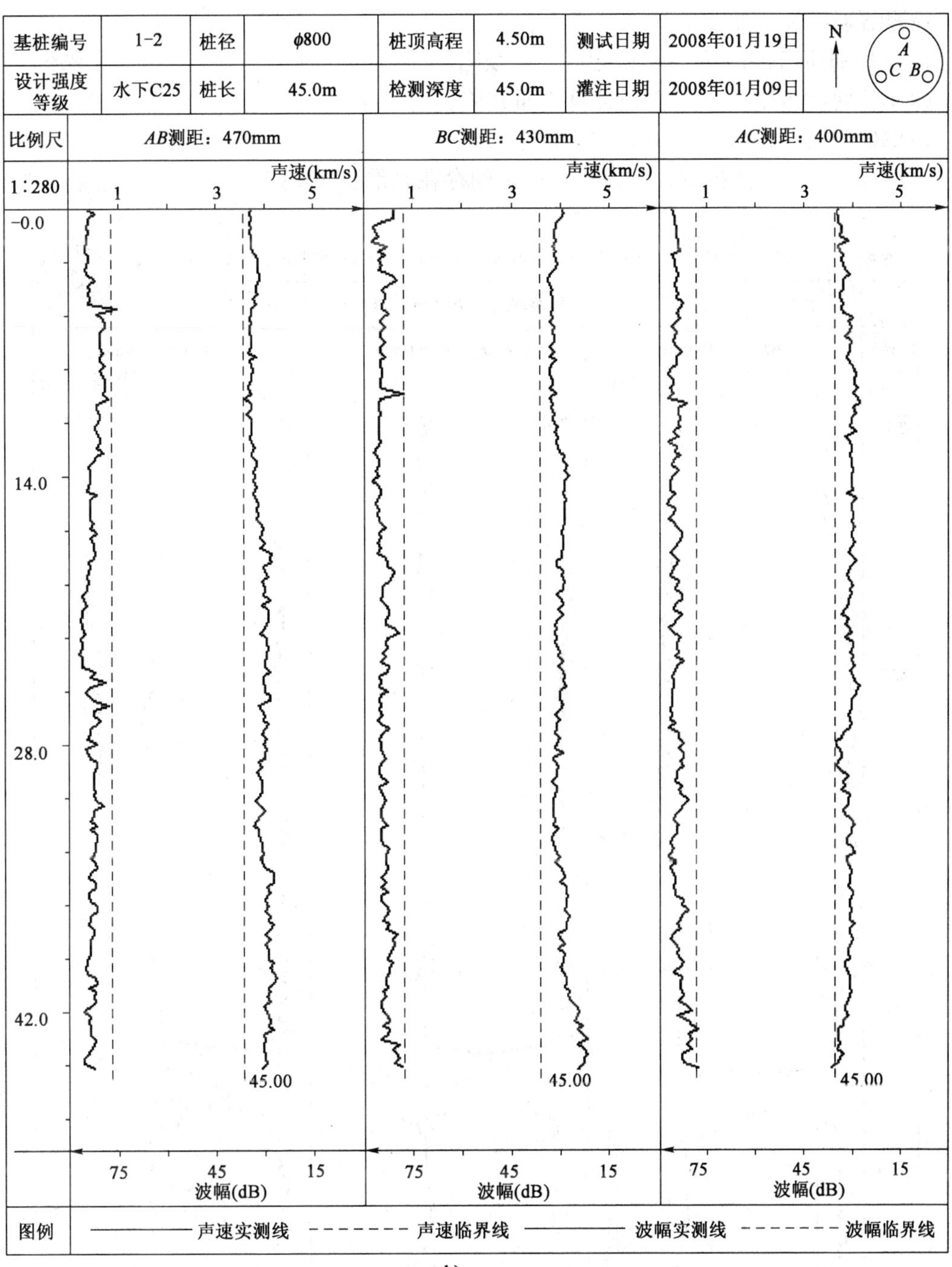

b)

图 10-50　某工程 1-2 号桩典型的接收波形及各剖面的声速、波幅曲线

a)典型的接收波形；b)各剖面声速 v、波幅 A 曲线

［例 10-2］　某工程 S26 号桩，桩径 φ850、桩长 70.12m、混凝土强度设计值为水下 C30，共埋设 3 根声测管，由于工程进度的要求测试时混凝土龄期为 14d。典型的接收波形及各剖面声速 v、波幅 A 曲线，如图 10-51 所示。

检测结果：

(1)AB 剖面：54.41～58.41m 之间严重缺陷。

(2)BC 剖面：52.66～57.91m 之间严重缺陷。

(3)AC 剖面：52.16～57.16m 之间严重缺陷。

(4)综合判断：该桩在 54.41～58.41m 之间存在严重层状缺陷。

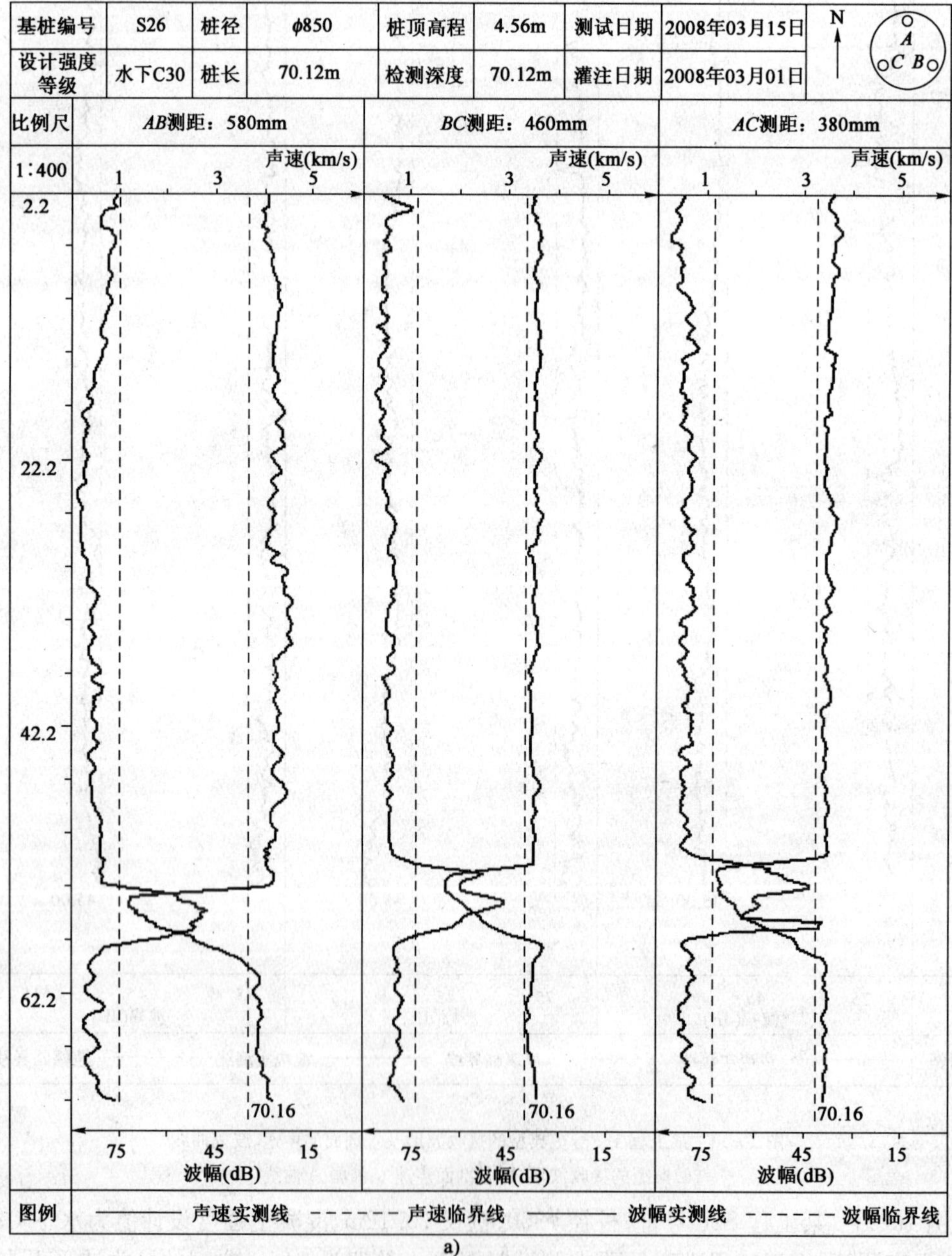

a)

图 10-51

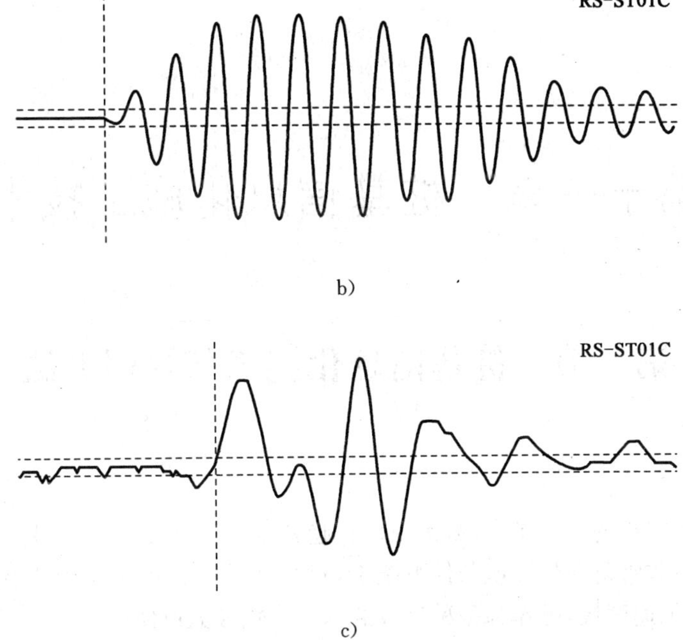

图 10-51 某工程 S26 号桩典型的接收波形及各剖面的声速、波幅曲线

a)各剖面声速 v、波幅 A 曲线；b)正常测点典型的接收波形；c)异常测点典型的接收波形

本章参考文献

[1] 中华人民共和国行业标准. JGJ 106—2003 建筑基桩检测技术规范[S]. 北京：中国建筑工业出版社，2003.

[2] 程乾生. 信号数字处理的数学原理[M]. 北京：石油工业出版社，1993.

[3] 王雪峰，无世明. 桩基动测技术[M]. 北京：科学出版社，2006.

[4] 陈凡，徐天平，陈久照，关立军. 桩基质量检测技术[M]. 北京：中国建筑工业出版社，2003.

[5] 罗骐先. 桩基工程检测手册[M]. 北京：人民交通出版社，2003.

[6] 徐攸在. 桩的动测新技术[M]. 北京中国建筑工业出版社，2002.

[7] 美国 GRL 公司 CAPWAP 操作说明书. 欧美大地仪器设备中国有限公司.

第十一章　桩基信息化施工技术

第一节　桩基信息化施工与管理方法

一、概述

随着城市建设规模的不断扩大，城市用地日趋紧张，相邻建筑物距离越来越近，许多工程建设项目不得不在非常复杂的环境条件下施工，对基础工程的要求也越来越高。同时挤土桩由于承载力高，施工速度快，已作为一种有效的基础形式被大量使用。

桩基础的施工，尤其是预制桩的沉桩施工，在挤土作用下将引起土体应力场和位移场的变化，不可避免地引起邻近建(构)筑物、管线和道路产生附加变形，导致出现倾斜、结构损坏、断裂等严重后果。桩基施工过程中如不注意控制施工速度，将引起桩基互相挤压引起桩身倾斜、损伤、断裂等不良现象。

尤其在软黏性土地区，土体结构性强，具有非常高的灵敏度，挤土桩沉桩施工将破坏土体原有结构，导致土体强度急剧降低，很长时间无法恢复。若不能合理控制桩基施工，将直接影响到桩基承载能力并引起过大沉降量，导致基础无法满足承载力与变形控制要求，建筑物出现沉陷、倾斜、开裂等不良现象或事故。

由于桩基施工造成巨大的经济损失，还可能伴随着非常不利的社会影响。如何保证桩基础施工过程中桩基与周围环境的安全，当前已经成为研究人员与技术工作者们关注的重要问题。随着信息化施工技术的迅速发展及其在岩土工程领域的应用，信息化施工管理被广泛应用于桩基础施工并取得了显著成效。

传统力学方法在解决岩土工程施工引起的环境影响问题时，通常面临一些困难：

(1)岩土体是一种多相、非均质、各向异性的材料，其受力、变形与强度特性非常复杂，通常为高度非线性，在复杂条件下的破坏机理尚有待深入研究。

(2)通常在进行理论分析时无法准确把握岩土材料工程特性，相关试验工作难度大，计算参数取值存在较多经验性。若采用已有理论分析，计算结果往往与实测结果出入较大。

(3)理论分析往往难以理想的模拟实际工况，导致理论分析结果与实测结果存在较大出入，更多的需要工程经验的积累和判断。

由于地下土体性质、荷载条件、施工环境的复杂性以及施工工艺质量掌握的不确定性，仅根据岩土勘察资料来确定岩土工程设计和施工方案，往往有许多不确定因素，尤其是对于复杂的大中型工程或对环境要求严格的项目，引进信息化施工技术已成了工程建设必不可少的重要环节。而随着信息化施工技术及其在岩土工程领域应用的不断发展，岩土工程信息化施工已经成为工程建设过程中不可或缺的方法。信息化施工技术通过将定量分析、工程经验、监测数据等多种资源结合起来，对于解决复杂环境条件下高度非线性、信息不完整和受时间空间影响显著的岩土工程问题具有很好的适用性。

二、信息化施工技术及其应用现状

目前岩土工程领域常采用信息化施工技术并多有文献发表的工程类别，主要有基坑工程、隧道工程、边坡工程、既有建筑物地基加固工程等。总结这些工程类型，可以发现信息化施工技术应用与发展的一些特点：

(1)项目规模庞大、影响因素众多且不能明确把握的重大工程建设项目，应采用信息化施工技术。

(2)涉及社会安定、人身安全的工程项目，无论项目规模大小，均应采用信息化施工技术。

(3)在总体设计方案确定的前提下，需要通过施工过程中不断动态调整设计细节获得技术经济性最优的成果，应采用信息化施工技术。

(4)信息化施工管理需要各方人员的紧密配合、保证信息沟通畅通。

(5)信息化施工技术的应用需要配合一定的专家经验或知识储备，与计算机信息技术的发展应用密切联系。

笔者认为目前对信息化施工的理解存在两个误区：一是采用了施工监测手段的施工就是信息化施工；二是有了施工监测、实现了资料收集，并简单评价控制指标是否超过控制值以报警，就认为实现了信息化施工管理。

信息化施工不等于施工监测，施工监测仅仅是信息化施工的部分工作内容和数据获取手段之一。那么何为信息化施工呢？

信息化施工就是在施工过程中通过设置各种测量元件和仪器，实时收集现场数据信息并加以分析，根据分析结果对原设计和施工方案进行必要的调整，并反馈到下一施工过程，对下一阶段的施工过程进行分析和预测，对工程实施过程中所面临的风险程度进行适当估计，动态调整并采取合理的风险处置预案或措施，从而保证工程施工安全。信息化施工技术是在现场测量技术、计算机技术以及管理技术的基础上发展起来的。

通常信息化施工技术中分析预测工作所采用的基本分析方法有以下两种类型：

1. 理论解析方法

利用现有的理论分析方法，根据实际收集到的数据信息，反分析各种计算参数和计算模型的准确性并作出相应调整，利用新的设计参数计算分析，判断项目施工现状，并对下一施工过程进行预测，确保工程施工安全、经济地进行。

在这类方法中通常以数学模型和力学理论为基础进行反分析，修正计算参数和计算模型，在采用修正后的计算模型和计算参数预测下一步工作的结果。这类方法中代表性的为解析求解(针对简单模型)和数值反演分析(针对复杂问题)等。然而，由于岩土材料的复杂性，只有很少的岩土工程问题有较为简化的解析解，绝大多数问题只能求助于数值分析方法进行反演分析，这些方法有有限单元法、离散元法等。

2. 黑箱方法

采用数理统计方法，避开研究对象自身机理和影响因素的复杂性，将这些复杂的难以分析计算的因素投入黑箱，不管其物理意义如何，只是根据现场的反馈信息来推算研究对象的变形特性和安全性。

岩土工程实践表明，多数情况下技术人员仅仅能够测量和把握岩土的外观表现，而对其工作机理尽管有一定程度的认识，但这种认识是灰色的，在描述这些客观表现时，由于对岩土系统内在工作机理的不清楚，建立相应的解析表达式时必然存在困难。这种现象的表示可以用"黑箱"系统来表达，人们只知道系统的输入和输出，而不知道系统的内部工作机理，问题的关键是如何再现系统的宏观外在表现。

在研究对象自身机理复杂、影响因素多，而其物理特性又可以用某一已知曲线表达时(该曲线的系数可以通过拟合计算得出)可用此法。这类方法较为常用的便是人工神经网络方法。

神经网络具有自适应性、处理综合性问题和容错性强等特点，特别适合处理岩土力学与工程中各种非线性问题。

国内外基于施工监测实现信息化施工的方法已经被广泛采用。随着城市对已建建筑物变形、位移控制的要求不断明确，逐渐从强度控制、变形控制发展到系统控制三个阶段。随着岩土力学与工程以及计算技术的发展，国内外采用不同方法对反演分析法及其各个方面的应用做了大量研究。人工神经网络技术在岩土工程技术领域也已经得到大量研究与应用，尤其是在基坑工程与隧道工程等地下空间开发相关领域得到了大力的研究与应用。

三、信息化施工管理

将信息化施工技术应用于建设项目的实施与管理过程中，可实现信息化施工管理。信息化施工管理，包含了在岩土工程技术分析基础上的施工管理。信息化施工管理系统包含以下五个子系统：

(1)信息采集子系统——实时岩土工程监测、数据采集、远程监控系统及数据传输系统。

(2)信息存储与管理子系统——数据存储技术、数据库管理系统。

(3)信息分析与预测子系统——岩土工程专家系统、知识库或理论分析、数值模拟、统计分析。

(4)信息反馈子系统——将有关分析和预测成果嵌入到设计、施工中，指导后续施工。

(5)风险处置子系统——根据实时情况制定并调整各种应急预案和岩土工程处理方案。

若采用流程图表述，则信息化施工管理系统可以如图 11-1 所示。

四、桩基信息化施工与管理的主要内容

在桩基础的施工过程中引入完整的信息化施工技术与管理，包括以下内容：

(1)根据合理的桩基设计方案和施工组织方案做好各方面的施工准备。

(2)对施工区域内部和周边环境合理布设监测点进行施工期监测。通常的监测项目包括监测点的竖向位移、水平位移、深层土体变形、土体内部超静孔隙水压力等。

(3)通过施工监测所获得的各种信息数据，由工程技术人员进行分析，采用理论方法或黑箱方法进行反演分析，预测未来施工可能出现的情况，判断各项指标的变化。

(4)根据监测分析及反演分析预测结果，在施工过程中动态调整施工速度。如出现临近建筑物产生较大位移或位移速率的情况时，降低预制桩沉桩施工速率；对临近建筑物位移较小位移的情况，则可适当放宽施工速率控制标准。

(5)施工过程中动态调整施工路线，通常对邻近被保护对象区域的桩基要先期施工，且采取背离被保护对象的施工路线最为合理。

(6)对压桩力进行监控记录，通常单桩承载力与压桩力的大小密切相关。根据上海地区常规工程经验，对于粉性土和砂性土，沉桩休止 28d 后桩基极限承载力可达到最大压桩力的 1.5～2 倍；对于黏性土中的桩基，则土体基本稳定后单桩极限承载力可达最大压桩力的 3～4 倍。由于地质条件的变化，同一场地内也可能存在勘察过程中没有揭示的地质现象，在所涉及范围内的桩基承载力就很有可能产生非常大的变异。通过施工过程中对压桩力监控成果的分析，就可以间接发现桩基承载力可能存在的差异，有助于及时采取措施，调整有关设计施工内容，满足工程需要。

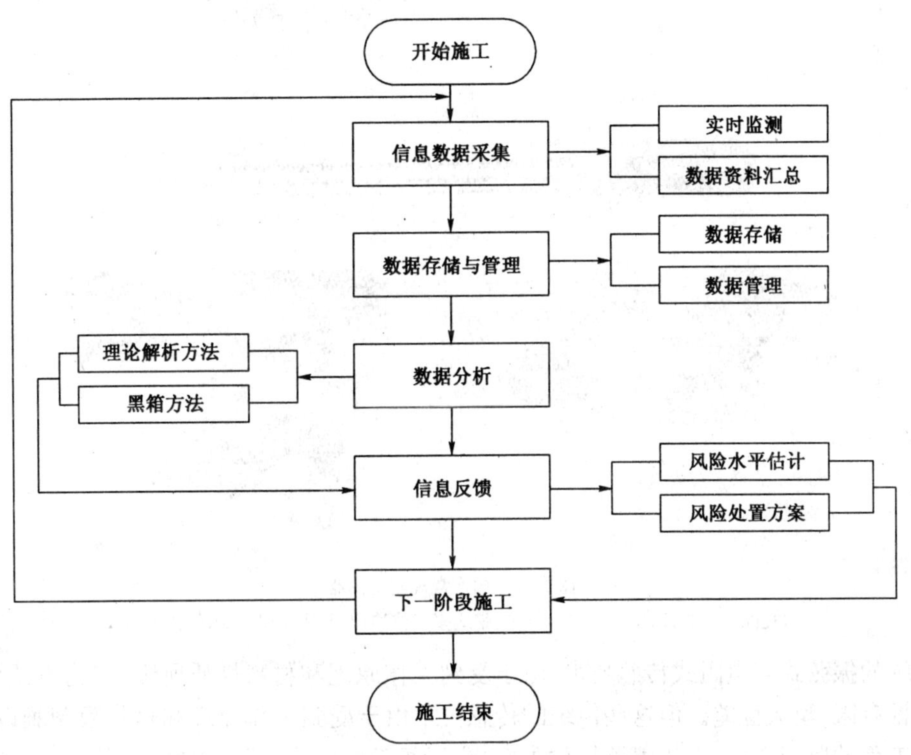

图 11-1　信息化施工管理系统流程

第二节　信息采集、存储与管理

信息的采集、存储与管理，包含了岩土工程监测、远程监控系统及数据采集、传输系统、数据存储硬件系统和数据库管理软件系统等，有时甚至会包括所获得数据的初步处理与分析，以满足后续分析、预测工作的需要。

一、岩土工程监测技术

岩土工程监测技术的发展日新月异。在观测内容方面，目前已经可以实现桩基施工过程中土体水平位移监测、深层土体沉降监测、土体内孔隙水压力监测、桩基施工过程中桩身侧摩阻力(轴力)观测、桩基变位监测等。在测试仪器方面，除传统的振弦式传感器和电阻式传感器外，近年来又出现了光纤传感器以及光栅传感技术。图 11-2a)～图 11-2e)所示，为代表性的传统监测仪器。

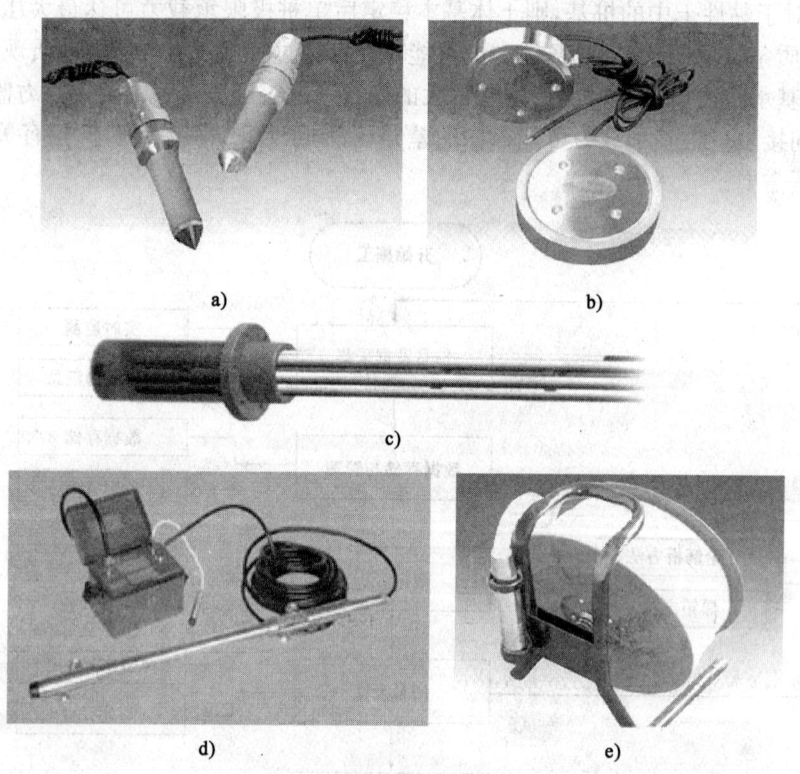

a)　b)　c)　d)　e)

图 11-2　国产常规监测仪器

a)孔隙水压力计；b)土压力计；c)振弦式多点位移计；d)测斜仪；e)水位式沉降仪

传统的振弦式和电阻式传感技术，由于受到工作原理和材料性质所限，多为点式传感，采集的数据有限，耐久性差。但这些传统的传感技术由于受到工作原理和材料限制难以满足目前岩土工程的监测要求，而传感器材耐久性差、不便于更换等缺陷，更影响到了检测结果和技术的推广。光纤监测技术，是国际上 20 世纪 70 年代后期才迅速发展起来的一种现代化监测技术。由于光纤良好的物理化学特性以及杰出的传导、传感性能，它在近年来得到了广泛应用和快速发展，而在岩土工程领域中的应用则是在 20 世纪 90 年代以后才开始兴起。该技术的研发和应用是当今工程界监测的热点研究领域，其中 BOTDR、BOTDA 分布式光纤传感监测技术是近年来一些发达国家竞相开发的尖端监测技术。

光纤传感器按传感原理，可分为功能型和非功能型。功能型光纤传感器是利用光纤本身的特性把光纤作为敏感元件，所以也称传感型光纤传感器或全光纤传感器。非功能型光纤传感器是利用其他敏感元件感受被测量的变化，光纤仅作为传输介质，传输来自远外或难以接近场所的光信号，所以也称为传光型传感器或混合型传感器。按被调制的光波参数不同，又可分为强度调制光纤传感器、相位调制光纤传感器、频率调制光纤传感器、偏振调制光纤传感器和波长（颜色）调制光纤传感器。按被测对象的不同，又可分为光纤温度传感器、光纤位移传感器、光纤浓度传感器、光纤电流传感器、光纤流速传感器等。

从光纤的构成材料上看，主要有玻璃光纤和塑料光纤两种。目前在岩土工程监测中所采用的主要是玻璃光纤。它由导光的纤芯及其周围的包层组成，在某些特殊的工程环境下，还要再裹上塑料或橡胶，以起到保护作用。表 11-1 列出了各种用于光纤传感器的材料特性及国际价格。

用作传感器的各种光纤特性　　表 11-1

特　　性	硫族（元素）化物	氟化物	蓝宝石	溴化银/氯化银	硅石	聚甲基丙烯酸甲酯
波长（μm）	3～10	0.5～4.3	0.2～4	3.3～15	0.2～4	0.4～0.8
衰减（dB/m）	0.5（6μm）	0.02（2.6μm）	20（3μm）	0.7（10.6μm）	0.2（1.5μm）	0.1（0.6μm）
折射系数	2.9	1.51	1.7	2.0	1.458	1.492
最大使用温度（℃）	300	250	>1 500	400	800	80
大约价格（USD，1998.10）	$102/m	—	$1 020/m	$340/m	～$1/m	<$1/m
密度（kg·cm^{-3}）	4 400	4 610	3 970	—	2 200	1 190
杨氏模量（GPa）	21	56	414	—	73	3.3
热膨胀系数（10^{-6} K^{-1}）	14	18.7	8.8	—	0.54	260

来源：G. F. Fernando，D. J. Webb，etc.. Optical-Fiber Sensors. MRS BULLETIN/MAY 2002. p359。

光纤传感器一般是由光源、接口、光导纤维、光调制机构、光电探测器和信号处理系统等部分组成。来自光源的光线，通过接口进入光纤，然后将检测的参数调制成幅度、相位、色彩或偏振信息，最后利用微处理器进行信息处理。概括光纤传感器一般由三部分组成，除光纤之外，还必须有光源和光探测器两个重要部件，如图 11-3 所示。图 11-4a）～e）所示，为近年来发展起来的新型光纤光栅监测仪器。由于光纤传感技术要求较高，一次性投资较大，其应用受到了一定的局限，目前常用的仍然是振弦式和电阻式传感器。

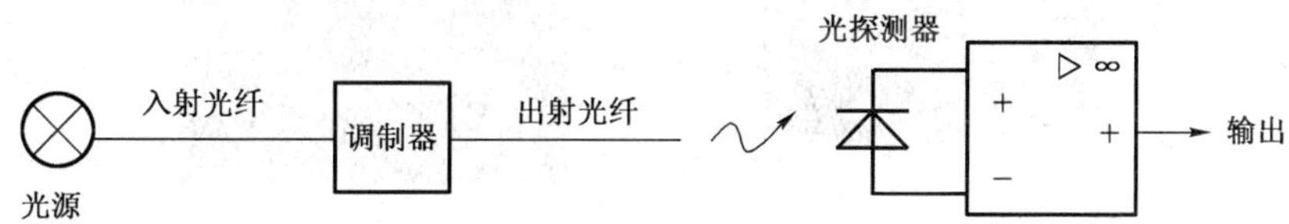

图 11-3　光纤传感器的组成

光纤传感器获得的信号为光电信号，需要通过处理才能转换为我们需要的应力、荷载、温度、应变及位移等多种物理指标。图 11-5 和图 11-6 所示，为代表性的数据分析仪器。

光纤、光纤传感器和光纤数据采集、分析仪器共同构成光纤传感器系统，在岩土工程监测领域中光纤监测系统主要有以下几个方面的优点：

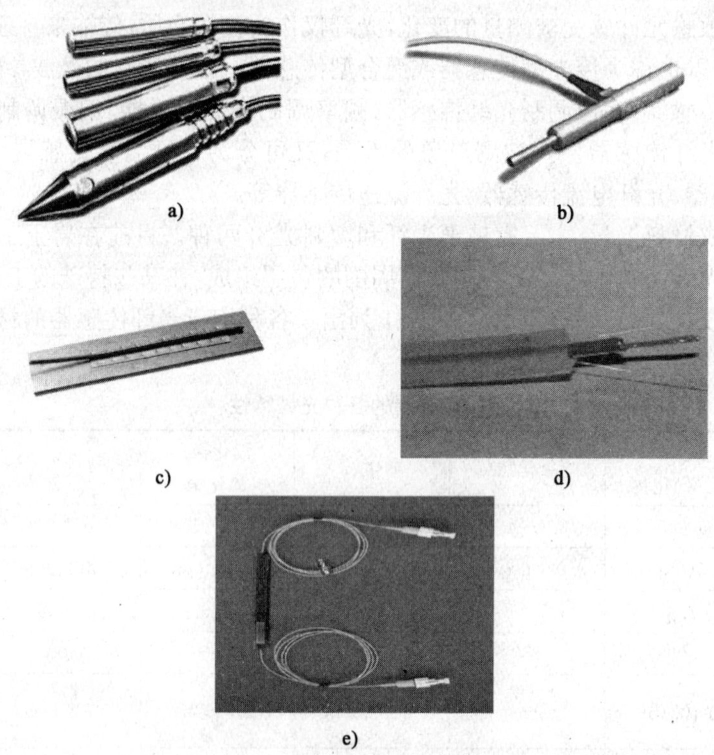

图 11-4 代表性光纤光栅监测仪器

a)光纤渗压计;b)光纤位移计;c)光纤应变计;d)光纤组合式应变和温度传感器光缆;e)布拉格光纤光栅应变传感器

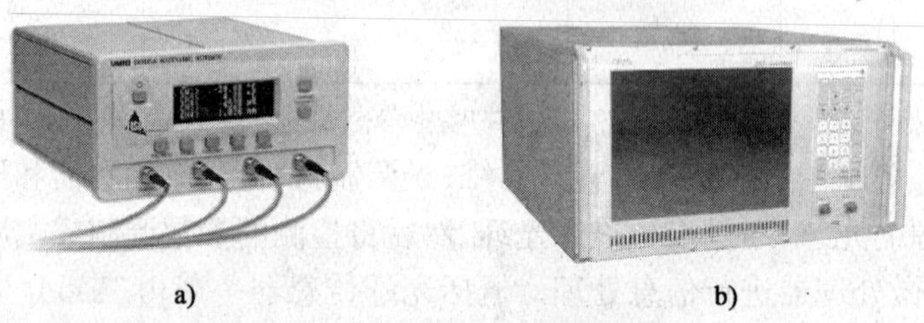

图 11-5 光纤监测系统数据分析仪

a)光纤多通道静态信号调节器;b)布里渊光时域反射分析仪

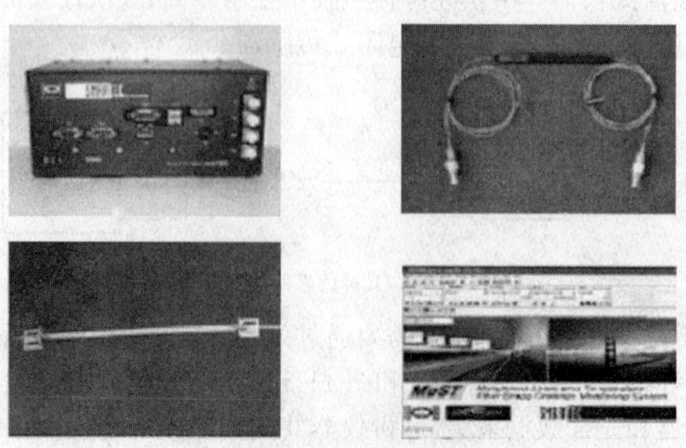

图 11-6 光纤光栅监测系统组成部分

(1)分布式测量:一根光纤可以准确测出沿线任一点上的应力、温度、振动和损伤等信息,从而可以实现长距离连续测控,并由此形成具备一定规模的监测网,提高监测水平。

(2)大容量传输:由于光纤可以传输大容量信息,因此以光纤为母线,收集各传感点的信息,来代替笨重的多芯水工电缆。并且通过复用技术,还可以实现准分布式的光纤监测。

(3)耐久性材料:光纤的主要材料是石英玻璃(塑料光纤一般比较少见),外裹高分子材料的包层,这使得它具有相对于金属传感器更大的耐久性。尤其是在岩土工程中,地下水是一个不可回避的重要问题,光纤的这种特性减弱了地下水对传感器的腐蚀影响,从而提高使用寿命。

(4)抗干扰性能:光纤是绝缘材料,避免了电磁干扰;兼之电磁干扰噪声的频率与光频相比很低,对光波无干扰。此外,光波易于屏蔽,外界光频性质的干扰也很难进入光纤。

(5)轻细柔韧:光纤的这一特性使它在埋入混凝土的过程中,避免了匹配的问题,便于安装埋设。

(6)测量精度高:优于同类常规传感器,有的甚至是高出几个数量级。

光纤传感技术与传统电磁传感器的技术比较,如表11-2所示。

光纤传感技术与电磁传感技术比较表 表11-2

比较项目	光纤传感技术	电磁传感技术
监测环境	可用在水下、潮湿、易燃易爆、电磁干扰、高能辐射等环境,无需作任何防护进行长期监测	不适于复杂环境,如作特殊防护,可作短期监测
灵敏度	位移达 $10^{-2}\sim10^{-4}$mm 量极,压力 0.01～0.001MPa	位移达 $10^{-2}\sim10^{-4}$mm 量级,压力0.01～0.001MPa
探头尺寸	一般很小,位移计最小已达 ϕ3mm×100mm,质量小到 10～20g	一般较大,较重
连接成网	需作无源连接,连接器件价格较昂贵,修复较复杂	易于连接与修复,费用低廉方便
区域控制	易于作大范围联网监测,无需作前置放大或中继放大;并可做分布式监测	>200m 信号传输需作前置放大;远距离传输需作中继放大
自动化与智能化	易于实现	易于实现
施工干扰	需作防护;但体积小易于隐蔽,元件损坏难于修复	需作防护;故障易于排除;设备需要空间较多
服务年限	>10a	1～2a
监测费用	在同一精度与测试量程内,为电磁法的1/2～1/3	一般较高

二、数据采集与传输技术

在通常信息化施工数据采集工作中,数据的传输通常是依靠传感器系统的电缆现场采集并汇总,尔后通过适当途径汇总至分析人员手中完成相关的整理分析工作。这种常规的数据采集与传递工作的代价是繁重的人工劳作和低效率的数据分析与信息反馈,无法做到真正意义上实时、及时的信息化施工。在一些工程中,由于信息化施工的有关工作不仅不能提高工程效率,反而由于信息传递的不及时造成工程进展的延误,这也是许多投资人不愿意进行信息化施工的主要原因之一。

为此，人们不断研发新型数据采集仪器，以提高监测数据采集的效率和实时性，如多通道数据采集仪、自动化实时监测系统(见图 11-7、图 11-8)等等，使得监测数据采集工作效率不断提高，能够实时跟踪施工情况，及时作出响应。

图 11-7 Roctest 多通道数据采集仪

图 11-8 基于个人电脑的中央记录监测系统

高效的数据传输技术的发展一直受到高费用的困扰，在可靠性物理安全性方面也长期存在问题。与之形成鲜明对比的是传感器的价格在降低，但测量精度以及适用性在增高。因此，降低数据传输的成本显得迫在眉睫。互联网和无线电传播技术的迅速发展，为岩土工程监测数据的无线传输提供了两种可行而便捷的方法。

互联网是一种从监测设备系统中获得数据的可靠而富有弹性的方法。网络通信技术以及用户界面技术已经发展成熟。现在需要做的工作是寻求一种经济、高效的方法来建立传感器与互联网之间的通信。

无线电传播技术和声发射方法，提供了另外一种数据无线传输方式。在岩土工程中，声发射方法的运用会受到岩土介质特性的制约。因此，无线电技术更加适合在岩土工程中应用。可在传感器段安装一无线电收发机，与安装在通信系统中的某一无线电收发机连接而实现相互通信，然后再将所有的信息发送至远程中央处理系统。这种技术目前虽然已经得到了应用，但是无线电系统高昂的价格限制了它的应用范围。随着电子工业的发展，已经可以制造出廉价的传播距离在 100～300m 的无线电收发机。转发器和放大器的运用可以使这个传播距离得到扩展。展布频谱技术(spread spectrum technology)系统的应用，可以将传输距离扩展到 15～25km，但费用也较高。

目前已经出现了多种自动化数据采集系统和远程监控及数据传输系统，这些技术与硬件设施的发展大大提高了岩土工程信息化施工的效率，并节约了大量人力资源成本。但由于其成本较高，通常在重大项目中才有一些应用。对于桩基信息化施工技术来说，实时的施工监测同样非常重要，及时、高效的数据采集与传输也十分必要。

第三节 信息分析与预测

信息分析与预测工作，指通过对监测成果的分析整理，引进合适的计算分析方法，可以发现在建工程在施工中可能存在的问题，获得规律性认识，可进一步预测后续施工中可能出现的结果，是信息化施工技术的重要内容。通常人们通过对监测数据进行反演分析，获得计算，再引入计算中预测后续结果。如上文所述，反演分析方法有理论解析法和黑箱方法两大类。本部分将介绍采用理论解析法进行桩基施工反演分析的一般思路和方法。

一、反分析方法的发展现状

随着监控量测技术和现代控制技术的发展，20 世纪 70 年代岩土工程领域提出了实测位移反分析方法，由于它具有很强的实用性而备受关注。纵观位移反分析研究的发展，它经历了从弹性到黏弹性到弹塑性、从有限元到边界元到有限边界元耦合、从平面问题到空间问题的过程。目前，位移反分析主要有以下两个发展方向：一是着眼于提高，主要从事反分析的信息理论、非线性反演计算、考虑时空效应的流变反分析以及基于材料损伤特性的反分析研究；二是着眼于普及，主要采用简化计算模型，解决工程应用中面临的实际问题。

在岩土力学位移反分析研究中，反分析方法的研究一直是重点和热点问题，因为反分析结果的可靠性及反演效率与反分析方法密切相关。位移反分析目前通常采用有限元或边界元等数值计算方法，以及人工神经网络等黑箱方法进行，这需要使用者具有较强的岩土力学专业知识、数值分析、计算机应用能力和综合分析能力，而基层施工单位的工程技术人员一般不能掌握。要使现场量测位移信息最大限度地发挥作用，为施工中的岩土工程进行支护和施工方案的反馈提供依据，为保证工程安全稳定、经济合理，很有必要开发针对具体工程特征的、并能在基层单位普及应用的智能型的位移反分析计算系统。

(1)理论解析法之一——逆解法

逆解法，是依据矩阵求逆原理建立的反演分析计算法。它是直接利用量测位移由正分析方程反推得到的逆方程，从而得到待定参数。简单地说，逆解法即是正分析的逆过程。

(2)理论解析法之二——直接法

直接法又称直接逼近法，也可称为优化反演法。它是把参数反演问题转化为一个目标函数的寻优问题，直接利用正分析的过程和格式，通过迭代最小误差函数，逐次修正未知参数的试算值，直至获得“最佳值”。

(3)理论解析法之三——图谱法

图谱法，是杨志法等提出的一种位移图解实用反分析方法。该法以预先通过有限元计算得到的对应于各种不同弹性模量和初始地应力与位移的关系曲线，建立简便的图谱和图表。目前，这一方法已发展为用计算机自动检索，使用时只需输入实际工程的尺寸与荷载相似比，即可得到所需的地层参数，方法简便实用，对于线弹性反分析更方便实用，其有较好的精度。

(4)黑箱方法

实际工程中发现，传统优化方法存在结果依赖于初值的选取，难以进行多参数优化及优化结果易陷入局部极值等缺点。近年来，遗传算法和人工神经网络方法以其良好的性能引起了人们的重视，并分别被引入岩土工程研究中。

要真正将反分析方法运用到工程实际，还有几个关键问题需要解决。

①由于岩土介质的复杂性和不确知性，等求参数并非某一确定量，而是处于某种随机过程的状态估计量。因此，基于不确定性理论的反分析方法值得进一步研究。

②考虑非线性因素的非线性动力学模型的求解及反演设计计算。微分方法反问题通常是

非线性问题，有时即使正问题是线性系统，其反问题也可能是非线性的，而求解非线性问题是困难的。

③解的存在性和多样性。

④理想目标到现实可行方案的途径。

根据原位测试和现场监测得到岩土工程施工过程中的各种信息进行反分析，根据反分析结果修正设计、指导施工。这种信息化施工方法被认为是合理的施工方法，是发展方向。

二、神经网络在岩土工程反分析中的应用

人工神经网络(artificial neural network，简称 ANN)是一个高度复杂、非线性的动态分析系统，具有良好的模式辨识能力，几乎可模拟任何复杂的非线性系统，因而用神经网络模型模拟复杂的岩土工程问题无疑可收到好的效果。它特别适用于参数变量和目标函数之间无数学表达式的复杂工程问题，在岩土工程中也得到了广泛的应用，一个简单的神经网络模型可以反映一个非常复杂的映射关系，因此，用神经网络模型来表达岩土工程中岩体特性参数与岩体位移值之间的映射关系是非常适宜的。

人工神经网络在岩土工程中主要应用于以下几个方面：

(1)岩土物理力学参数反分析和预测。

(2)在桩基工程中的应用，应用神经网络方法预测单桩沉降、单桩竖向极限承载力和动力测桩的数据分析。

(3)在边坡和土石坝中的应用，用神经网络方法评价边坡稳定性、边坡变形预测和土石坝面板应力的计算。

(4)在岩体爆破效应方面的应用。

(5)在土动力学中的应用。

(6)在基坑工程中的应用。

(7)应用于本构关系的研究，用神经网络方法研究黏土本构关系，并与有限元计算相结合。

在解决复杂的岩土工程问题的过程中，我们可以把神经网络方法和以往的方法如有限元法结合起来运用，具体实施步骤如下：

(1)用有限元法进行前期计算，其计算结果作为下一步神经网络训练的样本。

(2)建立适当的神经网络模型并对网络进行训练，训练完成后，网络即可投入使用。

(3)利用训练好的网络进行后期计算。

结合神经网络方法和有限元法进行计算分析的优点是不仅可以提高计算的精度，同时还可以节省大量的工作，提高计算效率。已经有学者采用了神经网络与有限元结合的方法解决岩土工程的问题，并得到了较好的效果。

三、桩基信息化施工反演分析方法

1. 沉桩挤土引起的应力场和位移场分析方法

目前桩基沉桩挤土效应分析方法，常用圆孔扩张理论分析。本节在桩基施工反分析中所采用的方法，是基于圆孔扩张理论的直接法。通过直接法分析获得适当的计算参数取值和计算模式，进而预测后续施工结果。

2. 单桩情况下理论分析

在沉桩过程中，单桩周围土体的位移方式大致是：当桩贯入时，桩尖周围的土体被排挤，出现水平向和竖直向位移，并产生扰动和重塑，通常在桩身附近离地面约四倍桩径深度范围内土体隆起。当贯入深度较大时，由于上覆土层的压力，土体主要沿径向向外挤开，在临近桩尖处，土体有向下及径向移动。图 11-9 和图 11-10 给出了沉桩后土体主要位移图示，及桩周土体中形成的几个性质不同的区域。

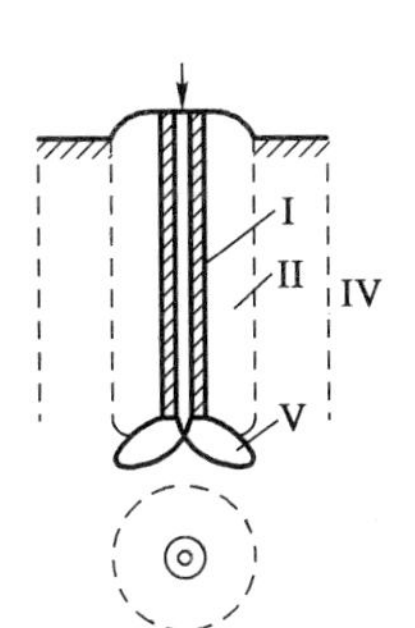

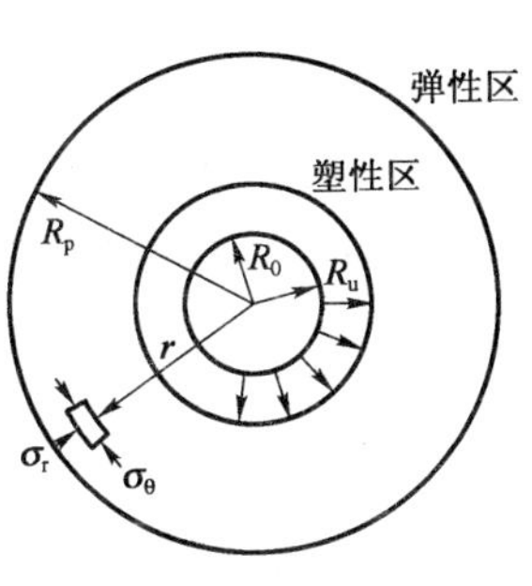

图 11-9 桩周挤土分区

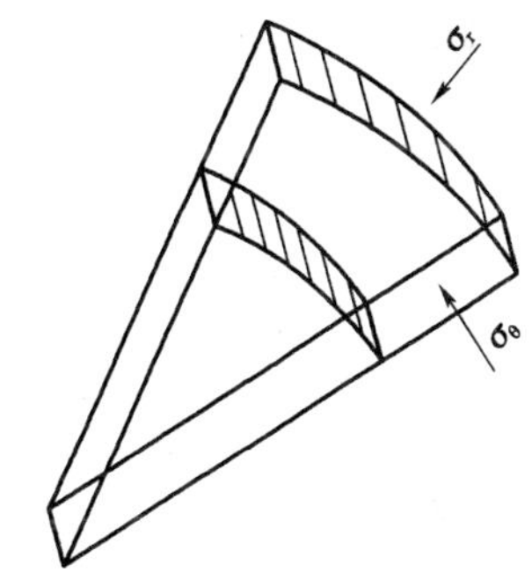

图 11-10 单元计算模型

图中各分区分别如下：

I 区：强烈重塑区，紧贴桩身，在沉桩过程中经历了大位移，且由于桩身拖曳，结构完全破坏。

II 区：塑性区：受沉桩影响严重，土体产生大位移和塑性变形。

III 区：弹性区：受沉桩影响，但土体变形保持弹性状态。

IV 区：该区不受沉桩影响。

V 区：桩端塑性区。

从中可以看出桩周土体的变形可以近似为一个圆筒形孔的扩张而引起的变形，为实现以上假设并应用弹塑性力学理论加以分析，对土体作了如下假设：

①土是均匀的、各向同性的理想弹塑性材料。

②土体是饱和且不可压缩的。

③土体屈服满足 Mohr-Coulomb 强度准则。

④小孔扩张前，土体具有各向同性的有效应力，体力不计。

1)基本方程的建立

由于本问题为平面轴对称问题，故采用极坐标进行描述，相应的平衡微分方程和几何方程为：

(1)平衡方程：

$$\frac{d\sigma_r}{dr}+\frac{\sigma_r-\sigma_\theta}{r}=0 \tag{11-1}$$

(2)几何方程：

$$\left.\begin{aligned}\varepsilon_r&=\frac{du_r}{dr}\\ \varepsilon_\theta&=\frac{u_r}{r}\end{aligned}\right\} \tag{11-2}$$

(3)弹性阶段本构关系(广义虎克定律):

$$\left.\begin{aligned}\varepsilon_r &= \frac{1-\mu^2}{E}\left(\sigma_r - \frac{\mu}{1-\mu}\sigma_\theta\right)\\ \varepsilon_\theta &= \frac{1-\mu^2}{E}\left(\sigma_\theta - \frac{\mu}{1-\mu}\sigma_r\right)\end{aligned}\right\} \tag{11-3}$$

(4)屈服条件(取不排水强度指标):

$$\sigma_r - \sigma_\theta = 2c_u \tag{11-4}$$

(5)边界条件:

$$\left.\begin{aligned}\sigma_r\big|_{r=R_u} &= p_u\\ \sigma_\theta\big|_{r\to\infty} &= K_0\gamma z\end{aligned}\right\} \tag{11-5}$$

式中:E、μ——分别是地基土的弹性模量和泊松比;

c_u——土的不排水抗剪强度;

γ——土的重度;

K_0——静止土压力系数。

2)弹性阶段解答($R_p \leqslant r < \infty$)

根据弹性力学中关于轴对称问题的解答,选取应力函数为:

$$\Phi = A\ln r + Br^2$$

可求得:

$$\sigma_r = \frac{A}{r^2} + B$$

$$\sigma_\theta = -\frac{A}{r^2} + B$$

由边界条件,解得轴对称情况下的应力分布为:

$$\left.\begin{aligned}\sigma_r &= \frac{R_p^2}{r^2}(c_u - K_0\gamma z) + K_0\gamma z\\ \sigma_\theta &= -\frac{R_p^2}{r^2}(c_u - K_0\gamma z) + K_0\gamma z\\ \sigma_z &= \frac{1}{2}(\sigma_r - \sigma_\theta)\end{aligned}\right\} \tag{11-6}$$

相应的位移可由下式求得:

$$u = \frac{1+\mu}{E}\frac{d\phi}{dr}$$

即

$$u = \frac{1+\mu}{E}r\sigma_r \tag{11-7}$$

3)塑性阶段解答($R_0 \leqslant r < R_p$)

由式(11-1)及式(11-4)可得:

$$\sigma_r = C - 2K\ln r$$

式中:C——积分常数。

由边界条件式(11-5),可得塑性区内的应力分布为:

$$
\left.
\begin{aligned}
\sigma_r &= p_u - 2c_u \ln \frac{r}{R_0} \\
\sigma_r &= p_u - 2c_u \left(\ln \frac{r}{R_0} + 1 \right) \\
\sigma_z &= p_u - 2c_u \left(\ln \frac{r}{R_0} + \frac{1}{2} \right)
\end{aligned}
\right\} \tag{11-8}
$$

又由沉桩过程中塑性体积应变保持不变这一假设可得：

$$\pi R_u^2 - \pi R_0^2 = \pi R_p^2 - \pi (R_p - u_p)^2$$

可求得：

$$R_p = R_0 \sqrt{\frac{E}{2(1+\mu)c_u}} \tag{11-9}$$

$$p_u = c_u \left(\ln \frac{E}{2(1+\mu)c_u} + 1 \right) \tag{11-10}$$

以上各式中：R_p——塑性区半径；

R_0——桩基半径。

将弹性区及塑性区应力解答进行叠加，即可得整个土层中的应力分布情况(见图 11-11)。

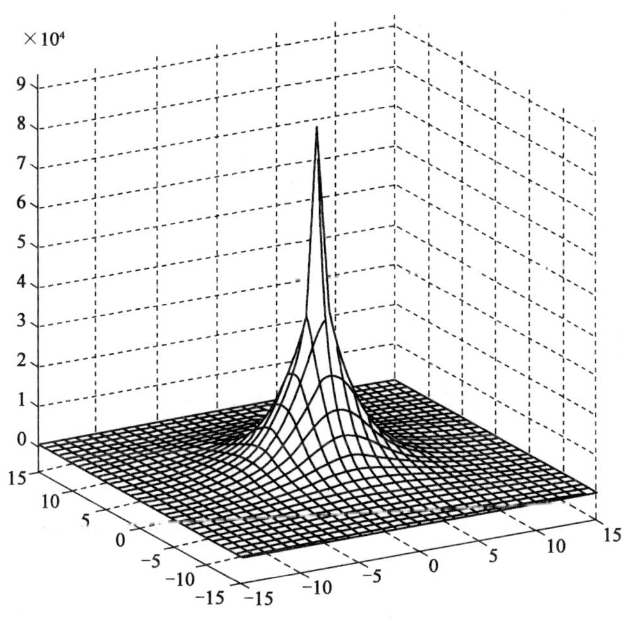

图 11-11 土中轴向应力分布示意

在不排水的情况下(μ 一般为常量)，塑性区半径与桩半径之比 R_p/R_0 仅与土的刚度比 E/c_u 有关。根据上海地区软土室内试验的结果，淤泥质黏土的刚度比一般为 $E/c_u=150\sim380$，故塑性区半径 $R_p=(7\sim11)R_0$，即约为桩半径的 7～11 倍；淤泥质粉土的刚度比一般为 $60\sim100$，$R_p=(4.5\sim6)R_0$。

4)桩周土体孔隙水压力计算

沉桩瞬间，由于挤土效应，使土体中的应力场发生变化，从而在土体中产生超静孔隙水压力。在本问题土体中任一单元体的三主应力变化值各不相同，其中 z 轴方向上的 σ_z 的变化 $\Delta\sigma_z$ 较小可忽略，故取 $\Delta\sigma_z=0$，而其他两个主应力变化 $\Delta\sigma_1$、$\Delta\sigma_3$ 则可分别取为轴向和切向应力变化 $\Delta\sigma_r$ 和 $\Delta\sigma_\theta$。因此通常所采用的在轴对称条件($\sigma_2=\sigma_3$)下推出的 Skempton 孔隙水压力公式在此处不再适用，故采用考虑中主应力影响的 Henkel 孔隙水压力公式计算：

$$\Delta u = \Delta\sigma_{ocr} + 3a\Delta\tau_{ocr} \tag{11-11}$$

$$\Delta\sigma_{ocr} = \frac{1}{3}(\Delta\sigma_1 + \Delta\sigma_2 + \Delta\sigma_3) \tag{11-12}$$

$$\Delta\tau_{ocr} = \frac{1}{\sqrt{2}}\sqrt{[(\Delta\sigma_1 - \Delta\sigma_2)^2 + (\Delta\sigma_2 - \Delta\sigma_3)^2 + (\Delta\sigma_3 - \Delta\sigma_1)^2]} \tag{11-13}$$

式中：a——Henkel 孔压系数，与 Skempton 孔压系数 A 的关系为：

$$a=\frac{1}{\sqrt{2}}\left(A-\frac{1}{3}\right)$$

5)固结计算

根据 Terzaghi 一维固结理论，可得一维情况下的固结微分方程：

$$\frac{\partial u}{\partial t}=c_v\frac{\partial^2 u}{\partial z^2}$$

假设土层的顶面和底面的都可以完全排水(即超静孔压为 0)，则可以得到如下边界条件：

$$\left.\begin{aligned} u|_{z=0}&=0\\ u|_{z=H}&=0\\ u|_{t=0}&=p \end{aligned}\right\}$$

根据上述条件求解微分方程，可以得到在任意时间任意深度处孔隙水压力的表达式：

$$u(z,t)=\frac{4}{\pi}\Delta u\sum_{m=1}^{\infty}\frac{1}{m}\sin\frac{m\pi z}{2H}e^{\frac{m^2\pi^2}{4}T_v} \tag{11-14}$$

单向固结的排水条件，如图 11-12 所示。

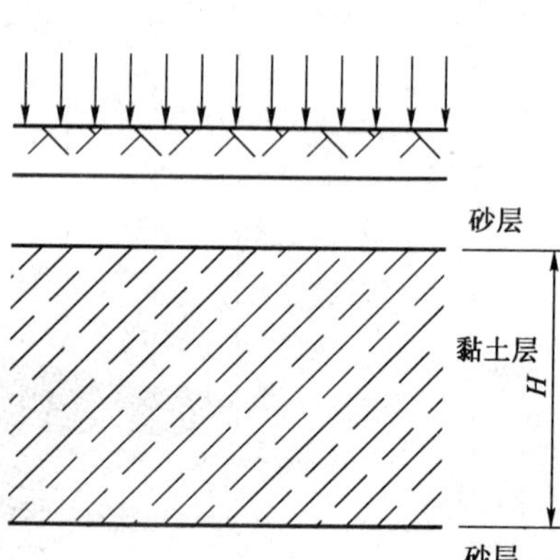

图 11-12　单向固结的排水条件

式中，$m=1,3,5\cdots$；$T_v=\frac{c_v t}{H^2}$ 为竖向固结时间因数；$c_v=\frac{k(1+e)}{\gamma_w a_1}=\frac{kE_s}{\gamma_w}$ 为竖向固结系数；$a_1=\frac{e_1-e_2}{p_1-p_2}$ 为土的压缩系数；H 为土体压缩层厚度。

由平均固结度 U 的定义：

$$U = 1-\frac{\int_0^H u\mathrm{d}z}{\int_0^H \sigma_z^2\mathrm{d}z}$$

积分后可得：

$$U=1-\frac{8}{\pi^2}\sum_{m=1,3}^{m=\infty}\frac{1}{m^2}e^{-\frac{m^2\pi^2}{4}T_v}$$

3. 群桩挤土效应分析

1)群桩引起的应力及位移场分析

要分析由群桩产生的应力及位移场，一种比较直接的方法便是将单桩情况下所得的解答进行叠加，从而获得群桩时的应力及位移场。要实现这一点，首先需要考虑的就是在单桩情况下较为合理的圆孔扩张理论所得的解答是否具有可叠加性，这其中当然包括应力场和位移场两种情况。土中位移传递，如图 11-13 所示。

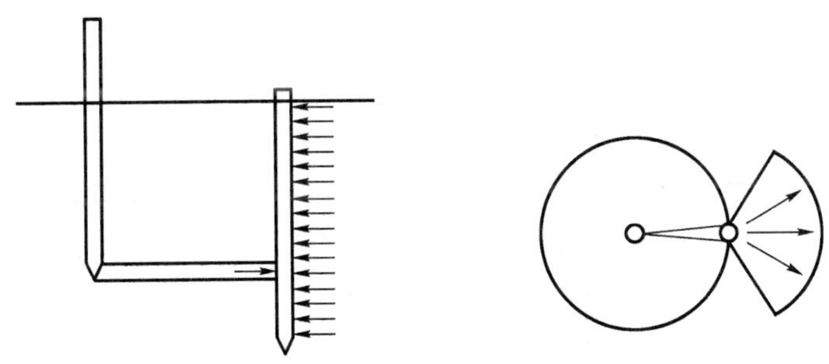

图 11-13 土中位移传递示意

在桩身周围塑性区附近的土体应力场及位移场并不严格满足叠加条件，而在距塑性区一定距离的弹性区域内进行比较合理。但在此处由于桩的屏蔽效应，实际值也应该比叠加所得结果要小一些。在一般工程中，所关心的往往是群桩对周围环境的影响，这大致处在所认可的可叠加的那部分弹性区域。

对于实际计算中叠加的具体过程，现描述如下：

群桩在打入过程中，在土体中任意点 $P(x_0, y_0)$ 所产生的位移，可以用图 11-14 来表示：

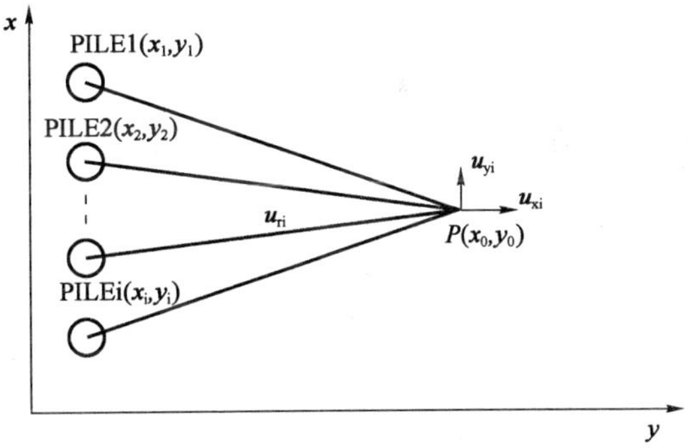

图 11-14 位移叠加示意图

P 点相对桩 i 的坐标为：$P'=\begin{pmatrix} x' \\ y' \end{pmatrix}=\begin{pmatrix} x_0 \\ y_0 \end{pmatrix}-\begin{pmatrix} x_i \\ y_i \end{pmatrix}$，相应的 P 点到桩 i 的距离 R 就为 $|P'|=\left|\begin{pmatrix} x_0 \\ y_0 \end{pmatrix}-\begin{pmatrix} x_i \\ y_i \end{pmatrix}\right|$。

由此可以求出桩 i 的沉入对于 P 点造成的位移为 u_{ri}，其在 x 轴 y 轴上的分量为 u_{xi}、u_{yi}，同理分别求出 i 根桩在 P 点产生的位移后将他们叠加，即可得到这 i 根桩在 P 点造成的位移 u_{x}、u_{y}：

$$
\begin{aligned}
u_{\mathrm{x}} &= \sum u_{\mathrm{xi}} = \sum u_{\mathrm{i}} \cos\theta \\
u_{\mathrm{y}} &= \sum u_{\mathrm{yi}} = \sum u_{\mathrm{i}} \sin\theta
\end{aligned}
\tag{11-15}
$$

但由于在单桩计算时采用的是一桩圆心为原点的极坐标，因此各桩在计算应力时所得的解答事实上是不相容的，因此需要将它们转换到同一个坐标系下才可以进行叠加。具体的叠加公式如下：

$$
\left.
\begin{aligned}
\sigma_{\mathrm{x}} &= \sigma_{\mathrm{r}}\cos^2\theta + \sigma_\theta \sin^2\theta - 2\tau_{\mathrm{r}\theta}\sin\theta\cos\theta \\
\sigma_{\mathrm{y}} &= \sigma_{\mathrm{r}}\sin^2\theta + \sigma_\theta \cos^2\theta + 2\tau_{\mathrm{r}\theta}\sin\theta\cos\theta \\
\tau_{\mathrm{xy}} &= (\sigma_{\mathrm{r}} - \sigma_\theta)\sin\theta\cos\theta + \tau_{\mathrm{r}\theta}(\cos^2\theta - \sin^2\theta)
\end{aligned}
\right\}
\tag{11-16}
$$

其中由于单桩计算时是轴对称分布的，故 $\tau_{r\theta}=0$，将各应力项进行叠加，即可求得整个土体中的应力状况：

$$\left.\begin{aligned}\sigma_x&=\sum\sigma_{xi}\\ \sigma_y&=\sum\sigma_{yi}\\ \tau_{xy}&=\sum\tau_{xyi}\end{aligned}\right\}$$

2)群桩的孔隙水压力分析

同样采用叠加的方法来计算土体内由群桩挤土造成的孔隙水压力的上升。对于孔隙水压力进行叠加的可行性，可从以下的几个方面来考虑：

(1)孔隙水压力的消散问题。在单桩情况下由于桩的沉入过程所需时间较短，相对的土中孔隙水压力的消散要慢得多，因此在计算时可以将其忽略。然而在群桩情况下，由于前后两根桩之间的打入间隔时间有可能相差几小时甚至一两天，此时孔隙水压的消散将变得不可忽略。

(2)土中孔隙水压力上限的问题。当超静孔隙水压力增大到一定程度后，有效应力有可能出现负值，这意味着此时土体实际受到的应该是拉应力。易知土体的抗拉强度有限甚至远小于其抗压强度，因此在负的有效应力作用下土体很快将达到其抗拉强度，尤其是在群桩中，与受压屈服时发生的塑性形变不同的是，此时土体可能会直接发生破坏，展开裂缝，以使过大的超静孔隙水压力尽早消散。而当土中的有效应力恢复正常以后，之前的裂缝将随之合龙，土体再次开始固结。从已有的一些工程实例中，也可以得出类似的规律，即当桩距较小、沉桩速率较快时，桩群内超孔隙水压力瞬时可达(1.5～2.0)$\gamma' h$，甚至有(3～4)$\gamma' h$，随后超孔隙水压力会迅速下降，整个桩群内超孔隙水压力值将趋于一个稳定值。因此从某种意义上说，这就是所谓的孔隙水压力上限，即稳定后土体中的超静孔隙水压力不能大于土的总应力。

考虑到以上两方面因素的影响，对于桩周土体内超静孔压场的计算应当采取一定的方法进行近似处理。相对来说比较合理的处理方法是按沉桩时间上的先后顺序，分别计算各根单桩在沉桩过程中在整个场地土体形成的超静孔压场，再将它们按照沉桩的先后时间计算土体固结消散后的超静孔隙水应力场，在时间轴上进行叠加，从而确定在某一特定时间的场地中土体超静孔隙水压力的分布。

3)计算中对孔隙水压力叠加的过程。在实际计算中对于孔隙水压力的叠加的具体过程，描述如下：

在 t_i时刻桩 i 压入，由之前单桩理论计算可得在 t_i时刻桩 i 在 P 点产生的孔隙水压力为 $\Delta u_{i,0}$，但由于土的固结排水，经过 Δt 时刻后，在 t_{i+1}时刻该孔压变成了 $\Delta u_{i,1}$，该值可由 Terzaghi 一维固结理论求得，具体计算过程见上文。若此时有另一根桩 $i+1$ 压入，则该桩在 P 点产生的孔隙水压取为 $\Delta u_{i+1,0}$，相应的该点此时由这两根桩引起的孔压为：

$$\Delta u=\Delta u_{i,1}+\Delta u_{i+1,0}$$

具体叠加过程，如图 11-15 所示。

以此类推，则在 t 时刻 P 点的孔压可以表述为：

$$\Delta u=\sum_{j=1}^{t}\Delta u_{t-j,j} \tag{11-17}$$

式中：j——第 i 根桩的打入时间；

t——计算时间；

$\Delta u_{t-j,j}$——j 时刻打入的桩 i 在 t 时刻的对 P 点造成的孔隙水压力的变化。

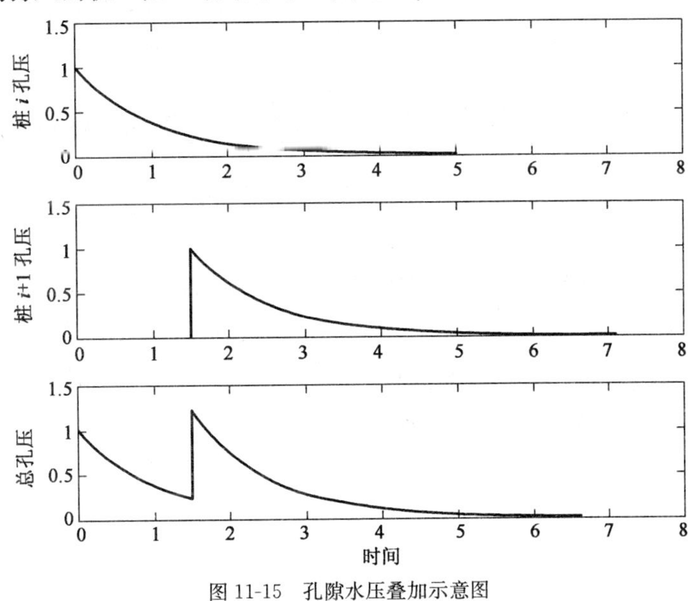

图 11-15 孔隙水压叠加示意图

4. 计算参数取值

在整个计算过程中，有如下的一些参数需要结合有关试验结果及实际监测成果反分析确定，它们分别是 E、μ、c_u、k 及 A。

E 为土体的弹性模量，一般在岩土勘探报告中获得的土的模量，往往是将压缩模量 E_s 乘以修正系数 k_1 作为土体弹性模量，上海地区经验表明 k_1 可取 2～5。

μ 为土体的泊松比，一般情况下在 0.35～0.5 的范围内，μ 的取值对丁上体应力及位移的最终计算结果影响甚小。

c_u 为土体的黏聚力，由于桩的打入过程所需时间较短，可以认为在如此短的时间内土体中的孔隙水尚未排出，土体处于不固结不排水状态，因此符合理想弹塑性假设，即土的内摩擦角 $\varphi=0$，$\sigma_1-\sigma_3=c_u$，c_u 为常量。

可采用三轴仪不固结不排水试验或者直剪仪快剪试验的结果来确定 c_u 值。不排水剪强度 c_u 与土中的有效参数 c'、φ' 值存在如下的关系

$$c_u=\frac{c'\cos\varphi'+p_0\sin\varphi'[K_0+A(1-K_0)]}{1+(2A-1)\sin\varphi'} \tag{11-18}$$

其中，p_0 为土中的初始压力，K_0 为土的侧压力系数，A 为 Skempton 孔压系数。对于正常固结黏土，c' 值较小，故 c_u 与 p_0 的关系接近线性。

c_u 在弹性区与应力场分布无关（当然这一点在弹性区应力分布的公式中就可以明显地看到），而在塑性区则越靠近桩径 c_u 的影响越大，在 r 等于桩径时，两径向应力值之比也接近 2 倍，即 c_u 取值接近线性关系。

渗透系数 k 的获取，一般可以通过室内渗透试验或现场抽水试验来获得。

A 为 Skempton 孔压系数，常见的各种土的 A 的取值，可参考表 11-3。

孔隙压力系数表　　表 11-3

土样(饱和)	很灵敏的软黏土	正常固结黏土	超固结黏土	强超固结黏土
A	＞1	0.5～1	0.25～0.5	0～0.25

第四节　桩基信息化施工案例分析

一、前言

信息化施工方法近年来在桩基施工中得到了大量应用，尤其是在环境条件复杂或地质条件复杂的情况下，信息化施工为控制桩基施工质量、保证桩基承载力、控制工后沉降、控制环境建筑物或管线变形与位移等方面起到了非常重要的作用。为说明信息化施工的一般流程和作用，本节选择信息化施工的典型案例作深入分析。

二、案例一：某小区 2 号楼桩基信息化施工

1. 工程概况

某住宅小区 2 号楼（26～29 层）工程桩，采用规格为 PHC AB 600 120 的预应力高强混凝土管桩，桩长 30m，选用第⑦$_{-1}$层砂质粉土底部作为桩基持力层，桩尖入土深度为 34～35m，其单桩竖向承载力设计值为 2 900kN。2 号楼设计桩数为 230 根，采用静压法施工。

本工程 2 号楼桩位南侧与永兴路地下上水管最近距离约 12m，东侧距共和新路高架约 35m，距共和新路地下电缆约 20m，距离地下雨水管约 22m。周边环境如图 11-16 所示。

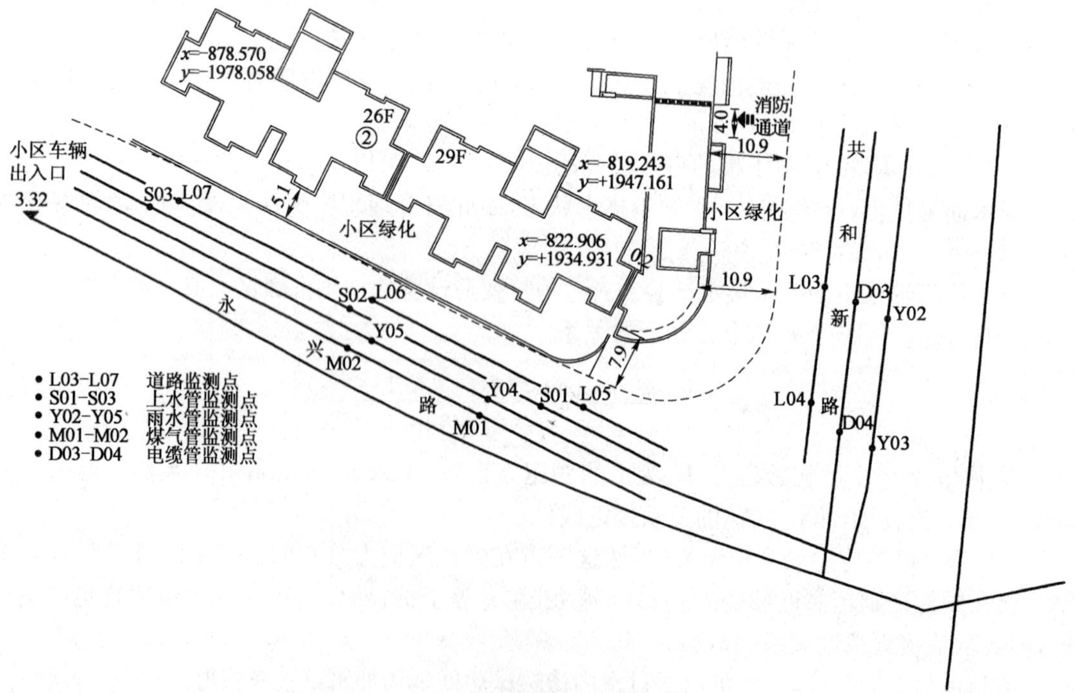

图 11-16　周边环境及监测点布置图（尺寸单位：m）

针对本案例所示的桩基工程，根据拟建工程的工程地质条件、周围环境特点、预制桩基类型等，采取有针对性的防护措施，进行信息化施工，加强施工监测。

2. 信息收集

在工程施工过程实施了施工监测，并记录沉桩施工的有关信息。

密集压桩期间 D03、S02、L06、M02 点沉降时间曲线，如图 11-17、图 11-18 所示。

沉桩自 2003 年 6 月 13 日开始，8 月 5 日结束，共压桩 227 根，(3 根试桩已先施工)。施工状况如表 11-4 所示。

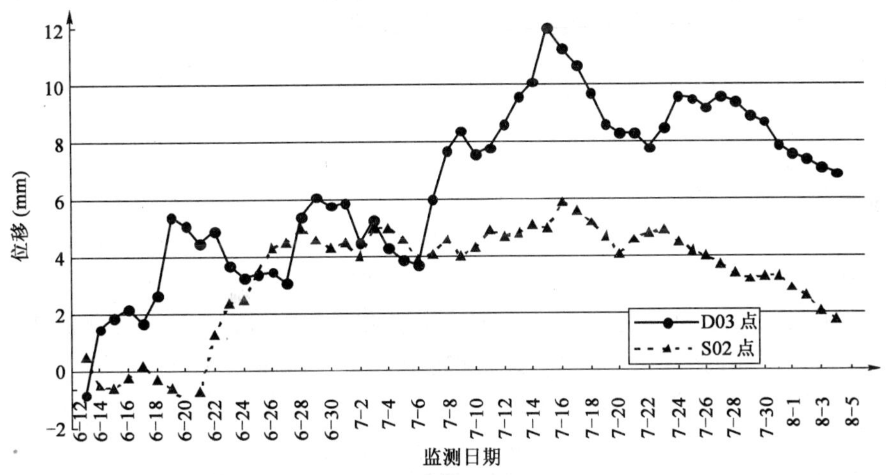

图 11-17 D03 点及 S02 点沉降曲线

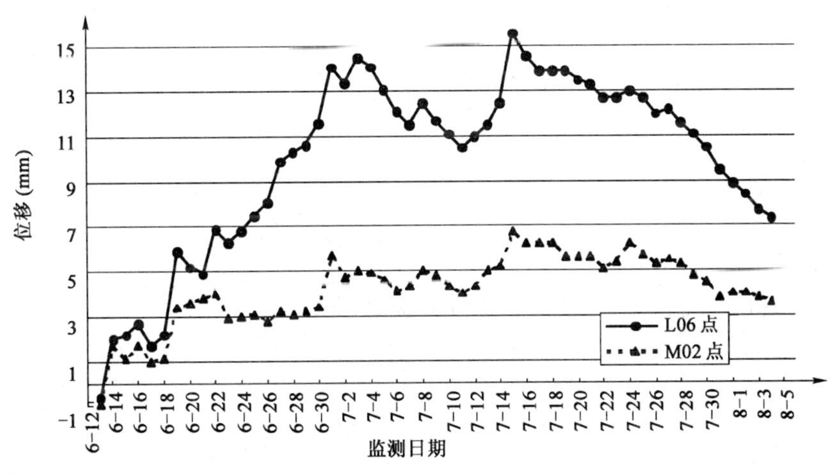

图 11-18 L06 点及 M02 点沉降曲线

合理的压桩流程及适当控制沉桩速率，均能有效减少压桩施工的挤土效应。原则上是背离被保护对象方向进行，使先压的桩可以形成挡土列柱，削弱了后排桩的挤土效应，减少了土体位移。

针对 2 号楼压桩可能对市政路管线产生较大影响的情况，施工中尽量按背离市政道路的原则设计压桩流程。先自东向西沉桩，施工至总桩数一半左右时，变换为自西向东沉桩，以保护 2 号楼西侧尚未拆除的民房(见图 11-19)。压桩初期沉桩速率控制在 6 根/日，并根据监测结果适当调整沉桩速率，场地条件要求不严时可以增加到 10 根/日。当位移量累计量超过 10mm(或日位移增量超过 3mm)，采用跳压(间隔距离应＞20m)或停压等办法调节和控制土体位移量。

本案例压桩施工期间，管线最大位移及最大位移速率均小于类似工程。一方面，这可能由于场地内存在的②$_{-3-1}$层黏质粉土夹砂质粉土、②$_{-3-3}$层粉砂的渗透性较好，有利于浅层土体超静孔隙水压力的消散；另一方面本工程施工中严格控制了沉桩流程及沉桩速率，日均沉桩速率约 5 根，在一定程度上减缓了压桩挤土效应。

三、案例二：某小区住宅楼桩基信息化施工

1. 工程概况

拟建某住宅小区工程位于上海闸北区临汾路以北、汾西路以南、江杨南路以西，西侧紧邻已建地下车库，主要由数幢住宅楼、一座地下车库和其他附属设施等建筑物组成。场地地层条件以软黏土为主，属上海地区的正常地层分布区，典型的地质条件如表 11-4 所示。建筑物桩基采用钢筋混凝土预制方桩，沉桩施工采用静力压桩和锤击沉桩方式。场地西侧 4 号楼、6 号楼、8 号楼和 10 号楼邻近已建地下车库，建筑物边线距地下车库分别为 5m、6m、3m 和6～8m。其中 4 号楼暂不施工。建筑物平面布局及周边环境，如图 11-20 所示。

场地典型地质条件 表 11-4

层序	土名	层底埋深(m)	层厚(m)	重度(kN/m³)	p_s(MPa)	压缩模量(MPa)	直剪固快(峰值)	
							c(kPa)	φ(°)
①$_1$	杂填土	1.61	1.61					
①$_2$	浜底淤泥填土	3.09	1.48					
②$_1$	粉质黏土	4.82	1.73	18.4	0.91		14	24.5
②$_3$	砂质粉土	8.07	3.25	18.5	2.02		6	31.0
③	淤泥质粉质黏土	10.28	2.21	17.5	0.65		12	19.5
④	淤泥质黏土	20.67	10.39	16.8	0.54		11	12.0
⑤$_1$	粉质黏土	30.51	9.84	18.1	0.87	7	12	23.5
⑤$_4$	粉质黏土	34.94	4.43	19.6	1.78	10	41	18.5
⑥	黏土	39.34	4.40	19.4	2.09	11	38	18.5
⑦	砂质粉土	43.28	3.94	18.6	3.44	15	5	32.5
⑧$_1$	黏土	60.38	17.10	17.9	1.40	8.5	15	20.5
⑧$_{2a}$	砂质粉土	69.13	8.75	18.9	8.64	30	4	31.5
⑧$_{2b}$	粉质黏土	80.03	10.90	18.2		15	14	22.5
⑨	粉砂	未钻穿	未钻穿	18.7		50		

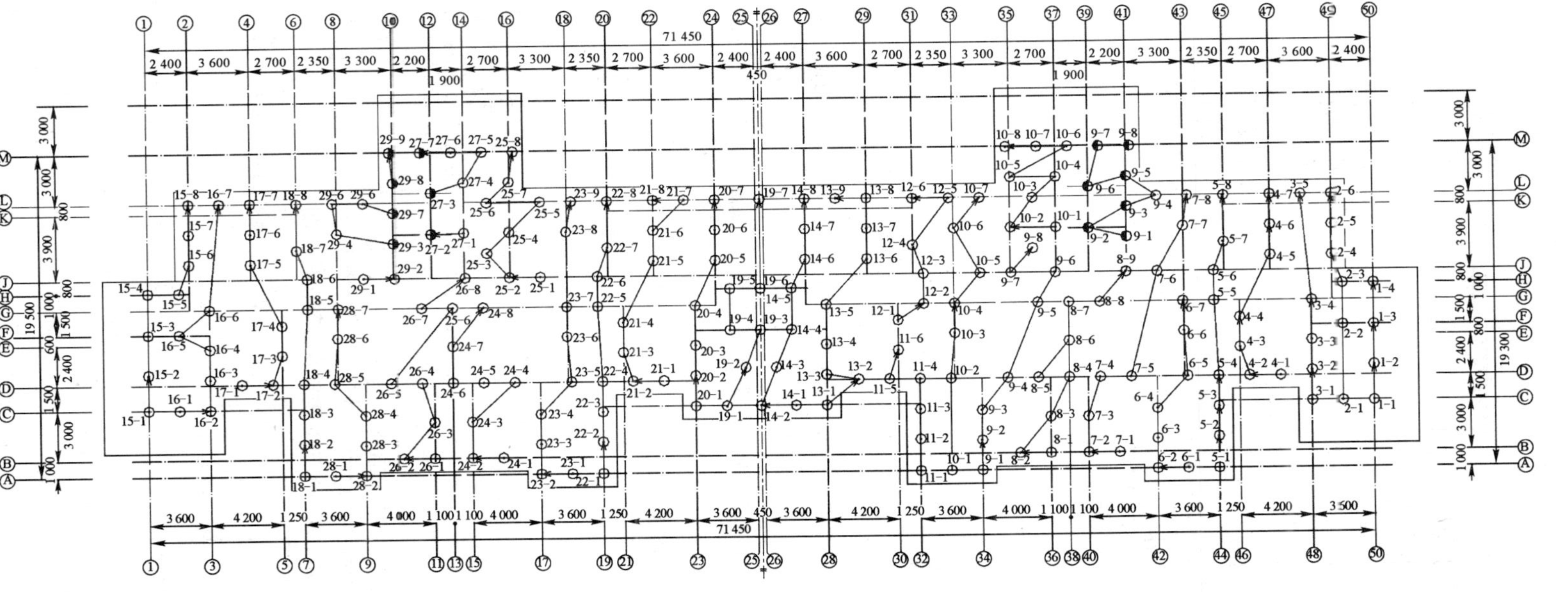

说明：

① 施工方应按本图安排压桩流程，个别桩次序可以根据现场状况略有调整；
② 压桩过程中应对共和新路、永兴路上管线进行位移（包括水平位移及沉降）监测，施工期间每日一测，若管线位移超过报警值，应采取跳压或停压方法确保管线安全，跳压间隔距离应大于 20m；
③ 压桩初期沉桩速率控制在 6 根 /d，并根据管线监测结果随时调整沉桩速率；
④ 管线监测报警值为：位移量累计超过 10mm 或日位移增量超过 3mm。

图 11-19　沉桩路线设计图（尺寸单位：mm）

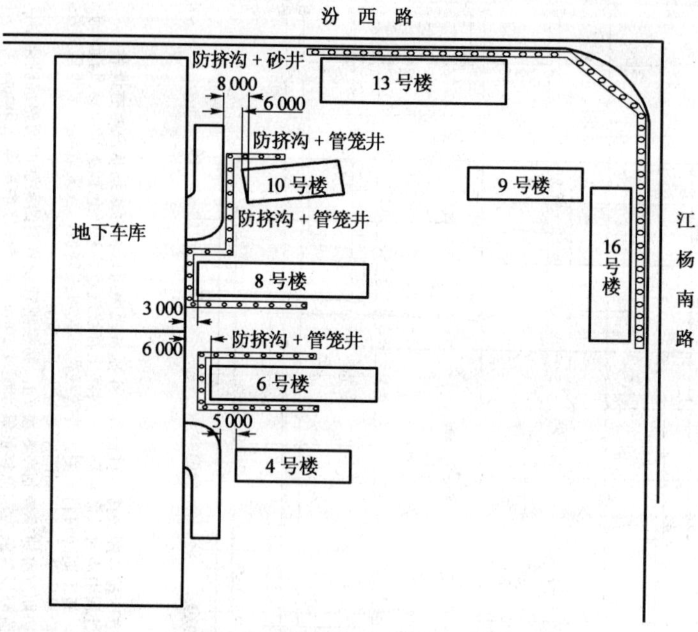

图 11-20　场地周边环境及防护措施布置示意图(尺寸单位:mm)

在这样的条件下进行沉桩施工,极有可能造成车库沿纵向产生不均匀的竖向和水平向位移,底板与侧壁不均匀变形、开裂,导致底板渗水等,对已建车库带来严重不良影响。因此桩基施工过程中对多幢建筑物进行了信息化管理。本项目中涉及的主要建筑物设计参数如表11-5所示,桩型参数如表 11-6 所示。

本项目涉及的主要建筑物性质　　表 11-5

编　号	功　能	层　数	结构形式	基础形式	建筑面积(m^2)	占地面积(m^2)
6 号	住宅楼	13～18	短肢剪力墙	桩筏	9 950.35	672.12
8 号	住宅楼	13～15	短肢剪力墙	桩筏	9 503.77	738.09
9 号	住宅楼	13～14	短肢剪力墙	桩筏	6 623.20	634.70
10 号	住宅楼	13～14	短肢剪力墙	桩筏	5 864.20	457.00

本项目涉及的主要建筑物桩基设计参数　　表 11-6

建筑物编号	桩　形	边长(m)	桩长(m)	挤土方量(m^3)	单桩承极限承载力(kN)	单桩承载力设计值(kN)	桩　数
6	预制方桩	450	38.6	539.339	2 800	1 700	69
		400	33.1	609.040	1 920	1 200	115
8	预制方桩	400	40.6	1 097.824	2 400	1 500	169
9	预制方桩	400	40.6	889.952	2240	1400	137
10	预制方桩	400	39.1	744.464	2080	1300	119

2. 防挤土措施简介

为了削弱沉桩挤土对车库的影响、保障地下车库的安全，建设方在该地下车库与6号、8号和10号楼建筑物之间开挖了防挤沟，宽度1.2m，深1.5m，并设置了两排深16m、直径ϕ400mm@1 000mm的管笼井，梅花形布置。在汾西路及江杨南路一侧设防挤沟，宽度1.2m，深1.5m，并设直径ϕ300mm的砂井，深度9m，共两排，间距0.5m，梅花形布置。砂井、管笼井和防挤沟布置，如图11-20所示。6号、8号和10号楼采用静力压桩法沉桩。

3. 信息化施工情况简介

由于拟建场地周边环境十分复杂，需要通过监测沉桩对邻近地下车库的影响进行判断和分析，并对沉桩施工提出科学合理的建议，保证地下车库的安全。

因此，本工程实施过程中针对沉桩施工对邻近地下车库的影响进行了施工监测工作，根据监测结果指导工程进度，实现信息化施工。在本工程中信息化施工管理包含如下内容：

(1)信息采集：埋设监测点与监测仪器，通过施工监测获取数据，明确各监测物理量的控制标准和报警值(累计沉降及水平位移均不大于20mm，速率均＜3mm/d)，明确停工和恢复施工的条件(报警后停工，连续两天变形速率＜2mm/d后复工)。

(2)信息存储与管理：建立专门的施工信息数据库，并绘制沉桩施工过程中地下车库沉降与水平位移、场地内不同位置土体超静孔隙水压力等物理量随着时间、沉桩速率、沉桩总桩数等主要指标的变化曲线。

(3)信息分析与预测：根据数值整理得到的各种曲线，分析地下车库变形和场地内土体超静孔隙水压力变化的一般规律。

(4)信息反馈：提出施工进度控制意见，及时调整沉桩速率和沉桩施工路线进行后续施工。

(5)风险处置：判断施工过程中容易出现的风险点，制定险情控制预案和补救措施。

4. 信息采集

为观测沉桩挤土作用在地下车库底板上产生的孔隙水压力，在地下车库13号、14号轴线中间，共布置了5个孔隙水应力计，设置于每跨板跨中的底部，平面布局如图11-21所示。

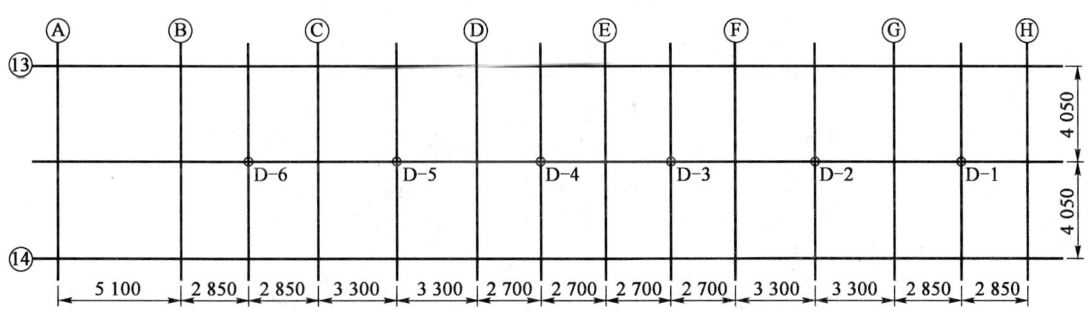

图11-21 地下车库底板下孔隙水压力测点布置平面图(尺寸单位：mm)

在地下室内部底板上相应于每幢拟建建筑物(6号、8号、10号楼)位置各布置3个竖向位移观测点，另在地下车库两端设竖向位移监测点2个，共计11个竖向位移观测点。为监测地下车库水平位移情况，在车库的两个出入口各设置1个水平位移观测点。

(1)沉桩对车库底板下孔隙水压力的影响

监测结果表明,尽管孔压监测结果能够反映出沉桩的影响,且距离施工场地越远的点孔隙水压力变化越小,但是总体来看超静孔隙水压力值较低,随施工过程变化较小。

(2)地下车库位移监测成果

施工结束时水平位移监测点的累计水平位移量最大分别为7mm和14.3mm,满足水平位移的控制要求。而地下车库各点的隆起量情况则较复杂。根据实测结果,施工期间邻近6号楼、8号楼和10号楼的地下车库相邻点多次出现位移增量和累计位移量均超过报警值的情况。

5.信息存储与管理

图11-22所示为6号楼沉桩速率的变化对地下车库邻近监测点4号点的累计抬升量的影响。

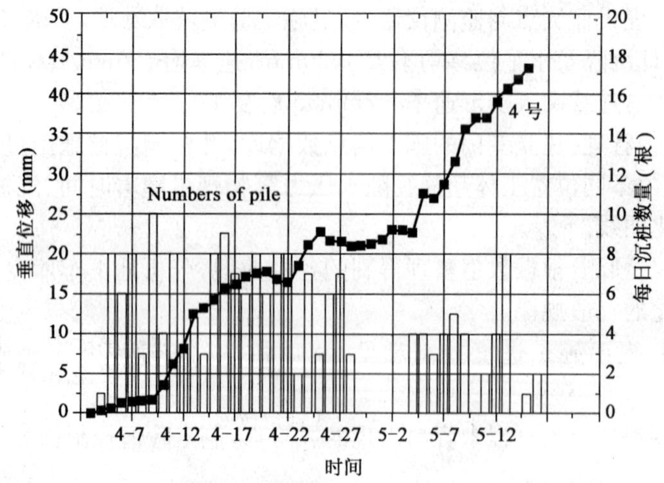

图11-22　4号位移监测点随6号楼沉桩速率的变化

图11-23所示为8号楼沉桩速率的变化对地下车库邻近监测点9号点的累计抬升量的影响。

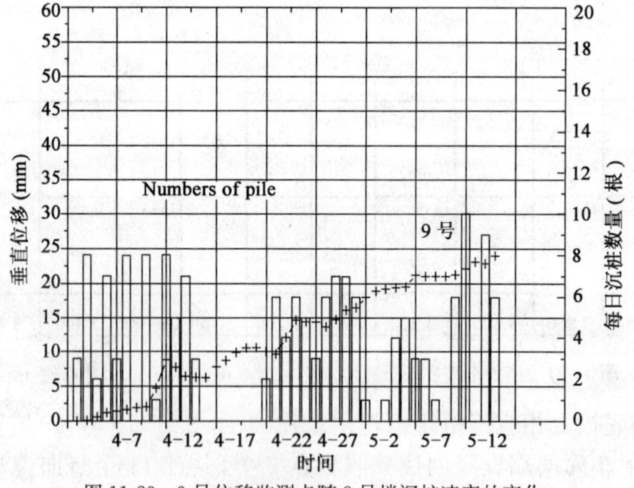

图11-23　9号位移监测点随8号楼沉桩速率的变化

先期施工的9号楼内F点不同深度处(见表11-7)的实测孔隙水压力如图11-24所示;桩位如图11-25所示。其他沉桩时间记录此处略。

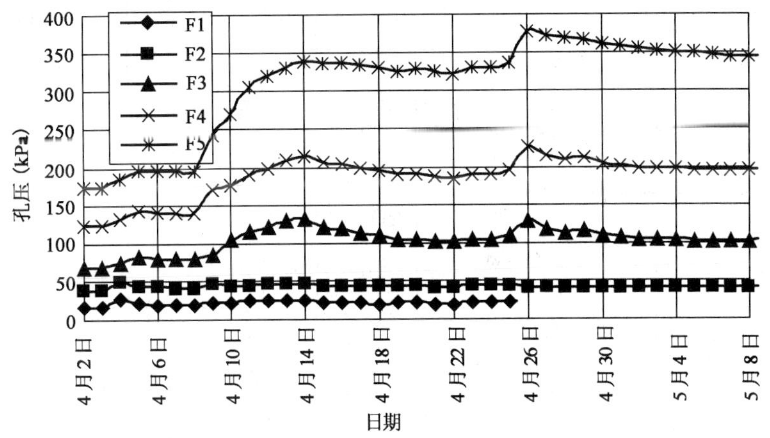

图11-24 测点F实测孔隙水压力

6.分析与预测

沉桩引起的土体孔隙水压力反演分析:

根据岩土工程勘察报告,可以得到沿测点F纵深方向上各孔压计所在土层的相关参数,如表11-7所示。

土层相关参数表 表11-7

孔压计编号	埋深(m)	所在土层	E_s(MPa)	c'(kPa)	φ'(°)	k(cm/s)
F1	2.2	粉质黏土层	9.70	9	29	2.50×10^{-6}
F2	4.7	砂质粉土层	11.17	3	35	2.00×10^{-4}
F3	7.7	淤泥质粉质黏土层	1.82	13	16	1.60×10^{-6}
F4	13.7	淤泥质黏土层	2.06	12	11	3.00×10^{-7}
F5	21.7	粉质黏土层	3.55	10	26	5.00×10^{-6}

分别对每一土层采用上一节所介绍的方法进行模拟,调整各项计算参数以获取最佳模拟效果。

对于F4和F5所在的土层,由于它们的埋深较大,相对来说受外界的扰动较小,因此原则上可以直接采用原始的土层信息进行计算,而不需要作较大的调整。

F4所在土层渗透系数小于F5所在土层,且土层较厚,因此将F4所在土层的厚度调整后加入计算深度z中,另外,由于在岩土勘察报告中缺乏关于F5下部土层的信息,此处假设其透水性也很差,并通过将其层厚设置成一较大值来实现。通过试算可知,F5的c_u值偏高,将其进行折减,考虑到实际上土的本构模型的不同(实际上土在应力较大时会发生软化),这样的处理也是合理的。正如上文所说,由于F5所处位置较深,受外界扰动较少,可以认为其为正常固结土,故令其A值为0.75。通过以上修正后对F5进行模拟,并将其与实测结果进行比较(见图11-26)。

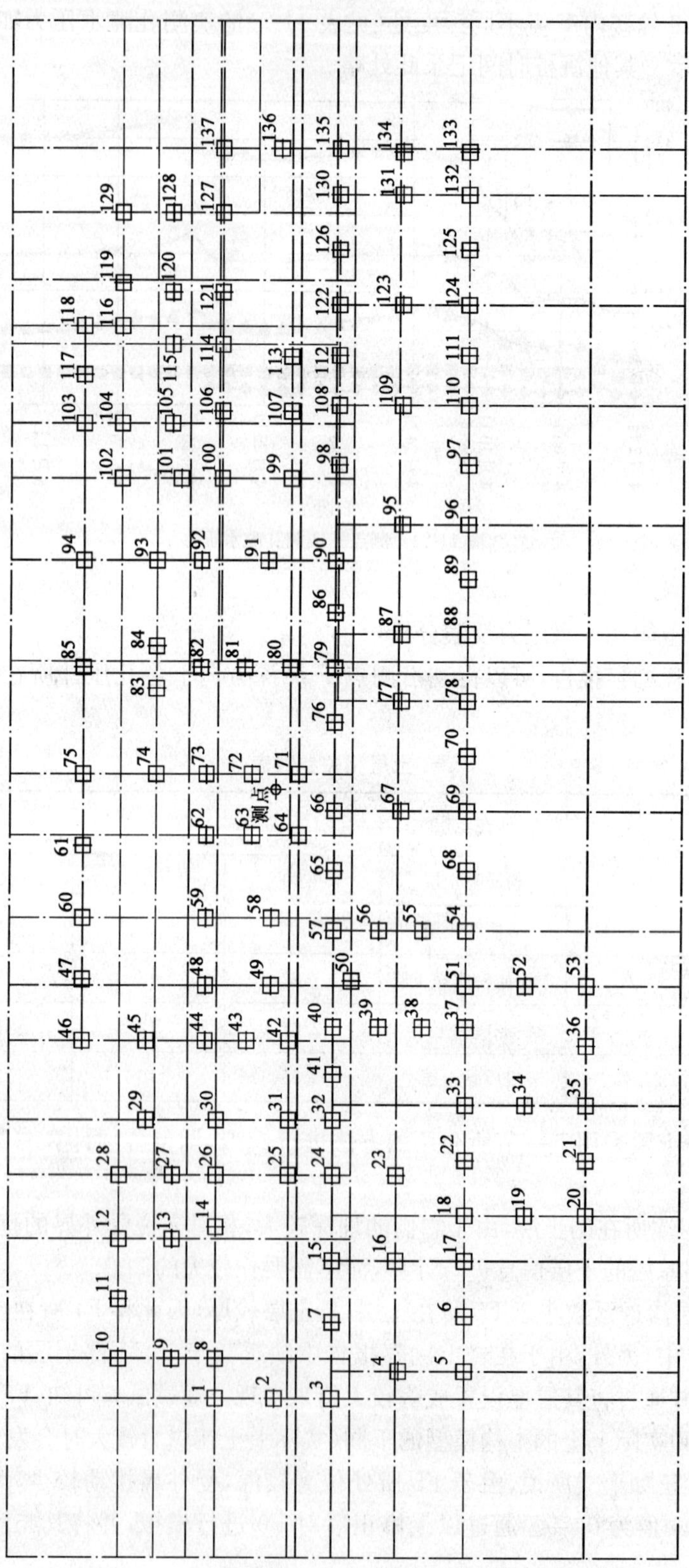

图 11-25　9 号楼桩位图

对于 F4，同 F5 相类似，由于其所受的扰动较少，基本上属于正常固结黏土，因此将该土层的 Skempton 孔压系数 A 取为 0.75，将土层的弹性模量 E 暂时取为 $3E_s$。由于 F4 上部的土层渗透性能相对较好（渗透系数比 F4 所在土层大两个数量级），其计算深度应为该土层顶部到孔压计处的深度，同时由于其下部的 F5 所在土层渗透性能较好，故其计算厚度 H 相对 F5 所在土层有所折减。

孔压计 F4 处实测值与计算值比较，如图 11-27 所示。

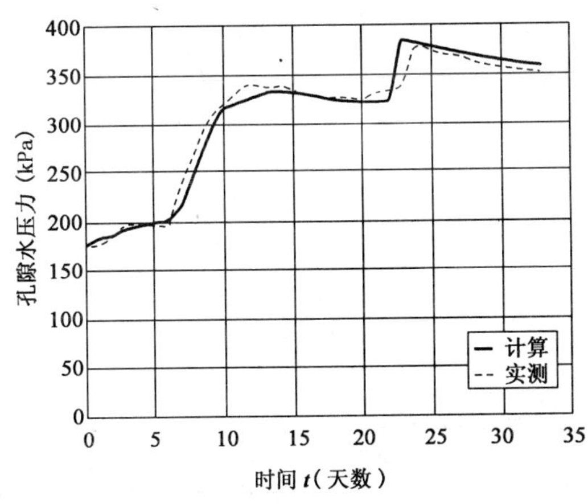

图 11-26　孔压计 F5 处实测值与计算值比较

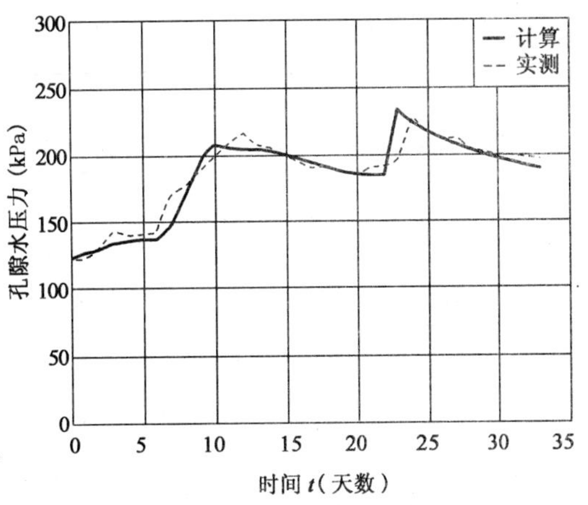

图 11-27　孔压计 F4 处实测值与计算值比较

对于 F3 所在土层，其埋深较浅，故受扰动程度相对其下的两层也会多一些，因此将其 A 值设置得略高一些(0.85)，以适应实际施工时由于整平、开挖等造成的影响。

孔压计 F3 处实测值与计算值比较，如图 11-28 所示。

对于 F1、F2 所在土层则有所不同，这两层土埋深较浅，受外界工程的扰动较大，尤其是 F1，事实上该土层中绝大部分都是杂填土，土质不均且渗透性非常好，因此对这两层土的模拟将十分的困难。这两层的孔压模拟情况，如图 11-29 所示。

调整后的 F 测点各参数的取值，如表 11-8 所示。

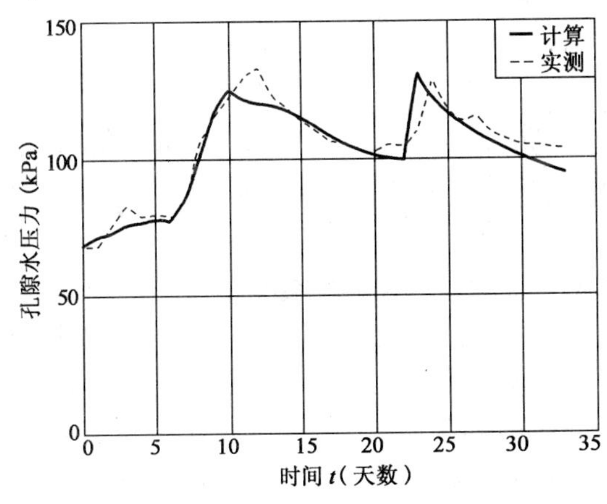

图 11-28　孔压计 F3 处实测值与计算值比较

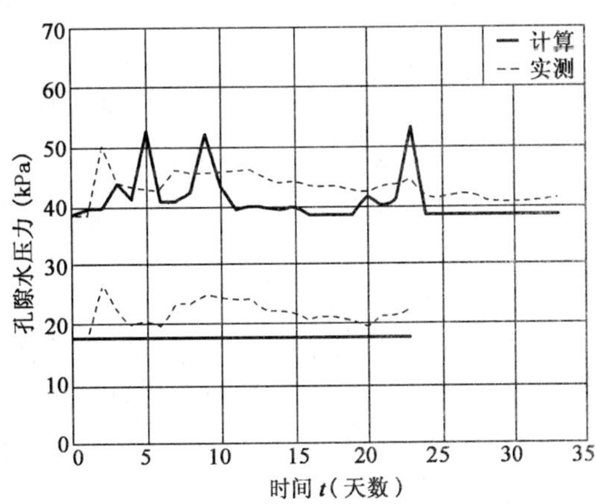

图 11-29　孔压计 F2、F1 处实测值与计算值比较

1)采用反演分析结果进行预测

根据上文对9号楼测点F的处理,对8号楼的测点BI、BII及E进行了分步模拟,全过程的模拟并预测施工中后一步施工引起的孔隙水压力。在施工过程中总是根据监测结果采用上述反演分析方法预测后一步施工产生的结果,并给出新的沉桩路线、沉桩顺序等建议及有利于施工的处理措施。8号楼桩位,如图11-30所示;整个过程的计算结果,如图11-31~11-33所示。由于孔压计E5、E2所得的数据过少,无法作出曲线加以比较,故在图中没有列出。对于测点BI、BII,由于BI、BII间仅隔一道管笼井,两者的土层特性基本一致,故将它们放在一起。

测点F各土层参数取值表　　表11-8

土　层	E_s(MPa)	k_1($E=k_1 \cdot E_s$)	c_u(kPa)	实际c_u(kPa)	k(cm/s)	A
F1	7.5	3	15	14.7	9.70×10^{-6}	0.9
F2	11.17	2.5	16	16.027 9	2.00×10^{-4}	1
F3	2.38	3	30	29.6	1.60×10^{-6}	0.75
F4	2.57	3.5	30	28.3	3.00×10^{-7}	0.75
F5	3.55	4	50	61.576 0	5.00×10^{-6}	0.75

由于B、E两测点的大部分孔压计都处于同一土层,故B点与E点处的参数取值基本一致。仅有B1层有所不同,根据岩土勘探报告,在B点处的第①$_1$层杂填土和第②$_1$层粉质黏土之间还夹有第①$_2$层浜底淤泥填土层,该层的渗透性和强度都较差,对于B1层的排水条件有所影响。各计算曲线所选取的参数,如表11-9所示。

测点BI、BII各土层参数取值表　　表11-9

土　层	E_s(MPa)	k_1($E=k_1 \cdot E_s$)	c_u(kPa)	实际c_u(kPa)	k(cm/s)	A
B1	13.89	3	15	18.2	2.00×10^{-4}	0.9
B2	2.38	3	30	27.8	1.60×10^{-6}	0.9
B3	2.57	3.5	28	29.6	3.00×10^{-7}	0.75
B4	6.15	4	71	71.1	5.00×10^{-6}	0.75

从实测结果与反演分析结果来看,累计沉桩数量和超静孔隙水压力之间的关系,大致如图11-34所示。

初始扰动段:施工初期,沉桩数量较少,场地土体扰动,尤其黏性土层扰动范围较小,通常局限在桩身周围10m范围以内才会有显著影响,因此沉桩速率在本段不是主要的影响因素。当沉桩数量累计达到一定水平,桩侧土体结构扰动破坏累积到一定水平后,沉桩挤土影响范围开始超过10m范围,叠加作用越发显著,土体内部超静孔隙水压力将开始显著上升。根据前文分析,在本工程中,当已经完成的挤土面积系数达到0.8%左右后,沉桩施工对周边环境的影响才开始显现。

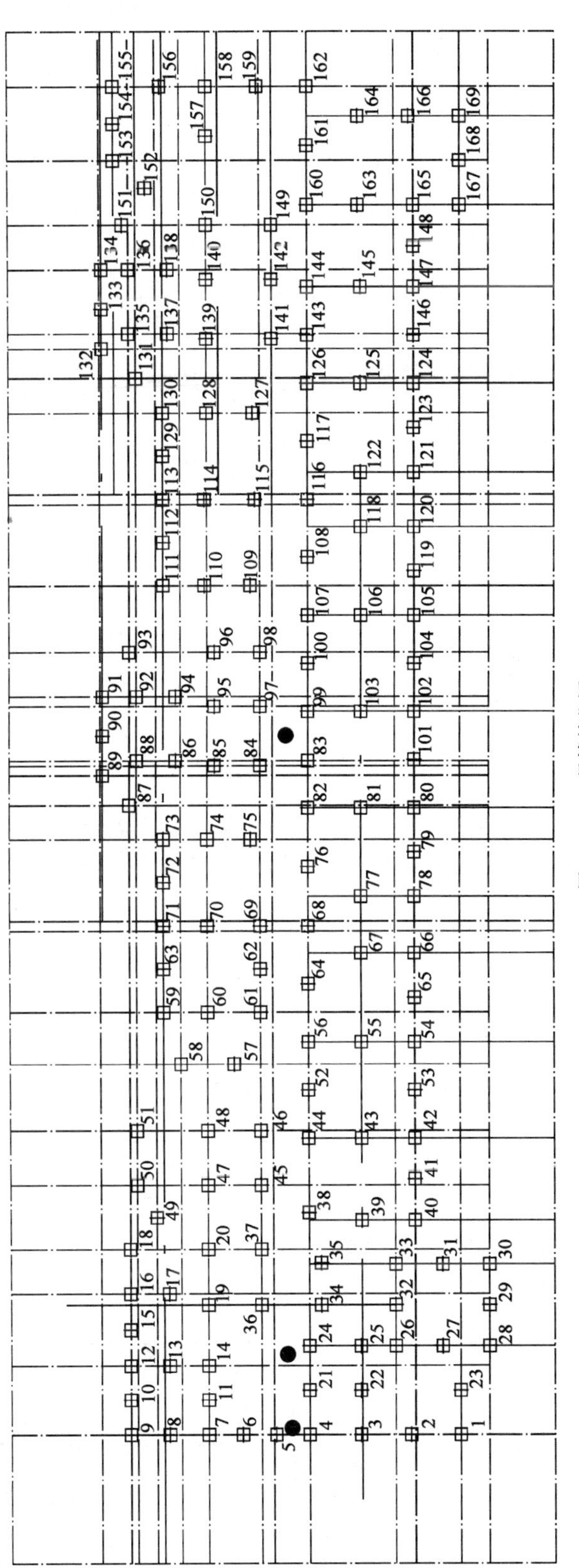

图 11-30　8 号楼桩位图

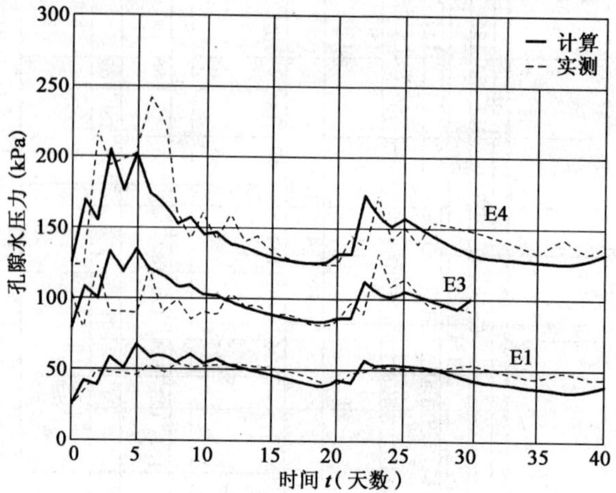

图 11-31 测点 E 处孔压实测值与计算值比较

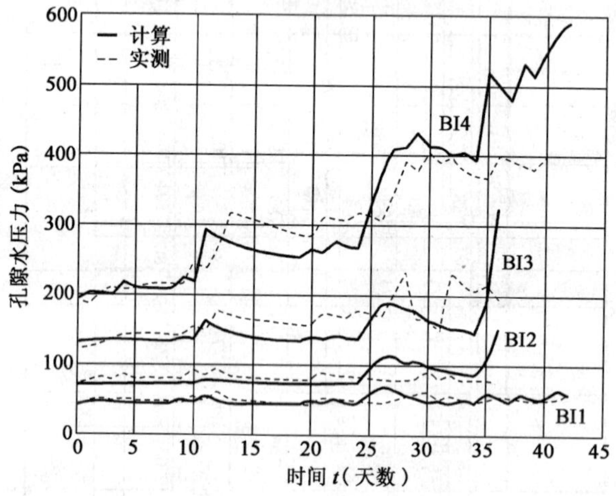

图 11-32 测点 BI 处孔压实测值与计算值比较

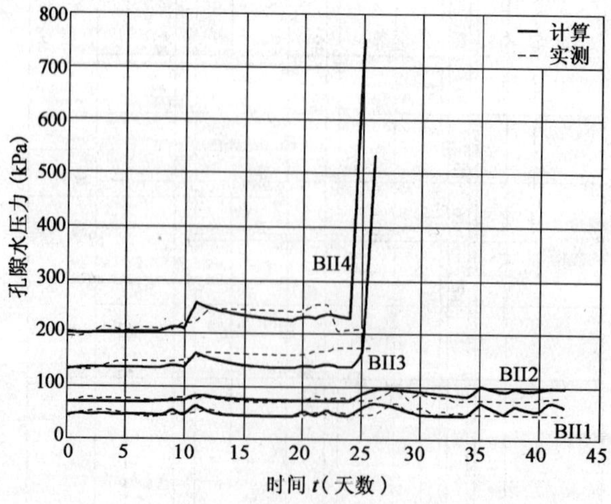

图 11-33 测点 BII 处孔压实测值与计算值比较

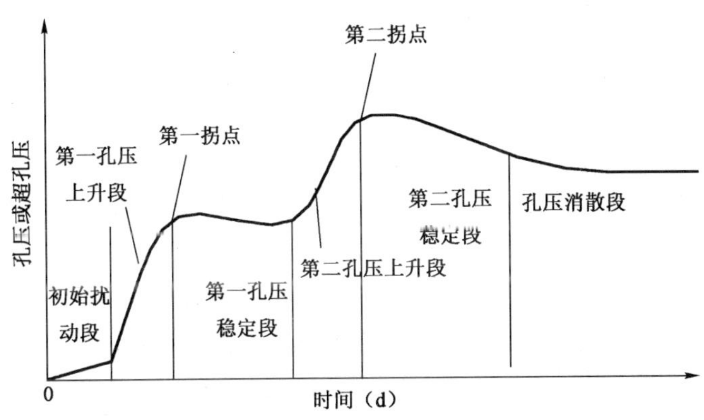

图 11-34　群桩沉桩挤土引起土体内超静孔压发展的一般趋势

第一孔压上升段：当土体局部范围扰动累积使得土体发生大范围结构性破坏后，继续沉桩将引起土体内部超静孔隙水压力显著上升。若沉桩速率较快，则孔压上升速率也较快，上升幅度也就较大。这一阶段将随着施工进展而持续一段时间。这一阶段的超静孔压水平相对较低，不足以对桩身结构造成影响。

第一拐点：根据实测，第一孔压上升段内孔压上升到一定水平后会出现一个较明显的孔压变化拐点，其后开始进入孔压稳定段。

第一孔压稳定段：根据本次试验，在第一孔压上升段内，当黏性土层内超静孔压累积到初始孔压的 70%左右后，超静孔压的发展再次随着施工进程呈现稳定趋势，并在一定时间内稳定在该水平。在这一阶段内，累计沉桩数量的影响已经不显著，而若停止沉桩，则超静孔压会有较小幅度的消散，若保持原有沉桩速率继续沉桩，则会有小幅度的孔压上升。在本阶段内孔压水平发展保持平缓。本阶段内的孔压发展平缓可作如下解释：当土体内部超静孔压接近上覆土体有效自重后，如本次试验中达到上覆土体自重的 70%，继续沉桩引起的超静孔压增长会通过局部土体隆起变形的形式得到释放，场地隆起变形开始出现显著增大。此时对已到位桩基的影响主要是桩位的倾斜、偏离或整体上浮。

第二孔压上升段：土体内超静孔压稳定发展一段时间后，继续沉桩引起整个场地大范围的土体扰动，单桩沉桩挤土影响的传播范围也远远超过初始扰动段，黏性土层原有结构性基本完全破坏，土体强度丧失大半，沉桩挤土会引起整个场地范围上覆土层的抬升，而若使得场地上覆土层整体抬升，就需要超静孔压达到较高水平。本次试验检测表明，该超静孔压水平可以达到上覆土体有效自重甚至稍高。这一阶段内若沉桩速率较快，则黏性土层内部超静孔压上升幅度会较大，有可能引起桩身接桩位置的强度破坏，造成桩身断裂、上浮、桩位倾斜。根据前文分析，在此阶段内的沉桩速率不宜超过 12 根/日。

第二拐点：在超静孔压上升达到上覆土体自重水平后，会出现一个稳定发展阶段，两者之间的分界点为第二拐点。

第二孔压稳定段：当土体内部超静孔压达到上覆有效土重后，超静孔压水平达到最高点，进一步沉桩将使得上覆土层进一步隆起变形，直到沉桩完成。此阶段内，对于已经到位的桩基是需要关注的，应当控制沉桩速率保持在较低水平，保证桩身不产生断裂上浮等不良现象。可以推论，在桩基工程出现质量问题的情况中，往往是该阶段来临较早，或在该阶段中未能够及时合理地调整沉桩速率，导致事故的发生。

孔压消散段：沉桩施工结束后，土体内部超静孔压开始消散，但由于黏性土层渗透性差，孔压消散缓慢，将在较长的休止期内缓慢消散。

出现第一拐点时，单栋建筑物的挤土面积系数大多在 1.3%～1.9%之间，平均值为 1.5%，沉桩数与总设计用桩数之比在 31.1%～51.8%之间；出现第二拐点时，单栋建筑物的挤土面积系数大多在 1.9%～3.9%之间，平均值为 2.9%，沉桩数与总设计用桩数之比在 52.7%～100%之间，平均值 75.5%。这表明，当挤土面积系数在 3%以内时，沉桩挤土引起的环境效应不会导致整个场地土体的完全扰动和强度丧失，能够较好地加以控制。这与以往上海地区的沉桩施工经验相一致。从沉桩数量来看，已完成桩数达到总桩数的 1/3 强的时候土体内部超静孔隙水压力水平已经达到第一拐点；当已经沉入桩数约占总桩数的 3/4 时，土体内部超静孔压水平便可达到第二拐点，此后继续施工将有可能对已到位桩产生显著不良影响。

2)临近 8 号楼的地下车库变位预测分析

(1) 沉桩速率对地下车库位移相邻监测点影响的综合分析

从以上各图中情况来看，沉桩速率的变化对地下车库抬升量的影响主要体现在以下几个方面：

①在施工初期，由于场地土体扰动程度低，沉桩速率变化对车库抬升量的影响较小，当沉桩数量达到一定量之后，沉桩速率的影响才开始显现，此阶段为初始扰动段。根据统计结果发现，当沉桩速率达到 4～5 根/d，且已完成的挤土面积系数达到 0.8%左右时，沉桩挤土的影响就已经完成初始扰动阶段，进一步的沉桩施工就会对场地产生更大范围的扰动，对邻近管线或构筑物的影响也开始显现。

②地下车库监测点累积抬升量随沉桩速率的变化可见，当施工完成初始扰动段后，进一步施工将显示出沉桩速率的影响，沉桩速率增大则邻近的监测点抬升量也显著增加，只是这样的反应在一定程度上滞后于施工状态。

③统计各建筑物平均沉桩速率与邻近的位移监测点平均抬升量之间关系并进行适当外推，在本工程中沉桩速率与邻近的 6m 左右点的位移速率之间可具有图 11-35 所示的关系。

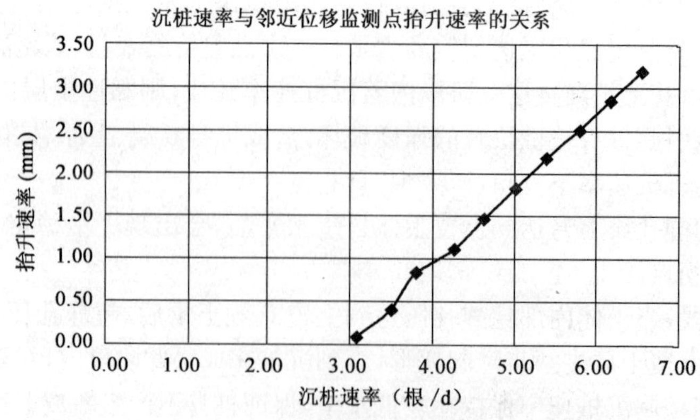

图 11-35　沉桩速率与邻近位移监测点抬升速率关系曲线

从图示成果可见，当平均沉桩速率达到3.6根/日时，按照沉桩施工期40天计，邻近地下车库的位移监测点累积抬升量将达到20mm以上，因此在类似工程中，先期沉桩不仅要先施工邻近被保护对象的桩位，同时还要控制初期沉桩速率一定要低于3.5根/日。

(2)沉桩对地下车库水平位移的影响

至施工结束，邻近临汾路的水平位移监测点累计水平位移7mm；邻近汾西路的水平位移监测点累计水平位移达14.3mm。从监测过程中车库水平位移发展情况看，沉桩施工对地下车库水平位移不显著且总量较小，满足20mm的控制标准。但同时由于通视条件所限，未能对邻近施工场地的地下车库相应位置进行水平位移监测，无法进行深入的判断。从车库相关监测点的抬升量发展过程估计，相应的水平位移量也应有较大发展，在今后的类似工程中宜对水平位移量加以注意。

7.信息反馈及风险控制

根据施工监测成果及相关分析、预测成果，实时调整了桩基施工工序和沉桩路线，降低桩基施工中面临的风险，其中在施工过程中穿插提出了以下主要建议：

(1)施工前做好沉桩流程设计和施工控制，对后续施工应采取背离被保护的地下车库沿长线隔桩跳打，先施工邻近地下车库的桩，再施工距离较远的桩。距离地下车库近的区域，初期沉桩速率不宜大于2～4根/d，待近距离区域桩基施工完成后，其他区域内沉桩速率控制在6～8根/d以内。

(2)宜采取妥善的防挤土措施。结合本工程进行的研究表明本次采取的防挤沟+管笼井(砂井)措施，仅可使土体内超静孔隙水压力降低初始孔隙水压力30%的水平，而对位移控制则并不十分理想。其他可采取的防挤措施有：设掏土孔；深挖防挤沟(深度不小于1.5m，底宽不小于1m)，并且在施工期间保持防挤沟能发挥作用。

本章参考文献

[1] 桩基工程手册编委会. 桩基工程手册[M]. 北京：中国建筑工业出版社，1994.

[2] 杨国祥，李侃，赵锡宏，李蓓. 大型超深基坑工程信息化施工研究——上海外环隧道的浦西基坑工程[J]. 岩土工程学报，2003，25 (4).

[3] 王浩，覃卫民，汤华. 关于深基坑施工期监测现状的一些探讨[J]. 岩土工程学报，2006，28 (Supp). 1789～1793

[4] 曹国金，姜弘道. 信息化施工技术在地下工程中的应用[J]. 岩土力学，2002，23(6).

[5] 陈向东，杨茂忠. 信息化施工及其应用[J]. 北京工业大学学报 2001，127(1).

[6] 张胜云，刘钊，徐江波，李学东，杨昌斌. 信息化设计与施工技术在隧道工程中的发展与应用[J]. 西部探矿工程，2005 (2).

[7] 杨志法. 有限元法图谱[M]. 北京：科学出版社，1988：15～42.

[8] 冯夏庭，张治强，杨成祥. 位移反分析的进化神经网络方法研究[J]. 岩石力学与工程学报，1999，18(5)：529～533.

[9] 李立新，王建党，李造鼎. 神经网络模型在非线性位移反分析中的应用[J]. 岩土力学，1997，1(2)：62～66.

[10] 樊琨,刘宇敏,张艳华. 基于人工神经网络的岩土工程力学参数反分析[J]. 河海大学学报,1998,26(4):98～102.

[11] 李瑞有,李迪,马水山. 三峡永久船闸开挖边坡岩体力学参数反分析[J]. 长江科学院院报,1998,18(2):10～13.

[12] 赵新铭,刘宁,张剑. 岩土力学反分析的数值反演方法[J]. 水利水电科技进展,2003,23(4).